R을 활용한
공업통계학

Michael Akritas 지음 | 박상성, 전성해, 장동식 옮김

Σ 시그마프레스

R을 활용한 공업통계학

발행일 | 2016년 4월 20일 1쇄 발행

저자 | Michael Akritas
역자 | 박상성, 전성해, 장동식
발행인 | 강학경
발행처 | (주)시그마프레스
디자인 | 김정하
편집 | 오채인

등록번호 | 제10-2642호
주소 | 서울특별시 영등포구 양평로 22길 21 선유도코오롱디지털타워 A401~403호
전자우편 | sigma@spress.co.kr
홈페이지 | http://www.sigmapress.co.kr
전화 | (02)323-4845, (02)2062-5184~8
팩스 | (02)323-4197

ISBN | 978-89-6866-727-5

PROBABILITY & STATISTICS with R for ENGINEERS and SCIENTISTS

* 책값은 책 뒤표지에 있습니다.

* 이 도서의 국립중앙도서관 출판시도서목록(CIP)은 서지정보유통지원시스템 홈페이지 (http://seoji.nl.go.kr)와 국가자료공동목록시스템(http://www.nl.go.kr/kolisnet)에 서 이용하실 수 있습니다.(CIP제어번호: 2016008822)

역자 서문

이 책은 이공계열 통계분석을 위하여 필요한 여러 통계이론에 대하여 설명하고 있습니다. 특히 무료공개 소프트웨어인 R 데이터 언어를 이용하여 전체 통계계산을 수행하여 통계학의 이론과 실습을 충실히 학습할 수 있도록 하였습니다. 따라서 이 책을 통해 통계학 이론과 컴퓨터를 이용한 데이터분석을 동시에 수행할 수 있는 능력을 습득할 수 있습니다. 역자들은 이 책이 학부 및 대학원 과정의 많은 이공학도에게 공업통계학에 대한 대부분의 주제를 다루고 있다고 판단하였습니다. 각 절이 끝날 때마다 제공되는 연습문제는 이공학 분야에서 실제로 발생할 수 있는 많은 문제를 다루고 있기 때문에 이공학도에게 필요한 통계학 교재로서 손색이 없다고 생각하였고 (주)시그마프레스 출판사로부터의 한국어판 번역 의뢰를 즐거운 마음으로 수락하였습니다. 이 책을 번역하면서 역자들은 어떻게 하면 저자가 의도하는 바를 어색하지 않고 간결하면서도 충실하게 전달할 수 있을지에 대해 초점을 맞추어 논의했으며, 자연스런 문맥의 흐름을 위해 과감한 의역을 시도하면서도 원문에 충실하기 위하여 노력하였습니다. 국문으로 번역하기 어려운 몇몇 내용은 영어 원문을 그대로 두고 설명을 추가하였습니다.

이 책에서 다루어지는 통계이론은 이공학도로서 갖추어야 할 기본적인 통계지식을 총망라하고 있습니다. 기본적인 통계학의 기초개념부터 확률론, 확률변수, 확률분포, 추정 및 가설검정, 회귀분석, 실험계획법, 통계적 공정관리 등 이공학 분야에서 요구되는 대부분의 통계이론을 상세하게 다루고 있습니다. 이 책의 통계이론에 대한 학습과 R 프로그램에 의한 실습을 모두 마치면 각자의 분야에서 발생하는 통계분석 문제를 대부분 해결할 수 있게 될 것으로 확신합니다.

마지막으로 이 책이 출판되기까지 여러 모로 도와주신 (주)시그마프레스 사장님과 관계자 여러분께 진심으로 감사드립니다.

2016. 3
박상성, 전성해, 장동식

저자 서문

모든 인간은 선천적으로 지식을 원한다.

아리스토텔레스

Metaphysics, 책 I

만약 지식에 포함된 불확실성의 양을 알 수 있다면,

빈약한 지식도 이용이 가능하다.

CR Rao

통계학은 사실상 모든 학문의 과학적 탐구에 있어 필수 요소가 되었다. 통계학은 또한 산업과 정부 기관에서 널리 쓰이고 있다. R을 활용한 공업통계학은 가장 많이 쓰이는 통계적 개념과 방법의 종합 입문서다.

이 책은 이공계열 학부생들과 수학교육 전공, 또 다른 전공의 많은 대학원생을 위한 한 학기 수업 강의 교재로 활용될 수 있다. 책에서 볼 수 있는 다양한 사례와 연습문제, 데이터가 이와 같은 다양한 학문적 배경의 특징을 반영한다.

이 책의 수학적 난이도는 비교적 어렵지 않으므로 한 학기 동안 미적분학을 수강한 학생들은 내용을 쉽게 이해할 수 있다. 특히 3장과 4장, 그리고 6.3절에서만 많은 양의 미적분학 지식이 필요하다. 행렬 대수의 경우 12장에서만 다루었는데, 12장은 보통 한 학기 수업 내용에서는 가르치지 않는다.

R 소프트웨어 패키지

많은 통계 소프트웨어 패키지는 광범위한 통계학의 활용을 지원한다. 그러므로 통계적 방법론을 가르치는 최신 수업에서는 학생들에게 소프트웨어 출력결과를 읽고 해석하는 것을 익숙하게 한다. 다른 책과는 다르게 이 책에서는 소프트웨어 출력결과 해석뿐만 아니라 출력결과 생성방법을 강조한다.

저자는 프리소프트웨어재단에서 제공하는 R 소프트웨어(1984년 출시)에 중점을 두기로 했다. R은 현재 대학원생들의 연구에서 압도적으로 많이 사용되고 있으며, 새로운 소프트웨어 개발의 선두주자이고,[1] 산업에서도 점차 받아들여지고 있다.[2] 게다가 R은 무료로 다운로드할 수 있기 때문에 학생들은 수업 과제를 위해 학교 컴퓨터실로 가지 않아도 된다. (R을 다운받기 위해서는 http://www.R-project.org/의 설명에 따르면 된다.)

혁신 교육과 각 장의 내용

이 책은 소프트웨어 패키지 활용을 통한 확률과 통계 교육뿐만 아니라 다른 혁신적인 교육방법을 포함하여 다음과 같은 철학을 반영하고자 하였다. (a) 학생들이 지적 도전의식을 불러일으키게 하고, (b) 가능한 한 빨리 주요한 개념을 소개한다.

이 책의 주요한 획기적 내용은 1장과 4장에서 나타난다. 1장에서는 표본의 개념, 확률변수, 모집단 한정을 위한 평균과 분산, 대응 표본 통계치와 기본 그래픽스(히스토그램, 줄기-잎 그림, 산점도, 산점도 행렬, 파이차트, 막대그래프)와 같은 중요한 통계적 개념을 많이 다룬다. 그리고 통계 실험, 비교 연구, 대응 비교 그래픽스의 개념을 소개하는 것으로 넘어간다. 주요 효과와 상호작용을 포함하는 근본적인 비교 연구의 개념은 흥미로우며, 학생들에게 이러한 개념을 조기에 소개함으로써 학생들이 '통계적 사고'를 하도록 돕는다.

결합분포(주로 이변량)를 다루는 4장에서는 일반적인 주제(주변분포, 조건분포, 확률변수의 독립성)를 다루고, 또한 중요한 개념인 회귀식의 개념과 함께 공분산과 상관관계를 소개한다. 단순선형회귀모형은 이변량 정규분포를 정의하기 위한 계층적 모형 방법에서 나타나기 때문에 단순선형회귀모형을 폭넓게 논의한다.

부가적인 혁신은 나머지 다른 장에 널리 분포하고 있다. 2장은 기초 미적분 확률과 그 개념을 다룬다. 이는 특정 개념을 설명하기 위해 사용된 R과 조금 일찍 소개되는 확률질량함수를 제외하면 꽤 일반적인 내용이다. 3장은 보다 일반적인 확률변수의 평균값과 분산의 정의를 소개하고, 1장에서 나타난 단순 정의와 연결하여 설명한다. 일반적인 이산확률변수와 연속확률변수의 확률모형을 논의한다. 신뢰성 연구에서 주로 쓰이는 추가적인 모형은 연습문제에서 다룬다. 5장은 분포의 합과 중심극한의 정리에 대해 논의한다. 6장에서는 최소제곱법, 모멘트법과 최대공산법에 대해 논의한다. 7장과 8장에서는 각각 구간추정과 가설검정의 평균, 중앙값, 분산과 단순선형회귀모형의 모수를 다룬다. 9장과 10장에서는 쌍을 이룬 데이터와 무선화 구획설계, 비모수적 혹은 순위기반 추론과 7장부터 10장에서 소개된 기존 추론방법론을 함께 포함하는 각각 추론절차와 $k > 2$ 표본에 대해 다룬다. 11장은 2요인 및 3요인 분석, 부분 배치 설계 분석을 다룬다. 다항회귀 및 다중회귀분석과 가중치 최소제곱법, 변수선택, 다중공선성, 로지스틱 회귀분석과 같은 관련된 주제는 12장에서 다룬다. 마지막 장인 13장에서는 통계적 공정관리에 쓰이는 방법을 논의한다.

---

[1] 예 : http://www.r-bloggers.com/r-and-the-journal-of-computational-and-graphical-statistics.
[2] *New York Times* article "Data Analysts Captivated by R's Power," by Ashlee Vance, January 6, 2009.

데이터 집합

이 책은 공인된 출처와 모의실험이 이미 실시된 실제 데이터 집합을 포함하고 있다. 데이터 집합은 다음 주소에서 찾을 수 있다.

www.pearsonhighered.com/akritas

특정 데이터 집합의 명칭을 클릭하면 관련된 데이터 파일로 연결된다. URL의 데이터 집합을 R로 옮길 때는 *read.table* 명령어를 사용하면 쉽다. 예를 들어 당신이 BearsData.txt 파일을 R 데이터 프레임 *br*로 옮기고자 할 때 URL을 복사하여 read.table 명령어에 붙여 넣으면 된다.

```
br=read.table("http://media.pearsoncmg.com/cmg/pmmg_mml_shared/
mathstatsresources/Akritas/BearsData.txt", header=T)
```

또한 데이터 집합을 당신의 컴퓨터로 내려받은 뒤 R로 입력할 수도 있다.

이 책에서 *read.table* 명령어는 R에 입력하고자 하는 특정 데이터 집합의 명칭만을 포함할 것이다. 예를 들어 bear data를 R로 입력하는 명령어는 다음과 같다.

```
br=read.table("BearsData.txt", header=T)
```

수업 범위 제안

이 책은 1년 과정의 수업에 충분한 자료를 포함하고 있지만, 두 학기 중 한 학기 혹은 네 학기 중 두 학기 수업 과정에도 적절하다. 저자는 일주일에 세 번 수업하는 한 학기 과정에서 1장부터 10장까지 다루었고, 이때 주효과와 상호작용의 개념을 간결하게 설명하고 R 명령어와 이원분산분석 결과 출력에 대한 설명을 끝으로 한 학기를 마무리했다. 저자는 보통 4장의 결합연속분포에 대해서는 중요시하지 않았고, 다항분포(4.6.4절), 최대우도법(6.3.2절), 중앙값에 대한 부호 신뢰구간(7.3.4절), 두 분산의 비교(9.4절), 비율에 대한 쌍체 T 검정(9.5.3절), 윌콕슨 부호순위 검정(9.5.4절), 비율에 대한 카이제곱 검정(10.2.3절) 등 상기 명시한 주제 중 하나 이상은 생략했다. 다른 내용을 더 생략하여 통계적 과정 관리(예: 8장 후에)에 대한 내용인 13장을 포함하는 일도 가능하다. 절을 더 생략하고자 한다면 추정량의 비교(6.4절), 신뢰구간과 정규분산(7.3.5절과 8.3.6절), 그리고 임의화 블록 설계(10.4절)를 생략할 것을 제안한다.

차례

08 가설검정 321

09 두 모집단의 비교 357

10 여러 모집단의 비교 393

기초 통계 개념

1.1 왜 통계학인가?

통계학은 데이터의 수집, 처리, 요약, 분석, 해석을 다루는 학문이다. 반면에 과학자와 공학자는 신제품 개발, 자료 및 노동의 효율적인 활용, 생산 문제 해결, 품질 및 신뢰성 향상 그리고 기초 연구와 같은 다양한 사안을 다룬다. 통계학의 유용성은 위와 같은 문제들을 해결하는 도구로 다음과 같은 구체적인 사례를 해결하는 데 가장 좋은 방법으로 쓰인다.

예제 1.1-1

과학 및 공학에서 나타나는 구체적인 사례연구는 다음과 같다.
1. 금속의 열팽창계수 추정
2. 국제선 공항의 우박 및 안개 억제를 위한 두 가지 인공강우 방법 비교
3. 두 가지 이상의 시멘트 제조방법에 다른 압축 강도 비교
4. 네 가지의 얼룩을 제거하는 3개의 청소용품 효율성 비교
5. 작용응력에 기반을 둔 보의 파괴 시간 예측
6. 주간 교통사고율을 줄일 수 있는 교통 규제방법의 효율성 평가
7. 제조업체가 주장하는 제품의 품질 시험
8. 대기업의 급여 인상과 직원들의 생산성 간 관계 연구
9. 태양열 에너지 자원 확대에 찬성하는 18세 이상 미국 시민의 비율 추정
10. 특정 호수 물의 납 성분이 안전 제한치 이하로 함유하고 있는지 검사

위와 같은 사례에서 통계학이 필요한 이유는 **변동성**(variability) 때문이다. 만약 같은 방법으로 제조된 모든 시멘트가 모두 같은 압축 강도를 나타낸다면, 사례연구 3에서 나타난 각각 다른 방법으로 제조된 압축 강도의 비교를 위해 통계학을 이용할 필요가 없을 것이다. 즉, 각 방법으로 제조된 하나의 시멘트 표본의 압축 강도만을 비교하면 충분할 것이다. 하지만 같은 방법으로 제조된 여러 시멘트 표본의 강도는 일반적으로 같지 않다.

그림 1-1

32개 압축 강도 측정결
과의 히스토그램

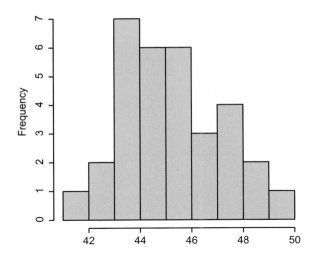

그림 1-1은 32개 압축 강도 측정결과[1]의 히스토그램을 나타낸다. (1.5절의 히스토그램에 대한 논의 참고) 비슷한 사례로, 만약 모든 보가 주어진 응력 수준에서 똑같은 시간에 파괴된다면, 사례연구 5의 예측 문제는 통계학이 필요하지 않을 것이다. 예제 1.1-1에서 주어진 모든 사례연구는 이와 비슷하게 설명할 수 있다.

변동성으로 인해 발생하는 이러한 복잡성을 파악하는 것은 사례연구 3번의 문제점을 알아내는 것으로부터 시작하는데, 이는 언급한 바와 같이 애매모호하다. 만약 정말 똑같이 제조된 혼합된 시멘트 간의 강도가 다르게 나타난다면, 각기 다른 시멘트 혼합물의 강도를 비교하는 것은 어떤 의미가 있을까? 보다 정확한 문제점 분석을 위해 각각 다른 시멘트 혼합물의 **평균** (혹은 **중앙값**) 강도를 비교할 수 있다. 비슷한 예로 사례연구 1의 추정 문제는 평균 (혹은 **중앙값**) 열팽창을 언급하여 문제를 더 정확하게 명시하고 있다.

변동성으로 인해 우리에게 친숙한 단어인 평균과 중앙값은 통계학에서 전문적인 의미를 가지며 모집단과 표본의 개념을 통해 명백한 의미를 지니게 된다. 다음 절에서 모집단과 표본의 개념을 상세히 논의한다.

1.2 모집단과 표본

예제 1.1-1의 다양한 사례가 나타내는 바와 같이 통계학은 해당 연구가 특정 **모집단**(population) 혹은 모집단의 특정 구성원(개체 혹은 주제)의 특징(들)에 대한 연구를 포함하고 있을 때는 언제나 적절한 학문이다. 통계학에서 모집단은 같은 처리 혹은 방법을 사용하는 특정한 연구에 관련된 모든 개체 혹은 주제의 집합을 나타낼 때 사용된다. 모집단을 구성하는 것을 **모집단 단위** (population units)라 한다.

---

1 MPa(메가파스칼 단위) 단위의 압축 강도, 지름 15cm, 길이 30cm의 시험용 실린더, 물/시멘트 비율 0.4, 제조일로부터 28일 후 측정

예제 1.2-1

(a) 예제 1.1-1, 사례연구 1에서 조사하고자 하는 특성은 특정 금속의 모든 표본의 모집단에 있는 금속의 열팽창이다.

(b) 예제 1.1-1, 사례연구 3에서 시멘트 혼합물의 종류에 따라 두 가지 이상의 모집단이 있고, 조사하고자 하는 특성은 압축 강도다. 모집단 단위는 시멘트 제조다.

(c) 예제 1.1-1, 사례연구 5에서 알고자 하는 특성은 특정 작용응력에서 보의 파괴 시간이다. 이 연구의 각 작용응력은 이에 적용될 모든 보를 포함하는 분리된 모집단에 해당된다.

(d) 예제 1.1-1, 사례연구 8에서 우리는 급여 인상과 생산성, 두 특성을 가지고 있다. 대기업의 직원들로 이루어진 모집단이 각 특성에 대한 연구대상이다. ■

예제 1.2-1의 (c)는 모든 모집단이 동일한 종류의 보에 대한 실험결과이고, 각각 다르게 적용되는 작용응력에 따라 모집단이 구별된다. 이와 비슷하게 예제 1.1-1의 사례연구 2의 두 모집단은 같은 종류의 구름에 적용되는 두 가지 다른 인공강우법에 의해 구분된다.

이전 절에서 언급한 바와 같이 동일한 모집단의 구성요소에 따라 알고자 하는 특성이 달라진다. 이는 모집단의 **내재변동성**(inherent variability) 혹은 **고유변동성**(intrinsic variability)이라 불린다. 고유변동성의 결과는 전체 혹은 **모집단 수준**의 특성(들)을 이해하기 위해서는 **전수조사**(census)가 필요하다. 즉, 모집단의 모든 구성요소를 조사하는 것이다. 예를 들어 대기업 직원 모집단의 급여와 생산성의 관계를 완벽하게 이해하기 위해서는 특정 대기업 소속 모든 직원의 급여와 생산성에 관한 정보의 수집이 필요하다. 하지만 전수조사는 소요 시간과 비용 문제로 일반적으로 시행하지 않는다.

예제 1.2-2

(a) 소요 비용과 시간의 측면에서 보았을 때, 태양열 에너지 자원에 찬성하는 시민의 비율을 알기 위해 18세 이상 모든 미국 시민을 대상으로 전수조사를 하는 것은 실리적이지 않다.

(b) 소요 비용과 시간의 측면에서 보았을 때, 호수의 납 함유량을 알고자 호수의 모든 물을 대상으로 분석하는 것은 실리적이지 않다. ■

게다가 전수조사는 종종 실현 가능하지 않을 때가 있는데, 모집단의 모든 구성요소를 조사하는 건 불가능하다는 의미로, 이는 모집단이 **가설**이거나 **개념적**이기 때문이다.

예제 1.2-3

(a) 만약 연구의 목적이 제품의 품질이라면(예제 1.1-1, 사례연구 4와 7) 관련 모집단은 현재 가능한 제품뿐만 아니라 미래에 생산될 제품의 품질 또한 알아야 한다. 그러므로 관련 모집단은 가설적이다.

(b) 주간 교통사고율을 줄일 수 있는 연구에서(예제 1.1-1, 사례연구 6), 관련 모집단은 일주일 동안의 기록 기간을 살피는 것뿐만 아니라 향후 일주일의 기간까지 포함하고 있다. 그러므로 관련 모집단은 가설적이다. ■

전수조사 실시가 실리적이지 않거나 실현 가능하지 않는 연구에서는(거의 모든 경우가 그러하다), 모집단 수준의 조사 대상의 특성을 알기 위해 모집단으로부터 **표본**을 추출하여 이에 대한 해답을 얻는다. 표본추출은 수많은 모집단 단위로부터 표본을 선택하는 과정을 의미하며 그 특성(들)을 기록한다. 예를 들어 태양열 에너지 자원에 찬성하는 18세 이상 미국 시민의 비율은 시민들의 표본으로부터 확인한다. 비슷한 사례로 특정 호수의 납 함유량이 안전 수준하에 있는지 확인하기 위해서는 물의 표본을 이용해야 한다. 만약 표본이 모집단으로부터 적절히 선택된다면 우리가 관심을 갖는 특성의 표본 특성은 모집단 특성과 유사하게 나타난다.

예제 1.2-4

(a) 태양열 에너지 사용에 찬성하는 미국 시민 **표본비율**(sample proportion)(즉 선택된 표본의 비율)은 **모비율**(population proportion)에 거의 가깝다. (하지만 일반적으로는 다르다.) (표본비율과 모비율의 정확한 정의는 1.6.1절에서 볼 수 있다.)

(b) 물 표본의 평균 납 농도(**표본평균**)는 전체 호수의 평균 농도(**모평균**)와 거의 비슷하다. (하지만 일반적으로는 다르다.) (표본평균과 모평균에 대한 정확한 정의는 1.6.2절에서 볼 수 있다.)

(c) 직원 표본에서 나타나는 급여와 생산성의 관계는 대기업 소속 전체 직원 모집단의 관계와 거의 비슷하다. (하지만 일반적으로는 다르다.) ∎

예제 1.2-5

비교적 측정하기 쉬운 곰의 가슴둘레는 종종 측정하기 어려운 곰의 무게를 추정하는 데 쓰인다. 그림 1-2에서 특정 숲 지역에서 서식하는 곰 50마리의 가슴둘레와 무게를 x로 표기하였다. 파란 원은 표본 크기가 10인 표본 곰 집단의 가슴둘레와 무게 측정결과를 나타내고 있다.[2] 검은 선은 모집단인 곰 50마리의 가슴둘레와 무게의 선형관계를 대략적으로 표현하였고, 파란 선은 표본 곰 집단의 선형관계를 나타낸다.[3] 표본이 나타내는 가슴둘레와 무게의 관계는 모집단은 비슷해 보이지만, 정확히 일치하지는 않는다. ∎

또한 알고자 하는 표본의 특성은 각 표본별로 다르게 나타난다. 이는 모집단으로부터 어떤 표본이 추출되느냐에 따라 나타나는 내재변동성의 또다른 결과다. 예를 들어 표본 크기가 20인 태양열 에너지 확대에 찬성하는 미국 시민의 수는 다른 표본 크기 20인 미국 시민의 표본과 다르게 대응하는 수가 나타날 것이다(아마도 분명히 다를 것이다). (1.6.2절 참고) **표본 변동성**(sampling variability)은 이렇게 찾고자 하는 특성이 표본별로 차이점이 있을 때 설명하는 용어이다.

---

2 해당 표본은 1.3절의 단순임의추출법으로부터 산출되었다.
3 해당 선들은 6장의 **최소제곱법**으로부터 적합되었다.

그림 1-2

흑곰의 가슴둘레(인치)
와 무게(파운드) 간의 모
집단과 표본 관계

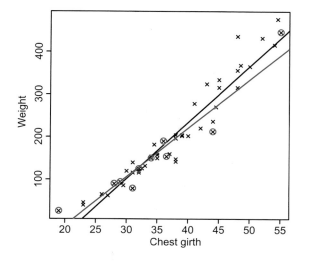

그림 1-3

표본 크기 10의 두 표본
에서 흑곰의 가슴둘레와
무게 간 관계의 변동성

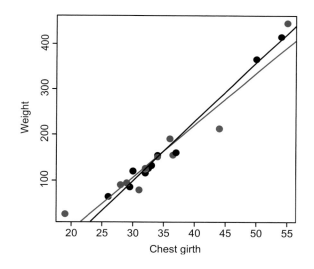

예제 1.2-6

표본 변동성이 나타내는 바와 같이 예제 1.2-5의 흑곰 모집단 50마리에서 표본 크기 10의 두 번째 표본이 추출되었다. 그림 1-3은 파란 점의 원표본 가슴둘레와 무게 측정을 나타내는 반면에 두 번째 표본은 검은 점으로 표현되어 있다. 표본 변동성은 다소 다른 가슴둘레와 무게 관계를 나타내는 파란 선과 검은 선으로 확인할 수 있다. 하지만 두 선 모두 모집단 관계와 비슷하다. ■

모든 과학적 탐구는 모집단 수준의 특성을 찾아내고자 함이 목표라는 사실을 결코 잊어서는 안 된다. 특히 예제 1.1-1에 언급된 모든 사례연구의 문제점은 모집단 수준의 특성과 관련 있다. 그러므로 1.1절에서 언급하여 이미 우리에게 친숙한 **평균**이라는 단어의 전문적 의미는 모평균이다. 정확한 정의를 알기 위해서는 1.6.2절을 참고하라.

모집단 수준의 특성을 나타내고자 하는 양은 **모수**(population parameter)라고 한다. 예제

1.2-4의 사례는 모평균과 모비율을 포함하고 있다. 이러한 사례와 모수와 관련된 추가 사례는 1.6절과 1.7절에 설명되어 있다. 추후에 논의할 보다 많은 사례는 급여 인상과 생산성 혹은 가슴둘레와 무게와 같은 두 특성 간 상관 계수를 포함한다. 대응 표본의 특성은 **통계량**(statistics)으로 불리는데 이는 **스포츠 통계량**으로 인해 이미 친숙한 단어다. 표본평균, 표본비율 그리고 추가적인 통계량은 1.6절과 1.7절에 설명되어 있고, 추후의 장에서는 더 많은 통계량이 소개된다.

표본은 모집단을 언뜻 나타내 주는 창문으로 생각할 수 있다. 하지만 표본 변동성 때문에 표본은 모집단 특성에 대한 정확한 정보를 산출하지 못한다. 이는 이전 단락에서 새롭게 소개한 용어를 이용하여 다음과 같이 말할 수 있다. 통계량은 대응하는 모수와 거의 비슷하지만 일반적으로 동일하지는 않다.

단지 표본 정보만을 활용할 수 있기 때문에 모수는 알려지지 않는다. **통계적 추론**(statistical inference)은 통계학의 한 분야로 표본에 포함된 모수의 정보를 추정하는 불확실한 문제를 다룬다. 통계적 추론은 모집단에 대한 정확한 정보가 없을 때 다음과 같은 방식으로 관리자의 의사결정을 돕는다.

- 어떤 통계량이 모수에 가장 가까운 정확성을 나타내는지 평가한다.
- 잘못된 결정 혹은 부정확한 예측의 확률에 대한 평가를 제공한다.

예를 들어 시 공무원은 새로운 산업 시설로 인한 평균 공기 오염이 규정 제한을 넘어서는지 알고 싶을 것이다. 이에 공기 표본을 추출하였고 각 표본의 공기 오염을 측정하였다. 그 후 종합(즉 모집단 수준) 평균 공기 오염이 시정 조치를 취할 정도로 상승한다면 공기 오염 측정의 표본평균을 이용하여 이를 반드시 결정해야 한다. 정확한 지식이 없는 경우에 표본평균의 공기 오염이 허용 한계를 넘는 것으로 나타났으나 실제로는 넘지 않을 때, 혹은 반대로 넘지 않는 것으로 나타났으나 실제로는 넘을 때, 이러한 경우로 인해 시 공무원들이 시정조치를 명령하는 데 있어 리스크가 있다.

통계적 추론은 주로 알고자 하는 모수의 **추정**(estimation)[**점**(point)**추정**과 **구간**(interval)**추정**]의 형태를 나타내며, 알고자 하는 모수값의 다양한 **가설**(hypotheses)을 **검증**(testing)한다. 예를 들어 추정은 금속 열팽창의 평균 계수를 추정하는 분석에 사용된다(예제 1.1-1, 사례연구 1). 반면에 품질에 관한 제조사의 주장을 검증하는 것은 가설 검증을 중요 요소로 수반한다(예제 1.1-1, 사례연구 7). 마지막으로 통계적 추론의 원칙은 **예측**(prediction) 문제에서도 사용한다. 예측 문제의 예로는 노출되는 응력에 기반을 둔 특정 보의 고장 시간을 예측하고자 하는 경우가 있다(예제 1.1-1, 사례연구 5). 이 책에서 소개하는 대부분의 통계적 방법은 통계적 추론의 범위에 있다.

연습문제

1. 자동차 제조회사에서는 전년도에 자동차를 구매한 고객의 만족도를 산출하고자 한다.

(a) 포함된 모집단을 설명하라.

(b) 모집단이 가정을 포함하고 있는가?

2. 바이오 연료를 생산하는 데 쓰이는 세 가지 종류의 곡물 수확량을 비교하기 위해 포장시험을 실시했다. 각 종류를 임의로 선정된 10개의 땅에 심었고 수확량은 수확시기에 산출될 것이다.

(a) 포함된 모집단을 설명하라.

(b) 알고자 하는 특성은 무엇인가?

(c) 표본(들)을 설명하라.

3. 자동차 생산 라인에는 1일 2교대로 근무를 선다. 첫 번째 교대는 총생산의 2/3를 차지한다. 품질관리 엔지니어는 각 2교대에서 생산량 중 대당 평균 부적합 수를 비교하고자 한다.

(a) 포함된 모집단을 설명하라.

(b) 모집단(들)이 가설을 포함하고 있는가?

(c) 알고자 하는 특성은 무엇인가?

4. 소비자 잡지의 기사 중 "비행기 내 공기는 얼마나 안전한가?"라는 제목의 보고서를 통해 부패도로 수치화되는 공기 청정도를 175개의 국내선 항공기를 대상으로 측정하였다.

(a) 모집단의 특성을 찾아라.

(b) 표본을 확인하라.

(c) 알고자 하는 특성은 무엇인가?

5. 공학도를 위한 통계학 수업 코스에서 활용하는 컴퓨터 활동의 교육적 편익을 확인하고자 하는 노력의 일환으로, 한 절(section)에서는 기존 방법으로 가르치는 반면 다른 절에서는 컴퓨터를 활용하여 가르친다. 학기 후반부에 같은 시험을 치른 학생들의 시험 결과가 기록되었다. 불필요한 변동성을 없애고자 두 절 모두 같은 교수가 가르쳤다.

(a) 연구에서 하나 혹은 두 모집단이 포함되어 있는가?

(b) 포함된 모집단을 설명하라.

(c) 모집단(들)은 가설을 포함하고 있는가?

(d) 연구에서 표본(들)은 무엇인가?

1.3 표본추출의 개념

1.3.1 대표표본

모집단의 표본 정보에 적용하는 적절한 외삽법, 즉 유효한 통계적 추론을 위해서는 표본이 모집단에 **대표성**(representative)을 띠어야 한다. 예를 들어 미국 시민 모집단에서 정유 산업에 종사하는 사람들을 포함하는 표본 정보에 외삽법을 적용한다면 불가피하게 태양 에너지 활용에 대한 퍼져 있는 여론에 대해 잘못된 판단을 내리게 될 것이다.

대표성을 띠지 않는 표본을 활용하면 어떻게 잘못될 수 있는지를 알려 주는 유명한(혹은 유명하지 않은) 사례로 1936년 「Literary Digest」의 여론 조사가 있다. 「Literary Digest」 잡지는 미국 대통령 선거의 결과를 매우 성공적으로 예측하는 곳으로 유명했다. 하지만 이 잡지는 1936년, 공화당 알프 랜던이 당시 재임 중이었던 프랭클린 루스벨트를 3대2로 이길 것으로 예측했으나 결과는 정반대였다. 이러한 어리석은 실수는 1.3.4절에서 논의할 대표성을 띠지 않는 비대표적 표본을 이용한 결과였다. 비록 230만 명(천만 개의 질문지 중)이 답변한 결과를 토대로 예측했지만 「Literary Digest」가 틀렸다는 것은 주목할 만하다. 하지만 갤럽은 5만 명만을 대상으로 실시한 선거 결과를 토대로 정확하게 예측하였다.

대표표본의 개념은 직관적이지만 단순히 표본을 보는 것만으로는 대표표본인지 아닌지 정확하게 밝히기가 어렵다. 그러므로 우리는 간접적인 정의를 내리는데, 만약 표본이 유효한 통계적 추론을 이끌어 낸다면 표본이 대표성을 띤다고 말한다. 표본이 대표성을 띠고 있다는 유일한 확신은 표본을 추출하는 방법에서 알 수 있다. 표본추출 방법은 다음에서 논의된다.

1.3.2 단순임의추출 및 층화추출

가장 간단하게 대표표본을 추출하는 방법은 단순임의추출(simple random sampling)이다. 만약 추출 과정에서 크기 n의 모든 표본이 같은 추출 확률을 갖고 있다면, 모집단에서 추출된 크기 n의 표본은 단순임의표본이다. 특히 모집단의 모든 구성요소는 같은 확률로 표본에 포함될 가능성을 갖고 있다.

N 단위를 포함하고 있는 한정된 모집단으로부터 크기 n의 단순임의표본을 추출하는 일반적인 방법은 모집단 단위에 1부터 N까지 번호를 매기고 **난수생성기**(random number generator)를 사용하여 n개의 표본을 임의로 추출한 후 추출된 n에 일치하는 표본을 형성한다. 단순임의표본을 추출하기 위한 난수생성기는 각 종이에 1부터 N까지의 수를 쓰고, 모든 종이를 상자에 넣은 후 완벽하게 섞고 임의로 종이 한 장씩 뽑아서 기록하는 과정을 활발하게 한다. 이 과정은 1부터 N의 수로부터 n개의 특정 개수가 추출될 때까지 반복된다(뽑은 숫자는 다시 상자에 넣지 않는다).

예제 1.3-1 Sixty KitchenAid 사의 믹서는 매일 생산된다. 생산 후 배송 전에 불량품의 가능성을 확인하고자 12개의 표본을 단순임의추출한다.
(a) 하루 60개의 믹서 생산량으로부터 12개의 믹서를 단순임의추출하는 과정을 설명하라.
(b) 위 (a)의 과정을 R을 활용하여 실행하라.

해답

가장 먼저 우리는 각 믹서에 1번부터 60번까지 번호를 매긴다. 그다음 모두 같은 쪽지에 1부터 60까지의 번호를 각각 쓴 후 60개의 쪽지를 모두 박스에 넣어 완벽히 흔든다. 그 후 12개의 쪽지를 하나씩 꺼낸다. 12개의 쪽지에 쓰여 있는 번호가 매일 60개의 생산량 중 표본 크기 $n = 12$의 훌륭한 표본이 된다. 이 과정은 다음과 같은 명령어를 통해 R에서 실행할 수 있다.

```
단순임의추출법 : R
        y = sample(seq(1, 60), size = 12)
```
(1.3.1)

$y =$ 을 제외한 명령어, 즉 *sample(seq(1, 60), size = 12)*가 R 콘솔에 입력될 경우 12개 임의의

수가 나타날 것이다. 위에서 나타난 명령어는 y에 저장되고 그 후 'y'를 입력할 경우 12개의 임의의 수를 볼 수 있다. 따라서 추출된 12개의 임의의 수는 6, 8, 57, 53, 31, 35, 2, 4, 16, 7, 49, 41이다. ■

위에 소개한 기법은 무한(infinite) 모집단에서는 사용할 수가 없다. 하지만 잘 정의된 지침에 따라 실시한 측정은 단순임의추출이 갖는 본질적 속성을 확인해 준다. 예를 들어 시멘트 혼합물에 대한 압축 강도의 비교에서 지침은 측정에 의한 표본이 대표성을 보장할 수 있도록 시멘트 혼합의 준비와 측정과정을 확립해 준다.

이미 언급한 바와 같이 단순임의추출은 모든 모집단 단위가 같은 확률로 표본추출되는 것을 보장한다. 하지만 모집단 단위가 같은 확률로 표본추출되는 것은 표본추출 과정이 단순히 임의로 된다는 것을 보장하지는 않는다. 이는 다음 예제에서 설명한다.

예제 1.3-2 50명의 남학생과 50명의 여학생으로 구성된 100명의 학부생 집단에서 10개의 대표표본을 선택하기 위해 다음과 같은 추출방법을 시행한다. (a) 남학생 집단에 1부터 50까지의 숫자를 부여하고 난수생성기를 통해 5명을 뽑는다. (b) 같은 과정을 여학생에게 시행한다. 이 방법은 10명의 학생을 단순임의추출하는가?

해답

첫 번째 설명한 표본추출방법은 모든 학생이 표본으로 추출될 같은 확률(열 중 하나)을 갖고 있다고 보장한다. 하지만 이 방법은 남학생과 여학생의 수가 같은 표본 이외의 표본은 제외한다. 예를 들어 4명의 남학생과 6명의 여학생을 포함하는 표본은 제외되었고, 표본으로 선택될 가능성도 전혀 없다. 그러므로 단순임의추출의 조건, 다시 말해 크기 10의 표본이 선택될 수 있는 공통 확률은 무너졌다. 이는 앞서 설명한 방법으로는 단순임의표본을 구할 수 없다. ■

예제 1.3-2의 표본추출방법은 **층화표본추출**(stratified sampling)이라 불리는 방법의 예다. 층화표본추출은 분석 모집단이 **층**(strata), 즉 잘 정리된 하위 집단 혹은 하위 모집단을 포함하고 있으면 언제든지 사용될 수 있다. 층의 예로 민족, 자동차 종류, 장비의 수명, 각기 다른 연구실로 보낸 분석 대상 표본 물 등이 있다. 기본적으로 층화표본은 각 층으로부터의 단순임의표본을 포함한다. 층 내에서 표본 크기를 구하는 일반적인 방법은 각 층의 표본이 대표성을 띠며 이는 모집단의 대표성을 띠게 된다. 이 방법은 비례 할당(proportionate allocation) 방법으로 예제 1.3-2에서 사용되었다. 층화표본 또한 대표성의 띠는데, 이는 유효한 통계적 추론을 허용한다. 실제로 만약 같은 층에 속하는 모집단 단위는 다른 층에 속하는 모집단 단위보다 더 동질성(즉 비슷함)을 띠는 경향이 있다. 층화표본은 전체 모집단에 대해 좀 더 정확한 정보를 제공하기 때문에 더 선호하는 방법이다.

1.3.3 복원 및 비복원 표본추출

한정된 모집단으로부터 표본추출을 할 경우 **복원**(with replacement) 혹은 **비복원**(without replacement) 표본추출을 할 수 있다. 복원추출은 개체가 선택되고 그 특징을 기록한 후 모집단으로 다시 복원되어 추후에 다시 선택될 수도 있는 추출방법을 뜻한다. 동전 던지기가 모집단 복원추출의 하나의 예다 {앞면, 뒷면}. 비복원추출의 경우 각 단위는 딱 한 번만 표본에 포함될 수 있다. 그러므로 단순임의추출은 비복원추출 방법이다.

복원추출된 표본의 특성은 분석하기가 쉬운데 이는 선택된 각 단위가 N 단위의 같은(본래의) 모집단으로부터 추출되었기 때문이다(비복원추출의 경우 두 번째 추출이 $N-1$ 단위로 줄어든 모집단에서 추출되고, 세 번째 추출은 $N-2$ 단위의 모집단에서 추출된다). 반면에 모집단 단위를 한 번 이상 포함하는 것(복원추출에서 가능)은 표본의 대표성을 향상시키지 않는다. 그러므로 복원추출의 개념적 편의성(conceptual convenience)은 그에 따른 손실이 있으며, 이와 같은 이유로 보통 잘 시행하지 않는다. 하지만 모집단 크기가 표본 크기보다 훨씬 클 때 손실은 그 규모가 작아지기 때문에 무시해도 될 정도이다. 그러한 경우 우리는 단순임의추출(즉, 비복원추출)로 구한 표본이 복원추출로 구한 표본과 같은 특성을 나타낸다고 주장할 수 있다.

복원추출의 주요 활용 분야는 **부트스트랩**(bootstrap)이라는 통계적 방법에서 찾아볼 수 있다. 하지만 보통 이런 유용하고 널리 사용되는 통계적 추론 도구는 이 책과 같은 입문서에서는 다루지 않는다.

1.3.4 비대표 표본추출

비대표표본은 표본추출 계획에서 분석 대상 모집단이 표본에서 제외되었거나 체계적인 대표성이 불충분할 때 나타난다.

전형적인 비대표표본은 소위 **자체 선택** 및 **편의성** 표본으로 불린다. 자체 선택 표본의 예로, 구독자에게 답신용 엽서를 보내는 잡지를 보자. 그리고 '80%의 구독자가 디지털카메라 기능이 있는 휴대폰을 구매해 왔다'는 내용을 담은 답신 정보를 구한다. 이 경우 새로운 기능을 좋아하는 구독자가 그들의 구매활동을 나타내기 위한 답장을 했을 가능성이 높다. 그러므로 답신 엽서의 표본에는 전체 구독자 중 디지털카메라 기능이 있는 휴대폰을 구매한 사람의 비율이 높을 가능성이 훨씬 높다. 편의성 표본의 예로 당신이 다니는 대학교 학생들의 표본을 통계학 수업을 듣는 학생들로 구했을 때, 이 표본추출 계획은 통계학 수업을 듣지 않아도 되는 전공 학생들을 제외하게 된다. 게다가 통계학 수업을 듣는 대부분의 학생은 2학년 혹은 3학년 학생이기 때문에 1학년과 4학년 학생을 대표한다고 할 수 없다.

아마 표본추출 실수의 가장 유명한 역사적 사례는 1936년 「Literary Digest」 잡지의 선거 전 여론조사일 것이다. 「Literary Digest」는 여론조사를 위해 잡지구독자, 자동차 소유주 그리고 전화번호부로부터 천만 명의 표본을 추출했다. 1936년에 전화기 혹은 자동차를 소유하거나 잡지를 구독하는 사람들은 보통 민주당을 좋아하지 않는 부유한 사람들이 대부분이었다. 그렇기 때문에 이 여론조사의 표본은 모집단을 제대로 반영하지 못한 편의성 표본이었다. 게다가 답신용 엽서를 보낸 1,000만 명 중 오직 230만 명만이 답장을 보냈다. 이는 명백하게 선거에 대해 강한 생각을 하고 변화가 필요하다 생각한 사람들이 보냈을 것이다. 그러므로 「Literary Digest」의 표본은 자체 선택되었으며 표본의 편의성을 띠게 되었다(갤럽이 다른 시기에 다른 실수 [1948년 듀이-트루먼 선거]를 했음에도 살아남았지만 「Literary Digest」는 파산했다).

선택 편향이라는 단어는 체계적인 제외 혹은 분석 대상 모집단 일부 부분의 비대표성을 뜻한다. 표본이 자체 선택과 편의성을 내재하고 있는 선택 편향은 비대표표본의 전형적인 원인이다. 단순임의추출법과 층화추출법은 선택 편향을 방지한다. 선택 편향을 피하기 위한 다른 표본추출방법도 물론 존재하고, 또 특정 상황에서 그 방법들은 비용이 적거나 시행하기 쉬울 수도 있다. 하지만 이 책에서 우리는 주로 표본을 단순임의표본으로 가정하고 층화추출법은 가끔 언급할 것이다.

연습문제

1. 1.2절의 연습문제 5번의 연구를 설계하는 연구자는 컴퓨터 활용의 교육적 효과를 확인하기 위해 둘 중 하나의 선택을 할 수 있다. (i) 학생들이 두 수업 중 어떤 수업이 컴퓨터를 활용하여 가르치는지 알게 하여 학생들이 이에 근거한 선택을 하게 한다. 또는 (ii) 어떤 교육방법이 이루어지는지 학생들이 전혀 모르게 한다. 어떤 선택이 단순임의추출법에 더 가까운 결과를 나타내는가?

2. 홈시어터 시스템의 범용 리모컨은 3군데 특정 지역에서 제조된다. 전체 생산량의 20%가 *A* 공장에서 제조되고, 50%는 *B* 공장, 나머지 30%는 *C* 공장에서 제조된다. 품질관리팀(QCT)은 100개의 표본을 단순임의추출하여 최근 보고된 메뉴 기능 문제가 해결되었는지 살펴보려고 한다. QCT는 *A* 공장에서 20개, *B* 공장에서 50개, *C* 공장에서 30개의 단순임의추출된 표본 리모컨을 QC 점검 시설로 보낼 것을 주문한다.

(a) 최근 생산된 리모컨 중 크기 100의 리모컨 표본은 단순임의추출된 것인가?

(b) (a)에서 답변한 내용을 설명하라. 만약 단순임의추출된 것이 아니라면, 위의 표본추출방법은 어떤 방법으로 시행된 것인가?

3. 현재 논문 작업을 하고 있는 한 토목공학 학생은 대학가의 운전자들이 안전벨트를 정기적으로 착용하는 비율을 알고자 설문조사를 계획하고 있다. 그는 현재 세 과목을 수강 중인데, 해당 과목을 수강하는 학생들을 인터뷰하기로 결정했다.

(a) 대상 모집단은 무엇인가?

(b) 저 학생과 같은 수업을 듣는 학생들은 모집단으로부터 단순임의추출된 표본인가?

(c) 이와 같이 선택된 학생들로 이루어진 표본을 무엇으로 불러야 하는가?

(d) 이 표본비율이 실제 정기적으로 안전벨트를 착용하는 모든 운전자를 나타내는 모집단을 과대추정 (overestimate) 또는 과소추정(underestimate)하는 것으로 생각되는가?

4. 2007년 1월 9일에 열린 맥월드 콘퍼런스 및 엑스포에서 스티브 잡스는 새로운 제품인 아이폰을 공개했다. 소비자 잡지의 기술 컨설턴트는 아이폰 70개 중 15개 기기를 수집해 기능 검사를 하고자 한다. 아이폰 70개 중 15개를 단순임의추출하는 방법을 설명하라. R을 이용하여 15개의 표본을 추출하라. 분석에 사용된 R 명령어와 수집한 표본을 제시하라.

5. 유통업자는 방금 주요 파이프 제조회사로부터 90개의 파이프를 수송받았다. 유통업자는 불량품 검사를 위해 5개의 표본을 추출하여 검사하고자 한다. 90개의 파이프

중 5개를 단순임의추출하는 방법을 설명하라. 분석에 사용된 R 명령어와 수집한 표본을 제시하라.

6. 어떤 서비스 기관에서는 작년 한 해 동안 고객들이 서비스 품질을 어떻게 생각했는지 평가하고자 한다. 컴퓨터를 이용해 지난 12개월 동안 1,000명의 고객 기록을 확인하였고, 그중 100명의 표본을 선택하여 설문조사를 하기로 결정했다.

(a) 작년 1,000명의 고객 모집단에서 100명을 단순임의추출하는 과정을 설명하라.

(b) 1,000명의 고객 모집단 중 800명은 백인이고, 150명은 흑인, 50명은 라틴 아메리카 계열의 미국인이다. 모집단에서 대표성을 띠는 표본 100명을 추출하기 위한 다른 방법을 설명하라.

(c) (a)와 (b)의 표본추출 과정을 시행하기 위한 R 명령어를 제시하라.

7. 자동차 제조업체는 지난해 판매한 자동차에 대한 고객 만족도를 조사하고자 한다. 제조업체는 3개의 차종을 제조한다. 단순임의표본추출을 위한 두 가지 방법을 제시하고 설명하라.

8. 어떤 제품은 A와 B, 두 제조설비에서 생산된다. B 설비는 더 최신 설비로 전체 생산량의 70%를 생산한다. 품질관리 기술자는 1시간 동안 생산된 제품 중 50개의 표본을 단순임의추출을 통해 수집하고자 한다. 동전 던지기를 하여 앞면이 나올 때 기술자는 A 설비의 제품을 임의로 추출하고, 뒷면이 나올 때 기술자는 B 설비에서 생산된 제품을 임의추출한다. 이러한 방법은 단순임의추출이라 할 수 있는가? 정답을 제시하고 설명하라.

9. 자동차 조립라인은 하루에 2교대를 실시한다. 첫 번째 교대 근무자들은 전체 생산량의 2/3를 생산한다. 품질관리 기술자는 자동차의 부적합사항의 수를 모니터한다. 첫 번째 교대 근무자들이 생산한 자동차에서는 6대의 자동차를, 두 번째에서는 3대의 자동차를 단순임의추출하고 부적합사항의 수를 기록한다. 이러한 방법을 통해 추출된 9대의 자동차는 하루 자동차 생산량으로부터 단순임의추출된 것인가? 정답을 제시하고 설명하라.

1.4 확률변수와 통계적 모집단

1.1절에서 소개한 모든 연구사례에서 알고자 하는 특성은 측정이 가능하며 수로 표현이 될 수 있다는 점에서 **양적**(quantitative)이다. 비록 양적 특성이 더 일반적이지만, 질적(qualitative) 특성을 포함하여 **범주형**(categorical) 특성을 지니기도 한다. 질적 특성의 두 예로 성별과 자동차 종류가 있는 반면에 의견에 대한 강도(strength)는 순서형(ordinal)이다. 통계적 과정은 수치형 데이터 집합에 적용되기 때문에 숫자는 범주형 특징을 나타내게 되어 있다. 예를 들어 −1의 경우 연구 대상이 남성이고, +1은 여성을 의미하도록 쓰일 수 있다.

　　모든 종류의 특성이 수로 표현되는 것을 **변수**(variable)라 한다. 범주형 변수는 **이산형**(discrete) 변수의 일종이다. 양적 변수 또한 이산형일 수 있다. 예를 들어 어떠한 사업상 제의에 찬성하는 수와 같이 개수를 나타내는 모든 변수는 이산형이다. 길이, 강도, 무게, 고장 시간 등 연속형 척도에서의 측정치를 나타내는 양적 변수는 **연속형**(continuous) 변수의 예다. 마지막으로 변수는 각 모집단 단위에 대해 측정하거나 기록하는 특성이 하나냐, 둘이냐, 또는 그 이상이냐에 따라 **단변량**(univariate), **이변량**(bivariate) 혹은 **다변량**(multivariate) 변수로 구분한다.

| 예제 1.4-1 | (a) 급여 인상과 생산성의 연관성을 확인하고자 하는 연구에서 각 모집단 단위(생산성과 급여 인상)의 두 특징을 기록하는 경우, 이변량 변수가 된다. |

(b) 18세 이상 미국 시민을 대상으로 태양열 에너지에 관한 입장을 조사하는 설문조사가 있다. 만약 연구에서 추가적으로 연령별 그룹에 따른 입장 변화를 확인할 목적으로 표본의 각 설문 당사자 나이까지 함께 기록하면 이변량 변수가 된다. 그리고 추가적으로 성별에 따른 입장 변화를 함께 파악하기 위해 표본의 각 설문 당사자 성별까지 함께 기록하면, 다변량 변수가 된다.

(c) 호수에 안전 수치 이상의 납 함유 여부를 알기 위해 물 표본의 납 농도를 측정하는 연구가 있다. 만약 다른 오염 물질도 함께 파악하고자 한다면, 각 물 표본의 다른 오염 물질 농도도 함께 측정하게 되며, 이는 다변량 변수가 된다. ■

고유 변동성으로 인해 모집단 개체 속에서 변수의 값은 변화한다. 하나의 모집단 개체가 모집단으로부터 임의추출된다고 가정하면 그 개체의 값은 사전에 알 수 없다. 임의로 추출된 모집단 단위의 변숫값 X와 같이 대문자로 나타낸다. X가 사전에 알려지지 않은 사실은 X가 **확률변수**(random variable)라는 타당성을 보여 준다.

> 확률변수 X는 표본추출되는 모집단 단위의 변수의 값을 나타낸다.

확률변수가 추출된 모집단은 확률변수의 **기본 모집단**(underlying population)이라 불린다. 이러한 용어는 모든 연구가 두 가지 혹은 그 이상의 방법이나 제품의 성능을 비교할 때와 같이 여러 모집단을 분석하는 연구에서 특히 유용하다. 예제 1.1-1의 사례연구 3을 예제로 참고하라.

마지막으로 모집단의 단위를 분석할 변수의 전체 수집한 값을 부를 용어가 필요하다. 언급한 바와는 다르게 모집단의 각 단위가 분석 중인 변수의 값으로 표시되어 있다 하고 표시된 모든 값을 수집한다. 수집한 값은 **통계적 모집단**(statistical population)이라 부른다. 만약 두 모집단(혹은 그 이상) 단위가 같은 변수의 값을 갖고 있다면, 이 값은 통계적 모집단에서 두 번(혹은 그 이상) 나타난다.

| 예제 1.4-2 | 18세 이상 미국 시민을 대상으로 태양열 에너지에 관한 입장을 조사하는 설문조사가 있다. 시민의 의견은 0부터 10까지의 범위로 매기고, 각 모집단의 구성원이 그들 의견의 값에 따라 표시된다고 하자. 통계적 모집단은 0에 해당하는 사람이 많을수록 많은 0을 포함하고, 1에 해당하는 사람이 많을수록 많은 1을 포함하는 식으로 나아간다. ■ |

'모집단'이라는 단어는 모집단 단위 혹은 통계적 모집단을 지칭할 때 쓰인다. 내용 또는 설명은 어떤 사례인지 명확하게 할 것이다.

위의 논의를 통해 확률변수는 (통계적) 모집단에서 임의로 추출한 수치형 결과로 소개되었다. 보다 일반적으로 확률변수의 개념은 임의의 수치형 결과를 생성하는 모든 행위 혹은 과정의 결과에 적용된다. 예를 들어 단순임의표본의 산술평균을 구하는 과정은 임의의 수치형 결과, 즉 확률변수를 생성한다(자세한 사항은 1.6절을 참고하라).

연습문제

1. 양철판 500개의 모집단에서 스크래치가 0개, 1개, 2개가 있는 철판의 수는 각각 $N_0 = 190$, $N_1 = 160$, $N_2 = 150$이다.

(a) 분석 대상 변수와 통계적 모집단은 무엇인가?

(b) 분석 대상 변수는 질적 변수인가, 양적 변수인가?

(c) 분석 대상 변수는 일변량인가, 이변량인가, 다변량인가?

2. 모집단과 함께 각 모집단 단위의 변수/특징을 측정한 다음 예제를 보라.

(a) 현재 펜실베이니아 주립대학교에 등록한 모든 학부생. 변수 : 전공

(b) 모든 학교 내 식당. 변수 : 좌석 수

(c) 펜실베이니아 주립대학교 도서관의 모든 책. 변수 : 대출 빈도

(d) 주어진 달에 생산한 모든 강재 실린더. 변수 : 지름

상기 각 예제의 통계적 모집단을 설명하고 분석 대상 변수가 질적인지 양적인지 설명하라. 그리고 모집단 변수에 측정된 또 다른 변수를 찾아라.

3. 오스트리아 그라츠에 위치한 BMW 자동차 최종 조립 라인에 독일과 프랑스로부터 각각 자동차 엔진과 변속기가 수송된다. 품질관리자는 N개의 조사 대상 자동차로부터 n개의 단순임의표본을 추출하여 각 n개 자동차의 엔진과 변속기의 총부적합사항 수를 기록하고자 한다.

(a) 분석 대상 변수는 일변량인가, 이변량인가, 다변량인가?

(b) 분석 대상 변수는 질적인가, 양적인가?

(c) 통계적 모집단을 설명하라.

(d) 엔진과 변속기의 부적합사항 수가 따로 기록된다고 할 때 새로운 변수는 일변량인가, 이변량인가, 다변량인가?

4. 1.2절의 연습문제 4번에서는 한 소비자 잡지의 기사가 국내선 항공기 175대를 대상으로 부패도로 수치화되는 공기 청정도를 조사하였다.

(a) 분석 대상 변수와 통계적 모집단을 설명하라.

(b) 분석 대상 변수는 질적인가, 양적인가?

(c) 분석 대상 변수는 일변량인가, 다변량인가?

5. 3개 차종의 자동차를 제조하는 한 자동차 제조업체는 지난해 판매한 자동차에 대한 고객 만족도를 조사하고자 한다. 각 고객에게 작년 구매한 자동차 차종을 물어본 후 만족도를 1부터 6까지의 범위로 점수를 매긴다.

(a) 기록된 변수와 통계적 모집단을 설명하라.

(b) 분석 대상 변수는 이변량인가?

(c) 분석 대상 변수는 양적인가, 범주형인가?

1.5 데이터 시각화를 위한 기본적인 그래픽스

이 절에서는 데이터 표현과 시각화에 쓰이는 가장 일반적인 그래픽스를 나타낸다. 추가적인 그래픽스는 책이 진행됨에 따라 소개된다.

1.5.1 히스토그램과 줄기-잎 그림

히스토그램(histogram)과 줄기-잎 그림(stem and leaf plot)은 데이터를 정리하고 표현하는 방법이다. 히스토그램은 데이터의 범위를 연속적인 구간(bins)으로 나누고 각 구간 위에 상자, 또는 수직 막대기를 나타낸 것으로 구성된다. 각 상자의 높이는 구간의 빈도, 즉 해당 구간에 속하는 관측치 수를 나타낸다. 또는 히스토그램의 구역이 1과 일치하도록 (즉, 박스의 크기로 나타나는 총구역) 높이를 조절할 수 있다.

R은 자동으로 구간의 수를 선택하게 되지만 사용자가 구간을 정의하는 것도 가능하다. 또한 R은 평활화된 히스토그램을 구축하는 옵션을 제공한다. 그림 1-4는 미국 옐로스톤 국립공원의 올드페이스풀 간헐천의 폭발 지속 시간의 히스토그램과(구역은 1로 조정) 평활화된 히스토그램이

그림 1-4

272개의 폭발 지속 시간 (분)의 히스토그램과 평활화된 히스토그램

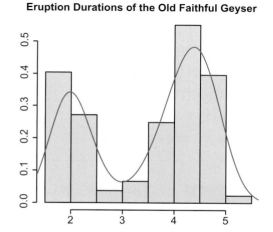

Eruption Durations of the Old Faithful Geyser

그림 1-5

272개의 폭발 지속 시간의 줄기-잎 그림

```
16 | 070355555588
18 | 00002223333333355777777778888822335777888
20 | 00002223378800035778
22 | 0002335578023578
24 | 00228
26 | 23
28 | 080
30 | 7
32 | 2337
34 | 250077
36 | 0000823577
38 | 2333335582225577
40 | 00000033577888880022335555577778
42 | 03335555778800233333555577778
44 | 02222335557780000000023333357778888
46 | 000023335770000023578
48 | 0000022335800333
50 | 0370
```

충을 이루고 있다. (데이터의 출처는 R 데이터 프레임 faithful이다.)

줄기-잎 그림은 약간 다른 방법으로 데이터를 정리하고 표현한다. 줄기-잎 그림은 히스토그램보다 더 많은 초기 데이터의 정보를 나타내지만 구간 선택에 있어서는 유연하지 못하다. 기본 개념은 각 관측치를 첫 번째 자리에 해당하는 줄기와 나머지 자리의 첫 번째 수에 해당하는 잎으로 표현하는 것을 생각하면 된다. 비록 관측치를 군집화하는 방식은 다르지만 줄기-잎 그림은 그림 1-5와 같이 Old Faithful 간헐천의 폭발 지속 시간을 이봉분포(즉 2개의 모드 혹은 정점)와 유사한 모양으로 보여 준다.

데이터(예 : $x = faithful\$eruptions$)를 포함하고 있는 R 객체 x를 이용하여 히스토그램과 줄기-잎 그림의 R 명령어로 나타내면 다음과 같다. [#는 함수를 설명하는 단순 글자다.]

히스토그램, 평활화된 히스토그램, 줄기-잎 그림을 출력하는 R 명령어

```
hist(x) # 기본 빈도 히스토그램
hist(x, freq=FALSE) # 히스토그램 크기 = 1
plot(density(x)) # 기본 평활화된 히스토그램
hist(x, freq=F); lines(density(x)) # 두 히스토그램을 겹쳐 놓는다.
stem(x) # 기본 줄기-잎 그림
stem(x, scale=1) # 상기와 같다.
```

(1.5.1)

노트 1.5-1　1. 그림의 주 레이블과 축의 레이블은 각각 $main = ""$, $xlab = ""$, $ylab = ""$으로 제어되며, 인용부호 사이에 공백을 두면 레이블이 없는 것으로 인식한다. 또한 색도 지정할 수 있다. 예를 들어 그림 1-4를 출력할 때 사용된 명령어는 다음과 같다. $x= faithful\$eruptions; hist(x, freq=F, main="Eruption Durations of the Old Faithful Geyser", xlab="", col="grey"); lines(density(x), col="red")$

2. bins를 자동으로 선택하는 것을 중단하기 위해서는 구간의 개수를 지정하거나(예 : $breaks =6$), 혹은 구간의 단절점을 분명하게 지정할 수 있다. $hist(faithful\$eruptions, breaks=seq(1.2, 5.3, 0.41))$.

3. 추가적인 제어 모수를 위해서는 R 콘솔에 $?hist$, $?density$ 혹은 $?stem$을 입력해 볼 수 있다. ◁

stem 명령어 중 모수 $scale$(초기 설정치는 1)의 역할을 살펴보기 위해 1975년부터 1982년까지 미국의 분기별 맥주 생산량(백만 배럴 단위)에 관한 다음 데이터를 보자.

```
3 | 566699
4 | 11122444444
4 | 6678899
5 | 022334
5 | 5
```

명령어 *x=c(35, 36, 36, 36, 39, 39, 41, 41, 41, 42, 42, 44, 44, 44, 44, 44, 44, 46, 46, 47, 48,
48, 49, 49, 50, 52, 52, 53, 53, 54, 55)*를 통해 R 객체 *x*에 데이터를 입력한 후, 명령어 *stem(x,
scale=0.5)*를 입력하면 위와 같은 줄기-잎 그림이 나타난다. 각 줄기의 잎에 해당하는 부분이
하위 절반(0부터 4까지의 정수)과 상위 절반(5부터 9까지의 정수)으로 나누어짐을 인지하라.

1.5.2 산점도

산점도(scatterplot)는 2개 혹은 3개의 변수 간 관계를 탐색할 때 유용하다. 예를 들어 그림 1-2
와 1-3은 흑곰 모집단에서 추출한 표본으로부터 곰의 가슴둘레와 무게의 산점도를 나타낸다.
이 산점도를 통해 곰의 가슴둘레와 무게 사이에는 상당히 강한 양의 관계가 있음을 알 수 있다
(즉 곰의 가슴둘레가 클수록 몸무게가 무겁다). 그래서 가슴둘레는 곰의 무게를 예측하는 데 쓸
수 있다. 이번 절에서는 기본 산점도와 3D 산점도의 고급 형태를 살펴볼 것이다.

부분집합 식별 산점도(Scatterplots with Subclass Identification) 그림 1-6의 산점도는 그림 1-2
의 산점도와 비슷하지만 색깔로 수컷 곰과 암컷 곰을 구분하고 있다. 그림 1-6에서 알 수 있는
부가 정보로는 가슴둘레와 무게의 변수 관계는 흑곰의 모집단에서 나타나는 두 성별 모두 비슷
하다는 것이다.

산점도 행렬(Scatterplot Matrix) 명칭에서 나타나는 바와 같이 산점도 행렬은 데이터 집합에서
나타나는 모든 변수를 짝지은 쌍의 산점도를 행렬로 표현한 것이다. 실제로는 *x*축과 *y*축에서 각
각 한 번씩 나타난 변수인 한 쌍의 변수에서 2개의 산점도가 생성된다. 그림 1-7은 흑곰의 다른
측정결과끼리 짝지어진 모든 산점도 행렬을 나타낸다. (2, 1), 즉 2열 1행에 위치한 산점도에서
는 Head.L(머리길이)가 *x*축에, Head.W(머리둘레)가 *y*축에 나타나는 반면에 (1, 2)에 위치한
산점도에서는 Head.W가 *x*축에, Head.L이 *y*축에 나타난다.

그림 1-6

곰의 무게 대 가슴둘레
산점도

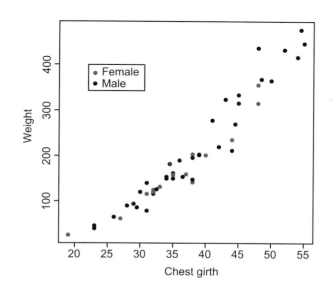

그림 1-7
곰 측정치에 관한 산점도
행렬

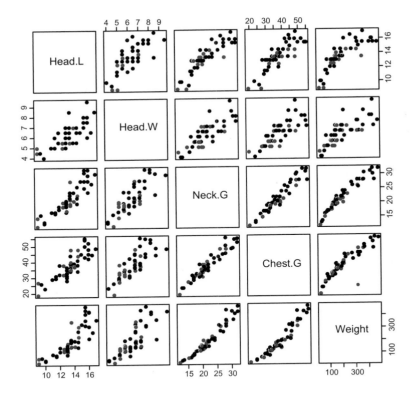

산점도 행렬은 특정 변수가 또 다른 변수를 잘 예측하는지 확인하는 데 유용하다. 예를 들어 그림 1-7에서 곰의 가슴둘레와 목둘레는 무게를 예측하는 가장 좋은 변수임을 나타낸다.

데이터 프레임 *br*에 불러온 데이터(예 : *br=read.table("BearsData.txt", header =T)*)를 통해 다음과 같은 R 명령어로 그림 1-6과 1-7을 출력할 수 있다.[4]

그림 1-6과 1-7의 R 명령어

```
attach(br) # 변수를 이름으로 불러올 수 있도록 한다.

plot(Chest.G, Weight, pch=21, bg=c("red", "green")
[unclass(Sex)] # 그림 1-6

legend(x=22, y=400, pch=c(21,21), col=c("red", "green"),
legend=c("Female", "Male")) # 그림 1-6에 범례 추가

pairs(br[4:8], pch=21, bg=c("red", "green")[unclass(Sex)])
# 그림 1-7
```

---

4 Neil F. Payne은 1976년 곰의 가슴둘레 측정을 통해 곰의 무게를 추정하고자 하였다. Estimating live weight of black bears from chest girth measurements, *The Journal of Wildlife Management*, 40(1): 167-169. 그림 1-7의 데이터는 Dr. Gary Alt가 Minitab에 기부한 데이터 집합의 일부분이다.

그림 1-8

주변부 히스토그램을 나타내는 곰의 무게 대 가슴둘레 산점도

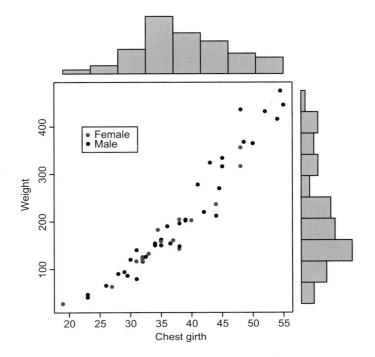

산점도와 주변 히스토그램(Scatterplots with Marginal Histograms) 기본 산점도의 고도화는 산점도에 사용된 두 변수의 개별 히스토그램을 나타낸다. 그림 1-8은 그림 1-6[5]의 고도화된 산점도를 보여 준다. 히스토그램이 산점도의 주변에 나타나 있다는 뜻의 주변부라는 단어는 흔히 다변량 데이터 집합 내 개별 변수의 통계적 모집단을 지칭하는 데 사용된다. 4장 참조.

3D 산점도(3D Scatterplot) 그림 1-9는 연속된 30일간의 산업 공정에서 평균온도와 생산량(톤 단위)을 포함하는 소비 전력 데이터로 이루어져 있다. 그림에서는 전력 소비량에 대한 온도와 생산량의 접합 효과를 3차원으로 나타낸다.

데이터 프레임 *el*에 입력된 데이터, 예를 들어 *el＝read.table(＂ElectrProdTemp.txt＂, header＝T)*와 같은 명령어를 통해 다음 **R** 명령어로 그림을 생성할 수 있다.

그림 1-9의 R 명령어

```
attach(el) # 변수를 이름으로 불러올 수 있도록 한다.

install.packages("scatterplot3d"); library(scatterplot3d) # 이 다음 명령어를
위해 필요

scatterplot3d(Temperature, Production, Electricity, angle=35, col.axis=
"blue", cold.grid="lightblue", color="red", main= " ", pch=21, box=T) # 그림 1-9
```

---

5 그림 1-8에 사용된 R 명령어는 http://www.stat.psu.edu/~mga/401/fig/ScatterHist.txt에서 찾아볼 수 있다. 해당 명령어는 http://www.r-bloggers.com/example-8-41-scatterplot-with-marginal-histograms에서 주어진 예제 명령어의 변형이다.

그림 1-9
온도, 생산량, 전기의
3D 산점도

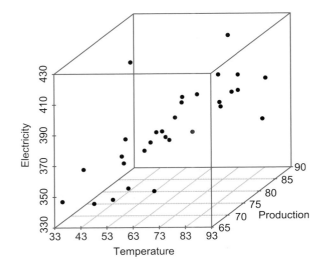

그림 1-9
온도, 생산량, 전기의
3D 산점도

1.5.3 파이 차트와 막대그래프

파이 차트(pie chart)와 막대그래프(bar graph)는 표본의 각 범주에 대한 계수 데이터(count data)의 표현에 사용된다. 또 표본의 각 범주별 백분율 혹은 비율(1.6.1절에서 정확한 정의와 개념을 참고)을 나타낼 수도 있다. 예시로는 서로 다른 민족, 교육 또는 수입의 범주에 대한 계수(혹은 백분율 또는 비율), 자동차 회사 간 특정 기간 시장 점유율, 차량의 색상별 선호도 등이 있다. 막대의 높이가 줄어드는 순서로 배열되어 있을 때 막대그래프는 **파레토 차트**(Pareto chart)라고도 불린다. 파레토 차트는 프로그램 향상에 중요한 도구인데, 특히 제조 공정에서 불량품을 찾거나, 소비자 불만사항 중 가장 빈번한 요인 탐색 등의 프로그램에서 일반적으로 쓰인다.

파이 차트는 아마 업계에서 가장 널리 쓰이는 통계적 차트이며, 특히 대중 매체에서 많이 쓰인다. 파이 차트는 원형으로 되어 있으며 표본 혹은 모집단이 원(파이)으로 표현되어 각 부문(조각)별 비율에 따른 크기로 나누어져 있다. 그림 1-10의 파이 차트는 2011년 11월 경차 시장 점유율을 나타내고 있다.[6]

하지만 주어진 파이 차트의 각 부분을 비교하거나 혹은 다른 시기의 경차의 시장 점유율을 나타내는 두 파이 차트를 비교하는 게 어렵다는 것이 지적되어 왔다. **스티븐스의 멱함수 법칙**[7]에 따르면 길이는 넓이보다 더 좋은 측정 도구다. 막대그래프는 막대의 높이에 따른 비율을 나타냄으로써 시지각적인 인식을 향상시킬 수 있다. 이러한 점에서 막대그래프는 넓이가 1로 조절된 히스토그램과 유사하다. 앞서 언급한 경차 시장 점유율 데이터의 막대그래프를 그림 1-11에 나타내었다.

데이터 프레임 *lv*에 입력된 데이터, 예를 들어 *lv=read.table("MarketShareLightVeh.txt"*, *header=T)*와 같은 명령어를 통해 다음 R 명령어로 그림을(무지개색으로 형성된) 생성할 수 있다.

6 http://wardsauto.com/datasheet/us-light-vehicle-sales-and-market-share-company-2004 – 2013
7 S. S. Stevens (1957). On psychophysical law. *Psychological Review*. 64(3): 153 – 181.

그림 1-10

경차 시장 점유율 데이터의 파이 차트

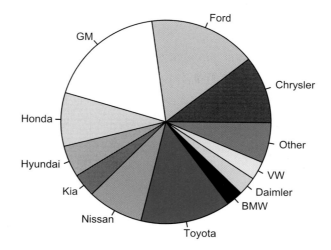

그림 1-11

경차 시장 점유율 데이터의 막대그래프

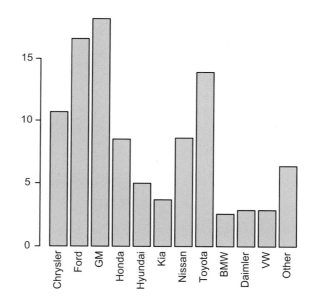

그림 1-10과 1-11의 R 명령어

```
attach(lv) # 변수를 이름으로 불러올 수 있도록 한다.
pie(Percent, labels=Company, col=rainbow(length(Percent))) # 그림 1-10
barplot(Percent, names.arg=Company, col=rainbow(length(Percent)), las=2)
# 그림 1-11
```

노트 1.5-2   막대그래프는 수평으로도 표현이 가능하다. *barplot(Percent, names.arg=Company, col=rainbow(length(Percent)), horiz=T, las=1)*의 명령어를 통해 그림 1-11을 수평으로 나타낸 그림을 출력해 볼 수 있다. 또한 다음의 연습문제 17번을 통해 파레토 차트의 변형된 형태도 참고하라.   ◁

연습문제

1. 명령어 $cs = read.table("Concr.Strength.1s.Data.txt", header = T)$를 통해 물과 시멘트 비율이 0.4[8]인 콘크리트 실린더의 28일 후 압축 강도 측정결과를 포함한 R 객체 cs 데이터를 불러온다. 그 후 $attach(cs); hist(Str, freq = FALSE); lines(density(Str)); stem(Str)$ 명령어를 이용하여 평활화된 히스토그램을 겹쳐 놓은 히스토그램과 줄기-잎 그림을 출력하라.

2. 명령어 $attach(faithful); hist(waiting); stem(waiting)$를 통해 Old Faithful 데이터의 폭발 전 대기 시간의 히스토그램을 그리고, 줄기-잎 그림을 그려라. 줄기-잎 그림과 히스토그램의 모양이 유사한가? 그 후 노트 1.5-1에 주어진 명령어와 비슷한 명령어를 통해 히스토그램과 평활화된 히스토그램에 색을 입힌 후 히스토그램의 명칭을 삽입하라.

3. 명령어 $attach(faithful); plot(waiting, eruptions)$를 이용하여 Old Faithful 데이터의 폭발 지속 시간 대비 대기 시간의 산점도를 그려라. 폭발 대기 시간과 지속 시간의 관계에 대해 논하라.

4. $Temp.Long.Lat.txt$의 데이터는 1931년부터 1960년 동안 1월의 평균 최저 온도(화씨)와 56개 미국 도시[9]의 위도와 경도를 나타낸다.

(a) 데이터의 산점도 행렬을 구축하라. 경도와 위도가 도시 온도의 좋은 예측변수인가? 구축된 그림에 관하여 설명하라.

(b) 데이터의 3D 산점도를 구축하라. 위도와 경도가 도시 온도의 좋은 예측변수인가? 구축된 그림에 관하여 설명하라.

5. 1.5.2절의 R 데이터 프레임 br로 곰의 측정 데이터를 입력하라. 그리고 다음과 같은 코드를 이용하여 곰의 목둘레, 가슴둘레, 무게로 성별 판별을 위한 3D 산점도를 그려라.

```
scatterplot3d(br[6:8], pch=21,
    bg=c("red","green")[unclass(br$Sex)])
```

6. 자동차의 속도와 제동거리의 관계에 대한 연구는 속도제한 교통법과 자동차 디자인의 변화를 이끌어 왔다. R 데이터 집합 $cars$는 1920년대 자동차의 각기 다른 속도에 대한 제동거리[10]가 기록된 데이터이다. 명령어 $attach(cars); plot(speed, dist)$를 이용하여 제동거리 대비 속도의 기본 산점도를 그려라. 속도와 제동거리의 관계에 대해 논하라.

7. 자동차와 트럭의 여러 속도에서 평균 정지 시간(수평이며, 건조하지만 탄탄한 고속도로)을 데이터 프레임 bd에 불러오기 위해 명령어 $bd = read.table("SpeedStopCarTruck.txt", header = T)$로 입력하라. 그 후 1.5.2절에 주어진 그림 1-6과 유사한 명령어를 입력하여 자동차와 트럭을 구분할 수 있게 색을 삽입하라. 그림에 범례를 추가하라.

8. 개인과 지주 그리고 미국 농무부의 산림청은 나무의 나이(수령)를 확인하고자 한다. 가장 간단한(하지만 가장 믿을 만한 것은 아닌) 수령 확인 방법은 나무의 중간 높이($1.2 \sim 1.5m$)의 지름과 수령의 관계를 이용하는 방법이다. 세 종류 나무의 다른 지름값에 대한 평균 수령을 데이터 프레임 ad에 불러오기 위해 명령어 $ad = read.table("TreeDiamAAge3Stk.txt", header = T)$로 입력하라. 그 후 명령어 $attach(ad); plot(diam, age, pch=21, bg=c("red", "green", "blue")[unclass(tree)]); legend(x=35, y=250, pch = c(21, 21, 21), col = c("red", "green",$

---

8 V. K. Alilou and M. Teshnehlab (2010). Prediction of 28-day compressive strength of concrete on the third day using artificial neural networks, *International Journal of Engineering (IJE)*, 3(6)

9 J. L. Peixoto (1990). A property of well-formulated polynomial regression models. *American Statistician*, 44: 26-30.

10 제동거리는 브레이크 작동 후 자동차가 완전히 정지하기까지 필요한 거리이다.

*"blue"), legend = c("SMaple", "ShHickory", "WOak"))*를 이용하여 데이터를 그리고 범례를 추가하라. 세 종류 나무의 성장 패턴에서 찾아볼 수 있는 차이점에 대해 논하라.

9. 모의실험에 의한 오작동에 대한 로봇의 반응 시간 데이터를 *t=read.table("RobotReactTime.txt", header=T)*에 의해 데이터 프레임 *t*로 불러와 저장하라. 로봇 1의 반응 시간을 복사하여 명령어 *attach(t); t1=Time[Robot==1]*을 통해 vector *t1*으로 붙여 넣어라. 식 (1.5.1)에 주어진 명령어를 이용하여 다음을 수행하라.

(a) 로봇 1의 반응 시간에 대한 평활화된 히스토그램과 기본 히스토그램을 겹쳐 그려라.

(b) 로봇 1의 반응 시간을 줄기-잎 그림으로 표현하라.

10. 겨울 동안에 10곳의 장소에서 측정된 표층수의 전도성(μS/cm) 측정결과(X)와 강둑 퇴적물의 전도성(μS/cm) 측정결과(Y)는 *ToxAssesData.txt*[11]에서 찾아볼 수 있다. 데이터 프레임 *Cond*에 연습문제 7번과 비슷한 명령어를 이용하여 데이터를 불러온 후, 연습문제 6번에 주어진 명령어를 이용하여 X에 대한 Y의 기본 산점도를 구축하라. 표층수의 전도성을 퇴적물의 전도성을 예측하는 데 쓸 수 있는가?

11. 강수량은 빗물의 유출량 예측의 좋은 예측변수인가? 이 문제에 대한 보고서 데이터는 *SoilRunOffData.txt*[12]에서 찾아볼 수 있다. 데이터 프레임 *Rv*에 연습문제 7번과 주어진 유사한 명령어를 이용하여 데이터를 불러오고, 연습문제 6번에 주어진 명령어를 이용하여 기본 산점도를 그려라. 강수량이 빗물 유출량 예측에 유용한 것으로 나타나는가?

12. 산업 공정에서 연속 30일간 사용된 전기 소비량 데이터에 포함된 평균 기온과 생산량(톤)을 1.5.2절의 그림 1-9에 주어진 명령어를 이용해 데이터 프레임 *el*로 불러오도록 한다. 그 후 같은 절에 주어진 명령어를 이용하여 데이터의 산점도 행렬을 구축하라. 기온과 생산량 중 전기 소비량 예측에 더 적합한 예측변수는 무엇인가?

13. R 데이터 집합 *airquality*는 하루 중 측정된 오존과 기온, 바람, 태양열 및 월(month)과 일(day)을 포함하고 있다. 명령어 *pairs(airquality[1:5])*를 이용하여 데이터 집합의 첫 다섯 변수를 추출하여 산점도 행렬을 그려라. 그 후 다음 질문에 대한 답을 하라.

(a) 더운 날에 오존 수치가 더 높게 측정되는가?

(b) 바람이 많이 부는 날에 오존 수치가 더 높게 측정되는가?

(c) 태양열이 상승할 때 오존 수치에는 어떤 영향이 있는가?

(d) 가장 높은 오존 수치를 기록하는 달은 언제인가?

14. 반수체 세포의 제라늄 캘러스의 기관 형성에 미치는 옥신-시토키닌 교호작용의 영향에 대한 보고서 데이터는 *AuxinKinetinWeight.txt*[13]에서 찾아볼 수 있다. 연습문제 7에 주어진 유사한 명령어를 사용하여 데이터 프레임 *Ac*에 데이터를 불러온 후 1.5.2절의 명령어를 사용하여 다음과 같은 작업을 수행한다.

(a) 데이터의 산점도 행렬 구축

(b) 데이터의 3D 산점도 구축

callus 무게에 대한 예측변수로서 *auxin*과 *kinetin*이 유용한가를 논하라.

15. R 데이터 집합 *mtcars*는 자동차의 무게, 배기량 그리고 주행거리 데이터를 포함하고 있다. 명령어 *library (scatterplot3d); attach(mtcars); scatterplot3d(wt,disp, mpg, pch=21, highlight.3d=T, type="h", box=T,*

11 M. Latif and E. Licek (2004). Toxicity assessment of wastewaters, river waters, and sediments in Austria using cost-effective microbiotests, *Environmental Toxicology*, 19(4): 302.308.

12 M. E. Barrett et al. (1995). *Characterization of Highway Runoff in Austin, Texas, Area*. Center for Research inWater Resourses, University of Texas at Austin. Tech. Rep.# CRWR 263.

13 M. M. El-Nil, A. C. Hildebrandt, and R. F. Evert (1976). Effect of auxin-cytokinin interaction on organogenesis in haploid callus of *Pelargonium hortorum*, *In Vitro* 12(8): 602 – 604.

main=")을 이용하여 3D 산점도의 변동을 나타내라. *box=T*를 *box=F*로 변환하여 명령어를 다시 반복하라.

16. 미국에 거주하는 16세 이상 24세 이하 사람들의 사고 수와 종류 예측 데이터는 *AccidentType.txt*에서 찾아볼 수 있다. 연습문제 7번에 주어진 유사한 명령어를 이용하여 데이터 프레임 *At*에 데이터를 불러온다. 1.5.3절에 주어진 명령어를 이용하여 데이터를 막대그래프와 파이 차트로 구축하라.

17. 보스턴 지역의 사람들이 출근에 지각하는 예상 비율과 이유를 데이터 프레임 *lw*에 명령어 *lw=read.table* (*"ReasonsLateForWork. txt"*, *sep=","*, *header=T*)를

이용하여 불러오도록 한다.

(a) 1.5.3절에 주어진 명령어를 이용하여 데이터의 막대 그래프와 파이 차트를 구축하라.

(b) (a)에서 구축된 막대그래프는 막대가 줄어드는 순으로 배열되었기 때문에 파레토 차트이다. 명령어 *attach(lw);* *plot(c(0, 6), c(0, 100), pch="", xlab="", ylab="", xaxt="n", yaxt="n"); barplot(Percent, width=0.8, names.arg=Reason, col=rainbow(length(Percent)), las=2, add=T); lines(seq(0.5, 5.5, 1), cumsum(Percent), col="red")*를 이용하여 누적 백분율을 나타내는 파레토 차트의 변동을 구축하라.

1.6 비율, 평균 그리고 분산

과학자들은 일반적으로 관심이 있는 변수 또는 통계적 모집단에 대해 확실하게 정량화할 수 있는 특정 측면인 소위 모수에 대해 알고 싶어 한다. 가장 일반적인 모수로는 비율, 평균 그리고 분산이 있다. 이 절에서는 유한 모집단의 모수와 모수의 표본 형태도 함께 논의한다.

1.6.1 모비율과 표본비율

관심 대상 변수가 양품/불량품 판별, 의견의 강도, 자동차 종류 등을 나타내는 것과 같이 범주형일 때, 각 범주의 모집단(혹은 표본) 개체의 비율에 대해 관심이 있다. 1.5.3절에서는 비율을 시각화하는 도식법을 소개하였다. 이 절에서는 모비율과 표본비율의 공식적인 정의와 개념을 나타내고, 표본비율의 표본 변동성을 설명한다.

만약 모집단이 N개의 개체를 포함하고 N_i가 i 범주에 속하는 개체 수일 때, i 범주의 모비율은 다음과 같다.

모비율의 정의

$$p_i = \frac{\text{범주 } i\text{의 모집단 개체 수}}{\text{전체 모집단 크기}} = \frac{N_i}{N} \tag{1.6.1}$$

만약 크기가 n인 표본이 이 모집단으로부터 추출되었다면 표본 단위 n_i는 i 범주에 속하게 되며, i 범주의 **표본비율**은 다음과 같다.

표본비율의 정의

$$\hat{p}_i = \frac{\text{범주 } i\text{의 표본 개체 수}}{\text{전체 표본 크기}} = \frac{n_i}{n} \tag{1.6.2}$$

| 예제 1.6-1 | 자동차 제조업체는 고급 자동차의 신규 모델에 기본으로 탑재될 $N = 10{,}000$개의 내비게이션 |

자동차 제조업체는 고급 자동차의 신규 모델에 기본으로 탑재될 $N = 10{,}000$개의 내비게이션 시스템 선적물을 받았다. 관심 있는 부분은 위성 수신 기능 불량이다. $N_1 = 100$의 시스템은 이러한 기능 불량을 포함하고 있으며(범주 1), $N_2 = 9{,}900$은 포함하고 있지 않다(범주 2). 품질관리를 위해 $n = 1{,}000$의 표본 시스템을 추출하였다. 표본 검사 후 $n_1 = 8$의 표본 시스템에서 기능 불량이 나타났고, $n_2 = 992$는 나타나지 않았다. 두 범주의 모비율과 표본비율을 구하라.

해답

식 (1.6.1)에 따르면, 두 범주의 모비율은 다음과 같다.

$$p_1 = \frac{100}{10{,}000} = 0.01, \quad p_2 = \frac{9{,}900}{10{,}000} = 0.99$$

식 (1.6.2)에 따르면, 두 범주의 표본비율은 다음과 같다.

$$\widehat{p}_1 = \frac{8}{1{,}000} = 0.008, \quad \widehat{p}_2 = \frac{992}{1{,}000} = 0.992$$

예제 1.2-4에서 이미 제시한 바와 같이 표본비율은 모비율에 가깝다(하지만 일반적으로 동일하지는 않다).

> 표본비율 $\widehat{p}$은 모비율 p에 가깝지만 일반적으로 다른 비율을 나타낸다.

다음 추가 예제에서는 $\widehat{p}$의 표본 변동성과 $\widehat{p}$로 산출된 p의 근사치의 특성을 살펴본다.

| 예제 1.6-2 | R을 이용하여 예제 1.6-1의 10,000개 내비게이션 시스템 모집단으로부터 크기 1,000의 5개 표 |

R을 이용하여 예제 1.6-1의 10,000개 내비게이션 시스템 모집단으로부터 크기 1,000의 5개 표본을 구하고, 각 표본 내 두 범주의 표본비율을 산출하라.

해답

먼저 통계적 모집단을 형성해야 한다. 즉, 기능 불량을 나타내는 100개의 시스템에 1값을 각각 부여하고, 기능 불량이 없는 9,900개의 시스템에는 숫자 2를 각각 부여한다. 100개의 1과 9,900개의 2의 통계적 모집단을 대표하여 모집단으로부터 1,000개의 단순임의표본을 구하고, 두 표본비율을 산출하는 R 객체(벡터) x의 R 명령어는 다음과 같다.

```
x = c(rep(1, 100), rep(2, 9900)) # x의 통계적 모집단 설정
```
(1.6.3)

```
y = sample(x, size=1000) # y의 표본 크기 1,000 설정
```
(1.6.4)

```
table(y)/length(y) # 표본비율 산출
```
(1.6.5)

명령어 (1.6.4)와 (1.6.5)를 다섯 번 반복하면 다음과 같이 모집단에 근접하는 표본비율이 쌍을 이뤄 나타난다. (0.01, 0.99) : (0.013, 0.987), (0.012, 0.988), (0.008, 0.992), (0.014, 0.986), (0.01, 0.99) ■

1.6.2 모평균과 표본평균

N 단위의 모집단에서 $v_1, v_2, \cdots, v_N$을 통계 모집단의 분석 대상 변수에 속하는 값으로 표시해 보자. 그리고 μ로 나타내는 **모평균**(population average 또는 population mean)은 단순히 통계적 모집단 내의 모든 수치형 값의 산술 평균이다. 즉, 다음과 같이 정의할 수 있다.

모평균의 정의

$$\mu = \frac{1}{N} \sum_{i=1}^{N} v_i \tag{1.6.6}$$

만약 확률변수 X가 임의로 선택된 모집단 단위의 변숫값을 나타낸다면 모평균의 X의 **기댓값**(expected value) 혹은 X의 **평균값**(mean value)은 모평균의 동의어이며, μ_X 혹은 $E(X)$로 나타낸다.

만약 크기가 n인 표본이 모집단에서 임의로 선택된 것이고, $x_1, x_2, \cdots, x_n$이 표본의 각 단위(표본값을 나타내기 위해 다른 부호를 사용)에 대응하는 변숫값일 경우, **표본평균**(sample average 또는 sample mean)은 다음과 같이 단순하게 정의한다.

표본평균의 정의

$$\bar{x} = \frac{1}{n} \sum_{i=1}^{n} x_i \tag{1.6.7}$$

예제 1.6-3

$N = 10,000$명의 직원이 있는 회사가 각 직원의 생산성을 1부터 5의 범위로 평가하는 직원 생산성 연구에 착수한다. 300명의 직원이 1점, 700명이 2점, 4,000명이 3점, 4,000명이 4점, 1,000명이 5점을 받는다고 가정하라. 직원들의 업무 만족도를 파악하기 위해 10명을 임의로 추출하여 인터뷰하는 시험적 연구도 진행한다. 추출된 직원 10명의 평가점수는 다음과 같다.

$$x_1 = 2, \ x_2 = x_3 = x_4 = 3, \ x_5 = x_6 = x_7 = x_8 = 4, \ x_9 = x_{10} = 5$$

(a) 생산성 평가 변수의 통계적 모집단을 설명하라.

(b) 확률변수 X가 임의추출된 직원들의 생산성 평가점수를 나타낸다고 했을 때, 평균값(혹은 기댓값) X의 $E(X)$를 산출하라.

(c) 임의추출된 직원 10명의 생산성 평가점수의 표본평균을 산출하라.

해답

(a) 통계적 모집단은 10,000건의 생산성 평가점수인 v_1, v_2,…, $v_{10,000}$을 포함하고 있고, 다음과 같다.

$$v_i = 1, \quad i = 1, \cdots, 300$$
$$v_i = 2, \quad i = 301, \cdots, 1000$$
$$v_i = 3, \quad i = 1001, \cdots, 5000$$
$$v_i = 4, \quad i = 5001, \cdots, 9000$$
$$v_i = 5, \quad i = 9001, \cdots, 10,000$$

(b) 식 (1.6.6)에 따르면 X의 기댓값(또한 모평균 평가점수)은 다음과 같다.

$$E(X) = \frac{1}{10,000} \sum_{i=1}^{10,000} v_i = \frac{1}{10,000}(1 \times 300 + 2 \times 700$$
$$+ 3 \times 4,000 + 4 \times 4,000 + 5 \times 1,000) = 3.47$$

(c) 마지막으로 식 (1.6.7)에 따르면 10개의 생산성 평가 표본은 다음과 같은 표본평균을 산출한다.

$$\bar{x} = \frac{1}{10} \sum_{i=1}^{10} x_i = 3.7$$

■

예제 1.2-4는 이미 분석 대상 변수의 표본비율이 모비율에 근접(하지만 일반적으로 동일하지는 않은)하다는 사실을 강조하고 있다. 특히,

---

표본평균 $\bar{x}$은 모평균 μ의 근삿값이지만 일반적으로는 서로 다르다.

$\bar{x}$가 μ에 얼마나 가까운 근삿값인지, 그리고 $\bar{x}$의 표본 변동성을 추가적으로 설명하기 위해서 예제 1.6-3의 직원 10,000명의 모집단으로부터 크기 10의 표본 5개를 구하고, 각 표본의 표본평균을 산출한다.

예제 1.6-4 R을 이용하여 예제 1.6-3의 직원 10,000명의 모집단으로부터 크기 10의 표본 5개를 구하고, 각 표본의 표본평균을 산출하라.

해답

다음과 같은 명령어를 입력하라.

```
x = c(rep(1, 300), rep(2, 700), rep(3, 4000), rep(4, 4000)
  rep(5, 1000))
```

이를 통해 예제 1.6-3의 해답에 주어진 통계 모집단을 설정하고, 다음 명령어를 5번 반복하라.

$$y = sample(x, size = 10); \ mean(y)$$

예를 들어 다음과 같은 표본평균이 산출된다.

$$3.7, \ 3.6, \ 2.8, \ 3.4, \ 3.2 \qquad \blacksquare$$

예제 1.6-5에서 비율은 평균으로 표현될 수 있다는 단순하지만 매우 중요한 사실을 확인 가능하다. 즉 다음과 같이 표현할 수 있다.

> 비율은 평균의 특별한 케이스이다.

예제 1.6-5 미국의 특정 지역은 60,000명의 선거자격이 있는 시민이 있고, 36,000명은 태양열 에너지 확대에 찬성한다. 주 전체 여론조사에서 50명의 시민을 임의추출하였고, 28명이 태양열 에너지에 찬성하였다.

(a) $p = 36{,}000/60{,}000 = 0.6$을 확률변수 X의 기댓값으로 하여 태양열 에너지 확대에 찬성하는 시민의 비율을 나타내라.

(b) $\hat{p} = 28/50 = 0.56$을 표본평균으로 하여, 표본으로 추출한 태양열 에너지 확대에 찬성하는 시민의 표본비율을 나타내라.

해답

(a) 여기서 알고자 하는 특징은 질적인 요소(찬성 혹은 반대)이지만, 0을 '반대'로, 1을 '찬성'으로 설정하여 이를 변수로 변환할 수 있다. 이를 통해 통계적 모집단은 24,000개의 0과 36,000개의 1을 포함하게 된다.

$$v_i = 0, \quad i = 1, \cdots, 24{,}000; \quad v_i = 1, \quad i = 24{,}001, \cdots, 60{,}000$$

확률변수 X를 통계적 모집단으로부터 임의추출된 값을 나타낸다고 하였을 때, 다음과 같은 식이 나타난다[식 (1.6.6)].

$$\mu_X = \frac{1}{60{,}000} \sum_{i=1}^{60{,}000} v_i = \frac{36{,}000}{60{,}000} = 0.6$$

(b) 다음으로 통계적 모집단에서 추출된 50명의 시민 표본은 22개의 0과 28개의 1의 표본에 대응한다.

$$x_i = 0, \quad i = 1, \cdots, 22, \quad x_i = 1, \quad i = 23, \cdots, 50$$

식 (1.6.7)에 따르면 표본평균은 다음과 같다.

$$\bar{x} = \frac{1}{50} \sum_{i=1}^{50} x_i = \frac{28}{50} = 0.56$$

위 설명은 일변량 변수와 관계된다. 이변량 혹은 다변량 변수의 모평균과 표본평균은 각 좌표의 평균을 따로 산출하여 구한다. 또한 위의 모평균 정의는 유한 모집단을 가정한 정의다. 예제 1.1-1의 사례연구 3에서 나타낸 시멘트 혼합물과 같은 유한 혹은 개념적인 모집단에 대한 모평균 정의는 3장에서 다룰 것이다. 표본평균의 정의는 추출된 표본이 유한 모집단이나 무한 모집단 둘 중 어느 모집단에도 관계없이 그대로 동일하다.

1.6.3 모분산과 표본분산

모분산과 **표준편차**는 모집단의 수량화된 고유 변동성을 제공한다. 수량화된 고유 변동성은 제조 공정의 품질 측정에 많이 쓰인다. 높은 품질을 가진 제품의 주 특징(들)은 제품의 한 단위로부터 다른 단위로 가능한 한 적게 변한다(즉, 통계적 모집단 대응은 가능한 한 낮은 고유 변동성을 나타내야 한다.). 예를 들어 특정 자동차가 필요한 특징이 높은 연비일 때 이는 같은 제조업체가 만드는 다른 자동차와 모형도 유사한 연비를 가지는 것이 바람직하다.

N 단위의 모집단을 고려하고, v_1, $v_2, \cdots$, v_N을 통계적 모집단에 대응하는 변수의 값으로 나타냈을 때, σ^2로 나타나는 **모분산**(population variance)은 다음과 같이 정의된다.

모분산의 정의

$$\sigma^2 = \frac{1}{N} \sum_{i=1}^{N} (v_i - \mu)^2 \tag{1.6.8}$$

여기서 μ는 모평균을 나타낸다. 만약 확률변수 X가 임의로 추출된 모집단 단위의 변숫값을 나타낸다면 모분산 역시 확률변수 X의 분산으로 불리며, 이를 σ_X^2 혹은 $\mathrm{Var}(X)$로 표현한다.

확률변수 X의 분산 혹은 그것이 나타내는 모집단의 분산은 통계적 모집단의 값들이 모평균과 다른 정도를 수량화한다. 식 (1.6.8)이 나타내는 바와 같이 모분산은 모평균으로부터 통계적 모집단 구성요소의 평균 제곱 거리이다. 평균 제곱 거리이기 때문에 확률변수의 분산이 절대 음의 값이 될 수 없다는 것은 말할 필요도 없다. 어떤 간단한 대수 과정을 통해 모분산을 다음 식으로 표현할 수 있다.

모분산의 간편계산식

$$\sigma^2 = \frac{1}{N} \sum_{i=1}^{N} v_i^2 - \mu^2 \tag{1.6.9}$$

식 (1.6.9)가 분산을 계산하기 더 쉽다.

모분산의 양의 제곱근은 모집단 **표준편차**로 불리며 다음과 같이 σ로 표현된다.

모집단 표준편차의 정의	$$\sigma = \sqrt{\sigma^2} \qquad (1.6.10)$$

확률변수 X의 표준편차 혹은 기본 모집단은 변수 자체의 같은 단위로 표현되지만, 분산은 제곱 단위로 표현된다. 예를 들어 인치 단위의 변수는 인치 단위로 측정된 표준편차를 갖게 되지만 분산은 제곱 인치 단위로 측정된다. 이러한 이유로 인해 표준편차는 고유 변동성을 측정할 때 자주 선호된다.

만약 크기 n의 표본이 모집단에서 임의로 추출되었고, 만약 $x_1, x_2, \cdots, x_n$이 표본 단위에 대응하는 변숫값을 나타낸다면 **표본분산**은 다음과 같다.

표본분산의 정의	$$S^2 = \frac{1}{n-1} \sum_{i=1}^{n} (x_i - \bar{x})^2 \qquad (1.6.11)$$

노트 1.6-1 이 식을 처음으로 접하는 사람에게 식 (1.6.11)에서 $n-1$로 나누는 것은 매우 궁금한 부분이다. 교과서나 수업 시간에서 소개하는 일반적인 설명은 **자유도**라는 통계적 용어에 관한 단어가 주어진다. 왜냐하면 S^2의 정의는 표본평균으로부터 관측된 각 관측값의 **편차**, 즉 $x_1 - \bar{x}, x_2 - \bar{x}, \cdots, x_n - \bar{x}$를 포함하고 있고, 또 모든 편차의 합이 0이 된다. 즉 다음과 같은 식이 성립된다.

$$\sum_{i=1}^{n} (x_i - \bar{x}) = 0 \qquad (1.6.12)$$

위 식은 S^2를 확인할 수 있는 $n-1$의 자유도 혹은 독립적 수량(편차)을 포함한다. 이는 전체적으로 충분하지 않은데, 그 이유는 식 (1.6.12)와 유사한 관계를 모집단 수준에서 유지하고 있기 때문이다(단순히 n, x_i, $\bar{x}$를 N, v_i, μ로 바꾼다). 만약 많은 수의 연구자들이 각각 크기 n으로 복원추출을 하고, 표본분산의 평균을 산출한다면 평균 표본분산은 모평균과 거의 일치한다(연습문제 10 참조). **불편성**이라 불리는 S^2의 특성은 n이 아닌 $n-1$로 나누어진 표준편차의 합을 요구한다. 불편성은 추정량의 필수적인 특성이며 6장에서 더 자세하게 다룰 것이다. ◁

표본분산의 양의 제곱근은 **표본표준편차**로 불리며, 다음과 같이 S로 표현된다.

표본표준편차의 정의	$$S = \sqrt{S^2} \qquad (1.6.13)$$

S^2의 계산식은 다음과 같다.

표본표준분산의 계산식

$$S^2 = \frac{1}{n-1}\left[\sum_{i=1}^{n} x_i^2 - \frac{1}{n}\left(\sum_{i=1}^{n} x_i\right)^2\right] \qquad (1.6.14)$$

표본평균과 표본비율에서 강조한 바와 같이 이 부분에서도 다음을 강조한다.

S^2과 S는 σ^2과 σ의 근삿값이지만, 일반적으로 동일하지는 않다.

예제 1.6-6

(a) 예제 1.6-5에서 나타내는 투표 연령대의 미국 시민 60,000명에 대응하는 통계적 모집단의 분산과 표준편차를 찾아라.

$$v_i = 0, \quad i = 1, \cdots, 24{,}000, \quad v_i = 1, \quad i = 24{,}001, \cdots, 60{,}000$$

(b) (a)의 통계적 모집단으로부터 추출된 다음의 표본에서 표본분산과 표본표준편차를 찾아라.

$$x_i = 0, \quad i = 1, \cdots, 22, \quad x_i = 1, \quad i = 23, \cdots, 50$$

해답

(a) 식 (1.6.9)를 이용하면 모분산은 다음과 같다.

$$\sigma^2 = \frac{1}{N}\sum_{i=1}^{N} v_i^2 - \mu^2 = \frac{36{,}000}{60{,}000} - (0.6)^2 = 0.6(1-0.6) = 0.24$$

모집단의 표준편차는 $\sigma = \sqrt{0.24} = 0.49$이다.

(b) 다음으로 표본분산을 산출하는 계산식 (1.6.14)를 이용하면 다음과 같다.

$$S^2 = \frac{1}{n-1}\left[\sum_{i=1}^{n} x_i^2 - \frac{1}{n}\left(\sum_{i=1}^{n} x_i\right)^2\right] = \frac{1}{49}\left[28 - \frac{1}{50}28^2\right] = 0.25$$

그러므로 표본표준편차는 $S = \sqrt{0.25} = 0.5$이다. ■

위 예제의 표본분산과 표본표준편차는 각각 모분산과 모집단의 표준편차에 아주 가까운 값을 나타낸다. 다음 예제는 이러한 근사치의 특성에 대해 더 알아보고, 또 표본분산과 표본표준편차의 표본 변동성에 대해 알아보도록 한다.

| 예제 1.6-7 | R을 이용하여 예제 1.6-6에 주어진 통계적 모집단으로부터 크기 50의 5개 표본을 구하고, 각 표본의 표본분산을 산출한다. |

해답

x = c(rep(0, 24,000), rep(1, 36,000))을 입력하여 통계적 모집단을 설정하고 다음 명령어를 반복하라.

$$y = sample(x, \; size = 50); \; var(y); \; sd(y)$$

위의 명령어를 다섯 번 반복하여 실행하도록 한다. 다음 제시된 다섯 쌍의 표본분산과 표본표준편차를 예로 들 수 있다.

$$(0.2143, \, 0.4629), \; (0.2404, \, 0.4903), \; (0.2535, \, 0.5035), \; (0.2551, \, 0.5051), \; (0.2514, \, 0.5014) \; \blacksquare$$

이 절에서 주어진 모분산과 모집단의 표준편차의 정의는 유한 모집단을 가정한다. 모든 모집단에 적용이 가능한 보다 일반적인 정의는 3장에서 다룰 것이다. 표본분산과 표본표준편차의 정의는 표본이 유한 모집단이나 무한 모집단 둘 중 어느 모집단에 추출되는지에 대한 여부와는 관계없이 그대로 똑같이 적용된다.

연습문제

1. 여론조사 기관은 전국에서 1,000명의 성인을 표본으로 추출하여 그들이 매일 운동하는 시간이 평균 37분이고 표준편차는 18분이라는 것을 알아냈다.

(a) 37의 정확한 표기는 어떤 것인가?

   (i) $\bar{x}$,   (ii) μ

(b) 18의 정확한 표기는 어떤 것인가?

   (i) S,   (ii) σ

(c) 1,000명의 성인 표본 중 72%가 음주운전의 처벌에 강력하게 대응하는 것을 찬성한다. 0.72의 정확한 표기는 어떤 것인가?

   (i) $\hat{p}$,   (ii) p

2. 2000년 인구조사에서 미국 통계국은 모든 부부의 자녀 평균 나이는 2.3세이며 표준편차는 1.6이었다.

(a) 2.3의 정확한 표기는 무엇인가?

   (i) $\bar{x}$,   (ii) μ

(b) 1.6의 정확한 표기는 무엇인가?

   (i) S,   (ii) σ

(c) 같은 인구조사에 따르면 모든 성인의 17%는 미혼이었다. 0.17의 정확한 표기는 무언인가?

   (i) $\hat{p} = 0.17$,   (ii) $p = 0.17$

3. 각 다른 기간과 15~20km 고도의 하부 성층권에서 측정된 14개의 오존 측정 데이터 집합은 *OzoneData.txt*에서 찾을 수 있다. 이 측정결과 중 250 이하로 내려가는 비율은 어떻게 되는가? 이 표본비율이 추정하는 것은 무엇인가?

4. 명령어 *cs* = *read.table("Concr.Strength.1s.Data. txt", header = T*)를 이용하여 R 객체 *cs*에 물과 시멘트 비율이 0.4인 콘크리트 실린더의 28일 후 압축 강도 측정결과를 불러온다(1.5절 참조). 그 후 명령어 *attach(cs); sum(Str <=44)/length(Str); sum(Str>=47)/length(Str)*

을 이용하여 측정결과가 44보다 작거나 같은 비율과 47보다 크거나 같은 비율을 구하라. 이 표본비율은 어떤 것을 추정하는가?

5. 예제 1.6-3을 참고하라.

(a) 예제에 주어진 생산성 평가점수의 통계적 모집단에 관한 정보를 이용하여 모분산과 모집단 표준편차를 산출하라.

(b) 예제에 주어진 생산성 평가점수 10개의 표본을 이용하여 표본분산과 표본표준편차를 산출하라.

6. R 명령어를 이용하여 예제 1.6-3에 주어진 생산성 평가점수의 통계적 모집단으로부터 크기 50의 단순임의표본을 구하고, 표본평균과 표본분산을 산출하라. 이를 다섯 번 반복하여 5쌍의 $(\bar{x}, S^2)$을 구하라.

7. 1.4절의 연습문제 1을 참고하라.

(a) 연습문제(0: $N_0 = 190$, 1: $N_1 = 160$, 2: $N_2 = 150$)에서 설명된 양철판 500개의 스크래치 수에 대응하는 통계적 모집단에서 모평균과 모분산 그리고 모집단의 표준편차를 찾아라.

(b) 위의 통계적 모집단에서 추출된 $n = 100$의 단순임의표본은 0: $n_0 = 38$, 1: $n_1 = 33$, 2: $n_2 = 29$를 포함하고 있다. 표본평균과 표본분산, 표준편차를 구하라.

8. 연습문제 7의 통계적 모집단을 R 객체(벡터)에 설정하기 위해 명령어 x=c(rep(0, 190), rep(1, 160), rep(2, 150))를 시행하라.

(a) R 명령어 y=sample(x, 100); table(y)/100는 크기 $n = 100$의 표본을 추출하여 세 범주의 비율을 산출한다. 이 명령어를 총 다섯 번 반복하여 결과를 보고하고, 표본비율이 추정한 모집단 비율을 제시하라.

(b) R 명령어 =sample(x, 100); mean(y); var(y); sd(y)는 크기 $n = 100$의 표본을 추출하여 표본평균과 표본분산, 표본표준편차를 산출한다. 명령어를 총 다섯 번 반복하여 결과를 보고하고, 추정된 모집단 모수의 값을 제시하라.

9. 주사위 던지기의 결과는 확률변수 X로 1,···,6의 숫자를 단순임의추출하는 결과로 생각할 수 있다.

(a) μ_X와 σ_X^2를 직접 계산 혹은 R을 이용하여 산출하라.

(b) 유한 모집단 1,···,6으로부터 크기 100의 표본을 복원추출하고, 표본평균과 표본분산을 산출하라. R 명령어는 다음과 같다.

```
x=sample(1:6, 100, replace=T) # T는 True 값으
    로, 대문자 필수
mean(x); var(x)
```

표본평균과 표본분산이 실제 모집단 모수에 얼마나 근접하는지 설명하라.

(c) R 명령어인 $table(x)/100$, x는 (b)에서 구한 크기 $n = 100$의 표본이며, 이를 이용하여 1,···,6의 표본비율을 구하고자 한다. 표본비율은 모두 1/6에 상당하게 근접하는가?

10. 동전 던지기에서 앞면을 1로, 뒷면을 0으로 지정하는 것은 {0, 1}에서 하나의 숫자를 단순임의추출하는 것으로 생각할 수 있다.

(a) X의 분산 σ_X^2를 산출하라.

(b) 모집단 {0, 1}에서 복원추출되는 크기 2의 표본은 {0, 0}, {0, 1}, {1, 0}, {1, 1}이다. 4개 표본의 각 표본분산을 산출하라.

(c) (b)에서 구한 4개 표본의 표본분산을 포함한 통계적 모집단을 고려하여 Y를 통계적 모집단에서 단순임의추출된 숫자 1개의 결과인 확률변수로 표시한다. $E(Y)$를 산출하라.

(d) σ_X^2와 $E(Y)$를 비교하라. 만약 (b)의 표본분산이 n 대신 $n-1$로 나누어진 수식으로 산출되었다면, 어떻게 σ_X^2와 $E(Y)$를 비교할 것인가?

11. A종의 임의추출표본 자동차 다섯 대에 대해 고속도로에서 연비 검사를 실시하였고, 다음과 같은 결과를 산출하였다. 29.1, 29.6, 30, 30.5, 30.8. B종의 임의추출표본 자동차 다섯 대는 비슷한 조건에서 연비 검사를 실시하였고, 다음과 같은 결과를 산출하였다. 21, 26, 30, 35, 38.

(a) 각 자동차 차종에 대해 연비의 모평균을 추정하라.

(b) 각 자동차 차종에 대해 연비의 모분산을 추정하라.

(c) 위의 분석결과를 토대로 두 자동차 차종을 특성에 따라 순서대로 정렬하라.

12. N값 $v_1, \cdots, v_N$을 포함한 통계적 모집단에서 μ_v, σ_v^2, σ_v는 모평균값, 모분산값 그리고 표준편차를 나타낸다.

(a) v_i값이 $w_1, \cdots, w_N$로 코딩되어 있다고 가정할 때, $w_i = c_1 + v_i$이고, c_1은 알려진 정수다. 통계적 모집단 $w_1, \cdots, w_N$가 다음과 같을 때 평균값과 분산값, 표준편차를 나타내라.

$$\mu_w = c_1 + \mu_v, \quad \sigma_w^2 = \sigma_v^2, \quad \sigma_w = \sigma_v$$

(힌트 분산의 계산식은 이를 산출하기에 편한 방법은 아니다. 대신 식 (1.6.8)을 이용하라. (b)와 (c)도 마찬가지다.)

(b) v_i값이 $w_1, \cdots, w_N$로 코딩되어 있다고 가정할 때, $w_i = c_2 v_i$이고, c_2는 알려진 정수다. 통계적 모집단 $w_1, \cdots, w_N$가 다음과 같을 때, 평균값과 분산값, 표준편차를 나타내라.

$$\mu_w = c_2 \mu_v, \quad \sigma_w^2 = c_2^2 \sigma_v^2, \quad \sigma_w = |c_2| \sigma_v$$

(c) v_i값이 $w_1, \cdots, w_N$로 코딩되어 있다고 가정할 때, $w_i = c_1 + c_2 v_i$이고, c_1, c_2는 알려진 정수다. 통계적 모집단 $w_1, \cdots, w_N$가 다음과 같을 때, 평균값과 분산값, 표준편차를 나타내라.

$$\mu_w = c_1 + c_2 \mu_v, \quad \sigma_w^2 = c_2^2 \sigma_v^2, \quad \sigma_w = |c_2| \sigma_v$$

13. 통계적 모집단에서 추출된 표본 $x_1, \cdots, x_N$에서 $\bar{x}$, S_x^2, S_x가 표본평균, 표본분산, 표본표준편차를 나타낸다.

(a) x_i값이 $y_1, \cdots, y_n$으로 코딩되어 있다고 가정할 때, $y_i = c_1 + x_i$이고, c_1은 알려진 정수다. $y_1, \cdots, y_n$이 다음과 같을 때 표본평균과 표본분산, 표본표준편차를 나타내라.

$$\bar{y} = c_1 + \bar{x}, \quad S_y^2 = S_x^2, \quad S_y = S_x$$

(b) x_i값이 $y_1, \cdots, y_n$으로 코딩되어 있다고 가정할 때, $y_i = c_2 x_i$이고, c_2은 알려진 정수다. $y_1, \cdots, y_n$이 다음과 같을 때 표본평균과 표본분산, 표본표준편차를 나타내라.

$$\bar{y} = c_2 \bar{x}, \quad S_y^2 = c_2^2 S_x^2, \quad S_y = |c_2| S_x$$

(c) x_i값이 $y_1, \cdots, y_n$으로 코딩되어 있다고 가정할 때, $y_i = c_1 + c_2 x_i$이고, c_1, c_2는 알려진 정수다. $y_1, \cdots, y_n$이 다음과 같을 때 표본평균과 표본분산, 표본표준편차를 나타내라.

$$\bar{y} = c_1 + c_2 \bar{x}, \quad S_y^2 = c_2^2 S_x^2, \quad S_y = |c_2| S_x$$

14. 스페인 해안지방의 8월 중 임의로 추출한 7일의 정오 시간대 기온은 $\bar{x} = 31°C$이며 $S = 1.5°C$이다. 섭씨 단위를 화씨 단위로 바꾸는 식은 $°F = 1.8°C + 32$이다. 측정된 7개 온도의 표본평균과 분산을 화씨 단위로 나타내라.

15. $X_1 = 81.3001$, $X_2 = 81.3015$, $X_3 = 81.3006$, $X_4 = 81.3011$, $X_5 = 81.2997$, $X_6 = 81.3005$, $X_7 = 81.3021$의 표본이 있다. 데이터에서 81.2997을 빼고, 10,000을 곱해 코딩하면 코딩된 데이터는 4, 18, 9, 14, 0, 8, 24로 나타난다. 데이터의 표준분산은 $S_Y^2 = 68.33$으로 주어져 있다. 원데이터의 표준분산을 구하라.

16. 다음 데이터는 15명의 선임연구원 표본에서 나타난 매년 1,000달러 단위의 초봉 데이터다.

152 169 178 179 185 188 195 196 198 203
204 209 210 212 214

(a) 선임연구원 15명이 모집단의 단순임의표본을 대표한다 가정했을 때, 모평균과 모분산을 추정하라.

(b) 같은 연구원들이 다음과 같은 조건일 때 2년 차 연봉의 표본평균과 표본분산을 구하라.

(i) 각 연구원의 연봉이 5,000달러 인상될 때

(ii) 5%의 연봉 인상을 받을 때

1.7 중앙값, 백분위수 그리고 상자그림

백분위수는 만약 값 사이의 분할량이 충분히 넓을 때, 예를 들어서 SAT 점수와 같이 주로 연속형 변수 혹은 이산형 변수에 쓰인다. 유한 모집단(이번 장에서 다루는 유일한 모집단 종류)에서 백분위수의 정의는 표본 백분위수와 동일하다. 이러한 이유로 이번 장에서는 표본 백분위수만 다룬다. 무한 모집단의 모집단 백분위수는 3장에서 논의한다.

$x_1, \cdots, x_n$을 연속형 모집단 분포에서 추출한 단순임의표본이라 하자. 일반적으로 $(1-\alpha)100$번째 **표본 백분위수**(sample percentile)는 표본을 $(1-\alpha)100\%$의 더 작은 부분과 $\alpha 100\%$ 더 큰 부분의 두 부분으로 나눈다. 예를 들어 90백분위수[$90 = (1-0.1)100$]가 데이터 집합 내 상위 10%와 하위 90%의 값을 나눈다. 표본 50백분위수는 표본 중앙값으로 불리고 $\tilde{x}$로 표현된다. 이는 데이터의 상위 50%와 하위 50%를 구분하는 값이다. 25, 50, 75백분위수 또한 **표본 사분위수**로 불리는데, 이는 표본을 4등분한 값이다. 25백분위수와 75백분위수는 각각 **하한 사분위수**(q_1), **상한 사분위수**(q_3)로도 표현된다. 정확한(계산적인) 표본 사분위수의 정의는 정의 1.7-2에 주어져 있다. 다음은 변동성을 나타내는 또 다른 척도를 정의하고 있다.

정의 1.7-1

표본 사분위수 범위 혹은 **표본 IQR**은 다음과 같이 정의된다.

$$IQR = q_3 - q_1$$

위 식은 변동성 측정결과의 모집단 IQR의 추정식이다.

표본 사분위수는 대응하는 모집단 백분위수의 추정량으로 쓰인다. 표본 사분위수의 정확한 정의를 위해 **순서**대로 배열한 표본값, 즉 **순서통계량**(order statistics)에 대한 표기를 알아야 한다. 증가하는 순서로 배열된 표본값은 다음과 같이 표현된다.

순서통계량의 표기

$$x_{(1)}, x_{(2)}, \ldots, x_{(n)} \tag{1.7.1}$$

증가하는 순서대로 배열되어 있기 때문에 $x_{(1)}$은 가장 수가 작은 관측값이고, $x_{(n)}$은 가장 크다. 특히, $x_{(1)} \le x_{(2)} \le \cdots \le x_{(n)}$.

모집단 백분위수의 추정량인 각각의 $x_{(i)}$를 확인한다. 이후에 표본 중앙값과 상한 및 하한 사분위수의 정확한(계산적인) 정의를 한다.

정의 1.7-2

$x_{(1)}, x_{(2)}, \cdots, x_{(n)}$는 크기 n의 표본에서 순서대로 배열한 표본값을 나타낸다. 그리고 i번째 작은 표본값인 $x_{(i)}$를 추출하여 $100\left(\dfrac{i-0.5}{n}\right)$번째 표본 백분위수로 한다. **표본 백분위수**는 대응하는 모집단 백분위수를 추정한다.

예제 1.7-1

예제 1.2-5의 50마리의 흑곰 무게 측정결과의 통계적 모집단에서 추출된 크기 10의 단순임의표본은 다음과 같다.

$$154 \ 158 \ 356 \ 446 \ 40 \ 154 \ 90 \ 94 \ 150 \ 142$$

순서통계량을 제시하고, 이에 추정된 모집단 백분위수를 설명하라.

해답

다음의 R 명령어는 순서통계량 40, 90, 94, 142, 150, 154, 154, 158, 356, 446을 출력한다.

```
sort(c(154, 158, 356, 446, 40, 154, 90, 94, 150, 142))
```

이 순서통계량은 각각 5, 15, 25, 35, 45, 55, 65, 75, 85, 95번째 모집단 백분위수를 추정한다. 예를 들어 $x_{(3)} = 94$는 $100(3 - 0.5)/10 = 25$백분위수이며, 대응하는 모집단 백분위수를 추정한다. ■

위 예제가 확인한 바와 같이 분석 대상 표본 백분위수에 대응하는 순서통계량은 없다는 것을 알 수 있다. 예를 들어 예제 1.7-1의 순서통계량 중 중앙값이나 90백분위수에 대응하는 수는 하나도 없다. 일반적으로 만약 표본 크기가 짝수이면 표본 중앙값에 해당되는 순서통계량은 없을 것이고, 만약 표본 크기가 6 + (4배수)의 형태가 아니라면 사분위수에 해당하는 순서통계량이 없을 것이다. R은 주어진 데이터 집합의 표본 사분위수를 평가할 때 보간법 알고리즘을 사용한다. 다음의 명령어는 객체 x의 데이터에서부터 중앙값, 25백분위수, 30, 70, 90백분위수와 $x_{(1)}$, q_1, $\tilde{x}$, q_3와 $x_{(n)}$을 포함하는 데이터의 **다섯 수치 요약**을 출력한다.

R 명령어: 백분위수

```
median(x)
quantile(x, 0.25)
quantile(x, c(0.3, 0.7, 0.9))
summary(x)
```
(1.7.2)

예제 1.7-2

예제 1.7-1에 주어진 흑곰 표본 10마리의 몸무게를 이용하여 모집단의 중앙값과 70, 80, 90백분위수를 추정하라.

해답

예제 1.7-1에서 설명한 바와 같이 표본값을 객체 w에 삽입하고, R 명령어 *quantile(w, c(0.5,0.7,0.8,0.9)*를 입력하면 표본 중앙값과 70, 80, 90백분위수를 각각 152.0, 155.2, 197.6, 365.0로 산출한다. ■

R 명령어 *summary(x)*로 주어지는 데이터의 다섯 수치 요약(five number summary)은 **상자그림**의 토대가 된다. 상자그림은 단순하지만 데이터 집합 $x_1, \cdots, x_n$의 주요 특징을 효율적으로 시각화한다. 상자그림은 하나의 상자에 데이터의 중간 50%를 나타내고, 하부(혹은 왼쪽) 가장자리에는 q_1, 상부(혹은 오른쪽) 가장자리에는 q_3를 나타낸다. 상자 안에 나타나는 선은 중앙값을 의미한다. 데이터의 하부 25%와 상부 25%의 값은 각 가장자리로부터 뻗어 나가는 선[혹은 수염(whiskers)]으로 나타난다. 하부 선은 q_1으로부터 1.5 사분위수 범위 사이의 가장 작은 관측치까지 뻗어 나간다. 상부 선은 q_3로부터 1.5 사분위수 범위 사이의 가장 큰 관측치까지 뻗어 나간다. 상자로부터 선의 끝부분보다 멀리 위치한 관측치(즉 $q_1 - 1.5 \times$ IQR보다 작거나 $q_3 + 1.5 \times$ IQR보다 큰 값)는 **이상치**(outliers)로 불리고, 개별적으로 그림에 나타난다. 상자그림 구축은 다음 예제에서 확인할 수 있다.

예제 1.7-3

과학자들은 1980년부터 오존홀을 관측하고 있었다. 15~20km 고도의 하부 성층권에서 측정한 14개의 오존 측정 데이터 집합(도브슨 단위)은 *OzoneData.txt*에 들어 있다. 데이터의 다섯 수치 요약을 제시하고 상자그림을 그려라.

해답

R 객체 *oz*로 데이터를 불러온 후, 명령어 *summary(oz)*를 입력하여 다음과 같은 데이터의 다섯 수치 요약을 제시한다. $x_{(1)} = 211.0$, $q_1 = 247.8$, $\tilde{x} = 272.5$, $q_3 = 292.2$, $x_{(14)} = 446.0$이다. 사분위수 범위는 다음과 같다. IQR $= 292.2 - 247.8 = 44.4$ 그리고 $q_3 + 1.5 \times$ IQR $= 358.8$이다. 그러므로 가장 큰 두 관측치인 395와 446.0은 이상치이다. 그림 1-12에 나타난 데이터의 상자그림은 다음과 같은 R 명령어로 생성되었다.

```
boxplot(oz, col = "grey")
```

그림 1-12
오존 데이터의 상자그림

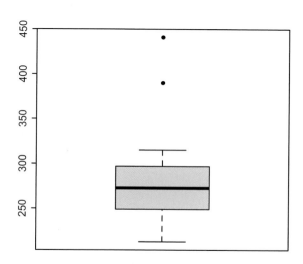

다음으로 표본 중앙값과 상한 및 하한 사분위수의 계산식을 나타내고자 한다.

정의 1.7-3

$x_{(1)}, x_{(2)}, \cdots, x_{(n)}$는 순서통계량을 나타낸다.

1. **표본 중앙값**은 다음과 같이 정의된다.

$$\tilde{x} = \begin{cases} x_{\left(\frac{n+1}{2}\right)}, & n\text{이 홀수일 때} \\[2ex] \dfrac{x_{\left(\frac{n}{2}\right)} + x_{\left(\frac{n}{2}+1\right)}}{2}, & n\text{이 짝수일 때} \end{cases}$$

2. **표본 하한 사분위수**는 다음과 같이 정의된다.

$$q_1 = \text{전체 데이터값의 하한 50\%의 중앙값}$$

여기에서, n이 짝수일 때 가장 작은 $n/2$ 값을 포함한 값의 하한 50%이고, n이 홀수일 때 는 가장 작은 $(n+1)/2$ 값을 포함한 하한 50%를 의미한다. 마찬가지로 **표본 상한 사분위 수**는 다음과 같이 정의된다.

$$q_3 = \text{전체 데이터값의 상한 50\%의 중앙값}$$

여기에서, n이 짝수일 때 가장 큰 $n/2$ 값을 포함한 값의 상한 50%이고, n이 홀수일 때 는 가장 큰 $(n+1)/2$ 값을 포함한 상한 50%를 의미한다.

그러므로 표본 크기가 짝수일 때 표본 중앙값은 가장 가까운 표본 백분위수 사이에 삽입 된 값으로 정의할 수 있다. 마찬가지로 표본 크기가 6 + (4배수)의 형태가 아니라면 위의 정의 는 표본 상한 및 하한 사분위수를 정의하기 위해 보간법을 사용한다. 보간법은 직접 계산할 때 편리하지만 R에서 사용되는 보간법과는 다르다. 예를 들어 R 명령어 *summary(1:10)*은 숫자 1,⋯, 10에 대한 제1사분위수와 제3사분위수의 값으로 $q_1 = 3.25$와 $q_3 = 7.75$를 반환하는데, 정 의 1.7-3의 규칙에 따라 $q_1 = 3$, $q_3 = 8$이 된다. 그러나 R 명령어 *summary(1:11)*은 1,⋯, 11 의 제1사분위수와 제3사분위수의 값으로 $q_1 = 3.5$, $q_3 = 8.5$를 각각 산출하며, 이 값들은 정의 1.7-3의 규칙에 의해 구해지는 값과 정확히 일치한다.

예제 1.7-4 표본 크기가 $n = 8$의 표본값은 9.39, 7.04, 7.17, 13.28, 7.46, 21.06, 15.19, 7.50이다. 하한 및 상한 사분위수를 제시하라. 8.20을 관측치로 추가하여 같은 작업을 다시 수행하라.

해답

n이 짝수이고 $n/2 = 4$이기 때문에 q_1은 4개의 하한 50%의 값인 7.04, 7.17, 7.46, 7.50의 중앙값이다. 그리고 q_3는 상한 50%인 9.39, 13.28, 15.19, 21.06의 중앙값이다. 그러므로 $q_1 = (7.17+7.46)/2 = 7.315$이며, $q_3 = (13.28+15.19)/2 = 14.235$이다. 관측치 8.20을 추가하 게 되면 $n = 9$, $q_1 = 7.46$, $q_3 = 13.28$이다. ■

다음 예제는 표본평균과 표본 중앙값의 유사점과 차이점을 설명한다.

예제 1.7-5 표본 크기 $n = 5$의 표본값은 $x_1 = 2.3$, $x_2 = 3.2$, $x_3 = 1.8$, $x_4 = 2.5$, $x_5 = 2.7$이다. 표본평균과 표본 중앙값을 제시하라. 3.2인 x_2값을 4.2로 바꾼 후 같은 작업을 다시 수행하라.

해답

표본평균은 다음과 같다.

$$\bar{x} = \frac{2.3 + 3.2 + 1.8 + 2.5 + 2.7}{5} = 2.5$$

중앙값을 구하기 위해 먼저 다음과 같이 작은 값부터 순차적으로 배열한다. 1.8, 2.3, 2.5, 2.7, 3.2. 표본 크기가 홀수이기 때문에 $(n+1)/2 = 3$이고, 중앙값은 다음과 같다.

$$\tilde{x} = x_{(3)} = 2.5$$

이는 평균값과 동일하게 나타났다. 값을 3.2에서 4.2로 바꾼 후 다음 결과가 나타났다.

$$\bar{x} = 2.7, \quad \tilde{x} = 2.5$$

이번 사례를 통해 $\bar{x}$는 극단적으로 나타나는 관측치(이상치)에 영향을 받고, 중앙값은 영향을 받지 않는다는 것을 알 수 있다.

연습문제

1. 다음은 호주 남부지방에서 각기 다른 날 측정한 $n = 40$의 일사량 측정결과(watt/m²)의 줄기-잎 그림을 나타내고 있다. 줄기-잎 그림의 (선택적)첫 번째 열은 중앙값을 중심으로 위에서부터 아래로, 아래에서부터 위로 각 줄기가 포함하고 있는 잎의 누적 수를 나타낸다. 중앙값을 포함하는 줄기는 각각 잎의 수를 나타내고 있으며 괄호 안에 나타내었다. 그러므로 18 + 4 + 18은 표본 크기와 동일하다.

4	67	3	3	6	7			
8	68	0	2	2	8			
11	69	0	1	9				
18	70	0	1	4	7	7	9	9
(4)	71	5	7	7	9			
18	72	0	0	2	3			
14	73	0	1	2	4	4	5	
8	74	0	1	3	6	6	6	
2	75	0	8					

(a) 표본 중앙값과 1사분위수, 3사분위수를 구하라.

(b) 표본의 사분위수 범위를 구하라.

(c) 19번째 값의 표본 백분위수는 무엇인가?

2. 로봇의 반응 시간 데이터를 *t=read.table("RobotReactTime.txt", header=T)*의 명령어로 데이터 프레임 *t*에 불러와 모의 오작동을 측정한다. 로봇 1의 반응 시간을 벡터 *t1*에 *attach(t); t1=Time[Robot==1]*에 불러오고, *sort(t1)* 명령어를 통해 데이터를 정렬하라(오름차순으로 정렬). 정렬된 데이터와 수기 계산을 활용하라.

(a) 모집단의 중앙값과 1사분위수, 3사분위수를 추정하라.

(b) 모집단의 사분위수 범위를 추정하라.

(c) 19번째 값의 백분위수를 찾아라.

3. 연습문제 2번에서는 로봇 2의 반응 시간 또한 주어진

다. 연습문제 2번의 명령어와 유사한 명령어를 사용하여 벡터 *t2*에 로봇 2의 반응 시간을 불러오라.

(a) 식 (1.7.2)에 주어진 R 명령어 *summary*를 활용하여 이 데이터 집합의 다섯 수치 요약을 구하라.

(b) 식 (1.7.2)에 주어진 R 명령어 *quantile*을 활용하여 표본의 90번째 백분위수를 구하라.

(c) 예제 1.7-3에 주어진 R 명령어 '*boxplot*'을 활용하여

데이터의 상자그림을 그려라. 이상치가 있는가?

4. 연습문제 1번의 일사량 측정결과를 R 객체 *si*에 명령어 *si=read.table("SolarIntensAuData.txt", header=T)*로 데이터를 불러오라. R 명령어를 활용하여 다음과 같은 작업을 수행하라.

(a) 일사량 측정결과의 상자그림을 그려라.

(b) 30번째, 60번째, 90번째 표본 백분위수를 구하라.

1.8 비교연구

비교연구는 2개 혹은 그 이상의 모집단에서 차이점을 파악하고 설명하기 위한 목적이 있다. 이 절에서 우리는 비교연구에 관련된 기본 개념과 용어를 소개한다.

1.8.1 기본 개념과 비교 그래픽스

국제공항에서의 우박과 안개 억제를 위한 인공강우용 구름 씨 뿌리기의 두 가지 방법 비교, 압축 강도 조절을 위한 2개 혹은 그 이상의 시멘트 배합 비교, 네 가지 다른 종류의 얼룩을 제거하기 위한 3개의 청소용품의 효과 비교(예제 1.1-1의 사례연구 2, 3, 4번에서 언급)는 비교연구의 사례이다.

비교연구는 고유의 용어가 있다. 그러므로 압축 강도 조절을 위한 3개의 시멘트 배합의 비교는 **1요인** 실험이고, 시멘트 배합이 요인이며, 이 요인은 3개 **수준**의 실험에 입력되며, **반응변수**는 시멘트 강도이다. 1요인 실험에서 요인의 수준은 **처리**라고도 부른다. 네 가지 다른 종류의 얼룩을 제거하기 위한 3개의 청소용품의 효과 비교연구는 **2요인** 실험이며, 청소용품 요인은 3개 수준, 얼룩 요인은 4개의 수준을 가지고 있다. 여기서 반응변수는 얼룩 제거의 정도이다. 2요인 실험에서 처리는 다른 요인-수준의 결합에 대응한다. 그림 1-13 참고. 그러므로 A 요인이 a 수준에 입력되고, B 요인이 b 수준에 입력되는 2요인 실험은 $a \times b$ 처리를 포함한다.

예제 1.8-1 5개 종류의 휴대전화에서 각 음량 설정에 따라 발생하는 방사선 수준을 비교하는 연구를 한다. 이 연구에 포함된 요인과 각 요인 수준의 숫자, 모집단 혹은 처리의 총수 그리고 반응변수에 대해 설명하라.

해답

이 연구에 포함된 두 요인은 휴대전화의 종류(요인 1)와 음량 설정(요인 2)이다. 요인 1은 5개 수준으로, 요인 2는 3개 수준으로 이루어져 있고, 모집단의 총수는 $5 \times 3 = 15$이다. 그리고 반응변수는 방사선의 수준이다. ■

그림 1-13
2요인 연구에서의 처리,
혹은 요인 수준 조합

요인 A	요인 B			
	1	2	3	4
1	Tr_{11}	Tr_{12}	Tr_{13}	Tr_{14}
2	Tr_{21}	Tr_{22}	Tr_{23}	Tr_{24}

각기 다른 처리(요인 수준 혹은 요인 수준 조합)는 각기 다른 모집단에 대응한다. 하지만 이러한 모집단의 완벽한 설명은 측정결과가 나타나는 단위인 **실험결과**를 포함한다.

예제 1.8-2

(a) 다른 종류의 얼룩을 없애는 청소 도구의 효율성을 비교하는 연구에서, 실험 단위는 천 조각들이다.

(b) 온도와 습도의 효과를 비교하는 화학 반응의 산출결과 연구에서, 실험 단위는 반응에 사용된 재료의 부분 표본이다.

(c) 몸무게 감소를 위한 새로운 다이어트 방법의 효율성 연구에서, 실험 단위는 연구에 참가하는 연구 대상 피실험자이다. ■

각기 다른 모집단의 비교는 일반적으로 평균, 비율, 중앙값 혹은 분산값의 비교에 중점을 둔다. 평균값의 비교는[또한 비율(proportions)과 중앙값] 일반적으로 값들 간의 차(difference)에 기반을 두고, 분산값의 비교는 보통 비율(ratio)에 근거한다. 예를 들어 인공강우를 위한 구름씨 뿌리기의 두 가지 방법 비교는 다음과 같은 식에 기반을 둔다.

$$\bar{x}_1 - \bar{x}_2 \tag{1.8.1}$$

$\bar{x}_1$과 $\bar{x}_2$는 1번, 2번 방법으로 나타나는 각각의 표본평균 강수량이다.

식 (1.8.1)의 차는 **대비**(contrast)의 가장 간단한 방법이다. 일반적으로 대비는 각 평균값뿐만 아니라 특정 평균의 선형 결합을 포함한다. 다음에서 나타나는 예제는 1요인 연구에서 알고자 하는 다른 대비를 설명한다.

예제 1.8-3

한 연구는 빠른 속도에서 높은 성능을 내는 네 가지 종류의 타이어 접지면의 평균 수명을 비교한다. 알고자 하는 세 가지 다른 종류의 대비를 명시하라.

해답

각 네 가지 종류의 타이어에서 추출한 표본 크기 $n_1, \cdots, n_4$의 $\bar{x}_1, \cdots, \bar{x}_4$는 접지면 수명의 표본평균을 나타낸다.

(a) 만약 현재 타이어 종류 1이 생산되었고, 타이어 종류 2, 3, 4가 실험 중이라면, 알고자 하는 부분은 다음과 같은 대비에서 나타난다.

$$\bar{x}_1 - \bar{x}_2, \quad \bar{x}_1 - \bar{x}_3, \quad \bar{x}_1 - \bar{x}_4$$

대비의 종류는 소위 제어 대 처리로 불리는 연구에서 일반적이다.

(b) 만약 타이어 종류 1과 2를 A 제조사에서 생산하였고, 타이어 종류 3과 4는 B 제조사에서 생산한다면, 알고자 하는 값은 다음 대비에서 나타난다.

$$\frac{\bar{x}_1 + \bar{x}_2}{2} - \frac{\bar{x}_3 + \bar{x}_4}{2}$$

A 제조사가 만든 두 브랜드와 B 제조사가 만든 다른 두 브랜드를 비교하게 된다.

(c) 네 가지 타이어의 최종 비교는 일반적으로 다음과 같은 대비에 기반을 둔다.

$$\bar{x}_1 - \bar{x}, \quad \bar{x}_2 - \bar{x}, \quad \bar{x}_3 - \bar{x}, \quad \bar{x}_4 - \bar{x}$$

$\bar{x} = (\bar{x}_1 + \bar{x}_2 + \bar{x}_3 + \bar{x}_4)/4$이다. 네 가지 타이어의 각 표본평균을 나타내는 i번째 표본평균과 전체 표본평균의 차이 $\bar{x}_i - \bar{x}$를 타이어 종류를 나타내는 요인 i 수준의 **효과**(effect)라고 한다. ■

예제 1.8-3에서 설명한 표본 효과는 일반적으로 $\hat{\alpha}_i$로 표기한다.

단일 요인 설계에서 i 수준의 표본 효과	$$\hat{\alpha}_i = \bar{x}_i - \bar{x}$$	(1.8.2)

표본 대비와 표본 효과는 모집단에 대응 관계에 있는 것을 추정한다. 예를 들어 식 (1.8.2)의 표본 효과는 k 모집단 효과를 추정한다.

$$\alpha_i = \mu_i - \mu, \quad \text{여기서 } \mu = \frac{1}{k}\sum_{i=1}^{k} \mu_i \tag{1.8.3}$$

예를 들어, 만약 네 가지 고성능 타이어 접지면의 평균 수명이 $\mu_1 = 16$, $\mu_2 = 13$, $\mu_3 = 14$, $\mu_4 = 17$이고, 접지면의 총평균 수명은 $\mu = (16+13+14+17)/4 = 15$, 타이어 종류의 효과는 $\alpha_1 = 16 - 15 = 1$, $\alpha_2 = 13 - 15 = -2$, $\alpha_3 = 14 - 15 = -1$, $\alpha_4 = 17 - 15 = 2$이다. 타이어 효과의 총합은 0이 되게 된다.

2요인 연구에서 유의미한 추가적인 대비는 1.8.4절에서 나타난다.

비교 상자그림과 비교 막대그래프는 1요인 연구에서 일반적으로 모집단의 차이를 시각화하는 데 쓰인다. 비교 상자그림은 모집단의 데이터 집합의 개별 상자그림을 나란히 표시한다. 이는 중앙값과 백분위수의 차이를 시각화할 때 매우 유용하다. 예제 1.8-4는 그림 1-14와 이를 R 명령어로 구축하기 위한 내용을 제시한다.

그림 1-14
철 농도 네이터의 비교
박스그림

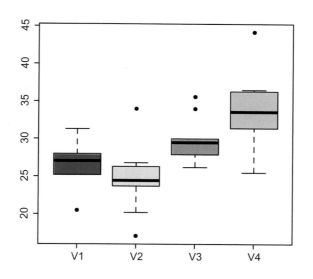

예제 1.8-4

R의 비교 상자그림. 광석 형성물로부터 측정된 철 농도는 *FeData.txt*에 주어져 있다. 비교 상자그림을 구축하고 각 농도별 차이점을 설명하라.

해답

명령어 *fe=read.table("FeData.txt", header=T)*를 입력하여 데이터 프레임 *fe*로 데이터를 불러온 후, 다음과 같은 명령어를 입력하라.

```
w=stack(fe) # 데이터를 정렬하고 지표를 부여한다.
boxplot(w$values~w$ind, col=rainbow(4)) # 상자그림을 구축한다.
```

비교 상자그림은 네 번째 철광석 형성물의 평균이 다른 3개보다 높게 나타난다(이때 상자그림이 제시하는 다른 데이터 수준은 단지 모집단 수준의 차이를 추정한 값이라는 것을 항상 기억해야 한다).

비교 막대그래프는 각 범주의 막대들을 나타내는 막대그래프를 일반화한다. 각각의 막대는 각 모집단에서 비교하는 범주의 비율을 나타낸다. 다른 모집단이라는 사실을 표기하기 위해 막대별로 다른 색을 사용하였다. 예제 1.8-5는 그림 1-15와 이를 구축하기 위한 **R** 명령어를 제시한다.

예제 1.8-5

R의 비교 막대그래프. 2010년 11월과 2011년 11월, 자동차 회사들의 경차 시장의 점유율은 *MarketShareLightVehComp.txt*[14]에 주어져 있다. 비교 막대그래프를 구축하고 각 회사의 시장 점유율 변화에 대해 설명하라.

---

14 http://wardsauto.com/datasheet/us-light-vehicle-sales-and-market-share-company-2004–2013의 데이터.

그림 1-15
경차 시장 점유율 데이
터의 비교 막대그래프

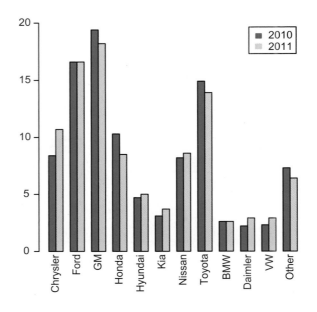

```
m=rbind(lv2$Percent_2010, lv2$Percent_2011) # 데이터 행렬 생성
barplot(m, names.arg=lv2$Company, ylim=c(0, 20), col=c("darkblue",
   "red"), legend.text=c("2010", "2011"), beside=T, las=2) # 막대그래프 구축
```

그림 1-15는 자동차 회사별 시장 점유율의 변동을 파악하기 쉽게 한다. 특히 크라이슬러 사는
지난 1년간 시장점유율이 크게 오른 것을 알 수가 있다. ■

　막대그래프는 특정 범주에서 비율을 제외한 양적인 값이 어떻게 변하는지 나타내는 데에도
쓰인다. 대부분 양적의 값은 수치이고 범주는 기간인데, 이는 나파 밸리의 방문자 수 혹은 특정
상품의 판매 규모 등과 같은데, 이러한 데이터는 월별 혹은 계절별로 변한다. 중첩막대그래프(분
할막대그래프라고도 불림)는 추가적으로 산출된 단위의 분류에 대한 정보를 통합하는 시각화 기
법이다. 예를 들어 나파 밸리에 방문하는 관광객을 월별로 분류한 후, 중첩막대그래프는 관광
객의 국적까지 분류한 정보를 나타낼 수 있다. 이와 유사하게 기업의 분기별 판매 규모를 나타
낼 때, 중첩막대그래프는 특정 상품의 분기별 판매 규모까지 나타낼 수 있다. 일반적으로 중첩
막대그래프는 이원표(two-way table)를 분석하는 데 유용한데, 이원표는 각 단위가 이원화되어
분류되어 있는 표를 의미한다. 예제 1.8-6은 그림 1-16의 내용과 이를 구축하는 R 명령어를 나
타낸다.

예제 1.8-6　**R의 중첩막대그래프.** *QsalesSphone.txt*의 데이터 파일에서 천 단위에 연간, 분기별로 범주화된
전 세계 스마트폰 판매 데이터를 모의 실험한 파일이다. 중첩막대그래프를 그리고 그 특징에 대
해 설명하라.

그림 1-16
연간 스마트폰 판매량의
중첩막대그래프

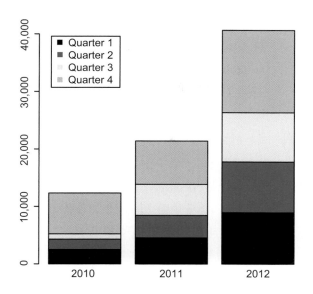

해답

read.table 명령어를 사용하여 데이터를 R 객체 *qs*에 불러온 후, m=rbind(qs$Q1, qs$Q2, qs$Q3, qs$Q4)로 데이터 행렬을 형성한다. 중첩막대그래프는 다음과 같은 명령어로 구축한다.

```
barplot(m, names.arg=qs$Year, ylim=c(0, 40000),
    col=c("green", "blue", "yellow", "red"))
```

그리고 범례는 다음과 같은 명령어로 추가한다.

```
legend("topleft", pch=c(22, 22, 22, 22), col=c("green",
    "blue", "yellow", "red"), legend=c("Quarter 1",
    "Quarter 2", "Quarter 3", "Quarter 4"))
```

그림 1-16은 4번째 분기에 가장 많은 단위가 팔렸다는 사실을 명백히 보여 준다. 이는 아마 해당 분기에 실시한 상품 프로모션 전략으로 인한 결과일 수 있다.

2개 이상의 요인을 비교하는 연구에서 각기 다른 요인들이 어떻게 **교호작용**하여 반응값에 영향을 주는지 알아야 한다. 1.8.4절에서 관련 논의를 한다.

1.8.2 잠복변수와 심슨의 역설

사과와 오렌지의 비교를 방지하기 위해 각기 다른 처리에 배정된 실험 단위는 가능한 한 반드시 유사(혹은 균일)해야 한다. 예를 들어 만약 직물의 수명이 예제 1.8-2(a)의 반응에 영향을 미치는 요인이라면, 각기 다른 처리에 배정된 직물의 수명이 균등하지 않는 한 처리를 비교하는 것은 왜곡될 것이다.

이렇게 다른 요인들이 왜곡되는 데 영향을 주는 변수를 잠복변수라 부르며, 이러한 잠복변수를 방지하기 위해서는 할당 단위 처리를 **무작위화**(randomize)하는 것이 좋다. 기술 용어로 **교락**(confounding)이라 하는 과정에서는 여러 처리에 걸쳐 있는 잠복변수의 분포를 균등화하여 무작위 추출로 왜곡 효과를 경감시킨다.

예제 1.8-7

(a) 천 조각을 각기 다른 처리(즉, 청소도구와 오염 종류의 조합)에 무작위로 분배하는 것은 잠재적으로 천의 수명에 영향을 미치는 요인과 함께 알고자 하는 요인(청소도구와 오염)의 교락을 방지한다.

(b) 예제 1.8-2 (b)의 연구에서 반응결과에 사용되는 물질의 산도는 산출량에 영향을 미치는 또 다른 요인일 수 있다. 실험 단위, 즉 물질을 각기 다른 처리에 무작위로 할당하여 잠재적으로 영향력 있는 산도 요인으로 알고자 하는 교락 요인(온도와 습도)을 방지한다. ■

비율의 비교 시 잠복변수로 인한 왜곡 현상은 **심슨의 역설**이라 불린다. 다음은 심슨의 역설의 몇 가지 예다.

예제 1.8-8

1. 타율 : 1995년과 1996년, 뉴욕 양키스 소속 야구 선수 데릭 지터와 데이비드 저스티스의 총 타율은 각각 0.310과 0.270이었다. 이러한 타율로 보았을 때 지터가 저스티스보다 타격이 더 효율적인 것처럼 보인다. 하지만 만약 우리가 두 선수의 각 연도별 효율을 보았을 때 결과는 그리 간단해 보이지 않는다.

	1995	1996	합
데릭 지터	12/48 또는 0.250	183/582 또는 0.314	195/630 또는 0.310
데이비드 저스티스	104/411 또는 0.253	45/140 또는 0.321	149/551 또는 0.270

비록 데이비드 저스티스의 총타율이 더 낮지만, 1995년과 1996년 모두 저스티스는 지터보다 높은 평균 타율을 보였다. 합 혹은 총평균이 각 연도 평균의 간단한 평균으로 산출되지 않기 때문에 역설적으로 보인다.[15]

2. 신장 결석 치료 : 이번 예제는 신장 결석 치료를 위한 두 가지 방법의 성공률을 다룬 의학 연구의 실제 예제다.[16] 첫 번째 표는 치료 A(모든 열린 절차)와 치료 B(신장절개 결석제거술)에 대한 총성공률을 나타낸다.

치료 A	치료 B
78% (273/350)	83% (289/350)

15 이 예제의 평균 타율은 Ken Ross가 2004년 Pi Press에 게재한 *A Mathematician at the Ballpark: Odds and Probabilities for Baseball Fans* (paperback)에서 발췌하였다.

16 C. R. Charig, D. R. Webb, S. R. Payne, and O. E. Wickham(1986). Comparison of treatment of renal calculi by operative surgery, percutaneous nephrolithotomy, and extracorporeal shock wave lithotripsy. *Br Med J(ClinRes Ed)* 292(6524): 879–882.

표에서 알 수 있는 것은 치료 B가 더 효율적이라는 것이다. 하지만 만약 우리가 신장 결석의 크기에 대한 데이터를 포함하여 분석한다면 다른 결과가 나타난다.

	치료 A	치료 B
작은 결석	93% (81/87)	87% (234/270)
큰 결석	73% (192/263)	69% (55/80)
모두 포함	78% (273/350)	83% (289/350)

신장 결석 크기에 대한 정보는 우리가 사전에 생각했던 각 치료방법에 대한 효율성 결과를 바꾸었다. 다시 보았을 때 치료 A가 두 결석 치료방법에서 더 효율적으로 보인다. 이 예제에서 결석 크기라는 잠복변수(혹은 교락변수)는 그 효과가 포함되기 전까지 중요해 보이지 않았다. ■

1.8.3 인과 : 실험과 관찰연구

연구자가 처리되는 단위의 할당이나 요인 수준의 조합을 통제 가능할 때 그 연구는 **통계적 실험**으로 불린다. 그리고 이러한 배치는 무작위 방식으로 이루어진다. 그러므로 예제 1.8-7에서 언급된 연구는 통계적 실험이다. 이와 유사하게 몸무게를 줄일 수 있는 새로운 다이어트 방법의 효율성 연구는 통계적 실험이 되는데, 이때 참가 대상을 통제군(표준 다이어트를 실시하는 집단)과 처리군(새로운 다이어트를 실시하는 집단)으로 할당하는 것은 무작위로 행해져야 한다.
　　무작위화(randomization)는 바람직하지만 항상 가능한 것은 아니다.

예제 1.8-9

1. 흡연의 영향에 대한 연구를 위해 피실험자들은 각기 다른 흡연 수준으로 나누는 것은 가능하지 않다.
2. 급여가 생산성에 미치는 영향에 대한 연구를 위해 무작위 급여 인상을 나누는 것은 논리적이지 않다.
3. 부모의 훈육방법이 청소년 범죄에 미치는 영향에 대한 연구를 위해 부모들을 각기 다른 훈육방법에 따라 무작위로 나누는 것은 가능하지 않다. ■

연구자에 의해 실험 단위를 처리군으로 할당하는 것이 통제할 수 없는 경우, 즉 무작위 할당이 이루어지지 않는 연구를 **관찰연구**라 한다. 관찰연구는 **인과**를 규명하기 위해서는 사용될 수 없는데, 이는 무작위화의 결핍이 잠재적으로 영향력이 있는 잠복변수와 연구의 요인들과 함께 교락될 수 있기 때문이다.
　　예를 들어 급여 인상과 직원 생산성 간에 강한 관계가 있다 하더라도 급여 인상이 생산성 강화를 일으키기는 않는다(반대의 경우도 마찬가지). 이와 유사하게 아이들의 엉덩이 체벌과 반사회적 행동의 강한 관계가 엉덩이 체벌로 인해 반사회적 행동을 야기한다고 볼 수는 없다(반대의 경우도 마찬가지). 인과 관계는 실험으로만 규명될 수 있다. 이는 산업 생산과, 특히 생산 품질 향상 분야에 있어 실험이 중요한 역할을 하는 이유다. W. Edwards Deming(1900~1993)은 특히 요인 실험(다음 절에서 다룰 것이다)의 강한 지지자였다. 그렇다 해도 관찰연구를 수행함으로써 몇 가지 중요한 통찰과 사실을 파악할 수 있음을 인지해야 한다. 예를 들어 흡연이 건강에 미치는 영향연구는 관찰연구이지만, 흡연과 건강으로부터 규명한 관련성은 공중 보건 분야에서 가장 중요한 사안 중 하나다.

1.8.4 요인 실험 : 주효과와 교호작용

몇 가지 요인을 포함하여 모든 요인 수준의 조합이 고려되는 통계적 실험은 요인 실험이라 부른다. 그러므로 요인 A가 a개의 수준, 요인 B가 b개의 수준을 갖는 이원배치법 실험에서는 각각의 요인 수준 조합에 대해 1개씩 총 $a \times b$개의 표본이 수집된다. 예를 들어 그림 1-13에서 만약 모든 8개의 처리가 연구에 포함된다면 2요인 연구는 요인배치법 실험이다.

요인의 수가 2개 이상인 요인배치법 실험에서 각 요인의 수준 간 차이를 독립적으로 고려하는 것은 충분치 않다. 각 개별 요인 수준의 비교 상자그림은 각기 다른 요인 수준에서 나타날 수 있는 **상승 효과**를 파악하지 못한다. 통계 용어로 **교호작용**이라 불리는 상승 효과는 개별 요인 수준 간 차이점으로 설명될 수 있는 범위를 훨씬 넘어 반응 수준의 증가 혹은 감소를 초래하는 요인 수준 조합의 결과로 나타난다.

| 예제 1.8-10 |

한 실험은 바이오 연료로 사용되는 두 종류의 옥수수와 두 종류의 비료에 관한 내용이다. 그림 1-17의 표는 씨앗 종류와 비료 종류의 네 가지 조합으로 나타나는 모집단 평균 산출량을 나타낸 것이다. 비료 요인은 두 종류의 씨앗으로부터의 평균 산출량에 다른 영향을 나타내는 것으로 나타났다. 예를 들어 비료 II는 씨앗 A의 평균 산출량을 $111 - 107 = 4$로 증가시키고, 씨앗 B의 평균 산출량은 $110 - 109 = 1$만큼 증가시켰다. 비록 씨앗 A가 두 비료와 모두 사용되었을 때 평균 산출량이 $\bar{\mu}_1 = (107 + 111)/2 = 109$로, 씨앗 B의 평균 산출량인 $\bar{\mu}_2 = (109 + 110)/2 = 109.5$보다 더 낮았음에도 불구하고 씨앗 A(상승 효과)에 비료 II를 사용하는 것이 최적의 산출량으로 나타났다. ■

> **정의 1.8-10**
> 요인 A 수준의 변화가 요인 B 수준에 다른 영향을 미칠 때, 두 요인 간 **교호작용**이 있다고 한다. 교호작용이 없는 것은 **가법성**이라 부른다.

최적의 각 요인 수준과 요인 수준 조합을 명백히 나타내는 가법성은 요인 수준 A와 B다. 이를 파악하기 위해 예제 1.8-10의 비료와 씨앗 평균값이 그림 1-18과 같다고 가정하자. 이 사례에서 비료 II로 바꾸는 것이 두 씨앗 모두에 같은 영향을 미친다(평균 산출량에서 4 증가). 이와 유사하게 씨앗 B가 씨앗 A보다 낫다고 할 수 있는데, 이는 어떤 비료를 사용하였는가와 관계

그림 1-17

2 × 2 설계와 교호작용
(비가법성 설계)

| | 비료 | | 열 평균 | 열의 주효과 |
	I	II		
씨앗 A	$\mu_{11} = 107$	$\mu_{12} = 111$	$\overline{\mu}_{1\cdot} = 109$	$\alpha_1 = -0.25$
씨앗 B	$\mu_{21} = 109$	$\mu_{22} = 110$	$\overline{\mu}_{2\cdot} = 109.5$	$\alpha_2 = 0.25$
행 평균	$\overline{\mu}_{\cdot 1} = 108$	$\overline{\mu}_{\cdot 2} = 110.5$	$\overline{\mu}_{\cdot\cdot} = 109.25$	
행의 주효과	$\beta_1 = -1.25$	$\beta_2 = 1.25$		

그림 1-18

2 × 2 설계와 비교호작
용(가법성 설계)

| | 비료 | | 열 평균 | 열의 주효과 |
	I	II		
씨앗 A	$\mu_{11} = 107$	$\mu_{12} = 111$	$\overline{\mu}_{1\cdot} = 109$	$\alpha_1 = -1$
씨앗 B	$\mu_{21} = 109$	$\mu_{22} = 113$	$\overline{\mu}_{2\cdot} = 111$	$\alpha_2 = 1$
행 평균	$\overline{\mu}_{\cdot 1} = 108$	$\overline{\mu}_{\cdot 2} = 112$	$\overline{\mu}_{\cdot\cdot} = 110$	
행의 주효과	$\beta_1 = -2$	$\beta_2 = 2$		

없이 씨앗 B가 높은 산출량을 나타내기 때문이다(두 단위당). 그러므로 요인 A(씨앗 B)와 요인 B(비료 II)가 명백히 더 나은 수준이며, 최적의 결과(가장 높은 산출량)는 두 최적 수준(이 사례에서는 씨앗 B와 비료 II)에 대응하는 요인 수준 조합이다.

가법성하에 각 요인의 수준 비교는 통상적으로 이른바 **주효과**에 기반을 둔다. α_i로 나타내는 열의 주효과와 β_j로 나타내는 행의 주효과는 다음과 같이 정의된다.

열과 행의 주효과

$$\alpha_i = \overline{\mu}_{i\cdot} - \overline{\mu}_{\cdot\cdot}, \quad \beta_j = \overline{\mu}_{\cdot j} - \overline{\mu}_{\cdot\cdot} \tag{1.8.4}$$

그림 1-17과 1-18은 두 비료-씨앗 설계에서 열과 행의 주효과를 보여 준다.

가법성하에 셀 평균 μ_{ij}는 총평균 $\overline{\mu}_{\cdot\cdot}$에 대하여 주어졌으며, 가법적 방식의 행과 열의 주효과는 다음과 같다.

가법성하 셀 평균

$$\mu_{ij} = \overline{\mu}_{\cdot\cdot} + \alpha_i + \beta_j \tag{1.8.5}$$

예를 들어 그림 1-18의 부가적 설계에서, $\mu_{11} = 107$은 첫 번째 열 $\alpha_1 = -1$, 첫 번째 행 $\beta_1 = -2$ 그리고 총평균 $\overline{\mu}_{\cdot\cdot} = 110$의 전체 합과 동일하다. 이와 유사하게 $\mu_{12} = 111$은 첫 번째 행 $\alpha_1 = -1$, 두 번째 열의 주효과 $\beta_2 = 2$ 그리고 총평균 $\overline{\mu}_{\cdot\cdot} = 110$의 전체 합과 동일하다.

두 요인 간에 교호작용이 있을 경우 셀 평균은 식 (1.8.5)의 가법적 관계로 주어지지 않는다. 이러한 관계의 왼손과 오른손 방향 간 불일치/차이점은 다음과 같이 교호작용 효과를 수량화한다.

교호작용 효과

$$\gamma_{ij} = \mu_{ij} - (\overline{\mu}_{\cdot\cdot} + \alpha_i + \beta_j) \tag{1.8.6}$$

그림 1-19

2 × 4 요인 실험의 데이터 표기

요인 A	요인 B			
	1	**2**	**3**	**4**
1	x_{11k}, $k=1,\cdots,n_{11}$	x_{12k}, $k=1,\cdots,n_{12}$	x_{13k}, $k=1,\cdots,n_{13}$	x_{14k}, $k=1,\cdots,n_{14}$
2	x_{21k}, $k=1,\cdots,n_{21}$	x_{22k}, $k=1,\cdots,n_{22}$	x_{23k}, $k=1,\cdots,n_{23}$	x_{24k}, $k=1,\cdots,n_{24}$

예제 1.8-11

예제 1.8-10의 설계에서 교호작용 효과를 산출하라.

해답

그림 1-17에서 나타난 정보를 이용하여 우리는 다음과 같은 결과를 얻었다.

$$\gamma_{11} = \mu_{11} - \overline{\mu}.. - \alpha_1 - \beta_1 = 107 - 109.25 + 0.25 + 1.25 = -0.75$$

$$\gamma_{12} = \mu_{12} - \overline{\mu}.. - \alpha_1 - \beta_2 = 111 - 109.25 + 0.25 - 1.25 = 0.75$$

$$\gamma_{21} = \mu_{21} - \overline{\mu}.. - \alpha_2 - \beta_1 = 109 - 109.25 - 0.25 + 1.25 = 0.75$$

$$\gamma_{22} = \mu_{22} - \overline{\mu}.. - \alpha_2 - \beta_2 = 110 - 109.25 - 0.25 - 1.25 = -0.75$$

2요인 실험의 데이터는 통상적으로 그림 1-19가 나타내는 바와 같이 다음에 기입한 3개의 아래 첨자로 표기한다. 그러므로 첫 두 아래 첨자는 요인 수준 조합에 대응되며, 세 번째 숫자는 관측치를 열거하고, 숫자는 각기 다른 처리에 따라 달라질 수 있다. 주효과와 교호작용의 표본 형태는 다음과 같이 셀 평균을 활용하여 모평균 μ_{ij}를 대신하여 유사하게 표현된다.

셀 (i, j)내 관측치의 표본평균

$$\overline{x}_{ij} = \frac{1}{n_{ij}} \sum_{k=1}^{n_{ij}} x_{ijk} \qquad (1.8.7)$$

행의 표본 주효과 $\widehat{\alpha}_i$의 수식과 열의 표본 주효과 $\widehat{\beta}_i$는 다음과 같다

열과 행의 표본 주효과

$$\widehat{\alpha}_i = \overline{x}_{i.} - \overline{x}.., \quad \widehat{\beta}_j = \overline{x}_{.j} - \overline{x}.. \qquad (1.8.8)$$

또한, 식 (1.8.6)과 유사하게 교호작용 효과의 추정인 **표본 교호작용 효과**는 다음과 같은 식으로 구할 수 있다.

표본 교호작용 효과

$$\widehat{\gamma}_{ij} = \overline{x}_{ij} - (\overline{x}.. + \widehat{\alpha}_i + \widehat{\beta}_j) \qquad (1.8.9)$$

이러한 계산과 적절한 표기법은 그림 1-20에 나타나 있다.

그림 1-20

3 × 3 설계의 열의 표본 주효과 산출결과

열 요인	행 요인			열 평균	열의 주효과
	1	2	3		
1	$\bar{x}_{11}$	$\bar{x}_{12}$	$\bar{x}_{13}$	$\bar{x}_{1.}$	$\hat{\alpha}_1 = \bar{x}_{1.} - \bar{x}_{..}$
2	$\bar{x}_{21}$	$\bar{x}_{22}$	$\bar{x}_{23}$	$\bar{x}_{2.}$	$\hat{\alpha}_2 = \bar{x}_{2.} - \bar{x}_{..}$
3	$\bar{x}_{31}$	$\bar{x}_{32}$	$\bar{x}_{33}$	$\bar{x}_{3.}$	$\hat{\alpha}_3 = \bar{x}_{3.} - \bar{x}_{..}$
행 평균	$\bar{x}_{.1}$	$\bar{x}_{.2}$	$\bar{x}_{.3}$	$\bar{x}_{..}$	
행의 주효과	$\hat{\beta}_1 = \bar{x}_{.1} - \bar{x}_{..}$	$\hat{\beta}_2 = \bar{x}_{.2} - \bar{x}_{..}$	$\hat{\beta}_3 = \bar{x}_{.3} - \bar{x}_{..}$		

$\bar{x}_{..}$는 행 평균(즉, $\bar{x}_1$, $\bar{x}_2$, $\bar{x}_3$의 평균) 혹은 열의 평균(즉, $\bar{x}_{.1}$, $\bar{x}_{.2}$, $\bar{x}_{.3}$의 평균), 혹은 9개의 셀 표본평균 $\bar{x}_{ij}$(즉, $\bar{x}_{..} = (1/9)\sum_{i=1}^{3}\sum_{j=1}^{3}\bar{x}_{ij}$)로 구할 수 있다.

다음 예제는 표본 주효과와 교호작용 효과를 R로 산출한 결과를 나타낸다.

예제 1.8-12

R에서의 셀 평균, 주효과 및 교호작용 효과. 그림 1-21은 오스트레일리아 태즈메이니아 주 내 분석 대상 지역에서 각 계절별 인공강수량을 통한 강수량(인치)과 자연적인 강수량(인치) 데이터를 포함한다.[17,18] R을 활용하여 인공강수와 계절 요인의 셀 평균과 주효과, 교호작용 효과를 산출하라.

해답

명령어 *cs=read.table("CloudSeed2w.txt", header=T)*를 입력하여 데이터를 R로 불러온 후, 다음과 같은 명령어를 입력한다.

```
mcm=tapply(cs$rain, cs[,c(2,3)], mean) # 셀 평균 행렬
alphas=rowMeans(mcm)-mean(mcm) # 열의 주효과 벡터
betas=colMeans(mcm)-mean(mcm) # 행의 주효과 벡터
gammas=t(t(mcm-mean(mcm)-alphas)-betas) # 교호작용 효과 행렬
```

산출된 교호작용 효과는 다음과 같다.

```
                        Season
Seeded      Autumn      Spring      Summer      Winter
no          0.0298      -0.0883     -0.1345     0.1930
yes         -0.0298     0.0883      0.1345      -0.1930
```

인공강수와 비-인공강수의 산출된 주효과는 각각 −0.0352와 0.0352였으며, 가을과 봄, 여름, 겨울의 산출된 주효과는 각각 0.4802, −0.0017, −0.9335 그리고 0.4570이었다. ■

---

17 A. J. Miller et al. (1979). Analyzing the results of a cloud-seeding experiment in Tasmania, *Communications in Statistics—Theory & Methods*, A8(10): 1017-1047.

18 See also the related article by A. E. Morrisonetal. (2009). On the analysis of a cloud-seeding dataset over Tasmania, *American Meteorological Society*, 48: 1267-1280.

그림 1-21

예제 1.8-12 인공강수 데
이터의 상호작용 그림

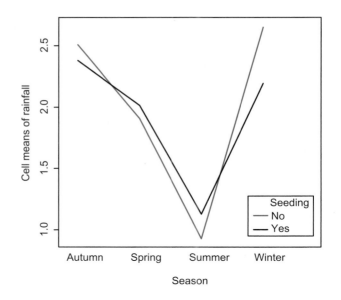

이번 장의 다른 절에서와 마찬가지로 주효과와 교호작용의 표본 형태는 모집단에서 대응되는 것들에 대한 근삿값일 뿐, 일반적으로 동일한 값은 아님을 다시 한 번 강조한다. 특히, 가법적 설계라 할지라도 표본 교호작용 효과는 0은 아닐 것이다. **교호작용 그림**은 표본 교호작용 효과가 비가법성 설계임을 알 수 있을 정도로 0과 충분한 차이가 있는지 평가할 수 있는 유용한 그래픽 기법이다. 요인 B가 있다고 할 때 해당 요인의 각 수준에 대해 교호작용 그림은 다른 요인의 수준에 따른 셀 평균을 추적한다. 가법적 설계일 때 이 추적(**프로파일**이라고도 불린다)은 대략 평행을 이루어야 한다. 그림 1-21에 나타난 예제 1.8-12 인공강수 데이터의 교호작용 그림은 다음과 같은 명령어를 통해 생성된다.

```
R 명령어 : 그림 1-21의 교호작용 그림

attach(cs) # 변수를 이름으로 참조할 수 있게 한다.
interaction.plot(season, seeded, rain, col=c(2,3), lty=1,
xlab="Season", ylab="Cell Means of Rainfall", trace.label="Seeding")
```

그림 1-21에 나타난 추적(혹은 개요) 교차는 보통 교호작용을 나타낸다.

요인 교호작용은 과학에서만큼 우리 일상생활에서도 일반적이다. 예를 들어 각기 다른 향신료는 다른 종류의 음식의 맛을 향상하기 위해 교호작용하고, 와인 역시 여러 다른 애피타이저와 교호작용한다. 농업에서는 토질을 비옥하게 하는 여러 방법이 각기 다른 종류의 토지와 교호작용하며, 여러 급수 수준과도 마찬가지다. Development의 2008년 6월호 연구에서는 망막 신경절 세포의 수명과 개발을 조절하는 두 표기 요인 사이에 나타나는 교호작용을 제안하였다. 서비스 품질(QoS) IEEE 게재 논문에서는 서비스 전달에 소요되는 총처리량과 평균 지연 시간에 관한 몇 가지 요인의 영향을 다루었다. 논문[19]에서는 교호작용으로 인해 각 요인을 별도로 연구될 수 없다고 하였다. 끝으로, 제품 및 산업 디자인 분야에서는 통상적으로 많은 요인의 잠재적인 영향력과 그 요인 간 많은 제품 혹은 제품 측면의 품질 특성에서 나타나는 교호작용을 고려한다. 예를 들어 자동차 제조업계에서 자동차의 품질은 자동차가 언덕길에 주차되어 있을 때에도 문을 열어둔 채로 있을 수 있게 하는 등의 범위까지 있다. 그러한 품질 특성의 최적화는 오직 요인 실험을 통해서만 가능하다.

연습문제

1. 한 실험을 통해 케이크 생산에 소요되는 최적의 시간과 온도 조합을 확인하고자 하였다. 알고자 하는 반응변수는 맛이다. 4회 생산분의 케이크는 생산 시간(25분, 30분)과 온도 설정(275°F, 300°F, 325°F)의 각 조합에 따라 따로 생산하였다.

(a) 실험 단위는 무엇인가?

(b) 이 실험의 요인은 무엇인가?

(c) 각 요인의 수준을 정의하라.

(d) 본 실험의 모든 처리를 나열하라.

(e) 반응변수는 질적 변수인가, 양적 변수인가?

2. 특정 종류의 뿌리 조직 수명에 미치는 급수의 영향을 파악하기 위한 실험은 세 가지의 양생법을 포함한다.

(a) 이 연구의 모집단은 몇 개인가?

(b) 포함된 모집단은 가설이다. 사실인가, 거짓인가?

(c) 알고자 하는 변수는 질적 변수다. 사실인가, 거짓인가?

(d) 이 연구의 처리는 무엇인가?

(e) 이 실험이 각기 다른 세 장소에서 수행되었다고 가정한다. 특정 장소의 특성(예 : 온도와 토질) 역시 뿌리 조직의 수명에 영향을 미친다.

　(i) 이 연구의 모집단 수에 영향을 미치는가?

　(ii) 이 실험에 포함된 요인과 그 수준을 나열하라.

3. 연안 수질의 수량화를 위해 몇 가지 오염 물질(굴 껍질의 비산, 수은 등)의 측정을 통해 전환하고, 1부터 10까지의 수질 지수를 만든다. 한 호수의 수질을 정화한 후 물 표본을 수집하기 위해 5개 지역, 호숫가 동쪽 두 군데 모래사장에서 2개, 서쪽 세 군데 모래사장에서 3개를 수집하여 수질 조사를 실시한다. 이때 μ_1과 μ_2는 호숫가 동쪽 지역의 평균 수질 지수를 나타내고, μ_3와 μ_4, μ_5는 호숫가 서쪽 지역의 평균 수질 지수를 뜻한다.

(a) 각 5개 지역의 효과를 대표하는 대비를 명시하라.

(b) 호숫가 동쪽 두 군데 모래사장의 수질과 서쪽 세 군데 모래사장의 수질을 비교할 수 있는 대비를 명시하라.

4. 한 보고서는 인공강수 실험의 결과에 대해 나타낸다.[20] 알고자 하는 문제는 질산은을 사용한 인공강수가 강수량을 증가시키는지에 대한 여부다. 52개 구름 중 인공강수를 위해 26개를 임의추출하였고, 나머지 26개는 통제 집단으로 설정하였다. 에이커 피트 단위의 강수량은 *CloudSeedingData.txt*에 주어져 있다. 예제 1.8-4의 **R** 명령어를 활용하여 비교 상자그림을 구축하고, 인공강수량과 비-인공강수량의 차이점에 대해 기술하라.

5. 한 항공사는 차세대 항공기 개발을 위해 현재 항공기 제어반 설계를 대체할 수 있는 3개의 새로운 설계를 개발하여 긴급 상황 시 조종사의 반응 시간을 향상하고자 한다. 현재 제어반 설계에서 조종사의 긴급 상황 대응 평균

---

19 K. K. Vadde and Syrotiuk (2004). Factor interaction on service delivery in mobile ad hoc networks, *Selected Areasin Communications*, 22: 1335-1346.

20 J.Simpson, A. Olsen, and J. C. Eden (1975). *Technometrics* ,17: 161-166.

반응 시간을 μ_1로 설정한다. μ_2와 μ_3, μ_4를 3개의 새로운 설계에 대응하는 평균 반응 시간이라 했을 때, 통제와 처리의 대비에 대해 기술하라.

6. 조명이 적거나 거의 없는 시골길에서는 고속도로에 차도를 표시하기 위해 빛 반사 페인트를 사용한다. 현재 사용된 페인트는 오랜 기간 지나면서 더 이상 빛을 반사하지 않는다. 현재 3개의 새로운 반사 페인트를 사용할 수 있으며, 4개의 모든 페인트 종류를 비교하기 위한 연구를 실시하였다.

(a) 이 연구에서는 몇 개의 모집단이 포함되어 있는가?

(b) 이 연구에서 처리로 무엇을 고려하는가?

(c) μ_1는 현재 사용된 페인트가 빛 반사를 유지하는 평균 시간이고, μ_2와 μ_3, μ_4는 3개의 새 페인트의 대응 평균을 나타낸다. 통제와 처리의 대비에 대해 기술하라.

7. 연습문제 6번 연구의 연구책임자는 고속도로의 네 군데 지역을 설정하고, 각 지역별 페인트가 칠해질 실험 단위로 6피트씩 지정하였다. 각 지역(예 : 교통량과 도로 상태)의 특정 부분 역시 페인트의 수명과 빛 반사력에 영향을 준다.

(a) 이 연구에 포함된 모집단의 수에 변화가 생기는가?

(b) 이 실험에 포함된 요인과 각 요인의 수준 그리고 처리에 대해 나열하라.

8. 아이들의 옷에 사용된 두 종류의 재료의 발화시간을 거의 0.01초 단위까지 측정하였다. *A* 재료로부터 25개의 측정 그리고 *B* 재료로부터 28개의 측정결과는 *IgnitionTimesData.txt*에 주어져 있다. 데이터 파일 *ig*로 데이터를 불러들인 후, 예제 1.8-4에 주어진 상자그림 명령어에서 w$value~w$ind 대신 ig$Time~ig$Type을 입력하여 비교 상자그림을 그려라. 그리고 두 재료의 발화 시간 차이점에 대해 기술하라.

9. 야생동물 보호 공무원은 9월부터 11월까지 흑곰의 무게 데이터를 수집하였다. 진정제를 투여한 후, 흑곰 50마리 표본으로부터 무게와 성별(다른 측정결과 중)을 구했다. 이 데이터는 *bearWeightgender.txt*[21]에서 찾을 수 있다. 비교 상자그림을 그리고 표본 흑곰 중 암컷과 수컷의 차이점에 대해 기술하라.

10. 매사추세츠의 보스턴, 뉴욕의 버펄로 주민들이 지각한 이유에 대해 추정한 데이터는 *ReasonsLateForWork2.txt*에서 찾아볼 수 있다. 1.5절 연습문제 17번에서 찾아볼 수 있는 *read.table* 명령어를 사용하여 데이터 프레임 *lw*로 불러들인다. 그리고 예제 1.8-5와 유사한 명령어를 사용하여 비교 막대그래프를 구축하라. 눈에 띄게 큰 차이점은 무엇인가?

11. 한 회사의 월별 온라인 및 카탈로그 판매에 대한 데이터를 R 객체 *oc*에 명령어 *oc=read.table("Monthly SalesOC.txt", header=T)*를 사용하여 입력하라.

(a) 예제 1.8-5의 예제와 유사한 R 명령어를 사용하여 온라인과 카탈로그 판매량을 비교하기 위한 막대그래프를 그려라.

(b) 예제 1.8-6의 예제와 유사한 R 명령어를 사용하여 온라인과 카탈로그 판매의 총판매량을 분리하여 볼 수 있는 중첩막대그래프를 그려라.

(c) 두 종류의 그래프를 비교했을 때 상대적인 장점에 대해 기술하라.

12. 연습문제 2번의 (e)에서 연구자는 각기 다른 급수 양생법을 세 군데의 장소에 적용하였다. 상기 단위(뿌리 조직)의 처리 배분은 급수 수준과 장소 요인의 효과를 교락시키는 것을 피할 수 있다. 정답에 대해 설명하고 더 나은 단위 처리 배분이 있다면 그에 대해 설명하라.

13. 연습문제 7번의 연구자는 각 페인트의 종류에 따라 네 군데 장소에 하나씩 배정하였다. 각 장소의 특정한 특성(예 : 교통량과 도로 상태) 역시 페인트 반사력의 수명에 영향을 준다. 앞서 페인트(처리)가 배분된 도로 부분(실험 단위)이 처리 효과와 장소 요인과의 교락을 피하게 하는

---

[21] 이 데이터는 Dr. Gary Alt에 의해 Minitab에 제공된 데이터의 일부이다.

지에 대한 여부에 대해 기술하라. 정답을 설명하고 처리 단위의 배분에 있어 더 나은 방법이 있는지에 대해 설명하라.

14. 한 연구는 토질 비옥화의 두 수준과 급수의 두 수준의 영향이 여러 가지 옥수수의 부셸 단위 산출량에 미치는 영향을 비교한다. 비옥화와 급수의 네 가지 조합을 통해 100부셸을 생산한다.

(a) 이 연구에 포함된 모집단은 몇 개인가?

(b) 포함된 모집단(들)은 가설적이다. 사실인가, 거짓인가?

(c) 알고자 하는 변수는 질적 변수다. 사실인가, 거짓인가?

(d) 이 연구에 포함된 요인과 수준을 나열하라.

(e) 이 실험이 두 농장에서 실시된다고 가정한다. 한 농장은 기존 병충해 방제방법을 사용하고, 다른 농장은 유기농 방법을 사용한다. 잠재적으로 영향력이 큰 병충해 방지 요인을 연구하는데, 요인이 교락되는 것을 방지하기 위해 모든 비옥화와 급수 수준이 두 농장에 적용되어야 한다. 사실인가, 거짓인가?

15. 1973년에 UC 버클리의 대학원에 입학한 학생들의 학과별 성별은 다음과 같다.

Major	Men		Women	
	Applicants	% Admitted	Applicants	% Admitted
A	825	62%	108	82%
B	560	63%	25	68%
C	325	37%	593	34%
D	417	33%	375	35%
E	191	28%	393	24%
F	272	6%	341	7%

(a) UC 버클리 대학원에 지원하는 총남녀 입학률은 어떻게 되는가?

(b) UC 버클리는 실제로 여성들에게 총남녀 입학률에 편향이 있다는 문제로 인해 소송당한 적이 있다. 상기 표를 분석해 본 결과 UC 버클리의 입학률에 성별 편향이 있다고 생각하는가?

(c) 이번 사례에서 총평균이 성별 편향 여부를 확인할 수 있는 적절한 지표인가? 설명하라.

16. 피그말리온은 자신의 이상형인 여인을 조각하고 그의 작품과 사랑에 빠져든 키프로스 섬의 신화 속 왕이다. 심리학에서 피그말리온 효과는 상사가 그의 부하직원에 대해 높은 기대를 가진다면 실제로 큰 성과가 나타나게 되는 상황을 뜻한다. 한 연구는 육군훈련소의 1개 중대급 남성 훈련병들과 다른 1개 중대급의 여성 훈련병들을 상대로 조사하였다. 각 중대에는 2개의 소대가 있다. 각 중대에서 하나의 소대를 피그말리온 소대로 선정하기 위해 임의추출하였다. 기본 훈련이 마무리되어 갈 때, 군인들은 수많은 시험을 거친다. 다음 표는 여성(F)과 남성(M) 군인들의 모평균값을 나타낸다. PP는 피그말리온 소대를 뜻하며 CP는 통제 소대를 의미한다.

	CP	PP
F	$\mu_{11} = 8$	$\mu_{12} = 13$
M	$\mu_{21} = 10$	$\mu_{22} = 12$

(a) 이 분석은 가법적 설계인가? 설명하라.

(b) 성별의 주효과와 피그말리온의 주효과를 산출하라.

(c) 교호작용 효과를 산출하라.

17. 토양 과학자는 토양의 잔여 살충제를 제거할 수 있는 토양 pH 수준의 효과에 대해 조사한다. 연구에서는 2개의 pH 수준을 고려한다. 잔여 살충제 제거는 토양의 온도에 의해 영향을 받기 때문에 연구에서는 4개의 각기 다른 온도를 포함한다.

	온도 A	온도 B	온도 C	온도 D
pH I	$\mu_{11} = 108$	$\mu_{12} = 103$	$\mu_{13} = 101$	$\mu_{14} = 100$
pH II	$\mu_{21} = 111$	$\mu_{22} = 104$	$\mu_{23} = 100$	$\mu_{24} = 98$

(a) pH가 추적 요인이 되는 교호작용 그림을 손으로 직접 그려라.

(b) pH 요인과 온도 사이에 교호작용이 있는가? 교호작용 그림을 활용하여 설명하라.

(c) pH의 주효과와 온도의 주효과를 산출하라.

(d) 교호작용 효과를 산출하라.

18. *SpruceMothTrap.txt* 파일은 각기 다른 미끼를 사용하여 여러 장소에 있는 전나무에 설치한 덫에 걸린 나방의

수 데이터를 포함하고 있다.[22] R을 활용하여 다음 작업을 수행하라.

(a) 셀 평균과 장소와 미끼 요인의 주효과, 교호작용 효과를 산출하라.

(b) 교호작용 그림을 구축하라. 장소에 따른 미끼 요인의 교호작용 도표를 작성하라. 장소와 미끼 요인의 주효과에 대해 설명하고, 교호작용 효과에 대해 설명하라.

19. 데이터 파일 *AdLocNews.txt*는 지역 신문 지면의 광고 위치에 대한 문의사항 수 데이터를 포함하고 있다. 광고는 요일별로 그리고 신문의 섹션별로 정렬되어 있다. R을 활용하여 다음 작업을 수행하라.

(a) 셀 평균을 산출하고 요일과 신문 섹션 요인의 주효과와 교호작용 효과를 산출하라. 신문에 광고하기에 가장 좋은 최적의 요일이 있는가? 신문에 광고하기에 최적의 섹션이 있는가?

(b) 교호작용 그림을 그려라. 요일에 따른 요인의 교호작용그림을 작성하라. 광고 위치에 따른 요인의 교호작용그림을 작성하라. 이러한 교호작용 그림으로부터 무엇을 배울 수 있는가?

1.9 확률의 역할

가장 흔한 확률 관련 문제는 동전 던지기나 카드 뽑기다.[23] 동전을 한 번 던지는 것은 {앞면, 뒷면}으로 구성된 모집단에서 단순임의추출하는 것으로 생각하면 된다. 단순임의추출의 정의에 따라 앞면이 걸릴 확률은 50%다. 동전 던지기의 패러다임은 단순히 던지는 횟수를 늘리는 것만으로 더 복잡한 확률 문제가 된다.

예제 1.9-1

(a) 동전을 두 번 던져서 앞면이 한 번 나올 확률은 어떻게 되는가? 이는 {앞면, 뒷면}으로 구성된 모집단에서 표본 크기 2의 비복원추출로 생각할 수 있으며, 한 번의 앞면만을 포함하는 표본을 구할 확률을 묻고 있다.

(b) 동전을 20번 던졌을 때 앞면이 4번, 10번 혹은 18번 나올 확률은 얼마나 되는가? 다시 말해 모집단{앞면, 뒷면}으로부터 표본 크기 20으로 복원추출했을 때의 확률은 얼마인가? ■

확률 문제에서 게임과 관련없는 다른 예제는 다음에 주어졌다.

예제 1.9-2

(a) 만약 투표 가능 연령 인구의 75%가 태양열 에너지에 우대 조치하는 것에 찬성한다면, 1,000명의 표본 중 적어도 650명이 그러한 우대 조치에 찬성할 확률은 얼마인가?

(b) 만약 전자 부품 5%가 특정 결함을 가지고 있다면, 500개의 표본 부품 중 결함 20개가 발견될 확률은 얼마인가?

---

22 Data based on "Two-way ANOVA?" *Talk Stats*, April 22, 2012, http://www.talkstats.com/showthread.php/25167-Two-way-ANOVA
23 오늘날 알려진 확률 분야는 고전적 확률로, 기술보다 운에 좌우되는 게임에 대한 연구로부터 비롯됐다.

그림 1-22
확률과 통계의 역작용

(c) 만약 배터리 중 60%가 1,500시간 이상 가동된다면, 100개의 표본 배터리 중 적어도 80개가 1500시간 가동될 확률은 얼마인가?

(d) 만약 2011년식 토요타 프리우스의 고속도로 연비가 51의 모평균과 갤런당 1.5마일의 표준편차를 갖는다면, 표본 크기 10의 자동차 중 갤런당 50마일 이하의 고속도로 연비를 나타낼 확률은 얼마인가?

예제 1.9-1과 1.9-2의 확률 문제는 모든 확률 문제에서 무엇이 사실인가를 강조한다. 다시 말해 확률 이론은 모집단에 대한 모든 적절한 정보를 알고 있다고 가정하고, 표본이 나타낼 수 있는 분석 대상 특정 특징을 탐색한다. 이는 모집단의 특성을 추론하기 위해 표본 수준의 정보를 활용하는 통계학에 반대되는 것이다. 예를 들어 예제 1.9-2 배터리 수명 문제의 통계적 대응관계는 "만약 100개의 배터리 표본 중 80개가 1,500시간 이상 가동된다면, 대응되는 모집단의 비율이 60% 이상이라고 결론지을 수 있는가?" 확률과 통계의 역작용은 그림 1-22에서 살펴볼 수 있다.

이러한 차이점에도 불구하고 통계적 추론 자체는 확률에 대한 고려가 없다면 불가능하다. 확률은 통계에서 **통계적 증명**의 의미를 고려할 때 없어서는 안 될 필수적인 도구다. 통계적 증명은 논리적인 의심의 여지를 넘어서는 증명이다. 이는 표본(통계적 증명을 기초하는)이 단지 모집단의 작은 부분이기 때문에 통계학이 나타낼 수 있는 단 하나의 증명이고, 확률은 모집단이 특정 특성을 나타낸다는 통계적 증명을 밝히는 도구다. 예를 들어 두 요인 간 교호작용이 있는 요인 실험이다. 이러한 실험은 모집단이 알고자 하는 특성을 나타내지 않으며(가법적 설계일 때), 관측된 표본의 종류를 구할 수 있는 확률을 산출(예 : 데이터로부터 생성된 교호작용 그림의 종류)한다고 가정한다.

예제 1.9-3

동전을 20번 던질 때, 앞면이 18번 나왔다. 결과의 공정성은 없어진 것인가?

해답

동전을 20번 던져 앞면이 18번 나오는 일은 불가능한 일까지는 아니기 때문에 결과의 공정성 여부에 대해 확신하기 어렵다. 이런 결정은 한 번의 시행만으로 일어나기가 매우 드물다는 확률적 지식에 기인한다. 이 예제의 경우 동전 20번 던지기에서 앞면이 18번, 19번, 20번씩 나타나는 매우 극단적인 결과다. 동전 20번 던지기에서 18번 혹은 그 이상 앞면이 나오는 공정한 경우는 꽤 드물기 때문에(2/10,000 가능성), 통계적 증명 혹은 논리적 의심을 넘어선 증명을 통해 결과의 공정성이 없다고 주장할 수 있다.

1.10 통계적 추론방법

통계적 추론을 위한 주요 방법은 **모수통계**, 비모수통계 그리고 베이지안으로 분류된다.

모수통계는 데이터 생성에 기반을 둔 방법의 모형 구축을 필요로 한다.

예제 1.10-1 스트레스로 인한 실패 시간 예측은 전적으로 **회귀모형**과 **고유오차분포**에 달려 있다(고딕체의 단어들은 통계전문용어로, 4장에서 다룰 것이다). 모수통계는 **선형회귀모형**과 고유오차의 **정규분포**를 지정한다. ∎

모수통계에서 모형은 알려지지 않은 미지의 모형의 모수에 관하여 설명한다. 그렇기 때문에 **모수통계**다. 위 예제에서 실패 시간과 스트레스 간 관계를 모형화하는 선형함수의 기울기와 절편은 모형 모수다. (고유) 오차분포의 설명을 위해서는 통상 추가적인 모형 모수를 도입한다. 모수통계에서 모형 모수는 모집단 모수와 동시에 일어난다고 가정하며, 모형 모수와 모집단 모수는 통계적 추론의 핵심이 된다. 만약 가정된 모수통계 모형이 데이터 생성방법의 바람직한 근사치라면 모수 추론은 유효할 뿐만 아니라 매우 효율적일 수 있다. 하지만 만약 근사치가 정확하지 않다면 결과는 왜곡될 수 있다. 심지어 특정 모형으로부터 데이터 생성방법의 작은 편차도 큰 편향을 나타낼 수 있다는 것을 알 수 있다.

모수통계는 여전히 강력한 방법이지만, 이는 이상치와 같은 특이한 관측치를 방지하는 방법에 대해 다룬다.

비모수통계는 최소 모형화하는 가정하에 유효한 방법에 대해 다룬다. 어떤 방법은 비모수통계이면서 강력한 방법이라서 두 방법 간 중복이 생긴다. 이러한 일반론에도 불구하고 비모수통계 방법의 효율성은 보통 정확한 모형 추정을 이용하는 모수통계에 비해 매우 경쟁적이다.

베이지안 방법은 앞선 세 가지 방법과 상당히 다르다. 베이지안 방법은 모집단의 부분에 대한 기존의 믿음/정보를 통한 모형 구축에 의존한다. 계산력 증대와 알고리즘의 효율성은 이 방법이 여러 적용 분야에서 나타나는 복잡한 문제를 처리할 수 있다는 매력적인 방법이다.

이 책에서는 이공학 분야에서 가장 일반적(가장 중요한)으로 나타나는 응용통계를 위해 체계적인 방법으로 모수통계와 비모수통계 방법에 대한 강력함을 언급할 것이다.

확률에 대한 소개

2.1 개요

고전확률로 알려진 확률 분야는 우연에 따라 좌우되는 게임(예 : 주사위 굴리기)에서 특정 사건의 발생 가능성을 수량화할 필요성으로부터 비롯되었다. 대부분 우연에 따라 좌우되는 게임은 표본 실험과 관계가 있다. 예를 들면, 1개의 주사위를 5번 던지는 것은 모집단 {1, 2, 3, 4, 5, 6}에서 복원추출법을 이용해 5개의 표본을 추출하는 것과 같다. 5장의 카드를 선택하는 것은 52장의 카드 모집단에서 단순임의추출법을 이용해 5장의 카드를 표본으로 추출하는 것과 같다. 이 장에서는 고전확률에 사용되는 기본적인 생각과 기법에 대해 다룬다. 이것은 조합과 **조건부확률** 그리고 독립의 개념에 대한 소개를 포함한다.

보다 현대적인 확률 분야에서는 지진의 횟수, 강우량, 전자제품의 수명 혹은 교육 수준과 수입과의 관계와 같은 현상에 대한 임의성을 **모형화**하는 것을 다룬다. 이러한 모형과 여기서 사용되는 확률 계산법은 3장과 4장에서 다룰 것이다.

2.2 표본공간, 사건, 설정, 집합산

동전 1개를 10번을 던져 앞면이 나온 수를 세거나 눈보라가 내리는 동안 도로에서 망가지는 자동차의 수처럼, 결과가 무작위인 모든 행동은 (무작위 혹은 **확률론적**) 실험이다.

> **정의 2.2-1**
> 한 실험에서 가능한 모든 결과의 집합을 실험의 **표본공간**(sample space)이라 하며 S로 표기한다.

예제 2.2-1

(a) 2개의 퓨즈를 선택하고 각각 정상 혹은 불량으로 분류하는 실험에 대한 표본공간을 구하라.

(b) 2개의 퓨즈를 선택하고 불량품의 수를 기록하는 실험에 대한 표본공간을 구하라.

(c) 두 번째 불량품을 발견할 때까지 검사한 퓨즈의 수를 기록하는 실험에 대한 표본공간을 구하라.

해답

(a) 첫 번째 실험의 표본공간은 다음과 같이 표현될 수 있다.

$$S_1 = \{NN, ND, DN, DD\}$$

N은 정상인 퓨즈, D는 불량인 퓨즈를 의미한다.

(b) 오직 불량인 퓨즈만 기록할 때, 표본공간은

$$S_2 = \{0, 1, 2\}$$

결과가 0이면 2개의 퓨즈 중 불량이 없다는 것을 의미하고, 결과가 1이면 첫 번째 혹은 두 번째로 고른 퓨즈 중 하나가 불량임을 의미하고(둘다 모두 불량은 아니다), 결과가 2이면 퓨즈 2개 모두 불량임을 의미한다.

(c) 두 번째 불량품을 발견할 때까지 검사한 퓨즈의 수를 기록한 실험에 대해 표본공간은

$$S_3 = \{2, 3, \cdots\}$$

두 번째 불량 퓨즈를 찾기 위해서 적어도 2개는 검사해야 하기 때문에 0과 1은 가능한 결괏값이 아님을 알아두자. ■

예제 2.2-2

특정 대학의 학부생 1명을 고르고 태양 에너지 사용 확대 제안에 대한 학생 의견을 1~10점으로 기록한다.

(a) 이 실험의 표본공간을 구하라.

(b) 표본공간과 통계적 모집단은 어떻게 다른가?

해답

(a) 오직 한 학생의 의견만 기록될 때, 표본공간은 $S = \{1, 2, \cdots, 10\}$이다.

(b) 이 표본실험에 대한 통계적 모집단은 그 대학 전체 학생의 의견을 수집한 것이다. 표본공간은 각각의 가능한 결과들이 한 번씩만 나열되므로 크기가 더 작다. ■

예제 2.2-3

특정 대학의 학부생 3명을 고르고 태양 에너지 사용 확대에 대한 학생 의견을 1~10점으로 기록한다.

(a) 이 실험의 표본공간을 설명하라. 표본공간의 크기를 구하라.

(b) 3명의 응답에 대한 평균만 기록될 때 표본공간을 설명하고 크기를 구하라.

해답

(a) 3명의 의견이 $(x_1,\ x_2,\ x_3)$로 구성된 모든 가능한 결과로 기록되었을 때, 첫 번째 학생의 응답을 $x_1 = 1, 2, \cdots, 10$, 두 번째 학생의 응답을 $x_2 = 1, 2, \cdots, 10$, 세 번째 학생의 응답을 $x_3 = 1, 2, \cdots, 10$으로 표기한다. 따라서 표본공간은 다음과 같이 표현된다.

$$S_1 = \{(x_1, x_2, x_3) : x_1 = 1, 2, \cdots, 10,\ x_2 = 1, 2, \cdots, 10,\ x_3 = 1, 2, \cdots, 10\}$$

가능한 결과의 수는 $10 \times 10 \times 10 = 1,000$다.

(b) 표본공간 S_2를 나타내기 가장 쉬운 방법은 세 응답자의 평균을 S_1의 1,000개의 삼중항에서 얻은 서로 다른 평균 $(x_1 + x_2 + x_3)/3$의 집합으로 나타내는 것이다. '서로 다른'을 강조하는 이유는 삼중항이 동일한 평균값을 갖더라도 표본공간에서는 각각의 (동일한) 결과가 한 번씩만 나열되기 때문이다. 예를 들면, 삼중항 (5, 6, 7)과 (4, 6, 8)의 평균은 모두 6이다. S_2의 크기를 가장 쉽게 결정하기 위해 다음 R명령어를 사용한다.

```
S1=expand.grid(x1=1:10, x2=1:10, x3=1:10) # lists all
    triplets in S1
length(table(rowSums(S1))) # gives the number of different
    sums
```

마지막 명령어[1]는 요구된 정답으로 28을 반환한다. ■

가능한 결과가 여러 개인 실험에서 연구자는 보통 각각의 결과를 특정한 범주로 분류한다. 그 이유는 결과를 요약하고 해석하는 데 용이하기 때문이다. 예를 들면, 예제 2.2-2(a) 실험의 상황에서 연구자는 낮음($L = \{0, 1, 2, 3\}$), 중간($M = \{4, 5, 6\}$), 높음($H = \{7, 8, 9, 10\}$)으로 분류하길 원할 것이다. 이러한 표본공간의 부분집합을 (즉, 개별적인 결과에 대한 모음) **사건** (events)이라 한다. 결과가 하나뿐인 사건은 **단순사건**(simple event)이라 하고, 한 개 이상의 결과로 구성된 사건은 **복합사건**(compound)이라 한다.

사건은 그것을 구성하는 개별적인 결과들을 나열하거나 서술하는 방법으로 설명될 수 있다. 예를 들면, 트럼프 한 벌에서 카드 하나를 선택할 때, 사건 $A = \{$선택된 카드가 스페이드다.$\}$는 스페이드 카드 13개의 나열로 설명된다. 또한, 동전을 5번 던지고 앞면의 수를 기록할 때 사건 $E = \{$앞면이 수가 3개 이하이다.$\}$는 결과 $\{0, 1, 2, 3\}$으로 설명될 수 있다.

실험의 결과가 A에 속하는 것일 때 사건 A가 발생했다고 한다. 이 용어를 쓸 때, 어떤 실험의 표본공간은 실험을 수행할 때마다 항상 발생되는 사건이다.

사건은 집합이기 때문에, 보통의 집합 연산은 확률이론과 연관이 있다. 그림 2-1은 기본적인 집합 연산을 벤다이어그램으로 설명하고 있다.

합집합과 교집합의 연산은 몇 개의 사건이든 상관없이 정의될 수 있다. 말로 설명하면, **합**

---

1 R 명령어 *rowMeans(S1)*는 *rowSums(S1)* 대신에 사용될 수 있다.

그림 2-1
기본 집합산에 대한 벤
다이어그램 설명

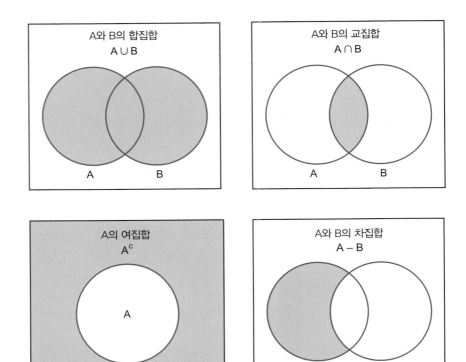

집합(union) $A_1 \cup \cdots \cup A_k$은 사건 $A_1, \cdots, A_k$를 형성하는 모든 결과로 구성된 사건으로 A_1 또는 A_2 또는 $\cdots$ 또는 A_k가 발생할 사건 또는 $A_1, \cdots, A_k$ 중 적어도 하나가 발생할 사건이다. **교집합** (intersection) $A_1 \cap \cdots \cap A_k$은 모든 사건 $A_1, \cdots, A_k$가 공통으로 포함하는 결과로 이루어진 사건이다.

교집합은 A_1 그리고 A_2 그리고 $\cdots$ 그리고 A_k가 발생할 사건 또는 $A_1, \cdots, A_k$ 모두 발생할 사건이다. A의 **여집합**(complement) A^c는 A가 아닌 모든 결과로 구성되는 사건이다. A^c는 A가 발생하지 않을 때 발생하는 사건이다. **차집합**(difference) $A - B$는 B가 발생하지 않는 A에 대한 결과로 구성된다. $A - B$는 A가 발생하고 B가 발생하지 않을 때에 대한 사건이다. 즉, $A - B = A \cap B^c$다.

만약 두 사건이 공통된 결과가 없고 함께 발생하지 않을 때, 두 사건 A, B는 **배반**(disjoint) 또는 **상호배타적**(mutually exclusive)이라고 한다. 수학적 표기로 $A \cap B = \emptyset$이면 A, B는 서로 배반이고, 이때 $\emptyset$는 공집합에 대한 표기다. 공집합 사건 $\emptyset = S^c$은 표본공간의 여집합이라 할 수 있다. 마지막으로, 만약 A의 모든 결과가 B의 결과에도 속하면, 사건 A를 사건 B의 **부분집합** (subset)이라 한다. 또한 A의 발생이 B의 발생을 의미한다면 A는 B의 부분집합이다. A가 B의 부분집합이라는 수학적 표기는 $A \subseteq B$다. 그림 2-2는 서로소 집합 A, B와 $A \subseteq B$를 설명한다.

x가 사건 E에 대한 원소임을 표현하는 수학적 표기는 $x \in E$다. 사건 A가 사건 B의 부분집합임을 증명하는 일반적인 방법은 $x \in A$라면 $x \in B$가 참임을 보이는 것이다. 사건 A와 사건

그림 2-2

서로소 집합 A, B(왼쪽)
와 $A \subseteq B$(오른쪽)에 대
한 벤다이어그램 설명

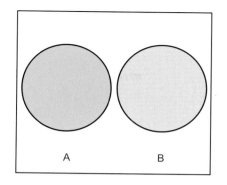 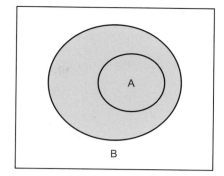

B가 같은 사건임을 증명하는 일반적인 방법은 $A \subseteq B$와 $A \supseteq B$임을 보이는 것이다.

예제 2.2-4

$1\text{k}\Omega$ 저항기를 생산하는 한 기계에서 만들어진 저항기는 공칭값 $1\text{k}\Omega$에서 50Ω 이상 차이가 있다면 검사를 통과하지 못한다. 이와 같은 저항기 4개를 검사하였다.

(a) 이 실험의 표본공간을 설명하라.

(b) E_i는 i번째로 검사받은 저항기가 합격일 사건이라고 하자. E_i가 상호배타적인 사건인가?

(c) A_1는 모든 저항기가 검사에 합격할 사건이라 하고, A_2는 오직 하나만 검사에 불합격되는 사건이라 하자. 사건 $B_1 = A_1 \cup A_2$와 $B_2 = A_1 \cap A_2$를 구두로 설명하라.

(d) E_i에 관하여 A_1, A_2를 표현하라.

해답

(a) 저항기가 검사에서 합격되었을 때 1이라 하고 불합격했을 때 0이라 하자. 표본공간은
$S = \{(x_1, x_2, x_3, x_4) : x_i = 0 \text{ 또는 } 1, i = 1, 2, 3, 4\}$다.

(b) 사건 E_i는 $x_i = 1$인 S에서 모든 결과 (x_1, x_2, x_3, x_4)로 구성된다. 예를 들면, $E_1 = \{(1, x_2, x_3, x_4) : x_i = 0 \text{ 또는 } 1, i = 2, 3, 4\}$다. 사건 E_i는 서로소가 아니다. 예를 들어 결과 $(1, 1, 1, 1)$은 모든 사건 E_i를 포함하고 있다.

(c) 최대 1개의 저항기가 불합격일 때, 사건 $B_1 = A_1 \cup A_2$가 발생한다. A_1과 A_2는 서로소 집합이기 때문에, $B_2 = A_1 \cap A_2$는 공집합 사건이다.

(d) 모든 저항기가 합격하는 것은 모든 E_i가 발생함을 의미한다. 따라서 $A_1 = E_1 \cap E_2 \cap E_3 \cap E_4 = \{(1, 1, 1, 1)\}$이다. 정확히 1개의 저항기만 불합격하는 것은 첫 번째 저항기 시험만 불합격이고 나머지는 합격이거나, 또는 두 번째 테스트는 불합격이고 나머지는 합격이거나, 세 번째 테스트가 불합격이고 나머지가 합격이거나, 네 번째가 불합격이고 나머지가 합격임을 의미한다. 위를 수학적으로 표기하면 다음과 같다.

$$A_2 = F_1 \cup F_2 \cup F_3 \cup F_4$$

F_i는 i번째 저항기가 불합격이고 다른 저항기들은 합격인 사건이다. 예를 들면, $F_1 = E_1^c \cap E_2 \cap E_3 \cap E_4$, $F_2 = E_2^c \cap E_1 \cap E_3 \cap E_4$ 등이다. ■

예제 2.2-5 어떤 실린더 지름을 측정(cm 단위)하는데, 표본공간은 $S = \{x : 5.3 \leq x \leq 5.7\}$이다. $E_1 = \{x : x > 5.4\}$와 $E_2 = \{x : x < 5.6\}$이라 하자. 사건 $E_1 \cup E_2$, $E_1 \cap E_2$, $E_1 - E_2$를 설명하라.

해답

$E_1 \cup E_2 = S$, $E_1 \cap E_2 = \{x : 5.4 < x < 5.6\}$, $E_1 - E_2 = \{x : 5.6 \leq x \leq 5.7\}$이다. ■

사건 연산은 다음 법칙을 따른다.

교환법칙:

$$A \cup B = B \cup A, \quad A \cap B = B \cap A$$

결합법칙:

$$(A \cup B) \cup C = A \cup (B \cup C), \quad (A \cap B) \cap C = A \cap (B \cap C)$$

분배법칙:

$$(A \cup B) \cap C = (A \cap C) \cup (B \cap C), \quad (A \cap B) \cup C = (A \cup C) \cap (B \cup C)$$

드모르간 법칙:

$$(A \cup B)^c = A^c \cap B^c, \quad (A \cap B)^c = A^c \cup B^c$$

이 법칙들은 벤다이어그램으로 설명할 수 있지만(연습문제 6과 7 참조), 각 식의 좌항이 우항에 대한 부분집합이고 우항이 좌항에 대한 부분집합임을 보여 주는 공식으로도 증명할 수 있다. 이와 같은 논증방법의 설명을 위해 우리는 분배법칙의 첫 번째 식을 증명할 것이다. $x \in (A \cup B) \cap C$는 $x \in C$ 그리고 $x \in A \cup B$와 같고, $x \in C$ 그리고 $x \in A$ 또는 $x \in B$와도 같으며, $x \in C$ 그리고 $x \in A$ 또는 $x \in C$ 그리고 $x \in B$와도 같고, 이는 다시 $x \in (A \cap C) \cup (B \cap C)$와 같다. 따라서 $(A \cup B) \cap C \subseteq (A \cap C) \cup (B \cap C)$이다. 이러한 일련의 논증은 그 역도 성립하기 때문에, $(A \cap C) \cup (B \cap C) \subseteq (A \cup B) \cap C$와 $(A \cap C) \cup (B \cap C) = (A \cup B) \cap C$로 나타낼 수 있다.

예제 2.2-6 전기통신에서 핸드오프 또는 핸드오버는 휴대전화로 통화하는 도중에 통화를 유지한 채 기존에 이용하고 있는 통신망에서 새로운 통신망으로 재연결하는 기능이다. 가령 통화 중에 휴대전화가 연결되어 있는 통신망 지역을 벗어나 다른 통신망이 연결된 지역으로 이동할 때 발생한다. 100명의 휴대전화 사용자를 임의표본으로 선택하고 그들의 다음 통화를 통화 지속 시간과 그들이 겪은 핸드오버 횟수에 따라 분류하였다. 결과는 다음 표와 같다.

지속 시간	핸드오버 횟수		
	0	1	> 1
> 3	10	20	10
< 3	40	15	5

A와 B를 각각 통화 중에 핸드오버가 한 번 발생하는 사건과 통화 지속 시간이 3분 이내인 사건이라 하자.

(a) 100회의 통화 중 몇 회가 $A \cup B$에 속하고, 또 몇 회가 $A \cap B$에 속하는가?

(b) 집합 $(A \cup B)^c$, $A^c \cap B^c$를 말로 설명하라. 이 설명을 이용해 드모르간 법칙의 첫 번째 식을 확인하라.

해답

(a) 합집합 $A \cup B$는 핸드오버를 한 번 겪은 사건 또는 3분 이내로 통화가 지속된 사건에 해당하는 80회의 통화수로 구성된다. 표에서는 핸드오버 횟수가 1인 열 또는 두 번째 행으로 분류된다. 교집합 $A \cap B$는 핸드오버를 한 번 겪은 사건 중에 3분 이내로 통화가 지속된 사건에 해당하는 15회의 통화수로 구성되고 표에서는 핸드오버 수가 1인 열이면서 두 번째 행으로 분류된다.

(b) 여집합 $(A \cup B)^c$는 $A \cup B$가 아닌 20회의 통화수로 구성된다. 즉, 핸드오버 횟수가 0 혹은 2번 이상이고 통화 시간이 3분 이상인 사건이다. 교집합 $A^c \cap B^c$는 핸드오버 횟수가 1이 아니고(따라서 핸드오버 수가 0 혹은 1 이상) 3분 이내가 아닌 통화 횟수로 구성된다(따라서 통화 시간이 3분 이상 지속된 수). 따라서 드모르간 법칙의 첫 번째 식에 의해 $(A \cup B)^c$와 $A^c \cap B^c$는 같다. ■

연습문제

1. 다음 각 실험에 대한 표본공간을 구하라.

(a) 1개의 주사위를 2번 던지고 결과를 기록한다.

(b) 1개의 주사위를 2번 던지고 그 결과의 합을 기록한다.

(c) 클릭휠이 불량인 제품 6개를 포함하고 있는 500개의 아이팟 한 세트에서, 30개의 아이팟을 무작위 단순표본추출하고 불량인 클릭휠의 수를 기록한다.

(d) 첫 번째 불량 퓨즈가 발견될 때까지 퓨즈를 검사한다. 관찰된 퓨즈의 수를 기록한다.

2. 어떤 마을에서 가구의 40%는 지역신문을 구독하고, 30%는 전국(중앙) 신문을 구독한다. 두 종류의 신문 중 적어도 하나를 구독하는 가구는 60%다. E_1은 임의로 선택한 가구 중 지역신문을 구독하는 사건이라 하고, E_2는 전국(중앙) 신문을 구독하는 사건이라 하자.

(a) 사건 E_1과 E_2에 대한 벤다이어그램을 그리고 두 종류의 신문 중 적어도 하나를 구독하는 가구 60%에 대한 구간을 음영으로 표시하라.

(b) 사건 E_1과 E_2에 대한 벤다이어그램을 그리고 임의로 선택한 가구가 두 종류의 신문을 모두 구독하는 사건에 대해 음영으로 표시하라.

(c) 사건 E_1과 E_2에 대한 벤다이어그램을 그리고 임의로 선택한 가구가 지역신문을 구독하는 사건에 해당되는 영역을 음영으로 표시하라.

3. 한 엔지니어링 회사는 토론토와 멕시코시티에 지점을 설립할 가능성이 있다. T를 토론토에 지점을 설립하게 될 사건이라 하고 M을 멕시코시티에 지점을 설립하게 될 사건이라 하자.

(a) T와 M의 집합 연산에 관하여 다음 서술된 각각의 사건을 표현하라.

(i) 회사를 두 도시 모두에 설립한다.

(ii) 회사를 두 도시 중 어느 쪽에도 설립하지 않는다.

(iii) 회사를 정확하게 한 군데만 설립한다.

(b) (a)의 세 사건 각각에 대해 벤다이어그램을 그리고 서술된 사건 *T*와 *M*에 해당하는 부분을 음영으로 표시하라.

4. 그림 2-3과 같은 2개의 벤다이어그램을 그려라. 첫 번째 벤다이어그램은 집합 $(A - B) \cup (B - A)$에 해당하는 부분을 음영으로 표시하고, 두 번째 벤다이어그램은 집합 $(A \cup B) - (A \cap B)$에 해당하는 부분을 음영으로 표시하라. 표시한 두 부분이 동일한가?

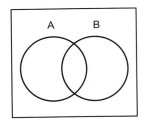

그림 2-3
두 사건에 대한 포괄적인 벤다이어그램

5. 부품의 수명을 검사하는데, 표본공간은 양의 실수인 집합 $S = \{x : x > 0\}$이다. *A*를 다음 검사된 부품이 적어도 75시간 단위(time unit)는 지속될 사건이라 하고, *B*는 53시간 이상 지속될 사건이라 하자. 수학적 표기로 $A = \{x : x < 75\}$와 $B = \{x : x > 53\}$로 나타낸다. 다음 설명되는 각각의 사건에 대해 서술하라.

(a) A^c

(b) $A \cap B$

(c) $A \cup B$

(d) $(A - B) \cup (B - A)$

말과 수학적 표기 모두로 설명하라.

6. 그림 2-3과 같은 2개의 벤다이어그램을 그려서 드모르간의 법칙 두 번째를 설명하라. 첫 번째 벤다이어그램은 사건 $(A \cap B)^c$에 대해 음영으로 표시하고, 두 번째 벤다이어그램은 $A^c \cup B^c$에 대해 음영으로 표시하라. 2개는 동일한가?

7. 그림 2-4 중 하나와 비슷한 2개의 벤다이어그램을 그

려라. 첫 번째 벤다이어그램은 사건$(A \cap B) \cup C$에 대해 음영으로 표시하고, 두 번째 벤다이어그램은 사건 $(A \cup C) \cap (B \cup C)$에 대해 음영으로 표시하라. 2개는 동일한가?

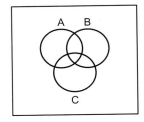

그림 2-4
3개의 사건에 대한 포괄적인 벤다이어그램

8. 연습문제 4, 6, 7에서 주어진 사건의 쌍이 동일함을 보여라. 각각의 경우에서 각 사건이 다른 사건의 부분집합임을 보여 준 증명의 절차를 이용하라.

9. 한 실린더의 지름을 mm 수준으로 측정한 결과, 표본공간(cm 단위)이 $S = \{5.3, 5.4, 5.5, 5.6, 5.7\}$이다. 5개의 실린더를 임의로 선택하고, 각 실린더의 지름을 mm 단위로 측정하였다.

(a) 이 실험에 대한 표본공간을 설명하라. 표본공간의 크기는 무엇인가?

(b) 5개의 측정치의 평균만 기록될 때 표본공간을 설명하고, 표본공간을 결정하기 위해 예제 2.2-3에서 사용된 명령어와 유사한 **R** 명령어를 사용하라.

10. 100개의 폴리카보네이트 플라스틱 디스크의 무작위 표본은 그것들의 강도와 충격 흡수에 따라서 분류된다. 그 결과는 다음 표에서 보여 준다.

강도	충격 흡수	
	낮음	높음
낮음	5	16
높음	9	70

무작위로 1개의 디스크를 선택한다. 사건을 $E_1 = \{$디스크의 강도가 낮음$\}$, $E_2 = \{$디스크의 충격 흡수량이 낮음$\}$, $E_3 = \{$디스크의 강도가 낮거나 충격 흡수량이 낮음$\}$이라

고 정의하자.

(a) 100개의 디스크 중에 각 사건에 해당하는 디스크의 수를 구하라.

(b) 사건 E_1과 E_2에 해당하는 2개의 벤다이어그램을 그려라. 첫 번째 벤다이어그램은 사건 $(E_1 \cap E_2)^c$에 대해 그리고 두 번째 벤다이어그램은 $E_1^c \cup E_2^c$에 대해 그려라. 이 사건에 대해 드모르간의 법칙 두 번째를 확인하라.

(c) 사건 $E_1 \cap E_2$, $E_1 \cup E_2$, $E_1 - E_2$, $(E_1 - E_2) \cup (E_2 - E_1)$를 말로 설명하라.

(d) (c)에서 설명된 각 사건에 해당하는 디스크의 수를 구하라.

2.3 발생 가능성이 동일한 결과를 갖는 실험

2.3.1 확률의 정의와 해석

어떤 실험이 주어질 때 우리는 어떤 결과(보다 일반적으로 사건)의 발생 가능성을 가늠하는 데 관심이 있다. 사건 E에 대한 **확률**은 $P(E)$로 표기되며, 구간 $[0, 1]$에 있는 하나의 숫자를 할당하여 E의 발생 가능성을 수치화한다. 숫자가 클수록 사건이 더 자주 발생함을 의미한다. 1의 확률은 사건이 확실히 일어난다는 것을 의미한다. 반면에 0의 확률은 사건이 일어나지 않을 것이라는 것을 의미한다.

또한, 어떤 사건의 발생 가능성은 백분율 혹은 승산비로도 수치화된다. '이기는 비율이 2대1이다'는 표현은 이길 확률이 0.67임을 의미한다. 백분율을 통한 정량화는 확률과 더욱 직접적으로 연관이 있다. 예를 들면, '오후 강수확률이 70%다'는 표현은 오후에 비올 확률이 0.7임을 의미한다. 백분율의 사용은 같은 조건에서 반복된 실험의 결과로 구성되는 개념적 모형에 근거한 확률 표현으로 **제한적 상대도수**의 해석을 연상시킨다. 예를 들면, 만약 우리가 기상학적 조건이 오늘과 동일한 모든 날짜에 대한 집합을 개념화한다면, 강수확률 70%는 오늘과 동일한 조건인 모든 날의 강수확률이 70%라는 의미로 해석할 수 있다.

일반적으로, $N_n(E)$는 실험을 n번 반복했을 때 사건 E가 발생하는 횟수라 한다면, 제한적 상대도수 접근법은 $P(E)$를 n이 점점 커짐(즉, $n \to \infty$)에 따른 다음 비율의 극한값으로 해석한다.

$$\frac{N_n(E)}{n}$$

제한적 상대도수의 해석은 직관적으로는 좋아 보이지만, $N_n(E)/n$의 극한값이 존재한다고 보장할 수 없기 때문에 확률에 대한 수식으로 정의할 수 없다. 예를 들어, '동전을 연속으로 여러번 던질 때 앞면이 나올 비율이 1/2이 되는 경향이 왜 참인가?'라는 문제와 같다. 이러한 이유로 확률에 대한 현대적 접근법은 많은 공리를 제시한다. 사건에 대한 확률로 할당된 값은 공리를 만족해야만 하고, 이러한 공리로부터 확률에 대한 모든 원리가 유도된다. 이런 공리는 2.4절에서 주어진다. $N_n(E)/n$에 대한 극한값의 존재는 5장에서 주어진 대수의 법칙에 대한 결과로 나타낸다.

비록 $N_n(E)/n$의 극한값의 존재가 공리로 받아들여지지만, 확률에 대한 제한적 상대도수의 해석은 사건에 대한 확률을 평가하는 실증적인 방법이 아니다. 현대의 확률 이론에서 이 부분은 각 실험에 적절한 방법으로 간주되는 **확률모형**을 근거로 한다. 가장 간단한 모형은 우연에 의한 게임에서 사용된 것처럼 유한한 경우의 수를 가지는 실험에 속한다. 이러한 모형에 대한 확률의 정의와 할당값은 다음 장에서 다루고, 다른 확률모형은 3장과 4장에서 다룰 것이다.

유한한 모집단으로부터 단순 무작위 추출 형태로 얻어지는 유한개의 결과가 동일한 가능성으로 발생할 때, 각각의 결과에 대한 확률은 간단하고 직관적이다. 만약 이러한 실험의 결과에 대한 유한개의 경우의 수를 N이라고 표기한다면, 각각의 결과가 일어날 확률은 $1/N$이다. 이는 중요한 사실이다.

발생 가능성이 동일한 N개 사건 각각에 대한 확률	어떤 실험의 표본공간이 발생 가능성이 동일한 N개의 결과로 구성된 경우, 각각의 결과는 $1/N$ 확률을 가진다.

예를 들면, 앞뒤가 나올 확률이 같은 1개의 동전을 한 번 던지는 것은 각각 1/2 확률을 가지고, 주사위를 한 번 던지는 것은 면마다 나올 확률이 각각 1/6이다. 또한 52개의 카드에서 한 장을 임의로 선택할 때, 각 카드가 선택될 확률은 각각 1/52이다.

개별 결과의 확률을 알면 여러 개의 결과를 포함하는 사건의 확률을 구하는 것은 매우 쉽다. $N(E)$가 사건 E를 이루는 결과의 수라고 한다면, E의 확률은 다음과 같다.

N개의 발생 가능성이 동일한 결과를 포함하는 경우의 확률값 산정	$$P(E) = \frac{N(E)}{N} \qquad (2.3.1)$$

예를 들면, 주사위를 굴려서 짝수가 나올 확률은 3/6이고, 카드에서 에이스가 나올 확률은 4/52이다. 다음 2개의 예제가 있다.

예제 2.3-1
레이저 다이오드의 효율은 2~4까지(mA당 mW 단위로 25°C에서 측정됨) 다양하다. 100개의 물건 중에서, 2, 2.5, 3, 3.5, 4의 효율성을 가지는 다이오드의 수가 각각 10개, 15개, 50개, 15개, 10개가 있다. 1개의 레이저 다이오드를 임의로 선택할 때, 사건 E_1 = {선택된 레이저 다이오드의 효율성이 3인 경우}, E_2 = {선택된 레이저 다이오드의 효율성이 적어도 3인 경우}의 확률을 구하라.

해답

여기서는 N = 100개의 발생 가능성이 동일한 결과들이 있다. 게다가, $N(E_1)$ = 50, $N(E_2)$ = 75다. 따라서, $P(E_1)$ = 0.5, $P(E_2)$ = 0.75다. ■

예제 2.3-2
2개의 주사위를 각각 굴린다(혹은 하나를 두 번). 2개의 합이 7인 사건에 대한 확률을 구하라.

해답

2개의 주사위를 굴릴 때, $N = 36$인 결과가 나온다. 사건 $A =$ {주사위 2개의 합이 7인 경우}은 (1, 6), (2, 5), (3, 4), (4, 3), (5, 2), (6, 1)로 구성된다. 따라서, $N(A) = 6$이고, 식 (2.3.1)에 의해 $P(A) = 6/36 = 1/6$이다. ∎

2.3.2 계수 기법

실험에서 발생 가능성이 동일한 결과로 구성된 사건에 대한 확률 산정방법은 간단하지만 N이 크거나 사건 A가 복잡하다면, 앞서 설명한 방법을 이용하여 확률을 산정하는 것은 간단하지 않다. 예를 들면, 52개의 카드 한 벌에서 임의로 선택한 카드 5장이 풀하우스(3장의 같은 모양의 카드와 2장의 같은 모양 카드)가 나올 확률을 구하기 위해, 우리는 5장의 카드가 나오는 경우의 수와 그 카드로 풀하우스가 될 경우의 수를 결정해야 할 필요가 있다. 이러한 결정은 이번 장에서 설명되는 특별한 계수 기법이 요구된다.

우리는 우선 다음 모든 결과로부터 가장 기본적인 계수 기법으로 시작한다.

기본적인 계수의 원리

> 만약 어떤 작업이 2단계로 완성되고, 단계 1은 n_1개 결과, 단계 2는 n_2개의 결과를 가진다면, 이 작업은 단계 1에서의 결과와 상관없이 $n_1 n_2$개의 결과를 가진다.

기본적인 계수의 원칙에서 작업은 실험이 될 수 있고 각 단계는 하위 실험이 될 수 있다. 또는 각 단계는 연속으로 행해지는 두 번의 실험이 될 수도 있다. 예를 들면, 2개의 주사위를 굴리는 것은 $6 \times 6 = 36$인 결과를 가진다. 2개의 주사기를 굴리는 것은 각각 주사위를 굴리는 하위 실험, 혹은 1개의 주사위를 2번 굴리는 실험이 될 수 있다.

예제 2.3-3   다음의 각 작업에 대해 그것을 구성하는 단계와, 각 단계의 경우의 수 및 전체 작업에 대한 경우의 수를 구하라.

(a) 전화번호부에 있는 3명의 배관공과 2명의 전기기사 중에서 1명의 배관공과 1명의 전기기사를 선택하라.

(b) 1개의 조립라인에서 2개의 제품을 고르고 불량을 (0), 정상을 (1)로 각각 제품을 분류하라.

(c) 4명의 결승출전자가 있는 한 그룹에서 1등과 2등을 선택하라.

해답

(a) 1단계는 1명의 배관공을 선택하는 것이고, 2단계는 전기기사 1명을 선택하는 것이 될 수 있다. $n_1 = 3$, $n_2 = 2$이고, 따라서 업무는 $n_1 n_2 = 6$개의 가능한 결과를 가진다.

(b) 1단계와 2단계의 결과는 0 혹은 1이다. 따라서 이 업무는 $2 \times 2 = 4$개의 결과를 가진다.

(c) 1단계는 2등을 선택하고 2단계는 1등을 선택하는 것이 될 수 있다. 그러면 $n_1 = 4$, $n_2 = 3$이고, 따라서 업무는 $n_1 n_2 = 12$개의 가능한 결과를 가진다. ∎

예제 2.3-3의 3개 문제에 대한 각 단계는 표본추출을 한다. (a)에서 문제에 대한 다른 집합들은 2단계로 추출된다. (b)에서 동일합 집합({0, 1}인)은 복원추출이고 (c)에서는 문제에 대한 동일한 집합이 복원 없이 추출된다.

계수의 기본적인 원리는 간단한 방법으로 일반화된다.

계수의 일반화된 기본 원리

> 만약 어떤 작업이 k 단계 안에 완성되고, 이전 단계의 결과와 상관없이 i 단계가 n_i개의 결과를 가진다면, 이 작업은 $n_1 n_2, \cdots, n_k$개의 결과를 가진다.

예제 2.3-4 다음의 각 작업에 대해 그것을 구성하는 단계와 각 단계의 경우의 수, 전체 작업에 대한 경우의 수를 구하라.

(a) 전화번호부에 등록된 3명의 배관공, 2명의 전기기사, 4명의 리모델링 기술자 중에서 1명의 배관공, 1명의 전기기사 그리고 1명의 리모델링 기술자를 선택하라.

(b) 길이가 10인 이진수를 작성하라(즉, 0과 1로 이루어진 길이가 10인 형태).

(c) 처음 3개가 알파벳이고 뒤에 4개가 숫자인 7개의 문자 형태를 작성하라.

(d) 4명의 결승출전자가 있는 한 그룹에서 1등, 2등, 3등을 선택하라.

해답

(a) 이 문제는 $n_1 = 3$, $n_2 = 2$, $n_3 = 4$개의 경우의 수를 가지는 3단계로 구성된다. 따라서 이 문제는 $3 \times 2 \times 4 = 24$개의 결과를 가진다.

(b) 이 문제는 0 혹은 1인 두 가지 값을 가지는 10단계로 구성된다. 따라서 이 문제는 $2^{10} = 1{,}024$개의 결과를 가진다.

(c) 이 문제는 7단계로 구성된다. 처음 세 단계는 26개의 알파벳 중 하나를 고르는 것이다. 따라서 $n_1 = n_2 = n_3 = 26$이다. 마지막 4단계는 각각 10개의 숫자 중 하나를 고르는 것으로, $n_4 = \cdots = n_7 = 10$이다. 따라서 이 문제는 $26^3 \times 10^4 = 175{,}760{,}000$개의 결과를 가진다.

(d) 이 업무는 $n_1 = 4$, $n_2 = 3$, $n_3 = 2$인 결괏값을 가지는 3단계로 구성된다. 따라서 이 문제는 $4 \times 3 \times 2 = 24$개의 결과를 가진다. ■

예제 2.3-3의 (c) 혹은 예제 2.3-4의 (d)의 경우와 같이 작업의 단계가 동일한 개체(객체 또는 피험자)의 집합으로부터 비복원추출일 때, 우리는 단계의 결과를 구별하기 원할 수도 있고 아닐 수도 있다. 이것은 다음 예제에서 다룬다.

예제 2.3-5 니키, 조지, 소피아, 마사로 구성된 4명의 최종 결승자들로부터 1등, 2등을 결정할 때, (조지, 소피아)와 (소피아, 조지)인 결과는 예제 2.3-3의 (c)에서 언급된 12개의 결과 중 2개이다. 그러나 만약에 두 우승자 모두 동일한 상을 받는다면, 1위와 2위에 대한 구분이 없으므로 두 가지 결과를 하나로 취급할 것이다(그 이유는 이런 경우에 조지와 소피아는 각각 동일한 상을 받는 것이기 때문이다). 유사하게, 만약 예제 2.3-4의 (d)에서 언급된 3명 모두 동일한 상을 받는다면, 각 단계의 결과를 구분할 필요가 없다. 예를 들면, (니키, 조지, 소피아)는 3명이 동등한 승자로 확인한다. ■

정의 2.3-1

어떤 작업의 k개의 단계들이 n 단위가 있는 동일한 그룹으로부터 한 단위씩 비복원추출하는 경우를 포함한다면 다음과 같다.

1. 각 단계에서 나온 결과들이 서로 구분된다면, 그 결과를 순서가 고려되었다고 말하고, 반대인 경우 순서를 고려하지 않았다고 말한다.
2. 순서를 고려한 결과를 k개의 **순열**이라 한다. n개로 이루어진 한 그룹으로부터 선택된 k개로 이뤄진 순열의 수는 $P_{k,n}$으로 표기된다.
3. 순서를 고려하지 않은 결과는 k개의 **조합**으로 불린다. n개로 이루어진 한 그룹으로부터 선택된 k개로 이뤄진 조합의 수는 $\binom{n}{k}$로 표기된다.

$P_{k,n}$에 대한 식은 일반화된 계수의 기본 원칙을 따른다. 이것을 알아보기 위해 근거는 다음과 같다. n개의 한 그룹으로 이루어진 k개의 순서가 있는 선택을 하는 작업은 k 단계로 구성된다. 첫 번째 원소를 고르는 1단계는 $n_1 = n$인 가능한 결과를 가진다. 2단계는 남은 $n-1$개(비복원추출로 추출되는) 중에서 두 번째 원소를 선택하는 데 해당하는 $n_1 = n - 1$인 가능한 결과를 가진다.

나머지 k 단계까지 $n_k = n - k + 1$인 결과를 가진다. 그러므로 계수의 일반화된 원리에 의해,

n개 중 선택된 k개에 대한 순열의 수

$$P_{k,n} = n(n-1)\cdots(n-k+1) = \frac{n!}{(n-k)!} \tag{2.3.2}$$

음의 정수 m에 대해 $m!$ 표기는 m 팩토리얼이라 읽고 다음과 같이 정의된다.

$$m! = m(m-1)\cdots(2)(1)$$

$k = n$에 대해, $0! = 1$로 약속된 식 (2.3.2)는 n개의 수 사이에서 가능한 서로 다른 순열(혹은 나열 혹은 정렬)의 수를 산출해 낸다.

n개 자기 자신에 대한 순열의 수

$$P_{n,n} = n! \tag{2.3.3}$$

예제 2.3-6

(a) 라인업 혹은 타순은 한 팀에 있는 9명의 야구선수가 게임하는 동안 타자로 나가는 순서를 나타내는 리스트다. 타순에 대한 가능한 경우의 수를 구하라.

(b) 항공사는 6개의 통합안전설계 프로젝트를 감독하기 위해 6명의 토목기사를 배정할 계획이다. 프로젝트에 대해 토목기사를 배정할 수 있는 경우의 수는 얼마인가?

해답

(a) $P_{9,9} = 9! = 362,880$이 가능한 타순의 수다.

(b) $P_{6,6} = 6! = 720$이 배정 가능한 수다. ■

n개로 이루어진 집합에서 나올 수 있는 k개의 조합(순서가 없는 선택)은 계수의 일반화된 기본 원칙을 직접적으로 따르는 것은 아니지만 순열식 (2.3.2)와 (2.3.3)을 따른다. 이것을 알아보기 위해 4개로 구성된 한 집단에서 3개를 선택하는 구체적인 문제를 생각해 보자(예 : 4명의 결승출전자로부터 3명의 동등한 우승자가 나오는 것이다). 식 (2.3.5)에 의해서 3개의 각 그룹은 $P_{3,3} = 3! = 6$인 순열로 계산된다. 이것은 순열의 수와 조합의 수가 6으로 같음을 의미한다. 식 (2.3.2)에 의해서 3개에 대한 순열은 4개로 구성된 한 집합으로부터 3개로 구성된 순열 $P_{3,4} = 4!/(4-3)! = 24$와 같다. 그러므로 3인 조합의 수는 $\binom{4}{3} = P_{3,4}/P_{3,3} = 24/6 = 4$로 구해진다.

식을 일반화하면,

n개 중 선택된 k개에 대한 조합의 수

$$\binom{n}{k} = \frac{P_{k,n}}{P_{k,k}} = \frac{n!}{k!(n-k)!} \tag{2.3.4}$$

$k = 1, \cdots, n$인 $\binom{n}{k}$ 수는 이항정리(연습문제 13 참고)로 사용되었기 때문에, 그들은 **이항계수**라고 부른다.

예제 2.3-7

52장의 카드 한 벌로부터 2장의 카드를 선택할 것이다.

(a) 첫 번째 카드를 1번 선수가 받고, 두 번째 카드를 2번 선수가 받는 경우의 수를 구하라.

(b) 2장의 카드 모두를 1번 선수가 받을 경우의 수를 구하라.

해답

(a) 결과(에이스, 킹)를 구분하는 경우에 1번 선수가 에이스를 가지고, 2번 선수가 킹을 가지는 것을 의미한다. 따라서 우리는 52장의 카드에서 선택된 2장의 카드로 가능한 순열의 수에 관심이 있다. 식 (2.3.2)에 의해 (순서가 있는) 경우의 수는 $P_{2,52} = 52 \times 51 = 2,652$다.

(b) 이런 경우는 2장의 동일한 카드를 가져오기 때문에, 받은 카드 2장의 순서는 상관이 없다. 따라서, 52장의 카드에서 선택된 2장의 카드로 가능한 조합의 수를 알아야 한다. 식 (2.3.4)에 의해 (순서가 없는) 결과의 수는 $\binom{n}{2} = 2,652/2 = 1,326$이다. ■

예제 2.3-8

(a) 길이가 10인 이진 시퀀스(0과 1들의 시퀀스)에서 정확히 1이 4개 있을 경우의 수를 구하라.

(b) 길이가 10인 이진 시퀀스를 임의로 선택했을 때, 1이 4개일 확률을 구하라.

해답

(a) 1이 4개 포함된 길이가 10인 이진 시퀀스(따라서 0은 6개)는 10개의 자리 중에 4군데에 1이 위치한 것이다(결과에서 다른 자리는 모두 0이다). 따라서 이 문제는 결과에서 10개의 자리 중에 4개를 선택하는 문제다. 정답은 $\binom{10}{4} = 210$이다.

(b) 예제 2.3-4(b)의 결과를 이용하여 확률은 $\binom{10}{4}/2^{10} = 210/1{,}024 = 0.2051$이다. ■

예제 2.3-9

(a) 길이가 10인 이진 시퀀스에서 정확히 4개의 1이 연속하지 않게 포함된 경우의 수를 구하라.

(b) 길이가 10인 이진 시퀀스에서 1이 4개인 것을 임으로 선택할 때, 1이 연속으로 있지 않을 확률을 구하라.

해답

(a) 6개의 0들 사이의 7개 공간을 선택하여 1을 넣음으로써 4개의 1이 연속으로 있지 않은 길이가 10인 이진수를 만들 수 있다. 7개의 공간은 다음에 주어진다.

$$\wedge \, 0 \wedge 0 \wedge 0 \wedge 0 \wedge 0 \wedge 0 \wedge$$

따라서 정답은 $\binom{7}{4} = 35$다.

(b) 예제 2.3-8(a)의 결과를 사용하여, 확률은 $\binom{7}{4}/\binom{10}{4} = 35/210 = 0.1667$이다. ■

예제 2.3-10

포커 게임에서 각 선수들은 52장 카드 한 벌로부터 5장씩 카드를 받는다. 풀하우스는 같은 숫자 카드 2장과 또 다른 같은 숫자 카드 3장으로 이루어진 카드 5장을 말한다. 풀하우스의 예로는 숫자 10 카드 3장과 숫자 5 카드 2장으로 이루어진다. 임의로 받은 5장의 카드가 풀하우스일 확률을 구하라.

해답

5장 카드를 임의로 받기 때문에, 모든 5장의 카드 조합에 대한 발생 가능성이 동일하다. 확률을 결정하기 위해 가능한 모든 경우의 수와 풀하우스가 만들어질 경우의 수를 구할 필요가 있다. 첫 번째로 5장 카드가 나오는 경우의 수는 $\binom{52}{5} = 2{,}598{,}960$이다. 풀하우스가 만들어질 경우의 수를 구하기 위해 2단계를 거쳐 풀하우스를 완성하는 일을 생각해 보자. 1단계는 같은 숫자의 카드 2개를 고르는 것이고, 2단계는 그와 다른 같은 숫자의 카드 3장을 고르는 것이다. 1단계는 $\binom{13}{1}\binom{4}{2} = (13)(6) = 78$ 방법으로 완성될 수 있다. (그 이유는 1단계는 2개의 소단계로 구성되기 때문이다. 첫 번째는 숫자 13개 중 하나를 선택하고 그다음은 4개의 선택된 번호에 대해 4개의 문양 중 2개를 고르는 것이다.) 1단계의 각각의 결과에 대해, 2단계의 업무는 남은 12개의 숫자 중 하나를 고르고 3개의 문양을 고르는 것이다. 이것은 $\binom{12}{1}\binom{4}{3} = 48$

방법이 된다. 따라서 가능한 풀하우스 수는 $(78)(48) = 3,744$이므로 풀하우스가 나올 확률은 $3,744/2,598,960 = 1.4406 \times 10^{-3}$이다. ∎

　우리는 종종 n개를 2개 이상의 집단으로 나누는 데 관심이 있다. 이러한 구분의 경우의 수는 계수의 일반화된 기본 원리와 식 (2.3.4)를 통해 구할 수 있다. 아이디어를 내기 위해서 8명의 기계 엔지니어를 설계 프로젝트 A, B, C에 대해 각각 3명, 2명, 3명으로 배치하여 3개의 집단으로 나눌 경우를 가정해 보자. 3개의 프로젝트에 대해 기사 8명을 배정하는 문제는 2단계로 구성된다. 1단계는 A 프로젝트에 대한 기사 3명을 고르는 것이고, 2단계는 B 프로젝트에 대해 남은 5명 중 2명을 고르는 것이다. (C 프로젝트는 남은 3명의 기사로 배정한다.) 1단계는 $n_1 = \binom{8}{3}$ 결과고, 2단계는 $n_2 = \binom{5}{2}$ 결과다. 따라서 A 프로젝트에 대해 3명, B 프로젝트에 대해 2명, C 프로젝트에 대해 3명을 배정한 이 문제에 대한 경우의 수는 다음과 같다.

$$\binom{8}{3}\binom{5}{2} = \frac{8!}{3!5!}\frac{5!}{2!3!} = \frac{8!}{3!2!3!} = 560 \tag{2.3.5}$$

　우리는 n개를 크기가 $n_1, n_2, \cdots, n_r$인 r개의 집단으로 나누는 경우의 수를 $\binom{n}{n_1, n_2, \cdots, n_r}$라고 표기할 것이다. 따라서 식 (2.3.5)에 대한 계산의 결과는 $\binom{8}{3, 2, 3} = 1$로 쓸 수 있다.
　식 (2.3.5)가 구해진 일련의 추론과정을 일반화하면 다음 결과를 얻는다.

크기가 $n_1, n_2, \cdots, n_r$인 r개의 그룹으로 n개를 나누는 경우의 수

$$\binom{n}{n_1, n_2, \cdots, n_r} = \frac{n!}{n_1!n_2!\cdots n_r!} \tag{2.3.6}$$

$n_1 + n_2 + \cdots + n_r = n$인 $\binom{n}{n_1, n_2, \cdots, n_r}$ 수는 다항정리(연습문제 19 참고)로 사용되었기 때문에, 그것은 **다항계수**라고 언급된다.

예제 2.3-11　CPU 칩(중앙처리장치)의 클록 속도는 기능이 안정적으로 동작할 때 메가헤르츠(MHz) 단위로 측정된 주파수로 이야기된다. CPU 제조사는 클록 속도에 따라 CPU를 분류하고(bin), 클록 속도가 빠른 CPU일수록 더 높은 가격을 부과한다. 한 칩 제조 시설은 10개의 CPU를 검사하고 클록 속도에 따라 G_1, G_2, G_3, G_4로 표기된 4개 그룹으로 나누려고 한다.

(a) 나누는 절차(binning process)에 대한 경우의 수를 구하라.

(b) G_1에 3개, G_2에 2개, G_3에 2개, G_4에 3개의 CPU가 할당될 경우의 수를 구하라.

(c) 나누는 절차의 결과가 동일한 가능성으로 발생할 때, (b)에서 설명된 사건에 대한 확률을 구하라.

해답

(a) 나누는 절차는 10단계로 구성되며, 각각에 대해 네 가지 가능한 결과가 있다. 따라서 카운

팅의 일반화된 기본 원칙에 의해 가능한 경우의 수는 $4^{10} = 1,048,576$이다.

(b) 가능한 경우의 수는

$$\binom{10}{3, 2, 2, 3} = \frac{10!}{3!2!2!3!} = 25,200$$

(c) 확률은 $25,200/1,048,576 = 0.024$다. ■

2.3.3 확률질량함수와 시뮬레이션

많은 표본추출 실험에서 개체들은 동등한 확률로 선택되지만, 기록된 확률변수의 표본공간은 발생 가능성이 동일하지 않은 결과로 구성된다. 예를 들면, 2개의 주사위를 굴릴 때 나온 면에 있는 숫자들의 합을 기록한 실험의 결과(즉, {2, 3,…, 12)에서 2(12도 마찬가지)가 나올 확률이 1/36이기 때문에, 일어날 확률이 동등하지 않다. 반면에, 두 주사위의 합이 7이 나올 확률은 예제 2.3-2에서 유도된 것처럼 2와 12가 나올 확률의 6배. 다른 예제로, 태양 에너지의 사용 확대 방안에 대한 의견을 묻기 위해 임의로 학부생 1명을 선택하고, 이에 대한 의견을 1~10의 점수로 나타낸다. 각각의 학생이 선택될 가능성은 동등하지만 표본공간을 구성하는 개인적인 의견에 대한 결과는 {1, 2,…, 10}으로 동일한 가능성으로 발생하지 않을 것이다.

> **정의 2.3-2**
>
> 이산형 확률변수 X의 값을 기록한 실험에서 **확률질량함수**(Probability Mass Function, PMF)는 X의 표본공간 S_X를 구성하는 각각의 x값에 대한 확률 $p(x)$의 리스트이다.

예제 2.3-12 10개의 제품이 있는 하나의 배치로부터 크기 $n = 3$인 한 단순임의표본이 추출된다. 10개의 제품 중 3개가 불량일 때, 확률변수 $X = \{$표본에 결함이 있는 제품의 수$\}$의 PMF를 구하라.

해답

표본추출의 정의에 의해 $\binom{10}{3}$개의 표본은 각각 발생할 확률이 동등하다. 따라서 $S_X = \{0, 1, 2, 3\}$의 결과에 대한 각각의 확률은 다음과 같이 계산될 수 있다.

$$P(X = 0) = \frac{\binom{7}{3}}{\binom{10}{3}}, \quad P(X = 1) = \frac{\binom{3}{1}\binom{7}{2}}{\binom{10}{3}}$$

$$P(X = 2) = \frac{\binom{3}{2}\binom{7}{1}}{\binom{10}{3}}, \quad P(X = 3) = \frac{\binom{3}{3}}{\binom{10}{3}}$$

그림 2-5

예제 2.3-12의 PMF에
대한 막대그래프

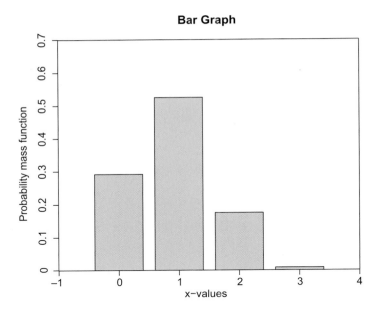

따라서 X의 PMF는 다음과 같다.

x	0	1	2	3
p(x)	0.292	0.525	0.175	0.008

그림 2-5는 막대그래프로 예제 2.3-12의 PMF를 나타낸다. ▪

예제 2.3-13

2개의 주사위를 각각 굴리자(혹은 주사위 1개를 2번 굴린다). 2개의 주사위가 나온 면의 합을
기록하는 실험의 확률질량함수를 구하라.

해답

이 실험은 변수 X = {주사위 2개의 합} 값을 기록한다. 변숫값은 2, 3,⋯, 12가 가능하다. 두
주사위를 굴릴 때 발생되는, 가능성이 동일한 36가지 경우의 수 중 X가 가질 수 있는 각각의 값
에 대응되는 것을 세면(예제 2.3-2), 실험(또는 X)에 대해 다음과 같은 PMF가 구해진다.

x	2	3	4	5	6	7	8	9	10	11	12
p(x)	1/36	2/36	3/36	4/36	5/36	6/36	5/36	4/36	3/36	2/36	1/36

이것은 다음 R 명령어로도 구할 수 있다.

```
2개의 주사위 합의 PMF에 대한 R 명령어
S=expand.grid(X1=1:6, X2=1:6)
table(S$X1+S$X2)/36
```

어떤 실험에 대한 PMF를 구하면, 그것을 이용해 복잡한 사건의 확률을 계산하는 것이 3개의 사건으로 구성된 발생 가능성이 동일한 결과를 세는 것보다 쉬워진다. 예를 들면, $p(x)$가 예제 2.3-13에서 주어진 PMF일 때, $E = \{$주사위 2개의 합이 적어도 10$\}$의 확률은 $p(10) + p(11) + p(12)$로 계산하는 것이 $N(E)/36$으로 구하는 것보다 계산하기 쉽다. 2개는 2.4절에서 표현된 확률의 특성을 따를 뿐만 아니라, 합이 10, 11, 12일 사건을 나타내는 E_{10}, E_{11}, E_{12}에 대해 $N(E) = N(E_{10}) + N(E_{11}) + N(E_{12})$의 관계로부터 다음이 만족하므로 동일한 결과가 얻어지는 것이 입증된다.

$$P(E) = \frac{N(E)}{36} = \frac{N(E_{10})}{36} + \frac{N(E_{11})}{36} + \frac{N(E_{12})}{36} = p(10) + p(11) + p(12) = \frac{6}{36}$$

게다가 실험에 대한 PMF를 알고 있고 소프트웨어 패키지를 이용한다면 누구나 이 실험에 대한 모의실험을 수행할 수 있다. 이것은 실제로 실험을 수행하지 않고 해당 실험의 표본공간으로부터 결과를 얻을 수 있음을 의미한다. 다음 예제는 예제 2.3-13의 실험을 R을 사용하여 10회 모의실험하는 것에 관해 설명한다.

예제 2.3-14   **R을 활용한 모의실험.** 2개 주사위의 합을 기록하는 실험을 10회 반복하는 모의실험을 하기 위해 예제 2.3-13에서 주어진 PMF를 사용하라.

해답

먼저 R 명령어 *c(1:6, 5:1)/36*은 예제 2.3-13에서 주어진 PMF를 생성함을 인지하라. 표본공간 $\{2, 3, \cdots, 12\}$로부터 표본을 10회 추출하기 위해 다음 R 명령어를 사용하라.

```
sample(2:12, size=10, replace=T, prob=c(1:6, 5:1)/36)          (2.3.7)
```

만약 *set.seed(111)*에 의해 111개 seed를 설정할 경우 (동일한 값으로 seed가 설정된 것은 결과의 재생산성을 보장한다), 위 명령어는 10개의 숫자를 산출한다.

$$9\ 4\ 6\ 5\ 6\ 6\ 7\ 5\ 6\ 7$$

이 숫자는 주사위 한 쌍을 10번 던졌을 때 2개의 합에 대한 각각의 결과를 나타낸다. seed 설정 없이 식 (2.3.7)에서 주어진 R 명령어를 반복하면 10개의 숫자로 구성된 다른 숫자 그룹을 나타낼 것이다. ■

예제 2.3-14에서 실행되었던 이 모의실험은 확률질량함수를 사용하여, 실험에 대한 표본공간으로부터 무작위 복원추출된 것이다. 무작위추출이지만 단순 무작위추출이 아닌 경우를 **확률적 표본추출**(probability sampling) 혹은 **확률질량함수로부터 추출**(sampling from a probability mass function)이라 부른다. 표본공간이 복원추출하는 모집단으로 간주될 때, 우리는 **표본공간 모집단**(sample space population)이라고 부른다.

모의실험을 통해 확실한 결과에 대한 실증적은 물론, 시스템의 다른 특성에 대한 이해를 넓힐 수 있다. 예를 들면, *set.seed(111)*에 의해 111개 seed를 설정하는 다음 R 명령어는

```
table(sample(2:12, size=10000, replace=T,
    prob=c(1:6, 5:1)/36))/10000
```
(2.3.8)

다음과 같이 표본공간에 속하는 각각의 숫자에 대한 상대도수를 반환한다.

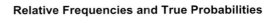

2	3	4	5	6	7	8	9	10	11	12
0.0275	0.0561	0.0833	0.1083	0.1366	0.1686	0.1367	0.1137	0.0865	0.0567	0.0260

그림 2-6은 예제 2.3-13의 확률질량함수(파란 선 그래프)와 위에 있는 상대도수(막대그래프/히스토그램)를 나타낸다. 모든 상대도수는 확률에 대응되는 적절한 근삿값이기 때문에, 우리는 확률을 상대도수의 극한으로 해석하는 것이 적절하다는 경험적인 확증을 가질 수 있다.

확률질량함수는 앞서 언급한 것과 같은 장점이 있으므로 3장은 과학과 공학에서 행해지는 가장 일반적인 종류의 실험에서의 표본공간과 관련된 확률질량함수에 해당하는 확률모형에 대해 다룬다.

그림 2-6
상대도수에 대한 히스토그램과 PMF에 대한 막대그래프

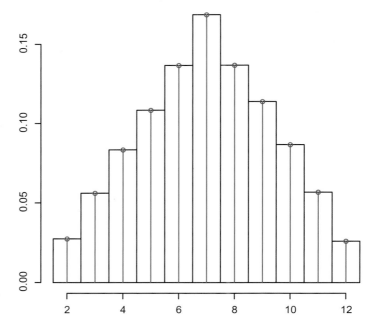

연습문제

1. 전자공학에서 웨이퍼는 집적 회로를 비롯해 다른 초소형 장치 제조에 사용되는 얇은 조각이다. 그것은 순도가 높은 결정성 물질로 만들어진다. 이는 전기적 특성을 조절하기 위해 **도핑**을 한다(즉, 불순물 원자를 첨가함). 도핑은 n-유형과 p-유형이 있다. 또한 도핑에는 경(light) 도핑과 중(heavy) 도핑이 있다(각각 1억 개의 원자당 불순물 원자 1개 혹은 1만 개의 원자당 1개다). 다음 표는 10개의 웨이퍼를 네 가지로 분류한 것이다.

도핑의 유형	도핑	
	경(light)	중(heavy)
n-유형	2	3
p-유형	3	2

웨이퍼 1개가 임의로 선택된다. E_1을 선택된 웨이퍼가 n-유형인 사건, E_2는 웨이퍼가 중-도핑인 사건이라 하자. $P(E_1)$, $P(E_2)$, $P(E_1 \cap E_2)$, $P(E_1 \cup E_2)$, $P(E_1 - E_2)$, $P((E_1 - E_2) \cup (E_2 - E_1))$에 대한 확률을 구하라.

2. 연습문제 1에 대하여 다음 문제에 답하라.

(a) 연습문제에서 주어진 10개의 웨이퍼가 포함된 배치로부터, 2개의 웨이퍼를 무작위 복원추출한다.

(i) 2개의 웨이퍼에 대한 도핑 유형을 기록한 실험에 대한 표본공간과 각각의 결과에 대한 확률을 구하라.

(ii) 선택된 2개의 웨이퍼 중 n-유형의 개수를 기록한 실험의 표본공간을 구하고, 대응되는 확률질량함수를 구하라.

(b) 연습문제에서 주어진 10개의 웨이퍼가 포함된 배치로부터 4개의 웨이퍼를 무작위 복원추출한다.

(i) 4개 웨이퍼의 도핑 유형을 기록한 실험의 표본공간을 구두로 설명하고, R 명령어 $G=expand.grid(W1=0:1, W2=0:1, W3=0:1, W4=0:1)$; $length(G\$W1)$를 사용하여 표본공간의 크기를 구하고, 각각의 결과에 대한 확률을 구하라.

(ii) 선택된 4개 웨이퍼 중 n-유형의 개수를 기록한 실험의 표본공간을 구하고, 이에 해당하는 PMF를 다음 R 명령어를 추가적으로 사용하여 구하라. $attach(G)$; $table((W1+W2+W3+W4)/4)/length(W1)$

(iii) 확률질량함수를 사용하여 4개의 선택된 웨이퍼 중 n-유형의 개수가 최대 1개일 사건에 대한 확률을 구하라.

3. 흙 또는 물의 pH는 0~14의 범위로 측정된다. pH가 7 이하이면 산성이고, 그 이상이면 정상이라 여긴다. 한 살수 탱크형 관개기에 의해 공급되는 물의 pH 수준은 동등 확률로 6.8, 6.9, 7.0, 7.1, 7.2 중 하나의 값을 갖는다. E_1을 다음 관개 시 공급되는 물의 pH 수준이 최대 7.1인 사건이고, E_2를 다음 관개 시 공급되는 물의 pH 수준이 최소 6.9인 사건이라 하자. $P(E_1)$, $P(E_2)$, $P(E_1 \cap E_2)$, $P(E_1 \cup E_2)$, $P(E_1 - E_2)$, $P((E_1 - E_2) \cup (E_2 - E_1))$에 대한 확률을 구하라.

4. 다음 두 질문은 연습문제 3의 살수 탱크형 관개기에 관한 것이다.

(a) 다음 두 차례의 관개 시 물의 pH 수준이 측정된다.

(i) 다음 R 명령어를 사용하여, 이 실험에 대한 표본공간과 그 크기를 구하라. $t=seq(6.8, 7.2, 0.1)$; $G=expand.grid(X1=t, X2=t)$; G; $length(G\$X1)$

(ii) 두 차례의 pH 측정에서 평균값을 기록한 실험의 표본공간을 구하고, 대응되는 확률질량함수를 다음 R 명령어를 사용하여 구하라. $attach(G)$; $table((X1+X2)/2)/length(X1)$

(b) 다음 5번의 관개에서 측정된 pH 수준의 평균을 기록한 실험에 대한 확률질량함수를 위와 유사한 R 명령어를 사용하여 구하라.

5. R 명령어 $S=expand.grid(X1=1:6, X2=1:6)$는 2번의 주사위 던지기에 대한 표본공간을 만든다. 추가로 입력하는 R 명령어 $attach(S)$; $Y=(X1==6)+(X2==6)$는 표본공간을 이루는 36가지 경우의 수 각각에 대해 6이 등장

하는 횟수를 구한다. 마지막으로, 추가하는 R 명령어 *pr=table(Y)/36; pr*는 주사위를 2번 던져 6이 등장하는 횟수를 기록한 실험의 확률질량함수를 구한다.

(a) 앞서 구한 PMF와 식 (2.3.7)에서 주어진 것과 유사한 R 명령어를 사용하여 주사위를 2번 던질 때 6이 나오는 횟수를 기록한 실험을 10회 반복하는 모의실험을 하라.

(b) 앞서 구한 PMF와 식 (2.3.8)에서 주어진 명령어와 유사한 R 명령어, 즉 *x= sample(0:2, size=10000, replace=T, prob=pr); table(x)/10000* 사용하여, 2번의 주사위 던지기에서 6이 나온 횟수를 기록한 실험을 10,000회 반복했을 때, 표본공간을 이루는 각각의 결과에 대한 상대도수를 구하라.

(c) R 명령어 *hist(x,seq(-0.5, 2.5, 1), freq=F); lines(0:2, pr, type="p", col="red"); lines(0:2, pr, type="h", col="red")*를 사용하라. 상대도수에 대한 히스토그램과 확률질량함수에 대한 선그래프를 그려라. 이 그림은 어떤 특성에 대해 경험적 확증을 제공하는가?

6. 어떤 검사는 5개의 참-거짓을 답하는 문제들로 구성된다.

(a) 경우의 수를 구하라. (힌트 5개의 참-거짓 문제에 답하는 일은 5단계로 구성된다.)

(b) 응답이 정답이면 1점이고, 틀리면 0점이다. 검사점수를 기록한 실험의 표본공간을 구하라.

(c) 공부하지 않은 학생이 주어진 문제에 대해 동전을 던져서 앞, 뒤의 결과에 따라 T 혹은 F를 결정한다고 가정하자. 따라서 5개 질문에 대해 받은 점수에 해당하는 0과 1로 구성된 다섯 가지 이진 시퀀스는 모두 동일한 확률로 발생한다. X를 이러한 한 학생이 받을 점수라 하고, X의 PMF를 구하라. (힌트 $X = k$일 확률합이 k인 다섯 가지 이진 시퀀스의 개수를 (a)에서 구한 이진 시퀀스의 총 경우의 수로 나눈 값이다. 모든 k에 대해 이 확률을 다음 R 명령어로 동시에 구할 수 있다. *S=expand. grid(X1=0:1, X2=0:1, X3=0:1, X4=0:1, X5=0:1); attach(S); table(X1+X2+X3+X4+X5)/length(X1))*

7. 어떤 IT 회사는 4명의 전기 엔지니어에게 4개의 다른 JAVA 프로그래밍 프로젝트를 할당하고자 한다. 이에 대한 경우의 수를 구하라.

8. 여러 나라에서 번호판은 7개의 글자로 구성되어 있다. 앞에 세 자리는 알파벳이고 뒤 네 자리는 숫자다. 만약 이런 일곱 자리 문자열 각각이 발생확률이 동등하다면, 앞의 세 자리가 W로 시작하고 뒤 네 자리가 4로 시작하는 문자열일 확률은 얼마인가? (힌트 알파벳은 26개의 문자라고 가정하자. 이러한 번호판의 경우의 수는 예제 2.3-4(c)에서 구해진다.)

9. 12명의 사람이 4명으로 구성된 위원회를 만들고자 한다.

(a) 위원회 구성의 경우의 수를 구하라.

(b) 12명은 5명의 생물학자, 4명의 화학자, 3명의 물리학자로 구성된다. 2명의 생물학자, 1명의 화학자, 1명의 물리학자로 위원회가 구성될 경우의 수를 구하라.

(c) (b)에 대한 상황에서 위원회 구성의 모든 경우가 발생 가능성이 같을 때, 2명의 생물학자, 1명의 화학자, 1명의 물리학자로 위원회가 구성될 확률을 구하라.

10. 다음 질문에 답하라.

(a) 10명의 농구선수 중 5명의 선발을 정하고자 한다. 가능한 경우의 수를 구하라.

(b) 10명의 농구선수는 연습 게임을 위해 두 팀으로 나뉠 것이다. 10명의 선수를 한 팀에 5명씩 두 팀으로 구분할 경우의 수를 구하라.

(c) 12명이 모든 사람과 서로 악수해야 할 때, 악수의 총 횟수를 구하라.

11. 그림 2.7에서 격자의 왼쪽 아래 모서리에서 오른쪽 위 모서리로 가는 경로는 4개의 0과 4개의 1이 나열된 이진 시퀀스로 나타낼 수 있다. 0은 오른쪽으로 움직이는 것을 의미하고 1은 위쪽으로 올라가는 것을 의미한다.

(a) 왼쪽 아래 모서리에서 오른쪽 위 모서리로 가는 경로의 경우의 수를 구하라.

(b) 동그라미 친 꼭짓점을 지나면서, 왼쪽 아래 모서리에서 오른쪽 위 모서리로 가는 경로의 경우의 수를 구하라.

(c) 하나의 경로가 임의로 선택될 때, 이 경로가 동그라미 친 점을 지나는 경로일 확률을 구하라.

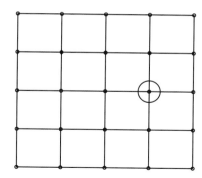

그림 2-7
연습문제 11에 대한 4 × 4 격자

12. 한 통신시스템은 일렬로 13개의 안테나가 나열된 형태로 구성된다. 이 시스템은 2개의 작동하지 않는 안테나가 인접해 있지 않으면 작동한다. 5개의 안테나가 작동을 멈추었다고 가정하라.

(a) 5개의 고장 난 안테나가 함께 정렬될 때, 통신시스템이 작동할 경우의 수를 구하라.

(b) 5개의 고장 난 안테나의 배열이 동일한 확률을 지닐 때, 시스템이 작동할 확률을 구하라.

13. 특정한 학교 단지에 있는 15대의 학교 버스 중 5대를 선택해 정밀검사를 하고자 한다. 버스 중 4대는 지난 검사에서 미세 결함(멈출 때 운전대가 흔들림)이 발견되었다고 가정하자.

(a) 가능한 경우의 수를 구하라.

(b) 선택된 버스 중 정확히 3대에 결함이 있을 경우의 수를 구하라.

(c) 5대의 버스를 단순무작위 추출에 의해 선택했을 때, 선택된 버스 중 정확히 3대에 결함이 있을 확률을 구하라.

(d) 5대의 버스를 단순무작위 추출에 의해 선택했을 때, 선택된 버스 중 결함이 없을 확률을 구하라.

14. 한 숲에는 30마리의 무스(큰사슴)가 있다. 그중 6마리는 포획하여 꼬리표를 달고 풀어 준 무스다. 시간이 지난 후 30마리 무스 중 5마리를 포획한다.

(a) 크기가 5인 표본공간에 대한 경우의 수를 구하라.

(b) 포획된 5마리 중 2마리에게 꼬리표가 있을 사건에 대한 경우의 수를 구하라.

(c) 30마리(이 중 6마리에는 꼬리표가 있다)에서 무작위 추출로 5마리를 포획할 때, 다음 사건의 확률을 구하라.
  (i) 포획된 5마리 무스 중 2마리는 꼬리표가 있다.
  (ii) 포획된 5마리 무스 중 꼬리표가 없다.

15. 크기가 5인 단순확률표본이 52장의 카드로부터 선택된다. 다음 사건에 대한 각각의 확률을 구하라.

(a) 5장 카드 중 4장이 숫자 2일 확률.

(b) 5장 카드 중 2장이 에이스 문양이고 2장이 숫자가 7일 확률.

(c) 5장 카드 중 3장이 킹 문양이고 다른 2장이 다른 종류일 확률.

16. 연습문제 7에서 언급한 IT 회사는 10명의 인턴으로 일할 전기공학 전공자들이 있다. 4개의 프로젝트에 대해 각각 인턴 2명씩을 배정하고, 남은 2명은 다른 프로젝트에 배정할 것이다. 10명의 인턴을 할당하는 경우의 수를 구하라.

17. 아스팔트 싱글(asphalt shingle)은 검사 후 높음, 중간 혹은 낮음의 등급으로 분류된다. 다른 등급의 싱글은 다른 보증조건하에 팔린다.

(a) 15개의 싱글이 높음, 중간, 낮음 등급으로 분류될 수 있는 경우의 수를 구하라. (힌트 각각 3개의 결과를 가지는 15단계를 이루는 하나의 작업을 생각하라.)

(b) 높음 등급에 3개, 중간 등급에 5개, 낮음 등급에 7개 싱글을 분류하는 경우의 수를 구하라.

(c) 분류가 발생할 확률이 동등할 때, (b)에 있는 사건에 대한 확률을 구하라.

18. 이항 정리는 다음과 같이 기술된다.

$$(a + b)^n = \sum_{k=0}^{n} \binom{n}{k} a^k b^{n-k}$$

(a) $\sum_{k=0}^{n} \binom{n}{k} = 2^n$을 보이기 위해 이항 정리를 사용하라.
(힌트 $2^n = (1+1)^n$.)

(b) $(a^2 + b)^4$을 구하라.

19. 다항 정리는 다음과 같이 기술된다.

$$(a_1 + \cdots + a_r)^n = \sum_{n_1 + \cdots + n_r = n} \binom{n}{n_1, n_2, \cdots, n_r} a_1^{n_1} a_2^{n_2} \cdots a_r^{n_r}$$

$\sum_{n_1 + \cdots + n_r = n}$ 은 음이 아닌 정수 $n_1, n_2, \cdots, n_r$의 합을 나타낸다. 다항 정리를 사용하여 $(a_1^2 + 2a_2 + a_3)^3$을 구하라.

2.4 확률의 공리와 특성

이전 장들은 발생 가능성이 동일한 유한개의 경우를 포함하는 실험에 대한 확률을 직관적인 맥락에서 소개하였다. 보다 보편적인 맥락에서 다음 정의를 따른다.

정의 2.4-1

표본공간이 S인 실험에서 확률은 사건 E에 대해 다음 공지를 만족하는 하나의 수가 할당되는 함수로 $P(E)$로 표기한다.

공리 1 : $0 \leq P(E) \leq 1$

공리 2 : $P(S) = 1$

공리 3 : 서로소인 일련의 사건 E_1, E_2,$\cdots$에 대해 그것들의 합집합의 확률은 다음과 같이 각각의 확률에 대한 답이다.

$$P\left(\bigcup_{i=1}^{\infty} E_i\right) = \sum_{i=1}^{\infty} P(E_i)$$

공리 1은 어떤 사건이 발생할 확률이 0과 1 사이임을 의미하며, 2.3절에서 이미 논의한 바 있다. 공리 2는 표본공간이 1의 확률로 발생함을 의미하며, 이는 표본공간이 모든 경우를 포함하는 하나의 사건이기 때문에 직관적으로 알 수 있다. 공리 3은 셀 수 있는 모든 서로소인 사건의 집합 중 적어도 하나가 발생할 확률이 각각 발생할 확률의 합과 같음을 의미한다.

명제 2.4-1

3개의 공리는 다음 확률의 특성을 의미한다.

1. 공집합 Ø는 $P(\emptyset) = 0$을 만족한다.

2. 유한개의 서로소인 사건 모음 $E_1, \cdots, E_m$에 대해 다음을 만족한다.

$$P(E_1 \cup E_2 \cup \cdots \cup E_m) = P(E_1) + P(E_2) + \cdots + P(E_m)$$

3. $A \subseteq B$이면 $P(A) \leq P(B)$다.

4. $P(A^c) = 1 - P(A)$이며, 이때 A^c은 여집합이다.

명제 2.4-1의 (1)은 직관적으로 알 수 있다. 공집합은 어떠한 경우도 포함하지 않기 때문에 절대 발생하지 않으므로 확률은 0이다. 명제 2.4-1의 (2)는 공리 2.4.3이 유한개의 서로소인 사건의 모음에 대해서도 성립됨을 나타낸다. 직관을 제쳐 두고, 명제 2.4-1의 (1)과 (2)는 공리로부터 유도될 수 있다. 전반적인 유도 과정은 연습문제 13에 주어진다.

명제 2.4-1의 (3)은 $A \subseteq B$이면 $B = A \cup (B - A)$임과 사건 A, $B - A$가 서로소임에 의해 뒷받침된다. 그림 2-8 참조. 따라서 (2)에 의해 다음이 만족되고

$$P(B) = P(A \cup (B - A)) = P(A) + P(B - A)$$

$P(B - A) \geq 0$이기 때문에, $P(A) \leq P(B)$다.

명제 2.4-1의 (4)는 만약 사건 A가 발생할 확률이 0.6임을 알면 사건 A가 발생하지 않을 확률은 0.4가 됨을 나타낸다. 예를 들면, Hershey's Kiss를 던져서 바닥면으로 착지할 확률 0.6이면, 그렇지 않을 확률은 $1 - 0.6 = 0.4$다. 추가 예제로, 주사위를 굴려서 3이 나올 확률이 1/6이면, 3이 나오지 않을 확률은 $1 - 1/6 = 5/6$이다. 이 특성을 일반화하여 유도할 경우, $S = A \cup A^c$이고 A, A^c은 서로소이므로 $1 = P(S) = P(A) + P(A^c)$ 혹은 $P(A^c) = 1 - P(A)$다.

공리 2.4.3의 결과(명제 2.4-1의 (2))는 특히 유용한데, 이는 사건 E의 확률이 E에 포함된 각각의 결과에 대한 확률의 합과 같다는 것이다.

질문에 대한 사건이 전체 표본공간이 되는 특별한 경우, 이것은 개별 결과에 대한 확률의 합이 1임을 나타낸다. 수학적 표기로, s_1, s_2,…가 실험에서 발생 가능한 경우를 나타낼 때 다음이 만족된다.

$$P(E) = \sum_{s_i \in E} P(\{s_i\}) \tag{2.4.1}$$

$$1 = \sum_{s_i \in E} P(\{s_i\}) \tag{2.4.2}$$

이런 특성의 사용에 관해 다음 예제에서 다룬다.

그림 2-8

A와 $B - A$의 서로소 객체로 B에 포함된 벤다이어그램

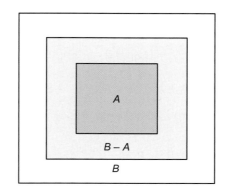

예제 2.4-1	R 명령어 *attach(expand.grid(X1=0:1, X2=0:1, X3=0:1, X4=0:1)); table(X1+X2+X3+X4)/length(X1)*으로 얻을 수 있는 동전을 4번 던지는 실험에서 앞면이 나오는 횟수에 대한 PMF는 다음과 같다.

x	0	1	2	3	4
$p(x)$	0.0625	0.25	0.375	0.25	0.0625

따라서 확률변수 X가 동전 1개를 4번 던졌을 때 앞면이 나오는 횟수라 하자. 예를 들어, 앞면이 2번 나올 확률은 $P(X=2) = p(2) = 0.375$다.

(a) 식 (2.4.2)에 따르면 확률질량함수에 의해 주어진 확률의 합은 얼마인가?

(b) 앞면이 적어도 2번 나올 확률 $P(X \geq 2)$를 구하라.

해답

(a) PMF의 합은 1이다.

(b) 사건 $[X \geq 2]$ = {앞면이 적어도 2번 나온 경우}는 2, 3, 4로 구성된다. 식 (2.4.1)에 의해,

$$P(X \geq 2) = 0.375 + 0.25 + 0.0625 = 0.6875$$ ■

명제 2.4-1의 (3)의 특성은 다음 예제를 풀기 위한 핵심이다.

예제 2.4-2	시스템의 **신뢰성**(reliability)은 한 시스템이 명시된 조건하에서 정확히 기능할 확률로 정의한다. 한 시스템의 신뢰도는 부품이 정렬된 방법과 각 부품의 신뢰도에 의존한다. 특정 통신 시스템은 적어도 부품의 반이 작동해야 정상적으로 작동한다. 5개 부품을 가지는 하나의 시스템에 6번째 부품을 추가할 수 있다고 가정하라. 6개 부품으로 재구성된 시스템의 신뢰도가 더 향상됨을 보여라.

해답

E_5는 부품 5개를 가지는 시스템이 작동하는 사건이라 하고, E_6은 부품 6개를 가지는 시스템이 작동하는 사건이라 하자. 시스템의 부품이 반 이상 작동할 때 시스템이 작동하기 때문에 다음과 같다.

$$E_5 = \{5개 \ 부품 \ 중 \ 적어도 \ 3개가 \ 작동하는 \ 경우\}$$
$$E_6 = \{6개 \ 부품 \ 중 \ 적어도 \ 3개가 \ 작동하는 \ 경우\}$$

다음과 같은 B에 대해 E_6는 $E_5 = E_3 \cup B$로 표현할 수 있고,

$$B = \{본래의 \ 5개 \ 부품 \ 중 \ 2개가 \ 작동하고, \ 추가한 \ 부품이 \ 작동하는 \ 경우\}$$

사건 E_5와 B가 서로소이기 때문에, 명제 2.4-2의 (2)에 따라 $P(E_6) \geq P(E_5)$이다. 이는 6개 부품 시스템이 적어도 5개 부품 시스템만큼 신뢰성이 있음을 나타낸다. ■

예제 2.4-2의 요점은 부품의 추가로 항상 신뢰성이 향상되지는 않음을 나타낸다. 연습문제 9를 참고하라.

다음 명제는 확률의 세 가지 공리가 암시하는 추가적인 특성을 제시한다.

명제 2.4-2 세 가지 공리는 다음과 같은 확률의 특성을 암시한다.
1. $P(A \cup B) = P(A) + P(B) - P(A \cap B)$
2. $P(A \cup B \cup C) = P(A) + P(B) + P(C) - P(A \cap B) - P(A \cap C)$
$$- P(B \cap C) + P(A \cap B \cap C)$$ ■

예제 2.4-3 특정 마을에서 가구의 60%는 강아지를 키우고, 70%는 고양이를 키우고, 50%는 강아지와 고양이를 모두 키운다. 한 가구를 임의로 선택했을 때, 다음 사건에 대한 확률을 계산하라.

(a) 강아지를 기르지만 고양이는 기르지 않는 가구

(b) 고양이를 기르지만 강아지는 기르지 않는 가구

(c) 고양이와 강아지 중 적어도 하나를 기르는 가구

해답

사건 A = {강아지를 기르는 가구의 경우}와 B = {고양이를 기르는 가구의 경우}로 정의하라. 두 사건의 교집합과 차집합은 그림 2-9의 벤다이어그램에서 나타낸다.

(a) 이 사건은 $A - B$로 표현된다. 강아지를 기르는 가구는 고양이를 기르거나 혹은 기르지 않기 때문에 사건 A는 $A - B$와 $A \cap B$의 합집합이고, 두 사건은 서로소다. 그러므로

$$P(A) = P(A - B) + P(A \cap B) \qquad (2.4.3)$$

이 식으로부터 $P(A - B) = P(A) - P(A \cap B) = 0.6 - 0.5 = 0.1$이 계산된다.

(b) 이 사건은 $B - A$로 표현된다. 위와 비슷한 추론을 통해 다음의 결과를 얻는다.

$$P(B) = P(B - A) + P(A \cap B) \qquad (2.4.4)$$

그림 2-9
예제 2.4-3에 대한 사건과
확률의 벤다이어그램

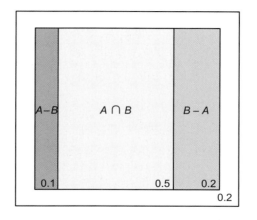

이 식으로부터 $P(B - A) = P(B) - P(A \cap B) = 0.7 - 0.5 = 0.2$가 된다.

(c) 이 사건은 $A \cup B$로 표현된다. 둘 중 적어도 하나의 애완동물을 기르는 가구는 한 마리 강아지를 키우거나, 한 마리 고양이를 키우거나, 둘 다 키우는 경우에 해당하는 $A \cup B$는 $A - B$, $B - A$, $A \cap B$의 합집합이고, 이 3개의 사건은 서로 배반이다. 따라서

$$P(A \cup B) = P(A - B) + P(A \cap B) + P(B - A)$$
$$= 0.1 + 0.5 + 0.2 = 0.8 \qquad (2.4.5)$$

이 확률을 구하는 다른 방법은 명제 2.4-2의 (1)을 적용하는 것이다.

$$P(A \cup B) = P(A) + P(B) - P(A \cap B) = 0.6 + 0.7 - 0.5 = 0.8 \qquad ■$$

위 예제에 대한 해답은 명제 2.4-2의 (1)의 식에 관한 통찰을 제공한다. 일반적으로 성립하는 식 (2.4.3)과 (2.4.4)로부터 A와 B의 확률이 더해질 때, 교집합의 확률은 두 번 합산된다. 즉,

$$P(A) + P(B) = P(A - B) + 2P(A \cap B) + P(B - A)$$

그러므로 역시 일반적으로 성립하는 식 (2.4.5)에서 주어진 $A \cup B$의 확률에 대해 표현하기 위해서는 교집합의 확률을 빼야만 한다.

마찬가지 방식으로 명제 2.4-2의 (2)에 있는 식 또한 타당성이 있다. A, B, C의 확률을 더함으로써 교집합 쌍의 확률은 두 번씩 더해진다. 그러므로 $A \cap B$, $A \cap C$, $B \cap C$의 확률은 빼야만 한다. 교집합 $A \cap B \cap C$는 3개의 사건 전부와 그것들의 교집합 쌍에 모두 포함된다. 이것의 확률은 3번 더해지고 3번 빼지므로 뒤에 한 번 더할 필요가 있다. 포함과 배제(inclusive and exclusive)의 이와 같은 개념은 3개 이상의 사건에 대한 합집합의 확률에 대해서도 사용될 수 있다.

연습문제

1. 버라이즌 와이어리스 구독자 중 임의로 한 사람을 선택한다. 사건 A는 선택된 사람이 그 혹은 그녀의 계획에 친구 혹은 가족을 추가할 사건이고, B는 그 선택된 구독자가 무제한 문자 서비스를 신청한 경우라고 하자. $P(A) = 0.37$, $P(B) = 0.23$, $P(A \cup B) = 0.47$일 때, $P(A \cap B)$를 구하라.

2. 사건이 서로소이고 합집합이 표본공간과 같을 때, 사건 A_1, A_2, $\cdots$, A_m은 한 실험의 표본공간에 대한 **부분**(partition) 형태라고 불린다.

(a) 이러한 한 부분의 모든 m 사건이 발생할 확률이 같을

때, 사건에 대한 확률을 구하라.

(b) $m = 8$일 때, $A_1 \cup A_2 \cup A_3 \cup A_4$에 대한 확률을 구하라.

3. 하이브리드 자동차의 한 새로운 종류는 50~53 MPG 범위의 연비를 낸다. 사전에 준비된 100마일의 도로에서 3대의 자동차에 대한 연비는 표본공간 $S = \{(x_1, x_2, x_3) : x_i = 50, 51, 52, 53\}$, $i = 1, 2, 3$을 따른다.

(a) 표본공간 S의 결과는 발생할 확률이 같다고 가정하고, 3대의 차에 대한 평균 연비를 기록한 실험의 확률 질량함수를 구하기 위해 예제 2.4-1에 사용된 명령어

와 유사한 R 명령어를 사용하라.

(b) 평균 연비가 적어도 52MPG일 확률을 계산하기 위해 (a)에서 구한 PMF를 사용하라.

4. 예제 2.3-13에서 구한 2개의 주사위를 던진 면들의 합에 대한 PMF는 다음 표와 같다.

x	2	3	4	5	6	7	8	9	10	11	12
$p(x)$	1/36	2/36	3/36	4/36	5/36	6/36	5/36	4/36	3/36	2/36	1/36

(a) 다음 사건의 각각에 대해 표를 따르는 경우의 수를 구체화하고, 그에 대한 확률을 구하기 위해 식 (2.4.1)을 사용하라.

  (i) E_1 = {2개의 주사위 면의 합이 적어도 5인 경우}.

  (ii) E_2 = {2개의 주사위 면의 합이 8 이하인 경우}.

  (iii) $E_3 = E_1 \cup E_2$, $E_4 = E_1 - E_2$, $E_5 = E_1^c \cap E_2^c$에 대한 확률을 구하라.

(b) 명제 2.4-2의 (1)을 사용하여 E_3에 대한 확률을 검토하라.

(c) 드모르간 법칙의 첫 번째 E_3의 확률과 명제 2.4-1의 (4)를 사용하여 E_5의 확률을 구하라.

5. 한 전기통신 회사는 전송이 간단한지(3분 이하) 혹은 긴지(3분 이상)와 목소리(V), 데이터(D) 혹은 팩스(F)에 따라 분류한다. 광범위한 데이터를 기반으로부터 회사가 임의의 전송을 선택할 때, 다음 사건에 대한 확률을 구하라.

	전송 유형		
시간	V	D	F
> 3	0.25	0.10	0.07
< 3	0.30	0.15	0.13

(a) 다음 사건들 각각에 대해 사건이 속할 분류결과를 구체화하고, 식 (2.4.1)을 이용해 사건에 대한 확률을 구하라.

  (i) E_1 = 다음 전송이 음성통화일 경우.

  (ii) E_2 = 다음 전송이 간단할 경우.

  (iii) E_3 = 다음 전송이 데이터 전화일 경우.

  (iv) $E_4 = E_1 \cup E_2$, $E_5 = E_1 \cup E_2 \cup E_3$.

(b) 명제 2.4-2의 (1)을 사용하여 E_4에 대한 확률을 검토하라.

(c) 명제 2.4-2의 (2)를 사용하여 E_5에 대한 확률을 검토하라.

6. 한 전자제조회사에서 기계 A와 B는 각각 시간당 50개의 전자부품 한 세트를 생산한다. E_1은 주어진 시간에 기계 A에서 만든 한 세트의 전자제품 중 불량이 없는 사건이라 하고, E_2는 기계 B에 대한 동일한 사건이라 하자. E_1, E_2, $E_1 \cap E_2$에 대한 각각의 확률은 0.95, 0.92, 0.88이다. E_1, E_2에 대한 집합 연산으로 다음 사건을 나타내고, 그들의 확률을 구하라.

(a) 주어진 시간에, 기계 A에서 생산된 한 세트의 부품만 불량이 없다.

(b) 주어진 시간에, 기계 B에서 생산된 한 세트의 부품만 불량이 없다.

(c) 주어진 시간에, 정확히 한 기계에서 생산된 한 세트의 부품에 불량이 없다.

(d) 주어진 시간에, 적어도 한 기계에서 생산된 한 세트의 부품에 불량이 없다.

7. 연습문제 6에서 나온 전자제조회사는 세 번째 기계인 기계 C를 구매했다. 기계 C는 최대 수요기간에 사용되고 또한 시간당 50개의 전자부품 한 세트를 생산해 낼 수 있다. E_1, E_2를 연습문제 6과 같이 정의하고, E_3도 이에 해당하는 사건이라고 하자. E_3, $E_1 \cap E_3$, $E_2 \cap E_3$, $E_1 \cap E_2 \cap E_3$는 각각 0.9, 0.87, 0.85, 0.82이다. 기계들 중 적어도 1개가 생산한 부품에 불량이 없을 확률을 구하라.

8. 매달 온라인 서점에서 판매하는 책의 판매량이 기대 이하면 (0), 기대와 같으면 (1) 혹은 기대 이상이면 (2)로 분류한다. 온라인 서점의 경쟁 상대인 소매상도 판매량을 유사하게 분류한다. 다음 표는 매달 판매량 분류를 기록하는 실험에 대한 9가지 결과의 확률을 보여 준다.

	소매 판매량		
온라인 판매량	0	1	2
0	0.10	0.04	0.02
1	0.08	0.30	0.06
2	0.06	0.14	0.20

(a) 다음 사건에 대해 각각 확률을 구하라.

   (i) E_1 = 온라인 판매량이 1 이하일 경우

   (ii) E_2 = 소매상 판매량이 1 이하일 경우

   (iii) $E_3 = E_1 \cap E_2$

(b) 온라인 서점에서 판매하는 판매량만 기록한 실험에 대한 확률질량함수를 구하라.

9. 적어도 부품의 반 이상이 작동해야 한 종류의 통신시스템이 작동한다. 4개의 부품을 가지는 한 시스템에 다섯 번째 부품을 추가한다고 가정하자. 5개의 부품을 가지는 결과가 항상 더 신뢰성이 높지 않음을 보여라. (힌트 예제 2.4-2의 표기로 $E_4 \not\subset E_5$를 나타내기에 충분하다. {기존 4개의 부품 중 적어도 3개 이상이 작동하는 경우}와 {기존 4개의 부품 중 2개가 작동하고 추가한 부품이 작동하는 경우}의 합집합은 E_5로 표현된다. 이는 {기존 4개의 부품 중 2개가 작동하고 추가한 부품이 작동하지 않는 경우}는 E_4에 포함되지만 E_5가 아님을 보여 줄 수 있다.)

10. 2개의 주사위 A, B를 던지는 게임이다. A의 결과가 B의 결과보다 크면 $A > B$라고 적고, 같은 숫자가 나오면 동점이다.

(a) 동점일 확률을 구하라.

(b) 주사위 A가 이길 확률을 구하라.

11. 에프론의 주사위(Efron's dice). 주사위 면에 있는 임의의 수를 사용해서 연습문제 10에서 설명된 게임에 대한 놀라운 결과를 가질 수 있다. 에프론의 주사위는 연습문제 10과 같은 게임에서 한 숫자가 다른 숫자보다 나올 확률이 더 높은 원칙을 가진 주사위 세트이다. 에프론의 주사위 4개에 대한 예제는 다음과 같다.

- 주사위 A : 4개의 4와 2개의 0
- 주사위 B : 6개의 3
- 주사위 C : 4개의 2와 2개의 6
- 주사위 D : 3개의 5와 3개의 1

(a) $A > B$, $B > C$, $C > D$, $D > A$인 사건을 설명하라.

(b) $A > B$, $B > C$, $C > D$, $D > A$일 확률을 구하라.

12. 협상 게임(Let's make a deal). 거래를 하는 게임에서 호스트는 3개의 문 중 1개를 고르는 1명의 참가자에게 묻는다. 문들 중 하나의 문 뒤에는 하나의 커다란 상품(예 : 하나의 자동차)이 있고, 나머지 2개의 문 뒤에는 작은 상품(예 : 믹서기)이 있다. 참가자가 1개의 문을 고른 후, 호스트는 다른 2개의 문들 중 1개를 (큰 상품을 가진 문이 아닌 것을 아는 경우) 열어 준다. 호스트는 참가자가 어느 문을 골랐는지 볼 수 없다. 호스트는 다음 둘 중 하나를 묻는다.

(a) 그/그녀의 본래 선택을 유지했는지 혹은

(b) 남은 2개의 닫힌 문 중 하나를 선택했는지

참가자가 전략 (a)와 (b)를 활용했을 때, 각각의 경우에 큰 상품을 탈 확률을 구하라.

13. 확률에 대한 세 가지 공리(axioms)를 사용하여, 명제 2.4-1의 (1)과 (2)를 증명하라. (힌트 $i = 2, 3, \cdots$에 대해 사건 $E_1 = S$와 $E_i = \emptyset$의 결과에 대해 공리 2.4.3을 적용한 (1)에 대해 합집합은 S다. 그 결과 식 $P(S) = \sum_{i=1}^{\infty} P(E_i) = P(S) + \sum_{i=2}^{\infty} P(\emptyset)$이 나온다. 이제 이 식을 완성하라. $i = n+1, n+2, \cdots$에 대해 사건 $E_1, \cdots, E_n$와 $E_i = \emptyset$의 결과에 대해 공리 2.4.3을 적용한 (2)에 대해 합집합은 $\cup_{i=1}^{n} E_i$다. 그 결과 식 $P(\cup_{i=1}^{n} E_i) = \sum_{i=1}^{\infty} P(E_i) = P(\cup_{i=1}^{n} E_i) + \sum_{i=n+1}^{\infty} P(\emptyset)$이 나온다. 이제 이 식을 완성하라.)

2.5 조건부 확률

조건부 확률은 실험의 결과에 대한 몇 가지 부분적인 정보가 가용할 때 이를 이용해 계산하는 확률이다.

예제 2.5-1

52장의 카드 한 벌에서 임의로 뽑은 한 장의 카드가 사람 얼굴이 있는 카드이다. 이런 부분 정보가 주어졌을 때, 뽑은 카드가 킹일 확률을 구하라.

해답

12장 카드 중 4장은 킹이기 때문에, 요구된 확률이 4/12 혹은 1/3이라는 것을 직관적으로 안다. ■

만약 A를 임의로 뽑은 카드에 사람 그림이 있을 사건이라 하고, B를 뽑은 카드가 킹일 사건이라 하면, 예제 2.5-1에서 구한 확률은 A가 발생할 때 B가 발생하는 **조건부 확률**(conditional probability)이라 부르고 $P(B|A)$로 표기한다.

예제 2.5-1의 조건부 확률에 대한 직관적인 유도는 각 결과가 동일 확률로 발생하는 실험에서 조건부 확률을 계산하기 위한 다음 기본 원칙들을 기초로 한다.

조건부 확률에 대한 기본 원칙

> 표본공간 S인 실험에서 사건 A가 발생한다는 정보가 주어졌을 때, 조건부 확률은 다음 원칙에 의해 계산된다.
>
> • 표본공간을 S에서 A로 대체하고
> • 새로운 표본공간 A에 포함된 각 경우의 발생 확률이 동일하다고 간주한다.

$$(2.5.1)$$

예제 2.5-2

2개의 주사위를 굴려 합이 7인 것으로 관찰된다. 이런 정보가 주어졌을 때 2개의 주사위 중 하나가 3일 조건부 확률을 구하라.

해답

조건부 확률을 계산하기 위한 기본 원칙을 따르기 위해 표본공간 S는 2개의 주사위를 굴려 나오는 36가지의 발생 확률이 동일한 경우로 구성된다고 하자. 사건 $A = \{2$개의 주사위의 합이 7인 경우$\}$는 (1, 6), (2, 5), (3, 4), (4, 3), (5, 2), (6, 1)의 결과로 구성되며, 이것이 새로운 표본공간을 구성한다. 새로운 표본공간에 있는 결과는 동등한 가능성으로 발생하기 때문에, 각각의 결과에 대한 조건부 확률은 1/6이다. 발생 가능성이 동일한 여섯 가지 결과 중 두 가지가 하나의 주사위 눈이 3인 경우에 해당하므로 이에 따라 요구된 조건부 확률은 2/6 혹은 1/3이다. ■

발생 가능성이 동일한 결과의 수를 알지 못할 때도 기본 원칙 (2.5.1)을 적용할 수 있다.

예제 2.5-3

예제 2.4-3에서와 같이 특정 마을에서 가구의 60%는 강아지를 키우고, 70%는 고양이를 키우고, 50%는 강아지와 고양이를 모두 키운다. 강아지를 기르는 가구를 임의로 선택했을 때, 그 가구가 고양이도 키울 확률을 구하라.

해답

A를 강아지를 기르는 가구에 대한 사건이라 하고, B를 고양이를 기르는 가구에 대한 사건이라 하자. 예제 2.4-3에서 $P(A - B) = 0.1$임을 구했다. $A = (A - B) \cup (A \cap B)$이기 때문에(그림 2-9 참고), 강아지를 기르는 가구 중 고양이를 기르지 않는 가구의 비율은 5:1이다. 따라서 강아지를 기르는 가구가 고양이도 기를 확률은 $P(B|A) = 5/6$이다. ■

예제 2.5-3에서 사용된 추론은 사건 A와 B에 대해 일반화된다. 만약 결과가 $A \cap B$라면, 사건 A가 발생할 때 사건 B도 발생할 것이다. 그러나 기본 원칙 (2.5.1)에 의해 A는 새로운 표본공간이고 $A - B$에 대한 $A \cap B$의 확률비는 동일하게 유지된다. $A \cap B$와 $A - B$는 새로운 표본공간에 대한 여사건이다. 즉, A가 발생한다고 주어지면 $A \cap B$ 혹은 $A - B$가 발생하는 것이 틀림없다. 따라서 다음 정의에 도달한다

정의 2.5-1

조건부 확률의 정의는 $P(A) > 0$인 두 사건 A, B에 대해 다음과 같다.

$$P(B|A) = \frac{P(A \cap B)}{P(A)}$$

예제 2.5-4

한 제품의 수명이 t 시간을 넘지 않을 확률은 $1 - \exp(-0.1t)$다. 하나의 제품이 10시간을 작동하고, 다음 5시간 이내에 작동하지 않을 확률을 구하라.

해답

A를 한 제품의 수명이 10시간을 넘길 사건이고, B를 15시간을 넘지 못하는 사건이라 하자. 사건 A, A^c, B는 그림 2-10의 다이어그램에서 나타난다. 정의 2.5-1에 따라서 $P(B|A)$를 구하기 위해 $P(A)$와 $P(A \cap B)$를 알면 충분하다. 주어진 식에 의해 10시간을 넘지 않을 사건인 A^c과 B의 확률은 다음과 같다.

그림 2-10

예제 2.5-4에서 사용된 사건을 보여 주는 다이어그램

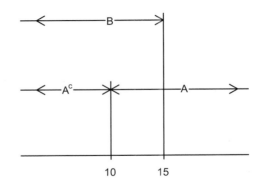

$$P(A^c) = 1 - \exp(-0.1 \times 10) = 0.632, \quad P(B) = 1 - \exp(-0.1 \times 15) = 0.777$$

$A^c \subset B$(그림 2-10 참고)에 따라 다음을 만족한다.

$$B = (B \cap A^c) \cup (B \cap A) = A^c \cup (B \cap A)$$

그러므로 A^c와 $(B \cap A)$가 서로소이기 때문에, $P(B) = P(A^c) + P(B \cap A)$에 의해 다음이 계산된다.

$$P(B \cap A) = P(B) - P(A^c) = 0.777 - 0.632 = 0.145$$

그러므로 $P(A) = 1 - P(A^c) = 1 - 0.632 = 0.368$이기 때문에 다음을 계산할 수 있다.

$$P(B|A) = \frac{P(B \cap A)}{P(A)} = \frac{0.145}{0.368} = 0.394$$

■

예제 2.5-5 하나의 슈퍼마켓에는 보통의 (유인의) 계산대와 셀프 계산대가 있다. X가 5분 동안 셀프 계산대에 있는 사람이 0명이거나, 1~10명 사이이거나, 10명 이상일 때 각각 0, 1, 2의 값을 갖는다고 하자. Y는 보통의 계산대에 대한 변수다. 5분 동안에 대해 X와 Y를 기록하는 이 실험의 경우의 수는 9개이고 각각에 대한 확률이 다음 표에 주어진다.

| | 보통 계산대 | | |
셀프 계산대	0	1	2
0	0.17	0.02	0.01
1	0.15	0.225	0.125
2	0.06	0.105	0.135

A_0, B_0는 각각 $X = 0$, $Y = 0$인 사건이다.

(a) A_0의 확률을 구하라.

(b) A_0일 때 B_0인 조건부 확률을 구하라.

(c) 확률변수 X의 확률질량함수를 구하라.

해답

(a) 사건 $A_0 = [X = 0]$은 사건 $B_0 = [Y = 0]$, $B_1 = [Y = 1]$, $B_2 = [Y = 2]$ 중 오직 하나와 함께 발생할 수 있다. 수학적으로 표기하면 다음과 같다.

$$A_0 = (A_0 \cap B_0) \cup (A_0 \cap B_1) \cup (A_0 \cap B_2)$$

그리고 사건 $(A_0 \cap B_0)$, $(A_0 \cap B_1)$, $(A_0 \cap B_2)$는 서로소이다. 그러므로 명제 2.4-1의 (2)에 의해,

$$P(A_0) = P(A_0 \cap B_0) + P(A_0 \cap B_1) + P(A_0 \cap B_2) = 0.17 + 0.02 + 0.01 = 0.2$$

(b)

$$P(B_0|A_0) = \frac{P(B_0 \cap A_0)}{P(A_0)} = \frac{0.17}{0.2} = 0.85$$

(c) (a)에서 우리는 $P(X = 0) = 0.2$를 구했다. 같은 방법으로 다음을 구한다.

$$P(X = 1) = 0.15 + 0.225 + 0.125 = 0.5$$
$$P(X = 2) = 0.060 + 0.105 + 0.135 = 0.3$$

그러므로 X의 PMF는

x	0	1	2
$p(x)$	0.2	0.5	0.3

■

조건부 확률에 대한 기본 원칙 (2.5.1)에 의해, 사건 A가 발생한다는 정보가 주어질 때 조건부 확률은 표본공간이 기존의 S에서 A로 축소된 새로운 실험에 대한 확률이다. 새로운 실험의 결과를 모의실험하는 한 방법은 본래 실험으로부터 결과를 생성하고, A가 아닌 결과는 무시하는 것이다. 예를 들면, 주사위를 굴려서 나오는 숫자가 짝수일 경우에, 표본공간은 $S = \{1, \cdots, 6\}$에서 $A = \{2, 4, 6\}$으로 줄어든다. 난수 생성기가 없을 경우, 축소된 표본공간에 대한 결과는 주사위를 반복하여 굴리고 A가 아닌 결과들은 무시함으로써 얻을 수 있다.

예제 2.5-6 · **1개의 편향된 동전으로 하는 공정한 게임.** 하나의 편향된 동전을 던져 앞이 나올 확률은 p라고 가정하자. 이러한 1개의 편향된 동전으로 다음과 같이 공정한 게임을 진행할 수 있다. 동전은 2번 던진다. 만약 결과가 (앞, 앞) 혹은 (뒤, 뒤)라면 결과는 무시되고 동전을 2번 더 던진다. 동전을 두 번 던진 결과가 (앞, 뒤) 혹은 (뒤, 앞) 중 하나가 될 때까지 반복하여 던진다. 첫 번째 결과를 1, 두 번째 결과를 0으로 부호화한다. 1이 나올 확률이 0.5임을 증명하라.

해답

(앞, 앞)과 (뒤, 뒤)인 결과를 무시하는 것은 사건 $A = \{(H, T), (T, H)\}$로 조건을 제한하는 것과 같다. 따라서 A에 대해 (H, T)이 나올 조건부 확률이 0.5다. 조건부 확률의 정의로부터 다음이 계산된다.

$$P((H, T)|A) = \frac{P((H, T) \cap A)}{P(A)} = \frac{P((H, T))}{P(A)} = \frac{p(1-p)}{p(1-p) + (1-p)p} = 0.5$$

■

2.5.1 곱셈법칙과 트리 다이어그램

확률의 공리 및 특성이 교집합 사건을 계산하기 위한 명확한 식을 포함하지는 않지만, 명제 2.4-2의 (1)은 다음 식을 함축적으로 나타낸다.

$$P(A \cap B) = P(A) + P(B) - P(A \cup B) \tag{2.5.2}$$

식 (2.5.2)는 $P(A \cap B)$를 계산하기 위해 $P(A)$, $P(B)$, $P(A \cup B)$ 3개의 정보가 필요함을 주목하자. 조건부 확률의 정의 2.5-1은 다음 2개 정보를 사용하는 대체 (곱셈)공식을 산출한다.

두 사건에 대한
곱셈법칙

$$P(A \cap B) = P(A)P(B|A) \tag{2.5.3}$$

예제 2.5-7 2개의 연이은 신호등이 초록색이 더 높은 확률로 나오게 된다. 특히, 운전자가 첫 번째 신호가 빨간불임을 확인한 경우, 두 번째 신호가 초록색일 확률은 0.9이고, 첫 번째 신호가 초록색일 때 두 번째 신호가 초록색일 확률은 0.7이다. 첫 번째 신호가 초록색일 확률이 0.6이라고 할 때, 첫 번째, 두 번째 신호가 모두 초록색일 확률을 구하라.

해답

A를 첫 번째 신호가 초록색일 사건이라 하고 B를 두 번째 신호에 해당하는 동일한 사건이라고 하자. 질문은 A와 B의 교집합에 대한 확률을 묻고 있다. 곱셈법칙으로부터 다음이 계산된다.

$$P(A \cap B) = P(A)P(B|A) = 0.6 \times 0.7 = 0.42 \qquad \blacksquare$$

이 곱셈식은 2개 이상의 사건에 대해서도 일반화된다.

세 사건에 대한
곱셈법칙

$$P(A \cap B \cap C) = P(A)P(B|A)P(C|A \cap B) \tag{2.5.4}$$

3개의 사건에 대한 곱셈법칙을 증명하기 위해 위 식의 우항에 조건부 확률의 정의를 적용하면 다음과 같다.

$$P(A)\frac{P(A \cap B)}{P(A)}\frac{P(A \cap B \cap C)}{P(A \cap B)} = P(A \cap B \cap C)$$

여러 개의 사건에 대한 곱셈법칙의 확장에 대한 연습문제 13을 참고하라.

예제 2.5-8 카드 한 벌에서 3장을 고르라. 첫 번째 선택에서 에이스를 뽑고 두 번째에서 킹, 세 번째에서 퀸을 뽑을 확률을 구하라.

해답

$A = \{$첫 번째 뽑은 카드가 에이스인 경우$\}$, $B = \{$두 번째 뽑은 카드가 킹인 경우$\}$, $C = \{$세 번째 뽑은 카드가 퀸인 경우$\}$라고 하자. 따라서 우리는 $P(A \cap B \cap C)$를 구하기 원한다. 세 가지

사건에 대한 곱셈법칙으로부터 다음을 구한다.

$$P(A \cap B \cap C) = P(A)P(B|A)P(C|A \cap B) = \frac{4}{52}\frac{4}{51}\frac{4}{50} = 0.000483$$ ■

예제 2.5-9

백화점에 들어오는 손님들 중 남성이 30%, 여성이 70%이다. 남성 구매자가 50달러 이상 구매할 확률은 0.4고, 여성이 50달러 이상 구매할 확률은 0.6이다. 구매한 물건 중 적어도 1개를 반품할 확률은 남성이 0.1, 여성이 0.15다. 백화점에 들어오는 다음 고객이 여성이고 50달러 이상 구매하여 반품하지 않을 확률을 구하라.

해답

W = {고객이 여성인 경우}, B = {고객이 50달러 이상 구매한 경우}, R = {구매한 물건 중 적어도 1개를 반품한 경우}. 우리는 W, B, R^c의 교집합에 대한 확률을 구한다. 식 (2.5.4)에 있는 식에 의해 이 확률은 다음과 같다.

$$P(W \cap B \cap R^c) = P(W)P(B|W)P(R^c|W \cap B) = 0.7 \times 0.6 \times 0.85 = 0.357$$ ■

일반적으로 사건들의 교집합에 대해 곱셈법칙을 적용하여 계산하고자 하는 경우는 서로 다른 몇 가지 단계로 구성된 실험과 관련이 있다. 예를 들면, 예제 2.5-9에 있는 실험은 (a) 고객의 성별을 기록하고, (b) 고객이 지출하는 금액을 기록하며, (c)는 반품되는 물건을 전부 기록하는 세 가지 단계로 구성된다. 그러므로 계수의 일반화된 기본 원칙에 의해, 이 실험은 $2 \times 2 \times 2 = 8$개의 다른 결과를 가진다. 각 결과는 그림 2-11의 트리 다이어그램으로 왼쪽에서 오른쪽으로 가는 하나의 경로로 표현된다. 각 경로상에 나타나는 숫자는 각 단계의 결과로부터 다음 단계의 결과로 가는 (조건부) 확률이다. 실험에 대한 각 경우의 확률은 대응되는 경로에 있는 숫자들의 곱이 된다. 예를 들면, 예제 2.5-9에서 나온 확률은 트리 다이어그램의 제일 아래쪽 경계에 있는 경로에서 나타내는 경우에 대한 확률이다. 트리 다이어그램은 실험의 확률구조로 추가적인 통찰력을 제공하고 확률에 대한 계산을 용이하게 한다.

예를 들면, 구매한 제품 중 적어도 하나를 반품할 확률은 그림 2-11에서 R로 이어지는 네 가지 경로에 의해 표현되는 4개의 사건에 대한 확률을 합한 것이다.

$$0.3 \times 0.4 \times 0.1 + 0.3 \times 0.6 \times 0.1 + 0.7 \times 0.4 \times 0.15$$
$$+ 0.7 \times 0.6 \times 0.15 = 0.135 \tag{2.5.5}$$

트리 다이어그램에 대한 규칙은 다음과 같다. 실험의 가능한 결과에 대한 조건부 확률이 아닌 확률에 대한 실험의 단계에서부터 시작한다. 이를 1단계라고 하자. 원점(즉, 그림 2-11의 왼쪽에 있는 작은 원)으로부터, 1단계에서 가능한 각각의 결과로 가지를 뻗는다. 다음으로, 1단계의 결과가 주어질 때 실험의 다음 단계에 해당하는 결과들이 발생할 조건부 확률이 계산된다. 이를 2단계라 하자. 1단계의 각 결과로부터 2단계와 다음 단계에서 가능한 각각의 결과로 가지

그림 2-11

예제 2.5-9에 대한 트리
다이어그램

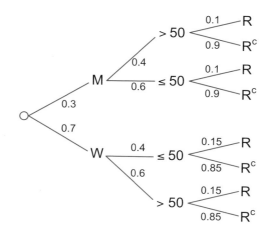

를 뻗는 식으로 계속된다.

2.5.2 전확률 법칙과 베이즈 정리

식 (2.5.5)에 계산된 확률은 **전확률**(total probability)의 예제다. 전체(total)라 하는 이유는 실험에 대한 트리 다이어그램에서 최종결과가 $R = \{$구매한 상품 중 적어도 하나를 반품하는 경우$\}$이 되는 각각의 경우에 대한 확률의 합으로 계산되기 때문이다. 해당 경로를 M을 거쳐 가는 경로와 W를 거쳐 가는 경로로 구분하면, 식 (2.5.5)의 좌항은 다음과 같이 쓸 수 있다.

$$0.3(0.4 \times 0.1 + 0.6 \times 0.1) + 0.7(0.4 \times 0.15 + 0.6 \times 0.15)$$
$$= P(M)P(R|M) + P(W)P(R|W) = P(R) \tag{2.5.6}$$

이것은 전확률 법칙(Law of Total Probability)의 간단한 형태다.

일반적으로, 전확률 법칙은 사건 B가 표본공간의 **분할**(partition)인 사건 $A_1, \cdots, A_k$(즉, 그것들은 서로소이면서 전체 표본공간을 구성함)와 함께 발생할 때, 사건 B에 대한 확률을 계산하기 위한 공식이다. 그림 2-12 참조. 각각의 A_i에 대한 확률과 A_i일 때 B인 조건부 확률이 모두 알려져 있을 경우 B의 확률은 전확률 법칙에 의해 다음과 같이 표현된다.

전확률 법칙

$$P(B) = P(A_1)P(B|A_1) + \cdots + P(A_k)P(B|A_k) \tag{2.5.7}$$

사건 $A_1, \cdots, A_k$를 모집단의 계층화로 간주할 수도 있다. 식 (2.5.6)에서 주어진 전확률의 법칙의 단순한 예로, 사건 $M = \{$고객이 남성인 경우$\}$와 $W = \{$고객이 여성인 경우$\}$는, A_1과 $A_2(k = 2$일 때)의 역할을 하는 고객의 모집단에 대한 계층화 형태다. M과 W가 표본공간의 분할이라는 것은 그림 2-11의 트리 다이어그램에서 모든 경로가 M 또는 W를 거친다는 점을 통해서도 알 수 있다.

전확률 법칙을 증명하기 위해 곱셈법칙과 식 (2.5.7)의 $A_1, \cdots, A_k$가 표본공간의 분할이라는

그림 2-12
사건 $A_1, \cdots, A_k$와 함께
발생하는 사건 B

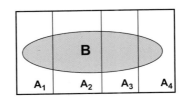

점을 통해 식 (2.5.7)의 우항은 다음과 같아지고,

$$P(B \cap A_1) + \cdots + P(B \cap A_k) = P[(B \cap A_1) \cup \cdots \cup (B \cap A_k)] = P(B)$$

이때 사건 $B \cap A_i$들이 서로소이기 때문에 첫 번째 등식이 성립하고 $(B \cap A_1) \cup \cdots \cup (B \cap A_k)$ $= B$이기 때문에 두 번째 등식이 성립한다. 그림 2-12 참조.

노트 2.5-1 분할인 사건 A_i의 수는 (가산으로) 무한할 수도 있다. $i \neq j$인 모든 i, j에 대해 $A_i \cap A_j = \emptyset$이고 $\cup_{i=1}^{\infty} A_i = S$이 만족하면 전확률 법칙은 모든 사건 B에 대해 다음과 같이 기술된다.

$$P(B) = \sum_{i=1}^{\infty} P(A_i)P(B|A_i)$$

◁

예제 2.5-10 2명의 친구들은 각각 카드 한 장씩을 받게 될 것이다. 2장의 카드는 52장이 한 벌인 카드에서 비복원추출된다. 둘 중 에이스가 없다면, 전체 카드를 다시 섞고 비복원추출로 다시 2장을 뽑는다. 이 게임은 둘 중 적어도 한 명이 에이스를 받을 때까지 계속된다. 에이스를 가진 사람이 상을 받는다. 이 게임은 공정한가?

해답

첫 번째와 두 번째 사람에게 에이스가 나올 확률이 4/52로 같다면 게임은 공정할 것이다. B를 두 번째 사람이 에이스를 받는 사건이라 하고, A_1을 첫 번째 사람이 에이스를 받는 사건, A_1의 여집합을 A_2라고 하자. 그러면 전확률 법칙에 의해 다음과 같다.

$$P(B) = P(A_1)P(B|A_1) + P(A_2)P(B|A_2) = \frac{4}{52}\frac{3}{51} + \frac{48}{52}\frac{4}{51} = \frac{4}{52}$$

따라서 게임은 공정하다. ■

예제 2.5-11 다음을 구하기 위해 2개의 연속된 신호등에 대한 사건을 다루는 예제 2.5-7에서 주어진 정보를 사용하라.

(a) 한 운전자가 지나갈 때, 두 번째 신호등이 초록색일 확률을 구하라.

(b) 2개의 신호등에서 차량이 멈추는지 아닌지 기록하는 실험에 대한 트리 다이어그램을 작성
하여 (a)의 확률을 재계산하라.

해답

(a) A와 B를 각각 한 운전자가 지나갈 때, 첫 번째와 두 번째 신호등이 초록색인 사건이라 하
자. 사건 A와 사건 A^c는 표본공간의 분할이므로 전확률 법칙에 따라 다음이 계산된다.

$$P(B) = P(A)P(B|A) + P(A^c)P(B|A^c)$$
$$= 0.6 \times 0.7 + 0.4 \times 0.9 = 0.42 + 0.36 = 0.78$$

(b) 트리 다이어그램은 그림 2-13에서 주어진다. 이 실험은 두 번째 신호등이 초록색일 경우
는 확률 쌍 (0.6, 0.7), (0.4, 0.9)의 경로로 표현된다. 이런 두 가지 경우의 확률의 합은
$0.6 \times 0.7 + 0.4 \times 0.9 = 0.42 + 0.36 = 0.78$이다.　■

베이즈 정리는 전확률 법칙에 사용된 것과 동일한 정보와 상황에 적용된다. 따라서 그림 2-12
와 같이 표본공간의 분할 $A_1, \cdots, A_k$와 사건 B가 존재한다. 사건 A_i의 확률과 사건 A_i가 발생할
때 사건 B의 조건부 확률이 함께 주어진다. 베이즈 정리는 다음 질문에 대한 답을 구한다. B가
발생하는 것을 알 때 A_i가 발생할 확률은 얼마인가? 다음 식을 통해 그 답을 구할 수 있다.

베이즈 정리
$$P(A_j|B) = \frac{P(A_j)P(B|A_j)}{\displaystyle\sum_{i=1}^{k} P(A_i)P(B|A_i)} \qquad (2.5.8)$$

이 식은 먼저 $P(A_j|B) = P(A_j \cap B)/P(B)$로 나타내고, 분자에 곱셈법칙과 분모에 전확률 법
칙을 적용함으로써 증명 가능하다.

그림 2-13
예제 2.5-11에 대한 트리
다이어그램

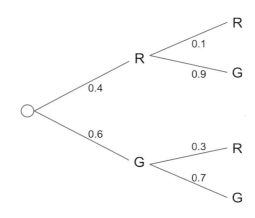

예제 2.5-12 예제 2.5-11의 설정에서 차량이 지나갈 때 두 번째 신호등이 초록색이었음을 알 때, 첫 번째 신호등도 초록색이었을 확률을 구하라.

해답

예제 2.5-11에서 정의된 사건 A와 B에 대해, 우리는 $P(A|B)$를 구하고자 한다. 베이즈 정리를 이용하여 다음이 계산된다.

$$P(A|B) = \frac{P(A)P(B|A)}{P(A)P(B|A) + P(A^c)P(B|A^c)}$$

$$= \frac{0.6 \times 0.7}{0.6 \times 0.7 + 0.4 \times 0.9} = \frac{0.42}{0.78} = 0.538$$

■

예제 2.5-13 전 남성의 5%와 전 여성의 0.25%가 색맹이라 가정하자. 55%의 여성과 45%의 남성으로 이루어진 한 지역사회에서 임의로 한 사람을 선택한다.

(a) 선택한 사람이 색맹일 확률을 구하라.

(b) 만약 선택된 사람이 색맹이라면, 그 사람이 남자일 확률을 구하라.

해답

B를 선택된 사람이 색맹인 사건이라고 하고, A_1을 남자인 사건, A_2를 여자인 사건이라고 하자.

(a) 전확률 법칙에 의해서,

$$P(B) = P(A_1)P(B|A_1) + P(A_2)P(B|A_2)$$

$$= 0.45 \times 0.05 + 0.55 \times 0.0025 = 0.0239$$

(b) 베이즈 정리에 의해서,

$$P(A_1|B) = \frac{P(A_1)P(B|A_1)}{\sum\limits_{i=1}^{2} P(A_i)P(B|A_i)} = \frac{0.45 \times 0.05}{0.0239} = 0.9424$$

■

연습문제

1. 전화 통화를 t분 이상 지속할 확률은 $(1 + t)^{-2}$다. 특정한 전화 통화가 2분 이내에 끝나지 않았을 때, 통화가 3분 이상 지속될 확률을 구하라.

2. 10개의 부품으로 구성된 하나의 시스템에 대해 연속된 검사를 할 때, 2개 이상의 부품이 고장 날 확률은 0.005다. 반면에, 단 1개만 고장 날 확률은 0.1이다. 2개 이상의 부품이 고장 날 경우, 고장이 발생한 모든 부품은 신뢰성이 없는 것으로 판단하여 교체함으로써 시스템에 대한 재검사가 실시된다. 그 외의 경우에는 고장 난 부품만 교체된다. 개별적으로 교체된 부품이 없을 때, 시스템의 재검사가 실시될 확률을 구하라. (힌트 $B = \{$시스템 재검사가 발생하는 경우$\}$, $C = \{$1개의 부품이 개별적으로 교체되는 경우$\}$라고 하고, 축소된 표본공간 $A = B \cup C$인 새로운 실험을 생각하라. 구하고자 하는 확률은 새로

운 실험에서 B의 확률이다. 예제 2.5-6 참고)

3. 한 화학 물질의 수분함량은 1~3의 척도로 측정된다. 반면에 불순물 농도는 낮음(1) 혹은 높음(2), 둘 중 하나로 기록된다. X와 Y를 각각 수분함량과 불순물 농도라고 하자. 임의로 선택한 화학 물질에 대해 X와 Y를 기록한 실험에서 발생 가능한 여섯 가지 경우 각각에 대한 확률을 다음 표에서 제공한다.

수분	불순물 농도	
	1	2
1	0.132	0.068
2	0.24	0.06
3	0.33	0.17

A와 B를 각각 $X = 1$과 $Y = 1$인 사건이라 하자.

(a) A의 확률을 구하라.

(b) A일 때 B의 조건부 확률을 구하라.

(c) 확률 X의 확률질량함수를 구하라.

4. 2개의 평면 TV 회사가 각각 시장의 50%, 30%를 차지하고 있다. 나머지 브랜드는 20%를 차지한다. 브랜드 1 TV는 10%, 브랜드 2 TV는 20%, 다른 브랜드의 TV는 25%가 A/S를 필요로 한다.

(a) 브랜드 1에서 구매한 평면 TV가 A/S를 필요로 할 확률을 구하라.

(b) 판매될 평면 TV의 브랜드와 A/S 필요 여부를 기록하는 실험에 대해 트리 다이어그램을 작성하고, 트리 다이어그램의 서로 다른 경로에 대해 주어진 확률을 표시하라.

(c) 판매될 평면 TV가 A/S를 필요로 할 확률을 구하기 위해 트리 다이어그램을 사용하라.

5. 차량 선택 행위[2]에 관한 한 기사는 미국의 자동차와 트럭 시장에 대해 다음 정보를 제공한다. 트럭에 대한 자동차의 비율은 36/64이다. 팔린 자동차 중 42%는 미국에서 만들어지고, 58%는 수입이다. 팔린 트럭에 대한 해당

비율은 70%, 30%다.

(a) 다음 자동차 소비자가 수입차를 구매할 확률을 구하라. (힌트 판매 차량의 36%는 자동차이다.)

(b) 수입차를 산 손님 중 35%는 대여한 것이고, 미국 자동차를 산 사람 중 20%는 대여한 것이다. 차량 구매에 관한 여러 단계의 의사결정, 즉

  (i) 자동차 혹은 트럭

  (ii) 미국차 혹은 수입차

  (iii) 구매 혹은 대여를 기록하는 실험에 관한 트리 다이어그램을 작성하라. 트리 다이어그램상의 서로 다른 경로에 주어진 확률을 표시하라.

(c) 트리 다이어그램을 사용하여 다음 자동차 구매자가 대여를 선택할 확률을 계산하라.

6. 특정한 소비자 제품은 A, B, C 생산라인에서 조립되고, 10개 단위의 배치로 포장된다. 하루하루, 품질관리팀은 $P(A) = P(B) = 0.3$, $P(C) = 0.4$ 확률로 하나의 생산라인을 선택하고, 선택된 생산라인으로부터 임의로 1개의 배치를 검사한다. 생산라인 A로부터 선택된 배치가 정상일 확률은 0.99이고, 생산라인 B로부터 선택된 배치가 정상일 확률은 0.97이며, 생산라인 C로부터 선택된 배치가 정상일 확률은 0.92다. 다음 질문에 답하기 위해 트리 다이어그램을 작성하라.

(a) 생산라인 A로부터 한 배치를 검사할 때, 불량이 아닐 확률을 구하라.

(b) 생산라인 B와 C에 대해 위 질문에 해당하는 확률을 구하라.

(c) 주어진 날짜에 불량이 발견되지 않았을 때, 검사한 배치가 생산라인 C로부터 왔을 확률을 구하라.

7. 모든 신생아의 15%는 제왕절개(C)로 출산된다. 모든 신생아 중 98%는 살아남는다. 반면에 제왕절개로 태어난 아이의 생존확률은 0.96이다.

(a) 트리 다이어그램을 작성하고 다이어그램의 적절한 경

로에 대해 주어진 정보를 표시하라. (일부 경로는 확률이 주어지지 않음.)

(b) 제왕절개를 하지 않을 때 아이가 생존할 확률을 구하라. (힌트 트리 다이어그램과 식에서 설립한 주어진 정보를 사용하라.)

8. 신용카드 소지자의 30%는 월별 잔고가 없고, 70%는 잔고가 있다. 잔고가 있는 소지자 중, 30%는 매년 수입이 20,000달러 이하, 40%는 20,001~50,000달러이고 30%는 50,000달러 이상이다. 지불액이 일정하지 않은 사람 중 각각 20%, 30%, 50%로 위와 같은 수입을 가진다.

(a) 임의로 고른 카드 사용자의 수입이 20,000달러 이하일 확률을 구하라.

(b) 카드 사용자의 매년 수입이 20,000달러 이하일 경우에, 지불액이 일정한 사람일 확률을 구하라.

9. 당신은 휴가 중에 룸메이트에게 기르고 있는 건강하지 않은 식물에 물을 줄 것을 부탁한다. 물 없이 식물이 죽을 확률은 0.8이고, 물이 있는 데도 식물이 죽을 확률은 0.1이다. 당신의 룸메이트는 0.85 확률로 식물에 물을 줄 것을 기억한다고 하자.

(a) 당신이 돌아올 때, 식물이 살아 있을 확률을 구하라. (트리 다이어그램을 사용하라.)

(b) 당신이 돌아왔을 때 식물이 살아 있다면, 당신의 룸메이트가 물 주는 것을 기억했을 확률을 구하라.

10. 10개의 퓨즈가 하나인 세트에 3개의 불량품도 있다. 크기가 2인 표본공간은 비복원추출로 선택된다.

(a) 표본공간에 불량인 퓨즈가 없을 확률을 구하라.

(b) X를 확률표본공간에 있는 불량품의 수라 하자. X의 확률질량함수를 구하라.

(c) $X = 1$일 때, 첫 번째 선택한 퓨즈가 불량일 확률을 구하라.

11. 한 도시의 경찰서는 4개의 다른 4군데 지역에서 속도위반탐지 장치를 사용하여 속도제한을 감시한다. 혼잡 시간대에 모니터링하는 동안, 지역 L_1, L_2, L_3, L_4에서 속도위반탐지 장치가 작동할 확률은 0.4, 0.3, 0.2, 0.3이다. 임의의 한 사람이 이 지역을 지나갈 때 과속할 확률은 각각 0.2, 0.1, 0.5, 0.2 다.

(a) 과속 운전자가 과속 티켓을 받을 확률을 구하라.

(b) 과속해서 과속 티켓을 받았을 때, 지나가는 구간이 L_2의 장치에 잡혔을 확률을 구하라.

12. 특정한 나라에서 비행하는 동안 사라지는 경비행기의 70%는 나중에 발견된다. 발견된 비행기 중에 60%는 비행기용 무선기가 있고, 발견되지 않은 비행기의 10%는 이러한 무선기를 가진다. 비행 중에 사라지는 경비행기를 가정하라.

(a) 경비행기가 비행기용 무선기를 가지고 발견되지 않을 확률을 구하라.

(b) 비행기용 무선기를 가지고 있을 확률을 구하라.

(c) 비행기에 무선기가 있을 때, 발견되지 않을 확률을 구하라.

13. 다음 곱셈법칙에 대한 일반화를 증명하라.

$$P(E_1 \cap E_2 \cap \cdots \cap E_n) = P(E_1)P(E_2|E_1)P(E_3|E_1 \cap E_2)$$
$$\cdots P(E_n|E_1 \cap E_2 \cap \cdots \cap E_{n-1})$$

2.6 독립사건

1개의 동전을 2번 던질 때, 첫 번째 동전이 앞면이 나오는 것은 두 번째 던진 동전이 앞면이 나올 확률에 영향을 미치지 않는다. 이를 독립사건이라고 한다. 즉, A의 발생이 B가 발생할 확률에 대해 영향을 미치지 않을 때, 사건 A와 B가 독립(independent)이다. 수학적 표기로 다음과 같이 나타낸다

$$P(B|A) = P(B) \tag{2.6.1}$$

좌우 대칭의 이유에 대해 주로 두 사건의 독립에 대한 정의는 두 사건의 교집합에 관해 주어진다.

정의 2.6-1

사건 A와 B가 다음과 같다면, **독립**(independent)이라 부른다.

$$P(A \cap B) = P(A)P(B)$$

만약 A와 B가 독립이 아니라면, 그것들은 **종속**(dependent)이다.

곱셈법칙 식 (2.5.3)에 의해, $P(A) > 0$일 때 $P(A \cap B) = P(A)P(B|A)$다. 따라서 식 (2.6.1)을 따른다면, $P(A \cap B) = P(A)P(B)$를 따른다. $P(B) > 0$일 때, 유사하게 정의 2.6-1은 다음과 같다.

$$P(A|B) = P(A) \tag{2.6.2}$$

일반적으로, 독립사건은 동일한 실험의 독립적인 반복이거나 독립인 실험과 관련하여 발생한다. 동일한 실험의 **독립적인 실험**(independent experiments) 혹은 **독립적인 반복**(independent repetitions)에 의해 우리는 한 실험의 결과가 다른 것에 대한 결과에 영향을 주는 메커니즘이 없음을 의미한다. 한 실험의 독립적인 반복은 일반적으로 하나의 실험에 대해 n번의 동전을 던지는 실험에서 동전을 던지는 각각에 대한 사건 혹은 매우 큰/개념적인 모집단에서 n개의 개체를 무작위 표본추출 기법으로 선택하는 것과 같은 하위 실험이다.

예제 2.6-1

(a) 주사위 하나를 2번 던진다. $A = \{$첫 번째 결과가 짝수인 경우$\}$와 $B = \{$두 번째 결과가 1 혹은 3인 경우$\}$이라고 하자. 사건 A와 B는 독립인가?

(b) 2개의 전기부품은 철저한 검사에 대해 생산라인으로부터 선택된다. 부품의 90%는 불량이 아니라고 알려졌다. 검사된 2개의 부품이 불량이 아닐 확률을 구하라.

해답

(a) 현실적으로 말해서 1개의 주사위를 2번 던지는 것은 동일한 실험의 독립적인 반복으로 가정할 수 있다. 그러므로 사건 A가 첫 번째 동전을 던지는 것과 관계가 있고, 사건 B는 두 번째 동전을 던지는 것과 관계가 있기 때문에 우리는 A와 B가 독립이라고 추론할 수 있다. 정의 2.6-1에 의해 A와 B의 교집합에 대한 확률이 A와 B의 확률을 곱한 값이라면, A와 B는 독립이다. 주사위를 2개 굴리는 것에 대한 경우의 수는 36으로 발생할 확률이 동등하다. $A \cap B$는 $3 \times 2 = 6$인 경우의 수를 가지기 때문에, $P(A \cap B) = 6/36 = 1/6$이 된다. 또한,

$P(A)P(B) = (1/2)(1/3) = 1/6$이다. 그러므로 A와 B는 독립이다.

(b) 선택된 2개의 부품은 여러 부품으로부터 무작위 단순추출한 것이다. A = {첫 번째 검사된 부품이 불량이 없을 경우}와 B = {두 번째 검사된 부품이 불량이 없을 경우}라고 하자. 2개의 부품을 선택하는 하위 실험은 독립이다. 따라서 사건 A와 B는 독립이다. 그러므로 $P(A \cap B) = P(A)P(B) = 0.9^2 = 0.81$이다. ■

A와 B는 독립적인 실험에 연관되어 발생하지 않을 때, 그들의 독립은 정의 2.6-1을 통해 증명될 수 있다.

예제 2.6-2

52장의 카드 한 벌에서 임의로 한 장을 뽑는다. A와 B는 각각 카드의 숫자가 5이고 스페이드 문양인 사건이라 가정하자. 사건 A와 B는 독립인가?

해답

A와 B의 교집합 확률이 A와 B에 대한 확률의 곱이면, 사건 A와 B는 독립이다. $P(A \cap B) = 1/52$이고 $P(A)P(B) = (4/52)(13/52) = 1/52$이기 때문에 A와 B는 독립이다. ■

독립은 합리적으로 실제적인 가정일 때면 언제든지 독립을 가정하는 것은 확률에 대한 계산을 가능하게 한다.

예제 2.6-3

한 세탁소의 오래된 세탁기와 건조기는 교체된다. 새로운 세탁기에 보증 서비스가 요구될 확률은 0.22이고, 새로운 건조기에 보증 서비스가 요구될 확률은 0.15이다. 2개의 기계 모두에 보증 서비스가 요구될 확률을 구하라.

해답

실험 1과 실험 2를 각각 세탁기와 건조기가 보증 서비스가 요구되는지에 대한 여부를 기록한 사건이라고 하자. 이 문제 서술은 독립의 가정이 없다면, 요구되는 확률을 계산하기 위한 충분한 정보를 제공하지 않는다. 두 부품이 독립임을 가정한다면, A = {세탁기가 보증 서비스가 필요한 경우}와 B = {건조기가 보증 서비스가 필요한 경우}가 독립이다. 그러므로

$$P(A \cap B) = P(A)P(B) = (0.22)(0.15) = 0.033$$

■

독립사건에 대한 몇 가지 기본 원칙은 다음과 같다.

명제 2.6-1

1. A와 B가 독립이면, A^c와 B도 독립이다.
2. 공집합 Ø와 표본공간 S는 모든 다른 집합과 독립이다.
3. 사건 중 하나의 확률이 0이면, 서로소인 사건은 독립이 아니다. ■

명제 2.6-1의 (1)이 참인 것을 보이기 위해, B가 서로소 사건 $B \cap A$와 $B \cap A^c$의 합집합이라는 사실을 이용하고, $P(B) = P(B)P(A) + P(B \cap A^c)$를 작성하기 위해 A와 B가 독립임을 사용하라. $P(B)[1 - P(A)] = P(B \cap A^c)$를 구하기 위해 이 식의 좌항에 $P(B)P(A)$를 가져오라. 그러므로 $P(B)P(A^c) = P(B \cap A^c)$는 그들이 독립임을 뜻한다. 이 명제의 (2)의 두 번째 서술은 $S = \emptyset$이기 때문에 (1)을 따른다. 이 명제의 (3)은 A와 B가 서로소라면, $P(A \cap B) = P(\emptyset) = 0$임을 아는 것을 기본으로 한다. 따라서 $P(A) = 0$ 혹은 $P(B) = 0$이라면, A와 B는 독립일 수 없다.

예제 2.6-4

모든 대체 에너지에 대한 탐구를 적극적으로 지지하는 여성 투표자의 비율은 모든 투표자 중에 대체 에너지를 적극적으로 찬성하는 비율과 같다. 투표자들로 구성된 모집단으로부터 임의로 한 명을 선택할 때, F와 E는 각각 선택된 투표자가 여성인 사건과 선택된 투표자가 대체 에너지에 대해 적극적으로 찬성하는 사건이라고 하자.

(a) 사건 E와 F는 독립인가?

(b) 대체 에너지 탐구에 대해 지지하는 남성 투표자의 비율은 그에 해당하는 여성 투표자의 비율과 같은가?

해답

(a) 수학적 표기로 나타내면, 문제 서술의 첫 번째 문장은 $P(E|F) = P(E)$로 쓰인다. 다음 정의 2.6-1의 논의에 의해(식 (2.6.1)과 식 (2.6.2) 참고), E와 F는 독립임을 뜻한다.

(b) M은 임의로 선택된 1명의 투표자가 남자인 사건이라고 하자. $M = F^c$이기 때문에, 명제 2.6-1의 (a)와 (1)에서 보여진 E와 F의 독립은 M과 E가 독립임을 나타낸다. 식 (2.6.1) 그리고/혹은 식 (2.6.2)에 의해 이는 $P(E|M) = P(E)$와 같다. (a)의 결과를 이용해 이것은 $P(E|M) = P(E|F)$를 뜻한다. 말로 표현하면, 이 관계는 대체 에너지 생산에 대한 연구를 적극적으로 지지하는 남성 투표자의 비율은 여성 투표자들 사이에서 찬성하는 여성의 비율과 같다고 표현된다. ■

E_2, E_3로부터 E_1이 독립이고, E_3으로부터 E_2가 독립 혹은 수학적 표기로 다음과 같다면, 사건 E_1, E_2, E_3는 독립이라고 나타낸다.

$$\left.\begin{array}{l} P(E_1 \cap E_2) = P(E_1)P(E_2), \\ P(E_1 \cap E_3) = P(E_1)P(E_3), \\ P(E_2 \cap E_3) = P(E_2)P(E_3). \end{array}\right\} \tag{2.6.3}$$

그러나 다음 **쌍별 독립성**(pairwise independence)을 뜻하지 않는다.

$$P(E_1 \cap E_2 \cap E_3) = P(E_1)P(E_2)P(E_3) \tag{2.6.4}$$

연습문제 8을 참고하라. 이는 식 (2.6.4)는 성립하지만 식 (2.6.3)에 있는 식 중 하나는 성립하지 않는다. 이는 다음에 설명된다.

예제 2.6-5

1개의 주사위를 1번 굴리고 결과를 기록한다. 사건 $E_1 = \{1, 2, 3\}$, $E_2 = \{3, 4, 5\}$, $E_3 = \{1, 2, 3, 4\}$라고 정의하고 다음을 증명하라.

$$P(E_1 \cap E_2 \cap E_3) = P(E_1)P(E_2)P(E_3)$$

그리고 또한 E_1과 E_2는 독립이 아님을 증명하라.

해답

$P(E_1 \cap E_2 \cap E_3) = P(\{3\}) = 1/6$, $P(E_1)P(E_2)P(E_3) = (1/2)(1/2)(4/6) = 1/6$이기 때문에, $P(E_1 \cap E_2 \cap E_3) = P(E_1)P(E_2)P(E_3)$이다. 다음으로 $P(E_1 \cap E_2) = P(\{3\}) = 1/6$과 $P(E_1) P(E_2) = (1/2)(1/2) = 1/4$은 같지 않다. 따라서 E_1과 E_2는 독립이 아니다. ■

위 논의는 3개 사건의 독립에 대한 다음 정의로 이어진다.

> **정의 2.6-2**
> **3개의 사건에 대한 독립.** 모든 3개의 식이 식 (2.6.3)과 (2.6.4)를 따른다면, 사건 E_1, E_2, E_3는 (상호 간에) 독립이다.

상호 간에(mutually)라는 설명은 쌍별 독립성(pairwise independence)으로부터 정의 2.6-1의 개념을 구분하기 위해서 제공된다. 책에서 우리는 독립이 상호독립임을 의미하며 사용될 것이다.

당연히, 독립에 대한 확장은 3개의 사건들 이상에 확장된다. 모든 부분집합 $E_{i_1}, \cdots, E_{i_k}$, $k \le n$에 대해 다음 식과 같다면 사건 $E_1, \cdots, E_n$는 **독립**이라고 한다.

$$P(E_{i_1} \cap E_{i_2} \cap \cdots \cap E_{i_k}) = P(E_{i_1})P(E_{i_2}) \cdots P(E_{i_k})$$

$E_1, \cdots, E_n$이 독립이라면 이들의 여집합도 독립이다. 이는 2개의 사건(명제 (2.6-1)의 (1))에 해당하는 원칙도 유사하다. 게다가, 독립사건 n개 중 하나는 다른 것으로부터 형성된 사건으로부터 독립일 것이다. 예를 들면, 3개의 독립사건 E_1, E_2, E_3에 대한 경우에, 사건 E_1은 $E_2 \cup E_3$, $E_2^c \cup E_3$와 같은 사건에 대해 독립이다.

예제 2.6-6

25℃에서 레이저 다이오드의 특별한 종류의 20%는 0.3mW/mA 이하의 효율성을 가진다. 모집단에서 무작위 단순표본추출된 5개의 다이오드에 대해 다음 사건의 확률을 구하라.

(a) 5개 다이오드 모두가 25℃에서 0.3 이상의 효율성을 가진다.

(b) 선택된 다이오드 중 오직 두 번째 다이오드만 25℃에서 0.3 이하의 효율성을 가진다.

(c) 5개 다이오드 중 정확하게 1개만 25℃에서 0.3 이하의 효율성을 가진다.

(d) 5개 다이오드 중 정확하게 2개만 25℃에서 0.3 이하의 효율성을 가진다.

해답

사건 A_i = {i번째 다이오드의 효율성이 0.3 이하인 경우}, $i = 1, \cdots, 5$로 정의하라. 1개의 다이오드를 고르고 그 다이오드의 효율성을 각각 측정하는 것으로 구성된 5개의 하위 실험이기 때문에 사건 $A_1, \cdots, A_5$은 독립이다. 그러므로 다음과 같이 구한다.

(a)

$$P(A_1^c \cap \cdots \cap A_5^c) = P(A_1^c) \cdots P(A_5^c) = 0.8^5 = 0.328$$

(b)

$$P(A_1^c \cap A_2 \cap A_3^c \cap A_4^c \cap A_5^c) = P(A_1^c)P(A_2)P(A_3^c)P(A_4^c)P(A_5^c)$$
$$= (0.2)(0.8^4) = 0.082$$

(c) 이 사건은 서로소 사건 E_i = {25℃에서 오직 i 번째 다이오드만 효율성이 0.3 이하인 경우}의 합집합이다. (b)와 유사한 계산은 모든 $i = 1, \cdots, 5$에 대해 $P(E_i) = 0.082$로 산출된다. 따라서 요구된 확률은

$$P(E_1 \cup \cdots \cup E_5) = P(E_1) + P(E_2) + P(E_3) + P(E_4) + P(E_5)$$
$$= 5 \times 0.082 = 0.41$$

(d) 이 사건은 사건 A = {25℃에서 오직 첫 번째 다이오드와 두 번째 다이오드만 효율성이 0.3 이하인 경우}와 동일한 확률을 가지는 각각의 서로소 사건들 $\binom{5}{2}$ = 10의 합집합이다. 따라서 요구된 확률은

$$10 \times P(A) = 10 \times 0.2^2 \times 0.8^3 = 0.205$$

2.6.1 시스템 신뢰성으로의 응용

예제 2.4-2에서 시스템의 신뢰성(reliability)에 대해 언급되었다. 서술된 상황하에서 정확하게 한 시스템이 작동할 확률은 부품이 나열되는 방법뿐만 아니라 시스템 부품의 신뢰성에도 의존한다. 부품 정렬의 기본적인 두 가지 유형은 병렬 혹은 직렬이 있다. 이 방법은 그림 2-14에서 묘사된다. 부품이 직렬로 나열된 한 시스템(한 시스템의 부분)은 모든 부품이 정상적으로 작동해야 작동한다. 예를 들면, 자동차는 하나의 타이어라도 구멍이 나면 움직일 수 없기 때문에, 자동차 1대에 4개의 바퀴가 직렬로 나열되었다고 나타낸다. 부품이 병렬로 나열된 시스템은 적어도 부품 중에 하나만 작동해도 작동된다. 예를 들면, 한 사무실에 있는 복사기는 병렬로 표현된다. 그 이유는 복사기는 3개 중 하나만 작동해도 복사를 실행할 수 있기 때문이다. 따라서 병렬로 부품을 나열하는 것은 기계의 신뢰성을 향상하기 위해 시스템을 다중설계하는 방법이다.

부품이 독립적으로 실패하는 것에 대한 가정은 자주 부품의 실패 확률로부터 시스템의 신뢰성을 계산하기 위해 사용된다.

예제 2.6-7

그림 2-14의 왼쪽에 나타난 한 시스템의 병렬로 나열된 3개의 부품은 각각 확률 $p_1 = 0.1$, $p_2 = 0.15$, $p_3 = 0.2$로 고장 난다. 부품들은 서로 각각 독립적이다. 이 시스템이 고장 날 확률을 구하라.

해답

A를 시스템이 고장 나는 사건이라고 하자. A의 확률은 먼저 A^c의 확률을 계산하면 가장 쉽게 계산된다. 각 부품이 독립적으로 실패하기 때문에, 부품이 고장 나지 않을 확률 또한 독립이다. 따라서 다음과 같이 구할 수 있다.

$$P(A^c) = P(\text{고장 난 부품이 없음}) = (1 - 0.1)(1 - 0.15)(1 - 0.2) = 0.612$$

명제 2.4-1의 (4)를 이용하여, $P(A) = 1 - P(A^c) = 0.388$이 된다. ■

예제 2.6-8

그림 2-14의 오른쪽에 있는 직렬로 연결된 3개의 부품은 확률 $p_1 = 0.9$, $p_2 = 0.85$, $p_3 = 0.8$로 작동한다. 또한 각 부품은 독립이다. 시스템이 작동할 확률을 구하라.

해답

A를 시스템이 작동하는 사건이라 하고, A_i를 $i = 1$, 2, 3인 부품 i가 작동하는 사건이라 하자. 부품은 직렬로 연결되어 있기 때문에 $A = A_1 \cup A_2 \cup A_3$이다. 명제 2.4-2의 (2)와 사건 A_i의 독립을 사용하여, 우리는 다음을 가진다.

$$
\begin{aligned}
P(A) &= P(A_1) + P(A_2) + P(A_3) - P(A_1 \cap A_2) - P(A_1 \cap A_3) \\
&\quad - P(A_2 \cap A_3) + P(A_1 \cap A_2 \cap A_3) \\
&= 0.9 + 0.85 + 0.8 - 0.9 \times 0.85 - 0.9 \times 0.8 - 0.85 \times 0.8 + 0.9 \times 0.85 \times 0.8 \\
&= 0.997.
\end{aligned}
$$

시스템이 작동하는 확률을 계산하는 방법에 대한 대안은 먼저 시스템이 작동하지 않은 확률을 계산하는 것이다. 시스템이 직렬 시스템이기 때문에, 3개의 부품 모두가 작동하지 않는다면 시스템이 작동하지 않는다. 따라서 사건 A의 독립성에 의해 여집합은 다음과 같다.

그림 2-14

병렬로 연결된 부품(왼쪽)과 직렬로 연결된 부품(오른쪽)

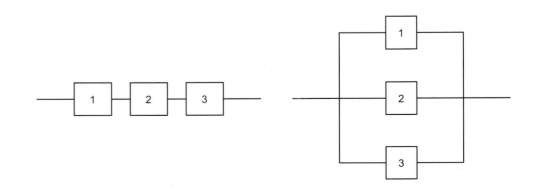

$$P(A^c) = P(A_1^c)P(A_2^c)P(A_3^c) = 0.1 \times 0.15 \times 0.2 = 0.003$$

앞에와 같이 $P(A) = 1 - 0.003 = 0.997$로 계산된다. 이런 대안방법은 3개 이상의 부품으로 구성된 직렬 시스템의 신뢰도를 계산하는 데 더욱 쉽게 할 수 있는 방편이다. ■

    직렬 시스템은 중복(redundancy)이 없어서 모든 부품이 작동해야만 작동한다. 병렬 시스템은 적어도 하나의 부품만 작동하면 시스템이 작동하기 때문에 최대의 중복성을 가진다. **n 중 k 시스템**(k-out-of-n system)은 n개의 부품 중 적어도 k개 이상 작동해야만 작동한다. 예를 들면, 8기통 엔진을 이용하는 자동차는 차를 주행하기 위해서는 8개의 실린더 중 적어도 4개가 작동해야만 가능한 8 중 4 시스템으로 설계되었을 것이다. 전문용어로 직렬 시스템을 n 중 n 시스템(n-out-n system)이라 하고, 병렬 시스템을 n 중 1(1-out-of-n) 시스템이라고 한다.

예제 2.6-9	작동할 확률이 각각 $p_1 = 0.9$, $p_2 = 0.85$, $p_3 = 0.8$이고 서로 독립인 3개의 부품으로 구성된 3 중 2 시스템에 대한 하나의 신뢰성을 구하라.

해답

A가 시스템이 작동하는 사건이라 하고, A_i를 $i = 1$, 2, 3 부품 i가 작동하는 사건이라고 하자. 3 중 2 시스템이기 때문에, 부품 1과 2 혹은 부품 1과 3 혹은 부품 2와 3 혹은 모든 부품이 작동한다면 시스템은 작동한다. 수학적 표기로 $A = (A_1 \cap A_2) \cup (A_1 \cap A_3) \cup (A_2 \cap A_3) \cup (A_1 \cap A_2 \cap A_3)$이다. 이런 사건들은 서로소이기 때문에,

$$P(A) = P(A_1 \cap A_2 \cap A_3^c) + P(A_1 \cap A_2^c \cap A_3) + P(A_1^c \cap A_2 \cap A_3) + P(A_1 \cap A_2 \cap A_3)$$
$$= 0.9 \times 0.85 \times 0.2 + 0.9 \times 0.15 \times 0.8 + 0.1 \times 0.85 \times 0.8 + 0.9 \times 0.85 \times 0.8$$
$$= 0.941$$

두 번째 식은 사건 A_i의 독립성을 따른다. ■

연습문제

1. 10개의 레이저 다이오드가 포함된 배치에서, 2개의 효율성은 0.28 미만, 6개는 0.28~0.35, 2개는 0.35 이상이다. 무작위로 비복원추출된 2개의 다이오드가 있다. 사건 $E_1 = \{$선택된 첫 번째 다이오드의 효율성이 0.28 미만인 경우$\}$와 $E_2 = \{$선택된 두 번째 다이오드의 효율성이 0.35인 경우$\}$는 독립인가? 타당한 답을 서술하라.

2. 예제 2.5-3의 상황에서, 사건 $[X = 1]$과 $[Y = 1]$이 독립인가? 타당한 답을 서술하라.

3. 설치를 위해 10개의 소프트웨어 위젯을 단순확률표본으로 선택한다. 해당 종류의 소프트웨어 위젯의 10%는 연결문제를 가지고 있다. 다음의 각각 사건에 대해 확률을 구하라.
(a) 10개 중 연결 문제가 하나도 없을 사건
(b) 첫 번째 설치된 위젯이 연결 문제가 있고 나머지는 정상일 사건
(c) 10개의 위젯 중 정확히 1개만 연결 문제가 있을 사건

4. 어떤 실험은 첫 번째 불량인 퓨즈가 나올 때까지 하나의 생산라인을 검사한다. 각각의 퓨즈에 결점이 있을 확률은 0.01이고 퓨즈는 서로 독립이다. 총 8개의 퓨즈를 검사하게 될 확률을 구하라.

5. 품질관리 엔지니어는 자동차 생산설비에서 부적합한 자동차의 수를 모니터링한다. 매일 첫 번째 조립라인에서 4대의 자동차를 선택한 단순확률표본과 두 번째 조립라인에서 3대의 자동차를 선택한 단순확률표본을 검사한다. 첫 번째 조립라인에서 생산된 자동차 부적합품이 0개일 확률은 0.8이고, 두 번째 조립라인에서 생산된 자동차 부적합품이 0개일 확률은 0.9이다. 다음 사건에 대한 확률을 구하라.

(a) 주어진 날, 첫 번째 조립라인에서 생산된 자동차가 부적합품이 0개

(b) 주어진 날, 두 번째 조립라인에서 생산된 자동차가 부적합품이 0개

(c) 주어진 날, 모든 검사된 자동차 중 부적합품이 0개이다. 당신이 사용한 모든 가정에 대해 서술하라.

6. 작은 사립 고등학교에 있는 학생 선수들로부터 선수 1명을 임의로 선택하고, 해당 선수의 성별과 스포츠 선호도를 기록한다. 사건 M = {학생 선수가 남성인 경우}, F = {학생 선수가 여성인 경우}, T = {학생 선수가 트랙을 선호하는 경우}라고 정의하자. 트랙(track)을 선호하는 남성 운동선수의 비율이 트랙을 선호하는 학생 선수의 비율과 같다고 한다. 수학적 표기로 $P(T|M) = P(T)$다. 트랙을 선호하는 여성 운동선수의 비율은 트랙을 선호하는 학생 선수들의 비율과 같다고 할 수 있는가? 혹은 $P(T|F) = P(T)$인가? 타당한 답을 서술하라.

7. 연습문제 6에서 언급된 고등학교에서 학생 운동선수 모집단에 관한 정보가 다음 표로 주어진다. 예를 들면, 학생 운동선수의 65%는 남성이고, 50%는 농구를 좋아하며, 여성 운동선수들은 풋볼을 하지 않는다. 임의로 선택된 한 명의 학생 운동선수에 대해, 사건 F = {학생 선수가 여성인 경우}, T = {학생 선수가 트랙을 선호하는 경우}라고 하자. 각각은 독립이다.

	풋볼	농구	트랙	전체
남성	0.3			0.65
여성	0			
전체	0.3	0.5	0.2	

(a) 위 표의 남은 칸을 채워라.

(b) 임의로 선택된 학생 운동선수가 농구를 선호할 때, 이 선수가 여성일 확률을 구하라.

(c) 사건 F와 B = {학생 선수가 농구를 선호하는 경우}는 독립인가?

8. 2개의 주사위를 굴린다. E_1 = {2개 주사위의 합이 7인 경우}, E_2 = {첫 번째 굴린 결과가 3인 경우}, E_3 = {두 번째 굴린 결과가 4인 경우}라고 하자. E_1, E_2, E_3의 각 쌍은 독립이지만 식 (2.6.4)가 성립하지 않음을 보여라.

9. E_1, E_2, E_3가 독립이면, E_1은 $E_2 \cup E_3$로부터 독립임을 보여라. (힌트 분배법칙에 의해, $P(E_1 \cap (E_2 \cup E_3)) = P((E_1 \cap E_2) \cup (E_1 \cap E_3))$. 두 사건(명제 2.4-2의 (1))의 합집합의 확률에 대한 식과 E_1, E_2, E_3의 독립을 사용하여, $P(E_1)(E_2) + P(E_1)(E_3) - P(E_1)P(E_2 \cap E_3)$로 쓰고 증명을 끝낸다.)

10. 그림 2-15에서 보인 부품에 대한 시스템은 부품 1과 2 모두 동작되거나 부품 3과 4가 모두 동작할 때 정상 동작한다. 4개의 부품이 동작할 확률이 각각 0.9이고 서로 독립이다. 시스템이 동작할 확률을 구하라.

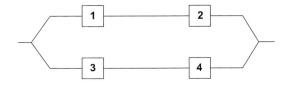

그림 2-15
4개의 부품으로 된 시스템

11. 4개의 부품으로 구성된 4 중 3 시스템에 대한 신뢰도를 구하라. 각 부품이 동작할 확률은 0.9이고, 서로 독립이다.

확률변수와 분포

3.1 개요

확률변수의 **확률분포**는 표본공간의 전체확률 1이 표본공간이 갖는 값의 범위 내에 어떻게 분포되어 있는지를 나타낸다. 만약 확률변수의 값이 어느 주어진 구간에 포함될 확률을 알면 확률변수의 확률분포를 알고 있다고 말할 수 있다. 2.3.3절에서 소개된 확률질량함수(Probability mass function) 또는 PMF는 이산형 확률변수의 확률분포를 나타내는 방법이다. 이번 장에서는 확률질량함수의 연속형인 **확률밀도함수**(probability density function) 또는 PDF와 (이산형 또는 연속형) 확률변수의 확률분포를 나타내는 또다른 방법인 **누적확률함수**(cumulative distribution function) 또는 CDF를 소개한다. PMF와 PDF는 무한 표본공간을 갖는 변수와 같이 보다 다양하고 일반적인 확률변수에 대해서까지 기댓값(평균)이나 분산의 개념을 확장하기 위해 사용되는 반면 CDF는 연속형 확률변수의 **백분위수**(percentiles)를 구하기 위해 사용된다. 마지막으로 이번 장에서는 이산형과 연속형 확률변수에 대한 가장 널리 쓰이는 **확률모형**을 소개한다. 이변량과 다변량 확률변수에서 사용하는 이와 유사한 개념은 다음 장에서 논의한다.

3.2 확률분포

3.2.1 확률변수

1.4절에서 **확률변수**의 개념은 알고자 하는 모집단으로부터 구성 단위가 무작위로 선택되었을 때 구성 단위의 특성에 대한 수치적 표현으로 소개하였고, 무작위 수치결과를 생성하는 어떠한 사건 또는 과정의 결과로 일반화하였다. 확률변수의 보다 공식적인 정의(more formal definition)는 2장에서 소개된 개념을 통해 내릴수 있다.

> **정의 3.2-1**
> **확률변수**는 무작위 실험에서 표본공간의 각 결과를 숫자로 대응시키는 함수(또는 규칙)이다.

예를 들어, 모집단으로부터 관측치 $X_1, \cdots, X_n$가 수집된 표본실험에서 표본평균 $\overline{X}$, 표본분산 S^2, 그리고 표본비율 $\hat{p}$(예 : 25보다 더 큰 관측치의 비율)은 확률변수이다.

이산형과 연속형 확률변수의 개념 또한 1.4절에서 설명하였다. 더 정확하게 우리는 다음과 같은 정의를 갖는다.

> **정의 3.2-2**
> **이산형 확률변수**는 표본공간이 유한하거나 셀 수 있을 정도로 무한히 많은 수의 값을 갖는 확률변수이다.

예제 3.2-1 다음에 나오는 이산형 확률변수에 관한 3개의 예제는 제품 품질관리에서 활용된 표본검사실험에서 가져왔다.

(a) 레이저 다이오드는 생산라인에서 무작위로 선택되었고, 25℃에서 3mW/mA 이상의 다이오드 개수가 기록되었다. 이때 확률변수는 유한한 표본공간 $S = \{0, 1, \cdots, 10\}$을 갖는 이산형이다.

(b) 10개 레이저 다이오드는 100개의 선적품에서 무작위로 추출되었고, 25℃에서 효율이 3mW/mA 이상인 적어도 10개의 효율성이 3mA 이상인 레이저 다이오드가 수송품에 포함되어 있다고 가정하고, 그 결과에 대한 확률변수는 (a)에서 표본공간과 같이 유한한 표본공간 $S = \{0, 1, \cdots, 10\}$을 갖는 이산형이다.

(c) 효율성이 3 이상인 10개의 다이오드가 발견될 때까지, 생산라인에서 나올 때 레이저 다이오드의 효율성을 측정했다. X는 효율성이 3 이상의 10번째 다이오드가 발견될 때까지 검사된 다이오드의 총개수라 하자. 그리고 나서 X는 유한한 표본공간 $S_X = \{10, 11, 12, \cdots\}$를 갖는 이산형 확률변수이다. ■

다음은 이산형이 아닌 확률변수의 예제이다.

예제 3.2-2 가속수명시험에서 제품은 실생활에서 맞닥뜨리는 것보다 더 극한 상태에서 가동된다. 이 실험은 어떤 부품이 고장 날 때까지 진행된다 하고 X를 고장 날 때까지의 시간을 나타낸다고 하면, 실험 또는 X의 표본공간은 $S_X = [0, \infty)$이다. ■

위 예의 X가 이산형이 아닌 이유는 표본공간이 셀 수 있는 무한대가 아니기 때문이다(즉, 열거될 수 없으므로). $[0, \infty)$ 안에 수가 열거될 수 없다는 것을 뜻하며 어느 숫자가 0 뒤에 오는지 확인하는 것이 불가능하다는 것을 알아두자. $[0, 1]$과 같이 균등한 유한한 구간은 불연속적인 무한한 많은 숫자를 포함한다.

정의 3.2-3

만약 확률변수 X가 실수영역 $(-\infty, \infty)$ 상의 유한한 또는 무한한 구간(interval) 내에서 모든 값을 가질 수 있다고 할 때, 확률변수는 **연속형**이라고 한다.

실험의 예제의 결과인 연속형 변수는 길이, 무게, 강도, 경도, 수명, pH 또는 토양이나 물 표본에 포함된 오염 물질의 농도이다.

노트 3.2-1　(a) 비록 연속형 변수는 구간 내에서 어떠한 가능한 값도 가질 수 있지만, 측정된 값은 그렇지 않다. 왜냐하면 측정장비는 무한한 감도를 갖고 있지 않기 때문이다. 그러므로 연속형 변수는 실생활에서 존재할 수 없다. 연속형 변수는 측정된 이산형 변수의 이상적인 형태일 뿐이다. 그럼에도 불구하고, 연속형 확률변수에 대한 학습은 그것이 이산형 형태에 대해서도 유용하고 꽤 정확한 근사치를 확률로 제공하기 때문에 의미가 있다.
(b) 만약 구성 단위에 대한 모집단이 유한하다면, 그것이 이상적인 연속상태인지 아니면 이산형 상태인지에 관계없이 변수가 가질 수 있는 값의 개수는 유한하다. 예를 들어, 55~65세 남성의 키, 몸무게, 콜레스테롤 수준 사이의 관계를 조사하는 실험은 앞서 언급한 유한한 모집단의 표본으로부터 이 세 가지 연속형 변수를 기록한다. 이 3개의 변수가 연속형(즉, 이산형이 아님)이라고 생각되더라도, 그것들 각각이 취할 수 있는 서로 다른 값의 개수는 존재하는 55~65세 남성의 수를 초과할 수 없다. 그런 경우, 연속형 확률변수의 모형은 확률 계산의 정확한 근사치와 편의를 제공한다.　　　◁

3.2.2 누적확률함수

확률변수 X의 확률분포에 대한 간략한 설명은 이산형 또는 연속형이든 누적분포함수(cumulative distribution function)를 통해 나타낼 수 있다.

정의 3.2-4

확률변수 X의 **누적분포함수**(cumulative distribution function) 또는 **CDF**는 모든 수 x에 대하여 $[X \leq x]$ 형태인 사건의 확률로 나타난다.

확률변수 X의 CDF는 일반적으로 이 책에서 대부분 항상 F 대문자로 표시된다. 그러므로 수학적 표기법에서 X의 CDF는 모든 실수영역$(-\infty, \infty)$의 모든 수 x에 대하여

$$F_X(x) = P(X \leq x) \tag{3.2.1}$$

로 정의된다. 혼란의 여지가 없다면 X의 CDF는 간략하게 $F(x)$로 나타낼 것이다. 즉, 아래 첨자 X가 생략될 것이다.

<table>
<tr><td>명제 3.2-1</td><td>어떠한(이산형 또는 연속형) 확률변수 X의 누적분포함수 F는 다음 기본적인 속성을 만족한다.</td></tr>
</table>

1. 감소하지 않음 : 만약 $a \le b$라면, $F(a) \le F(b)$이다.
2. $F(-\infty) = 0$, $F(\infty) = 1$
3. 만약 $a < b$라면 $P(a < X \le b) = F(b) - F(a)$이다. ■

첫 번째 속성을 나타내기 위해, 만약 사건 $[X \le a]$가 발생하고 나서 사건 $[X \le b]$ 또한 발생함을 인지하라. 그러면 $[X \le a] \subseteq [X \le b]$이고 $P(X \le a) \le P(X \le b)$이며, 이것은 $F(a) \le F(B)$와 동일하다. 속성 2 사건 $[X \le -\infty]$는 절대 발생하지 않고, 반대로 사건 $[X \le \infty]$는 항상 발생한다는 속성을 따른다. $[X \le -\infty] = \emptyset$인 반면 $[X \le \infty] = S_X$, 즉 $F(-\infty) = P(\emptyset) = 0$이지만, $F(\infty) = P(S_X) = 1$을 따른다. 마지막으로 속성 3의 사건 $[X \le b]$는 배반사건 $[X \le a]$와 $[a < X \le b]$의 조합이다. 그러므로 $P(X \le b) = P(X \le a) + P(a < X \le b)$ 또는 $F(b) = F(a) + P(a < X \le b)$ 또는 $P(a < X \le b) = P(X \le b) - P(X \le a)$이다.

이 장의 개요 부분에서 언급했듯이, 만약 모든 $a < b$에 대하여 $[a < X \le b]$ 형태의 확률사건이 알려졌다면 확률변수 X의 확률분포 또한 알 수 있다. 그러므로 명제 3.2-1의 속성 3은 결국 CDF는 확률변수의 확률분포를 완전하게 나타낸다는 것을 의미한다.

<table>
<tr><td>예제 3.2-3</td><td>확률변수 X의 PMF는</td></tr>
</table>

x	1	2	3	4
$p(x)$	0.4	0.3	0.2	0.1

이다. X의 CDF F를 구하라.

해답

주어진 PMF는 X의 표본공간은 $x = 1, \cdots, 4$에 대하여 $P(X = x) = p(x)$인 $S_X = \{1, 2, 3, 4\}$이며, 서로 다른 x값에 대하여 $P(X = x) = 0$을 나타낸다. CDF를 찾는 핵심은 표본공간에서 x에 대하여 확률 $P(X = x)$에 관한 '누적' 확률 $P(X \le x)$로 다시 표현하는 것이다. 먼저, $P(X \le 1) = P(X = 1)$이라는 것을 기억하라. 왜냐하면 X는 1보다 작은 값을 가질 수 없기 때문이다. 또한 $P(X \le 2) = P([X = 1] \cup [X = 2])$인데, 왜냐하면 만약 $X \le 2$이라면 $X = 1$ 또는 $X = 2$이기 때문이다. 같은 이유로 $P(X \le 3) = P([X \le 2] \cup [X = 3])$이고, $P(X \le 4) = P([X \le 3] \cup [X = 4])$이다. 지금 확률의 추가적인 속성(배반사건의 결합확률은 그것들의 확률합과 같다)과 X의 PMF를 사용하여 우리는 S_X에서의 모든 x에 대한 $F(x)$를 구할 수 있다.

$$F(1) = P(X \le 1) = P(X = 1) = 0.4 \qquad (3.2.2)$$

$$F(2) = P(X \le 2) = F(1) + P(X = 2) = 0.4 + 0.3 = 0.7 \qquad (3.2.3)$$

$$F(3) = P(X \le 3) = F(2) + P(X = 3) = 0.7 + 0.2 = 0.9 \qquad (3.2.4)$$

$$F(4) = P(X \leq 4) = F(3) + P(X = 4) = 0.9 + 0.1 = 1 \tag{3.2.5}$$

S_X에 속해 있지 않은 x값의 $F(x)$를 확인하는 것이 남아 있다. 다시 말하면, 핵심은 S_X에서 x의 누적확률 $P(X \leq x)$에 관하여 S_X에 없는 x의 누적확률 $P(X \leq x)$을 다시 표현하는 것이다. 최종 결과와 간단한 설명은 다음과 같다.

$$\left.\begin{array}{l} F(x) = 0, \ x < 1 \quad \text{(왜냐하면 } [X \leq x] = \emptyset \text{이기 때문이다)} \\ F(x) = F(1) = 0.4, \ 1 \leq x < 2 \ \text{(왜냐하면 } [X \leq x] = [X \leq 1] \text{이기 때문이다)} \\ F(x) = F(2) = 0.7, \ 2 \leq x < 3 \ \text{(왜냐하면 } [X \leq x] = [X \leq 2] \text{이기 때문이다)} \\ F(x) = F(3) = 0.9, \ 3 \leq x < 4 \ \text{(왜냐하면 } [X \leq x] = [X \leq 3] \text{이기 때문이다)} \\ F(x) = F(4) = 1, \quad 4 \leq x \ \text{(왜냐하면 } [X \leq x] = [X \leq 4] \text{이기 때문이다)} \end{array}\right\} \tag{3.2.6}$$

그림 3-1에 함수 $F(x)$ 그래프가 있다. 그림 3-1과 같은 도표를 갖고 있는 함수를 **스텝**(step) 또는 **점프**(jump)**함수**라고 부른다. ■

예제 3.2-3의 PMF로부터 CDF에 대한 유도는 또한 이 과정을 역(reverse)으로 진행함으로써 CDF로부터 PDF를 얻을 수 있다는 것을 의미한다. 이것의 역과정은 다음 표로 요약되었다.

x	1	2	3	4
$F(x)$	0.4	0.7	0.9	1
$p(x)$	0.4	$0.7 - 0.4 = 0.3$	$0.9 - 0.7 = 0.2$	$1 - 0.9 = 0.1$

예제 3.2-3의 CDF의 핵심특징 중 일부는 표본공간 S_X가 정수의 부분집합(또는 더 일반적으로는 $S_X = \{x_1, x_2, \cdots\}$, $x_1 < x_2 < \cdots$)인 어떠한 확률변수 X의 CDF에 대해서도 참이라는 것이다. 특히, 확률변수의 CDF F는 S_X의 x값에서만 점프하는 스텝함수인 반면, F의 평탄한 부분은 X가 가지고 있지 않은 값의 부분에 부합한다. 더욱이, S_X의 각 x에서 점프의 크기는

그림 3-1

예제 3.2-3의 확률변수 CDF

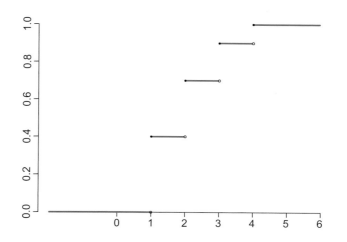

$p(x) = P(X = x)$와 같다. 그러므로 **PMF**와 **CDF**의 사이에는 관련이 있고, 이 중 하나는 다른 하나로부터 얻을 수 있다. 이 사실은 다음의 명제에서 자세하게 작성되었다.

명제 3.2-2

$x_1 < x_2 < \cdots$는 증가하는 순으로 정렬한 이산형 확률변수 X의 값이라고 하자. 그렇다면,

1. F는 S_X의 x값에서만 점프가 발생할 수 있는 스텝함수이고, 반면에 X가 값을 가지지 않는 부분은 F의 평평한 부분과 일치한다. S_X의 각 x에서 점프의 크기는 $p(x) = P(X = x)$이다.

2. **CDF**는 다음 공식을 통해 **PMF**로부터 구할 수 있다.

$$F(x) = \sum_{x_i \leq x} p(x_i)$$

3. **PMF**는 **CMF**로부터 다음과 같이 구할 수 있다.

$$p(x_1) = F(x_1), \quad \text{그리고} \quad p(x_i) = F(x_i) - F(x_{i-1}) \quad i = 2, 3, \cdots$$

4. 형태 $[a < X \leq b]$의 사건확률은 다음과 같이 **PMF**에 대해 주어지고,

$$P(a < X \leq b) = \sum_{a < x_i \leq b} p(x_i)$$

CDF는 다음과 같이 주어진다.

$$P(a < X \leq b) = F(b) - F(a)$$ ■

명제 3.2-2의 두 번째 관점에서 **CDF** 속성 $F(\infty) = 1$(명제 3.2-1의 속성 2 참고)은 다음과 같이 다시 정의할 수 있다.

$$\sum_{x_i \in S_X} p(x_i) = 1 \tag{3.2.7}$$

즉, **PMF** 합의 값은 1이다. 물론, 식 (3.2.7)은 확률의 공리 2.4.2에 대하여 독립적으로 증명할 수 있다.

3.2.3 연속형 분포의 밀도함수

연속형 확률분포 X는 **PMF**를 가질 수 없다. 이유는 다음과 같다.

$$P(X = x) = 0, \text{ 모든 } x\text{값에 대하여} \tag{3.2.8}$$

이와 같이 상당히 반직관적인 사실은 구간 [0, 1]로부터 임의로 선택한 숫자의 결과를 기록한 연속형 확률변수 X의 측면에서 설명될 수 있다. 선택은 [0, 0.1]과 [0.9, 1]과 같이 동일한 길이의 [0, 1]에서 어떠한 두 부분구간이라는 점에서 임의적이며, 선택한 숫자의 개수는 동일하게 포함되어 있다. 이것은 다음과 같은 사실을 보여 준다.

$$P(길이\ l의\ 구간에서의\ X) = l \tag{3.2.9}$$

예를 들어, $P(0 < X < 0.5) = 0.5$는 $P(0 < X < 0.5) = P(0.5 < X < 1)$로부터 계산되며, 두 구간은 서로소이면서 합집합이 전체 표본공간과 같으므로 $P(0 < X < 0.5) + P(0.5 < X < 1) = 1$이다. 하나의 수치는 길이가 0인 구간과 같으므로 식 (3.2.9)가 곧 식 (3.2.8)을 의미한다.

식 (3.2.8)을 설명하기 위해 사용된 확률변수를 간단하게 연속형 확률변수라고 한다.

정의 3.2-5

[0, 1]에서 균등한 확률변수. 구간 [0, 1]로부터 숫자를 선택하되, 구간 내에 길이가 같은 어떠한 두 종속구간이든 해당 숫자를 포함할 가능성이 동일하고 X가 선택된 숫자를 의미한다고 하자. 그러면 X는 [0, 1]에서 **균등분포**를 따른다 하고, $X \sim U(0, 1)$로 표기한다.

식 (3.2.9)는 [0, 1]의 확률변수에서 균등한 확률분포를 나타내는 것을 알았다. 만약 $X \sim U(0, 1)$이면 CDF는 다음과 같다.

$$F_X(x) = P(X \leq x) = \begin{cases} 0 & x < 0 \\ x & 0 \leq x \leq 1 \\ 1 & x > 1 \end{cases} \tag{3.2.10}$$

그림 3-2에 나타난 이 분포의 CDF 도표가 이산형 확률변수의 도표와 어떻게 다른지 기억하라.

CDF에 대하여 추가적으로 연속형 확률변수의 확률분포는 **확률밀도함수**(probability density funcion)로 표현할 수 있다.

정의 3.2-6

연속형 확률변수 X의 **확률밀도함수**(probability density function), 또는 **PDF**는 $P(a < X < b)$가 구간 $[a,\ b]$에서 함수가 나타내는 곡선 아래 면적과 같아지는 음이 아닌 함수 $f_X(x)$ (즉, 모든 x에 대하여 $f_X(x) \geq 0$)이다. 그러므로 $\qquad$ (3.2.11)

$$P(a < X < b) = a와\ b\ 사이의\ f_X의\ 아래\ 면적$$

확률밀도함수(PDF)의 몇 가지 전형적인 형태가 그림 3-3에 나타나 있다. 양의 왜도(positively skewed)분포는 오른쪽으로 긴 꼬리(skewed to the right)를 가지고 있고, 음의 왜도(negatively skewed)분포는 왼쪽으로 긴 꼬리(skewed to the left)를 가지고 있다.

곡선 아래와 구간 위의 면적은 그림 3-4에서 나타내고 있다. 곡선 아래의 면적은 적분으로 구할 수 있으므로, 다음과 같이 얻을 수 있다.

PDF에 대한 구간의 확률
$$P(a < X < b) = \int_a^b f_X(x)\,dx \tag{3.2.12}$$

그림 3-2
[0,1] 확률변수에서 균등
분포의 CDF

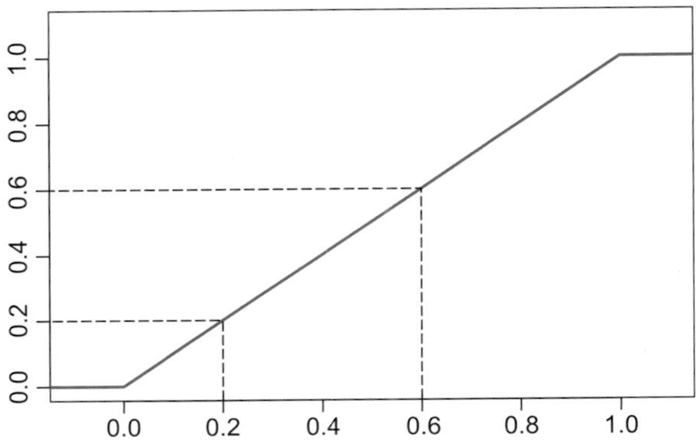

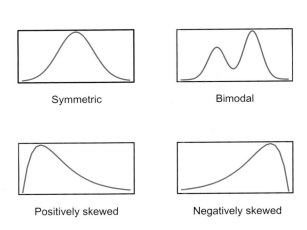

그림 3-3
PDF의 전형적인 형태

Symmetric

Bimodal

Positively skewed

Negatively skewed

그림 3-4
구간 $[a, b]$에서 PDF의
면적으로서 $P(a < X < b)$

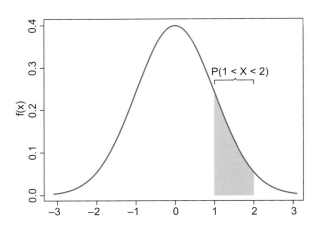

이것은 기본적으로 확률 이론에서 적분이 필요한 이유이다. 양의 함수 f가 확률밀도함수가 되기 위해서는 곡선 아래 함수의 전체 면적이 1이어야 한다.

PDF의 곡선 아래 전체 면적은 1이어야 함

$$\int_{-\infty}^{\infty} f(x)\, dx = 1 \tag{3.2.13}$$

예제 3.2-4

만약 $X \sim U(0, 1)$이라면, X의 PDF는 다음과 같이 나타낸다.

$$f_X(x) = \begin{cases} 0 & x < 0 \\ 1 & 0 \le x \le 1 \\ 0 & x > 1 \end{cases}$$

해답

식 (3.2.11)이 만족함을 보여야 한다. 이 함수 아래의 모든 면적은 구간 [0, 1]에 대응되므로(그림 3-5 참고) 어떠한 구간 $(a, b]$ 위의 영역은 [0, 1]의 $[a, b]$의 교차점 위 영역과 같다. 그러므로 $0 \le a < b \le 1$인 구간 $[a, b]$에 대한 식 (3.2.11)이 성립함을 충분히 보일 수 있다. 이와 같은 구간에서,

$$\int_a^b f_X(x)\, dx = \int_a^b 1\, dx = b - a$$

이다. 식 (3.2.9)에 따라 $P(a < X < b) = b - a$ 또한 참이다. 그러므로 식 (3.2.11)이 성립한다. ■

길이가 0인 구간 위의 면적은 어떠한 곡선에 대해서도 0이기 때문에 식 (3.2.8)은 모든 연속형 확률변수 X에 대해 참이다. 그러므로 우리는 다음과 같은 결과를 얻을 수 있다.

명제 3.2-3

X가 연속형 확률변수라면 다음을 만족한다.

$$P(a < X < b) = P(a \le X \le b) = F(b) - F(a) \qquad ■$$

그림 3-5
[0, 1]에서 균등한 확률변수의 PDF

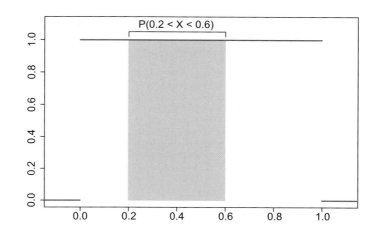

예를 들어, 만약 $X \sim U(0, 1)$이라면,

$$P(0.2 < X < 0.6) = P(0.2 \le X \le 0.6) = 0.6 - 0.2 = 0.4$$

이고, 물론 $P(0.2 < X \le 0.6) = P(0.2 \le X < 0.6) = 0.4$이다.

노트 3.2-2 명제 3.2-3은 연속형 확률변수로 이상화된 것에 대해서만 참이다. 우리가 지적했듯이, 실제 생활에서 모든 연속변수는 이산형 범위로 측정된다. 사실적으로 측정된 이산형 확률변수의 PMF는 함수식으로부터 손쉽게 계산되며, Δx는 작은 수를 뜻한다.

$$P(x - \Delta x \le X \le x + \Delta x) \approx 2f_X(x)\Delta x$$

만약 Y가 연속형 확률변수 X의 이산 측정을 나타내고, 만약 Y가 일반적인 반올림을 하여 소수 셋째 자리까지 측정되었다면 다음과 같다.

$$P(Y = 0.123) = P(0.1225 < X < 0.1235) \approx f_X(0.123)(0.001)$$

더욱이 구간 $[a, b]$를 n개 작은 부분구간 $[x_k - \Delta x_k, x_k + \Delta x_k]$, $k = 1, \cdots, n$으로 나누는 것으로, 다음과 같이 나타낼 수 있다.

$$P(a \le Y \le b) \approx \sum_{k=1}^{n} 2f_X(x_k)\Delta x_k$$

우측의 합은 적분 $\int_a^b f_X(x)dx$와 비슷하기 때문에, 위의 공식은 근사치가 다음과 같음을 보여 준다.

$$P(a \le X \le b) \approx P(a \le Y \le b)$$

즉, 이산형 확률변수 Y의 분포는 이산형 확률변수 Y의 이상화된(idealized) 연속형 형태의 적분 $\int_a^b f_X(x)dx$에 의해 근사화된다. ◁

명제 3.2-4 만약 X가 PDF f와 CDF F가 존재하는 연속형 확률변수라면,
(a) CDF는 다음 식을 이용하여 PDF로부터 구할 수 있다.

$$F(x) = \int_{-\infty}^{x} f(y)\, dy \tag{3.2.14}$$

(b) PDF는 다음 식을 이용하여 CDF로부터 구할 수 있다.

$$f(x) = F'(x) = \frac{d}{dx}F(x) \tag{3.2.15}$$

명제 3.2-4의 (a)는 구간을 −∞부터 a와 x부터 b로 설정함으로써 식 (3.2.12)를 따른다. 명제의 (b)는 미적분의 기초적인 정의의 결과이다.

독자는 CDF의 도함수가 존재하지 않는 $x = 0$ 또는 1을 제외하고 식 (3.2.10)의 관계와 예제 3.2-4에 주어진 균등분포 [0, 1]을 따르는 확률변수에 대한 확률분포의 CDF와 PDF가 식 (3.2.14)와 (3.2.15)의 관계를 만족한다는 것을 쉽게 증명할 수 있다.

예제 3.2-5

확률변수 X는 $[A, B]$에서 **균등분포**를 따르고 이를 $X \sim U(A, B)$로 표기할 때, 만약 $X \sim U(A, B)$의 PDF가 다음과 같을 경우 CDF $F(x)$를 구하라.

$$f(x) = \begin{cases} 0 & x < A \\ \dfrac{1}{B-A} & A \le x \le B \\ 0 & x > B \end{cases}$$

해답

우선 $x < A$일 때 $f(x) = 0$이므로, $x < A$일 때 $F(x) = 0$이라고 알아두자. $A \le x \le B$에 대하여, 이것과 식 (3.2.14)의 관계는 다음과 같다.

$$F(x) = \int_A^x \frac{1}{B-A} dy = \frac{x-A}{B-A}$$

마지막으로, $x > B$일 때 $f(x) = 0$이므로, $x > B$일 때 $f(x) = F(B) = 1$이다. ∎

예제 3.2-6

만약 무작위로 선택된 전자부품의 단위 시간 내에 측정된 수명 T가 $t < 0$일 때, PDF $f_T(t) = 0$이고, $t \ge 0$일 때, $f_T(t) = 0.001e^{-0.001t}$일 때, 전자부품이 900에서 1,200시간 동안 작동을 지속할 확률을 구하라.

해답

식 (3.2.13)을 사용하여,

$$P(900 < T < 1200) = \int_{900}^{1200} 0.001e^{-0.001x} dx$$
$$= e^{-0.001(900)} - e^{-0.001(1200)} = e^{-0.9} - e^{-1.2} = 0.1054$$

대안으로, 이것은 우선 CDF를 구할 수 있고, 명제 3.2-3을 사용할 수 있다. 식 (3.2.14)에 따라

$$F_T(t) = \int_{-\infty}^t f_T(s)ds = \int_0^t 0.001e^{-0.001s}ds = 1 - e^{-0.001t}, \, t > 0$$

그러므로 명제 3.2-3에 따라

$$P(900 < T < 1200) = F_T(1200) - F_T(900)$$

$$= \left[1 - e^{-0.001(1200)} \right] - \left[1 - e^{-0.001(900)} \right] = 0.1054$$

이다.

    CDF를 구하는 것이 종종 더 편할 때가 있다. 위의 사례에서, 더 이상의 적분 없이 $P(a < T < b)$ 형태의 어떠한 확률을 구하는 것에 CDF를 사용할 수 있다. CDF를 구하는 추가적인 장점은 다음 예제에 나타내었다.

예제 3.2-7   예제 3.2-6의 문맥에서 $\widetilde{T}$를 분(minute) 단위로 측정한 무작위로 선택된 전자부품의 수명이라고 할 때, $\widetilde{T}$의 PDF를 구하라.

해답

이러한 유형의 문제를 해결하기 위해 가장 쉬운 방법은 우선 $\widetilde{T}$의 CDF를 구하고 나서, CDF로부터 PDF를 구하기 위해 식 (3.2.15)를 적용하는 것이다. $\widetilde{T} = 60T$이며, T는 단위 시간 내에 측정한 수명일 때 다음과 같다.

$$F_{\widetilde{T}}(x) = P(\widetilde{T} \leq x) = P(60T \leq x) = P\left(T \leq \frac{x}{60} \right) = F_T\left(\frac{x}{60} \right)$$

이러한 이유로, $F_T'(t) = f_T(t) = 0.001e^{-0.001t}$, $t > 0$이므로 $x > 0$일 때,

$$f_{\widetilde{T}}(x) = \frac{d}{dx} F_{\widetilde{T}}(x) = \frac{d}{dx} F_T\left(\frac{x}{60} \right) = \frac{1}{60} f_T\left(\frac{x}{60} \right) = \frac{0.001}{60} \exp\left(-\frac{0.001}{60} x \right)$$

예제 3.2-8 X는 무작위로 선택된 학생들에 의해 공학도서관에서 두 시간 동안 제공되는 통계 참고서적의 대출 시간을 나타낸다고 하자. 이때 X는 다음의 밀도함수를 가지고 있다고 가정한다.

$$f(x) = \begin{cases} \dfrac{1}{\log(4)} \dfrac{1}{1 + x} & 0 \leq x \leq 3 \\ 0 & \text{다른 모든 경우에} \end{cases}$$

2시간을 넘겨 반납된 책에 대하여 학생들은 2달러의 벌금을 지불해야 하며, 추가적으로 15분씩 지연될 때마다 1달러씩 추가된다.

(a) 책을 대출한 학생들이 벌금을 낼 확률을 구하라.

(b) 학생들이 벌금을 지불하였다면, 벌금이 적어도 3달러인 확률을 구하라.

해답

(a) X의 CDF F에 대한 식은 다음과 같다.

$$F(x) = \int_0^x \frac{1}{\log(4)} \frac{1}{1+t} \, dt = \frac{1}{\log(4)} \int_1^{1+x} \frac{1}{y} \, dy = \frac{\log(1+x)}{\log(4)} \quad 0 \leq x \leq 3$$

$F(x) = 0$, $x \leq 0$이고, $F(x) = 1$, $x \geq 3$이다. 그러므로 구하고자 하는 확률은 $P(X > 2) = 1 - F(2) = 1 - \log(3)/\log(4) = 0.2075$이다.

(b) 만약 $X > 2.25$이라면 벌금은 적어도 3달러이다. 구하고자 하는 조건부 확률은 다음과 같다.

$$P(X > 2.25 | X > 2) = \frac{P([X > 2.25] \cap [X > 2])}{P(X > 2)} = \frac{P(X > 2.25)}{P(X > 2)}$$

$$= \frac{1 - F(2.25)}{1 - F(2)} = \frac{0.1498}{0.2075} = 0.7218$$

■

예제 3.2-9 반지름이 6이고 중심이 원점인 원으로부터 한 점을 무작위로 선택하였다고 가정하자. 따라서 이 원의 A 영역에 놓인 점의 확률은 A의 면적에 비례한다. 원점으로부터 이 점까지의 거리 D에 대한 PDF를 구하라.

해답

확률변수 D 값의 영역은 명백히 $[0, 6]$이다. 우리는 먼저 D의 CDF는 $F_D(d) = P(D \leq d)$다. 반지름이 6으로 주어진 원에 놓인 점에 대한 확률은 1이고, 넓이는 $\pi 6^2$이기 때문에, 이 원의 A 영역에 놓인 점일 확률은 A의 넓이를 $\pi 6^2$으로 나눈 것과 동일하다. 따라서 $D \leq d$일 필요충분조건은 선택된 점이 반지름이 d이고 원점을 중심으로 하는 원의 내부에 놓이는 것이므로 $0 \leq d \leq 6$에 대해 다음과 같다.

$$F_D(d) = \frac{\pi d^2}{\pi 6^2} = \frac{d^2}{6^2}$$

D의 PDF는 다음과 같고,

$$f_D(d) = F_D'(d) = d/18, \quad 0 \leq d \leq 6$$

그 밖의 범위에서는 0이다.

■

PDF로부터 확률표본 추출   2.3.3절에서 우리는 확률질량함수로부터 확률추출(probability sampling)하여 이산형 확률변수의 실험을 시뮬레이션하는 것이 가능하다는 것을 보였다. 연속형 확률변수의 실험을 시뮬레이션하는 것 역시 가능하다. 확률밀도함수로부터 확률추출하는 것에 대한 R 명령어는 3.5절에서 토론될 여러 PDF의 각 클래스에 대하여 별개로 주어질 것이다.

균등분포의 PDF의 클래스에 대한 R 명령어는 다음과 같다.

> 균등분포 PDF를 시뮬레이션하기 위한 R 명령어
>
> runif(n,A,B) # 균등한 (A, B)분포에서 얻은 크기 n의 무작위 표본을 반환한다.

예를 들어, R 명령어에서 *set.seed(111); runif(4, 10, 15)*는 12.96491, 13.63241, 11.85211, 12.57462의 4개 숫자를 반환하며, 4개의 숫자는 uniform (10, 15) 분포로부터 크기가 4인 무작위 표본을 나타낸다. 명령어 중, *runif(4, 10, 15)*를 반복적으로 실행하면 크기가 4인 서로 다른 표본들이 생성될 것이다. 명령어 중, 양쪽을 모두 사용할 경우 4개의 숫자가 항상 똑같이 반환될 것이다. *A*와 *B*의 기본값은 각각 0과 1이다. 따라서, *set.seed(200); runif(5)*와 *set.seed(200); runif(5, 0, 1)*은 균등한 (0, 1)분포에서 추출한 5개의 같은 표본을 반환한다.

시뮬레이션은 서로 다른 여러 PDF에서 얻어낸 표본의 속성에 대한 통찰력(insight)을 제공하기 때문에 통계에서 광범위하게 사용된다. 연습문제 11에서 시뮬레이션은 표본의 히스토그램이 뽑힌 표본의 PDF에 근사하다는 사실에 대한 수치적 증거를 제공하기 위해 사용되었다.

연습문제

1. 다음 질문에 답하라.

(a) $p_1(x)$, $p_2(x)$가 각각 타당한 확률질량함수인지 확인하라.

x	0	1	2	3
$p_1(x)$	0.3	0.3	0.5	−0.1

x	0	1	2	3
$p_2(x)$	0.1	0.4	0.4	0.1

(b) 다음 표에서 주어진 $p(x)$가 타당한 확률질량함수이기 위한 상수 k의 값을 구하라.

x	0	1	2	3
$p(x)$	0.2k	0.3k	0.4k	0.2k

2. 한 금속가공 공장은 현재 5개의 부품에 대해 각각 완료 마감일이 있다. X를 부품의 마감일까지 완성될 부품의 수라 하고, 이에 대한 PMF $p(x)$가 다음 표와 같다고 가정하자.

x	0	1	2	3	4	5
$p(x)$	0.05	0.10	0.15	0.25	0.35	0.10

(a) X의 CDF를 구하라.

(b) 부품의 마감일까지 완성되는 부품이 1~4개 사이일 확률을 구하기 위해 CDF를 사용하라.

3. Y를 연습문제 2의 금속가공 공장의 마감기한 초과로 인해 야기되는 백 달러 단위의 비용이라고 하자. Y의 CDF가 다음과 같다고 가정하라.

$$F_Y(y) = \begin{cases} 0 & y < 0 \\ 0.2 & 0 \leq y < 1 \\ 0.7 & 1 \leq y < 2 \\ 0.9 & 2 \leq y < 3 \\ 1 & 3 \leq y \end{cases}$$

(a) CDF 그래프를 그리고 마감기한 지연으로 인해 발생하는 비용이 적어도 200.00달러일 확률을 구하라.

(b) Y의 확률질량함수를 구하라.

4. 10개가 한 세트인 제품으로부터 $n = 3$인 단순확률표본을 얻는다. 10개의 제품 중 3개가 결함이 있을 때, 확률변수 $X = \{$결함품의 수 $\in$ 표본$\}$의 PMF와 CDF를 구하라.

5. 다음 질문에 대해 답하라.

(a) $f_1(x)$, $f_2(x)$가 각각 타당한 확률밀도함수인지 검사하라.

$$f_1(x) = \begin{cases} 0.5(3x - x^3) & 0 < x < 2 \\ 0 & \text{다른 모든 경우에} \end{cases}$$

$$f_2(x) = \begin{cases} 0.3(3x - x^2) & 0 < x < 2 \\ 0 & \text{다른 모든 경우에} \end{cases}$$

(b) X를 임의로 선택한 저항기의 저항이라 하고, 저항의 PDF는 다음을 따른다고 가정하자.

$$f(x) = \begin{cases} kx & 8 \leq x \leq 10 \\ 0 & \text{다른 모든 경우에} \end{cases}$$

(i) X의 k와 CDF를 구하고 $P(8.6 \leq X \leq 9.8)$을 계산하기 위해 CDF를 사용하라.

(ii) $X \geq 8.6$일 때 $X \leq 9.8$인 조건부 확률을 구하라.

6. $X \sim U(0, 1)$이라 하자. $Y = 3 + 6X \sim U(3, 9)$가 [3, 9]에서 예제 3.2-5에서 정의된 균등분포를 따름을 보여라. (힌트 Y의 CDF를 구하고 예제 3.2-5의 풀이에서 구한 CDF의 형태를 가짐을 보여라.)

7. $X \sim U(0, 1)$이라 하고, $Y = -\log(X)$라 정하자. Y의 표본공간을 구하고, Y의 CDF와 PDF를 구하라. (힌트 $F_Y(y) = P(Y \leq y) = P(X \geq \exp(-y))$.)

8. 한 특정한 슈퍼마켓에서 분 단위로 측정된 검사시간 X의 누적분포함수는 다음과 같다.

$$F(x) = \frac{x^2}{4} \qquad 0 \leq x \leq 2$$

$x \leq 0$에 대해 $F(x) = 0$이고, $x > 2$에 대해 $F(x) = 1$이다.

(a) 시간이 0.5~1분일 확률을 구하라.

(b) 확률밀도함수 $f(x)$를 구하라.

(c) Y를 초 단위로 측정된 검사시간이라 하자. Y의 CDF와 PDF를 구하라.

9. 다트 게임에서 플레이어는 다트를 던지고 $X = 30/D$ 달러를 얻는다. 이때, D는 다트판의 중앙으로부터 다트의 인치 단위로 측정된 거리다. 플레이어는 지름이 18인치인 다트판에 임의의 지점에 다트를 던지는 방법으로 다트를 던진다고 가정하자. 따라서 다트판에 맞힌 지점의 확률은 그 지점의 영역에 비례하고, 다트판에 맞힐 확률은 1이다.

(a) 플레이어가 10.00달러 이상 얻을 확률을 구하라.

(b) X의 PDF를 구하라.

10. 고객 맞춤형으로 제작하는 특정한 배관회사가 배달하는 데 걸리는 시간을 시간 단위로 측정한 시간 X는 다음 PDF를 가지는 확률변수다.

$$f(x) = \begin{cases} 0.02e^{-0.02(x-48)} & x \geq 48 \\ 0 & \text{다른 모든 경우에} \end{cases}$$

수리를 감독하는 한 건축가는 예상치 못하게 부서진 오래된 배관을 교체하기 위해 고객 맞춤형 배관을 주문한다. 만약 주문한 배관이 3일 내에 도착한다면, 추가 비용이 발생하지 않지만 그렇지 않았을 경우, 날마다 200.00달러의 추가 비용이 발생한다.

(a) 추가 비용이 발생하지 않을 확률을 구하라.

(b) 추가 비용이 400~800달러일 확률을 구하라.

11. 균등분포 (0, 1)로부터 표본 크기가 100인 표본을 만들고 이에 대한 히스토그램을 그리기 위해, R 명령어들 *set.seed(111); hist(runif(100), freq=F)*를 사용하라. 그리고 이 그래프에 대해 균등분포 (0, 1)을 겹쳐 놓기 위해 R 명령어 *curve(dunif, 0, 1, add=T)*를 사용하라. 이 히스토그램은 균등분포 (0, 1) PDF에 대한 타당한 근사치를 제공하는가? 표본공간이 1,000, 10,000, 100,000에 대해 명령어를 사용하여 반복하라. 어떤 표본 크기(s)가 PDF에 대해 타당한 근사치를 제공하는 히스토그램을 가지고 있는가?

3.3 확률분포의 모수

이번 절에서는 확률변수 분포의 두드러진 특징을 표현하기에 유용한 요약정보를 포함하는 모수를 소개한다. 우리가 고려하는 모수(parameter)는 평균값(mean value), 분산(variance), 표준편차(standard deviation)이며, 평균값은 평균값(average value) 또는 기댓값(expected value) 이라고도 부른다. 이것들은 1장에서 정의된 대응값을 일반화시킨다. 연속형 확률변수에 대하여 우리는 추가적으로 위치, 가변성(variability)과 연속형 분포의 모양을 표현할 수 있는 중앙값 (median)과 같은 백분위수(percentiles) 또한 고려할 것이다.

3.3.1 기댓값

이산형 확률변수 X는 가능한 무한한 표본공간 S_X를 갖고 있고, $p(x) = P(X = x)$는 X의 확률질량함수를 나타낸다고 하자. X의 **기댓값**(expected value) $E(X)$ 또는 μ_X는 다음과 같이 정의된다.

기댓값의 일반적인
정의

$$E(X) = \mu_X = \sum_{x \text{ in } S_X} x p(x) \qquad (3.3.1)$$

임의의 이산형 모집단의 **평균값**(mean value)은 모집단을 이루는 확률변수의 기댓값과 동일하다.

이 정의는 1.6.2절의 정의 (1.6.6)을 일반화시킨다. 왜냐하면 유한한 모집단으로부터 단순 무작위 표본추출을 통해 획득될 필요가 없는 확률변수에 적용되기 때문이다. 예를 들어, 만약 X는 동전을 10번 던졌을 때 앞이 나온 횟수라면, X는 0, $\cdots$, 10번째로부터 단순무작위 표본추출로 획득되지 않는다. 따라서 동전 던지기의 기댓값은 식 (1.6.6)으로 계산할 수 없다. 다른 예제에서처럼 X는 무한한 모집단으로부터 단순무작위 표본추출로 얻을 수 있다. 다음 예제 3.3-2를 참고하라. 마지막으로, 식 (3.3.1)은 또한 무한한 표본공간의 확률변수에도 적용된다. 다음 예제 3.3-3을 참고하라.

예제 3.3-1 분석하고자 하는 모집단은 유통업자로부터 공급받은 $N = 100$개 단위의 배치로서, 그중 10개는 불량이다. 해당 배치로부터 1개의 상품을 무작위로 선택하여 검사한다. X는 불량인 상품이 선택될 때 값이 1이고 그렇지 않으면 0이다. 식 (3.3.1)을 사용하여 X의 기댓값을 구하고 그 결과가 정의 (1.6.6)에 따라 계산된 기댓값과 일치함을 보여라.

해답

표본공간은 $S_X = \{0, 1\}$이고, 이것의 PMF는 $p(0) = P(X = 0) = 0.9$, $p(1) = P(X = 1) = 0.1$ 이다. 따라서 식 (3.3.1)에 따라,

$$\mu_X = 0 \times 0.9 + 1 \times 0.1 = 0.1$$

이다. v_i, $i = 1, 2, \cdots, 100$이고, 90개의 v_i는 0, 10개는 1인 통계적 모집단이라고 하자. 식 (1.6.6)에 따라,

$$\mu_X = \frac{1}{100} \sum_{i=1}^{100} v_i = \frac{(90)(0) + (10)(1)}{100} = 0.1$$

이다. 따라서 두 정의에 따른 X의 평균값은 동일하다. ∎

예제 3.3-1의 결과는 X가 어떤 유한한 모집단에서 단순무작위 추출에 의해 얻어질 때는 언제나 참이다. $v_1, v_2, \cdots, v_N$은 주어진 통계적 모집단으로부터의 N개의 값을 의미하고, $S_X = \{x_1, \cdots, x_m\}$는 X의 표본공간이라고 하자. ($x_1, \cdots, x_m$은 $v_1, \cdots, v_N$ 중 특정한 값을 갖는다.)

또한 n_j는 특정한 값(distinct values) x_j가 통계적 모집단에서 반복되는 횟수를 나타낸다고 하고, 따라서 X의 PMF는 $p(x_j) = P(X = x_j) = n_j/N$로 주어진다. 이번 경우에서 정의 (1.6.6)과 식 (3.3.1)에 따라 X의 기댓값에 대한 식은 각각 다음과 같다.

$$\mu_X = \frac{1}{N} \sum_{i=1}^{N} v_i \quad \mu_X = \sum_{j=1}^{m} x_j p(x_j) \tag{3.3.2}$$

식 (3.3.2)에서 두 수식이 같다는 것은 $\sum_{i=1}^{N} v_i = \sum_{j=1}^{m} n_j x_j$를 통해 알 수 있다.

예제 3.3-2

생산라인에서 제품을 선택하고 X는 제품이 결함이 있거나 또는 없거나에 따라 1 또는 0의 값을 갖는다고 하자. p는 이 실험의 개념적인 모집단에서 결함이 있는 제품의 비율이라고 하자. p에 관한 $E(X)$를 구하라.

해답

이 실험에서 확률변수는 모집단의 모든 제품이 무한히 많고 개념적이라는 사실을 제외하고는 예제 3.3-1과 유사하다. 그러므로 정의 (1.6.6)은 사용할 수 없다. X의 표본공간은 $S_X = \{0, 1\}$이고, 이것의 PMF는 $p(0) = P(X = 0) = 1 - p$, $p(1) = P(X = 1) = p$이다. 그러므로 식 (3.3.1)에 따라,

$$E(X) = \sum_{x \text{ in } S_X} x p(x) = 0(1 - p) + 1p = p$$

따라서 $p = 0.1$에 대한 답은 예제 3.3-1의 답과 같다. ∎

예제 3.3-3

첫 번째 결함이 있는 제품이 발견될 때까지 특정 결함의 유무에 대하여 검사하는 실험을 생각하자. X는 검사된 제품의 전체 수량을 나타낸다고 한다. 제품의 결함률 p는 $p > 0$, 다른 제품의 결함에 독립적이라고 가정하자. p에 대한 $E(X)$을 구하라.

해답

X의 표본공간은 $S_X = \{1, 2, 3, \cdots\}$이다. 제품은 각각 다른 제품의 결함률과 관계없이 독립적이기 때문에 PMF $p(x) = P(X = x)$는

$$p(x) = P(\text{최초의 } x - 1 \text{ 제품은 결함이 없고 } x\text{번째 제품은 결함이 있음}) = (1-p)^{x-1}p$$

이다.

등비급수 $\sum_{x=1}^{\infty}(1-p)^{x-1} = \sum_{s=0}^{\infty}(1-p)^s$는 $1/p$와 같다는 것을 기억하라. 따라서 PMF의 합은 1이다. 식 (3.3.1)에 따라,

$$
\begin{aligned}
E(X) &= \sum_{x \text{ in } S_X} xp(x) = \sum_{x=1}^{\infty} x(1-p)^{x-1}p \\
&= \sum_{x=1}^{\infty}(x-1+1)(1-p)^{x-1}p \quad (\text{1을 더하고 뺌}) \\
&= \sum_{x=1}^{\infty}(x-1)(1-p)^{x-1}p + \sum_{x=1}^{\infty}(1-p)^{x-1}p \\
&= \sum_{x=1}^{\infty}(x-1)(1-p)^{x-1}p + 1 \quad (\text{PMF의 합은 1이기 때문}) \\
&= \sum_{x=0}^{\infty} x(1-p)^{x}p + 1 \quad (\text{가산지표를 변환})
\end{aligned}
$$

$x = 0$이면 이 항은 0이기 때문에, 바로 앞의 무한급수는 $x = 1$부터 시작할 수 있다. 더욱이, $(1-p)$는 모든 항의 공통요소이기 때문에 우리는 다음과 같은 식을 얻을 수 있다.

$$E(X) = (1-p)\sum_{x=1}^{\infty} x(1-p)^{x-1}p + 1 = (1-p)E(X) + 1$$

$E(X)$에 대하여 $E(X) = (1-p)E(X) + 1$을 풀면, $E(X) = p^{-1}$가 남는다. ■

유한한 모집단에 대해서도, 정의 (3.3.1)은 두 가지 이유 때문에 식 (1.6.6)보다 더 좋다. 첫째, 표본공간의 값의 가중평균(weighted average)을 구하는 것은 주어진 통계 모집단의 값의 평균을 구하는 것보다 더 간단하고 쉽다. 왜냐하면 표본공간은 통계 모집단보다 크기가 매우 작기(매우 적은 수의 값을 갖는다) 때문이다. 두 번째로 정의 (3.3.1)는 주어진 모집단과 연관되어 있지 않고 표본공간 모집단(sample space population)으로부터 확률표본을 포함하는 동등한 시험으로 X를 알아본다는 의미에서 추상적인 확률변수를 제공한다.

예를 들어, 표본공간모집단을 나타내었을 때, 예제 3.3-1과 3.3-2에서 확률변수는 두 표본실험에서 똑같이 일치했다. 이 개념은 확률분포에 대한 모형을 소개할 3.4절과 3.5절에서 매우 유용할 것이다.

연속형 확률변수 확률밀도함수 $f(x)$를 가지고 있는 연속형 확률변수 X의 **기댓값** 또는 **평균값**은 적분이 존재한다는 가정하에

연속형 확률변수 X의
기댓값

$$E(X) = \mu_X = \int_{-\infty}^{\infty} xf(x)dx \qquad (3.3.3)$$

이산형 사례에서처럼 기본적인 X 모집단의 **평균값**은 X의 평균 또는 기댓값과 같은 뜻으로 사용된다. 노트 3.2-2에서 보았듯이, 합에 의한 적분의 근사치는 이산형과 연속형 확률변수에 대한 기댓값의 정의를 연결하는 데 도움을 준다.

예제 3.3-4

만약 X의 PDF가 $f(x) = 2x(0 \le x \le 1)$, 다른 범위에서 0이라고 할 때 $E(X)$를 구하라.

해답

정의 (3.3.3)에 따라 다음과 같이 구할 수 있다

$$E(X) = \int_{-\infty}^{\infty} xf(x)dx = \int_0^1 2x^2 dx = \frac{2}{3}$$

예제 3.3-5

$X \sim U(0, 1)$이라 하자. X는 균등분포 [0, 1]을 따른다(예제 3.2-4 참고). $E(X) = 0.5$라는 것을 나타내라.

해답

정의 (3.3.3)과 균등분포 [0, 1]에서의 PDF와 주어진 예제 3.2-4를 사용하여 다음과 같이 구할 수 있다.

$$E(X) = \int_{-\infty}^{\infty} xf(x)dx = \int_0^1 xdx = 0.5$$

예제 3.3-6

계약된 프로젝트를 완료하는 데 필요한 일수를 나타내는 시간은 $t > 0$일 때는 PDF $f_T(t) = 0.1 \exp(-0.1t)$를 $t > 0$일 때는 0을 갖는 확률변수이다. T의 기댓값을 구하라.

해답

정의 (3.3.3)을 사용하여 다음과 같이 구할 수 있다.

$$E(T) = \int_{-\infty}^{\infty} t f_T(t) dt = \int_0^{\infty} t \, 0.1 e^{-0.1t} \, dt$$

$$= -t e^{-0.1t} \big|_0^{\infty} + \int_0^{\infty} e^{-0.1t} \, dt = -\frac{1}{0.1} e^{-0.1t} \big|_0^{\infty} = 10$$

또한 R을 이용해 적분을 계산할 수 있다. 적분값을 구하기 위한 명령어는

$$\int_0^5 \frac{1}{(x+1)\sqrt{x}} dx, \quad \int_1^{\infty} \frac{1}{x^2} dx, \quad \int_{-\infty}^{\infty} e^{-|x|} dx$$

다음과 같다.

```
함수의 정의와 적분을 위한 R 명령어
f=function(x){1/((x+1)*sqrt(x))}; integrate(f, lower=0,
    upper=5)
f=function(x){1/x**2}; integrate(f, lower=1, upper=Inf)
f=function(x){exp(-abs(x))}; integrate(f, lower=-Inf,
    upper=Inf)
```

특히, 예제 3.3-6의 해답 또한 R 명령어로 구할 수 있다.

```
g=function(x){x*0.1*exp(-0.1*x)}; integrate(g, lower=0,
    upper=Inf)
```

확률변수 함수의 평균값 만약 구하고자 하는 확률변수 Y가 우리가 이미 분포를 알고 있는 다른 확률변수 X의 함수라면 Y의 기댓값은 먼저 Y의 PMF나 PDF를 구하지 않고, PMF 또는 X의 PDF를 이용하여 계산할 수 있다. 이와 같은 방법의 식을 다음 명제에 나타내었다.

명제 3.3-1

1. 만약 X가 표본공간 S_X의 이산형이고, $h(x)$가 S_X에 대한 함수라면, $Y = h(X)$의 평균값은 X의 PMF $p_X(x)$를 이용하여 다음과 같이 계산할 수 있다.

이산형 확률변수
X 함수의 평균값

$$E(h(X)) = \sum_{x \text{ in } S_X} h(x) p_X(x)$$

2. 만약 X가 연속형이고 $h(x)$가 함수라면, $Y = h(X)$의 기댓값은 X의 PDF $f_X(x)$를 사용하여 다음과 같이 계산할 수 있다.

<table>
<tr><td>연속형 확률변수
X 함수의 평균값</td><td>$$E(h(X)) = \int_{-\infty}^{\infty} h(x)f(x)dx$$</td></tr>
</table>

3. 만약 함수 $h(x)$가 선형이며, 함수 $h(x) = ax + b$, $Y = aX + b$이므로

<table>
<tr><td>일반적인 확률변수
X의 선형함수의 평균값</td><td>$$E(h(X)) = aE(X) + b$$</td></tr>
</table>

■

예제 3.3-7

서점은 1권에 6달러인 책 3권을 구입하여, 그것을 각각 12달러에 판매한다. 팔리지 않은 책은 2달러에 환불한다. $X = \{$판매된 책의 수$\}$, $Y = \{$순수익$\}$이다. 만약 X의 PMF가 다음과 같을 때,

x	0	1	2	3
$p_X(x)$	0.1	0.2	0.2	0.5

Y의 기댓값을 구하라.

해답

순이익은 판매된 책의 수에 대한 함수로 $Y = h(X) = 12X + 2(3-X) - 18 = 10X - 12$로 나타낼 수 있다. 이해를 돕기 위해 $E(Y)$는 세 가지 방법으로 계산한다. 첫 번째, Y의 PMF는

y	−12	−2	8	18
$p_Y(y)$	0.1	0.2	0.2	0.5

이다. 그러므로 정의 (3.3.1)을 사용하여,

$$E(Y) = \sum_{\text{all } y \text{ values}} y p_Y(y) = (-12)(0.1) + (-2)(0.2) + (8)(0.2) + (18)(0.5) = 9$$

대안으로, $E(Y)$는 먼저 Y의 PMF를 구하지 않고, 명제 3.3-1의 (1)에서의 함수식을 통해 계산될 수 있다.

$$E(Y) = \sum_{\text{all } x \text{ values}} h(x) p_X(x) = (-12)(0.1) + (-2)(0.2) + (8)(0.2) + (18)(0.5) = 9$$

마지막으로, $Y = 10X - 12$는 X의 선형함수이므로, 명제 3.3-1의 (3)에서 $E(Y)$가 원래의 $E(X)$의 값을 사용하여 계산될 수 있다는 것을 암시한다. $E(X) = \sum_x x p_X(x) = 21$이므로 $E(Y) = 10(2.1) - 12 = 9$를 얻을 수 있다.

■

예제 3.3-8

$Y \sim U(A, B)$를 따른다고 하면 Y는 구간 $[A, B]$에서 균등분포를 따른다(예제 3.2-5 참조). $E(Y) = (B + A)/2$임을 나타내라.

해답

이 계산은 정의 (3.3.3)과 주어졌던 예제 3.2-5(이 부분에 흥미가 있는 독자들은 이 계산을 수행해 보기를 권장한다.)의 구간 $[A, B]$에서 균등확률분포의 PDF를 사용하여 할 수 있다. 대안으로, $E(Y)$가 $X \sim U(0, 1)$이라면,

$$Y = A + (B - A)X \sim U(A, B) \tag{3.3.4}$$

라는 사실을 이용하여 명제 3.3-1의 (3)의 식을 이용하여 구할 수 있다.

식 (3.3.4)의 관계는 Y의 CDF를 구하는 것과 예제 3.2-5(3.2절에서의 연습문제 6 참고)의 해답에서 CDF의 형태를 구하는 것을 보임으로써 증명될 수 있다. 그러므로

$$E(Y) = A + (B - A)E(X) = A + \frac{B - A}{2} = \frac{B + A}{2}$$

이다. ∎

예제 3.3-9

계약된 프로젝트 완료를 위해 필요로 하는 하루 동안의 시간 T는 PDF $f_T(t) = 0.1e^{-0.1t} (t > 0)$이며, 그렇지 않으면 0)인 확률변수이다. 계약된 프로젝트는 15일 내에 완성되어야 한다고 가정하자. 만약 $T < 15$라면 비용은 $5(15 - T)$달러이고, 만약 $T > 15$이면 비용은 $10(T - 15)$달러이다. 비용의 기댓값을 구하라.

해답

함수 $h(t) = 5(15 - t)$, $t < 15$, $h(t) = 10(t - 15)$, $t > 15$라고 정의하고, $Y = h(T)$는 비용을 나타낸다. 명제 3.3-1의 (3)에 따라,

$$E(Y) = \int_{-\infty}^{\infty} h(t)f_T(t)dx = \int_0^{15} 5(15 - t)0.1e^{-0.1t}dt + \int_{15}^{\infty} 10(t - 15)0.1e^{-0.1t}dt$$

$$= 36.1565 + 22.313 = 58.4695$$

이 답은 또한 2개의 R 명령어에 따른 결과를 더함으로써 구할 수 있다.

```
g=function(x){5*(15-x)*0.1*exp(-0.1*x)}; integrate(g, lower=0,
    upper=15)

g=function(x){10*(x-15)*0.1*exp(-0.1*x)}; integrate(g, lower=15,
    upper=Inf)
```
∎

3.3.2 분산과 표준편차

확률변수 X의 **분산** σ_X^2 또는 $\text{Var}(X)$는 다음과 같이 정의되고, 이 중 $\mu_X = E(X)$는 X의 기댓값이다.

확률변수 X의 분산의 일반적 정의

$$\sigma_X^2 = E\left[(X - \mu_X)^2\right] \tag{3.3.5}$$

임의의 이산형 모집단의 분산은 그것을 이루는 확률변수의 분산과 같다. σ_X^2에 대한 단순 계산식(또는 short-cut formula라고도 불린다)은 다음과 같다.

확률변수의 분산에 대한 단순 계산식

$$\sigma_X^2 = E(X^2) - [E(X)]^2 \tag{3.3.6}$$

만약 X가 표본공간 S_X의 이산형인 경우 X의 PMF $p(x)$에 대하여, 또는 X가 연속형인 경우 X의 PDF $f(x)$에 대해, 식 (3.3.5)는 각각 다음과 같이 작성할 수 있다.

$$\sigma_X^2 = \sum_{x \text{ in } S_X} (x - \mu_X)^2 p(x) \quad \text{그리고} \quad \sigma_X^2 = \int_{-\infty}^{\infty} (x - \mu_X)^2 f_X(x)\, dx \tag{3.3.7}$$

σ_X^2을 표현하기 위한 다른 방법은 $h(x) = (x - \mu_X)^2$과 함께 명제 3.3-1의 (1)과 (2) 각각을 따른다. 이와 유사하게, $h(x) = x^2$인 명제 3.3-1의 (1)과 (2)에 따라 $E(X^2)$을 표현하는 것은 다음과 같은 단순 계산식 (3.3.6)의 이산형, 연속형 확률변수를 표현하는 다른 변형된 수식을 생성한다.

$$\sigma_X^2 = \sum_{x \text{ in } S_X} (x - \mu_X)^2 p(x) \quad \text{그리고} \quad \sigma_X^2 = \int_{-\infty}^{\infty} (x - \mu_X)^2 f_X(x)\, dx \tag{3.3.8}$$

X의 **표준편차**는 σ^2의 양의 제곱근, 즉 σ로 정의된다.

표준편차

$$\sigma_X = \sqrt{\sigma_X^2} \tag{3.3.9}$$

예제 3.3-10 생산라인으로부터 제품을 선택하고 X는 제품에 결함이 있는지 없는지에 따라 1 또는 0을 갖는다고 하자. p가 선택된 아이템에 결함이 있을 확률이라고 할 때 p에 관한 $\text{Var}(X)$를 구하라.

해답

예제 3.3-2에서 우리는 p는 결함이 있는 아이템의 비율을 나타내며 $E(X) = p$라는 것을 보였다. 다음으로 X는 0과 1의 값만 갖기 때문에 $X^2 = X$라는 것을 만족한다. 그러므로 $E(X^2) = E(X) = p$이다. 식 (3.3.6)의 단순 계산식을 사용하여 우리는,

$$\sigma_X^2 = E(X^2) - [E(X)]^2 = p - p^2 = p(1 - p)$$

라는 것을 구할 수 있다. ■

예제 3.3-11 주사위를 굴리고 그 결과를 X라고 하자. $\mathrm{Var}(X)$를 구하라.

해답

X의 기댓값은 $\mu_X = (1 + \cdots + 6)/6 = 3.5$이다. 분산을 구하기 위한 단순 계산식을 사용하여, 우리는

$$\sigma_X^2 = E(X^2) - \mu_X^2 = \sum_{j=1}^{6} x_j^2 p_j - \mu_X^2 = \frac{91}{6} - 3.5^2 = 2.917$$

라는 결과를 얻을 수 있다. ■

예제 3.3-12 생산라인에서 첫 번째 결함 있는 제품이 발견될 때까지 특정한 결함의 존재에 대하여 검사를 진행하는 실험을 생각하자. X는 검사된 제품의 전체 개수를 의미한다. 제품은 서로 다른 제품과 관계없이 확률 p, $p > 0$인 결함이 있다고 가정하자. p에 대한 σ_X^2를 구하라.

해답

X의 PMF와 평균값은 $p(k) = P(X = k) = (1 - p)^{k-1}p$, $(k = 1, 2, \cdots)$이고, $\mu_X = 1/p$라고 예제 3.3-3에서 구하였다. 다음으로 $q = 1 - p$라고 설정하면,

$$E(X^2) = \sum_{k=1}^{\infty} k^2 q^{k-1} p = \sum_{k=1}^{\infty} (k - 1 + 1)^2 q^{k-1} p \text{ (1을 더하고 뺌)}$$

$$= \sum_{k=1}^{\infty} (k-1)^2 q^{k-1} p + \sum_{k=1}^{\infty} 2(k-1) q^{k-1} p + \sum_{k=1}^{\infty} q^{k-1} p \text{ (제곱항을 풀어서)}$$

$$= \sum_{k=1}^{\infty} k^2 q^k p + 2 \sum_{k=1}^{\infty} k q^k p + 1 \text{ (합의 지수를 수정, PDF의 합은 1)}$$

$$= q E(X^2) + 2q E(X) + 1$$

이다. $E(X) = 1/p$를 사용하고 $E(X)^2$에 대한 방정식 $E(X^2) = qE(X^2) + 2qE(X) + 1$을 풀면 $E(X^2) = (q + 1)/p^2 = (2 - p)/p^2$라는 결과가 도출된다. 그러므로 식 (3.3.6)에 의해

$$\sigma_X^2 = E(X^2) - [E(X)]^2 = \frac{2-p}{p^2} - \frac{1}{p^2} = \frac{1-p}{p^2}$$

이다. ■

예제 3.3-13 $X \sim U(0, 1)$은 X는 $[0, 1]$에서 균등분포(예제 3.2-4 참고)를 따른다고 하자. $\mathrm{Var}(X) = 1/12$를 증명하라.

해답

예제 3.3-5에서 구한 것과 같이 $E(X) = \int_0^1 x \, dx = 0.5$이다. 또한,

$$E(X^2) = \int_0^1 x^2 \, dx = 1/3$$

이다. 그러므로 식 (3.3.6)의 단순 계산식(short-cut formula)에 따라, $\sigma_X^2 = 1/3 - 0.5^2 = 1/12$이다. ■

예제 3.3-14 X는 PDF $x > 0$일 때 $f_X(x) = 0.1e^{(-0.1x)}$ 이고, $x \le 0$일 때 0이라고 하자. X의 분산과 표준편차를 구하라.

해답

예제 3.3-6으로부터 $E(X) = \int_0^\infty 0.1x e^{-0.1x} \, dx = 1/0.1$을 구하였다. 다음으로,

$$E(X^2) = \int_{-\infty}^\infty x^2 f_X(x) \, dx = \int_0^\infty x^2 0.1 e^{-0.1x} \, dx$$
$$= -x^2 e^{-0.1x} \Big|_0^\infty + \int_0^\infty 2x e^{-0.1x} \, dx = \frac{2}{0.1^2}$$

인데 이것은 마지막 적분이 $(2/0.1)E(X)$이기 때문이다. 그러므로 식 (3.3.6)에 따라 다음을 구할 수 있다.

$$\sigma_X^2 = E(X^2) - [E(X)]^2 = \frac{2}{0.1^2} - \frac{1}{0.1^2} = 100, \quad \sigma_X = 10$$

이 확률변수의 표준편차는 위 식의 평균값과 같다는 것을 기억하라. ■

선형변환의 분산과 표준편차

명제 3.3-2	만약 X의 분산이 σ_X^2이고, $Y = a + bX$라면 다음과 같다.

선형변환의 분산과
표준편차

$$\sigma_Y^2 = b^2\sigma_X^2, \quad \sigma_Y = |b|\sigma_X$$

■

예제 3.3-15 서점은 1권에 6달러인 책 3권을 구매하여, 그것을 각각 12달러에 판매한다. 팔리지 않은 책들은 2달러에 환불한다. X = {판매된 책의 수}의 PMF는 예제 3.3-7에서 주어졌다. X와 순수익 $Y = 10X - 12$의 분산을 구하라.

해답

X의 평균값은 예제 3.3-7에서 $E(X) = 2.1$을 구하였다. 다음,

$$E(X^2) = 0^2 \times 0.1 + 1^2 \times 0.2 + 2^2 \times 0.2 + 3^2 \times 0.5 = 5.5$$

그러므로 $\sigma_X^2 = 5.5 - 2.1^2 = 1.09$이다. 명제 3.3-2를 사용하여 Y의 분산은

$$\sigma_Y^2 = 10^2\sigma_X^2 = 109$$

이다.

■

예제 3.3-16 $Y \sim U(A, B)$에서 Y는 $[A, B]$에서 균등분포를 따른다는 것을 의미한다고 하자(예제 3.2-5 참고). $\text{Var}(Y) = (B - A)^2/12$임을 보여라.

해답

예제 3.3-13에서 우리는 $X \sim U(0, 1)$이라면, $\text{Var}(X) = 1/12$라는 것을 구하였다. $Y = A + (B - A)X \sim U(A, B)$라는 추가적인 사실을 이용하여, 예제 3.3-8에서와 같이 명제 3.3-2 결과를 나타낼 수 있다.

$$\text{Var}(Y) = (B - A)^2\text{Var}(X) = \frac{(B - A)^2}{12}$$

■

3.3.3 모집단 백분위수

모집단의 백분위수 또는 **확률변수의 백분위수**의 정확한 정의는 누적분포함수를 포함하며, 오직 연속형 확률변수에 대해서만 주어질 수 있다. 모집단의 백분위수 정의는 1.7절에서 주어진 표본 백분위수와 사뭇 다르게 나타내는데, 표본 백분위수는 그에 대응하는 모집단의 백분위수를 추정할 수 있다는 것을 명심해야 한다.

정의 3.3-1

X는 CDF F를 갖고 있는 연속형 확률변수이고, α는 0과 1 사이의 수라고 하자. X의 **100(1 − α)백분위수**(또는 **사분위수**)는 속성을 갖고 있는 x_α에 의해 정의된 수이다.

$$F(x_\alpha) = P(X \leq x_\alpha) = 1 - \alpha$$

특히,

1. $\alpha = 0.5$에 해당하고 $x_{0.5}$로 정의된 백분위수는 **중앙값**(median)이라 하며, $\tilde{\mu}_x$으로 정의된다. $\tilde{\mu}_x$의 속성에 대한 정의는 다음과 같다.

$$F(\tilde{\mu}_X) = 0.5 \qquad (3.3.10)$$

2. $\alpha = 0.75$에 해당하고 $x_{0.75}$로 정의된 25 백분위수는 **하위**(lower) **사분위수**라고 하며, Q_1으로 정의된다. Q_1의 속성에 대한 정의는 다음과 같다.

$$F(Q_1) = 0.25 \qquad (3.3.11)$$

3. $\alpha = 0.25$에 해당하고 $x_{0.25}$로 정의된 75 백분위수는 **상위**(upper) **사분위수**라고 하며, Q_3로 정의된다. Q_3의 속성에 대한 정의는 다음과 같다.

$$F(Q_3) = 0.75 \qquad (3.3.12)$$

각 백분위수의 속성을 정의하는 것은 또한 해가 백분위수의 값을 결정하는 방정식의 역할을 한다. 예를 들어, 중앙값 $\tilde{\mu}$의 속성에 대한 정의는 F의 그래프가 0.5에서의 수평선과 교차하는 지점이다. 이에 대하여 CDF $F(x) = 1 - e^{-x}$, $x \geq 0$, $F(x) = 0$, $x < 0$을 이용하여 그림 3-6의 왼

그림 3-6

왼쪽 : 수평선 $y = 0.5$는 $x = \tilde{\mu}$에서 $F(x)$와 교차. 오른쪽 : PDF 아래의 면적은 $\tilde{\mu}$에서 2개의 같은 부분으로 나누어짐

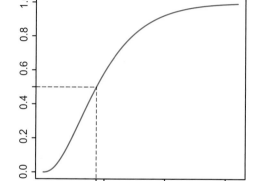
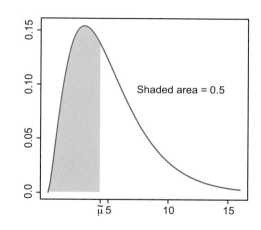

쪽편에 나타내었다. 누적분포함수에 대하여 우리는 0.5에서의 수평선과 CDF 사이에 교차하는 한 점에 대해서만 생각할 것이다. 따라서 $\tilde{\mu}_X$는 $F(\tilde{\mu}_X) = 0.5$의 유일해(unique solution)이다. 중앙값은 또한 X의 PDF 아래에 같은 면적으로 나누는 점 $\tilde{\mu}$으로 정의할 수 있다.

그림 3-6의 오른쪽이 이를 보여 주는 것이며, 여기서 PDF는 $x \geq 0$에 대해 $f(x) = e^{-x}$, $x < 0$에 대해 $f(x) = 0$이고, 그림의 왼쪽이 그에 대응되는 CDF를 활용하는 것이다. 같은 방법이 다른 백분위수에도 적용된다. 예를 들어, 95 백분위수는 정의한 방정식의 유일해로 계산되었고, 유일해는 PDF 아래 전체 면적은 0.95의 면적을 갖는 왼쪽 부분과 0.05의 면적을 갖는 오른쪽 부분으로 나누는 특성을 갖는다.

예제 3.3-17

X는 PDF $f(x) = e^{-x}$, $x \geq 0$, $f(x) = 0$, $x < 0$이라고 가정하자. X의 중앙값과 95 백분위수를 구하라.

해답

X의 중앙값은 방정식의 유일해이다.

$$F(\tilde{\mu}) = 0.5$$

$F(x) = 0$, $x < 0$이고, $F(x) = \int_0^x e^{-s}ds = 1 - e^{-x}$, $x > 0$이다. 따라서 위의 방정식은,

$$1 - e^{-\tilde{\mu}} = 0.5$$

가 된다. 또는 $e^{-\tilde{\mu}}$, 또는 $-\tilde{\mu} = \log(0.5)$ 또는,

$$\tilde{\mu} = -\log(0.5) = 0.693$$

이다. 동일하게, 95 백분위수는 $F(x_{0.05}) = 0.95$ 또는 $1 - e^{-x_{0.05}} = 0.95$ 또는 $e^{-x_{0.05}} = 0.05$ 또는

$$x_{0.05} = -\log(0.05) = 2.996$$

을 해결함으로써 구할 수 있다. ■

예제 3.3-18

$X \sim U(A, B)$일 때, X의 중앙값과 90 백분위수를 구하라.

해답

균등한 $[A, B]$ 분포에서의 CDF는 예제 3.2-5에서 $F(x) = 0$, $x < A$,

$$F(x) = \frac{x - A}{B - A} \quad A \leq x \leq B$$

그리고 $F(x) = F(B) = 1$, $x > B$으로 구하였다. 따라서 중앙값은 방정식

$$\frac{\tilde{\mu}_X - A}{B - A} = 0.5$$

의 유일해이며, 이것은 $\tilde{\mu}_X = A + 0.5(B-A)$를 도출시킨다. 같은 방법으로 90 백분위수는 $(x_{0.1} - A)/(B - A) = 0.9$의 유일해이며, 이것은 $x_{0.1} = A + 0.9(B - A)$를 도출한다. ■

구간 $[A, B]$에서 균등한 확률변수 X의 중앙값을 $\tilde{\mu}_X = (A + B)/2$와 같이 다시 쓰면 이 확률변수의 중앙값과 평균이 같다는 것을 알 수 있다(예제 3.3-8 참고). 일반적으로, 대칭적인 분포를 갖고 있는 확률변수의 중앙값은 평균값과 같다. 양의 방향으로 편향된 분포를 갖고 있는 확률변수의 평균은 중앙값보다 크고, 음의 방향으로 편향된 분포를 갖는 확률변수에 대한 평균값은 중앙값보다 작다.

평균과 같이 백분위는 소위 연속형 분포의 알고자 하는 확인 지점의 위치척도이다. 또한, 백분위수는 퍼짐(변동성)의 척도를 정의하는 데 도움을 주며, 이것은 표준편차의 대안으로 도움을 준다. 앞에서 언급한 퍼짐(변동성)의 정도를 나타내는 가장 일반적인 것은 (모집단) 사분위수이며, 이 정의는 1.7절에서 정의된 간단한 사분위수와 직접적으로 유사하다.

정의 3.3-2

사분위수는 **IQR**이라고 줄여서 쓰며, 25 백분위수와 75 백분위수 사이의 거리이다.

$$IQR = Q_3 - Q_1$$

예제 3.3-19

X는 PDF $f(x) = 0.001e^{-0.001x}$, $x \geq 0$, $f(x) = 0$, $x < 0$라고 하자. 0과 1 사이의 α에 관한 X의 $100(1 - \alpha)$ 백분위수에 대하여 일반식을 구하라. X의 사분위수를 구하기 위해 α를 사용하라.

해답

X의 CDF는 $x > 0$일 때, $F(x) = 1 - 0.001e^{-0.001x}$이고, $x \leq 0$일 때는 $F(x) = 0$이다. 예제 3.2-6 참고. 이러한 이유로 정의 3.3-1에 따라 $100(1 - \alpha)$ 백분위수는 $1 - e^{-0.001x} = 1 - \alpha$의 유일해이고, 이것은

$$x_\alpha = -\frac{\log(\alpha)}{0.001}$$

이다. 위 식을 사용하여, $Q_3 = x_{0.25} = -\log(0.25)/0.001 = 1,386.29$이고, $Q_1 = x_{0.75} = -\log(0.75)/0.001 = 287.68$을 구할 수 있다. 그러므로 IQR $= 1,098.61$이다. ■

연습문제

1. 불량품 4개를 포함한 20개 상품의 선적물로부터 3개의 단순확률표본을 얻는다. X를 표본공간의 불량품 개수라고 하자.

(a) X의 PMF를 구하라.

(b) X의 평균과 분산을 구하라.

2. X는 다음 PMF를 가진다.

x	1	2	3	4
$p(x)$	0.4	0.3	0.1	0.2

(a) $E(X)$와 $E(1/X)$를 계산하라.

(b) 윈윈(win-win) 게임에서 플레이어는 상금을 얻을 수 있지만, $\$1000/E(X)$의 고정된 금액과 $\$1000/X$인 확률적인 금액 중 하나를 결정해야만 한다. 확률변수 X는 주어진 PMF상에 있다. 당신은 플레이어에게 어떤 선택을 추천하겠는가?

3. 전자상점에 출입하는 한 고객은 0.3 확률로 평면 TV를 살 것이다. 평면 TV를 사는 손님의 60%는 750.00달러를, 40%는 400.00달러를 지출할 것이다. X를 상점에 출입하는 임의의 손님 2명이 평면 TV를 사는 데 지출하는 금액이라 하자.

(a) X의 PMF를 구하라. (힌트 $S_X = \{0, 400, 750, 800,$ $1150, 1500\}$, $P(X = 400) = 2 \times 0.7 \times 0.3 \times 0.4$.))

(b) X의 평균과 분산을 구하라.

4. 한 금속가공 공장은 마감 기일이 있는 5개의 단위 작업을 계약한 상황이다. X를 마감일까지 완성될 단위작업의 수라고 하자. X가 다음 표에 주어진 PMF $p(x)$를 가지는 확률변수라고 가정하자.

x	0	1	2	3	4	5
$p(x)$	0.05	0.10	0.15	0.25	0.35	0.10

(a) X의 기댓값과 분산을 계산하라.

(b) 마감일까지 완성된 각 단위작업에 대해, 공장은 15,000 달러의 보너스를 받는다. 전체 보너스 금액의 기댓값과 분산을 구하라.

5. 특정한 장비의 월 단위의 수명시간 X는 다음과 같은 PDF를 따른다고 알려져 있다.

$$f(x) = (1/100)xe^{-x/10},\ x > 0 \text{과 } f(x) = 0,\ x \le 0$$

이 문제를 풀기 위해 필요한 적분 명령어를 활용하여 $E(X)$와 σ_X^2를 구하라.

6. 일찍(예 : 15일 이전) 혹은 늦게(예 : 15일 이후) 완료된 프로젝트에 대한 비용이 발생하는 예제 3.3-9의 상황을 상기하라. 비용을 절약하기 위해 프로젝트를 위임받고 5일 이후 프로젝트에 착수하고자 한다. 따라서, 프로젝트를 조기에 혹은 늦게 완료할 경우 발생하는 비용은 $\tilde{T} = T + 5$에서 $\tilde{Y} = h(\tilde{T})$이고, 만약 $\tilde{t} < 15$라면, $h(\tilde{t})$는 $5(15 - \tilde{t})$이고, $\tilde{t} > 15$라면 $10(\tilde{t} - 15)$다. T의 PDF는 $t > 0$에 대해 $f_T(t) = 0.1 \exp(-0.1t)$이고 아니면 0이다.

(a) $\tilde{T}$의 $f_T(\tilde{t})$의 PDF를 구하라. (힌트 먼저 $F_T(\tilde{t})$의 CDF $\tilde{T}$를 구하라.)

(b) 기대비용 $E(\tilde{T})$를 구하기 위해 예제 3.3-9에서 주어진 것과 비슷한 R 명령어를 사용하라. 연기하고자 하는 회사의 계획은 프로젝트 기대비용을 줄일 수 있겠는가?

7. 슈퍼마켓에서 분 단위로 측정된 검사시간 X의 CDF 함수는 $x \le 0$일 때 $F(x) = 0$, $x > 2$일 때 $F(x) = 1$이고, $0 < x \le 2$일 때 다음과 같다.

$$F(x) = \frac{x^2}{4}$$

(a) 검사시간의 중앙값과 사분위수 범위를 구하라.

(b) $E(X)$와 σ_X를 구하라. 필요한 적분에 대한 R 명령어를 사용하라.

8. 시간 단위로 나타낸 X는 2시간 동안 빌릴 수 있는 공학도서관에 비치된 통계관련 참고서적을 무작위로 선

택된 학생들이 빌린 시간을 나타낸다. 이는 다음과 같은 PDF를 가진다.

$$f(x) = \begin{cases} \dfrac{1}{\log(4)} \dfrac{1}{1+x} & 0 \leq x \leq 3 \\ 0 & \text{다른 모든 경우에} \end{cases}$$

2시간 뒤 책을 반납하면, 학생들은 연체료 2.00달러에 매 분당 6센트의 연체료를 지불해야 한다.

(a) $Y = 60X$를 분 단위의 책 대출 시간이라 하자. Y의 PDF를 구하라. (힌트 먼저 예제 3.2-8에서 구한 X의 CDF를 사용하여 Y의 CDF를 구하라.)

(b) V는 책을 대여한 임의의 한 학생이 지불할 센트 단위의 금액이라 하자. $E(V)$와 σ_V^2를 구하라. 필요한 적분에 대해 R 명령어를 사용하라. (힌트 $0 \leq y \leq 120$에 대해 $h(y) = 0$인 $V = h(Y)$이고, $y > 120$에 대해 $h(y) = 200 + 6(y - 120)$이다.)

(c) 달러로 표현된 연체금액의 평균과 분산을 구하라.

9. 설비 공급자들은 일반적으로 파이프, 밀봉제, 배수구와 같은 물건의 많은 조합을 포함한 설비장비를 선적을 통해 패키지로 보낸다. 대부분 변함없이 하나 이상의 선적물에 이상이 있다. (결함인 부품, 유실된 부품, 주문하지 않은 제품인 것 등) 이 문제에서 관심 있는 확률변수는 임의로 선택된 선적품 중 문제가 있는 것의 비율 P다. 이 비율을 나타내는 확률변수 P에 대한 분포는 다음 확률밀도함수를 가진다.

$$f_P(p) = \theta p^{\theta-1}, \quad 0 < p < 1, \quad \theta > 0$$

(a) 모수 θ에 대해 $E(P)$와 σ_P^2를 구하라.

(b) 모수 θ에 대해 P의 CDF를 구하라.

(c) 모수 θ에 대해 P의 사분위 범위를 구하라.

3.4 이산확률변수의 모형

각각의 확률변수가 각자의 표본공간에서 확률적 표본추출에 의해 얻어짐을 고려할 때 표본추출실험 및 대응변수는 몇 가지 유형(class)으로 분류된다. 각 유형의 확률변수는 모수가 알려지지 않은 공통의 확률질량함수를 공유한다. 이러한 확률분포의 유형을 **확률모형**(probability models)이라고 한다. 이번 절에서는 이산확률변수를 위한 확률모형의 주요 네 가지 유형과 실제 적용되는 사례에 대해 설명한다.

3.4.1 베르누이 분포와 이항분포

베르누이 분포 **베르누이 시행** 또는 **베르누이 실험**은 결과가 성공이나 실패로 분류될 수 있는 것을 말한다. **베르누이 확률변수** X는 결과가 성공이면 1의 값을 가지며 실패이면 0의 값을 가진다.

예제 3.4-1	**베르누이 확률변수의 예**

1. 베르누이 실험의 전형적인 사례는 동전 뒤집기이다. 동전의 앞면과 뒷면은 각각 성공과 실패를 의미한다.

2. 생산라인의 제품을 선택하는 실험에서 베르누이 확률변수 X는 1 또는 0의 값을 가진다. 1은 그 제품의 결함(성공), 0은 그렇지 않은 것(실패)을 의미한다.

3. 제품의 가속수명시험(예제 3.2-2)에서 베르누이 확률변수 X는 제품이 1,500시간 이상 견디

면 1, 그렇지 않으면 0의 값을 가진다.

4. 2개의 퓨즈에 대해 결함 여부를 실험할 때 베르누이 확률변수 X는 두 퓨즈 모두 결함이 없을 때 1의 값을 가지며, 그렇지 않을 때 0의 값을 가진다. ■

성공할 확률이 p이고, 실패할 확률이 $1 - p$라면, X의 CDF와 PDF는 다음과 같다.

x	0	1
$p(x)$	$1 - p$	p
$F(x)$	$1 - p$	1

이 예제에서 확률변수가 베르누이라고 정의되기 앞서 베르누이 확률변수 X의 기댓값과 분산은 이미 예제 3.3-2와 예제 3.3-10에서 유도되었다. 위 예제의 결과는 다음에 간단히 정리하였다.

$$\mu_X = p, \quad \sigma_X^2 = p(1 - p) \tag{3.4.1}$$

예제 3.4-2 어떤 전자제품이 5,500회 이상 사용될 확률은 0.1이다. 무작위로 선택된 제품이 5,500회 이상 사용될 수 있다면 X는 1, 그렇지 않으면 0이라고 하자. X의 평균값과 분산을 구하라.

해답

X는 성공확률 $p = 0.1$인 베르누이이다. 식 (3.4.1)에 따라 $\mu_x = 0.1$, $\sigma_x^2 = 0.1 \times 0.9 = 0.09$이다. ■

이항분포 성공확률이 p로 동일한 n번의 베르누이 시행이 독립적으로 수행된다고 가정하자. n번의 독립적인 베르누이 시행은 이항 시행을 구성한다. **이항확률변수** Y는 n번의 베르누이 시행에서의 총성공 횟수를 나타낸다. n번의 동전 뒤집기로 구성된 전형적인 **이항 시행**은 동전을 던진 후 앞면이 나오는 총횟수인 이항확률변수 Y를 갖는다. 그러나 예제 3.4-1에서 언급된 다른 베르누이 시행들의 독립적인 반복은 이항 시행으로 이어지며, 이항확률변수에 대응된다. 예를 들어, n개의 제품이 생산라인으로부터 임의로 선택된다고 한다면, 제품 각각의 결함 여부 선별은 베르누이 시행으로 수행할 수 있다. 제품이 결함을 갖는 경우와 그렇지 않은 경우가 각각 독립적이라고 가정할 때, 선별된 n개의 제품 중에서 결함이 있는 제품의 총개수는 이항확률변수가 된다.

만약 X_i를 i번째 베르누이 시행의 베르누이 확률변수라고 하면, 다음과 같이 표현할 수 있다.

$$X_i = \begin{cases} (1 \text{ 만약 } i\text{번째 실험결과가 성공}) \\ (0 \text{ 그렇지 않은 경우}) \end{cases} \quad i = 1, \cdots, n$$

따라서 이항확률변수 Y는 다음과 같다.

$$Y = \sum_{i=1}^{n} X_i \tag{3.4.2}$$

이항확률변수 Y는 n번의 모든 베르누이 시행에서 실패한 경우 0의 값을 가지며, 모든 시행에서 성공한 경우 n의 값을 가진다. Y의 표본공간은 $S_Y = \{0, 1, \cdots, n\}$이다. 이항확률변수의 이항확률분포는 두 가지 변수에 의해 변화된다. 첫 번째 변수는 수행 횟수 n이며, 두 번째 변수는 베르누이 시행에서의 성공확률이다. Y는 n과 p라는 변수를 가지는 이항확률변수이며 이의 확률밀도함수 $p(y) = P(Y = y)$는 다음 식을 통해 얻을 수 있다.

이항분포의 PMF

$$P(Y = y) = \binom{n}{y} p^y (1 - p)^{n-y}, \quad y = 0, 1, \cdots, n \tag{3.4.3}$$

이 식의 타당성을 위하여 우선 독립가정에 의해 n번의 베르누이 시행에서 정확히 y가 1을 갖는 확률이 $p^y(1 - p)^{n-y}$임을 알 수 있다. 이와 같은 결과의 가능한 경우의 수는 $\binom{n}{y}$이다. 예제 2.3-8도 참고하라. 그림 3-7은 n이 20일 때 이항 확률밀도함수를 보여 준다. p가 0.5일 때의 그래프를 보면 확률밀도함수는 10에서 대칭이 되며 p가 0.3 그리고 0.7에서는 각각에 대해 경상형(거울에 비친 좌우가 바뀐 모양)이 된다.

$P(Y \le y)$의 이항 누적분포함수에 대해 한정적인 형태의 식(closed form expression)은 없지만, 표 A.1은 $n = 5, 10, 15, 20$과 선택된 값 p에 대한 CDF를 제공한다. 다음 R 명령어를 통해 어떠한 n과 p에 대한 이항(n, p)분포의 확률밀도함수(PDF)와 누적분포함수(CDF)를 구할 수 있다.

이항 PMF와 CDF를 실행하기 위한 R 명령어

```
dbinom(y, n, p) # y = 0, 1,··· ,n에 대한 PMF P(Y = y)를 반환한다
pbinom(y, n, p) # y = 0, 1,··· ,n에 대한 CDF P(Y ≤ y)를 반환한다
```

위 R 명령에서 y는 정수 0에서 n까지의 벡터가 될 수 있다. 예를 들어,

- *dbinom(4, 10, 0.5)*는 0.2050781을 반환한다. 이는 10번의 동전 뒤집기에서 앞면이 4번 나올 확률이거나 이항분포 $Y \sim \text{Bin}(10, 0.5)$일 때 $P(Y = 4)$의 값이다.
- *dbinom(0:10, 10, 0.5)*는 이항분포 $Y \sim \text{Bin}(10, 0.5)$의 전체 확률밀도함수를 반환한다. 따라서 $\text{Bin}(10, 0.5)$ 확률밀도함수로부터 확률표본추출은 예제 2.3-14에서 사용된 명령이나 새로운 *rbinom* 명령으로 구할 수 있다. 예를 들어 *sample(0:10, size = 5, replace = T, prob = dbinom(0:10, 10, 0.5))*과 *rbinom(5, 10, 0.5)*은 모두 10개 동전 뒤집기를 5번 시도했을 때 각 시도에서 앞면이 나온 횟수를 의미하는 5개의 숫자를 얻을 수 있다.

그림 3-7
이항 PMF

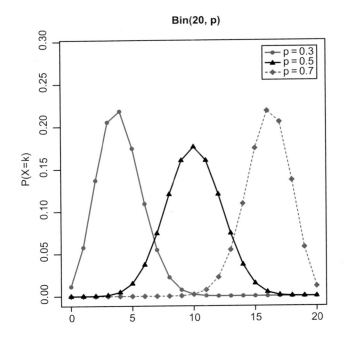

Bin(20, p)

• *sum(dbinom(4:7, 10, 0.5))*과 *pbinom(7, 10, 0.5)-pbinom(3, 10, 0.5)* 두 명령 모두 0.7734375를 반환한다. 이는 $P(3 < Y \leq 7) = F(7) - F(3)$이다.

모수 n, p의 이항분포 X의 평균값과 분산은 다음과 같다.

이항분포의 평균과
분산

$$E(X) = np, \quad \sigma_X^2 = np(1 - p) \tag{3.4.4}$$

$n = 1$일 때의 이항확률변수는 베르누이 확률변수이다. 위의 공식은 제한하면 식 (3.4.1)에서 주어진 평균과 분산이 된다.

예제 3.4-3

눈동자 색과 같은 신체적 특징은 어머니에게 받은 유전자와 아버지에게 받은 유전자, 두 유전자의 쌍으로 결정된다. 각 유전자는 우성(D)이거나 열성(R)일 수 있다. (DD), (DR), (RD) 쌍의 유전자를 가진 사람들은 유사한 신체적 특징을 가진다. 한 어린이가 부모로부터 두 유전자를 물려받았다고 가정하자. 만약 부모가 어떤 특징과 합쳐졌다면(즉, (DR)이나 (RD)) 그들의 네 자녀 중 세 번째 자녀가 부모의 이 특징을 가질 확률을 구하라.

해답

X가 4명의 자녀 중 부모와 신체적 특징이 같은 자녀의 수를 의미한다고 하자. 각 자녀는 성공확률(특정한 신체적 특징을 가지는 것을 의미) $p = P(DD) + P(RD) + P(DR) = 0.25 + 0.25 +$

$0.25 = 0.75$를 갖는 베르누이 시행을 나타낸다. 4번의 베르누이 시행이 독립적이라는 것은 추정하기 위해 타당하므로, $X \sim \text{Bin}(4, 0.75)$이다. 그러므로 식 (3.4.3)에 따라,

$$P(X = 3) = \binom{4}{3} 0.75^3 0.25^1 \cong 0.422$$

■

예제 3.4-4 어떤 가게의 총구매 중 70%는 신용카드로 결제된다고 가정하자. X는 다음 10번의 구매에서 신용카드를 사용한 횟수를 의미한다고 하자. (a) X의 기댓값과 평균값을 구하고, (b) $P(5 \leq X \leq 8)$의 확률을 구하라.

해답

각 구매는 베르누이 시행을 나타낸다. 이 베르누이 시행에서 성공의 의미는 신용카드의 사용을 의미한다. 10번의 베르누이 시행이 독립적이라는 것은 추정하는 것은 타당하므로, $X \sim \text{Bin}(10, 0.7)$이다. 그러므로 식 (3.4.4)에 따라,

$$E(X) = np = 10(0.7) = 7, \quad \sigma_X^2 = 10(0.7)(0.3) = 2.1$$

명제 3.2-1의 3번째 속성과 표 A.1에 따르면

$$P(5 \leq X \leq 8) = P(4 < X \leq 8) = F(8) - F(4)$$
$$= 0.851 - 0.047 = 0.804$$

R 명령어 *pbinom(8, 10, 0.7)-pbinom(4, 10, 0.7)*의 결과는 0.8033427이다. 또한 이 확률은 다음과 같이 구할 수도 있다.

$$P(5 \leq X \leq 8) = P(X = 5) + P(X = 6) + P(X = 7) + P(X = 8)$$
$$= \binom{10}{5} 0.7^5 0.3^5 + \binom{10}{6} 0.7^6 0.3^4 + \binom{10}{7} 0.7^7 0.3^3 + \binom{10}{8} 0.7^8 0.3^2 \quad (3.4.5)$$
$$= 0.103 + 0.200 + 0.267 + 0.233 = 0.803$$

R 명령어 *sum(dbinom(5:8, 10, 0.7))*도 앞의 R 명령과 같은 결과가 나온다. 하지만 R과 같은 소프트웨어 패키지가 없다면 식 (3.4.5)를 구하기 위해서 더 많은 노력이 필요하다. ■

예제 3.4-5 피고에 대한 배심원 재판에서 유죄 판결을 할 수 있다고 가정하자. 최소 12명 중 8명의 배심원은 유죄에 투표해야 한다. 배심원은 각각 독립적으로 0.7의 확률로 올바른 결정을 내린다고 가정하자. 이러한 배심원 재판에서 40%의 피고가 무고한 경우 올바른 판결의 비율은 어떻게 되는가?

해답

올바른 판결의 비율은 $P(B)$, B = {배심원이 바른 판결을 낸다}, A = {피고가 무고하다}이라면 전확률 법칙에 따라,

$$P(B) = P(B|A)P(A) + P(B|A^c)P(A^c) = P(B|A)0.4 + P(B|A^c)0.6$$

X는 특정 재판에서 올바른 판결을 내리는 배심원의 수를 의미한다고 하자. 각 배심원은 베르누이 시행을 나타내며, 이 시행에서 성공은 올바른 판결을 내리는 것을 의미한다. 베르누이 시행은 독립적이므로 $X \sim \text{Bin}(12, 0.7)$이다. 올바른 판결은 피고가 무고하다면 '무죄'이며 반대면 '유죄'이다. 그러므로

$$P(B|A) = P(X \geq 5) = 1 - \sum_{k=0}^{4} \binom{12}{k} 0.7^k 0.3^{12-k} = 0.9905$$

$$P(B|A^c) = P(X \geq 8) = \sum_{k=8}^{12} \binom{12}{k} 0.7^k 0.3^{12-k} = 0.724$$

이다. 따라서

$$P(B) = P(B|A)0.4 + P(B|A^c)0.6 = 0.8306$$

이다.

3.4.2 초기하분포

초기하 모형은 유한한 N개의 모집단에서 M_1은 값이 1이고, M_1을 제외한 나머지 M_2 ($M_2 = N - M_1$)는 값이 0일 때, 크기 n을 갖는 단순무작위 표본추출을 수행할 경우에 활용된다. 표본에서 1값을 갖는 집단의 숫자 X는 모수 M_1, M_2, n으로 구성된 초기하 확률변수이다.

유한한 모집단으로부터 표본을 추출하는 것은 생태학과 맥락적으로 유사한 점이 있다. 예제 3.4-7 참고. 초기하분포를 이용한 전형적인 공학적 적용은 N개 제품을 포함하는 한 배치(batch)가 유통업자에게 도착하는 단계를 나타내는 유통단계(distributor level)에서의 품질관리에 관한 것을 들 수 있다. 유통업자는 크기가 n인 단순무작위 표본을 추출하여 특정 결함의 유무에 대하여 각각의 표본을 검사한다. 초기하 무작위 표본추출 X는 표본에서 결함이 있는 제품의 개수이다.

이러한 전형적인 초기하 실험에서 각각의 제품은 성공(결함이 발견된 제품)과 실패에 부합하는 베르누이 시행을 나타낸다. 성공의 확률은 모든 베르누이 시행에 있어서 같고 $p = M_1/N$으로 표현된다. 이것은 첫 번째와 두 번째 뽑기에서의 성공 가능성이 같음을 보여 주는 예제 2.5-10에서 언급된 일반화에 의해 증명된다. 만약 X_i가 i번째 제품에 부합하는 베르누이 확률변수라

면, 초기하 확률변수 X의 식은 다음과 같으며,

$$X = \sum_{i=1}^{n} X_i \tag{3.4.6}$$

이것은 이항확률변수에 대한 식 (3.4.2)와 유사하다. 하지만 초기하 실험은 성공적인 베르누이 시행이 각각 독립적이지 않다는 점에서 이항실험과는 다르다. 왜냐하면 이것은 첫 번째 베르누이 시행에서의 성공과, 두번째 시행에서의 조건부 성공확률은 공통의(조건부가 아닌) 성공확률과 다르기 때문이다.

표본에서 불량품의 개수는 전체 불량품의 개수 M_1을 초과할 수 없으며, 당연히 표본의 수 n을 초과할 수 없다. 예를 들어, 집단의 크기가 $N = 10$인 제품 중 불량품 $M_1 = 5$가 있고, 표본의 크기가 $n = 6$으로 추출되었을 때 표본에서 불량품의 수는 5를 넘을 수 없다. 같은 예로서, 표본의 크기가 $n = 6$일 때 불량품의 개수는 0이 될 수 없다. 왜냐하면 그중에 5개만이 정상 제품이기 때문이다. 따라서 표본 크기가 6일 때 최소 하나의 불량품이 있다. 그러므로 일반적으로 초기하분포 $\text{Hyper}(M_1, M_2, n)$ 표본공간의 변수 X는 $\{0, 1, \cdots, n\}$의 부분집합일 것이다. 정확한 부분집합은 문맥에 따라 명확해지지만 수학적 표기법으로는 다음과 같이 표현되며,

$$\mathcal{S}_X = \{\max(0, n - M_2), \cdots, \min(n, M_1)\} \tag{3.4.7}$$

$\max(a_1, a_2)$와 $\min(a_1, a_2)$는 각각 두 수 a_1, a_2중 큰 것과 작은 것을 나타낸다.

단순 무작위 표본추출 정의에 따라, 크기 n의 모든 $\binom{M_1 + M_2}{n}$ 표본은 선택된 것과 같다. $\binom{M_1}{x}\binom{M_2}{n-x}$ 표본에는 정확히 x개의 불량품이 있기 때문에, 초기하분포 $\text{Hyper}(M_1, M_2, n)$ 확률변수 X의 PMF는 다음과 같다(예제 2.3-12 참고).

초기하분포의
확률질량함수

$$P(X = x) = \frac{\binom{M_1}{x}\binom{M_2}{n-x}}{\binom{M_1 + M_2}{n}} \tag{3.4.8}$$

이항(binomial)의 경우에서 $x > n$이면 $P(X = x) = 0$이다. 또한 표본이 모집단보다 더 많은 1을 포함하지 못하므로 $x > M_1$이면 $P(X = x) = 0$이며, 표본이 모집단보다 더 많은 0을 포함할 수 없기 때문에 $n - x > M_2$이면 $P(X = x) = 0$이다. 이는 x가 식 (3.4.7)의 표본집합에 속하지 않으면 $P(X = x) = 0$이라고 하는 것과 같다.

그림 3-8은 서로 다른 M_1값과 $n = 10$, $N = 60$에 대한 초기하 PMF를 나타낸다. $M_1 = 30$의 그래프를 보면 $p = M_1/N = 0.5$이고, PMF는 5에 대하여 대칭적인 반면 $M_1 = 45$와 $M_1 = 15$에 대한 그래프를 서로 보면 거울에 비친 상의 모양을 하고 있다.

초기하 확률분포의 CDF에 대하여 명확하게 표현할 수 있는 수식은 없다. 하지만 다음 R 명

그림 3-8
초기하 PMF

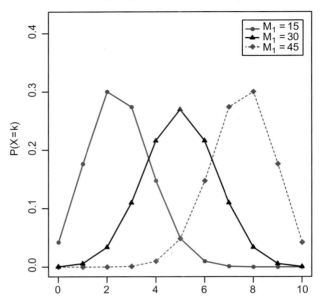

Hypergeometric (M₁, 60 − M₁, 10)

령어를 사용하면, 초기하 확률변수의 모수 M_1, M_2, n이 주어지면 초기하분포 Hyper(M_1, M_2, n) 확률변수의 CDF와 PMF를 구할 수 있다.

초기하 확률밀도함수와 누적분포함수를 구하기 위한 R 명령어

dhyper(X, M₁, M₂, n) # (3.4.7)에서 주어진 S_X에서의 X에 대하여 PMF P(X=x)를 반환한다

dhyper(x, M₁, M₂, n) # (3.4.7)에서 주어진 S_X에서의 X에 대하여 CDF P(X≤x)를 반환한다

위의 R 명령에서 x는 S_X에서의 정수 벡터값이 될 수 있다. 예를 들어, Y가 초기하분포 Hyper(30, 30, 10)의 확률변수이면,

- 명령 *dhyper(4, 30, 30, 10)*는 $P(Y = 4)$의 값으로 0.2158315를 반환한다.
- 명령 *dhyper(0:10, 30, 30, 10)*는 Y의 전체 확률밀도함수를 반환한다. 따라서, 초기하분포 Hyper(30, 30, 10) 확률밀도함수로부터의 표본확률은 예제 2.3-14에서 사용된 명령이나 *rhyper*라는 새로운 명령을 통해 얻을 수 있다. 예를 들어, *sample(0:10, size=5, replace=T, prob=dhyper(0:10, 30, 30, 10))*와 *rhyper(5, 30, 30, 10)* 모두 초기하분포 Hyper(30, 30, 10) PMF에서의 무작위 표본을 나타내는 5개의 숫자를 반환한다.
- 명령 *sum(dhyper(4:7, 30, 30, 10))*과 *phyper(7, 30, 30, 10)-phyper(3, 30, 30, 10)*는 모두 확률의 값 0.8106493 $P(3 < Y \leq 7) = F(7) - F(3)$을 반환한다.

초기하분포 Hyper(M_1, $N - M_1$, n) 확률변수 X의 평균값과 분산은 다음과 같다.

<table>
<tr><td>초기하분포의
평균값과 분산</td><td>

$$\mu_X = n\frac{M_1}{N}, \quad \sigma_X^2 = n\frac{M_1}{N}\left(1 - \frac{M_1}{N}\right)\frac{N-n}{N-1}$$

</td><td>(3.4.9)</td></tr>
</table>

예제 3.4-6

12개의 냉장고는 시끄러운 진동 소음 때문에 대리점에 반품되었다. 12개 중 4개의 냉장고는 압축기에 결함이 있고, 나머지는 심각하지 않은 문제가 있다고 가정하자. 결함 파악을 위해 6개의 냉장고가 무작위로 선택된다. X는 압축기에 결함이 있는 것의 개수이다. X의 표본공간을 제시하고 $P(X = 3)$과 X의 기댓값과 분산을 구하라.

해답

여기서 $N = 12$, $n = 6$, $M_1 = 4$이다. 그러므로 가능한 X는 $S_X = \{0, 1, 2, 3, 4\}$이다. 식 (3.4.8)에 따라,

$$P(X = 3) = \frac{\binom{4}{3}\binom{8}{3}}{\binom{12}{6}} = 0.2424$$

이다. 계속해서, 식 (3.4.9)를 이용하여,

$$E(X) = 6\frac{4}{12} = 2, \quad \text{Var}(X) = 6\left(\frac{1}{3}\right)\left(\frac{2}{3}\right)\frac{12-6}{12-1} = \frac{8}{11}$$

을 도출할 수 있다. ∎

야생 개체군의 크기를 추정하기 위한 가장 일반적인 방법은 소위 말하는 **포획-재포획** 방법이다. 동물 표본(포획된 동물)을 잡아 태그를 붙이고 다시 놓아준다. 태그가 된 동물은 다시 그들의 무리로 돌아갈 기회를 갖게 되고, 적절한 때가 지난 후에 두 번째 표본을 잡는다. 두 번째 표본에서 태그된 동물의 수는 야생 개체의 수를 추정하는 데에 사용된다.

예제 3.4-7

포획-재포획 방법 숲에 30마리의 사슴이 있으며 그중 10마리가 잡혀 태그된 뒤 풀려났다. 일정 시간 후, 30마리 중 5마리가 잡혔다. 5마리 중 2마리가 태그된 사슴일 확률을 구하라. 당신은 어떤 가정을 하고 있나?

해답

5마리의 포획된 사슴이 30마리의 사슴으로부터 단순무작위표본을 구성한다고 가정하자. 특히, 각 사슴은 태그가 되었든 안 되었든 잡힐 확률은 같다고 가정한다. 이러한 가정하에 잡힌 5마리의 사슴 중 태그된 사슴의 수 X는 $M_1 = 10$, $M_2 = 20$, $n = 5$인 초기하 확률변수이다. 따라서 식 (3.4.8)에 따라,

$$P(X = 2) = \frac{\binom{10}{2}\binom{20}{3}}{\binom{30}{5}} = 0.360$$

초기하 확률에 이항 근사 식 (3.4.6)에서 언급된 것과 같이 초기하 확률변수는 독립적이지 않은 베르누이 시행에서의 이항확률변수와 다르다. 하지만 개체 크기 N이 크고, 표본 크기 n이 작다면 베르누이 시행의 의존성은 약하다. 예를 들어 $N = 1,000$이고, $M_1 = 100$이면, 첫 번째에서 성공하고 두 번째 시행에서 성공하는 조건부 확률은 $99/999 = 0.099$이며 이는 성공의 무조건 확률, $100/1,000 = 0.1$과 크게 다르지 않다. 이러한 경우 초기하 확률밀도함수는 $p = M_1/N$이고 n은 같은 이항 확률밀도함수로 근사치를 계산할 수 있다. 또한 초기하 평균의 공식은 $P = M_1/N$일 때 이항 평균과 같으며 초기하 편차 공식은 N이 크고 n이 작을 때 1에 가까운 승인자(multiplicative factor) $N - n/N - 1$에 의해 이항 편차와 다르다. 이 인자 $N - n/N - 1$를 **유한 모집단 보정계수**(finite population correction factor)라 한다.

  이 근사의 실제적인 활용은 이항확률이 계산하기 더 간단하다는 사실을 기반으로 하진 않는다. R과 같은 소프트웨어 패키지로 초기하 확률은 이항확률만큼이나 쉽게 계산할 수 있다. 대신, 초기하 확률변수를 이항확률변수와 같이 처리함으로써, 초기하 확률은 모집단 크기를 모르고도 근사치로 구할 수 있다.

  표본 크기 n에 대한 모집단의 크기 N이 상대적으로 증가함에 따라 초기하 확률을 이항 근사하는 것의 정확도가 어느 정도로 개선되는지 파악하기 위해, X는 초기하분포 $\text{Hyper}(M_1, N - M_1, n)$, Y는 이항분포 $\text{Bin}(n, p = M_1/N)$라고 가정하자. 그러면,

- 만약, $M_1 = 5, N = 20,\ n = 10, P(X = 2) = \dfrac{\binom{5}{2}\binom{15}{8}}{\binom{20}{10}} = 0.3483$

- 만약, $M_1 = 25, N = 100,\ n = 10, P(X = 2) = \dfrac{\binom{25}{2}\binom{75}{8}}{\binom{100}{10}} = 0.2924$

- 만약, $M_1 = 250, N = 1000,\ n = 10, P(X = 2) = \dfrac{\binom{250}{2}\binom{750}{8}}{\binom{1000}{10}} = 0.2826$

$p = M_1/N = 0.25$인 모든 경우에서 $P(Y = 2) = 0.2816$은 세번째 초기하 확률에서 가까운 근사치를 제공한다.

  X가 초기하분포 $\text{Hyper}(M_1, N - M_1, n)$ 확률변수이고 Y가 이항분포 $\text{Bin}(n, p = M_1/N)$확률변수라면, 교재에서 이항의 근사치를 초기하 확률에 적용하는 경험법칙(rule of thumb)은 다음과 같다.

이항 근사치를 이용한 초기하 확률의 경험법칙

$$\frac{n}{N} \le 0.05, \quad P(X = x) \simeq P(Y = x) \tag{3.4.10}$$

3.4.3 기하분포와 음이항분포

기하분포   **기하실험**은 동일한 성공확률 p를 갖는 독립적인 베르누이 시행을 첫 번째 성공이 나올 때까지 반복하는 것이다. 기하분포 $G(p)$를 따르는 확률변수 X는 앞서 언급한 기하실험에서 첫 번째 성공이 나올 때까지 전체 시행한 횟수이다.

기하분포를 공학으로 응용한 전형적 사례가 생산단계에서의 품질관리이다. 품질관리에서 제품은 특정 결함이 발견될 때까지 검사한다. 기하확률변수 X는 검사된 총 제품의 수이다.

기하분포 $G(p)$ 확률변수 X의 표본공간은 $S_X = \{1, 2, \cdots\}$이다. 첫번째 결함 제품을 찾을 때까지 검사하기 때문에 표본공간에 0은 없다. 반대로 이 공간은 오른쪽으로 제한이 없다. 왜냐하면 확률 $P(X = x)$는 어떤 x에 대해 양의 값을 가지기 때문이다. 다음의 확률밀도함수를 참고하라. $X = x$ 사건은 $x - 1$번째 베르누이 시행은 실패하고 x번째 시행은 성공하는 것을 의미한다. 따라서 독립적인 베르누이 시행으로 우리는 다음의 기하분포 $G(p)$에 대한 식을 얻을 수 있다. 예제 3.3-3 참고.

기하분포의 확률질량
함수

$$P(X = x) = (1 - p)^{x-1}p, \quad x = 1, 2, 3, \cdots \tag{3.4.11}$$

그림 3-9는 각기 다른 p에 대한 기하확률밀도함수를 나타낸다. $\sum_{y=0}^{x} a^y = (1 - a^{x+1})/(1 - a)$의 부분합 공식을 이용하면 다음과 같다.

$$F(x) = \sum_{y \leq x} P(Y = y) = p \sum_{y=1}^{x} (1 - p)^{y-1} = p \sum_{y=0}^{x-1} (1 - p)^y$$

합산되는 변수의 변형을 통해 마지막 등식이 성립한다. 따라서 기하분포 $G(p)$의 누적분포함수는 다음 식을 통해 얻을 수 있다.

기하분포의 누적분포
함수

$$F(x) = 1 - (1 - p)^x, \quad x = 1, 2, 3, \cdots \tag{3.4.12}$$

기하확률변수 X의 평균과 분산은 각각 예제 3.3-3과 3.3-12에서 유도하였으며 다음은 그 요약에 해당한다.

기하분포의 평균과
분산

$$E(X) = \frac{1}{p}, \quad \sigma^2 = \frac{1 - p}{p^2} \tag{3.4.13}$$

음이항분포   **음이항분포**는 동일한 성공확률 p를 가지는 독립적인 베르누이 시행을 r번째 성공을 할 때까지 수행하는 것이다. 음이항분포 $NB(r, p)$ 확률변수 Y는 그러한 음이항실험에서 r번째 성공까지 총시행의 횟수이다.

음이항분포 $NB(r, p)$ 확률변수 Y의 표본공간은 $S_Y = \{r, r+1, \cdots\}$이다. $r = 1$일 때 음이항

그림 3-9
기하확률질량함수의 일부

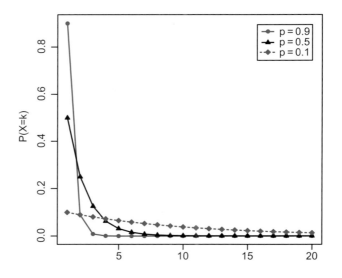

분포 $NB(r, p)$ 실험은 기하분포 $G(p)$ 실험으로 간단히 할 수 있다. 사실 X_1이 첫 번째 성공까지의 시행 횟수를 의미하는 기하분포 $G(p)$ 확률변수이고, X_2가 두 번째 성공, 그 이후까지의 추가적인 시행 횟수를 의미하는 기하분포 $G(p)$ 확률변수이면, 음이항분포 $NB(r, p)$ 확률변수 Y는 기하분포 $G(p)$ 확률변수를 통해 다음과 같이 표현될 수 있다.

$$Y = \sum_{i=1}^{r} X_i \tag{3.4.14}$$

음이항분포 $NB(r, p)$ 확률변수 Y의 확률밀도함수 $P(Y = y)$, $y = r, r+1, \cdots$ 는

음이항분포의
확률질량함수

$$P(Y = y) = \binom{y-1}{r-1} p^r (1-p)^{y-r} \tag{3.4.15}$$

이 식이 어떻게 유도되었는지 알기 위해서는 다음을 참고하라. 특정한 결과들은 r번의 성공과 $y - r$번의 실패를 하므로 그 확률은 $p^r(1 - p)^{y-r}$이다. 그러므로 공식은 길이가 $y - 1$이고 $r - 1$번의 시행의 성공을 가지는 $\binom{y-1}{r-1}$ 이진 수열을 따른다. 그림 3-10은 변수 r, p에 대한 음이항분포 $NB(r, p)$ 확률밀도함수를 나타내며 모두 쉽게 비교되도록 원점 이동하였다.

음이항분포 $NB(r, p)$ 확률변수 Y의 확률밀도함수와 누적분포함수는 다음 R 명령어로 구할 수 있다.

음이항 확률질량함수와 누적분포함수를 구하기 위한 R 명령어

```
dnbinom(x,r,p) # x = 0, 1, 2,···에 대하여 확률질량함수 P(Y = r + x)를 반환한다
pnbinom(x,r,p) # x = 0, 1, 2,···에 대하여 누적분포함수 P(Y ≤ r + x)를 반환한다
```

그림 3-10

음이항 확률질량함수의 일부

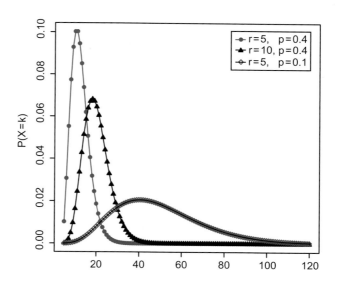

앞의 R 명령어 중 x는 r번째 성공을 할 때까지 실패한 횟수를 의미하며 {0, 1,···}에서 정수 벡터값이 될 수 있다. 예를 들어 Y가 음이항분포 $NB(5, 0.4)$이면

- *dnbinom(6, 5, 0.4)*은 $P(Y = 11)$의 값으로 0.1003291을 반환한다.
- *dnbinom*(0:15, 5, 0.4)은 $P(Y = 5),···, P(Y = 20)$의 값을 반환한다.
- *sum(dnbinom(0:15, 5, 0.4))*과 *pnbinom(15, 5, 0.4)*은 $P(Y \leq 20)$의 값으로 0.949048을 반환한다.

표본공간이 무한하기 때문에 새로운 R 명령어 *rnbinom*만이 표본확률을 구할 수 있다.

음이항 실험의 모의실험에 대한 R 명령어

r+rnbinom(k,r,p) # 음이항분포 NB(r, p) 확률변수의 k개 표본을 반환한다

이는 음이항분포 $NB(r, p)$ 확률변수 Y의 평균과 분산을 다음과 같이 나타낼 수 있다.

음이항분포의 평균과 분산

$$E(Y) = \frac{r}{p}, \quad \sigma_Y^2 = r\frac{1-p}{p^2} \tag{3.4.16}$$

예제 3.4-8

생산라인에서 세 번째 결함 제품을 찾을 때까지 제품을 살펴본다. X가 정상제품의 개수라고 하자. 만약 $p = 0.1$의 확률로 제품에 결함이 있다고 할 때, X의 평균과 분산 $P(X = 15)$을 구하라.

해답

$Y = 3 + X$로 주어진 세 번째 결함 제품을 발견할 때까지 살펴본 총제품의 수는 $r = 3, p = 0.1$

을 모수로 하는 음이항이다. 식 (3.4.16)에 따라 $E(Y) = 3/0.1 = 30$이고 $\text{Var}(Y) = 3 \times 0.9/$ $(0.1^2) = 270$이다. 따라서 $X = Y - 3$, $E(X) = 27$이고 $\text{Var}(X) = 270$이다. 다음, 식 (3.4.15)를 이용하여,

$$P(X = 15) = P(Y = 18) = \binom{18 - 1}{3 - 1} \times 0.1^3 \times 0.9^{18-3} = 0.028$$

R 명령어 *dnbinom(15, 3, 0.1)*는 0.02800119를 반환한다. ■

노트 3.4-1 예제 3.4-8에서와 같이 음이항분포 $NB(r, p)$ 실험에서의 결과는 r번째 성공까지의 총실패한 횟수이다. X와 $Y = r + X$ 모두 음이항 확률변수라고 한다. 특정 R 명령에서 X의 PMF는 음이항 PMF를 통해 알 수 있고, PMF는 그림 3-10에 X와 관련하여 나타내었다. ◁

예제 3.4-9 세 명의 전기 기술자들은 커피값을 낼 사람을 결정하기 위해 동전을 던졌다. 만약 3개의 동전이 모두 일치하면 다시 던지고, 그렇지 않으면 혼자 다른 것이 나온 '이상한 사람'이 커피값을 낸다.
(a) 다시 경기를 해야 하는 라운드가 될 확률을 구하라. (즉, 앞면이 3개이거나 뒷면이 3개)
(b) X가 이상한 사람이 결정될 때까지 동전을 던진 횟수라 하자. X의 확률분포를 지정하고 확률 $P(X \geq 3)$을 구하라.
(c) X의 기댓값과 분산을 구하라.

해답
(a) 확률은 $0.5^3 + 0.5^3 = 0.25$이다.
(b) X는 $p = 0.75$인 기하분포이다. 식 (3.4.12)를 이용하면

$$P(X \geq 3) = 1 - P(X \leq 2) = 1 - \left[1 - (1 - 0.75)^2\right] = 1 - 0.9375 = 0.0625$$

 R 명령어 *1-pnbinom(1, 1, 0.75)* 또한 $P(X \geq 3)$의 값으로 0.0625를 반환한다.
(c) 식 (3.4.13)을 이용하여

$$E(X) = \frac{1}{0.75} = 1.333 \quad \text{and} \quad \sigma_X^2 = \frac{1 - 0.75}{0.75^2} = 0.444$$

■

예제 3.4-10 A와 B 두 팀은 3판 2승제 경기를 한다(예 : 두 게임을 먼저 이기는 팀이 전체 우승이다). A 팀이 더 강한 팀이며 각 경기는 독립적으로 0.6의 확률로 승리한다고 하자. A팀이 전체 승리할 확률을 구하라.

해답
X를 A팀이 두 번 이기기 위해 필요한 경기의 수라고 하자. 그러면 X는 $r = 2$, $p = 0.6$인 음이

항분포를 갖는다. $X = 2$이거나 $X = 3$이면 A팀은 연속으로 이긴다는 것을 의미한다. 두 상황은 독립적이기 때문에 식 (3.4.15)에 $r = 2$를 대입하면 다음과 같다.

$$P(A\text{팀이 연속으로 이길 확률}) = P(X = 2) + P(X = 3)$$

$$= \binom{1}{1}0.6^2(1 - 0.6)^{2-2} + \binom{2}{1}0.6^2(1 - 0.6)^{3-2}$$

$$= 0.36 + 0.288 = 0.648$$

3.4.4 포아송분포

모형과 응용 $0, 1, 2, \cdots$의 값을 갖는 확률변수 X는 λ를 모수로 갖는 포아송 확률변수라고 하며 $X \sim \text{Poisson}(\lambda)$로 표시된다. 이의 확률질량함수(PMF)가 다음과 같이 주어지면

포아송분포의
확률질량함수

$$P(X = x) = e^{-\lambda}\frac{\lambda^x}{x!}, \quad x = 0, 1, 2, \cdots \tag{3.4.17}$$

$\lambda > 0$이고 $e = 2.71828\cdots$는 자연로그의 기본이다. 위에서 주어진 $p(x) = P(X = x)$가 적절한 PMF(예 : 확률의 합은 1)라는 것은 $e^\lambda = \sum_{k=0}^{\infty}(\lambda^k/k!)$라는 것으로 쉽게 알 수 있다. 그림 3-11은 3개의 서로 다른 λ값의 포아송 확률질량함수를 나타낸다.

포아송 누적분포함수는 한정적인 형태의 식이 존재하지 않는다. 선택된 λ와 x에 대한 값은 표 A.2에 있다. $\text{Poisson}(\lambda)$ PMF, CDF을 구하고 포아송 실험을 시뮬레이션하기 위한 **R** 명령은 다음과 같다.

그림 3-11

서로 다른 λ값에 따른 포아송 확률질량함수

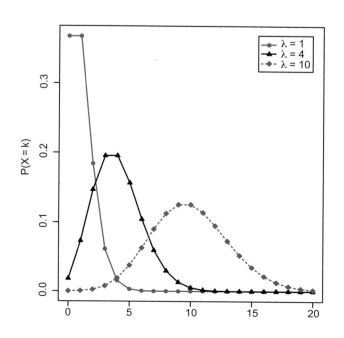

포아송 확률질량함수, 누적분포함수와 모의실험에 대한 R 명령어

`dpois(x,λ)` # 정수 x에 대해 PMF P(X=x)를 반환한다

`ppois(x,λ)` # 모든 x에 대해 CMF P(X≤x)를 반환한다

`rpois(n,λ)` # Poisson(λ) 확률변수 표본 n개를 반환한다

위의 R 명령어에서 x는 $\{0, 1, \cdots\}$에서 정수 벡터값이 될 수 있다. 예를 들어, X가 Poisson(5)이면,

- *dpois(6, 5)*는 $P(X = 6)$의 값으로 0.1462228을 반환한다.
- *dpois(0:10, 5)*는 $P(X = 0), \cdots, P(X = 10)$의 값을 반환한다.
- *sum(dpois(6:10, 5))*와 *ppois(10, 5)-ppois(5, 5)*는 $P(6 \leq X \leq 10)$의 값인 0.3703441을 반환한다.

포아송분포는 일정 시간 동안 특정 사건이 발생되는 횟수의 확률을 모형화하는 데 사용된다. 따라서 모형화된 특정 형태의 사건은 무작위이며, 일정 확률로 발생되며 이 확률은 시간에 따라서 변하지 않는다. 포아송분포는 또한 거리, 면적, 부피의 일정 간격에서 발생되는 사건의 수를 구하는 데에도 사용할 수 있다.

식 (3.4.17)의 모수 λ는 주어진 시간, 지역 또는 공간의 간격에서 평균적인 발생의 수를 지정한다. 특히, $X \sim$ Poisson(λ)이면 다음과 같다.

포아송분포의 평균과 분산

$$\mu_X = \lambda, \quad \sigma_X^2 = \lambda \qquad (3.4.18)$$

그러므로 확률변수가 포아송분포를 가지면, 그 기댓값은 분산과 같다. 기댓값의 공식을 유도하면,

$$
\begin{aligned}
E(X) &= \sum_{x=0}^{\infty} \frac{x e^{-\lambda} \lambda^x}{x!} \\
&= \lambda \sum_{x=1}^{\infty} \frac{e^{-\lambda} \lambda^{x-1}}{(x-1)!} \\
&= \lambda e^{-\lambda} \sum_{y=0}^{\infty} \frac{\lambda^y}{y!} \quad y = x-1 \text{로 놓았을 때} \\
&= \lambda
\end{aligned}
$$

분산에 대한 식을 유도하기 위해서 먼저 $E(X^2) = \lambda(\lambda + 1)$을 구하기 위한 유사한 방법을 사용하고, 다음으로 식 $\text{Var}(X) = E(X^2) - [E(X)]^2$에 적용하라.

예제 3.4-11 $X \sim \text{Poisson}(4)$라고 하자. $P(X \leq 5)$, $P(3 \leq X \leq 6)$, $P(X \geq 8)$을 구하기 위해 표 A.2를 사용하라.

해답

모든 확률은 표 A.2의 $\lambda = 4.0$ 아래의 누적확률을 이용해 구할 수 있다. 첫 번째 확률은 표에서 $P(X \leq 5) = 0.785$로 바로 주어진다. 두 번째와 세 번째 확률은 앞서 사용된 표 A.2를 활용해, 누적확률로 표현해야 한다. 따라서 두 번째 확률은

$$P(3 \leq X \leq 6) = P(2 < X \leq 6) = P(X \leq 6) - P(X \leq 2) = 0.889 - 0.238 = 0.651$$

이며, 세 번째 확률은

$$P(X \geq 8) = 1 - P(X \leq 7) = 1 - F(7) = 1 - 0.949 = 0.051$$

이다. ■

예제 3.4-12 비타민 C 보충제를 복용하는 사람은 연간 평균 3번의 감기가 걸리고, 복용하지 않는 사람은 평균 5번 감기가 걸린다고 하자. 또한 연간 감기에 걸리는 횟수를 포아송 확률변수라 하자.

(a) 보충제를 복용하지 않는 사람이 연간 2회 이하 감기에 걸릴 확률을 구하라.

(b) 인구의 70%가 비타민 C 보충제를 복용한다고 하자. 이때 임의로 선택된 사람이 특정 연도에 연간 2회 이하 감기에 걸릴 확률을 구하라.

(c) 임의로 선택된 사람이 특정 연도에 2회 이하 감기에 걸렸을 때, 이 사람이 비타민 C 보충제를 복용할 확률을 구하라.

해답

(a) 비타민 C 보충제를 복용한 사람이 감기에 걸린 횟수를 X_1이라고 하고, 보충제를 복용하지 않은 사람이 감기에 걸린 횟수를 X_2라고 하자. X_1, X_2는 각각 포아송 확률변수의 평균값 3과 5이다. 따라서 식 (3.4.18)에 의해 $X_1 \sim \text{Poisson}(3)$과 $X_2 \sim \text{Poisson}(5)$이다. 따라서 표 A.2에서,

$$P(X_1 \leq 2) = 0.423, \quad P(X_2 \leq 2) = 0.125$$

R 명령어 *ppois(2, 3)*과 *ppois(2, 5)*는 각각 $P(X_1 \leq 2$의 값으로 0.4231901과 $P(X_2 \leq 2$의 값으로 0.1246520을 반환한다.

(b) X는 감기에 걸린 횟수를 나타내며 A는 이 사람이 비타민 C 보충제를 복용한 경우를 나타낸다고 하자. 전확률 법칙에 따라,

$$P(X \leq 2) = (0.423)(0.7) + (0.125)(0.3) = 0.334$$

(c) 베이즈 정리를 이용하여 구하고자 하는 확률은 다음과 같이 계산한다.

$$P(A|X \leq 2) = \frac{(0.423)(0.7)}{0.334} = 0.887$$

■

포아송분포는 초기에 주어진 시간 동안 방사선 근원지로부터 방출된 알파 입자 수를 모형화하는 데 사용되었다. 오늘날에는 보험, 관광 트래픽 엔지니어링, 인구 통계학, 임업, 천문학 등 엄청나게 다양한 분야에 활용되고 있다. 예를 들어, 포아송 확률변수 X는 다음의 수가 될 수 있다.

1. 오후에 낚시꾼이 잡은 물고기의 수
2. 1980년 겨울 동안 새로 생긴 깊은 구멍의 수
3. 1995년 한 해 동안 고장나서 폐차된 차량의 수
4. 한 달 동안 미국에서 발생된 지진(또는 자연 재해)의 발생 횟수
5. 한 시간 동안 특정 도시에서 잘못 다이얼된 횟수
6. 주어진 기간에 발생된 샤워 중 넘어지는 것과 같은 이상한 사고가 발생된 횟수
7. 특정 시간 동안 도로의 마커를 통과한 차량의 수
8. 결혼의 수 또는 100세가 된 사람의 수
9. 숲에서의 나무의 분포
10. 하늘의 특정 영역에서 은하의 분포

위와 같은 포아송 모형의 예로 보아 알 수 있듯이, 잘 이해된 모집단의 표본추출실험의 결과가 아니라는 점에서 포아송분포 모형은 앞서 논의된 분포와는 다르다. 따라서 포아송 PMF는 앞서 논의된 분포의 PMF에서 사용된 것(2장의 계산방법과 독립의 개념을 이용한 것)과는 다른 이론에 의해 유도된다. 대신 포아송 확률질량함수는 이항 확률질량함수를 제한함으로써 도출된다(명제 3.4-1 참조). 또한 포아송 확률질량함수는 임의의 현상 발생을 결정하는 어떠한 가정의 결과로 구할 수도 있다(포아송 과정에 관한 다음 논의를 참조).

이항확률로 포아송 근사 포아송 확률변수의 넓은 활용 범위는 이항확률변수로의 근사로 사용될 수 있다는 다음 명제 덕분이다.

명제 3.4-1	시행 횟수 n이 크고($n \geq 100$), 각 시행의 성공확률이 낮으며($p \leq 0.01$), 제품 n과 p의 곱이 크지 않은($np \leq 20$) 이항실험은 $\lambda = np$인 포아송분포로 좋은 근삿값을 얻는 모형이 될 수 있다. 특히, $Y \sim \text{Bin}(n, p)$에서 $n \geq 100$, $p \leq 0.01$, $np \leq 20$일 때 근사는 다음과 같으며,
이항확률을 이용한 포아송 근사	$$P(Y \geq k) \simeq P(X \geq k)$$

이는 $X \sim \text{Poisson}(\lambda = np)$일 때 모든 $k = 0, 1, 2, \cdots, n$에 대해 성립한다.

명제의 증명

$np \to \lambda(\lambda > 0$일 때)가 되는 것처럼 $n \to \infty$이며, $p \to 0$이 되는 것을 보여 주려고 한다. 따라서,

$$P(Y = k) = \binom{n}{k}p^k(1 - p)^{n-k} \to e^{-\lambda}\frac{\lambda^k}{k!}, \quad n \to \infty \tag{3.4.19}$$

모든 $k = 0, 1, 2, \cdots$일 때 성립한다. 증명은 $n: n! \simeq \sqrt{2\pi n}(\frac{n}{e})^n$에 대한 $n!$의 근사치를 위해 스털링(Stirling) 공식을 사용할 수 있으며, 더 자세하게는,

$$n! = \sqrt{2\pi n}\left(\frac{n}{e}\right)^n e^{\lambda_n} \quad \text{여기서} \quad \frac{1}{12n + 1} < \lambda_n < \frac{1}{12n}$$

이다. 이를 이용하여 식 (3.4.19)의 좌변은 분자 분모의 $\sqrt{2\pi}$를 약분하고 e의 지수를 단순화하며 n^k로 곱하고 나눈다면 다음으로 근사될 수 있다.

$$\begin{aligned}
P(Y = k) &\approx \frac{\sqrt{2\pi n}n^n e^{-n}}{k!\sqrt{2\pi(n-k)}(n-k)^{n-k}e^{-(n-k)}}p^k(1-p)^{n-k} \\
&= \frac{\sqrt{n}n^{n-k}e^{-k}}{k!\sqrt{n-k}(n-k)^{n-k}}(np)^k(1-p)^{n-k}
\end{aligned} \tag{3.4.20}$$

$\sqrt{n}/\sqrt{n-k}$의 비율은 $n \to \infty$, k는 고정되었을 때 1에 가까워지며 $n \to \infty$, $np \to \lambda$, k가 고정되었을 때 $(np)^k \to \lambda^k$가 된다.

$$\begin{aligned}
(1-p)^{n-k} &= \left(1 - \frac{np}{n}\right)^{n-k} \\
&= \left(1 - \frac{np}{n}\right)^n\left(1 - \frac{np}{n}\right)^{-k} \to e^{-\lambda} \cdot 1 = e^{-\lambda}
\end{aligned}$$

$n \to \infty$, $np \to \lambda$, k는 고정된 경우이며,

$$\left(\frac{n}{n-k}\right)^{n-k} = \left(1 + \frac{k}{n-k}\right)^{n-k} \to e^k$$

$n \to \infty$, k가 고정된 경우이다. 이것을 식 (3.4.20)으로 치환하면 식 (3.4.19)가 된다. ■

이 명제는 포아송 확률변수를 자동차 사고와 같은 임의의 사건의 발생 모형화에 사용하는 이유가 된다. 사람들은 매일 아침 차를 타고 출근할 때, 차 사고가 일어날 확률이 적게나마 존재한다. 각 운전자는 독립적으로 행동하며, 낮은 성공(즉, 사고)의 확률을 가진 많은 수의 베르누이 시행을 한다고 가정하자. 명제 3.4-1의 결과로 주어진 기간 동안 사고가 일어난 횟수는 포아송 확률변수로 표현할 수 있다.

같은 근거로 작은 시간 간격으로 나누고 그 간격을 베르누이 시행이라 생각하면 한 달 동안 지진이 일어난 횟수를 표현하는 데에도 사용될 수 있다. 이 베르누이 시행에서 성공은 그 기간 안에 지진이 발생하는 것을 의미한다. 각 기간 안에서 성공확률은 낮고, 기간이 길기 때문에 주어진 달의 지진 발생 횟수는 포아송 확률변수로 표현할 수 있다. 포아송 과정에 관한 다음 논의는 이런 형태의 논의를 지원하는 데 필요한 조건을 제공한다.

np를 계속 유지하는 것과 같은 방법으로 n이 증가하고, p는 감소함으로써 이항(n, p)확률의 수렴이 포아송$(\lambda = np)$분포의 확률로 수렴함을 증명하기 위해 다음 이항확률변수를 생각하라.

$$Y_1 \sim \text{Bin}(9, 1/3), \qquad Y_2 \sim \text{Bin}(18, 1/6)$$
$$Y_3 \sim \text{Bin}(30, 0.1), \qquad Y_4 \sim \text{Bin}(60, 0.05)$$

모든 경우에서 $\lambda = np = 3$이 됨을 유의하라. 그림 3-12는 이 4개의 이항확률변수의 PMF와 근사된 Poisson(3) 확률변수로의 확률질량함수를 나타낸다.

근사가 타당한지 수치로 확인하기 위해, 각각의 경우에서 $x = 2$일 때 이항 누적분포함수와 이에 대응되는 Poisson(3) 분포의 누적분포함수를 비교하였다.

그림 3-12

Poisson(3) 확률질량함수(다이아몬드) 위에 겹쳐진 이항 확률질량함수(원)

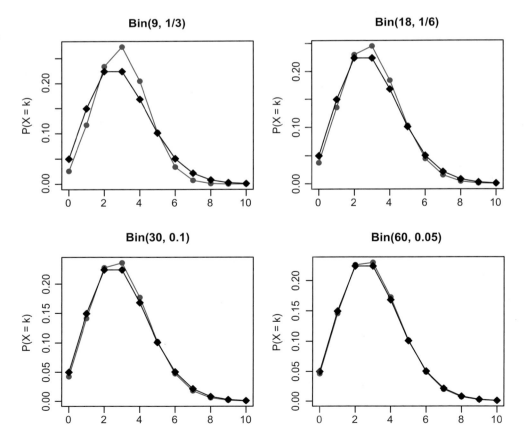

$$P(Y_1 \leq 2) = 0.3772, \qquad P(Y_2 \leq 2) = 0.4027$$
$$P(Y_3 \leq 2) = 0.4114, \qquad P(Y_4 \leq 2) = 0.4174$$

근사 Poisson(3) 확률은 다음과 같다.

$$P(X \leq 2) = e^{-3}\left(1 + 3 + \frac{3^2}{2}\right) = 0.4232$$

이는 실제 $P(Y_4 \leq 2)$의 값에 매우 근접한다. 하지만, 명제 3.4-1에서 나온 n과 p의 첫 번째 조건은 위의 네 가지 이항확률변수를 만족시키지 못한다.

예제 3.4-13

자동자 제조업체는 심각한 결함 때문에 $n = 10,000$대의 자동차에 대해 리콜을 실시한다. 자동차가 결함이 있을 확률 $p = 0.005$이고, 결함이 있는 자동차의 수는 Y라고 한다. (a) $P(Y \geq 10)$과 (b) $P(Y = 10)$를 구하라.

해답

각 자동차는 결함이 있다면 성공, 그렇지 않으면 실패인 베르누이 시행을 나타낸다. 그러므로 Y는 $n = 10,000$, $p = 0.0005$인 이항확률변수이다. 포아송 확률을 만족하며 대응되는 이항확률의 근사에 대한 명제 3.4-1에서 나온 n, p의 세 가지 조건을 참고하라. $X \sim \text{Poisson}(\lambda = np = 5)$를 보자. (a)는

$$P(Y \geq 10) \simeq P(X \geq 10) = 1 - P(X \leq 9) = 1 - 0.968$$

CDF의 마지막 등식은 표 A.2에서 찾을 수 있다. 이와 비슷하게 (b)는

$$P(Y = 0) \simeq P(X = 0) = e^{-5} = 0.007$$

이다. ■

예제 3.4-14

어떤 나라에서 월간 자살률이 100,000명 중 1명이라 하자. 이 나라의 500,000개의 도시에서 다음 달에 6회 이하의 자살 사고가 발생할 확률의 근사치를 구하라.

해답

Y는 다음 한 달 동안 발생한 자살 사고의 횟수를 의미한다. 우리는 $P(Y \leq 6)$의 근사치를 구하고자 한다. $Y \sim \text{Bin}(n = 500,000, p = 10^{-5})$가 있고, 이는 명제 3.4-1의 세 가지 조건을 만족한다. 그러므로 표 A.2를 이용하여 $X \sim \text{Poisson}(\lambda = np = 5)$을 보면 다음과 같다.

$$P(Y \leq 6) \simeq P(X \leq 6) = 0.762$$ ■

포아송 과정 포아송 확률변수의 모든 예는 일정기간 동안 발생된 사건의 횟수에 속한다(오후 동안 잡은 물고기, 겨울철에 발생된 깊은 구멍 등). 하지만 어떤 사건들은 일정시간 동안 발생 된다. 이때에는 시간도 데이터 기록의 일부가 되어야 한다. 시간 0을 관찰의 시작이라고 하면,

$$X(t) = (0, t] \text{ 구간에서 발생한 사건의 수} \tag{3.4.21}$$

정의 3.4-1

다음의 공리를 만족하는 경우 발생 횟수 $X(t)$, $t \geq 0$을 시간의 함수라고 보는 것을 포아송 과정이라고 한다.

1. 시간의 길이 h 동안 사건이 정확히 한 번 발생할 확률은 $\alpha > 0$에 대해 $\alpha h + o(h)$이며, 이때 $o(h)$는 $h \to 0$일 때 $o(h)/h \to 0$을 만족한다.
2. 짧은 시간의 길이 h 동안 사건이 한 번 이상 발생의 확률은 $o(h)$이다.
3. 서로 겹치지 않는 시간 간격 A_i, $i = 1, \cdots, n$의 집합에서 임의의 (음이 아닌) 정수 k_i에 대해 사건 $E_i = [A_i\text{에서 } k_i\text{개의 사건이 발생}]$, $i = 1, \cdots, n$는 상호 독립적이다.

첫 번째 가정의 모수 α는 사건 발생의 속도 또는 단위 시간 동안 사건 발생 횟수의 평균을 나타낸다. 그러므로 첫 번째 가정은 사건이 발생하는 속도가 시간당 일정함을 의미한다. 두 번째 가정은 사건의 발생은 매우 드물며 이는 두 사건이 동시에 발생할 가능성은 매우 희박하다는 것을 의미한다. 마지막으로 세 번째 가정은 떨어진 시간 간격 동안의 사건은 독립적으로 발생하는 것을 의미한다. 이러한 가정을 통해 우리는 다음 명제를 얻을 수 있다.

명제 3.4-2 $X(t)$, $t \geq 0$이면 Poisson(α) 과정은 다음과 같다.

1. 고정된 t_0와 $(0, t_0]$시간 동안 발생되는 횟수인 확률변수 $X(t_0)$는 $\lambda = \alpha \times t_0$을 모수로 하는 포아송분포를 따른다. 그러므로 다음과 같이 기술한다.

$$P(X(t_0) = k) = e^{-\alpha t_0} \frac{(\alpha t_0)^k}{k!}, \quad k = 0, 1, 2, \cdots \tag{3.4.22}$$

2. 두 양의 정수 $t_1 < t_2$와 $(t_1, t_2]$시간 동안 발생되는 횟수인 확률변수 $X(t_2) - X(t_1)$는 $\lambda = \alpha(t_2 - t_1)$를 모수로 하는 포아송분포를 따른다. 그러므로 $X(t_2) - X(t_1)$의 확률질량함수는 식 (3.4.22)에서 t_0를 $(t_2 - t_1)$로 치환하여 구할 수 있다.
3. 두 양의 정수 $t_1 < t_2$와 확률변수 $X(t_2) - X(t_1)$는 모든 $s \leq t_1$의 $X(s)$에 대해 독립이다. ∎

이 명제의 (2)에서 주목해야 하는 결과는 포아송 과정에서 영 시간(t_0)은 임의의 시점일 수 있다는 것이다. 즉, 시간 t_1 이후에 일어나는 사건을 기록하여 그 시점 이전에 발생되는 것은 완전히 무시하더라도 같은 비율의 포아송 과정이 된다.

　　명제 3.4-2는 포아송 확률을 이항확률의 극한으로 구할 수 있다는 사실을 기초로 한다. 정의 3.4-1의 가정이 만족되면 간격을 동일한 길이의 작은 부분 구간으로 나누고 그 구간에서 총발생 횟수는 작은 부분 구간에 대응되는 베르누이 확률변수의 합으로 구성된 이항확률변수로 생각할 수 있다. 명제 3.4-1에 의하면 포아송 확률질량함수는 이항 확률질량함수의 극한으로 구할 수 있다. 이를 통해 총발생 횟수가 포아송 변수라고 할 수 있다. 이 문제에 대해 자세히 하는 것이 이 책의 범위를 벗어나는 것은 아니지만 이와 관련된 증명이 포아송 과정의 이해에 큰 도움이 되지 않으므로 자세히 다루지는 않을 것이다.

예제 3.4-15

전기 주석 도금 강판을 검사하는 데 분당 평균 0.2 결함이 발견된다. 다음 각각의 답을 구하라.

(a) 3분에 결함이 1개 발견될 확률

(b) 5분에 결함이 최소 2개 발견될 확률

(c) 0.25시간 동안 결함이 최대 1개 발견될 확률

해답

t는 분(minutes)이라 하고, $(0, t]$시간 동안 발견되는 결함의 수를 $X(t)$라고 하자.

(a) $\alpha = 0.2$, $t = 3$이므로 $X(3) \sim \text{Poisson}(\lambda = \alpha t = 0.6)$이다. 그리고 표 A.2를 이용하면,

$$P(X(3) = 1) = P(X(3) \leq 1) - P(X(3) \leq 0) = 0.878 - 0.549 = 0.329$$

(b) $\alpha = 0.2$, $t = 5$이므로 $X(5) \sim \text{Poisson}(\lambda = \alpha t = 1.0)$이다. 그리고 표 A.2를 이용하면,

$$P(X(5) \geq 2) = 1 - P(X(5) \leq 1) = 1 - 0.736 = 0.264$$

(c) $\alpha = 0.2$, $t = 15$이므로 $X(15) \sim \text{Poisson}(\lambda = \alpha t = 3.0)$이다. 그리고 표 A.2를 이용하면,

$$P(X(15) \leq 1) = 0.199$$ ■

예제 3.4-16

시간당 비율이 α인 포아송 과정에 따라 사람들이 백화점에 들어간다. 매장에 들어가는 사람들 중 30%는 50.00달러 이상을 구매한다. 다음 1시간 동안 50.00달러 이상 구매할 고객의 수에 대한 확률질량함수를 찾아라.

해답

다음 1시간 동안 백화점에 들어가는 사람의 수를 X라 하고, 50.00달러 이상 구매하는 고객의 수를 Y라 하자. 주어진 정보에 따르면 $X \sim \text{Poisson}(\alpha)$이고, $X = n$일 때 Y의 조건부 분포는 이항분포$(n, 0.3)$이다. 그러므로

$$P(Y = k|X = n) = \binom{n}{k}(0.3)^k (0.7)^{n-k} \quad n \geq k$$

또한, 50.00달러 이상 구매한 고객의 수는 백화점에 입장한 총고객의 수보다 적으므로 $n < k$일 때, $P(Y = k \mid X = n) = 0$이다. 따라서 전확률 법칙에 따라,

$$P(Y = k) = \sum_{m=0}^{\infty} P(Y = k \mid X = k + m) P(X = k + m)$$

$$= \sum_{m=0}^{\infty} \binom{k + m}{k} (0.3)^k (0.7)^m e^{-\alpha} \frac{\alpha^{k+m}}{(k+m)!}$$

$$= \sum_{m=0}^{\infty} e^{-0.3\alpha} \frac{(0.3\alpha)^k}{k!} e^{-0.7\alpha} \frac{(0.7\alpha)^m}{m!}$$

$$= e^{-0.3\alpha} \frac{(0.3\alpha)^k}{k!} \sum_{m=0}^{\infty} e^{-0.7\alpha} \frac{(0.7\alpha)^m}{m!}$$

$$= e^{-0.3\alpha} \frac{(0.3\alpha)^k}{k!}, \quad k = 0, 1, 2, \cdots$$

마지막 등식은 확률질량함수의 합이 1이 되기 때문에 성립한다. 따라서 $Y \sim \text{Poisson}(0.3\alpha)$ 이다. ∎

예제 3.4-17 $X(t)$가 비율이 α인 포아송 과정이라고 하자. $X(1) = n$이다. $X(0.4)$의 조건부 분포는 이항분포 $(n, 0.4)$이다. 즉, 구간 $(0, 1]$에서 n 사건이 발생하는 것을 알면, 간격 $(0, 0.4]$에서 발생되는 사건의 수는 이항분포$(n, 0.4)$ 확률변수이다.

해답

$k = 0, 1, \cdots, n$일 때, 사건은 k 사건이 $(0, 0.4]$ 구간에서 발생되는 것과 $n - k$ 사건이 $(0.4, 1]$ 구간에서 발생되는 것과 동일하다.

$$[X(0.4) = k] \cap [X(1) = n], \quad [X(0.4) = k] \cap [X(1) - X(0.4) = n - k]$$

그러므로,

$$P(X(0.4) = k \mid X(1) = n)$$

$$= \frac{P([X(0.4) = k] \cap [X(1) = n])}{P(X(1) = 1)}$$

$$= \frac{P([X(0.4) = k] \cap [X(1) - X(0.4) = n - k])}{P(X(1) = 1)}$$

$$= \frac{P(X(0.4) = k) P(X(1) - X(0.4) = n - k)}{P(X(1) = 1)} \quad \text{(명제 3.4-2의 (3)에 따라)}$$

$$= \frac{[e^{-0.4\alpha}(0.4\alpha)^k / k!] e^{-(1-0.4)\alpha} [(1 - 0.4)\alpha]^{n-k} / (n-k)!}{e^{-\alpha} \alpha^n / n!} \quad \text{(명제 3.4-2의 (2)에 따라)}$$

$$= \frac{n!}{k!(n-k)!}0.4^k(1-0.4)^{n-k}$$

이항분포의 확률질량함수이다.

연습문제

1. 한 식물의 줄기를 다른 줄기 혹은 뿌리에 접목하는 작업은 주로 강한 뿌리 체계를 가진 다른 종을 통해서 좋은 열매를 맺을 수 있도록 하기 위해서 사용된다. 예를 들면, 대부분 달콤한 오렌지는 신 오렌지 종류의 뿌리에 접목한 나무에서 열린다. 각 접목작업이 0.3 확률로 독립적으로 실패한다고 가정하자. 다음 주에 접목한 식물 5개를 만들기로 예정되어 있다. X를 다음 주에 실패할 접목 식물의 수라고 하자.

(a) 확률변수 X에 해당하는 분포를 다음 중 하나 고르라.

   (i) 이항분포

   (ii) 초기하분포

   (iii) 음이항분포

   (iv) 포아송분포

(b) X의 표본공간과 PMF를 구하라.

(c) X의 기댓값과 분산을 구하라.

(d) 실패한 접목작업에 대한 비용은 각각 9.00달러임을 가정하고 다음을 구하라.

   (i) 실패한 접목작업에 대한 비용이 20.00달러를 초과할 확률을 구하라.

   (ii) 실패한 접목작업의 기댓값과 분산을 구하라.

2. 빨간불이 켜진 한 교차로에서 다른 자동차가 보이지 않을 때, 모든 운전자의 30%가 정지한다고 가정하자. 이러한 조건하에 교차로에 다가오는 임의로 선택된 15명의 운전자 중 교차로에서 정지하는 운전자의 수를 X라 하자.

(a) 확률변수 X에 해당하는 분포를 다음 중 하나 고르라.

   (i) 이항분포

   (ii) 초기하분포

   (iii) 음이항분포

   (iv) 포아송분포

(b) X의 기댓값과 분산을 구하라.

(c) $P(X=6)$와 $P(X \geq 6)$인 확률을 구하라. R 명령어를 사용하라.

3. 한 회사에서 작고 색이 있는 바인더클립을 판매한다. 클립은 20개 묶음으로 되어 있으며, 만약에 클립 중 2개 이상이 불량일 경우에 환불을 보장한다. 클립이 불량일 확률은 0.01이고, 다른 클립과 독립이다. X를 20개가 한 묶음인 클립 중 불량인 클립의 수라고 하자.

(a) 확률변수 X에 해당하는 분포를 다음 중 하나 고르라.

   (i) 이항분포

   (ii) 초기하분포

   (iii) 음이항분포

   (iv) 포아송분포

(b) 선택한 분포의 모수(s)의 값을 구하고, 구매된 클립 한 묶음이 환불될 확률을 구하기 위해 R 명령어를 사용하라.

4. 어느 한 시험은 10개의 참-거짓 질문으로 구성된다. 한 학생이 동전을 던져서 질문에 대한 답을 정한다고 가정하자. 학생이 질문에 대한 정답을 정확하게 답한 횟수를 X라고 나타내자.

(a) X의 기댓값과 분산을 구하라.

(b) 학생이 정확히 5문제를 맞힐 확률을 구하라.

(c) 학생이 최대 5문제를 맞힐 확률을 구하라. 이 질문에 답하기 위해 CDF를 사용하라.

(d) $Y = 10 - X$라고 하자. 이 경우에 Y는 무엇을 나타내는가?

(e) $P(2 \leq Y \leq 5)$를 구하기 위해 CDF를 사용하라.

5. 편지가 3일 이내에 배송될 확률은 0.9다. 당신은 저녁 식사에 친구들을 초대하기 위해 화요일에 10개의 편지를 발송했다. 금요일(즉, 3일 이내에 배송되는 경우)까지 초대장을 받은 사람만 저녁식사에 올 것이다. X를 저녁식사에 오는 친구들의 수라고 하자.

(a) 확률변수 X에 해당하는 분포를 다음 중 하나 고르라.

    (i) 이항분포

    (ii) 초기하분포

    (iii) 음이항분포

    (iv) 포아송분포

(b) X의 기댓값과 분산을 구하라.

(c) 적어도 7명의 친구들이 올 확률을 구하라.

(d) 한 출장 뷔페 서비스는 기본 100달러이고 파티에 오는 손님의 수에 따라 한 사람당 10달러의 요금이 추가된다. 출장 뷔페 비용에 대한 기댓값과 분산을 구하라.

6. 군사재판에서 피고에게 유죄가 선고되기 위해서는 배심원으로 임명된 9명에게 재판이 적합하다는 표를 얻어야 유죄판결이 내려진다. 피고가 무죄 혹은 유죄일 경우, 한 배심원이 유죄에 대해 각각 0.1 혹은 0.9 확률로 유죄라고 투표한다고 하자. 배심원들의 투표는 다른 배심원들의 투표와 독립이다. 이러한 재판에서 피고들의 40%가 무죄라고 가정하자.

(a) 모든 피고가 유죄일 확률을 구하라.

(b) 정확한 판결이 나올 비율을 구하라.

7. 연습문제 1에서 나온 접목작업 상황에서 접목작업을 차례로 하나씩 수행하고, 작업은 접목작업이 한 번 실패할 때까지 계속 진행된다고 가정하자. X를 첫 번째 실패한 작업을 포함한 접목작업의 횟수라고 하자.

(a) 확률변수 X에 해당하는 분포를 다음 중 하나 고르라.

    (i) 이항분포

    (ii) 초기하분포

    (iii) 음이항분포

    (iv) 포아송분포

(b) X의 표본공간과 PMF를 구하라.

(c) X의 기댓값과 분산을 구하라.

8. 품질관리를 수행하는 상황에서 오토바이 헬멧을 제조하는 한 회사는 결점이 있는 헬멧이 5개가 나올 때까지 검사한다. 검사된 헬멧의 총숫자 X는 생산 절차가 잘 관리되는지 되지 않는지 결정하는 데 사용될 것이다. 각각의 헬멧은 불량일 확률이 0.05고, 다른 헬멧들과는 독립이라고 가정하자.

(a) 확률변수 X에 해당하는 분포를 다음 중 하나 고르라.

    (i) 이항분포

    (ii) 초기하분포

    (iii) 음이항분포

    (iv) 포아송분포

(b) X의 표본공간과 PMF를 구하라.

(c) R 명령어를 사용하여 $X > 35$인 확률을 구하라.

9. 2개의 운동팀 A와 B는 5판 3승 게임을 진행한다(즉, 3번 먼저 이기는 팀이 게임을 이기는 것이다). A팀은 모든 게임에서 0.6의 승률로 이길 확률이 더 높다고 가정하자.

(a) 이긴 팀이 모든 게임에서 이길 확률을 구하라.

(b) 유사한 질문은 3판 2승에 대한 예제 3.4-10에서 다루었다. 두 경우의 확률을 비교하고, 두 확률 중 하나가 왜 더 큰 값이 나왔는지 직관적으로 설명하라.

10. 평균 런 길이(Average run length). 제조된 상품의 품질관리를 위해 제품의 표본에 대해 검사 시간이 주어지고, 품질 특성을 각각 측정한다. 만약 측정 평균이 사전에 정한 임계치 이하로 떨어진다면, 그 공정과정은 제어 불능이라고 여겨 작동이 중지된다. 공정과정에서 연속된 작동 중지 시점 사이에 검사된 상품의 수를 런 길이라고 부른다. 확률변수 X = 런 길이의 기댓값은 **평균 런 길이**라고 부른다. 검사가 중지될 확률은 0.01이라고 가정하자.

(a) 확률변수 X에 해당하는 분포를 다음 중 하나 고르라.

    (i) 이항분포

    (ii) 초기하분포

    (iii) 음이항분포

    (iv) 포아송분포

(b) X의 표본공간과 PMF를 구하라.

(c) 평균 런 길이를 구하라.

11. 연습문제 10의 상황에서 공정절차가 5번 중지된 이후 중요한 평가를 받는다고 가정하고 또한 검사가 매주 1번씩 이루어진다고 가정하자. Y를 연이은 중요한 평가들 사이에 있는 주 단위의 수(the number of weeks)라고 하자.

(a) 확률변수 Y에 해당하는 분포를 다음 중 하나 고르라.

    (i) 이항분포

    (ii) 초기하분포

    (iii) 음이항분포

    (iv) 포아송분포

(b) Y의 기댓값과 분산을 구하라.

12. 특정 학군에서 15대의 학교 셔틀버스 중 6대는 지난 검사 이후 약간의 결함이 생겼다(멈출 때 핸들이 흔들린다). 5대의 버스가 정밀 검사를 위해 선택되었다. X를 5대의 버스 중 결함 있는 버스의 수라고 하자.

(a) 확률변수 X에 해당하는 분포를 다음 중 하나 고르라.

    (i) 이항분포

    (ii) 초기하분포

    (iii) 음이항분포

    (iv) 포아송분포

(b) X의 표본공간과 PMF에 대한 식을 구하라.

(c) $P(2 \leq X \leq 4)$를 구하기 위해 R 명령어를 사용하라.

(d) X의 기댓값과 분산을 구하라.

13. 한 유통업자는 20개의 iPod이 담겨진 1개의 소포를 받는다. 그는 5개의 iPod 확률표본을 선택하고, 각각의 클릭휠을 철저하게 검사한다. 수송품에는 클릭휠이 오작동하는 3개의 iPod이 포함되었다고 가정하자. X를 5개의 표본 중에 결함이 있는 클릭휠이 있는 iPod의 수라고 하자.

(a) 확률변수 X에 해당하는 분포를 다음 중 하나 고르라.

    (i) 이항분포

    (ii) 초기하분포

    (iii) 음이항분포

    (iv) 포아송분포

(b) X의 표본공간과 PMF에 대한 식을 구하라.

(c) $P(X = 1)$를 계산하라.

(d) X의 기댓값과 분산을 구하라.

14. 한 호수에 있는 물고기의 개체 수에 대한 연구에서, 과학자들은 호수에서 물고기를 잡은 후, 태그를 붙인 후 풀어 주었다. 5일 동안, 특정 종류의 물고기 200마리에 태그를 붙인 다음 방생하였다. 동일한 연구의 일부분으로 호수에서 물고기 20마리를 3일 후에 잡았다. X를 잡힌 물고기 20마리 중 태그가 있는 물고기의 수라고 하자. 호수에는 특정 종류의 물고기가 1,000마리가 있다고 가정하자.

(a) 확률변수 X에 해당하는 분포를 다음 중 하나 고르라.

    (i) 이항분포

    (ii) 초기하분포

    (iii) 음이항분포

    (iv) 포아송분포

(b) $P(X \leq 4)$를 구하기 위해 R 명령어를 사용하라.

(c) (a)에 있는 분포 중 어느 것이 X의 분포에 대한 근사치로 사용될 수 있는가?

(d) 근사 분포를 사용하여, $P(X \leq 4)$인 확률에 대한 근사치를 구하고, (b)에서 구한 정확한 확률과 비교하라.

15. 특정한 종류의 전자부품 10,000개가 있는 1개의 수송품에서 300개는 결함이 있다. 50개의 부품을 검사를 위해 임의로 선택한다고 가정하고, X를 이 중 결함이 있는 부품들이 발견된 수라고 하자.

(a) 확률변수 X에 해당하는 분포를 다음 중 하나 고르라.

    (i) 이항분포

    (ii) 초기하분포

    (iii) 음이항분포

    (iv) 포아송분포

(b) $P(X \leq 3)$를 구하기 위해 R 명령어를 사용하라.

(c) (a)에서 선택한 분포는 X의 분포에 대하여 측정하기 위해 사용될 수 있는가?

(d) 근사 분포를 사용하여 $P(X \leq 3)$인 확률에 대한 근사치를 구하고, (b)에서 구한 정확한 확률과 비교하라.

16. 특정 웹사이트는 사람들이 사이트를 방문하여 광고를 클릭할 때 수입이 발생한다. 웹사이트에 방문하는 사람들의 수는 초당 $\alpha = 30$인 포아송 과정을 따른다고 하자. 사이트를 방문하는 사람 중 60%는 광고를 클릭한다. Y를 다음번에 광고를 클릭할 사람들의 수라고 하자.

(a) 확률변수 Y에 해당하는 분포를 다음 중 하나 고르라.

  (i) 이항분포

  (ii) 초기하분포

  (iii) 음이항분포

  (iv) 포아송분포(힌트 예제 3.4-16 참고)

(b) Y의 평균과 분산을 구하라.

(c) R 명령어를 사용하여 $Y > 1,100$일 확률을 구하라.

17. 구조물의 하중은 구조물 혹은 그것의 부품에 작용하는 힘이다. 하중은 설계 실패를 야기할 수도 있다. 콘크리트 구조물에 구조적 하중이 발생하는 경우를 1년에 두 번의 발생률을 가지는 포아송 과정에 의해 모형화할 수 있다. 다음 분기(3개월) 동안 2번 이상 발생할 확률을 구하라.

18. 일반적인 펜실베이니아의 겨울에, I80번 주간 고속도로는 10마일당 평균 1.6개의 돌개구가 있다. 특정한 마을은 주와 주 사이의 30마일에 있는 돌개구를 수리해야 한다는 책임이 있다. X를 마을이 내년 겨울 끝까지 수리해야 할 돌개구의 수라고 하자.

(a) 확률변수 X에 해당하는 분포를 다음 중 하나 고르라.

  (i) 이항분포

  (ii) 초기하분포

  (iii) 음이항분포

  (iv) 포아송분포

(b) X의 기댓값과 분산을 구하라.

(c) $P(4 < X \le 9)$을 구하라.

(d) 1개의 돌개구를 수리하는 비용은 5,000달러이다. Y를 내년 겨울을 위한 마을의 돌개구 수리비용이라고 할 때, Y의 평균값과 분산을 구하라.

19. 과학 논문지를 출판하는 한 타이핑 대리점은 타자 치는 서기 2명을 고용한다. 기사를 타이핑할 때, X_1, X_2를 각각 서기 1과 서기 2에 의한 오타의 수라고 가정하자. X_1, X_2를 각각 기댓값 2.6과 3.8인 포아송 확률변수라고 가정하자.

(a) X_1과 X_2의 분산을 구하라.

(b) 서기 1이 기사의 60%를 다룬다고 가정하자. 다음 기사에 오타가 없을 확률을 구하라.

(c) 만약 1개의 기사가 오타가 없다면, 2번째 서기에 의해 작성되었을 확률은 어떻게 되는가?

20. 한 건설회사에서 1명의 기술자가 새로운 사무실 빌딩 건설에 대한 전기작업 하청계약을 맺었다. 이런 전기작업 하청계약에 대한 지난 경험으로부터, 기술자는 설치된 각각의 조명등 스위치들이 설치된 다른 조명등 스위치와는 독립적으로 $p = 0.002$의 확률로 결함이 있을 것이라는 것을 안다. 이 빌딩은 $n = 1,500$개의 조명등 스위치를 가질 것이다. X를 이 빌딩에서 결함 있는 조명등 스위치의 수라고 하자.

(a) 확률변수 X에 해당하는 분포를 다음 중 하나 고르라.

  (i) 이항분포

  (ii) 초기하분포

  (iii) 음이항분포

  (iv) 포아송분포

(b) $P(4 \le X \le 8)$를 구하기 위해 R 명령어를 사용하라.

(c) (a)에 있는 분포 중 어느 것이 X의 분포에 대한 근사치로 사용될 수 있는가?

(d) 근사 분포를 사용하여 $P(4 \le X \le 8)$인 확률에 대한 근사치를 구하고, (b)에서 구한 정확한 확률과 비교하라.

(e) 결함이 있는 스위치가 없을 확률에 대해 정확한 값과 근사치를 계산하라.

21. 300개의 불량품이 있다고 한 연습문제 15의 10,000개의 전기부품에서 200개의 단순확률표본을 추출한다고 가정하고, Y를 표본에 있는 불량품의 수라고 하자.

(a) 확률변수 Y는 이항분포로 근사하게 나타낼 수 있는 초기하분포(M_1, M_2, n)다. 이항분포(n, p)는 Poisson(λ)를 통해 근사하게 나타낼 수 있다. 언급한 각각의 분포에 대한 변수를 구체화하라.

(b) (a)에서 언급한 확률에 대해 두 가지 근사치뿐만 아니라 $P(Y \le 10)$에 대한 정확한 확률을 계산하기 위해 R 명령어를 사용하라.

22. X를 다음 상황에 대한 각각의 사건의 수를 계산한 확률변수라고 하자.

(a) 점심에 낚시꾼에 의해 잡힌 물고기의 수

(b) 1년에 I95 주간도로에 버려진 고장 차량들의 수

(c) 1시간에 주어진 1개의 도시에서 잘못 걸린 전화의 수

(d) 주어진 1개의 도시에서 100세까지 산 사람들의 수

각각 경우에 대해, 이항분포에 대한 포아송 근사치가 어떻게 X에 대한 포아송 모형의 사용을 타당하게 하는 데 사용될 수 있는지를 설명하고, 이를 타당하게 하기 위한 가정을 논하라.

23. $X(t)$는 비율이 α인 포아송 과정이라 하자.

(a) 이 사건이 동일한 것이 타당하다는 것을 서술하라.

$$[X(t) = 1] \cap [X(1) = 1]$$
$$[X(t) = 1] \cap [X(1) - X(t) = 0]$$

(b) $\alpha = 2$와 $t = 0.6$일 때 (a)에 대한 사건의 확률을 구하기 위해 명제 3.4-2를 사용하라.

(c) $X(1) = 1$, 즉 시간 간격 $[0, 1]$에서 사건이 한 번만 발생한다고 알려져 있다. T를 발생한 사건의 시간이라 하고, t는 0과 1 사이라 하자.

   (i) 사건 $T \le t$와 $X(t) = 1$가 동일한 사건임을 설명하라.

   (ii) $X(1) = 1$로 주어진 T의 조건부 분포가 $P(T \le t | X(1) = 1) = t$로 나타내는 $[0, 1]$에 있는 균등분포임을 보여라.

3.5 연속형 확률변수의 모형

가장 단순한 연속형 균등분포는 정의 3.2-5에서 소개하였다. 이는 예제 3.2-5에서 확장되었으며, 더 나아가 예제 3.2-4, 3.3-8, 3.3-16에서 더 확장하여 다루었다. 이번 절에서는 서로 다른 유용한 종류의 연속분포인 **지수분포**와 **정규분포**를 상세하게 설명한다. 신뢰성 연구에서 주로 사용되는 세 가지 추가적인 관련 분포를 연습문제에서 잠시 소개하였다.

3.4절에서 언급되었던 실험의 특성이 상당히 명료한 추정하에서 확률모형의 종류를 결정하는 이산형 확률변수와는 다르게, 어느 확률모형이 특정한 연속확률변수의 정확한 분포를 가장 잘 나타내고 있는지에 대해 알기 어렵다. 예를 들어, 예제 3.2-6에서 무작위로 선택된 전자부품의 수명에 관한 확률밀도함수가 추정된 형태를 가지고 있다는 것에 대해 선험지식이 없을 수 있다. 이러한 이유에 대해 이번 절에서는 데이터 집합에 대하여 특정 확률모형의 **적합도**를 평가하는 데 도움을 주는 진단절차(diagnostic procedure)에 관하여 소개한다.

3.5.1 지수분포

확률변수 X가 **지수**인 것 또는 모수 λ의 지수분포를 가지고 있다고 말하며, $X \sim \text{Exp}(\lambda)$로 나타낸다. 만약 확률변수 X의 PDF가 다음과 같다면,

$$f(x) = \begin{cases} \lambda e^{-\lambda x} & x \ge 0 \\ 0 & x < 0 \end{cases}$$

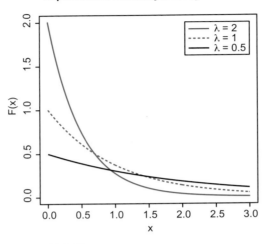
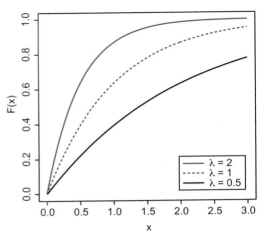

그림 3-13

3개 지수분포의 PDF(왼쪽 그림)와 CDF(오른쪽 그림)

지수분포는 장비의 수명에 대한 가장 간단한 모형으로 신뢰성 연구에서 사용한다(지수분포의 일반화에 대한 연습문제 13과 14 참고). 더욱이 다음에서 설명된 것과 같이, 포아송 과정에서 다음 사건이 발생할 때까지의 시간은 지수분포를 따른다. 따라서 다음 고객이 도착할 때까지의 시간, 다음 은행 또는 투자회사가 도산할 때까지의 시간, 교전의 다음 발생 때까지의 시간, 다음 지진 때까지의 시간, 또는 다음 여러 성분으로 구성된 시스템이 고장 날 때까지의 시간 등과 같이 광범위한 대기시간에 사용된다.

예제 3.2-6에서 사용된 PDF는 $\lambda = 0.001$인 지수분포이다. 이 예제에서 사용되었던 적분법과 유사하게 다음과 같이 지수분포 Exp(λ)의 CDF를 따른다.

$$F(x) = \begin{cases} 1 - e^{-\lambda x} & x \geq 0 \\ 0 & x < 0 \end{cases} \tag{3.5.1}$$

그림 3-13은 서로 다른 모수 λ의 값에 대한 지수분포의 PDF와 CDF의 도표를 나타낸다.

지수분포와 관련 있는 R 명령어의 일부분은 연습문제 4에 주어졌다.

예제 3.3-6과 3.3-14는 지수분포 $\lambda = 0.1$인 지수분포의 평균값과 분산을 각각 구하고, 반면에 예제 3.3-19는 $\lambda = 0.001$인 지수분포의 백분위수를 구한다. 같은 종류의 계산은 일반적인 λ에 대한 다음 식을 산출한다.

지수분포의 평균, 분산, 백분위수

$$\mu = \frac{1}{\lambda}, \quad \sigma^2 = \frac{1}{\lambda^2}, \quad x_\alpha = -\frac{\log(\alpha)}{\lambda} \tag{3.5.2}$$

예제 3.5-1

연간 퍼스널 컴퓨터(PC)의 사용수명은 모수 $\lambda = 0.25$인 지수분포를 따른다고 가정하자. 4년제 학부에 입학한 학생은 얼마 전 졸업한 그의 누나로부터 2년 된 PC를 물려받는다. 물려받은 학생이 적어도 졸업할 때까지 지속할 수 있는 PC의 사용수명 확률을 구하라.

해답

X는 PC의 사용수명이라고 정의하자. PC는 이미 2년 동안 작동되었으므로, 우리는 PC가 적어도 4년 이상 지속될 수 있는지에 대한 확률을 구하고 싶다. 수학적 표기법으로 위의 조건은 $P(X > 2 + 4 \mid X > 2)$로 표현된다. 조건부 확률의 정의와 지수확률변수의 CDF 형태를 사용하여 우리는 다음과 같이 구할 수 있다.

$$P(X > 2 + 4 \mid X > 2) = \frac{P([X > 2 + 4] \cap [X > 2])}{P(X > 2)}$$

$$= \frac{P([X > 2 + 4])}{P(X > 2)} = \frac{e^{-0.25 \times (2+4)}}{e^{-0.25 \times 2}}$$

$$= e^{-0.25 \times 4}$$

$P(X > 4)$는 또한 $e^{-0.25 \times 4}$와 같기 때문에, 2년 된 PC는 새 브랜드 PC로 학생이 졸업할 때까지 사용하는 것과 같은 확률을 갖는다. ∎

음이 아닌 확률변수 X는 **무기억성**(memoryless property) 또는 시간 경과와 무관한 특성(no-aging property)이 있다고 하며, $s, t > 0$인 모든 s, t에 대해 다음과 같이 기술한다.

확률변수의 무기억성

$$P(X > s + t \mid X > s) = P(X > t) \tag{3.5.3}$$

예제 3.5-1에서와 유사한 계산을 통해, 지수확률분포는 무기억성을 갖고 있다는 것을 나타낸다. 사실 지수분포는 무기억성을 갖고 있는 유일한 분포라는 것을 나타낸다.

포아송-지수분포의 연관성 포아송 과정에 대해, T_1은 처음 사건이 발생한 시간이라 하고, $i = 2, 3, \cdots$에 대하여 T_i는 $(i - 1)$번째와 i번째 사건의 발생 사이의 경과된 시간을 의미한다고 하자. 예를 들어, $T_1 = 3$과 $T_2 = 5$는 포아송 과정의 첫 번째 발생이 시간(time) 3, 두 번째 발생은 시간(time) 8에서 일어난 것을 의미한다. 시간 $T_1, T_2, \cdots$는 도착간격 시간(interarrival times)이라고 한다.

명제 3.5-1

만약 $X(s)$, $s \geq 0$은 비율 α의 포아송 과정이라고 한다면, 도착간격 시간은 PDF $f(t) = \alpha e^{-\alpha t}$, $t > 0$인 지수분포를 갖는다.

증명

T_1는 처음 도착한 시간(arrival time)이라고 하자. T_1의 PDF를 구하기 위해 우리는 우선 $1 - F_{T_1}(t) = P(T_1 > t)$를 구할 것이다. 사건 $T_1 > t$과 사건 $X(t) = 0$의 두 사건은 구간 $(0, t]$에서 발생된 사건이 없다는 것과 같기 때문에, 사건 $T_1 > t$는 사건 $X(t) = 0$과 같다는 것을 나타냄으로써 증명을 마칠 수 있다. 그러므로,

$$P(T_1 > t) = P(X(t) = 0) = e^{-\alpha t}$$

이다. 이러한 이유로 $F_{T_1}(t) = P(T_1 \le t) = 1 - e^{-\alpha t}$과 미분을 통해 T_1의 PDF는 명제에서 주어진 대로라는 것을 알 수 있다. 두 번째 도착간격 시간(interarrival time) T_2가 명제 3.4-2에서 알려진 것과 같은 분포를 갖고 있다는 것을 보이기 위해, 우리가 시간 T_1 후에 발생한 사건을 기록하기 시작했을 때 시간 0은 T_1로 설정되고, 같은 비율의 α를 갖는 새로운 포아송 과정을 구해야 한다. 새로운 포아송 과정에서 T_2는 첫 번째 도착간격 시간이며, T_1과 같은 분포를 따른다. 모든 도착간격 시간은 비슷한 논거를 따르는 같은 분포를 갖는다. ■

예제 3.5-2 대학의 컴퓨터 네트워크 로그온 사용자는 1분당 10명 비율의 포아송 과정으로 모형화될 수 있다. 만약 시스템의 관리자가 오전 10시에 로그온의 수를 추적할 있다면, 오전 10시 이후 10~20초 내 처음 로그온 기록이 발생할 확률을 구하라.

해답

오전 10시를 시간 0으로 두고, T_1은 분으로 나타낸 처음 도착 시간을 나타낸다고 하자. 명제 3.5-1 $T_1 \sim \text{Exp}(10)$이므로 식 (3.5.1)에서 주어진 CDF 식은 다음과 같이 산출된다.

$$P\left(\frac{10}{60} < T < \frac{20}{60}\right) = e^{-10 \times (10/60)} - e^{-10 \times (20/60)} = 0.1532$$ ■

3.5.2 정규분포

확률변수가 각각 (일반적으로) ϕ와 Φ으로 정의된 PDF와 CDF가

$$\phi(z) = \frac{1}{\sqrt{2\pi}}e^{-z^2/2}, \quad \Phi(z) = \int_{-\infty}^{z} \phi(x)\,dx$$

이라면 **표준정규분포**(Standard Normal Distribution)를 갖는다고 말한다. 표준정규분포는 Z로 정의된다. PDF ϕ는 0에 대하여 대칭적이라는 것을 기억하라. 그림 3-14 참고.

확률변수의 PDF와 CDF가

$$f(x) = \frac{1}{\sigma}\phi\left(\frac{x - \mu}{\sigma}\right), \quad F(x) = \Phi\left(\frac{x - \mu}{\sigma}\right)$$

그림 3-14
$N(0, 1)$ 분포의 PDF

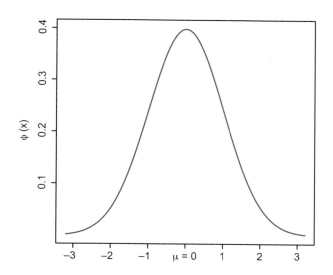

이라면 $X \sim N(\mu, \sigma^2)$으로 정의된 모수가 μ와 σ인 **정규분포**를 따른다고 말한다. 따라서,
$-\infty < x < \infty$일 때

$$f(x) = \frac{1}{\sqrt{2\pi\sigma^2}} \exp(-[x - \mu]^2/[2\sigma^2])$$

이며, 위 식은 μ에 대칭적이다. 그러므로 μ는 평균, 중앙값뿐만 아니라 X의 최빈값도 된다. 모수 σ는 X의 표준편차이다. $\mu = 0$, $\sigma = 0$일 때 X는 표준정규분포이고 Z로 정의된다.

정규확률밀도함수의 적분은 어려우며, 적분을 통해 확률을 계산하는 과정은 사용되지 않을 것이다. 더욱이 누적분포함수는 닫힌 형태(closed form)의 표현식을 가지지 않는다. 정규 (μ, σ^2)의 확률밀도함수, 누적분포함수, 백분위수와 정규공간에 대하여 모의실험하는 것에 대한 R 명령어는 다음과 같다.

정규분포 $X \sim N(\mu, \sigma^2)$에 대한 R 명령어

`dnorm(x,`μ`,`σ`)` # $(-\infty, \infty)$에서 x에 대한 PDF를 반환한다

`pnorm(x,`μ`,`σ`)` # $(-\infty, \infty)$에서 x에 대한 CDF를 반환한다

`qnorm(s,`μ`,`σ`)` # $(0, 1)$에서 s에 대하여 s100 백분위수를 반환한다

`rnorm(n,`μ`,`σ`)` # 정규(μ, σ^2) 확률변수 n개의 표본을 반환한다

위의 R 명령어에서 x와 s 모두 벡터이다. 예를 들어, 만약 $X \sim N(5, 16)$이라면,

- *dnorm(6,5,4)*는 $x = 6$일 때 X의 PDF의 값 0.09666703을 반환한다.
- *pnorm(c(3,6), 5, 4)*는 $P(X \leq 3)$과 $P(X \leq 6)$의 값을 반환한다.
- *qnorm(c(0.9, 0.99), 5, 4)*는 X의 90 백분위수와 99 백분위수인 10.12621과 14.30539를 각각

반환한다.

$\Phi(z)$는 0~3.09까지 매 0.01씩 증가하는 z값에 대응하는 표준정규 PDF $\Phi(z)$의 값이 표 A.3에 나타나 있다. 이번 절의 나머지에서는 표준정규확률변수의 확률과 백분위수를 구하는 것뿐만 아니라, 다른 정규확률변수까지도 찾기 위해 표 A.3을 어떻게 사용하는지에 대해 배울 것이다. 표준정규분포에 대한 표 하나만 이용하여 모든 정규확률변수의 확률과 백분위수를 구할 수 있는 것은 정규분포의 흥미 있는 속성 때문인데, 다음 명제가 이 속성에 관한 것이다.

명제 3.5-2   만약 $X \sim N(\mu, \sigma^2)$와 a, b가 실수라면,

$$a + bX \sim N(a + b\mu, b^2\sigma^2) \tag{3.5.4}$$

위의 명제에서 새로 파악할 수 있는 것은 정규확률변수의 선형변환 또한 정규확률변수라는 점이다. $Y = a + bX$의 변환된 변수의 평균값과 분산에 해당하는 $a + b\mu$과 $b^2\sigma^2$은 명제 3.3-1과 3.3-2를 각각 따르므로 결국 이 식이 의미하는 바는 전혀 새로운 것이 아니다.

확률 구하기   먼저 표준정규확률변수와 연관 있는 확률을 찾기 위한 표 A.3의 사용법을 설명한다.

예제 3.5-3 $Z \sim N(0, 1)$이라고 하자. (a) $P(-1 < Z < 1)$, (b) $P(-2 < Z < 2)$, (c) $P(-3 < Z < 3)$을 구하라.

해답

표 A.3에서 z값은 표의 상단 열을 통해 알 수 있는 두 번째 소수점 자리를 갖는 표와 함께 총 2개의 소수점 자리로 작성되어 있다. 그러므로 z값 1은 표의 왼쪽 행에 1과 표의 오른쪽 열 상단에 0.00으로 확인된다. 확률 $\Phi(1) = P(Z \le 1)$은 1.0과 0.00으로 확인된 열과 행이 일치하는 숫자이며, 그 값은 0.8413이다. 음수는 표 A.3에 나열되어 있지 않기 때문에 $\Phi(-1) = P(Z \le -1)$은 표준정규분포는 0에 대하여 대칭이라는 사실을 이용하여 구할 수 있다. 이것은 왼쪽 -1 방향의 $N(0, 1)$의 확률밀도함수 아래 면적과 오른쪽 $+1$ 방향의 $N(0, 1)$의 확률밀도함수 아래 면적이 같음을 의미한다(그림 3-14 참고). 이러한 이유로,

$$\Phi(-1) = 1 - \Phi(1)$$

이고, 1을 대체하는 어떠한 양수에 대해서도 같은 관계가 유지된다. 그러므로 (a)의 답은

$$P(-1 < Z < 1) = \Phi(1) - \Phi(-1) = 0.8413 - (1 - 0.8413)$$
$$= 0.8413 - 0.1587 = 0.6826$$

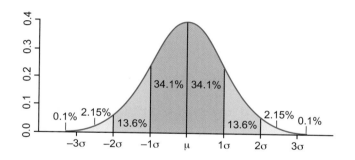

그림 3-15

정규분포의 68%, 95%, 99.7% 특성 표현

이다. 같은 방법으로 우리는 (b)와 (c)에 대한 다음의 답을 구할 수 있다.

$$P(-2 < Z < 2) = \Phi(2) - \Phi(-2) = 0.9772 - 0.0228 = 0.9544,$$

$$P(-3 < Z < 3) = \Phi(3) - \Phi(-3) = 0.9987 - 0.0013 = 0.9974$$

따라서 표준정규확률 변숫값의 약 68%는 평균에서 1 표준편차 범위 내에 포함되고, 약 95%는 평균에서 2 표준편차 범위 내에 포함되며, 약 99.7%는 평균에서 3 표준편차 범위 내에 포함된다. 이것은 68-95-99.7 규칙(68-95-99.7% rule)으로 알려져 있다(그림 3-15 참고). ■

어떤 정규확률변수와 관련된 확률도 다음 명제 3.5-2에 따라 표 A.3을 사용하여 구할 수 있다.

따름정리 3.5-1 만약 $X \sim N(\mu, \sigma^2)$라면

1. $\dfrac{X - \mu}{\sigma} \sim N(0, 1)$이고,

2. $P(a \le X \le b) = \Phi\left(\frac{b-\mu}{\sigma}\right) - \Phi\left(\frac{a-\mu}{\sigma}\right)$이다.

따름정리가 명제 3.5-2로부터 어떻게 나오는지를 증명하기 위해, 먼저 식 (3.5.4)에 $a = -\mu$과 $b = 1$을 대입하여 $X \sim N(\mu, \sigma^2)$를 확인하라. 그러면,

$$X - \mu \sim N(0, \sigma^2)$$

이다. 식 (3.5.4)의 두 번째 응용으로, $a = 0$과 $b = 1/\sigma$일 때 정규확률변수 $X - \mu$는 다음과 같다.

$$\frac{X - \mu}{\sigma} \sim N(0, 1)$$

말로 표현하자면, 따름정리 3.5-1의 (1) 부분은 임의의 정규확률변수 X에서 X의 평균을 빼고, X의 표준편차로 나눔으로써 표준화될 수 있다는 것(예 : 변환된 표준정규확률변수 Z)을 의미한다. 이것은 $a \le X \le b$ 형태의 어떠한 사건도 표준화된 변수의 형태로 표현될 수 있다는 것

을 의미한다.

$$[a \leq X \leq b] = \left[\frac{a-\mu}{\sigma} \leq \frac{X-\mu}{\sigma} \leq \frac{b-\mu}{\sigma} \right]$$

그러므로 따름정리 3.5-1의 (2)는

$$P(a \leq X \leq b) = P\left(\frac{a-\mu}{\sigma} \leq \frac{X-\mu}{\sigma} \leq \frac{b-\mu}{\sigma} \right) = \Phi\left(\frac{b-\mu}{\sigma} \right) - \Phi\left(\frac{a-\mu}{\sigma} \right)$$

라는 결과가 나오며, 마지막 등식은 결과적으로 $(X-\mu)/\sigma$는 표준정규분포이기 때문에 성립한다.

예제 3.5-4 $X \sim N(1.25, 0.46^2)$이라고 하자. (a) $P(1 \leq X \leq 1.75)$, (b) $P(X > 2)$를 구하라.

해답

따름정리 3.5-1 (2) 부분의 직접적인 적용으로 다음과 같이 산출된다.

$$P(1 \leq X \leq 1.75) = \Phi\left(\frac{1.75 - 1.25}{0.46} \right) - \Phi\left(\frac{1 - 1.25}{0.46} \right)$$
$$= \Phi(1.09) - \Phi(-0.54) = 0.8621 - 0.2946 = 0.5675$$

(b) 부분에서의 사건에 대하여 같은 방법으로 계산하면,

$$P(X > 2) = P\left(Z > \frac{2 - 1.25}{0.46} \right) = 1 - \Phi(1.63) = 0.0516$$

임을 얻을 수 있다.

그림 3-16
표준정규 CDF(왼쪽)와 PDF(오른쪽)의 z_α 백분위수

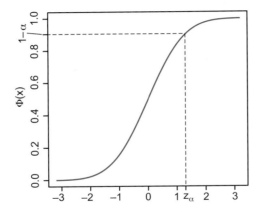
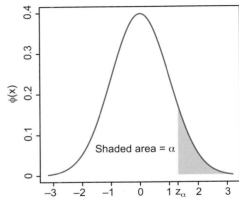

따름정리 3.5-1의 다른 결과는 예제 3.5-3에서 나타낸 표준정규분포의 68-95-99.7% 규칙을 정규확률변수 $X \sim N(\mu, \sigma^2)$에 적용시키는 것이다.

$$P(\mu - 1\sigma < X < \mu + 1\sigma) = P(-1 < Z < 1) = 0.6826$$

$$P(\mu - 2\sigma < X < \mu + 2\sigma) = P(-2 < Z < 2) = 0.9544$$

$$P(\mu - 3\sigma < X < \mu + 3\sigma) = P(-3 < Z < 3) = 0.9974$$

백분위수 탐색 정의 3.3-1에서 소개된 표기법에 따라 Z의 $(1 - \alpha)$ 백분위수는 z_α로 정의되었다. 그러므로 표준정규확률밀도함수 아래 z_α의 우측 면적은 그림 3-16의 오른쪽 패널에서 나타낸 것과 같이 α이다. 그림의 왼쪽 패널은 z_α 속성의 정의를 표현하였고, 이것은

$$\Phi(z_\alpha) = 1 - \alpha$$

이며, z_α를 구하기 위해 사용된다. 함수 Φ는 한정적인 형태의 수식을 가질 수 없기 때문에, 이 방정식을 풀기 위해 먼저 $1 - \alpha$를 표 A.3에서 찾고 z_α를 모서리에 적힌 값을 통해 읽어 낸다. 만약 $1 - \alpha$의 정확한 값이 표에 포함되어 나타나 있지 않다면 근사치를 사용한다. 이 과정을 다음 예에 나타내었다.

예제 3.5-5 Z의 95 백분위수를 구하라.

해답

$\alpha = 0.05$이므로, $1 - \alpha = 0.95$이다. 그러나 정확한 숫자 0.95는 표 A.3에 존재하지 않는다. 그렇기 때문에, 표 A.3에 있는 0.95보다는 약간 크지만 가장 가까운 숫자(0.9505)와 약간 작지만 가장 가까운 숫자(0.9495)를 사용한다. 이 두 숫자에 해당하는 z값의 평균을 이용해 $z_{0.05}$의 근사치를 다음과 같이 구할 수 있다. $z_{0.05} \simeq (1.64 + 1.65)/2 = 1.645$이다. ■

이와 같은 정규분포를 따르는 모든 확률변수의 백분위수를 구하기 위한 표 A.3의 사용은 다음의 명제 3.5-2에 대한 따름정리에 의해 가능해진다.

따름정리 3.5-2 만약 $X \sim N(\mu, \sigma^2)$일 때, x_α를 X의 $(1 - \alpha)$ 백분위수라고 하면,

$$x_\alpha = \mu + \sigma z_\alpha \tag{3.5.5}$$

이 따름정리의 증명을 위해 $P(X \leq \mu + \sigma z_\alpha) = 1 - \alpha$임을 보여야 한다. 이것은 $a = -\infty$이고 $b = \mu + \sigma z_\alpha$일 때 따름정리 3.5-1의 (2) 부분을 이용하여 다음과 같이 정리된다.

$$P(X \leq \mu + \sigma z_\alpha) = \Phi(z_\alpha) - \Phi(-\infty) = 1 - \alpha - 0 = 1 - \alpha$$

예제 3.5-6

$X \sim N(1.25,\ 0.46^2)$일 때 X의 95 백분위수 $x_{0.05}$를 구하라.

해답

식 (3.5.5)를 이용하여

$$x_{0.05} = 1.25 + 0.46z_{0.05} = 1.25 + (0.46)(1.645) = 2.01$$

Q-Q 도표   이미 언급한 바와 같이 연속형 확률변수의 측정에 대한 대부분의 실험은 측정치의 분포를 가장 잘 설명할 수 있는 확률모형에 대한 통찰력을 거의 제공하지 못한다. 따라서 어떤 모집단으로부터 추출된 임의표본이 특정 모형에 적합한지 알아보기 위한 몇 가지 적합도 검정절차가 만들어졌다. 여기서는 정규분포의 적합도를 검정하기 위해 사용되는 매우 단순한 그래픽을 통한 적합도 검정절차인 **Q-Q 도표**에 대해 알아본다.

   Q-Q 도표의 기본 아이디어는 가정된 모형분포의 백분위수에 대응되는 표본 백분위수를 순서대로 표시하는 것이다. 표본 백분위수가 대응되는 모집단의 백분위수를 추정할 때, 가정된 모형의 분포가 실제 모집단 분포를 추정하는 데 적합하다면, 표시된 점들은 참값을 지나는 45°의 직선에 근사하게 위치해야 한다. 예를 들어 표본 크기가 10이면 순서 통계량이 5, 15,···, 95 표본 백분위수이다. 정의 1.7-2를 보자. 이 표본이 표준정규분포로부터 추출되었다면 표본 백분위수들은 표준정규분포의 백분위수에 따라 표시될 것이다. 이것을 확인하기 위해 R 명령어 *qnorm(seq(0.05, 0.95, 0.1))*을 이용할 수 있다. 실제로 μ와 σ가 알려지지 않은 정규분포$(\mu,\ \sigma^2)$으로부터 추출된 표본에 대해 검정할 때 표본 백분위수는 표준정규분포의 백분위수에 따라 표시된다. 이것은 정규분포$(\mu,\ \sigma^2)$의 백분위수 x_α가 정규분포$(0,\ 1)$의 백분위수 z_α와 $x_\alpha = \mu + \sigma z_\alpha$인 선형적인 관계에 있기 때문이다. 따라서 정규분포에 대한 모형이 적합하다면 표시되는 점은 참값을 지나는 45°의 직선은 아닐지라도 직선 모양으로 위치하게 된다.

   R에는 정규 Q-Q 도표에 대한 명령어가 있다. R 객체 x의 데이터를 이용하는 R 명령어의 2개의 형태는 다음과 같다.

그림 3-17

정규 데이터(왼쪽)와 지수 데이터(오른쪽)의 정규 Q-Q 산점도

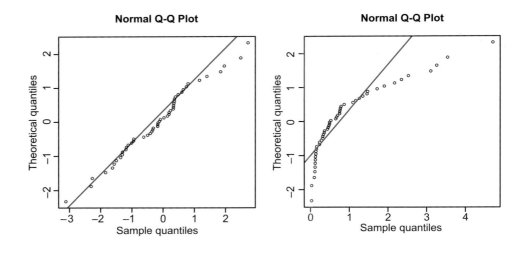

정규 Q-Q 도표에 대한 R 명령어

```
qqnorm(x); qqline(x, col=2)
qqnorm(x, datax=T)l qqline(x, datax=T, col=2)
```

첫 번째 형태는 y축에 표본 백분위수를 표시하고 두 번째 형태는 x축에 표본 백분위수를 표시하였다.

그림 3-17의 모의실험을 통해 생성된 50개의 표본을 이용한 두 도표는 데이터가 실제로 정규분포에서 추출되었을 때 직선과 일치하지만 이 데이터가 지수분포에서 추출되었을 때는 직선과 일치하지 않는 것을 보여 준다. 그림 3-17의 왼쪽의 도표는 R 명령어 *set.seed(111); x=rnorm(50); qqnorm(x, datax=T); qqline(x, datax=T, col=2)*으로 그릴 수 있고 오른쪽의 도표는 *x=rexp(50); qqnorm(x, datax=T); qqline(x, datax=T, col=2)*를 이용해 그릴 수 있다.

연습문제

1. 자동차 배터리의 수명은 6년이 평균이다. 배터리 수명은 지수분포를 따른다고 가정하자.

(a) 임의로 선택된 자동차 배터리가 4년 이상 지속될 확률을 구하라.

(b) 배터리 수명의 분산과 95 백분위수를 구하라.

(c) 3년 된 배터리가 여전히 잘 작동된다고 가정하자.

   (i) 배터리가 5년 더 지속될 확률을 구하라.

   (ii) 이 배터리가 얼마 동안 지속될 것이라고 예상되는가?

2. 당신이 받은 잘못 걸린 전화의 수가 매월 1번의 비율을 가지는 포아송 과정으로 모형화될 수 있다.

(a) 첫 번째 잘못 걸린 전화가 두 번째 주와 세 번째 주 사이에 올 확률을 구하라.

(b) 두 번째 주에 잘못 걸린 전화가 없다고 가정하자. 다음 잘못 걸린 전화가 올 때까지 걸리는 시간에 대한 기댓값과 분산을 구하라.

3. 식 (3.5.3)에서 기술된 지수확률변수 X의 무기억성이 다음과 같이 동등하게 다시 서술되는 것이 타당함을 보여라.

$$P(X \leq s + t \mid X \geq s) = 1 - \exp\{-\lambda t\}$$

4. 지수분포(1)로부터 크기가 10,000인 표본공간을 생성하고, 이에 대한 히스토그램을 그리기 위해 R 명령어 *set.seed(111); hist(rexp(10000), breaks=35, freq=F)*를 사용하고, 그래프에 대한 지수(1) PDF를 겹쳐 놓기 위해 추가적인 R 명령어 *curve(dexp, 0, 8, add=T)*를 사용하라. 이 히스토그램은 PDF에 대한 타당한 근사치인가? *breaks=27*을 사용하여, 표본 크기가 1,000에 대한 명령어를 반복해 보자. 이 히스토그램은 PDF와 근사한지 언급하라.

5. A36 철강에 대한 금속의 항복 강도(ksi)는 $\mu = 43$, $\sigma = 45$인 정규분포다.

(a) A36 철강 강도의 분포에 대한 25 백분위수를 구하라.

(b) 다른 철강으로부터 가장 강한 상위 10%에 드는 강도 값은 무엇인가?

(c) 구간$(43 - c, 43 + c)$이 모든 강도값의 99%를 포함할 수 있는 c의 값을 구하라.

(d) 임의로 선택된 서로 독립인 A36 철강 중 15개 중 최대 3개의 강도가 43보다 낮을 확률을 구하라.

6. 한 아이스크림 가게에 있는 얼은 요거트 컵의 평균 무게는 8oz다. 제공되는 각각의 컵 무게는 표준편차가 0.5oz

인 정규분포이고, 서로 독립이라고 가정하라.

(a) 제공받은 컵의 무게가 8.64 oz 이상일 확률을 구하라.

(b) 3일 연속 무게가 8.64 oz 이상인 컵을 받을 확률을 구하라.

7. 특정한 종류의 저항기에 대한 저항을 나타내는 확률변수 X는 평균 9Ω과 표준편차 0.4Ω인 정규분포를 따른다. 만약 저항이 8.6Ω과 9.8Ω 사이라면 저항기는 합격이다.

(a) 임의로 고른 저항기가 합격일 확률을 구하라.

(b) 임의로 선택한 독립인 저항기 4개 중, 2개가 합격일 확률을 구하라.

8. 대학 A와 B의 행정담당관들은 입학기준으로 SAT 점수를 사용한다. SAT 점수는 평균 500과 표준편차 80인 정규분포다. 대학 A는 점수가 600점 이상 되는 사람을 합격시키고, 대학 B는 SAT 점수가 상위 1%인 사람만 합격시킨다.

(a) 고등학교 3학년이 대학 A에 들어갈 수 있는 백분위수를 구하라.

(b) 대학 B에 합격하기 위해서 필요한 최소 점수는?

9. 피스톤 고리의 마감된 안쪽 지름은 평균 10 cm이고 표준편차 0.03 cm인 정규분포다.

(a) 위에서 주어진 안쪽 지름값에서 피스톤링이 85.08% 들어갈 수 있는 링의 크기를 구하라.

(b) 임의로 고른 피스톤의 지름이 10.06보다 작을 확률을 구하라.

10. 타이어를 생산하는 한 기계는 트레드의 두께가 평균 10 mm, 표준편차 2 mm인 정규분포로 타이어를 생산한다. 이 타이어는 50,000마일을 보장한다. 50,000마일을 지속하기 위해서 트레드 타이어의 두께는 적어도 7.9 mm가 되어야 한다. 만약 두께가 7.9 mm보다 얇게 측정된다면, 그 타이어는 50,000마일보다 짧은 거리가 보장되는 대안 브랜드에 팔린다.

(a) 대안 브랜드에서 팔린 타이어의 기대비율을 구하라.

(b) 타이어의 대안 브랜드에 대한 수요는 전체 생산량의 30%다. 수요를 충족시키기 위해서 본래 임계두께인 7.9 mm로 설정해야 하는가?

11. 다음 질문에 답하라.

(a) 균등분포(0, 1)로부터 크기가 50인 가상의 표본을 생성하기 위해 R 명령어 $x=runif(50)$을 사용하고, 정규 Q-Q 도표를 그리기 위해 3.5.2절에서 주어진 것과 같은 명령어를 사용하라. 크기가 50인 가상화된 표본은 정규분포에서 생성될 수 있는가에 대해 설명하라.

(b) 감마분포(1, 1)로부터 크기가 50인 가상화 표본을 생성하기 위해 R 명령어 $x=rgamma(50, 1, 1)$을(연습문제 13 참고) 사용하고, 정규 Q-Q 도표를 그리기 위해 3.5.2절에서 주어진 것과 같은 명령어를 사용하라. 크기가 50인 가상화된 표본은 정규분포에서 생성될 수 있는가에 대해 설명하라.

신뢰성 이론에 사용된 확률모형

12. 만약 로그가 자연로그인 $\log T \sim N(\mu_{\ln}, \sigma_{\ln}^2)$라면, 확률변수 T는 **로그정규분포**$(\mu_{\ln}, \sigma_{\ln})$를 가진다고 한다. T의 평균값과 분산은 다음과 같다.

$$\mu_T = e^{\mu_{\ln} + \sigma_{\ln}^2/2}, \quad \sigma_T^2 = e^{2\mu_{\ln} + \sigma_{\ln}^2}\left(e^{\sigma_{\ln}^2} - 1\right)$$

로그정규분포(0, 1)는 **표준로그정규분포**라고 부른다.

(a) 만약 T가 로그정규분포$(\mu_{\ln}, \sigma_{\ln})$라면, CDF가 다음과 같이 주어짐을 보여라.

$$F_T(t) = \Phi\left(\frac{\log t - \mu_{\ln}}{\sigma_{\ln}}\right), \quad t > 0$$

그리고 $t < 0$에 대해 $F_T(t) = 0$이다. (힌트 $F_T(t) = P(T \le t)$ $= P(\log T \le \log t)$, $\log T \sim N(\mu_{\ln}, \sigma_{\ln}^2)$)

(b) 다른 변숫값에 해당하는 3개의 로그정규 PDF의 그래프를 겹쳐 놓기 위해 R 명령어 $curve(dlnorm(x, 0, 1), 0, 10, col=1, ylab="Log-Normal PDFs")$, $curve(dlnorm(x, 1, 1), 0, 10, add=T, col=2)$와 $curve(dlnorm(x, 1.5, 1), 0, 10, add=T, col=3)$을 사용하라. 이 명령어를 적절하게 바꿈으로써, 3개의 로그정규 CDF에 해당하는 그래프를 겹쳐 놓으라($dlnorm$

을 *plnorm*으로 바꾸면, PDF가 CDF로 변한다).

(c) 위에서 주어진 식을 사용하여, 로그정규분포(0, 1), 로그정규분포(5, 1), 로그정규분포(5, 2)의 평균과 분산을 계산하라.

(d) *qlnorm(0.95)*과 동일한 R 명령어 *qlnorm(0.95, 0, 1)*는 표준로그정규분포의 95 백분위수를 제공한다. R 명령어 *log(qlnorm(0.95))*과 *qnorm(0.95)*는 표준정규분포의 95 백분위수인 동일한 값을 반환한다. 이에 대해 설명하라.

13. T의 PDF가 음수에 대해 0이고 다음 식과 같다면, 확률변수 T는 형상 모수 $\alpha > 0$과 척도 모수 $\beta > 0$인 **감마분포**다.

$$f_T(t) = \frac{1}{\beta^\alpha \Gamma(\alpha)} t^{\alpha-1} e^{-t/\beta}, \; t \geq 0$$ 에 대해

Γ는 $\Gamma(\alpha) = \int_0^\infty t^{\alpha-1} e^{-t} dt$로 정의된 **감마함수**다. 감마함수의 가장 유용한 성질은 다음과 같다.

$\alpha > 1$에 대해 $\Gamma(1/2) = \pi^{1/2}$, $\Gamma(\alpha) = (\alpha-1)\Gamma(\alpha-1)$이고, 정수 $r \geq 1$에 대해 $\Gamma(r) = (r-1)!$이다. 감마분포(α, β)의 평균과 분산은 다음과 같다.

$$\mu_T = \alpha\beta, \quad \sigma_T^2 = \alpha\beta^2$$

$\alpha = 1$일 때, $\lambda = 1/\beta$인 지수분포를 가진다. 추가적으로, 정수 $r \geq 1$인 $\alpha = r$에 대해, **얼랭분포**(Erlang distribution)를 가진다. 얼랭분포는 포아송 과정에서 r번째 발생까지 걸리는 시간에 대한 모형이다. 마지막으로, $\nu \geq 1$인 정수인 자유도 ν를 가지는 **카이제곱 분포**(chi-square distribution)는 $\alpha = \nu/2$, $\beta = 2$일 때 χ^2_ν으로 나타낸다.

(a) 다른 변수에 해당하는 3개의 감마 PDF의 그래프를 겹쳐 놓기 위해 R 명령어 *curve(dgamma(x, 1, 1), 0, 7, ylab="Gamma PDFs")*, *curve(dgamma(x, 2, 1), 0, 7, add=T, col=2)*, *and curve(dgamma(x, 4, 1), 0, 7, add=T, col=3)*을 사용하라. (*dgamma*를 *pgamma*로 변경하면, PDF는 CDF로 변경된다.) 이런 명령어들을 적절하게 변경하여 3개의 감마 CDF에

해당하는 그래프를 겹쳐 놓으라.

(b) 위에서 주어진 식을 사용하여 감마분포(2, 1), 감마분포(2, 2), 감마분포(3, 1), 감마분포(3, 2)의 평균과 분산을 계산하라.

(c) 감마분포(2, 1)의 95 백분위수를 구하기 위해, R 명령어 *qgamma(0.95, 2, 1)*를 사용하라. 명령어를 적절하게 변경하여, 감마분포(2, 2), 감마분포(3, 1), 감마분포(3, 2)의 95 백분위수를 구하라.

14. 만약 $t < 0$에 대해 T의 PDF가 0이라면, 확률변수 T는 형상 모수 $\alpha > 0$과 척도 모수 $\beta > 0$인 **와이블분포**(weibull distribution)다.

$$f_T(t) = \frac{\alpha}{\beta^\alpha} t^{\alpha-1} e^{-(t/\beta)^\alpha} \; t \geq 0$$ 에 대해

와이블분포(α, β)의 CDF는 다음 형태로 표현된다.

$$F_T(t) = 1 - e^{-(t/\beta)^\alpha}$$

$\alpha = 1$일 때, 와이블 PDF는 $\lambda = 1/\beta$인 지수분포 PDF로 감소된다. 와이블분포(α, β)의 평균과 분산은 다음과 같다.

$$\mu_T = \beta\Gamma\left(1 + \frac{1}{\alpha}\right),$$
$$\sigma_T^2 = \beta^2 \left\{ \Gamma\left(1 + \frac{2}{\alpha}\right) - \left[\Gamma\left(1 + \frac{1}{\alpha}\right)\right]^2 \right\}$$

Γ는 연습문제 13에서 정의된 감마함수다.

(a) 지수분포(1)에 대한 두 번째 식을 알기 위해, 4개의 와이블 PDF를 겹쳐 볼 수 있는 R 명령어 *curve(dweibull(x, 0.5, 1), 0, 4)*, *curve(dweibull(x, 1, 1), 0, 4, add=T, col="red")*, *curve(dweibull(x, 1.5, 1), 0, 4, add=T, col="blue")*, *curve(dweibull(x, 2, 1), 0, 4, add=T, col="green")*를 사용하라.

(b) 감마함수는 R에 내장되어 있는 함수 중 하나이다. 와이블분포(0.2, 10)에 대한 평균과 분산을 각각 구하기 위해 R 명령어 *10*gamma(1+1/0.2)*와 *10**2*(gamma(1+2/0.2)-gamma(1+1/0.2)**2)*를 사용하라.

(c) $T \sim \text{Weibull}(0.2, 10)$인 $P(20 \leq T < 30)$를 구하기 위해, 위에서 주어진 와이블 CDF에 대한 식을 사용하라. R 명령어 *pweibull(30, 0.2, 10)-pweibull(20, 0.2, 10)*로 정답을 확인하라.

(d) 와이블분포$(0.2, 10)$을 가지는 T의 95 백분위수 $F_T(t_{0.05}) = 0.95$을 구하라. F_T는 위에서 주어진 변수 $\alpha = 0.2$, $\beta = 10$인 와이블 CDF다. R 명령어 *qweibull (0.95, 0.2, 10)*로 정답을 확인하라.

결합분포 확률변수

4.1 개요

실험에서 다변량 관측치(1.4절 참고)를 기록할 때, 개별 변수의 움직임은 일반적으로 조사에서 주된 관심이 되진 않는다. 예를 들어, 대기난류에 대한 연구는 바람 속도에 대한 성분 X, Y 그리고 Z 사이의 관계에 대한 이해와 관계의 정도를 수량화하는 데 초점이 맞추어질 것이다. 자동차 안정성에 대한 연구는 서로 다른 도로 및 기상조건하에서 속도 X와 정지거리 Y 사이의 관계에 초점이 맞추어질 것이다. 그리고 나무의 흉고 지름(diameter at breast height) X와 나이 사이 관계를 이해함으로써 지름(측정하기가 더 쉬운)으로부터 나이를 예측하는 방정식을 이끌어 낼 수 있다.

이번 장에서 우리는 두 변수 사이의 관계를 정량화하는 상관관계의 개념과 더불어, 하나의 변수로부터 다른 변수를 예측하는 데 바탕이 되는 회귀함수의 개념을 다룰 것이다. 이 개념은 확률변수의 결합분포를 따른다. 게다가, 단순확률표본에서 관측치의 결합분포는 통계적 추론의 바탕이 되는 표본평균과 같은 통계학적 분포로 이어진다. 합의 분포에 대한 더 자세한 논의는 다음 장에서 다루고, 이 장에서는 합의 평균과 분산에 대한 공식을 유도한다. 최종적으로, 결합분포에 대하여 가장 많이 쓰이는 확률모형을 소개할 것이다.

4.2 결합 확률분포

4.2.1 결합과 주변 확률질량함수

정의 4.2-1

결합 이산확률변수 X와 Y의 **결합** 혹은 **이변량** 확률질량함수(Probability Mass Function, PMF)는 다음과 같이 정의된다.

$$p(x, y) = P(X = x, Y = y)$$

$S = \{(x_1, \ y_1), \ (x_2, \ y_2), \cdots\}$이 $(X, \ Y)$의 표본공간일 때, 확률의 공리 2.4.1과 2.4.2는 다음을 시사한다.

$$모든 \ i에 \ 대하여 \quad p(x_i, y_i) \geq 0 \quad \sum_{(x_i, y_i) \in \mathcal{S}} p(x_i, y_i) = 1 \tag{4.2.1}$$

또한, 명제 2.4-1의 (2)에 따라,

$$P(a < X \leq b, c < Y \leq d) = \sum_{i:a < x_i \leq b, c < y_i \leq d} p(x_i, y_i) \tag{4.2.2}$$

이다. 결합분포에 대하여 개별 변수가 갖는 분포를 **주변분포**(marginal distribution)라 한다. (1.5.2절에서 사용했던 주변 히스토그램 참조.) X와 Y의 주변 확률질량함수(marginal PMF)는 다음과 같이 구할 수 있다.

결합 PMF로부터 얻은 주변 PMF	$$p_X(x) = \sum_{y \in \mathcal{S}_Y} p(x,y), \quad p_Y(y) = \sum_{x \in \mathcal{S}_X} p(x,y) \qquad (4.2.3)$$

예제 4.2-1 $X, \ Y$가 다음 표에서 제시된 결합 PMF를 따른다고 하자.

		y	
$p(x, y)$		1	2
	1	0.034	0.134
x	2	0.066	0.266
	3	0.100	0.400

이 **PMF**는 그림 4-1에서 설명되었다.

(a) $P(0.5 < X \leq 2.5, \ 1.5 < Y \leq 2.5)$와 $P(0.5 < X \leq 2.5)$를 구하라.

(b) Y의 주변 **PMF**를 구하라.

해답

(a) 식 (4.2.2)에 따라, $P(0.5 < X \leq 2.5, \ 1.5 < Y \leq 2.5)$는 $0.5 < x_i \leq 2.5$와 $1.5 < y_i \leq 2.5$ 범위의 모든 $(x_i, \ y_i)$에 대한 $p(x_i, \ y_i)$의 합이다. 이러한 두 조건은 $(x, \ y)$의 쌍이 $(1, 2)$, $(2, 2)$일 때 만족한다. 그러므로

$$P(0.5 < X \leq 2.5, 1.5 < Y \leq 2.5) = p(1, 2) + p(2, 2) = 0.134 + 0.266 = 0.4$$

다음, 다시 식 (4.2.2)에 의해서 $P(0.5 < X \leq 2.5) = (0.5 < X \leq 2.5, \ -\infty < Y \leq \infty)$는 $0.5 < x_i \leq 2.5$ 범위의 모든 $(x_i, \ y_i)$에 대한 $p(x_i, \ y_i)$의 합이다. $(x, \ y)$의 쌍 중 $(1, 1)$, $(1, 2)$, $(2, 1)$과 $(2, 2)$가 이러한 조건을 만족한다. 그러므로

그림 4-1

예제 4.2-1의 이변량 PMF
의 3D 막대그래프

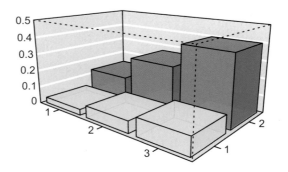

$$P(0.5 < X \le 2.5) = p(1,1) + p(1,2) + p(2,1) + p(2,2)$$
$$= 0.034 + 0.134 + 0.066 + 0.266 = 0.5$$

(b) $P(Y = 1) = p_Y(1)$은 $y_i = 1$ 범위의 모든 (x_i, y_i)에 대한 $p(x_i, y_i)$의 합이다. (x, y) 쌍 중 $(1, 1), (2, 1), (3, 1)$이 이를 만족한다. 따라서

$$p_Y(1) = 0.034 + 0.066 + 0.100 = 0.2$$

이 또한 식 (4.2.3)을 직접 응용하여 얻은 것이다. 그림 4-1에 관하여 $p_Y(1)$은 밝은색의 블록 3개를 쌓아 올린 높이다. 마찬가지로

$$p_Y(2) = 0.134 + 0.266 + 0.400 = 0.8$$

은 그림 4-1에 있는 3개의 어두운 블록을 쌓아 올린 블록의 높이다. ■

식 (4.2.3)에 의해 위 예제에서 X의 주변 PMF는 결합 PMF의 열들을 합한 값이다.

$$p_X(1) = 0.034 + 0.134 = 0.168, \quad p_X(2) = 0.066 + 0.266 = 0.332,$$
$$p_X(3) = 0.1 + 0.4 = 0.5$$

다음 표는 마지막 행에 Y의 PMF를 추가하고 맨 오른쪽 열에 X의 PMF를 추가하여 예제 4.2-1의 결합 PMF를 재구성한 것이다.

	$p(x, y)$	y 1	y 2	$p_X(x)$
	1	0.034	0.134	0.168
x	2	0.066	0.266	0.332
	3	0.100	0.400	0.500
	$p_Y(y)$	0.200	0.800	1.000

즉, 주변 결합 PMF 표의 가장자리에 주변 PMF를 보여 주는 방식은 주변 분포라는 명칭과도 잘 부합한다.

만약 X_1, X_2, $\cdots$, X_m가 결합 이산확률변수일 때, 그것들의 **결합** 혹은 **다변량** PMF는 다음과 같이 정의된다.

$$p(x_1, x_2, \cdots, x_n) = P(X_1 = x_1, X_2 = x_2, \cdots, X_n = x_n)$$

예제 4.2-2

12개의 레이저 다이오드가 포함된 배치 중에서, 3개는 효율이 0.28 미만, 4개는 0.28과 0.35 사이이며, 5개는 0.35 초과이다. 이 중 반복 없이 무작위로 3개의 다이오드를 취했다. X_1, X_2, X_3을 각 표본에서 0.28 미만, 0.28과 0.35 사이, 0.35 초과의 효율을 지니는 다이오드의 수라고 하자. X_1, X_2, X_3의 결합 PMF와 X_1의 주변 PMF를 구하라.

해답

이 실험의 표본공간은 $x_1 + x_2 + x_3 = 3$을 만족하며, 음수가 아닌 정수 (x_1, x_2, x_3) 3항으로 이루어진다. 크기가 3인 모든 표본은 동일한 확률로 발생하므로, 보편적이고 기본적인 계산 원칙을 적용하면 다음 확률값이 산출된다.

$$p(0,0,3) = \frac{\binom{3}{0}\binom{4}{0}\binom{5}{3}}{\binom{12}{3}} = \frac{10}{220}, \quad p(0,1,2) = \frac{\binom{3}{0}\binom{4}{1}\binom{5}{2}}{\binom{12}{3}} = \frac{40}{220}$$

$$p(0,2,1) = \frac{\binom{3}{0}\binom{4}{2}\binom{5}{1}}{\binom{12}{3}} = \frac{30}{220}, \quad p(0,3,0) = \frac{\binom{3}{0}\binom{4}{3}\binom{5}{0}}{\binom{12}{3}} = \frac{4}{220}$$

$$p(1,0,2) = \frac{\binom{3}{1}\binom{4}{0}\binom{5}{2}}{\binom{12}{3}} = \frac{30}{220}, \quad p(1,1,1) = \frac{\binom{3}{1}\binom{4}{1}\binom{5}{1}}{\binom{12}{3}} = \frac{60}{220}$$

$$p(1,2,0) = \frac{\binom{3}{1}\binom{4}{2}\binom{5}{0}}{\binom{12}{3}} = \frac{18}{220}, \quad p(2,0,1) = \frac{\binom{3}{2}\binom{4}{0}\binom{5}{1}}{\binom{12}{3}} = \frac{15}{220}$$

$$p(2,1,0) = \frac{\binom{3}{2}\binom{4}{1}\binom{5}{0}}{\binom{12}{3}} = \frac{12}{220}, \quad p(3,0,0) = \frac{\binom{3}{3}\binom{4}{0}\binom{5}{0}}{\binom{12}{3}} = \frac{1}{220}$$

식 (4.2.3)에서 유추하면, $P(X_1 = 0) = p_{X_1}(0)$은 $x_1 = 0$인 모든 (x_1, x_2, x_3)에 대한 $p(x_1, x_2, x_3)$의 합이다. 3항으로 이루어진 (x_1, x_2, x_3)의 쌍, $(0, 0, 3)$, $(0, 1, 2)$, $(0, 2, 1)$, $(0, 3, 0)$이 해당 조건을 만족한다.

$$p_{X_1}(0) = \frac{10}{220} + \frac{40}{220} + \frac{30}{220} + \frac{4}{220} = \frac{84}{220}$$

마찬가지로, 다음을 얻을 수 있다.

$$p_{X_1}(1) = \frac{30}{220} + \frac{60}{220} + \frac{18}{220} = \frac{108}{220},$$

$$p_{X_1}(2) = \frac{15}{220} + \frac{12}{220} = \frac{27}{220},$$

$$p_{X_1}(3) = \frac{1}{220}$$

앞 예제에서 12개 중 3개만 효율이 0.28 미만인 다이오드로부터 크기가 3인 단순확률표본을 취하여 얻은 확률변수 $X_1 =$ {효율이 0.28 미만인 다이오드의 수}는 초기하분포(3, 9, 3)을 따른다. R 명령어 *dhyper(0:3, 3, 9, 3)*를 통해 반환되는 0.381818182, 0.490909091, 0.122727273, 0.004545455의 값을 통해 예제 4.2-2의 PMF를 확증할 수 있다.

4.2.2 결합과 주변 확률밀도함수

정의 4.2-2

결합연속형 확률변수 X와 Y의 **결합** 혹은 **이변량** 밀도함수는 다음과 같은 특성을 지니는 음수가 아닌 $f(x, y)$ 함수다. (X, Y)가 x-y 평면상에서 영역 A에 속하는 값을 가질 확률은 영역 A 위에서 $f(x, y)$에 의해 정의되는 표면보다 아래에 있는 체적과 같다.

표면 아래의 체적은 적분에 의해 구해지므로, 다음이 성립하고

*f(x, y)*에 의해 정의되는 전체 표면 아래의 체적은 1이다

$$\int_{-\infty}^{\infty} \int_{-\infty}^{\infty} f(x, y)\, dx\, dy = 1 \qquad (4.2.4)$$

(X, Y)가 평면상에서 영역 A에 속하는 값을 가질 확률은 다음과 같다.

(X, Y)가 영역 A에 있을 확률

$$P((X, Y) \in A) = \int\int_A f(x, y)\, dx\, dy \qquad (4.2.5)$$

A가 직사각형 $A = (a, b] \times (c, d] = \{(x, y) : a < x \le b, c < y \le d\}$일 때, 다음을 만족한다.

직사각형 안에 (X, Y)가 놓일 확률

$$P(a \le X \le b, c \le Y \le d) = \int_a^b \int_c^d f(x, y)\, dy\, dx \qquad (4.2.6)$$

마지막으로, X와 Y의 주변 PDF는 그것들의 결합 PDF로부터 다음과 같이 계산된다.

$$f_X(x) = \int_{-\infty}^{\infty} f(x, y) \, dy,$$

결합 PDF로부터 얻은
주변 PDF

$$f_Y(y) = \int_{-\infty}^{\infty} f(x, y) \, dx$$

(4.2.7)

예제 4.2-3 다음과 같은 이변량 밀도함수를 생각해 보자.

$$f(x, y) = \begin{cases} \frac{12}{7}(x^2 + xy) & 0 \le x, y \le 1 \\ 0 & \text{다른 모든 경우에} \end{cases}$$

(a) $X > Y$인 확률을 구하라.

(b) $X \le 0.6$이고 $Y \le 0.4$일 확률을 구하라.

(c) X와 Y의 주변 PDF를 구하라.

해답

(a) 구하고자 하는 확률은 영역 $A = \{(x, y) : 0 \le y \le x \le 1\}$보다 위에 있는 f를 적분함으로써 구할 수 있다. A는 직사각형이 아니므로 식 (4.2.5)를 사용한다.

$$P(X > Y) = \frac{12}{7} \int_0^1 \int_0^x (x^2 + xy) \, dy \, dx = \frac{9}{14}$$

(b) 식 (4.2.6)을 통해 다음을 얻는다.

$$P(X \le 0.6, \ Y \le 0.4) = \frac{12}{7} \int_0^{0.6} \int_0^{0.4} (x^2 + xy) \, dy \, dx = 0.0741$$

(c) 식 (4.2.7)을 통해 $0 \le x \le 1$에 대해 다음이 얻어진다.

$$f_X(x) = \int_0^1 \frac{12}{7}(x^2 + xy) dy = \frac{12}{7}x^2 + \frac{6}{7}x$$

그리고 x가 $[0, 1]$이 아닐 때, $f_X(x) = 0$이다. 마찬가지로 $0 \le y \le 1$일 때 Y에 대한 주변 PDF는 다음과 같고,

$$f_Y(y) = \int_0^1 \frac{12}{7}(x^2 + xy) dx = \frac{4}{7} + \frac{6}{7}y$$

y가 $[0, 1]$이 아닐 때, $f_Y(y) = 0$이다. ∎

연속인 $(X_1, X_2, \cdots, X_n)$의 **결합** 혹은 **다변량** 확률밀도함수는 다음을 만족하는 음수가 아닌 함수 $f(x_1, x_2, \cdots, x_n)$이다.

$$\int_{-\infty}^{\infty} \cdots \int_{-\infty}^{\infty} f(x_1, x_2, \ldots, x_n)\, dx_1 \cdots dx_n = 1$$

$$P((X_1, X_2, \ldots, X_n) \in B) = \int \cdots \int_B f(x_1, x_2, \ldots, x_n)\, dx_1 \cdots dx_n, \qquad (4.2.8)$$

여기서 B는 n차원 공간의 영역이다. 다변량의 경우에도 식 (4.2.7)과 유사한 공식이 존재하며, 그 사용법은 다음 예제에서 설명한다.

예제 4.2-4

하나 이상의 x_i가 음수일 경우 $f(x_1, x_2, x_3) = 0$이다. X_1, X_2, X_3가 다음과 같은 결합 PDF를 가진다고 가정하자.

$$f(x_1, x_2, x_3) = e^{-x_1} e^{-x_2} e^{-x_3}, \quad x_1 > 0, x_2 > 0, x_3 > 0$$

(a) $P(X_1 \le t_1,\ X_2 \le t_2)$의 표현식을 구하라.

(b) X_1의 주변 CDF, $F_{X_1}(t_1)$을 구하라.

(c) X_1의 주변 PDF, $f_{X_1}(t_1)$을 구하라.

해답

(a) 사건 $X_1 \le t_1$, $X_2 \le t_2$는 사건 $0 \le X_1 \le t_1$, $0 \le X_2 \le t_2$, $0 \le X_3 \le \infty$과 같기 때문에, 다음 식을 따른다.

$$\begin{aligned} P(X_1 \le t_1, X_2 \le t_2) &= \int_0^{t_1} \int_0^{t_2} \int_0^{\infty} e^{-x_1} e^{-x_2} e^{-x_3}\, dx_3\, dx_2\, dx_1 \\ &= \int_0^{t_1} e^{-x_1}\, dx_1 \int_0^{t_2} e^{-x_2}\, dx_2 \int_0^{\infty} e^{-x_3}\, dx_3 = (1 - e^{-t_1})(1 - e^{-t_2}) \end{aligned}$$

(b) 사건 $X_1 \le t_1$는 $0 \le X_1 \le t_1$, $0 \le X_2 \le \infty$, $0 \le X_3 \le \infty$과 같고, $F_{X_1}(t_1) = P(X_1 \le t_1)$는 다음 식을 따른다.

$$F_{X_1}(t_1) = \int_0^{t_1} \int_0^{\infty} \int_0^{\infty} e^{-x_1} e^{-x_2} e^{-x_3}\, dx_3\, dx_2\, dx_1 = 1 - e^{-t_1}$$

(c) X_1의 주변 PDF는 주변 CDF를 미분함으로써 구할 수 있다. 이 식은 $f_{X_1}(t_1) = e^{-t_1}$도출해 낸다. 그 대신에 식 (4.2.7)과 유사한 식에 의해 다음 식이 나온다.

$$f_{X_1}(x_1) = \int_0^{\infty} \int_0^{\infty} e^{-x_1} e^{-x_2} e^{-x_3}\, dx_3\, dx_2 = e^{-x_1}$$

연습문제

1. X를 한 공장 아웃렛으로부터 명품 물건의 하루 구매량이라 하고, Y를 온라인을 통한 하루 구매량이라 하자. 값 1, 2, 3을 각각 5개 미만, 5개 이상 15개 미만, 15개 이상의 구매량이라 하자. X와 Y의 결합 PMF를 추정하라.

$p(x,y)$		y	
	1	2	3
1	0.09	0.12	0.13
x 2	0.12	0.11	0.11
3	0.13	0.10	0.09

(a) 사건 $(X > 1, Y > 2)$, $(X > 1$ 또는 $Y > 2)$, $(X > 2, Y > 2)$에 대한 각각의 확률을 찾아라. (힌트 결과에서, 즉 (x, y)-값들, 각각 사건과 그에 응하는 확률을 더한 값을 비교해 보기.)

(b) X와 Y의 주변 PMF를 구하라.

2. 다음 표는 임의로 선택된 연구실 쥐가 복용한 약물량을 나타내는 X의 결합 PMF와 종양을 가지고 있는 쥐의 수를 나타내는 Y의 결합 PMF다.

$p(x,y)$		y	
	0	1	2
0.0	0.388	0.009	0.003
x 1.0	0.485	0.010	0.005
2.0	0.090	0.006	0.004

(a) X와 Y의 주변 PMF를 구하라.

(b) 임의로 선택된 쥐에 대해 다음 상황의 확률을 구하라.
   (i) 하나의 종양일 때 (ii) 적어도 하나는 종양일 때

(c) 임의로 선택된 쥐가 1.0mg/kg 약물을 복용했을 때,
   (i) 종양이 없을 확률
   (ii) 적어도 하나의 종양이 있을 확률을 구하라.

3. 어떤 지역의 저녁식사는 8.00달러, 10.00달러, 12.00달러 세 가지 가격으로 요리가 제공된다. 손님은 저녁에 각각 식사에 대한 팁으로 1.50달러, 2.00달러, 2.50달러를 지불해야 하는 것으로 알고 있다. 임의의 손님이 지불할 요리에 대한 식사비용을 X, 팁을 Y라고 하자. X와 Y의 결합 PMF는 다음 표와 같다.

$p(x,y)$		y	
	\$1.50	\$2.00	\$2.50
\$8.00	0.3	0.12	0
x \$10.00	0.15	0.135	0.025
\$12.00	0.03	0.15	0.09

(a) $P(X \leq 10, Y \leq 2)$와 $P(X \leq 10, Y = 2)$를 구하라.

(b) X와 Y의 주변 PMF를 계산하라.

(c) 한 손님이 팁 2.00달러를 남겨 놓았다면, 그 손님이 10.00달러 혹은 그 이하의 요리를 주문했을 확률을 구하라.

4. 확률변수 X와 Y의 결합누적분포함수 혹은 결합 CDF는 $F(x, y) = P(X \leq x, Y \leq y)$로 정의된다. 연습문제 1의 확률변수를 X와 Y라 하자.

(a) (X, Y)가 가질수 있는 모든 (x, y)에 대해 $F(x, y)$의 표를 작성하라.

(b) X와 Y의 주변 CDF는 그것들의 결합 CDF인 $F_X(x) = F(x, \infty)$, $F_Y(y) = F(\infty, y)$로부터 구할 수 있다. 위 식을 사용하여 X와 Y의 주변 CDF를 구하라.

(c) 다음과 같은 결합 CDF로부터 결합 PMF를 구할 수 있다는 사실을 보일 수 있다.

$$P(X = x, Y = y) = F(x,y) - F(x, y - 1)$$
$$-F(x - 1, y) + F(x - 1, y - 1)$$

(위 식은 단변량에 대한 식 $P(X = x) = F_X(x) - F_X(x - 1)$보다 복잡하다.) 이 식을 사용하여 $P(X = 2, Y = 2)$를 계산하고, 연습문제 1에서 주어진 PMF로부터 당신의 답을 검증하라.

5. 셀프 체크아웃, 보통 체크아웃, 빠른 체크아웃(짐 15개 이하) 줄의 고객 수를 각각 X_1, X_2, X_3이라 하자. 값 0, 1, 2는 각각 손님이 0명, 1명, 2명 이상인 사건을 나타낸다. 다음 표에서 (X_1, X_2, X_3)의 결합 PMF $p(x_1, x_2, x_3)$를 구하라. X_1, X_2, X_3의 주변 PMF를 구하라.

		$p(0, x_2, x_3)$			$p(1, x_2, x_3)$			$p(2, x_2, x_3)$	
		x_3			x_3			x_3	
		1	2	3	1	2	3	1	2	3
	0	0.030	0.027	0.024	0.030	0.027	0.024	0.040	0.036	0.032
x_2	1	0.033	0.042	0.039	0.033	0.042	0.039	0.044	0.056	0.052
	2	0.024	0.033	0.048	0.024	0.033	0.048	0.032	0.044	0.064

6. 검사를 수행할 때, 집적회로(Intergrated Circuit, IC)는 특정 설계 함수를 수행하는 블랙박스로 간주된다. 15개의 선적물 중에서 4개의 IC를 무작위로 선택하여 정격 전압, IC 관련 외부 부품 및 동적 작동에 대해 검사하고자 한다. 표본에서 첫 번째, 두 번째, 세 번째 검사에서 고장 나는 IC의 수를 각각 X_1, X_2, X_3이라 하고, 표본에서 고장 나지 않는 IC의 수를 X_4라 하자. 검사 결과, 15개의 IC 중 3개는 첫 번째 검사 만에 고장 나고, 2개는 두 번째 검사에서, 1개는 세 번째 검사에서 고장 나며, 9개는 3번의 검사 모두 고장이 발생하지 않았다고 가정하자.

(a) 표본공간 $(X_1, \cdots, X_4)$를 구하라.

(b) X_1, X_2, X_3의 결합 PMF를 구하라.

7. 확률변수 X와 Y는 다음 주어진 결합 PDF를 가진다.

$$f(x, y) = kxy^2 \quad \text{for } 0 \le x \le 2, \ x \le y \le 3$$

(a) 상수 k를 구하라. (힌트 $f(x, y) = 1$에 의해 정의된 전체 표면보다 아래에 있는 체적의 특성을 이용하라.)

(b) X와 Y의 결합 CDF를 구하라.

8. 확률변수 X와 Y는 다음 주어진 결합 PDF를 따른다고 가정하자.

$$f(x, y) = \begin{cases} 2e^{-x-y} & 0 \le x \le y < \infty \\ 0 & \text{다른 모든 경우에} \end{cases}$$

(a) $P(X + Y \le 3)$를 구하라.

(b) X와 Y의 주변 PDF를 구하라.

4.3 조건분포

4.3.1 조건부 확률질량함수

결합 이산인 (X, Y)에 대해 **조건부 PMF**의 개념은 어떤 사건의 조건부 확률 개념을 확장한 것이다. x가 X가 가질 수 있는 값 중 하나일 때, 주어진 $X = x$에 대해 Y의 값이 y가 될 조건부 확률은 다음과 같다.

$$P(Y = y | X = x) = \frac{P(X = x, Y = y)}{P(X = x)} = \frac{p(x, y)}{p_X(x)}$$

위 관계식은 단순히 조건부 확률의 정의에 따른 것이지만, x가 고정되고 y가 Y의 표본공간인 S_Y 범위에 있는 y에 관한 함수로 생각하면, 우리는 이것을 $X = x$라는 정보가 주어질 때 Y에 대한 조건부 PMF라 부른다.

주어진 $X = x$에 대해 Y의 조건부 PMF 정의

$$p_{Y|X=x}(y) = \frac{p(x, y)}{p_X(x)}, \quad y \in \mathcal{S}_Y \tag{4.3.1}$$

마찬가지로, $Y = y$가 주어질 때, X의 조건부 PMF는 $p_Y(y) > 0$에 대해 $p_{X|Y=y}(x) = p(x, y) / p_Y(y)$, $x \in S_X$로 정의된다.

만약 (X, Y)의 결합 PMF가 표 형식으로 주어진다면, $p_{Y|X=x}(y)$는 x 값에 대응되는 행의 결합확률을 $X = x$일 때의 주변확률로 나누어서 구한다.

어떤 로봇은 연결부를 용접하고 볼트를 조이는 2개의 업무를 수행한다. X를 차 한 대당 용접결함의 수, Y를 잘못 조여진 볼트의 수라고 하자. X와 Y의 결합 PMF, 주변 PMF는 다음 표에 주어진다.

$p(x, y)$		y				$p_X(x)$
		0	1	2	3	
	0	0.84	0.03	0.02	0.01	0.9
x	1	0.06	0.01	0.008	0.002	0.08
	2	0.01	0.005	0.004	0.001	0.02
$p_Y(y)$		0.91	0.045	0.032	0.013	1.0

$X = 0$일 때 Y의 조건부 PMF를 구하라.

해답

$X = 0$일 때 Y의 조건부 PMF는 $x = 0$에 대응되는 행에 있는 각 조건부 확률값을 $X = 0$일 때의 주변확률로 나눔으로써 계산된다.

y	0	1	2	3
$p_{Y|X=0}(y)$	0.9333	0.0333	0.0222	0.0111

다음 예제는 결합확률의 표를 사용하지 않고 조건부 PMF를 계산하는 법에 관한 예이다.

$X(t)$는 비율이 α인 포아송 과정이다. $X(1) = n$이 주어질 때 $X(0.6)$의 조건부 PMF를 구하라 (즉, 시간 $[0, 1]$ 동안 n번 발생할 때).

해답

$0 \leq X(0.6) \leq X(1)$이므로, $X(1) = n$이 주어지며, $X(0.6)$가 가질 수 있는 값이 $0, 1, \cdots, n$임을 뜻한다. $m = 0, 1, \cdots, n$일 때 다음 식이 얻어진다.

$$P(X(0.6) = m | X(1) = n) = \frac{P(X(0.6) = m, X(1) - X(0.6) = n - m)}{P(X(1) = n)} \qquad (4.3.2)$$

포아송 과정의 특성에 의해, 사건 $[X(0.6) = m]$과 $[X(1) - X(0.6) = n - m]$은 독립이다. 또한, $X(0.6) \sim \text{Poisson}(\alpha \times 0.6)$이고 명제 3.4-2의 (2)에 의해 $X(1) - X(0.6) \sim \text{Poisson}(\alpha(1 - 0.6))$이 된다. 따라서 식 (4.3.2)의 분자는 다음과 같다.

$$e^{-\alpha \times 0.6} \frac{(\alpha \times 0.6)^m}{m!} e^{-\alpha \times (1-0.6)} \frac{(\alpha \times (1 - 0.6))^{n-m}}{(n - m)!} = \frac{e^{-\alpha} \alpha^n}{m!(n-m)!} 0.6^m (1 - 0.6)^{n-m}$$

결국 식 (4.3.2)의 분모는 $e^{-\alpha}\alpha^n/n!$다. 그러므로 다음과 같이 계산되며,

$$P(X(0.6) = m | X(1) = n) = \binom{n}{m} 0.6^m (1 - 0.6)^{n-m}$$

이는 $\text{Bin}(n, 0.6)$의 PMF다. ■

조건부 PMF는 적절한 PMF이며, 다음 식과 같은 기본 특성을 가진다.

조건부 PMF의
기본 특성

$$p_{Y|X=x}(y) \geq 0, \quad y \in \mathcal{S}_Y, \quad \sum_y p_{Y|X=x}(y) = 1 \tag{4.3.3}$$

조건부 PMF는 적절한 PMF이기 때문에, 주어진 X에 대한 Y의 소위 **조건부 기댓값**(conditional expected value)과 **조건부 분산**(conditional variance)을 고려하는 것은 이치에 맞다.

예제 4.3-3

예제 4.3-1에서처럼 X와 Y를 정하자. $X = 0$일 때 Y의 조건부 PMF는 다음과 같다.

y	0	1	2	3
$p_{Y|X=0}(y)$	0.9333	0.0333	0.0222	0.0111

$X = 0$에 대한 Y의 조건부 기댓값과 분산을 계산하라.

해답

$X = 0$일 때 Y의 조건부 기댓값은 다음과 같다.

$$E(Y|X = 0) = 0 \times (0.9333) + 1 \times (0.0333) + 2 \times (0.0222) + 3 \times (0.0222) = 0.111$$

조건부 분산을 계산하기 위해 $\text{Var}(Y|X = 0)$, 먼저 다음을 계산한다.

$$E(Y^2|X = 0) = 0 \times (0.9333) + 1 \times (0.0333) + 4 \times (0.0222) + 9 \times (0.0222) = 0.222$$

따라서, $\text{Var}(Y|X = 0) = E(Y^2|X = 0) - [E(Y|X = 0)]^2$을 이용하여 다음과 같은 값을 구한다.

$$\text{Var}(Y|X = 0) = 0.222 - (0.111)^2 = 0.2097$$

■

조건부 PMF의 정의는 다음 관계식과 같다.

결합확률에 대한
곱셈규칙

$$p(x, y) = p_{Y|X=x}(y) p_X(x) \tag{4.3.4}$$

이 관계식은 곱셈규칙 식 (2.5.3)의 직접 상이형이다. 식 (4.3.4)를 이용하여 Y의 주변 PMF에 대한 식 (4.2.3)은 다음과 같이 표현된다.

주변 PMF에 대한
전확률 법칙

$$p_Y(y) = \sum_{x \in \mathcal{S}_X} p_{Y|X=x}(y)p_X(x) \qquad (4.3.5)$$

위 식은 전확률 법칙(2.5.7)의 한 형태다.

예제 4.3-4 한 슈퍼마켓의 계산하는 줄에 손님이 없거나, 1명에서 10명 사이, 10명 이상인 경우에 대응되는 X의 값을 각각 0, 1, 2라 하자. Y는 셀프 계산대 줄에 해당하는 변수라 하자. 슈퍼마켓의 경영팀에 의해 수행된 광범위한 연구를 통해 $X = x$일 때 다음과 같은 Y의 조건분포와 X의 주변분포가 나왔다.

y	0	1	2
$p_{Y|X=0}(y)$	0.85	0.10	0.05
$p_{Y|X=1}(y)$	0.30	0.45	0.25
$p_{Y|X=2}(y)$	0.20	0.35	0.45

x	0	1	2
$p_X(x)$	0.20	0.50	0.30

(a) Y의 주변 PMF를 구하기 위해 전확률 법칙을 사용하라.

(b) X와 Y의 결합분포에 대한 표를 작성하기 위해 결합확률에 대한 곱셈법칙을 사용하라.

해답

(a) 식 (4.3.5)에 따라서 $p_Y(y)$는 표에서 y값에 해당되는 열의 원소들과 대응되는 X의 주변 PMF의 곱을 모두 더함으로써 구할 수 있다. 따라서 $p_Y(0)$은 0.85, 0.3, 0.2와 0.2, 0.5, 0.3을 각각 곱해 더한 값이다.

$$p_Y(0) = 0.85 \times 0.2 + 0.3 \times 0.5 + 0.2 \times 0.3 = 0.38$$

마찬가지로 $p_Y(1) = 0.1 \times 0.2 + 0.45 \times 0.5 + 0.35 \times 0.3 = 0.35$이고, $p_Y(2) = 0.05 \times 0.2 + 0.25 \times 0.5 + 0.45 \times 0.3 = 0.27$이다.

(b) 식 (4.3.4)에 따라서 결합확률 표에서 x-행에 해당하는, 즉 $y = 0, 1, 2$일 때 $p(x, y)$의 값은 조건부 확률 표의 $p_{Y|X=x}(y)$ 행의 값과 $p_X(x)$를 곱함으로써 구할 수 있다. 따라서 $p_{Y|X=0}(y)$ 행은 0.2를 곱하고, $p_{Y|X=1}(y)$ 행은 0.5를 곱하고, $p_{Y|X=2}(y)$ 행은 0.3을 곱한다.

$p(x,y)$		y	
	0	1	2
0	0.170	0.020	0.010
x 1	0.150	0.225	0.125
2	0.060	0.105	0.135

4.3.2 조건부 확률밀도함수

이산형인 경우의 정의와 비슷하게, (X, Y)가 결합 PDF f와 주변 PDF f_X, f_Y를 가진 연속형이라면, $X = x$일 때 Y의 **조건부 PDF**는 다음과 같이 정의된다.

$X = x$일 때 Y의 조건부 PDF의 정의

$$f_{Y|X=x}(y) = \frac{f(x, y)}{f_X(x)} \tag{4.3.6}$$

$f_X(x) > 0$일 때 위와 같다. 마찬가지로, $Y = y$일 때 X의 PDF는 $f_Y(y) > 0$에 대해, $f_{X|Y=y}(x) = f(x, y)/f_Y(y)$, $x \in S_X$로 정의된다.

예제 4.3-5

X와 Y의 결합 PDF는 $f(x, y) = 0$이다. 만약 x 또는 $y < 0$이고,

$$f(x, y) = \frac{e^{-x/y}e^{-y}}{y}, \quad x > 0, \ y > 0 에 대해$$

$f_{X|Y=y}(x)$를 구하라.

해답

Y의 주변 PDF는

$$f_Y(y) = \int_0^\infty \frac{1}{y}e^{-x/y}e^{-y}dx = e^{-y}\int_0^\infty \frac{1}{y}e^{-x/y}dx = e^{-y}$$

$y > 0$에 대해 $f_Y(y) = 0$이다. 따라서 $y > 0$에 대해,

$$f_{X|Y=y}(x) = \frac{f(x, y)}{f_Y(y)} = \frac{1}{y}e^{-x/y} \quad x > 0 에 대해$$

그 외의 경우, $f_{X|Y=y}(x) = 0$이다. ■

조건부 PDF는 다음과 같은 기본 특성을 지니는 적절한 PDF로서 $f_{Y|X=x}(y) \geq 0$이며, 다음을 만족한다.

조건부 PDF에 대한 조건부 확률

$$P(a < Y < b | X = x) = \int_a^b f_{Y|X=x}(y) \, dy \tag{4.3.7}$$

따라서 이산형의 경우에서처럼 조건부 기댓값과 $X = x$일 때 Y의 조건부 분산을 고려하는 것이 적절하다.

식 (4.3.7)의 중요한 조건을 간과하면 안 된다. 2장에서 주어진 조건부 확률의 정의인 $P(B|A) = P(B \cap A)/P(A)$의 경우, $P(A) > 0$이라는 조건을 필요로 한다. $P(A) = 0$인 경우, 이 정의가 성립하지 않는다. 앞서 살펴본 바와 같이 X가 연속형일 때는 모든 x값에 대해 $P(X = x) = 0$이다. 따라서 조건부 확률 $P(a < Y < b | X = x)$는 2장에서 주어진 정의에 의해서는 계산될 수 없다.

| 예제 4.3-6 |

X, Y는 예제 4.3-5에서 주어진 결합 PDF를 따른다.

(a) $P(X > 1 | Y = 3)$을 구하라.

(b) $Y = 3$일 때 X의 조건평균과 분산을 구하라.

해답

(a) 예제 4.3-5에 의해 $x > 0$일 때 $f_{X|Y=3}(x) = 3^{-1}e^{-x/3}$이다. 따라서,

$$P(X > 1 | Y = 3) = \int_1^\infty \frac{1}{3}e^{-x/3} \, dx = e^{-1/3}$$

다른 방법으로, $f_{X|Y=3}(x)$가 모수 $\lambda = 1/3$인 지수분포의 PDF이므로 식 (3.5.1)에서 주어진 지수분포의 CDF 공식을 이용하여 구할 수 있다.

(b) $Y = 3$일 때 X의 조건부 기댓값은

$$E(X | Y = 3) = \int_{-\infty}^\infty x f_{X|Y=y}(x) \, dx = \int_0^\infty x \frac{1}{3}e^{-x/3} \, dx = 3$$

다른 방법으로, 식 (3.5.2)에서 주어진 지수분포의 평균값에 대한 식에 직접 대입하여 동일한 결과를 구할 수 있다. 같은 관계에서 주어진 지수분포의 분산에 대한 식은 $\text{Var}(X | Y = 3) = 9$이다. ■

조건부 PDF의 정의는 다음 관계식과 같다.

결합 PDF에 대한 곱셈법칙

$$f(x, y) = f_{Y|X=x}(y)f_X(x) \tag{4.3.8}$$

이 관계는 곱셈법칙의 연속형 변수 형태이다. 식 (4.3.8)을 사용하면, Y의 주변 PDF에 대한 식 (4.2.7)은 다음과 같이 정리된다.

주변 PDF에 대한 전확률 법칙

$$f_Y(y) = \int_{-\infty}^\infty f_{Y|X=x}(y)f_X(x)dx \tag{4.3.9}$$

예제 4.3-7

임의로 선택된 보(수직 및 수평의 하중을 지지하는 구조재)에 가해지는 힘(수백 파운드 크기)을 X라 하고 Y를 보가 고장 날 때까지의 시간이라 하자. X의 PDF는 다음 식과 같고,

$$f_X(x) = \frac{1}{\log(6) - \log(5)} \frac{1}{x} \ , \ 5 \le x \le 6$$

다른 범위에서는 값이 0이 된다. $X = x$ 크기의 힘이 가해질 때 Y의 조건부 분포는 지수분포 ($\lambda = x$)이다. 따라서,

$$f_{Y|X=x}(y) = xe^{-xy} \ , \ y \ge 0$$

이며 $y < 0$일 때 $f_{Y|X=x}(y) = 0$이다. (X, Y)와 결합 PDF와 Y의 주변 PDF를 구하라.

해답

식 (4.3.8)에서 주어진 결합확률에 대한 곱셈법칙을 사용하면 다음과 같다.

$$f(x, y) = f_{Y|X=x}(y)f_X(x) = \frac{1}{\log(6) - \log(5)} e^{-xy} \ , \ y \ge 0$$

식 (4.3.9)에서 주어진 주변 PDF에 대한 전확률 법칙을 사용하면 $y \ge 0$에서 다음과 같아지고,

$$f_Y(y) = \int_{-\infty}^{\infty} f(x, y) \, dx = \int_5^6 \frac{1}{\log(6) - \log(5)} e^{-xy} \, dx$$

$$= \frac{1}{\log(6) - \log(5)} \frac{1}{y} \left(e^{-5y} - e^{-6y} \right)$$

다른 범위인 경우 $f_Y(y) = 0$이 된다. ■

4.3.3 회귀함수

$X = x$일 때 Y의 조건부 기댓값

$$\mu_{Y|X}(x) = E(Y|X = x) \tag{4.3.10}$$

을 x의 함수로 생각할 때, 이를 X에 대한 Y의 **회귀함수**(regression function)라 한다. 따라서, '회귀함수'는 조건부 평균값 함수(conditional mean value function)와 동의어이다. 이산형과 연속형 확률변수에 대한 회귀함수 계산식은 다음과 같다.

결합이산형 (X, Y)에
대한 회귀함수

$$\mu_{Y|X}(x) = \sum_{y \in \mathcal{S}_Y} y p_{Y|X=x}(y), \quad x \in \mathcal{S}_X \tag{4.3.11}$$

결합연속형 (X, Y)에
대한 회귀함수

$$\mu_{Y|X}(x) = \int_{-\infty}^{\infty} y f_{Y|X=x}(y)\, dy, \quad x \in \mathcal{S}_X \tag{4.3.12}$$

예제 4.3-8

X와 Y를 예제 4.3-4와 같이 정의하자. X에 대한 Y의 회귀함수를 구하라.

해답

예제 4.3-4에서 주어진 $X = x$에 대한 Y의 조건부 PMF를 사용하여 다음을 구한다.

$$E(Y|X=0) = \sum_{y=0}^{2} y p_{Y|X=0}(y) = 0 \times 0.85 + 1 \times 0.10 + 2 \times 0.05 = 0.2,$$

$$E(Y|X=1) = \sum_{y=0}^{2} y p_{Y|X=1}(y) = 0 \times 0.30 + 1 \times 0.45 + 2 \times 0.25 = 0.95,$$

$$E(Y|X=2) = \sum_{y=0}^{2} y p_{Y|X=2}(y) = 0 \times 0.20 + 1 \times 0.35 + 2 \times 0.45 = 1.25$$

따라서, X에 대한 Y의 회귀함수를 표 형식으로 나타내면 다음과 같다.

x	0	1	2
$\mu_{Y|X}(x)$	0.2	0.95	1.25

회귀함수는 시각적으로 분명하고 결합확률질량함수로부터 쉽게 도출되지 않는 정보다. 이 정보를 통해 보통의 계산대 줄이 길면, 셀프-계산대의 줄 역시 길 것이라고 예상할 수 있다. ∎

예제 4.3-9

(X, Y)는 다음과 같은 결합 PDF를 따른다고 가정하자.

$$f(x, y) = \begin{cases} 24xy & 0 \le x \le 1, 0 \le y \le 1, x + y \le 1 \\ 0 & \text{나머지 범위} \end{cases}$$

X에 대한 Y의 회귀함수를 구하라.

해답

$0 \le x \le 1$과 0에 대해, X의 주변 PDF는 다음과 같다.

$$f_X(x) = \int_0^{1-x} 24xy\, dy = 12x(1-x)^2$$

이 식은 다음과 같이 계산된다.

$$f_{Y|X=x}(y) = \frac{f(x,y)}{f_X(x)} = 2\frac{y}{(1-x)^2}$$

따라서, $E(Y|X=x) = \int_0^{1-x} yf_{Y|X=x}(y)\, dy = \frac{2}{3}(1-x)$이다. ■

식 (4.3.5)와 (4.3.9)에 각각 주어진 주변 PMF와 PDF에 대한 전확률 법칙의 결과에 따라, 회귀함수의 기댓값을 통해 Y의 기댓값을 구할 수 있다. 이를 **전체 기댓값의 법칙**(Law of Total Expectation)이라 부른다.

전체 기댓값의 법칙

$$E(Y) = E[E(Y|X)] \qquad (4.3.13)$$

이산형과 연속형 확률변수에 대한 자세한 식은 다음과 같다.

이산형 확률변수에 대한 전체 기댓값의 법칙

$$E(Y) = \sum_{x \in \mathcal{S}_X} E(Y|X=x)p_X(x) \qquad (4.3.14)$$

연속형 확률변수에 대한 전체 기댓값의 법칙

$$E(Y) = \int_{-\infty}^{\infty} E(Y|X=x)f_X(x)\, dx \qquad (4.3.15)$$

예제 4.3-10 $E(Y)$를 구하기 위하여, 예제 4.3-8과 4.3-4에서 각각 주어진 X에 대한 Y의 회귀함수와 X의 주변 PMF를 사용하라.

x	0	1	2
$\mu_{Y|X}(x)$	0.2	0.95	1.25

과

x	0	1	2
$p_X(x)$	0.2	0.5	0.3

해답

식 (4.3.14)를 이용하여, 다음이 계산된다.

$$E(Y) = E(Y|X=0)p_X(0) + E(Y|X=1)p_X(1) + E(Y|X=2)p_X(2)$$
$$= 0.2 \times 0.2 + 0.95 \times 0.5 + 1.25 \times 0.3 = 0.89$$

당연히, 우리는 예제 4.3-4에서 구한 Y의 주변분포를 사용하여 같은 결과를 얻게 된다.

$$E(Y) = 0 \times 0.38 + 1 \times 0.35 + 2 \times 0.27 = 0.89$$

■

| 예제 4.3-11 |

$E(Y)$를 구하기 위하여, 예제 4.3-9에서 구한 X에 대한 Y의 회귀함수와 X의 주변 PDF를 사용하라.

$$E(Y|X=x) = \frac{2}{3}(1-x) \text{ 과 } f_X(x) = 12x(1-x)^2, \quad 0 \le x \le 1$$

해답

식 (4.3.15)를 이용하여 다음이 계산된다.

$$E(Y) = \int_0^1 \frac{2}{3}(1-x)12x(1-x)^2\,dx = \frac{24}{3}\int_0^1 x(1-x)^3\,dx$$

R 명령어 $f=function(x)\{x*(1-x)**3\}$; $integrate(f, 0, 1)$는 위의 적분값으로 0.05를 반환한다. 따라서, $E(Y) = 0.4$이다. ■

다음 예제는 전체 기댓값의 법칙인 식 (4.3.13)이 X의 주변 PMF나 PDF에 대한 정보 없이도, 즉 식 (4.3.14) 혹은 식 (4.3.15)를 사용하지 않고도 적용될 수 있음을 보여 준다.

| 예제 4.3-12 |

Y를 나무의 나이, X를 나무의 흉고 지름이라 하자. 특정 종류의 나무는 X에 대한 Y의 회귀함수가 $\mu_{Y|X}(x) = 5 + 0.33x$라고 가정하자. 그리고 어떤 산림지역에 있는 해당 나무의 평균 지름이 45cm라 하자. 해당 산림지역에서 이 나무 종류의 평균 나이를 구하라.

해답

식 (4.3.13)에서 주어진 전체 기댓값의 법칙과 명제 3.3-1의 (3)에서 주어진 기댓값의 특성에 따라 다음을 구한다.

$$E(Y) = E[E(Y|X)] = E(5 + 0.33X) = 5 + 0.33E(X) = 5 + 0.33 \times 45 = 19.85 \quad ■$$

Y가 사건 B가 발생할 때 1의 값을 갖고 그렇지 않으면 0의 값을 갖는 베르누이 확률변수인 경우, 전체 기댓값의 법칙이 흥미롭게 변형된다. 이 경우 $E(Y) = P(B)$이며, 마찬가지로 $E(Y|X=x) = P(B|X=x)$이다. 그러므로 식 (4.3.14)와 (4.3.15)는 다음과 같이 쓸 수 있다.

$$P(B) = \sum_{x \in \mathcal{S}_X} P(B|X=x)p_X(x) \text{ 과 } P(B) = \int_{-\infty}^{\infty} P(B|X=x)f_X(x)\,dx \quad (4.3.16)$$

식 (4.3.16)에서 첫 번째 표현식은 전확률 법칙 그 자체를 나타낸다. 식 (2.5.7) 참고.

4.3.4 독립

확률변수의 독립(independence)의 개념은 사건들의 독립 개념에 대한 확장이다. X에 대해 정의된 어떤 사건과 Y에 대해 정의된 어떤 사건이 독립이면, 확률변수 X와 Y는 **독립**이다. 특히, 사건 $[X \leq x]$와 $[Y \leq y]$가 모든 x와 y에 대해 독립이라면, 즉 어떤 두 집합 (실수축의 부분집합들)에 대해 다음이 성립하면 X와 Y는 독립이다.

두 확률변수의 독립에
대한 정의

$$P(X \in A, \ Y \in B) = P(X \in A)P(Y \in B) \tag{4.3.17}$$

명제 4.3-1

1. 결합이산형 확률변수 X와 Y가 독립일 필요충분조건은 모든 x, y에 대해 다음이 성립하는 것이다.

2개의 이산형 확률변수의
독립에 대한 조건

$$p_{X,Y}(x,y) = p_X(x)p_Y(y) \tag{4.3.18}$$

2. 이때 $p_{X,Y}$는 (X, Y)의 결합 PMF이고, p_X, p_Y는 각각 X와 Y의 주변 PMF이다. 결합연속형 확률변수 X와 Y가 독립일 필요충분조건은 모든 x, y에 대해 다음이 성립하는 것이다.

2개의 연속형 확률변수
의 독립에 대한 조건

$$f_{X,Y}(x,y) = f_X(x)f_Y(y) \tag{4.3.19}$$

이때 $f_{X,Y}$는 (X, Y)의 결합 PDF이며, f_X, f_Y는 각각 X와 Y의 주변 PDF이다. ■

예제 4.3-13

예제 4.3-1에서 주어진 로봇을 만드는 데 있어서 두 유형의 에러율 X와 Y의 결합분포를 생각해 보자. X와 Y는 독립인가?

해답

예제 4.3-1에서 주어진 결합 PMF와 주변 PMF 표를 사용하여 다음을 구한다.

$$p(0,0) = 0.84 \neq p_X(0)p_Y(0) = (0.9)(0.91) = 0.819$$

이를 통해 X와 Y가 독립이 아니라고 충분히 결론 내릴 수 있다. ■

만약 결합이산형인 X와 Y가 독립이면, 명제 4.3-1의 부분 (1)에 의하여,

$$p(x,y) = p_Y(y)p_X(x)$$

한편, 결합 PMF에 대한 다음의 곱셈법칙은 항상 성립한다.

$$p(x,y) = p_{Y|X=x}(y)p_X(x)$$

따라서, X와 Y가 독립일 때 X의 표본공간에 속하는 모든 x에 대해 $p_Y(y) = p_{Y|X=x}(y)$다. 마찬가지로, 만약 결합연속형 X와 Y가 독립이면, 명제 4.3-1의 부분 (2)와 결합 PDF에 대한 곱셈법

칙 식 (4.3.8)에 의하여 $f_Y(y) = f_{Y|X=x}(y)$다. 이 논의는 다음 결과에 대한 근거다.

명제 4.3-2

X와 Y가 결합이산형이라면, 다음의 각 서술은 두 변수가 독립임을 암시한다.

1. $p_{Y|X=x}(y) = p_Y(y)$
2. $p_{Y|X=x}(y)$가 x에 의존하지 않는다. 즉, x의 모든 가능한 값과 같다.
3. $p_{X|Y=y}(x) = p_X(x)$
4. $p_{X|Y=y}(x)$가 y에 의존하지 않는다. 즉, y의 모든 가능한 값과 같다.

위의 각 서술에 포함된 PMF를 PDF로 바꾸면 결합연속형인 X와 Y가 서로 독립임을 암시한다. ■

예제 4.3-14

한 시스템은 병렬로 연결된 두 부품 A와 B로 구성되어 있다. 부품 A의 동작 여부에 따라 X가 1 혹은 0의 값을 가진다 하고, 부품 B의 동작 여부에 따라 Y가 1 혹은 0의 값을 가진다고 가정하자. 이 시스템의 수리 기록으로부터 $X = 0$과 $X = 1$일 때 Y의 조건부 PMF는 다음과 같음을 알 수 있다.

	y	
	0	1
$p_{Y|X=0}(y)$	0.01	0.99
$p_{Y|X=1}(y)$	0.01	0.99

X와 Y는 독립인가?

해답

조건부 확률에 대한 표로부터 $X = 0$일 때, Y의 조건부 PMF는 $X = 1$일 때 조건부 PMF와 같다. 명제 4.3-2의 부분 (2)에 의해, 우리는 X와 Y가 독립이라고 결론을 내린다. ■

예제 4.3-15

생산라인으로부터 임의로 선택된 실린더에 대해 X는 실린더의 높이, Y는 실린더의 반지름이라 하자. X, Y는 다음의 결합 PDF를 따른다고 가정하자.

$$f(x,y) = \begin{cases} \dfrac{3}{8}\dfrac{x}{y^2} & 1 \le x \le 3, \quad \dfrac{1}{2} \le y \le \dfrac{3}{4} \\ 0 & \text{나머지 범위} \end{cases}$$

X와 Y는 독립인가?

해답

$1 \le x \le 3$일 때 X의 주변 PDF는 다음과 같고

$$f_X(x) = \int_{-\infty}^{\infty} f(x,y)\, dy = \int_{.5}^{.75} \left(\frac{3}{8}\frac{x}{y^2} \right) dy = \frac{x}{4}$$

다른 범위에서는 0이다.

$0.5 \leq y \leq 0.75$일 때 Y의 주변 PDF는 다음과 같고

$$f_Y(y) = \int_{-\infty}^{\infty} f(x, y)\, dx = \int_1^3 \left(\frac{3}{8}\frac{x}{y^2}\right)dx = \frac{3}{2}\frac{1}{y^2}$$

다른 범위에서는 0이다.

다음이 성립하기 때문에,

$$f(x, y) = f_X(x)f_Y(y)$$

X와 Y가 독립이라고 결론 내릴 수 있다.

$0.5 \leq y \leq 0.75$에서 $X = x$일 때, Y의 조건부 PDF는 다음과 같고,

$$f_{Y|X=x}(y) = \frac{f(x, y)}{f_X(x)} = \frac{3}{2}\frac{1}{y^2}$$

다른 범위에서는 0임을 인지하여야 한다.

이 표현식은 x의 값과는 관계가 없고, $f_{Y|X=x}(y) = f_Y(y)$가 만족된다. 따라서, 명제 4.3-2의 부분 (1)이나 부분 (2)에 주어진 PDF에 의해서, 우리는 X, Y는 독립이라고 다시 한 번 결론을 도출한다. ■

예제 4.3-15에서 결합 PDF가 $f(x, y) = g(x)h(y)$로 기술될 수 있고, 이때 $1 \leq x \leq 3$ 범위에서 $g(x) = (3/8)x$, 나머지 범위에서는 0이며, $0.5 \leq y \leq 0.75$ 범위에서 $h(y) = 1/y^2$, 나머지 범위에서는 0이다. 이런 경우, 주변 PDF를 구하지 않고도 X와 Y가 독립이라고 결론을 내릴 수 있다. 연습문제 12 참고.

다음 명제는 독립확률변수의 중요한 정리들을 요약한 것이다.

명제 4.3-3

1. X가 상수일 때 Y의 회귀함수 $E(Y|X = x)$는 X의 값에 관계없이 $E(Y)$와 같다.
2. $g(X)$와 $h(Y)$는 모든 함수 g, h에 대해 독립이다.
3. 모든 함수 g, h에 대해 $E(g(X)h(Y)) = E(g(X))E(h(Y))$가 성립한다. ■

명제 4.3-3의 부분 (1)은 회귀함수의 계산공식 (4.3.11) 및 (4.3.12)와 X와 Y가 독립이면, 주어진 X 값에 대한 Y의 조건부 분포가 Y의 주변분포와 같다는 명제 4.3-2에 의해 도출된다. 부분 (2)는 자명하다. 또한 명제 4.3-3의 부분 (3)은 다음 절의 예제 4.4-4에서 보여 줄 것이다. 하지만 전체 기댓값의 법칙에 근거한 증명을 여기서 살펴보는 것이 도움이 된다. 식 (4.3.13)에서 주어진 법칙의 형태, 즉 $E(Y) = E[E(Y|X)]$에서 Y 자리에 $g(X)h(Y)$를 대입하면 다음과 같아진다.

$$E(g(X)h(Y)) = E[E(g(X)h(Y)|X)] = E[g(X)E(h(Y)|X)]$$

여기서 X의 값이 주어지면 $g(X)$의 값 또한 알려지고, 명제 3.3-1의 부분 (3)으로부터 $E(g(X)h(Y)|X) = g(X)E(h(Y)|X)$가 만족됨에 따라 두 번째 등식이 성립한다. 다음, X와 $h(Y)$는 독립이므로(명제 4.3-3의 부분 (2)로부터 따른다), X에 대한 $h(Y)$의 회귀함수 $E(h(Y)|X)$는 $E(h(Y))$와 같고 명제 4.3-1의 부분 3.3-1의 한 가지 이상의 조건에 따라 다음이 성립하며,

$$E[g(X)E(h(Y)|X)] = E[g(X)E(h(Y))] = E(g(X))E(h(Y))$$

이때 $E(g(X)h(Y)) = E(g(X))E(h(Y))$임을 보일 수 있다.

예제 4.3-16 예제 4.3-14에서 설명된 두 가지 부품으로 구성된 시스템에서 부품 A의 고장은 500.00달러, 부품 B의 고장은 750.00달러의 비용발생을 초래한다고 가정하자. C_A와 C_B를 각각 부품 A와 부품 B의 고장으로 초래된 비용이라고 하자. C_A와 C_B는 독립인가?

해답

확률변수 C_A는 부품 A가 고장 나는지 아닌지에 따라서 500 혹은 0의 값을 취하게 된다. 따라서, $C_A = 500(1 - X)$이며, X는 부품 A가 동작 시 1, 동작하지 않을 시 0의 값을 갖는다. 마찬가지로, $C_B = 750(1 - Y)$이며, 부품 B의 동작 여부에 따라 Y는 1 또는 0의 값을 갖는다. 예제 4.3-14에서 X와 Y는 독립임이 보인다. 따라서, 명제 4.3-3의 부분 (2)에 의하여 C_A와 C_B 또한 독립이다. ■

예제 4.3-17 생산라인으로부터 임의로 선택된 실린더에서 센티미터 단위로 측정된 높이 X와 반지름 Y가 예제 4.3-15에서와 같은 결합 PDF를 따른다.
(a) 임의로 선택된 실린더의 부피에 대한 기댓값을 구하라.
(b) X_1, Y_1을 각각 인치 단위로 표현된 실린더의 높이와 반지름이라 하자. X_1과 Y_1은 독립인가?

해답

(a) 예제 4.3-15에서 X와 Y가 독립이고 $1 \le x \le 3$에서 $f_X(x) = x/4$, 나머지 범위에서는 0, $0.5 \le y \le 0.75$에서 $f_Y(y) = 3/(2y^2)$, 나머지 범위에서는 0인 주변 PMF를 따름을 확인하였다. 부피는 πXY^2으로 주어졌기 때문에 명제 4.3-3의 부분 (3)에 따라 다음이 계산된다.

$$
\begin{aligned}
E\left[\pi XY^2\right] &= \pi E(X)E(Y^2) \\
&= \pi \int_1^3 x f_X(x)\, dx \int_{0.5}^{0.75} y^2 f_Y(y)\, dy \\
&= \pi \frac{13}{6} \frac{3}{8} = \pi \frac{13}{16}
\end{aligned}
$$

(b) X_1과 Y_1은 각각 X와 Y의 (선형)함수들이므로, X와 Y의 독립은 X_1과 Y_1 역시 독립임을 뜻한다. ∎

독립의 개념은 여러 개의 확률변수에 대해서도 간단히 확장된다. 특히, 조건 (4.3.18)과 (4.3.19)는 다음과 같이 확장된다. 결합이산형 확률변수 $X_1, X_2, \cdots, X_n$이 서로 독립일 필요충분 조건은 다음과 같다.

여러 개의 이산형 확률
변수의 독립조건

$$p(x_1, x_2, \ldots, x_n) = p_{X_1}(x_1) \cdots p_{X_n}(x_n)$$

그리고 결합연속형 확률변수 $X_1, X_2, \cdots, X_n$이 독립일 필요충분조건은 모든 $x_1, \cdots, x_n$에 대해 다음이 성립하는 것이다.

여러 개의 연속형 확률
변수의 독립조건

$$f(x_1, x_2, \ldots, x_n) = f_{X_1}(x_1) \cdots f_{X_n}(x_n)$$

만약 $X_1, X_2, \cdots, X_n$가 독립이고, 동일한 분포를 갖는다면(무한한/가설적 모집단으로부터 추출된 단순임의표본의 경우), 해당 변수들은 독립이고 동일한 분포를 따른다고 하고 간단하게 **iid**(independent and identically distributed, **독립동일분포**)라 한다.

연습문제

1. X를 매달 한 서점 온라인 사이트에서 팔리는 책의 판매량, 그리고 Y를 매달 오프라인 거래에서의 판매량이라 하자. X와 Y의 가능한 값은 0, 1 혹은 2이다. 0은 판매량이 기대치 이하일 때, 1은 판매량이 기대치를 충족했을 때, 2는 판매량이 기대치 초과일 때를 나타낸다. (X, Y)의 결합 PMF $p(x, y)$는 다음 표로 나타난다.

		y		
		0	1	2
	0	0.06	0.04	0.20
x	1	0.08	0.30	0.06
	2	0.10	0.14	0.02

(a) X와 Y의 주변 PMF를 구하고, 이로부터 X와 Y가 독립인지 판단하라. 당신의 답이 타당함을 보여라.

(b) $x = 0, 1, 2$에 대한 조건부 PMF $p_{Y|X=x}(y)$를 계산하고, 이를 이용하여 X와 Y가 독립인지 판단하라. 당신의 답이 타당함을 보여라. (힌트 명제 4.3-2.)

(c) $X = 1$일 때 Y의 조건부 분산 $\text{Var}(Y \mid X = 1)$을 계산하라.

2. X, Y가 연습문제 1번에서 주어진 결합 PMF를 따른다고 하자.

(a) X에 대한 회귀함수 Y를 구하라.

(b) 전체 기댓값의 법칙을 사용해 $E(Y)$를 구하라.

3. X, Y가 4.2절에 있는 연습문제 3과 같다고 하자.

(a) X에 대한 회귀함수 Y를 구하라.

(b) 전체 기댓값의 법칙을 사용해 $E(Y)$를 구하라.

(c) 음식값과 남긴 팁의 총액은 독립인가? 이 회귀함수에 대해 당신의 답이 타당함을 보여라.

4. 4.2절에 있는 연습문제 2번에서 주어진 정보를 참고하라.

(a) 약물 1.0mg/kg 투여한 그룹에서 임의로 선택한 쥐에 나타나는 종양 수의 조건부 PMF는 무엇인가?

(b) 쥐에 투여된 약물의 양인 X에 대해 임의로 선택된 실험용 쥐에 나타나는 종양의 수인 Y의 회귀함수를 구하라.

(c) 전체 기댓값의 법칙을 사용해 $E(Y)$를 구하라.

5. 만약 나이가 4~5세인 아이가 안전벨트를 하지 않으면 X를 0, 안전벨트를 한다면 1, 짧은 거리 통근을 위해 유아용 시트를 사용한다면 2라 하자. 또한, 아기가 자동차 사고에서 살아남았다면 Y를 0, 그렇지 않다면 1이라 하자. 사고기록에 의해 $X = x$일 때 Y의 조건부 PMF와 X의 주변분포가 다음과 같음을 알 수 있다.[1]

y	0	1
$p_{Y|X=0}(y)$	0.69	0.31
$p_{Y|X=1}(y)$	0.85	0.15
$p_{Y|X=2}(y)$	0.84	0.16

x	0	1	2
$p_X(x)$	0.54	0.17	0.29

(a) $X = x$일 때 Y의 조건부 PMF 표를 사용하여 X와 Y가 독립인지 아닌지 판단하라. 당신의 답이 타당함을 보여라.

(b) (X, Y)의 결합 PMF와 주변 PMF를 보여 주는 표를 작성하고 그것을 통해 X와 Y가 독립인지 아닌지 판단하라. 당신의 답이 타당함을 보여라.

6. 연습문제 5번에서 주어진 정보를 참고하라.

(a) X에 대한 Y의 회귀함수 $\mu_{Y|X}(x)$를 구하라.

(b) 전체 기댓값의 법칙을 사용하여 $E(Y)$를 구하라.

7. 화학 물질 배치에서 수분 함량이 1부터 3까지의 범위로 측정되었고, 불순물의 정도는 낮음(1) 혹은 높음(2)으로 기록했다. X와 Y를 각각 임의로 선택된 배치의 수분 함량과 불순물의 정도라 하자. 표에서 주어진 정보를 이용하여 질문 (a)~(d)에 대해 답하라.

	y	
	1	2
$p_{Y|X=1}(y)$	0.66	0.34
$p_{Y|X=2}(y)$	0.80	0.20
$p_{Y|X=3}(y)$	0.66	0.34

x	1	2	3
$P(X = x)$	0.2	0.3	0.5

(a) $E(Y|X = 1)$과 $\mathrm{Var}(Y|X = 1)$을 구하라.

(b) X와 Y의 결합 PMF 표를 작성하라.

(c) 다음 얻게 될 배치의 불순물의 정도가 낮음일 확률은 얼마인가?

(d) 다음 얻게 될 배치의 불순물의 정도가 낮음이라고 가정하자. 그것의 수분 함량이 1일 확률은 얼마인가?

8. 연습문제 7번에서 주어진 정보를 참고하라.

(a) X에 대한 Y의 회귀함수 $\mu_{Y|X}(x)$를 구하라.

(b) 전체 기댓값의 법칙을 사용해 $E(Y)$를 구하라.

9. X를 임의로 선택된 보에 대해 150시간 동안 작용한 힘이라 하고, Y는 보의 고장 여부에 따라 1 또는 0의 값을 갖는다고 하자. 확률변수 X는 각각 0.3, 0.5, 0.2의 확률로 4, 5, 6(100lb 단위에서) 값을 가진다. $X = x$의 힘일 때 고장 확률은 다음과 같다고 가정하자.

$$P(Y = 1|X = x) = \frac{(-0.8 + 0.04x)^4}{1 + (-0.8 + 0.04x)^4}$$

(a) X와 Y의 결합 PMF 표를 작성하라. X와 Y는 독립인가?

(b) 고장 난 보에 작용한 평균 힘 $E(X|Y = 1)$과 고장 나지 않은 보에 작용한 평균 힘 $E(X|Y = 0)$을 구하라.

10. 새로운 노트북을 구매한 사람이 한 달 이내에 집에 무선인터넷을 설치할 확률은 0.6으로 알려졌다. X를 특정한 지역에서 일주일 내에 새로운 노트북 소유자의 수(수백 명 중에)라 하고, Y를 그들 중에 한 달 이내에 집에 무선인터넷을 설치할 사람의 수라고 하자. X의 PMF를

---

1 사망방지에서 안전벨트의 효율성은 전미 고속도로 안전 위원회에 의해 고려된다. 참고 http://www.nhtsa.gov/search?=q=SEAT+BELT&x=25&y=4.

다음과 같이 가정하자.

x	0	1	2	3	4
$p_X(x)$	0.1	0.2	0.3	0.25	0.15

(a) $X = x$, $Y \sim \text{Bin}(n = x, p = 0.6)$일 때, (X, Y)의 결합 PMF를 구하라.

(b) X에 대한 Y의 회귀함수를 구하라.

(c) 전체 기댓값의 법칙을 사용해 $E(Y)$를 구하라.

11. $0 < x < 1$, $0 < y < 1$에서 X와 Y의 결합 PDF는 $f(x, y)$에 대해 $f(x, y) = x + y$이고, 나머지 범위에서는 0이다.

(a) $f_{Y|X=x}(y)$를 구하고 이 값을 사용하여 $P(0.3 < Y < 0.5 \mid X = x)$를 계산하라.

(b) 식 (4.3.16)을 사용하여 $P(0.3 < Y < 0.5)$를 구하라.

12. 독립에 대한 기준(Criterion for Independence). 일부 g와 h 함수(PDF는 필요하지 않음)에 대해 X와 Y가 독립일 필요충분조건은 다음과 같다.

$$f_{X,Y}(x, y) = g(x)h(y) \tag{4.3.20}$$

[이 기준을 적용할 때 명심해야 할 중요한 점은 조건식 (4.3.20)이 $f(x, y)$가 직사각형 영역을 가지는 (x, y)의 영역을 의미하는 것을 알아야 한다. 즉, a, c가 $-\infty$이고 b, d는 ∞인 $a \le x \le b$, $c \le y \le d$ 형태가 되어야 한다.] 이 조건을 사용하여 X와 Y가 다음의 각 경우에 독립인지 판단하라.

(a) $0 < x < \infty$, $0 < y < \infty$에서 X와 Y의 결합 PDF는 $f(x, y) = 6e^{-2x}e^{-3y}$이며, 다른 범위에서는 0이다.

(b) $0 < x + y < 1$에서 X와 Y의 결합 PDF는 $f(x, y) = 24xy$이며, 다른 범위에서는 0이다.

(c) $0 < x < \infty$, $0 < y < \infty$에서 X와 Y의 결합 PDF는 $f(x, y) = \frac{e^{-x/y}e^{-y}}{y}$이며, 다른 범위에서는 0이다.

13. T_i, $i = 1, 2$를 발생률이 α, $s \ge 0$인 포아송 과정 $X(s)$의 처음 2개의 발생 시간 간격이라 하자. (명제 3.5-1에 의해 T_1과 T_2 모두 PDF $f(t) = \alpha e^{-\alpha t}$, $t > 0$인 지수분포를 따른다.) T_1과 T_2가 독립임을 보여라. (힌트 $P(T_2 > t \mid T_1 = s) = P((s, s + t])$에서 사건 발생 없음 $\mid T_1 = s)$를

검증하고, 이 식이 $P((s, s + t])$에서 사건 발생 없음)과 같음을 보이기 위해 포아송 과정의 정의 3.4-1에 있는 세 번째 가정을 사용하라. 이 식을 $P(X(s+t) - X(s) = 0)$로 표현하고 이 식이 $e^{-\alpha t}$와 같음을 보이기 위하여 명제 3.4-2의 부분 (2)를 사용하라. 이는 $P(T_2 > t \mid T_1 = s)$를 나타내므로 $T_1 = s$일 때 T_2의 조건부 밀도함수의 값이 x 값과 관계없음을 보여 준다.)

14. 펜실베이니아에서는 겨울 동안 일반적으로 포아송 과정에 따라, I80에 10마일당 평균 1.6개의 구혈이 생긴다. 특정 자치주는 I80 중 30마일 구간에 있는 구혈을 수리해야 하는 책임이 있다. 겨울 끝자락에 수리반은 30마일 구간의 한쪽 끝에서부터 구혈을 조사하기 시작했다. T_1을 첫 번째 구혈까지의 거리라 하고, T_2를 첫 번째 구혈에서 두 번째 구혈까지의 거리라 하자.

(a) 발견된 첫 번째 구혈이 시작점으로부터 8마일에서 발견되었다면, 두 번째 구혈이 시작점으로부터 14~19마일 지점에서 발견될 확률을 구하라. (힌트 $14 - 8 = 6$ 마일과 $19 - 8 = 11$마일 사이의 값을 가지는 T_2의 확률을 구하라. 명제 3.5-1에 의해서 T_2는 $\exp(0.16)$을 따른다.)

(b) $X = T_1$ 그리고 $Y = T_1 + T_2$라 하자. X에 대한 Y의 회귀함수를 구하라. (힌트 $E(T_1 + T_2 \mid T_1 = x) = x + E(T_2 \mid T_1 = x)$. T_1과 T_2가 독립임을 밝힌 연습문제 13에서 얻은 결과를 사용하라.)

15. X와 Y가 예제 4.3-5의 결합 PDF를 따른다고 하자. $y > 0$에 대해 $Y = y$일 때 X의 조건부 PDF의 형태를 사용하여 X와 Y가 독립인지 아닌지 결론지어라. (힌트 명제 4.3-2의 부분 (4)를 사용하라.)

16. X를 임의로 선택된 보에 작용하는 힘(수백 파운드 크기)이라 하고 Y를 보가 고장 나는 시간이라 하자. X의 PDF는 다음과 같고,

$$f_X(x) = \frac{1}{\log(6) - \log(5)} \frac{1}{x} \qquad 5 \le x \le 6$$

다른 범위에서는 0이다.

$X = x$의 힘이 가해질 때 Y의 조건부 분포가 $\exp(\lambda = x)$를 따른다고 가정하자. 따라서,

$$f_{Y|X=x}(y) = xe^{-xy} \quad y \geq 0\text{에 대해,}$$

이고 $y < 0$에 대해 $f_{Y|X=x}(y) = 0$이다.

(a) X에 대한 Y의 회귀함수를 구하고, $E(Y|X = 5.1)$의 수치값을 구하라. (힌트 지수확률변수의 평균값에 대해 이 식을 사용하라.)

(b) $E(Y)$를 구하기 위해 전체 기댓값의 법칙을 사용하라.

17. 강철의 한 종류는 최소 0에서 최대 1로, 0~1까지 연속형 범위로 분류되는 미세한 결점을 가진다. 이것을 결합지수라 부른다. X와 Y를 각각 이 철강으로 만든 특정한 구조부재에 대한 실패 시 정적 힘과 결점지수라 하자. 임의로 선택된 부재에 대해, X와 Y는 결합 PDF로 결합분포확률변수다.

$$f(x, y) = \begin{cases} 24x & 0 \leq y \leq 1 - 2x, \quad 0 \leq x \leq .5 \\ 0 & \text{다른 모든 경우에} \end{cases}$$

(a) $f(x, y) > 0$인 (x, y)의 영역에 대한 PDF의 지지도를 자세히 설명하라.

(b) X와 Y는 독립인가? 위에서 설명한 PDF의 지지도에 대해 당신의 답이 타당함을 보여라.

(c) 다음을 각각 구하라.

$$f_X(x), \ f_Y(y), \ E(X), \ E(Y)$$

18. 연습문제 17번의 상황을 생각해 보자.

(a) X의 주변밀도는 $0 \leq x \leq 0.5$에 대해 $f_X(x) = \int_0^{1-2x} 24x\,dy = 24x(1 - 2x)$이고, $f_{Y|X=x}(y)$와 회귀함수 $E(Y|X = x)$로 주어진다. 회귀함수를 그리고 $E(Y|X = 0.3)$의 수치값을 구하라.

(b) $E(Y)$를 구하기 위해 전체 기댓값의 법칙을 사용하라.

4.4 확률변수 함수의 평균값

4.4.1 기본 결과

단변량의 경우에 확률변수의 함수인 통계량의 기댓값과 분산은 결과적으로 분포를 먼저 구하지 않아도 구할 수 있다. 이 기본 결과는 다음과 같다.

명제 4.4-1

1. (X, Y)를 결합 PMF $p(x, y)$를 따르는 이산형이라 하자. (X, Y)의 함수인 $h(X, Y)$의 기댓값은 다음과 같이 계산된다.

이산형 확률변수 함수의 평균값

$$E[h(X, Y)] = \sum_{x \in S_X} \sum_{y \in S_Y} h(x, y)p(x, y)$$

2. (X, Y)는 결합 PDF $f(x, y)$를 따르는 연속형이라 하자. (X, Y)의 함수 $h(X, Y)$의 기댓값은 다음과 같이 계산된다.

연속형 확률변수 함수의 평균값

$$E[h(X, Y)] = \int_{-\infty}^{\infty} \int_{-\infty}^{\infty} h(x, y)f(x, y)dx\,dy$$

$h(X, Y)$의 분산은 다음과 같이 계산된다.

두 확률변수 함수의
분산

$$\sigma^2_{h(X,Y)} = E[h^2(X, Y)] - [E[h(X, Y)]]^2 \qquad (4.4.1)$$

명제 4.4-1의 부분 (1)과 (2)에 의해 이산형과 연속형은 각각 다음과 같이 정의된다.

$$E[h^2(X, Y)] = \sum_x \sum_y h^2(x, y) p_{X, Y}(x, y)$$

$$E[h^2(X, Y)] = \int_{-\infty}^{\infty} \int_{-\infty}^{\infty} h^2(x, y) f_{X, Y}(x, y) \, dx \, dy$$

명제 4.4-1에 있는 이 식은 2개 이상의 확률변수로 이루어진 함수에 대해서도 직접적으로 확장된다. 예를 들어 이산형의 경우 통계량 $h(X_1, \cdots, X_n)$의 기댓값은 다음에 의해 계산되며,

$$E[h(X_1, \cdots, X_n)] = \sum_{x_1} \cdots \sum_{x_n} h(x_1, \cdots, x_n) p(x_1, \cdots, x_n)$$

이때 p는 $X_1, \cdots, X_n$의 결합 PMF를 나타낸다.

반면에, 연속형 경우에 $h(X_1, \cdots, X_n)$의 기댓값은 다음에 의해 계산된다.

$$E[h(X_1, \cdots, X_n)] = \int_{-\infty}^{\infty} \cdots \int_{-\infty}^{\infty} h(x_1, \cdots, x_n) f(x_1, \cdots, x_n) dx_1 \cdots dx_n$$

예제 4.4-1

한 사진 처리 웹사이트는 X, Y가 확률변수인 $X \times Y$ 픽셀의 압축 이미지 파일을 취급한다. 10:1 압축비에서, 픽셀당 24bit인 이미지는 $Z = 2.4XY$ 비트의 이미지로 압축된다. X와 Y의 결합 PDF가 다음 표와 같을 때, Z의 기댓값과 분포를 구하라.

	$p(x, y)$	480	600	900
	640	0.15	0.1	0.15
x	800	0.05	0.2	0.1
	1280	0	0.1	0.15

해답

$h(x, y) = xy$일 때, 명제 4.4-1의 부분 (1)의 식에 의해 다음이 계산된다.

$$\begin{aligned} E(XY) &= 640 \times 480 \times 0.15 + 640 \times 600 \times 0.1 + 640 \times 900 \times 0.15 \\ &\quad + 800 \times 480 \times 0.05 + 800 \times 600 \times 0.2 + 800 \times 900 \times 0.1 \\ &\quad + 1280 \times 480 \times 0 + 1280 \times 600 \times 0.1 + 1280 \times 900 \times 0.15 \\ &= 607{,}680 \end{aligned}$$

동일한 식에 의해 다음이 계산된다.

$$E[(XY)^2] = 640^2 \times 480^2 \times 0.15 + 640^2 \times 600^2 \times 0.1 + 640^2 \times 900^2 \times 0.15$$
$$+ 800^2 \times 480^2 \times 0.05 + 800^2 \times 600^2 \times 0.2 + 800^2 \times 900^2 \times 0.1$$
$$+ 1280^2 \times 480^2 \times 0 + 1280^2 \times 600^2 \times 0.1 + 1280^2 \times 900^2 \times 0.15$$
$$= 442{,}008{,}576{,}000$$

XY의 분산은 다음과 같다.

$$\text{Var}(XY) = 442{,}008{,}576{,}000 - 607{,}680^2 = 72{,}733{,}593{,}600$$

결국 $Z = 2.4XY$의 기댓값과 분포는 $E(Z) = 2.4E(XY) = 1{,}458{,}432$와 $\text{Var}(Z) = 2.4^2\text{Var}(XY)$
$= 418{,}945{,}499{,}136$이다. ■

예제 4.4-2

한 시스템은 직렬로 연결된 부품 A와 B로 구성된다. 만약 두 부품의 고장이 독립적으로 발생하면, 각 부품의 고장 시간은 균등분포 uniform$(0, 1)$을 따르는 확률변수이다. 이 시스템의 고장 시간에 대한 기댓값과 분산을 구하라.

해답

두 부품이 직렬로 연결되어 있으므로, 만약 X와 Y가 각각 부품 A와 B의 고장 시간을 나타낸다면, 시스템의 고장 시간은 X와 Y보다 작다. 따라서 함수 $T = \min\{X, Y\}$의 기댓값과 분산을 구해야 한다. 이 둘은 확률변수 T의 CDF를 먼저 찾고 PDF를 구하기 위해 CDF를 미분함으로써 쉽게 구할 수 있다. 먼저, 0과 1 사이의 임의의 값을 갖는 t에 대해 사건 $[T > t]$는 $[X > t]$와 $[Y > t]$ 모두 참임을 의미한다. 따라서 다음이 성립하고,

$$P(T > t) = P(X > t, Y > t) = P(X > t)P(Y > t) = (1 - t)(1 - t) = 1 - 2t + t^2$$

이때 두 번째 등식은 사건 $[X > t]$와 $[Y > t]$가 독립이기 대문에 성립하며, X와 Y가 균등분포를 가지므로 세 번째 등식 또한 성립한다. 따라서 만약 $F_T(t)$와 $f_T(t)$가 각각 T의 CDF와 PDF을 나타낼 경우 $0 < t < 1$에 대해 다음과 같이 계산된다.

$$F_T(t) = P(T \le t) = 1 - P(T > t) = 2t - t^2 \text{ 그리고 } f_T(t) = \frac{d}{dt}F_T(t) = 2 - 2t$$

그러므로

$$E(T) = \int_0^1 tf_T(t)dt = 1 - \frac{2}{3} = \frac{1}{3}, \quad E(T^2) = \int_0^1 t^2 f_T(t)dt = \frac{2}{3} - \frac{2}{4} = \frac{1}{6}$$

이며, $\text{Var}(T) = 1/6 - (1/3)^2 = 0.05556$으로 계산된다.

T의 평균과 분산은 T를 X와 Y의 함수 $h(X, Y) = \min\{X, Y\}$로 간주하고 명제 4.4-1의 부분 (2)를 이용하여 구할 수도 있다.

$$
\begin{aligned}
E[\min\{X, Y\}] &= \int_0^1 \int_0^1 \min\{x, y\}\, dx\, dy \\
&= \int_0^1 \left[\int_0^y \min\{x, y\}\, dx + \int_y^1 \min\{x, y\}\, dx \right] dy \\
&= \int_0^1 \left[\int_0^y x\, dx + \int_y^1 y\, dx \right] dy \\
&= \int_0^1 \left[\frac{1}{2}y^2 + y(1 - y) \right] dy = \frac{1}{2}\frac{1}{3} + \frac{1}{2} - \frac{1}{3} = \frac{1}{3}
\end{aligned}
$$

다음, 위와 유사한 절차에 따라 다음을 구한다.

$$
\begin{aligned}
E[\min\{X, Y\}^2] &= \int_0^1 \left[\int_0^y x^2\, dx + \int_y^1 y^2\, dx \right] dy \\
&= \int_0^1 \left[\frac{1}{3}y^3 + y^2(1 - y) \right] dy = \frac{1}{3}\frac{1}{4} + \frac{1}{3} - \frac{1}{4} = \frac{1}{6}
\end{aligned}
$$

따라서, $\text{Var}(\min\{X, Y\}) = 1/6 - (1/3)^2 = 0.05556$이다. ■

다음 두 예제는 각각 두 변수의 합의 기댓값과 독립인 두 확률변수의 곱의 기댓값 계산에 대해 살펴본다.

예제 4.4-3 2개의 확률변수에 대하여 다음 식을 증명하라.

$$
E(X + Y) = E(X) + E(Y)
$$

해답

X와 Y의 결합이산형이라고 가정해 보자. 연속형인 경우도 증명은 유사하다. 명제 4.4-1의 부분 (1)에 따라서 다음과 같이 증명된다.

$$
\begin{aligned}
E(X + Y) &= \sum_{x \in \mathcal{S}_X} \sum_{y \in \mathcal{S}_Y} (x + y)p(x, y) \\
&= \sum_{x \in \mathcal{S}_X} \sum_{y \in \mathcal{S}_Y} xp(x, y) + \sum_{x \in \mathcal{S}_X} \sum_{y \in \mathcal{S}_Y} yp(x, y) \ (\text{항 분리})
\end{aligned}
$$

$$= \sum_{x \in S_X} \sum_{y \in S_Y} xp(x,y) + \sum_{y \in S_Y} \sum_{x \in S_X} yp(x,y) \text{ (두 번째 항 시그마 교환)}$$

$$= \sum_{x \in S_X} xp_X(x) + \sum_{y \in S_Y} yp_Y(y) \qquad \text{(주변 PMF의 정의)}$$

$$= E(X) + E(Y)$$ ■

예제 4.4-4

X와 Y가 독립일 때 함수 g와 h에 대해 다음을 증명하라.

$$E[g(X)h(Y)] = E[g(X)]E[h(Y)]$$

해답

X와 Y가 결합연속형임을 가정하라. 이산형인 경우의 증명도 유사하다. 명제 4.4-1의 부분 (2)에 따라서 다음과 같이 증명된다.

$$E[g(X)h(Y)] = \int_{-\infty}^{\infty} \int_{-\infty}^{\infty} g(x)h(y)f(x,y)\,dx\,dy$$

$$= \int_{-\infty}^{\infty} \int_{-\infty}^{\infty} g(x)h(y)f_X(x)f_Y(y)\,dx\,dy \quad \text{(독립이기 때문에)}$$

$$= \int_{-\infty}^{\infty} g(x)f_X(x)\,dx \int_{-\infty}^{\infty} h(y)f_Y(y)\,dy = E[g(X)]E[g(Y)]$$

명제 4.3-3에 의해서도 동일한 결과를 얻을 수 있다. ■

4.4.2 합의 기댓값

명제 4.4-2

$X_1, \cdots, X_n$가 주변 평균값 $E(X_i) = \mu_i$을 가지는 n개의 확률변수라 하자(예 : 확률변수는 이산형 혹은 연속형이고, 독립 혹은 종속이다). 그러면 모든 상수 $a_1, \cdots, a_n$에 대해 다음이 성립한다.

확률변수들의
선형결합에 대한 평균값

$$E(a_1 X_1 + \cdots + a_n X_n) = a_1 \mu_1 + \cdots + a_n \mu_n$$

■

이 증명은 예제 4.4-3의 증명과 유사하며, 결과를 일반화할 수 있다. 특히, 명제 4.4-2에 $n = 2$, $a_1 = 1$, $a_2 = -1$과 $n = 2$, $a_1 = 1$, $a_2 = 1$을 각각 대입하면 다음 식이 얻어진다.

$$E(X_1 - X_2) = \mu_1 - \mu_2 \text{ 과 } E(X_1 + X_2) = \mu_1 + \mu_2 \qquad (4.4.2)$$

따름정리 4.4-1 만약 확률변수 $X_1, \cdots, X_n$의 평균이 동일한 경우, 즉 $E(X_1) = \cdots = E(X_n) = \mu$이라면,

평균과 총합의 기댓값

$$E(\overline{X}) = \mu \text{ 와 } E(T) = n\mu \tag{4.4.3}$$

여기서 $\overline{X} = (1/n)\sum_i X_i$와 $T = n\overline{X} = \sum_i X_i$이다.

이 따름정리는 평균과 총합에 대해 각각 $a_1 = \cdots = a_n = 1/n$와 $a_1 = \cdots = a_n = 1$로 명제 4.4-2에 대입하여 증명할 수 있다. 만약 따름정리 4.4-1에서 X_i이 성공확률 p인 베르누이 정리를 따른다면, 성공할 표본비율은 $\mu = p$와 $\overline{X} = \hat{p}$가 된다. 따라서 다음 식을 얻는다.

표본비율의 기댓값

$$E(\hat{p}) = p \tag{4.4.4}$$

또한, $T = X_1 + \cdots + X_n \sim \text{Bin}(n, p)$이므로, 따름정리 4.4-1은 $\text{Bin}(n, p)$를 따르는 확률변수의 기댓값이 $E(T) = np$라는 사실로부터 다른 방식으로(보다 쉽게) 증명할 수 있다.

예제 4.4-5 저녁 시간에 통상 한 명의 웨이터는 술을 주문하는 테이블 3개와 주문하지 않는 테이블 1개로 총 4개의 테이블을 서빙한다.

(a) 술을 주문하는 한 테이블에서 남겨 놓는 팁은 평균 $\mu_1 = 20$달러인 확률변수이다. 술을 주문하는 4개의 테이블로부터 웨이터가 받을 팁의 총액의 기댓값을 구하라.

(b) 알코올이 없는 음료를 주문하는 한 테이블에서 남겨 놓는 팁은 $\mu_2 = 10$달러인 확률변수이다. 알코올을 주문하지 않은 3개의 테이블에서 웨이터가 받을 팁의 총액의 기댓값을 구하라.

(c) 보통의 저녁 시간대에 웨이터가 받을 팁의 총액의 기댓값을 구하라.

해답

(a) $X_1, \cdots, X_4$을 술을 주문하는 4개의 테이블에서 남겨 놓는 팁이라고 하자. X_i는 $\mu_1 = 20$의 평균값을 가진다. 따라서 따름정리 4.4-1에 의해 팁 총액의 기댓값은 $T_1 = \sum_{i=1}^{4} X_i$는 $E(T_1) = 4 \times 20 = 80$이 된다.

(b) Y_1, Y_2, Y_3를 알코올이 없는 음료를 주문하는 3개의 테이블에서 남겨 놓는 팁이라고 하자. Y_i는 $\mu_2 = 10$의 평균값을 가진다. 따라서 따름정리 4.4-1에 의해 팁 총액의 기댓값 $T_2 = \sum_{i=1}^{3} Y_i$는 $E(T_2) = 3 \times 10 = 30$이 된다.

(c) T_1과 T_2가 보통의 저녁 시간대에 술을 주문하는 테이블과 주문하지 않는 테이블의 팁 총액을 나타낼 때, 웨이터가 받을 팁의 총액은 $T = T_1 + T_2$이다. 따라서 식 (4.4.2)에 의해 $E(T) = E(T_1) + E(T_2) = 80 + 30 = 110$이 된다. ∎

확률변수의 난수들의 합의 기댓값이 주어지는 다음 정리는 흥미로운 응용방법을 가진다.

명제 4.4-3

확률변수의
난수합의 기댓값

N은 정수인 확률변수이고, 확률변수 X_i는 N과 독립이고 평균값 μ를 가진다고 가정하자.

$$E\left(\sum_{i=1}^{N} X_i\right) = E(N)\mu$$

전체 기댓값의 법칙과 총합의 기댓값 공식을 결합하여 위의 명제가 증명되지만 자세히는 다루지 않을 것이다.

예제 4.4-6

N을 통상 하루에 백화점에 출입하는 사람의 수라 하고, X_i를 i번째 사람이 지출한 금액이라고 가정하자. X_i는 평균 22.00달러이다. 이는 총 N명의 손님이 독립적으로 소비한 것이다. N이 $\lambda = 140$인 포아송 확률변수일 경우에, 통상 하루에 백화점에서 지출되는 금액의 기댓값을 구하라.

해답

백화점에 출입하는 N명의 사람들 각각에 의해 하루 통상 백화점에서 돈을 지출되는 금액 X_i, $i = 1, \cdots, N$의 총합이 T이다. 즉 $T = \sum_{i=1}^{N} X_i$이다. $N \sim \text{Poisson}(\lambda = 140)$인 정보는 $E(N) = 140$을 뜻한다. 명제 4.4-3에서 설명된 조건이 만족하므로 다음과 같은 계산이 가능하다.

$$E(T) = E(N)E(X_1) = 140 \times 22 = 3,080$$

4.4.3 합의 공분산과 분산

이전 절에서 우리는 확률변수가 독립인지 아닌지 관계없이 성립하는 확률변수의 선형결합의 기댓값에 대한 간단한 식을 살펴보았다. 하지만, 종속성은 합의 분산에 대한 공식에 영향을 미친다. 왜 그런지 알기 위해서 $X + Y$의 분산을 생각해 보자.

$$\text{Var}(X + Y) = E\left\{[X + Y - E(X + Y)]^2\right\}$$

$$= E\left\{[(X - E(X)) + (Y - E(Y))]^2\right\}$$

$$= E\left[(X - E(X))^2 + (Y - E(Y))^2 + 2(X - E(X))(Y - E(Y))\right]$$

$$= \text{Var}(X) + \text{Var}(Y) + 2E[(X - E(X))(Y - E(Y))] \qquad (4.4.5)$$

만약 X와 Y가 독립이라면, $g(X) = X - E(X)$와 $h(Y) = Y - E(Y)$인 명제 4.3-3(혹은 예제 4.4-4)의 부분 (3)은 다음을 나타낸다.

$$E[(X - E(X))(Y - E(Y))] = E[X - E(X)]E[Y - E(Y)]$$
$$= [E(X) - E(X)][E(Y) - E(Y)] = 0 \qquad (4.4.6)$$

따라서, 만약 X와 Y가 독립이라면, $X + Y$의 분산에 대한 식은 $\mathrm{Var}(X + Y) = \mathrm{Var}(X) + \mathrm{Var}(Y)$로 간단하게 표현된다.

X와 Y의 주변 기댓값인 μ_X와 μ_Y에 대해 식 (4.4.5)에서 포함된 $E[(X - E(X))(Y - E(Y))]$은 X와 Y의 **공분산**이라 하고 $\mathrm{Cov}(X, Y)$ 혹은 $\sigma_{X,Y}$로 표기된다.

공분산 정의와 단축식

$$\sigma_{X,Y} = E[(X - \mu_X)(Y - \mu_Y)]$$
$$= E(XY) - \mu_X \mu_Y \qquad (4.4.7)$$

식 (4.4.7)에서 두 번째 등식은 공분산의 계산 공식이며, 분산에 대한 공식인 $\sigma_X^2 = E[(X - \mu_X)^2] = E(X^2) - \mu_X^2$과 유사하다.

식 (4.4.5)에서 유도된 두 확률변수의 합의 분산에 대한 공식과 두 확률변수의 차에 대응되는 공식은 다음에 다룰 장에서 자주 사용될 것이다. 이러한 이유로, 이 공식들은 여러 개의 확률변수의 합에 대한 공식으로 확장되며, 다음 명제에서 중요하게 다루어진다.

명제 4.4-4

1. σ_1^2, σ_2^2은 각각 X_1, X_2의 분산이다.
   (a) 만약 X_1, X_2이 독립이면 (혹은 $\mathrm{Cov}(X_1, X_2) = 0$),

   $$\mathrm{Var}(X_1 + X_2) = \sigma_1^2 + \sigma_2^2 \ \text{과} \ \mathrm{Var}(X_1 - X_2) = \sigma_1^2 + \sigma_2^2$$

   (b) 만약 X_1, X_2가 종속이면,

   $$\mathrm{Var}(X_1 - X_2) = \sigma_1^2 + \sigma_2^2 - 2\mathrm{Cov}(X_1, X_2)$$
   $$\mathrm{Var}(X_1 + X_2) = \sigma_1^2 + \sigma_2^2 + 2\mathrm{Cov}(X_1, X_2)$$

2. $\sigma_1^2, \cdots, \sigma_m^2$은 각각 $X_1, \cdots, X_m$의 분산이고 $a_1, \cdots, a_m$는 임의의 상수라 하자.
   (a) 만약 $X_1, \cdots, X_m$이 독립이면(혹은 $\mathrm{Cov}(X_i, X_j) = 0$, $i \neq j$에 대해),

   $$\mathrm{Var}(a_1 X_1 + \cdots + a_m X_m) = a_1^2 \sigma_1^2 + \cdots + a_m^2 \sigma_m^2$$

   (b) 만약 $X_1, \cdots, X_m$가 종속이면,

   $$\mathrm{Var}(a_1 X_1 + \cdots + a_m X_m) = a_1^2 \sigma_1^2 + \cdots + a_m^2 \sigma_m^2 + \sum_i \sum_{j \neq i} a_i a_j \sigma_{ij}$$

명제 4.4-4의 부분 (1)에 의해서, 만약 X와 Y가 독립이면 $X + Y$와 $X - Y$의 분산은 같은 값을 가지지만, 만약 공분산이 0이 아니면 다른 값을 가진다. 부분 (1a)가 일견 직관에 반(反)하기 때문에, 다음 예제는 표본 크기가 충분히 클 때 표본분산이 모분산에 근접한 좋은 근사치라는 사실에 근거한 수치상 검증을 제공한다.

<table>
<tr><td>예제 4.4-7</td></tr>
</table>

명제 4.4-4의 부분(1a)에 대한 시뮬레이션 기반 검증. X, Y를 uniform$(0, 1)$을 따르는 독립확률변수라 하자. 크기가 10,000인 $X + Y$값과 $X - Y$값의 확률표본공간을 만들고 두 표본의 표본분산을 계산하라. 명제 4.4-4의 부분 (1a)를 지지하는 수치적 증거가 되는지 논하라. (명제 4.4-4의 부분 (1b)의 수치적 검증에 대한 연습문제 13 참고.)

해답

다음 R 명령어를 이용하여

```
set.seed=111; x=runif(10000); y=runif(10000)
```

크기가 10,000인 확률표본공간 X와 크기가 10,000인 확률표본공간 Y를 만든다. (*set.seed=111*은 재현성을 가지기 위하여 사용되었다.) 추가적인 R 명령어

```
var(x + y); var(x - y)
```

로 크기가 10,000인 $X + Y$의 표본공간에 대한 표본분산과 크기가 10,000인 $X - Y$의 표본공간에 대한 표본분산값으로 각각 0.167과 0.164가 계산된다.

위 명령어를 반복하여 seed set을 222와 333으로 설정하면 표본분산의 쌍은 각각 (0.166, 0167)과 (0.168, 0.165)로 계산된다. $\mathrm{Var}(X + Y) = \mathrm{Var}(X - Y) = 2/12 = 0.1667$인 명제 4.4-4의 부분(1a)를 근거로, $X + Y$의 표본분산과 $X - Y$의 표본분산이 근사적으로 같음을 의미한다. ($\mathrm{Var}(X) = \mathrm{Var}(Y) = 1/12$이라는 사실을 사용하라. 예제 3.3-13 참고) ■

<table>
<tr><td>예제 4.4-8</td></tr>
</table>

X는 통상 슈퍼마켓 계산대 줄에 손님이 없다면 0, 손님이 1~10명이면 1, 손님이 10명 이상이라면 2의 값을 갖는다. Y를 셀프 계산대에 대응되는 변수라 하자. X와 Y의 결합 PMF가 다음과 같을 때, $\mathrm{Var}(X + Y)$를 구하라.

	$p(x, y)$	0	1	2	$p_X(x)$
	0	0.17	0.02	0.01	0.20
x	1	0.150	0.225	0.125	0.50
	2	0.060	0.105	0.135	0.30
	$p_Y(y)$	0.38	0.35	0.27	

해답

식 (4.4.5)를 사용하기 위하여 우리는 σ_X^2, σ_Y^2와 σ_{XY}를 계산할 필요가 있다. 첫 번째로 $E(X)$, $E(Y)$, $E(X^2)$, $E(Y^2)$과 $E(XY)$를 계산한다.

$$E(X) = \sum_x x p_X(x) = 1.1, \quad E(Y) = \sum_y y p_Y(y) = 0.89,$$

$$E(X^2) = \sum_x x^2 p_X(x) = 1.7, \quad E(Y^2) = \sum_y y^2 p_Y(y) = 1.43$$

그리고 명제 4.4-1의 부분 (1)에 따라 다음이 계산된다.

$$E(XY) = \sum_x \sum_y xy p(x,y) = 0.225 + 2 \times 0.125 + 2 \times 0.105 + 4 \times 0.135 = 1.225$$

따라서, $\sigma_X^2 = 1.7 - 1.1^2 = 0.49$, $\sigma_Y^2 = 1.43 - 0.89^2 = 0.6379$이고 식 (4.4.7)의 계산 공식에 따라, $\text{Cov}(X, Y) = 1.225 - 1.1 \times 0.89 = 0.246$이다. 결국, 식 (4.4.5)에 의해 다음이 계산된다.

$$\text{Var}(X + Y) = 0.49 + 0.6379 + 2 \times 0.246 = 1.6199 \quad \blacksquare$$

예제 4.4-9

지리위치 시스템을 사용하여 운행관리원은 순차적으로 2대의 트럭에 메시지를 보낸다. 초 단위로 기록되는 응답시간 X_1과 X_2의 결합 PDF는 $0 \leq x_1 \leq x_2$에 대해 $f(x_1, x_2) = \exp(-x_2)$이고, 아닌 경우에 $f(x_1, x_2) = 0$이다. $\text{Cov}(X_1, X_2)$를 구하라.

해답

계산 공식 $\text{Cov}(X_1, X_2) = E(X_1 X_2) - E(X_1)E(X_2)$를 이용하라. 먼저 X_1과 X_2의 주변 PDF는 각각 다음과 같다.

$$f_{X_1}(x_1) = \int_{x_1}^{\infty} e^{-x_2} \, dx_2 = e^{-x_1} \text{ 그리고 } f_{X_2}(x_2) = \int_0^{x_2} e^{-x_2} \, dx_1 = x_2 e^{-x_2}$$

따라서,

$$E(X_1) = \int_0^{\infty} x f_{X_1}(x) \, dx = \int_0^{\infty} x e^{-x} dx = 1$$

$$E(X_2) = \int_0^{\infty} y f_{X_2}(y) \, dy = \int_0^{\infty} y^2 e^{-y} dy = 2$$

는 예제 3.3-6과 3.3-14에 있는 식들과 유사한 적분 기법에 의해 계산되거나 R 명령어 $f = function(x)\{ x**2*exp(-x) \}; integrate(f, 0, Inf)$에 의해 계산된다. 두 번째 식은 첫 번째 식에 대한 명령어와 유사하다. 다음으로, 명제 4.4-1에 따라서,

$$E(X_1 X_2) = \int_0^\infty \int_0^\infty x_1 x_2 f(x_1, x_2)\, dx_1\, dx_2 = \int_0^\infty \int_0^{x_2} x_1 x_2 e^{-x_2}\, dx_1\, dx_2$$

$$= \int_0^\infty x_2 e^{-x_2} \int_0^{x_2} x_1\, dx_1\, dx_2 = \int_0^\infty 0.5 x_2^2 e^{-x_2}\, dx_2 = 1$$

따라서, $\mathrm{Cov}(X_1, X_2) = 1 - 1 \cdot 2 = -1$이 계산된다. ∎

명제 4.4-4의 부분 (2a)의 중요하고 특별한 경우는 표본평균의 분산과 표본합과 관련이 있다. 이것은 다음과 같이 주어진다.

따름정리 4.4-2 $X_1, \cdots, X_n$가 iid이며 (즉, 무한 모집단으로부터의 단순 확률표본공간) 분산이 σ^2으로 동일하다고 하자.

평균과 합의 분산

$$\mathrm{Var}(\overline{X}) = \frac{\sigma^2}{n} \text{ 과 } \mathrm{Var}(T) = n\sigma^2 \qquad (4.4.8)$$

여기서 $\overline{X} = n^{-1} \sum_{i=1}^n X_i$ 와 $T = \sum_{i=1}^n X_i$이다.

만약 따름정리 4.4-2에서 X_i가 성공확률이 p인 베르누이 시행의 확률변수인 경우, 성공 횟수의 표본비율은 $\sigma^2 = p(1-p)$와 $\overline{X} = \widehat{p}$다. 따라서 다음이 계산된다.

표본비율의 분산

$$\mathrm{Var}(\widehat{p}) = \frac{p(1-p)}{n} \qquad (4.4.9)$$

또한, $T = X_1 + \cdots + X_n \sim \mathrm{Bin}(n, p)$이므로, 따름정리 4.4-2는 $\mathrm{Bin}(n, p)$ 확률변수의 분산은 $\mathrm{Var}(T) = np(1-p)$라는 (보다 쉬운!)대체증명을 제공한다.

명제 4.4-5 공분산의 특성

1. $\mathrm{Cov}(X, Y) = \mathrm{Cov}(Y, X)$
2. $\mathrm{Cov}(X, X) = \mathrm{Var}(X)$
3. X, Y가 독립이라면, $\mathrm{Cov}(X, Y) = 0$이다.
4. 모든 실수 a, b, c, d에 대해 $\mathrm{Cov}(aX + b, cY + d) = ac\,\mathrm{Cov}(X, Y)$다.

명제 4.4-5에 대한 증명

부분 (1)과 (2)는 공분산의 정의로부터 바로 추론되는 반면, 부분 (3)은 관계식 (4.4.6)에서 이미 증명되었다. 부분 (4)의 경우 $E(aX + b) = aE(X) + b$와 $E(cY + d) = cE(Y) + d$이므로 다음과 같이 증명된다.

$$\begin{aligned} \mathrm{Cov}(aX + b, cY + d) &= E\{[aX + b - E(aX + b)][cY + d - E(cY + d)]\} \\ &= E\{[aX - aE(X)][cY - cE(Y)]\} \\ &= E\{a[X - E(X)]c[Y - E(Y)]\} \\ &= ac\,\mathrm{Cov}(X, Y) \end{aligned}$$

■

예제 4.4-10

예제 4.4-9에서 주어진 정보를 상기하라. 하지만 응답 시간은 밀리초(1/1000초) 단위로 주어진다고 가정하자. $(\widetilde{X}_1, \widetilde{X}_2)$이 밀리초 단위의 응답 시간을 나타낼 때, $\mathrm{Cov}(\widetilde{X}_1, \widetilde{X}_2)$를 구하라.

해답

예제 4.4-9의 응답 시간과 새로운 응답 시간은 $(\widetilde{X}_1, \widetilde{X}_2) = (1000X_1, 1000X_2)$의 관계가 있다. 그러므로 명제 4.4-5의 부분 (4)에 따라서 다음이 계산된다.

$$\mathrm{Cov}(\widetilde{X}_1, \widetilde{X}_2) = \mathrm{Cov}(1000X_1, 1000X_2) = -1{,}000{,}000$$

■

다음 예제는 X와 Y가 독립이 아닐 때 $\mathrm{Cov}(X, Y)$가 0이 될 수 있음을 보여 준다. 이것의 추가 예제는 4.5절의 연습문제 8에서 주어진다.

예제 4.4-11

X, Y가 다음과 같은 결합 PMF를 가질 경우, $\mathrm{Cov}(X, Y)$를 구하라. X와 Y는 독립인가?

		y		
$p(x, y)$		0	1	
	-1	1/3	0	1/3
x	0	0	1/3	1/3
	1	1/3	0	1/3
		2/3	1/3	1.0

해답

$E(X) = 0$이므로, 계산 공식 $\mathrm{Cov}(X, Y) = E(XY) - E(X)E(Y)$로부터 $\mathrm{Cov}(X, Y) = E(XY)$를 얻는다. 그러나 곱 XY는 1의 확률로 값이 0이다. 따라서 $\mathrm{Cov}(X, Y) = E(XY) = 0$이 된다. $p(0, 0) = 0 \neq p_X(0)p_Y(0) = 2/9$이므로 결국 X와 Y는 독립이 아니다.

■

연습문제

1. 판촉판매로 인해 어떤 물건이 원래 가격인 150달러에서 10% 혹은 20% 할인되어 팔린다. X와 Y를 두 온라인 사이트에서 해당 물건이 팔린 가격이라 하고 두 변수의 결합 PMF가 다음과 같다고 하자.

$p(x, y)$		y		
		150	135	120
	150	0.25	0.05	0.05
x	135	0.05	0.2	0.1
	120	0.05	0.1	0.15

어떤 한 사람이 두 사이트를 모두 확인하고 더 낮은 가격에 파는 곳에서 산다면, 그 사람이 지불할 가격의 기댓값과 분산을 구하라. (힌트 그 사람이 지불하는 가격은 $\min\{X, Y\}$로 표현된다.)

2. 병렬로 연결된 부품 A와 B로 구성된 어떤 시스템이 있다. 두 부품의 고장이 독립적으로 발생하고, 각 부품의 고장 시간이 uniform(0, 1) 확률변수라고 가정하자.

(a) 시스템 고장 시간의 PDF를 구하라. (힌트 X, Y가 각각 부품 A, B의 고장 시간일 때, 시스템은 시간 $T = \max\{X, Y\}$에 실패한다. $P(T \leq t) = P(X \leq t)P(Y \leq t)$로부터 T의 CDF와 균등분포 uniform(0, 1)인 확률변수의 CDF를 구하라. 그다음 미분으로 PDF를 구하라.)

(b) 시스템 고장 시간의 기댓값과 분산을 구하라.

3. $X = $ 높이, $Y = $ 반지름인 실린더의 $1 \leq x \leq 3$, $0.5 \leq y \leq 0.75$에서 결합분포는 $f(x, y) = 3x/(8y^2)$이며, 나머지 범위에서는 0이다. 무작위로 선택된 실린더의 체적의 분산을 구하라. (힌트 실린더의 체적은 $h(X, Y) = \pi Y^2 X$로 주어진다. 예제 4.3-17에서 $E[h(X,Y)] = (13/16)\pi$가 구해진다.)

4. 통상 일주일에 한 사람이 아침에 5번, 저녁에 3번 버스를 탄다. 아침에 버스를 기다리는 시간이 평균 3분, 분산이 2분^{2}이고 저녁에 기다리는 시간은 평균 6분, 분산은 4분^{2}이라고 가정하자.

(a) $X_i(i = 1, \cdots, 5)$를 일주일 중 i번째 아침에 기다리는 시간이고, Y_i를 저녁에 버스를 기다리는 시간이라 하자. 총대기시간을 X와 Y의 선형결합으로 표현하라.

(b) 통상 일주일 중 총대기시간의 기댓값과 분산을 구하라. 계산을 위해 필요한 가정을 모두 서술하라.

5. 콘크리트 조각 30개를 수직으로 쌓아 2개의 탑을 건설했다. 임의로 선택한 조각의 높이(단위 인치)는 (35.5, 36.5) 구간에서 균등분포를 따른다.

(a) 임의로 선택된 조각의 높이의 평균값과 분산을 구하라. (힌트 균등확률변수의 평균과 분산에 대한 예제 3.3-8과 3.3-16 참고.)

(b) $X_1, \cdots, X_{30}$을 탑 1에 사용된 조각의 높이라 하자. 탑 1 높이의 평균값과 분산을 구하라. (힌트 X의 합으로 탑 1의 높이를 표현하라.)

(c) 두 탑의 높이 차의 평균값과 분산을 구하라. (힌트 탑 2에 사용된 조각의 높이를 $Y_1, \cdots, Y_{30}$로 놓고 Y의 합으로 탑 2의 높이를 표현하라.)

6. N을 공업단지 내 모든 장소에서 매달 일어나는 사고의 수라 하고, X_i를 i번째 사고에 대해 보고된 부상자 수라 하자. X_i는 기댓값이 1.5이고 독립인 확률변수이며, N에 대해 독립이라고 가정하자. $E(N) = 7$일 경우, 한 달 동안 발생하는 부상자 수의 기댓값을 구하라.

7. 통상 저녁 시간대에, 한 웨이터는 술을 주문하는 N_1개의 테이블과 술을 주문하지 않는 N_2개의 테이블을 서빙한다. N_1, N_2를 모수 $\lambda_1 = 4$, $\lambda_2 = 6$인 포아송분포라 가정하자. 술을 주문한 테이블에 남겨 놓은 팁 X_i의 평균이 20.00달러, 술을 주문하지 않은 테이블의 팁 Y_j 평균이 10.00달러이다. 남겨진 팁과 서빙하는 테이블의 전체 수가 독립이라고 가정할 때, 통상 저녁에 웨이터가 받는 팁 총액의 기댓값을 구하라. (힌트 명제 4.4-3을 사용하라.)

8. (X, Y)가 다음의 결합 PDF를 따른다고 가정하라.

$$f(x, y) = \begin{cases} 24xy & 0 \leq x \leq 1, 0 \leq y \leq 1, x + y \leq 1 \\ 0 & \text{다른 모든 경우에} \end{cases}$$

$\text{Cov}(X, Y)$ 구하라. (힌트 예제 4.3-9에서 유도한 X의 주변 PDF를 사용하고 결합 PDF에 포함된 x, y의 대칭성에 의해 Y의 주변 PDF가 X와 같음을 직시하라.)

9. 확률변수 Y, X와 ε는 다음 모형과 같은 관계가 있고

$$Y = 9.3 + 1.5X + \varepsilon$$

이때 ε의 평균이 0, 분산 $\sigma_\varepsilon^2 = 16$이며, $\sigma_X^2 = 9$, X와 ε는 독립이다. Y와 X의 공분산과 Y와 ε의 공분산을 구하라. (힌트 $\mathrm{Cov}(X, Y) = \mathrm{Cov}(X, 9.3 + 1.5X + \varepsilon)$를 작성하고 명제 4.4-5의 부분 (4)를 사용하라. $\mathrm{Cov}(\varepsilon, Y)$에도 유사한 절차를 적용하라.)

10. 4.3절의 연습문제 3에서 주어진 식사 가격과 팁의 결합분포에 대한 정보를 사용하여, 임의로 선택된 손님의 식사 비용 총액(주메뉴 + 팁)의 기댓값과 분산을 구하라.

11. 온라인에서 판매되는 월간 책 판매량 X와 오프라인 서점의 월간 책 판매량 Y가 4.3절 연습문제 1에 주어진 결합분포를 따른다. 수천 달러 단위인 서점의 월간 수익에 대한 근사식은 $8x + 10y$이다. 서점의 월간 이익에 대한 기댓값과 분산을 구하라.

12. 화학 물질 배치의 수분 함량과 불순도에 관한 4.3절의 연습문제 7에 주어진 정보를 상기하라. 이러한 배치들은 특정한 물질을 조제하는 데 사용된다. 해당 물질을 조제하는 비용은 $C = 2\sqrt{X} + 3Y^2$이다. 물질을 조제하는 비용의 기댓값과 분산을 구하라.

13. X, Y, Z를 균등분포 uniform$(0, 1)$을 따르는 확률변수라 하고 $X_1 = X + Z$, $Y_1 = Y + 2Z$로 설정하자.

(a) $\mathrm{Var}(X_1 + Y_1)$과 $\mathrm{Var}(X_1 - Y_1)$를 구하라. (힌트 $\mathrm{Var}(X_1)$, $\mathrm{Var}(Y_1)$, $\mathrm{Var}(X_1, Y_1)$와 명제 4.4-4의 부분 (1)을 사용하라.)

(b) 예제 4.4-7에 사용했던 것과 유사한 R 명령어를 사용하여, 크기가 10,000인 $X_1 + Y_1$값의 표본과 크기가 10,000인 $X_1 - Y_1$값의 표본을 생성하고 두 표본의 분산을 계산하라. 이것이 부분 (a)와 명제 4.4-4의 부분 (1b)에 대한 수치적 증거가 되는지 논하라.

14. 와인 시음회 이벤트 첫째 날에 임의로 선택된 감별사들이 다른 와인을 맛보기 전에 특정한 와인 하나를 시음하고 평가한다. 둘째 날 동일한 3명의 감별사들은 다른 와인을 마신 후에 전날과 같은 와인을 사용하고 평가한다. X_1, X_2, X_3를 첫날 백 점 만점으로 측정한 등급이라 하고, Y_1, Y_2, Y_3를 둘째 날에 측정한 등급이라 하자. 각 X_i의 분산은 $\sigma_X^2 = 9$, 각 Y_i의 분산은 $\sigma_Y^2 = 4$로 주어지고, 공분산은 모든 $i = 1, 2, 3$에 대해 $\mathrm{Cov}(X_i, Y_i) = 5$, 모든 $i \neq j$에 대해 $\mathrm{Cov}(X_i, Y_j) = 0$이다. 종합 등급인 $\overline{X} + \overline{Y}$의 분산을 구하라. (힌트 명제 4.4-5의 부분 (4)에 있는 식은 공분산과 두 확률변수의 합에 대한 다음 식으로 일반화된다.

$$\mathrm{Cov}\left(\sum_{i=1}^{m} a_i X_i, \sum_{j=1}^{n} b_j Y_j\right) = \sum_{i=1}^{m}\sum_{j=1}^{n} a_i b_j \mathrm{Cov}\left(X_i, Y_j\right)$$

$i \neq j$일 때 $\mathrm{Cov}(X_i, Y_j) = 0$임을 주지하고 위 식을 사용하여, $\mathrm{Cov}(\overline{X}, \overline{Y}) = 0$을 구하라. 그리고 표본평균의 분산에 대한 명제 4.4-4의 부분 (1)과 따름정리 4.4-2에 있는 식을 사용하라.)

15. X를 모수가 n, M_1, M_2인 초기하분포를 따르는 확률변수라 하자. 따름정리 4.4-1을 사용하여 $E(X)$에 대한 식을 대안적으로(더 쉽게) 유도하라. (힌트 따름정리 4.4-1에 따른 1개의 이항분포(n, p)인 확률변수의 기댓값 유도식을 살펴보라.)

16. X가 모수가 r과 p인 음이항분포를 따른다고 하자. 따라서, X는 r번째 성공까지 베르누이 시행의 총횟수이다. 다음으로, X_1을 첫 번째 성공하기까지 총시행한 횟수라 하고, X_2를 첫 번째 성공부터 두 번째 성공까지 시행한 횟수라 한다. 마찬가지로 X_r을 $(r-1)$번째 성공부터 r번째 성공까지 시행한 횟수라 하자. X_i들은 iid이고, $X = X_1 + \cdots + X_r$는 기하분포를 따름을 상기하라. 음이항분포인 확률변수 X의 기댓값과 분산을 유도하기 위해 따름정리 4.4-1과 명제 4.4-4를 사용하라. (힌트 기하분포인 확률변수의 기댓값과 분산은 예제 3.3-3과 3.3-12에서 유도된다.)

4.5 종속성 측정

두 확률변수 X와 Y가 독립이 아닐 때 그것들은 종속이다. 당연히, 매우 밀접한 관계부터 매우 밀접하지 않은 관계까지 종속의 정도는 다양하다. 이번 절에서 우리는 종속성의 측량수단이 되는 상관관계를 소개한다. 첫 번째로 우리는 단조로운 종속의 개념을 소개하고, 긍정과 부정 종속 사이의 차이를 분간하며, 차이를 분간하는 데 있어서 공분산의 역할을 설명한다. 다음으로 피어슨 상관계수 및 그 해석방법에 대해 다룬다.

4.5.1 긍정 및 부정 종속

만약 '큰' X 값과 '큰' Y 값이 연관이 있고, '작은' X 값과 '작은' Y 값이 연관이 있다면, 우리는 X와 Y를 **양의 종속**(positively dependent) 혹은 **양의 상관관계**(positively correlated)라 부른다. (여기서, '크다'는 '평균보다 더 크다'를 의미하고 '작다'는 '평균보다 더 작다'를 의미한다.) 예를 들면, 임의로 선택된 성인 남성의 변수 X = 키, Y = 몸무게는 양의 종속이다. 반대의 경우에, 즉, '큰' X 값과 '큰' Y 값이 연관되어 있고, '작은' X 값과 '작은' Y 값이 연관되어 있을 때, 우리는 X와 Y가 **음의 종속**(negatively dependent) 혹은 **음의 상관관계**(negatively correlated)가 있다고 말한다. 음의 종속 관계인 변수의 예로는 X = 인가된 스트레스, Y = 고장 시간이 있다. 만약 변수가 양 혹은 음의 종속이면 그것들의 종속관계는 **단조**(monotone)라고 부른다.

만약 양의 종속관계가 있다면 X에 대한 Y의 회귀함수 $\mu_{Y|X}(x) = E(Y|X=x)$는 x에 대해 증가하는 함수임이 명백해야 한다. 예를 들어 X = 키, Y = 몸무게인 경우, 이 변수들의 양의 종속관계 때문에 우리는 $\mu_{Y|X}(1.82) < \mu_{Y|X}(1.90)$, 즉 키가 $1.82\,\mathrm{m}$인 남자의 평균 몸무게가 키가 $1.90\,\mathrm{m}$인 남자의 평균 몸무게보다 더 가볍다는 관계를 파악하게 된다. 마찬가지로 음의 종속관계인 경우, $\mu_{Y|X}(x)$는 감소 함수이고, 단조 종속관계이면 $\mu_{Y|X}(x)$는 단조 함수이다.

공분산이 양 혹은 음인 단조 종속관계를 확인하는 데 사용할 수 있다는 사실은 명백하지는 않지만, 여기에는 규칙이 있다. 공분산이 양 혹은 음의 값을 가지면 단조 종속관계는 각각 양 혹은 음의 관계다.

공분산의 부호가 단조 종속관계의 특성을 확인하는 데 사용되는 이유에 대한 직관적인 이해를 돕기 위해 N개의 유한 모집단을 생각하고, (x_1, y_1), (x_2, y_2),$\cdots$, (x_N, y_N)이 N개 각각의 관심 특성을 나타내는 이변량값이며, (X, Y)를 임의로 선택한 개체의 이변량 특성값이라 하자. 그리고 (X, Y)는 $1/N$의 확률로 (x_1, y_1), (x_2, y_2),$\cdots$, (x_N, y_N) 중 하나의 값을 취하는 이산형 분포를 따른다. 이 경우에 정의 (4.4.7)에 있는 공분산 공식을 다음과 같이 쓸 수 있다.

$$\sigma_{X,Y} = \frac{1}{N}\sum_{i=1}^{N}(x_i - \mu_X)(y_i - \mu_Y) \tag{4.5.1}$$

$\mu_X = \frac{1}{N}\sum_{i=1}^{N} x_i$ 와 $\mu_Y = \frac{1}{N}\sum_{i=1}^{N} y_i$ 는 각각 X와 Y의 주변 기댓값이다. 이제 X와 Y가 양의 상

관관계를 갖는다고 가정해 보자. 그러면 μ_X보다 큰 X값이 μ_Y보다 큰 Y값과 관계가 있고, μ_X보다 작은 X값도 μ_Y보다 작은 Y값과 관계가 있다. 따라서 식 (4.5.1)에 포함된 다음의 곱 형태는 양수일 것이며, 결과적으로 $\sigma_{X,Y}$도 양수가 된다.

$$(x_i - \mu_X)(y_i - \mu_Y) \tag{4.5.2}$$

마찬가지로, X와 Y가 음의 상관관계를 가질 경우, 식 (4.5.2)에 있는 곱은 음수일 것이므로 $\sigma_{X,Y}$도 음수가 된다.

그러나 종속관계 측량에 있어서 공분산의 유용함은 단조 종속관계의 특성을 확인하는 능력 이상으로 확장되지 않는다. 그 이유는 성공적인 종속관계의 측량은 척도에 무관해야 하기 때문이다. 예를 들면, 변수(키, 몸무게)의 종속관계의 정도는 변수의 측정 단위가 미터와 킬로그램인지 혹은 피트와 파운드인지에 따라 달라져서는 안 된다. 그러나 명제 4.4-5 부분 (4)에 따르면 공분산의 값은 척도에 의존적이므로 공분산은 종속성 측량의 기능을 할 수 없다.

4.5.2 피어슨(혹은 선형) 상관계수

공분산을 간단히 조작함으로써 척도에 영향을 받지 않는다는 것이 입증되어 종속관계 측량에 가장 흔하게 사용되는 것이 (선형) 상관계수((linear) correlation coefficient)인데, 이를 만든 사람의 이름을 기리는 의미에서 피어슨의 상관계수(Pearson's correlation coefficient)라고도 한다.

> **정의 4.5-1**
>
> X와 Y에 대한 **피어슨(혹은 선형) 상관계수**는 $\mathrm{Corr}(X, Y)$ 혹은 $\rho_{X,Y}$로 표기되고, 다음과 같이 정의된다.
>
> $$\rho_{X,Y} = \mathrm{Corr}(X, Y) = \frac{\mathrm{Cov}(X, Y)}{\sigma_X \sigma_Y}$$
>
> σ_X, σ_Y는 각각 X, Y에 대한 주변 표준편차다.

다음 명제는 상관계수의 특성에 대한 요약이다.

명제 4.5-1

1. a와 c가 모두 양수 혹은 음수일 때,

$$\mathrm{Corr}(aX + b, cY + d) = \rho_{X,Y}$$

a와 c의 부호가 반대일 때,

$$\mathrm{Corr}(aX + b, cY + d) = -\rho_{X,Y}$$

2. $-1 \leq \rho_{XY} \leq 1$이고

그림 4-2

서로 다른 상관계수에
해당하는 산점도

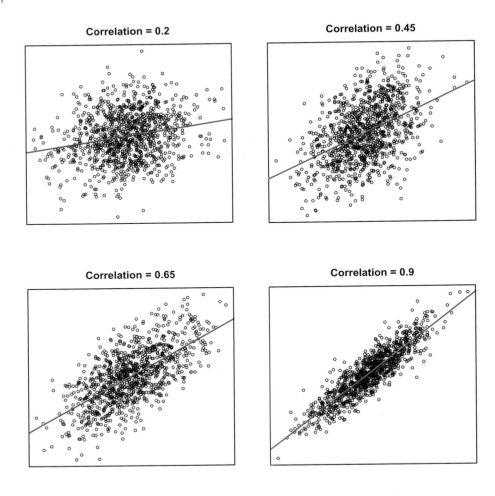

(a) X, Y가 독립이면 $\rho_{X,Y} = 0$이다.
(b) $a \neq 0$인 수 a, b에 대해 $Y = aX + b$이면 $\rho_{X,Y} = 0$ 혹은 -1이다. ■

명제 4.5-1의 특성은 상관관계가 확실히 선형종속에 대한 좋은 지표임을 뜻한다. 부분 (1)에 있는 특성은 척도에 영향을 받지 않는 바람직한 특질이 있음을 의미한다. 부분 (2)에 있는 특성은 $\rho_{X,Y}$값이 나타내는 선형 종속성의 정도에 대해 감을 익힐 수 있도록 한다. 따라서 변수들이 서로 독립이면, $\rho_{X,Y} = 0$인 반면, X와 Y가 가능한 가장 강한 선형 종속관계를 가질 필요충분조건은 $\rho_{X,Y} = \pm 1$이다(이 경우 하나의 값을 알면 다른 하나의 값도 안다). 그림 4-2의 산점도는 인위적으로 상관계수 값이 0.2에서 0.9 사이 범위인 크기 1,000인 인구를 모집단에 대응되는 것이다. 각 산점도를 관통하는 선은 X에 대한 Y의 회귀함수에 해당한다.

예제 4.5-1   신뢰할 수 있는 상황에서 임의로 선택한 1개의 전자 부품에 대해 가속수명시험을 실시하고자 한다. 만약 해당 부품이 50시간 미만으로 지속되면 X_1은 값이 1이고, 아니면 0이라 하자. 만약

이 부품이 50~90시간 사이로 지속되면 X_2는 1이고 아니면 0이라 하자. 임의 선택된 한 부품이 50시간 미만으로 지속될 확률, 50시간~90시간 지속될 확률, 90시간 이상 지속될 확률은 각각 0.2, 0.5, 0.3이다. ρ_{X_1, Y_1}를 구하라.

해답

우리는 먼저 단축식 $\sigma_{X_1 X_2} = E(X_1 X_2) - E(X_1)E(X_2)$을 사용하여 X_1과 X_2의 공분산을 구할 것이다. 다음으로 $(X_1 X_2)$의 표본공간은 $\{(1, 0), (0, 1), (0, 0)\}$이기 때문에, 곱 $X_1 X_2$는 항상 0이 되고, 따라서 $E(X_1 X_2) = 0$이다. 각 X_i의 주변분포는 베르누이 분포를 따르기 때문에 다음이 계산된다.

$$E(X_1) = 0.2, \quad E(X_2) = 0.5, \quad \sigma_{X_1}^2 = 0.16, \quad \sigma_{X_2}^2 = 0.25$$

위 계산 결과를 토대로 $\sigma_{X_1 X_2} = 0 - 0.2 \times 0.5 = -0.1$을 구한다. 마지막으로 상관관계의 정의에 따라 다음을 구한다.

$$\rho_{X_1, X_2} = \frac{\sigma_{X_1 X_2}}{\sigma_{X_1} \sigma_{X_2}} = \frac{-0.1}{0.4 \times 0.5} = -0.5$$

예제 4.5-2

지리위치 시스템을 사용하여 운행관리원이 순차적으로 2대의 트럭에 메시지를 보낸다. 초 단위로 기록되는 응답 시간 X_1과 X_2의 결합 PDF는 $0 \le x_1 \le x_2$에 대해 $f(x_1, x_2) = \exp(-x_2)$이고, 아닌 경우에 $f(x_1, x_2) = 0$이다.

(a) $\text{Corr}(X_1, X_2)$를 구하라.
(b) $(\widetilde{X}_1, \widetilde{X}_2)$가 밀리초 단위의 응답 시간일 때 $\text{Corr}(\widetilde{X}_1, \widetilde{X}_2)$를 구하라.

해답

(a) 예제 4.4-9에서 $\text{Cov}(X_1, X_2) = -1$임을 알았다. 이 예제에서 주변 PDF와 X_1 및 X_2의 평균은 다음과 같다.

$$f_{X_1}(x_1) = e^{-x_1}, \quad f_{X_2}(x_2) = x_2 e^{-x_2}, \quad E(X_1) = 1, \quad E(X_2) = 2$$

위 주변 PDF를 이용하여 다음을 구한다.

$$E(X_1^2) = \int_0^\infty x^2 f_{X_1}(x)\,dx = 2, \quad E(X_2^2) = \int_0^\infty x^2 f_{X_2}(x)\,dx = 6$$

위 적분은 R로 계산할 수도 있다. 예를 들어 $E(X_2^2)$는 R 명령어 $f=function(x)\{x**3*exp(-x)\}; integrate(f, 0, Inf)$로 구할 수 있다. 위에서 얻은 결과를 토대로 X_1과 X_2의 표준편차는 다음과 같이 구해진다.

$$\sigma_{X_1} = \sqrt{2 - 1^2} = 1, \quad \sigma_{X_2} = \sqrt{6 - 2^2} = 1.414$$

따라서 상관계수의 정의로부터 다음이 계산된다.

$$\rho_{X_1, X_2} = \frac{-1}{1 \cdot 1.414} = -0.707$$

(b) 공분산의 특성에 따라 예제 4.4-10에서 $\text{Cov}(\tilde{X}_1, \tilde{X}_2) = -1,000,000$임을 알았다. 또한, 표준편차의 특성(명제 3.3-2 참고)으로부터 $\sigma_{\tilde{X}_1} = 1,000$과 $\sigma_{\tilde{X}_2} = 1,414$가 된다. 다음으로 $\rho_{\tilde{X}_1, \tilde{X}_2} = -1,000,000/(1,000 \cdot 1,414) = -0.707$이다. 따라서 명제 4.5-1의 부분 (1)에 명기된 것과 같이 $\rho_{\tilde{X}_1, \tilde{X}_2} = \rho_{X_1, X_2}$이다. ■

선형종속의 측도로서의 피어슨 상관계수 상관관계는 오직 선형 종속관계를 측정하는 것임을 강조되어야 한다. 특히, 가능한 가장 강한 종속관계를 갖는다는 것은 하나의 값을 알면 다른 하나도 아는 관계이다. 하지만, X와 Y 사이 관계가 선형이 아니면 다음 예제에서처럼 상관관계는 1이 아닐 것이다.

예제 4.5-3 X는 uniform$(0, 1)$을 따르고 $Y = X^2$이라고 하자. $\rho_{X,Y}$를 구하라.

해답

첫째로 우리는 단축식 $\text{Cov}(X, Y) = E(XY) - E(X)E(Y)$를 통해서 공분산을 구할 것이다. $Y = X^2$으로 명시되어 있으므로 $XY = X^3$이 된다. 따라서, $E(XY) = E(X^3) = \int_0^1 x^3 \, dx = 1/4$다. 또한, $E(Y) = E(X^2) = 1/3$과 $E(X) = 1/2$이기 때문에 다음이 계산된다.

$$\text{Cov}(X, Y) = \frac{1}{4} - \frac{1}{2}\frac{1}{3} = \frac{1}{12}$$

다음으로, $\sigma_X = 1/\sqrt{12}$(예제 3.3-13 참고), $\sigma_Y = \sqrt{E(X^4) - [E(X^2)]^2} = \sqrt{1/5 - 1/9} = 2/3\sqrt{5}$이다. 위 결과를 토대로 다음이 계산된다.

$$\rho_{X,Y} = \frac{\text{Cov}(X, Y)}{\sigma_X \sigma_Y} = \frac{3\sqrt{5}}{2\sqrt{12}} = 0.968$$

$Y = X^4$일 때는 유사한 계산과정에 따라 $\rho_{X,Y} = 0.866$이 된다. ■

위의 예제에서 X를 알면 Y를 알 수 있고, 역으로 X는 Y의 양의 제곱근으로 주어진다는 점을 주목하라. 그러나 단조 관계이긴 하지만, X와 Y 사이의 관계가 선형은 아니다.

정의 4.5-2
두 변수가 0의 상관계수의 값을 가지면 **상관관계가 없다**(uncorrelated)라고 말한다.

독립변수들은 상관관계가 없지만, 상관관계가 없는 변수들이 반드시 독립인 것은 아니다(예제 4.4-11 참고). 일반적으로, 만약 양 또는 음의 단조 종속관계가 아닐 경우, 두 변수의 관계가 밀접해도 그것들의 상한계수는 0일 수 있다.

표본공분산과 상관계수 만약 $(X_1, Y_1), \cdots, (X_n, Y_n)$이 (X, Y)의 이변량분포로부터의 표본이라면, $\widehat{\text{Cov}}(X, Y)$ 혹은 $S_{X,Y}$로 표기되는 **표본공분산**(sample covariance)과 $\widehat{\text{Corr}}(X, Y)$ 혹은 $r_{X,Y}$로 표기되는 **표본상관계수**(sample covariance correlation)는 다음과 같이 정의된다.

표본공분산과
상관계수

$$
S_{X,Y} = \frac{1}{n-1} \sum_{i=1}^{n} (X_i - \overline{X})(Y_i - \overline{Y})
$$

$$
r_{X,Y} = \frac{S_{X,Y}}{S_X S_Y}
$$

(4.5.3)

$\overline{X}$, S_X와 $\overline{Y}$, S_Y는 각각 X 표본과 Y 표본의 (주변)표본평균과 표본표준편차다.

1장에서는 반복적으로 모집단의 모수에 관한 표본 버전을 강조했지만, 일반적으로 그것들은 대응되는 모집단의 모수와 일치하지는 않는다. 특히, $\widehat{\text{Cov}}(X, Y)$와 $\widehat{\text{Corr}}(X, Y)$는 각각 $\text{Cov}(X, Y)$와 $\text{Corr}(X, Y)$의 측정량이지만, 일반적으로 그것들과 동일하지는 않다.

표본공분산을 구하기 위한 계산식은 다음과 같다.

$$
S_{X,Y} = \frac{1}{n-1} \left[\sum_{i=1}^{n} X_i Y_i - \frac{1}{n} \left(\sum_{i=1}^{n} X_i \right) \left(\sum_{i=1}^{n} Y_i \right) \right]
$$

만약 X_i값이 R 객체 x에 있고 Y_i값이 y에 있다면, $S_{X,Y}$와 $r_{X,Y}$를 계산하기 위한 R 명령어는 다음과 같다.

공분산과 상관관계를 위한 R 명령어
```
cov(x, y) # gives S_{X,Y}
cor(x, y) # gives r_{X,Y}
```

예제 4.5-4 물에 있는 납 농도 측정법 조정을 위해, 납 함량이 알려진 12개의 물 표본에 이 방법을 적용하였다. 농도 측정치 y와 알려진 농도값 x가 다음에 주어져 있다.

x	5.95	2.06	1.02	4.05	3.07	8.45	2.93	9.33	7.24	6.91	9.92	2.86
y	6.33	2.83	1.65	4.37	3.64	8.99	3.16	9.54	7.11	7.10	8.84	3.56

표본공분산과 상관계수를 계산하라.

해답

위 데이터로, $\sum_{i=1}^{12} X_i = 63.79$, $\sum_{i=1}^{12} Y_i = 67.12$, $\sum_{i=1}^{12} X_i Y_i = 446.6939$를 얻을 수 있다. 따라서,

$$S_{X,Y} = \frac{1}{11} \left[446.6939 - \frac{1}{12} 63.79 \times 67.12 \right] = 8.172$$

또한, $\sum_{i=1}^{12} X_i^2 = 440.302$와 $\sum_{i=1}^{12} Y_i^2 = 456.745$이며, 식 (1.6.14)에서 주어진 표본분산 계산식을 통해, $S_X^2 = 9.2$와 $S_Y^2 = 7.393$을 얻는다. 따라서, 다음이 계산된다.

$$r_{X,Y} = \frac{8.172}{\sqrt{9.2}\sqrt{7.393}} = 0.99$$

R 객체 x와 y에 x=c(5.95, 2.06, 1.02, 4.05, 3.07, 8.45, 2.93, 9.33, 7.24, 6.91, 9.92, 2.86)과 y=c(6.33, 2.83, 1.65, 4.37, 3.64, 8.99, 3.16, 9.54, 7.11, 7.10, 8.84, 3.56)을 대입하면, 위의 공분산과 상관계수 값은 각각 R 명령어 cov(x,y)와 cor(x,y)로 구할 수 있다. ∎

노트 4.5-1 예제 4.5-3에서 입증한 것처럼, 선형 상관관계는 두 변수의 비선형 종속관계에 대한 좋은 측도가 아니다. 서로 다른 유형의 두 상관계수인 *Kendall*의 τ와 *Spearman*의 ρ는 비선형 (단조) 종속성의 정도를 정확히 측정하기 위해 설계되었다. 이 상관계수들에 관한 자세한 설명은 이 책의 범위를 벗어난다. ◁

연습문제

1. 4.3절의 연습문제 1에서 주어진 한 서적 온라인 사이트의 월간 책 판매량 X와 소매 서점 Y의 월간 책 판매량 Y의 결합분포를 사용하여 X와 Y의 선형 상관계수를 계산하라.

2. 4.2절 연습문제 2에서 주어진, 무작위 선택된 실험용 쥐에 투여된 약물의 양 X와 해당 쥐에 발생한 종양의 수 Y에 관한 정보를 상기하라.

(a) X와 Y가 양 혹은 음의 상관관계가 있다고 예상되는가? 예상되는 결과에 대해 근거를 설명하고, 공분산을 계산함으로써 답을 확인하라.

(b) X와 Y의 선형 상관계수를 계산하라.

3. 어떤 기사에서 자전거 전용 레인을 갖춘 10개의 도로로부터 자전거 타는 사람과 도로 중앙선 사이의 거리 X와 자전거 타는 사람과 지나가는 차 사이의 이격거리 Y에 대한 데이터가 보도되었다.[2] (X_i, Y_i)쌍으로 된 거리는 사진 기술로 측정되었고 피트 단위로 다음과 같이 주어진다.

x	12.8	12.9	12.9	13.6	14.5	14.6	15.1	17.5	19.5	20.8
y	5.5	6.2	6.3	7.0	7.8	8.3	7.1	10.0	10.8	11.0

(a) $S_{X,Y}$, S_X^2, S_Y^2, $r_{X,Y}$를 계산하라.

(b) 측량한 거리가 인치 단위로 주어진다면 부분 (a)에서 값이 어떻게 바뀔지 나타내라.

4. R 데이터 프레임 *ta*에 27그루의 사탕단풍 나무에 대

---

2 B. J. Kroll과 M. R. Ramey (1977). Effects of bike lanes on driver and bicyclist behavior, *Transportation Eng.* J., 243-256

한 지름-수령 측정치 데이터를 불러오기 위해 $ta=read.$ $table(\text{"}TreeAgeDiamSugarMaple.txt\text{"}, header=T)$를 사용하고, $x=ta\$Diamet; y=ta\$Age$를 사용하여 R 객체 x와 y에 각각 지름과 수령을 복사하여 대입하라.

(a) 지름과 수령 사이에 양 혹은 음의 상관관계가 있다고 예상하는가? 답의 근거를 설명하고 $(plot(x,y))$를 사용하여 데이터의 산점도를 그려 봄으로써 그것을 확인하라.

(b) R 명령어를 사용하여 지름과 수령의 표본공분산과 선형 상관계수를 계산하라. 산점도에 근거하여 지름-수령 종속관계의 강점이 정확히 선형 상관관계를 만족하는가?

5. R 명령어 $br=read.table(\text{"}BearsData.txt\text{"}, header=T)$로 R에 곰에 대한 데이터를 불러오고, R 명령어 $attach(br);$ $bd=data.frame(Head.L, Head.W, Neck.G, Chest.G,$ $Weight)$로 측정치들로 이루어진 데이터 프레임을 생성하라.[3] R 명령어 $cor(bd)$는 모든 변수의 상관관계 쌍의 행렬을 반환한다. ($r_{X,Y} = r_{Y,X}$이기 때문에 이 행렬은 대칭이고, 자기 자신과의 상관관계는 1이기 때문에 대략 원소는 모두 1이다.) 상관관계 행렬을 사용하여 변수 **weight**에 대한 가장 좋은 단일예측변수 2개가 무엇인지 답하라.

6. 불량품 3개와 정상 제품 7개가 있는 10개짜리 배치에서 제품 2개를 선택했다. 10개의 제품에서 첫 번째로 선택한 제품이 불량인지 아닌지에 따라 $X = 1$ 혹은 0이라 하고, 두 번째로 선택한 제품(남은 제품 9개로부터)이 불량인지 아닌지에 따라 $Y = 1$ 혹은 0을 가진다고 하자.

(a) X의 주변분포를 구하라.

(b) X가 취할 수 있는 각 값에 대한 Y의 조건부 분포를 구하라.

(c) X와 Y의 결합분포를 구하기 위해 부분 (a)와 (b)의 결과와 식 (4.3.4)에서 주어진 결합확률질량함수에 대한 곱셈법칙을 사용하라.

(d) Y의 주변분포를 구하라. X의 주변분포와 같은가?

(e) X와 Y의 공분산과 선형 상관계수를 구하라.

7. 4.3절 연습문제 17의 내용을 참고하고, 변수 X는 고장 시 인가된 정적 힘, Y는 결함지수를 나타내고 다음의 결합 PDF를 따른다.

$$f(x,y) = \begin{cases} 24x & 0 \leq y \leq 1-2x \qquad 0 \leq x \leq .5 \\ 0 & \text{다른 모든 경우에} \end{cases}$$

(a) X의 주변밀도함수는 $f_X(x) = \int_0^{1-2x} 24x \; dy = 24x(1-2x)$, $0 \leq x \leq 0.5$이고, Y의 주변밀도함수는 $f_Y(y) = \int_0^{(1-y)/2} 24x \; dx = 3x(1-y)^2$, $0 \leq y \leq 1$이다. σ_X^2, σ_Y^2와 $\sigma_{X,Y}$를 구하라.

(b) X와 Y의 선형 상관계수 $\rho_{X,Y}$를 구하라.

(c) X에 대한 Y의 회귀함수를 구하라. 이를 고려하여 X와 Y 사이의 종속성 측도로서 $\rho_{X,Y}$의 타당성에 대해 논하라.

8. X는 uniform$(-1, 1)$을 따르고 $Y = X^2$이라 하자. 예제 4.5-3과 유사한 계산식을 사용하여 $\rho_{X,Y} = 0$임을 보여라.

9. X를 다음 확률밀도함수에 의해 정의하자.

$$f(x) = \begin{cases} -x & -1 < x \leq 0 \\ x & 0 < x \leq 1 \\ 0 & \text{다른 모든 경우에} \end{cases}$$

(a) $Y = X^2$로 정의할 때 $Cov(X, Y)$를 구하라.

(b) 약간의 계산도 하지 말고, 회귀함수 $E(Y|X = x)$를 구하라. (힌트 X의 값이 주어지면 Y의 값도 안다.)

(c) 위 회귀식에 근거하여 X와 Y 사이의 종속관계를 측정하는 도구로 선형 상관계수의 타당성에 대해 논하라.

---

3 이 데이터는 Gary Alt에 의해 Minitab에 기부된 데이터 집합이다.

4.6 결합분포 모형

4.6.1 계층모형

식 (4.3.4)에서 주어진 결합확률질량함수에 대한 곱셈법칙은 X와 Y의 결합 PMF를 $X = x$인 Y의 조건부 PMF와 X의 주변 PMF의 곱으로 표현한다. 즉 $p(x, y) = p_{Y|X=x}(y)p_X(x)$다. 마찬가지로, 식 (4.3.8)에 주어진 결합 PDF에 대한 곱셈법칙은 $f(x, y) = f_{Y|X=x}(y)f_X(x)$로 명시된다.

계층적 모형화의 원리는 먼저 $X = x$일 때 Y의 조건부 분포를 명시하고 X의 주변분포를 명시함으로써 X와 Y의 결합분포를 표현하는 곱셈법칙을 활용한다. 따라서 계층모형은 다음 식을 포함한다.

$$Y|X = x \sim F_{Y|X=x}(y), \quad X \sim F_X(x) \tag{4.6.1}$$

여기서 $X = x$일 때 Y의 조건부 분포인 $F_{Y|X=x}(y)$와 X의 주변분포 $F_X(x)$는 추가적인 모수에 영향을 받을 수 있다. (식 (4.6.1)에 계층모형의 설명은 이산형 확률변수와 연속형 확률변수를 포함하기 위하여 CDF를 사용한다.) 계층적으로 구체화된 결합분포에 대한 예제는 4.3절에 있는 예제 4.3-4와 4.3-7 그리고 연습문제 5, 7, 9, 10에서 이미 다루었다. 다음은 추가적인 예제다.

예제 4.6-1

X를 곤충 한 마리가 낳은 알의 수라 하고 Y를 살아남은 알의 수라 하자. 각각의 알이 살아남을 확률 p이고 다른 알과는 독립이라고 가정하자. X와 Y의 결합분포에 대한 합리적인 모형을 나타내기 위해 계층적 모형화의 원리를 사용하라.

해답

계층적 모형화의 원리는 다음과 같은 상황에 적용될 수 있다. 먼저 곤충이 낳는 알의 수 X를 포아송 확률변수로 모형화할 수 있다. 두 번째로, 다른 알과 독립적으로 각각의 알이 살아남을 확률이 p이므로 곤충이 낳는 알의 수 $X = x$가 주어지면 살아남는 알의 수를 p의 성공확률로 x번 시도된 이항확률변수로 모형화하는 것이 합리적이다. 따라서 다음과 같은 계층모형이 만들어진다.

$$Y|X = x \sim \text{Bin}(x, p), \quad X \sim \text{Poisson}(\lambda)$$

여기서 $y \le x$에 대한 (X, Y)의 결합 PMF는 다음과 같다.

$$p(x, y) = p_{Y|X=x}(y)p_X(x) = \binom{x}{y}p^y(1-p)^{x-y}\frac{e^{-\lambda}\lambda^x}{x!}$$

계층적 모형화의 접근법은 이산형 확률변수와 연속형 확률변수에 대한 결합분포를 명시할 수 있는 방법을 제공한다. 연습문제 2를 참고하라. 마침내, 계층모형의 종류는 이변량 정규분포를 포함하며, 이는 중요하기 때문에 4.6.3절에서 다시 한 번 더 다룬다.

| 예제 4.6-2 | **이변량 정규분포.** 만약 X와 Y의 결합분포가 계층모형에 따라서 명시되는 경우, X와 Y는 이변량 정규분포를 따른다고 할 수 있다. |

$$Y|X = x \sim N\left(\beta_0 + \beta_1(x - \mu_X), \sigma_\varepsilon^2\right), \quad X \sim N(\mu_X, \sigma_X^2) \tag{4.6.2}$$

X와 Y의 결합 PDF를 표현하라.

해답

계층모형(4.6.2)은 $X = x$일 때 Y의 조건부 분포가 평균이 $\beta_0 + \beta_1(x - \mu_X)$, 분산이 σ_ε^2인 정규분포임을 의미한다. 이 평균과 분산을 정규분포의 PDF에 대입하여 다음을 얻는다.

$$f_{Y|X=x}(y) = \frac{1}{\sqrt{2\pi\sigma_\varepsilon^2}} \exp\left\{-\frac{(y - \beta_0 - \beta_1(x - \mu_X))^2}{2\sigma_\varepsilon^2}\right\}$$

게다가, 계층모형(4.6.2)에서 X의 주변분포는 평균 μ_X와 분산 σ_X^2인 정규분포로 구체화된다.

$$f_X(x) = \frac{1}{\sqrt{2\pi\sigma_X^2}} \exp\left\{-\frac{(x - \mu_X)^2}{2\sigma_X^2}\right\}$$

곱 $f_{Y|X=x}(y)f_X(x)$로 주어지는 (X, Y)의 결합 PDF는 다음 형태를 취한다.

$$f_{X,Y}(x,y) = \frac{1}{2\pi\sigma_\varepsilon\sigma_X} \exp\left\{-\frac{(y - \beta_0 - \beta_1(x - \mu_X))^2}{2\sigma_\varepsilon^2} - \frac{(x - \mu_X)^2}{2\sigma_X^2}\right\} \tag{4.6.3}$$

■

4.6.2 회귀모형

회귀모형은 변수 X에 대한 변수 Y의 회귀함수의 특성을 이해하는 것이 연구의 주요 목적일 때 언제든지 사용된다. 자동차의 속도 X와 정지거리 Y에 대한 연구, 혹은 나무의 흉고 지름 X와 나무의 나이 Y에 대한 연구, 혹은 인가된 스트레스의 정도 X와 고장 시간 Y에 대한 연구 등이 그러한 연구에 속하는 예이다. 회귀모형에서 Y를 **반응변수**(response variable)라 부르고, X는 **공변량**(covariate), **독립변수**(independent variable), **예측변수**(predictor) 혹은 **설명변수**(explanatory variable) 중 하나로 불린다. $X = x$일 때 Y의 조건부 평균에 관심이 있기 때문에, 회귀모형은 $X = x$일 때 Y의 조건부 분포로 구체화되는 반면, 이런 연구에서 X의 주변분포에 대해서는 큰 관심이 없으므로 구체화되지 않은 채 남겨진다.

회귀모형은 $X = x$일 때 Y의 조건부 분포로 구체화되고 X의 주변분포는 구하지 않고 남겨두기 때문에 계층모형과 유사하면서 더 보편적으로 쓰인다. 사실상, 회귀모형은 확률변수가 아닌 공변량 X를 허용하는데, 이는 일부 연구에서는 연구자들이 공변량을 특정한 값으로 정해 두기 때문이다. 더 일반적인 회귀모형의 유형은 $X = x$일 때 Y의 조건부 분포에 대한 명시 없이, 오직 회귀함수의 형태만 구하는 것이다.

그림 4-3

회귀모수에 대한 설명

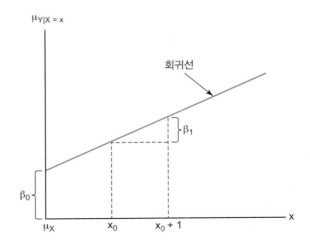

이번 절에서 우리는 4.6.3절에서 쓰인 이변량 정규분포를 다시 활용하여 단순선형회귀모형과 정규단순선형회귀모형을 소개할 것이다.

단순선형회귀모형   단순선형회귀모형(simple linear regression model)은 X에 대한 Y의 회귀함수가 다음과 같이 선형인 모형이다.

$$\mu_{Y|X}(x) = \alpha_1 + \beta_1 x \qquad (4.6.4)$$

$X = x$일 때 Y의 조건부 분포는 σ_ε^2로 표기되며, 모든 x값에 대해 동일한 값을 갖는다. 후자를 **등분산성**(homoscedasticity) 가정이라 한다. 이 모형에서 α_1, β_1, σ_ε^2는 알려지지 않은 모수들이다. 회귀함수(4.6.4)는 때때로 다음 형태로 쓰인다.

$$\mu_{Y|X}(x) = \beta_0 + \beta_1(x - \mu_X) \qquad (4.6.5)$$

μ_X는 X의 주변 평균값이고 β_0는 α_1과 $\beta_0 = \alpha_1 + \beta_1\mu_X$의 관계가 있다. 등식 (4.6.4)(또는 4.6.5)에 의해 정의되는 직선을 **회귀선**(regression line)이라 부른다. 그림 4-3은 회귀선의 기울기의 의미를 설명한다. 근본적으로 기울기는 X의 값이 한 단위 변할 때 Y의 평균의 변화를 표현한다. 따라서 만약 $\beta_1 > 0$이라면, X와 Y는 양의 상관관계를 가지고, $\beta_1 < 0$이라면 음의 상관관계를 가진다. $\beta_1 = 0$이라면 X와 Y는 상관관계를 가지지 않는데, 이는 Y를 예측함에 있어서 X가 연관이 없는 경우다. 위의 서술은 단순선형회귀모형에서 기울기가 X와 Y의 공분산 및 상관계수와 밀접한 관련이 있음을 뜻하는 것이다. 이 관련성은 명제 4.6-3에서 정확히 설명된다. 겉보기에 더 복잡한 식 (4.6.5)를 (4.6.4)보다 선호하는 이유는 모수 β_0가 Y의 주변 평균과 같기 때문이다.

명제 4.6-1   단순선형회귀모형의 모수가 식 (4.6.4) 및 (4.6.5)와 같을 때, Y의 주변 기댓값은 다음과 같이 주어진다.

$$E(Y) = \alpha_1 + \beta_1\mu_X, \quad E(Y) = \beta_0$$

증명

식 (4.6.5)의 모수화를 상기하라. 전체 기댓값의 법칙(4.3.13)에 의해 다음이 계산된다.

$$
\begin{aligned}
E(Y) &= E[E(Y|X)] \\
&= E[\beta_0 + \beta_1(X - \mu_X)] \\
&= \beta_0 + \beta_1 E(X - \mu_X) = \beta_0
\end{aligned}
$$

식 (4.6.4)의 모수화를 통해 $E(Y) = \alpha_1 + \beta_1\mu_X$가 얻어진다. ∎

단순선형회귀모형은 일반적으로 소위 **평균과 오차의 합**(mean plus error) 형태로 주어진다. 만약 X의 평균이 $\mu_X = E(X)$이면, 그것의 평균과 오차의 합의 형태는 다음과 같다.

$$ X = \mu_X + \varepsilon $$

여기서 $\varepsilon = X - \mu_X$는 **(고유)오차변수**((intrinsic) error variable)라 한다. 통계학에서, 오차변수라는 용어는 일반적으로 평균이 0인 확률변수를 나타내는 데 쓰인다. 일반적인 회귀식의 설정에서 반응변수 Y를 평균과 오차의 합 형태로 표현하면 다음과 같다.

$$ Y = E(Y|X) + \varepsilon $$

이때 오차변수는 $\varepsilon = Y - E(Y|X)$로 주어진다. $E(Y|X)$는 식 (4.6.4) 혹은 (4.6.5)에 의해 주어질 때 단순선형회귀모형을 평균과 오차의 합 형태로 표현하면 다음과 같다.

단순선형회귀모형의 평균과 오차의 합 형태

$$ Y = \alpha_1 + \beta_1 X + \varepsilon \quad \text{혹은} \quad Y = \beta_0 + \beta_1(X - \mu_X) + \varepsilon \tag{4.6.6} $$

반응변수에 대한 평균과 오차의 합 표현식은 고유오차변수 ε가 주어진 X값에 대한 Y값의 불확실성에 해당함을 암시한다. ($X = x$일 때 Y의 조건부 분산에 대하여 설명한 식 (4.6.4)와 명제 4.6-2 참고) 또한, Y에 대한 평균과 오차의 합 형태의 표현식은 단순선형회귀모형의 특성을 유도할 때 유용하다. 예를 들면, Y의 주변 평균값에 대한 명제 4.6-1의 결과는 식 (4.6.6)과 합의 평균값에 대한 결과(명제 4.4-2)에 의해 유도될 수 있다(연습문제 6 참고). Y에 대한 평균과 오차의 합 형태의 표현식 또한 명제 4.6-3에 의해 유도될 수 있다. 그러나 우선은 고유오차변수의 특성에 관한 증명 없이 설명된다.

명제 4.6-2

고유오차변수 ε은 평균이 0이고 설명변수 X와 관계가 없다.

$$ E(\varepsilon) = 0, \quad \text{Cov}(\varepsilon, X) = 0 $$

또한 ε의 분산 σ_ε^2은 X의 값이 주어질 때 Y의 조건부 분산이다. ∎

명제 4.6-3

만약 X에 대한 Y의 회귀함수가 선형(식 (4.6.4) 혹은 (4.6.5))이면, 다음과 같은 식을 따른다.

1. Y의 주변분산은

$$\sigma_Y^2 = \sigma_\varepsilon^2 + \beta_1^2 \sigma_X^2 \tag{4.6.7}$$

2. 기울기 β_1은 공분산 $\sigma_{X,Y}$ 및 상관관계 $\rho_{X,Y}$와 다음과 같은 관계가 있다.

$$\beta_1 = \frac{\sigma_{X,Y}}{\sigma_X^2} = \rho_{X,Y} \frac{\sigma_Y}{\sigma_X} \tag{4.6.8}$$

증명

평균과 오차의 합 형태 표현식 (4.6.6)과 상수(여기서는 α_1)를 더하는(또는 빼는) 것은 분산에 영향을 주지 않는다는 사실, 합의 분산에 대한 공식을 통해 다음의 결과를 얻게 된다.

$$\begin{aligned}
\mathrm{Var}(Y) = \mathrm{Var}(\alpha_1 + \beta_1 X + \varepsilon) &= \mathrm{Var}(\beta_1 X + \varepsilon) \\
&= \mathrm{Var}(\beta_1 X) + \mathrm{Var}(\varepsilon) + 2\mathrm{Cov}(\beta_1 X, \varepsilon) \\
&= \beta_1^2 \mathrm{Var}(X) + \sigma_\varepsilon^2
\end{aligned}$$

이와 같이 정리되는 이유는 ε과 X가 상관관계가 없으므로 $\mathrm{Cov}(\beta_1 X, \varepsilon) = \beta_1 \mathrm{Cov}(X, \varepsilon) = 0$이기 때문이다. 두 번째 식은 동등하기 때문에, 첫 번째 등식에 대해 $\mathrm{Cov}(X, Y) = \beta_1 \sigma_X^2$임을 보이는 것만으로 충분하다. Y의 오차와 평균의 합 형태 표현식과 공분산의 선형성 특성(명제 4.4-5의 부분 (4))을 다시 사용하여 다음과 같이 정리할 수 있다.

$$\begin{aligned}
\mathrm{Cov}(X, Y) = \mathrm{Cov}(X, \alpha_1 + \beta_1 X + \varepsilon) &= \mathrm{Cov}(X, \beta_1 X) + \mathrm{Cov}(X, \varepsilon) \\
&= \beta_1 \mathrm{Cov}(X, X) = \beta_1 \mathrm{Var}(X)
\end{aligned}$$

$\mathrm{Cov}(X, \varepsilon) = 0$과 $\mathrm{Cov}(X, X) = \mathrm{Var}(X)$이기 때문이다. ■

노트 4.6-1 **회귀선의 표본 버전.** 명제 4.6-3은 β_1에 대한 추정량을 나타낸다. 만약 (X_1, Y_1), $\cdots$, (X_n, Y_n)이 (X, Y)의 이변량분포로부터의 표본이면, $\sigma_{X,Y}$는 $S_{X,Y}$에 의해 추정될 수 있고 σ_X^2는 S_X^2에 의해 추정될 수 있다. 그러므로 (X, Y)가 단순선형회귀모형일 경우, 식 (4.6.8)에 있는 첫 번째 등식에 따라서 β_1은 다음 식에 의해 추정될 수 있다.

$$\widehat{\beta}_1 = \frac{S_{X,Y}}{S_X^2} \tag{4.6.9}$$

또한, 명제 4.6-1로부터 $\alpha_1 = E(Y) - \beta_1 \mu_X$가 되며, 이는 α_1이 다음 식에 의해 추정될 수 있음을 의미한다.

그림 4-4

회귀모형에서 고유한 산
포에 대한 설명

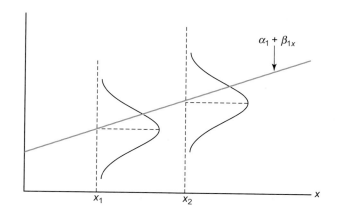

$$\widehat{\alpha}_1 = \overline{Y} - \widehat{\beta}_1 \overline{X} \qquad (4.6.10)$$

이와 같이 경험적으로 유도된 기울기와 절편의 추정량은 6장에서 **최소제곱의 원리**를 적용하여 다시 한 번 유도해 볼 것이다.　　　　　　　　　　　　　　　　　　　　　　　　　◁

정규단순선형회귀모형　정규단순선형회귀모형(normal simple linear regression model)에서 $X = x$일 때 Y의 조건부 분포가 정규분포이다.

$$Y|X = x \sim N\left(\mu_{Y|X}(x), \sigma_\varepsilon^2\right) \qquad (4.6.11)$$

$\mu_{Y|X}(x)$는 x에 대해 주어진 함수이며, 일반적으로 값이 알려지지 않은 모수들에 따라 달라진다. **정규단순-회귀모형**에서도 식 (4.6.11)의 회귀함수 $\mu_{Y|X}(x)$는 선형이며 식 (4.6.5)와 (4.6.4)도 똑같이 성립된다. 정규단순선형회귀모형 역시 다음과 같이 표기된다.

$$Y = \alpha_1 + \beta_1 x + \varepsilon, \quad \varepsilon \sim N(0, \sigma_\varepsilon^2) \qquad (4.6.12)$$

이 모형의 첫 번째 부분은 $Y = \beta_0 + \beta_1(X - \mu_X) + \varepsilon$으로 쓸 수 있다. 고유오차변수 ε는 $X = x$일 때 Y의 조건부 평균 근처에서의 조건부 변동성을 나타내며, 그림 4-4가 이를 설명한다.

2차 이상의 복잡한 정규회귀모형도 자주 사용된다. 이러한 모형의 장점은 (a) 일반적으로 모형을 데이터에 적합시키기 용이하다(즉, 데이터로부터 모형의 변수를 추정하기 쉬움)는 것, (b) X가 Y의 평균값에 미치는 영향을 해석하기 쉽다는 점이다.

예제 4.6-3

$Y|X = x \sim N(5 - 2x, 16)$, 즉 $X = x$일 때 Y는 평균 $\mu_{Y|X}(x) = 5 - 2x$와 분산 $\sigma_\varepsilon^2 = 16$인 정규분포를 따른다고 가정하고 $\sigma_X = 3$이라 하자.

(a) σ_Y^2와 $\rho_{X,Y}$를 구하라.

(b) Y_1이 X값이 1일 때 얻은 관측치일 때, Y_1의 95 백분위수를 구하라.

해답

(a) 식 (4.6.7)에 의해 $\sigma_Y^2 = 16 + (-2)^2 3^2 = 52$이다. 다음으로 명제 4.6-3에 따라 $\rho_{X,Y} = \beta_1(\sigma_X/\sigma_Y) = -2(3/\sqrt{52}) = -0.832$이다.

(b) X는 값이 1인 것으로 측정되었기 때문에 $Y_1 \sim N(3, 4^2)$이며 평균값은 $x = 1$일 때 주어진 식 $\mu_{Y|X}(x) = 5 - 2x$로부터 계산된다. 따라서, Y_1의 95분위수는 $3 + 4z_{0.05} = 3 + 4 \times 1.645 = 9.58$이다. ∎

4.6.3 이변량 정규분포

이변량 정규분포는 예제 4.6-2에서 이미 소개된 바 있으며, 그에 대한 (X, Y)의 결합 PDF는 $X = x$일 때 Y의 조건부 PDF와 평균이 μ_X, 분산이 σ_X^2인 정규분포에 해당하는 X의 주변분포의 곱으로 유도된다. 예제 4.6-2의 계층적 모형화를 통해 $X = x$일 때 주어진 Y의 조건부 분포가 다음과 같아짐을 통해

$$Y|X = x \sim N\left(\beta_0 + \beta_1(x - \mu_X), \sigma_\varepsilon^2\right)$$

이것이 정확히 단순선형회귀모형임을 알 수 있다. 정규단순선형회귀모형으로 연결될 뿐만 아니라, 몇 가지 중요한 특성으로 인해 이변량 정규분포는 가장 중요한 이변량분포로 여겨진다.

(X, Y)의 결합 PDF의 보다 일반적이고 유용한 형태는 다음과 같다.

$$f(x,y) = \frac{1}{2\pi\sigma_X\sigma_Y\sqrt{1-\rho^2}}\exp\left\{\frac{-1}{1-\rho^2}\left[\frac{\tilde{x}^2}{2\sigma_X^2} - \frac{\rho\tilde{x}\tilde{y}}{\sigma_X\sigma_Y} + \frac{\tilde{y}^2}{2\sigma_Y^2}\right]\right\} \tag{4.6.13}$$

여기서 $\tilde{x} = x - \mu_X$, $\tilde{y} = y - \mu_Y$이며, ρ는 X와 Y의 사이의 상관계수다. 이 형태의 PDF는 예제 4.6-2에 주어진 식을 비롯해 명제 4.6-1과 4.6-3으로부터 대수학의 원리를 주의 깊게 적용하여 유도할 수 있다(연습문제 10 참고). 그림 4-5는 $\rho = 0$(왼쪽)과 $\rho = 0.5$(오른쪽)인 주변분포가

그림 4-5

주변확률변수 $N(0,1)$의 결합 PMF : $\rho = 0$(왼쪽)과 $\rho = 0.5$(오른쪽)

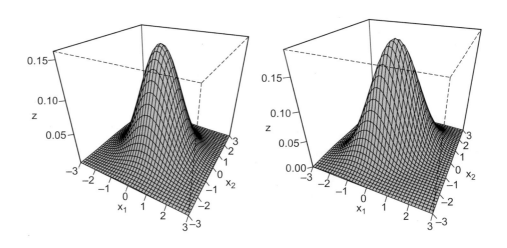

$N(0, 1)$인 두 확률변수의 결합 PDF를 나타낸다.

식 (4.6.13)에서 주어진 PDF의 표현식은 이변량 표본분포가 X의 평균, Y의 평균, X의 분산, Y의 분산 그리고 X와 Y의 공분산인 μ_X, μ_Y, σ_X^2, σ_Y^2, $\sigma_{X,Y}$에 의해 결정된다는 것을 명확히 알 수 있다. 두 변수의 분산 및 공분산은 일반적으로 **공분산 행렬**이라 불리는 대칭행렬을 구성한다.

$$\boldsymbol{\Sigma} = \begin{pmatrix} \sigma_X^2 & \sigma_{X,Y} \\ \sigma_{X,Y} & \sigma_Y^2 \end{pmatrix} \tag{4.6.14}$$

이변량 정규분포의 PDF를 표현하는 다른 방식으로 행렬식 표기법이 있으며, 이에 대해 연습문제 10에서 다룬다.

이변량 정규 PDF와 CDF는 R 패키지 *mnormt*에서 사용 가능하며, R 명령어 *install. packages("mnormt")*로 설치가 필요하다. 이 패키지를 사용하기 위해, 새로운 R 세션을 열 때마다 R 명령어 *library(mnormt)*를 통해 불러와야 한다. 패키지를 불러왔다면, (x, y)에서 μ_X, μ_Y, σ_X^2, σ_Y^2와 $\sigma_{X,Y}$를 모수로 가지는 이변량 정규분포의 PDF와 CDF는 다음 R 명령어로 구할 수 있다.

공분산과 상관관계를 위한 R 명령어
```
dmnorm(c(x,y), c(μₓ,μᵧ), matrix(c(σ²ₓ, σₓ,ᵧ, σₓ,ᵧ, σ²ᵧ),2)) # for the PDF
pmnorm(c(x,y), c(μₓ,μᵧ), matrix(c(σ²ₓ, σₓ,ᵧ, σₓ,ᵧ, σ²ᵧ),2)) # for the CDF
```

명제 4.6-4

(X, Y)를 모수가 μ_X, μ_Y, σ_X^2, σ_Y^2와 $\sigma_{X,Y}$인 이변량 정규분포라 하자. 그러면 다음을 만족한다.

1. Y의 주변분포 또한 정규분포다.
2. 만약 X와 Y가 상관관계가 없다면, 두 변수는 독립이다.
3. 만약 X와 Y가 독립인 정규확률변수라면, 두 변수의 결합분포는 모수가 μ_X, μ_Y, σ_X^2, σ_Y^2와 $\sigma_{X,Y} = 0$인 이변량 정규분포다.
4. X와 Y의 모든 선형결합은 정규분포다. 특히,

$$aX + bY \sim N(a\mu_X + b\mu_Y, a^2\sigma_X^2 + b^2\sigma_Y^2 + 2ab\text{Cov}(X, Y)) \qquad ■$$

명제 4.6-4의 부분 (1)은 X와 Y의 결합 PDF인 $f(x, y)$가 x값 및 y값에 대해 대칭이라는 사실(식 (4.6.13)의 PDF 형태로부터 가장 쉽게 확인 가능함)과 이변량 정규분포의 계층적 정의로부터 X의 주변분포가 정규분포라는 사실에 의해 뒷받침된다. 그러므로 Y의 주변 PDF $f_Y(y) = \int_{-\infty}^{\infty} f(x, y)dx$는 X의 주변 PDF $f_X(x) = \int_{-\infty}^{\infty} f(x, y)dy$가 정규분포이기 때문에 정규분포의 PDF다. 명제 4.6-4의 부분 (2)는 $\rho = 0$일 때 식 (4.6.13)의 결합 PDF가 x의 함수 및 y의 함수의 곱이 되기 때문에 성립된다. 부분 (3)은 두 정규분포 PDF의 곱으로 표현되는, 서로 독

립인 X와 Y의 결합 PDF가 식 (4.6.13)에서 $\rho = 0$인 형태를 지님에 따른 것이다. 이 명제의 부분 (4)의 증명은 이 책에서 다루지 않은 기법이 필요한 만큼 여기서는 생략하도록 한다.

예제 4.6-4

$Y|X = x \sim N(5 - 2x, 16)$, 즉 $X = x$일 때 Y가 평균이 $\mu_{Y|X}(x) = 5 - 2x$, 분산이 $\sigma_\varepsilon^2 = 16$을 따른다고 가정하고 $\sigma_X = 3$이라 하자.

(a) Y_1과 Y_2가 각각 X 값이 1과 2일 때 독립적으로 얻은 관측치라 하자. $Y_1 > Y_2$인 확률을 구하라.

(b) X는 평균 2(그리고 위에 언급한 것처럼 분산 9)인 정규분포를 따른다고 추가적으로 가정하자. R 명령어를 사용해 $P(X \le 0, Y \le 2)$인 확률을 구하라.

해답

(a) 예제 4.6-3에서 $Y_1 \sim N(3, 4^2)$이었다. 마찬가지로, $Y_2 \sim N(1, 4^2)$임을 안다. Y_1과 Y_2는 독립이기 때문에, 그것들의 결합분포는 명제 4.6-4의 부분 (3)에 의해서 이변량 정규분포다. 명제 4.6-4의 부분 (4)에 의해서 $Y_1 - Y_2 \sim N(3 - 1, 4^2 + 4^2) = N(2, 32)$다. 따라서,

$$P(Y_1 > Y_2) = P(Y_1 - Y_2 > 0) = 1 - \Phi\left(\frac{-2}{\sqrt{32}}\right) = 0.638$$

(b) X와 Y는 $\mu_X = 2$, $\mu_Y = 5 - 2\mu_X = 1$(명제 4.6-1에 의해), $\sigma_X^2 = 9$, $\sigma_Y^2 = 16 + 4 \times 9 = 52$(식 (4.6.7) 참고), $\sigma_{X,Y} = -2 \times 9 = -18$(명제 4.6-3)을 모수로 지니는 이변량 정규분포를 가진다. 따라서, *mnormt* 패키지가 설치되었다고 가정하고(그리고 명령어 *library(mnormt)*로 현재 R 세션에 불러왔다고 가정하자), R 명령어 *pmnorm(c(0,2), c(2,1), matrix(c(9, -18, -18, 52),2))*는 $P(X \le 0, Y \le 2)$의 값으로 0.021(소수점 이하 셋째 자리까지 반올림하여)을 반환한다. ■

4.6.4 다항분포

다항분포는 가능한 결과가 r개인 기본적인 실험을 독립적으로 n회 반복한 경우 발생한다. 기본 실험의 예로는 $r = 3$개의 가능한 결과가 있는 전자부품의 수명시험을 들 수 있다. 만약 수명이 짧다면(50시간 단위 이하) 1, 수명이 중간이면(50~90시간 단위) 2, 수명이 길면(90시간 단위 초과) 3이다. 이러한 기본 실험이 n회 반복될 때, 일반적으로 다음과 같이 기록하며,

$$N_1, \cdots, N_r \tag{4.6.15}$$

이때 N_j는 결과 j가 발생한 횟수다. 만약 r개의 가능성이 있는 기본 실험의 결과에 대한 확률이 $p_1, \cdots, p_r$인 경우, 확률변수 $N_1, \cdots, N_r$의 결합분포를 시행 횟수가 n, 확률이 $p_1, \cdots, p_r$인 **다항분포**(multinomial)라 한다.

    정의에 의해 $N_1, \cdots, N_r$과 $p_1, \cdots, p_r$은 다음을 만족한다.

$$N_1 + \cdots + N_r = n, \qquad p_1 + \cdots + p_r = 1 \tag{4.6.16}$$

이러한 이유로 N_r은 종종 필요치 않으므로 생략되며($N_r = n - N_1, \cdots, N_{r-1}$), 다항분포는 $(N_1, \cdots, N_{r-1})$의 분포로 정의된다. 만약 $r = 2$이면 (즉, '성공'과 '실패' 두 가지 가능한 결과가 있다면), 다항분포는 이항분포가 된다.

만약 $N_1, \cdots, N_r$이 다항분포($n, p_1, \cdots, p_r$)를 따른다면, $x_1 + \cdots + x_r = n$일 때 그것들의 결합 PMF는 다음과 같으며,

$$P(N_1 = x_1, \cdots, N_r = x_r) = \frac{n!}{x_1! \cdots x_r!} p_1^{x_1} \cdots p_r^{x_r} \tag{4.6.17}$$

그 외의 경우 0이다.

다항 PMF는 r개의 음이 아닌 정수 $x_1, \cdots, x_r$과 $p_1, \cdots, p_r$ 중 모든 부분집합에 대해서 다음의 R 명령어를 통해 구할 수 있다.

```
다항 PMF에 대한 R 명령어
dmultinom(c(x_1,...,x_r), prob=c(p_1,...,p_r)) # gives the PMF
  P(N_1 = x_1,...,N_r = x_r)
```

예제 4.6-5

한 전자부품이 연속 사용으로 50시간 미만, 50~90시간 사이, 90시간 이상 지속될 확률은 각각 $p_1 = 0.2$, $p_2 = 0.5$, $p_3 = 0.3$이다. 이러한 전자제품 8개의 고장 시간을 기록할 것이다. 8개 중 1개는 50시간 미만, 5개는 50~90시간 사이, 2개는 90시간 이상 지속될 확률을 구하라.

해답

50시간 미만으로 지속될 부품의 수를 N_1, 50시간에서 90시간 지속될 부품의 수를 N_2, 90시간 이상 지속될 부품의 수를 N_3으로 하자. 그리고 (N_1, N_2, N_3)는 multinomial(n, 0.2, 0.5, 0.3)를 따르고 식 (4.6.17)에 따라 다음이 구해진다.

$$P(N_1 = 1, N_2 = 5, N_3 = 2) = \frac{8!}{1!5!2!} 0.2^1 0.5^5 0.3^2 = 0.0945$$

R 명령어 *dmultinom(c(1, 5, 2), prob=c(0.2, 0.5, 0.3))*로 같은 값을 구한다. ■

$N_1, \cdots, N_r$이 multinomial($n, p_1, \cdots, p_r$) 분포를 따를 때 각 N_j의 주변분포가 Bin(n, p_j)이다. 이를 파악할 수 있는 가장 쉬운 방법은 결과 j가 발생하면 '성공', 발생하지 않으면 '실패'로 명명하는 것이다. 그러면 N_j는 n번의 독립 시행에서 각 시행의 성공확률이 p_j일 때 성공 횟수를 나타낸다. 또한, N_i와 N_j의 공분산은 $-np_ip_j$로 구해진다. 이러한 결과는 다음 명제를 통해 요약된다.

| 명제 4.6-5 |

만약 $N_1, \cdots, N_r$이 모수가 n, r 그리고 $p_1, \cdots, p_r$인 다항분포를 따른다면, 각 N_i의 주변분포는 성공확률이 p_i로 동일한 이항분포 $N_i \sim \text{Bin}(n, p_i)$다. 따라서,

$$E(N_i) = np_i, \qquad Var(N_i) = np_i(1 - p_i)$$

또한, $i \neq j$에 대해, N_i와 N_j의 공분산은 다음과 같다.

$$Cov(N_i, N_j) = -np_i p_j$$

| 예제 4.6-6 |

예제 4.6-5의 상황에서 50시간 미만으로 지속될 부품의 수를 N_1, 50시간에서 90시간 지속될 부품의 수를 N_2, 90시간 이상 지속될 부품의 수를 N_3으로 하자.

(a) 정확하게 8개 부품 중 정확히 하나만 50시간 미만으로 지속될 확률을 구하라.

(b) N_2와 N_3의 공분산을 설명하고 직관적인 수준에서 왜 공분산이 음인지 설명하라.

(c) $Var(N_2 + N_3)$과 $Cov(N_1, N_2 + N_2)$을 구하라.

해답

(a) 명제 4.6-5에 따라서 $N_1 \sim \text{Bin}(8, 0.2)$이다. 그러므로,

$$P(N_1 = 1) = \binom{8}{1} 0.2^1 \times 0.8^7 = 0.3355$$

(b) 명제 4.6-5에 따라서 $Cov(N_2, N_3) = -8 \times 0.5 \times 0.3 = -1.2$다. 직관적으로, 공분산이 음수인 것은 다음과 같이 설명될 수 있다. $N_1 + N_2 + N_3 = 8$ 이기 때문에, 만약 N_2가 작은 값을 가진다면 N_1과 N_3이 더 큰 값을 가지게 된다. 마찬가지로, 만약 N_2가 큰 값을 가진다면 N_1과 N_3은 작은 값을 가지게 될 것이다. 이것은 N_1, N_2, N_3 중 어느 2개 사이의 의존성이 음이라는 것을 의미한다. 따라서 공분산은 음수이다.

(c) 두 가지 방법으로 $N_2 + N_3$의 분산을 계산하는 것이 좋다. 첫째,

$$Var(N_2 + N_3) = Var(N_2) + Var(N_3) + 2Cov(N_2, N_3)$$
$$= 8 \times 0.5 \times 0.5 + 8 \times 0.3 \times 0.7 - 2 \times 1.2 = 1.28$$

위의 관계식에서 두 번째 등식은 이항분포의 분산 공식과 부분 (b)에서 구한 공분산을 사용하였다. $N_2 + N_3$의 분산을 구하기 위한 대안적 방법은 $N_2 + N_3$가 50시간 이상이 지속될 부품의 수라는 사실을 이용하는 것이다. 그러므로 $N_2 + N_3 \sim \text{Bin}(8, 0.8)$이고, 이항확률변수의 분산에 대한 공식을 통해 $Var(N_1 + N_2) = 8 \times 0.8 \times 0.2 = 1.28$이다. 마지막으로, 공분산의 정리를 이용하여, 다음과 같은 결과가 나온다.

$$Cov(N_1, N_2 + N_3) = Cov(N_1, N_2) + Cov(N_1, N_3)$$
$$= -8 \times 0.2 \times 0.5 - 8 \times 0.2 \times 0.3 = -1.28$$

연습문제

1. 가속수명시험에 관한 어떤 실험에서 n개 장치가 포함된 서로 다른 배치가 다른 스트레스 조건에서 동작한다. 각 배치에 대해 인가되는 스트레스의 수준이 임의로 설정되기 때문에, 장치가 T 시간 단위 이상 지속될 확률 P는 확률변수다. 이런 문제에서 P는 0.6, 0.8, 0.9의 값을 지니는 이산형 변수이며, 대응 확률은 0.2, 0.5, 0.3으로 가정한다. Y를 무작위로 선택한 배치 중 T 시간 단위 이상 지속되는 장치의 수라고 하자.

(a) (P, Y)의 결합분포를 구하기 위해 계층모형화의 원리를 사용하라. (힌트 $P = p$, $Y \sim \text{Bin}(n, p)$가 주어진다.)

(b) $n = 3$일 때 Y의 주변 PMF를 구하라.

2. P가 uniform$(0, 1)$을 따르는 것 외에는 연습문제 1과 설정이 동일하다고 하자.

(a) 계층적 모형화의 원리를 써서 (P, Y)의 결합분포 $f_{P,Y}(p, y)$를 $P = p$일 때 Y의 조건부 PDF와 P의 주변 분포의 곱 형태로 구하라.

(b) Y의 주변 PMF를 구하라. (힌트 Y의 주변 PDF는 p에 대해 $f_{P,Y}(p, y)$를 적분하여 구한다. $k = 0, \cdots, n$에 대해 $\int_0^1 \binom{n}{k} p^k (1 - p)^{n-k} \, dp = \frac{1}{n+1}$를 사용하라.)

3. 다음의 정규표본단순선형회귀모형에서

$$Y|X = x \sim N(9.3 + 1.5x, 16)$$

Y_1, Y_2를 각각 $X = 10$, $X = 25$에 대응되는 독립인 추정치라고 하자.

(a) Y_1의 95 백분위수를 구하라.

(b) $Y_2 > Y_1$일 확률을 구하라. (힌트 예제 4.6-4 참고.)

4. 연습문제 3에서 주어진 정보를 생각하라. X의 주변평균과 분산이 $E(X) = 24$, $\sigma_X^2 = 9$이고, Y의 주변분산이 $\sigma_Y^2 = 36.25$라고 가정하라.

(a) Y의 주변평균을 구하라. (힌트 명제 4.6-1을 사용하거나 식 (4.3.15)에서 주어진 전체 기댓값의 법칙을 사용하라.)

(b) X와 Y의 공분산과 선형 상관계수를 구하라. (힌트 명제 4.6-3을 사용하라.)

5. 연습문제 3에서 주어진 정보를 생각하라. X의 주변분포는 $\mu_x = 24$와 $\sigma_X^2 = 9$인 정규분포라고 가정하라.

(a) X, Y의 결합 PDF를 구하라.

(b) R 명령어를 사용해 $P(X \le 25, Y \le 45)$를 구하라.

6. 식 (4.6.6)의 두 번째에 있는, 반응변수를 평균과 오차의 합 형태로 표현하는 식과 명제 4.4-2를 활용하여 $E(Y) = \beta_0$를 유도하라. (힌트 모든 (고유)오차변수는 평균이 0임을 기억하라.)

7. 지수회귀모형. 지수회귀모형은 주로 한 제품의 예상 수명이 동작 스트레스 변수 X에 따라 어떻게 변하는지를 조사하는 신뢰성 연구에 주로 사용된다. 이 모형은 수명 Y가 X의 값 x에 의존하는, 모수 λ인 지수분포를 따른다고 가정한다. 우리는 스트레스 변수 X의 값에 대한 모수 λ의 의존성을 나타내기 위해 $\lambda(x)$로 나타낸다. 이러한 회귀모형의 한 예는 다음 식이다.

$$\log \lambda(x) = \alpha + \beta x$$

신뢰성 연구에서 스트레스 변수 X는 간격 $(2, 6)$에서 균등분포이고 $\alpha = 4.2$, $\beta = 3.1$인 지수회귀모형 상에 있다고 가정하라.

(a) 임의로 선택된 제품의 기대 수명을 구하라. (힌트 $X = x$일 때, $1/\lambda(x) = 1/\exp(\alpha + \beta x)$이다. 전체 기댓값의 법칙을 사용하라. 선택적으로, R을 적분하는 데 사용할 것이다.)

(b) (X, Y)의 결합 PDF를 구하라. (힌트 계층모형의 원리를 사용하라.)

8. 화학반응에서 사용된 원료 물질 키트 공급의 60%는 최근 것, 30%는 약간 오래된 것, 8%는 오래된 것 그리고 2%는 사용 불가능한 것으로 분류한다고 가정하라. 16개

의 키트는 16번의 화학반응에 사용하기 위해 임의로 선택된 것이다. N_1, N_2, N_3, N_4가 각각 최근 것, 약간 오래된 것, 오래된 것, 사용 불가능한 것을 나타낸다고 하자.

(a) 사용 불가능한 원료로 인해 16개의 계획된 화학반응 중 정확히 한 번을 수행하지 못할 확률을 구하라.

(b) 10개의 화학반응이 최근 원료, 4개의 반응이 약간 오래된 원료 그리고 2개가 오래된 원료일 확률을 구하라.

(c) (b)에서 확률을 재검토하기 위해 **R** 명령어를 사용하라.

(d) $\text{Cov}(N_1 + N_2, N_3)$을 직관적으로 구하고, 왜 음수에 대한 공분산이 타당한지 설명하라.

(e) $N_1 + N_2 + N_3$의 분산을 구하라. (힌트 이항분포로서 $N_1 + N_2 + N_3$를 생각하라.)

9. 미국 도로교통안전국(National Highway Traffic Safety Administration)에 의한 포괄적인 연구는 5~6세 아이들의 17%는 안전벨트를 사용하지 않고, 29%는 안전벨트를 사용하고, 54%는 어린이 시트를 사용한다고 보도했다. 5~6세 아이들 15명이 표본이고, N_1, N_2, N_3를 각각 아이들이 안전벨트를 사용하지 않는 수, 안전벨트를 사용하는 수, 어린이 시트를 사용하는 수라고 하자.

(a) 10명의 어린이가 어린이 시트를 사용할 확률을 구하라.

(b) 10명의 어린이가 어린이 시트를 사용하고 5명이 안전벨트를 사용할 확률을 구하라.

(c) $\text{Var}(N_2 + N_3)$와 $\text{Cov}(N_1, N_2 + N_3)$를 구하라.

10. 이번 연습문제는 식 (4.6.13)의 보편적 형태의 계층모형화의 원리를 통해 식 (4.6.3)에서 구한 이변량 정규 PDF의 형태와 연결된다. 또한 행렬 연산을 사용하여 PDF의 대안적 형태를 제공한다. 단순화를 위해, ρ를 $\rho_{X,Y}$라 표기하라.

(a) $1 - \rho^2 = \sigma_\varepsilon^2 / \sigma_Y^2$를 보여라. (힌트 명제 4.6-3으로부터 $\rho^2 = \beta_1^2 \sigma_X^2 / \sigma_Y^2$를 구한다. 이제, $\sigma_\varepsilon^2 = \sigma_Y^2 - \rho^2 \sigma_Y^2$를 보이기 위해 식 (4.6.7)을 사용하고, 이 증명을 마무리하라.)

(b) $\sigma_X \sigma_X \sqrt{1 - \rho^2} = \sigma_\varepsilon \sigma_X$를 나타내는 (a)의 결과를 사용하고, 명제 4.6-1과 4.6-3에서 주어진 관계를 추가적으로 사용하여, 식 (4.6.13)에서 주어진 결합 PDF의 형태가 식 (4.6.3)에서 주어진 형태와 같음을 보여라.

(c) Σ를 식 (4.6.14)에서 주어진 분산-공분산 행렬이라고 하자. (X, Y)의 결합 PDF의 동등한 형태가

$$\frac{1}{2\pi\sqrt{|\Sigma|}} \exp\left\{ -\frac{1}{2}(x - \mu_X, y - \mu_Y)\Sigma^{-1} \begin{pmatrix} x - \mu_X \\ y - \mu_Y \end{pmatrix} \right\}$$

임을 보이기 위해 행렬 연산을 사용하라. $|\Sigma|$는 Σ의 행렬식이라고 표기하자.

근사 정리

5.1 서론

1장에서는 표본의 백분위수, 비율, 분산, 평균에 대해 소개하였다. 각각의 통계량은 모수를 추정하기 위해 사용되지만 일반적으로 실제 모집단의 모수와 이 추정치들은 같지 않다. 우리는 표본의 크기가 커질수록 더 정확한 추정을 할 수 있다는 것을 직관적으로 알고 있다. 예를 들어 예제 4.4-7에서 제시된 따름정리 4.4-4의 수치적 검증은 이 직관을 기반으로 한다. 표본의 크기가 증가할수록 $\overline{X}$와 $\hat{p}$의 분산이 작아지는 공식이 이 직관을 뒷받침하는 근거가 된다. 이 장의 2절에서 나오는 대수의 법칙 또는 짧게 LLN(Law of Large Numbers)은 이 직관이 사실이라는 것을 명확하게 설명한다. LLN은 표본평균에 대해 명시하고 있으나 우리가 고려할 수 있는 모든 통계량에 대해 유사한 결과를 나타낸다. LLN이 표본평균을 통해 모수의 근삿값이 옳음을 보여주지만 원하는 수준의 추정을 위해 얼마나 큰 표본 크기가 필요한지에 대해서는 가이드라인을 제공하지 않는다. 이것은 표본평균의 분산에 대해 알고 있어야 한다. 정규 모집단으로부터 표본을 추출하는 것(5.3.2절)과 같은 몇몇의 경우를 제외하고 표본평균의 정확한 분포를 아는 것은 매우 어려운 일이다. 이에 대해서는 5.3절에서 다룰 것이다. 5.4절에서 평균 또는 총합의 분포에 대한 근삿값을 제공하는 중심극한정리(Central Limit Theorem, CLT)에 대해 설명한다. 또한 중심극한정리는 회귀계수와 같이 이 장에서 다루게 될 다른 통계량의 분포를 근사하기 위한 기초를 제공한다.

5.2 대수의 법칙과 평균의 일관성

확률을 상대도수의 극한값으로 정의하게 되면 표본의 크기가 커질수록 $\hat{p}$이 p의 더 정확한 추정량이 된다. 즉 표본의 크기가 증가함에 따라 다음의 추정오차는 0으로 수렴한다.

$$\text{추정오차 } |\hat{p} - p|$$

더 정확하게 표본의 크기가 커질수록 $\hat{p}$이 p로 확률적으로 수렴한다(converges in probability)고 표현된다. 이는 주어진 $\epsilon > 0$에 대하여 위의 추정오차(error of estimation)가 ϵ보다 클 확률이 0임을 의미한다. 이것은 다음과 같이 표기할 수 있다.

$$P(|\widehat{p} - p| > \epsilon) \to 0, \ n \to \infty \text{에 대해} \tag{5.2.1}$$

추정량이 추정하고자 하는 값에 대해 확률적으로 수렴할 때 그 추정량이 **일관적**(consistent)이라고 한다. 다음의 LLN은 평균의 일관성 특성에 대해 설명한다.

정리 5.2-1 **대수의 법칙** $X_1, \cdots, X_n$이 독립이고 동일한 분포를 따르며 함수 g가 $-\infty < E[g(X_1)] < \infty$라고 하자.

$$\frac{1}{n}\sum_{i=1}^{n} g(X_i)\text{이} \quad E[g(X_1)]\text{로 수렴한다}$$

즉, 모든 $\epsilon > 0$일 때

$$P\left(\left|\frac{1}{n}\sum_{i=1}^{n} g(X_i) - E[g(X_1)]\right| > \epsilon\right) \to 0, \ n \to \infty \text{에 대해} \tag{5.2.2}$$

---

g가 항등함수, 즉 $g(x) = x$라면, 이 정리는 모든 $\epsilon > 0$에 대해 다음이 성립함을 보여 준다.

$$P\left(|\overline{X} - \mu| > \epsilon\right) \to 0, \ n \to \infty \text{에 대해} \tag{5.2.3}$$

즉, μ가 유한하다면 $\overline{X} = n^{-1}\sum_{i=1}^{n} X_i$는 모평균 $\mu = E(X_1)$의 일관적인 추정량이다. $\widehat{p}$가 서로 독립인 베르누이 확률변수들의 평균이며 그것의 평균값이 p이므로 식 (5.2.1)이 식 (5.2.3)의 특별한 경우인 것을 알 수 있다.

대수의 법칙이 보장하는 일관성은 이 책에서 사용되는 추정량에서 더 나아가 통계학에서 사용되는 모든 추정량이 갖는 매우 기초적이고 필수적인 특성이다. 예를 들어, 예제 4.4-7에서 따름정리 4.4-4에 대한 수치적 검증은 표본분산이 일관성을 지니기 때문에 가능한 것이다.

또한 $g(X_i)$의 공통 분산이 유한하다고 가정한다면 대수의 법칙은 다음 부등식의 결과로 간단히 증명된다.

보조정리 5.2-1 **체비쇼프 부등식** 확률변수 Y가 평균 μ_Y와 분산 $\sigma_Y^2 < \infty$를 갖는다고 할 때, 모든 $\epsilon > 0$에서 다음과 같다.

$$P(|Y - \mu_Y| > \epsilon) \le \frac{\sigma_Y^2}{\epsilon^2}$$

즉 체비쇼프 부등식(Chebyshev's inequality)은 확률변수의 분산과 확률변수가 그것의 평균과 얼마나 큰 차이를 보이는가를 나타내는 우도 사이의 관계를 명확하게 한다. 분산이 작을수록 그 변수가 평균과 '많이' 다를 가능성이 더 적고, 분산이 0에 가까워질수록 그러한 가

능성도 0에 가까워진다. 표본의 크기와 상관없이 표본평균의 평균은 모집단의 평균임을 상기하라. 즉 $E(\overline{X}) = \mu$이다(식 4.4.3). 그러나 표본평균의 분산은 다음과 같고,

$$\mathrm{Var}(\overline{X}) = \frac{\sigma^2}{n}$$

이때 σ^2은 모집단의 분산이다(식 4.4.8). σ^2이 유한하다면, $\overline{X}$의 분산은 표본의 크기가 클수록 0에 가까워진다. 이에 따라 체비쇼프 부등식은 표본 크기가 커지면 추정오차가 ϵ보다 클 확률 $P(|\overline{X} - \mu| > \epsilon)$가 모든 $\epsilon > 0$에 대해 0에 가까워짐을 암시한다. 이것은 모집단의 분산이 유한한 값을 갖는 표본평균의 일관성을 입증하기 위한 핵심이다. 보다 일반적인 맥락에서 $g(X_i)$의 평균에 대한 기술적인 증명은 다음과 같다.

대수의 법칙 증명(유한분산을 가정할 때)

$Y = n^{-1}\sum_{i=1}^{n} g(X_i)$와 체비쇼프 부등식을 이용할 것이다. 따라서,

$$\mu_Y = \frac{1}{n}\sum_{i=1}^{n} E[g(X_i)] = E[g(X_1)] \text{ 그리고 } \sigma_Y^2 = \mathrm{Var}\left(\frac{1}{n}\sum_{i=1}^{n} g(X_i)\right) = \frac{\sigma_g^2}{n}$$

$\sigma_g^2 = \mathrm{Var}[g(X_i)]$이며, 체비쇼프 부등식에 의해 모든 $\epsilon > 0$일 때 다음을 구할 수 있다.

$$P\left(\left|\frac{1}{n}\sum_{i=1}^{n} g(X_i) - E[g(X_1)]\right| > \epsilon\right) \leq \frac{\sigma_g^2}{n\epsilon^2} \to 0 \quad n \to \infty$$

이 결과가 핵심적인 내용이긴 하지만 대수의 법칙 사용은 제약을 갖는다. 표본의 크기가 증가함에 따라 표본평균이 모평균을 더 정확하게 근사하지만 이것이 근사되는 정도를 알려 주지는 않는다. 게다가 대수의 법칙(분산이 유한한 경우)의 증명을 돕기 위한 체비쇼프 부등식은 근사되는 정도에 관한 약간의 정보를 제공하지만, 이는 확률적인 범위에 국한된다. 다음 예제는 이 점에 대해 설명한다.

예제 5.2-1 높이가 5 cm, 지름이 (9.5 cm, 10.5 cm) 구간에서 균등분포를 따르는 실린더가 생산된다. 생산된 실린더 100개의 부피를 측정하고 이에 대한 평균을 구할 것이다.

(a) 이 평균의 근삿값은 얼마인가?

(b) 100개의 부피 측정치의 평균이 모평균으로부터 20 cm^3 이내에 있을 확률은 얼마인가?

해답

X_i, $i = 1, \cdots, 100$은 측정된 부피이고, $\overline{X}$는 그 평균이라 하자.

(a) 대수의 법칙에 의해 $\overline{X}$는 임의로 선택되는 실린더의 기대 부피에 근사해야 한다. 부피가 $X = \pi R^2 h$ cm^{3}이고 $h = 5$ cm일 때 임의로 선택된 실린더의 기대 부피는 다음과 같다.

$$E(X) = 5\pi E\left(R^2\right) = 5\pi \int_{9.5}^{10.5} r^2 \, dr$$

$$= 5\pi \frac{1}{3} r^3 \Big|_{9.5}^{10.5} = 5\pi \frac{1}{3}\left(10.5^3 - 9.5^3\right) = 1572.105$$

따라서 $\overline{X}$는 거의 1572.105가 될 것이다.

(b) 우리는 확률을 계산하고자 한다.

$$P(1572.105 - 20 \leq \overline{X} \leq 1572.105 + 20) = P(1552.105 \leq \overline{X} \leq 1592.105)$$

대수의 법칙은 $\overline{X}$가 μ를 근사하는 정도에 대한 어떤 추가적인 정보도 제공하지 않으므로 체비쇼프 부등식을 이용한다. 주어진 사건 $1552.105 \leq \overline{X} \leq 1592.105$은 사건 $|\overline{X} - 1572.105| > 20$으로 나타낼 수 있다. 체비쇼프 부등식은 $|\overline{X} - 1572.105| > 20$에 대한 확률의 상한을 다음과 같이 제공한다.

$$P\left(\left|\overline{X} - 1572.105\right| > 20\right) \leq \frac{\text{Var}(\overline{X})}{20^2}$$

또한 $1552.105 \leq \overline{X} \leq 1592.105$에 대한 확률의 하한을 다음과 같이 제공한다.

$$P\left(1552.105 \leq \overline{X} \leq 1592.105\right) = 1 - P\left(\left|\overline{X} - 1572.105\right| > 20\right)$$

$$\geq 1 - \frac{\text{Var}(\overline{X})}{20^2} \tag{5.2.4}$$

$\overline{X}$의 분산을 계산하면

$$E\left(X^2\right) = 5^2 \pi^2 E\left(R^4\right) = 5^2 \pi^2 \int_{9.5}^{10.5} r^4 \, dr = 5^2 \pi^2 \frac{1}{5} r^5 \Big|_{9.5}^{10.5} = 2{,}479{,}741$$

X의 분산은 $\sigma^2 = 2{,}479{,}741 - 1572.105^2 = 8227.06$이다. 따라서 $\text{Var}(\overline{X}) = \sigma^2/n = 82.27$이다. 이를 식 (5.2.4)에 대입하면 다음 식을 얻는다.

$$P\left(1552.105 \leq \overline{X} \leq 1592.105\right) \geq 1 - \frac{82.27}{400} = 0.79 \tag{5.2.5}$$

따라서 100개의 부피 측정치의 평균이 모평균으로부터 $20\,\text{cm}^3$ 이내에 있을 확률은 최소 0.79이다. ■

일반적으로 체비쇼프 부등식은 모든 상수 C에서 다음 형태의 확률에 대한 하한을 제공한다.

$$P(\mu - C \leq \overline{X} \leq \mu + C)$$

이 하한은 모분산이 유한할 때 모든 표본 크기 n과 어떤 모집단으로부터 표본을 추출했는지에 상관없이 유효하다. 이 하한은 매우 일반적으로 사용되므로 어떤 분포에서는 상당히 보수적일 수 있다. 예를 들어 예제 5.2-1에서 측정된 부피가 정규분포를 따르고 $X_1, \cdots, X_{100}$가 독립이면서 동일한 분산을 갖는 분포 $N(1572.105, 8227.06)$을 따른다면 $\overline{X} \sim N(1572.105, 82.27)$이다(이것은 명제 4.6-4의 결과이다. 따름정리 5.3-1 참고). 이 사실을 이용하면 식 (5.2.5)에서 확률의 참값은 0.97이다. 이 값은 R 명령어 *pnorm(1592.105, 1572.105, sqrt(82.27)) − pnorm(1552.105, 1572.105, sqrt(82.27))*을 통해 계산할 수 있다. 체비쇼프 부등식으로부터 얻은 하한은 실제 확률을 과소평가할 수 있기 때문에 $\overline{X}$를 통한 μ의 추정에서 특정한 정확도 수준을 위해 요구되는 표본의 크기를 포함하고 있는 실제 문제에는 유용하지 않다. 이와 같은 문제를 적절하게 다루기 위해 평균 분포에 대해 알고 있어야 한다. 예제 5.3-6을 보자. 이 장의 나머지는 이 문제에 대해 다루지만 먼저 우리는 유한한 평균과 분산의 추정에 대해 논의한다.

유한평균과 유한분산의 가정 체비쇼프의 부등식을 기반으로 한 정리 5.2-1의 간단한 증명에서 대수의 법칙은 유한한 평균이 존재해야 하고 유한한 분산에 대한 더 강한 추정을 요구한다. 확률과 통계학의 첫 번째 수업에서 많은 학생은 확률변수가 무한한 분산을 가질 때, 유한한 평균을 갖는지 갖지 못하는지 궁금해한다. 실제 데이터를 이용할 때 이와 같은 이상을 얼마나 겪을 것일지 이와 같은 이상의 증거를 무시하면 어떤 결과를 얻을 것인지에 대한 명확한 해답은 다음 절에서 설명한다.

먼저 무한한 분산이 주어졌을 때 무한하거나 유한한 평균을 갖는 분포의 예제를 만드는 것은 쉽다. 다음 함수를 고려해 보자.

$$f_1(x) = x^{-2}, \ 1 \leq x < \infty \text{ 그리고 } f_2(x) = 2x^{-3}, \ 1 \leq x < \infty$$

$x < 1$이면 두 함수 모두 0이다. 둘 다 확률밀도함수로 보는 것이 쉽다(둘 다 음수가 아니고 1로 적분한다.). X_1이 PDF f_1을 갖고 X_2가 PDF f_2를 갖는다고 하면 X_1의 평균값(그리고 분산)은 무한하다. 반면 분산이 무한할 때 X_2의 평균값은 2이다.

$$E(X_1) = \int_1^\infty x f_1(x) \, dx = \infty, \quad E(X_1^2) = \int_1^\infty x^2 f_1(x) \, dx = \infty$$

$$E(X_2) = \int_1^\infty x f_2(x) \, dx = 2, \quad E(X_2^2) = \int_1^\infty x^2 f_2(x) \, dx = \infty$$

가장 유명한 비정상적인 분포는 (표준) **코시**(Cauchy)분포이다. 이 분포의 PDF는 다음과 같다.

$$f(x) = \frac{1}{\pi} \frac{1}{1 + x^2}, \ -\infty < x < \infty \tag{5.2.6}$$

이 PDF는 0을 중심으로 좌우대칭이라고 알려져 있으므로 중앙값은 0이다. 그러나 적분 $\int_{-\infty}^\infty xf(x) \, dx$, $f(x)$는 식 (5.2.6)에서 주어졌고 정해지지 않았다. 이것으로 볼 때 이 평균은 존재하지 않는다. 따라서 분산도 정의될 수 없다. 그러나 $\int_{-\infty}^{\infty} xf(x)\,dx = \infty$이다.

표본이 평균이 유한하지 않은 분포로부터 추출되었다면 대수의 법칙은 성립하지 않는다. 특히, 평균이 $\pm\infty$이면 표본의 크기는 ∞와 가까워진다. 분포의 평균이 존재하지 않는다면 $\overline{X}$는 어떤 상수로도 수렴할 필요가 없고 나뉠 필요도 없다. 코시분포로부터 추출된 표본을 이용해 이 사실을 수치상으로 입증한 5.4절의 연습문제 1을 보자. 평균이 존재하고 유한하다면 대수의 법칙에 의해 $\overline{X}$는 그 평균에 수렴한다. 그러나 $\overline{X}$에 의한 μ의 추정에 대한 정확도 평가를 하기 위해서는 유한한 분산 또한 필요하다.

무한한 평균 또는 분산을 갖는 분포는 무거운 꼬리(헤비 테일)로 묘사된다. 이 분포의 PDF는 유한한 분산을 갖는 분포의 PDF보다 꼬리 아래(양극단)의 영역이 훨씬 더 많기 때문이다. 결과적으로 헤비 테일 분포로부터 얻은 표본은 훨씬 더 많은 이상치를 포함할 가능성이 있다. 데이터 집합에 많은 이상치가 존재한다면 헤비 테일 분포를 더 잘 설명할 수 있는 중앙값과 같은 또 다른 추정량을 이용하는 것이 좋다.

연습문제

1. 체비쇼프 부등식을 이용하라.

(a) 평균이 μ이고 분산이 σ^2인 확률변수 X가 다음을 만족함을 보여라.

$$P(|X - \mu| > a\sigma) \leq \frac{1}{a^2}$$

즉, X와 평균의 차이가 a 표준편차보다 확률이 $1/a^2$을 넘을 수 없다.

(b) $X \sim N(\mu, \sigma^2)$을 가정하자. $a = 1, 2, 3$일 때 X와 평균의 차이가 a보다 클 확률을 계산하고 체비쇼프 부등식에 의해 제공된 상한과 비교하라.

2. 전자부품의 수명이 모수 $\lambda = 0.013$인 지수분포를 따른다. $X_1, \cdots, X_{100}$은 단순임의추출된 이 전자부품의 수명에 해당되는 100개의 표본이다.

(a) 평균 $\overline{X}$의 추정값은 얼마인가?

(b) $\overline{X}$가 모평균으로부터 15.38단위 이내에 있을 확률에 대하여 말하라. (힌트 모수가 λ인 지수분포를 따르는 확률변수의 평균과 분산은 각각 $1/\lambda$, $1/\lambda^2$이다.)

3. $X_1, \cdots, X_{100}$을 서로 독립이고 평균이 1인 포아송 확률변수라 하자.

(a) 체비쇼프 부등식을 이용해 $\overline{X}$가 평균으로부터 0.5 이내에 있을 확률, 즉 $P(0.5 \leq \overline{X} \leq 1.5)$의 하한을 찾아라. (힌트 문제의 확률은 $1 - P(\overline{X}-1 > 0.5)$로 나타낼 수 있다. 예제 5.2-1 참고)

(b) $\sum_{i=1}^{10} X_i$가 평균이 10인 포아송 확률변수임을 이용하여 (a)에 주어진 확률의 정확한 값을 구하라. (a)에서 얻은 하한에 대한 실제 확률과 비교하라. (힌트 R 명령어 $ppois(x, \lambda)$를 이용해 x에서 Poisson(λ) CDF의 값을 구할 수 있다.

5.3 합성곱

5.3.1 합성곱의 정의와 사용

확률과 통계에서 서로 독립인 두 확률변수의 **합성곱**(convolutions)은 그것들의 합의 분포를 말한다. 또는, 합성곱은 그것들의 합에 대한 PDF/PMF 또는 CDF에 대한 공식을 말한다. 식

(5.3.3)을 보자. 다음 두 예제에서는 동일한 성공확률을 갖는 서로 독립인 두 이항확률변수의 합성곱과 서로 독립인 두 포아송 확률변수의 합성곱을 구한다.

예제 5.3-1

독립 포아송 확률변수의 합. $X \sim \text{Poisson}(\lambda_1)$이고 $Y \sim \text{Poisson}(\lambda_2)$이 독립 확률변수일 때 다음을 보여라.

$$X + Y \sim \text{Poisson}(\lambda_1 + \lambda_2)$$

해답

먼저 $X = k$인 조건부 분포를 구하고 다음으로 식 (4.3.5)에서 주어준 주변확률질량함수에 대한 총합의 법칙을 적용하여 $Z = X + Y$의 분포를 찾아라. $X = k$에 대한 정보가 주어졌을 때 $n \geq k$일 때 가능한 Z의 값은 $k, k + 1, k + 2, \cdots$이다.

$$\begin{aligned}
P(Z = n | X = k) &= \frac{P(Z = n, X = k)}{P(X = k)} = \frac{P(Y = n - k, X = k)}{P(X = k)} \\
&= \frac{P(Y = n - k)P(X = k)}{P(X = k)} = P(Y = n - k) \\
&= e^{-\lambda_2} \frac{\lambda_2^{n-k}}{(n - k)!}
\end{aligned}$$

위 세 번째 등식은 X와 Y가 독립이기 때문에 성립한다.

$$\begin{aligned}
P(Z = n) &= \sum_{k=0}^{n} P(Z = n | X = k) p_X(k) = \sum_{k=0}^{n} e^{-\lambda_2} \frac{\lambda_2^{n-k}}{(n-k)!} e^{-\lambda_1} \frac{\lambda_1^k}{k!} \\
&= e^{-(\lambda_1 + \lambda_2)} \sum_{k=0}^{n} \frac{\lambda_1^k \lambda_2^{n-k}}{k!(n-k)!} \\
&= \frac{e^{-(\lambda_1 + \lambda_2)}}{n!} \sum_{k=0}^{n} \frac{n!}{k!(n-k)!} \lambda_1^k \lambda_2^{n-k} \\
&= \frac{e^{-(\lambda_1 + \lambda_2)}}{n!} (\lambda_1 + \lambda_2)^n
\end{aligned}$$

위 식은 $X + Y \sim \text{Poisson}(\lambda_1 + \lambda_2)$를 보여 준다. ■

예제 5.3-2

독립 이항확률변수의 합. $X \sim \text{Bin}(n_1, p)$, $Y \sim \text{Bin}(n_2, p)$가 공통 성공확률을 갖는 독립 이항확률변수일 때 다음을 보여라.

$$X + Y \sim \text{Bin}(n_1 + n_2, p)$$

해답

이 문제는 예제 5.3-1에서 사용된 것과 유사한 단계를 이용해 해결할 수 있다. 4.3절의 연습문제 1을 보자. 동일한 성공확률을 갖는 독립 베르누이 시행의 성공 횟수가 이항확률변수가 됨을 상기하라. Z가 동일한 성공확률을 갖는 n_1+n_2번의 독립 베르누이 시행에서 성공 횟수이기 때문에 $Z = X_1 + X_2 \sim \text{Bin}(n_1+n_2, p)$라고 할 수 있다. ■

귀납적인 논증에 의해 예제 5.3-2 또한 $X_i \sim \text{Bin}(n_i, p)$, $i = 1, \cdots, k$가 독립이면 $n = n_1 + \cdots + n_k$일 때 $X_1 + \cdots + X_k \sim \text{Bin}(n, p)$이다. 마찬가지로 예제 5.3-1과 귀납적인 주장은 몇 몇의 독립 포아송 확률변수의 합 또한 포아송 확률변수이며 그 평균은 각각의 평균을 합한 것과 같다. 게다가 명제 4.6-4에서 다변량 정규확률변수의 합은 정규분포를 따르는 것을 보았다. 안타깝게도 이와 같은 예제는 규칙에서 예외에 해당하는 것들이다. 일반적으로 두 독립 확률변수의 합의 분포는 각각의 분포와 같을 필요가 없다. 예를 들어 2개의 독립 이항확률변수의 합은 그들이 공통된 성공확률을 공유할 때만 이항식이다. 성공확률이 다르다면 그것들의 합의 분포는 3장에서 다루었던 이산형 분포의 일반적인 유형에 속하지 않는다. 또한 다음 예제는 독립인 두 균등 확률변수의 합은 균등 확률변수가 아니라는 것을 보여 준다.

예제 5.3-3   **두 균등 확률변수의 합.** X_1, X_2가 균등분포$(0, 1)$를 따른다고 할 때 $X_1 + X_2$의 분포를 찾아라.

해답

먼저 $0 < y < 2$일 때 $X_1 + X_2$의 누적분포함수 $F_{X_1+X_2}(y) = P(X_1 + X_2 \leq y)$를 구해야 한다. 확률밀도함수는 그것을 미분하여 구한다. 독립인 두 확률변수의 합의 누적분포를 찾는 일반적인 방법은 그것들 중에 하나인 X_1을 조건으로 하는 것이다. 그런 다음 식 (4.3.16)에서 전체 기댓값의 법칙을 이용한다. X를 X_1으로 대체한 이 공식을 이용하고 B를 $X_1 + X_2$의 합이 y보다 작거나 같은 사건인 $[X_1 + X_2 \leq y]$로 놓으면 X_1과 X_2가 독립이므로 다음과 같아진다.

$$F_{X_1+X_2}(y) = \int_{-\infty}^{\infty} P(X_1 + X_2 \leq y | X_1 = x_1) f_{X_1}(x_1) \, dx_1$$

$$= \int_{-\infty}^{\infty} P(X_2 \leq y - x_1 | X_1 = x_1) f_{X_1}(x_1) \, dx_1$$

$$= \int_{-\infty}^{\infty} P(X_2 \leq y - x_1) f_{X_1}(x_1) \, dx_1$$

$P(X_2 \leq y - x_1)$ 대신에 $F_{X_2}(y - x_1)$를 대입하면 다음과 같다.

$$F_{X_1+X_2}(y) = \int_{-\infty}^{\infty} F_{X_2}(y - x_1) f_{X_1}(x_1) \, dx_1 \tag{5.3.1}$$

X_1과 X_2가 음수가 아니기 때문에 식 (5.3.1)의 적분에서 x_1이 y보다 작다(따라서 적분의 상한은 y로 대체될 수 있다). 또한, X_1과 X_2가 균등분포(0, 1)이므로 $0 < x_1 < 1$일 때 $f_{X_1}(x_1) = 1$이고, 다른 범위에서는 0이다. $y - x_1 < 1$이면 $F_{X_2}(y - x_1) = y - x_1$이고, $y - x_1 > 1$이면 $F_{X_2}(y - x_1) = 1$이다. 따라서 $y < 1$이면 식 (5.3.1)의 적분에서 상한은 y로 대체될 수 있다.

$$F_{X_1+X_2}(y) = \int_0^y (y - x_1) \, dx_1 = \frac{1}{2}y^2$$

$1 < y < 2$이면 식 (5.3.1)의 적분의 상한은 1로 대체될 수 있다.

$$F_{X_1+X_2}(y) = \int_0^1 F_{X_2}(y - x_1) \, dx_1 = \int_0^{y-1} F_{X_2}(y - x_1) \, dx_1 + \int_{y-1}^1 F_{X_2}(y - x_1) \, dx_1$$

$$= \int_0^{y-1} dx_1 + \int_{y-1}^1 (y - x_1) \, dx_1 = y - 1 + y[1 - (y - 1)] - \frac{1}{2}x_1^2 \Big|_{y-1}^1$$

$$= 2y - \frac{1}{2}y^2 - 1$$

누적분포함수의 미분을 통해 다음 $X_1 + X_2$의 PDF를 얻을 수 있다.

$$f_{X_1+X_2}(y) = \begin{cases} y & 0 \leq y \leq 1 \\ 2 - y & 1 \leq y \leq 2 \end{cases} \tag{5.3.2}$$

식 (5.3.1)을 통해 독립인 두 확률변수 X_1과 X_2의 누적분포함수를 구할 수 있고 이를 F_{X_1}과 F_{X_2} 분포의 **합성곱**이라 한다. 또한 합성곱을 독립인 확률변수 X_1과 X_2의 합의 PDF로 표현할 수도 있으며, 이것은 식 (5.3.1)을 미분하여 구할 수 있다.

f_1과 f_2 PDF의 합성곱

$$f_{X_1+X_2}(y) = \int_{-\infty}^{\infty} f_{X_2}(y - x_1) f_{X_1}(x_1) \, dx_1 \tag{5.3.3}$$

그림 5-1의 왼쪽은 PDF 식 (5.3.2)를 보여 준다. 이것은 두 균등분포(0, 1)의 합성곱의 PDF가 균등분포의 PDF와 매우 다른 것을 명확하게 보여 준다.

합성곱의 공식은 2개의 독립된 지수확률변수의 합의 분포가 지수확률변수가 아니라는 것을 보여 준다(5.4절의 연습문제 2 참고). 일반적으로 2개의 확률변수의 합의 분포는 원래 변수의 분포와 같을 필요가 없다.

합성곱 식 (5.3.3)은 몇몇 독립인 확률변수의 합의 분포를 회귀적으로 찾는 데 사용될 수 있다. 그림 5-1의 오른쪽은 3개의 균등분포 PDF의 합성곱을 보여 준다. 3개의 독립인 균등 확률변수의 합의 분포가 하나의 균등 확률변수는 물론이고 2개의 균등 확률변수의 합과도 다르다는

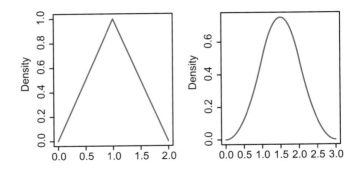

그림 5-1
두 PDF의 합성곱(왼쪽)
과 3개(오른쪽)의 균등
분포 PDF

것을 명확하게 보여 준다.

합성곱 공식은 이산형 확률변수에 대해서도 잘 적용된다. 실제로 예제 5.3-1에서 2개의 독립인 포아송 확률변수의 합의 분포를 찾는 데 사용되었다. 다시 두 이산형 확률변수에 대한 합성곱 공식은 몇몇 독립인 이산형 확률변수의 합의 분포를 회귀적으로 찾는 데 사용될 수 있다. 그러나 이와 같은 공식은 확률 계산에 사용하기 어렵거나 불가능할 수도 있다.

공식을 도출하기 위한 대안으로, 컴퓨터를 이용해 두 확률변수의 합성곱을 계산할 수 있다. 다음 예제는 성공확률이 다른 두 이항확률변수의 합성곱을 R을 이용해 계산하는 것을 보여 준다(이 경우에 합성곱에 대한 공식은 유도하지 않는다).

예제 5.3-4

R을 이용한 $X + Y$의 PMF와 CDF. X와 Y가 독립이고 $X \sim \text{Bin}(3,\ 0.3)$, $Y \sim \text{Bin}(4,\ 0.6)$일 때 R을 이용해 $X + Y$의 합성곱의 분포(PMF와 CDF)를 구하라.

해답

먼저 $x = 0,\ 1,\ 2,\ 3$, $y = 0,\ 1,\ 2,\ 3,\ 4$인 $4 \times 5 = 20$쌍으로 구성된 $(X,\ Y)$의 표본공간을 만든다. 이 R 명령어는 다음과 같다.

```
S = expand.grid(X=0:3,Y=0:4)
```

S의 첫 번째 열은 $20(x,\ y)$쌍의 값을 포함하고 두 번째 열은 y값을 포함한다. S의 첫 번째 열은 S\$X 또는 S[,1]을 이용해 구할 수 있다. 마찬가지로 S의 두 번째 열은 S\$Y 또는 S[,2]를 이용해 구할 수 있다. 다음으로 표본공간에서 각$(x,\ y)$에 대한 결합확률 $p(x,\ y)$를 생성한다. 즉, S의 각 열에 대하여 생성한다. 이것은 다음의 R 명령어를 이용해 구할 수 있다.

```
P = expand.grid(px=dbinom(0:3, 3, .3),  py=dbinom(0:4, 4, .6));
    P$pxy = P$px*P$py
```

위 명령어의 첫 번째는 px와 py로 불리는 20개의 행과 2개의 열로 이루어진 행렬 P를 만든다. 이 행렬은 해당하는 S의 행에서 $(x,\ y)$에 대한 주변확률 $(p_X(x),\ p_Y(y))$를 포함한다. 두 번째 명령어 P\$pxy=P\$px*P\$py은 S의 각 $(x,\ y)$쌍에 대한 결합확률 $p(x,\ y) = p_X(x)p_Y(y)$를 포함하는 행렬 P의 새로운 열을 생성한다. 추가적인 명령어는 다음과 같다.

$$\text{attach}(P); \ \text{attach}(S)$$

S와 P의 열은 간단하게 그것들의 이름을 통해 구할 수 있다. S의 표본공간과 P의 pxy열의 결합확률을 이용해 X와 Y와 관련된 모든 결합확률을 계산할 수 있다. 예를들어

$$\text{sum}(\text{pxy}[\text{which}(X + Y==4)])$$

위 명령어를 통해 $P(X + Y = 4)$의 값 0.266328을 구했다.

```
pz=rep(0,8); for(i in 1:8)pz[i]=sum(pxy[which(X + Y==i - 1)]); pz
```

$z = 0, \cdots, 7$일 때 $Z = X + Y$의 PMF $p_Z(z)$ 0.009 0.064 0.191 0.301 0.266 0.132 0.034 0.003 을 입력하자(확률은 소수 셋째 자리에서 반올림되었다).

$$\text{sum}(\text{pxy}[\text{which}(X + Y<=4)])$$

누적확률 $P(X + Y \leq 4)$은 0.830872이다. 그리고

```
Fz=rep(0,8); for(i in 1:8)Fz[i]=sum(pxy[which(X + Y<=i-1)]); Fz
```

$z = 0, \cdots, 7$일 때 CDF $F_Z(z) = P(X + Y \leq x)$의 값 0.009 0.073 0.264 0.565 0.831 0.963 0.997 1.000을 입력하라(마찬가지로 소수 셋째 자리에서 반올림되었다). 마지막으로

$$\text{sum}(\text{pxy}[\text{which}(3<X + Y \ \& \ X + Y<=5)])$$

$P(3 < X + Y \leq 5) = F_Z(5) - F_Z(3)$의 확률은 0.398이다. ■

이 절의 요점은 (a) 2개의 독립인 확률변수의 합의 분포가 각각의 변수의 분포와 같을 필요가 없고, (b) 더해지는 확률변수의 수가 많아짐에 따라 정확한 합의 분포를 찾기 위한 R 코드와 합성곱 공식을 이용하기 어려워진다는 것이다.

5.3.2 정규 $\overline{X}$의 분포

다음 명제는 독립된 정규 확률변수의 경우에 대한 명제 4.6-4의 부분 (4)에 대한 반복된 적용에 따른 것이다. 그러나 통계적 추론을 위한 정규분포의 중요성 때문에 여기서 더 강조된다.

명제 5.3-1 $X_1, X_2, \ldots, X_n$이 독립이고 정규분포를 따르는 확률변수 $X_i \sim N(\mu_i, \sigma_i^2)$이라고 하자. 그리고 $Y = a_1 X_1 + \cdots + a_n X_n$이 X_i의 선형결합이라고 하자. 그러면

$$Y \sim N(\mu_Y, \sigma_Y^2), \ \text{여기서} \ \mu_Y = a_1\mu_1 + \cdots + a_n\mu_n, \quad \sigma_Y^2 = a_1^2\sigma_1^2 + \cdots + a_n^2\sigma_n^2 \quad ■$$

예제 5.3-5

두 비행기 A와 B는 각각 X_1 km/hr, X_2 km/hr의 독립적인 속도로 같은 방향으로 평행하게 비행하고 있다. $X_1 \sim N(495, 8^2)$, $X_2 \sim N(510, 10^2)$이다. 정오에 비행기 A가 비행기 B보다 10km 앞서 있다. D를 오후 3시에 비행기 A가 비행기 B를 앞서 있는 거리라고 정의하자. (따라서 비행기 B가 비행기 A보다 앞설 때 D는 음수가 된다.)

(a) D의 분포는 무엇인가?

(b) 오후 3시에 비행기 A가 비행기 B를 계속해서 앞서고 있을 확률을 구하라.

해답

비행기 A가 오후 3시에 앞서고 있는 거리는 $D = 3X_1 - 3X_2 + 10$으로 구해진다. 명제 5.3-1에 따르면 (a)의 해답은 다음과 같다.

$$D \sim N(3 \times 495 - 3 \times 510 + 10,\ 9 \times 64 + 9 \times 100) = N(-35, 1476)$$

따라서 (b)의 해답은 다음과 같다.

$$P(D > 0) = 1 - \Phi\left(\frac{35}{\sqrt{1476}}\right) = 0.181$$

따름정리 5.3-1

$X_1, \cdots, X_n$이 독립이고 동일한 분포 $N(\mu, \sigma^2)$을 따른다고 하고 $\overline{X}$는 표본평균이라 하자. 그러면

$$\overline{X} \sim N(\mu_{\overline{X}}, \sigma_{\overline{X}}^2), \quad \text{여기서} \ \mu_{\overline{X}} = \mu, \quad \sigma_{\overline{X}}^2 = \frac{\sigma^2}{n}$$

다음 예제는 표본평균이 모평균에 대한 만족스러운 추정을 하기 위해 필요한 표본 크기와 분산을 알고 있는 정규분포의 경우에 결정하기 위한 따름정리 5.3-1의 사용을 보여 준다.

예제 5.3-6

알려진 분산이 $\sigma^2 = 9$인 정규 모집단의 평균을 추정하고자 한다. 모평균으로부터 0.3 단위 이내에 $\overline{X}$가 놓여 있을 확률이 0.95이기 위한 표본 크기는 얼마인가?

해답

확률적인 표기에 따라 $P(|\overline{X} - \mu| < 0.3) = 0.95$를 만족하는 표본 크기를 구하고자 한다. 따름정리 5.3-1에 따라 다음과 같고,

$$\frac{\overline{X} - \mu}{\sigma/\sqrt{n}} \sim N(0, 1)$$

이것을 이용해 $P(|\overline{X} - \mu| < 0.3) = 0.95$를 $Z \sim N(0, 1)$에 대해 다음과 같이 다시 쓸 수 있다.

$$P\left(\left|\frac{\overline{X}-\mu}{\sigma/\sqrt{n}}\right| < \frac{0.3}{\sigma/\sqrt{n}}\right) = P\left(|Z| < \frac{0.3}{\sigma/\sqrt{n}}\right) = 0.95$$

따라서 $0.3/(\sigma/\sqrt{n}) = z_{0.025}$이 되는데, 이것은 $z_{0.025}$가 $P(|Z|) < z_{0.025}) = 0.95$를 만족하는 유일한 수이기 때문이다. 이 식을 n에 대해 정리하면 다음과 같다.

$$n = \left(\frac{1.96\sigma}{0.3}\right)^2 = 384.16$$

따라서 $n = 385$일 때 희망하는 정확도 수준을 만족시킬 수 있다. ∎

노트 5.3-1 일반적으로 σ는 알려져 있지 않기 때문에 예제 5.3-6에 대한 해답은 모든 경우에 만족시키지 못한다. 물론 σ는 표본표준편차 S에 의해 추정될 수 있다. 더 자세한 것은 7장에서 다룬다. 또한 평균에 대한 만족스러운 추정을 위해 요구되는 표본 크기에 대한 결정에 대해 좀 더 자세히 알아볼 것이다. ◁

연습문제

1. $X \sim \text{Bin}(n_1, p)$, $Y \sim \text{Bin}(n_2, p)$는 독립이고 $Z = X + Y$라고 하자.

(a) $X = k$일 때 Z의 조건부 PMF를 구하라.

(b) (a)의 결과와 총합의 법칙을 이용해 예제 5.3-1에서 구한 주변 확률질량함수에 대한 확률과 예제 5.3-2의 분석적 근거를 제공하라. 즉, $Z \sim \text{Bin}(n_1 + n_2, p)$(힌트 결합 유사성 $\binom{n_1+n_2}{k} = \sum_{i=0}^{n_1}\binom{n_1}{i}\binom{n_2}{k-i}$)

2. X_1과 X_2를 평균 $\mu = 1/\lambda$인 독립적인 지수확률변수라 하자(공통 밀도는 $f(x) = \lambda \exp(-\lambda x)$, $x > 0$이다.) 합성곱 식 (5.3.3)을 이용해 2개의 독립적인 지수확률변수의 합의 PDF를 구하라.

3. X_1, X_2, X_3을 공통 평균 $\mu_1 = 60$이고, 공통 분산 $\sigma_1^2 = 12$인 독립적인 정규확률변수이고 Y_1, Y_2, Y_3를 공통 평균 $\mu_2 = 65$, 공통 분산 $\sigma_2^2 = 15$인 독립적인 정규확률변수라 하자. 또한 X_i와 Y_j는 모든 i와 j에서 독립이다.

(a) $X_1 + X_2 + X_3$의 분포를 설명하고 $P(X_1 + X_2 + X_3 > 185)$를 구하라.

(b) $\overline{Y} - \overline{X}$의 분포를 설명하고 $P(\overline{Y} - \overline{X} > 8)$를 구하라.

4. 캠핑 여행에 3명의 친구가 각각 배터리를 포함한 1개의 손전등을 가져왔고 그들은 한 번에 하나의 손전등만 사용하기로 했다. X_1, X_2, X_3를 각각 3개의 손전등의 배터리 수명이라고 정의하자. 이것은 각각 기댓값이 $\mu_1 = 6$, $\mu_2 = 7$, $\mu_3 = 8$시간이고 분산이 $\sigma_1^2 = 2$, $\sigma_2^2 = 3$, $\sigma_3^2 = 4$인 독립적인 정규확률변수라고 가정하자.

(a) 손전등의 지속기간 총합의 95 백분위수를 구하라.

(b) 손전등이 남은 총시간이 25시간보다 적을 확률을 계산하라.

(c) 세 친구가 위와 같은 손전등과 배터리를 갖고 5번의 캠핑 여행을 했다고 가정하자. 정확하게 5번의 여행 중에 3번 손전등의 배터리가 25시간 이상 유지될 확률을 계산하라.

5. 철골의 평균 지름을 추정하기 위해 0.95 확률로 추정오차가 0.005 cm를 넘지 않기를 원한다. 임의로 선택된 철골의 지름의 분포가 정규분포를 따르고 표준편차가 0.03 cm라고 알려져 있을 때 필요한 표본의 크기는 얼마인가?

5.4 중심극한정리

일반적으로 다수의 확률변수 또는 그 합의 분포를 정확하게 구하는 것은 불가능하기 때문에 그것을 추정하기 위한 간단한 방법이 필요하다. 이와 같은 추정은 **중심극한정리**(Central Limit Theorem, CLT)에 의해 가능하게 된다. 앞으로 나오는 $\dot{\sim}$ 표시는 $\dot{\sim}$ 다음에 나오는 확률분포를 거의 같게 따른다는 의미이다.

정리 5.4-1 중심극한정리 $X_1, \cdots, X_n$이 독립이며 동일한 분포를 따르는 확률변수이고 평균 μ와 유한한 분산 σ^2을 갖는다고 하자. 그리고 n이 충분히 크다(우리가 제안한 $n \geq 30$)고 하자.

1. $\overline{X}$는 거의 평균이 μ이고, 분산이 σ^2/n인 정규분포를 따른다. 즉,

$$\overline{X} \dot{\sim} N\left(\mu, \frac{\sigma^2}{n}\right)$$

2. $T = X_1 + \cdots + X_n$은 거의 평균이 $n\mu$, 분산이 $n\sigma^2$인 정규분포를 따른다.

$$T = X_1 + \ldots + X_n \dot{\sim} N\left(n\mu, n\sigma^2\right)$$

노트 5.4-1 추정의 수준은 n과 모집단에 따라 증가한다. 예를 들어 편향된 모집단으로부터 추출된 데이터는 균등분포로부터 추출되는 데이터보다 더 큰 크기의 표본을 필요로 한다. 게다가 실제 극단적인 이상치의 존재는 모집단 분산이 유한하지 않을 수도 있음을 뜻하며, 이 경우 중심극한정리를 만족하지 못한다. 5.2절의 마지막에 유한한 평균과 분산의 가정에 대한 설명을 보자. 이 책의 나머지를 위해 우리는 데이터 집합이 유한한 분산을 갖는 모집단으로부터 추출되고 경험법칙에 따라 표본의 크기 $n \geq 30$이면 중심극한정리를 적용한다는 가정을 항상 할 것이다. ◁

그림 5-2

지수분포($\lambda = 1$)를 따르는 n개 확률변수의 합에 대한 분포

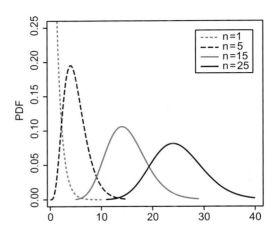

CLT는 확률과 통계에서 정규분포가 중심적인 역할을 하게 만드는 놀라운 결과물이다. 실제로 평균(또는 합)의 분포를 정규분포로 근사할 수 있는 성질은 통계학에서 매우 중요하다. 이런 이유로 중심극한정리는 확률과 통계학에서 가장 중요한 정리로 고려된다. 지수확률변수의 평균의 분포가 정규분포로 수렴하는 것은 그림 5-2에서 보여진다.

예제 5.4-1

어떤 서비스 시설에서 한 주 동안 서비스 제공 횟수는 평균이 50이고, 분산이 16을 갖는 확률변수이다. 다음 36주 동안 이 시설에서 제공하는 총서비스의 수가 1,728과 1,872 사이에 있을 확률에 대한 추정치를 구하라.

해답

$X_1, \cdots, X_{36}$을 각각 다음 36주 동안의 서비스의 수이고 이것들은 독립이며 동일한 분포를 따른다고 가정하자. 서비스의 총합은 $T = \sum_{i=1}^{36} X_i$이고, $E(T) = 36 \times 50 = 1,800$이고 $\mathrm{Var}(T) = 36 \times 16 = 576$이다. 표본 크기가 30보다 클 때 중심극한정리에 따라 T의 분포는 대략 평균이 1,800이고, 분산이 576인 정규분포를 따른다. 따라서

$$P(1728 < T < 1872) = P\left(\frac{-72}{\sqrt{576}} < \frac{T - 1800}{\sqrt{576}} < \frac{72}{\sqrt{576}}\right)$$
$$\simeq \Phi(3) - \Phi(-3) = 0.997$$

예제 5.4-2

임의로 선택된 화학약품의 한 회분의 불순물 농도가 평균 μ가 4.0%이고, 분산 σ가 1.5%인 확률변수이다. 임의로 추출된 50회분의 표본에 대하여 다음을 구하라.
(a) 불순물의 평균 수준이 3.5~3.8% 사이일 확률을 추정하라.
(b) 평균 불순물 수준의 95 백분위수를 추정하라.

해답

$X_1, \cdots, X_{50}$을 각각 화학약품 50회분의 불순물의 수준이라 하고, $\overline{X}$를 그들의 평균이라 하자. 표본의 크기가 30보다 크므로 중심극한정리에 따르면 $\overline{X} \sim N(4.0, \ 1.5^2/50) = N(4.0, \ 0.045)$이다. (a)에 대한 확률과 (b)에 대한 백분위수는 이 분포에 따라 추정된다. 따라서 (a)의 해답은

$$P(3.5 < \overline{X} < 3.8) \simeq P\left(\frac{3.5 - 4.0}{\sqrt{0.045}} < Z < \frac{3.8 - 4.0}{\sqrt{0.045}}\right)$$
$$\simeq \Phi(-0.94) - \Phi(-2.36) = 0.1645$$

(b)의 해답은

$$\overline{x}_{0.05} \simeq 4.0 + z_{0.05}\sqrt{1.5^2/50} = 4.35$$

5.4.1 드무아브르-라플라스의 정리

이항확률의 정규근사를 포함하고 있는 드무아브르 라플라스 정리(Demoivre-Laplace Theorem)는 중심극한정리의 가장 초기 형태이다. 이것은 $p = 0.5$에 대해 1733년 드무아브르가 처음 소개하였고 1812년에 라플라스가 일반적인 p에 대해 확장하였다. 실험과학에서 베르누이 분포가 널리 퍼짐에 따라 드무아브르-라플라스 정리는 중심극한정리의 특별한 경우인 것이 알려진 현재에도 별도로 언급되고 있다.

성공확률이 p인 베르누이 실험의 n개의 시행을 고려해 보자 그리고 T를 성공 횟수의 총합으로 정의하자. 따라서 $T \sim \text{Bin}(n, p)$이다. 이항확률에 근사하기 위한 CLT와의 관련성은 분명해진다. T가 각각의 베르누이 변수의 합으로 표현되면 다음과 같다.

$$T = X_1 + \cdots + X_n$$

$X_1, \cdots, X_n$이 독립이고 동일한 분포를 따르고 $E(X_i) = p$이고 $\text{Var}(X_i) = p(1 - p)$이면 다음의 중심극한정리의 결과를 얻을 수 있다.

정리 5.4-2	드무아브르-라플라스 $T \sim \text{Bin}(n, p)$이고 n이 충분히 크면
	$$T \overset{\cdot}{\sim} N\left(np, np(1 - p)\right)$$

받아들일 수 있는 근사 수준을 달성하기 위한 기본적인 조건인 $n \geq 30$은 이항분포에 대해 다음 조건으로 특수화될 수 있다.

이항확률을 정규확률로
근사하기 위한
표본 크기의 요건

$$np \geq 5 \qquad n(1 - p) \geq 5$$

그림 5-3은 표본의 크기가 증가함에 따라 이항확률 질량함수가 대칭이 되는 것을 보여 준다.

그림 5-3

$p = 0.8$일 때, n이 증가함에 따른 이항 PMF

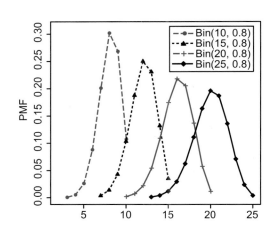

그림 5-4
연속 수정의 있고 없을 때의 $P(X \leq 5)$에 따른 근사

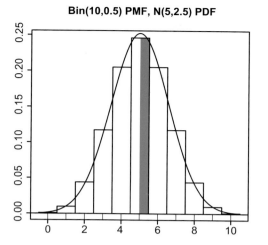

연속 수정(Continuity Correction) 중심극한정리가 이산형 분포의 확률을 근사하기 위해 이용될 때마다 그 근사는 이른바 연속 수정에 의해 개선된다. 이 수정 작업이 어떠한지 설명하기 위해 $X \sim \text{Bin}(10,\ 0.5)$이고 드무아브르-라플라스 정리를 이용해 $P(X \leq 5)$를 근사한다고 가정하자. 표본의 크기가 충분히 크다면 $P(X \leq 5)$를 $P(Y \leq 5)$로 근사할 수 있다. $Y \sim N(5,\ 2.5)$이다. 그림 5-4는 PDF가 $N(5,\ 2.5)$가 덧씌워진 $\text{Bin}(10,\ 0.5)$ PMF의 막대그래프를 보여 준다. PMF의 막대그래프에서 각각의 막대는 대응되는 각각의 확률을 나타낸다. 예를 들어 $P(X = 5)$는 $x = 5$에서 절반이 색이 다른 중심에 있는 막대와 같다. 확률 $P(X \leq 5)$는 $0,\ 1, \cdots,\ 5$에 중심이 위치한 막대의 합과 같다. $x = 5$의 왼쪽에 정규분포의 PDF 아래의 $P(X \leq 5)$에 의해 이것을 근사하면 설명되지 않은 색 있는 영역(예 : $P(X = 5)$의 절반)이 남는다.

연속 수정은 $P(X \leq 5)$에 근사함으로써 5.5의 왼쪽, 정규 PDF의 아래에 있는 영역을 이용한다. 근사의 개선은 주목할 만하다. 사실 $P(X \leq 5) = 0.623$은 연속 수정 없이 $P(Y \leq 5) = 5$에 의해 근사될 수 있고, $P(Y \leq 5.5) = 0.624$는 연속 수정에 의해 근사될 수 있다.

일반적으로 X는 정숫값을 갖는 이산형 확률변수이고, Y는 정규확률변수의 근삿값일 때 X의 확률과 누적확률은 다음에 의해 근사된다.

$$P(X = k) \simeq P(k - 0.5 < Y < k + 0.5) \text{와} \quad P(X \leq k) \simeq P(Y \leq k + 0.5) \tag{5.4.1}$$

드무아브르-라플라스 정리에 대한 연속 수정의 적용은 다음 $X \sim \text{Bin}(n,\ p)$의 누적확률에 대한 다음과 같은 근삿값을 낸다.

$np \geq 5$의 $n(1 - p) \geq 5$ 조건을 만족할 때

$$P(X \leq k) \simeq P(Y \leq k + 0.5) = \Phi\left(\frac{k + 0.5 - np}{\sqrt{np(1-p)}}\right) \tag{5.4.2}$$

Y는 베르누이 확률변수 X의 평균과 분산과 같은 평균과 분산을 갖는 정규분포를 따르는 확률변수이다. 즉, $Y \sim N(np,\ np(1 - p))$이다.

예제 5.4-3

대학 농구팀은 정규 시즌에 A 클래스팀을 상대로 16경기, B 클래스팀을 상대로 14경기를 뛰어 총 30경기를 뛴다. A 클래스팀과 상대할 때 승률이 0.4이고, B 클래스팀과 상대할 때 승률이 0.6이다. 각 경기의 결과는 독립이라 가정하고 다음 확률의 근삿값을 구하라.

(a) 적어도 18경기 이상 이길 확률

(b) B팀을 상대로 이기는 횟수가 A팀을 상대로 이기는 횟수보다 작을 확률

해답

X_1과 X_2를 각각 A팀과 B팀을 상대로 승리한 경기 수라고 하면 $X_1 \sim \mathrm{Bin}(16, 0.4)$이고, $X_2 \sim \mathrm{Bin}(14, 0.6)$이다.

(a) $P(X_1 + X_2 \geq 18)$를 구해야 한다. 두 이항분포에 따라 성공확률이 다르므로 $X_1 + X_2$의 실제 분포는 알려지지 않았다. 그러나 16×0.4와 14×0.4는 둘 다 5보다 크거나 같기 때문에 드무아브르-라플라스 정리는 X_1과 X_2의 각각의 분포에 대해 근사하는 데 사용될 수 있다.

$$X_1 \overset{\sim}{} N(6.4, 3.84), \quad X_2 \overset{\sim}{} N(8.4, 3.36) \tag{5.4.3}$$

$6.4 = 16 \times 0.4$, $3.84 = 16 \times 0.4 \times 0.6$, $8.4 = 14 \times 0.6$, $3.36 = 14 \times 0.6 \times 0.4$이다. 결과적으로 X_1과 X_2가 독립이면 명제 5.3-1에 의해,

$$X_1 + X_2 \overset{\sim}{} N(6.4 + 8.4, 3.84 + 3.36) = N(14.8, 7.20)$$

따라서 연속 수정까지 사용하면 (a)에서 구하고자 하는 근삿값은 다음과 같다.

$$P(X_1 + X_2 \geq 18) = 1 - P(X_1 + X_2 \leq 17) \simeq 1 - \Phi\left(\frac{17.5 - 14.8}{\sqrt{7.2}}\right)$$
$$= 1 - \Phi(1.006) = 1 - 0.843 = 0.157$$

(b) 다시 명제 5.3-1과 X_1과 X_2가 독립이고 식 (5.4.3)에서 주어진 X_1과 X_2의 각각의 분포에 대한 근삿값을 이용하면 다음을 구할 수 있다.

$$X_2 - X_1 \overset{\sim}{} N(8.4 - 6.4, 3.84 + 3.36) = N(2, 7.20)$$

따라서 연속 수정까지 사용하면 (b)에서 구하고자 하는 근삿값은 다음과 같다.

$$P(X_2 - X_1 < 0) \simeq \Phi\left(\frac{-0.5 - 2}{\sqrt{7.2}}\right) = \Phi(-0.932) = 0.176$$

■

예제 5.4-4

600시간 이상 지속되는 부품의 특정 타입이 10%라고 가정하자. $n = 200$개의 부품에 대하여 X를 600시간 이상 지속되는 부품의 수라고 하자. (a) $P(X \leq 30)$, (b) $P(15 \leq X \leq 25)$, (c) $P(X = 25)$의 근삿값을 구하라.

해답

여기서 X는 $p = 0.1$이고 $n = 200$인 이항분포를 갖는다. $200 \times 0.1 = 20$이면, 표본의 크기는 드무아브르-라플라스 정리를 이용하기에 알맞다. 연속 수정을 사용하여 다음을 얻을 수 있다.

(a) $P(X \leq 30) \simeq \Phi\left(\dfrac{30.5 - 20}{\sqrt{18}}\right) = \Phi(2.47) = 0.9932$

(b) 드무아브르-라플라스 정리를 적용해 이 확률을 근사시키기 위해 먼저 다음과 같이 나타내는 것이 필요하다.

$$P(15 \leq X \leq 25) = P(X \leq 25) - P(X \leq 14)$$

그런 다음 우변에 있는 각각의 확률에 대해 드무아브르-라플라스 정리를 적용한다.

$$P(15 \leq X \leq 25) \simeq \Phi\left(\frac{25.5 - 20}{\sqrt{18}}\right) - \Phi\left(\frac{14.5 - 20}{\sqrt{18}}\right)$$
$$= 0.9032 - 0.0968 = 0.8064$$

(c) 드무아브르-라플라스 정리를 적용해 이 확률을 근사시키기 위해 먼저 다음과 같이 나타내는 것이 필요하다.

$$P(X = 25) = P(X \leq 25) - P(X \leq 24)$$

그런 다음 우변에 있는 각각의 확률에 대해 드무아브르-라플라스 정리를 적용한다.

$$P(X = 25) \simeq \Phi\left(\frac{25.5 - 20}{\sqrt{18}}\right) - \left(\frac{24.5 - 20}{\sqrt{18}}\right) = 0.9032 - 0.8554 = 0.0478$$

연습문제

1. 어떤 확률변수가 (표준)코시분포를 가진다고 한다. 이것의 PDF는 식 (5.2.6)에서 주어졌다. 이 연습문제는 (a) 이 분포로부터 추출된 표본이 극단 이상치를 자주 포함하고(분포의 헤비 테일(무거운 꼬리)의 결과), (b) 그 표본평균이 이상치와 같은 형태가 되기 쉽다는 것을 보여 준다. (실제로, 모든 표본 크기에서 표본평균은 표준 코시분포를 따른다. 이것은 대수의 법칙과 중심극한정리가 코시분포로부터 추출된 표본에 대하여 적용되지 않는 것을 나타낸다.)

(a) 다음 R 명령어 $x=rcauchy(500);summary(x)$는 코시분포로부터 임의의 표본 500개를 생성하고 표본의 다섯 수치 요약을 나타낸다. 다섯 수치 요약은 사분위수

범위와 가장 크거나 작은 통계량이 이상치인지 아닌지 나타낸다. 이것을 10번 반복하라.

(b) 다음 R 명령어 $m=matrix(rcauchy(50000), nrow=500); xb=apply(m, 1, mean); summary(xb)$는 코시분포로부터 추출된 $n = 100$개의 표본 크기를 각각 갖는 500개 행으로 이루어진 행렬 m을 생성한다. 500개의 표본평균을 구하여 그것을 xb로 저장하고 xb의 다섯 수치 요약을 나타내라. 이 명령어를 10번 반복하고 다섯 수치 요약 10세트를 구하라. (a)에서 구한 다섯 수치 요약의 10세트와 비교하고 평균분포가 각각의 관측치의 분포와 같이 극단 이상치가 존재하기 쉬워 보이는지 말하라.

2. $X_1, \cdots, X_{30}$을 평균이 1인 독립적인 포아송 확률변수라고 하자.

(a) 중심극한정리를 이용해 연속 수정을 적용할 때와 적용하지 않을 때의 $P(X_1 + \cdots + X_{30} \leq 35)$를 구하라. (힌트 다음 R 명령어 $pnorm(z)$를 통해 z에서 표준 정규 CDF의 값 $\Phi(z)$를 구한다.)

(b) $X_1 + \cdots + X_{30}$이 포아송 확률변수(예제 5.3-1 참고)임을 이용하여 (a)에서 주어진 확률의 참값을 찾고 (a)에서 구한 근삿값과 비교하라. (힌트 R 명령어 $ppois(x, \lambda)$를 통해 x에서 포아송(λ) CDF의 값을 구할 수 있다.)

3. 버스 대기 시간(분)이 균등분포$(0, 10)$를 따른다고 하자. 5개월 동안 한 사람이 버스를 120번 이용한다고 할 때 그 사람의 총대기 시간의 95 백분위수를 구하라. (힌트 균등분포$(0, 10)$의 평균과 분산이 각각 5, 100/12; 예제 3.3-8과 예제 3.3-13)

4. 두 가지 재료의 인장 강도가 첫 번째 재료는 $\alpha_1 = 2$, $\beta_1 = 2$, 두 번째 재료는 $\alpha_2 = 1$, $\beta_2 = 3$이 모수인 감마분포를 따른다고 하자(3.5절의 연습문제 13 참고). $\overline{X}_1$과 $\overline{X}_2$를 각각 첫 번째 재료의 샘플 36개의 평균 인장 강도 관측값과 두 번째 재료의 샘플 42개의 평균 인장 강도 관측값이라 하자.

(a) $\overline{X}_1$, $\overline{X}_2$의 분포와 $\overline{X}_1 - \overline{X}_2$의 분포를 명시하고 증명하라.

(b) $\overline{X}_1$이 $\overline{X}_2$보다 클 확률을 구하라.

5. 콘크리트 조각 30개를 수직으로 쌓아 2개의 탑을 쌓았다. 임의로 선택된 콘크리트 조각의 높이는 구간$(35.5, 36.5)$의 균등분포를 따른다고 하자. 두 탑의 높이의 차이가 4인치 이하라면 두 탑을 가로지르는 도로를 만들 수 있다. 도로를 만들 수 있을 확률을 구하라. 구한 확률이 근삿값인지 참값인지 확인하고 당신의 답에 대해 증명하라.

6. 4.3절의 연습문제 3에서 주어진 식사비와 팁의 결합분포에 대한 정보를 이용하여 다음 문제에 대한 답을 구하라. 한 종업원이 저녁에 70명의 고객을 위해 일을 한다고 할 때, 그녀의 팁이 120달러가 넘을 확률의 근삿값을 구하라.(힌트 임의의 고객으로부터 받은 팁의 평균과 분산

은 각각 1.8175와 0.1154이다.)

7. 임의로 선택된 숫자 A가 가장 가까운 정수 R_A로 반올림된다고 할 때, 반올림 오차 $A - R_A$는 $(-0.5, 0.5)$인 균등분포를 따른다고 한다. 50개의 숫자를 가장 가까운 정수로 반올림하고 평균을 구할 때 이 평균과 실제 평균의 차이가 0.1 이상일 확률의 근삿값을 구하라.

8. 전기 시스템의 작동에 매우 중요한 부품은 고장 시 즉각적으로 교체된다. 이와 같은 특정 부품의 수명 주기가 각각 100, 30 단위 시간의 평균과 표준편차를 갖는다고 하자. 적어도 다음 3,000 단위 시간 동안 이 시스템의 작동이 지속될 확률이 적어도 0.95가 되려면 얼마나 많은 재고가 있어야 하는가? (힌트 $T = X_1 + \cdots + X_n$가 n개 부품의 지속 시간의 합이라고 하면 $P(T > 3,000) = 0.95$이다. 이것은 3,000이 T의 5 백분위수라는 것을 의미한다. T의 5 백분위수의 근삿값을 중심극한정리를 이용하면 n의 제곱근에 대한 2차 방정식을 구할 수 있다. 즉, x를 이용한 n의 제곱근에 대한 방정식 $\alpha x^2 + \beta x + \gamma = 0$이다. 이와 같은 방정식의 근은 R 명령어 $polyroot(c(\gamma, \beta, \alpha))$를 이용해 구할 수 있다.)

9. 광학회사는 특정 렌즈의 보호 코팅을 위해 진공증착 방법을 사용한다. 한 번에 1개의 렌즈를 코팅할 수 있다. 만들어진 층의 두께는 평균이 0.5μ이고 표준편차가 0.2μ인 확률변수이다. 각 층의 두께는 서로 독립이고 모든 층은 동일한 분포를 갖는다. 이와 같은 36개의 층에 대하여 다음을 구하라.

(a) 코팅 두께의 분포의 근삿값은 무엇인가? 적절한 정리를 인용하고 이에 대해 증명하라.

(b) 이 회사는 전체 코팅을 위한 최소 두께로 16μ이 품질 보증을 위해 필요하다는 것을 알아냈다. 따라서 각각의 렌즈를 검사하고 최소 16μ이 넘지 않는 렌즈에 코팅층을 추가한다. 코팅을 추가하는 렌즈의 비율이 얼마인가?

10. 100개의 철골 배치(batch)는 지름의 평균이 $0.495\,cm$와 $0.505\,cm$ 사이에 있을 때 검사를 통과한다. μ와 σ를 각

각 임의로 선택된 철골 배치의 지름의 평균과 표준편차라고 하자. $\mu = 0.503\,cm$, $\sigma = 0.03\,cm$라고 가정하고 다음 문제에 답하라.

(a) 조사관이 이 철골 배치를 통과시킬 확률(근삿값)은 얼마인가?

(b) 다음 6달 동안 100개씩 40 배치가 배달된다. X를 검사를 통과한 배치의 수라고 하자.

   (i) X의 실제 분포를 구하고 R을 이용해 $P(X \leq 30)$을 구하라.

   (ii) 연속 수정을 사용하는 것과 사용하지 않는 드무아브르-라플라스 정리를 이용해 $P(X \leq 30)$을 구하고 두 방법의 근사 수준에 대해 말하라.

11. 모든 운전자의 60%만이 항상 안전벨트를 착용한다고 하자. 임의로 선택된 500명의 운전자가 있을 때 X는 항상 안전벨트를 착용하는 운전자의 수라고 하자.

(a) X의 실제 분포를 구하고 R을 이용해 $P(270 \leq X \leq 320)$을 구하라.

(b) 연속 수정을 사용하는 것과 사용하지 않는 드무아브르-라플라스 정리를 이용해 $P(270 \leq X \leq 320)$의 근삿값을 구하고 두 방법의 근사 수준에 대해 말하라.

12. 어떤 기계가 제조하는 타이어의 트레드 두께가 평균이 $10\,mm$이고 표준편차가 $2\,mm$인 정규분포를 따른다. 이 타이어는 50,000마일의 보증기간이 있다. 타이어가 적어도 50,000마일 이상 유지되기 위해 제조사는 트레드 두께가 적어도 $7.9\,mm$가 되어야 한다고 한다. 트레드 두께가 $7.9\,mm$ 이하로 관측되면 보증기간이 50,000마일 이하인 다른 브랜드로 판매를 한다. 100개의 타이어 묶음에서 $7.9\,mm$ 이하의 트레드 두께를 갖는 타이어가 10개 이하가 될 확률의 근삿값을 구하라.

13. 불량품이 나오지 않을 확률이 0.9인 조립라인 A와 불량품이 나오지 않을 확률이 0.99인 조립라인 B에서 제품이 생산된다. 조립라인 A에서 생산된 200개의 제품과 조립라인 B에서 생산된 1,000개의 제품에 대하여 검사를 했다.

(a) 불량품의 총합이 많아도 35개 이하일 확률에 대한 근삿값을 구하라.

(b) 예제 5.3-4에서 사용된 R 명령어를 이용해 (a)의 실제 확률을 구하라.

모형적합

6.1 서론

1장에서 알아본 백분위수, 분산, 평균, 비율과 같은 모수의 추정량은 각각에 해당하는 표본을 이용해 구한다. 유사하게 4장에서 모수로부터 추정된 표본공분산과 피어슨 상관계수에 대해 알아보았다. **실증적**(empirical), **비모형**(model free) 또는 **비모수적**(nonparametric)인 이 추정 방법은 모든 형태의 모집단 분포에 적용되는 일반적인 방법이다.

데이터의 분포에 대한 모형이 추정될 때, 가정된 모형의 모수를 추정하는 것이 일반적이다. 예를 들면,

(a) 데이터가 균등분포를 따른다고 추정된다면 두 단점(endpoint)에 대해 추정해야 한다.

(b) 데이터가 감마 또는 와이블 분포를 따른다고 추정된다면 이 두 분포를 조정하는 모수 α와 β(3.5절의 연습문제 13, 14 참고)에 대해 추정해야 한다.

(c) 데이터가 단순선형회귀모형을 따른다고 추정된다면 회귀선(경사, 절편)과 고유오차분산에 대하여 추정해야 한다.

통계적 용어로 데이터로부터 특정 모형의 모수를 추정하는 것을 데이터의 모형적합이라고 한다. 데이터의 모형적합에는 (a) **적률법**(method of moments), (b) **최대우도법**(method of maximum likelihood), (c) **최소제곱법**(method of least squares) 세 가지 방법이 있다. 마지막의 최소제곱법은 회귀모형의 적합에 가장 일반적으로 사용된다.

모형의 모수추정은 모집단의 모수추정을 위한 대체방법인 모형기반 추정으로 이어진다. 모형기반 추정과 불편추정량은 6.2절에서 다룬다. 앞선 언급한 데이터의 모형적합을 위한 세 가지 방법은 6.3절에서 설명된다. 모집단의 모수에 대한 모형기반 추정은 1장에서 다루었던 실증적 또는 비모형 추정과 다르다. 더욱이 모형적합을 위한 세 가지 방법은 가끔 다른 모형의 모수 추정치와도 다른 추정치를 만들어 낸다. 따라서 6장의 또 다른 학습 목표는 동일한 모수(모형 또는 모집단)의 다른 추정치 중에 가장 좋은 추정치를 선택하기 위한 기준을 개발하는 것이다. 이것

은 6.4절의 주제이다.

6.2 추정의 개념

6.2.1 불편추정

그리스 문자 θ는 우리가 추정하기 원하는 어떤 모형이나 모집단의 모수의 포괄적인 표기법으로 사용된다. 따라서 모평균에 대해 추정하기 원한다면 $\theta = \mu$이고 모평균과 분산에 대해 추정하기 원한다면 $\theta = (\mu, \sigma^2)$이다. θ의 **참값**은 θ의 모집단의 값(알려지지 않은)을 나타낸다.

표본을 대문자로 표시할 때 $X_1, \cdots, X_n$과 같은 X_i는 확률변수이다. 즉, 사전에 그들의 값이 관측된다. 관측된 표본의 값 또는 데이터는 $x_1, \cdots, x_n$와 같은 소문자로 표시한다.

$$\widehat{\theta} = \widehat{\theta}(X_1, \cdots, X_n) \ \text{ or } \ \widehat{\theta} = \widehat{\theta}(x_1, \cdots, x_n)$$

전자의 경우 $\widehat{\theta}$는 **추정량**(estimator)이고, 후자는 **추정치**(estimate)이다. 따라서 추정량은 확률변수인 반면 추정치는 관측된 값이다.

추정량 $\widehat{\theta}$의 분포는 θ의 참값(그리고 추가적인 모수의 참값)에 의존한다. 예를 들어 $X_1, \cdots, X_n$가 정규 모집단 $N(\mu, \sigma^2)$으로부터 추출된 표본이고 모수의 참값은 $\mu = 8.5$, $\sigma^2 = 18$이라고 하자. 이때, $\theta = \mu$의 추정량은 $\widehat{\theta} = \overline{X}$이고 따름정리 5.3-1에 따라

$$\overline{X} \sim N\left(8.5, \frac{18}{n}\right)$$

따라서 이 경우에 $\widehat{\theta}$의 분포는 θ의 참값과 추가적인 모수 σ^2의 참값에 의해 결정된다. 모수의 참값에 의존하는 평균과 $\overline{X}$의 분산은 다음과 같다.

$$E_{\mu=8.5}\left(\overline{X}\right) = 8.5 \text{와 } \mathrm{Var}_{\sigma^2=18}(\overline{X}) = \frac{18}{n}$$

적절한 모수의 참값에 의존하는 평균과 어떤 추정량 $\widehat{\theta}$의 분산도 유사한 표기법으로 사용할 수 있다.

$E(\widehat{\theta}) = \theta$이거나 소개된 표기법에 따르면 θ의 추정량 $\widehat{\theta}$은 **불편**(unbiased)이라고 한다.

불편추정량(Unbiased Estimator)의 정의	$$E_\theta\left(\widehat{\theta}\right) = \theta \tag{6.2.1}$$

$\widehat{\theta}$의 **편향**은 $E_\theta(\widehat{\theta}) - \theta$의 차이이고 bias$(\widehat{\theta})$로 나타낸다.

추정량의 편향(biased)에 대한 정의	$$\mathrm{bias}\left(\widehat{\theta}\right) = E_\theta\left(\widehat{\theta}\right) - \theta \tag{6.2.2}$$

실제로 올바른 표기법은 bias$_\theta(\widehat{\theta})$이지만 bias$(\widehat{\theta})$로 간결하게 나타낸다.

따름정리 4.4-1과 식 (4.4.4)에 따라 추정량 $\overline{X}$와 $\widehat{p}$는 각각 μ와 p의 불편추정량이다.

$$E_p(\widehat{p}) = p, \;\; E_\mu(\overline{X}) = \mu$$

6.3.3절(노트 4.6-1 참고)에서 구하게 될 최소제곱추정량 $\widehat{\alpha}_1$과 $\widehat{\beta}_1$ 또한 불편추정량이다. σ^2에 대한 불편추정량 표본분산 S^2은 다음 정리에 의해 설명된다.

| 명제 6.2-1 | $X_1, \cdots, X_n$이 서로 독립이고 등분산(σ^2)을 갖는다고 하자. 그러면 표본분산 $S^2 = (n-1)^{-1}$ $\sum_{i=1}^{n}(X_i - \overline{X})^2$은 σ^2이다. 즉 |

표본분산의 기댓값

$$E\left(S^2\right) = \sigma^2$$

명제 6.2-1의 증명

모평균이 0이라는 일반성을 잃지 않는다고 가정하자. 즉, 모든 $i = 1, \cdots, n$에서 $E(X_i) = 0$이다. 간단한 계산에 의해 $\sum_i(X_i - \overline{X})^2 = \sum_i X_i^2 - n\overline{X}^2$을 얻을 수 있다. 다음 사실을 이용하여

$$E(X_i^2) = \text{Var}(X_i) = \sigma^2, \;\; E(\overline{X}^2) = \text{Var}(\overline{X}) = \frac{\sigma^2}{n}$$

다음을 얻을 수 있다.

$$E\left(\sum_{i=1}^{n}\left(X_i - \overline{X}\right)^2\right) = E\left(\sum_{i=1}^{n} X_i^2 - n\overline{X}^2\right) = n\sigma^2 - n\frac{\sigma^2}{n} = (n-1)\sigma^2$$

이것은 $E(S^2) = (n-1)^{-1}E(\sum_i(X_i - \overline{X})^2) = (n-1)^{-1}(n-1)\sigma^2 = \sigma^2$을 따른다. ■

θ에 대한 추정치 $\widehat{\theta}$의 **추정오차**는 다음과 같이 정의된다.

추정오차(Estimation Error)의 정의

$$\widehat{\theta} - \theta \tag{6.2.3}$$

불편추정량은 θ의 편향이 0을 갖고 이것은 θ의 참값에 대해 과하거나 적게 추정하는 경향이 없는 것을 의미한다. 따라서 주어진 표본 $\widehat{\theta}$는 θ의 값을 과하거나 적게 추정할지라도 추정오차의 평균은 0이다. 특히 명제 6.2-1에 나타난 S^2의 불편성은 모든 모집단(포아송, 정규, 지수 등)으로부터 추출한 $n \geq 2$인 표본 크기가 크고 표본분산이 각 표본에 대하여 계산될 때 표본분산의 평균은 모집단의 분산에 매우 가까워진다는 것과 동일하게 추정오차의 평균도 0에 매우 가까워진다는 것을 의미한다. 이것은 컴퓨터를 이용한 연습문제 8에서 설명된다.

불편성은 바람직한 특성이지만 필수적인 요소는 아니다. 불편추정량의 사용은 표본 크기가

증가함에 따라 편향이 작아지고 0에 가까워지는 것을 보여 준다(편향이 0이 아닌 추정량은 일관성을 보장하지 못하기 때문에 사용되지 않는다). 일반적으로 사용되는 편향추정량의 한 예는 표본표준오차이다. 표본표준오차의 편향과 표본 크기에 따라 편향이 감소한다는 사실에 대해서도 연습문제 8에서 보여질 것이다.

추정량 $\hat{\theta}$의 표준오차의 표기는 여러 가지가 있지만 널리 사용되는 기호는 다음과 같다.

추정량 $\hat{\theta}$의 표준오차
(Standard Error)

$$\sigma_{\hat{\theta}} = \sqrt{\text{Var}_{\theta}\left(\hat{\theta}\right)} \qquad (6.2.4)$$

위에서 설명한 표기에 따라 식 (6.2.4)의 우변 아래에 기입된 θ는 $\hat{\theta}$의 분산이 θ의 참값에 의존하는 것을 나타낸다. 표준오차의 추정량/추정치을 **추정표준오차**(estimated standard error)라 부르고 $S_{\hat{\theta}}$으로 사용한다.

예제 6.2-1

(a) $X \sim \text{Bin}(n, p)$일 때, 추정량 $\hat{p} = X/n$의 추정표준오차와 표준오차를 구하라.

(b) 20번의 시행 중 12번이 성공했다고 할 때, 추정표준오차와 p의 추정치를 계산하라.

해답

(a) $\hat{p}$의 추정표준오차와 표준오차는 각각 다음과 같다.

$$\sigma_{\hat{p}} = \sqrt{\frac{p(1-p)}{n}}, \quad S_{\hat{p}} = \sqrt{\frac{\hat{p}(1-\hat{p})}{n}}$$

(b) 주어진 정보를 이용하면 $\hat{p} = 12/20 = 0.6$이고

$$S_{\hat{p}} = \sqrt{\frac{\hat{p}(1-\hat{p})}{n}} = \sqrt{\frac{0.6 \times 0.4}{20}} = 0.11$$

예제 6.2-2

(a) $\overline{X}$, S^2를 각각 평균이 μ이고 분산이 σ^2인 모집단으로부터 추출된 표본 크기가 n인 표본평균과 분산이라고 하자. $\overline{X}$의 추정표준오차와 표준오차를 구하라.

(b) $n = 36$, $S = 1.3$이라고 할 때 $\overline{X}$의 추정표준오차를 계산하라.

해답

(a) $\overline{X}$의 표준오차와 추정표준오차는 각각 다음과 같다.

$$\sigma_{\overline{X}} = \frac{\sigma}{\sqrt{n}}, \quad S_{\overline{X}} = \frac{S}{\sqrt{n}}$$

(b) 주어진 정보를 이용하여 $\overline{X}$의 추정표준오차를 구하면 다음과 같다.

$$S_{\overline{X}} = \frac{1.3}{\sqrt{36}} = 0.22$$

예제 6.2-3

$\overline{X}_1$, S_1^2를 각각 평균이 μ_1이고, 분산 σ_1^2인 모집단으로부터 추출된 표본 크기가 m인 표본평균 및 표본분산이라 하고, $\overline{X}_2$, S_2^2를 각각 평균이 μ_2이고, 분산 σ_2^2인 모집단으로부터 추출된 표본 크기가 n인 표본평균과 표본분산이라고 하자.

(a) $\overline{X}_1 - \overline{X}_2$가 $\mu_1 - \mu_2$의 불편추정량임을 보여라.

(b) 두 표본이 독립이라고 가정하고 $\overline{X}_1 - \overline{X}_2$의 추정표준오차를 구하라.

해답

(a) 기댓값의 특성에 따라

$$E(\overline{X}_1 - \overline{X}_2) = E(\overline{X}_1) - E(\overline{X}_2) = \mu_1 - \mu_2$$

이므로 $\overline{X}_1 - \overline{X}_2$는 $\mu_1 - \mu_2$의 불편추정량으로 보인다.

(b) 두 변수가 독립일 때 그들 차이의 분산은 그들의 분산의 합이라는 것을 상기하면(명제 4.4-4), $\overline{X}_1 - \overline{X}_2$의 표준오차와 추정표준오차는 각각 다음과 같다.

$$\sigma_{\overline{X}_1 - \overline{X}_2} = \sqrt{\frac{\sigma_1^2}{m} + \frac{\sigma_2^2}{n}}, \quad S_{\overline{X}_1 - \overline{X}_2} = \sqrt{\frac{S_1^2}{m} + \frac{S_2^2}{n}}$$

■

6.2.2 비모형 추정과 모형기반 추정의 비교

6.1절에서 언급된 것과 같이 모집단의 분포에 대한 모형이 가정된다면 추정의 대상은 모형의 모수로 이동한다. 그 이유는 모형의 모수추정은 전체 분포에 대한 추정과 다른 모든 모집단의 속성에 대한 추정을 수반하기 때문이다. 예를 들면 $X_1, \cdots, X_n$이 정규분포 $N(\mu, \sigma^2)$를 따른다고 가정하면 적률법과 최대우도법은 $\hat{\theta} = (\overline{X}, S^2)$에 의해 $\theta = (\mu, \sigma^2)$를 추정한다.[1] 따라서 모집단의 분포는 $N(\overline{X}, S^2)$에 의해 추정된다. 이것은 다음 결과를 나타낸다.

(a) 데이터의 밀도는 $N(\overline{X}, S^2)$의 밀도에 의해 추정되기 때문에 데이터의 히스토그램을 그릴 필요가 없다. (물론 히스토그램과 Q-Q 도표는 가정된 모형의 적합성을 알아보기 위해 필수적이다.)

(b) 정규분포의 $(1 - \alpha)$ 백분위수는 $\overline{X} + S z_\alpha$에 의해 추정되고 $\mu + \sigma z_\alpha$(따름정리 3.5-2)로 나타낸다. 중앙값 또한 $\overline{X}$에 의해 추정된다.

(c) 확률 $P(X \leq x) = \Phi((x - \mu)/\sigma)$은 $\Phi((x - \overline{X})/S)$에 의해 추정된다.

(a), (b), (c)는 각각 밀도, 백분위수, 확률의 추정량으로 정규성 가정이 만족될 때 적합하며 **모형기반** 추정량이다. 이것은 1장의 비모형 추정량 히스토그램, 표본 백분위수, 표본비율 대신에 각각 사용될 수 있다($X_i \leq x; i = 1, \cdots, n\}/n$의 경우).

---

1 두 추정방법이 모두 σ^2에 대한 추정량으로 $[(n - 1)/n]S^2$을 사용하는 것이 참은 아니지만, 여기에서 그 차이점은 무시하도록 한다.

마찬가지로 이와 같은 밀도, 백분위수, 확률의 모형기반 추정량(model-based estimators)은 $X_1, \cdots, X_n$이 지수, 감마, 와이블 등과 같은 어떠한 분포를 가진다고 가정될 때 유사하게 추정될 수 있다.

예제 6.2-4

(a) $X_1, \cdots, X_n$은 북아메리카에서 발생한 n주 동안의 지진 횟수를 나타낸다. 그리고 이 횟수는 포아송(λ) 분포를 따른다고 가정한다. 이때 모분산의 모형기반 추정량을 구하라.

(b) $X_1, \cdots, X_n$은 뉴욕 통근 열차의 n명 탑승자(확률표본)의 대기시간을 나타낸다. 그리고 이 시간은 균등분포 uniform$(0, \theta)$를 따른다고 가정한다. 이때 모평균 대기시간의 모형기반 추정량을 구하라.

해답

(a) 3.4.4절에서 포아송 분포 poisson(λ)의 분산은 평균과 같다는 것(둘 다 λ)을 알 수 있었다. 적률법과 최대우도법 둘 다 $\hat{\lambda} = \overline{X}$에 의해 λ를 추정한다(예제 6.3-2와 연습문제 6 참고). 따라서 분산의 포아송 모형기반 추정량은 표본평균 $\overline{X}$이다.

(b) 예제 3.3-8에서 uniform$(0, \theta)$의 평균은 $\mu = \theta/2$라는 것을 알 수 있다. 따라서 $\hat{\theta}$가 θ의 추정량일 때 uniform$(0, \theta)$의 평균에 대한 모형기반 추정량은 $\hat{\mu} = \hat{\theta}/2$이다. θ에 대한 최대우도추정량(예제 6.3-6에서 도출된)은 $\hat{\theta} = X_{(n)} = \max\{X_1, \cdots, X_n\}$이다. 따라서 이 경우에 모평균의 모형기반 추정량은 $\hat{\mu} = X_{(n)}/2$이다. ■

노트 6.2-1   uniform$(0, \theta)$에서 θ의 적률추정량은 $2\overline{X}$이다(예제 6.3-1 참고). 이 θ의 추정량을 이용할 때, 예제 6.2-4에서 (b)의 모평균에 대한 모형기반 추정량은 $\overline{X}$로 비모형 추정량과 같다. ◁

모형의 가정이 옳다면 6.4절에 설명되는 최소제곱오차 기준에 따라 모형기반 추정량은 일반적으로 비모형 추정량보다 더 바람직한 결과를 나타낸다. 따라서 포아송 분포의 가정이 옳다면 $\overline{X}$는 표본분산보다 더 좋은 모분산의 추정량이고, uniform$(0, \theta)$의 가정이 옳다면 $X_{(n)}/2$는 표본평균보다 모평균에 대한 더 좋은 추정량이다(가정을 만족할 만큼의 최소 n에 대하여 6.4절의 연습문제 1 참고).

반면 모형의 추정이 옳지 않다면 모형기반 추정은 잘못될 수 있다. 다음 예제는 같은 데이터에 대한 두 가지 다른 모형의 적합과 그에 따른 확률과 백분위수의 모순된 추정치를 통해 이점을 설명한다.

예제 6.2-5

임의표본으로 추출된 전자부품 25개의 수명(시간)의 표본평균 $\overline{X} = 113.5$시간이고 표본분산 $S^2 = 1205.55$시간^{2}이다. 다음 두 모형에 대한 가정하에 수명 모집단 분포의 95 백분위수와 임의로 선택된 부품이 140시간 이상 지속될 확률에 대한 모형기반 추정량을 구하라.

(a) 수명분포가 와이블 분포 weibull(α, β)를 따른다. (이 분포의 정의는 3.5절의 연습문제 14 참고.)

(b) 수명분포가 지수분포 exp(λ)를 따른다.

해답

(a) 주어진 정보를 이용할 때 오직 적률법이 와이블 모형을 적합하는 데 사용할 수 있다. 적률법을 이용한 추정량은 $\hat{\alpha} = 3.634$, $\hat{\beta} = 125.892$이다(예제 6.3-3 참고). 다음 R 명령어를 이용하면

```
1-pweibull(140, 3.634, 125.892); qweibull(0.95, 3.634, 125.892)
```

$P(X > 140)$과 $x_{0.05}$의 추정치로 각각 0.230과 170.264를 구할 수 있다.

(b) 지수(λ)분포의 적합을 위해 적률법과 최대우도법을 이용하여 $\hat{\lambda} = 1/\overline{X}$를 구하였다(예제 6.3-5와 6.3절의 연습문제 1 참고). 따라서 적합된 모형은 지수적($\lambda = 1/113.5$)이다. 다음 R 명령어를 이용하면

```
1-pexp(140, 1/113.5); qexp(0.95, 1/113.5)
```

$P(X > 140)$과 $x_{0.05}$의 추정치로 0.291과 340.016을 구할 수 있다. ■

이 예제는 규정된 모수의 모형이 데이터에 적합한지 확인하기 위해 3.5.2절에 설명된 Q-Q 도표와 같은 진단검사가 필요하다는 것을 말해 준다.

연습문제

1. *OzoneData.txt*는 15~20km 사이의 하부성층권으로부터 측정한 $n = 14$개의 오존 측정치(도브슨 단위)에 대한 데이터이다. 이 데이터의 표본평균과 추정표준오차를 계산하라.

2. 지하 파이프라인에 사용될 두 종류의 자재의 부식 저항성을 비교하기 위해 2년 동안 최대한 깊은 곳에 묻어 둔 두 표본을 각각 측정하였다. A형 자재의 표본 $n_1 = 48$개의 $\overline{X}_1 = 0.49$이고 $S_1 = 0.19$이다. B형 자재의 표본 $n_2 = 42$개의 $\overline{X}_2 = 0.36$이고 $S_2 = 0.16$이다. $0.49 - 0.36 = 0.13$은 무엇의 추정치인가? 두 표본은 독립이라고 가정하고 $\overline{X}_1 - \overline{X}_2$의 추정표준오차를 계산하라(예제 6.2-3 참고).

3. 연습문제 2에서 자재를 묻은 최대 깊이의 모분산이 두 가지 종류의 자재 모두 같다고 하자. 일반적인 모집단의 분산 σ^2일 때 다음을 증명하라.

$$\hat{\sigma}^2 = \frac{(n_1 - 1)S_1^2 + (n_2 - 1)S_2^2}{n_1 + n_2 - 2}$$

$\hat{\sigma}^2$은 σ^2의 불편추정량이다.

4. 백화점 점포의 재정 관리자는 신용카드 고객 200명을 임의표본으로 선택하였고 이 중 136명의 고객이 지난해 동안 미납금에 의한 이자를 지불하였다.

(a) 이 연구에서 관심 있는 모집단의 모수를 명시하고 실증적 추정량을 구하고 이 정보를 이용해 추정치를 계산하라.

(b) (a)의 추정량은 불편추정량인가?

(c) 추정량의 추정표준오차를 계산하라.

5. 예제 6.3-1에서 임의표본 $X_1, \cdots, X_n$이 uniform$(0, \theta)$를 따른다면 θ에 대한 적률추정량은 $2\overline{X}$이었다. $\hat{\theta}$의 표준오차를 구하라. $\hat{\theta}$는 불편추정량인가?

6. 태양 에너지 사용 확대를 지지하는 남성 투표자의 비율 p_1을 추정하기 위하여 임의표본 m개를 추출하고 지지자의 수를 X로 하였다. 이에 해당하는 여성 투표자의 비율 p_2를 추정하기 위해 독립인 임의표본 n개를 추출하고 지지자의 수를 Y라고 한다.

(a) $\hat{p}_1 = X/m$, $\hat{p}_2 = Y/n$이라고 할 때 $\hat{p}_1 - \hat{p}_2$가 $p_1 - p_2$의 불편추정량임을 보여라.

(b) $\hat{p}_1 - \hat{p}_2$의 추정표준오차와 표준오차를 구하라.

(c) 표본 크기 $m = 100$, $n = 200$일 때 $X = 70$, $Y = 160$이다. $p_1 - p_2$의 추정치를 계산하고 추정량의 추정표준오차를 구하라.

7. 특정 브랜드의 2% 저지방 우유에 대한 임의표본 6병의 지방함유량 측정치는 2.08, 2.10, 1.81, 1.98, 1.91, 2.06이었다.

(a) 지방함유량이 2.05 이상인 우유의 비율에 대한 비모형 추정량을 구하라.

(b) 지방함유량이 정규분포를 따른다고 가정하고 같은 비율에 대한 모형기반 추정치를 구하라. ($\overline{X}$, S^2은 각각 μ, σ^2의 추정량이다.)

8. 다음 R 명령어를 이용하여

```
set.seed=1111; m=matrix(runif(20000),
    ncol=10000); mean(apply(m, 2, var));
    mean(apply(m, 2, sd))
```

uniform$(0, 1)$로부터 표본 크기가 2인 10,000개의 표본을 생성하고(행렬 m의 각 열은 크기 2의 표본이다), 각 표본으로부터 10,000개의 분산의 평균인 표본분산을 구하고 표본표준편차를 구하라.

(a) 분산 10,000개의 평균을 모분산 $\sigma^2 = 1/12 = 0.0833$과 비교하고 1,000개의 표본표준편차를 모집단의 표준편차 $\sigma = \sqrt{1/12} = 0.2887$과 비교하라. 비교를 통해 S^2는 불편향이지만 S는 편향임을 보여라.

(b) uniform$(0, 1)$로부터 표본 크기가 5인 10,000개의 표본을 생성하고 (a)와 같은 비교를 실시하라. (임의표본 생성을 위한 R 명령어는 $m = matrix(runif(50000), ncol=10000))$이다.) 비교를 통해 표본의 크기가 증가함에 따라 S의 편향이 감소함을 보여라.

9. 다음 R 명령어 $set.seed=1111$; $x=rnorm(50, 11, 4)$를 이용해 $N(11, 16)$을 따르는 모집단에서 단순임의추출한 50개의 관측치를 생성하고 R 객체 x로 저장하라.

(a) $P(12 \leq X \leq 16)$의 참값(모집단)과 15, 25, 55, 95 백분위수를 구하라.

(b) 상기 모집단의 실증적/비모수적 추정치를 구하라. (힌트 다음 R 명령어 $sum(12<x\&x<=16)$는 12와 16 사이의 데이터의 수를 구한다. 표본백분위수에 대한 R 명령어는 식 (1.7.2) 참고.)

(c) $\overline{X}$, S^2이 $N(\mu, \sigma^2)$를 따르는 모형의 모수추정량일 때 상기 모집단에 대한 모형기반 추정치를 구하고 2종류의 추정치가 실제 모집단의 값을 얼마나 잘 추정하는지 비교하라.

10. $cs = read.table("Concr.Strength.1s.Data.txt", header=T)$; $x=cs\$Str$를 이용하여 0.4의 물/시멘트 비율을 이용한 콘크리트 실린더의 28일 압축 강도 측정치로 구성된 데이터 집합을[2] R 객체 x에 저장하라.

(a) 3.5.2절에서 주어진 명령어를 이용해 이 데이터의 정규 Q-Q 도표를 그리고 이 데이터에 대한 정규모형의 적합성을 확인하라.

(b) $\overline{X}$, S^2이 $N(\mu, \sigma^2)$ 모형의 모수추정량일 때, $P(44 \leq X \leq 46)$, 모집단 중앙값, 75 백분위수를 구하라.

---

2 V. K. Alilou and M. Teshnehlab (2010). Prediction of 28-day compressive strength of concrete on the third day using artificial neural networks. *International Journal of Engineering* (IJE), 3(6): 521 – 610.

(c) 상기 모집단의 실증적 또는 비모형 추정치를 구하라. (힌트 다음 R 명령어 *sum(44<x&x<=46)*는 12와 16 사이의 데이터의 수를 구한다. 표본 백분위수에 대한

R 명령어는 식 (1.7.2) 참고.)

(d) 상기 모집단에 대한 두 종류의 추정치 중에 당신은 어느 것을 선호하며 그 이유는 무엇인가?

6.3 모형적합 기법

특정 모수에 대한 모형기반 추정은 모수 θ와 추정량 $\hat{\theta}$으로 이루어진다(6.2.2절 참고). 즉 이 방법은 θ에 대한 추정량을 구하는 데 맞추어져 있다. 이 절에서는 추정량을 구하는 세 가지 기법에 대해 설명한다.

6.3.1 적률법

적률법은 표본평균($\overline{X}$) 또는 표본평균과 분산($\overline{X}$, S^2)과 같은 모형의 실증적 또는 비모형 모수추정량을 필요로 한다. 모형의 모수를 추정하기 위한 모형기반 추정의 순서를 도치한다.

특히 적률법은 모집단의 분포가 특정 형태로 가정될 때 평균 또는 평균과 분산과 같은 모집단의 모수가 모형의 모수 θ를 이용한 수식으로 표현될 수 있다는 사실을 이용한다. 반대로 θ가 모평균 또는 모평균과 모분산을 이용한 수식으로 표현될 수도 있다. 표본평균 또는 표본평균과 표본분산의 변환을 통해 θ의 적률추정량을 구할 수 있다. 다음 예제 이후에 적률추정량에 대해 더 자세히 설명된다.

| 예제 6.3-1 | $X_1, \cdots, X_n$을 어떤 모집단으로부터 단순임의추출된 표본이라고 하자. 적률법을 이용하여 데이터를 다음 모형에 적합한지 구하라. |

(a) X_i의 모집단 분포가 uniform$(0, \theta)$이다.

(b) X_i의 모집단 분포가 uniform(α, β)이다.

해답

(a) 1개의 모형 모수만을 갖고 있기 때문에 모형 모수를 이용해 모평균을 나타냄으로써 적률법을 적용한다. 이 경우에 표현식은 $\mu = \theta/2$이다. θ를 μ에 관해 표현하는 식으로 도치하면 $\theta = 2\mu$이다. 마지막으로 θ의 적률추정량은 도치 식에서 μ 대신에 $\overline{X}$를 이용하여 얻을 수 있다. $\hat{\theta} = 2\overline{X}$.

(b) 2개의 모형에 대한 모수($\theta = (\alpha, \beta)$)가 주어졌기 때문에 두 모형의 모수에 대한 모평균과 모분산을 나타냄으로써 적률법을 이용한다. 이 경우는 다음과 같이 표현된다.

$$\mu = \frac{\alpha + \beta}{2}, \quad \sigma^2 = \frac{(\beta - \alpha)^2}{12}$$

μ와 σ^2에 대하여 α, β로 도치하여 나타내면 다음과 같다.

$$\alpha = \mu - \sqrt{3\sigma^2}, \quad \beta = \mu + \sqrt{3\sigma^2}$$

마지막으로 $\theta = (\alpha, \beta)$의 적률추정량은 도치 식에서 μ, σ^2 대신에 $\overline{X}$, S^2을 각각 이용하여 구할 수 있다.

$$\hat{\alpha} = \overline{X} - \sqrt{3S^2}, \quad \hat{\beta} = \overline{X} + \sqrt{3S^2}$$ ■

확률변수의 k제곱의 기댓값을 k번째 **적률**이라 한다. 이 사실을 이용하기 때문에 적률법이라 하고 이것은 μ_k로 나타낼 수 있다.

확률변수 X의 k번째 적률

$$\mu_k = E(X^k)$$

여기에서 모평균은 첫 번째 적률이며 μ_1으로 나타내고, 모분산은 처음 2개의 적률 $\sigma^2 = \mu_2 - \mu_1^2$로 표현될 수 있다. $X_1, \cdots, X_n$이 유한의 k번째 적률을 갖는 모집단의 표본이라 하면 μ_k의 실증적/비모수적 추정량은 k번째 **표본적률**이며 다음과 같이 표현한다.

확률변수 X의 k번째 표본적률

$$\hat{\mu}_k = \frac{1}{n} \sum_{i=1}^{n} X_i^k$$

대수의 법칙을 따르면 $\hat{\mu}_k$는 μ_k의 일관된 추정량이다.

m개의 모수를 갖는 모형에서 적률추정량은 (a) 모형의 모수에 대해 처음 m개의 모집단 적률로 표현될 수 있고, (b) 이 표현의 도치를 통해 모집단 적률에 대하여 모형의 모수의 표현을 얻을 수 있다. 그리고 (c) 이 도치 표현에 표본적률을 대입하여 얻을 수 있다. 모형 모수의 수와 같은 (a)에서 적률 수의 선택은 (b)에서 언급된 도치가 유일한 해법이라는 것을 나타낸다. 이 책에서는 둘 이상의 모형 모수를 갖는 분포의 모형에 대하여 고려하지 않을 것이다. 따라서 적률법의 적용에서 첫 번째 적률 또는 첫 번째와 두 번째 적률만을 이용할 것이다. 이와 마찬가지로 예제 6.3-1에서 사용된 것처럼 평균 또는 평균과 분산만을 이용할 것이다.

노트 6.3-1 표본분산은 $\sum_i (X_i - \overline{X})^2$을 $n - 1$로 나누기 때문에 두 번째 적률 대신에 분산을 이용하는 것과 정확히 같지는 않다. 이 차이(매우 작은)를 무시하고 우리는 분산과 표본분산(두 번째 적률과 표본적률 대신에)을 적률법에 사용할 것이다. ◁

다음 2개의 예제를 마지막으로 이 절을 마친다.

예제 6.3-2 (a) $X_1, \cdots, X_n$가 독립이고 동일한 분산을 갖는 Poisson(λ) 분포를 따르는 확률변수라고 하자. λ의 적률추정량을 구하고 불편추정량인지 확인하라.
(b) 다음 표에 30주 동안 북아메리카의 지진발생을 주마다 기록하였다.

지진의 발생 수	4	5	6	7	8	9	10	11	12	13	15	16	17
빈도	1	2	1	5	4	4	1	1	4	1	2	2	2

지진발생빈도가 Poisson(λ) 분포를 따른다고 할 때 λ의 적률추정량을 구하라.

해답

(a) 모형 모수가 하나이기 때문에 모형 모수에 대하여 모평균의 표현에 의해 적률법을 시작한다. 이 경우에 $\mu = \lambda$로 표현한다. 따라서 $\lambda = \mu$와 λ의 적률추정량은 $\hat{\lambda} = \overline{X}$이다. $\overline{X}$는 μ의 불편추정량이기 때문에 $\hat{\lambda}$는 λ의 불편추정량이다.

(b) 주어진 30주의 지진발생빈도의 평균은 $(1 \times 4 + 2 \times 5 + \cdots + 2 \times 17)/30 = 10.03$이다. 따라서 λ의 적률추정량은 $\hat{\lambda} = 10.03$이다. ■

예제 6.3-3

전자부품 임의표본 25개의 표본평균 $\overline{X} = 113.5$시간이고 표본분산 $S^2 = 1,205.55$시간^{2}이다. 적률법을 이용하여 Weibull(α, β)분포에 적합하라.

해답

두 모형 모수($\theta = (\alpha, \beta)$)를 갖기 때문에, 두 모형 모수에 대한 모평균과 분산을 이용함으로써 적률추정을 시작한다. 이 수식은 다음과 같다(3.5절의 연습문제 14와 같다).

$$\mu = \beta \Gamma \left(1 + \frac{1}{\alpha} \right), \quad \sigma^2 = \beta^2 \left\{ \Gamma \left(1 + \frac{2}{\alpha} \right) - \left[\Gamma \left(1 + \frac{1}{\alpha} \right) \right]^2 \right\}$$

Γ는 감마함수이다(3.5절에 연습문제 13 참고). 이 높은 비선형 방식에서 이 수식에 α를 입력하면 도치가 가능해지고 μ와 σ^2에 대한 α, β로 이루어진 수식으로 나타낼 수 있다. 첫 번째로 μ와 σ^2을 각각 113.5와 1,205.55로 대체하고 β에 대한 첫 번째 수식을 풀고 두 번째 수식을 이용해 β를 대체한다. 그 결과는 다음과 같다.

$$1205.55 = \left[\frac{113.5}{\Gamma \left(1 + \frac{1}{\alpha} \right)} \right]^2 \left\{ \Gamma \left(1 + \frac{2}{\alpha} \right) - \left[\Gamma \left(1 + \frac{1}{\alpha} \right) \right]^2 \right\} \tag{6.3.1}$$

두 번째 단계는 이 수식을 숫자상으로 풀기 위한 것이다. 이것은 R 패키지 *nleqslv* 안의 *nleqslv* 함수를 이용해 구할 수 있다. 이것을 위해 먼저 *install.packages("nleqslv")*를 이용해 패키지를 설치해야 한다. 다음 R 명령어를 사용해 보자.

```
fn=function(a){(mu/gamma(1+1/a))^2*(gamma(1+2/a)-gamma(1+1/a)^2)-var}
# 이 명령어는 숫자상으로 계산된 fn으로 정의한다.

library(nleqslv); mu=113.5; var=1205.55 # 이 명령어는 nleqslv 패키지를 불러와 X와
S²의 값을 설정한다.
```

```
nleqslv(13, fn); mu/gamma(1+1/3.634) # 첫 번째 명령어는 13일 때 fn(a)=0(â)를 풀기
위한 명령어이다. 두 번째 명령어는 β̂를 계산한다.
```

$\theta = (\alpha, \beta)$에 대한 적률추정치는 $\hat{\theta} = (3.634, 125.892)$이다(소수 셋째 자리에서 반올림). ■

6.3.2 최대우도법

최대우도법은 "어떤 모수값이 생성된 데이터를 가장 많이 갖을 것으로 보이는가?"라는 질문에 의해 모형의 모수 θ를 추정한다. 이항확률모형에서 이 질문의 대답은 실험의 반복을 통해 결과가 관측된 데이터가 될 θ에 대한 확률값을 최대화하여 구할 수 있다(쉽게 말해 관찰 데이터가 관측될 확률을 최대화하는 것이다). 이 확률을 최대화하는 모수의 값은 **최대우도추정량**(maximum likelihood estimator, MLE)이라고 한다. 다음 예제를 통해 최대우도법을 자세히 알아보자.

예제 6.3-4 자동차 제조사는 저충격 충돌실험의 손상결과를 광고하기도 한다. 특정 형태의 자동차 20대를 임의로 선택하여 약 8km/h의 충돌실험에서 손상이 눈에 보이지 않는 자동차 $X = 12$이다. 이와 같은 저충격 충돌실험에서 손상이 눈에 보이지 않는 자동차의 확률 p의 최대우도추정량을 찾아라.

해답

이해하기 쉽게, 20번의 시행에서 12번의 성공을 갖을 확률 p의 모수값은 $X = 12$를 관측할 확률을 최대화하는 값이다. X는 이항분포($n = 20$, p)를 갖기 때문에 이 확률은

$$P(X = 12|p) = \binom{20}{12}p^{12}(1-p)^8 \tag{6.3.2}$$

모수 p에 대한 확률의 정의는 표기법에 명시되었다. 최대우도추정량을 구하기 위해 p에 대하여 최대화하는 것이 더 편리하다.

$$\log P(X = 12|p) = \log\binom{20}{12} + 12\log(p) + 8\log(1-p) \tag{6.3.3}$$

로그는 단조함수이기 때문에 $\log P(X = 12|p)$를 최대화하는 것은 $P(X = 12|p)$를 최대화하는 것과 같다. 최대화된 p의 값은 p를 0으로 하는 1차 도함수를 이용해 구할 수 있다. 이에 따라 최대우도추정치 $\hat{p} = 12/20$을 구할 수 있다. 일반적으로 이항확률 p의 최대우도추정량은 p의 실증적 추정량과 같다. 즉 $\hat{p} = X/n$이다. ■

일반적으로 $x_1, \cdots, x_n$는 그 데이터를 의미하고 $f(x|\theta)$는 확률모형(PDF 또는 PMF)에 적합된다. (예제 6.3-4에서 θ에 대한 PDF/PMF의 상관성에 대해 명시되었다.) **우도함수**는 $x_1, \cdots, x_n$

으로 평가된 확률변수 $X_1, \cdots, X_n$의 결합 PDF/PMF이고 θ의 함수로 고려된다. X_i는 iid이고 그들의 결합 PDF/PMF는 단순히 PDFs/PMFs의 각각의 결과이다.

우도함수(likelihood function)의 정의

$$\text{lik}(\theta) = \prod_{i=1}^{n} f(x_i|\theta) \tag{6.3.4}$$

우도함수를 최대화한 θ의 값은 최대우도추정량 $\hat{\theta}$이다. 일반적으로 우도함수의 로그를 최대화시키는 것이 더 편리하다. 이것을 **로그우도함수**라고 한다.

로그우도함수(log-likelihood function)의 정의

$$\mathcal{L}(\theta) = \sum_{i=1}^{n} \log(f(x_i|\theta)) \tag{6.3.5}$$

예제 6.3-4과 같은 이항사건의 경우에 우도함수는 식 (6.3.2)에서 구한 확률을 따르고 로그우도함수는 식 (6.3.3)에서 구해진다. 추가적인 2개의 예제는 다음과 같다.

예제 6.3-5

$x_1, \cdots, x_n$을 특정 은행의 고객 임의표본 n명의 대기 시간이라 하자. 최대우도법을 이용해 이 데이터를 $\exp(\lambda)$ 모형에 적합하라.

해답

$\exp(\lambda)$ 분포의 PDF는 $f(x|\lambda) = \lambda e^{-\lambda x}$이다. 따라서 우도함수는 다음과 같다.

$$\text{lik}(\lambda) = \lambda e^{-\lambda x_1} \cdots \lambda e^{-\lambda x_n} = \lambda^n e^{-\lambda \sum x_i}$$

로그우도함수는 다음과 같다.

$$\mathcal{L}(\lambda) = n \log(\lambda) - \lambda \sum_{i=1}^{n} x_i$$

로그우도함수의 1차 도함수가 0이라고 설정하면 다음 식과 같다

$$\frac{\partial}{\partial \lambda} \left[n \log(\lambda) - \lambda \sum_{i=1}^{n} X_i \right] = \frac{n}{\lambda} - \sum_{i=1}^{n} X_i = 0$$

이 식을 λ에 대해 풀면 λ의 MLE $\hat{\lambda} = 1/\overline{X}$이다.　■

다음 예제는 MLE가 적률추정량과 매우 다를 수 있다는 것을 보여 준다. 또한 비연속성 우도함수의 한 예이다. 따라서 미분에 의해 최대화될 수 없다.

예제 6.3-6	(a) $X_1, \cdots, X_n$이 독립이고 동일한 분산을 갖는 uniform$(0, \theta)$를 따른다고 하자. θ의 최대우도추

(a) $X_1, \cdots, X_n$이 독립이고 동일한 분산을 갖는 uniform$(0, \theta)$를 따른다고 하자. θ의 최대우도추정량을 구하라.

(b) 뉴욕 통근 기차의 임의표본 승객 10명의 대기 시간이 다음과 같다. 3.45, 8.63, 8.54, 2.59, 2.56, 4.44, 1.80, 2.80, 7.32, 6.97. 대기 시간이 uniform$(0, \theta)$를 따른다고 가정하자. θ의 MLE와 모분산의 모형기반 추정치를 구하라.

해답

(a) $f(x|\theta) = 1/\theta$, $0 < x < \theta$, 나머지 범위는 0이다. 따라서 우도함수는 다음과 같다.

$$\mathrm{lik}(\theta) = \frac{1}{\theta^n} \qquad 0 < X_1, \cdots, X_n < \theta, \text{ 나머지 범위는 0이다}$$

우도함수는 가능한 작은 θ일 때 최대화된다. 그러나 θ가 가장 큰 데이터 $X_{(n)} = \max\{X_1, \cdots, X_n\}$보다 더 작아지면 우도함수는 0이 될 것이다. 따라서 MLE는 우도함수가 0이 아닌 가장 작은 θ값이 된다. 즉, $\hat{\theta} = X_{(n)}$이다.

(b) 대기 시간의 표본 중에 가장 큰 시간은 $X_{(n)} = 8.63$이다. 따라서 (a)에서 미분에 따라 θ의 MLE는 $\hat{\theta} = 8.63$이다. 다음으로 uniform$(0, \theta)$의 분산은 $\sigma^2 = \theta^2/12$이기 때문에 모분산의 모형기반 추정치는 $\hat{\sigma}^2 = 8.63^2/12 = 6.21$이다. ■

　이 책의 범위에서 벗어나지만 이론적 결과에 따라 최대우도법은 일반적인 규칙성 조건하에 표본의 크기가 충분히 클 때 최적화된 추정량을 낸다. 6.4절에서 연습문제 1을 보면 uniform$(0, \theta)$에 적합하기 위한 적률법과 최대우도법의 비교는 이 특정한 경우에서 MLE의 우월성을 확인할 수 있다. 더욱이 MLE 함수는 $g(\hat{\theta})$는 $g(\theta)$의 MLE이므로 최적의 추정량이다. 예를 들어 예제 6.3-6에서 도출된 σ^2의 추정량 $\hat{\sigma}^2 = X_{(n)}^2/12$은 표본 크기가 충분히 클 때 MLE의 함수이며 MLE이고 σ^2의 최적화된 추정량이다.

6.3.3 최소제곱법

회귀모형에 적합하기 위한 가장 일반적인 방법인 **최소제곱법**은 여기서 단순선형회귀모형의 적합하는 상황 식 (4.6.4)에서 설명된다. 즉,

$$\mu_{Y|X}(x) = E(Y|X = x) = \alpha_1 + \beta_1 x \tag{6.3.6}$$

　$(X_1, Y_1), \cdots, (X_n, Y_n)$를 단순선형회귀모형을 만족하는 이변량 모집단 (X, Y)로부터 추출된 단순임의표본이라고 하자. 최소제곱법을 설명하기 위해 데이터에 더 잘 적합하는 두 직선의 결정 문제를 고려하자. 첫 번째로 적합의 질을 판단하는 근거로 규칙을 사용해야 한다. **최소제곱법**은 직선으로부터 각각의 점 (X_i, Y_i)의 수직거리의 제곱합을 통해 선형적합의 질을 평가한다. 직선으로부터 한 점의 수직거리는 그림 6-1에서 설명한다. 그림 안의 두 직선의 수직거리의 제곱합은 데이터에 더 잘 적합할수록 작아진다.

그림 6-1

데이터를 지나는 두 직선
과 수직거리

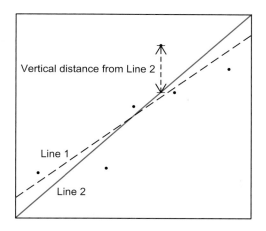

최소제곱법에 따라 가장 적합한 최적합 직선(best-fitting line)은 다른 직선들보다 수직거리의 제곱합 거리가 작은 직선이다. 최적합된 직선을 적합된 **회귀직선**(fitted regression line)이라고 한다. 단순선형회귀모형의 기울기와 절편에 대한 **최소제곱추정량**(least squares estimators, LSEs)은 최적합된 직선의 절편과 기울기이다.

최적합된 직선을 찾는 문제는 의외로 간단하고 폐쇄공식에 의해 해결될 수 있다. 직선 $a + bx$로부터의 (X_i, Y_i)의 점까지의 수직거리가 $Y_i - (a + bX_i)$일 때, 최소제곱법을 통해 목적함수를 최소화하는 $\widehat{\alpha}_1$, $\widehat{\beta}_1$의 값을 찾을 수 있다.

$$L(a, b) = \sum_{i=1}^{n}(Y_i - a - bX_i)^2$$

a, b에 대한 1차 부분 도함수를 0으로 설정하여 최소화할 수 있다. 자세한 과정은 생략하고 α_1과 β_1의 LSE는 다음과 같다.

로그우도함수(log-likelihood function)의 정의

$$\widehat{\beta}_1 = \frac{n \sum X_i Y_i - (\sum X_i)(\sum Y_i)}{n \sum X_i^2 - (\sum X_i)^2}$$

$$\widehat{\alpha}_1 = \overline{Y} - \widehat{\beta}_1 \overline{X} \tag{6.3.7}$$

따라서, 적합된 회귀선은 $\widehat{\mu}_{Y|X}(x) = \widehat{\alpha}_1 + \widehat{\beta}_1 x$이다. 데이터의 X값에 적합된 회귀선의 평가는 **적합값**(fitted values)을 구한다.

$$\widehat{Y}_i = \widehat{\alpha}_1 + \widehat{\beta}_1 X_i, \quad i = 1, \cdots, n$$

노트 6.3-2 $S_{X,Y}$는 표본공간이고 S_X^2는 노트 4.6-1에서 실증적으로 도출된 X의 표본분산인 수식 $\widehat{\beta}_1 = S_{X,Y}/S_X^2$는 식 (6.3.7)의 대수방정식이다. 또한 오차변량에 대한 정규성 가정하에, 즉 정규단순선형회귀모형에서 기울기와 절편의 최대우도추정량은 최소제곱추정량과 일치한다. ◁

예제 6.3-7

X = 작용응력과 Y = 파단 시간의 측정치 $n = 10$의 요약 통계량은 다음과 같다. $\sum_{i=1}^{10} X_i = 200$, $\sum_{i=1}^{10} X_i^2 = 5,412.5$, $\sum_{i=1}^{10} Y_i = 484$, $\sum_{i=1}^{10} X_i Y_i = 8,407.5$가 데이터의 최적합 직선을 찾아라.

해답

식 (6.3.7)에 따라 최적합 직선의 기울기와 절편은 다음과 같이 구할 수 있다.

$$\widehat{\beta}_1 = \frac{10 \times 8407.5 - 200 \times 484}{10 \times 5412.5 - 200^2} = -0.900885, \quad \widehat{\alpha}_1 = \frac{484}{10} - \widehat{\beta}_1 \frac{200}{10} = 66.4177$$

예제 6.3-7은 최적합 직선이 실제 데이터의 점 없이도 구할 수 있다는 것을 보여 준다. 예제 6.3-7에서 실제로 식 (6.3.7)은 주어진 통계량만으로 충분히 계산될 수 있다. 그러나 이런 방식은 데이터의 산점도가 회귀모형이 적합하지 않다는 것을 보여 줄 때는 사용하기 어렵다.

단순선형회귀모형의 세 번째 모수는 X의 값이 주어졌을 때 Y의 조건부 확률 σ_ε^2이다. σ_ε^2은 식 (4.6.6)에서 고유오차변량 ε의 분산이라는 것을 기억하자. 간단하게 정리하면 다음과 같다.

$$Y = \alpha_1 + \beta_1 X + \varepsilon \tag{6.3.8}$$

σ_ε^2을 추정하기 위한 아이디어는 α_1와 β_1 참값을 알고 있다면 σ_ε^2은 표본분산에 의해 추정될 수 있다.

$$\varepsilon_i = Y_i - \alpha_1 - \beta_1 X_i, \quad i = 1, \cdots, n$$

물론 α_1와 β_1은 알려지지 않고 고유오차변량 ε_i는 계산되지 못한다. 그러나 α_i와 β_i가 추정될 때 ε_i도 추정될 수 있다.

$$\widehat{\varepsilon}_1 = Y_1 - \widehat{\alpha}_1 - \widehat{\beta}_1 X_1, \cdots, \widehat{\varepsilon}_n = Y_n - \widehat{\alpha}_1 - \widehat{\beta}_1 X_n \tag{6.3.9}$$

추정된 고유오차변량 $\widehat{\varepsilon}_i$는 **잔차**(residuals)라 하고 잔차는 적합값에 관하여 다음과 같이 수식으로 표현된다.

그림 6-2
잔차, 적합값, 적합된 회귀직선

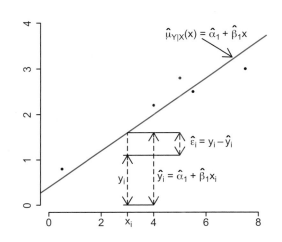

$$\widehat{\varepsilon}_i = Y_i - \widehat{Y}_i, \quad i = 1, \cdots, n$$

잔차와 적합값은 그림 6-2에 나타내었다.

　잔차의 계산은 두 자유도의 손실을 수반하는 통계적 용어에서 추정된 두 모수를 필요로 하기 때문에 σ_ε^2을 추정하기 위해 정확한 표본분산을 이용할 수 없다. 대신에 다음 고유오차분산의 최소제곱추정을 이용한다.

고유오차분산의
최소제곱추정

$$S_\varepsilon^2 = \frac{1}{n-2} \sum_{i=1}^{n} \widehat{\varepsilon}_i^2 \tag{6.3.10}$$

잔차의 합을 0으로 하면 다음과 같다.

$$\sum_{i=1}^{n} \widehat{\varepsilon}_i = \sum_{i=1}^{n} (Y_i - \widehat{Y}_i) = 0$$

따라서 식 (6.3.10)에서 S_ε^2을 위한 공식은 $n-2$로 나누기 때문에 표본분산과 다르다.

　식 (6.3.10)에서 $\sum_{i=1}^{n} \widehat{\varepsilon}_i^2$의 값은 **오차제곱합**(error sum of squares)이라 하고 **SSE**로 나타낸다. 다음 장에서 이 값이 자주 사용되기 때문에 여기서 이 값의 계산식을 보여 준다.

$$\text{SSE} = \sum_{i=1}^{n} \widehat{\varepsilon}_i^2 = \sum_{i=1}^{n} Y_i^2 - \widehat{\alpha}_1 \sum_{i=1}^{n} Y_i - \widehat{\beta}_1 \sum_{i=1}^{n} X_i Y_i. \tag{6.3.11}$$

예제 6.3-8

다음 데이터는 Y = 물질을 통과하는 초음파의 전파속도이고, X = 물질의 인장강도이다.

x	12	30	36	40	45	57	62	67	71	78	93	94	100	105
y	3.3	3.2	3.4	3.0	2.8	2.9	2.7	2.6	2.5	2.6	2.2	2.0	2.3	2.1

(a) 최소제곱법을 이용하여 이 데이터를 단순선형회귀모형에 적합하라.

(b) 오차제곱합과 고유오차분산의 **LSE**를 구하라.

(c) 적합값과 $X_3 = 36$에서 잔차를 계산하라.

해답

(a) 그림 6-3에서 $n = 14$ 데이터의 산점도는 단순선형회귀모형의 가정인 등분산성과 회귀함수의 선형성($\text{Var}(Y \mid X = x)$은 모든 x에서 동일하다)이 이 데이터에서 만족하는 것을 나타낸다. 최소제곱추정량을 위한 요약 통계량은 다음과 같다.

$$\sum_{i=1}^{14} X_i = 890, \quad \sum_{i=1}^{14} Y_i = 37.6, \quad \sum_{i=1}^{14} X_i Y_i = 2234.30,$$

그림 6-3

예제 6.3-8의 데이터에
대한 산점도

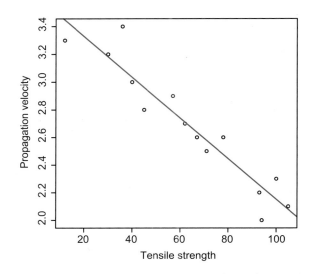

$$\sum_{i=1}^{14} X_i^2 = 67,182, \quad \sum_{i=1}^{14} Y_i^2 = 103.54$$

이 값을 식 (6.3.7)에 입력하면 다음을 구할 수 있다.

$$\widehat{\beta}_1 = \frac{14 \times 2234.3 - 890 \times 37.6}{14 \times 67182 - 890^2} = -0.014711, \quad \widehat{\alpha}_1 = \frac{37.6}{14} - \widehat{\beta}_1 \frac{890}{14} = 3.62091$$

(b) 식 (6.3.11)과 (a)의 계산을 이용하면 다음을 구할 수 있다.

$$\text{SSE} = 103.54 - \widehat{\alpha}_1(37.6) - \widehat{\beta}_1(2234.30) = 0.26245$$

고유오차분산의 최소제곱추정량은 다음과 같다.

$$S_\varepsilon^2 = \frac{1}{n-2}\text{SSE} = \frac{0.26245}{12} = 0.02187$$

(c) $X_3 = 36$에서 잔차와 적합값은 다음과 같다.

$$\widehat{Y}_3 = \widehat{\alpha}_1 + \widehat{\beta}_1 36 = 3.0913, \quad \widehat{\varepsilon}_3 = Y_3 - \widehat{Y}_3 = 3.4 - 3.0913 = 0.3087$$

적합된 회귀직선은 구한 X값이 데이터의 X값의 범위 안에 존재할 때 그 X값에 따른 Y값을 추정하기 위해 사용될 수 있다. 예를 들어 예제 6.3-8에서 주어진 데이터를 이용하면 $X = 65$에서 기대되는 Y의 값, 즉 $E(Y|X = 65)$는 다음에 의해 추정될 수 있다.

$$\widehat{\mu}_{Y|X}(65) = \widehat{\alpha}_1 + \widehat{\beta}_1 65 = 2.6647$$

반면에 가장 큰 X의 값이 105이기 때문에 $X = 120$에서 기대되는 Y의 값을 추정하는 데 적합된 회귀모형을 사용하는 것은 적합하지 않다. X값의 범위를 넘어서 추정하는 것이 적합하지 않은 주된 이유는 선형모형이 지속적으로 유지될 것인지 알 수 없기 때문이다. 예를 들어 그림 6-3이 데이터를 위한 타당한 단순선형회귀모형이라는 것을 나타낼지라도 X의 값이 105보다 크거나 120보다 작을 때도 선형성을 유지할지 보장되지 않는다.

R 객체 x와 y의 X와 Y값을 이용하면, 최소제곱추정치와 그와 관련된 값을 구하기 위한 R 명령어는 다음과 같다.

단순선형회귀에서 최소제곱추정치를 구하기 위한 R 명령어
```
lm(y ~ x)$coef    # α̂₁과 β̂₁ 구하기
lm(y ~ x)$fitted  # 적합값 구하기
lm(y ~ x)$resid   # 잔차 구하기
```
(6.3.12)

$lm(y{\sim}x)$ 명령어를 반복하는 대신에 $out=lm(y{\sim}x)$를 이용하여 $lm(y{\sim}x)$ 명령어를 R 객체 out으로 설정하여 이용할 수 있다. 따라서 $out\$coef$, $out\$fitted$, $out\$resid$로 사용할 수 있다. 예를 들어 $out\$fitted[3]$과 $out\$resid[3]$은 각각 예제 6.3-8의 (c)에서 계산된 세 번째 적합값과 잔차를 구한다.

위 명령어 $out=lm(y{\sim}x)$를 이용한 다음 명령어를 통해 오차제곱합 SSE와 고유오차분산의 추정량 S_ϵ^2을 구할 수 있다.

$$\text{sum(out\$resid**2)}$$
$$\text{sum(out\$resid**2)/out\$df.resid}$$
(6.3.13)

$n-2$의 값은 $out\$df.resid$에서 구해진다. 마지막으로 그림 6-3에서 보이는 적합된 회귀모형의 산점도는 다음 R 명령어를 통해 생성할 수 있다.

```
plot(x, y, xlab = "Tensile Strength", ylab = "Propagation Velocity");
    abline(out, col = "red")
```

예제 6.3-9

1973년 5월부터 9월까지의 태양복사와 오존 수위에 대한 $n=153$개의 관측치인 R 데이터 *airquality*와 R 명령어를 이용해 다음을 계산하라.

(a) 최소제곱법을 이용하여 이 데이터를 단순선형회귀모형에 적합하라.

(b) 이 데이터의 산점도를 그리고 모형의 가정을 위반하는지 확인하라. (a)에서 구한 추정량에서 모형 가정 중에 어떤 것을 위반한 것이 영향을 주었는지 말하라.

(c) 두 변수의 로그를 취하여 데이터를 변형하고 변형된 데이터의 산점도를 구하라. 단순선형회귀모형의 가정이 변형된 데이터에서 유지되는지 말하라.

해답

(a) 먼저 $x=airquality\$Solar.R$; $y=airquality\$Ozone$를 이용하여 태양복사와 오존 데이터를 R

그림 6-4

원척도(왼쪽)와 로그척도 (오른쪽)에서 태양복사와 오존 데이터의 산점도

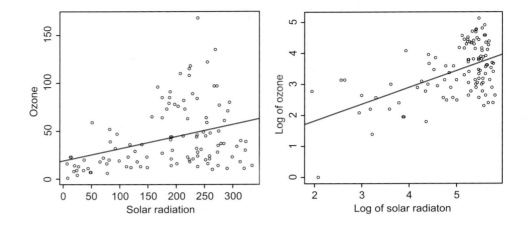

객체 x와 y에 복사하였다. 식 (6.3.12)의 첫 번째 명령어를 이용해 절편과 기울기의 LSE를 다음과 같이 구한다.

$$\widehat{\alpha}_1 = 18.599, \quad \widehat{\beta}_1 = 0.127$$

식 (6.3.13)의 두 번째 명령어는 σ_ε^2에 대한 LSE $S_\varepsilon^2 = 981.855$를 구한다.

(b) 태양복사 수위에 따른 오존 수위의 추정된 직선형태를 나타내는 적합된 회귀직선을 이용한 산점도는 그림 6-4의 왼쪽에 보인다. 따라서 회귀함수 $\mu_{Y|X}(x)$의 선형성 가정은 적어도 추정된 존재하는 것으로 보인다. 반면 태양복사량이 증가함에 따라 오존 측도의 변동이 증가하는 것으로 보인다. 따라서 이 데이터는 등분산성 가정을 위반하는 것으로 나타난다. 결과적으로 이 데이터의 추정량 $S_\varepsilon^2 = 981.855$는 맞지 않다. 그 이유는 σ_ε^2은 등분산성 가정하에 조건부 분산 $\mathrm{Var}(Y|X = x)$이 모든 x의 값에서 동일해야 하기 때문이다. 등분산성 가정이 만족되지 않는다면(데이터가 **이분산성**을 갖는다면) $\mathrm{Var}(Y|X = x)$는 x로 바꾸어야 한다. 따라서 모수 σ_ε^2은 이와 같은 데이터에서 구할 수 없다.

(c) 그림 6-4의 오른쪽에 적합된 회귀선을 이용한 산점도는 로그 변형된 데이터가 선형성과 등분산성 가정을 만족하는 것을 나타낸다. ■

연습문제

1. $X_1, \cdots, X_n$이 iid인 지수분포를 따른다고 하자. λ의 적률추정량을 구하고 불편추정량인지 확인하라.

2. $t = read.table("RobotReactTime.txt", header=T); t1 = t\$Time[t\$Robot==1]$을 이용하여 모의의 기능불량에 대한 로봇 반응 시간 데이터를 불러오고 로봇 1의 반응 시간을 R 객체 $t1$에 복사하라.

(a) 예제 6.3-3의 방법을 이용해 $t1$의 데이터를 와이블(α, β) 모형에 적합하라. (힌트 표본평균과 분산을 계산하는 데 $mean(t1); var(t1)$을 이용하라.)

(b) 예제 6.3-5를 이용해 지수(λ)모형에 $t1$을 적합하라.

(c) (a)와 (b)에서 각각 적합된 모형을 이용해 반응 시간 모집단의 80 백분위수의 모형기반 추정치를 구하고 X

가 로봇 1의 다음 반응 시간이라고 할 때, 다음 확률 $P(28.15 \leq X \leq 29.75)$를 구하라(예제 6.2-5 참고).

(d) 확률 $P(28.15 \leq X \leq 29.75)$와 모집단의 80 백분위수에 대한 실증적 추정량을 구하라. (힌트 백분위수를 구하기 위한 R 명령어는 1.7절에 주어졌다. 다음 명령어 *sum(t1>=28.15&t1<=29.75)*는 28.15와 29.75 사이에 있는 반응 시간의 수를 나타낸다. 마지막으로 *length(t1)*은 *t1*의 관측치의 수를 나타낸다.)

3. 임의로 추출된 전자부품 표본 25개의 수명에 대한 표본평균 $\overline{X} = 113.5$시간이고 표본분산이 $S^2 = 1{,}205.55$시간이다. 적률법을 이용해 이 데이터를 감마(α, β)모형에 적합하라. (힌트 감마(α, β)분포의 평균과 분산은 3.5절의 연습문제 13에서 구했다.)

4. 레일리 분포(Rayleigh distribution)의 확률밀도함수는 다음과 같다.

$$f(x) = \frac{x}{\theta^2} e^{-x^2/(2\theta^2)}, \quad x \geq 0$$

θ는 양의 값을 갖는 모수이다. 레일리 분포의 평균과 분산은 다음과 같다.

$$\mu = \theta \sqrt{\frac{\pi}{2}}, \quad \sigma^2 = \theta^2 \frac{4 - \pi}{2}$$

$X_1, \cdots, X_n$을 레일리 분포로부터 추출한 임의표본이라고 하자.

(a) θ의 적률추정량을 구하고 불편추정량인지 확인하라.

(b) 모분산에 대한 모형기반 추정량을 구하고 불편추정량인지 확인하라.

5. 다음 질문에 답하라.

(a) $X \sim \mathrm{Bin}(n, p)$일 때, p에 대한 적률추정법을 구하라.

(b) 확률 p를 특정부품이 350시간 이상 작동할 확률이라고 할 때 이 부품의 임의표본 37개를 이용해 검사한 결과 37개 부품 중에 24개의 표본이 350시간 이상 지속되었다. p의 적률추정치를 계산하라.

(c) 연속적으로 연결된 2개의 부품으로 구성된 시스템이 있다. 부품의 실패는 서로 독립적이라고 가정할 때 이 시스템이 350시간 이상 지속될 확률에 대한 적률추정법을 구하고 (b)에서 구한 정보를 이용해 계산하라. (힌트 시스템이 350시간 이상 지속될 확률을 p^2으로 정의하라.)

(d) (c)에서 구한 추정량은 불편추정량인가? 질문의 답에 대해 증명하라. (힌트 모든 확률변수 X에서 $E(X^2) = \mathrm{Var}(X) + [E(X)]^2$이다.)

6. 다음 질문에 답하라.

(a) $X_1, \cdots, X_n$이 iid이고 포아송 분포를 따른다고 한다. λ의 최우추정량을 구하라.

(b) 임의표본 50개의 철판의 표면결함 수에 대한 정보는 다음과 같다.

철판의 표면결함 수	0	1	2	3	4
철판의 수	4	12	11	14	9

결함 수는 포아송(λ) 분포를 따른다고 가정하면 λ의 최우추정치를 구하라.

(c) 모분산의 모형기반 추정치를 구하고 표본분산과 비교하라. 모분산이 포아송 모형을 따른다고 가정하면 두 추정치 중에 어떤 것을 사용하는 것이 더 좋을까? 그리고 그 이유를 말하라.

7. 자전거 헬멧을 제조하는 회사는 특정한 결함이 있는 헬멧의 비율 p를 추정하고자 한다. 그들은 결함 있는 헬멧 $r = 5$를 찾을 때까지 검사를 계속하였다. X를 이 검사 동안 결함이 없는 헬멧의 수라고 하자.

(a) 로그우도함수와 p에 대한 MLE를 구하라.

(b) p의 적률추정법을 구하라.

(c) $X = 47$일 때, (a)와 (b)에서 구해진 추정량을 계산하라.

8. $X_1, \cdots, X_n$을 uniform$(0, \theta)$를 따르는 임의표본이라고 하자. R 명령어 *set.seed(3333); x=runif(20, 0, 10)*을 이용해 uniform$(0, 10)$을 따르는 $X_1, \cdots, X_{20}$의 임의표본을 생성하고 R 객체 x에 저장하라.

(a) θ의 적률추정법과 모분산 σ^2의 모형기반 추정치를 구하여라. (힌트 *mean(x)*을 이용해 표본평균을 계산하는 예제 6.3-1 참고.)

(b) *var(x)*을 이용해 표본분산 S^2을 계산하라. 모분산 σ^2의 참값 $10^2/12$에 대해 두 추정치(S^2과 모형기반) 중에 어느 것이 더 좋은 추정을 하는지 확인하라.

9. 상하수도 설비용품 회사는 일반적으로 파이프, 밀폐제, 배수관과 같은 물건의 다양한 조합이 되어 있는 상하수도 설비용품 상자를 수송한다. 수송품은 거의 변함없이 하나 이상의 잘못된 아이템으로 채워진다(불량 부품, 주문된 물품과 다르거나 누락된 부품). 이와 관련해서, 알기 원하는 확률변수는 잘못 채워진 아이템의 비율 *p*이다. 비율분포를 모형화하기 위한 분포족(family of distribution)은 다음과 같은 PDF를 갖는다.

$$f(p|\theta) = \theta p^{\theta-1}, \ 0 < p < 1, \ \theta > 0$$

이 분포를 따르는 확률변수 *P*의 기댓값은 $E(P) = \theta/(1 + \theta)$이다.

(a) $P_1, \cdots, P_n$가 잘못 채워진 부품 비율의 임의표본이다. θ의 적률추정량을 구하라.

(b) 수송물 $n = 5$개의 표본에서 잘못 채워진 아이템의 비율이 0.05, 0.31, 0.17, 0.23, 0.08이다. θ의 적률추정법을 구하라.

10. 철의 부식비율에 $NaPO_4$이 미치는 영향에 대한 실험을 수행하였다.[3] 2.50 ppm부터 55.00 ppm까지의 농도 범위를 갖는 $NaPO_4$에 대한 11개 데이터의 요약 통계량은 다음과 같다. $\sum_{i=1}^{n} x_i = 263.53$, $\sum_{i=1}^{n} y_i = 36.66$, $\sum_{i=1}^{n} x_i y_i = 400.5225$, $\sum_{i=1}^{n} x_i^2 = 9,677.4709$, $\sum_{i=1}^{n} y_i^2 = 209.7642$.

(a) 추정된 회귀직선을 구하라.

(b) 이 연구를 담당하는 엔지니어는 적합된 회귀직선을 이용해 4.5, 34.7, 62.8 ppm의 $NaPO_4$에 대한 기대되는 부식비율을 추정하기 원한다. 각 농도에 대하여 회귀직선의 사용이 적합한지 아닌지 확인하라. 회귀직선의 사용이 적합하다면 각 농도의 추정치를 구하라.

11. 바다소는 플로리다 해안을 따라 서식하는 크고 온순한 바다동물이다. 많은 바다소는 모터보트에 의해 상처 입거나 죽임을 당한다. 다음 표는 2001년과 2004년 사이에 각 해마다 플로리다에 등록되는 모터보트의 수(천 단위)와 보트에 의해 죽임을 당하는 바다소의 수를 나타낸다.

모터 보트의 수(천 단위)	498	526	559	614
죽임을 당하는 바다소의 수	16	25	34	39

바다소의 죽음과 보트의 수 사이의 관계가 선형이라고 가정하고 다음을 직접 계산하라.

(a) 추정된 회귀직선을 구하고 모터보트 등록이 550(천)인 해에 예상할 수 있는 바다소의 죽음 수를 추정하라.

(b) 식 (6.3.11)을 이용해 오차제곱합을 계산하고 고유오차분산의 추정치를 구하라.

(c) 4개의 적합값과 이에 해당하는 잔차를 계산하라. 잔차제곱합과 (b)에서 구한 오차제곱합이 동일한지 확인하라.

12. *sm=read.table("StrengthMoE.txt", header=T)*를 이용해 시멘트의 탄력성과 견고성에 대한 계수에 대한 데이터를 R 데이터 프레임으로 불러온다. *x=sm$MoE*, *y=sm$Strength*를 이용해 R 객체 *x*와 *y*에 데이터를 복사하고 R 명령어를 이용해 다음을 완성하라.

(a) 데이터의 산점도를 그리고 이를 지나는 적합된 회귀직선을 그려라. 회귀함수의 선형성과 등분산성인 단순선형회귀모형의 가정을 정의하고 이 데이터가 이 가정을 만족하는지 나타내라.

(b) 회귀계수에 대한 LSE를 구하고 탄력계수가 $X = 60$일 때 예상되는 견고성을 추정하라.

(c) 오차제곱합과 고유오차분산의 추정량을 구하라.

13. *da=read.table("TreeAgeDiamSugarMaple.txt", header=T)*를 이용해 사탕단풍나무 $n = 17$의 나이와 지름에 대한 데이터를 R 데이터 프레임 *da*로 불러들여라.

---

3 *Sodium Phosphate Hideout Mechanisms: Data and Models for the Solubility and RedoxBehavior of Iron(II) and Iron(III) Sodium-Phosphate Hideout Reaction Products*, EPRI, Palo Alto, CA: 1999. TR-112137.

$x=da\$Diamet; y=da\$Age$을 이용해 R 객체 x와 y로 각각 저장하고 R 명령어를 이용해 다음을 완성하라.

(a) 최소제곱법을 이용해 이 데이터를 단순선형회귀모형에 적합하라.

(b) 이 데이터의 산점도를 그리고 등분산성과 X에 대한 Y의 회귀함수가 선형성인 모형의 가정을 따르는지 확

인하라. (a)에서 구한 추정량에 대하여 모형의 가정에 대한 위반의 정도를 설명하라.

(c) 로그를 이용해 이 데이터를 변환하고($x1=log(x); y1=log(y)$) 변형된 데이터에 대한 산점도를 그려라. 로그 변형된 데이터가 단순선형회귀모형의 가정을 만족하는지 확인하라.

6.4 추정량의 비교 : 평균제곱오차 기준

주어진 동일한 모수 θ의 두 추정량 $\hat{\theta}_1$, $\hat{\theta}_2$에서 추정오차가 더 작은 하나를 선택한다. 그러나 추정오차 $\hat{\theta}_1 - \theta$와 $\hat{\theta}_2 - \theta$는 θ를 알지 못할 때 계산될 수 없다. θ를 알고 있다고 해도 추정량은 확률변수이기 때문에 어떤 표본에서는 $\hat{\theta}_1 - \theta$가 $\hat{\theta}_2 - \theta$보다 작을 수 있지만 다른 표본에서는 반대일 수 있다. 따라서 '평균오차'를 이용하는 것이 합리적이다. 여기서 두 추정량 중에 하나를 선택하기 위한 기준으로 제곱오차의 평균을 이용한다.

> **정의 6.4-1**
>
> 모수 θ에 대한 추정량 $\hat{\theta}$의 **평균제곱오차**(mean squared error, MSE)는 다음과 같이 정의된다.
>
> $$\text{MSE}\left(\hat{\theta}\right) = E_\theta \left(\hat{\theta} - \theta\right)^2$$
>
> **MSE 선택기준**은 두 추정량 중에 더 작은 MSE를 갖는 추정량을 선택한다.

올바른 표기법은 $\text{MSE}_\theta(\hat{\theta})$이지만 간단히 표현하기 위해 $\text{MSE}(\hat{\theta})$를 이용한다. 다음 정리는 추정량의 평균제곱오차와 이 추정량의 분산과 편향과의 관계를 나타낸다.

명제 6.4-1

$\hat{\theta}$가 θ에 대한 불편추정량이면

$$\text{MSE}\left(\hat{\theta}\right) = \sigma_{\hat{\theta}}^2$$

일반적으로

$$\text{MSE}\left(\hat{\theta}\right) = \sigma_{\hat{\theta}}^2 + \left[\text{bias}\left(\hat{\theta}\right)\right]^2$$
∎

불편추정량에서 MSE는 동일한 분산을 갖는다. 따라서 두 불편추정량 중에 MSE 선택기준은 표준오차가 더 작은 추정량을 선택한다. 이것의 이유는 두 불편추정량의 PDF를 보여 주는 그림 6-5에서 설명된다. $\hat{\theta}_1$이 $\hat{\theta}_2$보다 더 작은 표준오차를 갖기 때문에 $\hat{\theta}_1$의 PDF가 θ의 참값에 더 가

그림 6-5
θ에 대한 두 불편추정량
의 PDF

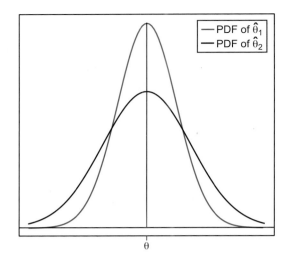

깝게 분포되어 있다. 따라서 $|\hat{\theta}_1 - \theta|$이 $|\hat{\theta}_2 - \theta|$보다 클 가능성이 더 적다. 그러나 추정량이 편향을 갖는다면 MSE 선택기준은 그들의 비교를 위한 표준오차와 편향 둘 다를 포함한다.

예제 6.4-1

단순임의추출과 충화추출(stratified sampling)**의 비교.** 어떤 전자부품의 생산을 위한 설비 A와 B는 각각 60%와 40%를 차지하고 있다. 두 설비에서 생산된 부품은 그들이 섞이고 포장되는 포장장소로 수송된다. 100개의 표본이 합쳐진 모집단에서 예상되는 수명을 추정하기 위해 사용된다. MSE 기준을 이용하여 다음 두 표본추출법 중에서 어떤 방법을 사용할지 결정하라.

(a) 포장장소에서 단순임의추출

(b) 설비 A에서 60개를 추출하고 설비 B에서 40개를 추출하는 충화추출

해답

Y를 포장장소에서 임의로 선택한 부품의 수명이라 하고, X는 설비 A 또는 B에서 생산된 부품인지에 따라 1 또는 2의 값을 갖는다고 하자. $\mu = E(Y)$를 추정하기 위해 총합의 법칙을 적용하면

$$\mu = 0.6E(Y|X = 1) + 0.4E(Y|X = 2) = 0.6\mu_A + 0.4\mu_B \tag{6.4.1}$$

μ_A와 μ_B는 식 (6.4.1)에서 함축적으로 정의되었다.

$Y_1, \cdots, Y_{100}, Y_{A1}, \cdots, Y_{A60}, Y_{B1}, \cdots, Y_{B40}$을 각각 포장장소, 설비 A, 설비 B에서 단순임의추출된 표본이라고 하자. $\overline{Y}, \overline{Y}_A, \overline{Y}_B$는 각각에 해당하는 표본평균이다. 식 (6.4.1)에 의하여 μ는 다음 두 가지에 의해 추정될 수 있다.

$$\overline{Y} \quad \text{또는} \quad \overline{Y}_{Str} = 0.6\overline{Y}_A + 0.4\overline{Y}_B$$

$\overline{Y}$와 $\overline{Y}_{Str}$은 둘 다 100개의 표본을 기반으로 하지만 전자는 단순임의추출법을 이용한 반면 후자는 층화추출법을 이용하였다. 각각은 μ의 불편추정량이므로 MSE의 분산은 동일하다. 따라서 $\overline{Y}_A$와 $\overline{Y}_B$가 독립이면,

$$\mathrm{MSE}(\overline{Y}_{Str}) = 0.6^2 \frac{\sigma_A^2}{60} + 0.4^2 \frac{\sigma_B^2}{40}$$

$$= 0.6 \frac{\sigma_A^2}{100} + 0.4 \frac{\sigma_B^2}{100} \tag{6.4.2}$$

$\sigma_A^2 = \mathrm{Var}(Y|X=1)$이고, $\sigma_B^2 = \mathrm{Var}(Y|X=2)$가 각각 설비 A와 B에서 임의로 선택된 부품 수명의 분산이다.

다음 $\sigma^2 = \mathrm{Var}(Y)$이라고 하자. 총합의 법칙과 이항정리를 이용해 다음을 구할 수 있다.

$$\sigma^2 = E(Y^2) - \mu^2 = 0.6E(Y^2|X=1) + 0.4E(Y^2|X=2) - (0.6\mu_A + 0.4\mu_B)^2$$

$$= 0.6\sigma_A^2 + 0.4\sigma_B^2 + 0.6\mu_A^2 + 0.4\mu_B^2 - (0.6\mu_A + 0.4\mu_B)^2$$

$$= 0.6\sigma_A^2 + 0.4\sigma_B^2 + (0.6)(0.4)(\mu_A - \mu_B)^2$$

따라서, $\mathrm{MSE}(\overline{Y}) = \mathrm{Var}(\overline{Y}) = \sigma^2/100$ 또는 위 계산을 통해

$$\mathrm{MSE}(\overline{Y}) = 0.6 \frac{\sigma_A^2}{100} + 0.4 \frac{\sigma_B^2}{100} + 0.6 \times 0.4 \frac{(\mu_A - \mu_B)^2}{100} \tag{6.4.3}$$

식 (6.4.2)와 (6.4.3)을 비교하면 $\mu_A = \mu_B$라면 $\mathrm{MSE}(\overline{Y}) \geq \mathrm{MSE}(\overline{Y}_{Str})$이다. 층화추출이 μ를 추정하기 위해 더 좋은 방법이다. ■

연습문제

1. $X_1, \cdots, X_n$을 균등분포$(0, \theta)$에서 임의로 추출된 표본이고 $\widehat{\theta}_1 = 2\overline{X}$, $\widehat{\theta}_2 = X_{(n)}$이라고 하자. 즉 가장 큰 순서 통계량이 θ에 대한 추정량이다. $\widehat{\theta}_2$의 평균과 분산은 다음과 같다.

$$E_\theta(\widehat{\theta}_2) = \frac{n}{n+1}\theta, \quad \mathrm{Var}_\theta(\widehat{\theta}_2) = \frac{n}{(n+1)^2(n+2)}\theta^2$$

(a) 두 추정량의 편향에 대한 식을 구하라. 두 추정량은 불편추정량인가?

(b) 두 추정량의 MSE에 대한 식을 구하라.

(c) $n = 5$이고 θ의 참값이 10인 두 추정량의 MSE를 계산하라. MSE 선택기준에 따르면 어떤 추정량이 더 선호되는가?

2. $X_1, \cdots, X_{10}$는 평균이 μ이고 분산이 σ^2인 모집단으로부터 임의추출된 표본이고 $Y_1, \cdots, Y_{10}$은 평균이 μ이고 분산이 $4\sigma^2$인 또 다른 모집단으로부터 추출된 표본이라 하자. 또한 두 표본은 독립이다.

(a) 모든 α에 대하여 $0 \leq \alpha \leq 1$, $\widehat{\mu} = \alpha\overline{X} + (1-\alpha)\overline{Y}$가 μ에 대하여 불편추정량임을 보여라.

(b) $\widehat{\mu}$의 MSE에 대한 식을 구하라.

(c) $\overline{X}$가 $0.5\overline{X} + 0.5\overline{Y}$보다 더 좋은 추정량인지 말하고 증명하라.

신뢰구간과 예측구간

7.1 신뢰구간

일반적으로 표본평균, 중앙값, 분산, 비율, 회귀계수와 같은 점추정량은 추정 대상이 되는 모수와 매우 근접하지만 표본의 변동(분산)으로 인해 정확하게 일치하는 값을 갖지는 못한다. 이것은 1장에서 점추정량을 소개할 때 여러 차례 강조되었다. 이 장에서 우리는 보다 정확한 추정을 할 수 있다. 예를 들면 대수의 법칙에 따라 $\overline{X}$는 표본의 크기가 증가할수록 모평균을 더 정확히 추정할 수 있고, 중심극한명제에 따라 $\overline{X}$가 모평균을 중심으로 한 특정 구간 안에 존재하는 확률을 구할 수 있다. $\overline{X}$를 단지 모평균(μ)의 점추정치로 이용하게 되면 추정치가 얼마나 정확한지 수치화하거나 표본의 크기와 추정의 정확도를 연결시켜 생각하는 것처럼 $\overline{X}$가 가지고 있는 정보를 충분히 활용하지 못할 것이다. 이것은 6장에서 논의된 모든 점추정량에 적용된다.

신뢰구간은 위와 같이 점추정량만을 이용하던 정보습득 방법에 내재하는 정보의 부족을 해결하기 위해 고안되었다. 신뢰구간은 주어진 신뢰도(확실성)와 함께 추정된 모수의 참값을 포함하는 구간이다. 다음에 설명되는 신뢰구간의 구축은 점추정량의 정확한 분포 또는 중심극한정리에 의한 추정에 의존한다. 이 장에서 설명되는 **예측구간**은 본질적으로 신뢰구간과 유사하지만 모수가 아닌 미래의 관측치와 관련이 있다.

7.1.1 신뢰구간 구축

중심극한정리로 인해 표본 크기 n이 충분히 크다면 대부분의 추정치 $\hat{\theta}$는 동일한 평균에 대해 거의 정규적으로 분포하거나 추정된 $\hat{\theta}$가 모수의 참값(θ)과 거의 동일하다. 더 나아가 대수의 법칙에 따르면 추정표준오차 $S_{\hat{\theta}}$는 표준오차 $\sigma_{\hat{\theta}}$에 적합한 추정치로 이용할 수 있다. 위의 내용을 종합하면 다음과 같은 사실을 알 수 있다. 표본 크기 n이 충분히 클 경우에,

$$\frac{\hat{\theta} - \theta}{S_{\hat{\theta}}} \sim N(0, 1) \tag{7.1.1}$$

예를 들어 1장과 4장에 설명된 실증적 추정량과 6장에서 설명한 최대우도추정량, 최소제곱추정량, 적률추정량이 있다. 정규분포의 68-95-99.7%의 규칙을 고려하면 95%에서 식 (7.1.1)은 추정오차 $|\widehat{\theta} - \theta|$가 $2S_{\widehat{\theta}}$보다 작다는 것을 나타낸다. 더 정확히 말하면, θ 추정치의 95% **오차범위**는

$$|\widehat{\theta} - \theta| \leq 1.96 S_{\widehat{\theta}} \tag{7.1.2}$$

$1.96 = z_{0.025}$이다. 간단한 수학 계산에 의해 식 (7.1.2)는 다음과 같이 나타낼 수 있다.

$$\widehat{\theta} - 1.96 S_{\widehat{\theta}} \leq \theta \leq \widehat{\theta} + 1.96 S_{\widehat{\theta}} \tag{7.1.3}$$

이 식은 대략 95%의 **신뢰수준**(confidence level)의 타당성으로 θ의 참값에 대한 적합한 구간을 제공한다. 이와 같은 구간을 **신뢰구간**(confidence interval, CI)이라 부르고, 좀 더 일반적으로 $(1 - \alpha)100\%$ 오차범위는 다음과 같다.

$$|\widehat{\theta} - \theta| \leq z_{\alpha/2} S_{\widehat{\theta}} \tag{7.1.4}$$

이 식은 $(1 - \alpha)100\%$ 신뢰수준의 CI를 나타낸다. 또한 $(1 - \alpha)100\%$ CI는 다음과 같다.

$$\widehat{\theta} - z_{\alpha/2} S_{\widehat{\theta}} \leq \theta \leq \widehat{\theta} + z_{\alpha/2} S_{\widehat{\theta}} \tag{7.1.5}$$

일반적으로 α 값은 0.01, 0.05, 0.1이 사용된다. 이것들은 각각 99%, 95%, 90% 신뢰구간을 나타낸다.

7.1.2 Z 신뢰구간

식 (7.1.5)와 같이 표준정규분포의 백분위수를 이용한 신뢰구간은 **Z 신뢰구간**(Z CIs) 또는 **Z 구간**(Z intervals)이라 부른다.

모평균$(\theta = \mu)$을 위한 Z 구간은 모분산이 알려져 있고 정규분포를 따르거나 표본 크기가 적어도 30 이상일 때 이용된다. 모분산을 알 수 없을 때 평균을 위한 Z 구간의 이용은 이 책에서는 중요하게 다루지 않는 대신에 주로 모비율$(\theta = p)$을 위해 Z 구간을 이용할 것이다.

7.1.3 T 분포와 T 신뢰구간

정규 모집단에서 표본을 추출할 때, 일반적으로 특정 모수 θ의 추정량 $\widehat{\theta}$는 표본 크기 n에 상관없이 다음을 만족시킨다.

$$\frac{\widehat{\theta} - \theta}{S_{\widehat{\theta}}} \sim T_\nu \tag{7.1.6}$$

$S_{\widehat{\theta}}$는 $\widehat{\theta}$의 추정표준오차, T_ν는 **자유도**(degrees of freedom)가 ν인 **T 분포**(T distribution)를 나타낸다. 자유도 ν는 표본의 크기와 특정한 추정량 $\widehat{\theta}$에 따라 정해지므로 우리가 고려하는 각각

그림 7-1

T_ν 분포의 백분위와 밀도

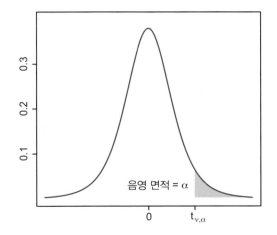

의 추정량에 따라 다르게 주어진다. 그림 7-1을 보면 자유도가 ν인 T 분포의 $100(1 - \alpha)$의 백분위는 $t_{\nu,\alpha}$로 표기한다. T 밀도 형태는 이용되지 않기 때문에 주어지지 않았다. T_ν의 PDF, CDF, 백분위수와 T_ν를 따르는 확률 표본을 생성하는 R 명령어는 다음과 같다(R 명령어의 x와 s는 벡터이다).

T_ν 분포에 대한 R 명령어

```
dt(x, ν) # −∞에서 ∞ 사이에 위치한 x에 대한 Tν의 PDF 생성
pt(x, ν) # −∞에서 ∞ 사이에 위치한 x에 대한 Tν의 CDF 생성
qt(s, ν) # 0과 1 사이에 위치한 s에 대한 Tν의 (s×100) 백분위수 생성
rt(n, ν) # Tν를 따르는 확률변수 n개 표본을 생성
```

T 분포의 모양은 대칭이며 PDF는 자유도 ν가 커질수록 표준정규분포와 유사해진다. 그 결

그림 7-2

자유도의 증가에 따른
T 분포의 정규분포 근사

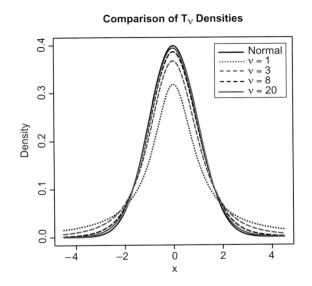

과, 자유도 v가 충분히 클 때 백분위수 $T_{v,\alpha}$는 z_α와 가까워진다. 예를 들어 자유도 9, 19, 60, 120을 갖는 T 분포의 95백분위수는 각각 1.833, 1.729, 1.671, 1.658이고, $z_{0.05} = 1.645$이다. 그림 7-2는 표준정규분포와 T 분포의 수렴을 나타낸다.

식 (7.1.6)은 정규분포를 따르지 않는 모집단의 표본 크기가 30 이상일 때 근사적으로 성립하며, 이때 $1 - \alpha$ 확률로 θ의 추정오차의 범위는 다음과 같다.

$$|\widehat{\theta} - \theta| \leq t_{v,\alpha/2} S_{\widehat{\theta}} \tag{7.1.7}$$

정규성 가정을 만족할 때 이 오차범위를 가질 확률은 모든 표본 크기 n에서 정확히 $1 - \alpha$인 반면 정규성을 만족하지 못하고 표본의 크기가 30 이상일 때는 근사적으로 $1 - \alpha$의 확률을 갖는다. 식 (7.1.7)의 오차범위는 다음 θ에 대한 $(1 - \alpha)100\%$ 신뢰구간으로 이어진다.

$$(\widehat{\theta} - t_{v,\alpha/2} S_{\widehat{\theta}}, \ \widehat{\theta} + t_{v,\alpha/2} S_{\widehat{\theta}}) \tag{7.1.8}$$

이 책에서 T 구간은 선형회귀모형에서 회귀계수와 같이 평균에 대한 신뢰구간으로 이용된다. 식 (7.1.8)의 신뢰구간은 다음과 같이 간략하게 표기할 수 있다.

$$\widehat{\theta} \pm t_{v,\alpha/2} S_{\widehat{\theta}} \tag{7.1.9}$$

노트 7.1-1 자유도 v가 클수록 $t_{v,\alpha/2}$가 $z_{\alpha/2}$와 가까워지는 것은 표본 크기가 커질수록 Z 신뢰구간 식 (7.1.5)와 T 신뢰구간 식 (7.1.8)이 유사해진다는 것을 의미한다. ◁

7.1.4 이 장의 개요

다음 절에서 우리는 신뢰구간의 해석에 대해 알아볼 것이다. 7.3절에서는 신뢰구간 모평균, 비율, 선형회귀모형의 회귀계수, 중앙값, 사분위수에 대한 신뢰구간(Z 구간 또는 T 구간)에 대해 알아본다. 정규성 가정 만족하에 유효하고 χ^2 분포를 이용하는 분산에 대한 신뢰구간 7.3.5절에서 다룬다. 앞서 언급한 Z 구간과 T 구간은 중심극한정리에 따라 표본 크기가 충분히 클 때 정규성을 가정하지 않을 때도 이용할 수 있다. 모평균과 모비율 추정의 정확성을 향상하기 위해 표본 크기를 조정하는 기술을 이용하는 평가의 표본 범위에 대해 7.4절에서 알아본다. 마지막으로 정규성 가정하에 예측구간 구축에 대해 7.5절에서 알아본다.

7.2 신뢰구간 : '신뢰'의 의미

신뢰구간은 모수의 참값을 포함하거나 포함하지 않는 베르누이 시행으로 생각할 수 있다. 그러나 모수의 참값은 알려지지 않았기 때문에 특정 신뢰구간이 모수의 참값을 포함하는지 하지 않는지는 알 수 없다. 예를 들어 추정된 확률 $\widehat{p} = 0.6$이고, 20번의 베르누이 시행에서 p의 참값에 대한 95% 신뢰구간은 다음과 같다(식 (7.2.1)의 신뢰구간을 구하는 법은 다음에서 설명될 것이다).

$$(0.39, 0.81) \tag{7.2.1}$$

그림 7-3

p에 대한 50개의 신뢰구간

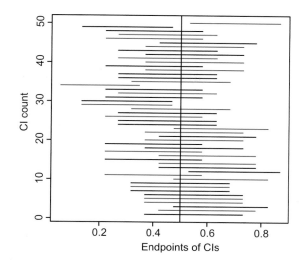

이 신뢰구간$(0.38, 0.82)$이 p의 참값을 포함하는지 포함하지 않는지 알 수 있는 방법이 없다.

　동전 던지기에서 공중에서 동전을 잡아서 테이블 위에 놓고 동전을 손으로 덮고 있는 경우를 생각해 보라. 동전이 가려져 있기 때문에 앞면인지 뒷면인지 알 수가 없다. 동전을 던지기 전에 앞면이 나올 확률은 0.5이다(공정한 동전일 경우). 동전을 던진 이후에는 실험의 결과가 정해지면 더 이상 확률을 갖지 않는다(동전을 던질 때 실험은 임의성을 갖는다). 따라서 실험의 결과가 알려지지 않았더라도 **확률**이라는 단어를 쓰는 것은 적절하지 않다. 대신에 우리는 동전 던지기 시행의 결과가 앞면이라는 것을 50% **신뢰**한다고 말한다.

　동전 던지기의 임의성은 신뢰구간을 구하기 위한 데이터 수집의 임의성과도 같다. 데이터를 수집하기 전에 신뢰구간은 임의의 구간(그림 7-3)이며 모수의 참값을 포함할 확률은 0.95라고 한다. 데이터를 수집한 후에 식 (7.2.1)과 같은 특정 구간이 추정되고 그 구간에 모수의 참값에 대한 포함 여부를 알지 못한다고 해도 더 이상 임의성을 갖지 않는다. 이것은 동전을 테이블 위에 놓고 손으로 덮고 있는 것과 같은 이치이다. 따라서 우리는 그 구간이 모수의 참값을 포함하는 것에 대해 95% 신뢰한다고 말한다.

　그림 7-3은 참값이 0.5인 확률 p를 갖는 20번의 베르누이 시행에서 p를 추정하기 위한 90% 신뢰구간 50개를 보여 주고 있다. 각각의 신뢰구간은 수평선으로 나타내고 y축은 각각의 신뢰구간을 나열한 것이다. $x = 0.5$인 수직선과 신뢰구간의 수평선이 교차하면 그 신뢰구간은 p의 참값을 포함한다(시뮬레이션 데이터를 사용함으로써 모수의 참값을 알 수 있다는 이점이 있다). 90% 신뢰구간은 모수의 참값을 포함할 확률이 0.9이므로 $x = 0.5$일 때 수직선과 교차하는 신뢰구간의 수는 이항확률변수$(n = 50,\ p = 0.9)$이다. 따라서 모수의 참값을 포함하는 신뢰구간의 수는 $50 \times 0.9 = 45$일 것으로 예상할 수 있다. 그러나 그림 7-3에서 50개의 구간 중에 44개의 구간이 0.5를 포함하고 있다. 이항분포$(50, 0.9)$에서 참값 p를 포함하는 신뢰구간의 수에 대한 표준편차는 $\sqrt{50 \times 0.9 \times 0.1} = 2.12$이기 때문에 기댓값 45보다 더 큰 편차를 갖는다고 하더라도 이상하지 않다.

7.3 신뢰구간의 종류

7.3.1 평균에 대한 T 신뢰구간

모집단으로부터 단순임의추출된 $X_1, \cdots, X_n$이 있다고 하자. $\overline{X}$, S^2는 각각 표본평균, 표본분산을 나타낸다.

명제 7.3-1 정규 모집단일 경우

$$\frac{\overline{X} - \mu}{S/\sqrt{n}} \sim T_{n-1} \tag{7.3.1}$$

μ는 모평균의 참값을 나타낸다. 정규성 가정을 만족하지 못할 경우 표본 크기 n이 30 이상이어야 한다. ■

식 (7.3.1)은 식 (7.1.6)의 $\hat{\theta}$와 θ를 각각 $\overline{X}$와 μ로 대체한 것이다. 따라서 식 (7.3.1)은 식 (7.1.8)과 식 (7.1.7)이 모평균에 대한 신뢰구간 μ와 모평균에 대한 추정오차범위 μ에 대하여 각각 적용될 수 있다는 것을 의미한다. 특히 정규분포에서 모평균에 대한 $(1 - \alpha)100\%$ 신뢰구간은 다음과 같다.

모평균 μ에 대한 T 신뢰구간

$$\left(\overline{X} - t_{n-1,\,\alpha/2}\frac{S}{\sqrt{n}},\ \overline{X} + t_{n-1,\,\alpha/2}\frac{S}{\sqrt{n}} \right) \tag{7.3.2}$$

이 신뢰구간은 n이 30 이상일 때 비정규 모집단에 대해서 이용될 수 있다. 이 경우에 신뢰수준은 거의 $(1 - \alpha)100\%$이다(정확하지는 않다).

R 객체 x의 데이터에서 평균에 대한 T 신뢰구간은 다음 두 가지 R 명령어를 통해 얻을 수 있다.

$(1 - \alpha)100\%$ T 신뢰구간(식 (7.3.2))을 얻기 위한 R 명령어

```
confint(lm(x~1), level=1-α)
mean(x)±qt(1-α/2, df=length(x)-1)*sd(x)/sqrt(length(x))
```

신뢰구간을 위한 첫 번째 명령어에서 신뢰수준에 대한 기본값은 0.95이다. 따라서 *confint(lm(x ~1))*은 95% 신뢰구간을 나타낸다. 또한 두 번째 R 명령어는 하한을 나타내는 −부호와 상한을 나타내는 +부호의 명령어를 축약한 형태이다.

예제 7.3-1 프랑스 과학자 조지 샤르피에 의해 개발된 샤르피 충격 시험은 물질이 파열될 때 흡수되는 에너지의 양을 줄(joules)로 측정한다(파열은 표준화된 상태에서 추에 의한 충격에 의해 발생한다.

이 시험은 제2차 세계대전 동안 선박의 균열 문제를 이해하는 데 중추적인 역할을 했다). 특정 물질의 시험용 샘플로 이용할 무작위 표본 16개의 관측치는 다음과 같다.

$$x \mid 4.90, 3.38, 3.32, 2.38, 3.14, 2.97, 3.87, 3.39, 2.97, 3.45, 3.35, 4.34, 3.54, 2.46, 4.38, 2.92$$

파열에 위한 흡수되는 에너지양의 모평균에 대한 99% 신뢰구간을 구하라.

해답

표본의 크기가 30보다 작기 때문에 흡수된 에너지의 모집단이 정규분포를 따른다고 가정해야 한다. 그림 7-4의 Q-Q 도표를 보면 이 가정이 크게 모순되지 않다는 것을 알 수 있다. 따라서 우리는 신뢰구간을 추정할 수 있다(7.3.4절을 보면 표본의 크기가 크거나 정규성을 요구하지 않는 또 다른 신뢰구간이 있다). 주어진 데이터는 $\overline{X} = 3.4$kJ이고, 표준편차 S가 0.68gr이다. 자유도는 $n - 1 = 15$이고, 99% 신뢰구간을 위한 $\alpha = 0.01$이다. 표 A.4 또는 R 명령어 $qt(0.995, 15)$를 이용해 $t_{n-1, \alpha/2} = t_{15, 0.005} = 2.947$을 구할 수 있다. 이 값을 식 (7.3.2)에 대입하면 다음과 같다.

$$\overline{X} \pm t_{n-1, \alpha/2}(S/\sqrt{n}) = 3.42 \pm 2.947(0.68/\sqrt{16}), \text{ 또는 } (2.92, 3.92)$$

이 방법 외에 R 객체 x의 데이터를 이용할 때 R 명령어 $confint(lm(\sim 1), level=0.99)$를 입력하면 직접 계산하여 얻은 신뢰구간(반올림된 값)과 같은 결과를 다음과 같이 얻을 수 있다.

```
                0.5%      99.5%
(Intercept)   2.921772   3.923228
```

그림 7-4

예제 7.3-1 데이터에 대한 Q-Q 도표

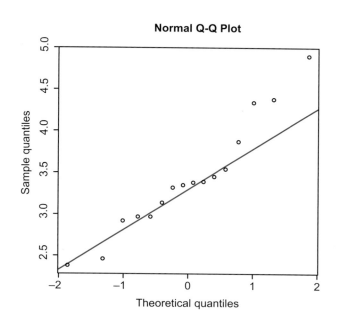

Normal Q-Q Plot

예제 7.3-2	임의의 면 조각 표본 56개의 평균 신장률이 $\overline{X} = 8.17$이고 표본표준편차 $S = 1.42$이다. 모평균에 대한 95% 신뢰구간을 추정하라.

해답

표본 크기가 56이므로 정규성 가정을 만족하지 않아도 신뢰구간(수식(7.3.2))을 추정할 수 있다. 자유도는 $56 - 1 = 55$이며 95% 신뢰수준을 위한 α는 0.05이다. 표 A.4에는 $T_{\nu=55}$의 백분위가 포함되어 있지 않다. 그러나 $T_{\nu=40}$과 $T_{\nu=80}$ 사이의 값이므로 97.5%이며 $t_{55,\,\alpha/2} = t_{55,\,0.025} = 2.01$이라는 것을 알 수 있다. R 명령어 $qt(0.975, 55)$를 통해 $t_{55,\,0.025} = 2.004$라는 정확한 값을 얻을 수 있다. 주어진 표본과 백분위의 추정치를 이용해 다음과 같은 모평균에 대한 95% 신뢰구간을 얻을 수 있다.

$$\overline{X} \pm t_{55,\,\alpha/2} \frac{S}{\sqrt{n}} = 8.17 \pm 2.01 \frac{1.42}{\sqrt{56}} = (7.80,\ 8.54)$$ ■

7.3.2 비율에 대한 Z 신뢰구간

X를 베르누이 시행에서 성공 횟수이고 $\hat{p} = X/n$은 성공의 표본비율이라고 하자. 드무아브르-라플라스의 명제와 $\hat{p}$가 p의 일치추정량일 때 성공확률의 참값은 다음과 같다.

$$\frac{\hat{p} - p}{S_{\hat{p}}} \sim N(0, 1) \tag{7.3.3}$$

$S_{\hat{p}} = \sqrt{\hat{p}(1-\hat{p})/n}$이다. 이것은 식 (7.1.1)의 $\hat{\theta}$와 θ를 각각 $\hat{p}$와 p로 대체한 것이다. 따라서 식 (7.3.3)은 식 (7.1.4)와 식 (7.1.5)가 모비율에 대한 Z 신뢰구간과 추정비율의 오차범위에 대하여 각각 적용될 수 있다는 것을 의미한다. 특히 이항확률 p에 대한 $(1 - \alpha)100\%$ 신뢰구간은 다음과 같다.

모비율 p에 대한 Z 신뢰구간	$$\left(\hat{p} - z_{\alpha/2}\sqrt{\frac{\hat{p}(1-\hat{p})}{n}},\ \hat{p} + z_{\alpha/2}\sqrt{\frac{\hat{p}(1-\hat{p})}{n}} \right) \tag{7.3.4}$$

n번의 베르누이 시행에서 추출한 표본이 다음과 같이 적어도 8번은 성공하고 8번은 실패한다면 이 책의 목적에서 $(1 - \alpha)100\%$는 상기 신뢰수준의 참값에 대한 적당한 근사치이다.

Z 신뢰구간 식 (7.3.4)를 위한 표본 크기의 결정	$$n\hat{p} \geq 8,\ n(1 - \hat{p}) \geq 8 \tag{7.3.5}$$

식 (7.3.5)의 조건은 드무아브르-라플라스 명제의 응용을 위한 조건 $np \geq 5$와 $n(1 - p) \geq 5$와 다르다. 이는 p가 알려지지 않기 때문이다.

R 객체 *phat*의 $\hat{p}$의 값을 이용해 p에 대한 Z 신뢰구간 또한 다음 R 명령어를 통해 얻을 수

있다.

> (1 − α)100% Z 신뢰구간(식 (7.3.4))을 얻기 위한 R 명령어
>
> phat±qnorm(1-α/2)*sqrt(phat*(1-phat)/n)

위 R 명령어는 하한을 구하기 위한 −부호와 상한을 구하기 위한 +부호 부분을 축약한 형태이다.

예제 7.3-3 예제 6.3-4와 유사한 저충격 자동차 충돌 실험에서 30대 중 18대의 자동차가 눈에 보이지 않는 손상을 입었다. 이와 같은 저충격 충돌에서 눈에 보이지 않는 손상을 입는 자동차의 비율 p의 참값을 위한 95% 신뢰구간을 추정하라.

해답

이항시행에서 성공 횟수와 실패 횟수가 적어도 8번 이상일 때 표본 크기는 식 (7.3.5)와 같고 신뢰구간은 식 (7.3.4)와 같다. 이 식을 응용하면 $\hat{p}$ = 18/30 = 0.6이고 신뢰구간은 다음과 같다.

$$0.6 \pm 1.96\sqrt{\frac{0.6 \times 0.4}{30}} = 0.6 \pm 1.96 \times 0.089 = (0.425, 0.775)$$

수식을 이용하는 대신에 R 명령어 *phat = 0.6; phat-qnorm(0.975)*sqrt(phat*(1-phat)/30); phat+qnorm(0.975)*sqrt(phat*(1-phat)/30)*를 이용하면 하한값 0.4246955와 상한값 0.7753045를 구할 수 있다. 이 값은 직접 계산해서 얻은 p에 대한 95% 신뢰구간의 상한과 하한 값과 같다(반올림 형태). ■

7.3.3 회귀계수에 대한 T 신뢰구간

$(X_1, Y_1), \cdots, (X_n, Y_n)$은 단순선형회귀모형을 만족하는 (X, Y)의 모집단으로부터 추출한 단순임의표본이다. 따라서

$$\mu_{Y|X}(x) = E(Y|X = x) = \alpha_1 + \beta_1 x$$

이고, 등분산성 가정을 만족한다. 즉 고유오차분산 σ_ε^2 = Var($Y|X = x$)은 X 안의 모든 x에 대해 동일하다.

이 절은 회귀선 $\mu_{Y|X}(x)$과 기울기 β_1에 대한 신뢰구간을 나타낸다. 절편에 대한 신뢰구간은 회귀선 $\mu_{Y|X}(x)$에 대한 신뢰구간의 특별한 경우이기 때문에 연습문제 12에서 다루도록 한다. 이 것은 $\alpha_1 = \mu_{Y|X}(0)$이라는 사실을 기반으로 나타난다. 다음에 나오는 명제 7.3-2를 보자

예비결과 이해를 돕기 위해 6장의 6.3.3절에서 주어진 최소제곱추정량을 위한 공식 $\hat{\alpha}_1$, $\hat{\beta}_1$, S_ε^2 과 α_1, β_1, σ_ε^2을 다시 살펴보자.

$$\widehat{\alpha}_1 = \overline{Y} - \widehat{\beta}_1 \overline{X}, \quad \widehat{\beta}_1 = \frac{n \sum X_i Y_i - (\sum X_i)(\sum Y_i)}{n \sum X_i^2 - (\sum X_i)^2} \tag{7.3.6}$$

$$S_\varepsilon^2 = \frac{1}{n-2}\left[\sum_{i=1}^{n} Y_i^2 - \widehat{\alpha}_1 \sum_{i=1}^{n} Y_i - \widehat{\beta}_1 \sum_{i=1}^{n} X_i Y_i\right] \tag{7.3.7}$$

이 추정량은 각각의 모수에 대해 불편추정량이다. $\mu_{Y|X}(x)$와 β_1에 대한 신뢰구간은 다음 명제를 기반으로 추정된다.

명제 7.3-2

1. $\widehat{\beta}_1$의 추정표준오차는 다음과 같다.

$$S_{\widehat{\beta}_1} = S_\varepsilon \sqrt{\frac{n}{n \sum X_i^2 - (\sum X_i)^2}} \tag{7.3.8}$$

2. $\widehat{\mu}_{Y|X=x} = \widehat{\alpha}_1 + \widehat{\beta}_1 x$의 추정표준오차는 다음과 같다.

$$S_{\widehat{\mu}_{Y|X}(x)} = S_\varepsilon \sqrt{\frac{1}{n} + \frac{n(x - \overline{X})^2}{n \sum X_i^2 - (\sum X_i)^2}} \tag{7.3.9}$$

3. $X = x$가 주어졌을때 Y의 조건분포와 고유오차변수가 정규분포를 따르면 다음을 추정할 수 있다

$$\frac{\widehat{\beta}_1 - \beta_1}{S_{\widehat{\beta}_1}} \sim T_{n-2}, \quad \frac{\widehat{\mu}_{Y|X=x} - \mu_{Y|X=x}}{S_{\widehat{\mu}_{Y|X=x}}} \sim T_{n-2} \tag{7.3.10}$$

4. 정규성 가정을 만족하지 못할 때, 식 (7.3.10)은 표본의 크기가 30이 넘을 경우에 이용할 수 있다. ■

$S_{\widehat{\mu}_{Y|X}(x)}$의 수식에서 $(x - \overline{X})^2$ 항에 대해 주목할 필요가 있다. 이 항은 $\overline{X}$와 x의 사이의 거리가 증가할수록 $\widehat{\mu}_{Y|X}(x)$의 표준오차가 증가한다는 것을 나타낸다(그림 7-5 참고). $\widehat{\mu}_{Y|X}(0) = \widehat{\alpha}_1$은 연습문제 12에 주어진 $\mu_{Y|X}(0)$과 α_1에 대한 신뢰구간이 동일하다는 것을 의미한다.

기울기와 회귀직선에 대한 신뢰구간 식 (7.3.10)은 식 (7.1.6)에서 $\widehat{\theta}$와 θ를 각각 $\widehat{\beta}_1$과 $\widehat{\mu}_{Y|X}(x)$로 대체한 형태이고 각각 대응되는 모수를 추정한다. 따라서 식 (7.3.10)은 식 (7.1.8)과 식 (7.1.7) 이 모수에 대한 신뢰구간과 $\widehat{\beta}_1$와 $\widehat{\mu}_{Y|X}(x)$에 대한 추정오차범위에 대하여 각각 적용될 수 있다는 것을 의미한다. 특히 $(1 - \alpha)100\%$ 신뢰구간은 다음과 같다.

회귀직선의 기울기에 대한
T 신뢰구간

$$\widehat{\beta}_1 \pm t_{n-2,\,\alpha/2} S_{\widehat{\beta}_1} \tag{7.3.11}$$

그림 7-5
예제 7.3-4 자료를 이용해 적합된 회귀직선과 $\mu_{Y|X}(x)$에 대한 신뢰구간의 하한과 상한

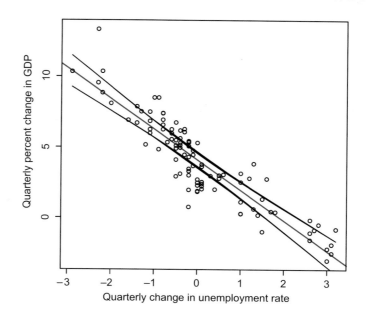

위 식의 $S_{\hat{\beta}_1}$는 식 (7.3.8)에서 주어졌다. 회귀선에 대한 $(1-\alpha)100\%$ 신뢰구간은 다음과 같다.

회귀직선 $\mu_{Y|X}(x)$에 대한 신뢰구간

$$\hat{\mu}_{Y|X}(x) \pm t_{n-2, \alpha/2} S_{\hat{\mu}_{Y|X}(x)} \tag{7.3.12}$$

위 식의 $S_{\hat{\mu}_{Y|X}(x)}$는 식 (7.3.9)에서 주어졌다.

정규성 가정을 만족할 때 위 신뢰구간의 각 신뢰수준은 모든 n에서 정확히 $1-\alpha$가 된다. 그러나 정규성 가정을 만족하지 못할 때 n의 크기가 30 이상이 되어야 $1-\alpha$에 근사하게 된다.

R 객체 x와 y에 각각 대응되는 예측변수를 이용하여 회귀계수 $\mu_{Y|X}(v)$, α_1, β_1에 대한 T 신뢰구간(v는 X값을 포함하는 R 객체를 x로 나타낼 때 일반적인 x를 나타낸다.)은 다음의 R 명령어를 이용해 얻을 수 있다.

$\mu_{Y|X}(v)$, α_1, β_1에 대한 $(1-\alpha)100\%$ T 신뢰구간(식 (7.3.4))을 얻기 위한 R 명령어

```
out=lm(y~x); t=data.frame(x=v) # out에 대한 정의와 새로운 x 값 설정
confint(out, level=1-α) # α₁, β₁에 대한 신뢰구간 추정
predict(out, t, interval="confidence", level=1-α) # μ_{Y|X}(v)에 대한 신뢰구간 추정
```

명령어 *t=data.frame(x=v)*에서 v는 하나의 값과 여러 개의 값을 가질 수 있다. 예를 들어 *t=data.frame(x=4)* 또는 *t=data.frame(x=c(4, 6.3, 7.8))*으로 v의 값을 설정할 수 있다. 후자의 경우 *predict* 명령어를 이용할 때 $\mu_{Y|X}(4)$, $\mu_{Y|X}(6.3)$, $\mu_{Y|X}(7.8)$에 대한 $(1-\alpha)100\%$ T 신뢰구간을 모두 입력해야 한다.

예제 7.3-4

실업률의 변화로부터 GDP의 변화를 예측할 수 있을까? 1949년에서 1972년까지의 GDP 변화율(Y)과 실업률의 변화율(X)의 분기별 데이터는 *GdpUemp49-72.txt*[1] 파일로 주어졌다. 단순선형회귀모형이 X, Y의 회귀함수에 대한 적합한 모형이라 가정하고 R 명령어를 이용해 다음을 해결하라.

(a) 실업률이 2% 증가할 때 예상되는 GDP의 변화비율과 기울기에 대한 신뢰구간과 회귀함수를 추정하라.

(b) X값의 범위 안에 있는 x를 위한 $\mu_{Y|X}(x)$에 대한 신뢰구간의 하한과 상한을 그리고 신뢰구간의 넓이에 미치는 $\overline{X}$와 x의 차이의 영향력을 설명하라.

해답

(a) 먼저 그림 7-5의 산점도를 통해 단순선형회귀모형이 이 데이터에 적합하다는 것을 알 수 있다. R 객체 x가 실업률의 변화율이고, y가 GDP의 변화율일 때 R 명령어 *out=lm(y~x); out$coef; confint(out, level=0.95)*를 이용하여 다음과 같은 결과를 얻었다.

```
(Intercept)           x
   4.102769    -2.165556
                            2.5%        97.5%
(Intercept)     3.837120     4.368417
          x    -2.367161    -1.963951
```

따라서 $\hat{\alpha}_1 = 4.102769$, $\hat{\beta}_1 = -2.165556$이고 기울기에 대한 95% 신뢰구간은 $(-2.367161, -1.963951)$이다. 마지막으로 *t=data.frame(x=2); predict(out, t, interval="confidence", level=0.95)* 명령어를 입력하여 다음 값을 구할 수 있다.

```
        fit           lwr           upr
 -0.2283429    -0.6991205     0.2424347
```

따라서 $\hat{\mu}_{Y|X}(2) = -0.2283429$이고 $\mu_{Y|X}(2)$에 대한 95% 신뢰구간은 $(-0.6991205, 0.2424347)$이다.

(b) 다음 명령어 *plot(x, y, xlab="Quarterly Change in Unemployment Rate", ylab="Quarterly Percent Change in GDP"); abline(lm(y~x), col="red")*을 이용해 최소제곱을 만족시키는 빨간색 직선을 포함하는 산점도를 그릴 수 있다. 추가적으로 *LUL=data.frame(predict(out, interval="confidence", level=0.999)); attach(LUL); lines(x, lwr, col="blue"); lines(x, upr, col="blue")* 명령어를 통해 X값의 범위 안에 있는 x를 위한 $\mu_{Y|X}(x)$에 대한 신뢰구간의 하한과 상한을 추가할 수 있다. ■

1　출처 : http://serc.carleton.edu/sp/library/spreadsheets/examples/41855.html. This data has been used by Miles Cahill, College of the Holy Cross inWorcester, MA, to provide empirical evidence for *Okun's law*.

예제 7.3-5

$n = 14$이고 X는 물질의 인장 강도, Y는 초음파 속도라고 할 때 다음과 같은 최소제곱추정량과 요약통계량을 얻을 수 있다.

(1)
$$\sum_{i=1}^{14} X_i = 890, \quad \sum_{i=1}^{14} Y_i = 37.6, \quad \sum_{i=1}^{14} X_i Y_i = 2234.30$$

$$\sum_{i=1}^{14} X_i^2 = 67,182, \quad \sum_{i=1}^{14} Y_i^2 = 103.54$$

(2)
$$\widehat{\alpha}_1 = 3.62091, \quad \widehat{\beta}_1 = -0.014711, \quad S_\varepsilon^2 = 0.02187$$

이 데이터의 산점도를 보았을 때 단순선형회귀모형에 대한 가정을 위반하지 않았기 때문에 이 정보를 이용해 다음을 완성하라.

(a) β_1에 대한 95% 신뢰구간을 구하고 이를 이용해 인장 강도 66과 30에서 예상되는 확산속도의 차이 $\mu_{Y|X}(66) - \mu_{Y|X}(30)$에 대한 95% 신뢰구간을 추정하라.

(b) $\mu_{Y|X}(66)$과 $\mu_{Y|X}(30)$에 대한 95% 신뢰구간을 각각 구하고 두 신뢰구간의 넓이의 차에 대해 설명하라.

(c) 잔차에 대한 정규 Q-Q 도표를 그려 고유오차변량이 정규분포를 따르는지 확인하라.

해답

(a) 위 결과를 식 (7.3.8)에 대입하면 다음을 얻을 수 있다.

$$S_{\widehat{\beta}_1} = S_\varepsilon \sqrt{\frac{n}{n \sum X_i^2 - (\sum X_i)^2}} = \sqrt{0.02187} \sqrt{\frac{14}{14 \times 67182 - 890^2}} = 0.001436$$

식 (7.3.11)을 따르면 $t_{12,\,0.025} = 2.179$일 때 β_1에 대한 95% 신뢰구간은 다음과 같다.

$$-0.014711 \pm t_{12,\,0.025} 0.001436 = (-0.01784, -0.011582)$$

다음 66과 30이 X값의 범위 안에 있기 때문에 이공변량값에서 기대되는 결과의 추정치를 고려하는 데 적합하다. 또한 $\mu_{Y|X}(66) - \mu_{Y|X}(30) = 36\beta_1$이다. 95% 신뢰수준에서 $-0.01784 < \beta_1 < -0.011582$이면 95% 신뢰수준에서 $-36 \times 0.01784 < 36\beta_1 < -36 \times 0.011582$이다. 따라서 $\mu_{Y|X}(66) - \mu_{Y|X}(30)$에 대한 95% 신뢰구간은 다음과 같다.

$$(-36 \times 0.01784, -36 \times 0.011582) = (-0.64224, -0.41695)$$

(b) (a) 부분의 요약통계량을 이용하여 식 (7.3.9)를 다음과 같이 나타낸다.

$$S_{\widehat{\mu}_{Y|X}(66)} = S_\varepsilon \sqrt{\frac{1}{14} + \frac{14(66 - 63.5714)^2}{14 \times 67182 - 890^2}} = 0.03968,$$

그림 7-6

예제7.3-5의 최소제곱
잔차에 대한 정규 Q-Q
도표

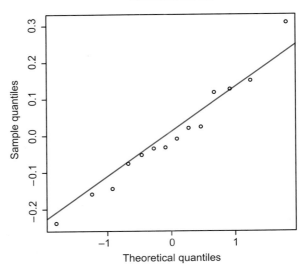

Normal Q-Q Plot

$$S_{\widehat{\mu}_{Y|X}(30)} = S_\varepsilon \sqrt{\frac{1}{14} + \frac{14(30-63.5714)^2}{14 \times 67182 - 890^2}} = 0.06234$$

따라서, $\widehat{\mu}_{Y|X}(66) = 2.65$, $\widehat{\mu}_{Y|X}(30) = 3.18$이다. 식 (7.3.12)를 통해 $\mu_{Y|X}(66)$과 $\mu_{Y|X}(30)$의 신뢰구간을 각각 구할 수 있다.

$$2.65 \pm 2.179 \times 0.03968 = (2.563, 2.736)$$

$$3.18 \pm 2.179 \times 0.06234 = (3.044, 3.315)$$

$\mu_{Y|X}(66)$에 대한 신뢰구간의 길이는 $2.736 - 2.563 = 0.173$이고, $\mu_{Y|X}(30)$의 신뢰구간은 $3.315 - 3.044 = 0.271$이다. 이것으로 보아 66일 때 공변량값이 30일 때보다 $\overline{X} = 63.57$에 더 가깝다. 따라서 $\widehat{\mu}_{Y|X}(66)$가 $\widehat{\mu}_{Y|X}(30)$보다 더 작은 추정표준오차를 갖는다.

(c) 이 데이터의 표본 크기는 14이기 때문에 (a)와 (b)의 신뢰구간은 고유오차변량이 정규분포를 따른다는 가정하에 유효하다. 물론 고유오차변량 ε_i는 알려지지 않았지만 고유오차변량의 추정치인 잔차는 쉽게 구할 수 있다. R 객체 *x*와 *y* 안의 각 *X*와 *Y*의 값을 이용하면 R 명령어 *qqnorm(lm(y~x)\$resid); qqline(lm(y~x)\$resid, col="red")*를 통해 그림 7-6의 Q-Q 도표를 그릴 수 있다. 이 도표는 정규성 가정을 크게 벗어나지 않고 있기 때문에 위 신뢰구간은 유효하다고 할 수 있다. ∎

7.3.4 중앙값에 대한 부호 신뢰구간

중앙값에 대한 부호 신뢰구간 $\tilde{\mu}$는 표본 크기가 30보다 작은 비정규성 데이터에도 적용할 수 있기 때문에 유용하게 사용할 수 있다. 이것을 설명하기 위해 $X_1, \cdots, X_n$을 연속형 모집단의 표본이라 하고, $X_{(1)} < \cdots < X_{(n)}$을 순서통계량이라 하자. 중앙값 $\tilde{\mu}$에 대한 $(1 - \alpha)100\%$ 부호 신뢰구간은 다음 형태의 구간을 기반으로 한다.

$$\left(X_{(a)}, X_{(n-a+1)} \right) \tag{7.3.13}$$

$a < (n + 1)/2$인 정수이다. 이와 같은 구간은 각 신뢰수준하에서 중앙값에 대한 신뢰구간이다.

중앙값에 대한
식 (7.3.13)의 신뢰구간의
신뢰수준

$$\left(1 - 2P \left(X_{(a)} > \tilde{\mu} \right) \right) 100\% \tag{7.3.14}$$

이 식은 다음에 의해 도출되었다.

$$P \left(X_{(a)} \leq \tilde{\mu} \leq X_{(n-a+1)} \right) = 1 - 2P \left(X_{(a)} > \tilde{\mu} \right)$$

대칭이므로 $P(X_{(n-a+1)} < \tilde{\mu}) = P(X_{(a)} > \tilde{\mu})$이다.

모든 정수 a에서 연속형 모집단의 분포와 상관없이 $P(X_{(a)} > \tilde{\mu})$가 동일하다. 게다가 이 확률은 다음과 같은 방법을 통해 이항확률로 표현할 수 있다. 베르누이 확률변수 $Y_1, \cdots, Y_n$을 다음과 같이 정의하자.

$$Y_i = \begin{cases} X_i > \tilde{\mu} \ \text{일 때} \ 1 \\ X_i < \tilde{\mu} \ \text{일 때} \ 0 \end{cases}$$

따라서 베르누이 시행의 각각의 성공확률은 0.5이다. 따라서 $T = \sum_i Y_i$는 이항분포 $(n, 0.5)$를 따르는 확률변수이므로 다음 사건들은 동등하다는 것을 알 수 있다.

$$X_{(a)} > \tilde{\mu}, \quad T \geq n - a + 1 \tag{7.3.15}$$

그러므로 식 (7.3.13)의 신뢰구간의 각 신뢰수준은 다음과 같은 이항확률을 이용해 구할 수 있다.

이항확률 항의
식 (7.3.14)의 신뢰수준

$$\left(1 - 2P \left(T \geq n - a + 1 \right) \right) 100\% \tag{7.3.16}$$

다시 말해서 수식(7.3.13)은 $\tilde{\mu}$에 대한 $(1 - \alpha)100\%$ 신뢰구간이다. α는 R 명령어 *2*(1-pbinom (n-a, n, 0.5))*을 통해 정확하게 계산할 수 있다.

예제 7.3-6

$X_1, \cdots, X_{25}$를 연속형 모집단에서 추출한 표본이라고 할 때 다음의 중앙값에 대한 신뢰구간의 신뢰수준을 찾아라.

$$\left(X_{(8)}, X_{(18)} \right)$$

해답

먼저 신뢰구간$(X_{(8)},\ X_{(18)})$은 $a = 8$인 식 (7.3.13)의 형태이다. 따라서 이 구간의 신뢰수준은 식 (7.3.16)을 통해 계산할 수 있다. R 명령어 *2*(1-pbinom(25-8, 25, 0.5))*를 이용해 우리는 $\alpha = 0.0433$이라는 것을 찾을 수 있다. 따라서 데이터가 어떤 연속형 분포를 따르는지에 상관없이 신뢰구간$(X_{(8)},\ X_{(18)})$의 신뢰수준은 $(1 - \alpha)100\% = 95.67\%$이다. ■

식 (7.3.13)에서 각 신뢰구간의 신뢰수준은 계산될 수 있으므로 $(1 - \alpha)100\%$ 신뢰수준을 갖는 신뢰구간을 추정하는 것은 어렵지 않다. 이것은 경미한 문제를 제외하고는 사실이다. 이 문제를 찾기 위해 n이 식 (7.3.15)의 확률에 대한 드무아브르-라플라스 추정에 적합하도록 충분히 크다고 가정하자. 연속성 수정을 하면

$$P\left(X_{(a)} > \widetilde{\mu}\right) \simeq 1 - \Phi\left(\frac{n - a + 0.5 - 0.5n}{\sqrt{0.25n}}\right)$$

$\alpha/2$와 같게 설정하고 a를 구하면

$$a = 0.5n + 0.5 - z_{\alpha/2}\sqrt{0.25n} \tag{7.3.17}$$

이 경미한 문제는 식 (7.3.17)의 우변에 정수가 존재할 필요가 없다는 것이다. 올림을 통해 $(1 - \alpha)100\%$보다 작은 신뢰수준의 신뢰구간을 구하고 $(1 - \alpha)100\%$보다 신뢰수준이 클 때 내림을 통해 신뢰구간을 추정한다. $(1 - \alpha)100\%$ 부호 신뢰구간을 추정하기 위한 다양한 내삽법이 존재한다. 이와 같은 방법 중 하나는 다음 R 명령어(먼저 *install.packages("BSDA")* 명령어를 통해 BSDA 패키지를 설치해야 한다.)를 통해 이용할 수 있다.

$(1 - \alpha)100\%$ 부호 신뢰구간을 얻기 위한 R 명령어

```
library(BSDA); SIGN.test(x, alternative="two.sided",
  conf.level = 1-α)
```

R 객체 x는 상기 데이터를 포함한다.

예제 7.3-7

예제 7.3-1에서 주어진 에너지 흡수 데이터를 이용하여 모집단의 중앙값을 추정하기 위한 95% 신뢰구간을 추정하라.

해답

R 객체 x 안의 $n = 16$의 데이터에서 R 명령어 *library(BSDA);SIGN.test(x, alternative="two.sided", conf.level=0.95)*를 통해 중앙값에 대한 3개의 신뢰구간을 추정하였다.

```
                    Conf.Level   L.E.pt   U.E.pt
Lower Achieved CI      0.9232      2.97     3.54
Interpolated CI        0.9500      2.97     3.70
Upper Achieved CI      0.9787      2.97     3.87
```

첫 번째 행은 $a = 5$에 해당하는 92.32% 신뢰구간을 나타낸다. 따라서 하한값(L.E.pt)은 $X_{(5)} = 2.97$이고 상한값(U.E.pt)은 $X_{(n-a+1)} = X_{(12)} = 3.54$이다. 유사하게 세 번째 행의 $a = 4$인 97.87% 신뢰구간의 하한값과 상한값은 각각 $X_{(4)} = 2.97$, $X_{(16-4+1)} = 3.87$이다. 식 (7.3.13)의 형태에서는 신뢰수준을 정하지 않기 때문에 이 패키지의 내삽법을 이용해 두 번째 행의 95% 신뢰구간을 추정하였다. 결과를 비교하기 위해 R 명령어 *confint(lm(x ~1), level=0.95)*를 입력하면 평균에 대한 신뢰구간 (3.06, 3.78)을 구할 수 있다. ■

7.3.5 정규분산과 표준편차에 대한 χ^2 신뢰구간

3.5절의 연습문제 13에서 다루었던 감마분포의 특별한 경우이며 자유도가 v인 **χ^2 분포**(Chi-squared distribution)를 χ_v^2로 정의한다. 이것은 감마분포의 모수가 $\alpha = v/2$, $\beta = 2$인 경우이다. 따라서 χ_v^2 확률변수의 평균과 분산은 각각 v와 $2v$이다(3.5절의 연습문제 13 참고). χ^2 분포의 중요성은 이것이 표준정규분포와 연결된다는 것이다. 특히 $Z_1, \cdots, Z_v$가 iid를 만족하고 $N(0, 1)$를 따르는 v개의 확률변수라고 할 때 그들의 제곱합은 χ_v^2 분포를 따른다.

$$Z_1^2 + \cdots + Z_v^2 \sim \chi_v^2$$

이것의 결과로서 통계를 이용한 다른 제곱합도 특정 분포를 따른다. 특히 $X_1, \cdots, X_n$이 임의의 표본이고 S^2이 표본분산일 때 다음과 같은 결과를 얻을 수 있다.

명제 7.3-3 표본이 추출된 모집단의 분포가 정규분포라면

$$\frac{(n-1)S^2}{\sigma^2} \sim \chi_{n-1}^2$$

σ^2은 모분산의 참값을 나타낸다. ■

이 명제는 다음을 의미한다.

$$\chi_{n-1, 1-\alpha/2}^2 < \frac{(n-1)S^2}{\sigma^2} < \chi_{n-1, \alpha/2}^2 \tag{7.3.18}$$

이것은 시간의 실제 $(1-\alpha)100\%$가 될 것이다. $\chi_{n-1,\alpha/2}^2$, $\chi_{n-1,1-\alpha/2}^2$은 그림 7-7에서 보인 χ_{n-1}^2 분포의 백분위수를 나타낸다. S^2에 의한 σ^2의 추정오차범위는 S^2/σ^2을 이용해 추정할 수 있다. 식 (7.3.18)을 명제하면 다음과 같은 신뢰구간을 구할 수 있다.

그림 7-7

χ^2_{n-1} 분포의 밀도함수와 백분위수

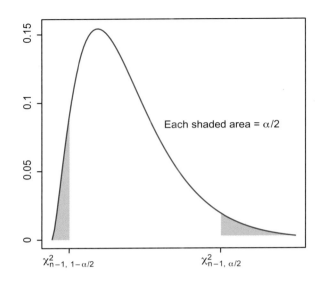

Each shaded area = $\alpha/2$

$\chi^2_{n-1,\,1-\alpha/2}$ $\chi^2_{n-1,\,\alpha/2}$

정규분산에 대한
$(1-\alpha)100\%$ 신뢰구간

$$\frac{(n-1)S^2}{\chi^2_{n-1,\,\alpha/2}} < \sigma^2 < \frac{(n-1)S^2}{\chi^2_{n-1,\,1-\alpha/2}} \tag{7.3.19}$$

χ^2분포의 선택적 백분위수는 표 **A.5**에 주어졌으나 다음 **R** 명령어를 이용해 구할 수도 있다.

χ^2_ν 백분위수를 위한 R 명령어

`qchisq(p, ν)` # $\chi^2_{\nu,\,1-p}$ 구하기

신뢰구간(식 (7.3.19))의 상한과 하한의 제곱근을 통해 σ를 위한 신뢰구간을 구할 수 있다.

정규표준편차에 대한
$(1-\alpha)100\%$ 신뢰구간

$$\sqrt{\frac{(n-1)S^2}{\chi^2_{n-1,\,\alpha/2}}} < \sigma < \sqrt{\frac{(n-1)S^2}{\chi^2_{n-1,\,1-\alpha/2}}} \tag{7.3.20}$$

불행히도, 두 신뢰구간 식 (7.3.19)와 식 (7.3.20)은 크기에 상관없이 표본 정규 모집단으로 부터 추출되었을 때만 유효하다. 따라서 모집단 분포에 적합한 모형이 정규성을 나타낼 때에만 사용될 수 있다.

예제 7.3-8 광학회사가 렌즈를 만들기 위한 유리를 구입했다. 다양한 유리 조각들이 거의 같은 굴절지수를 갖는 것이 중요하기 때문에 회사는 변동성을 통제하는 것에 관심을 갖기 시작했다. 단순임의추출된 표본의 크기가 20인 측정지수가 $S^2 = (1.2)10^{-4}$을 나타낸다. 사전 경험으로부터 정규분포

는 이 측정지수의 모집단에 적합한 모형이라는 것을 알고 있다. σ에 대한 95% 신뢰구간을 구하라.

해답

자유도는 $n-1 = 19$이고 표 A.5를 이용해 $\chi^2_{0.975,\ 19} = 8.906$, $\chi^2_{0.025,\ 19} = 32.852$임을 알 수 있다. 이와 같은 값은 다음 R 명령어 *qchisq(0.025, 19)*와 *qchisq(0.975, 19)*을 통해 각각 얻을 수 있다. 따라서 식 (7.3.20)에 따라 σ에 대한 95% 신뢰구간은 다음과 같다.

$$\sqrt{\frac{(19)(1.2 \times 10^{-4})}{32.852}} < \sigma < \sqrt{\frac{(19)(1.2 \times 10^{-4})}{8.906}}$$

또는 $0.0083 < \sigma < 0.0160$이다. ■

연습문제

1. 박쥐에 대한 반향 위치 측정 시스템 연구에 관련된 문제는 박쥐가 곤충을 처음 느꼈을 때 박쥐와 곤충이 얼마나 떨어져 있는지에 대한 것이다. 이것은 기술적 문제로 측정이 어렵기 때문에 단지 $n = 11$개의 데이터를 얻을 수 있다.

$$x \mid 57.16, 48.42, 46.84, 19.62, 41.72, 36.75, 62.69, 48.82,$$
$$36.86, 50.59, 47.53$$

$\overline{X} = 45.18$, $S = 11.48$이다.

(a) 평균 거리 μ에 대한 95% 신뢰구간을 추정하라. 이 신뢰구간의 유효성을 위해 어떤 가정이 필요한가?

(b) 다음 R 명령어 *x=c(57.16, 48.42, 46.84, 19.62, 41.72, 36.75, 62.69, 48.82, 36.86, 50.59, 47.53)*를 이용해 R 객체 *x*로 데이터를 복사하라. 이 데이터에 대한 정규 Q-Q 도표를 그리고 (a)에서 추정된 신뢰구간이 타당한지에 대해 말하라.

2. 7년생 일벌의 독에 대한 분석을 통해 다음과 같은 히스타민 함량에 대해 관측하였다. 단위는 나노그램이다.

$$649, 832, 418, 530, 384, 899, 755$$

(a) 이 나이의 모든 일벌에 대한 실제 평균 히스타민 함량에 대한 90% 신뢰구간을 추정하라. 이 신뢰구간의 유효성을 위해 어떤 가정이 필요한가?

(b) 실제 평균 히스타민 함량은 (a)에서 추정된 90% 신뢰구간 안에 있을 것이다. 이것이 사실인지 거짓인지 확인하라.

3. 임의표본추출된 면사의 파괴 강도에 대한 측정치 50개를 통해 $\overline{X} = 210g$, $S = 18g$임을 알 수 있었다.

(a) 실제 평균 파괴 강도에 대한 80% 신뢰구간을 추정하라. 이 신뢰구간의 유효성을 위해 어떤 가정이 필요한가?

(b) 90% 신뢰구간이 (a)에서 추정된 80% 신뢰구간보다 넓은 범위를 갖는가?

(c) 당신의 급우가 (a)에서 당신이 추정한 신뢰구간에 대해 다음과 같은 해석을 하였다. 우리는 모든 면사의 파괴 강도 측정치의 80%가 추정된 신뢰구간 안에 있다는 것을 신뢰할 수 있다. 이 해석이 맞는가?

4. 연습문제 1과 2에 대해서 다음을 구하라.

(a) 연습문제 1에서 차이에 대한 모집단의 중앙값을 위한 신뢰구간 (36.75, 57.16)과 (36.86, 50.59)의 신뢰수준을 구하라.

(b) 연습문제 2에서 히스타민 함량에 대한 모집단의 중앙값을 위한 신뢰구간 (418, 832)의 신뢰수준을 구하라.

5. *OzoneData.txt* 파일은 15~20km 사이의 하부 성층권

에서 측정된 $n = 14$개의 오존 측정치(도브슨 단위)를 포함하고 있다. R 데이터 프레임 *oz*으로 데이터를 추출하고 $x=oz\$OzoneData$를 이용해 R 객체 x 안에 데이터를 복사하고 R 명령어를 이용해 다음을 완성하라.

(a) 이 데이터의 정규 Q-Q 도표를 그리고 오존 측정치의 모집단 분포를 위한 모형으로 정규분포가 적합한지에 대해 확인하라.

(b) 오존 수준의 평균에 대한 90% 신뢰구간을 추정하라.

(c) 오존 수준의 중앙값에 대한 90% 신뢰구간을 추정하라.

(d) 두 신뢰구간의 길이를 비교하고 이용하기에 적합한지에 대해 각각 평가하라.

6. *SolarIntensAuData.txt* 파일은 오스트레일리아 남쪽 지방에서 다른 날짜에 측정된 태양 강도에 대한 $n = 40$개의 측정치를 포함하고 있다. R 데이터 프레임 *si*로 데이터를 추출하고 R 객체 x에 $x=si\$SI$를 이용해 데이터를 복사하고 R 명령어를 이용해 다음을 완성하라.

(a) 태양 강도의 평균에 대한 95% 신뢰구간을 추정하고 신뢰구간의 유효성을 위해 필요한 가정에 대해 말하라.

(b) 태양 강도의 중앙값에 대한 95% 신뢰구간을 추정하고 신뢰구간의 유효성을 위해 필요한 가정에 대해 말하라.

(c) 그 해 같은 지역에서 비슷한 날짜에 관측된 태양 강도 관측치의 모집단 중 95%가 (a)에서 추정된 신뢰구간 내에 놓여 있다고 제안하였다. 이것이 올바른 해석인가? (b)에서 추정된 신뢰구간에 대해서도 유사한 해석을 할 수 있는가?

7. 최근에 생산된 제품 50개에 대한 검사를 실시하였고 제품당 흠집 개수에 대해 기록하였다. 기록 결과는 다음과 같다.

제품당 흠집 수	0	1	2	3	4
관측 빈도	4	12	11	14	9

제품당 흠집 개수가 포아송(λ) 확률변수라고 가정하자.

(a) λ에 대한 95% 신뢰구간을 추정하라. ($\lambda = \mu$)

(b) σ에 대한 95% 신뢰구간과 제품당 흠집 개수에 대한 표준편차를 추정하라. (힌트 포아송 모형에서 $\sigma^2 = \lambda$)

8. 올드 페이스풀 간헐천의 분출 지속기간에 대한 데이터를 다음 명령어 $ed=faithful\$eruptions$를 이용해 R 객체 *ed*에 복사하고 R 명령어를 이용해 다음을 완성하라.

(a) 분출 지속기간의 평균에 대한 95% 신뢰구간을 추정하라.

(b) 분출 지속기간의 중앙값에 대한 95% 신뢰구간을 추정하라.

(c) 분출 지속기간이 4.42분 이상 지속될 확률에 대한 95% 신뢰구간을 추정하라. (힌트 표본비율 $\hat{p}$은 R 명령어 $sum(ed>4.42)/length(ed)$를 통해 얻을 수 있다.)

9. 고급 여행자 클럽의 계획을 작성할 때 항공사는 멤버십 자격을 얻은 최근 고객들의 비율을 추정해야 한다. 임의표본추출한 500명의 고객 중에 40명이 멤버십 자격을 얻었다.

(a) 멤버십 자격을 얻은 고객의 모비율 p에 대한 95% 신뢰구간을 추정하라.

(b) 위 신뢰구간의 유효성을 위하여 어떤 가정이 필요한가?

10. 한 헬스 잡지는 젊은 미국 시민(21~35세)의 음주 습관에 대해 설문조사를 실시했다. "매주 맥주, 와인 또는 위스키를 마시는가?"에 대한 질문에 1,516명의 성인 중에 985명이 "그렇다"라고 대답했다.

(a) 매주 맥주, 와인 또는 위스키를 마시는 젊은 미국 시민의 비율 p에 대한 95% 신뢰구간을 추정하라.

(b) 매주 음주를 하는 젊은 성인의 실제 비율이 0.95의 확률에서 (a)에서 추정된 구간 안에 놓여 있는가?

11. 특정 부품이 350시간 이상 작동할 확률을 알아내기 위해 임의표본추출된 37개의 부품을 검사하였다. 이것들 중에 24개가 350시간 이상 지속되었다.

(a) 임의로 선택된 부품이 350시간 이상 지속될 확률 p에 대한 95% 신뢰구간을 추정하라.

(b) 이와 같은 부품 2개로 구성된 시스템이 연속적으로 연결되어 있다. 따라서 이 시스템이 작동하려면 2개의 부품이 제대로 작동해야 한다. 이 시스템이 350시간 이상 지속될 확률에 대한 95% 신뢰구간을 추정하라.

시스템 안에 2개의 부품의 수명은 독립이라고 가정하자. (p에 관해서 시스템이 350시간 이상 지속될 확률을 나타내라.)

12. 단순선형회귀모형의 $\mu_{Y|X}(x) = \alpha_1 + \beta_1 x$ 에서 $\mu_{Y|X}(0) = \alpha_1$ 이고 $\hat{\mu}_{Y|X}(0) = \hat{\alpha}_1$ 이다. 이 사실과 $\mu_{Y|X}(x)$에 대한 $(1-\alpha)100\%$ 신뢰구간을 구하기 위한 수식을 이용해 α_1에 대한 $(1-\alpha)100\%$ 신뢰구간을 구하기 위한 수식을 구하라.

13. 강둑에 침전물과 표층수 사이의 전기전도도(μ S/cm)에 대한 실험을 수행하였다.[2] 220에서 800 사이의 X값을 이용할 때 침전물(Y)과 표층수(X)의 전기전도도 측정치 10쌍에 대한 요약통계량은 $\sum X_i = 3728$, $\sum Y_i = 5421$, $\sum X_i^2 = 1816016$, $\sum Y_i^2 = 3343359$, $\sum X_i Y_i = 2418968$ 이다. X에 대한 Y의 회귀함수가 선형이고, 모든 x는 $\mathrm{Var}(Y|X=x)$을 만족한다고 가정하자.

(a) α_1, β_1, σ_ε^2에 대한 최소제곱추정량을 구하라.

(b) 회귀선의 실제 기울기에 대한 95% 신뢰구간을 추정하라. 이 데이터를 위한 T 신뢰구간의 유효성을 위하여 어떤 가정이 필요한가?

(c) 표층수의 전기전도도가 500, 900일 때 예측되는 침전물의 전기전도도에 대한 95% 신뢰구간을 각각 추정하고 두 신뢰구간의 타당성에 대해 논하라.

14. 28일 동안 굳어진 콘크리트의 강도(Y)와 물/시멘트 비율(X) 변화에 따른 효과를 시험하였다.[3] R 명령어 $CS=read.table("WaCeRat28DayS.txt", header=T)$를 이용해 $n = 13$개 쌍의 측정치를 R 데이터 프레임으로 읽어들이자. R 명령어 $x=CS\$X$와 $y=CS\$Y$를 이용해 R 객체 x와 y에 데이터를 복사한 후 R 명령어를 이용해 다음을 완성하라.

(a) 데이터의 산점도를 그리고 단순선형회귀모형의 가정이 만족하는지 밝히라. 즉, X가 주어졌을 때 Y의 회귀식에 대한 선형성과 모든 x에 대한 등분산성 (예: $\mathrm{Var}(Y|X=x)$)을 확인하라. 그리고 주어진 데이터에 대하여 만족 여부를 보여라.

(b) α_1, β_1, σ_ε에 대한 최소제곱추정량을 구하라. (힌트 식 (6.3.12)와 식 (6.3.13)을 사용하라.)

(c) 물/시멘트 비율이 1.55, 1.35일 때 강도의 차이의 평균과 β_1에 대한 90% 신뢰구간을 구하라. (힌트 물/시멘트 비율이 1.55, 1.35일 때 $\mu_{Y|X}(1.55) - \mu_{Y|X}(1.35) = 0.2\beta_1$이다.)

(d) 물/시멘트 비율이 1.35, 1.45, 1.55일 때 강도의 평균에 대한 90% 신뢰구간을 구하라.

(e) 표본 크기가 13일 때 (b)와 (c)에서 추정된 신뢰구간의 유효성은 고유오차변량에 대한 정규성 가정을 요구한다. 잔차에 대한 정규 Q-Q 도표를 그리고 이 가정을 만족하는지 확인하라.

15. 1973년 5월에서 9월까지 매일 뉴욕의 풍속(mph)과 온도(°F)를 측정한 일일 측정치를 복사하라. R 명령어 $x=airquality\$Temp;\ y=airquality\$Wind$를 이용해 R 데이터 $airquality$를 설정하고 R 명령어를 이용해 다음을 완성하라.

(a) 데이터의 산점도를 그리고 등분산성과 선형성 가정을 만족하는지 확인하라.

(b) 온도가 80°F인 날의 예측되는 풍속과 β_1에 대한 95% 신뢰구간을 추정하라.

16. $X_1, \cdots, X_{30}$을 연속형 모집단으로부터 임의추출된 표본이라 하자. 중앙값에 대한 신뢰구간이 $(X_{(10)}, X_{(21)})$이다. 이 신뢰구간의 신뢰수준을 구하라.

17. 연속형 모집단으로부터 추출된 표본 $n = 16$개에서 $a = 4$, $a = 5$가 예제 7.3-7에서 알려진 신뢰수준을 나타내는지 식 (7.3.16)을 이용하여 확인하라.

---

2 M. Latif and E. Licek (2004). Toxicity assessment of wastewaters, river waters, and sediments in Austria using cost-effective microbiotests. *Environmental Toxicology*, 19(4): 302-308.

3 V. K. Alilou and M. Teshnehlab (2010). Prediction of 28-day compressive strength of concrete on the third day using artificial neural networks. *International Journal of Engineering (IJE)*, 3(6): 521-670.

18. 특정 실리콘 웨이퍼를 생산하는 데 사용하기 위한 래핑 과정의 중요한 품질 특성은 웨이퍼에서 잘라낸 다이 조각 두께의 표준오차 σ이다. 이와 같은 웨이퍼로부터 잘라낸 15개 다이의 두께가 표본표준오차 $0.64\,\mu$m라고 할 때 σ에 대한 95% 신뢰구간을 추정하라. 신뢰구간의 유효성을 위해 필요한 가정은 무엇인가?

19. 히코리나무를 이용해 만든 킹스포드의 표준적인 숯은 포대당 15.7-lb이다. 오랜 기간 한결같은 규격을 유지하기 위해 무게의 표준편차가 0.1lb를 넘지 않도록 하고 있다. 품질관리팀은 매일 35포대의 표본을 이용해 표준편차가 요구되는 한계를 넘지 않는지 확인한다. 어떤 날 표본의 $S = 0.117$이다. σ에 대한 95% 신뢰구간을 구하라. 규격을 유지하기 위한 0.1이라는 값이 신뢰구간 안에 놓여 있을까?

20. R 명령어 $rt=read.table("RobotReactTime.txt",\ header=T);\ t2=rt\$Time[rt\$Robot==2]$을 이용하여 R 데이터 프레임으로 로봇 반응 시간 데이터를 추출하라. 22개의 로봇 2의 반응시간을 R 객체 $t2$에 복사하라. R 명령어를 이용해 데이터의 표본분산과 필요한 χ^2 분포의 백분위수를 구하라.

7.4 정확도

모수 θ 추정치의 **정확도**(precision)는 추정오차범위의 크기 $|\hat{\theta} - \theta|$ 또는 이와 동일하게 오차범위의 2배인 신뢰구간의 길이에 의해 수치화된다. 오차범위와 신뢰구간이 짧아질수록 추정치가 더 정확해진다. 평균 μ와 모비율 p의 추정오차범위의 형태는 다음과 같다.

$$\left.\begin{array}{l} \left|\overline{X} - \mu\right| \le z_{\alpha/2}\dfrac{\sigma}{\sqrt{n}} \quad (\sigma\text{가 알려져 있고 } n > 30\text{인 정규분포일 때}) \\[3mm] \left|\overline{X} - \mu\right| \le t_{n-1,\,\alpha/2}\dfrac{S}{\sqrt{n}} \quad (\sigma\text{를 모르고 } n > 30\text{인 정규분포일 때}) \\[3mm] \left|\hat{p} - p\right| \le z_{\alpha/2}\sqrt{\dfrac{\hat{p}(1-\hat{p})}{n}} \quad (n\hat{p} \ge 8, n(1-\hat{p}) \ge 8) \end{array}\right\} \qquad (7.4.1)$$

σ 또는 p를 구하기 위한 오차범위의 크기(신뢰구간의 길이)는 표본 크기 n과 선택된 α에 의존한다. 고정된 α에서 표본 크기가 커질수록 오차범위는 작아지고 더 정확한 추정이 가능하다. n이 고정되면 90% 신뢰구간은 95% 신뢰구간보다 짧고 95% 신뢰구간은 99% 신뢰구간보다 짧다. 그 이유는 다음과 같다.

$$z_{0.05} = 1.645 < z_{0.025} = 1.96 < z_{0.005} = 2.575$$

t 임계치도 이와 유사하다.

신뢰수준에 따른 신뢰구간 길이의 증가는 예측된다. 사실 우리는 신뢰구간이 더 넓을수록 그 모수의 참값을 포함한다는 것을 더 신뢰할 수 있다. 따라서 우리는 신뢰수준을 낮춰 신뢰구간의 길이를 줄이는 방법을 자주 사용하지 않는다. 이런 이유로 더 큰 표본 크기를 선택함으로써 더 정확한 추정을 하려고 한다.

원하는 정확도 수준을 달성하기 위한 표본 크기를 선택하는 문제는 간단한 해결방법이 있다.

예를 들어 분산을 알고 있는 정규 모집단으로부터 표본을 추출했다고 가정하자. 그러면 평균에 대한 $(1 - \alpha)100\%$ 신뢰구간을 위한 길이 L은 다음 계산을 통해 구할 수 있다.

$$2z_{\alpha/2}\frac{\sigma}{\sqrt{n}} = L$$

n을 구하는 계산은

$$n = \left(2z_{\alpha/2}\frac{\sigma}{L}\right)^2 \tag{7.4.2}$$

아마도 계산된 n의 값은 정수가 아닐 것이다. 이 경우에 올림하는 것을 추천한다. 올림을 통해 정확도의 목표수준에 더 가까워질 것이다.

표본 크기를 선택하기 위해 완전히 만족스러운 방법을 얻기 위한 주된 문제는 두 부분이다.

(a) 분산의 참값은 알려지지 않는 경우가 대부분이다.

(b) 식 (7.4.1)에 2, 3번째 오차범위에 사용된 추정표준오차는 데이터를 수집하기 전에는 알 수 없다.

따라서 표본 크기의 선택은 사전의 추정방법 또는 범위를 통해 표준오차를 추정해야 한다. 이와 같은 추정방법은 평균과 비율에 대하여 각각 설명된다.

μ에 대한 표본 크기 추정 μ에 대한 표본 크기를 선택하는 가장 일반적인 방법은 예비/시험용 표본 크기 n_{pr}을 통한 표본표준편차 S_{pr}을 이용하는 것이다. 그렇다면 평균에 대한 $(1 - \alpha)100\%$ T 신뢰구간의 길이 L을 구하기 위한 표본 크기는 n을 구하는 계산과 올림을 통해 구할 수 있다.

$$2t_{n_{pr} - 1,\, \alpha/2}\frac{S_{pr}}{\sqrt{n}} = L \quad \text{또는} \quad 2z_{\alpha/2}\frac{S_{pr}}{\sqrt{n}} = L$$

주어진 두 수식은 S_{pr}이 크기가 알려진 표본으로부터 구해진 것인지 아닌지에 의존한다. 따라서 표본 크기로 다음 식에 의한 올림값을 이용하는 것을 추천한다.

$$n = \left(2t_{n_{pr} - 1,\, \alpha/2}\frac{S_{pr}}{L}\right)^2 \quad \text{또는} \quad n = \left(2z_{\alpha/2}\frac{S_{pr}}{L}\right)^2 \tag{7.4.3}$$

식 (7.4.3)은 n_{pr}이 알려진 값인지 아닌지에 의존한다. 식 (7.4.3)의 두 번째 수식은 식 (7.4.2)의 알려지지 않은 σ를 S_{pr}로 대체하였다.

시험용 표본을 구할 수 없을 때 추측될 수 있는 값의 범위를 이용할 수 있다. 다음 수식을 통해 구한 S_{pr}을 식 (7.4.3)의 두 번째 식을 대입하여 표본 크기를 구할 수 있다.

$$S_{pr} = \frac{\text{range}}{3.5} \quad \text{또는} \quad S_{pr} = \frac{\text{range}}{4}$$

이 추정치는 다음에 의해 설명될 수 있다.

$$\sigma = \frac{B-A}{\sqrt{12}} = \frac{B-A}{3.464}, \quad \sigma = \frac{z_{0.025} - z_{0.975}}{3.92}$$

두 식은 각각 균등분포(A, B)와 정규분포$(0, 1)$를 따른다.

p에 대한 표본 크기 추정 가장 일반적으로 사용되는 p에 대한 표본 크기를 추정하는 두 가지 방법은 p의 예비추정치 $\widehat{p}_{pr}$을 구할 수 있는지 아닌지에 따라 나누어진다.

예비추정치 $\widehat{p}_{pr}$이 존재할 때 p에 대한 신뢰구간의 목표 길이 L을 위해 필요한 표본 크기는 n과 올림방법을 이용해 구할 수 있다.

$$2z_{\alpha/2}\sqrt{\frac{\widehat{p}_{pr}(1-\widehat{p}_{pr})}{n}} = L$$

따라서 필요한 표본 크기는 다음 계산에 의한 올림값이다.

$$n = \frac{4z_{\alpha/2}^2\widehat{p}_{pr}(1-\widehat{p}_{pr})}{L^2} \tag{7.4.4}$$

p에 대한 예비추정치가 존재하지 않을 때 식 (7.4.4)에 $\widehat{p}_{pr} = 0.5$를 대입하여 사용한다. 그 이유는 $\widehat{p}_{pr} = 0.5$일 때 $\widehat{p}_{pr}(1-\widehat{p}_{pr})$의 값이 가장 크기 때문이다. 따라서 계산된 표본 크기는 적어도 정확도 수준을 만족할 만큼 크게 될 것이다. 식 (7.4.4)에 $\widehat{p}_{pr} = 0.5$를 대입하면 다음과 같다.

$$n = \frac{z_{\alpha/2}^2}{L^2}$$

노트 7.4-1 식 (7.4.3)의 두 가지 식을 이용한 μ에 대한 표본 크기의 추정은 신뢰구간을 구하게 될 마지막 표본의 표준편차가 S_{pr}과 다르기 때문에 완전히 만족스럽지 못하다. 따라서 목표한 정확도 수준에 도달하지 못할 수도 있다. 일반적으로 정확도의 목표수준은 시행착오를 반복함으로써 도달할 수 있다. 식 (7.4.4)에 의한 p에 대한 표본 크기 추정에서도 마찬가지이다. ◁

R 명령어 *install.packages("BSDA")*를 이용해 BSDA 패키지를 설치하고 다음 R 명령어를 이용해 표본 크기를 추정할 수 있다.

신뢰구간을 위한 표본 크기 추정에 대한 R 명령어

```
library(BSDA) # 패키지 설치
nsize(b=L/2, sigma=Spr, conf.level=1-α, type="mu") # μ에 대한 표본 크기 추정
nsize(b=L/2, p=p, conf.level=1-α, type="pi") # p에 대한 표본 크기 추정
```

표본 크기 추정을 위한 명령어에서 b는 신뢰구간에 대한 목표길이의 절반인 추정오차의 목표범

위를 나타낸다. 또한 μ에 대한 표본 크기 추정의 R 명령어는 사전 표본 크기를 이용하지 않는다. 따라서 항상 식 (7.4.3)에 의한 결과를 나타낸다.

예제 7.4-1 새로운 운영체제에서 편집 명령에 대한 평균 응답 시간의 추정치는 95% 신뢰수준에서 1,000분의 5초의 오차범위를 가져야 한다. 다른 운영체제를 이용한 경험을 통해 $S_{pr} = 25$가 모집단의 표준편차에 타당한 추정치라는 것을 알고 있다. 표본 크기 n을 구하라.

해답

식 (7.4.3)의 두 번째 식에 $\alpha = 0.05(z_{\alpha/2} = 1.96)$, $L = 10$을 대입하면 다음과 같다.

$$n = \left(2 \times 1.96 \times \frac{25}{10} \right)^2 = 96.04$$

계산된 식의 값을 올림하면 필요한 표본 크기 $n = 97$이다. 다음 R 명령어 *nsize(b=5, sigma=25, conf.level=0.95, type="mu")*을 이용해서도 구할 수 있다. ■

예제 7.4-2 중트럭의 윤활유, 제동장치 및 다른 유동 시스템에 이용되는 부속품의 프리코팅을 위한 새로운 방법이 연구되고 있다. 이 방법이 실제로 도입되기 위해서는 프리코팅된 부속품의 누출이 95% 신뢰구간에서 0.01을 넘지 않아야 한다.

(a) 사전 표본이 $\hat{p}_{pr} = 0.9$라고 할 때 필요한 표본 크기를 구하라.

(b) p의 참값에 대한 사전 정보가 없을 때 필요한 표본 크기를 구하라.

해답

0.01을 넘지 않아야 한다는 것은 95% 추정오차범위가 0.01이 되거나 신뢰구간의 목표길이 L이 0.02가 되어야 한다는 말과 같다.

(a) 사전 정보를 알고 있기 때문에 식 (7.4.4)를 이용해 표본 크기를 구할 수 있다.

$$n = \frac{4(1.96)^2(0.9)(0.1)}{0.02^2} = 3{,}457.44$$

올림을 하면 $n = 3{,}458$이다. R 명령어 *nsize(b=0.01, p=0.9, conf.level=0.95, type="pi")* 를 통해 같은 결과를 얻을 수 있다.

(b) 사전 정보를 알지 못하기 때문에 식 (7.4.5)를 이용한다.

$$n = \frac{1.96^2}{0.02^2} = 9{,}604$$

R 명령어 *nsize(b=0.01, p=0.5, conf.level=0.95, type="pi")*를 이용해 같은 결과를 얻을 수 있다. ■

연습문제

1. 소성 점토의 평균 수축률의 추정치는 98% 신뢰수준에서 0.2의 오차범위를 가져야 한다. 시험용 표본 $n_{pr} = 50$일 때 $S_{pr} = 1.2$이다. 직접 계산하거나 **R** 명령어를 이용해 표본 크기를 추정하라.

2. 면사의 파괴 강도의 시험용 표본 측정치 50개의 $S_{pr} = 18g$이다. 직접 계산하거나 **R** 명령어를 이용해 길이 4인 90% 신뢰구간을 구하기 위해 필요한 표본 크기를 추정하라.

3. 신상품 마케팅을 고려하고 있는 한 식품가공회사는 신상품을 구입할 고객의 비율 p에 대해 알기 원한다. 시험용 표본으로 임의로 선택된 40명의 고객 중에 9명이 신상품을 구입할 것이라고 하였다. 직접 계산하거나 **R** 명령어를 이용해 다음 물음에 답하라.

(a) 길이가 0.1인 p에 대한 신뢰구간을 위해 필요한 표본 크기를 구하라.

(b) 사전 정보를 구할 수 없을 때 어떻게 할 것인가?

4. 전력시스템에 이용할 전기기계 보호장치에 대한 사전 연구를 통해 검사에서 실패한 193개의 장치 중에 75개가 기계 부분의 실패였다는 것을 알 수 있었다. 직접 계산하거나 **R** 명령어를 이용해 다음 물음에 답하라.

(a) 95% 신뢰수준에서 0.03 안의 p를 추정하기 위해 요구되는 표본의 크기는 얼마인가?

(b) 사전 정보를 구할 수 없을 때 어떻게 할 것인가?

7.5 예측구간

7.5.1 기본 개념

예측이라는 단어의 의미는 추정이라는 단어와 관련이 있지만 이 둘은 명확히 구분된다. 추정은 모집단 또는 모형의 모수를 위해 사용되고, 예측은 미래의 관측치를 위해 사용된다. 구체적인 예를 들면 핫도그를 먹고 있는 한 사람이 그가 먹고 있는 핫도그에 함유된 지방의 양을 궁금해 한다. 이것은 "먹고 있는 핫도그의 예상되는(평균) 지방 함유량이 무엇일까?"라는 질문과 다르다. 둘의 차이를 더 자세히 설명하기 위해 평균 지방 함유량이 20g이라고 가정하자. 그러나 그가 먹고 있는 핫도그의 지방 함유량은 알 수 없다. 단순히 이런 이유로 이것은 확률변수가 된다.

예측의 기초적 결과는 다음 명제를 통해 알아보자.

명제 7.5-1　평균제곱오차(MSE) 기준에 따르면 확률변수 Y의 가장 좋은 예측치는 평균값 μ_Y이다.

증명

Y의 예측치 P_Y의 예측오차는 $Y - P_Y$이다. MSE 기준을 따르면 가장 좋은 예측치는 가장 작은 MSE값을 갖는 것이다. Y의 예측치 P_Y의 MSE는 $E[(Y - P_Y)^2]$이다. μ_Y를 더하고 뺌으로써 예측치 P_Y의 MSE는 다음과 같이 구할 수 있다.

$$\begin{aligned}
E[(Y - P_Y)^2] &= E[(Y - \mu_Y + \mu_Y - P_Y)^2] \\
&= E[(Y - \mu_Y)^2] + 2E[(Y - \mu_Y)(\mu_Y - P_Y)] + E[(\mu_Y - P_Y)^2] \\
&= \sigma_Y^2 + 0 + (\mu_Y - P_Y)^2
\end{aligned} \tag{7.5.1}$$

마지막 등호는 $(\mu_Y - P_Y)$가 상수이기 때문에 유지된다. 따라서 $E[(\mu_Y - P_Y)^2] = (\mu_Y - P_Y)^2$이고, $E[(Y - \mu_Y)(\mu_Y - P_Y)] = (\mu_Y - P_Y)E[(Y - \mu_Y)] = 0$이다. 식 (7.5.1)은 Y의 모든 예측치에서 얻을 수 있는 가장 작은 MSE는 σ_Y^2이고 $P_Y = \mu_Y$일 때 가장 작은 값을 얻을 수 있다. ■

    명제 7.5-1은 사전 정보를 구할 수 있을 때 가장 좋은 Y의 예측치가 사전 정보로부터 구해진 Y의 조건부 기댓값이라는 것을 나타낸다. 특히 주어진 정보 X의 예측변수가 x일 때 가장 좋은 Y의 예측치는 $E(Y \mid X = x) = \mu_{Y \mid x}(x)$이다.

    예측에서 신뢰구간과 유사하게 **예측구간**(prediction interral, PI)을 사용한다. 대략적으로 미래 관측치 Y에 대한 $(1 - \alpha)100\%$ 예측구간은 다음과 같다.

$$(y_{(1-\alpha/2)}, \ y_{\alpha/2})$$

y_α는 Y 분포(또는 주어진 조건 $X = x$의 분포)의 $(1 - \alpha)100$ 백분위수를 나타낸다. 이러한 이유로 예측구간 추정은 Y 분포(또는 주어진 조건 $X = x$의 분포)에 대한 정보를 필요로 한다. 이것이 신뢰구간과 예측구간의 두드러진 차이이다.

    $Y \sim N(\mu_Y, \sigma_Y^2)$이고 μ_Y와 σ_Y^2을 알고 있다고 가정하면 미래 관측치 Y에 대한 $(1 - \alpha)100\%$ 예측구간은 다음과 같다.

$$(\mu_Y - z_{\alpha/2}\sigma_Y, \mu_Y + z_{\alpha/2}\sigma_Y) \tag{7.5.2}$$

이 예측구간은 그림 7-8에서 설명된다.

    유사하게 정규선형회귀모형($Y \mid X = x \sim N(\alpha_1 + \beta_1 x, \sigma_\varepsilon^2)$)과 모든 모수가 알려져 있다고 가정하면 미래 관측치 Y에 대한 $(1 - \alpha)100\%$ 예측구간은 예측변수가 $X = x$일 때 다음과 같다.

그림 7-8

μ_Y와 σ_Y^2을 알고 있을 때 정규분포를 갖는 미래 관측치에 대한 $(1 - \alpha)$ 100% 예측구간

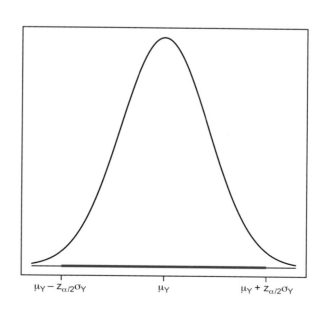

$\mu_Y - z_{\alpha/2}\sigma_Y$ μ_Y $\mu_Y + z_{\alpha/2}\sigma_Y$

그림 7-9

모형의 계수를 알고 있는 정규 단순회귀모형에서 $X = x$일 때 미래 관측치 Y에 대한 신뢰구간

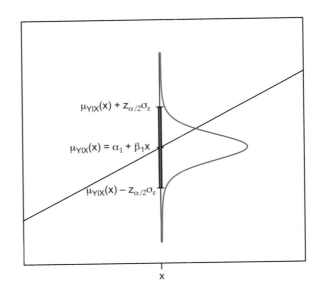

$$\mu_{Y|X}(x) + z_{\alpha/2}\sigma_{\varepsilon}$$

$$\mu_{Y|X}(x) = \alpha_1 + \beta_1 x$$

$$\mu_{Y|X}(x) - z_{\alpha/2}\sigma_{\varepsilon}$$

x

$$(\alpha_1 + \beta_1 x - z_{\alpha/2}\sigma_{\varepsilon}, \ \alpha_1 + \beta_1 x + z_{\alpha/2}\sigma_{\varepsilon}) \tag{7.5.3}$$

이 예측구간은 그림 7-9에서 설명된다.

　물론 모수 μ_Y와 σ_Y(회귀모형에서는 α_1, β_1, σ_{ε})는 알려지지 않기 때문에 추정해야 한다. 그러나 예측구간 추정을 위한 식 (7.5.2)와 (7.5.3)에 모수 대신 추정량을 대체하는 것만으로는 충분하지 않다. 그 이유는 추정량의 변동이 고려되어야 하기 때문이다. 이것은 다음에 설명된다.

7.5.2 정규확률변수의 예측

$Y_1, \cdots, Y_n$은 정규(μ_Y, σ_Y^2) 모집단으로부터 추출한 표본이고, $\overline{Y}$, S^2은 각각 표본평균과 표본분산이다. 명제 7.5-1에 의하면 미래 관측치 Y의 가장 좋은 예측치는 μ_Y이다. $\overline{Y}$가 알려지지 않은 μ_Y(사실 $\overline{Y}$는 정규모형에서 μ_Y의 가장 좋은 추정량이다.)를 추정하면 Y의 예측치로 $\overline{Y}$를 이용한다. Y가 표본으로부터 독립이면(일반적인 경우에) 예측오차 $Y - \overline{Y}$는 다음과 같은 분산을 갖는다.

$$\sigma_Y^2 + \frac{\sigma_Y^2}{n} = \sigma_Y^2\left(1 + \frac{1}{n}\right)$$

(위의 값을 예측오차의 분산 $Y - \mu_Y(=\sigma_Y^2)$과 비교하라.) 따라서 식 (7.5.2)에서 μ_Y를 $\overline{Y}$와 교체하기 위해 σ_Y를 $\sigma_Y\sqrt{1 + 1/n}$으로 교체해야 한다. 마지막으로 σ_Y를 표본표준오차 S로 교체하기 위해 식 (7.5.2)에서 $z_{\alpha/2}$가 $t_{n-1,\alpha/2}$로 교체되어야 한다. 이를 통해 식 (7.5.2)는 다음 $(1 - \alpha)100\%$ 예측구간으로 변형된다.

미래 관측치 Y에 대한 $(1 - \alpha)100\%$ 예측구간

$$\overline{Y} \pm t_{n-1,\,\alpha/2}S\sqrt{1 + \frac{1}{n}} \tag{7.5.4}$$

표본 크기가 충분히 클 때 식 (7.5.4)의 예측구간은 식 (7.5.2)의 예측구간과 거의 같아진다. 이 것은 n이 충분히 커지면 $\overline{Y} \simeq \mu_Y$, $S \simeq \sigma_Y$(둘 다 대수의 법칙에 의해), $t_{n-1,\alpha/2} \simeq z_{\alpha/2}$, $1+1/n \simeq 1$ 이기 때문이다.

데이터를 R 객체 y로 설정하면 식 (7.5.4)의 예측구간을 다음 R 명령어를 통해 얻을 수 있다.

식 (7.5.4)에 의해 계산되는 $(1 - \alpha)100\%$ 예측구간을 위한 R 명령어

```
predict(lm(y~1), data.frame(1), interval="predict",
    level=1-α)
```
(7.5.5)

예제 7.5-1

다음은 특정 형태의 핫도그 표본 10개로부터 측정한 지방 함유량이다.

$$y| \quad 24.21, 20.15, 14.70, 24.38, 17.02, 25.03, 26.47, 20.74, 26.92, 19.38$$

이 데이터를 이용하여 다음에 표본으로 추출되는 핫도그의 지방 함유량에 대한 95% 예측구간을 추정하라. 이 예측구간의 유효성을 위해 어떤 가정이 필요한가?

해답

이 데이터의 표본평균과 표본표준오차는 각각 $\overline{Y} = 21.9$, $S = 4.13$이다. 이것과 백분위수 $t_{9,\,0.025} = 2.262$를 식 (7.5.4)에 대입하면 다음과 같은 95% 예측구간을 구할 수 있다.

$$\overline{Y} \pm t_{9,0.025}\, S \sqrt{1 + \frac{1}{n}} = (12.09, 31.71)$$

R 명령어 $y=c(24.21,\ 20.15,\ 14.70,\ 24.38,\ 17.02,\ 25.03,\ 26.47,\ 20.74,\ 26.92,\ 19.38)$를 이용해 R 객체 y로 데이터를 복사한 후 다음 R 명령어 $predict(lm(y{\sim}1),\ data.frame(1),\ interval="predict",\ level=0.95)$를 이용해 같은 예측구간을 구할 수 있다. 추정된 예측구간은 10개의 관측치가 정규 모집단으로부터 추출되었다는 가정하에 유효하다. 이 데이터의 정규 Q–Q 도표(여기에 도표를 첨부하지는 않는다)는 이 가정이 매우 옳다는 것을 보여 준다. ■

7.5.3 정규단순선형회귀모형에서 예측

$(X_1, Y_1), \cdots, (X_n, Y_n)$을 $(X,\ Y)$의 모집단으로부터 추출한 표본이고 $\widehat{\alpha}_1$, $\widehat{\beta}_1$, S_ε^2을 각각 α_1, β_1, σ_ε^2의 최소제곱추정량(LSEs)이라고 하자. 명제 7.5-1에 의해 $X = x$일 때 미래 관측치 Y의 가장 좋은 예측치는 $\mu_{Y|X}(x) = \alpha_1 + \beta_1 x$이다. $(X,\ Y)$의 모집단이 정규단순선형회귀모형의 가정을 만족한다고 하자. $\widehat{\alpha}_1$와 $\widehat{\beta}_1$가 각각 α_1, β_1을 추정하면(사실, 이들은 정규단순선형회귀모형에서 가장 좋은 추정량이다), Y를 예측하기 위해 $\widehat{\mu}_{Y|X}(x) = \widehat{\alpha}_1 + \widehat{\beta}_1 x$를 이용한다.

식 (7.5.3)에서 알려지지 않은 모수를 그들의 추정량으로 대체하여 식 (7.5.4)의 예측구간을 구한 방법과 유사하게 추가적인 교체를 통해 식을 변형하여 다음 $X = x$일 때 미래 관측치 Y에 대한 $(1 - \alpha)100\%$ 예측구간을 구하였다.

$X = x$일 때
관측치 Y에 대한
$(1 - \alpha)100\%$
예측구간

$$\widehat{\mu}_{Y|X=x} \pm t_{n-2,\,\alpha/2} S_\varepsilon \sqrt{1 + \frac{1}{n} + \frac{n(x - \overline{X})^2}{n \sum X_i^2 - (\sum X_i)^2}} \tag{7.5.6}$$

예측치와 반응변수 데이터를 각각 R 객체 x와 y로 하고 $X = v$(여기서 x는 X를 포함하는 R 객체를 나타내므로 식 (7.5.6)의 x 대신에 v를 사용)일 때 새로운 관측치 Y에 대한 식 (7.5.6)의 예측구간은 다음 R 명령어를 이용해 구할 수 있다.

식 (7.5.6)에 의해 계산되는 $(1 - \alpha)100\%$ 예측구간을 위한 R 명령어

```
predict(lm(y~x), data.frame(x=v), interval="predict",
    level=1-α)
```
(7.5.7)

위 명령어 *data.frame(x=v)* 안의 v는 *data.frame(x=4)*과 같이 단일값이 될 수도 있고 *data.frame(x=c(4, 6.3, 7.8))*처럼 여러 값의 집합이 될 수도 있다. 후자의 경우 $X = 4$, $X = 6.3$, $X = 7.8$에서 미래 관측치에 대한 예측구간을 구한다.

예제 7.5-2 강우량(X)과 토사유출량(Y)에 대한 데이터는 *SoilRunOffData.txt*[4] 파일에서 찾을 수 있다. 다음 강수량 $X = 62$일 때 토사유출량을 예측하고 $X = 62$일 때 토사유출량에 대한 95% 예측구간을 추정하라. 예측과 예측구간의 유효성을 위해 어떤 가정이 필요한가?

해답

$n = 15$ 데이터는 다음과 같은 요약통계량을 나타낸다. $\sum_i X_i = 798$, $\sum_i X_i^2 = 63040$, $\sum_i Y_i = 643$, $\sum_i Y_i^2 = 41999$, $\sum_i X_i Y_i = 51232$이 요약통계량을 기반으로 α_1, β_1, σ_ε의 최소제곱추정량(LSEs)을 $\widehat{\alpha}_1 = -1.128$, $\widehat{\beta}_1 = 0.827$, $S_\varepsilon = 5.24$로 구하였다(식 (7.3.6)과 (7.3.7) 참고). 다음 강수량 $X = 62$일 때 예측된 토사유출량은 다음과 같다.

$$\widehat{\mu}_{Y|X=62} = -1.128 + 0.827 \times 62 = 50.15$$

위 계산과 백분위수 $t_{13,\,0.25} = 2.16$을 식 (7.5.6)에 대입하면 $X = 62$일 때 Y 관측치에 대한 95% 예측구간을 다음과 같이 구할 수 있다.

$$\widehat{\mu}_{Y|X=62} \pm t_{13,\,0.025}(5.24)\sqrt{1 + \frac{1}{15} + \frac{15(62 - 798/15)^2}{15 \times 63,040 - 798^2}} = (38.43, 61.86)$$

---

4 M. E. Barrett et al. (1995). Characterization of Highway Runoff in Austin, Texas Area, Center for Research in Water Resources, University of Texas at Austin, Tech. Rep.# CRWR 263.

그림 7-10

예제 7.5-2의 데이터에 대한 산점도(왼쪽)와 잔차 Q-Q 도표(오른쪽)

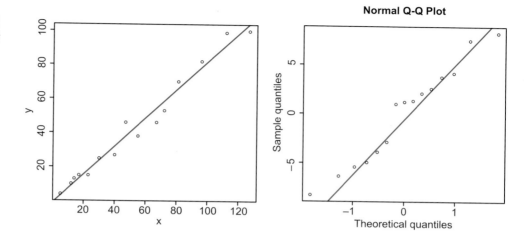

예측치와 반응변수에 대한 데이터를 각각 R 객체 *x*와 *y*라고 할 때 R 명령어 *predict(lm(y~x)*, *data.frame(x=62)*, *interval="predict"*,*level=0.95)*를 통해 같은 예측구간을 구할 수 있다. 예측의 유효성을 위해 *X*에 대한 *Y*의 회귀함수의 선형성 가정을 만족해야 한다. 예측구간의 유효성은 정규선형회귀모형의 가정, 즉 추가적으로 등분산성 가정과 고유오차변량의 정규성 가정을 만족해야 한다. 그림 7-10의 왼쪽의 산점도는 이 데이터가 첫 번째와 두 번째 가정을 만족한다는 것을 보여 주고 있다. 그림 7-10의 오른쪽의 잔차에 대한 정규 Q-Q 도표는 정규성 가정을 크게 위반하지 않는 것을 보여 준다.

연습문제

1. 임의 추출된 기계에 의해 만들어지는 초코 칩 쿠키의 표본 16개의 평균 무게는 3.1온스이고 표준편차는 0.3온스이다. 신뢰수준 90%에서 다음에 추출되는 초코 칩 쿠키의 무게를 포함하는 구간을 추정하고 유효성을 위해 필요한 가정을 설명하라.

2. 시간에 따라 토양에 저장되는 에너지의 양과 관련된 지중 열전도량은 농업 기상학 연구에 널리 사용된다. 응용의 한 가지 예로 과수원에서 서리에 의한 피해를 방지하는 것이 있다. 석탄가루에 덮여 있는 8개의 땅의 열유속 측도의 $\overline{X} = 30.79$, $S = 6.53$이다. 이 서리 피해 방지방법을 이용하고 있는 한 농부가 이 정보를 이용해 자신의 석

탄가루에 덮인 땅의 열유속을 예측하기 원한다.

(a) 90% 예측구간을 추정하고 유효성을 위해 필요한 가정을 설명하라.

(b) 평균 열유속에 대한 90% 신뢰구간을 추정하고 유효성을 위해 필요한 가정을 설명하라.

3. $cs = read.table("Concr.Strength.1s.Data.txt"$, $header=T)$를 이용해 물/시멘트 비율이 0.4인 콘크리트 실린더의 압축 강도 측정치에 대한 *cs* 데이터를 R 데이터 프레임으로 읽어 들이고 명령어 $y=cs\$Str$를 이용해 R 객체 *y*로 *n* = 32개의 데이터를 복사하라.[5] R 명령어를 이용해 다음을 완성하라.

---

5 V. K. Alilou and M. Teshnehlab (2010). Prediction of 28-day compressive strength of concrete on the third day using artificial neural networks. *International Journal of Engineering (IJE)*, 3(6): 521–670.

(a) 다음 콘크리트 표본의 압축 강도에 대한 95% 예측구간을 추정하라.

(b) 이 데이터의 정규 Q-Q 도표를 그리고 정규성 가정을 만족하는지 확인하라.

4. "운전자와 자전거 사용자에 미치는 자전거 전용도로의 영향"이라는 기사에서 사용된 데이터는 X = 도로의 중앙선과 자전거 사용자 간의 거리, Y = 자전거 사용자와 지나가는 차와의 분리거리를 나타낸다(둘 다 사진을 통해 측정되었다). n = 10개의 자전거 전용도로가 있는 거리에서 측정된 피트 단위의 데이터는 다음과 같은 요약통계량을 나타낸다.[6] $\sum_i X_i = 154.2$, $\sum_i Y_i = 80$, $\sum_i X_i^2 = 2452.18$, $\sum_i Y_i^2 = 675.16$, $\sum_i X_i Y_i = 1282.74$이다. X값의 범위는 12.8피트에서 20.8피트이다. 최소제곱법을 이용한 단순선형회귀모형 적합을 통해 α_1, β_1, σ_ε^2에 대한 다음과 같은 추정치를 구하였다. $\hat{\alpha}_1 = -2.1825$, $\hat{\beta}_1 = 0.6603$, $S_\varepsilon^2 = 0.3389$이다.

(a) 다음 자전거 사용자가 중앙선으로부터 15피트 떨어져 있을 때 자동차와의 분리거리에 대한 90% 신뢰구간을 구하라.

(b) 국가 수준의 위원회에서 자전거 도로의 안정성을 조사하기 위해 토목공학 부서에 중앙선과 자전거 사용자와의 거리가 12피트일 때 분리거리에 대한 90% 예측구간을 요청하였다. 토목공학 부서의 대답은 무엇일까?

5. 9월과 11월 사이에 포획된 50마리의 흑곰을 마취한 상태에서 몸의 크기와 무게를 측정하였다.[7] 다음 R 명령어 $bd = read.table("BearsData.txt", header = T)$; $x = bd\$Chest.G$; $y = bd\$Weight$를 이용해 R 데이터 프레임 bd로 추출하고 가슴둘레와 몸무게 측정치를 각각 R 객체 x와 y로 복사하라. R 명령어를 이용해 다음을 완성하라.

(a) 몸무게만(y)을 이용할 때 같은 기간에 잡힐 다음 흑곰의 몸무게를 예측하고 95% 예측구간을 추정하라.

  (i) 예측의 유효성을 위해 어떤 가정이 필요한가?

  (ii) 예측구간의 유효성을 위해 어떤 가정이 필요한가?

(b) 가슴둘레와 몸무게 측정치를 모두 이용해서 같은 기간에 잡힌 가슴둘레가 40cm인 흑곰의 몸무게를 예측하고 95% 예측구간을 추정하라.

  (i) 예측의 유효성을 위해 어떤 가정이 필요한가?

  (ii) 예측구간의 유효성을 위해 어떤 가정이 필요한가?

(c) (a)와 (b)에서 추정된 예측구간의 길이에 대하여 설명하라.

---

6 B. J. Kroll and M. R. Ramey (1977). Effects of bike lanes an driver and bicyclist behavior, *Transportation Eng. J.*, 103(2): 243 – 256.

7 이 데이터는 Gary Alt에 의해 Minitab에 제공된 데이터의 일부다.

가설검정

8.1 개요

의사결정을 비롯한 많은 상황에서 조사자들은 어떤 모수에 관한 진술이 참인지를 결정하게 된다. 예를 들어, 제품에 새로운 설계를 적용할 것인가를 정하는 문제는 해당 제품의 어떤 품질 특성의 평균값이 특정한 한계값을 초과하는지 여부에 따라 달라질 수 있다. 우리가 관심을 가지고 있는 모수의 값에 관한 진술을 가설이라고 한다. 이 장에서는 가설검정이라는 통계적 절차, 즉 데이터를 근거로 어떤 모수 θ의 참값에 대한 특정 가설이 참인지 여부를 결정하는 과정에 대해 다룬다.

모수 θ의 참값에 대한 타당한 (데이터에 의해 뒷받침될 수 있는) 값의 집합인 신뢰구간이 가설검정에 쓰일 수 있다. 가령, 다음과 같은 형태의 가설을 검정한다고 생각해 보자.

$$H_0 : \theta = \theta_0 \tag{8.1.1}$$

여기서 θ_0는 구체적인 값이다. 이 가설을 검정하기 위한 합리적인 방법은 θ에 대한 신뢰구간을 정하고 구체적인 값인 θ_0가 신뢰구간에 속하는지를 확인하는 것이다. 만약 신뢰구간에 포함이 된다면 데이터를 근거로 H_0가 타당하다고 판단되므로 기각할 수 없다. 반면, 신뢰구간에 속하지 않는 경우는 H_0가 데이터에 의해 뒷받침될 수 없고, 따라서 기각된다. 검정절차에 대한 구체적인 예를 살펴보기 위해 모평균이 9.8이라는 가설을 가정해 보자. 이때, $\theta = \mu$, $\theta_0 = 9.8$이다.

$$H_0 : \mu = 9.8$$

데이터에 의해 구해지는 μ의 참값에 관한 95% 신뢰구간이 (9.3, 9.9)라고 가정하자. 9.8은 95% 신뢰구간에 속하는 값이므로 H_0는 데이터에 의해 기각되지 않으며, 통계적인 용어로는 H_0가 유의수준 $\alpha = 0.05$일 때 기각할 수 없다고 표현한다.

신뢰구간과 가설검정이 서로 밀접한 관계가 있다고는 하지만, 가설검정 시 많은 문제점이 생기므로 분리하여 다룰 필요가 있다. 다음 나열한 것과 같은 문제점들이 존재한다.

1. **귀무가설과 대립가설**. 모든 가설검정 상황에는 귀무가설(null hypothesis)과 대립가설 (alternative hypothesis)이 존재한다. 일반적으로 대립가설은 귀무가설의 진술에 대한 보완적 진술이 된다. 가령, $H_0 : \theta = \theta_0$인 귀무가설에 대한 대립가설은 다음과 같다.

$$H_a : \theta \neq \theta_0$$

이러한 대립가설을 양측가설이라 부른다. 다른 유형으로 귀무가설을 다음과 같이 기술하기도 한다.

$$H_0 : \theta \leq \theta_0 \ \text{또는} \ H_0 : \theta \geq \theta_0 \tag{8.1.2}$$

이에 대응되는 대립가설은 다음과 같다.

$$H_a : \theta > \theta_0 \ \text{또는} \ H_a : \theta < \theta_0 \tag{8.1.3}$$

식 (8.1.3)의 대립가설을 단측가설이라 부른다. 귀무가설과 대립가설의 검정절차는 서로 차이가 있다. 검정절차는 기본적으로 귀무가설을 법정에서의 무죄추정의 원칙과 유사한 방법으로 취급한다. 따라서 귀무가설은 그것을 부정할 만큼 강력한 증거(법적 용어인 '합리적 의심'을 넘어서는 것)가 있지 않은 한 기각되지 않는다. 이 장에서 가장 중요한 학습목표는 주어진 검정 상황에서 귀무가설과 대립가설을 설정하는 것이다.

2. **기각규칙**. 식 (8.1.1)의 귀무가설 기각 여부를 판단하기 위해 소개된 신뢰구간 바탕의 직관적인 검정절차는 식 (8.1.2)의 단측검정 귀무가설을 검정하는 데는 적합하지 않다. 단측 신뢰구간과 그것을 중심으로 한 단측가설 검정절차를 정의하는 것은 가능하지만, 검정절차에 의한 결과를 보고하기 위한 보다 유익한 방법론이 있다(아래의 4 참조). 또한, 신뢰구간을 기반으로 한 절차에 비해 보다 분명한 검정절차가 존재한다. 그러므로 이번 장에서 제시하는 기각규칙은 신뢰구간을 명백히 언급하지 않는다.

3. **표본의 크기 결정**. 이 문제는 바람직한 수준의 정확도가 있는 신뢰구간 결정에 필요한 표본 크기를 정하기 위한 고려사항 중에서 특히 중요성이 있는 것이다.

4. **결과보고**. 검정의 결과를 'H_0가 기각된다.' 또는 'H_0를 기각하지 못한다'로 보고하는 관행은 H_0에 반대되는 증거의 강도(또는 부족함)에 대해 가능한 모든 정보를 전달하지 못하므로, 완전한 정보의 전달은 소위 p값에 의해 전달될 수 있다.

이 장에서는 모평균, 중앙값, 분산, 비율에 관한 가설검정 문제를 어떻게 다룰 것인지 배울 것이며, 단순선형회귀모형에서 회귀모수에 관해 배울 것이다.

8.2 검정절차 구성

8.2.1 귀무가설과 대립가설

우리가 고려해야 할 가설검정 문제는 H_0로 나타내는 **귀무가설**과 H_a로 표시되는 **대립가설**, 이 두 가지 경쟁 가설 중에서 하나를 결정하는 형태를 취한다. H_0와 H_a를 적절하게 지정하는 것이 매우 중요한데, 그 이유는 검정절차가 이 두 가설을 대칭적으로 다루지 않기 때문이다. 보다 구체적으로 검정의 절차는 데이터가 H_0를 기각할 정도로 그것에 반하는 확실한 증거를 제시하지 않는 이상 귀무가설을 선호하도록 설계되어 있다. 유추하기 위해서 검정절차는 귀무가설을 마치 법정에서 피고의 유죄가 입증되지 않는 이상 무죄라고 가정하는 무죄추정의 원칙과 같이 취급한다.

이는 곧, H_0를 기각할 수 없다고 해서 그것을 참이라고 할 수 없음을 뜻한다. 자료에 나타난 증거가 그것을 기각할 만큼 충분히 확실하지 않다고는 말할 수 있다. 만약 θ_0가 θ의 신뢰구간에 속하지 않는다면 $H_0 : \theta = \theta_0$를 기각하는 신뢰구간에 근거한 검정절차가 이것을 가장 잘 보여 준다. 왜냐하면 신뢰구간에 있는 모든 값은 참모수값이 될 타당한 후보이기 때문에 $H_0 : \theta = \theta_0$를 기각하지 못하는 것이 H_0가 참임을 증명하는 것이 아님은 명백하다. 예를 들어 만약 $H_0 : \mu = 9.8$이라면 μ를 위한 95% 신뢰구간은 $(9.3, 9.9)$이며, 그때 $H_0 : \mu = 9.8$은 $\alpha = 0.05$ 수준에서 기각되지 않는다. 반면에 $H_0 : \mu = 9.8$을 기각하지 않음으로써 $H_0 : \mu = 9.4$도 기각되지 않는다. $H_0 : \mu = 9.8$이 참이라는 것을 증명하지 못했기 때문이다. 이는 법정에서 피고가 무죄를 선고받을 때까지 피고의 결백이 입증되지 않는 것과 같다. 검정절차는 H_0가 기각될 경우에만 통계적인 증거를 제공한다. 그 경우에 **유의수준** α로 대립가설이 증명되었다고 말할 수 있다. 유의수준은 귀무가설을 기각할 때 우리가 귀무가설을 기꺼이 받아들일 합리적 의심을 정량화한다. 좀 더 정확한 정의는 8.2.2절을 참조하라.

위 논의에 따른 H_0와 H_a를 지정하기 위한 규칙은 다음과 같다.

H_0와 H_a를 지정하기 위한 규칙

조사자가 증거나 통계적 증명을 찾고자 하는 진술은 H_a로 지정된다. 이에 상호보완적인 진술은 H_0로 지정된다.

식 (8.1.1)과 (8.1.2)에서 쓰인 것처럼 등호($=$, $\geq$, $\leq$)는 항상 H_0 진술의 일부라는 것을 인지할 필요가 있다.

예제 8.2-1

다음의 각 검정 상황을 위해서 H_0와 H_a를 지정하라.

(a) 한 트럭 회사는 어떤 타이어는 평균 28,000마일을 갈 수 있다는 타이어 제조사의 주장이 거짓이라고 의심한다. 그 회사는 이런 의구심을 지지하는 증거를 제공하기 위한 자료수집과 가설검정을 포함하는 연구를 수행하고자 한다.

(b) 한 타이어 제조사는 특정 타이어 제품이 평균 28,000마일 이상 동안 고장 없이 지속성이 있다는 주장을 하고자 한다. 이 회사는 이 주장의 유효성을 얻기 위한 자료수집 및 가설검정을 포함하는 연구를 수행하고자 한다.

해답

(a) 질문에서 μ를 타이어의 평균 수명이라 하자. 트럭 회사는 타이어 제조사의 주장이 틀렸다는 증거, 즉 $\mu < 28,000$이라는 사실을 지지하는 증거를 찾고자 한다. 규칙에 따라 해당 사실을 H_a로 설정하고 그에 반대되는 사실을 H_0로 설정한다. 따라서 검정해야 하는 가설은 $H_0 : \mu \geq 28,000$ 대 $H_a : \mu < 28,000$이다.

(b) 제조사는 $\mu > 28,000$이라는 주장을 지지할 수 있는 증거를 찾는다. 규칙에 따라 해당 사실을 H_a로 설정하고, 그에 반대되는 사실을 H_0로 설정한다. 따라서 검정해야 할 가설은 $H_0 : \mu \leq 28,000$ 대 $H_a : \mu > 28,000$이다. ∎

8.2.2 검정 통계량과 기각규칙

검정의 절차는 **검정 통계량**(test statistic)과 **기각규칙**(rejection rule, RR)에 의해 구체화된다. 어떤 모수 θ에 관한 귀무가설 H_0를 검정하기 위한 검정 통계량은 θ의 점추정량인 $\hat{\theta}$에 바탕을 둔다. (8.3.4절과 8.3.5절에서는 다른 종류의 검정 통계량에 대해서도 살펴볼 것이다.) 기각규칙은 언제 H_0가 기각되어야 하는지를 기술한다. 기본적으로 검정 통계량이 H_0가 참이라면 갖기 힘든 값(대립가설에 가깝게 너무 크거나 너무 작은 값)을 가지는 경우에 H_0가 기각된다.

예를 들어, 예제 8.2-1(a)에서 $H_0 : \mu \geq 28,000$인 가설검정 문제를 생각해 보자. $\overline{X}$를 n개의 타이어 확률 표본에 대한 수명의 평균이라 하자. $\overline{X}$는 μ의 추정치로서 H_0가 참이라면 28,000보다 훨씬 작은 값을 갖지는 않을 것으로 판단된다. 따라서 기각역은 28,000보다 작은 어떤 상숫값 C_1에 대해 $\overline{X} \leq C_1$의 형태를 지닌다. 가령, $\overline{X} \leq 27,000$, $\overline{X} \leq 26,000$ 등이 기각역이 될 수 있다. 마찬가지로, 예제 8.2-1(b)의 귀무가설 $H_0 : \mu \leq 28,000$는 $\overline{X}$가 H_0가 참이라면 갖기 힘든 정도의 큰 값을 갖는 경우 기각된다. 따라서 기각역은 $\overline{X} \geq C_2$의 형태를 지니며, 여기서 C_2는 29,000, 30,000 또는 28,000보다 큰 다른 상숫값을 가질 수 있다. 마지막으로 $H_0 : \mu = 28,000$ 대 $H_a : \mu \neq 28,000$을 검정할 시, 기각역은 $\overline{X} \leq C_3$ 혹은 $\overline{X} \geq C_4$의 형태를 지니는데, 이는 C_3, C_4가 신뢰구간의 한계점에 해당하는 신뢰구간 기반의 검정이 된다.

그렇다면 상수 C_1, C_2, C_3, C_4를 얼마나 정확하게 선택할 수 있는가? 이 질문에 대한 답은 신뢰구간에 따라 달라지는데, 신뢰구간은 다음과 같이 정의된다.

신뢰수준의 정의

신뢰수준(level of signi ficance)은 H_0를 잘못 기각할 (최대의) 확률이며, 이는 다른 말로 H_0가 참일 때 H_0를 기각하게 될 (최대) 확률이다.

앞서 언급한 것과 같이 유의수준은 H_0가 틀렸다는 잘못된 결론을 수용하게 될 위험(법적 용어로는 '합리적 의심'이라 함)을 의미한다. C_1과 C_2는 유의수준이 구체화됨으로써 결정될 수 있음이 밝혀져 있다. 이 과정이 수행되는 것을 다음 예제를 통해 확인해 볼 수 있다.

예제 8.2-2

예제 8.2-1의 두 검정 문제 (a)와 (b)에서 운용 수명이 대략적으로 정규분포를 따르고 모분산 σ^2이 알려져 있다고 하자. (a)와 (b)의 기각역은 각각 $\overline{X} \leq C_1$과 $\overline{X} \geq C_2$라 하자. 검정의 유의수준이 $\alpha = 0.05$가 되도록 하는 C_1 및 C_2의 값을 정하라.

해답

$H_0 : \mu \geq 28{,}000$인 (a) 검정 문제를 먼저 생각해 보자. 유의수준, 즉 H_0를 잘못 기각할 확률에 대한 요구 수준이 0.05를 넘지 않도록 표현해야 하는데, 이는 수학적으로 다음과 같이 표기된다.

$$P(\overline{X} \leq C_1) \leq 0.05 \quad H_0\text{가 참} \tag{8.2.1}$$

확률 $P(\overline{X} \leq C_1)$은 명백히 μ의 참값에 따라 달라지는데, H_0가 참이면 μ의 참값은 $\geq 28{,}000$인 어떤 값도 될 수 있다. H_0에 의해 한정되는 범위($\geq 28{,}000$)에서 μ가 무슨 값을 갖든, 중요한 것은 위의 확률이 0.05를 초과하지 않는 C_1을 선택하는 것이다. 사건 $\overline{X} \leq C_1$에 의해 $\overline{X}$가 '작은' 값으로 한정되기 때문에 그것의 확률은 μ가 H_0에 의해 한정되는 가장 작은 값 $\mu = 28{,}000$일 때 최대가 된다. 따라서 식 (8.2.1)의 요건은 $\mu = 28{,}000$일 때, $P(\overline{X} \leq C_1) = 0.05$가 되는 C_1을 선택함으로써 만족된다. 이는 $\mu = 28{,}000$일 때 $\overline{X}$ 분포의 5분위수 값을 C_1으로 하면 해결되므로 $C_1 = 28{,}000 - z_{0.05}\sigma/\sqrt{n}$가 된다($\sigma$가 알려져 있음을 상기하자). 이 결과에 따른 기각역은 다음과 같은 형태이다.

$$\overline{X} \leq 28{,}000 - z_{0.05}\sigma/\sqrt{n} \tag{8.2.2}$$

마찬가지로 (b)의 귀무가설 $H_0 : \mu \leq 28{,}000$을 검정하기 위한 상수 C_2는 H_0를 잘못 기각할 확률이 0.5보다 크지 않게 하는 요건에 의해 결정될 수 있으며, 이를 수학적으로 표기하면 다음과 같다.

$$P(\overline{X} \geq C_2) \leq 0.05, \quad H_0\text{가 참일 때} \tag{8.2.3}$$

다시 돌아가서 H_0에 의해 한정되는 μ값의 범위($\mu \leq 28{,}000$) 중에서 $\mu = 28{,}000$일 때, 확률 $P(\overline{X} \geq C_2)$이 최대가 된다는 점에 이견이 있을 수 있다. 따라서 $\mu = 28{,}000$일 때 $P(\overline{X} \geq C_2) = 0.05$가 되도록 하는 C_2를 선택하면 식 (8.2.3)의 요건이 만족된다. $\mu = 28{,}000$일 때 $\overline{X}$의 분포에서 95 백분위수를 C_2로 하면 구해진다. 이에 따른 기각역은 다음과 같은 형태가 된다.

$$\overline{X} \geq 28{,}000 + z_{0.05}\sigma/\sqrt{n} \tag{8.2.4}$$

다음 예제는 μ_0가 특정한 값일 때, 검정 통계량의 관점에서 $H_0 : \mu = \mu_0$를 검정하기 위한 신뢰구간 중심의 기각역(**RR**)을 나타내며, 검정의 유의수준이 신뢰구간의 신뢰수준과 관계가 있음을 보여 준다.

예제 8.2-3

$X_1, \cdots, X_n$을 정규 모집단(μ, σ^2)으로부터의 단순확률표본이라 하고, 가설 $H_0 : \mu = \mu_0$ 대 $H_a : \mu \neq \mu_0$에 대해 μ_0가 μ의 $(1 - \alpha)100\%$ T 신뢰구간에 속하지 않는 경우 H_0를 기각하는 가설검

정 문제를 생각해 보자. 검정 통계량을 이용해 기각역을 표현하고 유의수준이 α임을 보여라.

해답

μ에 대한 $(1 - \alpha)100\%$ 신뢰구간이 $\overline{X} \pm t_{n-1,\alpha/2}S/\sqrt{n}$이므로 다음이 만족되면 H_0가 기각된다.

$$\mu_0 \leq \overline{X} - t_{n-1,\,\alpha/2}S/\sqrt{n} \quad \text{또는} \quad \mu_0 \geq \overline{X} + t_{n-1,\,\alpha/2}S/\sqrt{n}$$

대수적인 변환을 거쳐 2개의 부등식으로 다시 쓰면 다음과 같다.

$$\frac{\overline{X} - \mu_0}{S/\sqrt{n}} \geq t_{n-1,\,\alpha/2} \quad \text{또는} \quad \frac{\overline{X} - \mu_0}{S/\sqrt{n}} \leq -t_{n-1,\,\alpha/2}$$

통계량이 다음과 같을 때,

$$T_{H_0} = \frac{\overline{X} - \mu_0}{S/\sqrt{n}}$$

신뢰구간 중심의 기각역(**RR**)은 다음과 같이 표현된다.

$$\left| T_{H_0} \right| \geq t_{n-1,\,\alpha/2} \tag{8.2.5}$$

결국, H_0가 참일 때 $T_{H_0} \sim T_{n-1}$(명제 7.3-1 참조)이므로 유의수준, 즉 H_0를 잘못 기각할 (최대) 확률인 α에 따라 달라진다. ■

예제 8.2-3의 검정 통계량 T_{H_0}는 $\overline{X}$의 **표준화**된 형태[1]이다. 일반적으로 모수 θ에 대한 가설검정 시의 기각역은 표준화된 $\hat{\theta}$을 이용하여 보다 간결하게 표현된다. 예를 들어 $\mu_0 = 28,000$일 때, 표준화된 검정 통계량이 다음과 같을 때,

$$Z_{H_0} = \frac{\overline{X} - \mu_0}{\sigma/\sqrt{n}} \tag{8.2.6}$$

식 (8.2.2)와 (8.2.4)의 기각역(**RR**)을 각각 다음과 같이 쓸 수 있다.

$$Z_{H_0} \leq -z_{0.05}, \quad Z_{H_0} \geq z_{0.05} \tag{8.2.7}$$

이러한 이유로 $\hat{\theta}$를 중심으로 한 검정 통계량은 항상 표준화된 $\hat{\theta}$의 형태로 주어질 것이다.

8.2.3 Z 검정과 T 검정

모수 θ에 대한 귀무가설을 항상 다음과 같이 기술하는 관례를 통해 검정절차에 대한 설명이 간략해질 수 있다.

---

[1] 표준화된 추정량 $\hat{\theta}$은 그것의 평균을 표준오차 또는 추정표준오차로 나누어 구한다.

$$H_0 : \theta = \theta_0 \tag{8.2.8}$$

이때 θ_0는 특정한 값을 나타내며, 대립가설이 $H_a : \theta < \theta_0$ 또는 $H_a : \theta > \theta_0$ 또는 $H_a : \theta \neq \theta_0$ 중 어떤 형태이든 상관없다. 실제로 검정하고자 하는 귀무가설은 항상 주어진 대립가설과 상보관계에 있으므로 편리성과 단순성을 위한 관례적 표기로 인해 혼동이 있어서는 안 된다.

신뢰구간을 이용하는 것으로 Z 검정과 T 검정이 있다. 식 (8.2.5)의 기각규칙은 T 검정에 대한 예이며, 식 (8.2.7)은 Z 검정에 대한 예이다. 일반적으로 표준정규분포로부터의 백분위수를 이용해 기각규칙을 기술하는 검정방법이 Z 검정이며, T 분포로부터의 백분위수를 이용하는 방법이 T 검정이다. 항상 그런 것은 아니지만, 신뢰구간을 이용한 검정방법은 기각규칙을 명시하기 위해 사용된 백분위수가 얻어진 분포에 따라 명명되는 것이 일반적이다. 이는 다음 절에서 논의하게 될 것이다.

Z 신뢰구간과 같이, 평균에 대한 Z 검정은 모집단의 분산이 알려져 있고 모집단이 정규분포를 따르거나 표본의 크기가 충분히 큰 경우(30 이상)에만 사용될 수 있다. 이 경우, 일반적인 대립가설에 대해 μ_0가 특정한 값을 갖는 $H_0 : \mu = \mu_0$를 검정하기 위한 검정 통계량은 식 (8.2.6)에 주어진 Z_{H_0}이다. 아래 첨자로 쓰인 H_0는 H_0가 참일 때 Z_{H_0}가 표준정규분포를 따름을 상기시킨다. (정확히는 정규분포로부터의 표본이거나 $n \geq 30$인 경우 근사적으로 이를 따름)

모집단의 분산이 알려져 있다는 가정 자체는 현실적이지 않으므로 이 책에서는 평균에 대한 Z 검정을 강조하지 않는다. 대신, Z 검정은 비율과 중앙값에 대해 주로 쓰일 것이다. p_0가 특정한 값을 지닐 때, 일반적인 대립가설에 대해 $H_0 : p = p_0$를 검정하기 위한 Z 검정 통계량은 다음과 같다.

$H_0 : p = p_0$에 대한
Z 검정 통계량

$$Z_{H_0} = \frac{\hat{p} - p_0}{\sqrt{p_0(1 - p_0)/n}} \tag{8.2.9}$$

드무아브르-라플라스 정리(DeMoiver-Laplace Theorem)에 따르면 n이 충분히 큰 경우($np_0 \geq 5$이고 $n(1 - p_0) \geq 5$), $H_0 : p = p_0$가 참일 때만 Z_{H_0}가 근사적으로 표준정규분포를 따른다.

T 구간 추정과 같이, T 검정은 평균이나 회귀계수(기울기, 절편, 회귀선)에 대해서 쓰일 것이다. θ를 이 중 어느 하나라 하고, $\hat{\theta}$와 $S_{\hat{\theta}}$가 각각 θ의 추정량, 추정치의 표준오차를 나타낸다고 하자. 7.1.3절에서 언급했듯이 정규 모집단으로부터 표본을 추출하였을 때, 어떠한 표본 크기 n에 대해서도 다음은 참이 된다.

$$\frac{\hat{\theta} - \theta}{S_{\hat{\theta}}} \sim T_\nu \tag{8.2.10}$$

또한, 정규성에 대한 가정이 없더라도 $n \geq 30$인 경우 식 (8.2.10)은 근사적으로 참이다. ($\theta = \mu$일 때 ν가 $n - 1$이고, θ가 단순회귀계수 중 어느 하나를 나타날 때 ν는 $n - 2$임을 상기시켜 보라.) 이러한 이유로 $H_0 : \theta = \theta_0$에 대한 검정 통계량은 다음이 된다.

θ가 μ, α_1, β_1 또는
$\mu_{Y|X=x}$일 때 $H_0 : \theta = \theta_0$에
대한 T 검정 통계량

$$T_{H_0} = \frac{\widehat{\theta} - \theta_0}{S_{\widehat{\theta}}} \qquad (8.2.11)$$

식 (8.2.10)에 따라서 $H_0 : \theta = \theta_0$가 참일 경우에만 T_{H_0}가 T_ν 분포를 따른다.

8.2.4 P-값

귀무가설을 기각한다는 검정의 결과만으로 그것에 반대되는 증거의 강도에 관한 데이터가 담고 있는 완전한 정보를 전달할 수가 없다. 이에 관해 전달되지 못하고 손실되는 정보를 다음 검정 상황에서 고려해 본다.

| 예제 8.2-4 | 플라스틱 병에 평균적으로 순부피 16.0oz의 내용물을 담는 데 쓰이는 기계가 규격대로 동작하지 않는 것으로 의심된다. 엔지니어는 15번의 측정을 통해서 부피의 평균이 16oz가 아니라고 입증될 경우 기계를 재설정할 것이다. 측정결과를 *FillVolumes.txt*에 주어진 측정결과 데이터에서 $\overline{X} = 16.0367$이고, $S = 0.0551$이다. 유의수준 $\alpha = 0.05$일 때, 가설 $H_0 : \mu = 16$ 대 $H_a : \mu \neq 16$을 검정하라.

해답

검정 통계량의 값은 다음과 같다.

$$T_{H_0} = \frac{16.0367 - 16}{0.0551/\sqrt{15}} = 2.58$$

식 (8.2.5)에 주어진 신뢰구간 중심의 RR에 따르면 유의수준 $\alpha = 0.05$일 때, $|T_{H_0}| \geq t_{14,\,0.025}$이면 H_0는 기각될 것이다. $t_{14,\,0.025} = 2.145$이므로 H_0는 유의수준 $\alpha = 0.05$일 때 기각된다. ■

예제 8.2-4에서 검정에 따른 결과만을 안다면 우리가 H_0에 반대되는 증거가 어느 정도 강한 것인지 완벽하게 알 수는 없다. 예를 들어, 우리는 유의수준 $\alpha = 0.01$일 때, H_0가 기각되었을 것인지를 알지 못한다. 즉, $|T_{H_0}| \geq 2.145$를 아는 것만으로 $|T_{H_0}| \geq t_{14,\,0.005} = 2.977$인지 아닌지를 알 수 없는 것이다. 이 예제에서 쓰인 데이터를 가지고 판단할 경우, H_0는 유의수준 $\alpha = 0.01$에서 기각되지 않을 것이다.

p-값이 얼마인지를 밝힘으로써 귀무가설에 반하는 증거의 강도에 관해 완전한 정보를 전달할 수 있다. 기본적으로 p-값은 H_0가 가정된 상태에서 계산된 검정 통계량이 주어진 데이터로부터 계산된 값보다 더 '극한의' (대립가설에 따라서 더 크거나 더 작은) 값을 가질 (최대의) 확률이다. T 검정에서 데이터로부터 계산된 검정 통계량 값을 T_{H_0}로 나타낼 때, 서로 다른 대립가설에 대해 p-값이 나타내는 영역이 그림 8-1에 도시되어 있다.

그림 8-1

$H_a : \mu > \mu_0$(가장 위),
$H_a : \mu < \mu_0$(가운데),
$H_a : \mu \neq \mu_0$(가장 아래)
에 대한 T 검정의 P-값.
모든 그림상자에서 PDF
는 T_{n-1} 분포임

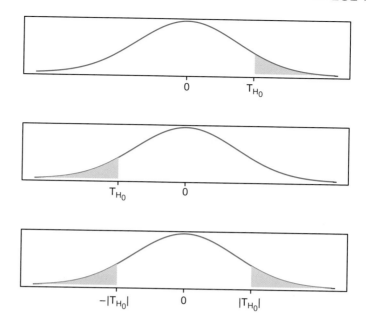

p-값의 크기와 증거의 강도는 역비례 관계에 있다. p-값이 작을수록 H_0에 반하는 증거가 더 강함을 의미한다. p-값은 주로 다음과 같은 공식적으로 정의된다.

정의 8.2-1

모든 가설검정 문제에 있어서 **p-값**은 주어진 데이터 집합으로부터 H_0를 기각시킬 수 있는 유의수준의 최솟값이다.

이 정의에 따르면 실제적으로 모든 가설검정 문제에서의 기각규칙은 p-값에 의해 다음과 같이 기술될 수 있다.

p-값에 의한 기각규칙

$$p\text{-값} \leq \alpha \Rightarrow \text{유의수준 } \alpha \text{에서 } H_0 \text{를 기각함} \qquad (8.2.12)$$

p-값의 계산법은 다음 예제에 잘 나타나 있다.

예제 8.2-5

예제 8.2-4에 주어진 15개의 표본 관측치를 이용하여 $H_0 : \mu = 16$ 대 $H_a : \mu \neq 16$에 대한 가설검정을 생각해 보자. p-값을 계산하라.

해답

예제 8.2-4와 그에 따른 논의과정에서 $T_{H_0} = 2.58$의 검정 통계량의 값을 얻었고, 이를 통해 유의수준이 0.05일 때는 H_0가 기각되지만 0.01일 때는 기각할 수 없다는 것을 알았다. 그렇다면

H_0를 기각하기 위한 최소 유의수준 값은 얼마인가? RR이 $|T_{H_0}| \geq t_{14,\,\alpha/2}$이므로 $2.58 = t_{14,\,\alpha/2}$를 α에 대해 풀면 H_0를 기각하기 위한 최소 유의수준 값을 얻을 수 있다. T_ν 분포에 대한 누적 분포함수를 G_ν라 하면, 이 방정식의 해인 p-값은 다음과 같이 계산된다.

$$p\text{-값} = 2(1 - G_{14}(2.58)) = 2 \times 0.0109 = 0.0218$$

다시 말해(보다 간단히), $T_{H_0} = 2.58$이므로, 그림 8-1의 가장 아래쪽 상자에서 파란색 부분의 면적이 위에서 계산된 것과 같은 $2(1 - G_{14}(2.58)) = 0.0218$임을 의미한다. ■

p-값을 계산하기 위한 공식은 다음 절에서 논의할 각각의 검정절차를 통해 주어질 것이다.

통계적 유의성 대 실제적 유의성 대립가설이 귀무가설과 실제 수치적으로 서로 차이 나는 정도를 실제적 유의성(practical significance)이라 한다. 예를 들어, 어떤 종류의 자동차에 대해 가솔린 첨가제 A가 쓰였을 때 평균 $\mu_A = 2$ mpg(miles per gallon)만큼 연비가 증가하고, 첨가제 B에 의한 연비 증가분은 평균 $\mu_B = 4$ mpg라고 가정하자. 이때 실용적인 관점에서 보면 대안 $\mu_B(H_0 : \mu \leq 0$ 대 $H_a : \mu > 0$를 검정해야 할 때)가 μ_A보다 더 유의하다(H_0에 비해 더 유의한 차이가 있음을 의미함).

앞서 언급했듯이, p-값이 작을수록 증거가 귀무가설을 기각하는 정도가 더 강함을 의미하며, 이는 통계적인 용어로 대립가설의 **통계적 유의성**이 더 크다고 표현할 수 있다. 그렇다면 통계적 유의성이 크면 실제적 유의성도 항상 더 클까? 정답은 항상 그렇지는 않다는 것이다. 그 이유를 알기 위해서 T 검정 통계량인 T_{H_0}를 자세히 살펴보자. 그림 8-1의 가장 아래쪽 상자에 나타낸 것처럼 양측검정을 할 때 $|T_{H_0}|$의 값이 커질수록 p-값이 작아진다(이는 T_{H_0}의 부호와 관계없이 다른 종류의 대립가설에 대해서도 마찬가지이다). $|T_{H_0}|$는 분자인 $|\overline{X} - \mu_0|$의 값이 커지거나 분모인 $S/\sqrt{n}$의 값이 작을수록 값이 커진다. 어떤 대안에 대한 실제적 유의성은 분자의 값에 영향을 미치지만, 분모에는 영향을 주지 않는다. 가령, $\overline{X}$는 대안 $\mu_B = 4$에 대해서 대안 $\mu_A = 2$보다 값이 커지는 경향이 있지만, 각 대안은 표본 크기나 표본분산(등분산성이 전제됨)에는 영향을 미치지 않는다. 따라서 대안의 실제적 유의성이 T_{H_0}의 값에 영향을 주는 유일한 요인은 아니기 때문에 통계적 유의성이 크다고 하여 반드시 실제적 유의성도 더 크다고 할 수는 없다.

가상의 데이터를 활용하여 위에 논의된 것에 대한 수치적인 검정을 수행해 볼 수 있다. R 명령어 *n1=10; n2=100; set.seed(333); x1=rnorm(n1, 4, 5);x2=rnorm(n2, 2, 5)*를 수행하여 객체 *x1*과 *x2*에 표본 크기가 각각 10과 100인 두 가지 데이터 집합을 생성하여 저장할 수 있다. 두 가지 다 모집단이 $\sigma^2 = 25$인 정규분포를 따르며, *x1*의 데이터는 모집단 평균이 $\mu_1 = 4$이고, *x2*의 데이터는 모집단 평균이 $\mu_2 = 2$이다. 다음의 추가 명령어인 *T1=mean(x1)/sqrt(var(x1)/n1); T2=mean(x2)/sqrt(var(x2)/n2); 1-pt(T1, n1-1); 1-pt(T2, n2-1)*를 통해 검정 통계량을 계산하고, 표본 *x1*과 *x2*에 대해 각각 p-값 0.03과 9.57×10^{-5}을 산출한다. 따라서 $\mu_1 = 4$보다 (p-값이 더 작은) $\mu_2 = 2$인 경우가 더 확실한 증거를 지닌다.

연습문제

1. 연구자들은 과수원의 서리 피해를 막기 위한 대체방안을 탐구 중이다. 풀로만 덮여 있는 땅의 평균 지중 열전도량은 29단위로 알려졌다. 대체방안은 석탄가루 커버를 사용하는 것인데, 석탄가루로 땅을 덮는 데 드는 추가 비용 때문에 석탄가루 커버가 2단위 이상의 평균 지중 열전도량을 상승시킨다는 상당한 증거가 있지 않은 한 이 방법은 권장되지 않을 것이다. 다음을 수행함으로써 이 의사결정 문제를 가설검정 문제로 표현하라.

(a) 귀무가설과 대립가설을 서술하라.

(b) 만약 귀무가설이 기각되면 어떤 행동을 취해야 하는지 서술하라.

2. 10-mph 충돌 시험에서 어떤 형태의 자동차 중 25%는 가시적인 피해를 입지 않는다. 이 퍼센티지를 올리기 위해 범퍼 변경 설계를 하라고 제안되었다. 변경된 범퍼 설계를 가진 자동차가 10-mph 충돌 시험에서 가시적인 피해를 입지 않을 가능성을 p로 나타내라. 비용 문제 때문에 새 범퍼 설계가 충돌 시험 결과를 향상시킨다는 중요한 증거가 없다면 새 설계는 실행에 들어가지 않을 것이다. 다음을 수행함으로써 이 의사결정 문제를 가설검정 문제로 표현하라.

(a) 귀무가설과 대립가설을 서술하라.

(b) 만약 귀무가설이 기각되면 어떤 행동을 취해야 할지 서술하라.

3. 어느 자동차 제조사의 CEO는 곧 나올 SUV 차량에 새로운 형태의 그릴 가드(grille guard)의 채택을 고려 중이다. 만약 μ_0가 현재 그릴 가드의 평균 보호지수이고, μ는 새 그릴 가드의 평균 보호지수일 때, 제조사는 적합한 대립가설에 반대되는 귀무가설 $H_0 : \mu = \mu_0$를 검정하기를 원한다.

(a) 만약 새 그릴 가드의 보호지수가 더 낮다는 증거가 있지 않은 한 CEO가 그것을(최근 재료과학의 혁신을 통해 새 그릴 가드의 무게가 더 가벼워짐에 따라 연비를 높일 수 있기 때문에) 채택하기를 원한다면 H_a는

무엇이 되어야 하겠는가?

(b) 만약 새 그릴 가드의 보호지수가 더 높다는 증거가 있지 않은 한 CEO가 (새 재료가 더 비싸고, 그가 새 디자인을 좋아하지 않기 때문에) 그것을 채택하기를 원치 않는다면 H_a는 무엇이 되어야 하겠는가?

(c) 위 두 가지 경우 각각에 대하여 만약 귀무가설이 기각되면 CEO는 새 그릴 가드를 채택해야 하는지 아닌지에 대해 서술하라.

4. 어느 가전제품 제조사가 금속 판재 절단을 위한 신형 기계 구입을 고려 중이다. 만약 μ_0가 그 회사의 구형 기계에 의한 시간당 금속 절단의 평균 수이고, μ는 신형 기계에 상응하는 평균일 때 제조사는 적합한 대립가설에 대해 귀무가설 $H_0 : \mu = \mu_0$를 검정하고자 한다.

(a) 만약 구형 기계가 더 생산적이라는 증거가 있지 않은 한 제조사가 신형 기계를 구입하기기를 원치 않는다면 H_a는 무엇이 되어야 하겠는가?

(b) 만약 신형 기계가 구형 기계보다 덜 생산적이라는 증거가 있지 않은 한, 제조사가 신형 기계(추가적인 향상된 특징을 가진)를 구매하고자 한다면 H_a는 무엇이 되어야 하겠는가?

(c) 위 두 가지 경우 각각에 대하여 만약 귀무가설이 기각되면 제조사가 신형 기계를 구입해야 하는지 여부를 서술하라.

5. 관리자 여행 동아리를 위한 계획을 짜는 데 있어, 한 항공회사는 회원 자격을 갖춘 현재 고객의 비율을 추정하고자 한다. 고객 500명 중 무작위 표본으로 자격을 갖춘 40명을 산출했다.

(a) 고객 중 5% 미만이 자격을 갖췄다는 증거가 없으면 항공회사는 관리자 여행 클럽 설립을 진행하기를 원한다. 귀무가설과 대립가설을 서술하라.

(b) 만일 귀무가설이 기각되면 항공회사가 무슨 조치를 취해야 하는지 서술하라.

6. 예제 8.2-1(b)의 가설검정 문제를 생각해 보자. 여기

서, 귀무가설은 $H_0 : \mu \le 28{,}000$이다. $\overline{X}$를 n개 타이어의 무작위 표본에 대한 평균 타이어 수명이라 하자.

(a) 귀무가설을 기각하는 규칙은 $\overline{X} \ge C$ 형태여야 하며, 이때 정수 C는 28,000보다 큰 상수이다. 참인가 거짓인가?

(b) 유의수준 $\alpha = 0.05$이고, 모분산 σ^2은 알려져 있다고 가정할 때, 예제 8.2-2의 근거를 이용하여 C 값을 결정하라.

(c) 표준화된 $\overline{X}$에 대한 기각역(RR)을 나타내라.

7. 단순선형회귀의 맥락에서 공변량의 $X = x$ 값에서 기대 반응에 관한 검정가설을 생각하라.

(a) $\mu_{Y|X}(x)$이 특정한 값을 갖는 가설이 $H_0 : \mu_{Y|X}(x) = \mu_{Y|X}(x)_0$ 대 $H_a : \mu_{Y|X}(x) > \mu_{Y|X}(x)_0$의 형태라고 할 때, 기각역(RR)의 형식을 기술하라. (힌트 어떠한 상수 C에 대해 $\hat{\mu}_{Y|X}(x) \ge C$ 또는 $\hat{\mu}_{Y|X}(x) \le C$ 중 하나의 형태를 가짐.)

(b) 예제 8.2-2의 근거를 이용하여 유의수준 $\alpha = 0.05$의 필요조건을 만족하는 상수 C를 결정하라.

8. 어느 탄광 회사는 일부 기폭장치들이 적어도 90%는 점화를 한다는 필요조건을 만족시키지 못하는 폭발물을 사용했다고 의심한다. 이 의혹을 조사하기 위해 기폭장치에 대한 n개의 무작위 표본을 선택하여 조사한다. X를 점화가 되는 기폭장치의 수라 하자.

(a) 귀무가설과 대립가설을 서술하라.

(b) $\hat{p} = X/n$에 관해 표준화된 검정 통계량 Z_{H_0}를 구하라.

(c) 기각역(RR)은 상수 C에 대해 $Z_{H_0} \ge C$의 형식이 될 것이다. 참인가 거짓인가?

9. 예제 8.2-3에서처럼 다음의 각 조건하에서 검정 통계량에 관한 $H_0 : \theta = \theta_0$ 대 $H_a : \theta \ne \theta_0$를 검정하기 위한 신뢰구간을 이용해 기각규칙을 세우라.

(a) θ는 회귀기울기 β_1이다.

(b) θ는 공변량의 주어진 x 값에 대해 $\mu_{Y|X}(x)$의 기대 반응이다.

10. 어느 타이어 제조사가 어떤 종류의 타이어 평균 수명이 28,000마일 이상이라는 주장을 펼치고 싶어 한다고 가정해 보라. 이 주장이 참이라는 실증적 증거를 얻기 위해서 $H_0 : \mu = 28{,}000$ 대 $H_a : \mu > 28{,}000$에 대한 검정을 해야 한다. $n = 25$ 무작위 표본을 조사한 결과 타이어 수명의 표본평균으로 $\overline{X} = 28{,}640$이 산출된다. 타이어 수명이 정규분포를 따르고 표준편차 $\sigma = 900$이라고 가정하라.

(a) p-값을 구하라. (힌트 식 (8.2.7)의 RR을 사용하고, 예제 8.2-5에서처럼 논증하라.)

(b) 귀무가설이 유의수준 0.05에서 기각되어야 하는가?

11. 연습문제 2의 내용에서 $H_0 : p = 0.25$ 대 $H_a : p > 0.25$를 검정하기로 결정되었다고 가정하자. 새 범퍼를 차량 시제품에 대해 $n = 50$회의 독립적인 충돌 상황을 조사한 결과 $X = 8$회는 가시적인 손상이 없다고 확인된다. Z_{H_0}를 식 (8.2.9)에서 주어진 검정 통계량이라 하자.

(a) T_{H_0}대신 Z_{H_0}을 사용하여 그림 8-1과 비슷한 그림을 손으로 그려라. p-값과 일치하는 영역에 음영을 넣어라. 당신이 그린 PDF는 어떤 분포의 것인가?

(b) p-값을 산출하기 위하여 당신이 그린 그림을 사용하라. 유의수준 $\alpha = 0.05$에서 H_0를 기각해야 하는가?

8.3 검정의 유형

8.3.1 평균에 대한 T 검정

$X_1, \cdots, X_n$이 어떤 모집단으로부터의 단순확률표본이고 $\overline{X}$, S^2를 각각 표본평균, 표본분산이라 하자. μ_0가 어떤 주어진 값을 지닐 때, 다양한 대립가설에 대해 $H_0 : \mu = \mu_0$를 검정하기 위한 T 검정절차와 p-값을 계산하기 위한 공식이 다음에 주어졌다.

$H_0 : \mu = \mu_0$를 검정하기 위한 T 검정절차

(1) 가정: 모집단이 정규분포를 따르거나 $n \geq 30$

(2) 검정 통계량: $T_{H_0} = \dfrac{\overline{X} - \mu_0}{S/\sqrt{n}}$

(3) 서로 다른 H_0에 대한 기각규칙

H_a	유의수준 α에서의 RR
$\mu > \mu_0$	$T_{H_0} > t_{n-1, \alpha}$
$\mu < \mu_0$	$T_{H_0} < -t_{n-1, \alpha}$
$\mu \neq \mu_0$	$\|T_{H_0}\| > t_{n-1, \alpha/2}$

(8.3.1)

(4) p-값 계산공식

$$p\text{-값} = \begin{cases} 1 - G_{n-1}(T_{H_0}) & H_a : \mu > \mu_0 \\ G_{n-1}(T_{H_0}) & H_a : \mu < \mu_0 \\ 2[1 - G_{n-1}(|T_{H_0}|)] & H_a : \mu \neq \mu_0 \end{cases}$$

이때, G_{n-1}은 T_{n-1} 분포에 대한 누적분포함수(CDF)이다.

데이터 집합이 저장된 **R** 객체 x에 대해 T 검정 통계량과 p-값을 계산하기 위한 **R** 명령어는 다음과 같다.

T 검정 통계량과 p-값 계산을 위한 R 명령어

```
t.test(x, mu=μ₀, alternative="greater") # for testing
  against Hₐ : μ > μ₀

t.test(x, mu=μ₀, alternative="less") # for testing against
  Hₐ : μ < μ₀

t.test(x, mu=μ₀, alternative="two.sided") # for testing
  against Hₐ : μ ≠ μ₀
```

위의 **R** 명령어를 통해 μ에 대한 신뢰구간 역시 확인할 수 있다(*alternative="greater"*와 *alternative="less"*를 통해 단측 신뢰구간, *"alternative="two.sided"*를 통해 양측 신뢰구간을 보여 줌). 신뢰수준의 초깃값은 95%이지만, 위에 있는 명령어에 다음과 같이 *conf.level=1-α)*를 추가함으로써 $(1-\alpha)100\%$의 신뢰구간을 얻을 수 있다. *t.test(x, mu=μ₀, alternative="two.sided", conf.level=1-α)*

예제 8.3-1

미국 연방보건표준[2]에 제시된 전자파 최대 허용기준치는 평균 $10\,\mathrm{W/cm^2}$이다. 항공교통 제어를 위한 레이더를 설치하면 평균 전자파 수준이 안전한계를 초과할 것으로 의심된다. 레이더를 설

---

2 S. Henry (1978). Microwave radiation: level of acceptable exposure subject of wide disagreement. *Can. Med. Assoc. J.*, 119(4): 367–368.

치한 위치 주변의 서로 다른 지점에서 하루 중 서로 다른 시간에 측정된 $n = 25$인 확률표본이 *ExRadiationTestData.txt*에 주어져 있다.

(a) 대립가설을 설정하라. 이 경우 T 검정의 유효성을 위한 요구사항은 무엇인가?

(b) 검정 통계량과 대응되는 p-값을 계산하라. 데이터는 위의 의심을 지지할 만큼 강한 근거를 제시하는가? 유의수준 $\alpha = 0.05$에서 $H_0 : \mu = 10$을 검정하기 위해 p-값을 활용하라.

(c) $\alpha = 0.05$일 때 식 (8.3.1)에 주어진 기각규칙에 따라 검정을 수행하라.

해답

(a) 의심을 지지할 만한 증거를 얻기 위하여 대립가설을 $H_a : \mu > 10$로 설정한다. 표본 크기가 30 미만이기 때문에 검정의 유효성을 위해서는 데이터가 정규 모집단에서 추출된 것이어야 한다. 정규 Q-Q 도표(여기에 나타내지는 않음)를 통해 주어진 데이터 집합에서 정규성을 가정하는 것이 합리적임을 확인할 수 있다.

(b) 데이터에서 $\overline{X} = 10.6$, $S = 2.0$으로 계산된다. 따라서, 검정 통계량은 다음과 같이 계산된다.

$$T_{H_0} = \frac{\overline{X} - \mu_0}{s/\sqrt{n}} = \frac{10.6 - 10}{2/\sqrt{25}} = 1.5$$

표 A.4는 p-값을 정확히 계산할 수 있을 정도로 충분히 상세한 값을 제공하지 않는다. 표에서 T_{24} 분포에 대한 90 백분위수와 95 백분위수 값은 1.318과 1.711이다. 따라서 $1 - G_{24}(1.5)$로 계산되는 p-값은 0.05와 0.1 사이의 값을 갖는다. R 명령어인 *1-pt(1.5, 24)*를 통해 계산되는 정확한 p-값은 0.0733이다. R 객체 x에 복사된 데이터에 대해 R 명령어 *t.test(x, alternative="greater", mu=10)*를 통해 검정 통계량과 p-값으로 동일한 값(반올림 오차까지 동일)이 산출된다. p-값에 의해 의심을 지지하는 증거(H_0를 기각하기 위한)의 강도가 보통 정도임을 알 수 있다. 특히, H_0는 유의수준 $\alpha = 0.05$에서는 기각할 수 없지만, $\alpha = 0.1$에서는 기각된다.

(c) 식 (8.3.1)의 RR에 따라, $T_{H_0} \geq t_{24, 0.005} = 1.711$이면 H_0는 기각되고 대립가설 $H_a : \mu > 10$이 지지된다. 1.5는 1.711보다 작으므로 H_0는 기각되지 않는다. ∎

노트 8.3-1 예제 8.3-1의 결과를 보면, $\overline{X} = 10.6$이지만, $H_a : \mu > 10$에 대응되는 $H_0 : \mu = 10$은 유의수준 0.05에서 기각되지 않는데, 이 사실을 통해 검정절차가 두 가설을 동등하게 조명하지 않는다는 것을 알 수 있다. ◁

8.3.2 비율에 대한 Z 검정

X는 n번의 베르누이 시행에서의 성공 횟수를 나타내고, $\hat{p} = X/n$는 표본비율을 나타낼 때 여러가지 대립가설에 대한 귀무가설 $H_0 : p = p_0$(p_0는 특정한 값)의 p-값 식과 Z 검정절차는 다음과 같다.

$H_0 : p = p_0$에 대한 Z 검정절차

(1) 조건: $np_0 \geq 5$와 $n(1 - p_0) \geq 5$

(2) 검정 통계량: $Z_{H_0} = \dfrac{\hat{p} - p_0}{\sqrt{p_0(1 - p_0)/n}}$

(3) 서로 다른 H_a에 대한 기각규칙

H_a	유의수준 α에서의 RR
$p > p_0$	$Z_{H_0} \geq z_\alpha$
$p < p_0$	$Z_{H_0} \leq -z_\alpha$
$p \neq p_0$	$\lvert Z_{H_0} \rvert \geq z_{\alpha/2}$

(8.3.2)

(4) p-값 계산공식

$$p\text{-값} = \begin{cases} 1 - \Phi(Z_{H_0}) & H_a : p > p_0 \\ \Phi(Z_{H_0}) & H_a : p < p_0 \\ 2[1 - \Phi(\lvert Z_{H_0} \rvert)] & H_a : p \neq p_0 \end{cases}$$

R 객체에서 성공 횟수와 시행 횟수를 각각 x와 n으로 나타낼 때 R 명령어 *1-pnorm((x/n-p₀)/sqrt(p₀*(1-p₀)/n))*, *pnorm((x/np₀)/sqrt(p₀*(1-p₀)/n))*, 그리고 *2*(1-pnorm(abs((x/n-p₀)/sqrt(p₀*(1-p₀)/n))))*는 각각 $H_a : p > p_0$, $H_a : p < p_0$ 그리고 $H_a : p \neq p_0$를 계산한다.

예제 8.3-2

송전선 결함의 70% 이상은 번개에 의한 것으로 추정된다. 대규모 데이터베이스로부터 결함이 발생했던 200개의 무작위 표본을 뽑아 보니 그중 151개가 번개에 의한 것이었다. 데이터가 이 주장을 지지할 만큼 강한 증거를 제시하는가? 유의수준 $\alpha = 0.01$에서 검정을 실시하고 p-값을 밝히라.

해답

이 주장을 지지하는 증거를 평가하기 위해 대립가설을 $H_a : p > 0.7$로 설정한다. $200(0.7) \geq 5$이고, $200(0.3) \geq 5$이므로 식 (8.3.2)에 따른 검정절차가 유의성을 갖기 위한 조건이 만족된다. 주어진 데이터로부터 $\hat{p} = 151/200 = 0.755$로 계산되고, 그에 따른 검정 통계량이 다음과 같다.

$$Z_{H_0} = \frac{\hat{p} - 0.7}{\sqrt{(0.7)(0.3)/200}} = 1.697$$

식 (8.3.2)에 주어진 RR에 따라서 $Z_{H_0} > z_{0.01} = 2.33$이면 유의수준 $\alpha = 0.01$에서 H_0가 기각되고 $H_a : p > 0.7$이 지지된다. $1.697 \not> 2.33$이므로 H_0는 기각되지 않는다. 다음으로 이것이 우측검정(upper tail test)에 해당하므로 p-값은 $1 - \Phi(1.697)$이다. 표 A.3을 참조하여 이를 계산하면 다음과 같다.

$$p\text{-값} = 1 - \Phi(1.697) \simeq 1 - \Phi(1.7) = 1 - 0.9554 = 0.0446$$

R 명령어 *1-pnorm((151/200-0.7)/sqrt(0.7*0.3/200))*를 통해 구한 *p*-값은 0.0448이다. *p*-값을 밝힘으로써 추가적으로 데이터가 H_0를 기각할 정도로 충분히 강한 증거를 지님을 명확히 할 수 있으므로 송전선 결함의 70% 이상이 번개에 의한 것이라는 주장을 뒷받침할 수 있다. 사실, 유의수준 0.05에서 H_0는 0.0446 < 0.05이므로 기각된다. ■

> **노트 8.3-2**   R 객체 *x*, *n*이 각각 성공 횟수, 시행 횟수일 때, R 명령어 *prop.text(x, n, p=p₀, alternative="two.sided", conf.level=1-α)*는 $H_a : p \neq p_0$에 대한 *p*-값과 *p*에 대한 $(1-\alpha)100\%$ 신뢰구간을 산출한다. 이때 *p*-값 및 신뢰구간은 주어진 것과 다른 공식에 의해 구해지므로 여기서는 그것에 대해 다루지 않는다. ◁

> **노트 8.3-3**   R 명령어 *1-pbinom(x-1, n, p₀)*와 *pbinom(x, n, p₀)*는 *n*의 값에 관계없이 각각 $H_a : p > p_0$와 $H_a : p < p_0$에 대한 정확한 *p*-값을 산출한다. 예를 들어, *1-pbinom(150, 200, 0.7)* 명령어는 예제 8.3-2에서의 정확한 *p*-값인 0.0506을 반환한다. ◁

8.3.3 회귀계수에 대한 *T* 검정

$(X_1, Y_1), \cdots, (X_n, Y_n)$는 단순 선형회귀모형으로부터의 데이터이다.

$$Y_i = \alpha_1 + \beta_1 X_i + \varepsilon_i, \quad i = 1, \cdots, n \tag{8.3.3}$$

고유오차변수에 대한 분산이 $\mathrm{Var}(\varepsilon_i) = \sigma_\varepsilon^2$이다. 6장의 6.3.3절에서 다룬 대로 α_1, β_1과 σ_ε^2에 대한 LSE를 다시 한 번 참고로 정리하면 다음과 같다.

$$\widehat{\alpha}_1 = \overline{Y} - \widehat{\beta}_1 \overline{X}, \quad \widehat{\beta}_1 = \frac{n \sum X_i Y_i - (\sum X_i)(\sum Y_i)}{n \sum X_i^2 - (\sum X_i)^2} \tag{8.3.4}$$

$$S_\varepsilon^2 = \frac{1}{n-2} \left[\sum_{i=1}^{n} Y_i^2 - \widehat{\alpha}_1 \sum_{i=1}^{n} Y_i - \widehat{\beta}_1 \sum_{i=1}^{n} X_i Y_i \right] \tag{8.3.5}$$

회귀직선 및 기울기에 대한 검정 $\beta_{1,0}$이 특정한 값을 지닐 때, 서로 다른 대립가설에 대응되는 $H_0 : \beta_1 = \beta_{1,0}$에 대한 *T* 검정절차와 *p*-값 계산공식은 다음과 같다.

$H_0 : \beta_1 = \beta_{1,0}$에 대한 *T* 검정절차

(1) 가정: 식 (8.3.3)의 ε_i가 정규분포이거나 $n \geq 30$이다.

(2) 검정 통계량: $T_{H_0} = \dfrac{\widehat{\beta}_1 - \beta_{1,0}}{S_{\widehat{\beta}_1}}$

이때, $S_{\widehat{\beta}_1} = \sqrt{\dfrac{S_\varepsilon^2}{\sum X_i^2 - \dfrac{1}{n}(\sum X_i)^2}}$ 이고, S_ε^2는 식 (8.3.5)에 주어짐.

(3) 서로 다른 H_a에 대한 기각규칙

H_a	유의수준 α에서의 RR
$\beta_1 > \beta_{1,0}$	$T_{H_0} > t_{n-2,\alpha}$
$\beta_1 < \beta_{1,0}$	$T_{H_0} < -t_{n-2,\alpha}$
$\beta_1 \neq \beta_{1,0}$	$|T_{H_0}| > t_{n-2,\alpha/2}$

$$(8.3.6)$$

(4) p-값 계산공식

$$p\text{-값} = \begin{cases} 1 - G_{n-2}(T_{H_0}) & H_a : \beta_1 > \beta_{1,0} \\ G_{n-2}(T_{H_0}) & H_a : \beta_1 < \beta_{1,0} \\ 2[1 - G_{n-2}(|T_{H_0}|)] & H_a : \beta_1 \neq \beta_{1,0} \end{cases}$$

이때, G_{n-2}는 T_{n-2} 분포에 대한 누적분포함수(CDF)이다.

가장 일반적인 검정 문제는 $H_0 : \beta_1 = 0$ 대 $H_a : \beta_1 \neq 0$이다. 이것을 **모형 유용성 검정**(model utility test)이라 부르는데, 이러한 용어가 적합한 것은 $H_0 : \beta_1 = 0$일 경우 Y의 예측치에 대해 X가 아무런 영향을 주지 않아 회귀모형 자체가 전혀 유용성이 없어지는 데서 기인한다.

회귀곡선에 대한 T 검정절차와 각 가설에 대한 p-값은 식 (8.3.7)에 주어졌다. 회귀모형을 검정하기 위한 R 명령어는 예제 8.3-3을 통해 증명한다.

$H_0 : \mu_{Y|X}(x) = \mu_{Y|X}(x)_0$에 대한 T 검정절차

(1) 가정: 식 (8.3.3)의 ε_i가 정규분포이거나 $n \geq 30$이다.

(2) 조건: x는 X의 범위에 속하는 값을 지님

(3) 검정 통계량: $T_{H_0} = \dfrac{\widehat{\mu}_{Y|X}(x) - \mu_{Y|X}(x)_0}{S_{\widehat{\mu}_{Y|X}(x)}}$

이때, $S_{\widehat{\mu}_{Y|X}(x)} = S_\varepsilon \sqrt{\dfrac{1}{n} + \dfrac{n(x - \overline{X})^2}{n \sum X_i^2 - (\sum X_i)^2}}$ 이고, S_ε^2는 식 (8.3.5)에 주어짐.

(4) 서로 다른 H_a에 대한 기각규칙

H_a	유의수준 α에서의 RR
$\mu_{Y|X}(x) > \mu_{Y|X}(x)_0$	$T_{H_0} > t_{\alpha, n-2}$
$\mu_{Y|X}(x) < \mu_{Y|X}(x)_0$	$T_{H_0} < -t_{\alpha, n-2}$
$\mu_{Y|X}(x) \neq \mu_{Y|X}(x)_0$	$|T_{H_0}| > t_{\alpha/2, n-2}$

$$(8.3.7)$$

(5) p-값 계산공식

$$p\text{-값} = \begin{cases} 1 - G_{n-2}(T_{H_0}) & H_a : \mu_{Y|X}(x) > \mu_{Y|X}(x)_0 \\ G_{n-2}(T_{H_0}) & H_a : \mu_{Y|X}(x) < \mu_{Y|X}(x)_0 \\ 2[1 - G_{n-2}(|T_{H_0}|)] & H_a : \mu_{Y|X}(x) \neq \mu_{Y|X}(x)_0 \end{cases}$$

이때, G_{n-2}는 T_{n-2} 분포에 대한 누적분포함수(CDF)이다.

예제 8.3-3

1991년 3월부터 1997년 12월까지 Ijse 강[3]의 온도와 용존 산소량에 대한 측정치가 *OxygenTemp Data.txt*에 주어져 있다.

(a) 과학적 호기심에 따른 의문점은 온도(X)가 용존 산소량(Y) 예측에 쓰일 수 있느냐이다.

    (i) 일반적인 단순선형회귀모형이 이 데이터에 적합한가?

    (ii) 요약통계량 $\sum_i X_i = 632.3$, $\sum_i X_i^2 = 7697.05$, $\sum_i Y_i = 537.1$, $\sum_i Y_i^2 = 5064.73$, $\sum_i X_i Y_i = 5471.55$를 이용하여 유의수준 $\alpha = 0.01$에서 위 과학적 호기심에 따른 질문을 검정하고 p-값을 밝히라.

(b) 과학적인 호기심에 따른 추가적인 두 가지 질문은 온도 변화에 따른 산소량 변화율, 10℃에서의 평균 산소량에 관한 것이다. 이에 대응되는 검정 문제는 다음과 같다. (i) $H_0 : \beta_1 = -0.25$ 대 $H_a : \beta_1 < -0.25$, (ii) $H_0 : \mu_{Y|X}(10) = 9$ 대 $H_a : \mu_{Y|X}(10) \neq 9$. 첫 번째 문제는 유의수준 $\alpha = 0.05$에서 검정하고, 두 번째는 $\alpha = 0.1$에서 검정을 실시한다. 각 경우의 p-값을 밝히라.

해답

(a) 그림 8-2의 첫 번째 박스에 나타낸 산점도는 단순선형회귀모형의 가정을 나타내는데, 이는 Y와 X 사이에 선형회귀함수의 관계가 있다는 것과 근사적으로라도 등분산성을 만족한다는 것이다. 하지만, 잔차에 대한 정규 Q-Q 도표는 정규성 가정이 현실적이지 않음을 암시한다. 표본의 크기가 $n = 59$이므로 회귀계수와 회귀곡선에 대한 T 검정절차를 여전히 적용할 수 있다. 온도를 이용해 용존 산소량을 예측할 수 있느냐 하는 질문에 대한 답은 모형 유효성 검정에 의해 구할 수 있다. 만약 $H_0 : \beta_1 = 0$가 기각되면 온도가 그러한 목적으로 쓰일수 있다는 결론을 내릴 수 있다. 요약통계량과 식 (8.3.4), (8.3.6)에 주어진 $\widehat{\beta}_1$ 및 표준오차 계산공식을 이용하여 다음 값을 산출할 수 있다.

$$\widehat{\beta}_1 = \frac{59 \times 5471.55 - 632.3 \times 537.1}{59 \times 7697.05 - 632.3^2} = -0.309,$$

$$\widehat{\alpha}_1 = \frac{537.1}{59} + 0.309 \frac{632.3}{59} = 12.415$$

$$S_\varepsilon^2 = \frac{1}{57}(5064.73 - 12.415 \times 537.1 + 0.309 \times 5471.55) = 1.532$$

$$S_{\widehat{\beta}_1} = \sqrt{\frac{1.532}{7697.05 - 632.3^2/59}} = 0.0408$$

따라서 모형 유용성 검정의 T 통계량과 p-값은 다음과 같다.

$$T_{H_0} = \frac{-0.309}{0.0408} = -7.573,$$

---

3 River Ijse is a tributary of the river Dijle, Belgium. Data from VMM (Flemish Environmental Agency) compiled by G. Wyseure.

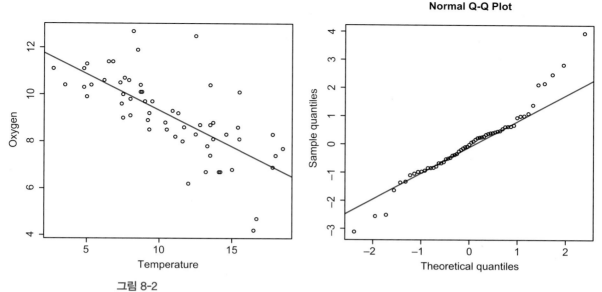

Normal Q-Q Plot

그림 8-2

예제 8.3-3의 데이터에 대한 산점도(왼쪽 상자)와 잔차 Q-Q 도표(오른쪽 상자)

$$p\text{-}값 = 2(1 - G_{57}(7.573)) = 3.52 \times 10^{-10} \tag{8.3.8}$$

위의 p-값을 구하기 위해 R 명령어 *2*(1-pt(7.573, 57))*이 사용되었다. $|T_{H_0}| = 7.573 >$ $t_{57,\,0.005} = 2.6649$(혹은 그와 대등하게 p-값 $= 3.52 \times 10^{-10} < 0.01$)이므로 $H_0 : \beta_1 = 0$는 유의수준 0.01에서 기각된다. *to=read.table("OxygenTempData.txt", header=T); x=to\$T; y=to\$DO*를 써서 데이터를 R 객체 x와 y에 복사하고 R 명령어인 *out=lm(y~ x);summary(out)*를 통해 결과를 산출할 수 있다. 다음은 해당 결과의 일부분을 보여 준다.

```
Coefficients:
             Estimate  Std. Error  t value   Pr(> |t|)
(Intercept)   12.4152     0.4661    26.639   < 2e-16
x             -0.3090     0.0408    -7.573   3.52e-10
--
Residual standard error: 1.238 on 57 degrees of freedom
```

'Estimate'열은 $\hat{\alpha}_1$, $\hat{\beta}_1$에 대한 LSE를 나타내며, 다음 열은 그것들의 표준오차에 해당한다. 't value'열은 각각의 표준오차에 대한 추정치의 비율이다. 해당 비율은 $H_a : \alpha_1 \neq 0$과 $H_a : \beta_1 \neq 0$을 검정하기 위한 T 통계량이기도 하다. 마지막 열은 각 검정에 대한 p-값을 나타낸다. 특히, 예제 8.3-3에서 확인한 바와 같이 모형 유용성 검정에 대한 T 통계량과 p-값은 각각 -7.573과 3.52e-10이다. 표시된 결과 중 가장 마지막 부분은 S_ε 값인 1.238을 나타내는데, 이는 수기로 계산한 S_ε^2 값과도 일치하는 결과이다($1.238^2 = 1.532$).

(b) 식 (8.3.6)에 따르면 $H_0 : \beta_1 = -0.25$ 대 $H_a : \beta_1 < -0.25$에 대한 검정 통계량과 p-값은 다음과 같다.

$$T_{H_0} = \frac{-0.309 + 0.25}{0.0408} = -1.4461, \, p\text{-값} = G_{57}(-1.4461) = 0.0768$$

R 명령어 *pt(-1.4461, 57)*을 통해 0.0768이라는 값을 얻었다. $T_{H_0} = -1.4461 \not< t_{57,\,0.05} = -1.672$(혹은 그와 대등하게 p-값 $= 0.0768 > 0.05$)이므로 귀무가설은 기각되지 않는다.

결과적으로 (a)에서 구한 LSE 값을 통해 $\hat{\mu}_{Y|X}(10) = 12.415 - 0.309 \times 10 = 9.325$ 값을 얻는다. (a)에서 구한 S_{ε} 값과 식 (8.3.7)의 표준오차 계산식 $\hat{\mu}_{Y|X}(x)$을 이용해 다음을 계산할 수 있다.

$$S_{\hat{\mu}_{Y|X}(10)} = 1.238\sqrt{\frac{1}{59} + \frac{59(10 - 10.717)^2}{59 \times 7697.05 - 632.3^2}} = 0.1638$$

따라서 $H_0 : \mu_{Y|X}(10) = 9$ 대 $H_a : \mu_{Y|X}(10) \neq 9$를 검정하기 위한 검정 통계량과 p-값은 다음과 같다.

$$T_{H_0} = \frac{9.325 - 9}{0.1638} = 1.984, \, p\text{-값} = 2(1 - G_{57}(1.984)) = 0.052$$

$G_{57}(1.984)$는 R 명령어 *pt(1.984, 57)*에 의해 계산되었다. $|T_{H_0}| = 1.984 > t_{57,\,0.05} = 1.672$이므로(혹은 그와 대등하게 p-값 $= 0.052 < 0.1$이기 때문에), 귀무가설은 유의수준 0.1에서 기각된다. R 명령어를 통해서 이 가설검정을 할 수 있는 가장 쉬운 방법은 $\mu_{Y|X}(10)$에 대한 90% 신뢰구간을 계산하고 9라는 값이 해당 신뢰구간에 속하는지 확인하는 것이다(신뢰구간 기반 검정법(예 : CI-based test을 이용하라). (a)에서 생성했던 R 객체인 *out*을 이용한 추가적인 R 명령어 *predict(out, data.frame(x=10),interval="confidence", level=.9)*는 $\hat{\mu}_{Y|X}(10)$에 대한 추정치와 90% 신뢰구간의 상한, 하한값을 결과로 반환한다.

```
         fit       lwr       upr
1   9.324943   9.05103   9.598855
```

신뢰구간 안에 9가 포함되지 않기 때문에 유의수준 0.1에서 귀무가설이 기각된다. R에서 p-값을 계산하기 위해서는 검정 통계량의 값이 계산되어야 한다. 추가적인 R 명령어 *fit= predict(out, data.frame(x=10), interval="confidence", 1); fit$se.fit*는 앞서 수기로 계산된 $S_{\hat{\mu}_{Y|X}(10)}$과 동일한 값을 반환한다. 90% 신뢰구간과 함께 계산되었던 $\hat{\mu}_{Y|X}(10)$ 값을 이용하여 검정 통계량과 p-값을 계산하는 과정은 위에 소개된 것과 같다. ■

8.3.4 회귀분석에서 ANOVA F 검정

분산분석(Analysis Of Variance)의 머리글자인 ANOVA는 가설검정에 매우 유용하고 일반적으로 활용 가능한 접근법이다. 모든 ANOVA F 검정은 **F 분포**를 포함한다. F 분포는 v_1으로 표기되는 분자의 자유도와 v_2로 표기되는 분모의 자유도, 두 가지 자유도에 의해 특정되는 양의 방향으로 왜곡된 분포이다. 만약 W_1과 W_2가 각각 자유도 ν_1과 ν_2인 χ^2 분포를 따르는 2개의 독립확률변수일 때,

$$F = \frac{W_1/\nu_1}{W_2/\nu_2} \tag{8.3.9}$$

는 자유도 ν_1과 ν_2를 갖는 F 분포를 따른다. 이를 $F \sim F_{\nu_1, \nu_2}$로 표기한다. F_{ν_1, ν_2}는 F_{ν_1, ν_2} 분포에 대한 누적분포함수로도 쓰인다. 따라서 $F \sim F_{\nu_1, \nu_2}$이면, $P(F \leq x) = F_{\nu_1, \nu_2}(x)$이다. F_{ν_1, ν_2} 분포에 대한 $(1 - \alpha)100$번째 백분위수는 $F_{\nu_1, \nu_2, \alpha}$로 표기한다. F 분포에 대한 몇 가지 선택적인 백분위수의 값이 표 A.6에 주어졌지만, 다음과 같은 R 명령어를 통해서도 값을 구할 수 있다.

F_{ν_1, ν_2}의 백분위수와 누적확률을 구하기 위한 R 명령어

```
qf(1-α, ν₁, ν₂)  #  Fν₁,ν₂,α를 반환함
pf(x, ν₁, ν₂)  #  Fν₁,ν₂(x)를 반환함
```

회귀에 관한 맥락에서 ANOVA F 검정은 모형 유용성 검정, 즉 $H_0 : \beta_1 = 0$과 $H_a : \beta_1 \neq 0$를 검정하기 위한 대안적인(하지만 대등한) 방법이다. ANOVA 방법론은 (아래에 정의할) 총변동을 요인별로 분해하는 것을 바탕으로 한다. ANOVA에서 변동은 소위 **제곱합**(sum of squares 또는 SS)으로 표현된다. 총변동 또는 **총총합**(total SS), 축약하여 **SST**는 다음과 같이 정의된다.

$$\text{SST} = \sum_{i=1}^{n}(Y_i - \overline{Y})^2 = \sum_{i=1}^{n} Y_i^2 - \frac{1}{n}\left(\sum_{i=1}^{n} Y_i\right)^2 \tag{8.3.10}$$

SST는 Y값에 대한 표본변동인 S_Y^2과 SST $= (n-1)S_Y^2$의 관계가 있다.

SST는 회귀모형의 변동을 나타내는 **회귀제곱합(SSR)**과 고유 산포(intrinsic scatter)에 의한 변동인 **잔차변동(SSE)**으로 분해된다.

단순선형회귀의 총 제곱합(Total SS)의 분해

$$\text{SST} = \text{SSR} + \text{SSE} \tag{8.3.11}$$

오차제곱합인 SSE는 6장에서 고유오차분산인 σ_ε^2과 그 추정량 S_ε^2와 관련하여 이미 설명한 바 있다. 참조상 편의를 위해 식 (6.3.11)의 SSE 계산공식을 다음에 다시 한 번 기술하면 다음과 같다.

$$\text{SSE} = \sum_{i=1}^{n} Y_i^2 - \widehat{\alpha}_1 \sum_{i=1}^{n} Y_i - \widehat{\beta}_1 \sum_{i=1}^{n} X_i Y_i \tag{8.3.12}$$

식 (8.3.11)에 따라 회귀제곱합은 차에 의해 계산된다. SSR $=$ SST $-$ SSE이다.

회귀모형에 의해 설명 가능한 총변동의 비율은 다음과 같으며, 이를 **결정계수**라 부른다.

$$R^2 = \frac{\text{SSR}}{\text{SST}} \qquad (8.3.13)$$

소프트웨어 패키지의 결과에서 'R-squared'로도 표기되는 R^2는 실제로 회귀모형의 유용성을 나타내는 지표로 많이 활용된다. R^2 값이 클수록 회귀모형의 예측력이 더 좋다. 이러한 R^2에 대한 해석은 $R^2 = \text{SSR}/\text{SST}$가 피어슨 상관계수의 제곱과 같다는 사실에 의해서도 정당화될 수 있다.

ANOVA F 검정은 SSE에 비해 SSR의 값이 상대적으로 클 때 $H_0 : \beta_1 = 0$을 기각한다. 하지만, SSR과 SSE를 적절히 비교하기 위해서는 다음과 같은 각각에 해당되는 자유도로 나눠 줘야 한다.

SST, SSE, SSR의
자유도

$$\text{DF}_{\text{SST}} = n - 1, \quad \text{DF}_{\text{SSE}} = n - 2, \quad \text{DF}_{\text{SSR}} = 1 \qquad (8.3.14)$$

SSE와 SSR을 각각의 자유도로 나누면 평균제곱오차(mean squares for error, MSE)와 평균제곱회귀(mean squares for regression)가 된다.

잔차와 회귀모형에
대한 평균제곱

$$\text{MSE} = \frac{\text{SSE}}{n - 2}, \quad \text{MSR} = \frac{\text{SSR}}{1} \qquad (8.3.15)$$

식 (8.3.5)의 계산공식에서 $S_\varepsilon^2 = \text{SSE}/(n - 2)$임을 알 수 있으며, 따라서 MSE는 σ_ε^2의 추정량인 S_ε^2에 대한 또 다른 표기에 불과하다.

모형 유용성 검정을 위한 ANOVA F 검정 통계량은 다음과 같다.

모형 유용성 검정을
위한 F 검정 통계량

$$F = \frac{\text{MSR}}{\text{MSE}} \qquad (8.3.16)$$

제곱합, 평균제곱, F 통계량은 소위 **ANOVA 표**라고 하는 다음과 같은 표를 통해 체계적으로 요약된다.

Source	df	SS	MS	F
Regression	1	SSR	$\text{MSR} = \dfrac{\text{SSR}}{1}$	$F = \dfrac{\text{MSR}}{\text{MSE}}$
Error	$n - 2$	SSE	$\text{MSE} = \dfrac{\text{SSE}}{n - 2}$	
Total	$n - 1$	SST		

$$(8.3.17)$$

정규 단순선형회귀모형에서 정확한 귀무분포에 대한 F 검정 통계량(예 : $H_0 : \beta_1 = 0$가 참일 때의 분포)은 분자의 자유도가 1이고 분모의 자유도가 $n - 2$인 F 분포이다.

$$F = \frac{\text{MSR}}{\text{MSE}} \sim F_{1,n-2} \qquad (8.3.18)$$

정규성 가정이 없을 경우, $n \geq 30$일 때 $F_{1,n-2}$가 근사적으로 F 통계량의 귀무분포가 된다. 식 (8.3.18)을 근거로 하여 $F > F_{1,n-2,\alpha}$일 경우 유의수준 α에서 귀무가설 $H_0 : \beta_1 = 0$이 기각되고 $H_a : \beta_1 \neq 0$을 지지한다.

p-값을 포함하여 $H_0 : \beta_1 = 0$ 대 $H_a : \beta_1 \neq 0$을 ANOVA F 검정하기 위한 절차와 ANOVA 표를 만들기 위한 **R** 명령어가 다음에 주어졌다.

모형 유용성 검정을 위한 F 검정절차

(1) 가정: $Y_i = \alpha_1 + \beta_1 X_i + \varepsilon_i$, $i = 1, \cdots, n$ (iid인 ε_i가 정규분포를 따르거나 $n \geq 30$

(2) 검정 통계량: $F = \dfrac{\text{MSR}}{\text{MSE}}$

　　MSR과 MSE는 식 (8.3.15)에 정의됨.

(3) 유의수준 α일 때의 기각규칙: $F > F_{1,n-2,\alpha}$ ㅤㅤㅤㅤㅤㅤ (8.3.19)

　　$F_{1,n-2,\alpha}$는 $F_{1,n-2}$ 분포의 $100(1 - \alpha)$번째 백분위수

(4) p-값 계산공식: p-값 $= 1 - F_{1,n-2}(F)$

　　$F_{1,n-2}$는 $F_{1,n-2}$ 분포의 CDF임

T 검정 통계량과 p-값 계산을 위한 R 명령어

```
out=lm(y~x); anova(out)
```
ㅤㅤㅤㅤㅤㅤㅤㅤㅤㅤㅤㅤㅤㅤㅤㅤㅤㅤ (8.3.20)

예제 8.3-4

예제 8.3-3의 $n = 59$인 온도와 용존 산소량 측정치로부터 MSE $= 1.5329$와 MSR $= 87.924$가 계산된다.

(a) 주어진 정보를 이용하여 수기 계산을 통해 ANOVA 표를 작성하고 회귀모형에 의해 설명 가능한 총변동의 비율을 구하라.

(b) 유의수준 $\alpha = 0.1$에서 모형 유용성 검정을 위한 ANOVA F 검정을 실시하고 p-값을 계산 하라.

(c) 수기로 계산하였던 (a)와 (b)의 과정을 R 명령어를 사용해 ANOVA 표를 작성하라.

해답

(a) 식 (8.3.14)와 (8.3.17)에 따라 ANOVA 표의 둘째 열에 있는 자유도값이 1, $n - 2 = 57$, $n - 1 = 58$이다. 제곱합(SS)은 평균제곱(MS)과 그에 대응되는 자유도의 곱과 같으므 로 ANOVA 표의 셋째 열에 있는 값은 SSR $= 87.924$, SSE $= 1.5329 \times 57 = 87.375$,

SST = SSR + SSE = 175.299가 된다. 따라서 다섯째 열에 있는 F 통계량 값은 MSR/MSE = 57.358이다. 이상과 같은 계산결과에 따라 다음의 ANOVA 표가 만들어진다.

Source	df	SS	MS	F
Regression	1	87.924	87.924	57.358
Error	57	87.375	1.5329	
Total	58	175.299		

최종적으로 총변동 중 회귀모형에 의해 설명 가능한 비율은 $R^2 = (87.924/175.299) = 0.5016$ 이다.

(b) 식 (8.3.19)의 기각규칙에 따라 $F > F_{1,57,.01}$이므로 유의수준 α에서 $H_0 : \beta_1 = 0$는 기각되고 $H_a : \beta_1 \neq 0$이 지지된다. R 명령어인 $qf(.9, 1, 57)$가 $F_{1,57,.01} = 2.796$을 반환하므로 표 A.6에서 $F_{1,100,0.1} = 2.76 < F_{1,57,.01} < F_{1,50,0.1} = 2.81$이다. $F = 57.358$이므로 귀무가설은 유의수준 0.1에서 기각된다. R 명령어 $1\text{-}pf(57.358, 1, 57)$을 통해 p-값 3.522×10^{-10}이 얻어진다.

(c) R 명령어 $out=lm(y\sim x); anova(out)$을 통해 다음의 ANOVA 표가 얻어진다.

```
Analysis of Variance Table
Response: y
            Df  Sum Sq  Mean Sq  F value    Pr(>F)
x            1  87.924   87.924   57.358  3.522e-10
Residuals   57  87.375    1.533
```

'x'와 'Residuals' 행은 각각 (a)의 ANOVA 표에서 '회귀모형(Regression)'과 '잔차(Error)' 행에 대응된다. 또한 R의 결과물이 마지막 행 'Total'을 포함하지 않는 것을 인지해야 한다. 이상과 같은 과정에 따라 R에 의해 생성되는 ANOVA 표를 통해 (a)와 (b)에서 수기로 계산한 것을 검정해 볼 수 있다. ■

노트 8.3-4 모형 유용성 검정을 위한 T 검정 통계량과 F 검정 통계량 사이에 다음과 같은 관계가 있다.

$$T_{H_0}^2 = F$$

다소 놀라울 수 있는 대수적 동일성에 대한 증명을 여기서는 하지 않는다. 예제 8.3-3의 (a)에서 계산한 T 통계량이 $T_{H_0}^2 = (-7.573)^2 = 57.35$인 반면, 예제 8.3-4에서 계산한 F 통계량이 $F = 57.358$이라는 것을 통해 이러한 동일성을 확인해 볼 수 있다. 두 값은 수치적으로는 서로 동일한 값을 지니지만 반올림 오차는 서로 다르다. 위의 동질성과 T_ν와 $T_{1,\nu}$의 사분위수 사이에 성립하는 다음의 관계

$$t_{\nu, \alpha/2}^2 = F_{1, \nu, \alpha}$$

가 모형 유용성 검정을 수행하는 데 있어서 ANOVA F 검정과 T 검정이 서로 동등한 방법이라는 것을 입증해 준다. ◁

8.3.5 중앙값에 대한 부호검정

$X_1, \cdots, X_n$이 정규 모집단으로부터의 표본이고 표본의 크기가 작을 때, 평균에 대한 T 검정은 유효하지 않게 된다. 이러한 경우, 중앙값인 $\tilde{\mu}$에 대해 **부호검정**을 하는 것이 표본 크기가 ≥ 30 일 필요가 없이 비정규 데이터에 적용할 수 있는 유용한 방법이다. 물론, 중앙값에 대해 수행한 계산결과를(모집단 분포가 대칭이라고 알려져 있지 않은 이상) 평균에 관한 결론으로 바꿀 수는 없다. 하지만, 중앙값도 그 자체로 의미가 있다.

연속적인 모집단에서 부호검정의 절차는 어떠한 관측치의 값이 $\tilde{\mu}$보다 클 확률이 0.5라는 사실에 바탕을 두고 있다. 이를 통해 귀무가설 $H_0 : \tilde{\mu} = \tilde{\mu}_0$를 $H_0 : p = 0.5$의 형태로 바꿀 수 있으며, 이때 p는 관측치의 값이 $\tilde{\mu}_0$보다 클 확률이다. 중앙값에 관한 대립가설은 어떻게 바뀔 수 있는지 살펴보기 위해 $\tilde{\mu}_0 = 3$이라 하고 실제 중앙값은 $\tilde{\mu} > 3$, 예를 들어 $\tilde{\mu} = 5$라 하자. 이 경우, 어떠한 관측치가 3보다 클 확률은 0.5보다 크게 된다. 따라서 대립가설 $H_a : \tilde{\mu} > \tilde{\mu}_0$를 $H_a : p > 0.5$로 바꿀 수 있다. 이와 유사하게 대립가설 $H_a : \tilde{\mu} < \tilde{\mu}_0$는 $H_a : p < 0.5$로, 대립가설 $H_a : \tilde{\mu} \neq \tilde{\mu}_0$는 $H_a : p \neq 0.5$로 바뀐다.

위의 논의를 살짝 바꾸면, 다른 백분위수에 대한 가설 또한 확률에 대한 가설로 바꿀 수 있게 된다(연습문제 13 참고).

중앙값에 대한 가설검정을 위해 부호검정을 시행하는 절차적 단계는 식 (8.3.21)에 나타냈다.

예제 8.3-5

유아기의 높은 혈압은 이후의 삶 동안에 고혈압에 걸릴 수 있는 위험 신호로 판단된다.[4] 하지만, 3세 이하 아동에 대한 혈압 측정이 거의 이루어지지 않기 때문에 혈압 상승의 원인이 무엇인가에 대해 알려진 바가 거의 없다. *InfantSBP.txt*에서 36명의 유아에 대한 수축기 혈압 측정치를 확인할 수 있다. 데이터는 중앙값이 94보다 클 것임을 암시하는가? 유의수준 $\alpha = 0.05$에서 검정을 실시하고 p-값을 밝히라.

$H_0 : \tilde{\mu}_0 = \tilde{\mu}_0$에 대한 부호검정절차

(1) 가정: $X_1, \cdots, X_n$은 $n \geq 10$인 연속 모집단에서 추출한 표본이다.

(2) 변경된 귀무가설: $H_0 : p = 0.5$, p는 관측치가 $\tilde{\mu}_0$보다 클 확률임

(3) 부호 통계량: Y = 값이 $\tilde{\mu}_0$보다 큰 관측치의 개수

(4) 변경된 대립가설

$H_a\ \tilde{\mu}$		$H_a\ p$
$\tilde{\mu} > \tilde{\mu}_0$	를 바꾸면	$p > 0.5$
$\tilde{\mu} < \tilde{\mu}_0$	를 바꾸면	$p < 0.5$
$\tilde{\mu} \neq \tilde{\mu}_0$	를 바꾸면	$p \neq 0.5$

(8.3.21)

---

4 Andrea F. Duncan et al. (2008). Interrater reliability and effect of state on blood pressure measurements in infants 1 to 3 years of age, Pediatrics, 122, e590 – e594; http://www.pediatrics.org/cgi/content/full/122/3/e590.

(5) 검정 통계량: $Z_{H_0} = \dfrac{\hat{p} - 0.5}{0.5/\sqrt{n}}$, 여기서 $\hat{p} = \dfrac{Y}{n}$

(6) 서로 다른 H_a에 대한 기각규칙

H_a	유의수준 α에서의 RR
$\tilde{\mu} > \tilde{\mu}_0$	$Z_{H_0} \geq z_\alpha$
$\tilde{\mu} < \tilde{\mu}_0$	$Z_{H_0} \leq -z_\alpha$
$\tilde{\mu} \neq \tilde{\mu}_0$	$|Z_{H_0}| \geq z_{\alpha/2}$

(7) p-값 계산공식

$$p\text{-값} = \begin{cases} 1 - \Phi(Z_{H_0}) & H_a : \tilde{\mu} > \tilde{\mu}_0 \\ \Phi(Z_{H_0}) & H_a : \tilde{\mu} < \tilde{\mu}_0 \\ 2[1 - \Phi(|Z_{H_0}|)] & H_a : \tilde{\mu} \neq \tilde{\mu}_0 \end{cases}$$

해답

귀무가설과 대립가설은 $H_0 : \tilde{\mu} = 94$ 대 $H_a : \tilde{\mu} > 94$이다. 모집단과 표본 크기에 대한 가정이 만족되므로 부호검정을 적용할 수 있다. 데이터를 R 객체 x에 복사하고, R 명령어 *sum(x > 94)*을 입력하면 부호 통계량 Y의 값인 22를 얻을 수 있고, 따라서 $\hat{p} = Y/n = 22/36 = 0.611$이 된다. 변형된 가설검정 문제는 $H_0 : p = 0.5$ 대 $H_a : p > 0.5$이며, 이때 Z_{H_0} 검정 통계량은 다음과 같이 계산된다.

$$Z_{H_0} = \frac{0.611 - 0.5}{0.5/\sqrt{36}} = 1.332$$

$1.332 < z_{0.05} = 1.645$이므로 유의수준 0.05에서 중앙값이 94보다 크다고 결론지을 만한 충분한 증거가 없다. 이때, p-값은 $1 - \Phi(1.332) = 0.091$이다. ■

8.3.6 정규분산에 대한 χ^2 검정

7.3.5절의 신뢰구간을 이용한 정규분산에 대한 가설검정은 $(n - 1)S^2/\sigma^2 \sim \chi_{n-1}^2$에 따른 명제 7.3-3을 바탕으로 한다. 이를 통한 검정절차와 p-값 계산공식이 다음에 주어졌다.

$H_0 : \sigma^2 = \sigma_0^2$에 대한 χ^2 검정절차

(1) 가정: $X_1, \cdots, X_n$은 정규분포로부터의 표본이다.

(2) 검정 통계량: $\chi_{H_0}^2 = \dfrac{(n - 1)S^2}{\sigma_0^2}$

(3) 서로 다른 H_a에 대한 기각규칙

(8.3.22)

H_a	유의수준 α에서의 RR
$\sigma^2 > \sigma_0^2$	$\chi_{H_0}^2 > \chi_{n-1,\alpha}^2$
$\sigma^2 < \sigma_0^2$	$\chi_{H_0}^2 < \chi_{n-1,1-\alpha}^2$
$\sigma^2 \neq \sigma_0^2$	$\chi_{H_0}^2 > \chi_{n-1,\alpha/2}^2$ 또는 $\chi_{H_0}^2 < \chi_{n-1,1-\alpha/2}^2$

(4) p-값 계산공식

$$p\text{-값} = \begin{cases} 1 - \Psi_{n-1}(\chi^2_{H_0}) & H_a : \sigma^2 > \sigma_0^2 \\ \Psi_{n-1}(\chi^2_{H_0}) & H_a : \sigma^2 < \sigma_0^2 \\ 2\min\left\{\Psi_{n-1}(\chi^2_{H_0}), 1 - \Psi_{n-1}(\chi^2_{H_0})\right\} & H_a : \sigma^2 \neq \sigma_0^2 \end{cases}$$

Ψ_{n-1}은 χ^2_{n-1}분포에의 CDF임.

예제 8.3-6 한 광학회사는 렌즈 제작에 특정 종류의 유리 사용을 고려 중이다. 중요한 것은 많은 종류의 유리가 반사 지수(reflection index)가 거의 동일하기 때문에 반사 지수의 표준편차가 0.015 미만임이 입증된 유리가 렌즈 제작에 사용될 것이라는 점이다. 단순 무작위 표본에 해당하는 $n = 20$인 유리 시편에서 반사 지수를 측정한 결과 $S = 0.01095$였다. 이 정보로 판단할 때, 해당 종류의 유리가 렌즈 제작에 사용될 수 있겠는가? $\alpha = 0.05$에서 이를 검정하고 p-값을 밝히라.

해답

이 질문에 답하기 위해 $H_0 : \sigma^2 = 0.015^2$ 대 $H_a : \sigma^2 < 0.015^2$를 검정하는 문제이다. 반사 지수의 측정치가 정규분포를 따른다고 가정하자. 식 (8.3.22)의 기각규칙에 의해 다음의 $\chi^2_{H_0}$ 값이

$$\chi^2_{H_0} = \frac{(n-1)S^2}{\sigma_0^2} = \frac{19 \times 0.01095^2}{0.015^2} = 10.125$$

$\chi^2_{19, 0.95}$ 미만일 경우 $\alpha = 0.05$에서 H_0는 기각될 것이다. 표 A.5를 보면 $\chi^2_{19, 0.95}$의 값은 10.117이다. $10.125 \not< 10.117$이므로 귀무가설이 기각할 수 없고, 이 종류의 유리를 사용할 수 없다. 표 A.5를 근거로 10.125라는 값은 χ^2_{19} 분포에서 5 백분위수와 10 백분위수(10.117과 11.651 사이의 값) 사이에 해당하는 값이다. 이를 통해서 판단할 때, 식 (8.3.22)의 p-값 계산공식에 따라 p-값이 0.05와 0.1 사이라고 말할 수 있다. R 명령어 *pchisq(10.125, 19)*를 통해 정확한 p-값으로 0.0502를 얻을 수 있다. ∎

연습문제

1. 8.2절의 연습문제 4에서 구형 기계가 시간당 $\mu_0 = 9.5\,\text{cuts}$를 달성한다고 가정해 보자. 가전제품 제조사는 $\alpha = 0.05$ 수준에서 $H_a : \mu > 9.5$에 대해 $H_0 : \mu = 9.5$를 검정하기로 결정한다. 회사는 신형 기계를 임대해 줄 기계 제조사를 구해 1시간 간격으로 50회 측정할 동안 그 기계에 의해서 만들어진 cut 수를 측정한다. 이 무작위 표본의 요약통계는 $\overline{X} = 9.8$과 $S = 1.095$이다.

(a) $\alpha = 0.05$ 수준에서 검정을 수행하고, H_0를 기각해야 하는지 여부에 대해 밝히라.

(b) 검정절차의 타당성을 위해 가정이 있다면 서술하라.

2. 5년 이상 벤젠에 노출되어 일을 한 사람들의 백혈병 발생빈도가 일반인의 20배라는 연구가 보고되었다. 그 결과 OSHA(직업안전위생관리국)는 시간가중(time-weighted) 평균 노출 허용 한계치로 1 ppm을 설정하였다.

노동자들이 매일 벤젠에 노출되는 한 철강 제조 공장이 허용 노출 한계의 위반 가능성으로 조사를 받고 있다. 1.5개월 동안 이루어진 36회의 측정을 통해 $\overline{X} = 2.1\,\text{ppm}$, $S = 4.1\,\text{ppm}$이 산출되었다. 철강 제조 공장이 OSHA의 노출 한계를 위반한 충분한 증거가 있는지 판단하기 위해서 다음 질문에 답하라.

(a) 귀무가설과 대립가설을 서술하라.

(b) $\alpha = 0.05$에서 검정을 수행하고 당신의 결론을 서술하라. 만약 있다면 이 검정의 타당성을 위해서 어떤 가정들이 필요한가?

(c) 표 A.4를 통해 p-값의 근사치, R을 사용하여 정확한 p-값을 구하라.

3. 특정 종류의 강제 전선관(steel conduit)의 내식성을 조사하기 위해 16개의 표본을 2년간 땅에 묻었다. 각 표본에 대한 최대 침투(mil 단위)가 측정되어 $\overline{X} = 52.7$의 표본평균과 $S = 4.8$의 표본표준편차가 산출되었다. 모집단 평균 침투가 50mil을 초과한다는 강한 증거가 없다면 그 전선관은 사용될 것이다.

(a) 귀무가설과 대립가설을 기술하라.

(b) $\alpha = 0.1$ 수준에서 검정을 수행하고 당신의 결론을 서술하라.

(c) 표 A.4를 사용하여 대략적으로 p-값을 구하고, R을 사용하여 정확한 p-값을 구하라.

4. 연구자들이 과수원의 서리 피해를 막기 위한 대체 방안을 찾고 있다. 오로지 풀로만 덮인 구역의 평균 지중 열전도량은 $\mu_0 = 29\,\text{unit}$이다. 대체 방안은 석탄 먼지 덮개를 사용하는 것이다.

(a) 석탄 먼지로 덮인 8개 구역의 열전도 측정 결과 $\overline{X} = 30.79$와 $S = 6.53$으로 산출되었다. $\alpha = 0.05$에서 $H_0 : \mu = 29$ 대 $H_a : \mu > 29$ 가설을 검정하고 p-값을 보고하라(R로 정확히 구하거나, 표 A.4를 사용해 대략적으로 구하라).

(b) 어떤 가정들이 위 검정의 타당성의 바탕이 되는가?

5. 8.2절 연습문제 5번의 항공회사 경영진 여행클럽 세팅에서, 고객 500명 중 무작위 표본으로 자격을 갖춘 40명을 산출했다.

(a) $\alpha = 0.01$에서 $H_0 : p = 0.05$ 대 $H_a : p < 0.05$의 가설을 검정하고, 항공회사가 어떤 조치를 취해야 하는지 서술하라.

(b) 표 A.3이나 R을 사용하여 p-값을 산출하라.

6. 키친에이드 사는 미시시피 서쪽 주에서 비스크 색상 식기세척기가 인기가 없다고 제안한 보고서 때문에, 만약 미시시피 동쪽 주에 사는 고객 중 30% 이상이 그 제품을 선호하지 않으면, 그것의 생산을 중단할 것이다. 결정 과정의 한 부분으로 미시시피 동쪽 고객 500명의 무작위 표본이 선정되었고, 그들의 선호도가 기록되었다.

(a) 귀무가설과 대립가설을 서술하라.

(b) 면담한 500명 중 185명은 비스크 색상을 좋아한다고 말했다. $\alpha = 0.05$ 수준에서 검정을 수행하고, 키친에이드 사가 어떤 조치를 취해야 하는지 서술하라.

(c) p-값을 산출하고, $\alpha = 0.01$에서 위의 검정을 수행하기 위해 기각규칙 식 (8.2.12)를 사용하라.

7. 어느 식품가공업체는 신제품의 마케팅을 고려 중이다. 만일 20% 이상의 고객들이 이 신제품을 기꺼이 써 볼 의향이 있다면 이 마케팅은 수익성이 있을 것이다. 무작위로 선택된 42명의 고객 중 9명은 신제품을 구매해서 시도해 볼 것이라고 말했다.

(a) 적절한 귀무가설과 대립가설을 설정하라.

(b) $\alpha = 0.01$ 수준에서 검정을 수행하고 p-값을 밝히라. 그 마케팅이 수익성이 있다는 증거가 있는가?

8. 어느 실험은 새 콘크리트의 강도에 관한 온도의 영향을 조사했다. 20°C에서 며칠 동안 건조된 후, 표본은 28일 동안 −10°C, −5°C, 0°C, 10°C, 20°C에서 노출되었고, 그 시간에 그것의 강도가 결정되었다. 데이터는 *Temp28DayStrength*.txt에서 찾을 수 있다.

(a) R 객체 x, y에 $X = $ 노출 온도, $Y = 28$일간의 강도에 대한 데이터를 이입하고 R 명령어를 사용하여 단순 선형회귀모형에 적합시켜라.

(b) 데이터의 산점도와 잔차의 정규 Q-Q 도표를 구성하기 위해 R 명령어를 사용하라. 이 도표를 통해 정규 단순선형회귀모형 가정이 위배될 가능성이 있다고 판단되는가?

(c) R 명령어의 출력 결과로부터 SST, SSE와 SSR를 구하라. 이 SS값을 토대로 볼 때 총변동 중 몇 퍼센트가 회귀모형으로 설명될 수 있는가?

(d) F 통계량을 구하고, 그것을 유의수준 0.05에서 모형 유용성 검정 수행에 사용하라.

(e) 이 콘크리트는 추운 기후 지역의 구조물에서 사용되기 때문에 기온의 하강이 콘크리트를 약화시킬 수 있다는 우려가 있다. 이런 우려를 뒷받침할 증거를 가늠하기 위해 적절한 H_0와 H_a를 서술하라. $\alpha = 0.05$ 수준에서 구체화된 가설에 관한 검정을 수행하고 당신의 결론을 서술하라.

9. 운동 강도와 에너지 소비 사이의 관계에 관한 연구 내용에서, 26명의 성인 남성이 러닝머신에서 꾸준히 운동하는 동안 최대 심박수 유지 비율(X)과 최대 산소 소비율(Y)이 측정되었다.[5] *HeartRateOxygCons.txt*에서 주어진 데이터를 사용하고 R 명령어를 통해 다음을 완료하라.

(a) 데이터의 산점도와 잔차에 대한 정규 Q-Q 도표를 작성하라. 이 도표가 정규 단순선형회귀모형 가정을 위배할 가능성이 있다고 보이는가?

(b) ANOVA 표를 작성하라. 산소 소비의 총변동 중 얼마의 비율이 회귀모형에 의해서 설명될 수 있는가?

(c) 적합된 회귀직선을 구하고 최대 심박수 유지 비율이 10 포인트 증가할 때 평균 산소 소비의 추정 변화량을 구하라.

(d) 최대 심박수 유지 비율이 10 포인트 증가할 때 산소 소비가 10 포인트 이상 증가한다는 증거가 있는가?

  (i) 이 질문에 답하기 위한 귀무, 대립가설을 기술하라. (힌트 기울기에 관한 가설을 표현하라.)

  (ii) 유의수준 0.05에서 가설을 검정하고 p-값을 구하라.

10. 차량 속력(X)과 정지 거리(Y)의 관계에 관한 역사적인 (circa 1920) 데이터 집합이 R 데이터 프레임 *cars*에 주어져 있다. 다음에 주어진 R 출력결과를 사용하여 다음의 질문에 답하라.

```
            Estimate  Std. Error  t value  Pr(>|t|)
(Intercept) -17.5791      6.7584   -2.601    0.0123
x             3.9324      0.4155    9.464  1.49e-12
Multiple R-squared: 0.6511
```

```
Analysis of Variance Table
           Df  Sum Sq  Mean Sq  F value    Pr(>F)
x           1   21186                     1.490e-12
Residuals  48   11354
```

(a) 이 연구에서 표본의 크기는 얼마인가?

(b) 고유오차의 표준편차에 대한 추정치를 구하라.

(c) $H_0 : \alpha_1 = 0$ 대 $H_a : \alpha_1 \neq 0$과 $H_0 : \beta_1 = 0$ 대 $H_a : \beta_1 \neq 0$을 검정하기 위한 T 검정 통계량을 구하라.

(d) 분산분석표의 빈칸을 채우라.

(e) 제동거리의 총가변성 중 얼마의 비율이 회귀모형에 의해서 설명되는가?

11. 어떤 국가의 주택소유자들의 세금 증가액의 중앙값이 300달러라고 언급되고 있다. 20명의 주택 소유자들의 무작위 표본은 다음과 같은 세금 증가액을 나타낸다(가장 작은 값부터 가장 큰 값까지 정리하여). 137, 143, 176, 188, 195, 209, 211, 228, 233, 241, 260, 279, 285, 296, 312, 329, 342, 357, 412, 517.

(a) 데이터는 위 주장이 거짓이라고 결론지을 만큼 충분한 증거를 제시하는가? 귀무가설과 대립가설을 기술하고 $\alpha = 0.05$ 수준에서 검정하라.

(b) 자료는 세금 증가액이 300달러라는 결론을 내리기 위한 충분한 증거를 제시하는가? $\alpha = 0.05$ 수준에서 검정하라.

12. *rt=read.table("RobotReactTime.txt", header =T); r2=rt$Time[rt$Robot==2]*를 사용하여 R 객체 *r2*로 로봇의 반응 정도 데이터를 불러오라.

---

5 T. Bernard et al. (1997). Relationships between oxygen consumption and heart rate in transitory and steady states of exercise and during recovery: Influence of type of exercise. *Eur. J. Appl.*, 75: 170–176.

(a) $H_0 : \tilde{\mu} = 28$ 대 $H_a \tilde{\mu} > 28$ 또는 $H_0 : \mu = 28$ 대 $H_a \mu > 28$ 중 어느 하나를 검정하는 것이 바람직하다. 2개의 가설검정 중 어느 것을 이 데이터 집합에 사용해야 할지 결정하기 위해서 정규 Q-Q 도표를 작성하라. 당신의 답이 옳다는 것을 증명하라.

(b) 0.05 수준에서 $H_0 : \tilde{\mu} = 28$ 대 $H_a \tilde{\mu} > 28$을 검정하고 p-값을 밝히라.

13. 백분위수에 대한 부호검정. $(1-\pi)$ 백분위수 x_π에 대해 $H_0 : x_\pi = \eta_0$ 귀무가설을 검정하기 위해 부호검정을 적용할 수도 있다. 이를 위해 귀무가설을 $H_0 : p = \pi$로 변환해야 하며, 여기서 p는 관측치가 η_0보다 클 확률이다. 대립가설 $H_a : x_\pi > \eta_0$, $H_a : x_\pi < \eta_0$와 $H_a : x_\pi \neq \eta_0$을 $H_a : p > \pi$, $H_a : p < \pi$와 $H_a : p \neq \pi$로 각각 변환한다.

$$Y = \text{값이 } \eta_0 \text{보다 작은 관측치의 수}$$

$$Z_{H_0} = \frac{\hat{p} - \pi}{\sqrt{\pi(1-\pi)/n}}$$

$\hat{p} = Y/n$일 때, Y와 Z_{H_0}는 각각 부호 통계량 및 검정 통계량이다. ($n \times \pi \geq 5$, $n \times (1 - \pi) \geq 5$라고 가정하자.) 식 (8.3.2)에 주어진 p-값을 위한 기각규칙과 공식을 여러 가지 대립에 대하여 $H_0 : x_\pi = \eta_0$을 검정하기 위해 이런 변화들을 가지고 적용한다.

(a) $v = read.table("Production\ Vol.txt", header=T);$ $x = v\$V$를 사용하여 R 객체 x에 어느 생산 공장의 16개 표본의 시간당 산출량의 표본을 복사하고 R 명령어 $sum(x > 250)$를 사용하여 값이 250보다 큰 관측치의 수를 구하라. 25 백분위수가 250보다 값이 작다는 대립가설을 수용하기 위한 충분한 증거가 있는지 0.05 수준에서 검정하라.

(b) 수축기 혈압의 75 백분위수가 104보다 더 크다는 대립가설을 0.05 수준에서 검정하기 위해 예제 8.3-5에 주어진 데이터를 이용하라.

14. 어느 타이어 제조사는 새 타이어 수명의 표준편차가 2,500마일 이상이라는 증거가 없다면 새 타이어 디자인을 채택할 것이다.

(a) 귀무가설과 대립가설을 명시하라.

(b) 20개의 새 타이어 표본 수명의 표본분산을 계산하기 위해 $t = read.table("TireLifeTimes.txt", header=T);$ $var(t\$x)$을 사용하라. $\alpha = 0.025$ 수준에서 (a)에 명시된 가설을 검정하라. 이 검정을 토대로 하면 새 타이어는 채택되겠는가?

(c) 정규 Q-Q 도표를 작성하고 새 타이어 디자인 채택 결정에 있어서 염려해야 할 부분이 있다면 모두 언급하라.

15. 초콜릿 칩 쿠키 중량에 대한 36개 무작위 표본은 표준편차가 0.25 oz이다. $\alpha = 0.05$ 수준에서 $H_0 : \sigma = 0.2$, $H_a : \sigma \neq 0.2$ 가설을 검정하고 p-값을 밝히라. 당신의 결과가 타당함을 보이기 위해 필요한 가정을 서술하라.

8.4 가설검정의 정확성

8.4.1 제1종 및 제2종 오류

표본추출의 가변성으로 귀무가설이 참일 때에도 기각역에 해당되는 검정 통계량의 값을 얻을 가능성이 있다. 마찬가지로 대립가설이 참일 때에 검정 통계량의 값이 기각역을 벗어날 가능성도 있다. 예를 들어, 다음의 기각역이 $\overline{X} < 27{,}000$ 검정 문제

$$H_0 : \mu = 28{,}000 \text{ 대 } H_a : \mu < 28{,}000$$

가 있을 때, 모평균의 참값이 $\mu = 28{,}500$임에도 $\overline{X} < 27{,}000$(H_0를 기각해야 할 증거)의 값을 얻을 수도 있다. 마찬가지로 모평균의 참값이 $\mu = 26{,}000$이더라도 $\overline{X} > 27{,}000$의 값을 얻을 가능

성이 있다. 귀무가설이 참일 때 그것을 기각할 경우 **제1종 오류**(Type I error)를 범하게 된다. 귀무가설이 거짓일 때 그것이 기각되지 않으면 **제2종 오류**(Type II error)를 범한다. 다음 표는 이 두 가지 종류의 오류를 나타내고 있다.

		참인 가설	
		H_0	H_a
검정 결과	H_0	정확한 판단	제2종
	H_a	제1종	정확한 판단

다음의 두 예제는 이항비율에 대한 가설검정에 있어서 제1종과 제2종 오류를 범할 확률 계산에 관한 것이다.

예제 8.4-1

한 석탄 채광 회사는 폭약과 함께 사용되는 기폭장치의 점화율이 최소 요구 수준인 90%를 만족하지 못하는 것으로 의심하고 있다. 이에 대한 가설

$$H_0 : p = 0.9 \text{ 대 } H_a : p < 0.9$$

를 검정하기 위해 기폭장치에 대한 $n = 20$인 무작위 표본을 추출하여 검사한다. X를 점화가 되는 기폭장치의 수라 하자. 다음 두 가지 기각규칙 각각에 대해 다음을 수행하라.

$$\text{규칙 1: } X \leq 16 \text{와 규칙 2: } X \leq 17$$

(a) 제1종 오류의 확률을 계산하라.
(b) p의 참값이 0.8일 때, 제2종 오류의 확률을 계산하라.

해답

표 A.1에서 볼 때, 규칙 1에 대한 제1종 오류를 범할 확률은 다음과 같다.

$$P(\text{제1종 오류}) = P(H_0\text{가 참일 때 기각})$$
$$= P(X \leq 16 \mid p = 0.9, n = 20) = 0.133$$

따라서 H_0가 참일 때 기각될 확률은 13.3%이다. 이제 $p = 0.8$이고, H_a가 참이라 가정하자. 표 A.1에서 볼 때, 규칙 1에 대한 제2종 오류의 확률은 다음과 같다.

$$P(p = 0.8\text{일 때, 제2종 오류}) = P(p = 0.8\text{일 때, } H_0\text{를 기각하지 않음})$$
$$= P(X > 16 \mid p = 0.8, n = 20) = 1 - 0.589 = 0.411$$

동일한 계산을 규칙 2에 대해 수행하면 다음의 결과를 얻는다.

$$P(\text{제1종 오류}) = P(X \leq 17 \mid p = 0.9, n = 20) = 0.323$$
$$P(p = 0.8\text{일 때, 제2종 오류}) = P(X > 17 \mid p = 0.8, n = 20) = 0.206$$

위 예제의 계산결과는 매우 중요한 사실을 보여 주고 있는데, 단순히 기각규칙을 바꿈으로써 두 가지 종류의 오류를 모두 줄이는 것이 불가능하다는 점이다. 이는 두 확률 계산에 포함되는 사건이 상호보완적이기 때문이다. 따라서 기각역을 축소(제1종 오류의 확률이 작아짐)하게 되면 반대 영역이 늘어날 수밖에 없다(결과적으로 제2종 오류의 확률이 커짐). 그러므로 제1종 오류가 더 중요하기 때문에 앞에서 다루었던 모든 검정절차는 제2종 오류를 무시하고 제1종 오류의 확률이 유의수준 α를 초과하지 않도록 설계되어 있다.

하지만, 실제로 많은 가설검정의 상황에서는 제2종 오류의 문제도 발생한다. 예를 들어 예제 8.3-1에서 평균의 점추정치가 $\overline{X} = 10.6$이어서 H_a가 참일 것으로 생각됐지만, 실제로 $H_a : \mu > 10$에 대해서 $H_0 : \mu = 10$을 기각하지 못했다. 이는 검정절차가 H_0를 옹호한다는 것을 보여 주는 것이지만, 이런 상황을 통해 검정절차의 성능에 대한 의문이 생기가 된다. 예를 들어 앞서 언급한 예제의 상황에서 모집단 평균의 참값이 10.5나 11일 때 제2종 오류의 확률이 얼마인지 궁금해질 수 있다. 다음의 예제는 분산이 알려진 정규 모집단에서 표본추출한 상황에서 제2종 오류의 확률을 계산하는 법을 보여 준다.

예제 8.4-2

새로 제안되는 타이어 설계 변경안은 타이어의 평균수명이 20,000마일을 넘는 경우에만 받아들여질 수 있다. 신규 설계한 타이어 중 $n = 16$개의 무작위 표본에 대해 수명을 측정하여 결정을 내리고자 한다. 수명은 $\sigma = 1,500$인 정규분포를 따름이 알려져 있다. 유의수준 $\alpha = 0.01$에서 $\mu = 21,000$을 검정할 경우의 제2종 오류 확률을 계산하라.

해답

σ를 알고 있으므로 $Z_{H_0} = (\overline{X} - \mu_0)/(\sigma/\sqrt{n})$을 검정 통계량으로 사용하게 되며, 대립가설이 $H_a : \mu > 20,000$이기 때문에 $Z_{H_0} > z_\alpha$가 적절한 기각역이 된다. 따라서

$$\beta(21,000) = P(\text{제2종 오류} \mid \mu = 21,000)$$
$$= P\left(\frac{\overline{X} - \mu_0}{\sigma/\sqrt{n}} < z_\alpha \mid \mu = 21,000\right)$$
$$= P\left(\overline{X} < \mu_0 + z_\alpha \frac{\sigma}{\sqrt{n}} \mid \mu = 21,000\right)$$
$$= \Phi\left(\frac{\mu_0 - 21,000}{\sigma/\sqrt{n}} + z_\alpha\right)$$

$\mu_0 = 20,000$, $\sigma = 1,500$이며, $\alpha = 0.01(z_\alpha = 2.33)$이므로 $\beta(21,000) - \Phi(-0.34) = 0.3669$이다. 따라서 (다음에 정의될) 검정력은 $\mu = 21,000$에서 $1 - 0.3669 = 0.6331$이다. ■

어떤 모수 θ에 대한 가설검정에서 $\theta = \theta_a$이고 θ_a가 대립가설 H_a의 영역에 속할 때, 제2종 오류를 범할 확률을 $\beta(\theta_a)$로 표기하며 이는 다음과 같다.

그림 8-3

$H_0 : \mu \leq 0$ 대 $H_a : \mu > 0$
에 대한 검정력 함수

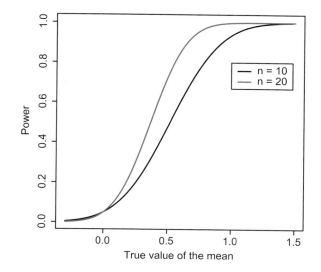

$$\beta(\theta_a) = P(\theta = \theta_a일\ 때\ 제2종\ 오류) \tag{8.4.1}$$

θ_a에 대해 검정할 때, 1에서 제2종 오류의 확률을 뺀 값을 θ_a에서의 **검정력**(power)이라 하며, 이는 다음과 같다.

$$\theta_a에서의\ 검정력 = 1 - \beta(\theta_a) \tag{8.4.2}$$

따라서 검정력이 의미하는 것은 대립가설이 참일 때 H_0를 기각하게 될 확률이다.

가설검정의 정확성은 검정력에 의해 정량화될 수 있다. 검정력을 θ에 대한 함수로 도식화하면 검정절차의 효율성에 대해 시각적인 판단이 가능해진다. 일반적으로 검정력은 θ의 값이 귀무가설의 영역에서 멀어질수록 증가하게 되며, 표본의 크기가 커져도 값이 증가한다. 이러한 사실을 그림 8-3을 통해 확인할 수 있다.

8.4.2 검정력과 표본 크기 계산

각 검정 문제에서 유의수준의 값은 고정되어 있기 때문에 정확성을 높이고자 주어진 모수의 값에 대해 적정 수준의 검정력을 얻기 위해서는 표본의 크기를 증가시켜야 한다.

T 검정에 대한 검정력 계산은 비중심(non-central) T 분포를 포함하기 때문에 여기서 다루지 않는다. 대신, R을 통해서 검정력과 표본 크기 계산을 수행할 것이다. 비율에 대한 검정 수행 시 검정력과 표본 크기를 계산하는 명령어가 주어진다. 다음은 검정력 계산을 위한 R 명령어이며, 표본 크기 결정을 위한 과정은 예제 8.4-3에 이어진다.

$H_0 : \mu = \mu_0$와 $H_0 : p = p_0$ 검정 시 검정력 계산을 위한 R 명령어

```
library(pwr) # Loads the package pwr
```

```
pwr.t.test(n, (μₐ - μ₀)/sd, α, power=NULL, "one.sample",
    c("greater", "less", "two.sided")) # Gives the power at
    μₐ
h=2*asin(sqrt(pₐ))-2*asin(sqrt(p₀)); pwr.p.test(h, n, α,
    power=NULL, c("greater", "less", "two.sided")) # Gives the
    power at pₐ
```

노트 8.4-1 위의 명령어를 수행하기 위해서는 *pwr* 패키지가 설치되어 있어야 하는데, 설치를 위해서는 *install.packages("pwr")* 명령어를 수행하면 된다. ◁

노트 8.4-2 비율 검정에서 검정력 계산을 위한 R 명령어는 근삿값 계산 공식이므로 계산되는 검정력값은 정확한 값과는 다소 차이가 있다. 예를 들어, 예제 8.4-1의 규칙 1에 대응되는 검정의 유의수준 값이 0.133이므로 명령어 *h=2*asin(sqrt(0.8))-2*asin(sqrt(0.9)); pwr.p.test(h, 20, 0.133, alternative="less")*는 $p_a = 0.8$에 대한 검정력값으로 0.562를 반환한다. 이는 예제 8.4-1에서 확인한 정확한 검정력값보다 조금 작다. ◁

예제 8.4-3

(a) 예제 8.3-1의 검정 문제에서 $\mu_a = 11$에 대한 검정력을 계산하라.

(b) 예제 8.3-2의 검정 문제에서 $p = 0.8$에 대한 검정력을 계산하라.

해답

(a) 예제 8.3-1은 유의수준 $\alpha = 0.05$에서 $H_0 : \mu = 10$ 대 $H_a : \mu > 10$을 검정하는 문제이며, 25개의 표본에 대한 결괏값 $S = 2$가 얻어진다. R 명령어 *pwr.t.test(25, (11-10)/2, 0.05, power=NULL, "one.sample", "greater")*를 통해 검정력값인 0.78이 반환된다.

(b) 예제 8.3-2는 유의수준 $\alpha = 0.01$에서 200개의 표본으로 $H_0 : p = 0.7$ 대 $H_a : p > 0.7$을 검정한다. R 명령어 *h=2*asin(sqrt(0.8))-2*asin(sqrt(0.7)); pwr.p.test(h, 200, 0.01, power=NULL, "greater")*를 입력하면 검정력값으로 0.83이 반환된다. ■

앞서 설치한 패키지인 *pwr*(노트 8.4-1 참조)을 활용하여 특정한 값 μ_a 또는 p_a에 대해 $H_0 : \mu = \mu_0$ 또는 $H_0 : p = p_0$ 각각을 검정할 때, 적정 수준의 검정력을 확보하기 위한 표본 크기를 결정할 수 있는 R 명령어가 다음에 주어져 있다.

```
표본 크기 결정을 위한 R 명령어
library(pwr) # Loads the package pwr
pwr.t.test(n=NULL, (μₐ - μ₀)/Sₚᵣ, α, 1-β(μₐ), "one.sample", alter-
    native=c("greater", "less", "two.sided")) # Gives the n
    needed for power 1-β(μₐ) at μₐ
```

```
h=2*asin(sqrt(pₐ))-2*asin(sqrt(p₀)); pwr.p.test(h, n=NULL, α,
    1-β(pₐ), c("greater", "less", "two.sided")) # Gives the n
    needed for power 1-β(pₐ) at pₐ
```

평균에 대한 T 검정에서 표본 크기를 결정하기 위한 명령어에 쓰인 S_{pr}은 표준편차에 대한 사전 추정량이다. 사전 추정량을 얻기 위한 방법은 7.4절을 참조하라.

예제 8.4-4 (a) 예제 8.3-1의 검정 문제에서 $\mu_a = 11$일 때 검정력 0.9를 달성하기 위해 필요한 표본 크기를 구하라.

(b) 예제 8.3-2의 검정 문제에서 $p = 0.8$일 때 검정력 0.95를 달성하기 위해 필요한 표본 크기를 구하라.

해답

(a) 예제 8.3-1은 유의수준 $\alpha = 0.05$에서 $H_0 : \mu = 10$ 대 $H_a : \mu > 10$을 검정하는 문제이다. 표본 크기 25에 의한 표준편차의 사전 추정치 $S_{pr} = 2$이다. 다음의 R 명령어 *pwr.t.test(n= NULL, (11-10)/2, 0.05, 0.9, "one.sample", alternative="greater")*는 표본 크기 35.65를 반환하며, 이를 올림하면 36이 된다.

(b) 예제 8.3-2는 200개의 표본을 이용해 유의수준 $\alpha = 0.01$, $H_0 : p = 0.7$ 대 $H_a : p > 0.7$을 검정한다. R 명령어 *h=2*asin(sqrt(0.8))-2*asin(sqrt(0.7)); pwr.p.test(h, n=NULL, 0.01, 0.95, alternative="greater")*에 의해 반환되는 표본 크기는 293.04이며, 올림하면 294이다. ∎

연습문제

1. (a) 귀무가설이 기각될 경우, 어떤 형태의 오류를 범할 위험이 있는가?

(b) 귀무가설이 기각되지 않을 경우, 어떤 형태의 오류를 범할 위험이 있는가?

2. 아동용 파자마에 사용된 재료 A의 내염성을 조사하기 위해, 85개의 재료 시편을 고온에 노출시킨 결과 그중 28개가 점화되었다. p_A가 고온에 노출된 시편이 점화될 확률이라 할 때, $H_0 : p_A = 0.3$ 대 $H_a : p_A \neq 0.3$에 대한 검정을 고려하라. 다음의 각각에 대해 참, 거짓을 명시하라.

(a) 제1종 오류의 확률은 실제로 $p_A = 0.3$일 때, $p_A \neq 0.3$이라고 결론지을 확률로 정의된다.

(b) 제1종 오류의 확률은 유의수준과 같은 것이다.

(c) 제2종 오류의 확률은 실제로 $p_A = 0.3$일 때, $p_A \neq 0.3$이라고 결론지을 확률로 정의된다.

3. 어떤 종류의 자동차 중 25%가 10-mph 충돌 시험에서 가시적인 손상 없이 유지된다. 이 비율을 높이기 위해 개선된 범퍼 디자인이 제안되었다. p를 새 범퍼를 장착한 차량 중 10-mph 충돌 시험에서 가시적인 손상이 발생하지 않는 비율이라 하자. 검정해야 할 가설은 $H_0 : p = 0.25$ 대 $H_a : p > 0.25$이다. 검정은 새 범퍼를 장착한 자동차 시제품에 대한 $n = 20$회의 독립적인 충돌을 포함하는 실험에 근거를 둔다. 가시적인 손상이 없는 충돌 횟수를 X라 할 때, 만약 $X \geq 8$이면 H_0를 기각하는 검정절차를 고려하라.

(a) 제1종 오류의 확률을 구하기 위해 이항 도표를 이용하라.

(b) $p = 0.3$에서 검정력을 구하기 위해 이항 도표를 이용하라.

(c) $n = 50$이고 기각역이 $X \geq 17$일 때, R을 사용하여 제1종 오류의 확률과 검정력을 확인하라. $p = 0.3$에서 검정력을 구하라. 2개의 다른 표본 크기에 의해 계산된 제1종 오류의 수준과 검정력을 비교하라.

4. 8.3절 연습문제 2에서 주어진 R 명령어와 정보를 사용하라. $n = 36$, $S = 4.1$, $H_0 : \mu = 1$ 대 $H_a : \mu > 1$이고 $\alpha = 0.05$일 때 다음을 수행하라.

(a) 실제 농도가 2ppm일 때, 제2종 오류의 확률을 구하라.

(b) OSHA는 실제 농도가 2ppm일 때, 유의수준 0.05를 유지하면서 제2종 오류의 확률이 1%를 초과하지 않도록 하고자 한다. 표본 크기를 얼마로 하여야 하는가?

5. 실험실 내에서 행해진 실험에서 사용된 금속 막대기의 표면에 생긴 불순물을 청소하기 위해 산욕을 사용한다. 효과적인 세척을 위한 용액의 평균 산성은 8.5이어야 한다. 평균 산성이 8.65를 초과하면 막대기의 도금한 표면을 손상시킬 수 있다. 화학회사는 다량의 산욕 용액을 공급하기 전에 여러 번의 산도 측정을 할 것이며, $\alpha = 0.05$ 수준에서 $H_a : \mu > 8.5$와 대립되는 $H_0 : \mu = 8.5$를 검정할 것이다. 만일 귀무가설이 기각되면 해당되는 산욕 용액은 공급되지 않는다. 예비 표본을 조사했을 때 표본표준편차가 0.4였다. 산도 8.65의 산욕 용액을 공급할 확률이 0.05를 초과해서는 안 된다는 실험실 조건을 만족시키기 위해 필요한 표본 크기를 R 명령어를 사용하여 구하라.

6. 8.3절의 연습문제 7에서 주어진 R 명령어와 정보를 사용하라. 즉, $n = 42$, $H_0 : p = 0.2$ 대 $H_a : p > 0.2$, $\alpha = 0.01$일 때, 다음을 수행하라.

(a) $p_a = 0.25$일 때, 제2종 오류의 확률을 구하라.

(b) $p_a = 0.25$일 때 유의수준을 0.01로 유지하면서 0.3의 검정력 얻기 위해 표본 크기를 얼마로 해야 하는가?

7. 8.3절의 연습문제 5에 주어진 R 명령어와 정보를 사용하라. 즉, $n = 500$, $H_0 : p = 0.05$ 대 $H_a : p < 0.05$이며, $\alpha = 0.01$이다.

(a) $p_a = 0.04$일 때, 제2종 오류의 확률을 구하라.

(b) $p_a = 0.04$일 때 유의수준을 0.01로 유지하면서 0.5의 검정력을 얻기 위해서는 표본 크기를 얼마로 해야 하는가?

두 모집단의 비교

9.1 개요

이 장에서는 두 모집단의 특정한 면을 비교하기 위해 신뢰구간과 가설검정을 활용한다. 보다 구체적으로 두 모집단의 평균, 모비율, 분산을 비교하는 절차를 정립할 것이다.

1.8절에서 언급한 것과 같이 두 모집단을 비교하는 것은 가장 간단한 수준의 비교연구에 해당된다. 이때 두 모집단을 처리군 혹은 요인 수준이라 일컫기도 한다.

의사결정을 비롯한 많은 상황에서 조사자는 어떤 모수에 관한 진술이 참인지를 결정하게 된다.

여기서 두 모집단을 처리군(treatments) 또는 요인 수준(factor levels)이라 일컫기도 한다. 인과관계 파악을 위해, 다시 말해 통계적으로 유의한 비교결과가 처리군의 차이에 기인한 것이라고 주장하기 위해서는 처리군에서 실험 단위를 할당하는 것이 무작위로 행해져야 하는데, 이는 곧 통계적 실험이 수행되어야 함을 의미한다.

9.2절은 두 모평균과 두 모비율에 대한 검정 및 신뢰구간에 대해 다룬다. 9.3절은 데이터의 순위를 바탕으로 두 모집단의 동질성을 검정하는 절차를 다룬다. 순위 기반의 검정은 모집단이 정규분포가 아니고 표본의 크기가 작을 때 추천하는 절차이지만, 표본 크기에 관계 없이 유용하게 쓰일 수도 있다. 9.4절은 두 모집단의 분산을 비교하기 위한 두 가지 검정절차를 다룬다. 9.2, 9.3, 9.4절의 검정절차는 각각의 모집단에서 얻은 서로 독립적인 두 표본을 바탕으로 한다. 9.5 절은 서로 독립적이지 않은 2개의 표본에서 모평균과 모비율 차이에 대한 검정과 신뢰구간에 대해 다루는데, 이때 두 표본 사이의 종속성은 쌍체 관측 과정에 의해 발생한다.

9.2 두 표본 검정 및 평균에 대한 신뢰구간

μ_1, σ_1^2가 모집단 1에 대한 평균과 분산이고, μ_2, σ_2^2는 모집단 2에 대한 평균과 분산이라 하자. 두 모집단이 베르누이(Bernoulli) 분포를 따르면 $\mu_i = p_i$이고 $\sigma_i^2 = p_i(1 - p_i)$인데, 이때 p_i는 모집단 $i(i = 1, 2)$에서 무작위로 하나를 선별할 때 그것이 성공일 확률이다. 두 모집단의 비교는 각 모집단으로부터의 단순 무작위 표본에 대해 이루어진다. 다음은 두 표본을 나타낸다.

$$X_{i1}, X_{i2}, \cdots, X_{in_i}, \quad i = 1, 2 \tag{9.2.1}$$

모집단 1에 대한 표본의 크기가 n_1이고 $X_{11}, \cdots, X_{1n_1}$이 각 관측치를 나타내며, 모집단 2는 표본 크기가 n_2, 관측치 $X_{21}, \cdots, X_{2n_2}$를 갖는다. 두 표본은 서로 독립이라 가정한다. 다음은 $i(i = 1, 2)$번째 표본에 대한 표본평균과 표본분산을 나타낸다.

$$\overline{X}_i = \frac{1}{n_i} \sum_{j=1}^{n_i} X_{ij}, \quad S_i^2 = \frac{1}{n_i - 1} \sum_{j=1}^{n_i} \left(X_{ij} - \overline{X}_i \right)^2 \tag{9.2.2}$$

모집단이 베르누이 분포를 따르면 다음과 같다.

$$\overline{X}_i = \widehat{p}_i, \quad S_i^2 = \frac{n_i}{n_i - 1} \widehat{p}_i(1 - \widehat{p}_i)$$

여기서 $\widehat{p}_i(1 - \widehat{p}_i)$는 일반적으로 $\sigma_i^2 = p_i(1 - p_i)$에 대한 추정량으로 쓰인다. 또한, 모집단 $i(i = 1, 2)$로부터의 표본에서 비율 $\widehat{p}_i$나 성공 횟수 $n_i\widehat{p}_i$는 베르누이 모집단을 표본추출할 때 주어진다.

9.2.1 기본 결과

다음 명제들은 두 평균이나 두 비율 차이에 관한 검정 및 신뢰구간 설정 시 사용되는 결과들을 나열한 것이다.

명제 9.2-1

1. 두 모집단이 분산이 동일($\sigma_1^2 = \sigma_2^2$)한 정규분포를 따를 경우 모든 표본 크기에 대해 다음이 성립한다.

$$\frac{\overline{X}_1 - \overline{X}_2 - (\mu_1 - \mu_2)}{\sqrt{S_p^2 \left(\frac{1}{n_1} + \frac{1}{n_2} \right)}} \sim T_{n_1 + n_2 - 2} \tag{9.2.3}$$

여기서 S_1^2, S_2^2는 식 (9.2.2)에 정의된 두 표본분산을 나타낼 때,

$$S_p^2 = \frac{(n_1 - 1)S_1^2 + (n_2 - 1)S_2^2}{n_1 + n_2 - 2} \tag{9.2.4}$$

는 공통분산에 대한 **합동 추정량**(pooled estimator)이다.

2. 두 모집단이 분산이 동일하지만 정규분포가 아닐 때, 표본 크기가 충분히 크다면($n_1 \geq 30$, $n_2 \geq 30$) 근사적으로 식 (9.2.3)을 적용할 수 있다.

3. 두 모집단이 분산이 서로 다르며, $\sigma_1^2 \neq \sigma_2^2$ 정규분포를 따를 경우

$$\frac{\overline{X}_1 - \overline{X}_2 - (\mu_1 - \mu_2)}{\sqrt{\frac{S_1^2}{n_1} + \frac{S_2^2}{n_2}}} \overset{\cdot}{\sim} T_\nu, \quad \nu = \left[\frac{\left(\frac{S_1^2}{n_1} + \frac{S_2^2}{n_2} \right)^2}{\frac{(S_1^2/n_1)^2}{n_1-1} + \frac{(S_2^2/n_2)^2}{n_2-1}} \right] \tag{9.2.5}$$

이 모든 표본 크기에 대해 성립한다. 이때, S_1^2, S_2^2는 식 (9.2.2)에 정의된 두 표본의 분산이며, 숫자 x 주위에 대괄호를 쓴 $[x]$는 x의 정수 부분(버림을 통해 x에 가장 가까운 정수로 변환)을 나타낸다. 식 (9.2.5)에 대한 근사 분포를 Smith-Satterthwaite 근사라 부른다.

4. 모집단이 정규분포가 아닐 때, 표본 크기가 충분히 크면($n_1 \geq 30$, $n_2 \geq 30$) Smith-Satterthwaite 근사식 (9.2.5)를 적용할 수 있다.

5. 표본의 크기가 충분히 크면($n_1 \widehat{p}_1 \geq 8$, $n_1(1 - \widehat{p}_1) \geq 8$, $n_2 \widehat{p}_2 \geq 8$, $n_2(1 - \widehat{p}_2) \geq 8$) 다음이 성립한다.

$$\frac{\widehat{p}_1 - \widehat{p}_2 - (p_1 - p_2)}{\widehat{\sigma}_{\widehat{p}_1 - \widehat{p}_2}} \overset{\cdot}{\sim} N(0, 1) \tag{9.2.6}$$

이때,

$$\widehat{\sigma}_{\widehat{p}_1 - \widehat{p}_2} = \sqrt{\frac{\widehat{p}_1(1 - \widehat{p}_1)}{n_1} + \frac{\widehat{p}_2(1 - \widehat{p}_2)}{n_2}} \tag{9.2.7}$$

9.2.2 신뢰구간

$\mu_1 - \mu_2$에 대한 신뢰구간: 동일 분산 S_p^2을 식 (9.2.4)에서 정의한 공통분산의 통합 추정량이라 하자. 식 (9.2.3)에 의해 $\mu_1 - \mu_2$에 대한 $(1 - \alpha)100\%$ 신뢰구간을 계산할 수 있다.

분산이 동일한 경우 $\mu_1 - \mu_2$에 대한 T 신뢰구간

$$\overline{X}_1 - \overline{X}_2 \pm t_{n_1+n_2-2, \alpha/2} \sqrt{S_p^2 \left(\frac{1}{n_1} + \frac{1}{n_2} \right)} \tag{9.2.8}$$

위 신뢰구간을 구하기 위한 R 명령어는 9.2.3 절에 주어져 있다.

두 모집단이 정규분포를 따를 경우(분산이 동일), 식 (9.2.8)이 표본 크기에 관계없이 $\mu_1 - \mu_2$에 대한 정확한 $(1 - \alpha)100\%$ 신뢰구간이다. 모집단이 정규분포가 아니고 $\sigma_1^2 = \sigma_2^2$이면 식 (9.2.8)이 n_1, $n_2 \geq 30$일 때 $\mu_1 - \mu_2$에 대한 근사적인 $(1 - \alpha)100\%$ 신뢰구간이다.

9.4절은 식 (9.2.8)의 신뢰구간 추정에 필요한 모집단 등분산의 가정을 검정하는 절차에 대해 다룬다. 하지만, $\sigma_1^2 \simeq \sigma_2^2$, 즉 σ_1^2, σ_2^2가 근사적으로 같은지를 대략적으로 살펴보기 위해 표본분산 중 큰 값($\max\{S_1^2, S_2^2\}$)과 작은 값($\min\{S_1^2, S_2^2\}$)의 비율을 근거로 하는 경험법칙을 적용할 수도 있다.

$\sigma_2^1 \simeq \sigma_2^2$를 판단하기
위한 경험법칙

$$\frac{\max\{S_1^2, S_2^2\}}{\min\{S_1^2, S_2^2\}} < \begin{cases} 5 & n_1, n_2 \simeq 7 \\ 3 & n_1, n_2 \simeq 15 \\ 2 & n_1, n_2 \simeq 30 \end{cases} \tag{9.2.9}$$

예제 9.2-1

두 촉매제의 화학공정에서의 평균 수율을 비교하기 위해 촉매 A를 사용하여 $n_1 = 8$번의 화학공정을 수행하였고 촉매 B를 사용하여 $n_2 = 8$번의 공정을 수행하였다. 촉매 A를 사용하였을 때 $\overline{X}_1 = 92.255$, $S_1 = 2.39$의 결과를 얻었다. 촉매 B를 사용하였을 때는 $\overline{X}_2 = 92.733$, $S_2 = 2.98$이었다. $\mu_1 - \mu_2$에 대한 95% 신뢰구간을 결정하라. 이 신뢰구간이 유효하기 위해서 필요한 가정은 무엇인가?

해답

표본분산 중 큰 것과 작은 것의 비율을 구하면 $S_2^2/S_1^2 = 1.55$이므로 식 (9.2.9)의 경험법칙에 따라 동일 분산에 대한 가정을 만족하는 것으로 보인다. 공통 표준편차에 대한 합동 추정량을 구하면 다음과 같다.

$$S_p = \sqrt{\frac{(8-1)S_1^2 + (8-1)S_2^2}{8+8-2}} = \sqrt{7.30} = 2.7$$

식 (9.2.8)에 의해 문제에서 요구한 $\mu_1 - \mu_2$에 대한 95% 신뢰구간은 다음과 같이 계산된다.

$$\overline{X}_1 - \overline{X}_2 \pm t_{14,\,0.025}\sqrt{S_p^2\left(\frac{1}{8}+\frac{1}{8}\right)} = -0.478 \pm 2.145 \times 1.351 = (-3.376, 2.420)$$

두 표본의 크기가 모두 30 미만이므로 신뢰구간이 유효하기 위해서는 두 모집단이 정규분포여야 한다. ∎

예제 9.2-2

한 화상재생장치 제조사가 두 가지 미세회로 설계의 전류 흐름을 비교하고자 한다. 설계 1에 대해 $n_1 = 35$회의 전류 측정치로부터 $\overline{X}_1 = 24.2$, $S_1 = \sqrt{10.0}$amps가 계산되었다. 설계 2에 대해서는 $n_2 = 40$회의 측정치로부터 $\overline{X}_2 = 23.9$, $S_2 = \sqrt{14.3}$amps가 얻어졌다. $\mu_1 - \mu_2$에 대한 90% 신뢰구간을 결정하고 해당 신뢰구간이 유효성을 갖기 위해 필요한 가정이 있으면 언급하라.

해답

표본분산 중 큰 것과 작은 것의 비율이 $S_1^2/S_2^2 = 1.43$이므로 식 (9.2.9)의 경험법칙에 따라 이 데이터는 $\sigma_1^2 = \sigma_2^2$의 가정에 어긋나지 않는 것으로 판단된다. 공통 표준편차에 대한 합동 추정량를 계산하면 다음과 같다.

$$S_p = \sqrt{\frac{(35-1)S_1^2 + (40-1)S_2^2}{35+40-2}} = \sqrt{12.3} = 3.51$$

두 표본의 크기가 모두 30 이상이므로 정규성에 대한 가정이 필요하지 않다. 문제에서 요구한 90% 신뢰구간은 다음과 같다.

$$\overline{X}_1 - \overline{X}_2 \pm t_{35+40-2,\,0.05}\sqrt{S_p^2\left(\frac{1}{35} + \frac{1}{40}\right)} = 0.3 \pm 1.666 \times 0.812 = (-1.05,\ 1.65)$$

■

분산이 같지 않을 때 $\mu_1 - \mu_2$에 대한 신뢰구간 두 모집단의 분산이 동일한지 여부와 관계없이 Smith-Satterthwaite 근사법 식 (9.2.5)에 따라 $\mu_1 - \mu_2$에 대한 $(1 - \alpha)100\%$ 신뢰구간이 다음과 같이 구해진다.

분산이 같지 않을 때
$\mu_1 - \mu_2$에 대한
T 신뢰구간

$$\overline{X}_1 - \overline{X}_2 \pm t_{v,\,\alpha/2}\sqrt{\frac{S_1^2}{n_1} + \frac{S_2^2}{n_2}} \tag{9.2.10}$$

여기서 자유도 v는 식 (9.2.5)에 주어져 있고, 이 신뢰구간을 계산하기 위한 R 명령어는 9.2.3절에 있다.

만일 두 모집단이 정규분포이거나 혹은 표본 크기가 충분히 크다면($n_1 \geq 30$, $n_2 \geq 30$) Smith-Satterthwaite 신뢰구간 식 (9.2.10)은 $\mu_1 - \mu_2$에 대한 $(1 - \alpha)100\%$ 근사 신뢰구간이 된다. 식 (9.2.10)의 신뢰구간은 두 표본 크기가 모두 30 미만일 때, 특별한 가정을 필요로 하지 않기 때문에 R을 비롯한 다른 통계 소프트웨어에서 기본 설정으로 되어 있다. 하지만, 식 (9.2.8)의 신뢰구간이 조금 더 짧은 경향이 있기 때문에 $\sigma_1^2 = \sigma_2^2$의 가정이 만족된다고 판단될 경우에는 해당 신뢰구간을 적용하는 것이 더 바람직할 것이다.

예제 9.2-3

$n_1 = 32$개의 냉간압연강(cold-rolled steel) 시편을 무작위로 추출하여 조사해 보니 평균 강도가 $\overline{X}_1 = 29.80\text{ksi}$, 표본표준편차가 $S_1 = 4.00\text{ksi}$였다. $n_2 = 35$개의 양면 아연도금강판(two-sided galvanized steel) 시편을 무작위 추출한 결과 $\overline{X}_2 = 34.70\text{ksi}$, $S_2 = 6.74\text{ksi}$였다. $\mu_1 - \mu_2$에 대한 99% 신뢰구간을 정하고, 해당 신뢰구간의 유효성을 위해 필요한 가정이 있다면 언급하라.

해답

두 표본의 크기가 30 이상이므로 Smith-Satterthwaite 신뢰구간 식 (9.2.10)이 유효성을 갖기 위한 별도의 가정이 필요하지 않다(유한 분산에 대한 가정은 제외).

$$v = \left[\frac{\left(\frac{16}{32} + \frac{45.4276}{35}\right)^2}{\frac{(16/32)^2}{31} + \frac{(45.4276/35)^2}{34}}\right] = [56.11] = 56$$

이고 $t_{v,\,\alpha/2} = t_{56,\,0.005} = 2.6665$이다. 따라서 구하고자 하는 신뢰구간은

$$\overline{X}_1 - \overline{X}_2 \pm t_{\nu, \alpha/2}\sqrt{\frac{S_1^2}{n_1} + \frac{S_2^2}{n_2}} = -4.9 \pm 3.5754 = (-8.475, -1.325)$$

■

$p_1 - p_2$에 대한 신뢰구간 $n_1\hat{p}_1 \geq 8$, $n_1(1 - \hat{p}_1) \geq 8$과 $n_2\hat{p}_2 \geq 8$, $n_2(1 - \hat{p}_2) \geq 8$이면 식 (9.2.6) 에 의해 $p_1 - p_2$에 대한 $(1 - \alpha)100\%$ 근사 신뢰구간을 구할 수 있다:

$p_1 - p_2$에 대한
$(1 - \alpha)100\%$ Z 신뢰구간

$$\hat{p}_1 - \hat{p}_2 \pm z_{\alpha/2}\hat{\sigma}_{\hat{p}_1 - \hat{p}_2} \tag{9.2.11}$$

$\hat{\sigma}_{\hat{p}_1 - \hat{p}_2}$는 식 (9.2.7)에 주어져 있고, 이 신뢰구간을 구하기 위한 R 명령어는 9.2.3 절에 있다.

예제 9.2-4   특정 종류의 트랙터는 L_1과 L_2의 두 장소에서 조립된다. L_1에서 200개, L_2에서 400개의 무작위 표본을 조사하여 조립 후에 추가 조정이 필요한 트랙터의 비율을 확인해 보니 각각 16개와 14개 로 조사되었다. 두 비율의 차이인 $p_1 - p_2$에 대한 99% 신뢰구간을 정하라.

해답

이 문제에서 $\hat{p}_1 = 16/200 = 0.08$이고, $\hat{p}_2 = 14/400 = 0.035$이며 식 (9.2.11)의 신뢰구간 계산 을 위한 조건이 만족된다. 또한, $\alpha = 0.01$, $z_{\alpha/2} = z_{0.005} = 2.575$이다. 이에 따른 99% 신뢰구간 은 다음과 같다.

$$0.08 - 0.035 \pm 2.575\sqrt{\frac{(0.08)(0.92)}{200} + \frac{(0.035)(0.965)}{400}} = (-0.01, \; 0.10)$$

■

9.2.3 가설검정

두 모집단의 평균을 비교할 때, 검정하고자 하는 귀무가설을 다음과 같은 형태로 쓸 수 있는데,

$$H_0 : \mu_1 - \mu_2 = \Delta_0 \tag{9.2.12}$$

여기서 상수 Δ_0의 구체적인 값은 용례에 따라서 정해진다. 만약 $\Delta_0 = 0$이면 귀무가설은 $\mu_1 = \mu_2$ 가 된다. 식 (9.2.12)의 귀무가설은 다음 중 하나의 대립가설에 대응된다.

$$H_a : \mu_1 - \mu_2 > \Delta_0 \; \text{또는} \; H_a : \mu_1 - \mu_2 < \Delta_0 \; \text{또는} \; H_a : \mu_1 - \mu_2 \neq \Delta_0 \tag{9.2.13}$$

두 모집단의 비율을 비교할 때에는 위의 귀무가설과 대립가설에서 μ_1과 μ_2를 각각 p_1, p_2로 대 체하면 된다.

$\mu_1 - \mu_2$에 관한 검정   신뢰구간에 관하여 두 모집단의 분산이 동일할 때 적용할 수 있는 검정절 차가 있고, $\sigma_1^2 = \sigma_2^2$의 여부에 관계없이 적용 가능한 다른 검정절차가 있다. 등분산 가정을 필요

로 하는 검정절차는 높은 검정력을 가질 수 있기 때문에 통계적으로 유용하다.

$\sigma_1^2 = \sigma_2^2$을 가정할 수 있을 때, 식 (9.2.12)의 귀무가설을 검정하기 위한 통계량은 다음과 같다(위 첨자 EV는 동일 분산을 나타냄).

$$T_{H_0}^{EV} = \frac{\overline{X}_1 - \overline{X}_2 - \Delta_0}{\sqrt{S_p^2 \left(\frac{1}{n_1} + \frac{1}{n_2} \right)}} \tag{9.2.14}$$

여기서 S_p^2는 식 (9.2.4)의 합동 분산이다. $\sigma_1^2 = \sigma_2^2$의 가정과 관계없이(이 가정이 위배될 수 있는 상황에 많이 쓰임) 적용할 수 있는 다른 검정 통계량은 다음과 같다(위 첨자 SS는 Smith-Satterthwaite를 나타냄).

$$T_{H_0}^{SS} = \frac{\overline{X}_1 - \overline{X}_2 - \Delta_0}{\sqrt{\frac{S_1^2}{n_1} + \frac{S_2^2}{n_2}}} \tag{9.2.15}$$

만약 H_0가 참일 경우, 즉 $\mu_1 - \mu_2 = \Delta_0$일 경우에 두 모집단이 정규분포이거나 또는 $n_1 \geq 30$, $n_2 \geq 30$이면 명제 9.2.1의 식 (9.2.3)과 (9.2.5)가 다음과 같아진다.

$$T_{H_0}^{EV} \sim T_{n_1+n_2-2}, \quad T_{H_0}^{SS} \dot\sim T_\nu, \quad \nu = \left[\frac{\left(\frac{S_1^2}{n_1} + \frac{S_2^2}{n_2} \right)^2}{\frac{(S_1^2/n_1)^2}{n_1-1} + \frac{(S_2^2/n_2)^2}{n_2-1}} \right] \tag{9.2.16}$$

식 (9.2.13)에 있는 다양한 대립가설을 채택하기 위한 식 (9.2.12)의 기각규칙과 p-값 계산공식은 식 (9.2.17)에 주어져 있다.

R 객체 $x1$과 $x2$에 있는 모집단 1과 2의 데이터로부터 $T_{H_0}^{SS}$와 자유도 ν, p-값을 계산하기 위한 명령어는 다음과 같다.

$\sigma_1^2 = \sigma_2^2$에 대한 가정이 없을 때 $H_0 : \mu_1 - \mu_2 = \Delta_0$을 검정하기 위한 R 명령어

```
t.test(x1, x2, mu=Δ₀, alternative="greater")
  # if Hₐ : μ₁ - μ₂ > Δ₀
t.test(x1, x2, mu=Δ₀, alternative="less")
  # if Hₐ : μ₁ - μ₂ < Δ₀
t.test(x1, x2, mu=Δ₀, alternative="two.sided")
  # if Hₐ : μ₁ - μ₂ ≠ Δ₀
```

$\sigma_1^2 = \sigma_2^2$를 가정할 경우의 검정절차는 위에 제시된 명령어에 다음과 같이 *var.equal=T* 옵션을 포함시키면 된다. 예를 들어 다음의 명령어는 검정 통계량 $T_{H_0}^{EV}$를 이용해 양측 대립가설(초깃값으로 설정된 대립가설)에 대해 $H_0 : \mu_1 - \mu_2 = 0(\Delta_0$의 초깃값)을 검정한다.

$$\text{t.test(x1, x2, var.equal=T)}$$

가끔씩 데이터 두 가지 표본의 데이터가 하나의 열에 저장되어 있고 두 번째 열에 각 관측치에 대한 표본의 인덱스가 저장되어 있는 형태의 데이터 파일이 있다. 데이터와 표본 인덱스 열이 R 객체 x와 s에 각각 저장되어 있다면, 위의 명령어에서 $x1$, $x2$ 대신에 $x \sim s$를 입력해야 한다. 이 명령어 또한 $\mu_1 - \mu_2$에 대한 신뢰구간(*alternative*="*greater*" 또는 "*less*"일 경우는 단측 신뢰구간, *alternative*="*two.sided*"일 경우 양측 신뢰구간)을 구해 줄 것이다. 초깃값으로 설정된 신뢰수준은 95%이지만, *conf.level*=$1-\alpha$를 명령어에 추가할 경우 $(1-\alpha)100\%$ 신뢰구간을 구할 수 있다. 예를 들어 *t.test(x1, x2, conf.level=0.99)*는 99% 신뢰구간 식 (9.2.10)을 구해 준다.

$H_0 : \mu_1 - \mu_2 = \Delta_0$에 대한 T 검정절차

(1) 가정:

   (a) $X_{11}, \cdots, X_{1n_1}, X_{21}, \cdots, X_{2n_2}$는 서로 독립인 단순 무작위 표본이다.

   (b) 각 모집단은 정규분포이거나 $n_1, n_2 \geq 30$이다.

(2) 검정 통계량:

$$T_{H_0} = \begin{cases} T_{H_0}^{EV} & \sigma_1^2 = \sigma_2^2 \\ T_{H_0}^{SS} & \sigma_1^2 = \sigma_2^2 \text{의 가정과 관계없이} \end{cases}$$

$T_{H_0}^{SS}, T_{H_0}^{EV}$는 식 (9.2.14)와 식 (9.2.15)에 정의됨

(3) 서로 다른 H_a에 대한 기각규칙

H_a	유의수준 α에서의 RR
$\mu_1 - \mu_2 > \Delta_0$	$T_{H_0} > t_{\alpha, df}$
$\mu_1 - \mu_2 < \Delta_0$	$T_{H_0} < -t_{\alpha, df}$
$\mu_1 - \mu_2 \neq \Delta_0$	$\lvert T_{H_0} \rvert > t_{\alpha/2, df}$

여기서 $T_{H_0} = T_{H_0}^{EV}$일 경우 $df = n_1 + n_2 - 2$, 그 외 $T_{H_0} = T_{H_0}^{SS}$이면 $df = v$이며, v는 식 (9.2.16)에 주어짐.

(4) p-값 계산공식

$$p\text{-값} = \begin{cases} 1 - G_{df}(T_{H_0}) & H_a : \mu_1 - \mu_2 > \Delta_0 \\ G_{df}(T_{H_0}) & H_a : \mu_1 - \mu_2 < \Delta_0 \\ 2[1 - G_{df}(\lvert T_{H_0} \rvert)] & H_a : \mu_1 - \mu_2 \neq \Delta_0 \end{cases}$$

여기서 G_{df}는 T_{df}에 대한 누적분포함수이고 자유도 df는 (3)에 기술된 것과 같다.

(9.2.17)

예제 9.2-5　두 가지 종류의 철강의 강도를 비교하였던 예제 9.2-3의 실험 데이터를 고려하자. 냉간압연강판의 $n_1 = 32$개 관측치를 조사한 결과 $\overline{X}_1 = 29.8$, $S_1 = 4.0$이고, 양면 아연도금강판의 $n_2 = 35$개의 관측치를 조사한 결과 $\overline{X}_2 = 34.7$, $S_2 = 6.74$이다. 두 종류 철강의 평균 강도가 서로 다른가?

(a) 유의수준 $\alpha = 0.01$에서 검정을 실시하고 p-값을 계산하라.

(b) R의 데이터 프레임 ss로 데이터를 불러오기 위해 $ss=read.table("SteelStrengthData.txt",$ $header=T)$를 사용한 다음, (a)를 수행하고 99% 신뢰구간을 구하기 위한 R 명령어를 작성하라.

해답

(a) 여기서는 $H_0 : \mu_1 - \mu_2 = 0$ 대 $H_a : \mu_1 - \mu_2 \neq 0(\Delta_0 = 0)$을 검정하고자 한다. 표본분산 중 큰 것과 작은 것의 비율이 $6.74^2/4.0^2 = 2.84$이고 두 표본의 크기가 30보다 크므로 식 (9.2.9)의 경험규칙에 따라 동일 분산 가정을 적용할 수 없다. 그러므로 다음의 검정 통계량을 사용하여야 한다.

$$T_{H_0} = T_{H_0}^{SS} = \frac{29.8 - 34.7}{\sqrt{\frac{16}{32} + \frac{45.4276}{35}}} = -3.654$$

예제 9.2-3에서 계산한 것과 같이 $v = 56$, $t_{56,0.005} = 2.6665$이다. $|-3.654| > 2.6665$이므로 유의수준 0.01에서 귀무가설이 기각된다. 식 (9.2.17)에 주어진 공식을 사용하여 p-값을 계산하면 $2[1 - G_v(|T_{H_0}|)] = 2[1 - G_{56}(3.654)] = 0.00057$이다.

(b) 명령어 $t.test(Value{\sim}Sample, conf.level=0.99, data=ss)$는 $T_{H_0} = -3.6543$, $v = 56(56.108$을 내림함), 그리고 p-값으로 0.000569를 반환하는데, (a)에서의 수기 계산 결과와 동일하다. 또한 99% 신뢰구간 $(-8.475447, -1.324785)$가 반환되는데, 이는 예제 9.2-3에서 수기 계산을 통해 얻은 99% 신뢰구간과 일치하는 결과이다. ∎

예제 9.2-6

두 가지 미세회로 설계의 전류 흐름을 비교한 예제 9.2-2의 실험 데이터를 생각해 보자. 설계 1에 대한 $n_1 = 35$개 측정치를 조사하면 $\overline{X}_1 = 24.2\,amps$, $S_1 = \sqrt{10}\,amps$이고, 설계 2에 대한 $n_2 = 40$개의 측정치를 조사하면 $\overline{X}_2 = 23.9\,amps$, $S_2 = \sqrt{14.3}\,amps$이다. 설계 1의 평균 전류 흐름이 설계 2보다 (통계적으로) 유의한 정도로 크다고 할 수 있는가?

(a) 유의수준 $\alpha = 0.1$에서 검정을 실시하고 p-값을 계산하라.

(b) $cf=read.table("MicroCirCurFlo.txt", header=T)$ 명령어를 통해 R 데이터 프레임 cf로 데이터를 읽어온 후, (a)를 수행하고 90% 신뢰구간을 구하기 위한 R 명령어를 작성하라.

해답

(a) 여기서는 $H_0 : \mu_1 - \mu_2 = 0$ 대 $H_a : \mu_1 - \mu_2 > 0(\Delta_0 = 0)$을 검정하고자 한다. 표본분산 중 큰 것과 작은 것의 비율이 $S_2^2/S_1^2 = 1.43$이므로 식 (9.2.9)의 경험규칙에 따라 동일 데이터가 동일 분산의 가정을 위배하지 않는다. 그러므로 동일 분산에 대한 가정이 필요한 다음의 검정 통계량을 사용할 수 있다. 또한, 두 표본의 크기가 30보다 크기 때문에 추가적인 가정은 필요하지 않다. 예제 9.2-2에서 분산에 대한 합동 추정량으로 $S_p^2 = 12.3$을 얻었다. 그러므로 검정 통계량의 값은 다음과 같다.

$$T_{H_0} = T_{H_0}^{EV} = \frac{24.2 - 23.9}{\sqrt{12.3(1/35 + 1/40)}} = 0.369$$

$0.369 \not> t_{35+40-2,0.1} = 1.293$이므로 유의수준 0.1에서 귀무가설을 기각할 수 없다. 식 (9.2.17)에 주어진 공식을 통해 p-값을 계산하면 $1 - G_{73}(0.369) = 0.357$이다.

(b) 명령어 *t.test(CurFlo~Design, var.equal=T, alternative="greater" data=cf)*는 T 통계량, 자유도, p-값으로 각각 (a)에서 계산한 것과 동일하게 0.3692, 73, 0.3565를 반환한다. 하지만, 여기서 반환되는 신뢰구간은 초깃값으로 설정된 신뢰수준 95%에 대한 단측 신뢰구간이다. 식 (9.2.8)에 따라 90% 신뢰구간을 계산하기 위해 *t.test* 명령어에서 기본값으로 설정된 대립가설을 *"two.sided"*로 수정할 필요가 있다. *t.test(CurFlo~Design, var.equal=T, conf.level=0.9, data=cf)*. 이를 수행하면 90% 신뢰구간으로 $(-1.052603, 1.652032)$가 반환되며, 이는 예제 9.2-2에서 수기로 계산한 결과와 일치한다. ∎

$p_1 - p_2$에 관한 검정 표본비율 $\hat{p}_1$, $\hat{p}_2$가 주어질 때, 다양한 대립가설에 대해 $H_0 : p_1 - p_2 = \Delta_0$를 검정하기 위한 통계량은 Δ_0의 값이 0이냐 아니냐에 따라 달라진다. $\Delta_0 \neq 0$인 경우 검정 통계량은 다음과 같다.

$$Z_{H_0}^{P_1 P_2} = \frac{\hat{p}_1 - \hat{p}_2 - \Delta_0}{\sqrt{\dfrac{\hat{p}_1(1 - \hat{p}_1)}{n_1} + \dfrac{\hat{p}_2(1 - \hat{p}_2)}{n_2}}} \tag{9.2.18}$$

$\Delta_0 = 0$일 경우, 검정 통계량은 다음과 같다.

$$Z_{H_0}^{P} = \frac{\hat{p}_1 - \hat{p}_2}{\sqrt{\hat{p}(1 - \hat{p})\left(\dfrac{1}{n_1} + \dfrac{1}{n_2}\right)}}, \text{ 이때 } \hat{p} = \frac{n_1\hat{p}_1 + n_2\hat{p}_2}{n_1 + n_2} \tag{9.2.19}$$

$H_0 : p_1 = p_2$인 경우 $\hat{p}$는 p_1과 p_2의 공통 p에 대한 **합동 추정량**(pooled estimator)이라 부른다. $\Delta_0 \neq 0$인 대립가설 $H_0 : p_1 - p_2 = \Delta_0$가 참일 때, $n_1\hat{p}_1 \geq 8$, $n_1(1 - \hat{p}_1) \geq 8$이고 $n_2\hat{p}_2 \geq 8$, $n_2(1 - \hat{p}_2) \geq 8$이면 $Z_{H_0}^{P_1,P_2}$는 근사적으로 $N(0, 1)$ 분포를 따른다. 마찬가지로 표본 크기의 조건이 동일할 때, $H_0 : p_1 - p_2 = 0$가 참이면 $Z_{H_0}^{P}$가 근사적으로 $N(0, 1)$ 분포를 따른다. 이 사실을 바탕으로 하는 두 비율의 차이에 관한 검정절차와 p-값 계산공식은 다음과 같다.

$H_0 : p_1 - p_2 = \Delta_0$에 대한 T 검정절차

(1) 가정:

(a) $\hat{p}_1$, $\hat{p}_2$가 서로 독립이다.

(b) $n_i\hat{p}_i \geq 8$, $n_i(1 - \hat{p}_i) \geq 8$, $i = 1, 2$

(2) 검정 통계량:

$$
Z_{H_0} = \begin{cases} Z_{H_0}^{P_1 P_2} & \Delta_0 \neq 0 \\[2mm] Z_{H_0}^{P} & \Delta_0 = 0 \end{cases}
$$

$Z_{H_0}^{P_1, P_2}$, $Z_{H_0}^{P}$는 각각 식 (9.2.18)과 (9.2.19)에 주어짐.

(3) 서로 다른 H_a에 대한 기각규칙

H_a	유의수준 α에서의 RR
$p_1 - p_2 > \Delta_0$	$Z_{H_0} > z_\alpha$
$p_1 - p_2 < \Delta_0$	$Z_{H_0} < -z_\alpha$
$p_1 - p_2 \neq \Delta_0$	$|Z_{H_0}| > z_{\alpha/2}$

(9.2.20)

(4) p-값 계산공식

$$
p\text{-값} = \begin{cases} 1 - \Phi(Z_{H_0}) & H_a : p_1 - p_2 > \Delta_0 \\ \Phi(Z_{H_0}) & H_a : p_1 - p_2 < \Delta_0 \\ 2[1 - \Phi(|Z_{H_0}|)] & H_a : p_1 - p_2 \neq \Delta_0 \end{cases}
$$

여기서 Φ는 표준정규분포의 CDF임.

x_1, x_2를 각각 모집단 1과 2의 성공 횟수라 하자. 다음의 R 명령어는 $H_0 : p_1 = p_2$를 검정하기 위한 식 (9.2.20)의 통계량 제곱인 $(Z_{H_0}^{P})^2$과 p-값을 반환한다.

$H_0 : p_1 - p_2 = 0$의 검정을 위한 R 명령어

```
prop.test(x, n, alternative="greater", correct=F)
  # if Ha : p1 − p2 > 0
prop.test(x, n, alternative="less", correct=F)
  # if Ha : p1 − p2 < 0
prop.test(x, n, alternative="two.sided", correct=F)
  # if Ha : p1 − p2 ≠ 0
```

명령어 중 *correct=F* 부분을 생략하면(또는 초깃값 설정인 *correct=T*를 사용하면) 연속 수정에 따른 식 (9.2.20)의 검정절차에 해당하는 결과를 얻는다. 대립가설의 초깃값 설정은 "*two. sided*"임을 알아두자. 위의 R 명령어는 또한 $p_1 - p_2$에 대한 신뢰구간(*alternative="greater"* 또는 "*less*"일 경우는 단측 신뢰구간, *alternative="two.sided"*일 경우 9.2.2절의 신뢰구간)을 반환할 것이다. 초깃값으로 설정된 신뢰수준은 95%이지만, *conf.leveel=1-α*를 명령어에 추가할 경우 $(1 - \alpha)100\%$ 신뢰구간을 구할 수 있다. 예를 들어 *prop.test(c(x1, x2), c(n1, n2), correct=F,conf.level=0.99)*는 99% 신뢰구간 식 (9.2.11)을 반환한다.

예제 9.2-7

아동용 잠옷에 사용되는 것으로 추정되는 A 종류와 B 종류의 난연성 물질을 조사하면서 A 종류에서 85개의 무작위 표본을 추출하고, B 종류에서 100개의 무작위 표본을 추출하여 고온에 노출시켰다. 물질 A의 시편 중 28개, 물질 B의 시편 중 20개가 연소되었다. 물질 A의 연소 확률이 물질 B의 연소 확률보다 0.04 초과로 더 크지만 않다면 물질 A를 사용하고자 한다. 조사한 데이터를 근거로 할 때 물질 A를 사용해야 하는가? 유의수준 $\alpha = 0.05$에서 검정을 실시하고 p-값을 계산하라.

해답

p_1, p_2를 각각 물질 A와 B의 연소 확률이라 하자. 제기된 질문에 답하기 위해서는 $H_0 : p_1 - p_2 = 0.04$ 대 $H_a : p_1 - p_2 > 0.04$를 검정하여야 한다. $n_1 = 85$, $n_2 = 100$. $\hat{p}_1 = 0.3294$, $\hat{p}_2 = 0.2$이므로 표본 크기의 요구사항을 만족한다. 또한, 실험에 대한 설명이 $\hat{p}_1$과 $\hat{p}_2$가 서로 독립인 가정을 만족함을 암시하고 있다. 검정 통계량 값은 다음과 같다.

$$Z_{H_0} = Z_{H_0}^{P_1 P_2} = \frac{\hat{p}_1 - \hat{p}_2 - 0.04}{\sqrt{\dfrac{\hat{p}_1(1 - \hat{p}_1)}{n_1} + \dfrac{\hat{p}_2(1 - \hat{p}_2)}{n_2}}} = 1.38$$

$1.38 \not> z_{0.05} = 1.645$이므로 귀무가설을 기각할 수 없고, 따라서 물질 A를 사용해야 한다. p-값은 $1 - \Phi(1.38) = 0.084$이며, 유의수준이 $\alpha = 0.1$이라면 H_0가 기각되었을 것이다. ■

예제 9.2-8

예제 9.2-4에 기술된 것과 같이 2개의 서로 다른 조립라인에서 제조되는 트랙터를 생각해 보자. p_1을 조립라인 L_1에서 생산된 트랙터 중 조정이 필요한 비율이라 하고, p_2를 조립라인 L_2에서 생산된 트랙터 중 조정이 필요한 것의 비율이라 하자.

(a) 유의수준 $\alpha = 0.01$에서 $H_0 : p_1 = p_2$ 대 $H_a : p_1 > p_2$을 검정하고 p-값을 계산하라.

(b) R 명령어를 사용하여 (a)의 검정을 실시하고 $p_1 - p_2$에 대한 99% 신뢰구간을 정하라.

해답

(a) $n_1 = 200$, $n_2 = 400$, $\hat{p}_1 = 0.08$, $\hat{p}_2 = 0.035$이므로 표본 크기에 대한 조건을 만족한다. 두 확률의 공통값(H_0가 참)에 대한 합동 추정량 $\hat{p} = 0.05$이고, 검정 통계량은 다음과 같다.

$$Z_{H_0} = Z_{H_0}^{P} = \frac{0.08 - 0.035}{\sqrt{(0.05)(0.95)(1/200 + 1/400)}} = 2.384$$

$2.384 > z_{0.01} = 2.33$이므로 H_0가 기각된다. p-값은 $1 - \Phi(2.384) = 0.0086$이다.

(b) 명령어 *prop.test(c(16, 14), c(200, 400), correct1=F, conf.level=0.09)*가 반환하는 검정 통계량 제곱값은 5.6842로 (a)에서 구한 $2.384^2 = 5.683$과 일치하며, $p_1 - p_2$에 대한 99% 신뢰구간 또한 $(-0.00979, 0.09979)$로 예제 9.2-4에서 수기로 계산된 $(-0.01, 0.10)$과 일치한다. ■

연습문제

1. 어느 논문은 2024-T351[1] 알미늄 합금 피로균열 진전 시험에서 두께의 결과에 관한 연구를 보고한다. 3mm의 두께를 가진 그룹과 15mm의 두께를 가진 두 그룹의 시편이 만들어졌고, 각 그룹은 15mm 길이의 초기 균열이 있었다. 같은 반복 하중이 각 표본에 적용되었고, 25mm 길이의 최종 균열에 도달한 반복 횟수가 기록되었다. 두께가 3mm인 그룹에 대해 표본 크기가 36, $\overline{X}_1 = 160,592$, $S_1 = 3,954$가 주어졌고, 두께가 15mm인 그룹에 대해 표본 크기가 42, $\overline{X}_2 = 159,778$, $S_2 = 15,533$이 주어졌다. 이에 대한 과학적인 질문은 두께가 만성 피로균열 진전에 영향을 주느냐, 그렇지 않느냐이다.

(a) 귀무가설과 대립가설을 기술하라. 이 데이터에 대해 식 (9.2.14)에 있는 검정 통계량은 적절한가? 답이 타당한지 밝히라.

(b) 당신이 어떤 통계량을 사용할지 밝힌 후, $\alpha = 0.05$ 수준에서 검정하고, p-값을 계산하라.

(c) 두 평균의 차에 대한 95% 신뢰구간을 구한 후, 이 신뢰구간을 이용해 어떻게 (a)의 문제를 검정할 수 있는지 설명하고 검정결과가 같은지 점검하라.

2. 지하 파이프라인에 사용된 내식성 특성을 비교하기 위해서 두 유형의 표본을 2년간 땅에 매설하였고, 각 표본에 대한 최대 침투가 측정되었다. A형 42개의 표본은 $\overline{X}_1 = 0.49$, $S_1 = 0.19$로 산출되었고, B형 42개의 표본은 $\overline{X}_2 = 0.36$, $S_2 = 0.16$이었다. 재료 A의 평균 침투가 재료 B의 평균 침투보다 0.1 이상 초과한다는 증거가 있는가?

(a) 귀무가설과 대립가설을 기술하라. 이 데이터에 대해 식 (9.2.14)에 있는 검정 통계량이 적절한가? 답이 타당한지 밝히라.

(b) 당신이 어떤 통계량을 사용할지 밝힌 후, $\alpha = 0.05$ 수준에서 검정하고, p-값을 계산하라. 이와 같은 검정절차의 타당성을 위하여 어떤 가정이 필요한가?

(c) 두 평균의 차에 대한 95% 신뢰구간을 구하라.

3. 어느 회사는 수출을 위해 운전자들이 제품을 공장에서 항구로 배송하는 데 걸리는 시간을 조사 중이다. 기록에 의하면 표준 운행 경로로 운행한 지난 48번의 배송 소요시간은 표본평균이 432.7분, 표본표준편차가 20.38분이다. 새롭게 제안된 운행 경로는 34번 시도해 소요시간의 표본평균이 403.5분, 표본표준편차가 15.62분이었다. 새 경로가 표준 경로보다 더 빠르다는 것을 $\alpha = 0.05$에서 회사가 결론지을 충분한 증거가 있는가?

(a) 귀무가설과 대립가설을 기술하라. 이 데이터에 대해 식 (9.2.14)에서 주어진 검정 통계량은 적절한가? 답이 타당한지 밝히라.

(b) 어떤 통계량을 사용할지 밝힌 후, $\alpha = 0.05$ 수준에서 검정하고 p-값을 계산하라. 이 검정절차의 타당성을 위해서 필요한 가정이 있다면 무엇인가?

(c) 두 평균의 차에 대한 99% 신뢰구간을 구하라.

(d) R 데이터 프레임 dd로 데이터 집합을 이입하기 위해서 $dd = read.table("DriveDurat.txt", header = T)$를 이용하라. 검정을 수행하기 위해 R 명령어를 사용하고 (b), (c)에 명시된 신뢰구간을 구하라.

4. 20°C에서 며칠간 양생한 콘크리트 시편은 −8°C나 15°C에서 28일 동안 노출된 후에 강도가 결정되었다. −8°C에서 취해진 $n_1 = 9$개의 강도 측정치는 $\overline{X}_1 = 62.01$, $S_1 = 3.14$이고, 15°C에서 취해진 $n_2 = 9$개의 강도 측정치는 $\overline{X}_2 = 67.38$, $S_2 = 4.92$였다. 온도가 새 콘크리트의 강도에 영향을 준다는 증거가 있는가?

(a) 귀무가설과 대립가설을 기술하라. 이 데이터에 대해 식 (9.2.14)에서 주어진 검정 통계량은 적절한가?

(b) 어떤 통계량을 이용할지 밝힌 후, $\alpha = 0.1$ 수준에서 검정하고 p값을 계산하라. 이 검정절차의 타당성을 위

---

[1] J. Dominguez, J. Zapatero, and J. Pascual (1997). Effect of load histories on scatter fatigue crack growth in aluminum alloy 2024-T351. *Engineering Fracture Mechanics*, 56(1): 65–76.

해서 필요한 가정이 있다면 무엇인가?

(c) 두 평균의 차에 대한 90% 신뢰구간을 구하라.

(d) 데이터 집합을 R 데이터 프레임 cs에 불러오기 위해 $cs=read.table("Concr.Strength.2s.Data.txt", header=T)$를 사용하고 검정을 수행하기 위한 R 명령어를 작성하여 (b)와 (c)에 명시된 신뢰구간을 구하라.

5. 연 알루미늄 합금 7075-T6은 주로 고강도와 우수한 내식성을 요하는 스키 지팡이, 항공기 구조물, 고압을 받는 구조물의 적용 등에 사용된다. 어느 연구실은 7075-T6 연 알루미늄의 구멍이 있는 시편의 최대인장강도가 금이 간 시편의 최대인장강도보다 평균적으로 126 단위 이상 더 큰지 파악하고자 실험을 수행한다. 각 유형의 15개 무작위 표본에 대해 $\overline{X}_1 = 557.47$, $S_1^2 = 52.12$, $\overline{X}_2 = 421.40$, $S_2^2 = 25.83$이 주어진다.

(a) 귀무가설과 대립가설을 기술하라. 이 데이터에 대해 식 (9.2.14)에서 주어진 검정 통계량은 적절한가?

(b) 어떤 통계를 이용할지 서술하고, $\alpha = 0.05$ 수준에서 검정하고 p값을 계산하라. 이 검정절차가 타당성을 갖기 위해 필요한 가정이 있다면 언급하라.

(c) 두 평균의 차에 대한 90% 신뢰구간을 구하라.

(d) $uts=read.table("HoledNotchedUTS.txt", header=T)$를 이용하여 R 데이터 프레임 uts로 데이터를 불러온 후, $\alpha = 0.05$ 수준에서 검정을 실시하되, (a)에서 기술한 가설을 두 가지 방법, 즉 한 번은 식 (9.2.14)의 통계량을 사용하고, 다른 한 번은 식 (9.2.15)의 통계량을 사용하라. 각 절차로부터 p-값을 밝히라.

6. 청량음료를 병에 담는 어떤 설비는 음료를 채워서 밀봉하는(fill and seal) 기계 두 대를 사용한다. 품질관리의 차원으로 두 기계의 채워진 중량이 같은지 검정하기 위해 정기적으로 데이터를 수집한다. 각 기계로부터 12개의 중량을 측정하여 수집된 데이터에 의하면 첫 번째 기계는 $\overline{X}_1 = 966.75$, $S_1^2 = 29.30$, 두 번째 기계는 $\overline{X}_2 = 962.33$,

$S_2^2 = 26.24$의 표본평균과 표본분산이 산출되었다.

(a) 귀무가설과 대립가설을 기술하라. 이 데이터에 대해 식 (9.2.14)의 검정 통계량이 적합한가? 답이 타당한지 밝히라.

(b) (a)에 기술한 가설을 $\alpha = 0.05$ 수준에서 두 가지 방법, 즉 한 번은 식 (9.2.14)의 통계량을 이용하고, 한 번은 식 (9.2.15)의 통계량을 이용하여 검정하라. 각 절차로부터 산출된 p값을 밝히라. 이 검정절차가 타당성을 갖기 위해서 필요한 가정은 무엇인가?

(c) 두 평균의 차에 대한 95% 신뢰구간을 구하라. (a)의 검정 문제가 신뢰구간 면에서는 어떤 결론이 나오는지 설명하고, 검정결과가 같은지 확인하라.

7. 이윤 관리(earnings management)는 주당 순익(EPS)이 분석가의 기대치를 충족시키는 데 도움이 되는 다수의 회계 기법을 말한다. 미국에서 주당 순익은 가장 근사치인 센트로 반올림하여 보고되므로, 13.4센트는 13센트로 감해지고, 13.5센트는 14센트로 올린다. 이처럼 EPS 데이터의 소수 첫째 자리에 있는 4개의 숫자(1~4)가 평가절하됨에 따라 생겨난 quadrophobia[2]라는 용어는 공개 거래 기업의 경영자들이 주당 이익을 1센트라도 크게 보고하기를 원하는 현상을 가리킨다. 대표적으로 1994년에 분석가를 보유한 회사의 9,396개의 EPS 보고서 중 692개가 소수 첫째 자리에 4개의 숫자를 포함하였고, 분석가가 없는 회사의 13,985개 EPS 보고서 중 이와 상응하는 수는 1,182개였다. 데이터로부터 이 두 종류의 회사들이 상당히 다른 방식의 quadrophobia를 행하고 있다고 판단되는가?

(a) 귀무가설과 대립가설을 기술하고 0.01 수준에서 검정을 수행하여 p-값을 계산하라.

(b) $p_1 - p_2$에 대한 99% 신뢰구간을 구하라.

(c) R 명령어를 사용하여 (a), (b)를 반복하라.

8. 한 기사[3]에서는 흡수 나사가 사용된 관절경 반월판 복

---

2 Joseph Grundfest and Nadya Malenko (2009). Quadrophobia: Strategic Rounding of EPS Data, available at http://ssrn.com/abstract=1474668.

원수술 결과를 보고했다. 25mm 이상 찢어졌던, 18건의 복원수술 중 10건이 성공적이었던 반면, 25mm 미만으로 찢어진 30건 중 22건이 성공적이었다.

(a) 두 찢김 유형의 성공률이 다르다는 증거가 있는가? $\alpha = 0.01$에서 검정하고 p-값을 밝히라.

(b) $p_1 - p_2$에 대한 90% 신뢰구간을 구하라.

(c) R 명령어를 사용해 (a), (b)를 반복하라.

9. 로봇을 음향신호가 발생되는 무선송신장치 쪽으로 곧장 나아가게 하는 데 사용하는 추적장치는 올바르게 식별할 가능성은 추적장치의 왼쪽과 오른쪽에 있는 송신장치 방향을 정확히 식별할 확률이 같아지도록 미세 조정된다고 한다. 추적장치는 오른쪽에서 발생된 100회의 신호 중 85회 방향을 정확하게 식별하고, 왼쪽의 100회 신호 중 87회 방향을 정확히 식별한다.

(a) 귀무가설과 대립가설을 기술하고, 0.01 수준에서 검정을 수행하여 p-값을 밝히라.

(b) $p_1 - p_2$에 대한 99% 신뢰구간을 구하라.

(c) R 명령어를 사용해 (a), (b)를 반복하라.

10. A형의 자동차로 85회 10mph 충돌 시험에서 19회 가시적인 피해가 없었고, B형의 자동차로 85회의 시험 중 22회 가시적인 피해가 없었다. B형 자동차가 A형 자동차보다 10mph 충돌 시험에서 더 우수하다고 주장할 만한 충분한 증거가 있는가?

(a) 귀무가설과 대립가설을 기술하고, 0.05 수준에서 검정을 수행하고 p-값을 밝히라.

(b) $p_1 - p_2$에 대한 90% 신뢰구간을 구하라.

(c) R 명령어를 사용해 (a), (b)를 반복하라.

9.3 순위합 검정절차

9.2절에 기술된 $\mu_1 - \mu_2$에 대한 추론 절차는 정규성 가정이나 큰 표본 크기를 필요로 한다. 정규성 가정의 성립 여부와 관계 없이, 표본 크기가 클 때와 작을 때 모두 적용 가능한 대안적인 절차로 Mann-Whitney-Wilcoxon 순위합 검정이 있으며, 짧게 부호합 검정 또는 MWW 검정이라고 부르기도 한다.

순위합 검정의 근본적인 가변성은 매우 놀라운데, 모집단이 어떠한 연속분포를 따르든지 표본 크기 n_1과 n_2가 얼마든지 간에 통계량의 귀무분포는 항상 동일하다. 또, 모집단이 이산형 분포를 따를 경우 훨씬 더 작은 표본 크기만 가지고도 통계량의 귀무분포에 대한 근사치를 구할 수 있다. 순위합 검정이 인기 있는 이유는 특히 두 모집단이 두꺼운 꼬리를 갖거나(heavy-tailed) 왜도가 큰(skewed) 분포를 따를 때 만족스러운 수준의 검정력을 갖는 속성(제2종 오류의 확률이 작음) 때문이기도 하다.

순위합 절차에 따라 검정하게 될 귀무가설은 다음과 같다.

$$H_0^F : F_1 = F_2 \tag{9.3.1}$$

여기서 F_1, F_2는 두 모집단의 누적분포함수를 나타낸다. 하지만, 순위합 검정은 중앙값의 동일

---

3 M. E. Hantes, E. S. Kotsovolos, D. S. Mastrokalos, J. Ammenwerth, and H. H. Paessler (2005). Anthroscopic meniscal repair with an absorbable screw: results and surgical technique, *Knee Surgery, Sports Traumatology, Arthroscopy*, 13: 273 - 279.

성, 즉 $H_0 : \tilde{\mu}_1 = \tilde{\mu}_2$에 대한 검정으로 해석되는 경우도 많다. 이 때문에 식 (9.3.5)에서 서로 다른 대립가설이 중앙값에 의해 기술된다. 노트 9.3-1(a)는 대립가설을 보는 다른 시야를 제공한다. 순위합 검정절차는 Δ_0가 특정한 상수일 때 서로 다른 대립가설에 대해 $H_0 : \tilde{\mu}_1 - \tilde{\mu}_2 = \Delta_0$를 검정하는 데 적용될 수 있다. 노트 9.3-1(d)와 그에 따른 R 명령어를 확인해 보라. 중앙값의 차 $\tilde{\mu}_1 - \tilde{\mu}_2$(보다 정확히는 $X_1 - X_2$의 분포의 중앙값)에 대한 신뢰구간을 구하는 것도 가능하다. 신뢰구간에 대한 설명은 이 책의 범위를 벗어나지만, 순위합 검정을 위한 R 명령어를 통해 신뢰구간을 구할 수는 있다.

순위합 검정절차의 실행은 다음의 단계로 구성된 데이터의 순위를 매기는 프로세스로부터 시작된다.

- 2개의 표본으로부터의 관측치 $X_{11}, \cdots, X_{1n_1}$과 $X_{21}, \cdots, X_{2n_2}$를 결합하여 $N = n_1 + n_2$개의 관측치로 이루어진 전체 집합을 구성하라.
- 결합된 집합의 관측치를 가장 작은 값에서부터 가장 큰 값까지 정렬하라.
- 각 관측치 X_{ij}에 대해 정렬된 순서 중 X_{ij}의 위치를 나타내는 **순위** R_{ij}를 정의하라.

표 9-1에서 0.03, -1.42, -0.25는 모집단 1로부터 온 $n_1 = 3$개의 관측치이고, -0.77, -2.93, 0.48, -2.38은 모집단 2로부터 온 $n_2 = 4$개의 관측치이다. 결합된 데이터 집합, 순서화된 관측치들, 그리고 각 관측치의 순위가 이 표에 표시되어 있다. 가령, 이 결합된 관측치 집합에서 정렬된 순서 중 여섯 번째에 해당되기 때문에 $R_{11} = 6$이 된다. 만약 일부 관측치의 값이 서로 동일할 경우, 해당 관측치를 가장 작은 값에서부터 가장 큰 값까지 나열할 수 있는 유일한 방법이 존재하지 않으므로 위에 기술된 방법대로 순위를 정할 수 없다. 예를 들어 X_{13}이 -0.25가 아닌 -0.77일 경우 X_{13}과 X_{21}의 값이 같으므로 결합된 관측치의 집합은 작은 값에서부터 큰 값까지 다음의 순서로도 정렬될 수가 있다.

$$X_{22} \quad X_{24} \quad X_{12} \quad X_{13} \quad X_{21} \quad X_{11} \quad X_{23}$$

표 9-1 순위화 과정에 관한 예시

Original Data						
X_{11}	X_{12}	X_{13}	X_{21}	X_{22}	X_{23}	X_{24}
0.03	-1.42	-0.25	-0.77	-2.93	0.48	-2.38
Ordered Observations						
X_{22}	X_{24}	X_{12}	X_{21}	X_{13}	X_{11}	X_{23}
-2.93	-2.38	-1.42	-0.77	-0.25	0.03	0.48
Ranks of the Data						
R_{11}	R_{12}	R_{13}	R_{21}	R_{22}	R_{23}	R_{24}
6	3	5	4	1	7	2

둘 중 어떤 방식으로 나열하더라도 서로 값이 동일한 관측치 쌍인 X_{13}과 X_{21}이 4위와 5위를 차지하게 되지만, 어떤 관측치를 4위로 하고 어떤 관측치를 5위로 해야 하는지가 분명치 않다. 값이 동일한 관측치가 있을 때의 해결책은 **중간 순위**(mid-ranks)를 두는 것인데, 이는 해당 값이 점하게 되는 순위의 평균값을 의미한다. 구체적으로 X_{13}과 X_{21}은 중간 순위 4.5를 부여받고 다른 관측치들은 이전에 할당된 순위를 그대로 유지하는 것이다. R 명령어인 *rank(x)*는 객체 x의 각 수치에 대한 순위(동일한 관측치가 있을 경우 중간 순위)를 반환한다. 예를 들어 *rank(c(0.03, -1.42, -0.77, -0.77, -2.9, 0.48, -2.38))*은 다음의 결과를 나타낸다.

$$6.0 \quad 3.0 \quad 4.5 \quad 4.5 \quad 1.0 \quad 7.0 \quad 2.0$$

순위합 검정은 그 명칭이 암시하는 바와 같이 순위합에 바탕을 두고 있다. 그러나 결합된 집합의 $N = n_1 + n_2$개의 관측치의 모든 순위를 합하면 항상 다음과 같다.

$$1 + 2 + \cdots + N = \frac{N(N + 1)}{2} \tag{9.3.2}$$

따라서 식 (9.3.1)의 귀무가설의 유효성에 대해 아무런 정보도 주지 못한다. 반면, 각 개별 표본에 대한 관측치의 순위합은 꽤 유용한 정보를 제공할 수 있다. 예를 들어, 만약 표본 1에서 온 관측치의 순위합이 '크다'면 이에 대응되는 표본 2의 순위합은 '작음'을 의미하며(이는 식 (9.3.2)에 의해 두 가지의 합이 $N(N + 1)/2$이기 때문임), 두 가지 다 표본 1의 관측치가 표본 2에 비해 값이 큰 경향이 있다는 것을 의미한다. 일반적으로 순위합 검정 통계량은 첫 번째 표본의 관측치의 순위합을 취한다.

$$W_1 = R_{11} + \cdots + R_{1n_1} \tag{9.3.3}$$

귀무가설 식 (9.3.1)이 참이면 모집단이 어떤 연속분포를 따르든지 W_1의 분포는 동일하다. 이 귀무분포를 근거로 하여 W_1의 값이 충분히 크거나 작을 때 귀무가설을 기각할 수 있다. 통계 소프트웨어가 널리 쓰이기 전에는 데이터 중 동일한 값이 없을 때 한해 W_1의 귀무분포가 각각의 n_1과 n_2 값의 조합에 대해 표로 주어졌다. n_1과 n_2 모두 8보다 클 경우, 표준화된 W_1(즉, $W_1 - E(W_1))/\sigma_{W_1}$)의 분포는 데이터 중 동일한 값이 있더라도 표준정규분포로 잘 근사화될 수 있다. 데이터 중 동일한 값이 있고 없음에 따라 표준화된 W_1을 구하는 공식이 노트 9.3-1(b)에 주어져 있는데, 이 두 가지 공식은 식 (9.3.5)에 있는 공식으로 통합하여 쓸 수 있다.

$$\bar{R}_1 = \frac{1}{n_1} \sum_{j=1}^{n_1} R_{1j}, \quad \bar{R}_2 = \frac{1}{n_2} \sum_{j=1}^{n_2} R_{2j},$$
$$S_R^2 = \frac{1}{N - 1} \sum_{i=1}^{2} \sum_{j=1}^{n_i} \left(R_{ij} - \frac{N + 1}{2} \right)^2 \tag{9.3.4}$$

이 표기법에 따른 순위합 검정절차는 다음과 같다.

$H_0 : \tilde{\mu}_1 = \tilde{\mu}_2$에 대한 순위합 검정절차

(1) 가정: $X_{11}, \cdots, X_{1n_1}$과 $X_{21}, \cdots, X_{2n_2}$는 서로 독립인 단순 무작위 표본이며, $n_1, n_2 > 8$이다.

(2) 검정 통계량: $Z_{H_0} = \dfrac{\overline{R}_1 - \overline{R}_2}{\sqrt{S_R^2 \left(\dfrac{1}{n_1} + \dfrac{1}{n_2} \right)}}$

$\overline{R}_1, \overline{R}_2, S_R^2$은 식 (9.3.4)에 주어짐.

(3) 서로 다른 H_a에 대한 기각규칙

H_a	유의수준 α에서의 RR
$\tilde{\mu}_1 - \tilde{\mu}_2 > 0$	$Z_{H_0} > z_\alpha$
$\tilde{\mu}_1 - \tilde{\mu}_2 < 0$	$Z_{H_0} < -z_\alpha$
$\tilde{\mu}_1 - \tilde{\mu}_2 \neq 0$	$\lvert Z_{H_0} \rvert > z_{\alpha/2}$

$(9.3.5)$

(4) p-값 계산공식

$$p\text{-값} = \begin{cases} 1 - \Phi(Z_{H_0}) & H_a : \tilde{\mu}_1 - \tilde{\mu}_2 > 0 \\ \Phi(Z_{H_0}) & H_a : \tilde{\mu}_1 - \tilde{\mu}_2 < 0 \\ 2[1 - \Phi(\lvert Z_{H_0} \rvert)] & H_a : \tilde{\mu}_1 - \tilde{\mu}_2 \neq 0 \end{cases}$$

Φ는 표준정규분포의 누적분포함수이다.

노트 9.3-1 (a) 대립가설 $\tilde{\mu}_1 - \tilde{\mu}_2 > 0$을 흔히 $P(X_1 > X_2) > 0.5$로 기술하기도 한다. 이 방식대로 표현했을 때 대립가설이 의미하는 바는 모집단 1의 관측치가 모집단 2의 관측치에 비해 값이 클 가능성이 많음을 의미하며, 그 역 또한 마찬가지이다. 좌측 가설과 양측 가설 또한 각각 $P(X_1 > X_2) < 0.5$와 $P(X_1 > X_2) \neq 0.5$로 표현될 수 있고 유사하게 해석된다.

(b) 동일한 값이 없는 경우 표준화된 순위합 통계량은 다음과 같은 형태(더 계산하기 쉬움)로 표현될 수 있다.

$$Z_{H_0} = \sqrt{\frac{12}{n_1 n_2 (N+1)}} \left(W_1 - n_1 \frac{N+1}{2} \right)$$

동일한 값이 있는 경우, 표준화된 순위합 통계량의 형태는 다음과 같다.

$$Z_{H_0} = \left[\frac{n_1 n_2 (N+1)}{12} - \frac{n_1 n_2 \sum_k d_k (d_k^2 - 1)}{12 N (N-1)} \right]^{-1/2} \left(W_1 - n_1 \frac{N+1}{2} \right)$$

여기서는 결합표본의 관측치 중 동일한 값을 갖는 모든 그룹이 합산되며, d_k는 동일한 값을 갖는 k번째 그룹의 관측치 수이다.

(c) 순위합 통계량의 Mann-Whitney 형태는 $X_{1i} > X_{2j}$인 (X_{1i}, X_{2j}) 쌍의 수로 계산된다. $X_{1i} = X_{2j}$인 쌍은 0.5로 계산된다. R에서 산출되는 결과 중 W라 되어 있는 수치는 식

(9.3.3)의 순위합 통계량인 W_1과는 다른 것이며, 두 가지 다 동일하게 p-값과 신뢰구간 추정에 쓰인다는 점에서는 동등하다고 할 수 있다.

(d) 순위합 검정절차는 다양한 대립가설에 대해 $H_0 : \tilde{\mu}_1 - \tilde{\mu}_2 = \Delta_0$를 손쉽게 검정하기 위해 적용된다. 그러기 위하여 표본 1의 각 관측치에서 Δ_0를 빼서 $X_{11} - \Delta_0, \cdots, X_{1n_1} - \Delta_0$의 형태로 표본 1을 수정하고, 수정된 표본 1과 표본 2에 대해 식 (9.3.5)의 절차를 적용하라. ◁

R 객체 $x1$과 $x2$에 각각 저장된 모집단 1과 2의 데이터에서 다음의 R 명령어는 Mann-Whitney 형태의 순위합 통계량(노트 (9.3-1)(c)를 확인)과 서로 다른 대립가설에 대응되는 식 (9.3.1)의 귀무가설 검정에 대한 p-값을 반환한다.

$H_0 : \tilde{\mu}_1 - \tilde{\mu}_2 = \Delta_0$에 대한 순위합 검정을 위한 R 명령어

```
wilcox.test(x1, x2, mu=Δ₀, alternative="greater")
    # if Hₐ : μ̃₁ − μ̃₂ > Δ₀
wilcox.test(x1, x2, mu=Δ₀, alternative="less")
    # if Hₐ : μ̃₁ − μ̃₂ < Δ₀
wilcox.test(x1, x2, mu=Δ₀, alternative="two.sided")
    # if Hₐ : μ̃₁ − μ̃₂ ≠ Δ₀
```

위의 명령어에서 μ의 초깃값은 0이고, 대립가설의 초기 설정은 *"two.sided"*이다. 따라서 *wilcox.text(x1, x2)*는 $H_a : \tilde{\mu}_1 \neq \tilde{\mu}_2$에 대해 $H_0^F : F_1 = F_2$(또는 $H_0 : \tilde{\mu}_1 = \tilde{\mu}_2$)를 검정한다. 가끔씩 두 가지 표본의 데이터가 하나의 열에 저장되어 있고 두 번째 열에 각 관측치에 대한 표본의 인덱스가 저장되어 있는 형태의 데이터 파일들이 있다. 데이터와 표본 인덱스 열이 R 객체 x와 s에 각각 저장되어 있다면, 위의 명령어에서 $x1$, $x2$ 대신에 $x\sim s$를 입력해야 한다. 위 명령어 중 아무것에나 *conf.int=T*, *conf.level=1-α*를 명령어에 추가할 경우, $\tilde{\mu}_1 - \tilde{\mu}_2$에 대한 $(1 - \alpha)100\%$ 신뢰구간(*alternative="greater"* 또는 *"less"*일 경우는 단측 신뢰구간, 초깃값은 양측가설로 정해짐)이 구해질 것이다. 예를 들어 *wilcox.text(x1, x2, conf.int=T)*는 95% 신뢰구간, *wilcox.text(x1, x2, conf.int=T, conf.level=0.9)*는 90% 신뢰구간을 구해 줄 것이다. (데이터 중 동일한 값이 있을 경우에 R은 p-값과 신뢰구간이 정확하지 않다는 경고 메시지를 전달한다.)

예제 9.3-1 알레르기가 있는 사람 9명과 알레르기가 없는 사람 13명의 표본[4]으로부터 객담 히스타민 (sputum histamine) 수준(μg/g)을 조사한 결과가 다음과 같다.

알레르기 환자	67.7, 39.6, 1,651.0, 100.0, 65.9, 1,112.0, 31.0, 102.4, 64.7
정상	34.3, 27.3, 35.4, 48.1, 5.2, 29.1, 4.7, 41.7, 48.0, 6.6, 18.9, 32.4, 45.5

---

4 S. K. Hong, P. Cerretelli, J. C. Cruz, and H. Rahn (1969). Mechanics of respiration during submersion in water, J. Appl. Physiol., 27(4): 535 – 538.

두 모집단 사이에 차이가 있는가? 유의수준 $\alpha = 0.01$에서 검정을 실시하고 알러지가 있는 사람과 없는 사람의 히스타민 수준의 중앙값 차이에 대한 95% 신뢰구간을 구하는 R 명령어를 작성하라.

해답

알레르기가 있는 사람의 데이터는 많은 이상치를 포함하고 있으므로 정규성에 대한 가정을 적용하기 힘들다. 두 표본의 크기가 모두 8보다 크기 때문에 식 (9.3.5)의 검정절차를 적용할 수 있다. 또한, 데이터 중 동일한 값이 없기 때문에 노트 9.3-1(b)에 주어진 보다 단순한 Z_{H_0} 계산식을 사용할 수 있다. 표본 1(알레르기가 있는 사람들)에 해당하는 관측치의 순위는 $R_{11} = 18$, $R_{12} = 11$, $R_{13} = 22$, $R_{14} = 19$, $R_{15} = 17$, $R_{16} = 21$, $R_{17} = 7$, $R_{18} = 20$, $R_{19} = 16$이다. 따라서 $W_1 = \sum_j R_{1j} = 151$이며 검정 통계량은 다음과 같다.

$$Z_{H_0} = \frac{151 - 9(23)/2}{\sqrt{9(13)(23)/12}} = 3.17$$

이에 따른 p-값은 $2[1 - \Phi(3.17)] = 0.0015$이다. 그러므로 귀무가설이 기각되고 $H_a : \tilde{\mu}_1 \neq \tilde{\mu}_2$가 채택된다. 실례를 위해서 식 (9.3.5)의 통합 공식을 이용하여 Z_{H_0}를 계산해 볼 수 있다. R 명령어를 통해 이를 가장 쉽게 수행할 수 있다. R 객체 *x1*과 *x2*에 각각 저장된 표본 1과 2의 데이터로부터 다음의 명령어를 사용하면 Z_{H_0}에 대해 동일한 값이 구해진다.

```
n1=9; n2=13; N=n1+n2; x=c(x1, x2); r=rank(x)
w1=sum(r[1:n1]); w2=sum(r[n1+1:n2])
s2r=sum((r-(N+1)/2)^2)/(N-1); z=(w1/n1-w2/n2)
    /sqrt(s2r*(1/n1+1/n2)); z
```

마지막으로 R 명령어 *wilcox.text(x1, x2, conf.int=T)*는 정확한 p-값 0.000772와 알레르기가 있는 사람과 없는 사람의 히스타민 수준 차이의 중앙값에 대한 95% 신뢰구간으로 (22.2, 95.8)을 구한다. ∎

연습문제

1. 어느 논문은 구름 씨 뿌리기(cloud seeding)에 질산은을 사용하면 강우량이 증가하는지 파악하기 위해 수행된 구름 씨 뿌리기 실험에 관해 다룬다.[5] 52개의 구름 중, 26개가 씨 뿌리기를 위해 무작위로 선정되었고, 나머지 26개는 통제군 역할을 한다. 에이커 풋 단위의 강우량 측정치가 *CloudSeedingData.txt*에 주어져 있다. 귀무가설과 대립가설을 기술하고, (i) $\alpha = 0.05$에서의 검정 수행, (ii) 씨 뿌리기를 한 구름과 그렇지 않은 구름들 사이의 강우량 차의 중앙값에 대한 95% 신뢰구간을 구하기 위한 R 명령어를 작성하라.

5 J. Simpson, A. Olsen, and J. C. Eden (1975). A Bayesian analysis of a multiplicative treatment effect in weather modification, *Technometrics*, 17: 161 – 166.

2. 어느 호수의 동편에서 채취된 6개의 물 표본과 서편에서 채취된 7개의 물 표본에 대해 오염물질 퍼센트 함량을 알아보기 위한 화학 분석이 수행되었다. 데이터는 다음에 보이는 것과 같다.

동편	1.88	2.60	1.38	4.41	1.87	2.89	
서편	1.70	3.84	1.13	4.97	0.86	1.93	3.36

그 호수의 두 지역에서 오염물질 농도가 $\alpha = 0.1$에서 현저히 다른가?

(a) 귀무가설과 대립가설을 기술하라. 이 데이터에 대해 식 (9.3.5)의 검정절차를 적용하는 것은 바람직한가? 당신의 답을 말하라.

(b) R 명령어를 사용하여 (i) 검정을 수행하고, (ii) 호수 동편의 측정치와 서편의 측정치 사이의 차의 중앙값에 대한 95% 신뢰구간을 구하라.

3. 어느 논문은 고온 변형 측정기를 사용하여 원형 브레이크에 사용될 서로 다른 종류의 주철의 총변형률 크기를 측정하는 연구를 보고한다.[6] 10,000을 곱한 구상흑연과 강화흑연의 결괏값은 다음과 같다.

구상흑연	105	77	52	27	22	17	12	14	65
강화흑연	90	50	30	20	14	10	60	24	76

유의수준 $\alpha = 0.05$에서 서로 다른 형태의 주철의 총변형 크기에 유의한 차이가 있는가?

(a) 적절한 귀무가설과 대립가설을 기술하고, 식 (9.3.5)에서 순위합 절차를 수행하여 p-값을 계산하라(수기

계산 대신에 예제 9.3-1에서 주어진 R 명령어를 사용해도 좋다).

(b) 정확한 p-값을 토대로 검정을 수행하기 위해 R 명령어를 사용하고, 구상흑연 주철과 강화흑연 주철로부터 나온 측정치 차의 중앙값을 위해 95% 신뢰구간을 구하라.

4. 마네킹을 사용한 운전석 충돌 시험에서 하나의 변수로 왼쪽 대퇴골 하중이 측정된다(대퇴골은 골반과 무릎 사이에 위치한 가장 크고 튼튼한 뼈이다). 데이터 파일 *FemurLoads.txt*은 2,800 lb의 차량(제1종 차량)과 3,200 lb 차량(제2종 차량)에 대한 왼쪽 대퇴골 하중 측정치를 제공한다.[7] 유의수준 0.1에서 이 두 종류의 차량의 대퇴골 하중 측정치 사이에 유의한 차이가 있는가?

(a) 2개의 데이터 집합 각각에 대한 상자그림을 작성하고, 정규성 가정이 성립한다고 할 수 있는지 언급하라.

(b) 적절한 귀무가설과 대립가설을 기술하라. R 명령어를 사용하여 (i) 검정을 수행하고, 제1종 및 제2종 차량으로 측정된 대퇴골 하중 간 차의 중앙값에 대한 95% 신뢰구간을 구하라.

5. 9.2절 연습문제 3번에 주어진 데이터 집합과 검정 문제를 생각해 보자. T 검정과 MWW 순위합 검정에서 얻은 p-값을 비교하라. 다음으로 순위합의 방법을 통해서 얻은 90% 신뢰구간과 90% T 신뢰구간을 비교하라. R 명령어를 사용하여 모든 p-값과 신뢰구간을 구하라.

9.4 두 분산의 비교

$X_{11}, \cdots, X_{1n_1}$과 $X_{21}, \cdots, X_{2n_2}$는 각각 모집단 1과 2의 표본을 나타낸다. 두 분산의 동일성에 대한 두 가지 검정절차인 Levene 검정과 F 검정에 대해 알아볼 것이다. 전자가 더 일반적으로 적용 가능한 검정절차인 반면, 후자는 정규성에 대한 가정을 필요로 한다.

---

6 F. Sherratt and J. B. Sturgeon (1981). Improving the thermal fatigue resistance of brake discs, *Materials, Experimentation and Design in Fatigue: Proceedings of Fatigue 1981*: 60 – 71.

7 국가교통안전처의 데이터로 http://lib.stat.cmu.edu/DASL에 보고됨.

9.4.1 LEVENE 검정

Levene 검정(Brown-Forsythe 검정이라고도 함)은 $\sigma_1^2 = \sigma_2^2$이고 $\widetilde{X}_i$가 $X_{i1}, \cdots, X_{in_i}$, $i = 1, 2$에 대한 표본 중앙값일 때, 다음의 두 가지 유도된 표본은

$$V_{1j} = |X_{1j} - \widetilde{X}_1|, \quad j = 1, \cdots, n_1, \quad V_{2j} = |X_{2j} - \widetilde{X}_2|, \quad j = 1, \cdots, n_2$$

모집단 평균과 분산이 동일하다는 아이디어에 바탕을 둔다. 더불어서 만약 $\sigma_1^2 > \sigma_2^2$일 경우, V_1 표본에 대한 모집단 분산 μ_{V_1}이 V_2 표본에 대한 모집단 분산 μ_{V_2}보다 더 클 것이다. 따라서 $H_a : \sigma_1^2 > \sigma_2^2$ 또는 $H_a : \sigma_1^2 < \sigma_2^2$ 또는 $H_a : \sigma_1^2 \neq \sigma_2^2$에 대응되는 $H_0 : \sigma_1^2 = \sigma_2^2$를 검정하는 것은 이 표본 T 검정(two-sample T test), 즉 2개의 V 표본을 사용하여 식 (9.2.14)에 주어진 통계량 $T_{H_0}^{EV}$를 기초로 식 (9.2.17)의 절차에 따라 다음의 대립가설

$$H_a^V : \mu_{V_1} > \mu_{V_2} \text{ 또는 } H_a^V : \mu_{V_1} < \mu_{V_2} \text{ 또는 } H_a^V : \mu_{V_1} \neq \mu_{V_2}$$

에 대응되는 가설 $H_0^V : \mu_{V_1} = \mu_{V_2}$을 검정함으로써 수행될 수 있다.

R 패키지 *lawstat*(이를 설치하기 위해 *install.packages("lawstat")*을 사용하라)에 포함된 R 함수인 *levene.test*는 $H_a : \sigma_1^2 \neq \sigma_2^2$에 대해 $H_0 : \sigma_1^2 = \sigma_2^2$을 검정하는 Levene 검정을 수행한다. R 객체 *x1, x2*에 있는 2개의 표본으로부터 다음의 R 명령어

```
library(lawstat)
x=c(x1, x2); ind=c(rep(1, length(x1)), rep(2, length(x2)));   (9.4.1)
    levene.test(x, ind)
```

를 사용하면 2개의 유도된 V 표본으로부터 계산된 검정 통계량 $T_{H_0}^{EV}$의 제곱과 양측 대립가설 H_a : $\sigma_1^2 \neq \sigma_2^2$에 대한 p-값을 반환한다. 대안적으로 사용할 수 있는 다음의 R 명령어는

```
v1=abs(x1-median(x1)); v2=abs(x2-median(x2));     (9.4.2)
    t.test(v1, v2, var.equal=T)
```

2개의 유도된 V 표본으로부터 계산된 $T_{H_0}^{EV}$ 값과 *levene.test* 함수에서와 마찬가지로 양측 대립가설에 대한 동일한 p-값을 반환한다. 또한, 명령어에 *alternative="greater"* 또는 *"less"*를 추가하면 단측 대립가설에 대한 p-값을 얻을 수 있다.

예제 9.4-1 수많은 연구를 통해 담배 흡연자들이 아스코르브산(비타민 C)의 혈장 농도가 비흡연자에 비해 낮음이 알려졌다. 아스코르브산이 건강에 유익하다는 것을 알기에 두 집단의 혈장 농도를 비교하는 것 또한 흥미로운 주제가 된다. 다음의 데이터는 무작위로 선택된 흡연자 다섯 명과 비흡연자 다섯 명의 혈장의 아스코르브산 농도 측정치(μmol/l)를 나타낸다.

비흡연자	41.48	41.71	41.98	41.68	41.18
흡연자	40.42	40.68	40.51	40.73	40.91

$\alpha = 0.05$에서 $H_a : \sigma_1^2 \neq \sigma_2^2$에 대한 $H_0 : \sigma_1^2 = \sigma_2^2$을 검정하라.

해답

여기서 두 집단의 중앙값은 $\widetilde{X}_1 = 41.68$, $\widetilde{X}_2 = 40.68$이다. 각 표본의 값에서 대응되는 중앙값을 빼서 절댓값을 취하면 2개의 V 표본이 얻어진다.

비흡연자에 대한 V_1 값	0.20 0.03 0.30 0.00 0.50
흡연자에 대한 V_2 값	0.26 0.00 0.17 0.05 0.23

2개의 유도된 V 표본에 대해 계산되는 이표본 검정 통계량 $T_{H_0}^{EV}$의 값은 0.61이다. 자유도는 8이며, 그에 따른 p-값은 0.558이다. 따라서 두 표본 간 분산이 동일함을 나타내는 귀무가설을 기각할 만한 충분한 증거가 되지 못한다. 수기 계산 대신에 명령어 *x1=c(41.48, 41.71, 41.98, 41.68, 41.18); x2=c(40.42, 40.68, 40.51, 40.73, 40.91)*을 통해 두 표본의 데이터를 R로 불러온 후 명령어 식 (9.4.1) 또는 식 (9.4.2)를 이용해 동일한 p-값을 얻을 수 있다. ■

9.4.2 정규성을 만족하는 F 검정

두 모집단 분산의 동일성에 대한 F 검정은 8.3.4절에서 다루었던 F 검정의 수준으로부터 이름붙여졌다. 정규 모집단으로부터 2개의 표본이 추출되었을 때, 두 표본 간 분산의 비율에 대한 분포는 F 분포를 따른다. 다음의 정리는 F 분포의 기본이 되는 이 사실을 정확히 기술하고 있다.

보조정리 9.4-1 $X_{11}, \cdots, X_{1n_1}$과 $X_{21}, \cdots, X_{2n_2}$는 분산이 각각 σ_1^2, σ_2^2인 정규 모집단으로부터의 서로 독립인 2개의 확률 표본이며, S_1^2과 S_2^2를 두 표본의 분산이라 하자. 그러면 다음의 비율

$$\frac{S_1^2/\sigma_1^2}{S_2^2/\sigma_2^2} \sim F_{n_1-1,\, n_2-1}$$

은 자유도 $v_1 = n_1 - 1$과 $v_2 = n_2 - 1$을 갖는 F 분포를 따른다.

이 결과가 암시하는 것은 $H_0 : \sigma_1^2 = \sigma_2^2$가 다음의 통계량을 통해 검정될 수 있다는 점이다.

$$F_{H_0} = \frac{S_1^2}{S_2^2} \tag{9.4.3}$$

실제로 $H_0 : \sigma_1^2 = \sigma_2^2$이 참이면 $F_{H_0} \sim F_{v_1, v_2}$이지만, $\sigma_1^2 > \sigma_2^2$이면 F_{H_0}는 귀무가설이 참일 때 예상되는 값보다 더 큰 값을 가질 것이다. 마찬가지로 $\sigma_1^2 < \sigma_2^2$이면 F_{H_0}는 귀무가설이 참일 때 예상되는 값보다 더 작은 값을 갖는 경향(그와 동등하게 $1/F_{H_0} = S_2^2/S_1^2$는 더 큰 값을 가질 것임)이 있다. 이에 따라 서로 다른 대립가설에 대한 $H_0 : \sigma_1^2 = \sigma_2^2$를 검정할 때 다음의 기각규칙 및 p-값 계산 공식이 만들어진다.

$H_0 : \sigma_1^2 = \sigma_2^2$에 대한 F 검정절차

(1) 가정: $X_{11}, \cdots, X_{1n_1}$과 $X_{21}, \cdots, X_{2n_2}$가 서로 독립이고 정규 모집단으로부터의 표본이다.

(2) 검정 통계량: $F_{H_0} = \dfrac{S_1^2}{S_2^2}$

(3) 서로 다른 H_a에 대한 기각규칙

$$
\begin{array}{c|c}
H_a & \text{유의수준 } \alpha \text{에서의 RR} \\
\hline
\sigma_1^2 > \sigma_2^2 & F_{H_0} > F_{n_1-1, n_2-1;\, \alpha} \\[2mm]
\sigma_1^2 < \sigma_2^2 & \dfrac{1}{F_{H_0}} > F_{n_2-1, n_1-1;\, \alpha} \\[2mm]
\sigma_1^2 \neq \sigma_2^2 & F_{H_0} > F_{n_1-1, n_2-1;\, \alpha/2} \\[2mm]
 & \dfrac{1}{F_{H_0}} > F_{n_2-1, n_1-1;\, \alpha/2}
\end{array}
$$

(9.4.4)

여기서 $F_{v_1, v_2;\, \alpha}$는 F_{v_1, v_2} 분포에 대한 $(1 - \alpha)100$ 백분위수를 나타냄.

(4) p-값 계산공식

$$
p\text{-값} =
\begin{cases}
p_1 = 1 - F_{n_1-1,\, n_2-1}(F_{H_0}) & H_a : \sigma_1^2 > \sigma_2^2 \\
p_2 = 1 - F_{n_2-1,\, n_1-1}(1/F_{H_0}) & H_a : \sigma_1^2 < \sigma_2^2 \\
2[\min(p_1, p_2)] & H_a : \sigma_1^2 \neq \sigma_2^2
\end{cases}
$$

여기서 F_{v_1, v_2}는 F_{v_1, v_2} 분포에 대한 **CDF**임.

$F_{v_1, v_2;\, \alpha}$ 백분위수는 R 명령어 *qf(1-α, v₁, v₂)*에 의해 구해진다. 또한, *pf(x, v₁, v₂)*는 x에서 계산된 F_{v_1, v_2}의 CDF 값인 $F_{v_1, v_2}(x)$를 산출한다.

각각의 R 객체 *x1*과 *x2*에 옮겨진 모집단 1과 2의 데이터로부터 다음의 R 명령어를 사용하면 서로 다른 대립가설에 대해 $H_0 : \sigma_1^2 = \sigma_2^2$을 검정하기 위한 F 검정 통계량 및 p-값이 구해진다.

$H_0 : \sigma_1^2 = \sigma_2^2$에 대한 F 검정을 위한 R 명령어

```
var.test(x1, x2, alternative="greater")   # if Ha : σ₁² > σ₂²
var.test(x1, x2, alternative="less")      # if Ha : σ₁² < σ₂²
var.test(x1, x2, alternative="two.sided") # if Ha : σ₁² ≠ σ₂²
```

위의 명령어 중 alternative의 초기 설정은 *"two.sided"*이다. 가끔씩 두 가지 표본의 데이터가 하나의 열에 저장되어 있고 두 번째 열에 각 관측치에 대한 표본의 인덱스가 저장되어 있는 형태의 데이터 파일들이 있다. 데이터와 표본 인덱스 열이 R 객체 *x*와 *s*에 각각 저장되어 있다면, 위의 명령어에서 *x1*, *x2* 대신에 *x~s*를 입력해야 한다. 위 명령어들은 σ_1^2/σ_2^2에 대한 95% 신

뢰구간(*alternative*="*greater*" 또는 "*less*"일 경우는 단측 신뢰구간, alternative의 초기 설정을 그대로 둘 경우 양측가설) 또한 구해질 것이다. 위 명령어 중 아무것에나 *conf.level*=1-α를 명령어에 추가할 경우, $(1-\alpha)100\%$ 신뢰구간이 구해진다. 예를 들어 *var.text(x1, x2, conf.level =0.9)*는 90% 신뢰구간을 반환해 줄 것이다.

예제 9.4-2　　예제 9.4-1에 쓰인 데이터와 검정 문제를 다시 생각해 보자. 이때, 모집단이 정규분포임을 가정하자.

(a) F 검정절차를 이용하여 $H_a : \sigma_1^2 \neq \sigma_2^2$에 대한 $H_0 : \sigma_1^2 = \sigma_2^2$를 검정하라.

(b) R 명령어를 사용하여 F 검정절차를 실행하고 σ_1^2/σ_2^2에 대한 95% 신뢰구간을 구하라.

해답

(a) 검정 통계량은 다음과 같다.

$$F_{H_0} = \frac{0.08838}{0.03685} = 2.40$$

값 2.4는 자유도 $v_1 = 4$, $v_2 = 4$인 F 분포에서 79 백분위수에 해당한다. 따라서 $1 - F_{4,4}(2.4)$ $< 1 - F_{4,4}(1/2.4)$이며, p-값은 $2(1 - 0.79) = 0.42$이다.

(b) 명령어 *x1=c(41.48, 41.71, 41.98, 41.68, 41.18); x2=c(40.42, 40.68, 40.51, 40.73, 40.91); var.test(x1, x2)*는 F 통계량과 p-값으로 각각 2.3984와 0.4176을 반환한다. 소수 둘째 자리까지 반올림하면 이 값은 (a)에서 구한 값과 일치한다. 위의 명령어들은 또한 σ_1^2/σ_2^2에 대한 95% 신뢰구간으로 (0.25, 23.04)를 반환할 것이다. ■

연습문제

1. 9.3절 연습문제 3에 주어진 정보로부터 Levene 검정법을 적용하여 유의수준 $\alpha = 0.05$에서 양측 대립가설에 대해 두 분산의 동일성을 검정하라.

2. 9.2절 연습문제 1에 주어진 정보로부터, 유의수준 $\alpha = 0.05$에서 양측 대립가설에 대해 두 분산의 동일성을 검정하라. 이 검정의 타당성을 위하여 어떤 가정이 필요한가?

3. 9.2절 연습문제 3에 주어진 정보로부터, 유의수준 $\alpha = 0.05$에서 양측 대립가설에 대해 두 분산의 동일성을 검정하라. 이 검정의 타당성을 위하여 어떤 가정이 필요한가?

9.5 쌍체 데이터

9.5.1 쌍체 데이터에 대한 정의 및 예제

쌍체 데이터(Paired Data)의 두 모집단의 평균 비교에 사용되는 대안적인 표본추출 설계로부터 발생된다. 특히, 무작위로 선택된 n개의 실험 단위(피실험자 또는 개체) 각각에 대해 평균을 비교해야 할 두 모집단으로부터 각각 하나씩, 2개의 측정치가 발생할 때 그러한 데이터가 생성된다. 이번 절에서는 쌍체 데이터를 이용해 두 평균을 비교하기 위한 검정절차와 그에 따른 신뢰구간 설정에 대해 다룬다. 다음의 두 예제는 이러한 데이터가 발생될 수 있는 두 가지 상황을 조명한 것이다.

예제 9.5-1

어떤 호수가 오염물질 청소(pollution clean-up) 대상으로 지정되었다. 청소 효과를 평가하기 위해 무작위로 선택된 n개의 위치에서 청소 실시 전후로 수질 표본을 채취하여 분석하였다. 무작위 선택된 n개의 위치가 실험 단위에 해당되는데, 각각에 대해 2개의 측정치가 발생하고 이는 결과적으로 쌍체 데이터에 해당한다. 비교연구를 설계하는 또 다른 방법은 청소 전 수질 평가를 위한 n_1개의 표본 위치를 무작위로 선정하여 물 표본을 채취하고, 청소 후의 수질 평가를 위해 그와 다른 n_2개의 표본 위치를 무작위로 선정하여 표본을 채취하는 것이다. 두 번째 표본 추출 설계방법에서는 각각의 모집단에서 서로 독립적인 2개의 표본이 발생하게 된다. ■

예제 9.5-2

아동용 신발 밑창 제조에 사용된 두 가지 서로 다른 종류의 물질에 대해 내구성을 비교하려고 한다. 이 비교 실험을 설계하는 한 가지 방법은 n쌍의 신발 중 한쪽(왼쪽이나 오른쪽 중 하나)은 물질 A로부터 만든 것 중에서 다른 한쪽은 B로부터 만든 것 중에서 무작위로 선택하는 것이다. n명의 아동을 무작위 표본으로 선택하여 개인별로 맞는 그러한 신발 한 켤레씩을 맞춰 준다. 일정 시간이 경과한 뒤 신발의 마모와 찢김 상태를 평가한다. 이 실험에서 n명의 아동 표본은 피실험자이며, 두 종류의 물질이 2개의 처리군에 해당한다. 각 피실험자별로 2개의 측정치가 생성될 것이다. 각각 물질 A가 사용된 신발에서의 마모 및 찢김 정도와 물질 B가 사용된 신발에서의 정량화된 마모 및 찢김 정도이며, 이는 쌍체 데이터에 해당한다. 비교연구를 수행할 수 있는 또 다른 방법은 물질 A로 만들어진 신발을 맞춘 n_1명의 아동에 대한 무작위 표본을 뽑고, 물질 B로 만든 신발을 맞춘 n_2명의 아동에 대한 무작위 표본을 뽑는다. 이는 각각의 모집단으로부터 뽑힌 서로 독립인 2개의 표본이다. ■

예제 9.5-3

철광석 표본에 포함된 철의 퍼센트 함량을 판단하기 위한 두 가지 다른 방법을 비교하고자 한다. 비교연구를 설계하는 한 가지 방법은 n개의 철광석 표본을 얻은 뒤 각각에 대해서 철 함량을 판단할 수 있는 두 가지 다른 방법을 적용하는 것이다. 이 예제에서 n개의 철광석 표본은 개체에 해당되고, 두 가지 방법은 처리군에 해당한다. 비교연구를 설계하는 또 다른 방법은 방법 1에 의해 n_1개의 철광석 표본과 방법 2에 의해 평가될 n_2개의 철광석 표본을 독립적으로 뽑는 것이다. 이는 각 모집단으로부터 얻은 서로 독립인 2개의 표본이다. ■

위 예제에서 쌍체 데이터를 포함하는 실험 설계를 통해 통제할 수 없는 변동의 상당 부분을 제거할 수 있음을 알았다. 예제 9.5-2에서 통제할 수 없는 변동의 상당 부분은 아이들의 몸무게

차이, 걸어가는 지형의 차이 등으로 인한 것이다. 아이들에게 한쪽에는 물질 A로 만든 신발, 다른 쪽에는 물질 B로 만든 신발을 신게 하면 이러한 통제하기 힘든 변동 요인을 제거할 수 있다. 마찬가지로 예제 9.5-3에서 철광석 표본은 동일한 지역에서 나오지만, 자연적인 변동으로 인해 개별 철광석 표본마다 철 함량에 차이가 있다. 동일한 철광석 표본을 각각의 방법으로 분석함으로써 이러한 통제 불가능한 변동 요인을 제거할 수 있다. 통제 불가능한 변동을 제거한다는 것은 우리가 보다 적은 표본 크기만 가지고도 더 정확한 비교를 할 수 있음을 의미한다. 따라서 비교연구를 할 때는 그것을 통해 통제하기 힘든 변동의 상당 부분을 제거할 수 있다고 판단된다면 쌍체 데이터를 생성할 수 있도록 설계해야 한다. 쌍체 데이터를 생성하는 것 중 인기 있는 설계 방법으로 처리군이나 프로그램의 효과성을 평가하는 데 쓸 수 있는 소위 **전후 설계**(before-after designs)라고 하는 방법이 있다. 오염물질을 제거하는 데 있어서 청소 프로그램의 효과성을 평가하기 위해 그러한 설계법을 응용한 예제 9.5-1을 확인해 보라. 다른 용례로는 체중 감량을 위한 새로운 식단의 효과성 평가, 특정 문제에 대한 대중의 의견을 바꾸는 정치적 말하기의 효과 평가 등이 있다.

2개의 표본은 동일한 실험 단위의 집합에서 얻은 것이므로 둘은 서로 독립이 아니다. 결과적으로 9.2절과 9.3절에서 설명했던 두 표본이 서로 독립일 때를 가정한 두 모집단의 평균 및 두 비율의 차에 대한 검정 및 신뢰구간 설정 절차를 사용할 수 없게 된다. 쌍체 데이터를 이용하여 이 절차들을 수정하는 것에 대해 다음 절에서 논의하도록 한다. 정규성에 대한 가정이 필요치 않고 작은 표본 크기로도 적용 가능한 대안적인 절차인 순위합 검정에 대해서도 논의할 것이다.

9.5.2 쌍체 데이터 T 검정

X_{1i}를 실험 단위 i에 처리 1을 적용하여 얻은 관측치, X_{2i}를 실험 단위 i에 처리 2를 적용하여 얻은 관측치라 하자. 여기서 실험 단위 i는 관측치의 쌍 (X_{1i}, X_{2i})을 이용하여 다음과 같은 데이터 집합을 만든다.

$$(X_{11}, X_{21}), \cdots, (X_{1n}, X_{2n})$$

동일한 실험 단위 X_{1i}, X_{2i}는 서로 독립이 아니다. 이는 다시 말해 표본평균 $\overline{X}_1$과 $\overline{X}_2$가 서로 독립이 아님을 의미한다. 그러므로 S_1^2, S_2^2이 각각 모집단 1과 2의 표본분산일 때 표본 대조 $\overline{X}_1 - \overline{X}_2$에 대한 다음의 표준오차 추정공식

$$\widehat{\sigma}_{\overline{X}_1 - \overline{X}_2} = \sqrt{\frac{S_1^2}{n_1} + \frac{S_2^2}{n_2}}$$

을 적용하지 않는데, 그 이유는 표준오차에 $\overline{X}_1$, $\overline{X}_2$의 공분산 또한 포함되기 때문이다. 명제 4.4-4를 참조하라. 이제 우리는 $\overline{X}_1$, $\overline{X}_2$의 공분산을 추정하지 않고 표본 대조에 대한 표준오차를 추정할 수 있는 방법을 논의한다.

$D_i = X_{1i} - X_{2i}$를 $i = 1, \cdots, n$일 때 i번째 단위에 대한 두 관측치의 차라 하자. 예를 들어 12개의 철광석 표본 각각을 두 가지 방법으로 분석한 예제 9.5-3의 경우, 쌍체 데이터와 그 차 D_i

는 다음과 같다.

철광석 표본	방법 A	방법 B	D
1	38.25	38.27	−0.02
2	31.68	31.71	−0.03
⋮	⋮	⋮	⋮
12	30.76	30.79	−0.03

$\overline{D}$, S_D^2를 각각 D_i에 대한 표본평균과 표본분산이라 하자.

$$\overline{D} = \frac{1}{n}\sum_{i=1}^{n} D_i, \quad S_D^2 = \frac{1}{n-1}\sum_{i=1}^{n}\left(D_i - \overline{D}\right)^2 \tag{9.5.1}$$

따라서 $\overline{D}$에 대한 추정표준오차는 $\widehat{\sigma}_{\overline{D}} = S_D/\sqrt{n}$이다. 한편,

$$\overline{D} = \overline{X}_1 - \overline{X}_2$$

이므로 $\overline{X}_1 - \overline{X}_2$의 표준오차는 $\overline{D}$의 표준오차와 동일하며, 다음과 같다.

$$\widehat{\sigma}_{\overline{X}_1-\overline{X}_2} = \widehat{\sigma}_{\overline{D}} = \frac{S_D}{\sqrt{n}} \tag{9.5.2}$$

또한, 차 D_i의 모집단 평균은 다음과 같은데,

$$\mu_D = E(D_i) = E(X_{1i}) - E(X_{2i}) = \mu_1 - \mu_2$$

이는 $\mu_1 - \mu_2$에 대한 신뢰구간과 μ_D의 신뢰구간이 동일함을 의미하며, 7장에서 자세히 설명한 바 있다. 마찬가지로 $H_0 : \mu_1 - \mu_2 = \Delta_0$이면 $\widetilde{H}_0 : \mu_D = \Delta_0$이고 그 역도 성립하는데, 이는 8장에서 설명한 절차를 통해 검정할 수 있다. 이에 따른 $\mu_1 - \mu_2$의 쌍체 T 검정절차와 신뢰구간은 다음과 같다.

쌍체 T 검정절차 및 신뢰구간

(1) 가정: $D_i = X_{1i} - X_{2i}$, $i = 1, \cdots, n$은 서로 독립이고 정규분포를 따르거나 혹은 $n \geq 30$이다.

(2) $\mu_1 - \mu_2$에 대한 $(1 - \alpha)100\%$ 신뢰구간: $\overline{D} \pm t_{n-1,\alpha/2}\sqrt{\dfrac{S_D^2}{n}}$

   이때 S_D^2는 식 (9.5.1)에 주어짐.

(3) H_0의 검정 통계량: $H_0 : \mu_1 - \mu_2 = \Delta_0$: $T_{H_0} = \dfrac{\overline{D} - \Delta_0}{\sqrt{S_D^2/n}}$

이때 S_D^2는 식 (9.5.1)에 주어짐.

(4) 서로 다른 H_a에 대한 기각규칙

H_a	유의수준 α에서의 RR
$\mu_1 - \mu_2$	$T_{H_0} > t_{n-1,\alpha}$
$\mu_1 - \mu_2$	$T_{H_0} < -t_{n-1,\alpha}$
$\mu_1 - \mu_2$:	$|T_{H_0}| > t_{n-1,\alpha/2}$

$$(9.5.3)$$

(5) p-값 계산공식

$$p\text{-값} = \begin{cases} 1 - G_{n-1}(T_{H_0}) & H_a : \mu_1 - \mu_2 > \Delta_0 \\ G_{n-1}(T_{H_0}) & H_a : \mu_1 - \mu_2 < \Delta_0 \\ 2[1 - G_{n-1}(|T_{H_0}|)] & H_a : \mu_1 - \mu_2 \neq \Delta_0 \end{cases}$$

여기서 G_{n-1}는 T_{n-1}에 대한 CDF임.

R 객체에 *x1*과 *x2*에 각각 저장된 모집단 1과 2의 데이터로부터 쌍체 T 통계량 T_{H_0}, p-값을 계산하기 위한 R 명령어는 다음과 같다.

$H_0 : \mu_1 - \mu_2 = \Delta_0$에 대한 쌍체 T 검정을 위한 R 명령어

```
t.test(x1, x2, mu=Δ0, paired=T, alternative="greater")
  # if Ha : μ1 - μ2 > Δ0
t.test(x1, x2, mu=Δ0, paired=T, alternative="less")
  # if Ha : μ1 - μ2 < Δ0
t.test(x1, x2, mu=Δ0, paired=T, alternative="two.sided")
  # if Ha : μ1 - μ2 ≠ Δ0
```

가끔씩 두 가지 표본의 데이터가 하나의 열에 저장되어 있고, 두 번째 열에 각 관측치에 대한 표본의 인덱스가 저장되어 있는 형태의 데이터 파일이 있다. 데이터와 표본 인덱스 열이 R 객체 *x*와 *s*에 각각 저장되어 있다면, 위의 명령어에서 *x1*, *x2* 대신에 *x~s*를 입력해야 한다. 위 명령어는 $\mu_1 - \mu_2$에 대한 신뢰구간(*alternative*="*greater*" 또는 "*less*"일 경우는 단측 신뢰구간, *alternative*="*two.sided*"일 경우 식 (9.5.3)의 신뢰구간)을 구한다. 초기 신뢰수준은 95%이며, 위 명령어 중 아무것에나 *conf.level*=1-α를 명령어에 추가할 경우, $(1 - \alpha)$100% 신뢰구간이 구해진다. 예를 들어 *t.text(x1, x2, conf.level=0.99)*는 식 (9.5.3)의 99% 신뢰구간을 반환할 것이다.

예제 9.5-4 예제 9.5-3의 철광석 표본 중 철 함량을 판단하기 위한 두 가지 방법을 비교하는 연구를 생각해 보자. 총 12개의 철광석 표본이 두 가지 방법에 의해 분석되어 만들어진 쌍체 데이터에서

$\overline{D} = -0.0167$이고 $S_D = 0.02645$이다. 방법 B가 방법 A보다 평균 퍼센트 함량이 더 높다는 증거가 있는가? $\alpha = 0.05$에서 검정하여 p-값을 계산하고 필요한 가정이 있으면 언급하라.

해답

적절한 귀무가설과 대립가설은 $H_0 : \mu_1 - \mu_2 = 0$과 $H_a : \mu_1 - \mu_2 < 0$ 이다. 표본 크기가 작기 때문에 정규성을 가정하여야 한다. 검정 통계량은 다음과 같다.

$$T_{H_0} = \frac{\overline{D}}{S_D/\sqrt{n}} = \frac{-0.0167}{0.02645/\sqrt{12}} = -2.1872$$

$T_{H_0} < -t_{11,0.05} = -1.796$이므로 H_0가 기각된다. 식 (9.5.3)의 공식에 따라 계산되는 p-값은 $G_{11}(-2.1865) = 0.026$이다. ∎

예제 9.5-5 어떤 수역에서 탁도의 변화는 환경 및 토양 엔지니어들에게 주변 토양이 불안정하여 침전물이 물로 유입되고 있음을 나타내는 지표로 쓰인다. 토양 안정화 프로젝트 수행 전과 후에 호수 주변 10군데 위치에서 Wagner 시험을 통해 얻은 탁도 측정치를 *Turbidity.txt* 파일에서 확인할 수 있다. 토양 안정화가 탁도를 감소시켰다는 증거가 있는가?

(a) 유의수준 $\alpha = 0.01$에서 적절한 가설을 검정하는 R 명령어를 작성하고, p-값과 99% 신뢰구간을 구하라. 검정의 유효성을 위해 필요한 가정이 있다면 밝히라.

(b) 두 표본이 서로 독립임을 가정하여 검정을 수행하고 신뢰구간을 구한 후 (a)에서 얻은 결과와 비교해 보라. 동일 분산을 가정하지 않는 초기 통계량을 사용하라.

해답

(a) 데이터를 R 데이터프레임 *tb*로 읽어와서 명령어 *t.test(tb$Before, tb$After, paired=T, alternative="greater")* 를 이용하여 쌍체 T 통계량, 자유도, 그리고 p-값 8.7606, 9, 그리고 5.32×10^{-06}를 각각 구한다. p-값이 선택한 유의수준보다 더 작으면 귀무가설은 기각된다. 더 작은 표본 크기 때문에 정규성 가정은 절차의 타당성을 위해 필요하다. 기본 대립가설과 0.99의 신뢰수준을 갖는 명령어 *t.test(tb$Before, tb$After, paired=T, conf.level=0.99)* 를 반복하여 99% 신뢰수준 (1.076, 2.344)를 구한다.

(b) "*paired=T*" 옵션을 입력하지 않으면 (a)에서 첫 번째 2개의 R 명령어는 이표본 T 통계량, 자유도, p-값으로 각각 0.956, 17.839, 0.1759를 반환한다. 그러면 유의수준 0.1에서도 p-값이 충분히 커서 귀무가설을 기각할 수 없게 된다. 다음으로 (a)에서 "*paired=T*" 옵션이 없으면 두 번째 2개의 명령어는 99% 신뢰구간으로 (-3.444, 6.864)를 반환한다. 여기서 얻은 p-값은 (a)에서 얻은 값과 완전히 다르기 때문에 가설검정 시 다른 결정을 내리게 된다. 마찬가지로 99% 신뢰구간 또한 (a)에서 구한 결과와 완전히 다르므로 이를 통해 각 데이터 집합에 따라 적합한 검정절차를 적용할 필요가 있음을 알 수 있다. ∎

9.5.3 비율에 대한 쌍체 T 검정

베르누이 변수로 구성된 쌍체 관측치 (X_{1j}, X_{2j})의 각 쌍이 $(1, 1)$, $(1, 0)$, $(0, 1)$, $(0, 0)$ 중 하나의 값을 가질 수 있다. 유권자 n명으로 구성된 확률표본에 대해 대통령 연설을 듣기 전과 후에 특정 정책에 대한 지지 여부를 판단하는 전-후 검정의 예제를 생각해 보자. 여기서 X_{1j}는 j번째 유권자가 대통령 연설을 듣기 전에 해당 정책을 지지하는 경우 값이 1이 되고, 그렇지 않으면 0이 된다. 반면, 동일한 유권자가 연설 후에 해당 정책을 지지하는지 여부에 따라 $X_{2j} = 1$ 또는 0이 된다. $X_{1j} = 1$일 확률이 $E(X_{1j}) = p_1$, $X_{2j} = 1$일 확률이 $E(X_{2j}) = p_2$이므로 식 (9.5.3)의 쌍체 T 검정절차와 신뢰구간은 $p_1 - p_2$와 관계가 있다. 여기서 다음을 주지하여야 한다.

$$\overline{X}_1 = \widehat{p}_1, \quad \overline{X}_2 = \widehat{p}_2, \quad \overline{D} = \widehat{p}_1 - \widehat{p}_2 \tag{9.5.4}$$

또한, 앞서 식 (9.5.1)에서 주어진 S_D^2를 포함하는 S_D^2/n는 정확히 $\widehat{p}_1 - \widehat{p}_2$의 분산에 대한 추정치이다.

일반적인 경우와의 유사성에도 불구하고, 베르누이 변수가 쓰이는 경우 두 가지 문제를 짚어 봐야 한다. 첫 번째는 표본 크기에 대한 다른 요구사항과 관계가 있으며, 이는 식 (9.5.9)에서 다룬다. 두 번째 문제는 계산적인 것이다. 베르누이 변수의 경우 다음과 같은 형태의 요약표로 데이터를 표현하는 것이 일반적인데,

		After	
		1	0
Before	1	Y_1	Y_2
	0	Y_3	Y_4

$$\tag{9.5.5}$$

여기서 'Before'는 관측치 쌍의 첫 번째 좌표, 'After'는 두 번째 좌표이다. Y_1은 (X_{1j}, X_{2j})의 두 좌푯값이 모두 1인 것, 즉 $(1, 1)$인 관측치 쌍의 개수이며, Y_2는 $(1, 0)$인 쌍의 개수 등이다. 따라서 $Y_1 + Y_2 + Y_3 + Y_4 = n$이 된다. $p_1 - p_2$에 대한 신뢰구간을 정하고 식 (9.5.3)의 검정 통계량을 계산하기 위해 먼저

$$\frac{Y_1 + Y_2}{n} = \widehat{p}_1, \quad \frac{Y_1 + Y_3}{n} = \widehat{p}_2 \tag{9.5.6}$$

와 같으며, 그에 따라 식 (9.5.4)와 (9.5.6)으로부터 다음과 같이 됨을 숙지하여야 한다.

$$\overline{D} = \frac{Y_2 - Y_3}{n} \tag{9.5.7}$$

S_D^2를 Y_i에 관해 표현하기 위해서는 약간의 대수적인 계산이 필요하다. 이에 대한 자세한 과정을 생략하면 다음과 같이 되는데,

$$\frac{n-1}{n} S_D^2 = \frac{1}{n} \sum_{i=1}^{n} (D_i - \overline{D})^2 = \widehat{q}_2 + \widehat{q}_3 - (\widehat{q}_2 - \widehat{q}_3)^2 \tag{9.5.8}$$

여기서 $\widehat{q}_2 = Y_2/n$, $\widehat{q}_3 = Y_3/n$이다. $p_1 - p_2$에 대한 쌍체 데이터 신뢰구간은 식 (9.5.3)에서 $\overline{D}$ 와 S_D^2를 식 (9.5.7)과 (9.5.8)의 식으로 변환시켜서 구한다.

베르누이 변수가 쓰인 식 (9.5.3)의 T_{H_0} 계산 절차 및 표본 크기 요구조건

(1) 표본 크기 요구조건: (1, 0)과 (0, 1)인 쌍의 개수 n_{10}과 n_{01}가 $n_{10} + n_{01} \geq 16$를 만족함.

(2) $H_0 : p_1 - p_2 = \Delta_0$에 대한 검정 통계량:

$$T_{H_0} = \frac{(\widehat{q}_2 - \widehat{q}_3) - \Delta_0}{\sqrt{(\widehat{q}_2 + \widehat{q}_3 - (\widehat{q}_2 - \widehat{q}_3)^2)/(n-1)}} \tag{9.5.9}$$

이때 $\widehat{q}_2 = Y_2/n$, $\widehat{q}_3 = Y_3/n$이며, Y_k는 식 (9.5.5)에 기술됨

결과적으로 쌍체 데이터에 대한 검정 통계량의 형태와 표본 크기에 대한 요구조건이 식 (9.5.9) 에 제시됨.

McNemar 검정 $H_0 : p_1 - p_2 = 0$에 대한 검정 중 비율에 대한 쌍체 T 검정 통계량의 변환 중 **McNemar** 검정이 있다. 이 변환은 식 (9.5.9)의 분모에서 $(\widehat{q}_2 - \widehat{q}_3)^2$을 생략하고 $n - 1$ 대신에 n을 사용한 형태를 지닌다. 따라서 **McNemar** 검정 통계량은 다음과 같다.

McNemar 통계량

$$MN = \frac{(\widehat{q}_2 - \widehat{q}_3)}{\sqrt{(\widehat{q}_2 + \widehat{q}_3)/n}} = \frac{Y_2 - Y_3}{\sqrt{Y_2 + Y_3}} \tag{9.5.10}$$

귀무가설이 참이라 할 때, $P((X_{1j}, X_{2j}) = (1, 0)) = P((X_{1j}, X_{2j}) = (0, 1))$, 즉 $\widehat{q}_2 - \widehat{q}_3$가 0이 되 므로 $(\widehat{q}_2 - \widehat{q}_3)^2$은 생략이 가능하다. 그러나 이러한 분산 추정량을 사용할 때 $\Delta_0 = 0$인 경우에 만 두 비율의 동질성을 검정하는 **McNemar** 절차 사용에 제약이 발생한다.

예제 9.5-6 대중의 의견을 제안하는 방향으로 바꾸는 데 있어서 정치 연설의 효과성을 평가하기 위해 $n = 300$명의 유권자 확률표본에게 연설 전과 후에 그들의 지지 여부를 조사하였다. 전후 데이 터는 다음에 주어진 표와 같다.

		후	
		예	아니요
전	예	80	100
	아니요	10	110

대중의 의견을 바꾸는 데 있어서 정치적 연설이 효과적이었는가? $\alpha = 0.05$에서 검정하라.

해답

식 (9.5.10)에 따른 McNemar 검정 통계량은 다음과 같고

$$MN = \frac{90}{\sqrt{110}} = 8.58$$

식 (9.5.9)에 따른 쌍체 T 검정 통계량은 다음과 같다.

$$T_{H_0} = \frac{0.3}{\sqrt{(11/30 - 0.3^2)/299}} = 9.86$$

표본 크기가 크기 때문에 $z_{\alpha/2} = z_{0.025} = 1.96$을 임계점으로 사용한다. 8.58과 9.86 모두 1.96보다 크기 때문에 정치적 연설이 대중의 의견을 바꾸는 데 효과적이었다고 결론지을 수 있다. ■

9.5.4 WILCOXON 부호순위 검정

부호순위 검정(signed-rank test)은 모집단이 연속이고 대칭인 분포를 따를 때 표본 크기가 작더라도 사용할 수 있는 검정방법이다. 부호순위 검정은 표본이 대칭인 모집단으로부터 추출된 것이어야 하며, 평균 및 중앙값과 관련된 검정방법이다. 만약 모집단의 분포가 대칭으로 알려져 있을 경우, 부호순위 검정이 8.3.5절에서 논의한 부호검정보다 더 적합(더 강력)하다. 하지만, 표본 크기가 작으면 대칭에 대한 가정을 효과적으로 검정할 수 없기 때문에 8장에서는 부호순위 검정을 다루지 않았다.

만약 X_{1i}와 X_{2i}가 같은 주변분포를 가진다면, 즉 $H_0^F : F_1 = F_2$가 참이라면 차이 $D_i = X_{1i} - X_{2i}$의 분포는 0에 대하여 대칭이 된다는 사실로부터 쌍체 데이터(X_{1i}, X_{2i}), $i = 1, \cdots, n$의 부호순위 검정이 고려된다. 여기서 대칭성의 중요한 조건은 차이에 대하여 자동으로 만족되고 부호순위 절차는 $H_0 : \mu_D = 0$의 검정에 사용될 수 있다.

S_+으로 표시되는 부호순위 통계량은 차이 D_i의 절댓값 순위와 양의 D_i들의 순위합을 포함한다. $H_0 : \mu_D = 0$의 검정을 위한 S_+의 관련성을 평가하기 위하여 만약 μ_D가 0보다 크다면 더 큰 차이 D_i는 양의 값이 되고 양의 차이는 음의 차이의 절댓값보다 더 커지게 된다. 따라서 S_+는 만약 대립가설 $H_a : \mu > 0$가 참이라면 더 큰 값을 갖게 된다. 비슷하게 S_+는 만약 대립가설 $H_a : \mu < 0$이 참이라면 더 작은 값이 된다. 서로 다른 대립가설에 대한 $H_a : \mu = \Delta_0$을 검정하기 위하여 Δ_0는 D_i로부터 뺀다. 더 자세한 부호순위 검정절차에 대한 것은 다음 식 (9.5.11)에서 설명된다.

부호순위 통계량은 정확한 귀무분포가 D_i의 연속분포에 의존하지 않는 순위합 통계량의 특성을 공유한다. 따라서 표나 소프트웨어 패키지를 이용하여 작은 표본 크기에서도 수행이 가능하다.

R 객체 *x1*과 *x2*에 각각 저장된 모집단 1과 2로부터의 데이터를 가지고 9.3절에서 주어진 *paired=T*로 지정된 *wilcox.test* 명령어는 서로 다른 대립가설에 대한 귀무가설 $H_0 : \mu_D = \Delta_0$를

검정하기 위한 부호순위 통계량과 p-값을 구해 준다.

paired=T 지정은 만약 차이 *d=x1-x2*가 입력으로 사용되면 제외되어야 한다. 또한 μ_D에 대한 $(1-\alpha)100\%$ 신뢰구간(만약 대립가설이 '~보다 큰' 또는 '~보다 작은'으로 지정되면 단측, 기본대립가설이 선택되면 양측)은 *conf.int=T*와 *conf.level*=1-α를 추가하여 구할 수 있다. 부호순위 검정 통계량과 p-값을 직접 구하는 절차는 식 (9.5.11)에 나타나 있다.

$H_0 : \mu_D = \Delta_0$에 대한 부호순위 검정절차

(1) 가정: 쌍 (X_{1i}, X_{2i}), $i = 1, \cdots, n$이 iid이고 연속주변분포를 따른다. $n \geq 10$

(2) 부호순위 통계량 S_+의 설계

    (a) 절대 차인 $|D_1 - \Delta_0|, \cdots, |D_n - \Delta_0|$를 가장 작은 값부터 가장 큰 값까지 순위를 매겨라. R_i를 $|D_i - \Delta_0|$의 순위라 하자.

    (b) $D_i - \Delta_0$에 대해 R_i를 할당하라.

    (c) S_+를 양의 부호를 갖는 순위 R_i의 합이라 하자.

(3) 검정 통계량: $Z_{H_0} = \dfrac{\left(S_+ - \dfrac{n(n+1)}{4}\right)}{\sqrt{n(n+1)(2n+1)/24}}$

(4) 서로 다른 H_a에 대한 기각규칙

H_a	유의수준 α에서의 RR
$\mu_D > \Delta_0$	$Z_{H_0} > z_\alpha$
$\mu_D < \Delta_0$	$Z_{H_0} < -z_\alpha$
$\mu_D \neq \Delta_0$	$|Z_{H_0}| > z_{\alpha/2}$

(5) p-값 계산공식

$$p\text{-값} = \begin{cases} 1 - \Phi(Z_{H_0}) & H_a : \mu_D > 0 \\ \Phi(Z_{H_0}) & H_a : \mu_D < 0 \\ 2[1 - \Phi(|Z_{H_0}|)] & H_a : \mu_D \neq 0 \end{cases}$$

여기서 Φ는 표준정규분포에 대한 CDF임.

(9.5.11)

예제 9.5-7

12개 가솔린 브랜드의 옥탄비는 두 가지 표준방법에 의해 결정된다. 12개의 차이 D_i는 다음 표의 첫 번째 행에 주어진다.

D_i	2.1	3.5	1.7	0.2	−0.6	2.2	2.5	2.8	2.3	6.5	−4.6	1.6
$|D_i|$	2.1	3.5	1.7	0.2	0.6	2.2	2.5	2.8	2.3	6.5	4.6	1.6
R_i	5	10	4	1	2	6	8	9	7	12	11	3
Signed R_i	5	10	4	1	−2	6	8	9	7	12	−11	3

$\alpha = 0.1$에서 두 가지 방법에 의해 구한 비에 대한 차이가 있다고 볼 수 있는가?

(a) 식 (9.5.11)에서 설명된 검정절차에 따라 직접 계산하고 p-값을 나타내라.

(b) R 명령어를 이용하여 p-값을 구하고 μ_D에 대한 90% 신뢰구간을 나타내라.

해답

(a) 위의 표에서 행 2, 3 그리고 4는 식 (9.5.11)의 단계 (2)에 의해 구한다. 이를 이용하여 S_+ = 5+10+4+1+6+8+9+7+12+3 = 65가 된다. 따라서,

$$Z_{H_0} = \frac{65 - (156/4)}{\sqrt{12 \times 13 \times 25/24}} = \frac{65 - 39}{\sqrt{162.5}} = 2.04$$

p-값은 $2[1 - \Phi(2.04)] = 0.04$이고 $\alpha = 0.1$에서 H_0는 기각된다.

(b) R 객체 d에 있는 차이, 즉 d=c(2.1, 3.5, 1.6, 0.2, -0.6, 2.2, 2.5, 2.8, 2.3, 6.5, -4.6, 1.6)을 가지고 R 명령어 *wilcox.test(d, conf.int=T, conf.level=0.9)*는 p-값 0.045와 90% 신뢰구간 (0.8, 2.8)을 구해 준다. ∎

연습문제

1. A, B 두 종류의 자동차가 평행 주차를 하는데 동일한 시간이 걸리는지 알아보기 위해 연구를 수행하였다. 7명의 운전자를 무작위로 선정하여 각 두 대의 자동차를 평행 주차하는 데 소요된 시간을 측정한 결과가 다음 도표와 같다.

자동차	운전자						
	1	2	3	4	5	6	7
A	19.0	21.8	16.8	24.2	22.0	34.7	23.8
B	17.8	20.2	16.2	41.4	21.4	28.4	22.7

두 종류의 자동차를 평행 주차하는 데 걸리는 평균 소요 시간이 다르다는 증거가 있는가?

(a) 유의수준 $\alpha = 0.05$에서 쌍체 T 검정을 실시하라. 이 검정의 타당성을 위하여 어떤 가정이 필요한가? 이 데이터 집합에 대한 가정의 적절성을 밝히라.

(b) 부호순위 검정을 사용하여 $\alpha = 0.05$에서 검정하라.

2. 강합금의 불순물 준위를 밝혀내기 위해 두 가지 다른 분석적 시험법이 사용되었다. 첫 번째 시험법은 성능이 아주 좋음이 알려졌고, 두 번째 시험은 비용이 더 저렴하다. 특수 강철 제조사는 만약 두 번째 방법이 첫 번째 방법보다 현저하게 다른 결과가 나온다는 증거가 없다면 두 번째 방법을 택할 것이다. 8개의 강철 표본을 반으로 잘라 처음 절반은 한 검정에 무작위로 할당되고, 나머지는 다른 검정에 할당된다. 그 결과는 다음 도표에 나와 있다.

시료	시험 1	시험 2
1	1.2	1.4
2	1.3	1.7
3	1.5	1.5
4	1.4	1.3
5	1.7	2.0
6	1.8	2.1
7	1.4	1.7
8	1.3	1.6

(a) 타당한 귀무가설과 대립가설을 서술하라.

(b) $\alpha = 0.05$ 수준에서 쌍체 데이터 T 검정을 수행하고 H_0의 기각 여부를 언급하라. 특수 강철 제조사는 두 번째 방법을 선택해야 하는가?

(c) 평균 차이에 대한 95% 신뢰구간을 구성하라.

3. 체에 걸러진 흙의 백분율은 고속도로 공사와 같은 단체에 의해 연구된 여러 가지 흙의 특징 중 하나이다. 한 특별한 실험은 2개의 다른 지역에서 채취된 흙이 3/8-inch 체를 빠져나간 흙의 백분율을 계산했다. 체를 빠져나간 흙은 기상 상태에 의해서 영향을 받는다고 알려져 있다. 각 지역에서 채취된 흙에 대한 측정이 32일 동안 이루어졌다. 자료는 *SoilDataNhi.txt*에서 이용할 수 있다. 체를 빠져나간 흙의 평균 백분율이 두 지역에 따라 다르다는 증거가 있는가? 다음 파트를 완성하기 위해 R 명령어를 사용하라.

(a) $\alpha = 0.05$ 수준에서 검정을 수행하기 위해 R에 데이터를 입력하고 짝을 이룬 T 절차를 사용하라.

(b) (a)를 반복하기 위해 부호순위 절차를 사용하라. 두 방법으로부터 나온 p-값과 신뢰구간이 비슷한가?

(c) '*paired=T*'를 사용하지 않고 *t.test*와 *wilcox.test* 명령어를 사용하여 검정과 신뢰구간을 수행하라. 새로운 p-값과 신뢰구간은 (a), (b)에서 얻은 것과 어떻게 비교되는가?

4. 오토바이 타이어의 두 브랜드에 대한 내구성을 비교하고자 한다. 8대의 오토바이가 무작위로 선정되어, 각 브랜드로부터 나온 1개의 타이어가 각 오토바이의 앞 또는 뒤 한 곳에 무작위로 배치되었다. 그런 다음 오토바이는 타이어가 닳을 때까지 달리게 된다. km로 나타난 데이터가 *McycleTiresLifeT.txt*에 주어져 있다. 다음 파트를 완성하기 위해 수기 계산이나 R 명령어 중 하나를 사용하라.

(a) 귀무가설과 대립가설을 서술하고, $\alpha = 0.05$ 수준에서 가설을 검정하기 위해 쌍체 T 검정방법을 사용하고 90% 신뢰구간을 정하라. 타당성을 위해서 어떤 가정이 필요한가?

(b) 수준 $\alpha = 0.05$ 수준에서 부호순위 검정을 수행하라.

5. 2개의 음성인식 알고리즘, A_1과 A_2를 평가할 때, 각은 인식을 위해 분류된 발음들로 이루어진 연속된 사건 $u_1, \cdots, u_n$으로 동일하게 나타낸다. $\{u_i\}$는 발음의 특정 모집단으로부터 나온 무작위 표본으로 추정되며, 각 알고리즘은 각각의 u_i의 분류가 정확한지 아닌지를 결정한다. 다음의 데이터가 주어져 있다.

		A_2	
		정확	부정확
A_1	정확	1325	3
	부정확	13	59

두 알고리즘이 다른 오차율을 가지고 있다는 증거가 있는가? $\alpha = 0.05$ 수준에서 쌍체 T 검정절차와 McNemar's 검정절차를 모두 사용하여 검정하라.

6. 4월과 6월 사이에 총기 규제 입법에 관한 유권자의 태도에 관한 잠재적 변화를 평가하기 위해 $n = 260$의 무작위 표본에 대한 인터뷰를 4월과 6월 사이에 실시하였다. 응답 결과는 다음 표에 요약되어 있다.

		6월	
		아니요	예
4월	아니요	85	62
	예	95	18

유권자의 태도에 변화가 있다는 증거가 있는가? $\alpha = 0.05$ 수준에서 쌍체 T 검정절차와 McNemar's 검정절차를 모두 사용하여 검정하라.

여러 모집단의 비교

10.1 개요

이번 장은 여러 모집단의 평균 혹은 비율의 비교에 대해 다룬다. $k > 2$에 대한 평균을 비교하는 기본 가설검정 문제는 다음과 같다.

$$H_0 : \mu_1 = \cdots = \mu_k \ \text{대} \ \ H_a : H_0\text{가 참이 아니다} \tag{10.1.1}$$

대립가설 H_a는 적어도 한 쌍의 평균값은 다르다는 것을 의미한다. 귀무가설이 기각될 때, 자연 스럽게 어떤 평균 간의 차이가 있는지에 대한 추가적인 질문이 생긴다. 이와 같은 추가 질문을 설명하는 것이 동시신뢰구간과 다중비교의 목적이다. 게다가, 비교실험에서 중요한 점은 주로 일반적인 검정 문제 식 (10.1.1)보다는 구체적인 차이에 대한 비교이다. 이와 같은 차이의 다른 종류들은 예제 1.8-3에 나타나있다. 또한 이러한 구체적인 비교는 다중비교와 동시신뢰구간에 대한 틀 안에서 실행할 수 있다. 유사한 방법으로 $k > 2$인 모비율의 비교에 적용한다.

10.2절은 기본 가설 식 (10.1.1)을 검정하는 다양한 기법을 다룬다. 10.2.1절은 분산분석 (ANOVA)에 대해 설명한다. 구체적인 차이에 대한 검사와 분산분석 절차의 검증에 필요한 가정에 대한 검사 또한 다룬다. 10.2.2절은 $k > 2$인 모집단을 비교할 때 사용되는 순위합을 확장한 크러스칼-왈리스(Kruskal-Wallis) 검정절차에 대해 설명한다. 10.2.3절은 분할표 형식을 포함한 $k > 2$인 모집단의 등식을 검정하는 χ^2(chi-square)검정에 대해 설명한다. 10.3절은 동시 신뢰구간과 다중비교를 소개한다. 이런 절차들을 실행하기 위한 여러 방법이 있지만, 이번 장에서는 본페로니(bonferroni) 방법과 순위에 대한 방법을 호환한 튜키(Tukey's) 방법을 다룬다. 10.2절과 10.3절에서 소개되는 절차는 k 모집단에서 독립적으로 추출한 표본을 필요로 한다. 9.5절에서 다뤄진 쌍체 데이터의 설계에 대한 일반화는 임의화 블록 설계(randomized block design)이다. 쌍체 데이터가 독립이 아니므로 임의화 블록 설계를 통해 추출된 k개의 표본들 또한 독립이 아니다. 10.4절에서는 임의화 블록 설계로부터 $k > 2$인 표본이 추출될 때, 식 (10.1.1)의 가설에 대한 검정방법을 다룬다. 검정방법으로는 분산분석(ANOVA) 절차(10.4.2

절)와 프리드먼(Friedman) 검정과 순위에 대한 분산분석 절차(10.4.3절)가 있다. 마지막으로, 동시신뢰구간과 다중비교에 대한 본페로니와 튜키 방법이 10.4.4절에 소개된다.

10.2 k-표본 검정 유형

10.2.1 평균에 대한 ANOVA F 검정

k개 모집단의 평균을 나타내는 $\mu_1, \cdots, \mu_k$에 대한 비교는 단순확률표본 k에 기반한다. k개의 단순확률표본은 모집단으로부터 각각 추출된 것이므로 서로 독립이다. k개 표본을 다음과 같이 나타내자.

$$X_{i1}, X_{i2}, \cdots, X_{in_i}, \quad i = 1, \cdots, k \tag{10.2.1}$$

따라서 모집단 1로부터 추출한 확률표본은 $X_{11}, \cdots, X_{1n_1}$로 표기된 관측치를 가지는 크기가 n_1인 표본이다. 또, 모집단 2로부터 추출한 확률표본은 $X_{21}, \cdots, X_{2n_2}$로 표기된 관측치를 가지는 크기가 n_2인 표본이고 다른 표본들도 이와 마찬가지다. 이것은 비교연구의 가장 간단한 형태로서 데이터에 대한 **통계적 모형**을 기술하기 위한 가장 일반적인 방법이다. 이 모형은 다음과 같이 나타낼 수 있다.

$$X_{ij} = \mu_i + \epsilon_{ij} \text{ 혹은 } X_{ij} = \mu + \alpha_i + \epsilon_{ij} \tag{10.2.2}$$

$\mu = \frac{1}{k}\sum_{i=1}^{k}\mu_i$일 때 $\alpha_i = \mu_i - \mu$는 식 (1.8.3)에서 정의된 모집단(처리) 효과다. 그리고 고유오차변수 ϵ_{ij}의 평균은 0이고 분산은 σ_ϵ^2이며 독립이다. 처리 효과의 정의는 변수가 다음 조건을 만족한다는 것을 의미한다는 것에 주목하자.

$$\sum_{i=1}^{k} \alpha_i = 0 \tag{10.2.3}$$

식 (10.2.2)에서 첫 번째 표현식은 모형의 평균과 오차의 합(mean-plus-error) 식이라 부른다. 반면에 두 번째 식은 처리 효과 식이다. 식 (10.1.1)의 k개 평균들의 동일성에 대한 귀무가설은 주로 처리 효과의 식으로 나타낸다.

$$H_0 : \alpha_1 = \alpha_2 = \cdots = \alpha_k = 0 \tag{10.2.4}$$

8.3.4절에서 설명한 것처럼 ANOVA 방법론은 총변동(total variability)이 모평균의 차이로 인한 변동성[군간 변동(between groups variability)이라 함]과 고유오차로 인한 변동성[군내 변동(within groups variability)이라 함]으로 분리되는 것에 기반한다. 회귀식과 같이, 변동성은 제곱합(SS)에 의해 표현된다. 이를 정의하기 위해 $N = n_1 + \cdots + n_k$일 때 i번째 표본으로부터의 표본평균과 모든 관측치의 평균을 다음과 같이 정하자.

$$\overline{X}_i = \frac{1}{n_i}\sum_{j=1}^{n_i} X_{ij}, \quad \overline{X} = \frac{1}{N}\sum_{i=1}^{k}\sum_{j=1}^{n_i} X_{ij} = \frac{1}{N}\sum_{i=1}^{k} n_i \overline{X}_i \tag{10.2.5}$$

처리제곱합(SSTr)과 오차제곱합(SSE)은 다음과 같이 정의된다.

처리제곱합(SSTr)

$$\text{SSTr} = \sum_{i=1}^{k} n_i (\overline{X}_i - \overline{X})^2 \tag{10.2.6}$$

오차제곱합(SSE)

$$\text{SSE} = \sum_{i=1}^{k} \sum_{j=1}^{n_i} (X_{ij} - \overline{X}_i)^2 \tag{10.2.7}$$

총제곱합은 SSTr과 SSE로 분해되고, $\text{SST} = \sum_{i=1}^{k} \sum_{j=1}^{n_i} (X_{ij} - \overline{X})^2$으로 정의된다. 즉,

$$\text{SST} = \text{SSTr} + \text{SSE}$$

단순선형회귀 상황에서 F 통계량을 구하기 위해 식 (8.3.11)에서 다룬 총제곱합의 분해방법과 유사하다.

SSTr이 SSE보다 크면, 식 (10.2.4)에 ANOVA F 검정은 H_0을 기각한다. 하지만, SSTr과 SSE의 적절한 비교를 위해서는 다음에 주어진 이들 각각의 자유도($N = n_1 + \cdots + n_k$임을 상기하라)로 나눠야 한다.

SSTr과 SSE에 대한 자유도

$$\text{DF}_{SSTr} = k - 1, \quad \text{DF}_{SSE} = N - k \tag{10.2.8}$$

SSTr과 SSE를 각각의 자유도로 나누면, 우리는 다음 주어진 처리에 대한 평균제곱(mean squares for treatment 또는 MTSr)과 평균제곱오차(mean squares for error 또는 MSE)를 구할 수 있다.

처리와 오차에 대한 평균제곱

$$\text{MSTr} = \frac{\text{SSTr}}{k-1}, \quad \text{MSE} = \frac{\text{SSE}}{N-k} \tag{10.2.9}$$

우리가 식 (9.2.4)에서 본 합동분산의 k개 표본 형태는 S_p^2로 표기하며, 다음과 같이 정의된다.

$$S_p^2 = \frac{(n_1 - 1)S_1^2 + \cdots + (n_k - 1)S_k^2}{n_1 + \cdots + n_k - k} \tag{10.2.10}$$

S_i^2는 i번째 표본의 표본분산이다. 다음을 증명하는 것은 어렵지 않다.

$$\text{MSE} = S_p^2 \tag{10.2.11}$$

ANOVA F 통계량 F_{H_0}은 MSTr/MSE의 비율로 계산된다. MSE는 표본분산으로부터 계산

될 수 있고, MSTr은 표본평균으로부터 계산될 수 있기 때문에 F_{H_0}도 k개 표본의 표본평균과 표본분산으로부터 계산될 수 있다. 정규성과 등분산성의 가정(즉, $\sigma_1^2 = \cdots = \sigma_k^2$)하에, 정확한 분포는 $N = n_1 + \cdots + n_k$인 $F_{k-1, N-k}$로 나타난다. (8.3.4절에 소개된 표기로 F_{ν_1, ν_2}는 분자가 자유도 ν_1이고 분모가 자유도 ν_2인 F 분포와 그 CDF를 나타낸다.) 이번 단락의 논의는 다음 식으로 요약된다.

등분산 정규자료에 대한 ANOVA F 통계량과 귀무 분포(null distribution)

$$F_{H_0} = \frac{\text{MSTr}}{\text{MSE}} \sim F_{k-1, N-k} \tag{10.2.12}$$

대립가설에서 F_{H_0}은 더 큰 값을 가지는 경향이 있기에, p-값은 $1 - F_{k-1, N-k}(F_{H_0})$로부터 계산된다. F 통계량 F_{H_0}, p-값과 계산에 필요한 모든 값은 다음 주어진 형태의 분산분석표에 나타난다.

Source	DF	SS	MS	F	P
Treatment	$k-1$	SSTr	$\text{MSTr} = \dfrac{\text{SSTr}}{k-1}$	$F_{H_0} = \dfrac{\text{MSTr}}{\text{MSE}}$	$1 - F_{k-1, N-k}(F_{H_0})$
Error	$N-k$	SSE	$\text{MSE} = \dfrac{\text{SSE}}{N-k}$		
Total	$N-1$	SST			

값(Value)이라는 이름의 첫 번째 열에는 k개의 표본이 있고, 표본(Sample)이라는 이름의 두 번째 열에는 각각의 관측치에 대한 표본의 지수를 나타내는 데이터가 있다. 이 데이터를 **R** 데이터 프레임 *df*로 읽어온 후, 다음 **R** 명령어를 사용하면 F 통계량과 p-값을 포함한 분산분석표를 얻을 수 있다.

$H_0 : \mu_1 = \cdots = \mu_k$에 대한 ANOVA F 검정 R 명령어

```
fit=aov(Value~as.factor(Sample), data=df); anova(fit)
```

표본열에서 *as.factor*의 *Sample* 지정은 해당 열이 수치형일 때 필요하지만 항상 사용될 수도 있다. 다음 2개 예제들의 첫 번째에서 표본열은 수치형이 아니고 *as.factor* 지정은 생략될 수 있다. 2개의 명령어는 1개로 합쳐질 수 있다. *anova(aov(Value~as.factor(Sample), data=df))*.

다음은 이번 장에서 다룬 **ANOVA** F 검정절차 실행에서 필요한 모든 가정과 식을 요약한 것이다.

k 평균의 검사식에 대한 F 절차

(1) 가정:

(a) $i = 1, \cdots, k$, $X_{i_1}, \cdots, X_{in_i}$ 각각은 i번째 모집단으로부터의 단순확률표본이다.

(b) k개 표본은 독립이다.

(c) k개 분산은 동일하다: $\sigma_1^2 = \cdots = \sigma_k^2$

(d) k개 모집단은 정규 모집단이거나 모든 i에 대해 $n_i \geq 30$이다.

(2) F 검정 통계량의 구하기:

(a) 각각의 k개 표본에 대한 표본평균과 표본분산을 계산하라.

(b) 식 (10.2.6)에 의해 SSTr을 계산하고, 식 (10.2.8)에서 주어진 자유도인

MSTr $=$ SSTr/DF$_{SSTr}$로 MSTr을 계산하라.　　　　　　　　　　　　　(10.2.13)

(c) 식 (10.2.10)과 (10.2.11)로부터 MSE를 계산하라.

(d) $F_{H_0} =$ MSTr/MSE를 계산하라.

(3) 기각규칙:

$F_{k-1,N-k,\alpha}$가 $F_{k-1,N-k}$ 분포의 $(1 - \alpha)100$ 백분위수일 때 $F_{H_0} > F_{k-1,N-k,\alpha}$

(4) p-값:

p-값 $= 1 - F_{k-1,N-k}(F_{H_0})$

예제 10.2-1

메타크릴산, 에틸 아크릴산으로 이루어진 세 가지 서로 다른 혼합물의 얼룩 제거 효과를 비교하기 위해서, 5개의 면직물 표본을 각각의 혼합물에 대해 실험했다. 이 데이터는 *FabricSoiling.txt*에 있다. 3개의 혼합물의 얼룩 제거 효과에 차이가 있는가? $\alpha = 0.05$ 유의수준에서 이를 검정하고 p-값을 밝히라. 필요한 가정이 있다면 무엇인가?

해답

μ_1, μ_2, μ_3을 세 가지 혼합물의 얼룩 제거 효과에 대한 각각의 평균이라고 하자. 우리는 $H_0 : \mu_1 = \mu_2 = \mu_3$ 대 $H_a : H_0$이 $\alpha = 0.05$에서 거짓인지 검정하길 원한다. 표본 크기가 작기 때문에, 우리는 3개의 모집단이 정규분포이고 등분산(즉, 분산값이 같음을 의미)임을 가정할 필요가 있다. 이런 가정을 검정하기 위한 방법은 다음에서 설명된다. 식 (10.2.13)에서 주어진 F-통계량을 계산하기 위한 단계로, 우리는 먼저 3개의 표본평균과 표본분산을 계산한다.

$$\overline{X}_1 = 0.918, \qquad \overline{X}_2 = 0.794, \qquad \overline{X}_3 = 0.938$$

$$S_1^2 = 0.04822, \qquad S_2^2 = 0.00893, \qquad S_3^2 = 0.03537$$

전체 평균 $\overline{X} = 0.883$과 합동표본분산 $S_p^2 =$ MSE $= 0.0308$이 주어진다. 다음 식 (10.2.6)을 이용하여 우리는 SSTr $= 0.0608$과 MSTr $=$ SSTr/2 $= 0.0304$로 구할 수 있다. 따라서, $F_{H_0} = 0.0304/0.0308 = 0.99$다. 이 계산은 다음 분산분석표로 요약된다. 표 A.6에서 $F_{2,12,0.05} = 3.89$가 구해진다. $0.98 \ngtr 3.89$이기 때문에 귀무가설은 기각되지 않는다. R 명령어 *1-pf(0.99, 2, 12)*는 p-값 0.4를 반환한다.

Source	DF	SS	MS	F	P
Treatment	$k - 1 = 2$	0.0608	0.0304	0.99	0.4
Error	$N - k = 12$	0.3701	0.0308		
Total	$N - 1 = 14$	0.4309			

이 데이터를 R 데이터 프레임 *df*로 읽어온다. 다음 R 명령어는 동일한 분산분석표를 반환한다.

```
anova(aov(Value~Sample, data=df))
```

특정 대비(particular contrast)에 대한 검정   모든 k개의 평균이 같다는 기본적이고 전반적인 가설 외에 대조에 특화된 검정법에 흥미가 갈 것이다. 대비의 개념은 1.8절에서 소개되었고 k개의 평균을 비교할 때 발생하는 대비에 대한 여러 가지 예는 예제 1.8-3을 통해 알 수 있다. 일반적으로, k개의 평균 $\mu_1, \cdots, \mu_k$의 대비는 다음처럼 평균의 계수의 합이 0인 선형결합이다(즉, $c_1 + \cdots + c_k = 0$이다).

$$\theta = c_1 \mu_1 + \cdots + c_k \mu_k \tag{10.2.14}$$

예를 들면, 계수들의 2개의 집합은 다음과 같다.

$$(1, -1, 0, \ldots, 0), \quad \left(1, -\frac{1}{k-1}, \ldots, -\frac{1}{k-1}\right)$$

이 계수들은 각각 대비 $\mu_1 - \mu_2$와 $\mu_1 - (\mu_2 + \cdots + \mu_k)/(k-1)$를 정의한다. 첫 번째로 대비는 처음 2개의 평균하고만 비교하고, 두 번째는 다른 모든 평균의 평균과 첫 번째를 비교한다. 기본 혹은 전체 귀무가설 $H_0 : \mu_1 = \cdots = \mu_k$는 모든 대비가 0임을 뜻한다. [이를 알아보기 위해, H_0 가정하에 식 (10.2.14)의 모든 대비는 $\mu(c_1 + \cdots + c_k)$로 나타낼 수 있고, μ는 $\mu_1, \cdots, \mu_k$의 공통값으로 정의한다. 그러므로 대비의 정의에 의해 이는 0이다.] 그러나 각각의 대비에 대한 검정은 전체 **ANOVA** F 검정보다 더 효과적이다. 예를 들면, 만약 $\mu_2 = \cdots = \mu_k$지만 μ_1이 나머지와 다르다면, 각각의 대비에 대한 검정은 대비 $\mu_1 - (\mu_2 + \cdots + \mu_k)/(k-1)$가 0이라는 귀무가설을 전체 귀무가설보다 더 잘 기각할 것이다. 이는 예제 10.2-2에서 설명된다.

   8장에서 나온 1개 표본에 대한 T 검정절차와 7장에서 나온 1개 표본에 대한 T 신뢰구간은 가설에 대한 검정과 식 (10.2.14)에 있는 대비 θ에 대한 신뢰구간을 구할 때 사용될 수 있다. 특히, S_p^2가 식 (10.2.10)에서 주어진 합동분산일 때, θ의 추정량과 이에 대한 추정표준오차는 다음과 같다.

$$\hat{\theta} = c_1 \overline{X}_1 + \cdots + c_k \overline{X}_k, \quad \hat{\sigma}_{\hat{\theta}} = \sqrt{S_p^2 \left(\frac{c_1^2}{n_1} + \cdots + \frac{c_k^2}{n_k}\right)} \tag{10.2.15}$$

모집단이 정규분포를 따르고 표본 크기가 충분히 크다면, 거의 같은 분포를 따른다.

$$\frac{\hat{\theta} - \theta}{\hat{\sigma}_{\hat{\theta}}} \sim T_{N-k}$$

이는 식 (10.2.15)에서 주어진 $\hat{\theta}$, $\hat{\sigma}_{\hat{\theta}}$일 때 식 (7.1.8)에서 주어진 θ에 대한 $(1 - \alpha)100\%$ 신뢰구간을 따르고 $v = N - k$이다. 또한 $H_0 : \theta = 0$에 대한 검정 통계량은 다음과 같다.

$$T_{H_0} = \frac{\hat{\theta}}{\hat{\sigma}_{\hat{\theta}}} \tag{10.2.16}$$

$H_a : \theta \neq 0$ 검정에 대한 p-값은 $2(1 - G_{N-k}(|T_{H_0}|))$이다.

예제 10.2-2 한 해안의 수질을 수치화하기 위해서 1~10의 수치로 오염 정도에 대해 수질지수를 측정한다. 수질정화 작업 후 호수의 수질에 대한 조사는 동부해안의 두 해변과 서부해안의 세 해변을 포함하는 5개 지역에 대해 이루어진다. 각 해변에서 각각 12개의 물 표본을 취해 수질지수값을 얻는다. 이 데이터는 *WaterQualityIndex.txt*에 주어진다. 연구의 목적은 동부와 서부의 수질을 비교하는 것이다.

(a) 연구의 목표에 부합하는 적절한 대비 θ를 찾고 데이터를 사용하여 다음을 구하라.

    (i) $\alpha = 0.05$ 유의수준에서 $H_0 : \theta = 0$ 대 $H_a : \theta \neq 0$에 대해 검정하라.

    (ii) θ에 대해 95% 신뢰구간을 구하라.

(b) $\alpha = 0.05$에서 평균오염지수가 5개의 모든 지역이 동일하다는 가설을 검정하라.

해답

(a) μ_1, μ_2는 동부해안에 있는 2개의 해변에 대한 평균오염지수라고 정의하고, μ_3, μ_4, μ_5은 서부에 있는 평균오염지수라고 정의하자. 서술된 목적과 관련된 가설검정 문제는 $H_0 : \theta = 0$ 대 $H_a : \theta \neq 0$이다. 대비 θ는 다음과 같이 정의된다.

$$\theta = \frac{\mu_1 + \mu_2}{2} - \frac{\mu_3 + \mu_4 + \mu_5}{3}$$

따라서 이에 해당하는 계수 집합은 $c_1 = 1/2$, $c_2 = 1/2$, $c_3 = -1/3$, $c_4 = -1/3$, $c_5 = -1/3$이다. 데이터로부터 다음을 얻는다.

$$\overline{X}_1 = 8.01, \quad \overline{X}_2 = 8.33, \quad \overline{X}_3 = 8.60, \quad \overline{X}_4 = 8.63, \quad \overline{X}_5 = 8.62$$
$$S_1^2 = 0.43, \quad S_2^2 = 0.63, \quad S_3^2 = 0.38, \quad S_4^2 = 0.18, \quad S_5^2 = 0.56$$

이 값(표본 크기가 동등할 때, 합동표본분산 S_p^2은 표본분산의 평균임을 알아두자)이 주어지고,

$$\hat{\theta} = \frac{\overline{X}_1 + \overline{X}_2}{2} - \frac{\overline{X}_3 + \overline{X}_4 + \overline{X}_5}{3} = -0.45, \quad S_p^2 = \frac{S_1^2 + \cdots + S_5^2}{5} = 0.44$$

모든 $n_i = 12$인 사실을 이용하여, $\hat{\sigma}_{\hat{\theta}} = \sqrt{S_p^2\left[\frac{1}{4}\left(\frac{1}{n_1}+\frac{1}{n_2}\right)+\frac{1}{9}\left(\frac{1}{n_3}+\frac{1}{n_4}+\frac{1}{n_5}\right)\right]}$
$= 0.17$이다. 자유도는 $\nu = N - k = 60 - 5 = 55$다. 따라서 95% 신뢰구간은 다음과 같다

$$\hat{\theta} \pm t_{55,0.025}\sigma_{\hat{\theta}} = (-0.45 \pm 0.17 \times 2.00) = (-0.79, -0.11)$$

$\nu = 55$인 $t_{\nu,0.025}$의 값은 *qt(0.975, 55)* 명령어로 구해진다. 신뢰구간이 0을 포함하지 않고, 대비는 $\alpha = 0.05$에서 0과는 상당히 차이를 보인다고 추정됨을 인지하라. 다음으로, 검정 통계량과 p-값은 다음과 같다.

$$T_{H_0} = \frac{\hat{\theta}}{\hat{\sigma}_{\hat{\theta}}} = \frac{-0.45}{0.17} = -2.65, \quad p\text{-값} = 2(1 - G_{55}(2.65)) = 0.01$$

다시 우리는 p-값이 0.05보다 작기 때문에, 유의수준 $\alpha = 0.05$에서 귀무가설 $H_0 : \theta = 0$이 기각되고 $H_a : \theta \neq 0$이 채택되는 것을 알 수 있다.

위 계산은 R 명령어를 사용하여 쉽게 계산할 수 있다. 먼저, 명령어 *attach(wq)*를 통해서 R 데이터 프레임 *wq*로 읽어온 후, 다음 명령어를 사용한다.

```
sm=by(Index, Beach, mean); svar=by(Index, Beach, var)
t=(sm[1]+sm[2])/2-(sm[3]+sm[4]+sm[5])/3
st=sqrt(mean(svar)*((1/4)*(2/12)+(1/9)*(3/12)))
t-qt(0.975, 55)*st; t+qt(0.975, 55)*st; TS=t/st
```

세 번째 줄에서 첫 번째 명령어는 각각 R 객체 *t*와 *st*에 저장된 값에 대한 5개의 표본평균, 표본분산, 대비, 대비의 표본편차를 계산한다. 마지막 줄에 명령어는 대비에 대한 95%의 최소/최대 한계점을 계산하고 R 객체 *TS*에 검정 통계량 T_{H_0}의 값을 저장한다. 소수점 셋째 자리로, T_{H_0}로 구해진 값은 -2.555다. 마지막으로, 명령어 *2*(1-pt(abs(TS),55))*는 p-값 0.013을 반환한다.

(b) R 명령어 *anova(aov(Index∼as.factor(Beach)))*는 다음 분산분석표를 반환한다.

	Df	Sum Sq	Mean Sq	F value	Pr(>F)
as.factor(Beach)	4	3.496	0.87400	1.9921	0.1085
Residuals	55	24.130	0.43873		

p-값은 $\alpha = 0.05$보다 더 크기 때문에 귀무가설 $H_0 : \mu_1 = \cdots = \mu_5$은 기각되지 않는다. 모든 평균의 식에 전체 귀무가설에 대한 검정결과는 (a)의 대비 θ가 0과 유의하게 다르지 않다는 것을 추측했음을 알아두자. 그러나 구체적인 대비를 목표로 (a)에 적용되었던 검정절차는 $\theta = 0$이라는 귀무가설을 기각한다. ■

가정에 대한 타당성 검정 ANOVA F 검정절차에 대한 타당성은 식 (10.2.13)에서 서술된 가정

을 바탕으로 한다. 데이터가 각각의 모집단으로부터 추출된 단순확률표본을 이룬다는 점과 k개의 표본이 독립이라는 가정은 데이터 수집 규약을 검토함으로써 가장 정확히 확인할 수 있다. 여기서 우리는 표본 크기가 30 이하인 경우에 대해, 정규성 가정과 등분산 가정을 확인하는 방법을 다룰 것이다.

2개 이상의 모집단을 비교하는 연구를 다룰 때, 집단 표본 크기가 30 이상인 경우는 드물다. 정규성 가정은 작은 표본 크기에 대해 확실히 점검될 수 없기 때문에, 모든 표본에 대한 단일 정규성 검정을 수행한다. 그러나 각 모집단으로부터의 개별 관측치를 합치는 것은 모집단 간 평균과 분산의 차이로 인해 정규성 검정의 타당성을 잃으므로 추천하지 않는다. 이러한 이유로 등분산성 가정이 타당한지 판단한 후, 잔차에 대해 정규성 검정을 적용한다. 등분산성과 정규성 가정에 대해 검정하는 자세한 방법은 다음에서 소개한다.

i번째 모집단의 분산은 식 (10.2.2)에 있는 각각의 고유오차변수 ϵ_{ij}, $j = 1, \cdots, n_i$의 분산과 같다. 게다가 고유오차변수는 평균이 0이기 때문에 다음과 같다.

$$\mathrm{Var}(X_{ij}) = E(\epsilon_{ij}^2)$$

이는 동일한 평균을 갖는 k개의 표본에 대한 검정을 통해 등분산성 가정이 검정될 수 있다는 것을 나타낸다.

$$\epsilon_{ij}^2, \quad j = 1, \cdots, n_i, \quad i = 1, \cdots, k \tag{10.2.17}$$

따라서, 고유오차변수가 관측된다면, 식 (10.2.17)에서 나온 k개 표본에 대해 ANOVA F 검정을 수행한다. 고유오차변수가 관측되지 않기 때문에 우리는 식 (10.2.2)에 적용한 잔차제곱을 사용한다.

$$\widehat{\epsilon_{ij}^2} = \left(X_{ij} - \overline{X}_i \right)^2, \quad j = 1, \cdots, n_i, \quad i = 1, \cdots, k \tag{10.2.18}$$

식 (10.2.18)에서 나온 잔차제곱에 대한 ANOVA F 검정을 수행하여 나온 p-값이 0.1보다 크다면, 등분산성 가정은 거의 만족한다고 결론 내린다.

노트 10.2-1 2개의 분산식에 대해 검정하는 Levene's 검정(9.4절 참고)은 k 표본 $|X_{ij} - \widetilde{X}_i|$, $j = 1, \cdots, n_i$, $i = 1, \cdots, k$에 대한 ANOVA F 검정을 수행함으로써 k개 분산의 식을 검정하는 데 확장할 수 있다. $\widetilde{X}_i$는 i번째 표본의 표본 중앙값다. 그러나 설명된 절차는 R로 수행하면 더 간단해진다. ◁

모형 (10.2.2)에서 원래의 오차변수 ϵ_{ij}가 정규확률변수라고 하면 정규성 가정을 만족한다. 그리고 정규성 가정은 잔차에 대한 Shapiro-Wilk의 정규성 검정을 통해 확인될 수 있다. p-값이 0.1보다 크다면, 정규성 가정을 만족한다고 결론 내릴 수 있다. df 데이터 프레임으로 데이터를 읽어오면, 첫 번째 열은 *Value*라는 이름으로 데이터를 읽어오고, 두 번째 열은 *Sample*이라는 이름으로 각 관측치에 대한 처리수준을 구체화하여 읽어온다. 다음 R 명령어는 등분산과

Shapiro-Wilk 정규성 검정에 대해 설명된 검정을 수행한다.

$\sigma_1^2 = \cdots = \sigma_k^2$ 가정 검정에 대한 R 명령어

```
anova(aov(resid(aov(df$Value~df$Sample))**2~df$Sample))
```
(10.2.19)

정규성 가정 검정에 대한 R 명령어

```
shapiro.test(resid(aov(df$Value~df$Sample)))
```
(10.2.20)

잔차 그림은 가정 위반의 본질에 대해 밝힐 수 있다. *fit=aov(df$Value~df$Sample)*로 객체 *fit* 을 정의하고, 이 명령어는 그룹(적합한 수치에 의한 표시, 즉, $\widehat{\mu}_i = \overline{X}_i$)에 의한 잔차를 나타내고, 각각 결합된 잔차에 대한 Q-Q 도표를 보여 줄 것이다. 결합된 잔차의 상자그림 또한 유용한 정보일 수 있다.

```
plot(fit, which=1)
plot(fit, which=2)
```
(10.2.21)

예제 10.2-3 예제 10.2-2의 수질을 측정한 상황에서 등분산과 정규성 가정에 대한 타당성에 대해 검사하라.

해답

데이터를 데이터 프레임 *wq*로 읽어오기 위해 *wq=read.table("WaterQualityIndex.txt", header=T)*를 사용하고, *Sample=as.factor(wq$Beach)*로 표본 R 객체를 설정하라. R 명령어 *fit=aov(wq$Index~Sample); anova(aov(resid(fit)**2~Sample))*는 0.166의 *p*-값을 반환한다. 따라서 등분산의 가정을 거의 만족한다고 결론 내린다. 그림 10-1에 주어진 *plot(fit, which=1)* 명령어를 통해서 결합된 수치에 대한 잔차를 그려서, 각 그룹 내에 변동성이 같음을 확인하라. 다음으로 이 명령어는

```
shapiro.test(resid(aov(wq$Index~Sample)))
```

p-값 0.427을 반환한다. 따라서 정규성 가정을 만족한다고 결론 내린다. 마지막으로, 다음 R 명령어는 그림 10-2에서 주어진 잔차에 대한 상자그림과 Q-Q 도표를 나타낸다. (Q-Q 도표는 *plot(fit, which=2)*에 의해 구할 수 있다.)

```
Resid=resid(aov(wq$Index~Sample)); boxplot(Resid)
qqnorm(Resid); qqline(Resid, col=2)
```

또한 이런 도표들은 Shapiro-Wild 검정의 *p*-값에 따라 정규성 가정을 대략적으로 충족함을 뜻한다. ■

그림 10-1

예제 10.2-3에 그룹에 의한 잔차 도표

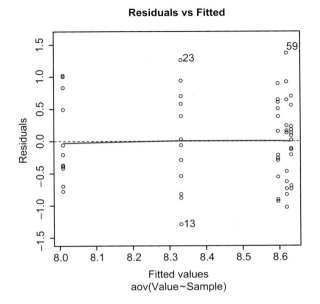

10.2.2 크러스칼-왈리스 검정

이번 절에서는 *k*개 모집단의 동질성에 대한 가설검정을 위한 순위 기반 절차인 크러스칼-왈리스 검정(Kruskal-Wallis test)을 설명한다. *k*개 표본에 대해 일반화된 2개 표본의 순위합 검정과 같이, Kruskal-Wallis 검정은 정규성 가정과 상관없이 작거나 큰 표본 크기에 모두 사용할 수 있다. 이 절차가 인기 있는 이유는 상대적으로 효과적(혹은 제2종 오류가 일어날 확률이 낮음)이기 때문이다. 특히, 2개의 모집단 분포가 상대적으로 무거운 꼬리를 갖거나(heavy-tailed) 편향된(skewed) 경우 더욱 효율적이다.

크러스칼-왈리스 절차에 의해 검정된 귀무가설은

$$H_0^F : F_1 = \cdots = F_k \tag{10.2.22}$$

그림 10-2

예제 10.2-3의 잔차에 대한 상자그림과 Q-Q 도표

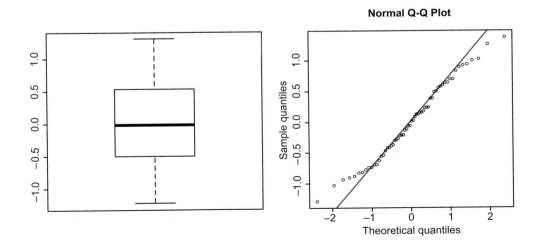

$F_1, \cdots, F_k$는 k개 모집단의 누적분포함수다. 만약 H_0^F가 참이라면, k개 모집단 평균의 동일성에 대한 가설은 $H_0 : \mu_1 = \cdots = \mu_k$다.

순위검정 통계량의 계산은 k개 표본에 대한 관측치, $X_{i_1}, \cdots, X_{in_i}$, $i = 1, \cdots, k$를 $N = n_1 + \cdots + n_k$개의 전체 관측치 집합으로 결합하는 것으로 시작한다. 관측치는 가장 작은 값부터 가장 큰값까지 나열하고 각 관측치에 대해 X_{ij}의 순위(혹은 중간순위)를 할당한다. $k = 2$인 표본을 결합하고 관측치를 결합한 집합을 순위화하는 절차는 순위합 검정의 상황인 9.3절에서 자세히 설명되었다. 2개 이상의 표본도, 동일한 방법으로 데이터를 순위화하는 절차를 가진다. R_{ij}는 관측치 X_{ij}의 순위 혹은 중간순위라고 표기하자.

$$\overline{R}_i = n_i^{-1} \sum_{j=1}^{n_i} R_{ij}, \quad S_{KW}^2 = \frac{1}{N-1} \sum_{i=1}^{k} \sum_{j=1}^{n_i} \left(R_{ij} - \frac{N+1}{2} \right)^2 \tag{10.2.23}$$

이를 그룹 i에 있는 평균순위와 결합된 표본의 순위에 대한 표본분산으로 설정하자. (순위의 평균은 $(N+1)/2$임을 상기하라.) 이런 표기로 크러스칼-왈리스 검정 통계량은 다음과 같다.

크러스칼-왈리스 검정 통계량	$$KW = \frac{1}{S_{KW}^2} \sum_{i=1}^{k} n_i \left(\overline{R}_i - \frac{N+1}{2} \right)^2 \tag{10.2.24}$$

동순위인 관측치가 없다면, 크러스칼-왈리스 검정 통계량은 다음의 간단한 형태를 갖는다.

동순위가 없는 데이터에 대한 크러스칼-왈리스 통계량	$$KW = \frac{12}{N(N+1)} \sum_{i=1}^{k} n_i \left(\overline{R}_i - \frac{N+1}{2} \right)^2 \tag{10.2.25}$$

동순위가 없는 경우에 식 (10.2.24)와 (10.2.25)가 같음은 다음 항등식을 따른다

$$\sum_{i=1}^{N} \left(i - \frac{N+1}{2} \right)^2 = \frac{(N-1)N(N+1)}{12}$$

만약 모집단이 연속형이라면(따라서 동순위가 없음), 매우 작은 크기의 표본에서도 크러스칼-왈리스 검정 통계량의 정확한 귀무분포는 알려져 있다. 그러나 이런 정확한 귀무분포는 집단표본 크기에 의존한다. 따라서 이를 표현하기 위해 확장적인 표를 요구한다. 한편으로, 크러스칼-왈리스 통계의 정확한 귀무분포는 작은 표본 크기(≥ 8)에서도 자유도가 $k - 1$인 카이제곱 분포로 잘 근사 표현된다. 카이제곱 분포에 대한 짧은 소개와 이에 대한 백분위수를 구하는 **R** 명령어에 대해 설명한 7.3.5절을 참고하라. 이러한 이유로 크러스칼-왈리스 검정의 정확한 p-값은 작은 표본 크기에 대해 **R**로 더 잘 측정할 수 있기 때문에(예제 10.2-4 참고), 크러스칼-왈리스 통계량의 정확한 귀무분포에 대한 표는 책에서 주어지지 않는다.

통계량의 근사 귀무분포를 이용한 $H_0^F : F_1 = \cdots = F_k$에 대한 기각규칙과 근사 *p*-값에 대한 식은 다음과 같다.

$n_i \geq 8$인 경우에 대한 크러스칼-왈리스 기각규칙과 *p*-값

$$KW > \chi_{k-1,\,\alpha}^2, \quad p\text{-값} = 1 - \Psi_{k-1}(KW) \qquad (10.2.26)$$

Ψ_ν는 χ_ν^2 분포의 CDF를 나타낸다.

첫 번째 데이터열에 *k*개 표본의 데이터가 있고 두 번째 열이 각 관측치를 포함하는 표본의 인덱스를 나타내는 데이터에 대해, 크러스칼-왈리스 검정 통계량과 *p*-값을 계산하는 R 명령어는 다음과 같다.

크러스칼-왈리스 검정에 대한 R 명령어

```
kruskal.test(x~s)
```

*x*와 *s*는 각각 데이터열과 표본 인덱스 열을 포함하는 R 객체이다.

예제 10.2-4

미국재료시험협회(American Society for Testing Materials)와 같은 기관들은 섬유의 인화성 특질에 대해 관심을 가지고 있다. 한 특정 연구는 어린이 옷에 사용된 세 가지 유형의 직물에 대해 각각 6개의 조각을 대상으로 표준 인화성 검사를 수행했다. 종속변수는 섬유 조각이 특정한 방법으로 인화될 때, 불에 그슬린 자국의 길이다. 이 연구로부터 얻은 데이터(*Flammability.txt*)에 대해 크러스칼-왈리스 절차를 사용하여, 유의수준 $\alpha = 0.1$에서 3개 물질의 인화성이 동일하다는 가설을 검정하고 *p*-값을 계산하라.

해답

인화성 데이터의 순위와 순위 평균은 다음 표와 같다.

	Ranks						$\overline{R}_i$
Material 1	1	18	8	15.5	10	12	10.75
Material 2	4	3	7	5	6	9	5.667
Material 3	2	17	15.5	14	13	11	12.08

그룹 1에 있는 관측치 2.07은 그룹 3에 있는 한 관측치와 같음을 주목하라. 따라서 우리는 식 (10.2.24)에서 주어진 크러스칼-왈리스 통계량의 더 일반화된 표현을 사용할 것이다. $N = 6 + 6 + 6 = 18$ 순위의 결합된 집합의 표본분산은 $S_{KW}^2 = 28.47$이다. 다음으로 평균 순위 $\overline{R}_i$를 사용하여 다음을 구한다.

$$\sum_{i=1}^{3} n_i \left(\overline{R}_i - \frac{N+1}{2} \right)^2 = 6(10.75 - 9.5)^2 + 6(5.667 - 9.5)^2 + 6(12.08 - 9.5)^2 = 137.465$$

따라서 크러스칼-왈리스 통계량은 다음과 같다.

$$KW = 137.465/28.47 = 4.83$$

자유도가 2인 χ^2 분포의 90 백분위수는 $\chi^2_2(0.1) = 4.605$다. $4.83 > 4.605$이므로, 귀무가설은 $\alpha = 0.1$에서 기각된다. 식 (10.2.26)에 있는 p-값에 대한 식과 R 명령어 *1-pchisq(4.83, 2)*를 사용하여, 우리는 0.089의 p-값을 얻는다. 인화성 데이터를 R 데이터 프레임 *fl*로 읽어오고, R 명령어 *x=fl\$BurnL; s=fl\$Material; kruskal.test(x~s)*는 검정 통계량과 p-값에 대해 동일한 값을 계산한다. 표본 크기가 $n_i = 6$, 즉 < 8이기 때문에, 더욱 정확한 p-값(*Monte-Carlo resampling*을 통한 계산에 의해)이 R 명령어 *library(coin); kw=kruskal_test(x~factor(s),distribution=approximate(B=9999)); pvalue(kw)*로 구해질 수 있다. 이런 명령어들은 p-값 0.086을 반환한다. 따라서 $\alpha = 0.1$ 수준에서 본래의 결론대로 귀무가설을 기각한다. ■

10.2.3 비율에 대한 카이제곱 검정

서로 다른 종류의 자동차에 대해 5-mph 충돌 시험에서 손상을 입지 않을 비율을 비교하거나 특정한 생산라인에서의 주간 결함률을 비교할 때에는 다음과 같은 검증을 수행하게 된다.

$$H_0 : p_1 = p_2 = \cdots = p_k = p \text{ 대 } H_a : H_0\text{는 참이 아니다} \tag{10.2.27}$$

베르누이 실험에서 한 번 발생할 확률 p(즉, 한 번의 성공)는 베르누이 확률변수의 평균값이기 때문에, 이를 검정하는 문제는 k 평균의 식에 대해 검정하는 특별한 경우다. 게다가 i번째 모집단의 분산이 $\sigma_i^2 = p_i(1 - p_i)$이기 때문에, 등분산성(즉, 동등한 분산들) 가정은 자동적으로 귀무가설 조건에 만족한다. 그러나 식 (10.2.7) 검정은 일반적으로 ANOVA F 검정절차로 수행하지 않는다.

k개 표본비율과 전체 혹은 합동비율을 각각 다음과 같이 표기하자.

$$\widehat{p}_1, \ldots, \widehat{p}_k, \qquad \widehat{p} = \sum_{i=1}^{k} \frac{n_i}{N} \widehat{p}_i \tag{10.2.28}$$

식 (10.2.27) 검정에 대한 검정 통계량은 다음과 같다.

$$Q_{H_0} = \sum_{i=1}^{k} \frac{n_i (\widehat{p}_i - \widehat{p})^2}{\widehat{p}(1 - \widehat{p})} \tag{10.2.29}$$

Q_{H_0}와 ANOVA F 통계량 F_{H_0} 사이의 유사점과 차이점이 있다. 먼저, Q_{H_0}의 분모 $\widehat{p}(1 - \widehat{p})$는 합동분산 대신에 합동비율에 해당하는 분산이다. 다음으로 식 (10.2.6)에 있는 SSTr에 대한 식에서 표본평균 $\overline{X}_i$를 $\widehat{p}_i$로 대체하고 전체 표본평균 $\overline{X}$를 $\widehat{p}$를 대체하면 다음과 같은 식이 된다.

$$\text{SSTr} = \sum_{i=1}^{k} n_i (\widehat{p}_i - \widehat{p})^2$$

따라서 Q_{H_0}의 분자는 MSTr이 아니고 SSTr이다. 이 때문에 Q_{H_0}의 귀무분포는 자유도가 $k-1$인 χ^2 분포이다. 따라서 유의수준 α에서 H_0을 기각하는 규칙과 p-값에 대한 식은 다음과 같다.

$n_i \geq 8$ 경우인 식 (10.2.27)에 대한 카이제곱 검정과 p-값

$$\boxed{Q_{H_0} > \chi^2_{k-1, \alpha}, \quad p\text{-value} = 1 - \Psi_{k-1}(Q_{H_0})} \tag{10.2.30}$$

Ψ_ν는 χ^2_ν 분포의 CDF를 나타낸다.

Q_{H_0}의 분할표 식 (10.2.29)에서 Q_{H_0}의 표현이 꽤 간단하지만, 이에 해당하는 동등한 식을 사용하는 것이 더 일반적이다. 동등한 식을 설명하기 위해서, 다음과 같은 추가적인 표기가 필요하다.

$$O_{1i} = n_i \widehat{p}_i, \qquad O_{2i} = n_i (1 - \widehat{p}_i) \tag{10.2.31}$$

$$E_{1i} = n_i \widehat{p}, \qquad E_{2i} = n_i (1 - \widehat{p}) \tag{10.2.32}$$

$\widehat{p}$는 식 (10.2.28)에서 정의된 전체 표본비율이다. 따라서 O_{1i}는 i번째 그룹에서 관측된 성공(혹은 1)의 횟수고, O_{2i}는 i번째 그룹에서 실패(혹은 0)한 횟수다. 그리고 E_{1i}, E_{2i}는 각각 모든 그룹에서 1일 확률이 같다는 귀무가설에 해당하는 기댓값이다. 이 표기로 분할표 형태라 불리는 Q_{H_0}에 대한 대체 형태는 다음과 같다.

$$Q_{H_0} = \sum_{i=1}^{k} \sum_{\ell=1}^{2} \frac{(O_{\ell i} - E_{\ell i})^2}{E_{\ell i}} \tag{10.2.33}$$

Q_{H_0}에 대한 두 표현식 (10.2.29)와 (10.2.33)이 동일함은 다음 대수식으로 쉽게 보여진다.

$$(O_{1i} - E_{1i})^2 = (O_{2i} - E_{2i})^2 = n_i^2 (\widehat{p}_i - \widehat{p})^2$$

$$\frac{1}{E_{1i}} + \frac{1}{E_{2i}} = \frac{E_{1i} + E_{2i}}{E_{1i} E_{2i}} = \frac{1}{n_i \widehat{p}(1 - \widehat{p})}$$

따라서, 각각 i에 대해,

$$\sum_{\ell=1}^{2} \frac{(O_{\ell i} - E_{\ell i})^2}{E_{\ell i}} = n_i^2 (\widehat{p}_i - \widehat{p})^2 \left(\frac{1}{E_{1i}} + \frac{1}{E_{2i}} \right) = \frac{n_i (\widehat{p}_i - \widehat{p})^2}{\widehat{p}(1 - \widehat{p})}$$

표현식 (10.2.29)와 (10.2.33)이 동일함을 보여 준다.

식 (10.2.31)에서 정의된 $i = 1, \cdots, k$에 대해 표기 O_{1i}, O_{2i}를 사용하여, 식 (10.2.33)의 카이

제곱 통계량과 이에 대응되는 p-값을 계산하기 위한 R 명령어는 다음과 같다.

$H_0 : p_1 = \cdots = p_k$에 대한 카이제곱 검정 R 명령어

```
table=matrix(c(O11, O21, ..., O1k, O2k), nrow=2)
chisq.test(table)
```

예제 10.2-5

민간 항공사는 새로운 비행기에 대해 서로 다른 네 가지 유형의 제어판 디자인을 고려하고 있다. 이 디자인이 긴급상황에 비행사의 응답시간에 영향을 미치는지 알아보기 위해, 긴급상황을 설정하고 비행사의 응답시간을 기록했다. 표본 크기는 n_i와 네 가지 디자인에 대해 응답시간이 3초 미만인 횟수 O_{1i}는 다음과 같다. $n_1 = 45$, $O_{11} = 29$; $n_2 = 50$, $O_{12} = 42$; $n_3 = 55$, $O_{13} = 28$; $n_4 = 50$, $O_{14} = 24$이다. 유의수준 $\alpha = 0.05$에서 검정을 수행하라.

해답

p_i는 제어판 디자인 i일 때 긴급상황에서 비행사의 응답시간이 3초 미만일 확률이라고 표기하자. 항공사는 유의수준 $\alpha = 0.05$에서 $H_0 : p_1 = p_2 = p_3 = p_4$ 대 $H_a : H_0$에 대한 검정이 참이 아니기를 검정하기 원한다. 따라서 기각역은 $Q_{H_0} > \chi_3^2(0.05) = 7.815$다. 주어진 데이터로,

$$\widehat{p} = \frac{O_{11} + O_{12} + O_{13} + O_{14}}{n_1 + n_2 + n_3 + n_4} = \frac{123}{200} = 0.615$$

따라서 Q_{H_0}에 대한 표현 식 (10.2.29)에 나온 단어들의 공통분모는 $\widehat{p}(1 - \widehat{p}) = 0.2368$이다. Q_{H_0}에 대한 표현 식 (10.2.29)로 계속하고, $\widehat{p}_i = O_{1i}/n_i$를 사용하여 다음을 얻는다.

$$Q_{H_0} = \frac{45(0.6444 - 0.615)^2}{0.2368} + \frac{50(0.84 - 0.615)^2}{0.2368}$$

$$+ \frac{55(0.5091 - 0.615)^2}{0.2368} + \frac{50(0.48 - 0.615)^2}{0.2368}$$

$$= 0.1643 + 10.6894 + 2.6048 + 3.8482 = 17.307$$

$17.307 > 7.815$이므로 귀무가설을 기각한다. R 명령어 *table=matrix(c(29, 16, 42, 8, 28, 27, 24, 26), nrow=2); chisq.test(table)*는 검정 통계량과 p-값 0.0006에 대해 동일한 값을 반환한다. 이는 또한 귀무가설이 기각되는 것으로 결론 내린다. ∎

연습문제

1. 네 가지 종류의 타이어에 대해 평균 수명을 비교하는 연구에서, 28대의 트럭은 임의로 7대씩 4그룹으로 나뉜다. 각 트럭은 네 가지 중 한 가지 타이어를 장착한 7대의 트럭으로 구성된다. *TireLife1Way.txt*에 있는 데이터는 각 트럭의 4개의 타이어에 대한 평균 수명으로 구성된다. (a) 4종류의 타이어 사이에 차이점이 있는가? 질문에

대한 귀무가설과 대립가설을 기술하라. 유의수준 $\alpha = 0.1$에서 ANOVA F 검정을 수행하기 위해 수기 계산 혹은 R 명령어를 사용하고, 검정절차의 타당성에 필요한 모든 가정을 서술하라. (힌트 수기 계산을 사용한다면, 다음 요약통계를 사용할 것이다. $\overline{X}_1 = 40.069$, $\overline{X}_2 = 40.499$, $\overline{X}_3 = 40.7$, $\overline{X}_4 = 41.28$, $S_1^2 = 0.9438$, $S_2^2 = 0.7687$, $S_3^2 = 0.7937$, $S_4^2 = 0.9500$)

(b) 타이어 유형 1과 2는 브랜드 A 타이어로 알려졌고, 유형 3과 4는 브랜드 B 타이어로 알려졌다. 두 브랜드의 타이어를 비교하라.

  (i) 이런 비교에 대해 검정하기 위한 귀무가설과 대립가설을 작성하라.

  (ii) 유의수준 $\alpha = 0.1$에서 검사를 수행하고 90% 신뢰구간을 설정하기 위해 예제 10.2-2에서 주어진 것과 유사한 수기 계산 혹은 R 명령어를 사용하라.

  (iii) (a)에서 나온 전체 귀무가설에 대한 검정결과와 구체적인 대비에 대한 검정결과가 일치하는가? 아니라면, 이에 대한 설명을 제공하라.

2. 세 가지 유형의 섬유 인화성에 대한 검사인 예제 10.2-4의 상황에서, 섬유 1과 3은 여러 번 사용되었고, 이들의 인화성 특성이 유사하다고 알려졌다. 최근 섬유 2는 대체재로 제안되었다. 이 연구에서 가장 흥미 있는 관심사는 섬유 1과 3의 결합 모집단과 섬유 2의 결합 모집단의 비교다. 데이터를 R 데이터 프레임 *fl*로 읽어오고 다음 질문에 대해 답하라.

(a) 관심 있는 대비 θ를 구체화하고, 10.2.1절에서 설명된 절차를 사용하여 유의수준 $\alpha = 0.05$에서 $H_0 : \theta = 0$ 대 $H_a : \theta \neq 0$을 검사하기 위해 수기 계산을 사용하라. (힌트 표본평균과 표본분산을 구하기 위해 *attach(fl)*; *sm=by(BurnL, Material, mean)*; *sv=by(BurnL, Material, var)*를 사용하라.)

(b) 섬유 1과 3으로부터 그을린 길이를 측정한 값을 하나의 데이터 집합으로 결합하고, 섬유 1과 3의 결합 모집단이 섬유 2의 결합 모집단과 같다는 것을 검증하기 위해 순위합 절차를 사용하라. (힌트 R 명령어

$x=c(BurnL[(Material==1)]$, $BurnL[(Material==3)])$; $y=BurnL[(Material==2)]$; *wilcox.test(x, y)*를 사용하라.)

3. 4개의 서로 다른 에탄올 농도가 수면시간에 미치는 영향에 대해 유의수준 $\alpha = 0.05$에서 비교했다. 각각의 농도는 주어진 표본 5마리 실험용 쥐에 대해 실험했고, 이 쥐들에 대한 각각의 REM(Rapid Eye Movement) 수면시간이 (*SleepRem.txt*)에 기록되었다. 4개 농도가 REM 수면시간에 대해 미치는 영향은 다른가?

(a) 위 질문에 대해 연관된 귀무가설과 대립가설을 서술하고, 유의수준 $\alpha = 0.05$ 수준에서 ANOVA F 검정을 수행하기 위해 수기로 계산하라. 검정절차의 타당성을 위해 필요한 모든 가정을 서술하라. (힌트 다음 요약통계를 사용하라. $\overline{X}_1 = 79.28$, $\overline{X}_2 = 61.54$, $\overline{X}_3 = 47.92$, $\overline{X}_4 = 32.76$, MSE $= S_p^2 = 92.95$)

(b) 데이터를 R 데이터 프레임 *sl*로 읽어오고, ANOVA F 검정을 수행하기 위해 R 명령어 *anova(aov(sl$values ~sl$ind))*를 사용하라. *p*-값과 유의수준 0.05에서 검정한 결과가 있는 ANOVA 표를 작성하라.

(c) 등분산과 정규성에 대한 가정을 검정하기 위해 R 명령어를 사용하라. 2개의 검정과 도달된 결론으로부터 *p*-값을 작성하라. 다음으로 잔차에 대한 상자그림과 정규 Q-Q 도표를 그리고, 이 도표를 기반으로 정규성의 타당성에 대해 논하라.

4. 연습문제 3의 상황과 데이터를 생각하라.

(a) 유의수준 $\alpha = 0.05$에서 크러스칼-왈리스 검정을 수행하기 위해 수기 계산을 사용하고, 이에 대한 타당성에 필요한 모든 가정을 서술하라. (힌트 이 데이터 집합에는 동점인 경우가 없다. 순위 평균을 계산하기 위해 *attach(sl)*; *ranks=rank(values)*; *rms=by(ranks, ind, mean)*를 사용하라.)

(b) 크러스칼-왈리스 검정을 수행하기 위해 R 명령어 *kruskal.test(sl$values~sl$ind)*를 사용하라. 검정 통계량의 값, *p*-값 그리고 유의수준 $\alpha = 0.05$에서 귀무가설의 기각 여부를 밝히라.

5. 습한 공기에서 인공흑연의 연소율에 대한 연구의 일부로 연구자는 수증기 혼합을 통한 산소 확산성을 조사하기 위해 실험을 수행했다. 실험은 $MF_1 = 0.002$, $MF_2 = 0.02$, $MF_3 = 0.08$ 수준에서 물의 분자율을 살피는 것으로 수행되었다. 3개 수준의 분자율에 대해 각각 9개의 측정치가 있다. 결과 데이터의 총제곱합은 $SST = 24.858$이고, 측정치의 총제곱합은 부분적으로 채워진 다음 분산분석표를 통해 주어진다.

```
            Df   Sum Sq   Mean Sq   F value
Treatment        0.019
Residuals
```

(a) 귀무가설과 대립가설을 기술하고, 분산분석표를 완성하기 위해 주어진 정보를 사용하라.

(b) 유의수준 $\alpha = 0.05$에서 가설을 검증하기 위해 F 통계의 값을 사용하라.

(c) p-값을 계산하고 귀무가설이 유의수준 $\alpha = 0.05$에서 기각인지 아닌지 결정하기 위해 p-값을 사용하라. (힌트 p-값을 계산하기 위해 R을 사용하고 예제 10.2-1을 참고하라.)

6. 다공성 탄소소재는 상업적으로 기체분리, 막 분리, 연료전지 응용을 포함한 여러 산업분야에 사용된다. 기체분리가 목적일 때 공극 크기는 중요하다. 300℃, 400℃, 500℃, 600℃의 온도에서 만들어진 탄소의 평균 공극 크기를 비교하기 위해, 한 실험은 각 온도의 설정($PorousCarbon.txt$)에서 5개 측정치를 사용한다. 다른 온도에서 만들어진 탄소재의 평균 공극 크기는 차이가 있는가?

(a) 질문에 대해 관련된 귀무가설과 대립가설을 기술하고, 유의수준 $\alpha = 0.05$에서 ANOVA F 검정을 수행하기 위해 수기 계산을 사용하고, 이에 대한 타당성에 필요한 모든 가정을 서술하라. (힌트 다음 요약통

계를 사용하라. $\overline{X}_1 = 7.43$, $\overline{X}_2 = 7.24$, $\overline{X}_3 = 6.66$, $\overline{X}_4 = 6.24$, $S_1^2 = 0.2245$, $S_2^2 = 0.143$, $S_3^2 = 0.083$, $S_4^2 = 0.068$)

(b) 데이터를 R 데이터 프레임 pc로 읽어오고 ANOVA F 검정을 수행하기 위해 R 명령어를 사용하라. 검정 통계량의 값, p-값 그리고 유의수준 $\alpha = 0.05$에서 귀무가설의 기각 여부를 밝히라.

(c) 등분산과 정규성에 대한 가정을 검정하기 위해 R 명령어를 사용하라. 2개 검정에 대한 p-값과 도달된 결론을 작성하라. 다음으로 모형 식 (10.2.2)에 적합된 잔차에 대한 상자그림과 정규 Q-Q 도표를 그리고, 이 도표들을 기반으로 정규성의 타당성에 대해 논하라.

7. 연습문제 6의 상황과 데이터를 생각하라.

(a) 유의수준 $\alpha = 0.05$에서 크루스칼-왈리스 검정을 수행하기 위해 수기 계산을 사용하고, 이에 대한 타당성에 필요한 모든 가정을 서술하라. (힌트 이 데이터는 동점이 존재한다. S_{KW}^2와 순위평균을 계산하기 위해 $attach(pc);\ ranks=rank(values);\ vranks=var(ranks);\ rms= by(ranks,\ temp,\ mean)$를 사용하라.)

(b) 크루스칼-왈리스 검정을 수행하기 위해 R 명령어를 사용하라. 검정 통계량의 값, p-값 그리고 유의수준 $\alpha = 0.05$에서 귀무가설의 기각 여부를 밝히라.

8. 선박 컨테이너의 압축 검사는 컨테이너가 분배되는 동안 컨테이너[1]가 예상되는 압축하중을 견디는지 결정하는 것이 목표다. 보통의 두 가지 압축 검사방법은 고정된 압축과 유동적인 압축이 있다. 다양한 골판지 컨테이너를 사용하는 한 연구에서 이 두 가지 방법이 고려된다. 골판지 컨테이너의 유형 1, 2, 3에 대한 고정된 압축 강도 측정은 각각 $n_1 = 36$, $n_2 = 49$, $n_3 = 42$임을 가정하라. 그리고 다음 요약통계를 각각 산출한다. $\overline{X}_1 = 754$, $\overline{X}_2 = 769$, $\overline{X}_3 = 776$, $S_1 = 16$, $S_2 = 27$, $S_3 = 38$. 세 가지

1 S. P. Singh, G. Burgess, and M. Langlois (1992). Compression of single-wall corrugated shipping containers using fixed and floating test platens, *J. Testing and Evaluation*, 20(4): 318 – 320.

유형의 골판지 컨테이너가 고정된 압축방법을 사용할 때 그들의 평균 강도가 다르다는 증거가 있는가? 이 질문에 대해 연관된 귀무가설과 대립가설을 서술하고, 유의수준 $\alpha = 0.05$ 수준에서 검정을 수행하기 위해 ANOVA 절차를 이용하라. ANOVA 검정절차의 타당성을 위해 필요한 모든 가정을 서술하라.

9. 한 잡지는 변동응력이 L1 = 10 ksi, L2 = 12.5 ksi, L3 = 15 ksi, L4 = 18 ksi, L5 = 22 ksi^{2}일 때 대구경 파이프의 나선형 연결의 유지에 대한 피로균열 검사의 연구결과를 보고하였다. 실패한 순환(10,000 순환 단위)의 수 중 측정된 피로수명은 *FlexFatig.txt*에서 주어진다. 이 데이터를 데이터 프레임 *ff*로 읽어오고 다음 질문을 완성하라.

(a) 등분산과 정규성에 대한 가정을 검증하기 위해 R 명령어를 사용하라. 2개의 검사와 도달된 결론으로부터 *p*-값을 작성하라. 다음으로 모형 식 (10.2.2)에 적합된 잔차에 대한 상자그림과 정규 Q-Q 도표를 그리고, 이 도표를 기반으로 정규성의 타당성에 대해 논하라.

(b) (a)에서 내린 결론을 생각하면서, 변동응력이 피로수명에 영향을 주는지 검사하기 위한 절차로 당신은 어떤 방법을 추천할 것인가? 당신의 추천이 타당함을 보여라.

(c) 유의수준 0.01에서 (b)에서 당신이 추천한 검정절차를 수행하라. 검정 통계량의 값과 *p*-값을 구하라.

10. 아이들의 잠옷에 사용된 세 가지 섬유에 대한 내염성을 검사하기 위해 섬유를 고온에 노출하는 방법을 이용한다. 섬유 *A* 종류는 111개 중 37개가 불이 붙었다. 섬유 *B* 종류는 85개 중 28개가 불이 붙었다. 섬유 *C* 종류는 100개 중 21개가 불이 붙었다. 점화확률이 3개의 섬유 종류가 모두 같다는 가설과 이 가설이 거짓이라는 대립가설에 대해 유의수준 $\alpha = 0.05$에서 검증하라.

11. 특정 브랜드의 트랙터는 5군데 장소에서 조립된다. 보증수리 작업이 요구되는 트랙터의 비율이 모든 장소에서 같은지 알아보기 위해서, 각 지역으로부터 50대의 트랙터를 무작위 표본으로 선택했고 보증기간 중인 것으로 골랐다. 보증수리 작업이 요구되는 수는 *A* 지역은 18, *B* 지역은 8, *C* 지역은 21, *D* 지역은 16, *E* 지역은 13이다. 5군데의 모집단 비율은 유의수준 $\alpha = 0.05$에서 다르다는 증거가 있는가? 이 질문에 대한 연관된 귀무가설과 대립가설을 기술하고, 검증하기 위한 적절한 방법을 사용하라. 사용한 방법, 검정 통계량의 값, 검정결과를 밝히고 검정의 타당성을 위해 필요한 모든 가정을 작성하라.

12. 풍화된 잔해(지붕, 지나가는 트럭, 곤충 혹은 새들로부터)는 빌딩의 상층에 건축용 유리에 큰 피해를 입힐 수 있다. 한 논문은 10장의 유리가 5 충격 속도범위 이하에서 2 g의 쇠구슬 발사체에 맞는 실험에 대한 결과를 보고한다.[3] 여기에 유리창 1, 2, 3, 5에 대한 결과가 있다. 유리창 1의 105 IPBs(inner glass ply breaks) 중의 91장은 139 ft/s 이하의 속도에서 충격을 받았다. 유리창 2, 3, 5에서는, 148장 중 128장, 87장 중 46장, 93장 중 62장이 충격을 받았다. 5개의 모집단 비율이 $\alpha = 0.05$에서 같다는 가설을 검증하라.

2 A. H. Varma, A. K. Salecha, B. Wallace, and B. W. Russell (2002). Flexural fatigue behavior of threaded connections for large diameter pipes, *Experimental Mechanics*, 42: 1 – 7.

3 N. Kaiser, R. Behr, J. Minor, L. Dharani, F. Ji, and P. Kremer (2000). Impact resistance of laminated glass using "sacrificial ply" design concept, *Journal of Architectural Engineering*, 6(1): 24 – 34.

10.3 동시신뢰구간과 다중비교

귀무가설 $H_0 : \mu_1 = \mu_2 = \cdots = \mu_k$은 대립가설 $H_a : H_0$이 거짓이라는 것에 대해 검정하기 때문에, H_0이 기각될 때 어떤 μ_i가 크게 다르다는 것이 명백하지 않다. 이 질문은 각각 평균 μ_i, μ_j에 대한 $H_0 : \mu_i - \mu_j = 0$ 대 $H_a : \mu_i - \mu_j \neq 0$의 검정을 수행함으로써 단순하게 설명될 수 있다. 검정이 귀무가설을 기각한다면, 이에 해당하는 평균은 명확히 다르다는 것을 의미한다. 약간의 미세조정으로 이 접근법은 정확한 **다중비교**(multiple comparisons) 방법으로 이어진다.

위에서 언급된 개별 검정은 우리가 설명했던 모든 절차를 통해 수행될 수 있다. 예를 들면, 두 표본에 대한 T 검정절차, 순위합 절차 혹은 베르누이 모집단의 경우에 2개 비율의 비교에 대한 Z 절차가 있다. 그 대신에 검정은 각각 대비 $\mu_i - \mu_j$에 대해 각각의 신뢰구간을 설정하고 각각의 신뢰구간이 0을 포함하는지 하지 않는지 검정함으로써 수행할 수 있다. 신뢰구간 중 하나가 0을 포함하지 않는다면, 이에 해당하는 대비에 포함한 평균은 유의한 차이가 있다고 말한다.

단순절차가 미세조정이 필요한 이유는 모든 평균이 동일하지만 적어도 한 쌍의 평균이 다른 것으로 나타나는 **전체**(overall) 혹은 **실험별 오류율**(experiment-wise error rate)과 연관이 있기 때문이다.

실험별 오류율을 알아보기 위하여, $k = 5$인 모집단 평균의 비교에 대한 문제를 가정하라. 전체 귀무가설 $H_0 : \mu_1 = \cdots = \mu_5$가 기각된다면, 어떤 두 평균이 유의하게 다른지를 결정하기 위해, 모든 10쌍의 차이에 대한 $(1 - \alpha)100\%$ 신뢰구간이 구해져야 한다. (동등하게, 유의수준 α에서 10쌍의 대비 각각에 대해 $H_0 : \mu_i - \mu_j = 0$ 대 $H_a : \mu_i - \mu_j \neq 0$을 검정할 수 있지만, 여기서는 신뢰구간 접근법에 대해 집중할 것이다.)

$$\mu_1 - \mu_2, \cdots, \mu_1 - \mu_5, \mu_2 - \mu_3, \cdots, \mu_2 - \mu_5, \cdots, \mu_4 - \mu_5 \qquad (10.3.1)$$

식 (10.3.1)의 10개 대비에 대한 신뢰구간이 독립이라고 가정하라. (예를 들어 $\mu_1 - \mu_2$와 $\mu_1 - \mu_3$에 대한 신뢰구간은 모두 모집단 1로부터의 표본 $X_{11}, \cdots, X_{1n}$을 포함하기 때문에 그것들은 서로 독립이 아니다.) 이 경우에 모든 평균이 같다면(모든 대비가 0 이라면), 각 구간이 0을 포함할 확률은 $1 - \alpha$이고, 가정된 독립에 의해서 모든 10쌍에 대한 신뢰구간이 0을 포함할 확률은 $(1 - \alpha)^{10}$이다. 따라서 실험별 오류율은 $1 - (1 - \alpha)^{10}$다. $\alpha = 0.05$라면, 실험별 오류율은 다음과 같다.

$$1 - (1 - 0.05)^{10} = 0.401 \qquad (10.3.2)$$

신뢰구간의 종속성에도 불구하고, 위 계산은 실험별 오류율에 대해 가장 가까운 추정치로 나타난다. 따라서 통상의 95% 신뢰구간을 사용할 때, 대비 중 적어도 하나가 유의하게 다른 확률은 대략 40%다.

요구된 수준 α에서 실험별 오류율을 제어하는 신뢰구간은 $(1 - \alpha)100\%$ **동시신뢰구간**이라고 불린다. 통상의 신뢰구간을 사용한 절차를 미세조정하는 두 가지 방법을 알아보자. 실험별 오류율의 상한을 구하는 첫 번째 방법은 본페로니 부등식(Bonferroni's inequality)에 기반한다.

두 번째 방법 튜키 절차는 표본이 등분산적 모집단으로부터 선택될 때 정확한 실험별 오류율을 제공할 뿐만 아니라, 다른 등분산적 모집단으로부터 큰 표본이 선택될 때 좋은 근삿값으로 사용된다. 또한, 튜키 방법은 편향된 분포로부터 표본을 추출할 때, 더 작은 표본 크기로 순위에 적용할 수 있다. 튜키 방법론은 모든 쌍의 집합을 비교하는 데 적용하는 반면, 본페로니 방법론은 다중비교와 관심사의 특정한 대립에 대한 동시신뢰구간에 사용할 수 있다.

10.3.1 본페로니 다중비교와 동시신뢰구간

본페로니의 신뢰구간에 대한 주안점은 원하는 실험별 오류율을 맞추기 위해 통상의 신뢰구간의 수준을 조절하는 것이다. 식 (10.3.2)에서 계산과 관련하여 언급했듯이, 신뢰구간들 간의 종속성으로 인해 m개 신뢰구간 전체에 대해 정확한 실험별 오류율을 아는 것은 불가능하다. 본페로니 부등식은 m개 신뢰구간 각각에 대한 검정이 α 수준에서 실행될 때 적어도 하나가 모수의 참값을 포함하지 않을 확률, 즉 실행별 오류율의 값이 $m\alpha$보다 크지 않다. 유사하게, 각각의 m쌍의 검정이 유의수준 α에서 수행된다면, 실험별 유의수준(m개의 귀무가설이 모두 참일 때, 적어도 하나가 기각될 확률)은 $m\alpha$보다 크지 않다.

위 논의는 본페로니 동시신뢰구간과 다중비교 설계에 대한 다음 절차로 이어진다.

1. **본페로니 동시신뢰구간**(Bonferroni Simultaneous CIs):
   m개의 대비 각각에 대해 $(1 - \alpha/m)100\%$ 신뢰구간을 구하라. m개의 신뢰구간의 집합은 m개의 대비에 대한 $(1 - \alpha)100\%$ 본페로니 동시신뢰구간이다.

2. **본페로니 다중비교**(Bonferroni Multiple Comparisons):
   (a) 동시신뢰구간을 통한 다중비교: 모든 $m(1 - \alpha)100\%$ 본페로니 동시신뢰구간이 0을 포함하지 않는다면, 이에 해당하는 대비는 실험별 유의수준 α에서 0과 유의한 차이가 있다고 판정된다.

   (b) 검정을 통한 다중비교: m개의 대비 각각에 대해, 유의수준 α/m에서 차이가 0이라는 귀무가설 대 차이가 0이 아니라는 대립가설에 대해 검정한다. m개 검정 중 하나라도 귀무가설을 기각하면, 이에 대응하는 대비는 유의수준 α에서 유의하게 0과 다르다.

예제 10.3-1

예제 10.2-5의 상황에서 어떤 한 쌍의 제어판 디자인이 비행사의 반응시간에 미치는 영향이 유의수준 $\alpha = 0.05$ 수준에서 다른지 결정하기 위해 본페로니 동시신뢰구간에 기반한 다중비교를 사용하라.

해답

4개 유형의 제어판이기 때문에, 가능한 대립 쌍은 $m = \binom{4}{2} = 6$이다.

$$p_1 - p_2, \; p_1 - p_3, \; p_1 - p_4, \; p_2 - p_3, \; p_2 - p_4, \; p_3 - p_4$$

4개의 제어판 디자인에 대한 표본 크기와 성공 횟수를 재상기하자. $n_1 = 45$, $O_{11} = 29$; $n_2 = 50$,

$O_{12} = 42$; $n_3 = 55$, $O_{13} = 28$; $n_4 = 50$, $O_{14} = 24$이다. 이런 대비에 대한 95% 본페로니 동시신뢰구간은 개별적인 $(1 - 0.05/6)100\% = 99.17\%$ 신뢰구간으로 이루어져 있다. 다음 R 명령어는 6개 대립가설에 대한 신뢰구간을 제공한다.

```
k=4; alpha=0.05/(k*(k-1)/2); o=c(29, 42, 28, 24);
  n=c(45,50,55,50)
for(i in 1:(k-1)){for(j in (i+1):k){print(prop.test(c(o[i],
  o[j]), c(n[i], n[j]), conf.level=1-alpha,
  correct=F)$conf.int)}}
```

6개 대립가설에 대한 신뢰구간은 다음 표의 두 번째 열에 나타난다.

대립	99.17% 신뢰구간	0의 포함 여부?
$p_1 - p_2$	$(-0.428, 0.0371)$	Yes
$p_1 - p_3$	$(-0.124, 0.394)$	Yes
$p_1 - p_4$	$(-0.100, 0.429)$	Yes
$p_2 - p_3$	$(0.107, 0.555)$	No
$p_2 - p_4$	$(0.129, 0.591)$	No
$p_3 - p_4$	$(-0.229, 0.287)$	Yes

이런 구간에 기반하여 다중비교를 수행하기 위해 0을 포함하지 않는 모든 것에 대해 점검한다. 이에 대한 답은 위 표 세 번째 열에 주어진다. 따라서 p_2는 실험별 유의수준 $\alpha = 0.05$에서 p_3, p_4와 유의하게 다르다. ■

다중비교절차로부터의 결과는 비교하고자 하는 변수의 추정치를 오름차순으로 나열하고, 밑줄 친 유의하게 다르지 않은 값은 묶음으로써 요약할 수 있다. 예를 들면, 예제 10.3-1에 있는 본페로니 다중비교절차의 결과는 다음과 같이 나타낼 수 있다.

$$\begin{array}{cccc} \widehat{p}_4 & \widehat{p}_3 & \widehat{p}_1 & \widehat{p}_2 \\ 0.48 & 0.51 & 0.64 & 0.84 \end{array}$$

예제 10.3-2

4개의 광석 성분에 대한 철함량 측정치는 *FeData.txt*에서 주어진다. 철함량에 관하여 실험별 유의수준 $\alpha = 0.05$에서 광석의 차이를 결정하기 위해, 순위합 검정 기반의 본페로니 다중비교를 사용하라.

해답

4개의 광석 성분은 $m = 6$쌍의 중앙값 대비를 도출한다.

$$\widetilde{\mu}_1 - \widetilde{\mu}_2, \ \widetilde{\mu}_1 - \widetilde{\mu}_3, \ \widetilde{\mu}_1 - \widetilde{\mu}_4, \ \widetilde{\mu}_2 - \widetilde{\mu}_3, \ \widetilde{\mu}_2 - \widetilde{\mu}_4, \ \widetilde{\mu}_3 - \widetilde{\mu}_4$$

0 대 양측대립인 각각의 대비에 대한 가설은 $\alpha/6 = 0.0083$ 수준에서 검증될 것이다. 이 데이터를 R 데이터 프레임 *fe*로 읽어오고, R 명령어 *f1=fe\$conc[fe\$ind=="V1"]; f2=fe\$conc[fe\$ind=="*

*V2"]; f3=fe\$conc[fe\$ind=="V3"]; f4=fe\$conc[fe\$ind=="V4"]*는 4개의 광석 성분에 대한 철함량 표본을 R 객체 $f_1, \cdots, f_4$에 할당한다. 표본의 각각의 쌍에 대해 명령어 *wilcox.test*를 사용하여(즉, $H_0 : \tilde{\mu}_1 - \tilde{\mu}_2 = 0$ 대 $H_a : \tilde{\mu}_1 - \tilde{\mu}_2 \neq 0$ 검정과 다른 대립가설에 대해 유사하게 검정하기 위한 명령어 *wilcox.test(f1, f2)*다.), p-값과 $\alpha/6 = 0.0083$ 수준에서의 비교에 대한 다음 표를 구한다.

대립	p-값 $H_0 : \mu_i - \mu_j = 0$	0.083 이하인가?
$\tilde{\mu}_1 - \tilde{\mu}_2$	0.1402	No
$\tilde{\mu}_1 - \tilde{\mu}_3$	0.0172	No
$\tilde{\mu}_1 - \tilde{\mu}_4$	0.0013	Yes
$\tilde{\mu}_2 - \tilde{\mu}_3$	0.0036	Yes
$\tilde{\mu}_2 - \tilde{\mu}_4$	0.0017	Yes
$\tilde{\mu}_3 - \tilde{\mu}_4$	0.0256	No

이런 결과들은 다음과 같이 요약된다.

$$\underline{\tilde{X}_2 \quad \tilde{X}_1 \quad \tilde{X}_3} \quad \underline{\tilde{X}_4}$$
$$25.05 \quad 27.65 \quad 30.10 \quad 34.20$$

따라서 실험별 유의수준 $\alpha = 0.05$에서 광석 성분 1은 광석 성분 2, 광석 성분 3과 유의하게 다르지 않고, 광석 성분 3도 광석 성분 4와 유의하게 다르지 않다. 다른 모든 광석 성분의 쌍들은 유의하게 다르다. ■

10.3.2 튜키의 다중비교와 동시신뢰구간

튜키(Tukey)의 동시신뢰구간은 정규성과 등분산성 조건을 만족할 때, 모든 $m = k(k-1)/2$ 쌍별 대비 $\mu_i - \mu_j$에 대해 적용된다. 집단표본 크기가 크다면(≥ 30) 대체적으로 정규성 가정 없이 유효하지만, 등분산성 가정은 여전히 필요하다.

튜키 구간은 스튜던트화 범위분포에 기반한다. 스튜던트화 범위분포는 분자 자유도와 분모 자유도로 구성된다. 분자 자유도는 비교되는 평균의 수 k와 같고, 분모 자유도는 $N = n_1 + \cdots + n_k$인 $N - k$에 대한 분산분석표의 MSE의 자유도와 같다. 스튜던트화 범위분포의 90 백분위수와 95 백분위수는 분모 $N - k$인 표 A.7에 주어지고, 분모 자유도 $N - k$는 ν로 나타낸다.

표 A.7에서 선택된 k와 $\nu = N - k$ 자유도에서의 스튜던트화 범위분포의 상단 임계치 α를 나타내는 $Q_{\alpha, k, N-k}$에서의 튜키 신뢰구간과 다중비교는 다음과 같다.

1. **튜키의 동시신뢰구간(Tukey's Simultaneous CIs):**

    모든 대비 $\mu_i - \mu_j$, $i \neq j$에 대한 튜키 동시신뢰구간은 다음과 같이 구성된다.

$$\overline{X}_i - \overline{X}_j \pm Q_{\alpha, k, N-k} \sqrt{\frac{S_p^2}{2} \left(\frac{1}{n_i} + \frac{1}{n_j} \right)} \tag{10.3.3}$$

$S_p^2 = $ MSE는 식 (10.2.10)에서 주어진 합동표본분산이다.

2. α 수준에서 튜키의 다중비교(Tukey's Multiple Comparisons at Level):

$i \neq j$인 (i, j) 한 쌍에 대해 식 (10.3.3) 구간이 0을 포함하지 않는다면, 유의수준 α에서 μ_i와 μ_j는 유의하게 다르다는 결론이 도출된다.

예제 10.3-3

4개의 다른 에탄올 농도가 수면시간에 미치는 영향을 $\alpha = 0.05$에서 비교한다. 각각의 다른 농도의 에탄올이 5마리 쥐로 이루어진 표본에 주어지고 각각의 쥐의 REM 수면시간을 기록했다. 튜키의 95% 동시신뢰구간을 구성하기 위해 결과 데이터 집합(*SleepRem.txt*)을 활용하고 튜키 다중비교 방법을 활용하여 실험별 유의수준 0.05에서 각 농도의 쌍별로 유의한 차이를 나타내는지 확인하라.

해답

표본 크기가 작기 때문에 4개의 모집단이 동일한 분산을 가지는 정규분포라고 가정하자. 이 데이터를 R 데이터 프레임 *sl*로 읽어오고, R 명령어(*sl$values, sl$ind, mean*)는 $\overline{X}_1 = 79.28$, $\overline{X}_2 = 61.54$, $\overline{X}_3 = 47.92$, $\overline{X}_4 = 32.76$을 반환한다. 추가 명령어 *anova(aov(sl$values~sl$ind))* 는 MSE $= S_p^2 = 92.95$를 반환한다(4개 모집단의 평균식에 대한 귀무가설이 $\alpha = 0.05$에서 기각되기 위해서 p-값 8.322×10^{-6}을 반환한다). 다음으로 표 A.7로부터 자유도가 $k = 4$와 $N - k = 16$인 스튜던트화 범위분포의 95 백분위수가 $Q_{0.05, 4, 16} = 4.05$인 것을 찾는다. 위 정보와 함께 식 (10.3.3)을 사용하여 계산된 95% 튜키 동시신뢰구간은 다음 표의 두 번째 열에 주어진다.

대립	95% 신뢰구간	0의 포함 여부?
$\mu_1 - \mu_2$	(0.28, 35.20)	No
$\mu_1 - \mu_3$	(13.90, 48.82)	No
$\mu_1 - \mu_4$	(29.06, 63.98)	No
$\mu_2 - \mu_3$	(-3.84, 31.08)	Yes
$\mu_2 - \mu_4$	(11.32, 46.24)	No
$\mu_3 - \mu_4$	(-2.30, 32.62)	Yes

각각의 신뢰구간이 0을 포함하는지 검사한 내용은 위 표에 세 번째 열에 있다. 따라서 (μ_2, μ_3)와 (μ_3, μ_4) 쌍을 제외한 모든 평균 쌍은 실험별 유의수준 0.05에서 유의하다. 이 결과들은 다음과 같이 요약된다.

$$\begin{array}{cccc} \overline{X}_4 & \overline{X}_3 & \overline{X}_2 & \overline{X}_1 \\ 32.76 & 47.92 & 61.54 & 79.28 \end{array}$$

R 객체 y에 있는 관측치와 R 객체 s에 포함된 각 측정치들의 표본 소속값을 이용해 시각적으로 표현한 그림과 함께 튜키의 동시신뢰구간을 작성하는 R 명령어는 다음과 같다.

그림 10-3
예제 10.3-3에 대한 튜키
동시신뢰구간의 시각적
표현

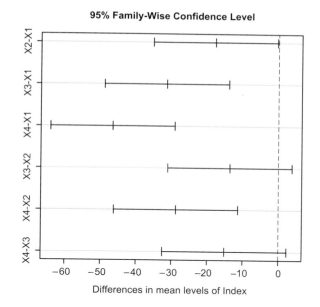

```
튜키의 (1 − α)100% 동시신뢰구간에 대한 R 명령어
TukeyHSD(aov(y~s), conf.level=1-α)
plot(TukeyHSD(aov(y~s), conf.level=1-α))
```

α의 기본값은 0.05다. 예를 들면, *TukeyHSD(aov(sl$values~sl$ind))* 명령어는 예제 10.3-3의 해답에서 보여 준 95% 튜키 동시신뢰구간을 제공한다(대립의 부호를 뒤바꾼 것을 제외한, 즉 $\mu_1 - \mu_2$ 대신에 $\mu_2 - \mu_1$ 등). 추가 명령어 *plot(TukeyHSD(aov(sl$values~sl$ind)))*는 그림 10-3에 있는 그래프를 그린다. 그림 10-3에 있는 0에서 수직선은 $\mu_4 - \mu_3$와 $\mu_3 - \mu_2$에 대한 신뢰구간이 0을 포함하는지 확인하는 데 도움이 된다. 이것은 예제 10.3-3에서 구한 것과 일치한다.

10.3.3 순위에 대한 튜키의 다중비교

이번 절차는 먼저 k개 표본의 관측치를 $N = n_1 + \cdots + n_k$개의 관측치에 대한 전체 집합으로 결합하고 이를 최솟값부터 최댓값까지 정렬하고, 각 관측치에 대해 순위 혹은 중간 순위를 할당한다. 이런 순위 단계에 대한 상세한 내용은 10.2.2절을 참고하라. 두 번째 단계로, i번째 순위표본이 i번째 표본의 관측치에 대한 순위가 포함되도록 N개 관측치의 순위를 k개의 순위표본으로 정렬한다. 마지막으로, 튜키 다중비교절차를 k개 순위표본에 적용하라.

　표본 크기가 작거나 혹은 비정규적일 때, 순위에 대한 튜키 다중비교절차를 추천한다. 그러나 동시신뢰구간의 결과는 원 관측치의 중앙값이나 평균의 대비에 대한 신뢰구간이 아님을 명심해야 한다. 대신에, 이 다중비교절차의 결과는 k개 모집단의 관측치에 대한 다중비교 혹은 $i \neq j$인 모든 중앙값 대비 $\tilde{\mu}_i - \tilde{\mu}_j$ 쌍에 대한 다중비교로 해석할 수 있다.

그림 10-4

예제 10.3-4에 있는 순위
에 대한 튜키 동시신뢰구간

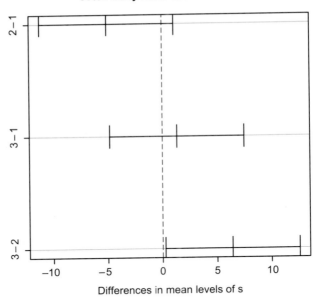

90% Family-Wise Confidence Level

Differences in mean levels of s

| 예제 10.3-4 |

3개의 섬유에 대해 인화성을 검사한 예제 10.2-4의 상황을 생각하고, 실험별 유의수준 $\alpha = 0.1$에서 인화성에 관하여 섬유의 차이를 확인하기 위해 순위에 대한 튜키 다중비교방법을 사용하라.

해답

인화성 데이터를 R 데이터 프레임 fl로 읽어오면, 다음 R 명령어를 사용할 수 있다.

```
k=4; alpha=0.05/(k*(k-1)/2); o=c(29, 42, 28, 24);
  n=c(45,50,55,50)
for(i in 1:(k-1)){for(j in (i+1):k){print(prop.test(c(o[i],
  o[j]), c(n[i], n[j]), conf.level=1-alpha,
  correct=F)$conf.int)}}
```

이런 명령어들은 그림 10-4에서 주어진 그래프를 그린다. 따라서 오직 섬유 2와 3만 실험별 유의수준 $\alpha = 0.1$에서 유의하게 다르다. 이 결과들은 다음과 같이 요약된다

$\overline{R}_3$	$\overline{R}_1$	$\overline{R}_2$
12.083	10.750	5.667

연습문제

1. 한 기사는 고온에서 디스크브레이크[4]를 사용하기 위해 [구상흑연(S), 강화흑연(C), 회선(G)]로 만들어진 3종류의 주철의 총변형률을 측정하는 것에 대한 연구를 보도했다. 각각 유형에 대해 9개의 측정치가 주어지고, 이 결

---

4 "Improving the thermal fatigue resistance of brake discs" in Materials, *Experimentation and Design in Fatigue*, Eds. F. Sherrat and J. B. Sturgeon. 1982. 60 – 71.

과는(값에 10,000을 곱한) *FatigueThermal*.txt에 주어진다. 과학적으로 알아보고자 하는 문제는 주철 유형에 따라 다른 총변형률을 가지는가이다.

(a) 이 질문에 대해 연관된 귀무가설과 대립가설을 기술하라.

(b) 이 데이터를 R 데이터 프레임 *tf*으로 읽어오고, 3개의 모집단에 대한 등식을 검증하기 위한 크루스칼-왈리스 절차를 수행하기 위하여 R 명령어 *kruskal.test(tf$values ~tf$ind)*를 사용하라. *p*-값과 유의수준 0.05에서 귀무가설의 기각 여부를 밝히라.

(c) (b)에 있는 검증결과에 근거하여, 실험별 유의수준 0.05에서 모집단들의 결과가 다른지 결정하기 위해 다중비교를 수행할 필요가 있는가? 이에 대한 타당한 답을 제시하라.

2. 세 가지 유형의 골판지 모양 컨테이너의 고정된 압축강도에 대한 10.2절의 연습문제 8에서 나온 데이터를 생각하라.

(a) ANOVA *F* 검정이 타당하기 위해 필요한 가정 중 하나는 등분산성 혹은 등분산이다. 요약통계만 주어졌기 때문에, 등분산성 가정은 3개의 모집단 분산에 대한 모든 쌍의 검증을 수행함으로써 검증할 수 있고, 본페로니 다중비교절차를 사용하여 검증한다. 특히, 9.4절에서 주어진 2개의 분산에 대한 등식 H_{10} : $\sigma_1^2 = \sigma_2^2$, H_{20} : $\sigma_1^2 = \sigma_3^2$, H_{30} : $\sigma_2^2 = \sigma_3^2$과 이에 해당하는 양측 대립가설을 검증하기 위해 *F* 검정을 적용하고, 실험별 유의수준 0.1에서 본페로니 방법을 적용하라. 등분산성 가정이 위배되는가?

(b) 실험별 유의수준 $\alpha = 0.05$에서 모집단 평균이 유의하게 다른지 컨테이너를 확인하기 위해 등분산성 가정 없이 2개의 *T* 검정 표본 쌍에 본페로니 비교방법을 사용하라. 오름차순으로 평균을 정렬하고, 유의하게 다르지 않은 것은 밑줄을 침으로써 결과를 요약하라.

3. Delphi Energy & Engine Management Systems에서 수행된 연구는 점화플러그를 제조할 때 분출압력이 점화플러그 저항에 미치는 효과를 고려했다. 각각의 3개의 다른 분출압력(10, 12, 15 psi)에서 제조된 150개의 점화플러그에 대한 저항 측정치는 다음 요약통계를 산출한다. $\overline{X}_1 = 5.365$, $\overline{X}_2 = 5.415$, $\overline{X}_3 = 5.883$, $S_1^2 = 2.241$, $S_2^2 = 1.438$, $S_3^2 = 1.065$. 분출압력이 평균 점화플러그 저항에 영향을 미친다는 증거가 있는가?

(a) 이 질문에 대해 연관된 귀무가설과 대립가설을 서술하고, 유의수준 0.05에서 ANOVA *F* 검정을 수행하기 위해 수기 계산을 사용하라.

(b) 실험별 유의수준 $\alpha = 0.05$에서 모집단 평균이 유의하게 다른지 컨테이너를 확인하기 위해, 등분산성 가정을 사용하여 2개의 *T* 검정 표본 쌍에 본페로니 비교방법을 사용하라. 오름차순으로 평균을 정렬하고, 유의하게 다르지 않은 것은 밑줄을 침으로써 결과를 요약하라.

4. 10.2절 연습문제 6의 상황과 데이터를 생각하라.

(a) 튜키 95% 동시신뢰구간을 계산하기 위해 R 명령어 혹은 수기 계산을 사용하고, 실험별 유의수준 $\alpha = 0.05$에서 튜키 다중비교를 수행하라. (힌트 10.2절 연습문제 6에서 주어진 요약통계를 사용하라.)

(b) 실험별 유의수준 $\alpha = 0.05$에서 순위에 대한 절차에 대해 튜키 다중비교를 수행하기 위해, R 명령어 혹은 수기 계산을 사용하라. (힌트 수기 계산을 할 때, 10.2절 연습문제 7에서 주어진 명령어들로 구한 순위 요약통계를 사용하라.)

(c) (a)와 (b)에서 수행한 각각의 분석에 대해, 오름차순으로 평균을 정렬하고, 유의하게 다르지 않은 것은 밑줄을 침으로써 결과를 요약하라.

5. 공대생을 위한 실험설계를 가르치는 한 통계수업에서 각 교수들의 세 가지 다른 교육방법 중 하나를 채택한다. (A) 수업자료로 주로 교과서만을 사용, (B) 컴퓨터 실습과 교과서를 혼합하여 사용, (C) 컴퓨터 실습과 특별히 준비된 강의 노트를 함께 사용. 24명의 학생들을 임의로 8명씩 3개 그룹으로 나눠서 세 가지 교육방법을 비교한다. 각 그룹

은 세 가지 교육방법 중 한 가지로 교육받았다. 공통시험은 수업의 끝에 진행된다. 3개 그룹에 대한 점수는(Grades TeachMeth.txt) 세 가지 방법의 교육학의 효율성을 비교하기 위해 사용될 것이다.

(a) 이 비교와 관련하여 귀무가설과 대립가설을 기술하고, 유의수준 $\alpha = 0.05$에서 검정하기 위해 ANOVA 절차를 사용하라. 검정의 타당성을 위해 필요한 가정이 있다면 무엇인가?

(b) 모든 대립쌍에 대한 튜키 95% 신뢰구간을 구하고, 교육방법에 따라(통계적으로) 유의한 차이가 있는지를 실험별 유의수준 $\alpha = 0.05$에서 튜키 다중비교절차를 통해 판정하라.

(c) 필요한 가정에 대한 타당성을 검증하기 위해 R 명령어를 사용하라. 각 시험에 대한 p-값과 도출된 결론을 보고하라. 도출된 결론에 의해 (a)와 (b)에서 수행된 절차는 타당한가?

6. 연습문제 5에서 나온 데이터를 상기하라.

(a) 유의수준 $\alpha = 0.05$에서 크러스칼-왈리스 검정을 수행하고, 타당성을 위해 필요한 가정이 있다면 그 가정에 대해 설명하라.

(b) 실험별 유의수준 $\alpha = 0.05$에서 순위합 검정과 함께 본페로니 다중비교방법을 사용하여 모집단 평균 간 유의한 차이가 있는 그룹을 찾으라.

(c) 순위에 대해 튜키 다중비교절차를 사용하여 (b)를 반복하라.

7. 10.2절에서 연습문제 10에 있는 데이터에 대해, 모든 쌍의 비율차에 대해 본페로니 95% 동시신뢰구간을 구하고, 이를 이용해 실험별 유의수준 0.05에서 차이가 있는 비율의 쌍을 찾으라.

8. 10.2절 연습문제 12에 있는 데이터에 대해, 본페로니 다중비교를 사용해 실험별 유의수준 $\alpha = 0.05$에서 모집단 비율 간 유의한 차이가 있는 그룹을 찾으라.

10.4 임의화 블록 설계

임의화 블록 설계(randomized block design)는 9.5절에서 살펴본 쌍체 데이터 설계를 $k > 2$인 모집단 비교를 위해 일반화한 것이다. 쌍체 데이터 설계와 마찬가지로 임의화 블록 설계로부터 생성된 k개 표본은 독립이 아니다. 따라서 k개의 표본이 독립이라는 가정에 근거해 이전 장에서 다룬 $k > 2$인 모집단 비교에 대한 방법은 유효하지 않다.

난괴법은 n개의 개체(피험자 또는 객체)를 포함하는 확률표본에 k개의 처리(treatment))를 각각 실시해 결과를 비교할 때 사용한다. 각각의 처리에 대한 k개 관측치가 동일한 피험자 혹은 객체로부터 구해지므로 k개의 표본은 독립이 아니다. 관측치가 얻어지는 피험자 혹은 객체를 **블록**(blocks)이라 한다. 각각의 블록에 대해 k개 처리가 적용되는 순서가 임의화될 때, 블록 설계는 **임의화**(randomized)된다고 한다. **임의화 완전 블록 설계**(randomized complete block design)라는 용어는 각각의 블록이 k개의 처리를 모두 받는다는 사실을 강조하는 데 사용된다. 이 책에서 임의화 블록 설계는 임의화 완전 블록 설계를 지칭한다.

다음 예제는 이러한 데이터가 발생하는 두 가지 상황을 제시한다.

예제 10.4-1   네 가지 종류의 트럭 타이어 A, B, C, D에 대해 내구성을 비교한다. 이런 비교실험을 설계하는 한 가지 방법은 n개의 트럭에 대한 확률표본을 뽑고, 각 트럭에 각 종류의 타이어 하나씩을 장착하는 것이다. 각 트럭에서 타이어에 대한 위치(전방 왼쪽, 전방 오른쪽, 후방 왼쪽, 후방 오른쪽)는 무작위로 선택된다. 도로에서 사전에 명시된 마일 수를 주행한 후, 타이어의 마모 정도를 평가한다. 이 예제에서 n개의 트럭은 블록에 해당하고, 4개의 타이어 종류에 대응되는 4개의 모집단/처리를 비교하게 된다. 각각의 블록에 대해 각 타이어 종류의 마모 정도를 수치화한 4개의 측정치가 얻어진다. 타이어의 마모 정도에 특정 방향으로 영향을 미치는 요인들(화물, 길 상황, 운전자 등) 때문에, 각 블록의 4개의 측정치는 서로 독립이라고 가정할 수 없다. 그러나 서로 다른 트럭에서 얻은 측정치는 독립을 가정할 수 있다. 이러한 비교연구를 위한 또 다른 실험 설계로는 A 종류 타이어에 대해 n_1개, B 종류에 대해 n_2개, C 종류에 대해 n_3개, D 종류에 대해 n_4개의 트럭으로 구성된 각기 다른 확률표본을 사용하는 것이다. 각각의 트럭으로부터 4개의 타이어에 대한 평균 마모 정도를 기록하면 독립인 4개의 표본이 얻어진다. ■

예제 10.4-2　광석표본으로부터 철함량을 결정하기 위한 세 가지 방법을 비교하고자 한다. 이러한 비교연구를 위한 임의화 블록 설계는 n개의 광석표본을 뽑고 각각에 대한 철함량을 결정하기 위해 서로 다른 세 가지 방법을 적용하는 것으로 구성된다. 각 광석표본에 대해 세 가지 방법을 적용하는 순서는 임의화된다. 이 예제에서 n개의 광석표본은 블록이 되고, 서로 다른 세 가지 방법으로 비교될 모집단에 해당한다. 측정치가 광석표본의 실제 철함량에 의존적이므로 각 광석표본에 대해 3개의 측정치를 얻을 것이다. 이 비교연구를 위한 또 다른 실험 설계법은 각각의 방법에 대해 서로 다른 광석표본을 취함으로써 서로 다른 3개의 독립인 표본을 얻는 것이다. ■

위의 두 예제에서는 측정치에 대해 통제할 수 없는 많은 변수를 제거하기 위해 임의화 블록 설계를 사용한 것이다. 예제 10.4-1은 임의화 블록 설계를 통해 트럭이 서로 다른 화물을 싣고 서로 다른 운전자에 의해 서로 다른 속도로 서로 다른 경로를 다니면서 발생할 수 있는 통제 불능 변인들을 제거하고 있다. 유사하게, 예제 10.4-2에서의 임의화 블록 설계는 다양한 광석표본에 포함된 서로 다른 철함량으로 인한 통제불능 변인들을 제거한다.

10.4.1 통계적 모형과 가설

데이터에 대한 표기는 처리를 아래 첨자 i로, 블록을 아래 첨자 j로 표기하며 나타낸다. 따라서 X_{ij}는 처리 $i(i = 1, \cdots, k)$로부터 j번째 관측치$(j = 1, \cdots, n)$를 표기한 것이다. 그림 10-5는 세 가지의 처리를 포함하는 임의화 블록 설계에 대한 데이터를 나타낸다. 각 블록 j 내에서 k개 관측치는 일반적으로 상관관계가 있다.

$$(X_{1j}, X_{2j}, \cdots, X_{kj}), \quad j = 1, \cdots, n, \qquad (10.4.1)$$

하지만 서로 다른 블록에 속한 관측치(그림 10-5에서 다른 열)는 독립임을 가정한다.

처리 i에 대한 관측치의 집합은 처리 i에 해당하는 모집단으로부터의 확률표본이다. μ_i가 처리 i로부터 발생하는 관측치의 평균을 나타낸다고 하자. 즉, $E(X_{ij}) = \mu_i$는 식 (10.2.2)에서의 경

그림 10-5
임의화 블록 설계에 대한
데이터 진열

처리	블록
	1 2 3 $\cdots$ n
1	X_{11} X_{12} X_{13} $\cdots$ X_{1n}
2	X_{21} X_{22} X_{23} $\cdots$ X_{2n}
3	X_{31} X_{32} X_{33} $\cdots$ $X_{3n}s$

우과 같이 $\mu = \frac{1}{k} \sum_{i=1}^{k} \mu_i$이고, $\alpha_i = \mu_i - \mu$이다.

$$\mu_i = \mu + \alpha_i$$

따라서 처리의 평균이 같다는 귀무가설 $H_0 : \mu_1 = \cdots = \mu_k$는 다음과 같이 나타낼 수 있다.

$$H_0 : \alpha_1 = \cdots = \alpha_k = 0 \tag{10.4.2}$$

그러나 각 블록 내에 k개의 관측치의 종속성을 고려하지 않기 때문에 통계적 모형 식 (10.2.2)는 임의화 블록 설계로부터 추출된 데이터 X_{ij}에 적용되지 않는다. 식 (10.4.1)에 있는 각 k 쌍의 관측치 내에 종속성을 설명하기 위해서 모형 식 (10.2.2)는 b_j로 표기되는 각각의 블록 j에 대한 **임의 효과**(random effect)를 포함한다.

$$X_{ij} = \mu + \alpha_i + b_j + \epsilon_{ij} \tag{10.4.3}$$

임의 효과 b_j, $j = 1, \cdots, n$은 iid(독립동일분포)임을 가정한다.

$$E(b_j) = 0 , \qquad \text{Var}(b_j) = \sigma_b^2$$

식 (10.2.2) 경우와 같이 고유오차변수 ϵ_{ij}는 평균 0과 분산 σ_ϵ^2이고 상관관계가 없다고(다른 블록에 대한 독립) 가정한다. 게다가, 고유오차변수는 임의 효과와 상관관계가 없다. 모형 식 (10.4.3)과 공분산에 대한 성질은 관측치 X_{ij}의 분산과 블록 j로부터 $i_1 \neq i_2$인 2개의 모든 관측치 X_{i_1j}와 X_{i_2j} 사이의 공분산에 대한 다음 표현을 산출한다.

$$\text{Var}(X_{ij}) = \sigma_b^2 + \sigma_\epsilon^2, \qquad \text{Cov}\left(X_{i_1j}, X_{i_2j}\right) = \sigma_b^2 \tag{10.4.4}$$

따라서 모형 식 (10.4.3)에 의해, 각 블록 내에 모든 관측치의 쌍은 동일한 공분산을 가진다고 가정된다. 이 가정은 처리가 각 블록 내에서 임의화되었다는 사실로 뒷받침된다.

10.4.2 분산분석 F 검정

8.3.4절과 10.2.1절에서 언급했듯이, ANOVA 방법론은 총제곱합(total sums of squares, SST)으로 표현되는 전체 변동을 서로 다른 요소로 분해하는 것에 기반한다. 임의화 블록 설계에서 SST는 처리 내에서의 차이(SSTr), 블록 내에서의 차이(SSB)와 고유오차변수(SSE)에 대한 제곱합으로 분해된다. 이런 제곱합을 정의하기 위해서 다음을 설정한다.

$$\overline{X}_{i \cdot} = \frac{1}{n} \sum_{j=1}^{n} X_{ij}, \quad \overline{X}_{\cdot j} = \frac{1}{k} \sum_{i=1}^{k} X_{ij}, \quad \overline{X}_{\cdot \cdot} = \frac{1}{kn} \sum_{i=1}^{k} \sum_{j=1}^{n} X_{ij}$$

그림 1-20에서 소개된 점과 막대표기와 유사하다. 처리 SS, 블록 SS, 오차 SS는 다음과 같이 정의된다.

처리제곱합
(Treatment Sum of
Squares, SSTr)

$$\mathrm{SSTr} = \sum_{i=1}^{k} n \left(\overline{X}_{i \cdot} - \overline{X}_{\cdot \cdot} \right)^2 \tag{10.4.5}$$

블록 제곱합(Block
Sum of Squares,
SSB)

$$\mathrm{SSB} = \sum_{j=1}^{n} k \left(\overline{X}_{\cdot j} - \overline{X}_{\cdot \cdot} \right)^2 \tag{10.4.6}$$

오차제곱합(Error Sum
of Squares, SSE)

$$\mathrm{SSE} = \sum_{i=1}^{k} \sum_{j=1}^{n} \left(X_{ij} - \overline{X}_{i \cdot} - \overline{X}_{\cdot j} + \overline{X}_{\cdot \cdot} \right)^2 \tag{10.4.7}$$

SSTr, SSB, SSE는 총제곱합을 분해한 것임을 알 수 있다. $\mathrm{SST} = \sum_{i=1}^{k} \sum_{j=1}^{n} (X_{ij} - \overline{X}_{\cdot \cdot})^2$로 정의된다. 즉, 다음과 같이 표현된다.

$$\mathrm{SST} = \mathrm{SSTr} + \mathrm{SSB} + \mathrm{SSE} \tag{10.4.8}$$

SSTr이 SSE보다 클 때 ANOVA F 검정은 k개의 평균이 차이가 없다는 가설을 기각한다(또는, 주 처리 효과가 유의하지 않다. 식 (10.4.2) 참고). 임의화 블록 설계 상황에서 중요하게 고려할 부분은 아니지만, 블록 효과가 유의하지 않다는 가설은 SSB가 SSE보다 클 때 기각될 수 있다.

노트 10.4-1 블록 효과가 임의가 아닌 고정된 상황이라도 주 처리 효과가 없다는 가설에 대한 F 검정은 동일하다. 즉, 다음 교호작용 없는 2-요인 설계에 대한 모형에서도 동일하다 (1.8.4절 참고).

$$X_{ij} = \mu + \alpha_i + \beta_j + \epsilon_{ij}, \quad \sum_i \alpha_i = 0, \quad \sum_j \beta_j = 0, \quad E(\epsilon_{ij}) = 0 \tag{10.4.9}$$

◁

SSE를 이용한 SSTr과 SSB의 적절한 비교를 위해, 이러한 제곱합은 각각의 자유도로 나눠져야 한다. 이는 다음과 같다.

SSTr, SSB, SSE에
대한 자유도

$$\mathrm{DF}_{SSTr} = k - 1, \quad \mathrm{DF}_{SSB} = n - 1, \quad \mathrm{DF}_{SSE} = (k-1)(n-1) \tag{10.4.10}$$

SSTr, SSB, SSE를 각각의 자유도로 나누면, 각각에 해당하는 평균제곱이 구해진다.

처리, 블록, 오차에
대한 평균제곱(Mean
Squares)

$$\text{MSTr} = \frac{\text{SSTr}}{k-1}, \quad \text{MSB} = \frac{\text{SSB}}{n-1}, \quad \text{MSE} = \frac{\text{SSE}}{(k-1)(n-1)} \tag{10.4.11}$$

ANOVA F 통계량은 MSTr/MSE 비율로 계산된다. 모형 식 (10.4.3)에서 임의 효과와 오차가 정규분포를 따른다면 F 통계량의 정확한 귀무분포는 $H_0 : \mu_1 = \cdots = \mu_k$가 참일 때, $k-1$과 $(k-1)(n-1)$ 자유도를 가지는 F로 알려진다.

정규성 가정에 대한
ANOVA F-통계의 귀
무분포

$$F_{H_0}^{Tr} = \frac{\text{MSTr}}{\text{MSE}} \sim F_{k-1, (k-1)(n-1)} \tag{10.4.12}$$

$F_{H_0}^{Tr}$의 귀무분포는 $n \geq 30$일 때 정규성 가정 없이도 거의 정확하다.

$H_a : H_0$가 참이 아니다는 대립가설하에서 ANOVA F 통계량은 더 큰 값을 가지는 경향이 있다. 따라서 다음과 같은 조건이라면, $H_0 : \mu_1 = \cdots = \mu_k$은 유의수준 α에서 기각된다.

α 수준에서
$H_0 : \mu_1 = \cdots = \mu_k$에 대한
ANOVA 기각역

$$F_{H_0}^{Tr} > F_{k-1, (k-1)(n-1), \alpha} \tag{10.4.13}$$

또한 p-값은 $1 - F_{k-1, (k-1)(n-1)}(F_{H_0}^{Tr})$로 계산된다. $F_{k-1, (k-1)(n-1)}$는 $F_{k-1, (k-1)(n-1)}$ 분포의 CDF로 표기된다. F 통계량 $F_{H_0}^{Tr}$의 p-값과 이 계산에 대한 모든 수치는 다음 분산분석표에 정리되어 있다.

Source	DF	SS	MS	F	P
Treatment	$k-1$	SSTr	MSTr	$F_{H_0}^{Tr} = \dfrac{\text{MSTr}}{\text{MSE}}$	$1 - F_{k-1, (k-1)(n-1)}(F_{H_0}^{Tr})$
Blocks	$n-1$	SSB	MSB	$F_{H_0}^{Bl} = \dfrac{\text{MSB}}{\text{MSE}}$	$1 - F_{n-1, (k-1)(n-1)}(F_{H_0}^{Bl})$
Error	$(n-1)(k-1)$	SSE	MSE		

분산분석표에서는 또한 블록 효과가 없다는 가설을 검증하는 데 사용할 수 있는 검정 통계량 $F_{H_0}^{Bl}$과 이에 대응되는 p-값을 보여 주지만 일반적으로 이 가설에 대해서는 고려하지 않는다.

예제 10.4-3

36명의 확률표본인 나파 밸리 방문자들이 검사하고, 1~10의 점수로 네 가지 와인 품종에 대해 평가한다. 공정한 평가를 위해 와인은 1~4번으로 표시된다. 4개의 와인은 각각 방문자들에게 임의의 순서로 알려 준다. 각 와인에 대한 평균점수와 전체 와인에 대한 평균점수는 다음과 같다. $\overline{X}_{1.} = 8.97$, $\overline{X}_{2.} = 9.04$, $\overline{X}_{3.} = 8.36$, $\overline{X}_{4.} = 8.31$, 그리고 $\overline{X}_{..} = 8.67$이다. 게다가, 방문자(블

록)에 대한 제곱의 합은 SSB = 11.38이고, 총제곱합은 SST = 65.497이다. 주어진 정보로 분산분석표를 작성하라. 네 가지 와인에 대한 점수가 유의한 차이점이 있는지 유의수준 $\alpha = 0.05$에서 검증하라.

해답

이번 예제에서 방문자들은 블록을 구성하고 와인은 '처리'(방문자들이 다른 와인으로 '처리'되었다는 의미에서)를 구성한다. 처음 2개의 열로부터 분산분석표의 MS, F, P 열이 구해진다. 자유도 열에 있는 객체는 3, 35, 105다. 각 와인에 대한 평균점수와 식 (10.4.5)를 이용해 다음을 구할 수 있다.

$$\text{SSTr} = 36\left[(8.97-8.67)^2+(9.04-8.67)^2+(8.36-8.67)^2+(8.31-8.67)^2\right] = 16.29$$

주어진 SSB와 SST값 그리고 식 (10.4.8)을 이용해 다음을 구할 수 있다.

$$\text{SSE} = \text{SST} - \text{SSTr} - \text{SSB} = 65.497 - 16.29 - 11.38 = 37.827$$

분산분석표의 결과는

Source	df	SS	MS	F	P
Wines	3	16.29	5.43	15.08	3.13×10^{-8}
Visitors	35	11.38	0.325	0.9	0.63
Error	105	37.827	0.36		

마지막 열에 p-값은 R 명령어 $1\text{-}pf(15.08, 3, 105)$와 $1\text{-}pf(0.9, 35, 105)$로 구해진다. 와인 효과에 대한 p-값은 매우 작으므로, 와인에 따라 평균점수가 유의하게(유의수준 $\alpha = 0.05$에서) 다르다는 결론이 도출되었다. ■

R 객체 *values*의 단일 열에 있는 데이터와, 블록과 처리를 나타내는 R 객체 *block*과 *treatment*를 이용해 임의 블록 설계 분산분석표를 구하는 R 명령어는 다음과 같다.

```
임의화 블록 설계에 대한 R 명령어
summary(aov(values~treatment+block))
```

예를 들면, 예제 10.4-3의 와인 시음 데이터를 R 데이터 프레임 *wt*로 불러오기 *wt=read.table* (*"NapaValleyWT.txt"*, *header=T*)를 사용했다. (각각의 처리에 대한 관측치, 즉 이 데이터 파일에 열로 주어진 각 와인에 대한 점수에 주목하라. 그림 10-5에서는 행으로 표현되었다.)

```
st=stack(wt); wine=st$ind; visitor=as.factor(rep(1:36,4))
summary(aov(st$values~wine+visitor))
```

위 R 명령어는 예제 10.4-3의 분산분석표를 생성한다(반올림 오차까지).

가정에 대한 타당성 검증 ANOVA F 검정절차는 모형 식 (10.4.3)에서 고유오차변수 ε_{ij}가 등분산적이고 $n < 30$이라면 정규분포임을 요구한다. 이런 가정에 대한 타당성은 10.2.1절에서 설명된 방법과 유사한 방법으로 모형 식 (10.4.3)으로부터 얻어진 잔차들로 검증할 수 있다. 특히 각 관측치에 대해 각각 블록과 거리를 나타내는 R 객체 *trt*와 *blk*의 데이터열과 R 객체 *values*의 데이터열을 이용해 가정에 대한 타당성을 검증하는 R 명령어는 다음과 같다.

등분산성 가정 검정에 대한 R 명령어

```
anova(aov(resid(aov(values~trt+blk))**2~trt+blk))
```
$(10.4.14)$

정규성 가정 검정에 대한 R 명령어

```
shapiro.test(resid(aov(values~trt+blk)))
```
$(10.4.15)$

예를 들면, 예제 10.4-3의 와인 시음 데이터에 대해 정의된 R 객체를 사용하면 R 명령어는 다음과 같다.

```
anova(aov(resid(aov(st$values~wine+visitor))**2~wine+visitor))
```

위 R 명령어는 와인과 방문자 효과에 대해 0.7906과 0.4673의 p-값을 산출한다. 이런 p-값은 잔차분산이 다른 와인 혹은 방문자들에 대해 유의한 차이가 없다고 나타낸다. 따라서 등분산성 가정은 타당하다. 그러나 다음 추가적인 명령어는

```
shapiro.test(resid(aov(st$values~wine+visitor)))
```

p-값이 0.006으로 정규성 가정을 위반한다고 제안한다. 그림 10-6에 있는 잔차 상자그림과 Q-Q 도표는 어떤 종류의 위반을 했는지 보여 준다. 상자그림은 대칭성의 부족이나 이상치의 존재에 대한 암시를 주지 못하지만 Q-Q 도표에서는 정규분포보다 가벼운 꼬리(lighted tail)를 가진 분포에서 데이터가 추출되었음을 나타내고 있다. 그러나 이 연구에서 표본 크기는 30보다 크므로 정규성 가정을 위반하더라도 ANOVA F 검정절차는 타당하다.

10.4.3 순위에 대한 프리드먼 검정과 F 검정

데이터가 정규성 가정에 위반될 때, 관측치의 순위에 대한 프리드먼(Friedman) 검정과 F 검정은 k개의 처리 모집단의 분포에 대한 동일성을 검정하기 위해 대안이 되는 절차다.

$F_1, \cdots, F_k$은 k개 모집단에 대한 누적분포함수이고, $\tilde{\mu}_1, \cdots, \tilde{\mu}_k$는 각각에 대한 중앙값이다. 이 절에서 소개되는 2개의 절차는 다음 가설에 대한 검정으로 폭넓게 해석된다.

$$H_0 : \tilde{\mu}_1 = \cdots = \tilde{\mu}_k$$
$(10.4.16)$

그림 10-6

그림 10-6
예제 10.4-3에 있는 잔차
의 상자그림과 Q-Q 도표

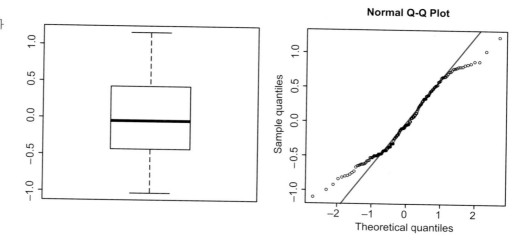

순위에 대한 F 검정 이 절차는 이름과 같이 관측치의 순위에 대해 ANOVA F 검정을 적용하는 것으로 이루어진다. 특히, 이 절차는 다음 단계로 구성된다.

1. k개 표본에 대한 데이터 $X_{i_1}, \cdots, X_{in}$, $i = 1, \cdots, k$를 $n \times k$ 관측치로 구성된 전체 집합으로 결합한다.

2. 9.3절과 10.2.2절에서 다룬 결합된 관측치의 집합에 대해 순위 혹은 중간순위를 할당하라. R_{ij}는 관측치 X_{ij}의 (중간)순위라고 표기하자.

3. X_{ij} 대신에 R_{ij}를 사용하여, 식 (10.4.5), (10.4.6), (10.4.7)로부터 제곱의 합 SSTr_R, SSB_R, SSE_R을 각각 계산하고, 제곱의 순위합을 식 (10.4.10)에서 주어진 각각의 자유도로 나눔으로써 제곱의 평균순위합 MSTr_R, MSB_R, MSE_R을 계산하라.

4. $FR_{H_0}^{Tr} = \mathrm{MSTr}_R / \mathrm{MSE}_R$을 이용해 순위에 대한 F 통계량과 $1 - F_{k-1,(k-1)(n-1)}(FR_{H_0}^{Tr})$를 이용해 p-값을 계산하라. $FR_{H_0}^{Tr} > F_{k-1,(k-1)(n-1),\alpha}$ 혹은 p-값이 α보다 작다면, 귀무가설 식 (10.4.16) 은 유의수준 α에서 기각된다.

이 검정절차는 $n \geq 8$일 때 타당하다.

예제 10.4-4

예제 10.4-3의 와인 시음 데이터 집합에 대해, 순위에 대한 요약통계는 $\overline{R}_{1\cdot} = 90.93$, $\overline{R}_{2\cdot} = 94.89$, $\overline{R}_{3\cdot} = 52.97$, $\overline{R}_{4\cdot} = 51.21$, $\overline{R}_{\cdot\cdot} = 72.50$이다. 게다가, 방문자(블록)에 대한 제곱의 순위합 은 $\mathrm{SSB}_R = 41{,}843$이고 총순위제곱합은 $\mathrm{SST}_R = 248{,}203$이다. 주어진 정보로 순위에 대한 F 통 계량을 계산하고 $\alpha = 0.05$에서 4개의 와인에 대한 점수가 차이가 없다는 가설을 검정하라.

해답

주어진 요약통계량을 처리에 대한 제곱합 식 (10.4.5)에 대립하여 다음을 구한다.

$$\mathrm{SSTr}_R = 36\left[(90.93 - 72.5)^2 + (94.89 - 72.5)^2 + (52.97 - 72.5)^2 + (51.21 - 72.5)^2\right]$$
$$= 60{,}323.83$$

SSB_R와 SST_R 값에 대한 정보와 식 (10.4.8)을 이용하여 다음을 구한다.

$$SSE_R = SST_R - SSTr_R - SSB_R = 248{,}203.00 - 41{,}843.00 - 60{,}323.83 = 146{,}036.17$$

따라서, $MSTr_R = 60{,}323.83/3 = 20{,}107.94$, $MSE_R = 146{,}036.2/105 = 1390.82$,

$$FR_{H_0}^{Tr} = \frac{20{,}107.94}{1390.82} = 14.46, \quad p\text{-값} = 1 - F_{3,105}(14.46) = 5.93 \times 10^{-8}$$

p-값은 0.05보다 작기 때문에 (혹은 $14.46 > F_{3,105,0.05} = 2.69$), 와인은 그들의 점수 중앙값에 관하여 $\alpha = 0.05$에서 유의하게 다르다. ■

와인 시음 데이터를 R 데이터 프레임 *wt*에 입력시키고 R 데이터 프레임 *st*를 생성한다(*st=stack (wt)*를 이용). 다음 R 명령어는

```
ranks=rank(st$values); wine=st$ind;
  visitor=as.factor(rep(1:36,4))
summary(aov(ranks~wine+visitor))
```

예제 10.4-4의 제곱합과 F 통계량을 제공한다(반올림 오차까지).

프리드먼 검정 프리드먼 검정과 순위에 대한 ANOVA F 검정의 중요한 차이점은 이전 검정 (ANOVA F 검정)에서 각 관측치들이 자신의 블록에 대한 k개의 관측치 사이에 순위화된다는 것이다. 이런 **블록 내 순위**는 r_{ij}로 표기된다. 여기에는 3개의 추가적인 차이점이 있다. 첫째, 순위평균 제곱오차가 다르게 계산되고 MSE_r^*로 표기된다. 둘째, 검정 통계량은 $SSTr_r/MSE_r^*$에 대한 비율이다. 마지막으로, 프리드먼 검정 통계량에 대한 귀무분포는 χ_{k-1}^2(자유도가 $k-1$인 카이제곱)에 근사하다.

프리드먼 검정 통계량과 이에 대한 p-값 계산절차는 다음과 같다.

1. r_{ij}는 j번째 블록에서 관측치 $X_{i_j}, \cdots, X_{kj}$ 중 관측치 X_{ij}의 (중간)순위라고 하자.
2. X_{ij} 대신 r_{ij}를 사용하여 식 (10.4.5)로부터 $SSTr_r$을 계산하고, 다음 식으로 MSE_r^*을 계산한다.

$$MSE_r^* = \frac{1}{n(k-1)} \sum_{i=1}^{k} \sum_{j=1}^{n} (r_{ij} - \bar{r}_{..})^2 \tag{10.4.17}$$

3. $Q_{H_0} = SSTr_r/MSE_r^*$를 통해 프리드먼 통계량을 계산하고, $1 - \Psi_{k-1}(Q_{H_0})$를 통해 p-값을 계산하라. Ψ_ν는 χ_ν^2 분포의 CDF를 나타낸다. $Q_{H_0} > \Psi_{k-1,\alpha}$이거나 p-값이 α보다 작다면, 식 (10.4.16)의 H_0은 유의수준 α에서 기각된다.

프리드먼 검정절차는 $n > 15$와 $k > 4$일 때 타당하다.

예제 10.4-5

예제 10.4-3에서 나온 와인 시음 데이터 집합에 대해, 블록 내 순위 r_{ij}에 대한 요약통계량은 $\bar{r}_{1.} = 3.11$, $\bar{r}_{2.} = 3.14$, $\bar{r}_{3.} = 1.92$, $\bar{r}_{4.} = 1.83$, $\bar{r}_{..} = 2.5$다. 게다가 이 순위의 표본분산은 1.248이다. 주어진 정보로 프리드먼 검정 통계량과 p-값을 계산하고, $\alpha = 0.05$에서 4개의 와인에 대한 점수가 차이가 없다는 가설을 검정하라.

해답

주어진 요약통계량을 처리에 대한 제곱합의 식 (10.4.5)에 대입하여 다음을 구할 수 있다.

$$\text{SSTr}_r = 36\left[(3.11 - 2.5)^2 + (3.14 - 2.5)^2 + (1.92 - 2.5)^2 + (1.83 - 2.5)^2\right] = 56.41$$

식 (10.4.17)은 MSE_r^*은 블록 내 순위의 표본분산 S_r^2을 이용해 계산될 수 있음을 의미한다.

$$\text{MSE}_r^* = \frac{1}{n(k-1)}(nk-1)S_r^2 \tag{10.4.18}$$

따라서 $S_r^2 = 1.248$인 정보를 사용하여 다음을 구한다.

$$\text{MSE}_r^* = \frac{(36 \times 4 - 1)1.248}{36 \times 3} = 1.65 \text{와} \quad Q_{H_0} = \frac{56.41}{1.65} = 34.19$$

명령어 *1-pchisq(34.19, 3)*는 p-값 $1 - \Psi_3(34.19) = 1.8 \times 10^{-7}$을 반환한다. 게다가 표 A.5로부터 $\Psi_{3, 0.05}^2 = 7.815$를 가진다. $Q_{H_0} = 34.19 > 7.815$이고 p-값이 0.05보다 작기 때문에 와인은 와인 점수에 대한 중앙값에 관하여 $\alpha = 0.05$에서 유의하게 다르다는 결론이 도출된다. ■

이 데이터를 R 데이터 프레임 *wt*로 입력시키고 R 데이터 프레임 *st*를 생성한 후(*st = stack(wt)*), 프리드먼 검정을 수행하기 위한 다음 R 명령어를 입력한다.

```
프리드먼 검정에 대한 R 명령어
friedman.test(st$values, st$ind, as.factor(rep(1:n, k)))
```

특히, 와인 시음 데이터를 R 데이터 프레임 *wt*로 입력시키고 생성한 R 데이터 프레임 *st*를 이용하면, R 명령어 *friedman.test(st$values, st$ind, as.factor(rep(1:36, 4))*)는 예제 10.4-5에서 나온 프리드먼 검정 통계량과 p-값(반올림 오차까지)을 산출한다.

노트 10.4-2 프리드먼 검정은 임의화 블록 설계에 주로 사용되지만, 순위에 대한 ANOVA F 검정보다 대체적으로 성능이 좋지 않다. ◁

10.4.4 다중비교

10.3절에서 다뤘던 것처럼, k 평균/중앙값의 등식에 대한 귀무가설이 기각될 때, 주어진 유의수준 α에서 어떤 쌍의 차이가 0과 다른지(어떤 쌍이 유의한 차이를 나타내는지)에 대한 문제가

남아 있다. 이번 절은 임의화 블록 설계의 데이터를 이용해 본페로니와 튜키 다중비교절차를 설명한다.

본페로니 다중비교와 동시신뢰구간 본페로니 동시신뢰구간과 다중비교를 설계하는 절차는 10.3.1절에서 설명되었다. 평균차이의 쌍에 대한 동시신뢰구간이 9.5절에 쌍체 T 신뢰구간의 형태를 취한다는 것이 유일한 차이점이다. 유사하게, 다중비교가 쌍별 검정을 통해 수행된다면 차이점은 오직 9.5절에서 나온 쌍별 T 검정 혹은 9.5.4절에서 나온 부호순위 검정을 사용했다는 것이다. 동시신뢰구간과 쌍별 검정을 통한 본페로니 다중비교절차는 다음 예제에서 설명된다.

예제 10.4-6

예제 10.4-3의 와인 시음 데이터의 상황에서 와인의 경우의 수 $\binom{4}{2} = 6$인 실험별 유의수준 $\alpha = 0.05$에서 유의하게 다르다는 것을 확인하기 위하여 다음 본페로니 다중비교절차를 적용하라.

(a) 95% 본페로니 동시신뢰구간을 구축하고, 이에 근거하여 다중비교를 수행하라.

(b) Wilcoxon 부호순위절차를 이용한 쌍별 검정을 통해 본페로니 다중비교절차를 수행하라.

(c) 쌍별 T 검정절차를 이용한 쌍별 검정을 통해 본페로니 다중비교절차를 수행하라.

해답

예제 10.4-3, 10.4-4, 10.4-5에서 나온 4개의 와인은 평균 혹은 중앙값에 관하여 유의하게 다르다는 것을 구했기 때문에, 다중비교절차의 적용은 타당하다.

(a) $m = 6$인 95% 동시신뢰구간이 설계되었기 때문에, 본페로니 방법은 $(1 - 0.05/6)100\% = 99.167\%$ 신뢰수준에서 각 신뢰구간이 설계된다. 6개의 동시신뢰구간은 다음 표에 주어진다.

Comparison	99.17% CI	Includes 0?
$\mu_1 - \mu_2$	$(-0.470, 0.326)$	Yes
$\mu_1 - \mu_3$	$(0.237, 0.974)$	No
$\mu_1 - \mu_4$	$(0.278, 1.044)$	No
$\mu_2 - \mu_3$	$(0.295, 1.061)$	No
$\mu_2 - \mu_4$	$(0.320, 1.147)$	No
$\mu_3 - \mu_4$	$(-0.370, 0.481)$	Yes

$$(10.4.19)$$

예를 들면, $n = 36$인 블록을 생각하고, 첫 번째 구간은 다음과 같이 설계된다.

$$\overline{X}_{1\cdot} - \overline{X}_{2\cdot} \pm t_{35, 0.05/12} S_{1,2}/6$$

$0.05/12$는 $0.05/6$의 반이고, $S_{1,2}$는 차이의 표준편차 $X_{1j} - X_{2j}$, $j = 1, \cdots, 36$이다. 그렇지 않으면, R 데이터 프레임 *wt*로 읽어온 데이터를 이용해, 첫 번째 구간은 R 명령어 *t.test (wt$W1, wt$W2, paired=T, conf.level=0.99167)*로 구축하고, 다른 구간들도 유사하게 구축할 수 있다. 이런 신뢰구간을 사용하여, 본페로니 95% 다중비교는 0을 포함한 것을 체크하여 수행한다. 신뢰구간이 0을 포함하지 않는다면, 이에 응하는 비교는 실험별 0.05 유의수준에서 유의하다고 할 수 있다. 식 (10.4.19) 표에서 마지막 열에 주어진 결과는 와인 1과

와인 2는 각각 와인 3과 4와 유의한 차이가 있지만 와인 1과 2 간에는 유의한 차이가 없고, 와인 3과 와인 4 간에도 유의한 차이가 없다는 것을 나타낸다.

(b) m = 6쌍인 와인 점수에 대한 데이터에 부호순위검정을 적용한 결과인 p-값은 표 (10.4.20)에서 주어진다. 요구된 실험별 유의수준은 0.05이기 때문에, 각각 p-값은 0.05/6 = 0.00833으로 비교된다. 0.00833보다 작은 p-값 비교는 유의하다고 선언된다.

Comparison	p-Value	Less than 0.0083?	
1 vs 2	0.688	No	
1 vs 3	0.000	Yes	
1 vs 4	0.000	Yes	(10.4.20)
2 vs 3	0.000	Yes	
2 vs 4	0.000	Yes	
3 vs 4	0.712	No	

표 (10.4.20)에 마지막 열에 따라서, 각각 와인 1과 2는 와인 3과 4와 다르다는 것이 유의하지만, 와인 1은 와인 2와 다르다는 것이 유의하지 않고, 와인 3은 와인 4와 다르다는 것이 유의하지 않다. 이 결론은 (a)에서 도출된 결론과 일치한다.

(c) m = 6쌍인 각각의 와인 점수에 대한 데이터에 쌍별 T 검정을 적용한 p-값 결과는 다음과 같다. 0.615, 5.376×10^{-5}, 2.728×10^{-5}, 1.877×10^{-5}, 1.799×10^{-5}, 0.717이다. 표 (10.4.20)의 두 번째 열에 있는 p-값을 정렬하고, 그 값을 비교한 결과 0.00833은 (a)와 (b)에서 도출한 결과가 정확하게 동일하다고 결론 내린다.

세 가지 방법에 대한 모든 다중비교 결과는 다음과 같이 요약된다.

$$\begin{array}{cccc} \overline{X}_4 & \overline{X}_3 & \overline{X}_1 & \overline{X}_2 \\ 8.31 & 8.36 & 8.97 & 9.04 \end{array}$$

튜키의 다중비교와 동시신뢰구간 튜키의 방법은 10.4.2절의 정규성 가정 혹은 블록의 수가 클 때(≥ 30) 적절하다.

모든 쌍별비교의 동시신뢰구간과 다중비교에 대한 절차는 10.3.2절에서 설명한 것은 유사하지만, 임의화 블록 설계에 대한 MSE를 사용하였고 스튜던트화 범위분포의 분모 자유도는 $(k-1)(n-1)$이다. 더 정확하게, 이 절차는 다음과 같다.

1. **튜키의 동시신뢰구간:**

   모든 비교 $\mu_i - \mu_j$, $i \neq j$에 대해 $(1-\alpha)100\%$ 튜키 동시신뢰구간은 다음과 같이 구한다.

   $$\overline{X}_{i\cdot} - \overline{X}_{j\cdot} \pm Q_{\alpha, k, (k-1)(n-1)} \sqrt{\frac{\text{MSE}}{n}} \tag{10.4.21}$$

   MSE는 식 (10.4.11)에서 주어진다.

2. **α 수준에서 튜키의 다중비교:**

   $i \neq j$인 (i, j) 한 쌍에 대해 구간 식 (10.4.21)이 0을 포함하지 않는다면, 유의수준 α에서 μ_i 와 μ_j는 유의한 차이가 있다고 결론 내린다.

예제 10.4-7

예제 10.4-3의 와인 시음 데이터의 상황에서 $\binom{4}{2} = 6$인 와인 쌍이 실험별 유의수준 $\alpha = 0.05$ 에서 유의한 차이가 있는지 확인하기 위한 95% 동시신뢰구간을 구하고 다중비교를 수행하기 위하여 튜키의 방법을 적용하라.

해답

식 (10.4.21)은 6개 쌍의 평균의 차이에 대해 95% 동시신뢰구간을 산출한다.

대립	95% 튜키 신뢰구간	0의 포함 여부?
$\mu_1 - \mu_2$	$(-0.442, 0.297)$	Yes
$\mu_1 - \mu_3$	$(0.236, 0.975)$	No
$\mu_1 - \mu_4$	$(0.292, 1.030)$	No
$\mu_2 - \mu_3$	$(0.308, 1.047)$	No
$\mu_2 - \mu_4$	$(0.364, 1.103)$	No
$\mu_3 - \mu_4$	$(-0.314, 0.425)$	Yes

$$(10.4.22)$$

구간 중 0을 포함하는 구간을 검사함으로써 표 (10.4.22)의 세 번째 열은 예제 10.4-6의 결과와 일치하는 다중비교결과를 산출한다. ■

노트 10.4-3 식 (10.4.22)에 있는 신뢰구간의 너비는 예제 10.4-6(a)의 본페로니 신뢰구간보 다 더 작은 경향이 있다. 이러한 경향은 튜키의 구간은 등분산의 가정을 사용하지만, 본페로니 구간은 등분산의 가정을 사용하지 않기 때문에 나타난다. ◁

각 관측치에 대해 각각 블록과 처리를 나타내는 R 객체 *block*과 *treatment*의 데이터열과 R 객 체 *values*의 데이터열을 이용할 때, 튜키의 동시신뢰구간을 구하는 R 명령어는 다음과 같다.

```
튜키 (1 − α)100%에 대한 R 명령어

TukeyHSD(aov(values~treatment+block), "treatment",
    conf.level=1-α)
plot(TukeyHSD(aov(values~treatment+block), "treatment",
    conf.level=1-α))
```

α의 기본값은 0.05다. 예를 들면, 예제 10.4-3의 와인 시음 데이터를 R 데이터 프레임 *wt*로 읽 어오고, 다음 R 명령어들은 예제 10.4-7의 95% 동시신뢰구간의 표를 산출한다(차이에 대한 부

그림 10-7

예제 10.4-7에 대한 튜키
의 동시신뢰구간에 대한
시각적인 표현

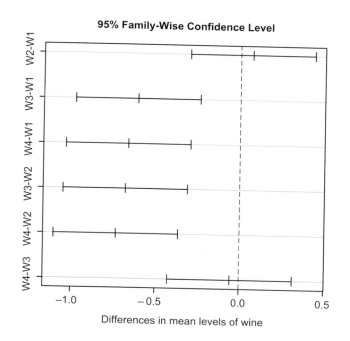

호를 변경하는 것을 제외하면, 즉 $\mu_2 - \mu_1$ 대신에 $\mu_1 - \mu_2$ 등등, 반올림 오차까지).

```
st=stack(wt); wine=st$ind; visitor=as.factor(rep(1:36, 4))
TukeyHSD(aov(st$values~wine+visitor),"wine")
```

추가 명령어 *plot(TukeyHSD(aov(st$values~wine+visitor),"wine"))*는 다중비교결과를 효과적
으로 보여 주기 위해 그림 10-7의 그래프를 통해 시각적으로 나타낸다.

순위에 대한 튜키의 다중비교 이 절차는 먼저 모든 관측치를 $N = n \times k$ 관측치의 전체 집합의
결합, 이 관측치들의 오름차순 정렬, 각 관측치에 대한 순위 혹은 중간순위 할당으로 구성된다.
순위결정과정은 10.2.2절에서 설명되었다. 이 데이터는 그들의 순위로 교체된 후 튜키의 다중
비교절차를 적용시킬 수 있다. 결합된 데이터 (중간)순위에 대한 튜키의 방법의 적용은 $n \geq 8$에
대해 타당하고, 비정규성인 데이터일 때 추천된다.

10.3.3절에서 설명된 것처럼, 튜키의 동시신뢰구간은 $\mu_i - \mu_j$ 대비와 연관이 없지만, 다중비
교절차 결과는 k 모집단 쌍에 대한 다중비교로 해석될 수 있다. 특히, 순위에 대한 튜키의 다중
비교절차의 결과는 대비 $\tilde{\mu}_i - \tilde{\mu}_j$ 중앙값의 모든 쌍에 대한 다중비교로 해석될 수 있다.

예제 10.4-8 예제 10.4-3의 와인 시음 데이터에서, 순위에 대해 튜키의 방법을 사용하여 실험별 유의수준
$\alpha = 0.05$에서 다중비교를 수행하라.

해답

와인 시음 데이터를 R 데이터 프레임 *wt*로 읽어오면, 다음 R 명령어는

```
st=stack(wt); wine=st$ind; visitor=as.factor(rep(1:36, 4))
TukeyHSD(aov(rank(st$values)~wine+visitor),"wine")
```

다음 표에 보인 순위에 대해 95% 튜키의 동시신뢰구간을 제공한다.

비교	95% 튜키 신뢰구간	0의 포함 여부?
1 vs 2	(−26.91, 18.99)	Yes
1 vs 3	(15.01, 60.91)	No
1 vs 4	(16.77, 62.67)	No
2 vs 3	(18.97, 64.87)	No
2 vs 4	(20.73, 66.63)	No
3 vs 4	(−21.18, 24.71)	Yes

이전에 언급했듯이, 이 신뢰구간들은 와인 점수에 대한 평균 혹은 중앙값에 대한 대비와 관련이 없다. 그러나 각 구간이 0을 포함하는지 검사한 결과로 얻은 다중비교절차는 중앙값의 대비와 연관이 있다. 위 표의 세 번째 열에서 얻은 다중비교는 예제 10.4-6과 10.4-7과 일치한다. ■

연습문제

1. 10.2절 연습문제 5의 습한 공기흐름에 대한 연구에서 연소율에 대한 데이터는 *CombustRate.txt*에서 찾을 수 있다. 이 연습문제에서 나온 상황에서, 통계학습을 한 공학자는 데이터에 확실한 패턴이 있는지를 관찰하고 다른 실험조건에 대해 알아본다. 다른 온도에 해당하는 다른 열들을 적는다. 추가적인 정보로 이 공학자는 다른 온도 수준을 임의의 블록으로 다루기 위해 결정한다.

(a) 10.2.1절의 **ANOVA** F 절차가 왜 추천되지 않는지 설명하고, 추가 정보를 포함하는 관측치 X_{ij}에 대한 모형을 작성하라.

(b) (a)에서 작성한 모형의 변수를 사용하여, 물의 몰분율 다양성이 열확산성 평균에 영향을 미치는지 결정하는 것에 대한 귀무가설과 대립가설을 기술하라.

(c) (a)에 있는 모형에 대한 분산분석표를 구축하기 위한 **R** 명령어를 사용하고, 유의수준 $\alpha = 0.01$에서 검정하기 위해 p-값을 사용하라.

(d) 10.2절 연습문제 5에서 구한 값과 (c)에서 구한 p-값을 비교하고, 관측된 차이점에 대해 간략히 서술하라.

(e) 튜키 99% 동시신뢰구간을 구하고 다중비교를 수행하기 위해 **R** 명령어를 사용하라.

2. 전기제품을 위한 서비스센터는 정기적으로 서비스하는 세 가지 유형의 디스크 드라이브에 대한 서비스 시간에 가능한 차이점을 조사하는 데 관심 있다. 현재 고용된 3명의 기술자는 임의로 각각의 드라이브 유형에 한 가지 수리법을 할당하고, 수리시간을 기록했다. 이 결과는 다음 표에 나타냈다.

드라이브	기술자		
	1	2	3
1	44.8	33.4	45.2
2	47.8	61.2	60.8
3	73.4	71.2	64.6

(a) 관측치에 대한 모형을 작성하라. 드라이브 혹은 기술자에 임의 블록이 해당하는가? (힌트 현재 고용된 기술자는 가능한 기술자의 모집단으로부터 임의추출한 것으로 볼 수 있다.)

(b) 분산분석표를 완성하고 세 가지 드라이브에 대한 평균 서비스 시간이 동일하다는 귀무가설을 검정하기 위해 p-값을 구하라.

(c) (b)의 가설에 대한 프리드먼 검정 통계량을 계산하고 p-값을 구하라.

3. 한 민간항공사는 비행기의 새로운 세대를 위해 제어판 네 가지의 디자인을 고려 중이다. 디자인이 응급표시에 대한 비행사의 반응시간에 미치는 영향을 알아보기 위해서, 응급상황을 가상화하고 8명의 비행사에 대한 반응시간을 초단위로 기록했다. 동일한 8명의 비행사는 4개의 디자인을 모두 사용했다. 평가된 디자인의 순서는 각 비행사마다 무작위로 설정했다. 이 데이터는 *Pilot ReacTimes*.*txt*에서 주어진다.

(a) 관측치 X_{ij}에 대한 모형을 작성하고 변수들이 처리 효과를 나타내는 것과 임의 블록 효과를 나타내는 것을 구체화하라.

(b) (a)에서 썼던 모형의 변수를 이용해서, 디자인에 따라 비행사의 평균 반응시간이 다른지 결정하는 데 관련한 귀무가설과 대립가설을 기술하라.

(c) R 명령어를 사용하여, (a)에서 구축된 모형의 등분산성 가정과 고유오차변수의 정규성에 대한 검정을 수행하라. 검정을 위한 p-값을 구하고, 잔차에 대한 상자그림과 Q-Q 도표를 구축하라. p-값과 도표를 기반으로 한 두 가정에 대한 타당성에 대해 논하라.

(d) (c)에서 내린 결론과 관계없이, (b)에서 가설을 검증하기 위해 유의수준 $\alpha = 0.01$에서 **ANOVA** F 절차를 수행하고, p-값을 구하라.

4. 연습문제 3의 상황에서 시각적으로 보여 주는 그래프를 포함하여 튜키 99% 동시신뢰구간을 구축하고, 디자인 쌍이 비행사의 응답시간에 미치는 영향이 유의하게 다른지 결정하기 위하여 실험별 0.01 유의수준에서 다중비교를 수행하라. 오름차순으로 표본평균을 정렬하고 유의하지 않은 평균쌍을 밑줄 침으로써 결론을 요약하라.

5. 한 실험은 하나의 직물에 대한 강도에 대해 4개의 다른 화학물질에 대한 영향을 알아보기 위해 수행되었다. 5개 직물이 표본으로 선택되었고, 각 화학물질은 각 직물에 대해 무작위 순서로 한 번에 하나씩 검사되었다. 이 데이터에 대한 총제곱합은 SST = 8.4455다. 몇가지 추가적인 요약통계는 부분적으로 다음 분산분석표에 주어진다.

	Df	Sum Sq	Mean Sq	F value
treatment				
block		5.4530		
Residuals		0.5110		

(a) 이 연구에서 두 가지 요소, 즉 '화학물질'과 '직물' 중 어느 것이 블록 요인인가?

(b) 분산분석표를 완성하고, 4개의 화학물질이 직물의 평균 강도에 서로 다르지 않다는 귀무가설을 검정하기 위해 유의수준 $\alpha = 0.05$에서 검정하고, p-값을 구하라.

6. 데이터 파일 *FabricStrengRbd*.*txt*은 연습문제 5의 직물 강도 데이터를 포함한다. 이 데이터를 R 객체 *fs*로 읽어오고, 순위에 대한 분산분석표를 구축하기 위해 다음 R 명령어를 사용하라.

```
ranks=rank(fs$streng);anova(aov(ranks~
    fs$chemical+fs$fabric))
```

(a) 4개 화학물질에 따른 직물의 평균 강도가 다르지 않다는 귀무가설을 검증하기 위해 p-값을 구하라. 이 가설이 유의수준 $\alpha = 0.01$에서 기각해야 하는가?

(b) 순위에 대한 튜키 다중비교를 구축하고, 화학물질이 실험별 유의수준 $\alpha = 0.01$에서 차이가 있는지 밝히라.

7. 한 연구는 3대의 차 A, B, C가 평행주차하는 데 걸리는 시간에 대해 조사했다. 운전자 7명이 확률표본으로 선택되었고, 각 운전자마다 3대의 차 각각을 평행주차하는 데 걸린 시간을 측정했다. 이 결과는 다음 표에서 주어진다.

자동차	\multicolumn{7}{c}{운전자}

자동차	1	2	3	4	5	6	7
A	19.0	21.8	16.8	24.2	22.0	34.7	23.8
B	17.8	20.2	16.2	41.4	21.4	28.4	22.7
C	21.3	22.5	17.6	38.1	25.8	39.4	23.9

3대의 차를 평행주차하는 데 걸린 시간에 대한 평균이 차이가 있다는 증거가 있는가? 다음 질문을 완성하기 위해 수기 계산 혹은 **R** 명령어를 사용하라.

(a) 본페로니 95% 동시신뢰구간을 구하고, 이에 해당하는 다중비교를 수행하라.

(b) 부호순위검정을 사용하여, 실험별 오차율 0.05에서 본페로니 다중비교를 수행하라.

다요인 실험

11.1 개요

여러 수준을 포함하는 통계실험에서 모든 요인의 수준 조합이 고려되고 모든 요인의 수준 조합에서 데이터가 수집된다면 이것을 요인 실험(factorial experiment)이라고 한다.

1.8.4절에서는 2-요소 요인 실험을 수행하는 상황에서 주효과(main effect)와 교호작용(interaction)이라는 중요한 개념에 대해 소개했다. 가법설계(additive designs), 즉 요인들 사이에 교호작용이 없는 설계에서 한 요인에 대한 서로 다른 수준은 주효과를 통해 비교될 수 있고 최적(best) 요인 수준 조합은 각 요인의 '최적' 수준에 해당하는 것임을 보였다. 그러나 비가법설계(non-additive designs), 즉 요인들 사이에 교호작용이 있는 상황에서 한 요인에 대한 다른 수준의 비교는 좀 더 복잡해진다. 요인이 2개 이상인 실험설계에서도 마찬가지다. 이와 같은 이유로 요인 실험에서 데이터 분석은 모형이 가법설계인지 아닌지를 결정하는 것으로부터 시작되고 1.8.4절의 교호작용 그래프는 이때 유용하게 이용되지만 다음에서 설명되는 공식적인 검정(formal test)이 필요하다.

이번 장에서는 '2-요인 설계는 가법설계이다'라는 귀무가설과 '그렇지 않다'는 대립가설을 검정하기 위한 **ANOVA** F 검정절차를 다룬다. 주효과에 대한 **ANOVA** F 검정도 다룬다. 주효과와 교호작용의 개념은 3-요인 설계로 확장되고, 이를 검정하는 **ANOVA** F 절차도 소개한다. 마지막 절에서는 실험설계의 특별한 종류인 2^r 요인과 부분요인배치법에 대해 소개한다. 이는 품질개선 프로그램에서 광범위하게 사용되고 있다.

11.2 2-요인 설계

11.2.1 주효과와 교호작용에 대한 F 검정

이번 절에서는 1.8.4절에서 소개된 표기와 전문용어를 살펴본다. 이 절을 보기 전에 1.8.4절의 내용을 한 번 더 확인하기를 바란다.

a개의 수준을 갖는 행 요인 A와 b개의 수준을 갖는 열 요인 B를 포함하는 설계를 $a \times b$ 설계라고 한다. 2×2 설계는 2^2 설계라고 부른다. μ_{ij}를 요인-수준 조합 (i, j)에서 구한 1개의 관측치에 대한 평균값이라고 하자. 즉, 요인 A의 수준이 i고, 요인 B의 수준이 j이다. 평균값 μ_{ij}, $i = 1, \cdots, a$, $j = 1, \cdots, b$는 다음과 같이 분해된다.

2-요인 설계에 대한 평균의 분해

$$\mu_{ij} = \mu + \alpha_i + \beta_j + \gamma_{ij} \tag{11.2.1}$$

$\bar{\mu} = \bar{\mu}_{..}$는 모든 μ_{ij}의 평균이고, α_i, β_j, γ_{ij}는 각각 주요 행 효과(main row effect), 주요 열 효과(main column effect), 교호작용 효과(interaction effect)라고 식 (1.8.4)와 (1.8.6)에서 정의하였다. 주효과와 교호작용의 정의는 다음 조건을 만족해야 한다.

$$\sum_{i=1}^{a} \alpha_i = 0, \quad \sum_{j=1}^{b} \beta_j = 0, \quad \sum_{i=1}^{a} \gamma_{ij} = 0, \quad \sum_{j=1}^{b} \gamma_{ij} = 0 \tag{11.2.2}$$

식 (1.8.4)에서 정의된 α_i, β_j, γ_{ij}는 식 (11.2.1)의 분해와 식 (11.2.2)의 조건을 모두 만족하는 숫자의 집합이다.

각 요인-수준 조합 (i, j)로부터 단순확률표본이 관측된다.

$$X_{ijk}, \quad i = 1, \cdots, a, \quad j = 1, \cdots, b, \quad k = 1, \cdots, n_{ij}$$

처음 2개의 지표는 요인 A와 B의 수준을 나타내고 세 번째 지표는 각 요인-수준 조합 내에서 관측치를 나타낸다. 그림 1-19는 각 요인-수준 조합 내 관측치들의 표현을 나타낸다. 모든 표본 그룹이 같을 때, 즉 모든 i, j에 대해 $n_{ij} = n$일 때, 설계가 **균형**(balanced)되었다고 말한다. 이에 대한 통계모형은 다음과 같다.

$$X_{ijk} = \mu_{ij} + \epsilon_{ijk} \quad \text{혹은} \quad X_{ijk} = \mu + \alpha_i + \beta_j + \gamma_{ij} + \epsilon_{ijk} \tag{11.2.3}$$

고유오차변수 ϵ_{ijk}는 평균 0과 공통분산 σ_ϵ^2을 갖는 독립변수라는 **등분산성** 가정을 한다. 식 (11.2.3)에서 첫 번째 표현은 모형의 **평균-오차-합**이라고 불리고, 두 번째는 **처리-효과**의 형태를 나타낸다. 교호작용 효과와 주요인 효과가 없다는 귀무가설은 다음과 같다

교호작용이 없는 경우

$$H_0^{AB} : \gamma_{11} = \cdots = \gamma_{ab} = 0 \tag{11.2.4}$$

주요 행 효과가 없는 경우

$$H_0^A : \alpha_1 = \cdots = \alpha_a = 0 \tag{11.2.5}$$

주요 열 효과가 없는 경우

$$H_0^B : \beta_1 = \cdots = \beta_b = 0 \tag{11.2.6}$$

이 가설에 대한 검정은 8.3.4절에서 사용된 **ANOVA** 방법에 기반한다. 이것은 단순선형회귀모형과 k개 평균 식에 대해 검정하는 8.3.4절과 10.2.1절의 내용이 사용된다. 기술적인 이유로 총제곱합의 분해에 대한 식과 F 통계량은 균형설계의 경우, 즉 모든 i, j에 대해 $n_{ij} = n$인 경우에만 주어진다.

여러 가지 지표로 나타낸 데이터에 대해 점(dot)과 바(bar) 표현(1.8.4절에서 이미 사용한)은 이들 데이터에 대한 요약과 평균을 나타내는 데 매우 유용하다. 이러한 표기에 따라서 지표 대신 점평균으로 요약하면, 점과 바는 지표에 대한 평균을 나타낸다. 예를 들면, 요인-수준 조합 (i, j) 혹은 그룹으로부터 표본평균은 다음과 같이 표현된다

$$\overline{X}_{ij\cdot} = \frac{1}{n} \sum_{k=1}^{n} X_{ijk} \tag{11.2.7}$$

그러나 표기를 간결하게 하기 위해서 $\overline{X}_{ij\cdot}$ 대신에 $\overline{X}_{ij}$로 표기하고, 다음과 같이 나타낸다.

$$\overline{X}_{i\cdot} = \frac{1}{b} \sum_{j=1}^{b} \overline{X}_{ij}, \quad \overline{X}_{\cdot j} = \frac{1}{a} \sum_{i=1}^{a} \overline{X}_{ij}, \quad \overline{X}_{\cdot\cdot} = \frac{1}{a}\frac{1}{b} \sum_{i=1}^{a} \sum_{j=1}^{b} \overline{X}_{ij} \tag{11.2.8}$$

총제곱합(sum of squares, SST)과 자유도는 각각 모든 X_{ijk}의 표본분산의 분자와 총수에서 1을 뺀 값이다.

$$SST = \sum_{i=1}^{a} \sum_{j=1}^{b} \sum_{k=1}^{n} \left(X_{ijk} - \overline{X}_{\cdot\cdot} \right)^2, \quad DF_{SST} = abn - 1 \tag{11.2.9}$$

총제곱합은 다음과 같이 분해된다.

$$SST = SSA + SSB + SSAB + SSE \tag{11.2.10}$$

주요 행 효과 SSA, 주요 열 효과 SSB, 교호작용 효과 SSAB, 오차 SSE에 대한 제곱합은 다음과 같이 정의된다

$$SSA = bn \sum_{i=1}^{a} \left(\overline{X}_{i\cdot} - \overline{X}_{\cdot\cdot} \right)^2, \quad SSB = an \sum_{j=1}^{b} \left(\overline{X}_{\cdot j} - \overline{X}_{\cdot\cdot} \right)^2 \tag{11.2.11}$$

$$SSAB = n \sum_{i=1}^{a} \sum_{j=1}^{b} \left(\overline{X}_{ij} - \overline{X}_{i\cdot} - \overline{X}_{\cdot j} + \overline{X}_{\cdot\cdot} \right)^2 \tag{11.2.12}$$

$$SSE = \sum_{i=1}^{a} \sum_{j=1}^{b} \sum_{k=1}^{n} \left(X_{ijk} - \overline{X}_{ij} \right)^2 \tag{11.2.13}$$

이는 다음과 같이 간편하게 표현된다.

$$\text{SSA} = bn \sum_{i=1}^{a} \widehat{\alpha}_i^2, \quad \text{SSB} = an \sum_{j=1}^{b} \widehat{\beta}_j^2, \quad \text{SSAB} = n \sum_{i=1}^{a} \sum_{j=1}^{b} \widehat{\gamma}_{ij}^2 \qquad (11.2.14)$$

$\widehat{\alpha}_i$, $\widehat{\beta}_j$, $\widehat{\gamma}_{ij}$는 식 (1.8.8)과 (1.8.9)에서 정의된 추정 효과이다. 이에 해당하는 총자유도의 분해 DF_{SST}는 다음과 같다.

$$abn - 1 = (a-1) + (b-1) + (a-1)(b-1) + ab(n-1)$$
$$= DF_{SSA} + DF_{SSB} + DF_{SSAB} + DF_{SSE} \qquad (11.2.15)$$

DF_{SSA}, DF_{SSB}, DF_{SSAB}, DF_{SSE}는 식 (11.2.15)에서 간단히 정의되었다. 제곱합을 각각의 자유도로 나누면 평균제곱이 구해진다.

$$\text{MSA} = \frac{\text{SSA}}{a-1}, \ \text{MSB} = \frac{\text{SSB}}{b-1}, \ \text{MSAB} = \frac{\text{SSAB}}{(a-1)(b-1)}, \ \text{MSE} = \frac{\text{SSE}}{ab(n-1)}$$

표본 크기가 모두 같기 때문에, ab개의 표본분산이 평균인 합동표본분산 S_p^2가 MSE와 같다는 것은 쉽게 확인될 수 있다. 이 결과와 유사한 1-요인에 대한 식 (10.2.11)을 참고하라.

H_0^{AB}, H_0^{A}, H_0^{B}의 검정을 위한 F 통계량과 이들의 귀무분포는 다음과 같다.

H_0^{AB}에 대한 F-통계량

$$F_{H_0}^{AB} = \frac{\text{MSAB}}{\text{MSE}} \sim F_{(a-1)(b-1),\ ab(n-1)} \qquad (11.2.16)$$

H_0^{A}에 대한 F-통계량

$$F_{H_0}^{A} = \frac{\text{MSA}}{\text{MSE}} \sim F_{a-1,\ ab(n-1)} \qquad (11.2.17)$$

H_0^{B}에 대한 F-통계량

$$F_{H_0}^{B} = \frac{\text{MSB}}{\text{MSE}} \sim F_{b-1,\ ab(n-1)} \qquad (11.2.18)$$

F_{ν_1, ν_2}는 분자와 분모의 자유도로 각각 ν_1, ν_2을 갖고 자신의 CDF에 사용된다. 위 계산은 다음의 분산분석표로 요약된다.

Source	Df	SS	MS	F	p-Value
Main Effects					
A	$a-1$	SSA	MSA	$F_{H_0}^{A}$	$1 - F_{a-1, ab(n-1)}(F_{H_0}^{A})$
B	$b-1$	SSB	MSB	$F_{H_0}^{B}$	$1 - F_{b-1, ab(n-1)}(F_{H_0}^{B})$
Interactions					
AB	$(a-1)(b-1)$	SSAB	MSAB	$F_{H_0}^{AB}$	$1 - F_{(a-1)(b-1), ab(n-1)}(F_{H_0}^{AB})$
Error	$ab(n-1)$	SSE	MSE		
Total	$abn-1$	SST			

일반적으로 교호작용에 대한 검정을 먼저 수행해야 한다. H_0^{AB}가 기각된다면, H_0^A와 H_0^B가 기각되지 않을지라도 2개의 요인이 모두 응답에 영향을 미친다고 결론 내릴 수 있다. 왜냐하면 주효과는 다른 요인의 수준들을 평균한 **평균 효과**이기 때문이다. 예를 들면, 요인 B의 수준 $j = 1$에서 교호작용이 나타난다면, 요인 A의 수준 $i = 1$은 수준 $i = 2$보다 더 큰 평균을 보이며 반대의 요인 B의 수준 $j = 2$에서도 같은 결과를 나타낸다. 유의한 교호작용 효과가 나타날 때 유의하지 않은 주효과는 교호작용 때문에 **가면화**(masking)되는 현상이 나타난다.

가설 중 1개라도 기각될 때, 동시신뢰구간과 다중비교는 모수의 쌍 중에서 어느 것이 유의한 차이를 보이는지 결정하기 위해 수행될 수 있다. 예를 들어, 가설 H_0^A가 기각되면, 동시신뢰구간과 다중비교는 행의 주효과에 대한 대비 쌍 중에서 어느 것이 유의한 차이를 보이는지 결정할 수 있다. 즉, 차이 $\alpha_i - \alpha_j$가 어디에서 0과 유의한 차이를 보이는지 알 수 있다. 수식 대신 R의 결과를 이용하여 다중비교와 같은 작업을 수행할 수 있다.

종속변수와 두 요인들의 수준을 R 객체 y, A, B로 각각 읽어오고, 분산분석표와 튜키의 동시신뢰구간을 표본 크기 n_{ij}가 같지 않은 **불균형** 설계에 적용하기 위하여 다음의 R 명령어를 수행한다.

ANOVA F 검정과 튜키 $(1 - \alpha)100\%$ 동시신뢰구간 검증에 대한 R 명령어

```
fit=aov(y~A*B); anova(fit); TukeyHSD(fit, conf.level=1-α)
```

다음은 이번 절에서 다룬 **ANOVA F** 검정절차를 시행하는 데 필요한 모든 가정과 식을 요약한 것이다.

2-요인 설계에 대한 ANOVA F 검정

(1) 가정:

    (a) $X_{ij_1}, \cdots, X_{iin}$은 (i, j)번째 모집단, $i = 1, \cdots, a$, $j = 1, \cdots, b$에서 추출된 단순임의 표본이다.

    (b) ab개의 표본은 서로 독립이다.

    (c) ab개의 분산은 모두 동일하다(등분산성).

    (d) ab개의 모집단은 정규분포를 따르거나 $n \geq 30$이다.

(2) F 검정 통계량 구하기:

    (a) ab개 표본에 대한 각각의 표본분산을 구하고 이들의 평균인 $S_p^2 = $ MSE을 구하라.

    (b) 식 (11.2.7)과 (11.2.8)의 $\overline{X}_{ij}$, $\overline{X}_{i\cdot}$, $\overline{X}_{\cdot j}$, $\overline{X}_{\cdot\cdot}$를 계산하고, 이들을 이용하여 식 (11.2.11)과 (11.2.12)의 SSA, SSB, SSAB를 계산하라.

    (c) 식 (11.2.16), (11.2.17), (11.2.18)의 절차들을 이용하여 $F_{H_0}^{AB}$, $F_{H_0}^A$, $F_{H_0}^A$을 계산하라.

(3) 기각역과 p-값:

가설	기각역
H_0^{AB}	$F_{H_0}^{AB} > F_{(a-1)(b-1),ab(n-1),\alpha}$
H_0^A	$F_{H_0}^A > F_{a-1,ab(n-1),\alpha}$
H_0^B	$F_{H_0}^B > F_{b-1,ab(n-1),\alpha}$

(11.2.19)

$F_{\nu_1,\nu_2,\alpha}$은 F_{ν_1,ν_2} 분포의 $(1-\alpha)100$ 백분위수다.

가설	기각역
H_0^{AB}	$1 - F_{(a-1)(b-1),ab(n-1)}(F_{H_0}^{AB})$
H_0^A	$1 - F_{a-1,ab(n-1)}(F_{H_0}^A)$
H_0^B	$1 - F_{b-1,ab(n-1)}(F_{H_0}^B)$

예제 11.2-1 계절별, 인공강우(cloud seeding) 유무에 따라 타즈마니아(Tasmania)의 특정 지역에 대한 강우량 측정 데이터(단위: 인치)가 다음과 같다.[1] 각 요인-수준 조합에 따라 $n = 8$의 관측에 대한 표본평균과 표본분산이 다음 표에 나타나 있다.

		계절							
		겨울		봄		여름		가을	
		평균	분산	평균	분산	평균	분산	평균	분산
비구름	예	2.649	1.286	1.909	1.465	0.929	0.259	2.509	1.797
	아니요	2.192	3.094	2.015	3.141	1.127	1.123	2.379	2.961

유의수준 0.05에서 교호작용과 주효과가 모두 없다는 가설검정을 수행하라.

해답

주효과와 교호작용의 표본 형태(sample version)는 예제 1.8-12에서 계산되었고, 교호작용 그래프는 그림 1-21에서 주어진다. 여기에서는 표본 형태의 차이가 모집단의 값이 유의한 차이가 있다고 할 수 있을 만큼 충분히 큰지 확인한다. (검정의 타당성을 위해 필요한 가정은 예제 11.2-3에서 확인될 것이다.) 8개의 표본분산에 대한 평균은 다음과 같이 계산된다.

$$\text{MSE} = 1.891$$

'인공강우'는 수준 '아니요'($i = 1$)과 '예'($i = 2$)를 갖는 요인 A이고 '계절'은 각각 $j = 1, 2, 3, 4$에 해당하는 '겨울', '봄', '여름', '가을'을 갖는 요인 B라고 하자. 전체 평균과 행과 열에 대한 평균은 다음과 같다.

---

1 A. J. Miller et al. (1979). Analyzing the results of a cloud-seeding experiment in Tasmania, *Communications in Statistics—Theory & Methods*, A8(10): 1017 – 1047.

$$\bar{x}_{..} = 1.964, \quad \bar{x}_{1.} = 1.999, \quad \bar{x}_{2.} = 1.928$$

$$\bar{x}_{.1} = 2.421, \quad \bar{x}_{.2} = 1.962, \quad \bar{x}_{.3} = 1.028, \quad \bar{x}_{.4} = 2.444$$

식 (11.2.11)과 (11.2.12)를 이용하여 SSA = 0.079, SSB = 21.033, SSAB = 1.024를 구한다. 각각의 자유도 1, 3, 3으로 이것들을 나누어 다음을 구한다.

$$\text{MSA} = 0.079, \quad \text{MSB} = 7.011, \quad \text{MSAB} = 0.341$$

앞에서 구한 MSE를 이용하여 다음의 검정 통계량을 얻는다.

$$F_{H_0}^{AB} = \frac{0.341}{1.891} = 0.180, \quad F_{H_0}^{A} = \frac{0.079}{1.891} = 0.042, \quad F_{H_0}^{B} = \frac{7.011}{1.891} = 3.708$$

각각에 해당되는 p-값은 다음과 같다.

$$1 - F_{3,56}(0.180) = 0.909, \quad 1 - F_{1,56}(0.042) = 0.838, \quad 1 - F_{3,56}(3.708) = 0.017$$

따라서 요인 B(계절)의 수준만 유의수준 0.05에서 강우량에 유의한 차이를 나타내고 있다. ■

예제 11.2-2

CloudSeed2w.txt 데이터 파일은 앞의 예제에 대한 강우량 측정치를 포함한다. 실험별 오류율 0.05에서 유의한 차이를 갖는 계절의 쌍들을 결정하기 위하여 분산분석표를 만들고 튜키의 95% 동시신뢰구간을 구하고 다중비교를 수행할 수 있는 R 명령어를 사용하라.

해답

```
cs=read.table("CloudSeed2w.txt", header=T)
y=cs$rain; A=cs$seeded; B=cs$season
fit=aov(y~A*B); anova(fit); TukeyHSD(fit)
```

데이터를 R 데이터 프레임 *cs*로 읽어온다. 강우량 데이터, 요인 A의 수준, 요인 B의 수준을 각각 객체 *y*, *A*, *B*로 정의한다. 튜키의 95% 동시신뢰구간을 포함하는 분산분석을 수행하라. 분산 분석표에 대한 결과는 다음과 같다.

	Df	Sum Sq	Mean Sq	F value	Pr(>F)
A	1	0.079	0.0791	0.0418	0.83868
B	3	21.033	7.0108	3.7079	0.01667
A:B	3	1.024	0.3414	0.1806	0.90914
Residuals	56	105.885	1.8908		

분산분석표에서 주어진 p-값은 앞의 예제에서 구한 값(반올림 오차까지)과 같다. 따라서 유의 수준 0.05에서 유의하게 다르다고 결론 내린다. 다중비교는 계절이 각각의 결과에 대해 서로 다르다는 것을 결정하기 위해 필요하다. (요인 A가 단지 2개의 수준을 갖기 때문에 H_0^A가 기

각되어도 다중비교를 할 필요가 없다.) $TukeyHSD(fit)$ 명령어는 $\alpha_{i_1} - \alpha_{i_2}$ 형태의 대비에 대한 95% 동시신뢰구간을 제공한다(따라서 요인 A가 2개의 수준을 가진다면, 95% 보통 신뢰구간), $\beta_{j_1} - \beta_{j_2}$ 형태의 대비에 대한 95% 동시신뢰구간의 분리된 집합 $\mu_{i_1j_1} - \mu_{i_2j_2}$ 형태의 대비에 대한 95% 분리된 동시신뢰구간, 그러나 이것들은 의미가 크지 않다. $\beta_{j_1} - \beta_{j_2}$의 대비(계절의 대립)에 대한 95% 동시신뢰구간은 다음 표에 주어진다. 이 표로부터 여름-가을과 겨울-여름 대립에 대한 동시신뢰구간은 0을 포함하고 있지 않음을 알 수 있다. 따라서 유의수준 0.05의 실험에서 0과 유의한 차이가 있는 대비가 존재한다.

```
          Tukey multiple comparisons of means
             95% family-wise confidence level

                    diff         lwr          upr        p adj
Spring-Autumn   -0.481875   -1.7691698    0.8054198   0.7550218
Summer-Autumn   -1.415625   -2.7029198   -0.1283302   0.0257497
Winter-Autumn   -0.023125   -1.3104198    1.2641698   0.9999609
Summer-Spring   -0.933750   -2.2210448    0.3535448   0.2311927
Winter-Spring    0.458750   -0.8285448    1.7460448   0.7815268
Winter-Summer    1.392500    0.1052052    2.6797948   0.0291300
```

11.2.2 가정의 타당성 검정

교호작용과 주효과에 대한 **ANOVA** F 검정의 타당성은 식 (11.2.19)에서 서술된 가정에 근거한다. 데이터가 요인-수준 조합으로부터의 각 모집단으로부터의 단순임의표본이라는 것과 ab개의 표본이 서로 독립이라는 가정은 데이터 수집 규칙을 통해 가장 잘 확인할 수 있다. 여기에서는 등분산성 가정을 검사하는 방법과 표본 크기가 30 이하일 경우에 정규성 가정을 검사하는 방법을 다룰 것이다.

10.2.1절에서 설명한 것처럼 2개 이상의 모집단을 포함하는 비교연구에서 집단 표본 크기는 30 이상인 경우가 드물다. 표본 크기가 작을 경우에 정규성 가정을 확신할 수 없기 때문에 등분산성 가정이 유지될 때 결합된 잔차의 단일 정규성 검정을 수행하는 것이 일반적이다.

10.2.1절에서 설명된 것처럼, 등분산성 가정은 식 (11.2.3)에 적합한 모형으로부터 구한 잔차 제곱에 대한 2-요인 **ANOVA** F 검정을 수행함으로써 검사할 수 있다. 주효과와 교호작용이 없다는 가설에 대한 p-값 0.05보다 크면 등분산성 가정을 만족한다. 등분산성 가정이 타당하다고 판단되면, 정규성 가정은 잔차에 대해 샤피로-윌크 정규성 검정을 수행함으로써 확인될 수 있다. 즉, p-값이 0.05보다 크다면, 정규성 가정을 만족한다고 할 수 있다. 잔차 그림을 이용하여 정규성 가정의 위배 여부를 확인할 수도 있다.

R 객체 fit은 모형 식 (11.2.3)을 적합하고 그 결과를 가지고 있다. 즉 명령어 $fit=aov(y\sim A^*B)$를 이용하여 제곱잔차에 의한 2요인 **ANOVA** F 검정과 잔차에 대한 샤피로-윌크 정규성 검정으로부터 p-값을 구한다.

등분산성 가정 검정하기 위한 R 명령어

```
anova(aov(resid(fit)**2~A*B))
```

(11.2.20)

정규성 가정 검정하기 위한 R 명령어

```
shapiro.test(resid(fit))
```

(11.2.21)

```
plot(fit, which=1)
plot(fit, which=2)
```

(11.2.22)

다음의 명령어는 그룹(적합된 값 또는 $\hat{\mu}_{ij}$값)에 의한 잔차를 나타내고 결합된 잔차에 대한 Q-Q 도표를 나타낸다.

예제 11.2-3

예제 11.2-1과 11.2-2의 데이터가 등분산성 및 정규성 가정을 만족하는지 확인하라.

해답

예제 11.2-1과 11.2-2의 R 객체 *fit*에 대하여 식 (11.2.20)의 R 명령어를 사용하여 다음 분산분석표를 얻는다.

그림 11-1
예제 11.2-3에 적합한 값에 대한 잔차 그래프

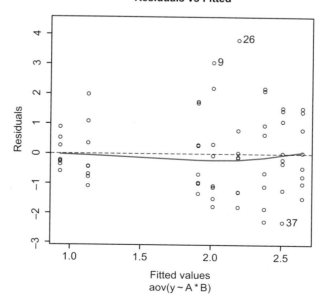

Residuals vs Fitted

	Df	Sum Sq	Mean Sq	F value	Pr(>F)
A	1	23.264	23.2643	4.1624	0.04606
B	3	23.736	7.9121	1.4156	0.24781
A:B	3	1.788	0.5960	0.1066	0.95588
Residuals	56	312.996	5.5892		

요인 A에 해당하는 p-값이 0.05보다 작기 때문에, 요인 A의 두 수준(인공강우 No/Yes)이 잔차 분산에 대해 서로 다른 영향을 미친다고 결론 내릴 수 있다. 등분산성 가정은 성립하지 않기 때문에 정규성 가정에 대해 검정할 필요는 없다. *plot(fit, which=1)* 명령어는 그림 11-1에 있는 그래프를 제공한다. 이는 잔차의 변동이 다른 그룹들 사이에서 유의하게 다르다는 것을 나타낸다. 이런 경우에는 **가중분석**을 추천한다. 12.4.1절과 12.4.2절을 참고하라. ■

11.2.3 칸당 1개의 관측치

요인 실험은 칸(cell)당 오직 1개의 관측치로 설계되는 경우가 있다. 이 경우 이전의 분석은 수행할 수 없다. 수행이 어려운 가장 큰 이유는 MSE가 정의될 수 없기 때문이다. MSE는 전체 ab개의 표본들로부터 표본분산이 합동(pooling)으로 구해지기 때문이다. 표본분산의 계산을 위해 적어도 2개의 관측치가 필요하기 때문에 MSE는 정의될 수 없다. 기술적인 용어로는 교호작용이 오차항과 교락(confounded)되어 있다고 하거나 관측치만큼 많은 수의 모수(ab개의 그룹 평균 μ_{ij})가 있다고 한다. 따라서 오차분산의 추정을 위하여 남겨둔 자유도가 없게 된다. 해결방법은 더 적은 모수들을 사용하여 ab개의 그룹 평균을 모형화하는 것이다. 모든 $\gamma_{ij} = 0$인 가법모형을 가정하는 것이다.

$$\mu_{ij} = \mu + \alpha_i + \beta_j \tag{11.2.23}$$

여기서 주효과는 일반적인 조건인 $\sum_{i=1}^{a} \alpha_i = 0 = \sum_{j=1}^{b} \beta_j$을 만족한다. 가법모형에서 ab개 그룹 평균은 $1 + (a - 1) + (b - 1) = a + b - 1$개 모수의 항들로 주어지고 $ab - a - b + 1 = (a - 1)(b - 1)$개의 자유도는 오차분산을 추정하기 위하여 남겨둔다. (본질적으로, 교호작용 제곱합은 오차제곱합이 된다.)

식 (11.2.23)의 가법모형에서 $H_0^A : \alpha_1 = \cdots = \alpha_a = 0$과 $H_0^B : \beta_1 = \cdots = \beta_b = 0$ 검정과 튜키의 동시신뢰구간 산정 및 다중비교 수행을 위한 분산분석표를 만드는 절차는 임의화 블록 설계에서 처리 효과 없음(no treatment effect)과 블록 효과 없음(no block effect)을 검정하기 위하여 10.4.2절에서 설명한 절차와 같다. 편의를 위해 분산분석표를 만들고 튜키의 다중비교를 수행하는 R 명령어를 설명한다. 반응변수와 2개 요인의 수준을 각각 R 객체 y, A, B로 지정하는 명령어는 다음과 같다.

```
fit=aov(y~A+B); anova(fit); TukeyHSD(fit)
```
$$\tag{11.2.24}$$

그러나 적절하지 않은 모형으로 데이터 분석은 잘못된 결과를 초래할 수 있다. 특히, 모형이 비가법적(non-additive)일 때 식 (11.2.23)의 가법모형으로 데이터를 분석하면 유의한 주효과가 감춰질 수 있다. 따라서 실험자는 데이터가 비가법(non-additivity)에 해당하는지 조사해야 한다. 1장의 교호작용 도표는 유용한 그래픽 도구이다. 교호작용을 확인하기 위한 기본적인 검정 방법은 튜키의 자유도 1(one degree of freedom) 검정이다. 이 절차는 모형 식 (11.2.23)의 추가된 공변량(covariate)으로 적합값의 제곱을 사용한다. 이 공변량의 유의성을 검정하기 위한 p-값은 교호작용에 대한 튜키의 자유도 1 검정의 p-값이다.

식 (11.2.24)와 같은 가법모형에 적합시켜 얻은 객체 *fit*을 이용하여 튜키의 검정절차를 적용하기 위한 R 명령어는 다음과 같다.

```
fitteds=(fitted(fit))**2; anova(aov(y~A+B+fitteds))
```
(11.2.25)

이 명령어는 2개의 요인과 공변량의 fitteds를 포함하는 가법모형을 적합시켜 얻은 분산분석표를 제공하며, 여기서 fitteds는 적합값의 제곱이다. 교호작용에 대한 튜키 검정의 p-값은 분산분석표에서 공변량 적합값에 해당하는 행의 마지막 값이다. p-값이 0.05보다 작다면, 가법성에 대한 가정은 타당하지 않다. 2개의 요인이 모두 반응변수에 영향을 미친다고 결론 내린다.

다음 예제는 모의실험 데이터를 이용하여 교호작용에 대한 튜키의 자유도 1의 검정을 설명하고 가법모형이 잘못 가정되었을 때 주효과의 가면화 효과를 강조한다.

예제 11.2-4   R 명령어를 사용하여 가법모형으로부터 데이터를 생성하고, 칸당 1개의 관측치를 갖고 주효과가 0이 아닌 3×3 실험설계의 비가법모형으로부터 데이터를 생성하라.

(a) 두 가지 데이터 집합 모두 교호작용에 대해 튜키 자유도 1 검정을 적용하여 가법성 가정의 만족 여부를 논하라.

(b) (a)의 튜키 검정결과와 상관없이, 두 가지 데이터 집합 모두 가법성 모형을 가정하여 분석하고 요인 A와 B에 대한 주효과가 유의수준 $\alpha = 0.05$에서 0과 유의한 차이가 있는지 밝히라.

해답

```
S=expand.grid(a=c(-1, 0, 1), b=c(-1, 0, 1));
   y1=2+S$a+S$b+rnorm(9, 0, 0.5)
```

이 명령어는 $\alpha_1 = -1$, $\alpha_2 = 0$, $\alpha_3 = 1$, $\beta_1 = -1$, $\beta_2 = 0$, $\beta_3 = 1$이고 평균은 0, 표준편차는 0.5인 식 (11.2.23) 가법모형에 의한 데이터를 발생한다. 추가적인 명령어 $y2=2+S\$a+S\$b+S\$a^*S\$b+rnorm(9, 0, 0.5)$는 요인 A와 B에 대한 동일한 주효과와 동일한 유형의 오차변수를 가지는 비가법모형으로부터 데이터를 발생한다. (난수생성에 대한 초깃값(seed)은 설정되지 않는다. 따라서 (a)와 (b)에서 수치적인 결과는 재현할 수 없다.)

(a) 첫 번째 데이터 구성에 대한 가법성을 검정하기 위한 튜키 검정을 수행하기 위해, 다음을 사용하라.

```
A=as.factor(S$a); B=as.factor(S$b); fit=aov(y1~A+B)
fitteds=(fitted(fit))**2; anova(aov(y1~A+B+fitteds))
```

이 명령어는 다음 분산분석표를 생성한다.

	Df	Sum Sq	Mean Sq	F value	Pr(>F)
A	2	4.3357	2.16786	16.9961	0.02309
B	2	4.7662	2.38310	18.6836	0.02026
fitteds	1	0.0074	0.00737	0.0578	0.82548
Residuals	3	0.3827	0.12755		

가법성에 대한 튜키 검정의 p-값은 'fitteds' 행의 마지막 부분에 주어진 0.82548이다. p-값이 0.05보다 크기 때문에, 이 데이터는 가법모형의 실험설계로부터 생성된 것이라 볼 수 있고 가법성 가정이 타당하다는 결론을 얻는다. 두 번째 데이터 구성에 대해 같은 명령어를 반복하면(즉, $y1$을 $y2$로 변경) 다음 분산분석표가 반환된다.

	Df	Sum Sq	Mean Sq	F value	Pr(>F)
A	2	2.378	1.1892	23.493	0.0147028
B	2	53.154	26.5772	525.031	0.0001521
fitteds	1	5.012	5.0123	99.017	0.0021594
Residuals	3	0.152	0.0506		

여기서 가법성에 대한 튜키 검정의 p-값은 0.0021594다. 이 값은 0.05보다 작기 때문에 비가법모형의 실험설계로부터 생성된 데이터라 볼 수 있고 가법성 가정이 타당하지 않다고 결론 내린다. 2개의 데이터 구성에 대한 교호작용 도표가 그림 11-2에 나타난다.

(b) *anova(aov(y1~A+B))* 명령어는 다음 분산분석표를 생성한다.

그림 11-2

예제 11.2-4의 가법모형과 비가법모형에 대한 교호작용 도표

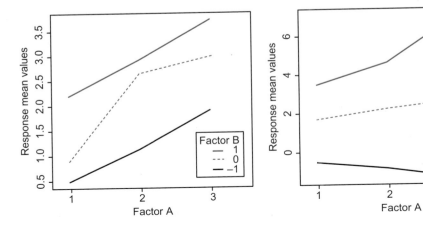

	Df	Sum Sq	Mean Sq	F value	Pr(>F)
A	2	4.3357	2.16786	22.233	0.006812
B	2	4.7662	2.38310	24.440	0.005722
Residuals	4	0.3900	0.09751		

두 요인의 주효과에 대한 p-값은 매우 작다. 이는 주효과가 0이 아니라는 사실을 뒷받침해 준다. 두 번째 데이터 구성에 대해 동일한 분석을 수행하여(즉, *anova(aov(y2~A+B))*) 다음 분산분석표를 생성한다.

	Df	Sum Sq	Mean Sq	F value	Pr(>F)
A	2	2.378	1.1892	0.9212	0.468761
B	2	53.154	26.5772	20.5859	0.007841
Residuals	4	5.164	1.2910		

오직 요인 B의 주효과만 0과 유의한 차이가 있다는 결론을 얻는다. 물론, 두 요인 모두 주효과가 0이 아니므로 이 결론은 맞지 않다. 데이터 분석 시 모형이 가법성이라는 가정(이 경우에 적절하지 않음)을 했기 때문에, 부정확한 결론에 도달한 것이다. 요인 A와 B 사이의 교호작용으로 인해 요인 A의 주효과가 가려진(masked) 것이다. ■

연습문제

1. 성장호르몬과 성호르몬이 체지방 변화에 주는 영향력을 연구한 실험의 데이터가 *GroHormSexSter.txt*로 주어진다(P, 위약에 대한 p와 T, 처리에 대한 t).[2] 이 데이터는 표본 크기가 $n_{11} = 17$, $n_{12} = 21$, $n_{21} = 17$, $n_{22} = 19$인 불균형모형이다. 수준 1은 위약이고 요인 A는 성장호르몬이다. 다음을 해결하기 위한 R 명령어를 사용하라.

(a) 2개의 요인에 대해 각각 교호작용과 주효과가 없다는 것을 검증하라. 3개의 검정 통계량과 이에 해당하는 p-값을 작성하고, 3개의 가설에 대해 각각 유의수준 0.05에서 기각되는지 서술하라.

(b) 교호작용 그래프를 그리고 이에 대하여 해석하라. 정규 F 검정과 일치하는가?

(c) 등분산성과 정규성 가정을 검사하기 위한 잔차 그래프를 작성하라.

(d) 등분산성과 정규성 가정에 대한 정규검정을 수행하고

결론을 서술하라.

2. 휴대전화 1개의 전자파 인체흡수율(Specific Absorption Rate, SAR)은 휴대전화를 사용할 때, 몸에 흡수된 고주파(Radio Frequency, RF) 에너지양을 측정한 것이다. 하나의 휴대전화에 대해 연방 통신 위원회 증명서를 받기 위해서 휴대전화의 최대 SAR 수준이 1.6W/kg이어야 한다. 이 수준은 캐나다에서도 동일하지만 유럽에서는 2W/kg이다. 모든 휴대전화는 RF 에너지를 방출하고 휴대전화 모델에 따라 SAR 수치는 다양하다. 게다가, 신호가 약한 지역에서 휴대전화는 타워에 연결하기 위하여 더 많은 전자파를 방출한다. 3개의 신호 수준에서 각각 다른 모델의 휴대전화가 방출하는 전자파량을 비교한 데이터는 *CellPhoneRL.txt*로 주어진다. 다음을 해결하기 위한 R 명령어를 사용하라.

---

2 Marc Blackman et al. (2002). Growth hormone and sex steroid administration in healthy aged women and men, *Journal of the American Medical Association*, 288(18): 2282–2292.

(a) 교호작용과 주효과가 없다는 것을 검사하라. 3개의 검정 통계량과 이에 해당하는 p-값을 작성하고, 3개의 가설에 대해 각각 유의수준 0.01에서 기각되는지 서술하라.

(b) 핸드폰 종류의 쌍들이 주효과에 관하여 유의수준 0.01에서 유의하게 다른지 결정하기 위해 다중비교를 수행하라. 3개의 신호 수준에 대해 동일하게 하라.

(c) 등분산성과 정규성 가정에 대한 정규검정을 수행하고, 결론을 서술하라.

(d) 등분산성과 정규성 가정을 검사하기 위하여 교호작용 그래프와 잔차 그래프를 생성하라. 이 그래프로부터 도출된 결론은 무엇인가?

3. *Alertness*.txt 데이터 파일은 남성과 여성에게 두 가지 약물을 복용하고 각각의 각성에 대한 효과를 연구한 데이터다. 이것은 4개의 반응에 대한 2×2 모형이다. 복용량을 다르게 하면 남성과 여성의 각성도도 복용량에 따라 변하는지 알아보려고 한다.

(a) 관심사의 질문에 대답하기 위해 검정되어야 할 귀무가설을 서술하라(통계적 용어로).

(b) (a)에 가설을 검증하기 위한 **R** 명령어 또는 수기 계산을 사용하라.

4. *AdhesHumTemp*.txt 데이터 파일은 특정한 물질로부터 고착된 제품을 분리하는 데 요구되는 힘에 대해서 온도와 습도가 미치는 영향을 조사한 연구로부터 시뮬레이션된 데이터를 포함한다. 2개의 온도상황 (20°, 30°)과 4개의 습도상황 (20%, 40%, 60%, 80%)이 고려되고, 3개 물질은 각각 온도-습도 조합에 대해 만들어진다. μ_{ij}는 온도-습도 조합 (i, j)에 분리하는 힘에 대한 평균을 표시한다.

(a) 실험자는 2개의 차이가 있는 온도에서 분리하는 힘에 대한 평균의 차이가 각각 습도에서 동일한지 알기를 원한다. 통계적 표기로 관심사가 거짓인지 아닌지 서술하라.

$$\mu_{11} - \mu_{21} = \mu_{12} - \mu_{22} = \mu_{13} - \mu_{23} = \mu_{14} - \mu_{24}$$

연관된 가설은 무엇으로 검증되는가?

(b) 실험자는 분리하는 데 들어가는 힘의 평균에 대한 평균(2개 이상의 온도상황이 있을 때)이 각 습도상황에 대해 동일한지 알기를 원한다. 통계적 표기로 관심사가 거짓인지 서술하라.

$$\frac{\mu_{11} + \mu_{21}}{2} = \frac{\mu_{12} + \mu_{22}}{2} = \frac{\mu_{13} + \mu_{23}}{2} = \frac{\mu_{14} + \mu_{24}}{2}$$

연관된 가설은 무엇으로 검증되는가?

(c) 2개의 요인에 대해 각각 교호작용과 주효과가 없다는 가설을 검증하라. 3개의 통계량과 이에 해당하는 p-값을 작성하고, 3개의 가설 각각이 유의수준 0.05에서 기각되는지 서술하라.

(d) 습도 수준 주효과가 서로 다르다는 것을 결정하기 위해 다중비교를 수행하는 것이 적절한가? 만약 그렇다면 유의수준 0.01에서 다중비교를 수행하고, 결론을 작성하라.

5. *AdLocNews*.txt 데이터 파일은 지역신문에 넣은 광고에 관한 연구의 수를 포함한다. 이 광고들은 요일과 광고가 들어간 뉴스의 영역에 따라 분류된다. 다음을 해결하기 위한 **R** 명령어를 사용하라.

(a) 등분산성과 정규성 가정에 대한 타당성을 평가하기 위해 그래프를 그리고, 이것에 대한 의견을 서술하라.

(b) 등분산성과 정규성 가정의 타당성에 대한 정규검정을 수행하라. 이에 대한 결론을 서술하라.

(c) 받은 연구 수의 평균이 어느 날에 유의하게 다른지, 어느 신문에 유의하게 다른지 결정하기 위해 모두 실험별 오류율 $\alpha = 0.01$에서 다중비교를 수행하라.

6. 어떤 큰 연구 프로젝트는 작은 나무 조각을 연결하여 만들어진 원목의 물리적 특성을 연구했다. 3그루의 서로 다른 나무 종류(사시나무, 자작나무, 단풍나무)가 사용되었고, 나무 조각은 2개의 다른 크기로 만들어졌다 (0.015 × 2인치와 0.025 × 2인치). 측정된 물리적 특성

중 하나는 직각방향의 힘을 지탱하는 나무 조각의 인장 탄성계수를 제곱 인치당 파운드로 측정한 것이다. 칸당 3개의 관측치가 있다. R 객체 y에 실험값과 이에 해당하는 요인의 수준 '나무 종류'와 '조각 크기'를 A, B로 각각 읽어오면, $anova(aov(y \sim A*B))$ 명령어는 분산분석표를 만든다. 다음 표는 부분적으로 값을 채운 것이다.

	DF	SS	MS	F	P
종류	2				0.016
크기	1	3308			
교호작용			20854		0.224
오차		147138			
총	17	338164			

(a) 분산분석표에 비어 있는 칸을 채우라. (힌트 분실 p-값을 채우기 위해 R을 사용할 필요가 있다. 이 명령어는 $1 - pf(F_{H_0}^B, \nu_1, \nu_2)$ 형태다.)

(b) Y_{ijk}는 요인-수준 조합 (i, j)에서 k번째 관측치다. 주어진 분산분석표를 채우기 위해 사용했던 Y_{ijk}에 대해 통계적 모형을 작성하라. 그리고 통계적 분석의 타당성을 위해 필요한 가정을 서술하라.

(c) 가법적 모형이 이 데이터에 대해 적절한지 검증하기 위해 귀무가설과 대립가설을 작성하고, 유의수준 $\alpha = 0.05$에서 이 가설을 검증하라.

(d) 채워진 분산분석표로부터 p-값을 사용하여, 유의수준 $\alpha = 0.05$에서 각각의 가설 H_0^A와 H_0^B를 검정하라. (A='나무 종류'와 B='나무 조각 크기'를 기억하라.)

7. 가법모형이 균형설계로 간주될 때, 식 (11.2.10)에서 총제곱합의 분해는 SST = SSA+SSB+SSE로 간단히 표기된다. SST는 이에 해당하는 자유도가 식 (11.2.9)에서 주어졌고, SSA, SSB에 대한 자유도는 각각 식 (11.2.11)과 (11.2.15)에서 주어졌다. 연습문제 6에서 데이터에 대한 가법모형으로부터 분산분석표를 구축하고, 가설 H_0^A와 H_0^B를 가법모형을 사용하여 유의수준 $\alpha = 0.05$에서 검정하기 위해 이 결과를 정보로 사용하라.

8. 특정한 종류의 근계(life span)의 수명은 뿌리가 받은 물의 양과 뿌리의 깊이에 의해 영향을 받는다. 한 실험은 세 가지 물 주는 방법('W1', 'W2', 'W3')의 효과와 이들의 깊이 요인에 대한 가능한 교호작용에 관한 연구를 설계했다. 깊이 변수는 'D1'($< 4cm$), 'D2'(4cm와 6cm 사이), 'D3'($> 6cm$)로 분류된다. 5개의 근계에 대한 수명은 각각 요인-수준 조합에서 기록되었다. 수명의 로그는 다음 표에 있는 평균과 분산을 산출한다.

		깊이					
		D1		D2		D3	
		평균	분산	평균	분산	평균	분산
물 주는 방법	W1	2.94	2.10	3.38	6.62	5.30	3.77
	W2	3.03	1.18	5.24	0.15	6.45	2.97
	W3	4.78	2.12	5.34	0.41	6.61	2.40

분산분석표를 계산하고, 유의수준 0.01에서 교호작용과 주효과가 없다는 것을 검증하라.

9. *InsectTrap.txt* 데이터 파일은 5개 기간에 사용된 세 가지 덫으로 잡힌 곤충의 평균 숫자를 포함하고 있다.[3] 이 데이터를 데이터 프레임 df로 읽어오고, $y=df\$catch$; $A=as.factor(df\$period)$; $B=as.factor(df\$trap)$로 설정하고, 다음을 해결하기 위한 R 명령어를 사용하라.

(a) ANOVA F 표를 작성하고, 가법모형에 주요 행과 주요 열의 영향이 없다는 가설을 검정하기 위한 p-값을 구하라. 귀무가설은 유의수준 0.05에서 기각인가?

(b) 교호작용 그래프를 생성하라. 2개의 요인은 교호작용이 나타나는가? 유의수준 0.05에서 가법성에 대한 튜키 자유도 1 검정을 수행하고 결론을 서술하라.

(c) 전체 결론으로 요인 '기간'과 '덫'은 곤충을 잡은 수에 관하여 차이를 보이는가?

10. 연습문제 2의 휴대전화 전자파 데이터는 단지 칸당 1개의 관측치만 사용한다. (이는 요인-수준 조합당 여러 개의 관측치를 사용함으로써 추가적인 검정력(power)을 갖

---

3 George Snedecor and William Cochran (1989). Statistical Methods, 8th ed. Ames: Iowa State University Press.

는다는 것을 강조한다.) 이 데이터를 데이터 프레임 df 로 읽어오고, $y = df\$y[1 : 15]$, $S = df\$S[1:15]$, $C = df$$\$C[1 : 15]$을 사용한다. 응답변수는 y에 그리고 2개의 요인은 각각 S와 C에 포함되고, 칸당 1개의 관측치를 가지는 데이터 집합이다.

(a) ANOVA F 표를 작성하고, 가법모형에 주요 행과 주요 열의 영향이 없다는 가설을 검정하기 위한 p-값을 구하라. 귀무가설은 유의수준 0.01에서 기각인가?

(b) 핸드폰 종류에 대한 쌍과 신호 수준에 대한 쌍이 유의수준 0.01에서 유의하게 다른지 결정하기 위해 다중비교를 수행하라.

11. 반수체의 제라늄 조직의 기관형성에 대한 auxincytokinin 교호작용의 효과를 조사한 기사로부터 얻은 결과는 *AuxinKinetinWeight.txt*[4]에서 찾을 수 있다. 이 데이터를 데이터 프레임 Ac로 읽어오고, 응답변수와 요인의 수준 '옥신'과 '키네틴'을 각각 R 객체 y, A, B로 저장하기 위해서 *attach(Ac); A=as.factor(Auxin); B=as.factor(Kinetin); y=Weight*를 사용한다.

(a) ANOVA F 표를 작성하고, 가법모형에 주요 행과 주요 열의 영향이 없다는 가설을 검정하기 위한 p-값을 구하

라. 귀무가설은 유의수준 0.01에서 기각되는가?

(b) 옥신 요인 수준에 대한 쌍이 유의수준 0.01에서 유의한 차이가 있는지 판단하기 위해 다중비교를 수행하라.

(c) 가법성에 대한 튜키 자유도 1 검정을 수행하고, 결론을 서술하라.

12. 한 토양학자는 잔류농약으로 인한 토양의 쇠약에 대해 토양 pH 수준(요인 A)의 영향을 고려했다. 2개의 pH 수준에 관한 연구가 계획되었다. 잔류농약 쇠약은 또한 토양 온도에 의해 영향을 받는다. 네 가지 다른 온도의 토양도 연구에 포함된다. 8개의 관측치는 다음 표에 주어진다.

	온도 A	온도 B	온도 C	온도 D
pH I	$X_{11} = 108$	$X_{12} = 103$	$X_{13} = 101$	$X_{14} = 100$
pH II	$X_{21} = 111$	$X_{22} = 104$	$X_{23} = 100$	$X_{24} = 98$

(a) 10.4.2절에서 주어진 ANOVA 표를 작성하라. (힌트 SSA와 SSB에 대해 각각 식 (10.4.5)와 (10.4.6)을 사용하라. 10.4.2절의 표기에서 k는 행 수준에 해당하는 숫자고, n은 열 수준에 해당하는 숫자다. 따라서, 이러한 데이터 구성에 대해 $k = 2$와 $n = 4$다.)

(b) 유의수준 $\alpha = 0.05$에서 가설 H_0^A와 H_0^B에 대해 각각 검정하라.

11.3 3-요인 설계

이번 절은 주효과와 교호작용의 개념인 2-요인 모형을 확장하여 3개의 요인에 대해 설계하고 검정하는 절차들을 소개한다. 예를 들면, 3-요인 설계에 대한 모형은 3-요인 **교호작용**을 포함한다. 이것은 2-요인의 개념을 일반화한 것이다. 2-요인 모형으로, 총제곱합을 분해한 식과 F 통계량 결과에 대한 식은 균형설계에 대한 경우에만 성립된다. 즉, 모든 칸의 표본 크기가 동일할 때이다.

요인이 3개 이상이 되는 설계에서 몇몇의 효과(일반적으로 고차 교호작용)가 0이라는 가정과 이런 효과들을 포함하지 않는 **축소모형**에 적합하는 것은 매우 일반적이다. 축소모형에 해당하는 총제곱합의 분해는 기본적으로 오차제곱합과 생략된 효과에 대한 제곱합을 결합한 것이다. 이 것은 칸당 1개의 관측치인 2-요인 설계에서 오차제곱합을 교호작용의 제곱합에 사용한 것과 유

---

4 M. M. El-Nil, A. C. Hildebrandt, and R. F. Evert (1976). Effect of auxin-cytokinin interaction on organogenesis in haploid callus of *Pelargonium hortorum*, *In Vitro*, 12(8): 602 – 604.

사하다. 11.2절에 있는 연습문제를 참고하라.

3개 이상의 요인에 대한 설계는 고차 교호작용 효과를 포함한다. 그러나 완전한 모형과 축소 모형에 대한 R 명령어뿐만 아니라 총제곱합과 F 검정 통계량에 대한 분해식은 매우 유사하기 때문에 여기서 자세하게 다루지 않을 것이다.

3-요인 설계에 대한 통계모형 요인 A, B, C가 각각 a, b, c 수준을 가지는 설계는 $a \times b \times c$ 설계라고 부른다. $2 \times 2 \times 2$설계는 2^3설계라고 부른다. μ_{ijk}는 요인-수준 조합 (i, j, k)에서 주어진 관측치의 평균값을 의미한다. 즉, 요인 A의 수준은 i, 요인 B의 수준은 j, 요인 C의 수준은 k다. $i = 1, \cdots, a$, $j = 1, \cdots, b$, $k = 1, \cdots, c$이고, 평균 μ_{ijk}는 다음과 같이 분해된다.

3-요인 설계에 대한 평균의 분해

$$\mu_{ijk} = \mu + \alpha_i + \beta_j + \gamma_k + (\alpha\beta)_{ij} + (\alpha\gamma)_{ik} + (\beta\gamma)_{jk} + (\alpha\beta\gamma)_{ijk} \tag{11.3.1}$$

분해 식 (11.3.1)은 2요인 설계에 대한 분해 식 (11.2.1)에 기반한다. k에 대한 μ_{ijk}의 평균은 $\bar{\mu}_{ij}$, μ, α_i, β_j, $(\alpha\beta)_{ij}$로 분해된다.

$$\bar{\mu}_{ij\cdot} = \mu + \alpha_i + \beta_j + (\alpha\beta)_{ij}$$

따라서 이것은 다음과 같이 주어진다.

$$\mu = \bar{\mu}_{\cdots}, \quad \alpha_i = \bar{\mu}_{i\cdots} - \mu, \quad \beta_j = \bar{\mu}_{\cdot j\cdot} - \mu, \quad (\alpha\beta)_{ij} = \bar{\mu}_{ij\cdot} - \bar{\mu}_{i\cdots} - \bar{\mu}_{\cdot j\cdot} + \mu \tag{11.3.2}$$

유사하게, $\bar{\mu}_{ik}$는 μ, α_i, γ_k, $(\alpha\gamma)_{ik}$로 분해된다. 분해 식 (11.3.1)에 대한 주효과와 교호작용은 식 (11.2.2)에서 주어진 영의 합 조건을 만족한다. 분해 식 (11.3.1)에서 새로운 성분은 3-요인 교호작용 $(\alpha\beta\gamma)_{ijk}$다. 이는 빼주기(subtraction)에 의해 식 (11.3.1)로 정의된다. 3-요인 교호작용은 영-합 조건(zero-sum condition)을 만족하는 것을 증명할 수 있다.

$$\sum_{i=1}^{a} (\alpha\beta\gamma)_{ijk} = \sum_{j=1}^{b} (\alpha\beta\gamma)_{ijk} = \sum_{k=1}^{c} (\alpha\beta\gamma)_{ijk} = 0 \tag{11.3.3}$$

3-요인 교호작용에 대한 해석은 고정된 요인 중 하나의 수준에서 고정된 값으로부터 구한 μ_{ijk}의 2-요인 분해에 대해 교호작용을 측정한다. 예를 들면, $i = 1, \cdots, a$, $j = 1, \cdots, b$인 μ_{ijk}의 분해에 대한 교호작용은

$$\mu_{ijk} = \mu^k + \alpha_i^k + \beta_j^k + (\alpha\beta)_{ij}^k \tag{11.3.4}$$

주어진 k에(연습문제 6 참고) 대하여 고정된 요인 C의 수준을 고정함으로써 구할 수 있다.

$$(\alpha\beta)_{ij}^k = (\alpha\beta)_{ij} + (\alpha\beta\gamma)_{ijk} \tag{11.3.5}$$

이것은 세 요인의 교호작용항이 나머지 요인 수준의 변화를 통해 2-요인 교호작용에 대한 변

화를 알아낸다는 것을 의미한다. 따라서 3차 교호작용 효과가 없다는 귀무가설이 기각될 때, 2차 교호작용(즉, $(\alpha\beta)_{ij}$) 평균은 유의하게 0과 다르지 않다면, 2차 교호작용 효과가 존재한다고 결론 내려질 것이다(즉, $(\alpha\beta)_{ij}^k$는 0이 아니다).

각 요인-수준 조합(i, j, k)으로부터 크기가 n인 단순확률표본을 관측한다. X_{ijkl}, $l = 1, \cdots, n$이다. 이 데이터에 대한 통계모형의 평균-오차-합은 다음과 같다

$$X_{ijk\ell} = \mu_{ijk} + \epsilon_{ijk\ell} \tag{11.3.6}$$

이 분해는 식 (11.3.1)에 의한 평균 μ_{ijk}를 대체하여, 모형에 대한 평균-오차-합 식은 모형의 처리-효과 식이 된다. 전체 칸의 평균 μ_{ijk}은 그에 해당하는 칸의 평균으로 측정된다. 즉,

$$\widehat{\mu}_{ijk} = \overline{X}_{ijk} = \frac{1}{n} \sum_{\ell=1}^{n} X_{ijk\ell}$$

(간단히 표현하기 위해, $\overline{X}_{ijk}$대신에 $\overline{X}_{ijk\cdot}$를 사용한다는 것을 기억하자.) 모형의 처리-효과 식에 대한 변수는 식 (11.3.2)와 같은 표현에서 μ_{ijk}를 $\overline{X}_{ijk}$로 변경함으로써 측정된다. 따라서 $\widehat{\mu} = \overline{X}_{\cdots}$이고, 다음과 같다

주효과에 대한 추정량	$\widehat{\alpha}_i = \overline{X}_{i\cdots} - \overline{X}_{\cdots}, \quad \widehat{\beta}_j = \overline{X}_{\cdot j\cdot} - \overline{X}_{\cdots}, \quad \widehat{\gamma}_k = \overline{X}_{\cdot\cdot k} - \overline{X}_{\cdots}$
2-요인 교호작용에 대한 추정량	$\widehat{(\alpha\beta)}_{ij} = \overline{X}_{ij\cdot} - \overline{X}_{i\cdots} - \overline{X}_{\cdot j\cdot} + \overline{X}_{\cdots}, \quad \widehat{(\alpha\gamma)}_{ik} = \overline{X}_{i\cdot k} - \overline{X}_{i\cdots} - \overline{X}_{\cdot\cdot k} + \overline{X}_{\cdots}$ $\widehat{(\beta\gamma)}_{jk} = \overline{X}_{\cdot jk} - \overline{X}_{\cdot j\cdot} - \overline{X}_{\cdot\cdot k} + \overline{X}_{\cdots}$
3-요인 교호작용에 대한 추정량	$\widehat{(\alpha\beta\gamma)}_{ijk} = \overline{X}_{ijk} - \overline{X}_{\cdots} - \widehat{\alpha}_i - \widehat{\beta}_j - \widehat{\gamma}_k - \widehat{(\alpha\beta)}_{ij} - \widehat{(\alpha\gamma)}_{ik} - \widehat{(\beta\gamma)}_{jk}$

$$\tag{11.3.7}$$

연관된 제곱합과 이에 대한 자유도는 다음과 같다.

제곱합	자유도	
$\text{SST} = \sum_{i=1}^{a} \sum_{j=1}^{b} \sum_{k=1}^{c} \sum_{\ell=1}^{n} (X_{ijk\ell} - \overline{X}_{\cdots})^2$	$abcn - 1$	
$\text{SSA} = bcn \sum_{i=1}^{a} \widehat{\alpha}_i^2$	$a - 1$	
$\text{SSAB} = cn \sum_{i=1}^{a} \sum_{j=1}^{b} \widehat{(\alpha\beta)}_{ij}^2$	$(a-1)(b-1)$	(11.3.8)
$\text{SSABC} = n \sum_{i=1}^{a} \sum_{j=1}^{b} \sum_{k=1}^{c} \widehat{(\alpha\beta\gamma)}_{ijk}^2$	$(a-1)(b-1)(c-1)$	
$\text{SSE} = \sum_{i=1}^{a} \sum_{j=1}^{b} \sum_{k=1}^{c} \sum_{\ell=1}^{n} (X_{ijk\ell} - \overline{X}_{ijk})^2$	$abc(n-1)$	

다른 주효과에 대한 제곱합과 2-요인 교호작용이 체계적으로 정의된다. 전체적으로, 주효과와 교호작용에 대한 8개의 합과 그들의 합은 SST와 동일하다. 유사하게, SST에 대한 자유도는 다른 모든 제곱합에 대한 자유도의 합이다.

제곱평균은 제곱합을 이에 대한 자유도로 나눈 것이다. 예를 들면, $\text{MSA} = \text{SSA}/(a-1)$이다. 주효과와 교호작용이 없다는 가설에 대한 ANOVA F 검정절차는 다음과 같다.

가설	F 검정 통계량	α 수준에서 기각역
H_0^{ABC}: all $(\alpha\beta\gamma)_{ijk} = 0$	$F_{H_0}^{ABC} = \dfrac{\text{MSABC}}{\text{MSE}}$	$F_{H_0}^{ABC} > F_{(a-1)(b-1)(c-1),abc(n-1),\alpha}$
H_0^{AB}: all $(\alpha\beta)_{ij} = 0$	$F_{H_0}^{AB} = \dfrac{\text{MSAB}}{\text{MSE}}$	$F_{H_0}^{AB} > F_{(a-1)(b-1),abc(n-1),\alpha}$
H_0^{A}: all $\alpha_i = 0$	$F_{H_0}^{A} = \dfrac{\text{MSA}}{\text{MSE}}$	$F_{H_0}^{A} > F_{a-1,abc(n-1),\alpha}$

그리고 다른 주효과와 2-요인 교호작용에 대한 검정에 대해서도 유사하다. 이런 검정절차들은 등분산성(모든 abc 요인-수준 조합에 대한 동일한 모분산)과 정규성의 가정에 대한 타당성을 갖는다.

수기 계산은 2^3 모형에서만 설명될 것이다. 이러한 모형에 대해 효율적인 수기 계산에 대한 구체적인 방법이 다음 예제에서 설명된다.

예제 11.3-1

2^3 **모형에 대한 수기 계산**(hand calculation). 많은 제조절차에서 관심사는 표면의 거칠기다. 종이[5]는 표면 거칠기에 대해 TR(tip radius), SAL(surface autocorrelation length), HD(height distribution), 원자현미경으로 나노미터 범위로 측정한 AFM(atomic force microscope)을 포함한 여러 요소들에 대한 영향을 받는다. 2개의 반복된 모의실험 결과를 기반으로 한(칸당 2개의 관측치) 칸 평균은 표 11-1에 주어진다. 주효과, 교호작용 이에 대한 제곱합을 계산하기 위해 이 정보를 사용하라.

해답

요인 A, B, C는 각각 TR, SAL, HD라고 하자. $\hat{\mu}$는 표에서 모든 8개 관측치들에 대한 평균이라고 정의하자. 식 (11.3.7)에 있는 식에 의해, $\hat{\alpha}_1$은 표의 첫 줄에 있는 4개의 관측치의 평균에서 $\hat{\mu}$을 뺀 것이다. 즉,

$$
\begin{aligned}
\hat{\alpha}_1 &= \frac{\bar{x}_{111} + \bar{x}_{121} + \bar{x}_{112} + \bar{x}_{122}}{4} \\
&\quad - \frac{\bar{x}_{111} + \bar{x}_{121} + \bar{x}_{112} + \bar{x}_{122} + \bar{x}_{211} + \bar{x}_{221} + \bar{x}_{212} + \bar{x}_{222}}{8} \\
&= \frac{\bar{x}_{111} + \bar{x}_{121} + \bar{x}_{112} + \bar{x}_{122} - \bar{x}_{211} - \bar{x}_{221} - \bar{x}_{212} - \bar{x}_{222}}{8} = -1.73125
\end{aligned}
\tag{11.3.9}
$$

---

5 Y. Chen and W. Huang (2004). Numerical simulation of the geometrical factors affecting surface roughness measurements by AFM, *Measurement Science and Technology*, 15(10): 2005–2010.

표 11-1 예제 11.3-1의 2^3 모형에서 칸 평균

		HD			
		1		2	
		SAL		SAL	
		1	2	1	2
TR	1	$\bar{x}_{111} = 6.0$	$\bar{x}_{121} = 8.55$	$\bar{x}_{112} = 8.0$	$\bar{x}_{122} = 7.0$
	2	$\bar{x}_{211} = 8.9$	$\bar{x}_{221} = 9.50$	$\bar{x}_{212} = 11.5$	$\bar{x}_{222} = 13.5$

유사하게, $\hat{\beta}_1$은 SAL은 1(첫 번째 열과 세 번째 열) $-\hat{\mu}$인 2개 열에서 4개의 관측치들에 대한 평균이고, $\hat{\gamma}_1$은 HD가 1(앞에 2개의 열) $-\hat{\mu}$인 2개 열에서 4개의 관측치들에 대한 평균이다. 이를 통하여 다음과 같이 표현된다.

$$\hat{\beta}_1 = \frac{\bar{x}_{111} + \bar{x}_{211} + \bar{x}_{112} + \bar{x}_{212} - \bar{x}_{121} - \bar{x}_{221} - \bar{x}_{122} - \bar{x}_{222}}{8} = -0.51875$$

$$\hat{\gamma}_1 = \frac{\bar{x}_{111} + \bar{x}_{211} + \bar{x}_{121} + \bar{x}_{221} - \bar{x}_{112} - \bar{x}_{212} - \bar{x}_{122} - \bar{x}_{222}}{8} = -0.88125$$

영-합 조건 때문에, $\hat{\alpha}_2 = -\hat{\alpha}_1$, $\hat{\beta}_2 = -\hat{\beta}_1$, $\hat{\gamma}_2 = -\hat{\gamma}_1$는 계산할 필요가 없다. 같은 이유로, 2요인 교호작용의 세 가지 유형 각각에서 오직 1개만 (하나의 3요인 교호작용) 계산하면 된다.

남아 있는 효과의 측정치를 계산하기 전에, 이런 효과를 계산하기 위해 구성된 하나의 방법을 설명한다. 표 11-2에서 나타난 것처럼, 이 방법은 칸 평균의 값이 있는 1개의 열과 각 효과에 대해 더하고 뺀 1개의 열로 구성된다. 각각의 효과 추정량에 대한 분자는 해당하는 열의 부호에 따라서 칸 평균과 합하여 구한다. 이 분모는 항상 8이기 때문에, 분자는 측정치를 결정하는 데 충분하다. 예를 들면, 식 (11.3.9)에서 주어진 $\hat{\alpha}_1$에 대한 표현에서 분자는 간단하게 확인된다.

$$\bar{x}_{111} - \bar{x}_{211} + \bar{x}_{121} - \bar{x}_{221} + \bar{x}_{112} - \bar{x}_{212} + \bar{x}_{122} - \bar{x}_{222}$$

표 11-2에서 칸 평균에 대한 열은 표 11-1의 칸 평균에 대한 열을 채워서 구한다. μ열을 제외하면, 각 효과에 대한 열은 4개의 +부호와 4개의 −부호로 구성된다. 따라서 1.8절에서 소개된 용어로, 모든 주효과와 교호작용에 대한 추정량은 대비라고 부른다. (표 11-2에서 μ열로 표현된 전체 평균 μ의 추정량은 대비(contrast)가 아니기 때문에 종종 **효과** 중 하나로 고려되지 않는다.)

다른 열들은 +와 −의 뚜렷한 패턴을 가진다. α_1열에서 +와 −가 번갈아 나온다. β_1열에서는 연속으로 +가 2번, −가 2번씩 번갈아 나오고, γ_1열에서는 +가 연속으로 4번 나온 후, −가 4번 나온다. 교호작용 열들은 각각의 주효과 열의 곱으로 형성된다. 예를 들면, $(\alpha\beta)_{11}$열은 α_1열과 β_1열의 곱이고, 나머지도 이와 같다.

표 11-2의 첫 번째 열은 각각 칸에 대한 코드를 포함한다(요인-수준 조합). 이 코드에 의하여 (이는 보통 2^r에서 사용된다), 수준 1은 한 요인의 기본수준이다. 문자 a, b, c는 각각 요인 A, B, C가 수준 2에서 표기된 것으로 사용한다. 3개의 요인 모두에 대해 수준 1에 해당하는 첫 번째

표 11-2 2^3 모형에서 효과를 추정한 부호

요인-수준 조합	칸 평균	μ	α_1	β_1	γ_1	$(\alpha\beta)_{11}$	$(\alpha\gamma)_{11}$	$(\beta\gamma)_{11}$	$(\alpha\beta\gamma)_{111}$
1	$\bar{x}_{111}$	+	+	+	+	+	+	+	+
a	$\bar{x}_{211}$	+	−	+	+	−	−	+	−
b	$\bar{x}_{121}$	+	+	−	−	−	+	−	−
ab	$\bar{x}_{221}$	+	−	−	+	+	−	−	+
c	$\bar{x}_{112}$	+	+	+	−	+	−	−	−
ac	$\bar{x}_{212}$	+	−	+	−	−	+	−	+
bc	$\bar{x}_{122}$	+	+	−	−	−	−	+	+
abc	$\bar{x}_{222}$	+	−	−	−	+	+	+	−

칸은 기본 칸이고, 1에 의해 코딩된다. 표의 두 번째 행에서 문자 a는 요인-수준 조합(2, 1, 1)을 표기하고, 네 번째 행에서 문자 ab는 칸(2, 2, 2)에 해당하며, 다른 행들도 이와 같다. 마지막 4개 행에 있는 코드는 앞에 있는 4개 행들에 대해 c를 추가하여 구한다.

이 방법을 사용하여, 남아 있는 효과는 다음과 같이 계산된다(6.0, 8.9, 8.55, 9.5, 8.0, 11.5, 7.0, 13.5는 표 11-2의 두 번째 열에서 주어진 순서로 칸 평균이다).

$$\widehat{(\alpha\beta)}_{11} = \frac{6.0 - 8.9 - 8.55 + 9.5 + 8.0 - 11.5 - 7.0 + 13.5}{8} = 0.13125$$

$$\widehat{(\alpha\gamma)}_{11} = \frac{6.0 - 8.9 + 8.55 - 9.5 - 8.0 + 11.5 - 7.0 + 13.5}{8} = 0.76875$$

$$\widehat{(\beta\gamma)}_{11} = \frac{6.0 + 8.9 - 8.55 - 9.5 - 8.0 - 11.5 + 7.0 + 13.5}{8} = -0.26875$$

$$\widehat{(\alpha\beta\gamma)}_{111} = \frac{6.0 - 8.9 - 8.55 + 9.5 - 8.0 + 11.5 + 7.0 - 13.5}{8} = -0.61875$$

마지막으로, 주효과와 교호작용에 대한 제곱합은 식 (11.3.8)로부터 구한다. $a = b = c = 2$이므로, 합이 0이 되는(zero-sum) 조건은 각 제곱합이 위에서 계산된 해당 효과들 제곱의 16배와 같다는 것을 의미한다. 예를 들면($n = 2$에서), $\text{SSA} = 2 \cdot 2 \cdot 2 \cdot (\hat{\alpha}_1^2 + \hat{\alpha}_2^2) = 16\hat{\alpha}_1^2$이다. 따라서 각 효과에 대한 수치는 소수점 이하 셋째 자리까지 반올림한다.

$$\text{SSA} = 16(1.731^2) = 47.956, \quad \text{SSB} = 16(0.519^2) = 4.306,$$

$$\text{SSC} = 16(0.881^2) = 12.426$$

$$\text{SSAB} = 16(0.131^2) = 0.276, \quad \text{SSAC} = 16(0.769^2) = 9.456$$

$$\text{SSBC} = 16(0.269^2) = 1.156, \quad \text{SSABC} = 16(0.619^2) = 6.126$$

표 11-2에 있는 +와 −는 요인 수준을 나타내는 데 사용될 수 있다. α_1 열에서 '+'는 요인 A에 대한 수준 1을 나타내고, '−'는 수준 2를 나타낸다. 유사하게, 요인 B에 대해 β_1 열에서 +와 −는 각각 수준 1과 2를 나타내고, γ_1열은 요인 C의 수준을 나타낸다. α_1, β_1, γ_1에서 3개의 + 그

리고/혹은 −의 순서는 각 행에서 요인-수준 조합을 나타낸다.

종속변수와 3개의 요인들의 수준을 각각 R 객체 y, A, B, C로 저장하고, 서로 다른 형태의 3-요인 모형을 적합시키기 위한 R 명령어는 다음과 같다.

완전모형과 축소모형 적합을 위한 R 명령어

```
out=aov(y~A*B*C); anova(out) # for fitting the full model
out=aov(y~A+B+C); anova(out) # for fitting the additive
   model
out=aov(y~A*B+A*C+B*C); anova(out) # for fitting the model
   without ABC interactions
```

R 명령어들의 문법을 확인하기 위하여, $anova(aov(y{\sim}A^*B^*C))$ 명령어를 조금 더 길게 작성한 버전은 $anova(aov(y{\sim}A+B+C+A^*B+A^*C+B^*C+A^*B^*C))$이다. 따라서, $anova(aov(y{\sim}A^*C+B^*C))$는 AB와 ABC 교호작용이 없는 모형에 적합하다. 반면에, $anova(aov(y{\sim}A+B^*C))$는 AB, AC, ABC 교호작용이 없는 모형에 적합하다.

예제 11.3-2

한 논문은 물과 토양 관리에 관련된 모니터링 방법의 효과를 평가하기 위해 CIFOR(국제산림센터)로부터 지원을 받은 연구에 대해 보고하였다.[6] 연구의 일부로 통제된 원래 상태의 장소와 벌목된 장소로 구분된 유출량 도표를 이용하여 2개의 저수지역(37 지역과 92 지역)으로부터의 토사유출 데이터를 고려하였다. 유출량은 3개의 수준(3.5~10mm, 10~20mm, > 20mm)에서 추가적인 요인으로, 유출부피는 각각의 강우 사건에서 계산된다. 요인-수준 조합당 4개의 측정치를 포함한 이 데이터는 *SoilRunoff3w.txt*에 있다. 유의수준 $\alpha = 0.05$를 사용하여 다음 질문을 해결하기 위한 R 명령어를 사용하라.

(a) 완전모형에 해당하는 분산분석표를 작성하고 귀무가설이 유의하다는 것에 대해 검정하라.

(b) 가법모형에 해당하는 분산분석표를 작성하고 귀무가설이 유의하다는 것에 대해 검정하라.

(c) 3-요인 교호작용이 없는 모형에 대해 분산분석표를 작성하고 귀무가설이 유의하다는 것에 대해 검정하라.

(d) 완전모형으로부터 잔차를 사용하여, 등분산성과 정규성 가정을 검사하라.

해답

(a) 이 데이터를 R 데이터 프레임 *Data*로 읽어오고, *attach(Data); out=aov(y~Rain*Log*Catch); anova(out)* 명령어는 다음 분산분석표를 산출한다.

---

6 Herlina Hartanto et al. (17 July 2003). Factors affecting runoff and soil erosion: Plot-level soil loss monitoring for assessing sustainability of forest management, *Forest Ecology and Management*, 180(13): 361–374. 사용된 데이터는 표 2와 표 3에 있는 정보를 기초로 한다.

	Df	Sum Sq	Mean Sq	F value	Pr(>F)
Rain	2	0.1409	0.0704	13.396	4.48e-05
Log	1	0.0630	0.0630	11.984	0.001
Catch	1	0.0018	0.0018	0.349	0.558
Rain:Log	2	0.0799	0.0400	7.603	0.002
Rain:Catch	2	0.0088	0.0044	0.834	0.442
Log:Catch	1	0.0067	0.0067	1.265	0.268
Rain:Log:Catch	2	0.0032	0.0016	0.301	0.742
Residuals	36	0.1893	0.0053		

요인 'Rain(강수)'와 'Log(벌목)'의 주효과들이 유의수준 0.05에서 유의하고, 교호작용 역시 유의하다. 다른 효과들은 모두 유의하지 않다. 따라서 요인 'Catch(수집방법)'은 유출부피 평균에 대한 평균(다른 요인에 대한)에 영향이 없다. 다른 2개의 요인과의 교호작용이 없고, 요인 'Rain'과 'Log'의 교호작용에 대한 영향이 없다(즉, 3-요인 교호작용은 유의하지 않다).

(b) *anova(aov(y~Rain+Log+Catch))* 명령어는 다음 분산분석표를 나타낸다.

	Df	Sum Sq	Mean Sq	F value	Pr(>F)
Rain	2	0.1409	0.0704	10.5224	0.0002
Log	1	0.0630	0.0630	9.4132	0.004
Catch	1	0.0018	0.0018	0.2746	0.603
Residuals	43	0.2878	0.0067		

요인 'Rain'과 'Log'에 대한 주효과는 유의수준 0.05에서 유의하지만 요인 'Catch'는 유의하지 않다. 이 표에서 오차 혹은 잔차, 자유도는 오차자유도의 합과 (a)의 분산분석표에 있는 2-요인과 3-요인에 대한 모든 교호작용의 자유도를 합한 값임을 주목하자. 즉, $43 = 2 + 2 + 1 + 2 + 36$이다. 제곱합과 유사하게 반올림한다. $0.2878 = 0.0799 + 0.0088 + 0.0067 + 0.0032 + 0.1893$이다.

(c) *out1=aov(y~Rain*Log+Rain*Catch+Log*Catch); anova(out1)* 명령어는 다음 주어진 분산분석표를 제공한다. 요인 'Rain'과 'Log'의 주효과가 유의수준 0.05에서 유의하다는 사실에 의해, 두 요인에 대한 교호작용도 유의하다. 요인 'Catch'은 유출부피 평균에 대해 영향이 없다는 것을 의미하고, 다른 영향에 대해 모두 유의하지 않다.

	Df	Sum Sq	Mean Sq	F value	Pr(>F)
Rain	2	0.1409	0.0704	13.9072	2.94e-05
Log	1	0.0630	0.0630	12.4412	0.001
Catch	1	0.0018	0.0018	0.3629	0.550
Rain:Log	2	0.0799	0.0400	7.8933	0.001
Rain:Catch	2	0.0088	0.0044	0.8663	0.429
Log:Catch	1	0.0067	0.0067	1.3133	0.259
Residuals	38	0.1924	0.0051		

이 표에서 오차 혹은 잔차, 자유도는 오차자유도의 합과 (a)의 분산분석표에 있는 3-요인 교호작용의 자유도와 합한 것이다. 즉, 38 = 2 + 36이다. 제곱합에 대해서도 유사하게 반올림한다. 0.1924 = 0.0032 + 0.1893이다.

(d) 등분산성에 대해 검정하기 위해서, *anova(aov(resid(out)**2~Rain*Log*Catch))*를 사용한다. 산출결과에서 강수의 주효과만 유의하다(*p*-값 0.026). 예제 11.2-3에서 언급했듯이, 가중분석이 추천된다(12.4.1절, 12.4.2절 참고). 이분산성은 정규성 검정에 대한 타당성에 영향을 미치지만, 설명을 위해 *shapiro.test(resid(out))* 명령어는 0.032의 *p*-값을 계산한다. 명령어 *plot(out,which=1)*와 *plot(out, which=2)*는 이러한 가정이 위배되는지에 관한 통찰에 도움을 주는 도표(이 책에 나타내지는 않음)를 생성한다. ■

예제 11.3-2와 같이 ANOVA *F* 검정이 위반된다고 가정할 때, 측정된 주효과와 교호작용에 대한 Q-Q 도표는 *F* 검정에 대해 유의한 결과라고 신뢰할 수 있다. 효과를 만족시키는 영-합 제약 때문에, 그들의 독립된 부분집합이 선형적으로 그래프에 표현된다. 이 도표의 근거는 만약 효과가 0이라면 추정된 효과가 0의 기댓값을 갖는다는 것이다. 반면에, 0이 아닌 효과에 해당하는 측정된 효과들은 음의 기댓값 혹은 양의 기댓값을 가진다. 따라서 그래프의 왼쪽 선 아래에 있거나 혹은 그래프의 오른쪽 선 위에 이상치로 나타난 측정된 효과 대부분은 0이 아닌 효과에 해당한다. 전체 3-요인 모형의 결과를 포함하는 R 객체 *out*에 대해 R 명령어 *eff=effects(out)*는 첫 번째 요소가 전체 평균 $\hat{\mu}$이고, 다음 7개의 요소들은 주효과와 교호작용($\sqrt{N}$을 곱한)이며, 나머지 $abc(n-1)$ 요소는 상관관계가 없는(uncorrelated) 단일 자유도값이고 기술적인 용어로 잔차 공간의 스팬(span)인 길이가 N인 벡터를 생성한다. 그러나 유의한 효과를 확인하기 위한 Q-Q 도표의 유효성은 첫 번째 값을 제외한(예 : 첫 번째 $\hat{\mu}$ 값의 제외) *eff*의 모든 값을 포함함으로써 향상될 수 있다. 따라서 다음 R 명령어에 의해 작성되는 Q-Q 도표가 추천된다.

```
eff=effects(out); qqnorm(eff[-1]); qqline(eff[-1], col="red")
```

예를 들면, 그림 11-3은 예제 11.3-2의 데이터에 대해 완전 3-요인 모형에 맞춰진 결과들을 포함하는 *out*과 위 명령어에 의해 생성된다. −0.361 값을 가지는 그림 11-3의 왼쪽 아래에 있는 이상치는 요인 'Rain'의 주효과 중 하나에 해당된다. 0.251과 0.279 값을 가지는 오른쪽 위에 있는 2개의 더 작은 이상치들은 요인 'Log'의 주효과에 해당하는 것과 'Rain*Log' 교호작용 중 하나에 해당한다. 이는 'Rain'과 'Log'의 교호작용뿐만 아니라 주효과도 확실히 유효하다고 제안한 정규분석과 일치한다.

그림 11-4는 3개의 'Rain*Log' 교호작용 그래프를 나타낸다. 첫 번째는 모든 점을 사용하지만 요인 'Catch'를 무시한다. 다른 2개는 각각의 'Catch' 요인의 수준 내에서 'Rain*Log' 교호작용 그래프이다. 3-요인 교호작용은 0과 유의하게 다르지 않기 때문에, 3개의 도표들의 유사성은 주로 3-요인 교호작용에서 주어진 해석이다(식 (11.3.4)에 근거). 2-요인 교호작용에 대한

그림 11-3
예제 11.3-2의 추정된 주
효과와 교호작용의 Q-Q
도표

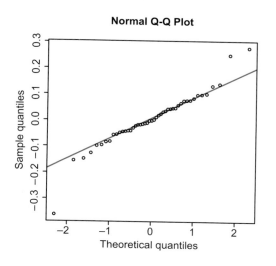

Normal Q-Q Plot

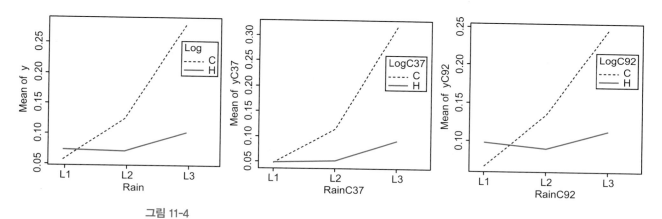

그림 11-4

예제 11.3-2 에 대한 'Rain*Log' 교호작용 그래프: 'Catch' 수준 (왼쪽), 저수지 37곳(가운데), 저수지 92곳(오른쪽)에 대한 평균 교호작용

변화는 세 번째 요인 변화의 수준으로 알 수 있다. 그림 11-4에서 가운데 도표는 다음 **R** 명령어의해 생성된다.

```
interaction.plot(Rain[Catch=="C37"],
   Log[Catch=="C37"], y[Catch=="C37"], col=c(2,3))
```

11.2절의 연습문제 7에서 지적하고 예제 11.3-2의 (b)와 (c)에서 강조된 것처럼, 축소모형(즉, 몇몇의 효과가 생략되었을 때)이 적합될 때, 축소모형에 남겨진 효과의 제곱합은 완전모형의 적합 때와 동일하다. 반면에, 축소모형에서 오차제곱합은 생략된 효과에 대한 제곱합과 완전모형의 오차합을 더한 값과 동일하다. 균형설계에 대해서만 오직 참인 이 사실은 완전모형 분산분석표로부터 축소모형에 대한 분산분석표를 만들 수 있게 한다. 이는 매우 중요하다.

균형설계에서 완전모형의
분산분석표와
축소모형의 분산분석표를
형성하는 규칙

> (a) 축소모형에서 효과의 제곱합과 이들의 자유도는 완전모형을 적합시킬 때와 동일하다.
>
> (b) 축소모형의 SSE는 완전모형의 SSE와 생략한 모든 효과의 제곱합을 더한 값과 같다. 마찬가지로, 축소모형의 오차자유도는 완전모형의 오차자유도와 생략한 모든 효과의 자유도를 더한 값과 동일하다.

예제 11.3-2의 (b)와 (c)에서 분산분석표는 R 명령어에 의해 증명될 수 있고, 또한 (a)에 있는 분산분석표에 대한 위 규칙을 적용함으로써 유도될 수 있다.

연습문제

1. 많은 연구는 미량 유기 물질을 제거하거나 거르기 위해 막 여과의 효과를 고려한다. 막은 나노공학 체와 같이 작용하기 때문에 거부율은 오염물질 혹은 용질의 분자량에 의해 결정된다.[7,8] 추가적으로, 거부율은 막-용질 정전기와 소수성 상호작용과 여러 다른 요인에 의해 결정된다. *H2Ofiltration3w.txt*이 파일은 5개의 복제품으로 $2 \times 3 \times 2$ 모형에 있는 여과되지 않은 용질에 대한 거부율에 대한 가상 데이터를 포함한다. 요인 A는 2 수준을 갖는 '분자 크기'(molecule size, MS)이고, MWCO(membrane's molecular weight cut off)에서 이상 혹은 이하의 크기를 갖는다. 요인 B는 3수준 $\log K_{ow} < 1$, $1 < \log K_{ow} < 3$, $\log K_{ow} > 3$을 갖는 '용질 소수성'(SH)다. $\log K_{ow}$는 옥탄올-물 분배계수의 로그값이다. 요인 C는 2수준 $\theta < 45°$, $\theta > 45°$에서 '막 소수성'(membrane hydrophobicity, MH)이다. θ는 막 표면에 있는 물방울의 접촉 각도다. 다음을 해결하기 위한 R 명령어를 사용하라.

(a) 완전모형을 설계하여, 이에 따른 분산분석표를 작성하고, 주효과와 교호작용이 유의수준 0.05에서 유의한지 확인하라.

(b) 3-요인 교호작용이 없는 모형을 설계하여, 이에 따른 분산분석표를 작성하고, 주효과와 교호작용이 유의수

준 0.05에서 유의한지 확인하라.

(c) 적절한 완전모형에 대한 잔차를 사용하여, 등분산성과 정규성에 대한 검정을 수행하고, 결론을 서술하라.

(d) 제곱근 아크사인(arcsine) 변환은 비율 혹은 비율자료를 변환하는 데 종종 사용된다. 따라서 정규성과 등분산성 가정은 정확하게 만족한다. R 객체 y에 있는 응답변수로, 데이터를 변환하기 위해서 명령어 *yt=sqrt(asin(y))*를 사용하고 결론을 서술하라.

2. 추운 날씨에 세 가지 유형의 가정용 단열재의 효율성에 대한 연구에서, 한 실험은 1000^2 피트당 전력량을 시간당 킬로와트 단위(kWh)로 측정하여 에너지 소비를 고려했다. 실험은 온도조절장치를 2개의 온도(68°~69°F와 70°~71°F)로 설정하여 그곳의 실외온도 수준(15°~20°F와 25°~30°F)에서 진행하였다. 각각의 요인-수준 조합에서 3개의 실험값은 유사한 종류의 전기구동식 열펌프를 이용하는 가정으로부터 구해졌다. 모의실험을 통해 구해진 데이터는 *ElectrCons3w.txt*로 주어진다. 다음을 해결하기 위한 R 명령어를 사용하라.

(a) 완전모형을 설계하여 이에 따른 분산분석표를 작성하고, 주효과와 교호작용이 유의수준 0.05에서 유의한지

---

7 C. Bellonal et al. (2004). Factors affecting the rejection of organic solutes during NF/ROtreatment:Aliterature review. *Water Research*, 38(12): 2795–2809.

8 Arne Roel Dirk Verliefde (2008). *Rejection of organic micropollutants by high pressure membranes (NF/RO)*. Water Management Academic Press.

서술하라.

(b) 완전모형에 대한 잔차를 사용하여 등분산성과 정규성 가정을 수행하고 결론을 서술하라.

(c) 그림 11-4와 유사한 요인들 '단열재 유형'과 '외부 온도'에 대한 3개의 교호작용 그래프를 그려라(즉, 전체 그래프와 요인 '온도조절장치'의 2수준 각각에 대한 그래프를 그려라). (a)에서 검사결과로 이런 그래프들의 식에 대해 언급하라.

(d) $(\alpha\beta)$, $(\alpha\gamma)$, $(\alpha\beta\gamma)$의 교호작용이 없는 모형을 설계하라. 앞서 언급한 교호작용과 3-요인 교호작용이 없는 모형에 해당하는 분산분석표를 작성하고 유의수준 0.05에서 남아 있는 효과에 대한 유의성을 검정하기 위해 (a)에 있는 분산분석표를 사용하라.

3. 생산라인 수율과 결함빈도는 반도체 산업에서 생산 비용과 품질에 직접적으로 연관 있는 매우 중요한 변수이다. 한 선행연구는 웨이퍼의 묶음(X-ray와 에치피트 망 원경에 의해 결정된)을 대상으로 결함빈도에 대해 세 가지 요인 'PMOS 트랜지스터 임계 전압', '폴리실리콘 시트 저항', 'N-시트 접촉 체인 저항'에 대한 영향을 고려했다. 이 모형은 1개의 물건과 각각의 요인에 대해 2수준으로 고려되었다. 예제 11.3-1에서 설명된 요인-수준 조합 코딩 시스템을 사용하여, 구한 데이터는 다음과 같다.

				처리 코드			
1	a	b	ab	c	ac	bc	abc
11	10	8	16	12	15	18	19

(a) x_{221}, x_{112}, x_{122}에 의해 표기된 관측치들은 무엇인가?

(b) 표 11-2와 유사한 부호표를 작성하라.

(c) 주효과와 교호작용를 측정하기 위해서 (b)에서 작성한 부호표를 사용하라.

(d) 각 효과에 대한 제곱합을 계산하라.

(e) 모든 교호작용을 0이라 가정하고, 유의수준 0.05에서 주효과가 유의한지 검정하라.

(f) R 객체 *eff*에 있는 7개의 주효과와 교호작용 효과를 측정하고, 효과들의 확률 그래프를 그리기 위해서 R

명령어를 사용하라. 3개의 교호작용 효과가 0이라는 가정에 대해 언급하라.

4. 표 11-3에서 주어진 데이터는 2개의 혼합물의 압축강도를 각각 다른 2개의 온도와 2개의 안정화 기간에서 측정한 결과이다.

표 11-3 연습문제 4의 2^3 모형의 관측치

		혼합물			
		1		2	
		안정화		안정화	
		1	2	1	2
온도	1	459, 401	458, 385	475, 524	473, 408
	2	468, 532	466, 543	479, 542	479, 544

(a) 표 11-2와 유사하게, 주효과와 교호작용 효과를 측정하기 위한 부호표를 계산하라. (처리 코드의 첫 번째 열을 포함하라.)

(b) 주효과와 교호작용을 측정하기 위해 (a)에서 작성한 부호표를 사용하라.

(c) 각 효과에 대한 제곱합을 계산하라.

(d) MSE = 2096.1로 주어질 때 유의수준 0.05에서 주효과와 교호작용 효과가 유의한지 검정하라.

5. 예제 11.3-1의 2^3은 표 11-1에서 주어진 관측치에 대해 오직 1개의 복제품만 가진다고 가정하면 즉, $n = 1$이 된다. 이때, 다음을 해결하기 위한 수기 계산을 하라.

(a) 예제 11.3-1에서 계산된 주효과와 교호작용 효과는 동일하다. 참인가 혹은 거짓인가? '거짓'이라고 답했을 경우, 모든 효과를 다시 계산하라.

(b) 예제 11.3-1에서 계산된 주효과와 교호작용 효과에 대한 제곱합은 동일하게 존재한다. 참인가 거짓인가? '거짓'이라고 답했을 경우, 각 효과에 대한 제곱합을 계산하라.

(c) 3-요인 교호작용을 0이라 가정하고, 다른 모든 효과가 유의한지 검정을 수행하라. F 검정 통계량, p-값과 각각

의 가설들이 유의수준 0.05에서 기각되는지 설명하라.

6. μ, α_i, $(\alpha\beta)_{ij}$, $(\alpha\beta\gamma)_{ijk}$ 등을 식 (11.3.1)에 있는 분해 항 (decomposition terms)이라 하고 다음을

$$\mu^k = \overline{\mu}_{..k}, \quad \alpha_i^k = \overline{\mu}_{i\cdot k} - \mu^k,$$

$$\beta_j^k = \overline{\mu}_{\cdot jk} - \mu^k, \quad (\alpha\beta)_{ij}^k = \mu_{ijk} - \mu^k - \alpha_i^k - \beta_j^k$$

요인 C의 수준이 k로 고정된 식 (11.3.4)에 있는 분해 항이라고 하자. 이때 2개의 분해에서 항들 간의 다음의 관계를 증명하라.

(a) $\mu^k = \gamma_k + \mu$

(b) $\alpha_i^k = \alpha_i + (\alpha\gamma)_{ik}$

(c) $\beta_j^k = \beta_j + (\beta\gamma)_{jk}$

(d) 식 (11.3.5), 즉 $(\alpha\beta)_{ij}^k = (\alpha\beta)_{ij} + (\alpha\beta\gamma)_{ijk}$

11.4 2^r 요인배치법 실험

많은 요인이 잠재적으로 한 응답변수에 영향을 미칠 수 있고, 실험(즉, 각 실험조건하에 관측치/측정치를 얻는 것)의 각 실행에 걸리는 시간의 소모가 클 때, 이 두 주요 요인에 대해 2^r 실험설계를 이용한 시험/선별 실험이 가장 보편적으로 사용된다. 첫째, 이러한 설계는 완전 요인설계에서 r개의 요인을 연구하기 위한 가장 작은 실행의 수를 사용한다. 둘째, 특히, p개의 요인들 각각에 대한 2개의 수준을 신중히 선택한다면 2^r 실험설계는 추가적인 연구가 진행될 때 관련된 요인을 확인하기 위한 효율적인 도구가 된다.

요인의 수가 증가하면, 측정되는 효과의 수도 증가한다. 특히, 2^r 실험설계는 $r > 3$에 대해 $2^r - 1$개의 효과를 가지고, 3차 이상의 교호작용을 포함한다. 예를 들면, 2^4 실험설계는 4개의 주효과, 6개의 2-요인 교호작용, 4개의 3-요인 교호작용, 1개의 4-요인 교호작용을 가진다. 그러나 $r > 3$인 2^r 실험설계에 대한 통계분석과 효과에 대한 계산은 3개의 요인에 대한 실험과 유사하다. 따라서 이번 절은 $r > 3$인 2^r 실험설계의 분석 과정에서 발생하는 몇몇의 추가 문제에 중점을 둔다. 가능한 많은 요인을 포함시킬 필요성과 함께 제한된 시간과 비용으로 인해 $r > 3$인 2^r 모형은 보통 반복을 실시하지 않기 때문에 이러한 문제점들이 발생한다. (반복을 실시하지 않는다는 것은 실험조건 혹은 요인-수준 조합당 오직 $n = 1$개의 관측치만 얻게 됨을 의미한다.)

첫 번째 문제는 반복이 없는 모형에서는 MSE가 계산될 수 없다는 사실과 관련 있다(오차분산이 측정될 수 없다). 반복이 없는 2-요인 설계, 3-요인 설계와 마찬가지로 이런 문제는 고차 교호작용을 0으로 가정함으로써 해결된다. 다요인 시스템이 주로 주효과와 하위 교호작용에 의해 유도됨에 따라, 효과의 희소성 원칙은 이런 접근법에 기초가 된다. 게다가, 이전 절에서 설명했던 것처럼 효과의 Q-Q 도표는 각각의 특정한 경우에 이런 원칙을 적용하는 것에 대한 타당성을 확인하는 데 도움이 될 수 있다. 그러나 반복되지 않는 다요인 실험은 상당한 노력을 요구한다. 다른 문제는 주효과와 하위 교호작용을 검정하기 위한 능력을 보존하는 동안, 전체 요인 설계 혹은 일부에 대한 설계를 수행하는 데 효율적인 방법을 찾는 것과 관련되어 있다. 이것은 다음 2개의 절에서 설명된다.

11.4.1 블록화와 교락

다요인 실험의 실행을 위한 시간과 공간의 제약 때문에 모든 실험의 조건이 동일하게 유지되기 어렵다. 달라질 수 있는 조건들로는 다른 작업 인원, 다른 실험실 계획된 실험 일정이 서로 다른 시간에 진행되는 것 등을 포함하는 우연적 요인(효과가 조사되지 않은)이 해당될 수 있다. 실험이 수행되는 서로 다른 설정조건을 **블록**(blocks)이라 한다. 블록의 존재는 **블록 효과**라고 불리는 추가적인 효과로 나타난다. 1장에서 소개된 용어로, 블록은 변인을 감추고(lurking variables) 조사되는 요인의 특정 효과를 교락(confound)시키는 역할을 한다.

계획된 실험을 서로 다른 블록으로 적당히 할당함으로써 고차 교호작용과 블록 효과를 교락시킬 수 있다. 이 과정이 어떻게 이루어지는지 살펴보기 위해 2^2 실험설계와 2개의 블록을 고려한다. 블록이 요인과 교호작용이 없다고 가정하면, 블록이 오직 주효과에만 영향을 미친다. 이를 θ_1과 $\theta_2 = -\theta_1$이라고 부른다. 따라서 요인-수준 조합 (i, j)에서 관측치에 대한 모형은

$$Y_{ij} = \mu + \alpha_i + \beta_j + (\alpha\beta)_{ij} + \theta_1 + \epsilon_{ij},$$
$$Y_{ij} = \mu + \alpha_i + \beta_j + (\alpha\beta)_{ij} + \theta_2 + \epsilon_{ij} \tag{11.4.1}$$

실험조건 (i, j)가 블록 1과 블록 2 중 어디에 할당되느냐에 따라 결정된다. 실험조건 $(1, 1)$, $(2, 2)$는 블록 1에 할당되고, $(1, 2)$, $(2, 1)$은 블록 2에 할당된다고 가정하자. 식 $(11.4.1)$을 사용하여, α_1와 β_1의 추정량으로부터 블록 효과는 취소된다. 예를 들면, $\hat{\alpha}_1$이 대비고

$$\overline{Y}_{i\cdot} - \overline{Y}_{\cdot\cdot} = \frac{Y_{11} - Y_{21} + Y_{12} - Y_{22}}{4}$$

θ_1은 Y_{11}와 Y_{22}를 반대부호로 기입되면 제거된다. 유사하게, θ_2은 Y_{21}와 Y_{12}를 반대부호로 기입하여 제거한다. 동일한 방법으로, 블록 효과는 대비 측정치 β_1을 상쇄한다. 그러나 블록 효과는 대비로 상쇄되지 않는다.

$$\frac{Y_{11} - Y_{21} - Y_{12} + Y_{22}}{4}$$

따라서 측정치 $(\alpha\beta)_{11}$ 대신에 $(\alpha\beta)_{11} + \theta_1$을 추정한다. 주효과들은 일상적으로 추정될 수 있지만 교호작용 효과는 블록 효과와 교락된다.

예제 11.3-1에서 소개된 실험조건에 대한 문자 코드를 사용하여 (즉, $(1, 1)$, $(2, 1)$, $(1, 2)$, $(2, 2)$에 대해 각각 1, a, b, ab), 블록 효과가 교호작용 효과와 교락되기 때문에, 블록에 대한 실험조건의 할당은 그림 11-5에서 주어진다. 1(0은 짝수로 센다)과 같은 ab로 문자의 짝수로 나누는 코드에 대한 실험조건은 1개의 블록에 들어가고, ab와 마찬가지로 문자의 수가 홀수인 실험조건은 다른 블록에 들어간다.

사실상 이것은 일반적으로 응용할 수 있는 규칙이다(그러나 블록이 요인과 교호작용이 없다는 가정하에 가능하다). 따라서 2^3 실험설계에서 블록 효과로 인해 2개의 블록에 대한 요인-수

그림 11-5

AB 교호작용이 교락되는 2^2실험설계에 대한 처리 할당

Block 1   Block 2

| 1, *ab* | | *a*, *b* |

그림 11-6

ABC 교호작용이 교락되는 2^3실험설계에 대한 처리 할당

Block 1   Block 2

| 1, ab, ac, bc | | a, b, c, abc |

준 조합의 할당은 오직 3-요인 교호작용에 의해서만 교락된다. *abc*인 문자의 짝수로 나누는 코드를 가지는 실험조건은 1개의 블록에 들어가고, *abc*와 마찬가지로 문자의 수가 홀수인 실험조건은 다른 블록에 들어간다(그림 11-6 참고).

R 패키지 *conf.design*는 특정한 효과만 블록 효과와 교락되기 때문에 블록에 대한 요인-수준 조합의 할당을 보여 주는 함수를 제공한다. 보통, *install.packages("conf.design")* 명령어로 패키지를 설치하고, *library(conf.design)* 명령어로 현재 세션에서 패키지를 이용 가능하게 한다. 다음 R 명령어는 처리(treatments)를 2개의 블록에 할당함으로써 블록 효과와 가장 높은 차수의 교호작용이 교락되도록 한다.

2^r 실험설계에서 단순교락에 대한 R 명령어

```
conf.design(c(1,...,1), p=2,
    treatment.names=c("A1",...,"Ar"))
```

(11.4.2)

이 명령어에서 숫자 1의 벡터(즉, 명령어 중 c(1,⋯, 1) 부분)는 길이가 *r*이며, 이는 연구에서 요인의 수에 해당한다. 1로 구성되는 이 벡터에 대한 사실은 가장 높은 차수의 교호작용이 블록 효과와 교락된다는 것이다. 그리고 R 명령어 중 *p* = 2에 대한 부분은 각 요인들이 2수준을 가진다는 의미이다. 예를 들면, R 명령어 *conf.design(c(1, 1), p=2, treatment.names=c("A", "B"))*는 다음 결과를 제공한다.

	Blocks	A	B
1	0	0	0
2	0	1	1
3	1	1	0
4	1	0	1

이는 실험조건을 그림 11-5에서 주어진 블록으로 할당한 것이다. (R 결과에서 블록은 0과 1로 기입되고, 요인 *A*와 *B* 또한 0과 1로 표기된다. 따라서, 예제 11.3-1에서 소개된 실험조건의 문자 코딩에서 첫 번째 줄의 실험조건 (0, 0)은 1로 표기되고, 두 번째 줄의 조건 (1, 1)은 *ab* 등으로 표기된다.) 추가적인 예를 들면, R 명령어 *conf.design(c(1, 1, 1), p=2, treatment.names=c("A", "B", "C"))*는 다음 결과를 제공한다.

```
        Blocks    A    B    C
   1       0      0    0    0
   2       0      1    1    0
   3       0      1    0    1
   4       0      0    1    1
   5       1      1    0    0
   6       1      0    1    0
   7       1      0    0    1
   8       1      1    1    1
```

이는 실험조건을 그림 11-6에서 주어진 블록으로 할당한 것이다.

더 낮은 차원의 교호작용, 심지어 주효과를 블록 효과와 교락시키는 것도 가능하다(하지만 이것은 바람직하지는 않다). 예를 들면, 다음 R 명령어는

```
conf.design(c(1, 0), p=2)
conf.design(c(0, 1, 1), p=2)
```
(11.4.3)

각각 2^2 실험설계에서 요인 A의 주효과와 2^3 실험설계에서 BC 교호작용이 블록 효과와 교락되도록 처리를 블록으로 할당한다.

반복이 없는 2^2 실험설계에서 주효과를 검정할 때 교호작용이 0이고, 제곱합 교호작용이 오차제곱합으로 사용된다는 가정을 상기하라. 따라서 반복이 없는 2^2 실험설계가 2개의 블록에서 진행되고 블록 효과와 교호작용이 교락되어 있는 경우 주효과에 대한 검정은 불가능하다. 마찬가지로, 반복이 없는 2^3 실험설계가 2개 블록에서 진행되고 블록 효과와 3-요인 교호작용이 교락되어 있는 경우 주효과의 검정은 2-요인 교호작용 중 적어도 하나가 0이라고 가정이 있어야만 가능하다. 11.3절의 끝부분에서 주어진 것과 유사한 축소모형에 대한 분산분석표 작성 규칙이 여기에도 적용된다. 반복이 있는 2^r 실험설계가 2개의 블록으로 수행되는 경우 오차제곱합은 어떤 효과가 0이라는 가정 없이도 구할 수 있다. ABC 교호작용과 교락되는 블록 효과를 가지는 2개의 블록에서 진행되는 2^3 실험설계에서 블록 효과가 ABC 교호작용항과 교락되어 있는 경우 적절한 명령어는 다음 예제에서 설명된다.

예제 11.4-1 시간에 대한 고려요소 때문에 어떤 가속수명시험은 2개의 연구실에서 수행된다. 포함된 3개의 요인들 각각에 대해 2 수준이고, 연구실 효과가 오직 3-요인 교호작용 효과와 교락되기 때문에 실험 진행은 2개의 연구실에 할당된다(그림 11-6 참고). 이 실험은 4번 반복된다. 이 데이터는 *ALT2cbBlockRepl.txt*에서 주어진다. 주효과와 2-요인 교호작용의 유의성을 검정하기 위해 R 명령어를 사용하라.

해답

이 데이터 집합을 데이터 프레임 *dat*로 읽어오고, 다음 명령어는

$$\text{anova(aov(LIFE}\sim\text{Block+A}*\text{B}*\text{C, data=dat))} \qquad (11.4.4)$$

다음 분산분석표를 생성한다.

	Df	Sum Sq	Mean Sq	F value	Pr(>F)
Block	1	1176.1	1176.1	1.4362	0.242
A	1	378.1	378.1	0.4617	0.503
B	1	1035.1	1035.1	1.2640	0.272
C	1	11628.1	11628.1	14.1994	0.001
A:B	1	406.1	406.1	0.4959	0.488
A:C	1	2278.1	2278.1	2.7819	0.108
B:C	1	16471.1	16471.1	20.1133	0.0001
Residuals	24	19654.0	818.9		

C 요인의 주효과와 B와 C 두 요인 교호작용은 유의하지만, 모든 다른 효과는 유의하지 않다. 이 효과가 주 블록 효과와 교락되기 때문에 분산분석표는 ABC 교호작용에 대한 정보를 포함하고 있다. 또한 식 (11.4.4)에서 R 명령어의 문법이 블록과 요인들 사이에 교호작용이 없다는 가정을 상기시키는 역할을 한다. ■

일반적으로, 2^p 블록에 대해 2^r 모형의 실행을 할당하는 것이 가능하다. 이런 경우에 $2^p - 1$ 효과는 블록 효과와 교락될 것이다. 그러나 블록 효과와 교락된 p개의 효과만 고르는 것이 가능하다. p개의 선택된 효과를 정의(defining) 효과라 한다. 블록 효과와 교락된 나머지 $2^p - 1 - p$개의 효과는 p개의 정의 효과로부터 형성된 **일반화된**(generalized) **교호작용**이다. 일반화된 교호작용의 표기를 설명하기 위해서, $2^2 = 4$ 블록으로 할당된 2^3 실험설계를 고려한다. $2^2 - 1 = 3$개의 효과는 블록 효과와 교락되고 이 중 오직 2개만 선택될 수 있다. 선택된 2개의 정의 사건은 AB와 AC의 교호작용 효과라고 가정한다. 이들의 일반화된 교호작용은 2개의 정의 효과로 나란히 작성되고 2개에 공통된 모든 문자를 상쇄함으로써 구해진다. 즉, $ABAC = BC$가 된다. 따라서 블록 효과와 교락될 3개의 교호작용 효과는 3개의 2-요인 교호작용이다. 정의 효과는 AC와 ABC로 선택되고, 이들의 일반화된 교호작용은 $ACABC = B$가 된다. 이는 일반화된 교호작용이 주효과가 될 수 있다는 것을 보여 주는 것이다. $p > 2$에 대해, 일반화된 교호작용은 정의한 집합에 있는 효과들의 2개, 3개 등으로 나타낼 수 있다. $(2^p - 1 - p = \binom{p}{2} + \cdots + \binom{p}{p}$이다. 2.3절에서 연습문제 18에 있는 이항정리를 참고하라.)

이전에 사용되었던 *conf.design* 명령어는 p개의 정의된 효과를 명시함으로써 2^r 실험설계의 실행을 2^p 블록으로 할당하는 데 사용될 수 있다. 식 (11.4.2)와 (11.4.3)에서 설명한 것처럼, p개의 정의 사건 각각은 0과 1로 구성되고 길이가 r인 벡터로 정의된다. 그리고 p개의 0~1 벡터들은 하나의 행렬로 정렬된다. 예를 들면, 2^3 실험설계에 대한 수행을 $2^2 = 4$개의 블록으로 할

당하기 위한 **R** 명령어는

$$G=rbind(c(1, 0, 1), c(1, 1, 1)); conf.design(G, p=2) \qquad (11.4.5)$$

다음 결과를 생성한다(위 *conf.design* 명령어에서 구체화된 *treatment.names=c("A","B",* *"C")* 로 구할 수 있다).

	Blocks	T1	T2	T3
1	00	0	0	0
2	00	1	0	1
3	01	0	1	0
4	01	1	1	1
5	10	1	1	0
6	10	0	1	1
7	11	1	0	0
8	11	0	0	1

*B*의 주효과, *AC*와 *ABC* 교호작용이 블록 효과와 교락되는 4개의 블록으로 할당된 결과를 보여 준다.

11.4.2 부분요인배치법

다요인 실험을 진행할 때 공간과 시간의 제약사항을 다루는 다른 방법은 2^r 실행의 오직 한 부분만을 수행하는 것이다. 즉, 2^r 요인-수준 조합 중 한 부분에 대한 실험결과만을 측정하는 것이다. 요인-수준 조합의 오직 한 부분이 진행되는 실험을 부분요인 실험이라고 부른다. 2^r 실험설계의 절반-반복실험은 2^{r-1} 실행을 포함하고, 1/4 반복실험은 2^{r-2} 를 포함한다. 나머지도 이와 유사하다. 2^r 요인설계의 1/2^p 반복실험을 2^{r-p}로 표기한다.

부분요인배치법의 성공은 희소성 원칙의 효과에 달려 있다. 즉, 보다 높은 차수의 교호작용에 대한 가정은 무시될 수 있다. 이런 가정하에, 실행의 한 부분(실험적 조건)은 주효과와 보다 낮은 차수의 교호작용이 측정될 수 있도록 보장하기 위해 신중하게 선택될 수 있다.

이 작업들을 알아보기 위해, 모든 교호작용이 0이라고 가정되는 2^3 실험설계를 고려한다. 이 경우에, 주효과의 추정을 가능하게 하는 절반-반복실험은 표 11-2의 $(\alpha\beta\gamma)_{111}$열에서 '+'에 해당하는 실행으로 구성된다. 이런 것들은 표 11-4에서 주어진다. μ열과 $(\alpha\beta\gamma)_{111}$열을 제외하면, 표 11-4에서 다른 모든 열은 2를 더한 값과 2를 뺀 값을 가진다. 따라서 칸의 평균에 대한 대비를 정의한다. 주효과에 대한 각각의 열에 의해 정의된 대비는 2-요인 교호작용에 대한 열에 의해 정의된 대비와 동일하다. 예를 들면, α_1열은 $(\beta\gamma)_{11}$열과 동일하고 나머지도 유사하다. 더하는 열과 빼는 열과 동일한 효과는 교락된다(aliased). 이를 설명하기 위하여 α_1열($(\beta\gamma)_{11}$열과도 동일함)에 의해 정의되는 대비를 고려하자. 즉,

$$\frac{\overline{x}_{111} - \overline{x}_{221} - \overline{x}_{212} + \overline{x}_{122}}{4} \qquad (11.4.6)$$

표 11-4 2^{3-1} 부분요인배치법에서 측정된 효과

요인-수준 조합	칸 평균	μ	α_1	β_1	γ_1	$(\alpha\beta)_{11}$	$(\alpha\gamma)_{11}$	$(\beta\gamma)_{11}$	$(\alpha\beta\gamma)_{111}$
1	$\bar{x}_{111}$	+	+	+	+	+	+	+	+
ab	$\bar{x}_{221}$	+	−	−	+	+	−	−	+
ac	$\bar{x}_{212}$	+	−	+	−	−	+	−	+
bc	$\bar{x}_{122}$	+	+	−	−	−	−	+	+

식 (11.3.1) 모형에 의해, 각 칸의 표본평균 $\bar{x}_{ijk}$는 $\mu_{ijk} = \alpha_i + \beta_j + \gamma_k + (\alpha\beta)_{ij} + (\alpha\gamma)_{ik} + (\beta\gamma)_{jk} + (\alpha\beta\gamma)_{ijk}$를 추정한다. 따라서 식 (11.4.6)에 있는 대비는 다음과 같이 추정된다.

$$\frac{1}{4}\left[\alpha_1 + \beta_1 + \gamma_1 + (\alpha\beta)_{11} + (\alpha\gamma)_{11} + (\beta\gamma)_{11} + (\alpha\beta\gamma)_{111}\right]$$

$$-\frac{1}{4}\left[-\alpha_1 - \beta_1 + \gamma_1 + (\alpha\beta)_{11} - (\alpha\gamma)_{11} - (\beta\gamma)_{11} + (\alpha\beta\gamma)_{111}\right]$$

$$-\frac{1}{4}\left[-\alpha_1 + \beta_1 - \gamma_1 - (\alpha\beta)_{11} + (\alpha\gamma)_{11} - (\beta\gamma)_{11} + (\alpha\beta\gamma)_{111}\right]$$

$$+\frac{1}{4}\left[\alpha_1 - \beta_1 - \gamma_1 - (\alpha\beta)_{11} - (\alpha\gamma)_{11} + (\beta\gamma)_{11} + (\alpha\beta\gamma)_{111}\right]$$

$$= \alpha_1 + (\beta\gamma)_{11} \tag{11.4.7}$$

여기서 또한 각 요인들이 두 가지 수준을 지니므로 제로섬(합이 0이 되는) 제약에 의해 각각의 주효과 및 교호작용들은 인덱스가 모두 1인 대응 효과로 표현될 수 있다. 예를 들면, $(\alpha\beta\gamma)_{211} = -(\alpha\beta\gamma)_{111} = (\alpha\beta\gamma)_{222}$ 등이 있다. 식 (11.4.7)은 $(\beta\gamma)_{11}$와 함께 α_1이 교락되는 것을 보여 주고, α_1은 $(\beta\gamma)_{11} = 0$이 아닌 경우에 추정될 수 없다는 것을 나타낸다. 유사하게, β_1은 $(\alpha\gamma)_{11}$와 교락되고, γ_1와 $(\alpha\beta)_{11}$도 교락된다는 것을 알 수 있다. 연습문제 8을 참고하라.

2^{r-1} 실험설계에서 교락된 효과들에 대한 쌍들은 **별명 쌍들**(alias pairs)이라고 불린다. 따라서 대문자와 그들의 곱으로 주효과, 교호작용, 표 11-4의 2^{3-1} 실험설계에서 별명 쌍들에 대해 각각 표기한 것은 다음과 같다.

$$[A, BC], [B, AC], [C, AB]$$

각각의 주효과는 3-요인 교호작용 효과로 일반화된 교호작용과 교락된다. 표 11-4에 대한 2^{3-1} 실험설계, 즉 표 11-2의 $(\alpha\beta\gamma)_{111}$ 열에서 '−'인 줄에 해당하는 실행들로 구성된 것은 가명 쌍들의 동일한 집합을 갖는다. 연습문제 9를 참고하라.

2^{3-1} 실험설계를 나타내기 위해서는 표 11-4의 단축형태만으로도 충분하다. 단축형태는 α_1, β_1, γ_1을 각각 A, B, C로 나타낸다. 따라서 표 11-4의 2^{3-1} 실험설계는 표 11-5로 완전히 설명되고, 각각의 행들은 '+'를 요인의 수준 1, '−'를 수준 2로 표기하는 편리한 표기를 사용하여 처리 결합을 명시한다. A와 B 열은 2^2 실험설계의 요인-수준 조합으로 표현하고, C 열은 A와 B

표 11-5 표 11-4의 2^{3-1} 실험설계의 간략한 표현

A	B	C
+	+	+
−	−	+
−	+	−
+	−	−

열(row-wise)의 곱으로 나타낸다. 간략하게 살펴보면, 이는 일반적으로 적용되는 규칙의 특별한 경우다.

부분요인배치법인 2^{r}의 절반-반복실험은 2$^{3-1}$ 설계를 구축한 것과 유사한 방법으로 작성할 수 있다. 첫 번째 단계는 **생성기**(generator) 효과라고 불리는 효과를 선택하는 것이다. 추정되지 않은 생성기 효과는 일반적으로 가장 높은 고차 교호작용 효과로 선택된다. 그러므로 논의는 이와 같은 선택에 집중될 것이다. (전문용어로, 생성기 효과가 되는 가장 높은 순서의 교호작용을 고르는 것은 바람직한 가장 높은 해결 설계이다.) 두 번째 단계로 r 요인들로 구성된 설계의 주효과와 가장 높은 순서의 교호작용(다른 교호작용에 대한 열은 필요하지 않다)을 추정하는 +와 −표를 작성한다. 이것은 3개 이상의 요인에 대한 표 11-2에서 설명한 패턴을 확장하는 것이다. 그 후, 2^{r-1} 부분요인배치법은 가장 고차의 교호작용 열에 있는 '+' 요소에 해당하는 실행으로 구성된다.

모든 2^r 실행을 작성한 후 가장 고차의 열에서 '+' 요소를 선택하는 것 대신에, 표 11-5의 형태에서 2^{r-1} 설계의 실행을 직접 구축하는 것이 더 편리하다. 이것은 평소처럼 수준 1을 '+', 수준 2를 '−'로 표기한 +와 −에 대한 $r-1$ 열의 형태에서 $r-1$ 요인으로 구성되는 전체 요인설계에 대한 요인-수준 조합을 먼저 적는 것으로 완성할 수 있다. 이후, 열에 따라 만들어진 $r-1$ 열들을 모두 곱해 만들어진 r번째 열을 추가한다. 따라서 형성된 +와 −의 r 열은 이전 단락에서 설명했던 동일한 2^r 설계의 절반-반복실험의 2^{r-1} 실행으로 설명된다.

2$^{3-1}$ 설계로, 구축된 2^{r-1} 설계는 각 효과가 가장 고차의 교호작용 효과를 가지는 일반화된 교호작용이 교락되는 특성을 갖는다.

예제 11.4-2

생성기 효과에 대한 $ABCD$를 선택함으로써 2$^{4-1}$ 실험을 설계하고, 가명화된 쌍들의 집합을 구하라.

해답

교육목적을 위해 위에서 설명한 두 방법에 의해 2$^{4-1}$ 부분요인배치법을 도출할 수 있다. 첫 번째 접근법은 표 11-6의 왼쪽에 있는 표를 사용한다. 이는 2^4 실험설계의 주효과와 4-요인 교호작용에 대한 +와 −열을 나타낸다. 이러한 접근법에 따라, 절반-반복실험 모형에서 3개의 요인에 대한 요인-수준 조합은 $ABCD$열에 있는 '+'가 있는 열에 해당한다. 두 번째 접근법(더 간단한)은 2^3 요인 모형의 요인-수준 조합의 표에 D 열을 추가하여 2$^{4-1}$ 부분요인배치법에 대한 요인-수준 조합을 구축한다. D 열은 A, B, C 열과 곱(row-wise)으로 구축된다. 그리고 이런 절반-반복실험에 대한 더 간단한 모형은 표 11-6의 오른쪽 부분에 나타난다. 표 11-6의 오른쪽에 주어진 A, B, C, D의 각 수준 조합은 표의 왼쪽에 있는 $ABCD$ 열에서 '+'가 있는 수준 조합이다(하지만 동일한 순서로 나타나지는 않는다). $(2^4-2)/2 = 7$ 가명 쌍의 집합은 다음과 같다.

$$[A, BCD\,], [B, ACD\,], [C, ABD\,], [D, ABC\,],$$
$$[AB, CD\,], [AC, BD\,], [AD, BC\,]$$

표 11-6 2^{4-1} 설계를 구축하는 두 가지 방법

2⁴ 요인배치법 : 주효과와 4-요인 교호작용					2³ 요인배치법 : 주효과와 그들의 곱			
A	B	C	D	$ABCD$	A	B	C	$D(=ABC)$
+	+	+	+	+	+	+	+	+
−	+	+	+	−	−	+	+	+
+	−	+	+	−	−	+	+	+
−	−	+	+	+	+	+	+	+
+	+	+	+	+	−	+	+	+
−	+	−	+	−	−	+	+	+
+	−	−	+	−	−	+	+	+
−	−	−	+	+				
+	+	+	−	−				
−	+	+	−	+				
+	−	+	−	+				
−	−	+	−	−				
+	+	−	−	+				
−	+	−	−	−				
+	−	−	−	−				
−	−	−	−	+				

표 11-6의 오른쪽에 추가된 열 요인 D는 ABC로 가명화된다. 이런 관측치는 D 열이 A, B, C의 곱으로 설정되는 것에 대한 타당성을 보여 준다. ■

2^r 요인배치법의 1/4-반복실험을 설계하기 위해 2개의 생성기 효과가 선택되어야 한다. 2개의 생성기 효과가 모두 '+'를 가지는 진행은 2^{r-2} 설계로 정의된다. (다른 3개의 1/4-반복모형은 각각 '+, −', '−, +', '−, −' 부호로 구성된다.) 생성기 효과와 이들의 일반화된 교호작용은 측정될 수 없는 효과일 것이다. 2^{r-2} 부분요인배치법을 구성하는 편리한 방법은 첫 $r-2$개 요인들로 구성되는 요인배치법의 요인-수준 조합을 나타내는 부호표를 먼저 만드는 것이다. 2개의 누락된 요인에 대한 열은 그것들 각각에 대해 교락된 교호작용항이다.

예제 11.4-3   생성기 효과로 ABD와 BCE를 사용하여, 2^{5-2} 부분요인배치법 실험을 설계하라.

해답

D와 E로 표기된 요인에 해당하는 주효과는 각각 AB와 BC 교호작용 효과들로 가명화된다. 첫 번째 단계는 A, B, C 요인에 대한 2^3 실험을 설계하는 것이다. 그 후, AB와 BC 곱을 수행하는 것에 의해 2개의 열을 추가하는 것은 각각 D와 E로 기입한다. 이 결과는 표 11-7에 주어진다. ■

2^{r-2} 부분요인배치 실험을 설계하는 편리한 방법은 마지막 2개의 문자로 표기되는 요인의 주효과를 첫 $r-2$개의 문자로 표기된 몇몇 요인의 교호작용되게 하는 것임을 명확히 해야 한다.

2^{r-2} 설계에서 각 효과는 그것들의 일반화된 교호작용 및 3개의 추정 불가능한 각 효과(즉, 2개의 생성기 효과와 이에 대한 일반화된 교호작용)와 교락된다. 예제 11.4-3의 2^{5-2} 설계에서, 4개의 요인에 대해 교락된 $(2^5 - 4)/4 = 7$개의 그룹은 다음과 같다(측정할 수 없는 세 번째 효과는 $(ABD)(BCE) = \text{ACDE}$이다).

$$\left.\begin{array}{c} [A,\ BD,\ ABCE,\ CDE\,],\ [B,\ AD,\ CE,\ ABCDE\,],\ [C,\ ABCD,\ BE,\ ADE\,], \\ [D,\ AB,\ BCDE,\ ACE\,],\ [E,\ ABDE,\ BC,\ ACD\,], \\ [AC,\ CBD,\ ABE,\ DE\,],\ [AE,\ BDE,\ ABC,\ CD\,] \end{array}\right\} \tag{11.4.8}$$

2^r 요인배치법의 1/2-반복실험과 1/4-반복실험 설계방법은 임의의 p에 대한 $1/2^p$ 반복실험으로 확장할 수 있다. 실제 공학실험에 추가적인 적용에 대한 자세한 예는, 몽고메리[9]에 의해 출판된 책을 참고하라.

2^{r-p} 부분요인배치법에서 제곱합은 교락 효과의 각 수준에 대한 제곱합이 존재하는 경우를 제외하면, 식 (11.3.8)과 유사한 식들로 계산될 수 있다. 예제 11.3-1에서 사용된 방법과 유사한 방법이 이 계산에 적용될 수 있다. 계산의 첫 번째 단계로, 설계의 처리 조합에 해당하는 $+$와 $-$로 구성된 r개 열의 표는 각 처리 조합에서 관측치를 포함하는 왼쪽에 있는 1개의 열과 오른쪽에 추가한 열들로 확장된다. 교락 효과 열의 각 수준에 해당하는 제곱합은 다음과 같이 계산된다.

$$SS_{\text{effect}} = \frac{(\text{Sum}\{(\text{Observations})(\text{Effect Column})\})^2}{2^{r-p}} \tag{11.4.9}$$

식 (11.4.9)의 다소 부정확한 표기는 예제 11.4-4에서 명확해질 것이다. 교락 효과의 수준에 대한 제곱합은 자유도가 1이다. 부분요인배치법은 일반적으로 반복되지 않기 때문에, 몇몇의 보다 높은 차수인 교호작용의 별명 쌍(aliased pairs)이 0이라는 가정이 없다면, 효과의 유의성을 검증할 수 없다.

표 11-7 예제 11.4-3의 2^{5-2} 부분요인배치법

A	B	C	D(=AB)	E(=BC)
+	+	+	+	+
−	+	+	−	+
+	−	+	−	−
−	−	+	+	−
+	+	−	+	−
−	+	−	−	−
+	−	−	−	+
−	−	−	+	+

9 Douglas C. Montgomery (2005). *Design and Analysis of Experiments*, 6th ed. JohnWiley & Sons.

예제 11.4-4

*Ffd.2.5-2.txt*에 있는 데이터는 예제 11.4-3에서 주어진 처리 조합에 대한 2^{5-2} 실험설계를 사용한 실험으로부터 얻은 것이다.

(a) 식 (11.4.9)를 사용하여 가명화 효과의 계급에 대한 제곱합을 계산하라.

(b) 교락 효과의 하나의 수준을 0(혹은 무시해도 되는)이라 가정하고, 나머지 (교락된 수준들) 효과의 유의성을 검정하라.

해답

(a) *A*, *B*, *C*, *D*, *E*, *AC*, *CD*로 표기된 효과는 식 (11.4.8)에서 주어진 교락 효과에 대한 7개의 계급 각각에 대해 나타내기 위해 사용될 수 있다. 따라서, 첫 번째 단계로 표 11-7은 왼쪽에 관측치들(*y*)열과 오른쪽에 *AC*와 *CD*열을 포함하기 위해 확장된다. 표 11-8은 확장된 표를 보여 준다. 다음으로 식 (11.4.9)를 사용하여 다음을 구한다.

$$\text{SSA} = \frac{(12.1 - 4.4 + 5.8 - 5.1 + 12.7 - 12.3 + 5.7 - 7.0)^2}{2^{5-2}} = \frac{56.25}{8} = 7.031$$

남아 있는 제곱합은 동일한 식을 적용함으로써 계산될 수 있다.

이 결과들은 다음 분산분석표의 제곱합 열로 요약한 것이다.

	Df	Sum Sq	Mean Sq	F value	Pr(>F)
A	1	7.031	7.031	2.002	0.392
B	1	40.051	40.051	11.407	0.183
C	1	13.261	13.261	3.777	0.303
D	1	9.461	9.461	2.695	0.348
E	1	5.611	5.611	1.598	0.426
A:C	1	10.811	10.811	3.079	0.330
C:D	1	3.511	3.511		

(b) 이 데이터 집합은 반복이 없고($n = 1$), 앞서 언급했듯이, 오차제곱합이 존재할 수 없으므로 검정은 수행될 수 없다. 효과 *CD*(가명화 계급)의 제곱합이 가장 작기 때문에 (가장 큰 제곱

표 11-8 제곱합 계산을 위한 표 11-7의 확장

y	*A*	*B*	*C*	*D*	*E*	*AC*	*CD*
12.1	+	+	+	+	+	+	+
4.4	−	+	+	−	+	−	−
5.8	+	−	+	−	−	+	−
5.1	−	−	+	+	−	−	+
12.7	+	+	−	+	−	−	−
12.3	−	+	−	−	−	+	+
5.7	+	−	−	−	+	−	+
7.0	−	−	−	+	+	+	−

합으로부터 10개 이상의 요인들에 의해 더 작은), 무시해도 된다고 가정할 것이다. CD에 대한 제곱합을 자유도가 1인 오차제곱합으로 처리하고, 분산분석표에 나타난 F 통계량과 이에 해당하는 p-값을 계산할 수 있다. 모든 p-값이 0.05보다 커서, 효과 중 통계적으로 유의한 것은 없다. ■

이 데이터를 데이터 프레임 df로 읽어오면 예제 11.4-4의 분산분석표에서 제곱합은 다음 R 명령어로도 구할 수 있다.

```
anova(aov(y~A*B*C*D*E, data=df))
```

위에서 언급했듯이, 오차제곱합에 대한 자유도가 없기 때문에, 이 명령어는 F 통계량 혹은 p-값을 생성하지 않는다. CD 교호작용을 오차로 다루기 위해 다음 R 명령어를 사용한다.

```
anova(aov(y~A+B+C+D+E+A*C, data=df))
```

'잔차'를 표기한 'C:D' 행을 제외하면, 이 명령어는 예제 11.4-4의 전체 분산분석표를 생성한다. 결국, 주효과는 무시해도 된다는 가정이 가능해진다. E와 CD 효과를 무시할 수 있다고 가정한 모형에 적절한 명령어는 다음과 같다.

```
anova(aov(y~A+B+C+D+A*C, data=df))
```

이 명령어는 효과 E와 CD의 제곱합과 값이 동일하고 자유도가 2인 오차제곱합을 반환한다.

연습문제

1. 그림 11-6에서 설명된 블록에 대한 처리 할당은 블록 효과를 가지는 3-요인 교호작용에만 교락된다는 것을 증명하라. (힌트 다른 효과의 측정된 대비는 예제 11.3-1에서 주어진다.)

2. 다음을 증명하라.
(a) 식 (11.4.3)에 주어진 2개의 명령어를 사용하여 블록 효과가 요인 A의 주효과와 교락되어 있다는 것을 보여라.
(b) 식 (11.4.3)에 주어진 2개의 명령어를 사용하여 블록 효과가 요인 BC 교호작용 효과와 교락되어 있다는 것을 보여라.

3. 어떤 2^5 실험설계는 4개 블록에서 수행된다. 5개의 요인을 A, B, C, D, E로 표기하자.

(a) 정의 효과 ABC와 CDE에 대해 일반화된 교호작용을 구하라.
(b) 정의 효과 BCD와 CDE에 대해 일반화된 교호작용을 구하라.
(c) 위 2개의 경우 각각에 대해 R 명령어를 사용하여 블록 효과가 정의 효과 및 그것들의 일반화된 교호작용과 교락되도록 4개 블록으로 할당하는 방법을 구하라.

4. 2^5 실험설계가 8개 블록에서 수행된다. 5개의 요인을 A, B, C, D, E로 표기하자.

(a) 블록 효과와 교락되는 효과의 총개수를 구하라.
(b) 정의 효과 ABC, BCD, CDE와 교락된 효과의 집합을 구하라.
(c) 블록 효과가 정의 효과와 이들의 일반화된 효과들과

교락되는 8개 블록으로 수행되는 할당을 찾기 위한 R 명령어를 사용하라.

5. 한 논문은 표면의 거칠기에 영향을 미치는 공급량(50과 30 수준을 갖는 요인 A), 스핀들 속도(1,500과 2,500 수준을 갖는 요인 B), 절삭 깊이(0.06과 0.08 수준을 갖는 요인 C)와 체임버 온도를 조사한 연구[10]를 나타낸다. 데이터는 *SurfRoughOptim*.txt로 주어진다. 온도가 ABC 교호작용과 교락되기 때문에 온도는 블록 변수로 사용한다. 다음을 해결하기 위해 R 명령어를 사용하라.

(a) 이 데이터를 데이터 프레임 *sr*로 읽어오고, 2개의 블록으로 분할된 실험조건을 나타내는 블록 변수를 도입하라. (힌트 '블록' 변수인 8개 엔트리는 데이터 집합에서 대응되는 줄이 블록 1과 2 중 어디에 해당되는지에 따라 1 또는 2의 값을 갖는다. [블록을 표기하는 숫자 표기(numbering)는 문제가 되지 않는다.] '블록' 변수는 *sr$block=c(1, 2,···)* 명령어에 의해 데이터 프레임 *sr*가 된다.)

(b) 주요 요인 효과와 이들의 교호작용이 유의수준 0.05에서 유의한지 검정하라.

6. 연습문제 5의 상황에서 실험은 교호작용 AB, AC와 그것들의 일반화된 교호작용 BC가 블록 효과와 교락되도록 4개의 블록으로 8개의 실험을 할당함으로써 두 수준에서 블록 요인 '도구 삽입'의 가능한 영향에 대해 설명하고 있다. 연습문제 5의 (a)와 (b)를 반복하라.

7. 아크 용접은 금속 용접에 대한 여러 가지 결합방법 중 하나다. 두 부분 사이에 금속을 녹여 붙임으로써, 금속 결합은 바람직한 강도 특성을 갖도록 만들어진다. 한 연구는 용접재료의 강도(SS41과 SB35의 수준을 갖는 요인 A), 용접재료의 두께(8 mm와 12 mm 수준을 갖는 요인 B), 용접 장치의 각도(70°와 60°의 수준을 갖는 요인 C), 전류 (150A와 130A의 수준을 갖는 요인 D)에 대한 영향을 조사했다. 모의실험된 데이터가 *ArcWeld*.txt에 주어진

다. 4개의 블록이 이 실험에서 사용되고, 교락을 위한 정의 효과는 AB와 CD였다. R 명령어를 사용하여 다음을 해결하라.

(a) 4개의 블록으로 실행을 할당하라.

(b) 이 데이터를 데이터 프레임 *aw*로 읽어오고, (a)에서 확인된 4개의 블록으로의 실험조건 분할을 나타내는 블록 변수를 도입하라. (힌트 블록 효과를 데이터 프레임 *aw*로 도입하는 방법에 대해 연습문제 5의 (a)에서 주어진 힌트를 참고하라.)

(c) 유의수준 0.01에서 주효과 및 그것들의 교호작용의 유의성을 검정하라.

8. 표 11-4에서 주어진 2^{3-1} 실험설계를 고려하고, β_1이 $(\alpha\gamma)_{11}$과 교락되고 γ_1이 $(\alpha\beta)_{11}$과 교락된다는 것을 증명하라.

9.

요인-수준 조합	칸 평균	μ	α_1	β_1	γ_1	$(\alpha\beta)_{11}$	$(\alpha\gamma)_{11}$	$(\beta\gamma)_{11}$	$(\alpha\beta\gamma)_{111}$
a	$\bar{x}_{211}$	+	−	+	+	−	−	+	−
b	$\bar{x}_{121}$	+	+	−	+	−	+	−	−
c	$\bar{x}_{112}$	+	+	+	−	+	−	−	
abc	$\bar{x}_{222}$	+	−	−	−	+	+	+	−

2^{3-1} 실험설계에서 별명 쌍들의 집합은 표 11-4에서 주어진 2^{3-1} 실험설계에 대한 것과 동일하다는 것을 확인하라. (힌트 식 (11.4.6)에서 했던 것과 같이 각 주효과 열에 해당하는 대비를 작성하고, 식 (11.4.7)에서 했던 것과 같이 추정치들을 구하라.)

10. 다음 질문에 답하라.

(a) 생성기 효과인 5-요인 교호작용을 사용하여, 2^{5-1} 실험을 설계하고, 교락된 쌍들 $(2^5 - 2)/2 = 15$개의 집합을 구하라.

(b) 생성기 효과인 $ABCE$와 $BCDF$를 사용하여 2^{6-2} 부분요인배치 실험을 설계하라. 세 번째 추정할 수 없는

---

10 J. Z. Zhang et al. (2007). Surface roughness optimization in an end-milling operation using the Taguchi design method. *Journal of Materials Processing Technology*, 184(13): 233–239.

효과와 4개의 교락된 효과들의 $(2^6 - 4)/4 = 15$개 그룹의 집합을 구하라.

(c) 생성기 효과인 $ABCDF$와 $BCDEG$를 사용하여 2^{7-2} 부분요인배치 실험을 설계하고, 세 번째 추정할 수 없는 효과를 구하라. 4개의 교락된 효과의 그룹은 몇 개인가? (리스트를 작성할 필요는 없다.)

11. 포토마스크는 액정디스플레이(**LCDs**) 부분에 대한 다양한 설계 패턴을 생성하는 데 사용된다. 한 논문[11]은 레이저로 미세 각인을 새긴 산화철 코팅 유리에 대한 생산 절차 변수를 최적화하는 것이 목적인 연구에 대해 다룬다. 5개의 공정 모수의 효과를 탐구했다(괄호 안의 문자에 대해). 빛의 팽창비율(A), 초점거리(B), 평균 레이저 강도(C), 파동 반복비율(D), 각인속도(E). 주요한 반응변수는 각인 선의 폭이다. 생성기로 5-요인 교호작용을 사용하여 반복이 없는 2^{5-1} 실험설계로부터 얻은 데이터가 *Ffd.2.5-1.1r.txt*에 있다.

(a) 별명 쌍의 집합을 구하라.

(b) 교락 효과의 (계급에 대한) 제곱합을 계산하기 위해 **R** 명령어를 사용하라. 효과의 유의성에 대해 검증할 수 있는가?

(c) AC 교호작용항을 오차로 사용하여, 유의수준 0.05에서 효과의 유의성을 검증하라. (힌트 이 데이터를 데이터 프레임 *df*로 읽어오고, AC 교호작용항을 생략하기 위한 **R** 명령어는 *anova(aov(y~A+B+C+D+E+A*B+A*D+A*E+B*C+B*D+B*E+C*D+C*E+D*E, data=df))*이다.)

---

11 Y. H. Chen et al. (1996). Application of Taguchi method in the optimization of laser micro-engraving of photomasks, *International Journal of Materials and Product Technology*, 11(3/4).

다항 및 다중 회귀분석

12.1 개요

4.6.2절에 소개된 단순선형회귀분석 모형은 반응변수 Y가 예측변수 또는 설명변수 X에 관한 선형함수로 표현되는 회귀함수 $\mu_{Y|X}(x) = E(Y|X = x)$를 구체화한다. 하지만, 실제로 많은 용례에서는 회귀함수가 선형이 아니거나 예측변수가 하나 이상이기 때문에 보다 일반적인 회귀모형을 필요로 한다. 회귀함수에 대해 더 좋은 근사치를 얻을 수 있는 일반적인 방법은 회귀모형에 다항 항(polynomial term)을 포함하는 것이다. 이를 **다항 회귀분석**(polynomial regression)이라 한다. 다항 항의 포함 여부에 관계없이 2개 이상의 예측변수를 결합하게 되면 **다중 회귀분석**(multiple regression)이 된다. 이 장에서는 다항 및 다중 회귀모형에 대한 추정, 검정 및 예측에 대해 다룬다. 이와 더불어 가중최소제곱(weighted least squares), 변수선택(variable selection), 다중 공선성(multi-collinearity)에 대해서도 다룬다.

다중회귀모형은 범주형 변수의 공변량(categorical covariates)을 다룰 수 있으므로 요인배치법(factorial design)을 모형화하는 데 쓰일 수 있다. 요인배치법에 새로운 관점을 제공할 뿐 아니라, 통합 데이터 분석방법론으로서 이분산성 데이터의 요인배치법을 다룰 수 있는 방법이기도 하다.

반응변수와 예측변수, 회귀함수의 적절한 변형을 통해 다중회귀모형에서 회귀함수의 참값에 대해 더 나은 근사치를 얻을 수 있다. 베르누이(Bernoulli) 반응변수에 대해 일반적으로 쓰이는 변형방법으로 **로지스틱 회귀분석**(logistic regression)이 있으며, 이에 대해서도 간략히 살펴볼 것이다.

12.2 다중선형회귀모형

다중선형회귀(multiple linear regression, MLR)모형은 k개의 예측변수 $X_1, \cdots, X_k$의 값이 주어질 때 반응변수 Y에 대한 조건부 기댓값인 $E(Y|X_1 = x_1, \cdots, X_k = x_k) = \mu_{Y|X_1, \cdots, X_k}(x_1, \cdots, x_k)$을 구체화하며, 예측 변숫값의 선형함수로 나타낸다.

그림 12-1
모형 $\mu Y | X_1, X_2(x_1, x_2)$
$= 5 + 4x_1 + 6x_2$에 대한
회귀 평면

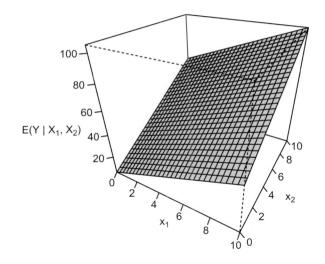

$$\mu_{Y|X_1,\cdots,X_k}(x_1, \cdots, x_k) = \beta_0 + \beta_1 x_1 + \cdots + \beta_k x_k \qquad (12.2.1)$$

식 (12.2.1)은 반응변수와 예측변수로 구성된 $(k + 1)$ 차원의 초평면(hyperplane)을 나타낸다. 예를 들어 $k = 2$개의 예측변수에 대해 식 (12.2.1)은 다음과 같고,

$$\mu_{Y|X_1, X_2}(x_1, x_2) = \beta_0 + \beta_1 x_1 + \beta_2 x_2$$

이는 3차원 공간에서의 평면이 된다. 그림 12-1은 회귀식 모수인 β_0, β_1, β_2의 특정값에 대해 결정되는 평면을 보여 주고 있다. 표기상 편의를 위해 MLR 모형의 절편값은 예측변수가 중심화되어 있는지 여부에 관계없이 β_0로 표기한다(식 (4.6.4)와 (4.6.5) 참고). 모수 β_j에 대한 물리적인 해석은 자명하다. $j \geq 1$일 때 β_j는 $\mu_{Y|X_1,\cdots,X_k}(x_1,\cdots, x_k)$의 x_j에 관한 부분 도함수이며, 이는 다른 모든 예측변수의 값이 고정될 때 β_j가 x_j의 단위 변화당 회귀함수의 변화량을 나타냄을 의미한다. 또한, 예측변수가 중심화되면 절편 모수인 β_0는 Y의 주변 평균값이 된다(명제 4.6-1 참고).

다중선형회귀모형은 가장 일반적으로 설명/예측변수 $X_1,\cdots, X_k$와 고유오차변수에 대한 반응변수 Y의 방정식으로서 다음과 같이 기술된다.

$$Y = \beta_0 + \beta_1 X_1 + \cdots + \beta_k X_k + \varepsilon \qquad (12.2.2)$$

여기서 고유오차변수인 ε은 식 (12.2.2)에 의해 내재적으로 정의된다. 고유오차변수의 기본적인 특성은 단순선형회귀모형에 대해 명제 4.6-2에서 요약된 것과 유사하다. 소위 ε은 평균이 0이고 예측변수 $X_1,\cdots, X_k$와 상관관계가 없으며, 그것의 분산 σ_ε^2은 주어진 $X_1,\cdots, X_k$의 값에 대한 Y의 조건부 분산이 된다. 단순선형회귀모형과 마찬가지로 고유오차분산은 예측변수의 값에 의존적이지 않다(값에 따라 변하지 않음)고 가정한다(등분산 가정). 12.4.2절 참조.

다항회귀모형 예측변수가 하나뿐이고 이론적인 추론이나 데이터 산점도에 의해 회귀함수의 참값이 하나 이상의 극댓값 또는 극솟값(국소 최대 또는 최솟값)을 갖는다고 할 때, 단순선형회

그림 12-2
다항회귀모형 $\mu_{Y|X}(x)$
$= -8 - 4.5x + 2x^2 + 0.33x^3$

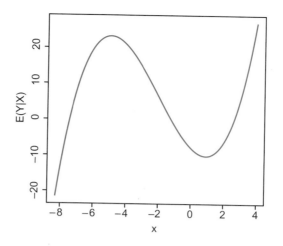

귀모형은 적합하지 않다. 이러한 경우 회귀함수에 다항 항을 포함하는 것이 필요하다. k차 다항식은 $k - 1$개의 극댓값 및 극솟값을 가질 수 있다. 그림 12-2는 3차 다항식으로 모형화된 회귀함수를 나타낸다.

일반적으로 k차 다항회귀모형은 다음과 같다.

$$Y = \beta_0 + \beta_1 X + \beta_2 X^2 + \cdots + \beta_k X^k + \varepsilon \tag{12.2.3}$$

식 (12.2.2)의 MLR 모형과 식 (12.2.3)의 다항회귀모형을 비교해 보면 다항회귀모형을 MLR 모형으로도 표현할 수 있음을 알 수 있다.

$$Y = \beta_0 + \beta_1 X_1 + \beta_2 X_2 + \cdots + \beta_k X_k + \varepsilon, \quad \text{여기서 } X_i = X^i \quad i = 1, \cdots, k \tag{12.2.4}$$

따라서 MLR 모형에서의 모수추정 절차가 다항회귀모형에도 동일하게 적용된다. 하지만 모수에 대한 해석은 달라진다. 예를 들어, 식 (12.2.3)의 계수 β_1은 $x = 0$에서의 회귀함수의 도함수이며, 따라서 이것은 $x = 0$일 때 회귀함수의 변화율을 나타낸다. 마찬가지로 식 (12.2.3)의 β_2는 $x = 0$일 때 회귀함수의 이계도함수 값의 절반에 해당한다. 물론, 0이 공변량 값의 범위에 있지 않을 경우, $x = 0$일 때 회귀함수의 변화율을 아는 것만으로 참값을 알아낼 수는 없다. 이것이 다항회귀모형에서 공변량에 대한 중심화를 추천하는 한 가지 이유이다. 만약 공변량이 중심화되어 있다면 β_1은 x의 평균값에서 회귀함수의 변화율을 나타낸다. 중심화를 하는 두 번째 이유는 공변량이 중심화되었을 때 다항회귀모형의 계숫값의 추정이 더 정확해진다는 경험적인 증거 때문이다. 마지막으로, 다항회귀모형의 변수가 중심화되었다 하더라도, 절편값 β_0는 Y에 대한 주변 기댓값(marginal expected value)이 아니다. 이를 살펴보기 위해 공변량이 중심화된 이차회귀모형을 생각해 보자.

$$Y = \beta_0 + \beta_1(X - \mu_X) + \beta_2(X - \mu_X)^2 + \varepsilon \tag{12.2.5}$$

공변량에 대해 대문자를 사용하는 것은 그것이 확률변수이기 때문임을 상기하라. 식 (12.2.5)의 양변에 기댓값을 취하면 다음과 같이 된다.

그림 12-3

모형 $\mu_{Y|X_1,X_2}(x_1,x_2)$ $= 5+4x_1 + 6x_2 + 5x_1x_2$에 대한 회귀 평면

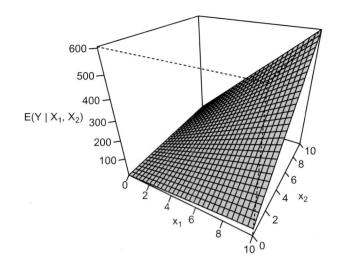

$$E(Y) = \beta_0 + \beta_2 \mathrm{Var}(X)$$

실제로, 공변량은 그것의 표본평균에 의해 중심화되지만, 계숫값에 대한 해석은 서로 유사하다.

교호작용을 포함하는 다항모형 예측변수가 2개 이상일 때 통상 **교호작용**에 의한 영향을 모형에 포함하는 것이 좋다. 다중회귀분석에서 교호작용에 대한 개념은 이원배치법에서 교호작용에 대한 개념과 유사하다(1.8.4절 및 11장 참조). 특히, 한 변수(X_1)의 수준 변화가 다른 변수(X_2)의 수준에 영향을 받는 경우, 우리는 X_1과 X_2 사이에 교호작용이 있다고 말한다. 두 변수 간 교호작용의 영향을 모형화하는 가장 일반적인 방법은 그것의 곱을 모형에 포함하는 것이다. 예를 들어, X_1과 X_2에 대한 Y의 회귀함수는 다음과 같이 모형화된다.

$$\mu_{Y|X_1,X_2}(x_1,x_2) = \beta_0 + \beta_1 x_1 + \beta_2 x_2 + \beta_3 x_1 x_2 \qquad (12.2.6)$$

그림 12-3은 회귀계수가 특정한 값을 가질 때 식 (12.2.6)의 회귀함수를 도식화한 것이다. 교호작용항으로 인해 이 회귀함수는 그림 12-1에서처럼 평면이 되지 않는다. 그림 12-3에서 x_1의 값이 변화(한 단위씩)할 때 Y의 기대 변화가 x_2의 함수임을 확인할 수 있다.

마지막으로 다항식에 교호작용항을 결합함으로써 모형의 유연성이 개선될 수 있다. 예를 들어 X_1과 X_2에 대한 Y의 회귀함수는 교호작용을 포함하는 다음과 같은 이차 다항식으로 모형화될 수 있다.

$$\mu_{Y|X_1,X_2}(x_1,x_2) = \beta_0 + \beta_1 x_1 + \beta_2 x_2 + \beta_3 x_1^2 + \beta_4 x_2^2 + \beta_5 x_1 x_2 \qquad (12.2.7)$$

그림 12-4는 회귀계수가 특정값을 가질 때 식 (12.2.7)의 회귀함수를 도식화한 것이다. 식 (12.2.7)의 회귀식 계숫값의 변화에 따라서 교호작용을 포함하는 이차 다항식 모형이 다양한 형태를 지닐 수 있다.

교호작용항을 포함하는 회귀모형은 식 (12.2.2)의 **MLR** 모형 형태로 표현될 수 있다. 예를 들어, 식 (12.2.7)의 회귀함수를 다음과 같이 표현하면,

그림 12-4

모형 $\mu_{Y|X_1,X_2}(x_1,x_2) = 5 + 4x_1 + 6x_2 - 3.5x_1^2 - 7x_2^2 + 5x_1x_2$에 대한 회귀 평면

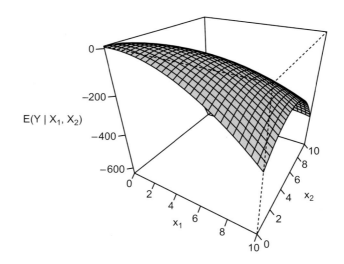

$$\mu_{Y|X_1,X_2}(x_1,x_2) = \beta_0 + \beta_1 x_1 + \beta_2 x_2 + \beta_3 x_3 + \beta_4 x_4 + \beta_5 x_5 \tag{12.2.8}$$

$x_3 = x_1^1$, $x_4 = x_2^2$, $x_5 = x_1x_2$가 된다. MLR 모형의 모수추정 절차는 교호작용항을 포함하는 다항회귀모형에도 적용될 수 있다.

변환(Transformations)   예측변수와 반응변수 사이에 비선형(및 비다항) 관계가 성립함을 암시하는 경험적 증거나 과학적 사례가 종종 나타난다. 그러한 경우 반응변수나 공변량 혹은 둘 모두에 대해 적절한 변형을 통해 다중선형 또는 다항회귀모형이 적합하도록 만들 수 있다. 예를 들어, 세포 개수에 대한 지수 성장 모형(exponential growth model)은 다음과 같은 형태의 관계식을 가지며,

$$E(Y_t) = \alpha_0 e^{\beta_1 t}, \quad t \geq 0$$

이는 시간 t에서 세포 개수의 기댓값을 나타낸다. 양변에 로그를 취하면 관계식이 선형으로 된다. $\log(E(Y_t)) = \log(\alpha_0) + \beta_1 t$. Y_t의 고유오차항이 배수적(multiplicative), 즉 $Y_t = \alpha_0 e^{\beta_1 t} U_t$이라고 가정하면 변환된 변수 $\widetilde{Y}_t = \log(Y_t)$는 다음의 단순선형회귀모형이 된다.

$$\widetilde{Y}_t = \beta_0 + \beta_1 t + \varepsilon_t, \quad \text{여기서 } \beta_0 = \log(\alpha_0) \text{ 와 } \varepsilon_t = \log U_t \tag{12.2.9}$$

모형 식 (12.2.9)가 정규 단순선형회귀모형이므로 U_t는 로그정규분포를 따라야 함을 유념하자 (3.5절 연습문제 12 참고).

또 다른 예로 비선형 모형 $\mu_{Y|X}(x) = \alpha_0 x^{\beta_1}$을 살펴보자. 여기서도 Y에 대한 오차항이 배수적이라고 가정하면, 변환된 변수 $\widetilde{X} = \log(X)$와 $\widetilde{Y} = \log(Y)$는 다음의 단순선형회귀모형이 된다.

$$\widetilde{Y} = \beta_0 + \beta_1 \widetilde{X} + \varepsilon, \quad \beta_0 = \log \alpha_0$$

변환된 변수에 적합된 모형은 예측에 직접적으로 활용될 수 있다. 예를 들어, 데이터에 적합

된 모형 식 (12.2.9)에 의한 최소제곱추정량이 $\widehat{\beta}_0$와 $\widehat{\beta}_1$ 일 때, 시간 t_0에서의 세포 개수 예측치는 $\widehat{Y}_{t_0} = e^{\widehat{\beta}_0 + \widehat{\beta}_1 t_0}$이다.

연습문제

1. 반응변수가 두 반응변수와 다중선형회귀모형 $Y = 3.6 + 2.7X_1 + 0.9X_2 + \varepsilon$의 관계가 있다.

(a) $\mu_{Y|X_1,X_2}(12, 25) = E(Y | X_1 = 12, X_2 = 25)$를 구하라.

(b) $E(X_1) = 10$이고 $E(X_2) = 18$일 때, Y에 대한 주변 (marginal) 기댓값을 구하라.

(c) X_1이 한 단위 증가하고 X_2의 값이 변하지 않을 때, Y에 대한 기대 변화를 구하라.

(d) 상기 모형이 변수에 대해 중심화되면 $Y = \beta_0 + \beta_1(X_1 - \mu_{X_1}) + \beta_2(X_2 - \mu_{X_2}) + \varepsilon$과 같아진다. (b)에 주어진 X_1과 X_2의 기댓값을 활용하여 β_0, β_1, β_2를 구하라.

2. 반응변수가 두 예측변수와 교호작용을 포함하는 회귀모형 $Y = 3.6 + 2.7X_1 + 0.9X_2 + \varepsilon$의 관계에 있다.

(a) $E(X_1) = 10$, $E(X_2) = 18$이고 $\text{Cov}(X_1, X_2) = 80$일 때, Y에 대한 주변(marginal) 기댓값을 구하라. (힌트 $\text{Cov}(X_1, X_2) = E(X_1 X_2) - E(X_1)E(X_2)$.)

(b) 중심화된 변수에 의해 상기 모형을 표현하면 $Y = \beta_0 + \beta_1(X_1 - \mu_{X_1}) + \beta_2(X_2 - \mu_{X_2}) + \beta_3(X_1 - \mu_{X_1})(X_2 - \mu_{X_2}) + \varepsilon$과 같다. $\beta_3 = 1.5$임을 확인하라. 다음으로 $\beta_0 = E(Y) - \beta_3 \text{Cov}(X_1, X_2)$임을 보이고, (a)를 이용하여 그 값을 계산하라.

3. 반응변수와 예측변수가 이차회귀모형 $\mu_{Y|X}(x) = -8.5 - 3.2x + 0.7x^2$의 관계에 있다.

(a) $x = 0, 2, 3$일 때, 회귀함수의 변화율을 구하라.

(b) 변수를 중심화하여 모형을 $\mu_{Y|X}(x) = \beta_0 + \beta_1(x - \mu X) + \beta_2(x - \mu X)^2$과 같이 표현하라. $\mu_X = 2$일 때, β_0, β_1, β_2를 구하라. (힌트 x의 서로 다른 멱수(power)에 대해 계수를 대응시켜라.)

4. R 패키지 *car*에 있는 데이터 집합 *Leinhardt*는 몇몇 국가의 1인 소득당 유아 사망률 데이터를 포함하고 있다. R 명령어 *install.packages*("*car*")를 이용해 패키지를 설치하고 *library*(*car*) 명령어를 통해 R 세션에서 해당 패키지를 사용할 수 있도록 한 후, $x = Leinhardt\$income$; $y = Leinhardt\$infat$를 통해 R 객체 x와 y에 각각 수입과 사망률 값을 대입하라.

(a) (x, y)와 $(\log(x), \log(y))$에 대한 산점도를 그려라. 어느 산점도가 선형관계를 보이는가? [주의: 도표를 작성할 때 결측치는 제거되어야 한다.]

(b) 산점도가 선형관계를 나타내는 변수를 단순선형회귀모형에 적합시키고 추정 회귀선을 구하라.

(c) (b)에서 추정된 회귀선을 이용하여 1인당 수입이 1,400일 때 한 국가별 유아 사망률을 예측하라.

5. *BacteriaDeath.txt* 파일이 시간 흐름에 따른 소멸된 박테리아 수에 대한 시뮬레이션 데이터를 포함하고 있다. 시간과 박테리아 수를 R 객체 t와 y로 각각 불러오라.

(a) (t, y) 및 $(t, \log(y))$의 산점도를 그려라. 어느 산점도가 선형관계를 나타내는가?

(b) 시간 t에 대한 박테리아 수 Y를 예측하기 위한 방정식을 세우라.

6. *WindSpeed.txt*의 데이터 집합에는 풍차에서 현재 생산되는 전력 및 풍속(miles/h 단위)[1]에 대한 25개의 측정치가 포함되어 있다. 풍속과 전력 데이터를 R 객체 x와 y에 각각 불러오라.

(a) (x, y) 및 $(1/x, y)$에 대한 산점도를 그려라. 어느 산점도가 선형관계를 나타내는가?

(b) 산점도가 선형관계를 보이는 변수를 선형회귀모형으로 적합시키고 추정 회귀선을 구하라.

(c) (b)에서 구한 추정 회귀선을 이용하여 풍속이 8 miles/h일 때, 생산되는 전력을 예측하라.

---

1 D. C. Montgomery, E. A. Peck, and G. G. Vining (2012). Introduction to Linear Regression Analysis, 5th ed. Hoboken:Wiley & Sons. Table 5.5.

12.3 추정, 검정 및 예측

12.3.1 최소제곱추정량

6.3.3절에 소개된 최소제곱법은 데이터를 다중선형회귀모형에 적합시킬 때에도 활용될 수 있다. 이 장의 요지에 따라 이를 설명하기 위해 다음의

$$(y_i, x_{i1}, x_{i2}, \ldots, x_{ik}), \qquad i = 1, \cdots, n$$

을 k개의 공변량/예측변수 및 반응변수에 대한 $n > k$개의 관측치라 하자. 상기 데이터는 전형적으로 다음과 같은 표 형식으로 표현된다.

y	x_1	x_2	$\cdots$	x_k
y_1	x_{11}	x_{12}	$\cdots$	x_{1k}
y_2	x_{21}	x_{22}	$\cdots$	x_{2k}
$\vdots$	$\vdots$	$\vdots$	$\vdots$	$\vdots$
y_n	x_{n1}	x_{n2}	$\cdots$	x_{nk}

각 행에 있는 데이터는 식 (12.2.2)에 따라 다음의 모형에 대한 방정식을 만족한다.

$$y_i = \beta_0 + \beta_1 x_{i1} + \beta_2 x_{i2} + \cdots + \beta_k x_{ik} + \varepsilon_i, \quad i = 1, \cdots, n \tag{12.3.1}$$

$b_0, b_1, \cdots, b_k$에 대한 다음의 목적함수를 최소화함에 따라 회귀계수 $\widehat{\beta}_0, \widehat{\beta}_1, \cdots, \widehat{\beta}_k$의 **최소제곱추정량**(least squares estimates)이 얻어진다.

$$L(b_0, b_1, \ldots, b_k) = \sum_{i=1}^{n} (y_i - b_0 - b_1 x_{i1} - b_2 x_{i2} - \cdots - b_k x_{ik})^2 \tag{12.3.2}$$

마찬가지로 **정규방정식**(normal equations)이라 알려진 다음의 연립방정식의 해를 구함으로써 최소제곱추정치를 얻을 수 있다.

$$\frac{\partial L}{\partial b_0} = -2 \sum_{i=1}^{n} \left(y_i - b_0 - \sum_{j=1}^{k} b_j x_{ij} \right) = 0$$

$$\frac{\partial L}{\partial b_j} = -2 \sum_{i=1}^{n} \left(y_i - b_0 - \sum_{j=1}^{k} b_j x_{ij} \right) x_{ij} = 0, \quad j = 1, \ldots, k$$

정규방정식은 다음과 같이 간략화된다.

$$nb_0 + b_1 \sum_{i=1}^{n} x_{i1} + b_2 \sum_{i=1}^{n} x_{i2} + \cdots + b_k \sum_{i=1}^{n} x_{ik} = \sum_{i=1}^{n} y_i$$

$$b_0 \sum_{i=1}^{n} x_{i1} + b_1 \sum_{i=1}^{n} x_{i1}^2 + b_2 \sum_{i=1}^{n} x_{i1}x_{i2} + \cdots + b_k \sum_{i=1}^{n} x_{i1}x_{ik} = \sum_{i=1}^{n} x_{i1}y_i$$

$$\vdots \quad \vdots \quad \vdots$$

$$b_0 \sum_{i=1}^{n} x_{ik} + b_1 \sum_{i=1}^{n} x_{ik}x_{i1} + b_2 \sum_{i=1}^{n} x_{ik}x_{i2} + \cdots + b_k \sum_{i=1}^{n} x_{ik}^2 = \sum_{i=1}^{n} x_{ik}y_i$$

예를 들어, 단순선형회귀모형에 대한 정규방정식은 다음과 같다.

$$nb_0 + b_1 \sum_{i=1}^{n} x_{i1} = \sum_{i=1}^{n} y_i$$

$$b_0 \sum_{i=1}^{n} x_{i1} + b_1 \sum_{i=1}^{n} x_{i1}^2 = \sum_{i=1}^{n} x_{i1}y_i$$

이 방정식을 풀면 식 (6.3.7)에 제시된 최소제곱추정량을 계산할 수 있다(식 (6.3.7) 참고). x_{i1}은 x_i로 나타내고, 절편에 대한 추정량 $\widehat{\beta_0}$는 $\widehat{\alpha_1}$으로 나타낸다. $k > 1$개의 예측치를 갖는 일반적인 MLR 모형에 대한 정규방정식의 해는 매트릭스 표기법에 의해 가장 편리하게 구해지며, 이는 다음에 논의하도록 한다.

6.3.3절에서 단순선형회귀모형에 관해 소개된 용어에 따라 최소제곱추정량은 추정회귀함수와 적합된(또는 예측된) 값 및 잔차(또는 추정오차)를 구체화한다.

추정회귀함수	$\widehat{\mu}_{Y\mid X_1,\ldots,X_k}(x_1,\ldots,x_k) = \widehat{\beta_0} + \widehat{\beta_1}x_1 + \cdots + \widehat{\beta_k}x_k$
추정치	$\widehat{y_i} = \widehat{\beta_0} + \widehat{\beta_1}x_{i1} + \cdots + \widehat{\beta_k}x_{ik}, \quad 1 \le i \le n$
잔차	$e_i = y_i - \widehat{y_i}, \quad 1 \le i \le n$

$$(12.3.3)$$

또한 오차제곱합(SSE)의 자유도는 $DF_{SSE} = n - k - 1$인데, 이는 관측치 수에서 추정되는 회귀계수의 수를 뺀 것이다. SSE를 DF_{SSE}로 나누면 MSE가 되는데, 이는 고유오차분산 σ_ε^2의 편의되지 않은 추정량이다.

오차제곱합	$\mathrm{SSE} = \sum_{i=1}^{n} e_i^2 = \sum_{i=1}^{n}(y_i - \widehat{y_i})^2$
평균제곱오차	$\mathrm{MSE} = \dfrac{\mathrm{SSE}}{\mathrm{DF}_{SSE}} = \dfrac{\mathrm{SSE}}{n-k-1} = \widehat{\sigma}_\varepsilon^2$

$$(12.3.4)$$

단순선형회귀모형과 마찬가지로 SSE는 회귀모형에 의해 설명되지 않는 예측변수의 변동(예측할 수 없는 변동)을 나타낸다. 총변동에서 SSE를 뺀 값(이 값은 항상 반응변수의 표본분산에서 분자에 해당함)은 회귀제곱합 SSR이 된다. SSR은 회귀모형에 의해 설명 가능한 반응변수의 변동(설명된 변동)을 나타낸다. 총변동 중 모형에 의해 설명되는 변동의 비율인 SSR/SST 또는 $1 - \text{SSE}/\text{SST}$를 **다중결정계수**(coefficient of multiple determination)라 하고 R^2으로 표기한다. 이를 요약하면 다음과 같다.

총제곱합

회귀제곱합

다중결정계수

$$\text{SST} = \sum_{i=1}^{n}(y_i - \bar{y}_i)^2$$

$$\text{SSR} = \text{SST} - \text{SSE}$$

$$R^2 = 1 - \frac{\text{SSE}}{\text{SST}} = \frac{\text{SSR}}{\text{SST}}$$

(12.3.5)

X와 Y의 상관관계에 대한 개념은 $X_1, \cdots, X_k$와 Y의 **다중 상관관계**에 대한 개념으로 확장될 수 있다. 반응변수와 예측변수 사이의 다중 상관계수는 순서쌍 $(y_i, \hat{y}_i)$, $i = 1, \cdots, n$ 사이의 Pearson 선형 상관계수에 의해 계산된다. R^2의 양의 제곱근이 반응변수와 예측변수 사이의 다중 상관계수와 같음을 보일 수 있다.

회귀분석의 주목적은 설명되지 않는 변동을 감소시키는 것이므로, R^2의 값이 클수록 모형이 더 성공적이라 할 수 있다. 그러나 추가적인 공변량을 포함하면 해당 공변량이 예측력이 없다 하더라도 R^2 값이 커짐이 입증되었다. 예를 들어 회귀모형에 고차항과 교호작용항을 포함하게 되면 R^2의 값이 커질 것이다. 그와 동시에 고차항과 교호작용항은 각 공변량이 미치는 영향에 대한 해석을 복잡하게 만든다. **모수간편화의 원리**(the principle of parsimony)에 따라 모형은 가능한 한 단순해야 한다. 추가적인 모수를 포함시킴에 따라 R^2이 증가하는 데 반해 발생되는 설명력 저하를 보완하기 위한 한 가지 방법은 수정 R^2으로 표기되는 **조정된 다중결정계수**(adjusted coefficient of multiple determination)를 활용하는 것이다.

조정된 다중결정계수

$$R^2(\text{adj}) = 1 - \frac{\text{MSE}}{\text{MST}} = \frac{(n-1)R^2 - k}{n-1-k}$$

(12.3.6)

회귀분석을 위한 R 명령어 R 객체 *y*, *x1*, *x2*, *x3*가 각각 반응변수 Y와 세 가지 공변량 X_1, X_2, X_3의 값을 담고 있다고 하자.

표 12.1은 MLR 모형인 $Y = \beta_0 + \beta_1 X_1 + \beta_2 X_2 + \beta_3 X_3 + \varepsilon$과 여기에 고차항 및 교호작용항을 포함하는 변형된 모형에 적합시킨다. 예측변수가 3개 이상인 회귀모형으로 확장시키기 위한 명령어는 다음의 방법에 따라 수행할 수 있다. 우선, 어느 모형에 적합되든 관계없이 변수는 항상 중심화시키는 것이 바람직하다.

표 12-1 다중선형회귀 및 다항회귀모형 적합을 위한 R 명령어

R 명령어	모형
fit=lm(y~x1+ x2+x3)	기본 모형으로의 적합 $Y = \beta_0 + \beta_1 X_1 + \beta_2 X_2 + \beta_3 X_3 + \varepsilon$
fit=lm(y~(x1+x2+x3)^2)	기본 모형 및 모든 교호작용항을 포함하도록 적합
fit=lm(y~(x1+x2+x3+x1;x2+x1;x3+x2;x3)	기본 모형 및 모든 교호작용항을 포함하도록 적합
fit=lm(y~x1+ x2+x3)	기본 모형 및 3차까지의 모든 교호작용항을 포함하도록 적합
fit=lm(y~(x1+x2+x3)^3)	기본 모형 및 3차까지의 모든 교호작용항을 포함하도록 적합
fit=lm(y~x1+I(x1^2)+x2+x3)	기본 모형 및 X_1의 이차항을 포함하도록 적합
fit=lm(y~poly(x1, 2, raw=T)+x2+x3)	기본 모형 및 X_1의 이차항을 포함하도록 적합
fit=lm(y~poly(x1, 3, raw=T)+x2+x3)	기본 모형 및 X_1의 이차항과 삼차항을 포함하도록 적합

모형 적합 전 예측변수의 중심화

x1=x1-mean(x1); x2=x2-mean(x2); x3=x3-mean(x3)

표 12-1은 어떤 모형이 한 가지 이상의 방법으로 표현될 수 있음을 보여 준다. 예를 들어, 모든 변수 쌍 사이의 교호작용을 포함하는 모형은 표 12-1에서 두 번째 혹은 세 번째 명령어로 표현될 수 있고, 다음의 명령어를 통해서도 가능하다.

fit=lm(y~x1*x2*x3-x1:x2:x3)

마찬가지로 3차 교호작용항을 포함해 모든 교호작용항을 모형에 포함하기 위해서는 표 12-1의 네 번째 또는 다섯 번째 행에 있는 명령어를 활용하거나 명령어 *fit=lm(y~(x1+x2+x3) 2+x1:x2:x3)*에 의해서도 가능하다. 마지막으로 표 12-1에서 맨 아래 3개 행은 모형에 고차항을 포함시킬 수 있는 몇 가지 옵션을 보여 준다.

노트 12.3-1 *poly(x1, 3, raw=T)* 대신에 단순히 *poly(x1, 3)*을 쓰면 **직교다항식**(orthogonal polynomial) 항으로 알려진 것이 반환된다. 직교다항식 항은 추정절차가 간결하고 고차 다항식 항의 유의성을 검정할 때 선호된다. 반면, 그 구성이 복잡하여서 예측을 위한 적합 모형으로 사용하기에는 까다롭다. ◁

표 12-1의 명령어 중 아무것에나 끝에 R 명령어 *fit* 또는 *coef(fit)*을 추가하면 회귀계수에 대한 최소제곱추정치를 얻을 수 있다. 또, *summary(fit)*을 추가할 경우 잔차의 자유도 R^2, R^2(adj), 다음 절에서 논의하게 될 가설검정 문제에서의 p-값뿐 아니라 잔차의 표준오차(예 : $\hat{\sigma}_\varepsilon$)도 구할 수 있다.

| 예제 12.3-1 |

*Temp.Long.Lat.txt*에는 (1931년부터 1960년 동안) 미국의 56개 도시의 1월 중 매일의 최저 기온(화씨) 평균과 위도 및 경도 데이터[2]가 포함되어 있다. Y, X_1, X_2가 각각 온도, 위도 및 경도를 나타내는 변수라 하자.

(a) 다음의 각 모형에 적합시키기 위한 R 명령어를 작성하고, 각각에 대해 회귀식 모수의 최소제곱추정치, 고유오차분산에 대한 추정치, R^2 및 $R^2(\text{adj})$가 얼마인지 말하라.

   (1) 기본적인 다중회귀모형 $Y = \beta_0 + \beta_1 X_1 + \beta_2 X_2 + \varepsilon$

   (2) 교호작용항이 추가된 기본 모형 $Y = \beta_0 + \beta_1 X_1 + \beta_2 X_2 + \beta_3 X_1 X_2 + \varepsilon$

   (3) X_1과 X_2에 대한 이차항 및 둘 사이의 교호작용항을 포함하는 모형 $Y = \beta_0 + \beta_1 X_1 + \beta_{1,2} X_1^2 + \beta_2 X_2 + \beta_{2,2} X_2^2 + \beta_3 X_1 X_2 + \varepsilon$(위의 식에서 이중 아래 첨자로 계수의 인덱스를 표현하는 것은 일반적이지 않음에 주의할 것)

(b) 각 모형의 추정 고유분산 및 그에 대응되는 자유도를 이용하여 SSE와 SST를 구하라.

(c) Mobile, AL의 1월 중 일별 최저기온 평균과 해당 지역의 위도 및 경도가 각각 44, 31.2, 88.5이다. 세 가지 모형 각각에 대해 Mobil, AL의 적합치와 잔차를 구하라.

해답

(a) R 데이터 프레임에 데이터를 불러오기 위하여 *df=read.table("Temp.Long.Lat.txt", header =T)*을 사용하고, *y=df\$JanTemp; x1=df\$Lat-mean(df\$Lat); x2=(df\$Long-mean(df\$Long)*을 통해 R 객체 *y*, *x1*, *x2*에 각각 반응변수와 중심화된 공변량을 대입하라. 다음의 명령어

```
fit1=lm(y~x1+x2); fit2=lm(y~x1*x2);
fit3=lm(y~poly(x1, 2, raw=T)+poly(x2, 2, raw=T)+x1:x2)
summary(fit1); summary(fit2); summary(fit3)
```

를 통해 세 가지 모형에 적합화된 정보를 얻을 수 있는데, 이를 요약하면 다음의 표와 같다.

Model	Intercept	X_1	X_1^2	X_2	X_2^2	$X_1 X_2$	$\hat{\sigma}_\varepsilon$	R^2	$R^2(\text{adj})$
(1)	26.52	−2.16		0.13			6.935	0.741	0.731
(2)	26.03	−2.23		0.034		0.04	6.247	0.794	0.782
(3)	21.31	−2.61	−0.01	−0.18	0.02	0.04	4.08	0.916	0.907

(b) 식 (12.3.4)에 따라 $SSE = \hat{\sigma}_\varepsilon^2(n - k - 1)$이며, 여기서 n은 표본 크기이고 k는 절편을 제외한 회귀계수의 개수이다. 주어진 데이터 집합에서 $n = 56$이고 (a)를 통해 $\hat{\sigma}_\varepsilon$와 R^2이 구해지므로 다음을 얻을 수 있다.

Model	k	$DF_{SSE} = n - k - 1$	$\hat{\sigma}_\varepsilon^2$	SSE
(1)	2	53	48.09	2548.99
(2)	3	52	39.02	2029.3
(3)	5	50	16.61	830.69

---

[2] J. L. Peixoto (1990). A property of well-formulated polynomial regression models. American Statistician, 44: 26 – 30.

교호작용 및 다항식 항이 모형에 추가됨에 따라 SSE의 값이 작아짐을 유의하라. 반응변수의 표본분산에서 분자에 해당하는 SST는 $var(y)*55$에 의해 가장 정확히 계산되며, 그 값은 9845.98이다. 식 (12.3.5)에 따라 다음의 공식을 이용해 계산할 수도 있다.

$$SST = \frac{SSE}{1 - R^2}$$

세 가지 모형에 대해 이 공식을 적용하면 반올림 오차로 인해 각각 9845.48, 9846.19 및 9842.28의 값이 얻어진다.

(c) 데이터 집합 중 Mobile, AL은 리스트의 첫 번째에 위치하므로 이에 대응되는 반응변수와 공변량의 첨자 수는 1이 된다. 데이터 집합에서 평균 위도와 경도가 각각 38.97과 90.96일 때, 중심화된 공변량의 값은 $x_{11} = 31.2 - 38.97 = -7.77$, $x_{12} = 88.5 - 90.96 = -2.46$이다. 식 (12.3.3)의 공식에 따라 다항회귀모형을 MLR 모형으로 표현하면 식 (12.2.8)에서와 같이 다음을 얻게 된다.

Model	$\widehat{y}_1$	$e_1 = y_1 - \widehat{y}_1$
(1)	$25.52 - 2.16x_{11} + 0.13x_{12} = 43$	1.00
(2)	$26.03 - 2.23x_{11} + 0.034x_{12} + 0.04x_{11}x_{12} = 44.1$	-0.10
(3)	$21.31 - 2.61x_{11} - 0.01x_{11}^2 - 0.18x_{12} + 0.02x_{12}^2 + 0.04x_{11}x_{12} = 42.29$	1.71

위의 적합치와 잔차는 다음의 R 명령어를 통해서도 얻을 수 있다.

```
fitted(fit1)[1]; fitted(fit2)[1]; fitted(fit3)[1]
resid(fit1)[1];resid(fit2)[1];resid(fit3)[1],
```

서로 다른 모형에 의해서 다른 값을 얻을 때, 어느 모형이 더 적합한 것인가에 관해 의문이 생긴다. 이 의문은 가설검정 및 변수선택에 의해 해결할 수 있다. 12.3.3절과 12.4.3절을 참조하라. ■

행렬 표기법* 식 (12.3.1)의 데이터에 대한 MLR 모형 방정식을 행렬식 표기법을 사용하여 나타내면 다음과 같다.

$$\mathbf{y} = \mathbf{X}\boldsymbol{\beta} + \boldsymbol{\epsilon} \tag{12.3.7}$$

이때,

$$\mathbf{y} = \begin{pmatrix} y_1 \\ y_2 \\ \vdots \\ y_n \end{pmatrix}, \mathbf{X} = \begin{pmatrix} 1 & x_{11} & x_{12} & \cdots & x_{1k} \\ 1 & x_{21} & x_{22} & \cdots & x_{2k} \\ \vdots & \vdots & \vdots & & \vdots \\ 1 & x_{n1} & x_{n2} & \cdots & x_{nk} \end{pmatrix}, \boldsymbol{\beta} = \begin{pmatrix} \beta_0 \\ \beta_1 \\ \vdots \\ \beta_k \end{pmatrix}, \boldsymbol{\epsilon} = \begin{pmatrix} \epsilon_1 \\ \epsilon_2 \\ \vdots \\ \epsilon_n \end{pmatrix}.$$

---

* 처음 보는 독자들은 이 절을 넘겨도 무방하다.

위의 행렬 X는 **설계 행렬**로 알려져 있다. $'$가 전치를 나타내는 행렬식 표기법에 따라 목적함수 식 (12.3.2)를 다음과 같이 나타낼 수 있다.

$$L(\mathbf{b}) = (\mathbf{y} - \mathbf{Xb})'(\mathbf{y} - \mathbf{Xb}) = \mathbf{y}'\mathbf{y} - 2\mathbf{b}'\mathbf{X}'\mathbf{y} + \mathbf{b}'\mathbf{X}'\mathbf{Xb} \tag{12.3.8}$$

목적함수를 최소로 하는 최소제곱추정량 $\widehat{\boldsymbol{\beta}}$는 다음을 만족한다.

$$\frac{\partial L(\mathbf{b})}{\partial \mathbf{b}}\bigg|_{\widehat{\boldsymbol{\beta}}} = -2\mathbf{X}'\mathbf{y} + 2\mathbf{X}'\mathbf{X}\widehat{\boldsymbol{\beta}} = \mathbf{0}$$

혹은 위와 마찬가지로 $\widehat{\boldsymbol{\beta}}$는 정규방정식의 행렬 형태인 다음을 만족한다.

$$\mathbf{X}'\mathbf{X}\widehat{\boldsymbol{\beta}} = \mathbf{X}'\mathbf{y} \tag{12.3.9}$$

식 (12.3.9)의 양변에 $\mathbf{X}'\mathbf{X}$의 역행렬을 곱하면 정규방정식에 대한 다음의 닫힌 해를 얻을 수 있다.

회귀계수에 대한 최소제곱추정량

$$\boxed{\widehat{\boldsymbol{\beta}} = (\mathbf{X}'\mathbf{X})^{-1}\mathbf{X}'\mathbf{y}} \tag{12.3.10}$$

적합치 및 잔차의 행렬 형태는 다음과 같다.

적합치 및 잔차의 행렬식 표기

$$\boxed{\widehat{\mathbf{y}} = \mathbf{X}\widehat{\boldsymbol{\beta}} \quad \text{and} \quad \mathbf{e} = \mathbf{y} - \widehat{\mathbf{y}}} \tag{12.3.11}$$

예제 12.3-2 예제 12.3-1의 온도-위도-경도에 대한 56개의 데이터 중 첫 8개를 가지고 생각해 보자.

(a) 예제 12.3-1을 구체화한 모형 (1)과 (2)에 대한 설계 행렬(design matrices)을 나타내라.

(b) 모형 (1)에 대한 정규방정식을 작성하고 최소제곱추정량을 구하라.

(c) 모형 (1)에 대한 추정회귀함수, 적합치, 잔차를 구하라.

해답

(a) 데이터 집합 중 첫 8줄에 대한 공변량 값은 위도의 경우 31.2, 32.9, 33.6, 35.4, 34.3, 38.4, 40.7, 41.7이고 표본평균이 36.025, 경도의 경우 88.5, 86.8, 112.5, 92.8, 118.7, 123.0, 105.3, 73.4이며 표본평균이 100.125이다. 모형 (1)과 (2)에 대해 각각 설계 행렬 $\mathbf{X}$와 $\widetilde{\mathbf{X}}$는 다음과 같다.

$$\mathbf{X} = \begin{pmatrix} 1 & -4.825 & -11.625 \\ 1 & -3.125 & -13.325 \\ 1 & -2.425 & 12.375 \\ 1 & -0.625 & -7.325 \\ 1 & -1.725 & 18.575 \\ 1 & 2.375 & 22.875 \\ 1 & 4.675 & 5.175 \\ 1 & 5.675 & -26.725 \end{pmatrix}, \ \widetilde{\mathbf{X}} = \begin{pmatrix} 1 & -4.825 & -11.625 & 56.09 \\ 1 & -3.125 & -13.325 & 41.64 \\ 1 & -2.425 & 12.375 & -30.01 \\ 1 & -0.625 & -7.325 & 4.58 \\ 1 & -1.725 & 18.575 & -32.04 \\ 1 & 2.375 & 22.875 & 54.33 \\ 1 & 4.675 & 5.175 & 24.19 \\ 1 & 5.675 & -26.725 & -151.66 \end{pmatrix}$$

따라서 $\mathbf{X}$는 숫자 1의 열과 중심화된 위도값에 대한 열, 중심화된 경도값에 대한 열로 구성되는 반면, $\widetilde{\mathbf{X}}$는 여기에 추가적으로 중심화된 위도값과 경도값의 곱의 요소에 대한 열을 포함한다.

(b) 행렬 $\mathbf{X'X}$와 그 역행렬은 다음과 같다.

$$\mathbf{X'X} = \begin{pmatrix} 8 & 0 & 0 \\ 0 & 101.99 & -32.88 \\ 0 & -32.88 & 2128.79 \end{pmatrix}, \ (\mathbf{X'X})^{-1} = \begin{pmatrix} 0.125 & 0 & 0 \\ 0 & 0.010 & 0.0002 \\ 0 & 0.0002 & 0.0005 \end{pmatrix}$$

또한, 반응치 벡터 $\mathbf{y} = (44, 38, 35, 31, 47, 42, 15, 22)'$이며 $\mathbf{X'y} = (274, -221.65, -511.65)'$이다. 이를 이용하면 식 (12.3.9)의 정규방정식은 다음과 같은 형태가 된다.

$$8\widehat{\beta}_0 = 274$$
$$101.99\widehat{\beta}_1 - 32.88\widehat{\beta}_2 = -221.65$$
$$-32.88\widehat{\beta}_1 + 2128.79\widehat{\beta}_2 = 511.65$$

이며 식 (12.3.10)의 해는 다음과 같다.

$$\widehat{\boldsymbol{\beta}} = (\mathbf{X'X})^{-1}\mathbf{X'y} = (34.25, -2.1061, 0.2078)'$$

따라서 $\widehat{\beta}_0 = 34.25$, $\widehat{\beta}_1 = -2.1061$, $\widehat{\beta}_2 = 0.2078$이다.

(c) 추정회귀함수는 다음과 같고,

$$\mu_{Y|X_1, X_2}(x_1, x_2) = 34.25 - 2.1061(x_1 - 36.025) + 0.2078(x_2 - 100.125)$$

$\widehat{y}_i = \widehat{\beta}_0 + \widehat{\beta}_1(x_{i1} - 36.025) + \widehat{\beta}_2(x_{i2} - 100.125)$에 의한 적합치 또는 예측치는 다음과 같으며,

$$\widehat{y}_1 = 41.996, \quad \widehat{y}_2 = 38.062, \quad \widehat{y}_3 = 41.929, \quad \widehat{y}_4 = 34.044,$$
$$\widehat{y}_5 = 41.743, \quad \widehat{y}_6 = 34.002, \quad \widehat{y}_7 = 25.479, \quad \widehat{y}_8 = 16.744$$

$e_i = y_i - \widehat{y}_i$에 의한 잔차는 다음과 같다.

$$e_1 = 2.004, \quad e_2 = -0.063, \quad e_3 = -6.929, \quad e_4 = -3.044$$
$$e_5 = 5.257, \quad e_6 = 7.998, \quad e_7 = -10.479, \quad e_8 = 5.256$$

최소제곱추정량에 대한 식 (12.3.10)의 폐쇄 형태 표현식을 통해 $\widehat{\boldsymbol{\beta}}$가 회귀계수 벡터에 대한 불편추정량임을 증명할 수 있고 $\widehat{\boldsymbol{\beta}}$의 분산-공분산 행렬이라고 하는 폐쇄 형태 표현식을 얻을 수 있다.

$$E\left(\widehat{\boldsymbol{\beta}}\right) = \boldsymbol{\beta} \qquad \text{Var}(\widehat{\boldsymbol{\beta}}) = \sigma_\varepsilon^2 (\mathbf{X'X})^{-1} \tag{12.3.12}$$

특히, $\widehat{\boldsymbol{\beta}}$의 j 번째 요소인 $\widehat{\beta}_j$의 분산은 다음과 같다.

$$\text{Var}(\widehat{\beta_j}) = \sigma_\varepsilon^2 C_j, \quad j = 0, 1, \cdots, k \tag{12.3.13}$$

여기서 C_j는 $(\mathbf{X'X})^{-1}$의 j번째 대각 요소이다. 또한, 식 (12.3.12)는 추정회귀함수 $\widehat{\mu}_{Y|X_1,\cdots,X_k}(x_1,\cdots, x_k)$는 원회귀함수의 불편추정량임을 내포하며, 그것의 분산은 다음과 같다.

$$\text{Var}(\widehat{\mu}_{Y|X_1,\cdots,X_k}(x_1,\cdots,x_k)) = \sigma_\varepsilon^2 \left[(1, x_1, \cdots, x_k)(\mathbf{X'X})^{-1}(1, x_1, \cdots, x_k)' \right] \tag{12.3.14}$$

이때, i번째 적합치 $\widehat{y}_i$의 분산(12.3.3절 참조)은 $\text{Var}(\widehat{y}_i) = \sigma_\varepsilon^2 h_i$이며, h_i는 $\mathbf{X(X'X)}^{-1}\mathbf{X'}$의 i번째 대각 요소다. $\tag{12.3.15}$

12.3.2 모형 유용성 검정

8.3.3절에서 살펴본 단순선형회귀모형과 마찬가지로 반응변수를 예측하기 위한(변동성을 감소시키기 위한) 중회귀나 다항회귀모형의 유용성을 검증하는 데 모형 유용성 검정이 쓰인다. (이 책 전반에 걸쳐서 '변동성 감소'라는 표현은 SSE의 감소로 해석된다.) 이때 p-값은 중회귀의 맥락(보다 흥미로운 가설에 관해 12.3.3절을 참조할 것)에서 유용한 정보를 제공할 뿐 아니라 활용 시 일반적으로 보고된다. 모형 유용성 검정은 통상 다음 가설에 대한 검정으로 해석된다.

$$H_0 : \beta_1 = \cdots = \beta_k = 0 \text{ 대 } H_a : H_0\text{가 거짓} \tag{12.3.16}$$

이 가설에 대한 F 검정 통계량은 다음과 같다.

모형 유용성 검정을
위한 검정 통계량

$$F_{H_0} = \frac{\text{MSR}}{\text{MSE}} \tag{12.3.17}$$

이때 MSE는 식 (12.3.4)를 통해 주어지며, $\text{MSR} = \text{SSR}/k$인데 SSR은 식 (12.3.5)에 주어진다. (이미 암암리에 받아들여지는) 고유오차의 분산이 정규분포를 따른다는 가정(정규성 가정) 및 그것의 분산이 공변량 값에 의존하지 않는다는 등분산 가정하(전적으로 받아들여짐)에서, F 검정 통계량의 귀무분포는 자유도가 k와 $n-k-1$인 F 분포($F_{H_0} \sim F_{k,n-k-1}$)를 따른다. 식 (12.3.16)의 대립가설하에서 F는 더 큰 값을 취하는 경향이 있으며, 이에 따른 기각규칙과 p-값은 다음에 나타낸 것과 같다.

모형 유용성 검정을
위한 기각역과 p-값

$$F_{H_0} > F_{k,n-k-1;\alpha} \quad p\text{-값} = 1 - F_{k,n-k-1}(F_{H_0}) \tag{12.3.18}$$

식 (12.3.17)의 F 통계량이 변동성 감소분이 유의한지를 검정하는 것이므로 이를 R^2으로 나타내는 것은 이치에 맞다. F 통계량에 대한 이러한 대안적 표현은 연습문제 6을 통해 살펴보도록 한다.

모형 유용성 검정은 R을 통해 쉽게 수행할 수 있다. *fit*을 다음 명령어 *fit=lm(y~(model* *specification))*을 통해 얻어지는 객체라고 하자. 12.3.1절의 표 12-1을 확인하라. R 명령어인 *summary(fit)*을 통해 얻어지는 결과물 중에는 F 검정 통계량(12.3.17) 값 및 그에 대응되는 p-값에 관한 정보가 포함되어 있다.

표준화 및 스튜던트화 잔차   등분산성 및 정규성 가정에 대한 검증은 잔차 도표와 형식적 검정에 의해 이루어질 수 있다. (등분산성 가정이 성립한다 하더라도) 잔차의 분산은 공변량 값에 의존하기 때문에 진단 도표를 작성하거나 형식적 검정을 수행하기 전에 각 잔차의 값을 표준편차의 추정치로 나누어 주는 것이 바람직하다. **표준화 잔차**(standardized residual)와 **스튜던트화 잔차**(studentized residual)는 각각 다음과 같이 정의된다.

$$r_i = \frac{e_i}{\widehat{\sigma}_\varepsilon \sqrt{1 - h_i}} \qquad \widetilde{r}_i = \frac{e_i}{\widehat{\sigma}_\varepsilon^{(-i)} \sqrt{1 - h_i}} \tag{12.3.19}$$

이때 h_i는 식 (12.3.15)에서 정의된 바와 같고, $\widehat{\sigma}_\varepsilon$은 식 (12.3.4)에 정의된 MSE의 제곱근이며, $\widehat{\sigma}_\varepsilon^{(-1)}$는 i번째 데이터가 없이 계산된 MSE의 제곱근을 나타낸다. 만일 *fit*이 *fit=lm(y~(model specification))* 명령어로 만들어진 객체일 때, 다음의 R 명령어

```
resid(fit); rstandard(fit)
```

는 각각 잔차와 표준화 잔차를 구해 준다. 스튜던트화 잔차는 *library(MASS); studres(fit)*에 의해 구할 수 있다.

진단 도표와 형식적 검정에 대해서는 다음의 예제를 통해 다루게 된다.

예제 12.3-3   온도-위도-경도의 데이터 집합에 대한 예제 12.3-1의 모형 (1)과 (3) 각각에 대해 다음을 수행하라.
(a) 유의수준 $\alpha = 0.01$에서 모형 유용성 검정을 수행하고 p-값을 밝히라.
(b) 진단 도표와 형식적 검정을 이용해 고유오차변수의 등분산성 및 정규성 가정을 검정하라.

해답

(a) 예제 12.3-1로부터 두 가지 모형에 대해 SST = 9845.98, 모형 (1)과 (3) 각각에 대한 SSE 값으로 2548.99와 830.69가 구해진다. 따라서 모형 (1)과 (3)의 SSR 값은 각각 9845.98 − 2548.99 = 7296.99이고 9845.98 − 830.69 = 9015.29가 된다. 식 (12.3.17)에 F의해 모형 (1)과 (3)의 통계량 값은 각각 다음과 같다.

$$F_{H_0}^{(1)} = \frac{7296.99/2}{2548.99/53} = 75.86, \quad F_{H_0}^{(3)} = \frac{9015.29/5}{830.69/50} = 108.53$$

식 (12.3.18)에 의한 대응 p-값은 $1 - F_{2,53}(75.86) = 2.22 \times 10^{-16}$과 $1 - F_{5,50}(108.53) = 0$이며, 이는 명령어 *1-pf(75.86, 2, 53); 1-pf(108.53, 5, 50)*에 의해 구해진다. 예제 12.3-1에서 쓰인 명령어 *summary(fit1); summary(fit3)*을 사용하면 모형 (1)의 경우 "*F*-statistic: 75.88 on 2 and 53 DF, *p*-value: 2.792e-16", 모형 (3)의 경우 "*F*-statistic: 108.5 on 5

그림 12-5
모형 (1)과 (3)의 표준화
잔차에 대한 정규 Q-Q
도표

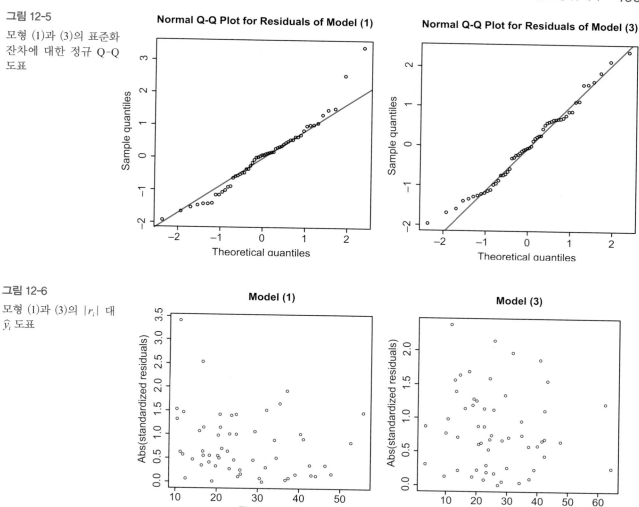

그림 12-6
모형 (1)과 (3)의 $|r_i|$ 대
$\hat{y}_i$ 도표

and 50 DF, p-value: <2.2e-16”이다. 두 가지 모두 p-값이 0.01 미만이므로 모형 유용성 검정에 의해 두 가지 모형 모두 귀무가설이 기각된다. 그러므로 반응변수에 대한 변동성 감소가 유의한 수준으로 일어나기 위해서는 두 모형의 SSR이 SST에 비해 유의한 비율을 차지하여야 한다.

(b) 예제 12.3-1에서 만들어진 객체 *fit1*과 *fit3*에 대해 다음의 명령어

```
shapiro.test(rstandard(fit1)); shapiro.test(rstandard(fit3))
```

는 p-값으로 0.08과 0.51을 각각 반환한다. 이는 모형 (1)에서 잔차의 정규성이 의심됨(아마도 모형 (1)이 중요한 예측변수를 포함하지 않기 때문일 것)을 의미하는 반면, 모형 (3)에서는 정규성 가정이 잘 만족됨을 암시한다. 그림 12-5의 왼쪽 상자에 나타낸 모형 (1)에 대한 표준화 잔차의 Q-Q 도표를 살펴보면 예상되는 관측치보다 큰 값들로 인해 모형 (1)의 p-값이 더 작아짐을 알 수 있다.

표준화 잔차 또는 그것의 절댓값을 적합치에 대해 도식화하면 모형 (1)의 잔차가 이분산성을 지니는지 확인하는 데 도움이 된다. 이를 그림 12-6에서 확인해 보라. 이러한 도표로부터 p-값을 구하기 위해 적합치를 공변량, 표준화 잔차를 반응변수로 하는 모형에 적합 시켜 볼 수 있다. 다음의 명령어

```
r1=lm(abs(rstandard(fit1))~poly(fitted(fit1), 2));
    summary(r1)
r3=lm(abs(rstandard(fit3))~poly(fitted(fit3), 2));
    summary(r3)
```

는 모형 (1)에 대해 "F-statistic: 3.234 on 2 and 53 DF, p-value: 0.04731", 모형 (3)에 대해 "F-statistic: 0.2825 on 2 and 53 DF, p-value: 0.755)을 반환한다. 이를 통해 모형 (3)의 잔차에 대해서는 등분산성 가정이 위배되지 않는 반면, 모형 (1)의 잔차는 이분산성을 띤다. ■

12.3.3 회귀계수의 유의성 검정

중회귀 및 다항회귀에서 가장 중요한 추론 질문은 어떤 변수 또는 변수군이 추가적인 변동성 감소에 유의한 방향으로 기여하는가이며, 이는 곧 모형의 다른 모든 변수가 주어진 상황에서 오차제곱합에 대한 추가적인 감소분이 유의한가를 의미한다. 앞서 언급된(12.3.1절 참조) 절약의 법칙에 따르면, 어떠한 변수나 변수군이 변동성 감소에 유의한 정도로 기여하지 않는다면 모형에서 제거되어야 한다. 보통 유의성에 대해 검정을 실시하는 변수군에는 모든 고차항 또는 교호작용항 등이 포함된다.

어떤 변수나 변수군의 유의성을 검정하는 것은 해당 변수의 계수가 모두 0이라는 귀무가설 대비 귀무가설이 거짓이라는 대립가설을 검정하는 것과 같다.

귀무가설인 $H_0^j : \beta_j = 0$이 참이고 추가적인 정규성 및 등분산성의 가정이 성립하면, $\hat{\beta}_j$의 표준오차에 대한 비는 $v = DF_{SSE} = n - k - 1$인 다음과 같은 T_v 분포를 따른다.

$$T_{H_0^j} = \frac{\hat{\beta}_j}{\hat{\sigma}_{\hat{\beta}_j}} \sim T_{n-k-1}, \quad \text{이때 } \hat{\sigma}_{\hat{\beta}_j} = \hat{\sigma}_\varepsilon \sqrt{C_j}, \ C_j \text{는 식 (12.3.13)에 주어짐} \tag{12.3.20}$$

$H_0^j : \beta_j = 0$ 대 $H_a^j : H_0^j$을 검정하기 위한 기각규칙 및 p-값은 다음에 주어진다.

$H_0^j : \beta_j = 0$ 대 $H_a^j : H_0^j$가 거짓임에 대한 검정절차

검정 통계량: $T_{H_0^j}$는 식 (12.3.20)에 주어짐
기각 영역: $\lvert T_{H_0^j} \rvert \geq t_{n-k-1;\alpha/2}$
p-값 $= 2(1 - G_{n-k-1}(T_{H_0^j}))$

(12.3.21)

여기서 G_v는 T_v의 누적분포함수이다. 검증해야 하는 변수에 대한 귀무가설 모형(검정해야 하는 변수가 없는 모형)으로부터의 잔차의 산점도는 오차의 제곱합을 추가적으로 유의하게 감소시킬

수 있는 잠재적인 부분을 찾을 수 있도록 유용한 시각적 느낌을 제공한다. 이러한 도표에 대한 삽화를 예제 12.3-4에서 확인해 보라. 마지막으로 식 (12.3.20)에 의해 단측대립가설 대비 H_0^j의 검정 수행과 β_j에 대한 신뢰구간을 구할 수 있다. 12.3.4절에서 신뢰구간에 대한 논의를 살펴보라.

각각의 $H_0^j : \beta_j = 0$ 대 $H_a^j : H_0^j$는 거짓, $j = 0, 1, \cdots, k$의 검정에 대한 표준오차 $\hat{\sigma}_{\hat{\beta}_j}$, 비율 $\hat{\beta}_j / \hat{\sigma}_{\hat{\beta}_j}$, p-값은 모두 다음의 R 명령어 수행결과의 일부분으로 확인할 수 있다.

```
fit=lm(y~(model specification)); summary(fit)
```

예제 12.3-4의 삽화를 확인하라.

변수군의 유의성 검정절차에 대한 설명을 돕기 위해 **완전모형**(full model)과 **축소모형**(reduced model)을 각각 검증하고자 하는 변수를 포함한 모형과 해당 변수를 포함하지 않는 모형이라고 하자. 만일 k개의 변수 $X_1, \cdots, X_k$(그중 일부는 다항식 항과 교호작용항일 수 있음) 중에서 ℓ개의 유의한 변수, 즉 $\ell < k$일 때 $X_{k-\ell+1}, \cdots, X_k$를 최종 검정해 내기 위한 완전모형과 축소모형은 각각 다음과 같다.

$$Y = \beta_0 + \beta_1 X_1 + \cdots + \beta_k X_k + \varepsilon \quad Y = \beta_0 + \beta_1 X_1 + \cdots + \beta_{k-\ell} X_{k-\ell} + \varepsilon$$

완전모형 대비 축소모형을 검정하는 것은 다음을 검정하는 것과 동일하다.

$$H_0 : \beta_{k-\ell+1} = \cdots = \beta_k = 0 \text{ 대 } H_a : H_0 \text{가 거짓} \tag{12.3.22}$$

SSE_f와 SSE_r이 각각 완전모형과 축소모형으로의 적합 시 생기는 오차제곱합이라 하자. SSE_f가 SSE_r에 비해 유의한 정도로 작다면, 즉 $X_{k-\ell+1}, \cdots, X_k$가 변동성 감소에 유의한 정도로 기여한다면, 이 변수를 모형에서 유지시켜야 한다. 공식적인 검정절차는 다음과 같다.

식 (12.3.22)의 가설에 대한 검정절차

$$
\begin{aligned}
&\text{검정 통계량: } F_{H_0} = \frac{(\mathrm{SSE}_r - \mathrm{SSE}_f)/\ell}{\mathrm{SSE}_f/(n-k-1)} \\
&\text{기각 영역: } F_{H_0} \geq F_{\ell, n-k-1; \alpha}, \quad p\text{-값} = 1 - F_{\ell, n-k-1}(F_{H_0})
\end{aligned}
\tag{12.3.23}
$$

$\ell = 1$일 때, 하나의 공변량에 대한 유의성을 검정할 경우 식 (12.3.21)과 (12.3.23)의 검정절차에 의해 동일한 p-값이 구해진다. *fitF=lm(y~(full model)); fitR=lm(y~(reduced model))*을 통해 완전모형과 불완전모형 각각에 적합시킴으로써 생성되는 R 객체 *fitF*와 *fitR*을 가지고, 다음의 R 명령어를 수행하면

```
anova(fitF, fitR)
```

식 (12.3.23)의 F 통계량 값과 대응 p-값이 구해진다.

예제 12.3-4 예제 12.3-1의 온도-위도-경도 데이터 집합에 대해 X_1과 X_2가 중심화된 위도와 경도를 나타내는 변수라 할 때, 다음 부분을 완료하기 위한 **R** 명령어를 작성하라.

(a) X_1과 X_2의 이차항과 X_1X_2(교호작용항)을 포함하는 모형에 적합시키고, 5개의 공변량 X_1, X_1^2, X_2, X_2^2 각각의 유의성을 개별적으로 검정하기 위한 T 검정의 p-값을 보고하라. 유의수준 $\alpha = 0.01$에서 어느 계수가 유의한 정도로 0과 차이가 나는가?

(b) X_1X_2 교호작용항의 유의성을 검정하기 위한 식 (12.3.23)의 절차를 수행하라. F 검정의 p-값이 (a)에서 대응되는 T 검정의 p-값과 동일하다는 것을 확증하라. 축소모형에서 잔차 대 X_1X_2의 산점도를 작성하고, 오차의 추가적인 변동성 감소를 위한 X_1X_2 교호작용항의 유의성이 p-값과 일관성이 있는지에 관해 해당 산점도가 주는 시각적 이상에 대해 논하라.

(c) X_1^2 항의 유의성을 검정하기 위한 식 (12.3.23)의 절차를 수행하고, F 검정의 p-값이 (a)에서 대응되는 T 검정의 p-값과 동일하다는 것을 확증하라. 축소모형에서 잔차 대 X_1^2의 산점도를 작성하고, 오차의 추가적인 변동성 감소를 위한 X_1^2 항의 유의성이 p-값과 일관성이 있는지에 관해 해당 산점도가 주는 시각적 이상에 대해 논하라.

(d) 2개의 이차항 X_1^2과 X_2^2이 X_1, X_2 및 X_1X_2 또한 포함되어 있는 모형에서 지니는 결합(그룹으로서) 유의성을 검정하기 위해 식 (12.3.23)의 절차를 수행하라.

해답

(a) 이차 다항식 항과 교호작용항이 있는 모형으로 적합시키고, T 통계량 및 각 회귀계수의 유의성에 대한 p-값을 얻기 위한 명령어는 다음과 같다.

```
fitF=lm(y~poly(x1, 2, raw=T)+poly(x2, 2, raw=T)+x1:x2);
    summary(fitF)
```

이에 따라 얻어지는 결과는 다음과 같다.

	Estimate	Std. Error	t value	Pr(> |t|)
(Intercept)	21.307601	0.908516	23.453	< 2e-16
poly(x1, 2, raw=T)1	-2.613500	0.134604	-19.416	< 2e-16
poly(x1, 2, raw=T)2	-0.011399	0.019880	-0.573	0.568968
poly(x2, 2, raw=T)1	-0.177479	0.048412	-3.666	0.000596
poly(x2, 2, raw=T)2	0.023011	0.002715	8.474	3.10e-11
x1:x2	0.041201	0.009392	4.387	5.93e-05

각 항에 대한 T 검정의 p-값은 위 표의 마지막 열에 주어져 있다. 6개 p-값 중 5개는 0.01 미만이다. 따라서 X_1^2을 제외한 모든 회귀계수는 유의수준 $\alpha = 0.01$에서 0과 유의한 차이가 있다.

그림 12-7

$X_1 X_2$ 교호작용항(왼쪽 상자)과 X_1^2 항(오른쪽 상자)의 유의성 평가를 위한 축소모형의 잔차 도표

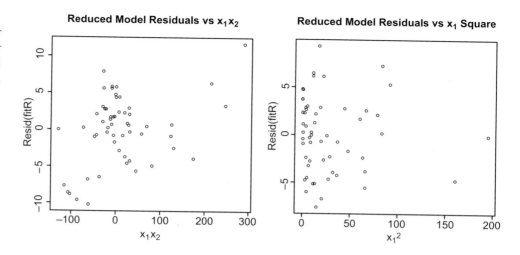

(b) $X_1 X_2$ 교호작용항의 유의성에 대한 F 검정을 수행하기 위하여 (a)에 적합한 모형은 '완전모형', $X_1 X_2$ 교호작용항을 생략하여 생기는 모형을 '축소모형'이라 지정한다. (a)에서 생성된 객체 *fitF*에 대해 다음 명령어를 수행하면

```
fitR=lm(y~poly(x1, 2, raw=T)+poly(x2, 2, raw=T));
   anova(fitR, fitF)
```

다음 결과가 도출된다.

```
Model 1: y~poly(x1, 2, raw=T)+poly(x2, 2, raw=T)+x1:x2
Model 2: y~poly(x1, 2, raw=T)+poly(x2, 2, raw=T)
```

	Res.Df	RSS	Df	Sum of Sq	F	Pr(>F)
1	51	1150.48				
2	50	830.72	1	319.76	19.246	5.931e-05

따라서 F 통계량의 값은 $F_{H_0} = 19.246$이며, 대응되는 p-값은 5.93×10^{-5}이다. 이 p-값은 (a)에서 밝힌 교호작용항의 p-값과 동일하다. $19.246 = 4.387^2$과 같음을 유의하라. 명령어

```
plot(x1*x2, resid(fitR), main="Reduced Model
   Residuals vs x1*x2")
```

는 그림 12-7의 왼쪽 상자에 있는 산점도를 생성한다. 이 도표는 축소모형과 곱 $X_1 X_2$ 사이에 직선형 경향이 있다는 인상을 준다. 이러한 시각적 인상은 교호작용항이 축소모형에서 SSE의 추가적인 감소에 유의한 방향으로 기여함을 암시하며, 이는 F 검정에서 p-값이 작은 것과 일관성이 있다.

(c) X_1^2의 유의성에 대한 F 검정을 수행하기 위하여 (a)에서 적합화된 모형은 '완전모형', X_1^2을

생략하여 생기는 모형을 '축소모형'이라 지정한다. (a)에서 생성된 객체 *fitF*에 대해 다음 명령어(처음 명령어가 *fitR*로 재정의된 것에 유의하라.)를 수행하면

```
fitR=lm(y~x1+poly(x2, 2, raw=T)+x1:x2); anova(fitR, fitF)
```

다음 결과가 도출된다.

```
Model 1: y~poly(x1, 2, raw=T)+poly(x2, 2, raw=T)+x1:x2
Model 2: y~x1+poly(x2, 2, raw=T)+x1:x2
     Res.Df      RSS   Df   Sum of Sq       F   Pr(>F)
1        51   836.18
2        50   830.72    1      5.4619   0.3287    0.569
```

따라서 F 검정 통계량의 값은 $F_{H_0} = 0.3287$이며, 대응되는 p-값은 0.569이다. p-값(반올림)은 (a)에서 밝힌 X_1^2에 대한 p-값과 동일하다. $0.3287 = (-0.573)^2$임에 유의하라. 명령어

```
plot(x1^2, resid(fitR), main="Reduced Model
    Residuals vs x1 Square")
```

는 그림 12-7의 오른쪽 상자에 있는 산점도를 생성한다. 이 도표는 축소모형의 잔차와 X_1^2 사이에 특별한 경향성이 있다는 인상을 주지 못한다. 이러한 시각적 인상은 각 이차항의 기여도를 밝히지 않더라도 X_1^2이 축소모형에서 SSE의 추가적인 감소에 유의하게 기여하지 않을 것을 암시하며, 이는 F 검정에서 p-값이 큰 경우와 일맥상통한다.

(d) X_1^2과 X_2^2의 결합 유의성에 대한 F 검정을 실시하기 위해 (a)에서 적합한 모형을 '완전모형', X_1^2과 X_2^2의 항을 제외시킨 모형을 '축소모형'으로 지정한다. (a)에서 생성된 객체 *fitF*에 대해 다음의 명령어는(*fitR*이 재정의되고 있음을 인지하라.)

```
fitR=lm(y~x1+x2+x1:x2); anova(fitF, fitR)
```

(b), (c)와 유사한 레이아웃의 결과를 반환하며(여기서 나타내지는 않음), p-값 2.012×10^{-10}에 대응되는 $F_{H_0} = 36.065$를 반환한다. 이는 2개의 이차항이 각각은 아니더라도 그룹으로서 축소모형 SSE의 추가적인 감소에 기여한다는 것을 의미한다. ■

산점도 행렬   산점도 행렬은 1.5.2절에서 단일 예측변수 중 반응변수의 예측에 가장 유용한 것을 식별하기 위한 도구로 사용되었다. 다중회귀에서 자주 쓰이는 것처럼 중요한 예측변수들의 그룹을 식별하도록 쓰일 때, 형식적 검정과 산점도 행렬이 암시하는 결과가 모순되더라도 놀랄 필요가 없다. 실제로, 어떤 변수가 개별적으로는 유의한 예측변수일 수 있으나(산점도에서 볼 수 있듯이), 유의하지 않은 예측변수가 다른 변수들과 짝을 이룰 때는 유의성을 고려해 보아야 한다.

연습문제 2의 데이터가 그러한 예에 해당한다. 놀랍게도, 그러한 현상의 역도 발생할 수 있다. 어떤 공변량과 반응변수의 이른바 개별 산점도가 아무런 관련성을 보이지 않거나 음의 연관관계를 나타낼 수 있지만, 다른 예측변수들이 고려되면 해당 공변량이 유의해지거나, 거꾸로 된 연관관계의 속성을 보일 수도 있다. 12.4절의 연습문제 12에 있는 데이터가 그러한 예에 해당한다.

12.3.4 신뢰구간 및 예측

미래 관측치에 대한 예측구간과 회귀계수 β_j에 대한 신뢰구간 및 회귀함수 $\mu_{Y|X_1,\cdots,X_k}(x_1,\cdots,x_k)$에 대해 다음이 성립한다.

1. 식 (12.3.20)에 주어진 $\hat{\sigma}_{\hat{\beta}_j}$을 이용하여 β_j에 대한 $100(1-\alpha)\%$ 신뢰구간은 $\hat{\beta}_j \pm t_{n-k-1;\alpha/2}\hat{\sigma}_{\hat{\beta}_j}$ 이다.

2. $\mathbf{x} = (x_1,\cdots,x_k)$일 때, $\mu_{Y|X_1,\cdots,X_k}(\mathbf{x})$에 대한 $100(1-\alpha)\%$ 신뢰구간은 다음과 같으며,

$$\hat{\mu}_{Y|X_1,\cdots,X_k}(\mathbf{x}) \pm t_{n-k-1;\alpha/2}\hat{\sigma}_{\hat{\mu}_{Y|X_1,\cdots,X_k}(\mathbf{x})}$$

이때 $\hat{\sigma}_{\hat{\mu}_{Y|X_1,\cdots,X_k}(\mathbf{x})} = \hat{\sigma}_\varepsilon^2(1,x_1,\cdots,x_k)(\mathbf{X}'\mathbf{X})^{-1}(1,x_1,\cdots,x_k)'$이다. 식 (12.3.14) 참조.

3. $\mathbf{x} = (x_1,\cdots,x_k)$에서 취한 미래 관측치 y에 대한 $100(1-\alpha)\%$ PI는 다음과 같다.

$$\hat{\mu}_{Y|X_1,\cdots,X_k}(\mathbf{x}) \pm t_{n-k-1;\alpha/2}\sqrt{\hat{\sigma}_\varepsilon^2 + \hat{\sigma}_{\hat{\mu}_{Y|X_1,\cdots,X_k}(\mathbf{x})}^2}$$

이 공식들에서 표준오차 계산에 필요한 행렬 연산을 수기 계산으로 수행하기는 거의 불가능하다. 그것은 R에서 수행하는 것이 매우 편리한데 바로 다음에 이를 다룬다.

*fit=lm(y~(model specification))*을 통해 중회귀/다항회귀 모형으로의 피팅을 거쳐 생성되는 객체 *fit*에 대해 다음의 R 명령어

```
confint(fit, level=1-α)
```

는 모든 $k+1$개의 회귀계수에 관한 $(1-\alpha)100\%$ 신뢰구간을 반환한다. *(confint(fit)*은 초깃값으로 모든 계수에 대한 95% 신뢰구간을 반환함.)

단순선형회귀모형과 마찬가지로 함수 *predict( )*는 공변량이 특정한 값 $(x_1,\cdots,x_k)$을 가질 때 회귀함수 $\mu_{Y|X_1,\cdots,X_i}(x_1,\cdots,x_k)$의 신뢰구간과 공변량 $(x_1,\cdots,x_k)$에서 반응변수의 미래값에 대한 예측 신뢰구간을 구할 수 있다. 회귀함수에 대한 신뢰구간을 구하기 위해서는 *interval="confidence"* 옵션을 사용하라. 예측구간을 구하려면 *interval="prediction"*의 옵션을 활용하면 된다. 항상 초깃값으로 설정된 수준은 95%이지만, 옵션 *level=1-α*를 사용하면 다른 신뢰수준에서 구할 수가 있다. 공변량의 값인 $(x_1,\cdots,x_k)$는 *data frame( )* 옵션을 통해 구체적으로 확인할 수 있다. 그에 대한 예로서 예제 12.3-5의 (b)와 (c)를 참조하라.

예제 12.3-5

예제 12.3-1의 데이터에서 위도와 경도의 교호작용과 더불어 위도 및 경도에 대한 이차 다항식 항을 포함하는 모형을 적합시키기 위한 R 명령어를 작성하고 다음을 각각 완료하라.

(a) 6개의 회귀계수에 대한 90% 신뢰구간을 구하라.

(b) 위도 및 경도가 각각 35°와 110°일 때, 1월 중 일별 최저 온도의 평균에 대한 90% 신뢰구간을 구하라.

(c) 위도 및 경도가 각각 35°와 110°일 때, 내년 1월 중 일별 최저 온도의 평균에 대한 90% 예측 구간을 구하라.

해답

예제 12.3-1에서와 마찬가지로 R 객체 y, $x1$, $x2$에 각각 반응변수의 값과 중심화된 공변량 값을 대입하고, 이차항과 교호작용항을 포함하는 모형을 적합시키기 위해 $fit=lm(y \sim poly(x1, 2, raw=T)+poly(x2, 2, raw=T)+x1:x2)$를 사용하라.

(a) 명령어 $confint(fit, level=0.9)$는 다음의 결과를 생성한다.

```
                         5%          95%
(Intercept)        19.78501346  22.83018765
poly(x1, 2, raw=T)1 -2.83908334  -2.38791667
poly(x1, 2, raw=T)2 -0.04471617   0.02191884
poly(x2, 2, raw=T)1 -0.25861371  -0.09634472
poly(x2, 2, raw=T)2  0.01846049   0.02756225
x1:x2                0.02546145   0.05694009
```

따라서 X_1의 계수에 대한 90% 신뢰구간은 $(-2.839, -2.388)$이 되며, 이는 이 계수의 값이 유의한 정도로 0과는 차이가 있음을 의미한다. X_1^2의 계수에 대한 90% 신뢰구간은 $(-0.0447, 0.0219)$이며, 이는 이 계수의 값이 0과 유의한 차이가 없음을 의미한다.

(b) 위도와 경도가 35°, 110°일 때 회귀선에 대한 90% 신뢰구간을 구하는 명령어는 다음과 같다.

```
predict(fit, data.frame(x1=35-38.97, x2=110-90.96),
    interval="confidence", level=0.9).
```

이 명령어가 35°에서 위도의 표본평균을 뺀 값과 110°에서 경도의 표본평균을 뺀 값을 이용하고 있음을 주지하라. 이는 모형이 중심화된 위도와 경도의 값에 적합되기 때문에 필요하다. 이 명령어에 의해 얻어지는 결괏값은 다음과 같다.

```
        fit       lwr      upr
1   33.35018  31.00375  35.6966
```

위도와 경도가 35°, 110°일 때 통상 1월 중 일별 최저 기온의 평균은 33.3°F이고, 이때 90% 신뢰구간은 $(31.0, 35.7)$이다.

(c) 위도와 경도가 35° 110°인 경우 회귀선에 대한 90% 예측구간을 구하는 명령어는 다음과 같다.

```
predict(fit, data.frame(x1=35-38.97, x2=110-90.96),
    interval="prediction", level=0.9).
```

이 명령어에 의해 얻어지는 결괏값은 다음과 같다.

	fit	lwr	upr
1	33.35018	26.12731	40.57304

위도와 경도가 35°, 110°일 때 내년 1월 중 일별 최저 기온의 평균값에 대한 예측치는 33.3°F 이며, 이에 대한 90% PI는 (26.1, 40.6)이다. ■

연습문제

1. 어떤 기사에서는 2개의 주유소 부근의 MTBE (methyl tertiary-butyl ether)에 대한 연구에 대해 알리고 있는데, 하나는 도시 지역, 하나는 도로변에 있으며, 1단계 증기 회수 시스템[3]을 갖추고 있다. *GasStatPoll.txt*는 5~6월과 10월 중 8일 동안의 공변량 "Gas Sales", "Wind Speed", "Temperature"에 따른 MTBE 회수 측정치 데이터를 담고 있다. 다음을 수행하기 위한 R 명령어를 작성하라.

(a) 3개의 공변량에 따른 회수 측정치를 예측하기 위해 고차항과 교호작용항이 없는 MLR 모형을 적합(Fit)시켜라. 모형 유용성 검정을 통해 추정된 회귀모형과 R^2 및 p-값을 밝히라. 해당 모형이 MTBE 회수량 예측에 유용한가?

(b) 데이터 집합 중 첫 번째 관측치에 대응되는 적합치와 잔차를 구하라. (힌트 *fitted(fit); resid(fit)*을 활용하라.)

(c) 정규성 및 이분산성 가정을 확인하기 위하여 진단 도표를 작성하고 형식적 검정을 수행하라(예제 12.3-3(b) 참조.

(d) 각 예측변수에 대한 유의성을 유의수준 0.05에서 검정하기 위한 T 검정절차를 활용하라.

(e) 회귀계수에 대한 95% 신뢰구간을 구하라.

2. R 데이터 집합 *stackloss*[4]는 암모니아(NH_3)가 산화되어 질산(HNO_3)이 만들어지는 공정을 포함하는 설비의 21 운영일 동안 수집된 데이터를 포함하고 있다. 생성되는 산화질소(nitric-oxide) 물질은 역류 흡수탑을 통해 흡수된다. 다음의 세 가지가 예측변수에 해당된다. Air.Flow는 설비의 가동률을 나타낸다. Water.Temp는 흡수탑 내 코일을 따라 순환하는 냉각수의 온도이다. Acid.Conc는 산의 응축 농도(concentration of the acid circulating?) (실제 백분율값에서 50을 뺀 다음 10을 곱한 값. 즉, 89라는 수치가 58.9% 산에 대응된다.) 종속변수인 stack.loss는 설비로 투입되는 암모니아가 흡수탑에서 흡수되지 않고 빠져나오는 비의 백분율. 즉 설비의 전체적 효율에 대한 (역)측정치이다. 종속변수 및 예측변수들을 R 객체 y, x1, x2, x3에 각각 대입하기 위해 y=stackloss$stack. loss; x1=stackloss$Air.Flow; x2=stackloss$Water.Temp; x3=stackloss$Acid.Conc를 사용하고(기간을 생략하지

---

3 Vainiotalo et al.(1998). MTBE concentrations in ambient air in the vicinity of service stations. *Atmospheric Environment*, 32(20): 3503-3509.

4 K. A. Brownlee(1960, 2nd ed. 1965). *Statistical Theory and Methodology in Science and Engineering*. New York: Wiley, pp 491-500.

말 것!), 예측변수의 중심화를 위해 $x1=x1-mean(x1)$; $x2=x2-mean(x2)$; $x3=x3-mean(x3)$를 사용하라. R 명령어를 사용하여 다음을 완료하라.

(a) 세 가지 공변량을 근거로 하여 stackloss를 예측하기 위해 고차항과 교호작용이 없는 MLR 모형에 적합하라. 추정된 회귀모형과 수정 R^2, 모형 유용성 검정의 p-값이 얼마인지 밝히라. 해당 모형은 stackloss의 예측에 유용한가?

(b) $x3$에 대한 p-값을 밝히라. 그것이 모형에서 유용한 예측변수인가? $x1$과 $x2$만 있고 고차항이나 교호작용항이 없는 MLR 모형을 적합시키라. 수정 R^2 값을 밝히고 (a)에서의 수정 R^2 값과 비교하라. $x3$에 대한 p-값을 통해 비교결과를 정당화하라.

(c) $x1$과 $x2$만 있는 모형을 사용하여 수온이 20이고 산 농도가 85일 때 stackloss의 기댓값에 대한 95% 신뢰구간을 구하라. (힌트 20과 85는 중심화된 값이다.)

(d) $x1$과 $x2$의 이차항과 그것들의 교호작용을 포함하는 모형으로 적합하라. $\alpha = 0.05$에서 두 이차항 및 X_1X_2 교호작용항의 결합(그룹) 유의성을 검정하라.

(e) 데이터의 산점도 행렬을 만들기 위해 $pairs(stackloss)$를 사용하라. "Acid.Conc."가 "stack.loss"와 상관관계가 있어 보이는가? (b)에서 확인된 변수의 p-값이 높은 이유를 설명하라.

3. 1970년대 미국 국세 조사국에 의해 수집된 R 데이터 집합 state.x77에는 인구, 1인당 수입, 문맹률, 기대 수명, 살인율, 고등학교 졸업자 비율, 평균 서리 발생일 수(1931~1960년 동안 수도나 대도시에서 빙점 이하의 최저 온도를 기록한 날로 정의됨), 제곱 마일 단위로 기록된 각 50개 주별 토지 면적에 대한 데이터가 있다. $data(state)$; $st=data.frame(state.x77, row.names=state.abb, check. names=T)$ 또는 $st=read.table("State.txt", header=T)$에 의해 데이터를 R 데이터 프레임 st로 불러올 수 있다. 우리는 기대 수명을 반응변수로, 다른 7개를 예측변수로 고려할 것이다. 다음을 완료하기 위해 R 명령어를 작성하라.

(a) 7개 예측변수를 바탕으로 기대 수명을 예측하기 위하여, $h1=lm(Life.Exp \sim Population+Income+Illiteracy+Murder+HS.Grad+Frost+Area, data=st)$; $summary(h1)$을 써서 고차항이나 교호작용항이 없는 MLR 모형으로 적합하라. 추정된 회귀모형과 수정 R^2, 모형 유용성 검정의 p-값을 구하라. 해당 모형은 기대 수명의 예측에 유용한가?

(b) 수준 0.05에서 변수 "Income"과 "Area"의 결합 유의성을 검정하라. (힌트 축소모형은 update 함수를 통해 가장 손쉽게 적합할 수 있다. 이를 수행하기 위한 R 명령어는 $h2=update(h1, . \sim . -Income-Illiteracy-Area)$이다.). $update( )$의 문법에 따르면 점은 '동일함'을 의미한다. 그래서 위의 update 명령어는 다음과 같이 해석된다. "Income"과 "Illeracy", "Area"를 제외(마이너스)하고, 동일한 반응변수 및 예측변수를 사용하여 $h1$을 업데이트하라."

(c) 완전모형과 축소모형의 R^2 및 수정 R^2을 비교하라. R^2 값의 차이와 (b)에서 얻은 p-값이 서로 부합되는가? 왜 수정 R^2의 차이가 더 큰지 설명하라.

(d) 축소모형으로부터 표준화 잔차를 활용하여 그래프적인 방법과 형식 검정을 모두 써서 정규성 및 이분산성의 가정을 검정하라.

(e) 축소모형을 이용하여 캘리포니아 주의 적합치를 구하라. (캘리포니아는 데이터 집합에서 다섯 번째에 있다.) 다음으로 캘리포니아의 살인율이 5로 감소하였을 때 기대 수명의 예측치를 구하라. 마지막으로 5로 낮아진 살인율로부터 기대 수명의 95% 예측구간을 구하라.

4. HardwoodTensileStr.txt 파일은 견목(hardwood)의 밀집도(concentration)와 인장강도(tensile strength)에 관한 데이터를 담고 있다.[5] 데이터를 R 데이터 프레임 hc로 불

---

5 D. C. Montgomery, E. A. Peck, and G. G. Vining (2012). *Introduction to Linear Regression Analysis*, 5th ed. Hoboken:Wiley & Sons. Table 7.1.

러오고 중심화된 예측변수와 반응변수를 각각 R 객체인 x 와 y에 대입하기 위해 $x=hc\$Concentration$; $x=xmean(x)$; $y=hc\$Strength$을 사용하라.

(a) 이 데이터에 삼차 다항식 모형을 적합시키기 위해 $hc3$ $=lm(y\sim x+I(x^2)+I(x^3))$; $summary(hc3)$을 사용하라. 수정 R^2 값을 밝히고 유의수준 0.01에서 모형 유용성 검정 및 회귀계수에 대한 유의성을 논하라.

(b) 적합된 곡선이 덧그려진 데이터의 산점도를 만들기 위해 $plot(x,y)$; $lines(x,fitted(hc3), col="red")$을 사용하라. 삼차 다항식 모형의 적합된 정도에 만족하는가?

(c) 잔차 대 적합치 그래프[$(plot(hc3, which=1)$로 시도해 보라.]는 적합성이 더 향상될 수 있음을 암시한다. 이 데이터에 5차 다항식 모형을 적합시키기 위해 $hc5=lm(y\sim x+I(x^2)+I(x^3)+I(x^4)+I(x^5))$; $summary(hc5)$을 사용하라. 수정 R^2 및 회귀계수의 유의성에 대해 유의수준 0.01에서 언급하라.

(d) (c)에서 p-값이 가장 큰 다항식 항을 생략하고 나머지 항들로 구성된 모형으로 적합하라. $\alpha = 0.01$에서 회귀계수의 유의성을 논하라. 수정 R^2를 계산하고 (a)에서 구한 것과 비교하라. 이 데이터에 대해 최종 모형으로부터 적합된 곡선이 덧그려진 산점도를 작성하라. 이 산점도를 (b)의 것과 비교하라.

5. *EmployPostRecess.txt* 데이터는 경기불황 이후의 11분기 동안 특정 회사의 종업원 수에 관한 데이터를 담고 있다. 데이터를 R 데이터 프레임 pr로 불러오고 $x=$ $pr\$Quarter$; $xc=x-mean(x)$; $y=pr\$Population$를 통해 중심화된 예측변수 및 반응변수를 R 객체 x와 y에 각각 대입하라.

(a) $pr3=lm(y\sim x+I(x^2)+I(x^3))$를 사용해 이 데이터 집합에 삼차 다항식 모형을 적합시키라. R^2 및 수정 R^2 값을 밝히고, 유의수준 0.01에서 모형 유용성 검정의 유의성에 대해 논하라.

(b) 적절하게 축소된 모형을 적합시킴으로써 $\alpha = 0.01$에서 이차항 및 삼차항의 결합 유의성에 대해 검정하라.

(c) $pr8=lm(y\sim poly(x, 8, raw=T))$를 사용해 8차 다항식 모형에 적합하고, 이 모형과 (a)에서 적합된 모형을 사용해 4차부터 8차까지의 고차항에 대한 결합 유의성을 유의수준 0.01에서 검정하라. 그런 다음, $pr8$의 적합 모형으로부터 R^2 및 수정 R^2을 구하고 (a)의 $pr3$에서 구한 값과 비교하라.

(d) $plot(x, y)$; $lines(x, fitted(pr3))$를 통해 $pr3$ 적합 곡선을 데이터의 산점도에 덧그려라. 데이터에 $pr8$ 적합 모형을 덧그린 다른 그림을 그려라. 마지막으로, $pr10=lm(y\sim poly(x, 10, raw=T))$을 통해 10차 다항식 모형에 적합하고 적합된 모형을 데이터의 산점도에 덧그려라. 무엇을 확인할 수 있는가?

6. 식 (12.3.17)의 모형 유용성 검정에서 F 통계량이 R^2에 관해 다음과 같이 표현될 수 있음을 보여라.

$$F = \frac{R^2/k}{(1 - R^2)/(n - k - 1)}$$

12.4 추가적인 주제

12.4.1 가중최소제곱법

고유오차변수가 등분산성을 지닐 때, 즉 예측변숫값의 범위 전체에서 고유오차의 분산이 상수일 때, 최소제곱추정량이 어느 다른 선형 불편의 추정량에 비해서 분산이 작다. 또한, 표본의 크기가 충분히 크면 12.3절에서 논의된 가설검정과 신뢰구간은 정규성 가정을 필요로 하지 않는다. 회귀계수의 표준오차에 대한 공식은 이분산성이 만족될 때에만 유효하기 때문에 이는 더 이상 고유오차변수가 이분산성인지 판단하는 것과 관계가 없어진다. 그러나 이분산성이 있는

그림 12-8

회귀 신탁(왼쪽)에서 이분
산성 고유오차의 분산을
얻는 통계학자(오른쪽)

경우, 회귀계수에 대한 표준오차 공식은 더 이상 성립하지 않는다. 따라서 추정량이 일관된 값을 갖는 반면, 그에 대한 신뢰구간은 유효하지 않게 된다. 연습문제 1을 참조하라.

최소제곱법을 적용할 수 없게 되는 근본적인 이유는 모든 데이터 포인트가 최소화되어야 할 목적함수에서 동일한 가중치를 갖기 때문이다. 하지만, 이분산성하에서는 관측치의 분산이 클수록 덜 정확하므로 가중치를 낮게 매겨야 한다. **가중최소제곱 추정량**(weighted least squares estimators)인 $\widehat{\beta}_0^w, \widehat{\beta}_1^w, \cdots, \widehat{\beta}_k^w$는 다음의 목적함수를 최소화함으로써 얻어진다.

$$L_w(b_0, b_1, \cdots, b_k) = \sum_{i=1}^{n} w_i \left(y_i - b_0 - \sum_{j=1}^{k} b_j x_{ij} \right)^2 \qquad (12.4.1)$$

여기서 w_i는 고유오차의 분산이 증가함에 따라 값이 감소한다. σ_i^2가 다음과 같이 i번째 데이터 포인트에 대한 고유오차분산을 나타낸다고 하자.

$$\sigma_i^2 = \text{Var}(\varepsilon_i) = \text{Var}(Y_i | X_1 = x_{i1}, \cdots, X_k = x_{ik}) \qquad (12.4.2)$$

σ_i^2에 반비례하도록 가중치 w_i를 선택함으로써, 즉 $w_i = 1/\sigma_i^2$를 통해 회귀 모수에 대한 최적 추정량이 구해진다. 가중최소제곱법에 따라 회귀모형에 적합하기 위한 R 명령어는 다음과 같다.

```
fitw=lm(y~(model specification), weights=c(w_1,...,w_n))
```

가중최소제곱법의 주요한 단점은 식 (12.4.2)에 정의된 고유오차의 분산 σ_i^2와 그에 따른 최적 가중치 $w_i = 1/\sigma_i^2$가 알려져 있지 않다(unknown)는 점이다. 'Regression Oracle'의 부재(그림 12-8 참고)로 인해 이러한 가중값은 추정되어야 할 것이다. 명심해야 할 것은 계수에 대한 추론이 표본 크기가 작을 때에는 유효하지 않으며, 데이터로부터 가중치가 추정될 때 정규성이 성립한다고 하더라도 가중치 추정을 할 수 있는 간단한 방법은 다음과 같다.

1. *fit=lm(y~(model specification))*을 통해 일반적인 최소제곱법을 이용하여 회귀모형을 적합시켜라.

그림 12-9
이분산성의 선형 추세를
보이는 산점도

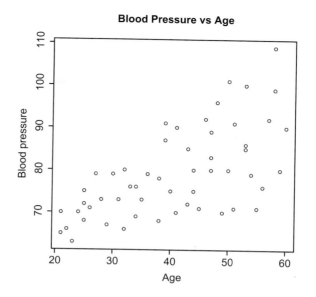

2. *abse=abs(resid(fit))*; *yhat=fitted(fit)*을 이용해 객체 *abse*에 잔차의 절댓값을 대입하고 객체 *yhat*에는 적합된 값을 대입한다.

3. *efit=lm(abse~poly(yhat, 2))*; *shat=fitted(efit)*을 이용해 *abse*를 *yhat*에 관한 회귀모형에 적 합시키고 적합된 값을 *shat*에 대입하라.

4. *w=1/shat^2*; *fitw=lm(y~(model specification), weights=w)*를 써서 가중치 벡터를 구하고 가중최소제곱법에 따라 회귀모형을 적합하라.

예제 12.4-1

AgeBlPrHeter.txt 데이터 파일은 54명의 성인 남성 피실험자들의 나이와 확장기 혈압에 대한 데이터를 담고 있다. 그림 12-9에 나타낸 산점도는 두 변수 사이의 이분산성 선형회귀 관계를 암시한다. R 명령어를 사용해 이분산성 고유오차분산을 추정하고 가중최소제곱 분석을 활용하 여 회귀 기울기에 대한 95% 신뢰구간을 구하라.

해답

나이와 혈압값을 R 객체 *x*와 *y*로 각각 불러오고, 명령어 *fit=lm(y~x)*; *abse=abs(resid(fit))*; *yhat=fitted(fit)*; *efit=lm(abse~yhat)*; *w=1/fitted(efit)^2*을 사용해 가중최소제곱 분석에 필요한 가중값을 생성하라. 다음의 명령어를 통해 생성되는 회귀 기울기에 대한 95% 신뢰구간은

```
fitw=lm(y~x, weights=w); confint(fitw),
```

$(0.439, 0.755)$이다. 비교를 위해 명령어 *confint(fit)*을 통해 대응되는 신뢰구간을 구하면 $(0.385, 0.773)$이 되는데, 이는 가중최소제곱법에 의해 구한 신뢰구간보다 약간 더 넓다. 더 중요한 점은 구간 $(0.385, 0.773)$에 대한 실제 신뢰수준이 95%보다 낮다는 점인데, 이는 이분산성하에서 일반 적인 최소제곱분석이 기울기에 대한 표준오차를 저평가하는 경향 때문이다(연습문제 1 참고). ■

12.4.2 요인배치법의 응용

전통적인 회귀분석의 응용은 정량적인 예측변수를 포함한다. 하지만, 루트 시스템의 종류, 해변 또는 도심의 위치, 성별, 필터나 소재의 종류, 교육 및 소득 범주, 의견 피력의 강도 등과 같은 범주형 예측변수 역시 서로 다른 범주에 수치형 코드를 할당하는 방식으로 회귀모형에 반영할 수 있다. 특히, 요인배치법은 중회귀모형에 의해 표현될 수 있으며, 중회귀 분석방법에 의한 해석이 가능하다. 중회귀 공식을 이용해 요인배치법을 분석하는 주요 이점으로는 R을 비롯한 다른 소프트웨어 패키지들의 중회귀 메뉴에서 가중최소제곱법의 옵션을 실행이 가능하다는 것이다.

다중회귀분석을 이용해 10장과 11장에서 제시된 요인배치법을 통해 얻어지는 정보를 산출하기 위해서는 각각의 주효과와 교호작용항이 다중회귀모형의 계수 중 하나에 대응되어야 한다. 이는 **대비 표기**(contrast coding)라 불리는 수준에 대한 적절한 수치적 코딩에 의해 가능하다. k개의 수준을 지닌 요인에 대해서 대비 표기는 다음과 같이 $k-1$개의 **표시변수**(indicator variables)를 사용한다.

$$X_i = \begin{cases} 1 & \text{수준 } i \text{로부터 관측치가 얻어진 경우} \\ -1 & \text{수준 } k \text{로부터 관측치가 얻어진 경우, } i = 1, \cdots, k-1 \\ 0 & \text{그 외} \end{cases} \tag{12.4.3}$$

$k-1$개의 표시변수를 결합함으로써 표 12.2에 표시된 k개의 요인 수준을 나타낼 수 있다. 이렇게 k개의 요인 수준을 표시변수를 활용해 표현하는 방식을 통해 요인배치법을 다중회귀분석 형태로 나타낼 수 있다. 일원배치 및 이원배치 레이아웃에 대한 상세한 사항은 다음 단락을 통해 파악할 수 있다.

k-표본 문제의 회귀모형화　$Y_{i1}, \cdots, Y_{ini}$, $i = 1, \cdots, k$가 k개의 표본을 나타낸다고 하자. 모형 식 (10.2.2)에 따르면,

$$Y_{ij} = \mu_i + \epsilon_{ij} \ \text{ 또는 } \ Y_{ij} = \mu + \alpha_i + \epsilon_{ij} \tag{12.4.4}$$

이고, 여기서 처리 효과(treatment effects)인 α_i는 식 (10.2.3)의 조건을 만족한다. 회귀모형과 요인배치법에서 데이터 표현의 근본적인 차이는 회귀모형에서는 관측치가 단일한 인덱스로 열거되는 반면, 요인배치식 표현에서는 여러 개의 인덱스를 지닌다는 점이다. 회귀모형은 각 반응변수의 값에 대응되는 공변량 값이 명확하게 주어짐으로써 다중 인덱스의 문제가 생기지 않는다.

식 (12.4.4)의 데이터를 다중선형회귀 형태로 나타내기 위해서 $n = n_1 + \cdots + n_k$로 놓고, $Y_1, \cdots, Y_n$을 Y_{ij}의 단일 인덱스 표현이라고 하며, $X_{j1}, \cdots, X_{j,k-1}$, $j = 1, \cdots, n$은 표 12-2에서 코드화된 각 수준 Y_j를 나타내는 $k-1$개의 표시변수라 하자. 식 (12.4.4)의 데이터에 대한 회귀식 형태의 표현(반응변수 및 공변량 값)은 다음과 같다.

표 12-2 k개 요인 수준 코딩을 위한 표시변수

요인 수준	표시변수				
	X_1	X_2	X_3	$\cdots$	X_{k-1}
1	1	1	1	$\cdots$	1
2	0	0	0	$\cdots$	0
$\vdots$	$\vdots$	$\vdots$	$\vdots$	$\vdots$	$\vdots$
$k-1$	0	0	0	$\cdots$	0
k	-1	-1	-1	$\cdots$	-1

표 12-3 식 (12.4.6)의 계수에 관한 식 (12.4.4)의 셀 평균

셀	셀 평균	예측변수의 값 $(X_1,\cdots, X_{k-1})$	회귀함수 $\mu_{Y\vert X_1,\cdots, X_{k-1}}(X_1,\cdots, X_{k-1})$
1	$\mu_1 = \mu + \sigma_1$	$(1, 0,\cdots, 0)$	$\beta_0 + \beta_1$
2	$\mu_2 = \mu + \sigma_2$	$(0, 1,\cdots, 0)$	$\beta_0 + \beta_2$
$\vdots$	$\vdots$	$\vdots$	$\vdots$
$k-1$	$\mu_{k-1} = \mu + \sigma_{k-1}$	$(0, 0,\cdots, 1)$	$\beta_0 + \beta_{k-1}$
k	$\mu_k = \mu + \sigma_{1k}$	$(-1, -1,\cdots, -1)$	$\beta_0 - \beta_1 - \cdots - \beta_{k-1}$

$$(Y_j, X_{j1}, \cdots, X_{j,k-1}), \quad j = 1, \cdots, n \tag{12.4.5}$$

다음의 다중선형회귀 모형에서

$$Y_j = \beta_0 + \beta_1 X_{j1} + \cdots + \beta_{k-1} X_{j,k-1} + \varepsilon_j, \quad j = 1, \cdots, n \tag{12.4.6}$$

어느 계수가 (12.4.4)에 나타낸 것과 대응이 되는지 파악하기 위해 우리는 회귀계수에 대한 셀 평균을 μ_i로 나타낸다. 표 12-3에 나타낸 표현식은 모형 식 (12.4.4)의 모수와 모형 식 (12.4.6)의 모수 사이에 존재하는 다음과 같은 대응관계를 보여 준다.

$$\mu_0 = \beta_0, \quad \alpha_1 = \beta_1, \cdots, \quad \alpha_{k-1} = \beta_{k-1}, \quad \alpha_k = -\beta_1 - \cdots - \beta_{k-1} \tag{12.4.7}$$

마지막의 식 (12.4.7)은 (12.4.4)의 모수에 의해 식 (10.2.3)의 제약, 즉 $\alpha_1 + \cdots + \alpha_k = 0$을 위배하지 않고 만족함을 주지하라.

식 (12.4.4)의 ANOVA 모형의 맥락에서 가설 $H_0 : \alpha_1 = \cdots = \alpha_k$에 대한 F 검정의 p-값은 식 (12.4.6)의 MLR 모형에 대해 가중치를 부여하지 않은 최소제곱법으로부터 얻은 모형 유용성 검정의 p-값과 동일하다. 이를 R 명령어로 다시 나타내면 A가 각 관측치에 대한 수준을 나타내는 비수치형(*as.factor*) 데이터열일 때, *anova(aov(y~A))*로 구한 F 검정의 p-값은 *fit=lm(y ~X_1 + $\cdots$ + X_{k-1});summary(fit)*로 구한 모형 유용성 검정에 대한 p-값과 서로 같다는 것이다. 또한, 식 (12.4.6)의 MLR 모형은 다음의 R 명령어를 통해 가중최소제곱법에 의한 분석을 가능하게 하는데,

일원배치법을 가중최소제곱법으로 분석하기 위한 R 명령어

```
w=c(rep(1/S₁², n₁), ..., rep(1/Sₖ², nₖ));
    lm(y~X₁+⋯+Xₖ₋₁, weights=w)
```
(12.4.8)

이때 $S_1^2, \cdots, S_k^2$는 각 그룹에 대한 표본분산을 나타낸다.

이차요인배치법의 회귀식 표현(regression formulation of two-factor design) Y_{ijk}, $k = 1, \cdots, n_{ij}$ 가 $i = 1, \cdots, a$, $i = 1, \cdots, b$에서 취해진 요인-수준 조합 (i, j)의 관측값이라 하자. $a \times b$ 요인배치법의 통계적 모형 식 (11.2.3)에 따라 다음과 같이 표현되고,

$$Y_{ijk} = \mu_{ij} + \epsilon_{ijk} \ \text{ 또는 } \ Y_{ijk} = \mu + \alpha_i + \beta_j + \gamma_{ij} + \epsilon_{ijk}$$
(12.4.9)

여기서 주효과 및 교호작용은 식 (11.2.2)의 조건을 만족한다.

식 (12.4.9)의 모형을 다중선형회귀 형태로 나타내기 위해 $n = \sum_{i=1}^{a} \sum_{j=1}^{b} n_{ij}$로 놓고, $Y_1, \cdots,$ Y_n을 Y_{ijk}의 단일 인덱스 표현이라 하자. Y_k가 어느 수준 조합으로부터 온 것인지 나타내기 위해 우리는 다음 두 가지 표시변수의 집합을 도입할 필요가 있다.

$$X_{k1}^A, \cdots, X_{k,a-1}^A \ \text{ 그리고 } \ X_{k1}^B, \cdots, X_{k,b-1}^B$$

표 12-2의 코딩 규칙에 의해 $X_{k1}^A, \cdots, X_{k,a-1}^A$와 $X_{k1}^B, \cdots, X_{k,b-1}^B$는 각각 요인 A의 수준과 요인 B의 수준을 나타내며, 이것이 Y_k의 출처에 해당한다. 따라서 식 (12.4.9)의 데이터를 회귀 형태로 표현하면 다음과 같다.

$$(Y_k, X_{k1}^A, \cdots, X_{k,a-1}^A, X_{k1}^B, \cdots, X_{k,b-1}^B), \quad k = 1, \cdots, n$$
(12.4.10)

추가적으로 이원배치법 모형인 $Y_{ijk} = \mu + \alpha_i + \beta_j + \varepsilon_{ijk}$를 회귀모형으로 나타내면 다음과 같다.

$$Y_k = \beta_0 + \beta_1^A X_{k1}^A + \cdots + \beta_{a-1}^A X_{k,a-1}^A + \beta_1^B X_{k1}^B + \cdots + \beta_{b-1}^B X_{k,b-1}^B + \varepsilon_k$$
(12.4.11)

연습문제 4에서 당신은 $\alpha_a = -\beta_1^A - \cdots - \beta_{a-1}^A$에 대해 $\beta_i^A = \alpha_i$, $i = 1, \cdots, a-1$임을 밝히고 β_j 값과 β_j^B 값 사이에 유사한 대응관계가 있음을 보여야 한다. 식 (12.4.9)에 나타낸 것과 같은 비가산 이원배치법에 대한 회귀모형은 추가적으로 X_i^A와 X_j^B 공변량 사이의 모든 교호작용항을 포함한다. 이를 속기식으로 다음과 같이 나타낼 수 있는데,

$$Y_k = \beta_0 + (\text{terms } \beta_i^A X_{ki}^A) + (\text{terms } \beta_j^B X_{kj}^B) + (\text{terms } \beta_{ij}^{AB} X_{ki}^A X_{kj}^B) + \varepsilon_k$$
(12.4.12)

이때 i는 1부터 $a-1$까지, j는 1부터 $b-1$까지의 범위를 갖는다. 예를 들어 관측치 Y_k가 셀 $(1, 1)$로부터 왔다면, 요인 A의 표시변수는 $X_{k1}^A = 1$, $X_{k2}^A = 0, \cdots, X_{k,a-1}^A = 0$이 되며, 요인 B의 표시변수는 $X_{k1}^B = 1$, $X_{k2}^B = 0, \cdots, X_{k,b-1}^B = 0$가 된다. 따라서 $\beta_i^A X_{ki}^A$ 중 값이 0이 아닌 항은 β_1^A 뿐이고,

$\beta_j^B X_{kj}^B$ 중에서도 0이 아닌 항은 β_1^B 뿐이이며, $\beta_{ij}^{AB} X_{ki}^A X_{kj}^B$ 중에서도 0이 아닌 항은 β_{11}^{AB}가 유일하다. 따라서 만약 Y_k가 셀 (1, 1)로부터 왔다면, 식 (12.4.12)는 다음과 같아진다.

$$Y_k = \beta_0 + \beta_1^A + \beta_1^B + \beta_{11}^{AB} + \varepsilon_k$$

다른 셀에 대해서도 마찬가지 과정을 거치면 모형 식 (12.4.9)의 모수와 모형 식 (12.4.12)의 모수들 사이에 다음의 대응관계가 도출된다.

$$\mu = \beta_0, \quad \alpha_i = \beta_i^A, \quad \beta_j = \beta_j^B, \quad \gamma_{ij} = \beta_{ij}^{AB} \tag{12.4.13}$$

균형이 있는 이원배치법, 즉 모든 표본의 크기 n_{ij}가 동일한 값을 가질 때, 11장에서 논의되었던 요인 A의 주효과가 없는 가설 $H_0 : \alpha_1 = \cdots = \alpha_a$에 F 검정으로부터의 p-값은 변수군 $X_1^A, \cdots,$ X_{a-1}^A의 유의성 검정, 즉 식 (12.4.12)의 MLR 모형에 대한 가중치가 없는 최소제곱법 분석을 통한 가설 $H_0 : \beta_1^A = \cdots = \beta_{a-1}^A = 0$의 검정에 대한 p-값과 동일하다. 명령어 $aov(y{\sim}A*B)$에 의해 구한 요인 B의 주효과와 교호작용이 없는 가설에 대한 p-값은 식 (12.4.12)의 가중치가 없는 최소제곱 분석을 통한 요인 B의 표시변수군과 교호작용 변수군 각각에 대한 유의성 검정에서의 p-값과 동일하다. 또한, 식 (12.4.12)의 MLR 모형은 가중치가 있는 최소제곱 분석을 가능하게 한다. 식 (12.4.8)의 명령어와 유사한 방식으로 이를 수행할 수 있는 R 명령어를 예제 12.4-2에서 다룬다.

불균형 실험설계에서는 aov와 가중치가 없는 lm(선형회귀)에 의해 얻어지는 p-값이 동일해지는 성질은 가산형 설계 및 비가산형 설계의 교호작용에 대해서도 유지된다. 따라서 불균형 이원배치법에서의 가중최소제곱 분석을 위해서는 식 (12.4.12)의 MLR 모형에서 교호작용 변수의 유의성을 검정해야 한다. 여기서 유의성이 있다는 결과를 얻으면, 주효과 또한 유의성이 있다고 할 수 있다. 유의성이 없는 결과를 얻을 경우, 주효과는 가산형 모형 식 (12.4.11)로 검정할 수 있다. 가중최소제곱 분석의 이점은 불균형 실험설계에 대해 더 확실하다.

예제 12.4-2

H2Ofiltration3w.txt 파일은 반복 횟수가 5인 $2 \times 2 \times 3$ 요인배치법으로부터의 데이터를 담고 있다. 11.3절 연습문제 1의 설명을 참조하라. 요인 A, B와 C의 주효과 및 그것들의 이차와 삼차 교호작용에 대해서 가중최소제곱 분석을 수행하라.

해답

*ne=read.table("H2Ofiltration3w.txt", header=T)*를 통해 데이터를 R의 데이터 프레임 *ne*로 불러오고 *Y=ne$y; A=ne$MS; B=ne$SH; C=ne$MH*를 통해 반응변수와 세 가지 요인의 수준을 R 객체 *Y*, *A*, *B* 및 *C*에 각각 대입하라. 데이터를 MLR 모형으로 표현할 때 요인 A와 C에 대해서는 단 하나의 표시변수만 있으면 되는데 이를 *xA*와 *xC*라 하고, 요인 B의 세 가지 수준을 표현하기 위해서는 2개의 표시변수가 필요한데 이를 *xB1*, *xB2*라 하자. 표시변수 *xA*와 *xB1*의 값을 설정하기 위해 다음의 명령어를 활용하라. *xC*와 *xB2*의 값은 동일하게 설정된다.

```
xA=rep(0, length(Y)); xB1=xA
xA[which(A=="A1")]=1; xA[which(A=="A2")]=-1
xB1[which(B=="B1")]=1; xB1[which(B=="B2")]=0;
   xB1[which(B=="B3")]=-1
```

명령어

```
vm=tapply(Y, ne[, c(1, 2, 3)], var);
   s2=rep(as.vector(vm), 5); w=1/s2
```

셀의 분산 행렬을 계산하고 가중최소제곱법의 가중치를 정의해 준다. (이를 수행하기 위해서는 데이터가 주어진 파일에 있어야 한다.)

마지막으로, 다음 명령어를 사용하여

```
summary(lm(Y~xA*xB1*xC+xA*xB2*xC, weights=w))
```

가중최소제곱 분석을 수행하라(회귀계수 및 p-값 등). 요인 B의 주효과에 대한 2개의 서로 다른 p-값이 구해지는데, 2개의 표시변수 각각에 대해 하나씩 구해진다. 요인 B의 주효과에 대한 보통의 p-값은 $xB1$과 $xB2$의 결합 유의성을 검정함으로써 얻어진다. 실험이 균형 있게 설계된 것이므로(또한 유인들이 작은 수의 수준을 갖기 때문에), 가중최소제곱 분석의 결과는 가중치가 없을 때의 분석 결과와 크게 다르지 않다. 예를 들어, 요인 B의 주효과에 대한 B 값은 가중치가 없을 때와 있을 때 각각 0.08과 0.07이 된다. ■

12.4.3 변수선택

지금까지 논의된 내용은 모든 예측변수를 모형에 포함하는 것을 가정하였다. 데이터 수집 기술의 발전으로 인해 특정한 반응변수에 영향을 주는 많은 수의 공변량에 대한 데이터를 수집하는 것이 쉬워진다. 무심코 (종종 또는 대부분일 수도 있음) 수집한 몇몇 변수가 유용하지 않은 예측변수일 수도 있다. 그렇다면 간결 모형(parsimonious model)을 만들기 위해 어떻게 유용한 예측변수의 부분집합을 식별할 수 있는지 의문이 생긴다. 이렇게 유용한 예측변수의 부분집합을 찾는 과정을 변수선택(variable selection)이라 한다. 두 가지 기본적인 변수선택 절차가 있는데, 최적 부분집합 절차(best subset procedures)로도 불리는 기준 기반의 절차(criterion-based procedures)와 단계적 절차(stepwise procedures)가 있다.

예측변수의 모든 부분집합을 고려하는 절차는 기준 기반 또는 최적 부분집합은 가능한 예측변수로부터 생성될 수 있고 모든 가능한 모형에 적합될 수 있다. 따라서 가능한 예측변수의 수가 k라면, 적합될 수 있는 모형은 $2^{k+1} - 1$개가 있을 수 있다(이는 교호작용항이 없는 모형까지도 포함한다). 각각의 적합된 모형은 그것의 질을 평가하는 기준에 따라 점수를 매기며, 가장 좋은 점수의 모형이 선택된다. 이러한 목적으로 가장 흔히 쓰이는 기준에는 다음과 같은 것이 있다.

1. **수정 R^2 기준**   이것은 수정 R^2 값이 가장 큰 모형을 선정한다.

2. **AIC(Akaike information criterion)**   이것은 AIC 값이 가장 작은 모형을 선정한다. 대략 설명하자면, 어떤 모형의 AIC 값은 해당 모형이 현실을 설명하기 위해 쓰일 때 생기는 정보 손실에 대한 상대적인 측정치이다. 절편을 포함하여 p개의 모수가 있는 다중회귀모형에 대한 AIC 값과 오차제곱합인 SSE(up to an additive constant)는 다음과 같이 계산된다.

$$\text{AIC} = n \log \left(\frac{\text{SSE}}{n} \right) + 2p$$

표본 크기가 작으면 AIC의 수정 버전인 AICc = AIC + $2p(p + 1)/(n - p - 1)$을 사용하는 것이 추천된다.

3. **BIC(Bayes information criterion)**   이것은 BIC 값이 가장 작은 모형을 선정한다. 절편을 포함해 p개의 모수가 있는 모형에 대해 오차제곱합과 BIC 값은 다음과 같이 계산되며,

$$\text{BIC} = n \log \left(\frac{\text{SSE}}{n} \right) + p \log n$$

4. **Mallow의 C_p 기준**   이것은 C_p 값이 가장 작은 모형을 선정한다. 절편을 포함해 p개의 모수가 있고, 오차제곱합이 SSE인 모형에 대한 C_p 값은 다음과 같이 계산되며,

$$C_p = \frac{\text{SSE}}{\text{MSE}_{k+1}} + 2p - n$$

이때 MSE_{k+1}은 완전모형, 즉 k개의 예측변수(절편까지 포함해 총 $k+1$개의 모수)를 포함하는 모형에 대한 평균제곱오차를 나타낸다.

5. **예측 잔차제곱합(Predicted residual sum of squares, PRESS) 기준**   이것은 PRESS 통계량이 가장 작은 모형을 선정한다. 공변량 $X_1, \cdots, X_p$을 포함하는 특정한 모형에 대해 PRESS 통계량 계산법을 설명하기 위해 $\widehat{\beta}_{0,-i}, \widehat{\beta}_{1,-i}, \cdots, \widehat{\beta}_{p,-i}$가 i번째 데이터 포인트를 제거한 후 모형에 적합시킴으로써 얻어지는 회귀계수의 최소제곱추정량이라 하고, $\widehat{y}_{i,-i} = \widehat{\beta}_{0,-i} + \widehat{\beta}_{1,-i} x_{i1} + \cdots + \widehat{\beta}_{p,-i} x_{ip}$가 i번째 데이터 포인트에서 대응되는 예측치라 하자. 이 모형에 대한 PRESS 통계량은 다음과 같이 계산된다.

$$\text{PRESS} = \sum_{i=1}^{n} \left(y_i - \widehat{y}_{i,-i} \right)^2$$

따라서 PRESS를 제외한 모든 모형 선택의 기준은 SSE를 기반으로 페널티가 부여된('penalized') 점수를 활용하며, 페널티('penalty')는 모형에서 모수의 개수가 많을수록 증가하게 된다. 작은 SSE 값이 페널티가 부여되는 정도는 AIC와 BIC 선택 기준에 대해 가장 쉽게 비교가 가능하다. BIC가 표본 크기가 커짐에 따라 특히 강한 페널티를 부여하며, 따라서 이것이

더 간결 모형을 선정하게 될 것이다. Mallow의 C_p는 완전모형, 즉 절편을 포함하여 k개의 예측변수 전부를 포함하는 모형에 대해 $C_{k+1} = k + 1$이 되는 특성이 있다. 만약 모수가 p개인 모형에 적합이 잘 된다면, C_p의 값이 p에 가까워야 한다. 그렇지 않은 경우 C_p의 값은 p보다 훨씬 크다. C_p 대 p의 그래프를 그려서 (p, C_p)의 점이 대각선에 가깝거나 더 아래에 있게 되는 p 값이 가장 작은 모형을 선정하는 것이 보통이다. C_p는 AIC와 정확히 같은 방식으로 모형을 서열화한다. 페널티가 부여된 SSE 점수에 의존적이지 않은 PRESS 기준은 예측 특성이 가장 좋은 모형을 선정하기 위해 설계된 것이다.

단계적 절차는 모형 수립을 순차적으로 해 나가는 접근법이다. 각 단계에서 이 절차는 각 예측변수가 모형에서 빠져야 하는지 포함되어야 하는지를 결정하기 위해 각 변수의 유의성 검정으로부터 얻어지는 p-값을 활용한다. 이러한 단계적 모형 수립을 위한 주요 알고리즘으로는 다음과 같은 것들이 있다.

1. **후진 제거법**(Backward elimination)　이 알고리즘은 다음의 단계들로 구성되어 있다.

   (a) 완전모형에 적합시켜라.

   (b) 모형에 있는 각 예측변수의 유의성 검정의 결과로 얻어지는 p-값이 미리 설정된 임계치인 α_{cr}보다 모두 작을 경우 멈추게 된다. 그렇지 않으면 단계 (c)를 진행해야 한다.

   (c) p-값이 가장 큰 예측변수를 제외하고 나머지 예측변수들로 모형을 적합시켜라. (b) 단계로 가라.

   'p-to-remove'라 불리는 임계치 α_{cr}의 값이 0.05일 필요는 없다. 가장 일반적으로 이 값은 0.1~0.2의 범위에서 선택된다.

2. **전진 선택법**(Forward selection)　기본적으로 후진 제거법과 반대되는 알고리즘이다.

   (a) 모형에 아무 예측변수가 없이 시작하라.

   (b) 각 예측변수를 한 번에 하나씩 모형에 추가하고 각 예측변수에 대한 p-값을 계산하라. 만일 모든 p-값이 미리 설정된 임계치 α_{cr}보다 크면 멈춰라. 그렇지 않으면 단계 (c)를 진행하라.

   (c) 모형에 가장 작은 p-값을 지니는 예측변수를 추가하라. 단계 (b)로 가라.

   전진선택법에서 임계치 α_{cr}의 값을 '진입 p-값(p-to-enter)'이라 한다.

3. **단계적 회귀**(Stepwise regression)　이 알고리즘은 후진 제거법과 전진 선택법을 조합한 것이며, 그것을 실행하기 위한 최소 두 가지 버전이 존재한다. 하나는 전진 선택법에서처럼 모형에 아무 예측변수가 없는 상태로 시작하지만, 각 단계에서 하나의 예측변수가 추가되거나 제거된다. 예를 들어, 전진 선택방법으로 추가될 첫 번째 예측변수를 x_1이라 하자. 전진 선택을 계속하여 두 번째 추가되는 변수를 x_2라 하자. 이 단계에서 변수 x_1은 후진 제거법에서와 마찬가지 방식으로 x_2를 포함하는 모형에서 유지되어야 할지 아닌지 재평가가 이루어진다. 이 과정이 더 이상 추가되거나 제거되는 변수가 없을 때까지 계속된다. 또 다른 버전은 모형이 후진 제거법에서처럼 모든 예측변수를 포함하는 상태에서 시작하지만, 각 단계에서 앞서 제거되었던 예측변수들이 모형에 다시 포함될 수 있다.

R에서의 모형 선택   최적 부분집합 모형 선정을 위한 주요 함수로는 R 패키지인 *leaps*에 포함된 *regsubsets*와 *leaps*가 있다. 이 함수들은 모형을 각각의 기준에 따라 순서화한다. 수정 R^2, BIC(*regsubsets* 함수에 의해 이용 가능함), C_p 기준(*leaps* 함수를 통해 이용 가능함)이 있다. 모형의 순서화(그리고 각 모형에 대응되는 기준의 값)는 그림으로 표현될 수 있다. AIC 기준에 따른 순서는 C_p 기준에서나 순서와 같기 때문에 명확하게 표현되지 않는다(그러므로 각 모형에 대한 AIC 값은 자동적으로 생성되지 않는다). 그러나 어떤 특정한 모형에 대한 AIC 값은 다음의 R 명령어를 통해 얻을 수 있다.

```
fit=lm(y~(model specification)); AIC(fit)
```

(*AIC(fit, k=log(length(y)))*를 사용하면 모형의 BIC 값이 구해진다.) 마지막으로 R 패키지 *DAAG*에 있는 함수 *press*는 PRESS 기준을 계산한다. 이는 *press(fit)*을 통해 간단히 수행할 수 있다.

단계적 절차 또한 *regsubsets* 함수를 통해 수행될 수 있지만, 다음에 설명될 *stats* 패키지의 *step* 함수를 사용하는 것이 더 편리하다. *direction*이라는 인수를 통해 후진 제거법, 전진 선택법, 단계적 회귀의 옵션을 구체적으로 정할 수 있다. 초기 설정인 *direction="both"*는 단계적 회귀를 수행한다. 후진 제거법은 *direction="backward"*, 전진 선택법은 *direction="forward"*를 사용하라. 다음 예제에서 이러한 R 명령어들의 활용을 다룬다.

예제 12.4-3

어떤 기사[6]는 209개의 CPU에 대한 여섯 가지 속성/특성과 성능 측정치(IBM 370/158-3에 대한 상대적인 benchmark mix를 근거로 함) 데이터에 대해 밝히고 있다. 이 데이터는 R 패키지인 *MASS*의 *cpus*라는 이름으로 이용 가능하다. (여기에 쓰인 여섯 가지 속성에 대한 설명을 확인하려면 *library(MASS; ?cpus*를 입력하면 된다.) 이 데이터를 이용하여 CPU의 속성으로부터 상대적인 성능을 예측하기 위한 간결 모형을 수립하라.

해답

*install.packages("leaps")*를 통해 *leaps* 패키지를 설치하고, *library(leaps)*로 그것을 R 세션으로 불러오라. *regsubsets*의 기본적인 호출방법은 다음과 같다.

$$\text{vs.out=regsubsets(perf~syct+mmin+mmax+cach} \atop \text{+chmin+chmax, nbest=3, data=cpus)} \qquad (12.4.14)$$

결과로 생성된 객체 *vs.out*은 각 모형 크기별로 세 가지 최적 모형, 즉 한 가지 변수만 있는 3개의 최적 모형, 2개의 변수가 있는 세 가지 최적 모형 등에 대한 정보를 담게 된다. 초기 설정에 의해 모든 모형은 절편을 포함한다. [동일한 모형 크기에서는 모든 기준에 대해 모형의 순위가 같기 때문에 (PRESS는 제외), *regsubsets* 명령어에서 어떤 특정한 기준을 명시하지는 않는다.]

---

6 P. Ein-Dor and J. Feldmesser (1987). Attributes of the performance of central processing units: A relative performance prediction model. *Comm. ACM*, 30:308-317.

그림 12-10

Mallow의 C_p 기준을 활용하여 *regsubset*를 통해 식별된 16개 모형의 순서화

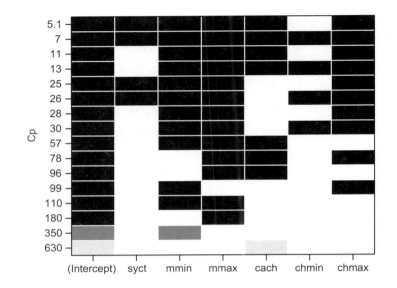

특히, 식 (12.4.14)의 명령어는 16가지 모형(완전모형과 1~5까지의 모형 크기 각각에 대해 세 가지 최적 모형)에 대한 정보를 담고 있다. *summary(vs.out)* 명령어가 이 16가지 모형을 보여줄 것이다. 여기서 그 결과를 나타내지는 않는데, 그 이유는 통상 우리가 각각의 모형 크기에서 어느 모형이 최적인지에 주안점을 두지 않기 때문이다. 대신 우리는 16가지 모형의 전체적인 순위와 각 기준에서의 전반적인 최적 모형에 관심을 둔다. Mallow의 C_p 기준을 쓸 경우, 다음의 명령어를 통해 그림 12-10에 있는 도표의 형태로 전반적인 순위가 주어진다.

식 (12.4.14)의 *vs.out*에 대해 그림 12-10을 생성해 주는 R 명령어

```
plot(vs.out, scale="Cp")
```
(12.4.15)

인정컨대, 이러한 도표를 처음 보면 이상해 보일 수 있다. 도표에서 각각의 열은 모형을 나타내고, 흰 영역은 모형에 포함되지 않은 변수를 나타낸다.

최적 모형은 그림에서 가장 윗부분(가장 어두운 음영)의 C_p 값이 5.1인 것이다. 이것은 "chmin" 변수를 포함하지 않는다. 두 번째 최적 모형은 C_p 값이 7이고 여섯 가지 예측변수를 모두 포함하는 완전모형이다. 세 번째 최적 모형은 C_p 값이 11이고 "syct"와 "chmin" 변수를 배제한 것 등이다. 최악의 모형 세 가지는 모두 단 하나의 예측변수만을 사용한 것이다.

그림 12-10에 나타난 모형의 순위는 AIC 기준에 의해 만들어지는 순위와 동일하다는 것을 상기하라. 수정 R^2 및 BIC 기준에 따라 16가지 모형에 대한 순위를 보여 주는 도표는 다음에 의해 만들어진다.

식 (12.4.14)의 *vs.out*에 대해 수정 R^2와 BIC에 따라 순위 모형을 생성해 주는 R 명령어

```
plot(vs.out, scale="adjr2")
plot(vs.out, scale="bic")
```
(12.4.16)

모든 기준은 데이터로부터 계산이 되며, 따라서 변동성의 영향을 받는다는 것을 명심하여야 한다. 만약 최적 모형의 값이 두 번째 최적 또는 세 번째 최적 등의 값과 크게 다르지 않을 경우, '최적' 모형을 식별했다고 언급하는 것에 신중을 기하여야 한다. AIC는 다음과 같이 1순위가 아닌 모형이 실제로 최적일 확률을 제시한다(정보 손실을 최소화하는 차원에서). AIC_{min}을 고려되는 모형 중에서 최저인 AIC 점수라 하고, AIC_j를 j번째로 고려되는 모형의 AIC 점수라 하자. 그러면, j번째 모형이 최적일 상대적 확률은 다음과 같다.

$$e^{D_j/2}, \quad \text{이때 } D_j = AIC_{min} - AIC_j \qquad (12.4.17)$$

이 예제에서 상위 5개 모형의 AIC 점수는 2311.479, 2313.375, 2317.471, 2319.272, 2330.943 이다. 따라서 2순위부터 5순위까지의 모형이 실제 최적일 상대적 확률은 각각 0.39, 0.050, 0.020, 5.93×10^{-5}이다.

C_p 또는 수정 R^2 기준에 따라 가장 적합한 모형은 *leaps* 함수(*leaps* 패키지 내에 있음)를 통해 얻을 수 있다. C_p 기준에 대해 이를 수행하는 명령어는 다음과 같다.

C_p에 따라 가장 적합한 모형을 구하기 위한 R 명령어

```
fit=lm(perf~syct+mmin+mmax+cach+chmin+chmax, data=cpus)
X=model.matrix(fit)[, -1]
cp.leaps=leaps(X, cpus$perf, nbest=3, method="Cp")
cp.leaps$which[which(cp.leaps$Cp==min(cp.leaps$Cp)),]
```
(12.4.18)

생성되는 결과물은 다음과 같다.

1	2	3	4	5	6
TRUE	TRUE	TRUE	TRUE	FALSE	TRUE

이 결과는 다섯 번째 변수인 "chmin"을 제외하고 모든 변수를 포함하는 최적 모형을 명시해 준다. 이 모형은 그림 2-10에서 최적으로 식별된 모형과 같은 것임을 주지하라. 대각선이 중첩되어 있는(with the diagonal line superimposed) 그림 12-11의 p 대 C_p의 산점도는 다음의 추가적인 명령어를 통해 만들어진다.

그림 12-11의 도표 작성을 위한 R 명령어

```
plot(cp.leaps$size, cp.leaps$Cp, pch=23,
  bg="orange", cex=3)
abline(0, 1)
```
(12.4.19)

식 (12.4.18)의 중 세 번째 줄과 네 번째 줄의 명령어를 각각 *adjr2.leaps=leaps(X, cpus$perf, nbest=3, method="adjr2")*와 *adjr2.leaps$which[which(adjr2.leaps$adjr2==min(adjr2.*

그림 12-11

상위 16개 모형(각 크기 별로 최대 3개)에 대한 모형 크기 대 Mallow의 C_p 도표

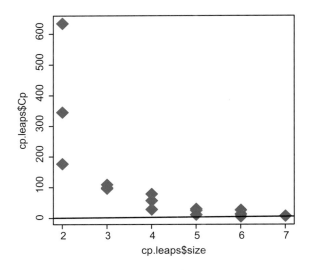

$leaps\$adjr2$)),]로 치환하면 수정 R^2 기준에 따른 최적 모형을 찾을 수 있다. 이 데이터 집합에 대해서는 수정 R^2 기준 또한 위에서 식별된 것과 동일한 모형을 최적으로 제시한다. $leaps$ 함수에서 BIC 기준은 적용되지 않았다. $method="r2"$를 사용하면 R^2 값이 가장 큰 모형을 찾아 주지만, 이것이 모형의 순위 매김에 적합한 기준은 아니다.

다음의 R 명령어는 $fit=lm(perf{\sim}syct+mmin+mmax+cach+chmin+chmax, data=cpus)$로부터 정의되는 fit를 이용해 단계적 변수선택(양방향, 전진 또는 후진)를 수행한다.

단계적 변수선택을 위한 R 명령어

```
step(lm(perf~1, data=cpus), list(upper=~1+syct+mmin+
    mmax+cach+chmin+chmax), direction ="forward")
step(fit, direction="backward")
step(fit, direction="both")
```
(12.4.20)

이 명령어들은 최종 모형에 이르는 단계를 제시한다. 예시적으로, 단계적 회귀(양방향) 명령어에 의해 얻어지는 결과물은 다음과 같다. 이 결과에서 제시된 AIC 값은 일반화된(generalized) AIC로 알려진 것과 대응되는 것이며, 식 (12.4.17)에 주어진 보통의 AIC와는 차이가 있음을 유의하라.

```
Start: AIC=1718.26
perf~syct+mmin+mmax+cach+chmin+chmax

          Df  Sum of Sq     RSS     AIC
- chmin    1        358  727360  1716.4
<none>                   727002  1718.3
- syct     1      27995  754997  1724.2
- cach     1      75962  802964  1737.0
```

```
      - chmax     1       163396    890398    1758.6
       - mmin     1       252211    979213    1778.5
       - mmax     1       271147    998149    1782.5

      Step: AIC=1716.36
      perf~syct+mmin+mmax+cach+chmax
                 Df  Sum of Sq       RSS       AIC
        <none>                    727360    1716.4
      + chmin    1          358    727002    1718.3
       - syct    1        28353    755713    1722.3
       - cach    1        78670    806030    1735.8
      - chmax    1       177174    904534    1759.9
       - mmin    1       258289    985649    1777.9
       - mmax    1       270827    998187    1780.5
```

두 번째와 마지막 단계에서 표현된 모형은 기준 중심 절차(criterion-based procedures)에 따른 최적 모형과 같은 것이다. 이 예제에서 단계적 회귀는 완전모형에서 시작을 하고, 최적 모형이 1개를 제외한 모든 변수를 포함한 것이기 때문에 두 단계 만에 멈추게 된다. 후진 제거법 절차는 정확히 동일한 결과를 도출하는 반면, 전진 선택법은 최종(최적) 모형에 이르기까지 몇 가지 단계를 거치게 된다. 연습문제 7을 참조하라. 최종 모형에 대해 통계적 분석결과도 얻고자 하면, *summary(step(fit, direction="both of forward or backward"))*를 사용하라. ■

노트 12.4-1 *step* 함수의 단계적 선택 알고리즘에서 변수를 진입시키거나 삭제하는 기본 규칙은 불명확하다. 하지만, 12.3절의 연습문제 3에서 쓰인 *update* 함수는 어떤 *p*-to-remove가 선택되더라도 후진 제거법을 적용할 수 있다. 연습문제 8을 참조하라. ◁

12.4.4 영향력 있는 관측치

일반적으로 하나의 관측치가 회귀분석의 결과에 지대한 영향을 줄 수도 있으며, 변수선택 과정에서는 특히 그러하다.

i번째 관측치인 y_i, $x_{i1}, \cdots, x_{ik}$의 **영향력**(influence)은 예측되거나 적합된 값이 i번째 관측치가 데이터에서 생략됐을 때에 비해 얼마나 크게 달라지는가의 관점에서 정의된다. 이는 Cook의 거리(Cook's distance)에 의해 정량화되는데(Cook's D라고도 함), 이는 다음과 같이 정의된다.

$$D_i = \frac{\sum_{j=1}^{n}(\widehat{y}_j - \widehat{y}_{j,-i})^2}{p\text{MSE}} \tag{12.4.21}$$

여기서 p는 모수의 개수(절편도 적합된다면 $p = k + 1$이 됨)이며, $\widehat{y}_j$는 j 번째 적합치(식 (12.3.3) 참조)이고, $\widehat{y}_{j,-i}$는 i번째 관측치가 데이터에서 생략되었을 때 j번째 적합치이다. 흔히 경험법칙에 따르면 관측치의 Cook의 거리값이 1.0보다 클 경우 매우 큰 영향력이 있다.

> **노트 12.4-2** 영향점과 관련 있는 하나의 개념으로 **레버리지**(leverage)가 있다. i번째 관측치의 레버리지는 식 (12.3.15)에서 h_i에 의해 표시되었던 $\mathbf{X}(\mathbf{X}'\mathbf{X})^{-1}\mathbf{X}'$의 i번째 대각 요소로 정의된다. 그것은 $(x_{i1}, \cdots, x_{ik})$가 나머지 공변량 값으로부터 얼마나 멀리 떨어져 있는가를 정량화한다. 달리 말하면, h_i는 $(x_{i1}, \cdots, x_{ik})$가 다른 공변량 값을 기준으로 어느 정도로 이상치에 해당되는가를 정량화하는 것이다. i번째 관측치는 $h_i > 3p/n$인 경우, 즉 h_i의 값이 평균 레버리지보다 세 배 이상 클 때 레버리지[7]가 큰 점이라고 정의된다. 레버리지가 큰 관측치는 큰 영향력을 지닐 잠재력이 크기는 하지만, 반드시 그런 것은 아니다. 하지만, 영향력이 큰 관측치는 전형적으로 높은 레버리지값을 갖는다. 반면, 레버리지값이 크면서 스튜던트화 잔차(식 (12.3.19))의 값(절댓값)이 큰 관측치들은 영향력이 있는 관측치일 것이다. ◁

앞서 언급한 바와 같이 영향력이 있는 관측치는 변수선택 알고리즘의 결과를 바꿀 수 있는 잠재력이 있다. 그러므로 변수선택 알고리즘은 그러한 영향력 있는 관측치들이 데이터 집합에서 제거된 상태에서 다시 한 번 적용해 보는 것을 추천한다. 만약 영향력 있는 관측치를 데이터 집합에 포함하였을 때와 배제하였을 때 모두 동일한 모형이 선정된다면, 모든 과정이 잘된 것이고 추가적인 조치가 필요하지 않다. 반대의 경우, 즉 영향력 있는 관측치가 제거되었을 때 알고리즘이 다른 모형을 선정하게 되는 경우에는 영향력 있는 관측치의 '유효성(validity)'을 점검해 보아야 한다. 예를 들어, 기록 오차가 있었거나 표본에 실수로 포함된 실험 단위로부터의 측정치일 가능성이 있다. 만약 관측치가 유효성 검사를 통과한다면 해당 두 가지 선정 모형에 포함된 예측변수 전부를 포함하는 모형을 사용하는 것이 바람직한 생각일 것이다.

그림 12-12

예제 12.4-3 데이터 집합에 있는 관측치들의 Cook's D

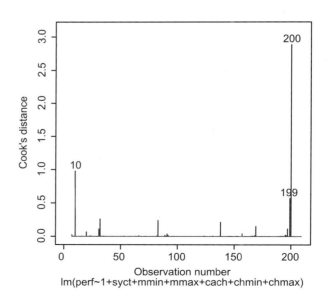

---

7 p가 적합된 모수의 개수일 때, $\sum_{i=1}^{n} h_i = p$임을 보일 수 있다.

*fit=lm(perf~syct+mmin+mmax+cach+chmin+chmax,data=cpus)*에 의해 생성된 *fit*을 가지고 다음의 R 명령어

```
plot(fit, which=4)
```

를 수행하면 그림 12-12의 도표가 생성되는데, 이는 경험법칙에 따라 데이터 집합 *cpus*에서 10과 200으로 숫자가 매겨진 관측치를 영향력[8]이 있는 관측치로 식별하게 된다.

이러한 관측치의 존재가 변수 선택 알고리즘의 적용결과에 영향을 주는지 알아보기 위해 다음의 R 명령어를 사용하면

$$cpus1=cpus[-c(10, 200),] \tag{12.4.22}$$

100번째와 200번째를 제외하고 *cpus*에 있는 관측치들을 모두 포함하는 데이터 프레임 *cpus1*이 정의된다. 예제 12.4-3에 이용된 변수선택 알고리즘을 *cpus1*에 적용하면, 단계적 절차뿐 아니라 'adjr2' 기준에 따른 최적 부분집합 절차에서는 완전모형이 선정되는 반면, 'bic' 기준에 따른 최적 부분집합에서는 변수 'syct'와 'chmin'이 없는 모형이 선정되는 것을 확인할 수 있다. C_p 기준에 의한 최적 부분집합은 전자와 동일한 모형이 선정된다. 이 결과를 토대로 최종 추천되는 것은 완전모형을 이용하는 것이다.

12.4.5 다중공선성

다중회귀 데이터 집합에서 예측변수들은 종종 강한 선형 의존성을 나타낸다. 예측변수들 사이에 상호 의존성이 클수록, 식 (12.3.9)의 정규방정식에서 조건 수치(condition number)[9]도 커진다.

달리 말하면, 예측변수들 사이의 강한 상호 의존성은 식 (12.3.7)에 정의된 디자인 행렬 $\mathbf{X}$에 대해 역행렬 $(\mathbf{X'X})^{-1}$을 불안정(unstable)하게 만든다. 결과적으로 역행렬 형태(식 (12.3.10) 참조)로 주어지는 최소제곱추정량도 부정확해진다. 또한, 이 역행렬의 j 번째 대각 요소인 C_j에 의해 주어지는 각각의 $\hat{\beta}_j$의 변동이 더해진다. 식 (12.3.13)을 참조하라. C_j는 다음과 같이 쓸 수 있는데,

$$C_j = \frac{1}{1 - R_j^2} \tag{12.4.23}$$

여기서 R_j^2는 j번째 예측변수인 X_j를 나머지 예측변수들에 회귀시킴으로써 얻어지는 결정계수이다. X_j가 나머지 $k-1$개 예측변수들에 강한 선형 의존성을 보인다면, R_j^2의 값이 분명히 1에 가까울 것이며, 그에 따라 C_j에 의한 $\hat{\beta}_j$의 변동 또한 '팽창(inflation)'하게 된다. 이러한 이유 때문에 C_j를 β_j의 **변동팽창요인**(variance inflation factor)이라 부른다. 어떤 β_j에 대한 변동팽창요인

---

8 명령어 *cooks.distance(fit)[c(10,199,200)]* 는 관측치인 10, 199, 200 각각에 대한 Cook's D 값으로 0.98, 0.57, 2.89를 반환한다.

9 선형 방정식 $\mathbf{Ax} = \mathbf{b}$의 조건 개수는 $\mathbf{b}$가 변화함에 따라 해답에서 $\mathbf{x}$가 변화할 속도를 결정한다. 조건의 수가 많을수록 해답이 $\mathbf{b}$에 대해 보다 민감하게 변화한다.

이 4나 5를 넘을 경우 데이터에 **다중공선성**(multicollinearity)이 있다고 이야기하며, 변동팽창요인이 10을 넘으면 다중공선성이 심하다고 말한다.

다중공선성이 있을 때에는 개별 모수에 대한 p-값과 신뢰구간을 신뢰하기는 힘들다. 그러나 개별 모수값이 부정확하게 추정되더라도, 적합 모형의 유의성은 여전히 모형 유의성 검정을 통해 검정할 수 있고, 예측에 있어서 모형의 유용성은 다중 결정계수를 통해 판단할 수 있다. 다중공선성에 대한 한 가지 재미있는 부작용은 모든 예측변수가 유의하지 않음에도 모형 유용성 검정 시 유의해지는 현상이다. 연습문제 13을 참조하라.

R 패키지 *car*는 각 회귀계수에 대한 분산팽창요인을 계산할 수 있는 *vif* 함수를 포함한다. 이를 수행하기 위한 R 명령어는 다음과과 같다.

분산팽창요인 계산을 위한 R 명령어

```
library(car); vif(lm(y~(model specification)))
```
(12.4.24)

예를 들기 위해 *df=read.table("Temp.Long.Lat.txt", header=T); y=df\$JanTemp; x1=df\$Lat-mean(df\$Lat); x2=df\$Long-mean(df\$Long)*를 사용하여 온도값과 중심화된 위도 및 경도의 값을 각각 R 객체인 *y, x1, x2*로 불러오자. 그런 다음 명령어

```
library(car); vif(lm(y~x1+x2+I(x1^2)+I(x2^2)+x1:x2))
```

를 입력하면 다음의 결과가 얻어진다.

```
    x1     x2    I(x1^2)  I(x2^2)  x1:x2
  1.735  1.738    1.958    1.764   1.963
```

팽창요인이 모두 2보다 작으므로, 이 데이터에서 다중공선성은 문제가 되지 않는다.

12.4.6 로지스틱 회귀분석

12.2절에서 다루었듯이, 회귀함수가 예측변수의 선형함수가 아닌 경우도 존재하지만, 적절한 변형을 통해 선형성을 회복시킬 수 있다. 이 절에서는 반응변수 Y가 베르누이 분포일 때, 단순 선형회귀모형이 적합하지 않은 특정 경우에 대해서 다룬다.

스트레스 수준과 같은 기준 변수들이 제품의 고장확률 또는 제품 보증기간 동안 주요한 문제가 발생하지 않을 확률에 미치는 영향에 대해 조사하는 신뢰성 연구에서는 반응변수가 이항(binary)인 실험이 종종 행해진다. 이러한 경우는 의학 연구를 비롯한 다른 과학 분야에서도 흔히 있다.[10]

---

10 예를 들어 F. van Der Meulen, T. Vermaat, and P. Willems (2011). Case study: An application of logistic regression in a six-sigma project in health care, *Quality Engineering*, 23: 113-124.

Y가 베르누이 변수일 때, 단순선형회귀모형이 적합하지 않은 이유를 파악하기 위해 p가 성공확률일 때, $E(Y) = p$임을 상기하라. 따라서 성공확률이 공변량 x에 의존적일 때, 다음의 회귀함수

$$\mu_{Y|X}(x) = E(Y|X = x) = p(x)$$

는 0과 1 사이의 값만을 가지게 된다. 반면, 선형회귀모형인 $\mu_{Y|X}(x) = \beta_0 + \beta_1 x$의 회귀함수는 $p(x)$와 동일한 제약을 갖지 않는다. 같은 이유로 MLR 모형도 적합하지 않다.

단순성을 위해 하나의 공변량을 가지고 보면, **로지스틱 회귀모형**(logistic regression model)은 다음과 같이 정의되는 $p(x)$의 **로짓**(logit) 변환이

$$\text{logit}(p(x)) = \log\left(\frac{p(x)}{1 - p(x)}\right) \tag{12.4.25}$$

x에 관한 선형함수임을 가정한다. 즉, 로지스틱 회귀모형 역시 마찬가지로 다음과 같이 기술된다.

$$\text{logit}(p(x)) = \beta_0 + \beta_1 x \tag{12.4.26}$$

간단한 수치계산을 통해 로지스틱 회귀모형은 마찬가지로 다음과 같다.

$$p(x) = \frac{e^{\beta_0 + \beta_1 x}}{1 + e^{\beta_0 + \beta_1 x}} \tag{12.4.27}$$

식 (12.4.27)의 우변은 $\beta_0 + \beta_1 x$의 **로지스틱 함수** 표현이다. 이것이 **로지스틱 회귀**라는 용어의 기원이다. 두 가지 로지스틱 회귀함수, 즉 기울기에 대한 모수(β_1)가 양수인 것과 음수인 것이 그림 12-13에 나타나 있다.[11]

그림 12-13
로지스틱 회귀함수 식 (12.4.27)의 예 : $\beta_0 = 2$ (양쪽), $\beta_1 = 4$ (왼쪽), $\beta_1 = -4$ (오른쪽)

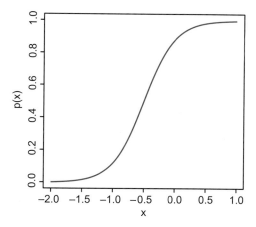
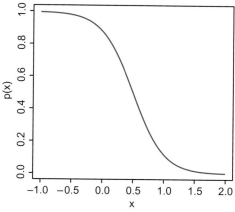

---

11 수학 용어에서 로지스틱 함수는 로짓 함수의 역수이다.

p가 성공(또는 일반적으로 사건 E)의 확률이라 할 때, $p/(1-p)$를 승산비(odds ratio)라 하며, '성공의 승산 $p/(1-p)$이 1'이라는 표현을 통해 성공 가능성에 대한 대안적인 정량화 값으로 쓰이기도 한다(2.3.1절 참고). 승산비가 3이라는 것은 성공 가능성이 실패에 비해 3배임을 의미한다. 로지스틱 회귀모형에 의해 승산비는 x가 1 단위 바뀜에 따라 요인 e^{β_1} 만큼 변한다.

식 (12.4.26)의 모형과 다중공변량에 의한 버전을 데이터에 적합시키는 것은 최대우도법에 따라 모형의 모수를 추정하는 것이다(6.3.3절 참고). 자세한 사항은 다루지 않는다. 대신 우리는 최대우도 추정량을 얻기 위한 R 명령어의 활용에 대해 확인할 것이다. 로지스틱 회귀모형에 적합시키기 위한 R의 함수는 *glm*이다. *glm*의 문법은 우리가 *family*라고 하는 것을 추가로 명시해야 한다는 점을 제외하고는 *lm*의 문법과 유사하다. 이를 다음 예제의 맥락에서 살펴보도록 한다.

예제 12.4-4 *FluShotData.txt* 파일은 연령과 건강유의지수(health awareness index)가 사람이 독감예방 주사를 맞는 결정에 미치는 영향에 대한 연구에서 얻어진 독감예방 주사의 시뮬레이션 데이터를 포함하고 있다. R을 사용해 다음을 완료하라.

(a) 예측변수가 2개인 로지스틱 회귀모형을 데이터에 적합시키고, 유의수준 0.05에서 두 예측변수의 유의성을 검정하라.

(b) (a)의 모형에 두 예측변수의 교호작용을 포함하는 로지스틱 회귀모형을 적합시켜라. 회귀계수에 대한 95% 신뢰구간을 구하라.

(c) 교호작용항이 있는 모형을 사용하여 35세에 건강유의지수가 50인 사람이 독감예방 주사를 맞을 확률을 추정하라. 45세에 지수가 50인 사람에 대해서도 동일한 방법으로 확률을 추정하라.

해답

(a) 데이터 프레임 *fd*로 읽어온 데이터를 가지고 R 명령어

```
fit1=glm(Shot~Age+Health.Aware, family=binomial( ),
   data=fd); summary(fit1)
```

가 생성하는 결과물 중 일부가 다음과 같다.

```
Coefficients:
                Estimate  Std. Error  z value  Pr(> |z|)
(Intercept)     -21.585     6.418      -3.363    0.0008
Age               0.222     0.074       2.983    0.0029
Health.Aware      0.204     0.063       3.244    0.0012
AIC: 38.416
```

따라서 연령과 건강유의지수 모두 유의수준 0.05에서 유의하다. (p-값은 각각 0.003과 0.001이다.)

(b) 명령어 *fit2=glm(Shot~Age*Health.Aware, family=binomial( ), data=fd); summary(fit2)*
를 수행하여 얻어지는 결과물 중 일부가 다음과 같다.

```
Coefficients:
                 Estimate  Std. Error  z value  Pr(> |z|)
(Intercept)        26.759      23.437    1.142      0.254
Age                -0.882       0.545   -1.618      0.106
Health.Aware       -0.822       0.499   -1.647      0.099
Age:Health.Aware    0.024       0.012    1.990      0.047
AIC: 32.283
```

이제 연령과 건강유의지수는 $\alpha = 0.05$에서 유의하지 않지만, 그것들의 교호작용은 유의하다. MLR 모형 단락에서 권고한 바와 같이, 두 변수의 교호작용이 유의하면 두 변수들이 모형에 포함되어야 한다. AIC 값이 감소한 것 또한 교호작용항이 포함되었기 때문임을 유의하라. 추가적인 명령어

```
confint(fit2)
```

는 회귀식 모수에 대해 다음의 95% 신뢰구간을 얻는다.

```
                     2.5%    97.5%
(Intercept)        -11.80    84.08
Age                 -2.25   -0.038
Health.Aware       -2.066   -0.047
Age:Health.Aware    0.006    0.054
```

(c) R 명령어

```
predict(fit2, list(Age=c(35, 45), Health.Aware=c(50, 50)),
   type="response")
```

를 통해 다음의 결과가 얻어진다.

```
       1         2
 0.02145   0.30809
```

따라서 건강유의지수가 50인 35세인 사람이 주사를 맞을 확률은 0.021, 동일 지수의 45세인 사람이 주사를 맞을 확률은 0.308이 된다. ■

로지스틱 회귀의 주제에 대한 추가적인 정보는 Hosmer, Lemeshow, and Strudivant가 저술한 「Applied Logistic Regression」을 참조하라.[12]

---

[12] D. H. Hosmer, Jr., S. Lemeshow, and R. Sturdivant (2013). *Applied Logistic Regression*, 3rd Edition, Hoboken: Wiley.

연습문제

1. 컴퓨터 활동. 이 예제는 이분산성이 있는 데이터에 대해 가중치 최소제곱(WLS) 분석은 회귀식의 추정 기울기의 변동성을 정확하게 평가하는 반면, 가중치가 없는 보통 최소제곱(ordinary least squares, OLS) 분석은 이를 과소평가한다는 것을 입증하기 위해 컴퓨터 시뮬레이션을 활용한다. 시뮬레이션 된 회귀모형의 회귀함수는 $\mu_{Y|X}(x) = 3 - 2x$, 오차분산함수는 $Var(Y|X = x) = (1 + 0.5x^2)^2$이다.

(a) $x=rnorm(100, 0, 3)$; $y=3-2*x+rnorm(100, 0, sapply(x, function(x)\{1+0.5*x**2\}))$를 통해 100개의 (x, y) 값을 생성하라. $fit=lm(y{\sim}x)$; $summary(fit)$, and $fitw=lm(y{\sim}x, weights=(1+0.5*x**2)**(-2))$; $summary(fitw)$를 사용하고, OLS와 WLS 분석을 통해 얻어지는 기울기 추정치의 표준오차를 밝히라.

(b) 다음의 명령어들은 100개의 y 값을 생성한다. (a)에서와 같이, 각각의 100 (x,y) 값으로부터 OLS와 WLS의 기울기 추정치를 구하고, 1,000개 OLS 기울기 추정치와 1,000개 WLS 기울기 추정치에 대한 표준편차를 계산하라. 이 표준편차는 기울기 추정치의 참변동에 대해 시뮬레이션을 통해 얻은 근삿값이다. 이 값을 (a)에서 구한 표준오차 또는 기울기 추정치와 비교하여 결과를 언급하라. 이 시뮬레이션 수행을 위해 필요한 명령어는 다음과 같다.

```
beta=rep(0, 1000); betaw=rep(0, 1000);
  for(i in 1:1000) { y=3-2*x+rnorm(100, 0,
  sapply(x, function(x) {1+0.5*x**2}));
  beta[i]=lm(y~x)$coefficients[2];
  betaw[i]=lm(y~x, weights=(1+
  0.5*x**2)**(-2))$coefficients[2]};
  sd(beta); sd(betaw)
```

2. 12.3절에서 연습문제 2에 쓰인 stackloss 데이터에 대해 다음의 분석을 수행하라.

(a) 고차항과 교호작용항 없이 3개의 공변량으로 구성된 MLR 모형에 적합 시 생기는 잔차로부터 예제 12.3-3에서 쓰인 도표와 형식적 검정을 이용해 등분산성 가정을 점검하고 결론에 대해 말하라.

(b) 12.4.1절에 있는 단계를 이용해 가중최소제곱법을 통해 MLR 모형을 적합시켜라. 모형 유용성 검정에 대한 p-값을 보고하라.

(c) $confint(fit)$; $confint(fitw)$를 사용하여 회귀식 모수에 대한 95% OLS 신뢰구간과 WLS 신뢰구간을 구하라. 어느 방법의 신뢰구간이 더 짧은가?

3. $edu=read.table("EducationData.txt", header=T)$를 사용해 1,975개의 주(state)별 교육지출 데이터 집합을 R의 데이터 프레임 edu로 불러오라.[13] 이 데이터 집합에서 반응변수 Y는 1인당 교육 지출이고, $X1$은 1인당 소득, $X2$는 18세 미만 인구의 비율, $X3$는 도시지역 비율이다. ("Region" 공변량은 이 연습문제에서 쓰이지 않을 것이다.)

(a) $edu.fit=lm(Y{\sim}X1+X2+X3, data=edu)$; $plot(edu.fit, which=1)$을 사용해 보통 최소제곱(OLS)법에 의해 MLR 모형을 적합시키고 잔차 대 예측치의 도표를 작성하라. 이 도표를 근거로 할 때 등분산성의 가정이 의심되는가? 예제 12.3-3에 쓰인 형식 검정을 사용해 등분산성 가정을 점검하고, 결론을 도출하라.

(b) 12.4.1절의 단계를 이용하여 가중최소제곱법(WLS)에 의해 MLR 모형을 적합시켜라.

(c) $confint(edu.fit)$; $confint(fitw)$를 사용하여 회귀식 모수에 대한 95% OLS 신뢰구간과 WLS 신뢰구간을 구하라.

4. 식 (12.4.11)의 가산형 이원배치법의 회귀모형 공식인 $\sum_i \alpha_i = \sum_j \beta_j = 0$에 대해 다음이 성립함을 보여라.

---

13 S. Chatterjee and B. Price (1977). *Regression Analysis by Example*. New York: Wiley, 108. R 패키지 *robustbase*에서도 이 데이터 집합을 사용 가능하다.

$$\alpha_i = \beta_i^A, \quad i = 1, \cdots, a-1,$$
$$\beta_j = \beta_j^B, \quad j = 1, \cdots, b-1,$$
$$\alpha_a = -\beta_1^A - \cdots - \beta_{a-1}^A,$$
$$\beta_b = -\beta_1^B - \cdots - \beta_{b-1}^B$$

5. 어떤 회사가 새로운 주행 경로가 수출을 위해 상품을 공장에서 인근 항구로 운반하는 시간을 단축시키는지 여부를 조사 중이다. 표준 경로를 이용한 48개의 운반 시간과 새로운 경로에 의한 34개의 운반시간이 *DriveDurat.txt*에 주어져 있다.

(a) 이표본 문제에 대한 회귀모형식은 하나의 표시변수만이 필요하다. 식 (12.4.3)의 표시변수를 이표본 문제에 맞게 표현하라.

(b) x가 (a)의 표시변수를 나타낼 때, 이표본 회귀모형식은 $Y_i = \beta_0 + \beta_1 x_i + \varepsilon_j$, $i = 1, \cdots, n_1 + n_2$와 같이 쓴다. 회귀식 모수인 β_0, β_1은 모평균 μ_1, μ_2와 어떻게 연관이 되는가?

(c) R 데이터 프레임 *dd*로 불러온 데이터에 대해 소요 시간을 객체 *y*에 대입하고 표시변수를 정의하기 위해 명령어 *y=dd$duration; x=rep(0, length(y)); x[which(dd$route==1)]=1; x[which(dd$route==2)]=-1*을 사용하라. *y*에 대한 *x*의 OLS 분석을 이용한 모형 유용성 검정으로부터 계산되는 *p*-값과 등분산을 가정하는 이표본 *T* 검정으로부터 계산되는 *p*-값을 비교하라. (힌트 *summary(lm(y~x))*와 *t.test(y~dd$route, var.equal=T)*를 사용하라.)

(d) (i) Levene의 검정과 (ii) 회귀 타입 검정을 사용하여 이분산성에 대한 검정을 실시하라. 두 *p*-값을 보고하라. [힌트 Levene 검정을 위해 *library(lawstat); levene.test(y, x)*를 사용하고, 회귀 타입 검정을 위해 *dd.fit=lm(y~x); summary(lm(abs(rstandard(dd.fit))~poly(fitted(dd.fit),2)))*를 사용하라(모형 유용성 검정에 대한 *p*-값을 보고하라).]

(e) 두 모집단의 평균이 $\alpha = 0.05$에서 유의한 차이가 있는가? 등분산 가정이 없을 때 WLS 분석과 *T* 검정법을 이용하여 검정을 실시하라. (힌트 WLS 분석을 위해 *efit=lm(abs(resid(dd.fit))~poly(fitted(dd.fit), 2)); w=1/fitted(efit)**2; summary(lm(y~x, weights= w))*을 사용하고 모형 유용성 검정의 *p*-값을 이용하라.)

6, 연습문제 3의 교육 데이터를 포함하는 데이터 프레임 *edu*로부터 식 (12.4.3)의 대조 코딩에 따라 "Region"의 네 가지 수준을 표현하기 위해 표시변수 *R1*, *R2*, *R3*를 정의하라. 예를 들어, 다음 명령어는 *R1*을 정의한다. *R1=rep(0, length(edu$R)); R1[which(edu$R==1)]=1; R1[which(edu$R==4)]=-1.* (*edu$R*은 *edu$Region*에 대해 허용되는 약어임에 유의하라.) 유의수준 0.1에서 "Region" 변수의 유의성을 검정하기 위해 WLS 분석을 수행하라. 공변량 X1, X2, X3, R1, R2를 사용한 WLS 분석의 가중치 추정을 위해 12.4.1절에 있는 단계들을 활용하라. *fitFw*와 *fitRw*를 완전모형 및 축소(예 : R1, R2 및 R3가 없는)모형을 적합시킨 결과 객체라 하자. 예를 들어 *fitFw = lm(Y~X1+X2+X3+R1+R2+R3)*이다. 다음으로 R1, R2, R3의 결합 유의성 검정을 위해 *anova(fitFw, fitRw)*를 사용하라.

7. 예제 12.4-3의 *cpus* 데이터와 식 (12.4.20)에 주어진 R 명령어를 활용하여 함수 *step*을 이용한 전진 선택법을 수행하라. 최종 모형에 대한 통계적 분석을 수행하고 각 예측변수와 모형 유용성 검정에서의 *p*-값을 보고하라. [힌트 *fit=step(lm(perf~1, data=cpus), list(upper=~1+syct+mmin+mmax+cach+chmin+chmax), direction="forward")*로 설정하고 *summary(step(fit, direction="forward"))*을 사용하라.]

8. 이 문제에서는 12.3절의 연습문제 3에 쓰인 "state" 데이터 집합에서 변수선택을 위해 *p*-to-remove 0.1에서 후진 제거법을 적용할 것이다. R의 단계적 변수선택에서 *p*-to-remove(또는 *p*-to-enter)의 선택은 자동이 아니지만, 그 과정은 연습문제 3에 설명된 *update* 함수에 의해 활성화된다. R 데이터 프레임 *st*로 데이터를 읽어오기 위해 *st=read.table("State.txt", header=T)*를 사용하고 다음

을 완료하라.

(a) 완전모형을 적합시키기 위해 $h=lm(Life.Exp\sim\ .\ ,$ $data=st);\ summary(h)$을 사용하라.(여기서 "."는 "데이터 집합에 있는 모든 예측변수를 사용하라"는 의미이다.) 가장 큰 p-값이 "Area"에 대응되는 0.965이고 >0.1이므로, $h=update(h,\ .\ \sim\ .\ -Area);$ $summary(h)$를 통해 예측변수 "Area"를 제거한 모형을 적합시켜라.

(b) 모든 p-값이 0.1 미만이 될 때까지 가장 큰 p-값을 지니는 예측변수들을 계속 제거하라. 최종 모형의 R^2 값을 구하고 완전모형의 R^2과 비교하라.

9. 연습문제 8의 "state" 데이터를 사용하여 C_p, 수정 R^2, BIC의 각 기준에 따라 기준 중심의 변수선택을 수행하라. (힌트 $library(leaps)$ 명령어를 호출하고, 식 (12.4.14)에서처럼 결과 객체 $vs.out$을 생성하라. 연습문제 8의 (a)에 제시된 축약된 lm 구문을 사용하고, 최적 모형 선택을 위해 그림 12-10과 같은 도표를 작성하기 위해 식 (12.4.15)와 (12.4.16)을 사용하라.)

10. $UScereal$은 R의 패키지 MASS에 내장된 데이터 프레임으로 11개 변수에 대해 $n = 65$개 행을 포함하고 있다. 변수들 중 세 가지(제조사를 나타내는 "mfr", 바닥에서부터 세 가지 범주가 있는 전시 선반에 대한 "shelf", 그리고 "vitamins")는 범주형 변수이고, 다른 변수들은 정량적이다. 완전한 설명을 위해 $library(MASS);\ ?UScereal$을 입력하라. 이 문제에서 우리는 일곱 가지 정량적 예측변수를 이용하여 한 단위당 칼로리 수를 나타내는 "calories"를 예측하는 최적 모형을 결정하기 위해 변수선택법을 적용할 것이다. 세 가지 범주형 변수가 없는 데이터 프레임 $uscer$을 생성하기 위해 $uscer=UScereal[,\ -c(1,\ 9,\ 11)]$을 사용하라.

(a) C_p, 수정 R^2, BIC의 각 기준에 따라 기준 기반의 변수선택을 수행하고 각 기준에 의해 선정된 모형을 제시하라. (힌트 $library(leaps);\ vs.out=regsubsets(calories\sim\ .$ $,\ nbest=3,\ data=uscer)$을 사용하고, 각 기준에 따른 최적 모형 선정을 위해 그림 12-10과 같은 도표를 작성

할 수 있도록 식 (12.4.15)와 (12.4.16)을 사용하라.)

(b) 영향력 있는 관측치들이 있는지 판정하기 위해 Coo's D를 활용하라. (힌트 그림 12-12와 같은 도표를 작성하기 위해 $cer.out=lm(calories\sim\ .\ ,\ data=uscer);$ $plot(cer.out,\ which\ =4)$을 사용하라.)

(c) 영향력 있는 관측치들을 제거하여 새로운 데이터 프레임 usc를 생성하라. C_p, 수정 R^2, BIC의 각 기준에 따라 기준 기반의 변수선택을 수행하고 각 기준에 의해 선정된 모형을 제시하라. 최종 모형이 합리적이라고 판단되는가? (힌트 식 (12.4.22)를 참조하라.)

11. 시멘트의 조성 성분이 경화되는 동안 발생되는 열에 어떻게 영향을 미치는지 파악하고자 하는 학자들이 그램당 칼로리(y), tricalcium aluminate의 백분율(x1), tricalcium alumino ferrite의 백분율(x3), dicalcium silicate의 백분율(x4)을 13개 배치의 시멘트로부터 측정하였다. 데이터는 $CementVS.txt$에 있다. 해당 데이터를 R 데이터 프레임 hc로 불러오고, $hc.out=lm(y\sim\ .\ ,$ $data=hc);\ summary(hc.out)$을 통해 MLR 모형을 적합시킨 후 다음을 완료하라.

(a) 유의수준 $\alpha = 0.05$에서 유의한 변수가 있는가? 당신의 답이 R^2 값과 모형 유용성 검정에 대한 p-값에 의해 뒷받침될 수 있는가? 그렇지 않다면 가능한 설명은 무엇인가?

(b) 각 변수의 분산팽창요인을 계산하라. 이 데이터에서 다중공선성이 문제가 되는가?

(c) 분산팽창요인이 가장 큰 변수를 제거하고 축소된 MLR 모형에 적합시켜라. 변수 중 유의수준 0.05에서 유의한 것이 있는가? R^2나 수정 R^2 감소 측면에서 큰 손실이 있는가? (힌트 $hc1=hc[,\ -5]$에 의해 만들어지는 데이터 프레임 $hc1$은 x4를 포함하지 않는다. 대신 $hc1.out=update(hc.out,\ .\sim\ .\ -x4);\ summary(hc1.$ $out)$를 사용할 수 있다.)

(d) 완전모형으로 시작하여 p-to-remove 0.15를 기준으로 후진 제거법을 적용하라. 연습문제 8 참고. 최종 모형에 남아 있는 변수들이 무엇인지 말하라. 최종 모

형은 수정 R^2 관점에서 많은 손실이 있는가?

12. *SatData.txt*에 있는 SAT 데이터는 미국 교육부에 의해 매년 발간된 1997 *Digest of Education Statistics*에서 추출된 것이다. 데이터의 열에 대응되는 변수의 이름은 주, 학생 1인당 현재 지출, 학생/교사 비율, 연간 교사 수입의 추정 평균(수천 달러 단위), SAT 시험을 치를 자격이 되는 학생들의 백분율, SAT 구두시험의 평균점수, SAT 수학 평균점수 SAT 총점의 평균이 있다.

(a) 데이터를 R 데이터 프레임 *sat*로 읽어오고 *pairs(sat)* 를 써서 산점도 행렬을 만들어라. Salary 대 Total의 산점도를 볼 때 교사들의 임금이 증가함에 따라 학생들의 SAT 총점에 긍정적 또는 부정적인 영향이 있을 것인가? 산점도를 관통하는 최소제곱 선을 피팅하고 기울기값을 밝힌 후 당신의 의견을 말하라. (*summary(lm(Total~Salary, data=sat))*를 사용하라.)

(b) SAT 총점 예측을 위한 MLR 모형을 모든 이용 가능한 공변량에 대해 적합시켜라. *summary(lm(Total~Salary+ExpendPP+PupTeachR+PercentEll, data=sat))*. 모든 예측변수의 값을 동일하게 유지하면서 교사 임금을 증가시키면 학생들의 SAT 총점에 긍정적인 영향이 있을지 부정적인 영향이 있을지 논하라. 당신의 견해가 (a)의 답과 상통하는가? 만약 아니라면, 잘 맞지 않는 타당한 이유가 무엇인가?

(c) 학생들의 SAT 점수에 유의하다고 판단되는 예측변수가 있다면 무엇인가? 유의수준 0.05에서 각 변수의 *p*-값을 근거로 답하라.

(d) 모형 유용성 검정에 대한 R^2, 수정 R^2, *p*-값을 구하라. 이 값들은 (c)에서 각 예측변수의 개별적인 유의성에 관한 당신의 견해를 뒷받침하는가? 그렇지 않다면, 가능한 이유는 무엇인가?

(e) 각 예측변수에 대한 분산팽창요인을 계산하고 예측변수 사이에 다중공선성이 있는지 논하라.

13. *LaysanFinchWt.txt*에 있는 데이터 집합은 43마리의 암컷 Laysan finch들의 무게와 다른 다섯 가지 신체적 특성에 대한 측정치를 담고 있다.[14] 데이터를 R 데이터 프레임 *lf*로 불러오고, *lf.out=lm(wt~ . , data=lf)*; *summary(lf.out)*을 이용해 무게에 대해 설명력이 있는 MLR 모형을 다른 변수에 적합시켜 다음을 완료하라.

(a) R^2 및 수정 R^2 값을 보고하라. 모형 유용성 검정은 $\alpha = 0.05$에서 유의한가? 예측변수 중 $\alpha = 0.05$에서 유의한 것이 있는가?

(b) 각 변수에 대한 분산팽창요인을 계산하라. 이 데이터에서 다중공선성이 문제가 되는가? 이 정도의 다중공선성에 의해 발생되는 전형적인 부작용은 무엇인가?

(c) R 명령어 *libaray (leaps)*; *vs.out=regsubsets(wt~ . , nbest=3, data=lf)*를 통해 기준 중심 변수선택법을 적용하라. 당신은 C_p, BIC, 수정 R^2 중 하나를 활용하여 그림 12-10과 같은 도표를 작성할 수 있고 선택된 기준에 따라 최적 모형을 식별할 수 있다.

(d) (c)의 변수 절차에 의해 식별된 모형을 적합시키고, R^2, 수정 R^2, 모형 유용성 검정에서의 *p*-값과 모형에 포함된 각 예측변수의 *p*-값을 밝히라. 이 값을 (a)에서 구한 결과와 비교하라. 최종적으로 모형에 포함된 변수의 분산팽창요인을 계산하여 밝히라. 이제 다중공선성의 문제가 있는가?

14. 한 신뢰성 연구에서는 가속수명시험 조건에서 제품이 170시간 동작하는 동안 고장 확률을 조사하였다. 이 연구에는 38개의 무작위 표본이 사용되었다. *FailStress.txt*의 데이터 집합은 각 제품에 인가된 스트레스 수준을 정량화한 변수와 함께 시뮬레이션된 결과(고장이면 1, 고장이 아니면 0)를 포함한다. 이 데이터를 *fs* 데이터 프레임으로 읽어오고, *x=fs$stress; y=fs$fail*를 설정하라.

(a) $p(x)$의 로짓 변환이 *x*에 관한 선형함수라고 가정하고, 로지스틱 회귀모형을 데이터에 적합시켜라. 수준 $\alpha = 0.05$에서 스트레스 변수의 유의성을 검정하라.

(b) 적합된 모형을 사용하여 스트레스 수준이 3.5일 때 고

---

14 원본 데이터는 University of Hawaii의 Dr. S. Conant가 보존 관련 연구를 위해 1982년부터 1992년까지 수집한 것이다.

장 확률을 추정하라.

(c) $p(x)$의 로짓 변환을 모델링하기 위해 스트레스 수준의 이차항을 포함하는 로지스틱 회귀모형을 적합시켜라. 회귀계수에 대한 95% 신뢰구간을 구하라. 신뢰구간을 활용하여 이차항의 계수가 0이라는 가설을 $\alpha = 0.05$에서 검정하라. (힌트 이차 로지스틱 회귀모형에 적합시키기 위해 $fit=glm(y \sim x+I(x**2)$, $family=binomial(\ )$, $data=ld)$; $summary(fit)$를 사용하라.

통계적 공정관리

13.1 개요

제품 품질과 비용은 개인 소비자와 기업 모두에게 있어서 구매 결정에 영향을 주는 두 가지 주
요한 요인이다. 산업계는 고품질과 비용 효율성이 서로 양립할 수 없는 목표임을 인지해 가고
있다. 통계를 적극적으로 활용하는 것은 품질 수준을 향상시키고 생산 비용을 낮추는 데 있어서
중요한 역할을 할 수 있다.

생산되는 아이템 하나하나를 일일이 검사하고 평가한다고 해서 제품 품질이 확보되는 것은
아니다. 대부분의 실제 상황에서 100% 검사를 수행하는 것은 사실상 비효율적이고, 제조 과정
에서 품질을 확보하는 것이 훨씬 더 효율적이다. **통계적 공정관리**(Statistical process control)는
비용 면에서 효율적이면서 고품질을 달성하기 위한 제조 전략을 가능케 하는 해법을 제시한다.
설계 및 제조 상태를 포함하여 생산 프로세스를 면밀히 (재)확인하는 것이 저비용과 높은 생산
성으로 이어질 수 있다. 실제로 생산 프로세스는 품질관리 및 품질향상 프로그램을 동시에 실
행하기 위한 공통의 플랫폼이다. 제품의 품질은 지속적으로 향상되어야 한다는 아이디어에 바
탕을 두고 있는 품질 향상 프로그램은 파레토 차트(1.5.3절 참조)와 요인배치 및 부분 요인배치
실험(11.4절 참조)에 중점을 두고 있다. 이 장은 요구되는 수준의 제품 품질을 유지하기 위해 생
산 공정을 모니터링할 수 있는 핵심적인 도구인 관리도(control charts)의 활용에 대해서 다룬다.

제품의 질은 특정한 품질 특성으로 나타낼 수 있다. 예를 들어, 편안함 및 안전 특성, 연비,
가속성 등은 자동차에 해당되는 품질 특성이다. 반면 공기 투과성은 낙하산 항해, 에어백에 사
용되는 직물의 중요한 품질 특성이다. 광학렌즈의 스크래치 수나 하루 중 생산된 집적회로 중
결함이 있는 것의 비율 또한 생산 공정상의 중요한 품질 특성이다. 만일 품질 특성치의 모평균
이 **목푯값**과 동일하다면 생산 공정은 (평균에 대하여) **관리상태**(in control)**에 있다**고 할 수 있고,
특성치의 평균이 목푯값에서 벗어난 경우 **관리상태 이탈**(out of control)이라 한다.

고품질 제조공정 또한 제품의 균일성, 즉 생산되는 제품의 품질 특성치에 대한 변동성의 범
위는 제한적인 성질에 의해 특징지어진다. 예를 들어, 자동차(특정 메이커와 모델)에서는 연

비의 균일성이 고품질 자동차를 제조하는 업체임을 나타낸다. 균일성의 정도는 품질 특성치의 고유 변동(1.2절 참조)에 반비례한다. 범위(range)나 표준편차에 의해 측정되는 품질 특성치의 변동성이 규정된 수준을 유지하고 있다면, 이는 자연적으로 발생되는 고유 변동성(**통제불능요인** 또는 **공통 요인**이라고도 함)에 의한 것이며, 해당 공정은 (균일성 측면에서) 관리상태(in-control)에 있는 것이다. 만일 변동성이 증가하면 공정은 관리상태를 이탈(out of control)하게 된다.

위의 논의를 통계적 방식으로 기술하기 위해 시간 t에 무작위로 선택된 제품의 품질 특성을 Y_t로 나타내고, 시간 t에 선택된 제품의 품질 특성에 대한 모평균과 변동을 μ_t과 σ_t^2라 하자. 또한, 품질 특성의 평균과 변동에 대한 목표치를 μ_0와 σ_0^2으로 나타내자. $\mu_t = \mu_0$이고 $\sigma_t^2 = \sigma_0^2$인 이상 해당 공정은 관리상태에 있다. 시간이 흐르면서 공정조건에 변화가 생기고 그 결과 평균과 변동은 목표치에서 벗어난다. 만약 변화가 생길 때의 시간을 t_*(우리에게 알려져 있지 않음)라 하면, $t \geq t_*$이고, $\mu_t \neq \mu_0$이고/이거나 $\sigma_t^2 > \sigma_0^2$이 된다. 유사하게 시간 t_*에서 생산 공정의 변화는 제품 결함의 확률이나 완제품에서 스크래치나 결함 및 이상과 같은 원치 않는 특징이 발생하는 비율을 증가시킬 수 있다. 다시 말해 시간 t_*로부터 시작해 공정이 관리상태를 이탈한다는 것은 생산되는 제품의 품질이 요구되는 기준을 만족시키지 못함을 의미한다. 관리도의 목적은 생산 공정이 관리상태를 이탈하는 시점을 표시하는 것이며, 관리상태 이탈이 발생하면 그 원인이 무엇인지 가려내기 위한 조사가 수행된다. 일단 원인이 밝혀지면, 이후로는 **이상원인**(assignable cause)으로 언급되며, 이에 대한 시정 조치가 행해진다.

생산 공정의 상태를 감시하기 위해서, 관리도는 선택된 시점에 취해진 일련의 표본에 의해 작성된다. 이러한 일련의 표본이 그림 13-1에 나타나 있으며, 공정이 관리상태를 벗어난 미지의 시점 t_* 또한 표시되어 있다. 관리도는 가설검정 및 신뢰구간 추정과 마찬가지로 계산된 통계량의 표본분포를 활용하여 각 시점에서 새로운 표본에 의해 공정의 관리상태 이탈 여부를 나타내게 된다.

품질 특성치의 평균이나 분산(**공정 평균** 및 **공정 변동**이라고도 함)이 목표치로부터 멀어질 때,

그림 13-1

크기가 4인 일련의 표본. 시간 t_*에 발생된 평균(왼쪽 상자) 및 분산(오른쪽 상자)의 변화

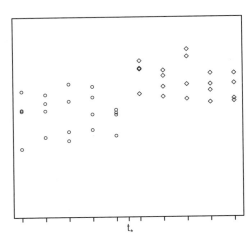
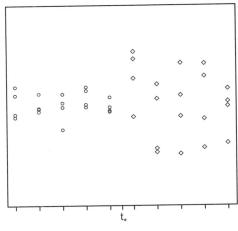

가능한 빨리 그러한 변화를 감지하는 것이 중요하다. 반면, 허위 경보가 발생할 경우 이상원인을 파악하기 위한 조사를 수행해야 하므로 불필요하게 생산 공정이 중단된다. 따라서 표본이 수집되어 평균 또는 분산의 목표치에 대한 적합성을 검사하는 매 시점에 관리상태 이탈이 실제로 발생한 경우 이를 높은 확률로 감지할 수 있어야 바람직하다. 동시에 허위 경보가 발생할 확률은 낮아야 바람직하다. 가설검정(8.4.1절)에서 제1종 및 제2종 오류와도 유사한 이런 개념이 관리도의 효율성을 평가하는 바탕이 된다.

공정 능력, 공정 수율 및 6-시그마 윤리(process capability, process yield, and the six sigma ethic) 공정 평균과 공정 변동을 규정된 목표 수준으로 유지하는 두 가지 목적을 하나의 대안적인 목적으로 대체할 수 있는데, 이는 품질 특성치가 요구되는 규격한계 내에 위치하는 아이템의 비율로 표현된다. 예를 들어, 알루미늄 냉간 압연 공정에서 냉각수의 점도는 표면 품질에 큰 영향을 미치는데, 그 값이 2.7 ± 0.2centistokes 범위 내에 있어야 한다. 이 사례에서 $2.7 - 0.2 = 2.5$는 냉각수 제조 공정의 **규격하한**(lower specification limit), 즉 LSL이며, $2.7 + 0.2$는 **규격상한**(upper specification limit), 즉 USL이다. 점성이 규격한계를 벗어난 냉각수의 배치(batch)는 알루미늄 표면 품질을 나쁘게 하므로 냉각수 제조 공정은 그러한 배치들을 생산할 확률이 낮아야 한다. 품질 특성치가 규격한계를 벗어나는 제품의 비율은 품질 특성치의 평균값과 분산에 의해 결정되므로(그림 13-2를 확인하라), 품질 특성치가 규격한계 밖에 위치하는 제품의 비율을 관리하는 것은 간접적으로 평균값과 분산을 관리하는 것과 같다.

　공정 능력(process capability)이란 공정이 규격한계 내에 있는 산출물을 생산하는 능력을 말한다. 다음에 주어진 **능력지수**(capability index)는 공정 능력을 정량화한 것이다.

그림 13-2

평균 및 분산이 목표치와 같을 때(위쪽 상자), 평균만 목표치보다 클 때(가운데 상자), 분산만 목표치보다 클 때(아래쪽 상자) 생산되는 아이템의 품질 특성이 규격한계(음영 영역)를 벗어날 확률

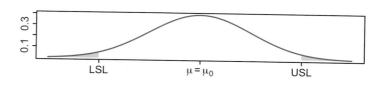

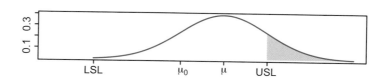

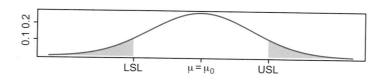

$$C = \frac{\text{USL} - \text{LSL}}{6\sigma} \qquad (13.1.1)$$

이때 품질 특성치의 평균값이 USL과 LSL의 중간인 μ_0라 가정하며, σ는 표준편차를 나타낸다.[1] 단, 능력지수는 공정이 통계적으로 관리상태에 있는 경우에만 의미가 있다. 공정 능력지수가 높을수록 공정이 규격한계 밖의 품질 특성을 가진 제품을 생산할 확률은 낮아진다. 만약 능력지수가 2인 경우, 공정이 6σ 품질 수준에 있다고 말한다. 6σ 공정에서 소위 말하는 **공정 수율**(process yield)은 99.9999998%에 이르며, 이는 공정이 (정규성 가정하에서) 규격한계를 벗어나는 아이템을 생산할 확률이 2×10^{-9}임을 의미한다. 1985년 모토로라에서 시작하여, 1995 제너럴 일렉트릭에 이르기까지 6σ 품질은 고품질 제조업의 표준이 되어 왔다.

합리적인 하위 집단의 가정　합리적인 하위 집단(Rational subgroups)은 그림 13-1과 같은 연속적인 표본을 표현하기 위한 기술적인 용어로, 각 시점에서 얻어진 관측치들이 서로 독립이면서 동일한 분포를 지니며(iid), 서로 다른 표본들은 독립임을 가정한다. 각 표본은 합리적인 하위 집단이며, 그것이 취해진 시점에서 공정의 상태에 대한 스냅 사진을 제공하는 것과 같다. 공정의 상태는 변화하기 때문에 서로 다른 표본으로부터의 관측치들이 동일한 분포를 지닐 필요는 없다.

우리가 논의하게 될 관리도는 서로 다른 검사 시점에서 취해진 표본이 합리적 하위 집단을 형성한다는 가정을 바탕으로 한다. 합리적인 하위 집단 내의 관측치들이 서로 독립적이지 않을 때 그것은 자기상관적(autocorrelated)이거나, 연속 상관적(serially correlated)으로 일컬어지며, 이 경우 해당 관측치의 표본분산은 모분산을 과소평가하는 경향이 있다. 만약 자기상관(autocorrelation)을 적절하게 고려하지 않으면, 관리도가 잦은 허위 경보를 만들어 낼 수 있다.

역사적으로 관리도의 개념은 1924년에 Dr. Walter A. Shewhart가 Bell 연구소에서 일할 때 최초로 제안되었다. 관리도에 관한 Shewhart의 생각과 그것의 활용은 후에 W. Edwards Deming에 의해 대중화되었는데, 그는 1950년대와 1960년대에 걸쳐 일본의 제조업계에 관리도를 널리 채택한 것으로 인정받는다.

다음 절에서는 공정 평균을 모니터링하는 데 가장 일반적으로 쓰이는 $\overline{X}$ 관리도의 활용에 대해 논의한다. 변동성 관리를 위한 관리도는 13.3장에서 논의할 것이며, 결함이 있는 아이템의 비율을 관리하기 위한 관리도와 개별 아이템당 결함/비정상 수를 관리하기 위한 관리도는 13.4절에서 다룬다. 13.2절부터 13.4절에 걸쳐 소개되는 관리도는 Shewhart 타입의 관리도라 부른다. 마지막으로 **누적합**(cumulative sum) 혹은 CUSUM 관리도와 **가중이동평균**(exponentially weighted moving average) 혹은 EWMA 관리도를 13.5절에서 논의하게 되는데, 둘 다 목표치로부터 공정 평균의 편차가 작은 경우에 $\overline{X}$ 관리도에 비해 효율이 더 좋은 특징이 있다.

---

[1] 이 능력지수에 관한 변형은 http://en.wikipedia.org/wiki/Process_capability_index를 참조하라.

13.2 $\overline{X}$ 관리도

합리적인 하위 집단의 가정과 더불어, 이 절에서 다루어질 $\overline{X}$ 관리도는 정규성 가정이 근사적으로라도 만족되어야 한다. 또한, $\overline{X}$ 관리도의 구성은 품질 특성의 공변량이 관리상태에 있다는 무언의 가정을 필요로 한다. 이런 이유 때문에 공정 변화를 관리하기 위한 도표(13.3절)를 일반적으로 가장 먼저 적용한다. 반면, $\overline{X}$ 관리도는 관리도의 근본적인 개념을 설명하는 데 적합하므로 이를 가장 먼저 소개한다.

$\overline{X}$ 관리도의 두 버전 중, 하나는 평균값과 분산에 대해 알려진 목표치를 가정하고, 다른 하나는 이런 목표치의 추정치를 사용한다. 후자는 주로 공정관리 프로그램의 초기 단계에서 사용되며, 대개 목표치의 참값은 알려져 있지 않다. $\overline{X}$ 관리도의 두 가지 버전과 더불어 이 장은 관리도의 성능을 평가하는 데 사용되는 **평균 런 길이**(average run length) 개념을 소개한다.

13.2.1 알려진 목표치가 있는 $\overline{X}$ 관리도

μ_0와 σ_0가 품질 특성의 평균과 표준편차에 대한 목표치를 나타내며, 정규분포를 따른다고 가정하자. $\overline{X}$가 크기가 n인 표본의 평균을 나타낼 때, 공정이 관리상태에 있으면, 즉 품질 특성치의 평균과 표준편차의 참값이 목표치와 같으면 정규분포의 특성에 따라 $\overline{X}$가 높은 확률로 $\mu_0 \pm 3\sigma_0\sqrt{n}$의 범위에 있게 된다. 구체적인 확률은 다음과 같다.

$$P\left(\mu_0 - 3\frac{\sigma_0}{\sqrt{n}} \leq \overline{X} \leq \mu_0 + 3\frac{\sigma_0}{\sqrt{n}}\right) = 0.9973 \tag{13.2.1}$$

이러한 사실이 $\overline{X}$ 관리도 작성의 바탕이 된다.

$\overline{x}_1, \overline{x}_2, \overline{x}_3, \cdots$이 검사 시점 1, 2, 3, $\cdots$에 취해진 크기 n인 표본(합리적 하위 집단)들의 표본평균을 나타낸다고 하자. $\overline{X}$ 관리도는 $(1, \overline{x}_1)$, $(2, \overline{x}_2)$, $(3, \overline{x}_3), \cdots$점들의 산점도와 관리 하한(또는 LCL) 및 관리 상한(또는 UCL)에 그려지는 수평선들로 구성된다.

$$\text{LCL} = \mu_0 - 3\frac{\sigma_0}{\sqrt{n}}, \quad \text{UCL} = \mu_0 + 3\frac{\sigma_0}{\sqrt{n}} \tag{13.2.2}$$

만일 어떤 점 $(i, \overline{x}_i)$가 UCL에 있는 수평선 위쪽이나 LCL에 있는 수평선 아래쪽에 찍힌다면, 공정이 관리상태를 벗어났다고 선언되며, 이상원인을 찾기 위한 조사에 착수한다. 만일 모든 점이 관리한계 안에 있을 경우, 공정이 관리상태를 이탈했다고 의심할 이유가 없다.

예제 13.2-1   *CcShaftDM.txt* 파일은 공정관리 연구에 사용된 샤프트 지름의 측정치에 관한 $n = 5$인 20개 표본(합리적 하위 집단)의 데이터를 포함하고 있다. 각 표본은 서로 다른 날짜에 수집되었다.[2] 샤

---

2   DaleG. Sauers (1999).Using the Taguchi loss function to reduce common-cause variation. *Quality Engineering*, 12(2): 245-252.

프트 지름의 목표 평균치는 0.407이며, 경험적(historic) 표준편차는 0.0003이다.

(a) 3σ 관리한계를 지니는 $\overline{X}$ 관리도를 작성하라.

(b) 이 기계 샤프트의 규격한계가 0.407 ± 0.00025일 때, 데이터로부터 공정 수율을 추정하라.

해답

(a) 식 (13.2.2)의 관리한계에 관한 공식을 적용하면 다음이 얻어진다.

$$\text{LCL} = 0.407 - 3\frac{0.0003}{\sqrt{5}} = 0.4065975,$$

$$\text{UCL} = 0.407 + 3\frac{0.0003}{\sqrt{5}} = 0.4074025$$

R 명령어 *plot(rowMeans(ShaftDiam), ylim=c(0.4065, 0.4076)); abline(h=c(0.4065975, 0.407, 0.4074025))*를 통해 데이터를 R 데이터 프레임인 *ShaftDiam*으로 읽어오고 하위 집단의 평균과 관리한계에 있는 수평선 및 목푯값을 표시하라. 대안적으로, $\overline{X}$ 관리도는 R 패키지 *qcc*에 있는 표준화된 R 함수를 이용하여 작성할 수 있다. *install.packages("qcc")*와 *library(qcc)* 각각을 통해 현재의 R 세션에 패키지를 설치하여 로드한 다음, 알려진 목표치가 있는 3σ $\overline{X}$ 관리도를 작성하기 위한 R 명령어는 다음과 같다.

명시된 목표 평균값과 표준편차가 있는 3σ $\overline{X}$ 관리도 작성을 위한 R 명령어

```
qcc(ShaftDiam, type="xbar", center=0.407,
    std.dev=0.0003)
```
(13.2.3)

이 명령어의 수행결과가 그림 13-3에 있는 $\overline{X}$ 관리도이다. 이 관리도에서 두 점이 관리 상한을 벗어나 있는데, 이는 공정이 관리상태를 벗어났음을 암시한다. 추가적인 정보와 함께 관리한계를 벗어난 관측치의 수가 관리도 밑에 표시된다.

정규성 가정하에서 식 (13.2.1)의 관계식은 공정이 관리상태에 있을 때, 개별 소표본의 평균이 3σ 관리한계 내에 있을 확률이 0.9973임을 의미한다. 예를 들어, *qcc(ShaftDiam, type="xbar", center=0.407, std.dev=0.0003, nsigmas=2)*는 2σ $\overline{X}$ 관리도를 그려 주는 반면, *qcc(ShaftDiam, type="xbar", center=0.407, std.dev=0.0003, confidence.level=0.99)*는 개별 소샘플의 평균값이 관리한계 내에 찍힐 확률이 0.99인 $\overline{X}$ 관리도를 그려 준다.

마지막으로 R 함수인 *qcc*의 사용에 관한 부언은 보통의 데이터 파일이 2개의 열, 즉 한 열이 실제 측정치에 해당하고 두 번째 열이 각 측정치가 어느 표본으로부터 온 것인지를 나타내는 형태로 존재한다는 점이다. 예를 들기 위해 *CcShaftD.txt* 파일에 있는 샤프트 지름 데이터는 이러한 대안적인 형태를 지닌다. 해당 데이터를 R 데이터 프레임인 *SD*로 읽어 온 후, R 명령어 *Diam=qcc.groups(SD$ShaftDiam, SD$Day); qcc(Diam, type="xbar", center=0.407, std.dev=0.0003)*를 통해 그림 13-3에 있는 $\overline{X}$ 관리도를 작성할 수 있다. 이

그림 13-3
샤프트 지름 데이터에
대한 $3\sigma\,\overline{X}$ 관리도 : 목표
치가 알려진 경우

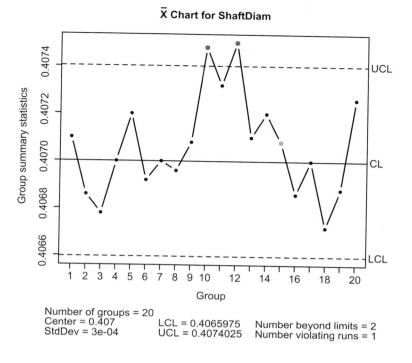

그림 13-3
샤프트 지름 데이터에
대한 $3\sigma\,\overline{X}$ 관리도 : 목표
치가 알려진 경우

명령어의 첫 부분은 데이터를 *qcc* 함수 사용에 적합한 형태로 변환하는 것이다.

(b) R 명령어 *sum(ShaftDiam>=0.407-0.00025&ShaftDiam<=0.407+0.00025)*를 써서 규격한계 내에 있는 샤프트의 수를 구하면 56이 된다. 총 100개의 지름 측정치가 있기 때문에 공정 수율은 56%이다. ■

13.2.2 추정된 목표치가 있는 $\overline{X}$ 관리도

이미 언급했듯이, 공정관리 프로그램의 초기 단계에서 참목표치는 종종 알려져 있지 않다. 예를 들어, 주사기 위에 전자적으로 놓이는 캡의 길이, 알루미늄 판의 스트레스 저항력과 같은 특징들의 목표 평균값과 분산은 각 제품에 대한 공정 감시가 시작될 시점에서 알려져 있지 않을 수 있다. 그런 경우 공정을 감시하는 초기의 목적은 현재 수준에서 제품의 품질을 유지하는 것이다. 그러기 위해, 평균과 표준편차의 현재 수준은 공정이 관리상태에 있다고 판단되는 시점에서 표본을 수집하여 추정하여야 한다.

공정이 관리상태 있다고 여겨질 때 취해진 k개 표본(합리적 하위 집단)의 표본평균을 $\bar{x}_1, \cdots,$ $\bar{x}_k$라 하자. 하위 집단의 표본 크기는 최소 3이어야 하고 k개 표본의 총관측치 수는 60 이상일 것이 권고된다. 예를 들어 20개의 표본이 있으면 각각 표본 크기가 3 이상이어야 한다. 평균의 값은 k개 표본평균들의 평균을 취함으로써 다음과 같이 추정된다.

$$\widehat{\mu} = \frac{1}{k}\sum_{i=1}^{k}\bar{x}_i$$

(13.2.4)

흔히 쓰이는 표준편차의 추정량으로는 두 가지가 있다. 하나는 하위 집단의 표준편차를 바탕으로 하는 것이고, 다른 하나는 하위 집단의 범위, 즉 표본 내에서 가장 큰 값과 가장 작은 값의 차로 정의되는 표본의 범위를 바탕으로 하는 것이다. 따라서 $x_{i1}, \cdots, x_{in}$이 i번째 하위 집단의 n개 관측치일 때, 그것의 범위는 다음과 같이 계산된다.

$$r_i = \max\{x_{i1}, \cdots, x_{in}\} - \min\{x_{i1}, \cdots, x_{in}\}$$

$s_1, \cdots, s_k$과 $r_1, \cdots, r_k$를 각각 k개 합리적 하위 집단의 표본표준편차와 표본 범위라 하자. [표본표준편차가 σ^2의 불편추정량(명제 6.2-1 참고)이지만, σ에 대해서 표본표준편차는 편의되어 있다.] 모표준편차의 불편추정량으로 흔히 쓰이는 두 가지는 다음과 같은데,

$$\hat{\sigma}_1 = \frac{1}{A_n}\frac{1}{k}\sum_{i=1}^{k} s_i = \frac{1}{A_n}\bar{s}, \quad \hat{\sigma}_2 = \frac{1}{B_n}\frac{1}{k}\sum_{i=1}^{k} r_i = \frac{1}{B_n}\bar{r} \tag{13.2.5}$$

여기서 상수 A_n과 B_n은 정규성 가정이 만족될 때 $\hat{\sigma}_1$과 $\hat{\sigma}_2$가 σ의 불편추정량이 되도록 정해진다. A_n의 값은 1보다 작은데, 이는 표본표준편차의 평균이 σ를 과소평가함을 나타낸다. 예를 들어 n=3, 4, 5일 때, 소수 셋째 자리까지 반올림된 A_n의 값은 각각 0.886, 0.921, 0.940이다. B_n의 값은 1보다 큰데, 이는 표본 범위의 평균이 σ를 과대평가함을 의미한다. 예를 들어, n = 2, 3, 4, 5일 때, 소수 셋째 자리까지 반올림한 B_n의 값은 각각 1.128, 1.693, 2.058, 2.325이다. 상수 A_n과 B_n에 대한 표는 여러 교재의 통계적 공정관리의 훈련 자료에서 참조 가능하다. 그 표를 여기에서 다시 만드는 것보다 우리는 R을 이용해 $\hat{\sigma}_1$과 $\hat{\sigma}_2$을 계산하는 것에 주안점을 둔다.[3]

추정된 모수값에 따른 $\overline{X}$ 관리도의 3σ 관리한계는 다음과 같다.

$$\text{LCL} = \hat{\mu} - 3\frac{\hat{\sigma}}{\sqrt{n}}, \quad \text{UCL} = \hat{\mu} + 3\frac{\hat{\sigma}}{\sqrt{n}} \tag{13.2.6}$$

이때 $\hat{\mu}$는 식 (13.2.4)를 통해 주어지고 $\hat{\sigma}$는 식 (13.2.5)에서 σ의 두 추정량 중 하나로 주어진다.

예제 13.2-2

R 패키지 qcc에서 이용 가능한 R 데이터 프레임 *pistonrings*는 자동차 엔진용 피스톤 링의 안지름(inside diameter)에 관해 각 표본의 크기가 5인 40개의 표본으로 구성되어 있다. 데이터 프레임의 첫째 열은 지름 측정치를, 둘째 열은 표본(합리적 하위 집단)의 식별자를 담고 있다. 첫 25개의 표본은 공정이 관리상태에 있다고 판단될 때 수집된 것이다. 이는 데이터 프레임의 셋째 열에 "TRUE"로 표시된다. 이 데이터를 이용하여 관리상태일 때 지름의 평균과 표준편차를 추정하고, 3σ $\overline{X}$ 관리도를 작성하여 나머지 하위 집단 중 관리상태를 이탈한 것이 있는지 확인하라.

---

3 A_n의 값은 다름 웹페이지에 있는 표에서도 확인 가능하다. *http://en.wikipedia.org/wiki/Unbiased_estimation_of_standard_deviation*. n이 2부터 25까지일 때 B_n의 값은 다음 논문에서 확인 가능하다. D. C. Montgomery (1996). *Introduction to Statistical Quality Control*, 3rd Edition, New York: JohnWiley & Sons, Inc.

해답

*library(qcc); data(pistonrings); attach(pistonrings)*를 사용하여 *pistonrings*[4] 데이터 프레임을 현재 R 세션으로 읽어오고, *piston=qcc.groups(diameter, sample)*을 통해 *piston* 객체에 40개 표본을 40개의 행(각각 크기가 5)으로 정렬하라. 첫 25개의 하위 집단으로부터 관리상태일 때 지름의 평균 및 표준편차를 추정하고 3σ $\overline{X}$ 관리도를 작성하기 위한 R 명령어는 다음과 같다.

평균 및 표준편차의 추정치를 이용한 3σ $\overline{X}$ 관리도 작성을 위한 R 명령어

```
qcc(piston[1:25,], type="xbar", newdata=piston[26:40, ])        (13.2.7)
```

이 명령어를 수행한 결과가 그림 13-4에 있는 $\overline{X}$ 관리도이다. *x*축의 25.5에 표시된 수직선은 첫 25개 표본을 구분하는 것이며, 조정 데이터(calibration data)라고 부른다. 나머지 표본은 조정 데이터로부터 얻어지는 평균과 표준편차의 추정치를 이용해 검사를 받는다. 관리도는 37, 38, 39로 넘버링된 표본에 해당되는 세 점이 관리 상한 밖으로 벗어난 것으로 보이며, 이는 공정이 관리상태를 벗어났음을 의미한다.

그림 13-4의 $\overline{X}$ 관리도는 σ의 추정량으로 표본 범위를 사용하고 있는데, 이는 식 (13.2.5)에 주어진 $\hat{\sigma}_2$이다. 식 (13.2.7)의 보다 긴 버전 명령어는 다음과 같다.

```
qcc(piston[1:25,], type="xbar", newdata=piston[26:40, ],
    std.dev="UWAVE-R").
```

식 (13.2.5)에서 주어진 추정량 $\hat{\sigma}_1$을 사용하고자 한다면 단순히 *std.dev="UWAVE-R"*을 *std.dev="UWAVE-SD"*로 바꾸기만 하면 된다. pistonrings 데이터에서 $\hat{\sigma}$의 선택은 $\overline{X}$ 관리도에서 눈에 띄는 차이를 내지 못한다. 실제로 이 데이터 집합에서 $\hat{\sigma}_1 = 0.009829977$이며, $\hat{\sigma}_2 = 0.009785039$(그림 13-4의 밑쪽에 표시됨)이다. 마지막으로 *nsigmas*와 *confidence.level* 옵션은 식 (13.2.3)과 관련하여 대안적인 $\overline{X}$ 관리도를 작성하는 데 쓰일 수 있다. ■

추정된 목표치의 재계산 하나 또는 그 이상의 조정된 하위 집단에서 표본평균이 관리한계를 벗어나 찍힐 가능성이 있다. 이는 이전의 믿음과 달리, 공정이 조정 데이터를 수집하는 동안 관리상태를 벗어났을 수 있다는 것을 암시한다. 만약 이상원인이 식별될 수 있다면, 해당 원인이 단지 표본평균이 관리한계를 벗어난 하위 집단에 대해서만 영향을 끼친 것인지 판단을 내려야 한다. 만약 그렇다면, 이 하위 집단은 조정 데이터로부터 제거하여 나머지 조정 데이터 $\overline{x}_4$, $\overline{x}_9$, $\overline{x}_{18}$의 나머지 하위 집단을 이용하여 목푯값을 재계산하여야 한다. 예를 들어, 그림 13-4를 보면 이 관리한계를 벗어나 보이므로, 조정 데이터 집합에서 하위 집단인 4, 9, 18을 제거하고 축소된

4 D. C. Montgomery (1991). *Introduction to Statistical Quality* Control, 2nd Edition, New York: John Wiley & Sons, 206 – 213.

그림 13-4

pistonrings 데이터에 대한 3σ $\overline{X}$ 관리도: μ와 σ의 추정치로부터

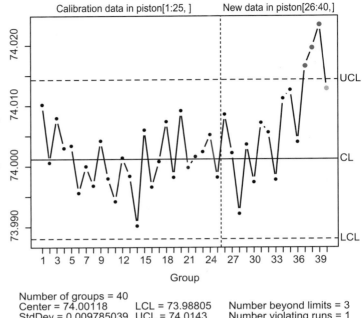

$\overline{X}$ Chart for piston[1:25,] and piston[26:40,]

Number of groups = 40
Center = 74.00118   LCL = 73.98805   Number beyond limits = 3
StdDev = 0.009785039   UCL = 74.0143   Number violating runs = 1

조정 데이터로부터 추정된 목푯값을 이용하여 3σ $\overline{X}$ 관리도를 작성하는 과정을 다음의 R 명령어를 통해 수행할 수 있다.

조정 데이터로부터 하위 집단을 제거하기 위한 R 명령어

```
qcc(piston[c(1:25)[-c(4, 9, 18)], ], type="xbar",
  newdata=piston[26:40, ])
```

(13.2.8)

결과로 생성되는 관리도에서 동일한 세 점은 관리 상한을 벗어난 것으로 보인다.

13.2.3 X 관리도

각각의 검사 시점에서 $n = 1$개의 관측치가 수집될 때의 $\overline{X}$ 관리도를 X 관리도라고 부른다. 표본의 범위나 표준편차를 계산하기 위해서는 표본 크기가 최소 2 이상이어야 하므로 $n = 1$인 경우 위에서 설명된 관리 범위 내 표준편차를 추정하는 방법을 적용하지 않는다. 이러한 경우에 가장 흔히 쓰이는 추정량은 **평균이동 범위**(average moving range)이며, 다음과 같다.

$$\overline{\mathrm{MR}} = \frac{1}{k-1} \sum_{i=1}^{k-1} \mathrm{MR}_i, \qquad \mathrm{MR}_i = |X_{i+1} - X_i|$$

여기서 k는 검사 시점의 총수 또는 공정이 관리 범위에 있다고 믿어질 때의 검사 시점의 수이다. 특히, σ는 다음 식에 의해 추정되며,

$$\hat{\sigma} = \overline{\mathrm{MR}}/1.128 \qquad (13.2.9)$$

그에 따른 X 관리도의 관리한계는 다음과 같다.

$$\mathrm{LCL} = \hat{\mu} - 3\frac{\overline{\mathrm{MR}}}{1.128}, \quad \mathrm{UCL} = \hat{\mu} + 3\frac{\overline{\mathrm{MR}}}{1.128} \qquad (13.2.10)$$

이 경우에 $\hat{\mu}$는 단순히 공정이 관리 범위 내에 있을 때 취해진 모든 관측치의 평균 $\bar{x}$를 나타낸다. 만약 공정 평균의 목표치가 μ_0로 알려져 있다면 식 (13.2.10)에서 $\hat{\mu}$ 대신에 μ_0를 쓸 수 있다.

R 객체 x에 있는 데이터를 가지고 X 관리도를 작성하는 R 명령어는 다음과 같다.

```
3σ X 관리도를 위한 R 명령어
qcc(x, type="xbar.one")
qcc(x[1:k], type="xbar.one", newdata=x[k+1:length(x)])
```
(13.2.11)

식 (13.2.11)의 첫 번째 명령어에 의해서 $\bar{x}$와 평균이동 범위(그에 따른 σ의 추정량)가 전체 데이터 집합으로부터 계산되는 반면, 두 번째 명령어에서는 처음 k개의 관측치에 대응되는 값이 구해지는데, 이때 k는 공정이 관리 범위 내에 있다고 믿을 때 검사 시점의 총수이다. 만일 공정 평균에 대한 목표치가 μ_0로 알려졌다면, 옵션 $center=\mu_0$가 두 명령어 중 하나의 형태로 쓰일 수 있다(예 : $qcc(x, type="xbar.one", center=0.0)$, 만약 $\mu_0=0.0$인 경우).

X 관리도 작성에 대한 예로, 50개의 관측치가 무작위로 발생되었는데, 첫 30개는 $N(0, 1)$ 분포를 따르고, 마지막 20개는 $N(1, 1)$을 따르며, $SqcSimDatXone.txt$ 파일에 저장되어 있다. 데이터를 데이터 프레임인 $simd$로 불러오고, $x=simd\$x$를 통해 50개의 값을 R 객체인 x로 복사하라. 다음으로 식 (13.2.11)의 명령어 중 k와 $k + 1$을 각각 30과 31로 치환하고, 그림 13-5에 보이는 X 관리도를 그려라. 두 관리도에서 추정 표준편차의 값이 소수 셋째 자리까지 같다는 것을 주지하라. 이는 공정의 변동성이 관리 범위 내로 유지되고 있기 때문이며, 49개의 이동 범위 중 하나만이 큰 값을 가질 가능성(이 경우 $|x_{31} - x_{30}|$이 상대적으로 작아지지만)이 있다. 두 관리도 사이에 진짜 차이가 나는 것은 추정 평균인데, 왼쪽 관리도의 것이 더 크다. 추정된 중심의 차이로 인해 오른쪽 관리도에서 3개의 점이 파란색으로 표시되어 있다. 파란색으로 표시된 점의 유의성에 대해서는 다음 절에서 설명한다.

13.2.4 평균 런 길이 및 보충 규칙

앞서 언급하였듯이 공정이 관리상태에 있을 때, 관리 범위를 벗어났다는 신호는 허위 경보가 일어날 확률은 낮은 것이 바람직하다. 품질 특성치가 정규분포를 따르고 목표 변동이 σ_0^2로 알려졌다면, 3σ $\overline{X}$ 관리도에 허위 경보가 발생할 확률은 다음과 같다.

$$P_{\mu_0, \sigma_0}\left(\overline{X} < \mu_0 - 3\frac{\sigma_0}{\sqrt{n}}\right) + P_{\mu_0, \sigma_0}\left(\overline{X} > \mu_0 + 3\frac{\sigma_0}{\sqrt{n}}\right) = 2\Phi(-3) = 0.0027 \qquad (13.2.12)$$

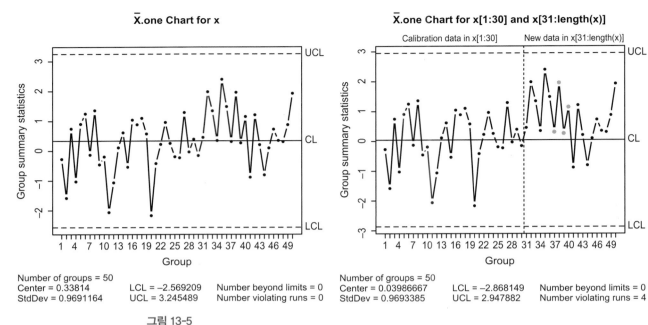

그림 13-5

$\bar{X}$ 관리도 : μ와 σ가 모든 데이터로부터 추정된 경우(왼쪽 상자)와 첫 30개 관측치로부터 추정된 경우(오른쪽 상자)

(P_{μ_0, σ_0}의 아래 첨자인 μ_0, σ_0는 공정 평균이 관리 범위에 있을 때 $\bar{X}$ 평균의 참값이 μ_0이고 분산의 참값이 σ_0^2/n라는 가정하에서 확률이 계산되었음을 나타내기 위해 쓰인 것이다.) 반면, 공정이 관리 범위를 벗어나 이동하게 될 경우, 관리 범위를 벗어났다는 신호가 높은 확률로 발생하는 것이 바람직하다. $\bar{X}$ 관리도에서 그러한 확률은 다음과 같이 계산된다.

처음 관리 범위를 벗어났다는 신호가 발생할 때까지 검사 시점의 수를 런 길이(run length)라 한다. 직관적으로(intuitively), 관리 범위 이탈 신호의 발생 확률이 낮을 때 런 길이가 길고, 확률이 높을 때 런 길이가 짧을 것으로 기대된다. 합리적인 하위 집단(rational subgrouops)의 가정 하에서는 런 길이와 관리 범위 이탈 신호의 확률 사이에 이러한 연관관계가 정확히 들어맞는다.

시행의 성공확률이 p인 독립적인 베르누이 시행의 결과를 고려해 보자. 통계적 공정관리의 맥락에서 각 검사 시점은 '성공'이 대응 표본평균이 관리한계 밖에 위치하는 사건으로 정의되는 베르누이 시행에 해당된다. 예를 들어, 식 (13.2.12)에 따라서 공정이 관리상태에 있고 정규성 가정이 성립하며 σ가 알려진 경우, 3σ $\bar{X}$ 관리도에서 $p = 0.0027$이다. 처음 성공할 때까지 베르누이 시행의 횟수는 기하분포(3.4.3절 참조)를 따르는 확률변수이다. 따라서 합리적인 하위 집단의 가정하에서 런 길이는 기하분포를 따르는 확률변수이다. 런 길이의 평균값은 **평균 런 길이**(average run length, ARL)라고 부른다. ARL의 관점에서 모든 관리도의 바람직한 특성은 다음과 같이 다시 쓸 수 있다. 공정이 관리상태에 있을 때 ARL이 길고, 공정이 관리상태를 벗어날 때 ARL이 짧다.

식 (3.4.13)의 관계식으로부터 기하분포를 따르는 확률변수의 평균값은 $1/p$이다. 따라서 식 (13.2.12)는 합리적 하위 집단의 가정을 만족하고, 정규성이 성립하며, σ가 σ_0로 알려졌을 때,

관리상태에 있는 $3\sigma\,\overline{X}$ 관리도의 ARL은 $1/(2\Phi(-3)) = 1/0.0027 = 370.4$이다. 따라서 관리상태에 있는 공정에서 허위 경보는 매 370회의 검사당 한 번꼴로 발생한다. 마찬가지 방법으로 관리상태에 있는 $2.7\sigma\,\overline{X}$ 관리도와 $3.1\sigma\,\overline{X}$ 관리도의 ARL은 각각 144.2와 516.7(연습문제 1)로 계산된다. 추정된 σ와 정규성 가정이 근사적으로 만족될 경우 이러한 ARL 값은 근사적으로 참이 된다.

공정 평균이 관리상태를 벗어나 이동했을 때, 관리상태 이탈 신호가 발생할 확률은 이동한 크기, 즉 μ가 현재 공정 평균값이고 μ_0가 목푯값을 나타낼 때 $|\mu - \mu_0|$의 값에 의존적이다. Δ가 양수 또는 음수의 값을 가질 때(예 : $|\mu - \mu_0| = |\Delta|\,\sigma$), $\mu = \mu_0 + \Delta\sigma$이고 따라서 $\mu - \mu_0 = \Delta\sigma$라면 다음이 성립한다.

$$
\begin{aligned}
P_{\mu,\sigma}&\left(\overline{X} < \mu_0 - 3\frac{\sigma}{\sqrt{n}}\right) + P_{\mu,\sigma}\left(\overline{X} > \mu_0 + 3\frac{\sigma}{\sqrt{n}}\right) \\
&= P_{\mu,\sigma}\left(\frac{\overline{X}}{\sigma/\sqrt{n}} < \frac{\mu_0}{\sigma/\sqrt{n}} - 3\right) + P_{\mu,\sigma}\left(\frac{\overline{X}}{\sigma/\sqrt{n}} > \frac{\mu_0}{\sigma/\sqrt{n}} + 3\right) \\
&= P_{\mu,\sigma}\left(\frac{\overline{X} - \mu}{\sigma/\sqrt{n}} < \frac{\mu_0 - \mu}{\sigma/\sqrt{n}} - 3\right) + P_{\mu,\sigma}\left(\frac{\overline{X} - \mu}{\sigma/\sqrt{n}} > \frac{\mu_0 - \mu}{\sigma/\sqrt{n}} + 3\right) \\
&= P_{\mu,\sigma}\left(\frac{\overline{X} - \mu}{\sigma/\sqrt{n}} < -\sqrt{n}\Delta - 3\right) + P_{\mu,\sigma}\left(\frac{\overline{X} - \mu}{\sigma/\sqrt{n}} > -\sqrt{n}\Delta + 3\right) \\
&= \Phi(-3 - \sqrt{n}\Delta) + 1 - \Phi(3 - \sqrt{n}\Delta)
\end{aligned}
\tag{13.2.13}
$$

n이 고정된 값을 가질 때 식 (13.2.13)의 값은 Δ의 부호에 관계없이 그것의 절댓값에만 영향을 받는다(연습문제 1). n을 고정된 값으로 두고 식 (13.2.13)을 미분하게 되면 관리상태 이탈 신호의 발생확률은 $|\Delta|$가 증가할수록 커진다. 예를 들어 $n = 5$일 경우, 다음의 R 명령어

```
Delta=seq(.2, 1.4, .2); p=1+pnorm(-3-sqrt(5)*Delta)-
    pnorm(3-sqrt(5)*Delta); p; 1/p
```

는 표 13-1에 있는 관리상태 이탈 신호의 확률(표에서 P(신호))의 값과 Δ의 값이 0.2부터 1.4까지 0.2 간격으로 증가할 때 대응되는 ARL을 구해 준다. (표는 또한, 관리상태에서의 ARL, 즉 앞서 유도한 것과 같이 $\Delta = 0$인 경우의 값도 보여 준다.)

마찬가지로, 관리상태 이탈 신호의 확률은 $|\Delta|$의 값이 고정일 때 표본의 크기가 커짐에 따라서도 커진다. 연습문제 1의 예를 참조하라.

표 13-1을 보면, $3\sigma\,\overline{X}$ 관리도는 공정 평균이 조금씩 이동할 때 감지하는 속도가 느리다. 이러한 점에 입각하여 Western Electric Company[5]의 연구자들로 하여금 보충적인 중단 규칙을 개발하였다. Western Electric rules라고 명명된 이 규칙에 따르면, 다음 중 어느 하나라도 위배되는 경우, 공정이 관리상태를 벗어났다고 선언된다.

---

5 Western Electric Company (1956). *Statistical Quality Control Handbook*. Indianapolis: Western Electric Company.

표 13-1 $n = 5$일 때, 관리상태 이탈 신호의 확률 및 $\Delta\sigma$의 이동에 대한 ARL

Δ	0	0.2	0.4	0.6	0.8	1.0	1.2	1.4
P(신호)	0.0027	0.0056	0.0177	0.0486	0.1129	0.2225	0.3757	0.5519
ARL	370.4	177.7	56.6	20.6	8.9	4.5	2.7	1.8

1. 3개의 연속된 점 중에서 2개가 중앙선으로부터 같은 쪽에 있는 2σ 선을 넘어간다.
2. 5개의 연속된 점 중에서 4개가 중앙선으로부터 같은 쪽에 있는 1σ 선을 넘어간다.
3. 8개의 연속된 점이 중앙선으로부터 같은 쪽에 찍힌다.

규칙 1과 2를 스캔 규칙(scan rules)이라 부르는 반면, 규칙 3은 런 규칙(run rule)이라 부른다. R에 의해 생성되는 관리도에서 규칙을 위반하는 점은 색으로 표시가 된다(그림 13-3, 13-4, 13-5를 확인하라). (R의 초기 설정으로 인해 런 규칙은 7개의 연속된 점이 중앙선에서 같은 쪽에 위치할 때 위반에 해당된다. 일반적으로 산업군에 따라서 몇몇 위반 규칙이 존재한다.)

보충 규칙이 있는 $\overline{X}$ 관리도의 관리상태 및 관리상태를 벗어났을 때의 ARL 계산은 매우 복잡하기 때문에 이 책의 범위에서는 다루지 않는다.[6]

연습문제

1. 다음을 완료하라.

(a) 합리적인 하위 집단 가정하에서 정규성이 성립하고 σ_0가 알려졌을 때, 2.7σ $\overline{X}$ 관리도와 3.1σ $\overline{X}$ 관리도의 ARL이 각각 144.2와 516.7이 됨을 증명하라.

(b) n이 고정된 값일 때 식 (13.2.13)의 값이 $\Delta = |\Delta|$일 때와 $\Delta = -|\Delta|$일 때 서로 같음을 보여라.

(c) 식 (13.2.13)을 이용하여 $\Delta = 1$일 때, $n = 3, \cdots, 7$에 대한 관리상태 이탈 확률과 대응되는 ARL을 계산하라.

2. 어떤 사례연구에서는 중서부 제약(Midwestern pharmaceutical) 설비에서 제조된 주사기에 전자적인 방법으로 덮인 뚜껑의 길이에 관해 다룬다.[7] 뚜껑은 근사적으로 4.95 in. 길이에서 고정되어야 한다. 만약 길이가 4.92 in. 미만이거나 4.98 in.를 초과할 경우 주사기가 폐기되어야 한다. 크기가 5인 표본 47개를 취해서 첫 15개를 조정에 사용하였다. 32개 표본을 취한 후, 정비 기술자로 하여금 기계를 조정하도록 하였다. 데이터(4.9를 빼서 100을 곱해 변환한 값)는 SqcSyringe1.txt에서 확인할 수 있다.

(a) 예제 13.2-2에 쓰인 것과 유사한 명령어와 식 (13.2.5)에 주어진 추정량 $\hat{\sigma}_2$를 활용하여 3σ $\overline{X}$ 관리도를 작성하라. 관리도는 32번째 표본을 취한 후 이루어진 조정 행위에 대해 어떠한 영향이 있음을 암시하는가? 조정 행위를 통해 공정이 관리상태로 돌아왔는가?

(b) 두 번째 하위 집단을 제거하기 위해 식 (13.2.8)과 유사한 명령어를 사용하고 새로운 관리한계를 포함하는 3σ $\overline{X}$ 관리도를 다시 작성하라. (a)에서 내린 결론이

---

6 J. Glaz, J. Naus, and S. Wallenstein (2001). Scan Statistics. New York: Springer-Verlag, and N. Balakrishnan and M. V. Koutras (2002). Runs and Scans with Applications, New York: JohnWiley.

7 LeRoy A. Franklin and Samar N. Mukherjee (1999-2000). An SPC case study on stabilizing syringe lengths. Quality Engineering, 12: 65-71.

바뀌었는가?

(c) 식 (13.2.5)에 주어진 $\hat{\sigma}_1$을 사용하여 (a)와 (b)의 과정을 반복하라. (a)와 (b)에서 내린 결론에 변화가 있는가?

(d) 예제 13.2-1(b)에 주어진 것과 같은 명령어를 활용하여 관리 상한 및 하한이 4.92와 4.98일 때, 조정 행위 이후의 공정 수율을 추정하라. (힌트 R 데이터 프레임 *syr*로 데이터를 불러오고, *x=syr$x/100+4.9*이다. *sum(x[161:235]>=4.92&x[161:235]<=4.98)*를 통해 원래 척도로 변환하라.)

3. 알루미늄 압연공정에 쓰이는 냉각제의 점성은 생산되는 알루미늄의 표면 품질에 큰 영향을 주기 때문에, 한 사례연구에서는 이 점성의 제어에 관해 다루고 있다.[8] 데이터는 *SqcCoolVisc.txt*에서 찾을 수 있다. 식 (13.2.11)에서와 유사한 명령어를 사용하여 다음 관리도를 작성하라.

(a) 전체 데이터 집합으로부터 계산되는 중심과 표준편차를 지니는 3σ X 관리도

(b) 공정이 관리상태에 있다고 판단될 때 취해진 첫 25개 관측치로부터 계산된 중심과 표준편차를 지니는 3σ X 관리도

각 관리도에 대해 관리한계를 벗어나는 점과 제너럴 일렉트릭 보충 규칙에 의해 관리상태 이탈로 판단되는 점이 있으면 그것을 식별하라.

4. 어떤 연구는 48일간 단위 비율 건설 노동의 생산성 데이터를 포함한다.[9] 첫 30일간의 측정치는 안정된 기간에 해당되며 조정에 쓰일 수 있다. 데이터는 *SqcLaborProd.txt*를 통해 주어진다. 식 (13.2.11)과 같은 명령어를 사용하여 첫 30개 관측치로부터 계산되는 중심과 표준편차를 지닌 3σ X 관리도를 작성하라.

(a) 조정 기간 동안 혹은 조정 기간 이후에 공정이 관리상태에 있는가?

(b) 12일과 13일째 측정치를 제거하고 (a)의 질문에 다시 답하라.

13.3 S 관리도와 R 관리도

공정 변동성을 모니터링하기 위해 흔히 쓰이는 것으로 S 관리도와 R 관리도가 있다. 앞서 언급했듯이 $\overline{X}$ 관리도의 근본적인 가정 중 하나는 공정이 변동성의 관점에서 관리상태에 있다는 것이다. 따라서 S 관리도와 R 관리도는 항상 먼저 작성되어야 하며, 공정이 관리상태를 벗어났다고 선언될 경우, 더 이상 관리도를 작성할 필요가 없어진다.

$s_1, \cdots, s_k$와 $r_1, \cdots, r_k$가 각각 k개 합리적 하위 집단으로부터의 표본표준편차와 표본 범위라 하고 $\bar{s}, \bar{r}$이 각각의 평균을 나타낸다고 하자. S 관리도와 R 관리도에서 상한과 하한을 표현하는 데는 식 (13.2.5)에서 도입된 상수 A_n과 B_n 그리고 추가적으로 C_n이 쓰이는데, 이는 표준정규분포로부터 추출된 크기가 n인 표본의 범위에 대한 표준편차값이다. 이 표현식은 표 13-2에 제시되어 있는데, LCL이 음숫값을 취할 수 없다는 것을 명심하여야 한다. 특히, 표현식의 값이 음수일 경우 LCL은 0이 된다. S 관리도에서 $n \leq 5$일 때, 그리고 R 관리도에서 $n \leq 6$일 때 이러한 현상이 발생한다. C_n 값에 대한 표는 많은 교과서에 등장한다.[10] 예를 들어, $n = 3, 4, 5$일

---

8 Bryan Dodson (1995). Control charting dependent data: A case study. *Quality Engineering*, 7: 757–768.

9 Ronald Gulezian and Frederic Samelian (2003). Baseline determination in construction labor productivity-loss claims. *Journal of Management in Engineering*, 19: 160–165.

10 D. C. Montgomery (1996). *Introduction to Statistical Quality Control*, 3rd Edition, New York: John Wiley & Sons, A-15, constant d_3.

때, 소수점 셋째 자리까지 반올림한 C_n 값은 0.888, 0.880, 0.864이다. 그런데, 우리는 R 명령어를 통해서 S 관리도 및 R 관리도를 작성하게 될 것이다. 이는 다음 예제를 통해 설명된다.

예제 13.3-1

예제 13.2-2에서 쓰였던 R 데이터 프레임 *pistonrings*를 사용하여 이용 가능한 모든 하위 집단으로부터 $\bar{s}$와 $\bar{r}$을 계산하고 S 관리도와 R 관리도를 작성하라. 첫 25개의 하위 집단만을 이용하여 이를 반복하고 $\bar{s}$와 $\bar{r}$을 계산하라.

해답

예제 13.2-2에서처럼 *library(qcc); data(pistonrings); attach(pistonrings); piston=qcc.groups (diameter, sample)*을 사용하여 *pistonrings* 데이터 프레임을 현재 R 세션으로 불러오고 *qcc* 함수의 사용에 적합하도록 객체 *piston*을 생성하라. $\bar{s}$가 이용 가능한 모든 하위 집단으로부터 계산되었을 때와 첫 25개 하위 집단만을 이용해 계산되었을 때, 각각의 경우에 S 관리도를 작성하기 위한 R 명령어는 다음과 같다.

> S 관리도 작성을 위한 R 명령어
>
> ```
> qcc(piston, type="S")
> qcc(piston[1:25,], type="S", newdata=piston[26:40, ])
> ```
> (13.3.1)

그림 13-6에 관리도가 주어져 있다. 이 관리도 중 어느 것도 공정 변동성이 관리상태를 벗어나

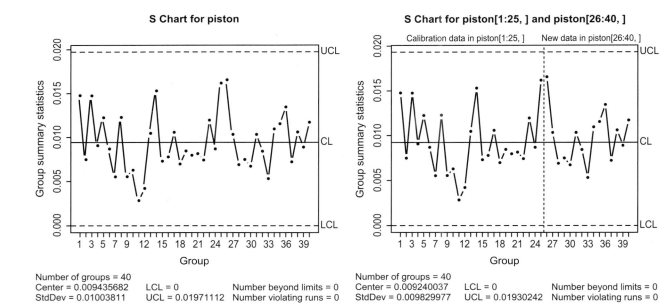

그림 13-6

S 관리도 : $\bar{s}$가 이용 가능한 모든 하위 집단으로부터 계산된 경우(왼쪽 상자)와 첫 25개 하위 집단(오른쪽 상자)으로부터 계산된 경우(오른쪽 상자)

표 13-2 S 관리도 및 R 관리도의 관리 상한 및 하한

	LCL	UCL
S 관리도	$\bar{s} - 3\bar{s}\sqrt{1 - A_n^2/A_n}$	$\bar{s} + 3\bar{s}\sqrt{1 - A_n^2/A_n}$
R 관리도	$\bar{r} - 3C_n\bar{r}/B_n$	$\bar{r} + 3C_n\bar{r}/B_n$

있음을 암시하고 있지 않다. 따라서 예제 13.2-2의 $\overline{X}$ 관리도에 필요한 공정 변동성이 관리상태에 있다는 가정의 유효성을 의심할 필요가 없다.

식 (13.3.1)에서 $type="S"$ 대신에 $type="R"$을 입력하면 대응되는 R 관리도가 만들어진다. $pistonring$ 데이터에서 이 관리도는 그림 13-6의 S 관리도와 유사한데, 이를 보여 주지는 않는다. ◼

노트 13.3-1

(a) 전형적으로 품질관리 연구에 쓰이는 상대적으로 작은 하위 집단 크기에서는 표본표준편차와 범위가 (근사적으로라도) 정규분포를 따르지 않는다. 따라서 식 (13.2.1) 및 (13.2.13)과 같은 확률 계산이 표 13-2와 같이 S 관리도와 R 관리도에 적용되지는 않는다.

(b) S 관리도 및 R 관리도에 쓰이는 3σ 계열의 관리한계가 합리적인 확률적 특성에 근거를 두고 있지 않으므로 이러한 관리도, 특히 $n \leq 7$ 또는 10인 경우에 작성하는 것이 권고된다. n 값이 크면 S 관리도가 더 선호된다.

(c) 품질 특성치의 근원 분포가 정규분포라는 가정하에서 식 (7.3.20)에 주어진 σ에 대한 χ^2 신뢰구간을 바탕으로 하는 다른 형태의 S 관리도가 사용될 수 있다. 연습문제 3을 참고하라. ◁

연습문제

1. 13.2절의 연습문제 2에 있는 데이터와 예제 13.3-1에 주어진 것과 유사한 명령어를 사용해 S 관리도와 R 관리도를 작성하라. 이 관리도를 통해 32번째 표본 수집 후 이루어진 조정행위가 공정 변동에 어떠한 영향을 미친 것으로 판단되는가?

2. 어떤 사례 연구가 반도체 웨이퍼 지름에 대해 다루고 있다.[11] 20개의 로트로부터 취한 표본 크기가 2인 데이터 집합을 $SqcSemicondDiam$.txt에서 확인할 수 있다.

(a) 예제 13.3-1에 쓴 것과 유사한 명령어를 사용해 S 관리도 및 R 관리도를 작성하라. 이 관리도들이 공정 변동에 대해 암시하는 바가 무엇인지 말하라.

(b) 식 (13.2.5)에 주어진 $\hat{\sigma}_2$ 추정량과 예제 13.2-2에 주어진 것과 유사한 명령어를 사용해 3σ $\overline{X}$ 관리도를 작성하라. 공정 평균에 대해 해당 관리도가 암시하는 바는 무엇인가?

(c) 식 (13.2.5)의 $\hat{\sigma}_1$ 추정량을 사용하여 (b)를 반복하라. (a)에서 도출된 결론에 변화가 있는가?

3. 식 (7.3.20)에 주어진 σ에 대한 χ^2 신뢰구간은 χ^2 중

---

11 Charles R. Jensen (2002). Variance component calculations: Common methods and misapplications in the semiconductor industry, *Quality Engineering*, 14: 645–657.

심의 S 관리도를 제안한다. k개 표본분산의 평균값과 $\tilde{s} = \sqrt{(1/k)\sum_{i=1}^{k}s_i^2}$으로부터 이 관리도의 99.7% 관리한계가 관리상태의 표준편차 추정량으로 다음과 같이 주어진다.

$$\text{LCL} = \tilde{s}\sqrt{\frac{\chi_{n-1,0.9985}^2}{n-1}}, \quad \text{UCL} = \tilde{s}\sqrt{\frac{\chi_{n-1,0.0015}^2}{n-1}}$$

R에서 χ^2 중심의 S 관리도 적용은 자동적으로 되지 않지만, *pistonrings* 데이터 프레임에 대한 그것의 작성방법이 다음에 설명될 것이다. *piston*이 예제 13.2-2에서 만들어진 R 객체라 하자. R 명령어

```
stilde=sqrt(mean(apply(piston[1:25,  ], 1, var)))
n=5; LCL=stilde*sqrt(qchisq(0.0015, n-1)/(n-1)
UCL=stilde*sqrt(qchisq(0.9985, n-1)/(n-1))
```

는 관리 하한 및 상한을 계산해 주며, 다음의 명령어들

```
sdv=apply(piston, 1, sd)
plot(1:40, sdv, ylim=c(0.0015, 0.0208), pch=4,
  main="Chi square S chart")
axis(4, at=c(LCL, UCL), lab=c("LCL", "UCL"))
abline(h=LCL); abline(h=UCL)
```

을 통해 40개 하위 집단으로부터 계산된 표준편차와 관리한계를 그린다. 위의 명령어를 사용해 *pistonring* 데이터에 대한 χ^2 중심의 S 관리도를 작성하라.

13.4 p 관리도와 c 관리도

p 관리도는 품질관리에서 주로 생산된 아이템 중 결함이 있거나 규격에 맞지 않는 것의 비율을 나타내는 이항 확률 p를 관리하기 위해 쓰인다. c 관리도(*count*의 c)는 포아송 분포의 모수인 λ를 관리하기 위해 쓰이는데, λ는 일반적으로 특정 표면적 또는 아이템 하나당 결함 수의 평균이나 한 산업설비에서 발생하는 사고의 횟수 또는 어떤 질병의 발병 횟수 등에 해당된다. 품질관리의 맥락에서 p 관리도 및 c 관리도에 쓰이는 *count* 데이터를 묶어서 속성 데이터(attribute data)라 한다.

13.4.1 p 관리도

D_i가 검사 시점 $i = 1, 2, \cdots$에서 취한 n개의 표본에 대한 결함이 있는 아이템의 수라 하고 $\hat{p}_i = D_i/n$로 놓자. 여기서 합리적 하위 집단의 가정은 D_i와 그에 따른 $\hat{p}_i$가 독립임을 의미한다. 또한 각 검사 시점에서 서로 다른 아이템들이 결함이 있는지 아닌지 여부는 서로 독립이라 가정하자. 공정이 관리상태에 있다면, 아이템에 결함이 있을 관리상태 확률(in-control probability) p는 식 (4.4.4)와 (4.4.9)에 의해 다음과 같다.

$$E(\hat{p}_i) = p, \quad \text{Var}(\hat{p}_i) = \frac{p(1-p)}{n}$$

또한, $np \geq 5$이고 $n(1-p) \geq 5$인 경우, 드무아르-라플라스 이론(정리 5.4-2)에 의해 $\hat{p}$가 근사적으로 정규분포를 따른다. 따라서 3σ 관리한계는 다음과 같다.

$$\text{LCL} = p - 3\sqrt{\frac{p(1-p)}{n}}, \quad \text{UCL} = p + 3\sqrt{\frac{p(1-p)}{n}} \tag{13.4.1}$$

LCL이 음수인 경우 0으로 치환된다. p가 알려져 있지 않을 때 식 (13.4.1)의 관리한계는 p를 대체하여 다음과 같이 계산되며,

$$\bar{p} = \frac{1}{k}\sum_{i=1}^{k}\hat{p}_i$$

여기서 $\hat{p}_1, \cdots, \hat{p}_k$는 공정이 관리상태에 있다고 믿을 때 얻는 값이다. 결함이 있는 아이템이 발생할 확률은 일반적으로 매우 작기 때문에, 표본 크기 n이 $\bar{X}$ 관리도에서보다 훨씬 커야 됨을 유의하라.

R에서 p 관리도를 적용하는 방법은 다음의 예제를 통해 알아본다.

예제 13.4-1

R 패키지 *qcc*로부터 이용 가능한 R 데이터 프레임 *orangejuice*[12]는 30분 간격으로 수집된 오렌지 주스 캔에 대한 54개의 표본(합리적 하위 집단)으로 구성되어 있으며, 각 표본의 크기는 $n = 50$이다. 각각의 캔은 주스가 채워진 후에 액체가 옆면이나 바닥 결합부를 통해 새어 나올 수 있는지를 확인하기 위해 검사가 수행되었으며, 각 표본 중 결함이 있는(새는) 캔의 개수가 기록되었다. 처음 30개의 표본은 기계가 계속 동작 중일 때 수집되었지만, 나머지 24개의 표본은 조정 행위가 이루어진 후에 수집되었다. 조정 행위가 있기 이전에는 공정이 관리상태에 있다고 믿는다. 조정 데이터 집합인 처음 30개 표본을 이용하여 3σ p 관리도를 작성하라.

해답

*library(qcc)*를 이용해 *pcc* 패키지를 현재 R 세션 창으로 불러오고, *data(orangejuice); attach(orangejuice)*를 통해 *orangejuice* 데이터 프레임에 있는 열들을 이름으로 참조할 수 있도록 한다. 데이터 프레임에 있는 세 가지 열은 각 표본의 결함 수를 담고 있는 D, 표본 크기에 해당되는 *size*, 처음 30개의 표본과 24개 표본 각각에 대해 *TRUE*와 *FALSE*의 값을 가지고 있는 논리 변수에 해당되는 *trial*이다. 이 정보를 가지고 적절한 p 관리도를 작성하기 위한 R 명령어는 다음과 같다.

---

p 관리도 작성을 위한 R 명령어

```
qcc(D[trial], sizes=size[trial], type="p",
  newdata=D[!trial], newsizes=size[!trial])
```
(13.4.2)

식 (13.4.2)에서 *trial*과 *!trial* 대신에 각각 *c(1:30)*과 *c(31:54)*를 쓸 수도 있다. 이 명령어에 의해 만들어지는 p 관리도를 통해 그림 13-7의 왼쪽 상자에 보이는 바와 같이, (a) 표본 비율인 $\bar{p}$

---

12 D. C. Montgomery (1991). *Introduction to Statistical Quality Control*, 2nd Edition, New York: John Wiley & Sons, 152–155.

를 얻기 위해 사용된 $\hat{p}_{15}$와 $\hat{p}_{23}$ 모두 3σ UCL보다 위에 있다는 점, (b) 30번째 하위 집단 이후에 이루어진 조정 행위의 결과 결함 제품 생산 비율이 감소한 것으로 보인다는 점(좋은 일이다!)을 확인할 수 있다.

조사해 보니, 표본 15가 다른 종류의 판지를 사용했다는 것과 표본 23은 경험이 미숙한 작업자가 임시로 해당 기계에 투입되었을 때 얻어진 것이라는 점이 판명된다. 두 점에 대한 이상원인이 파악되었으므로, 보정을 위해 표본 15와 23이 제거되어야 하고 관리한계도 다시 계산되어야 한다(13.2.2절에서 추정 목표치의 재계산에 대한 고찰을 참조하라). 이를 수행하기 위한 R 명령어는 다음과 같다.

---

p 관리도에서 관리한계를 재계산하는 R 명령어

```
qcc(D[c(1:30)[-c(15,23)]], sizes=size[c(1:30)[-c(15,23)]],
type="p", newdata=D[!trial], newsizes=size[!trial])
```
(13.4.3)

위 명령어에 의해 만들어진 p 관리도가 그림 13-7의 오른쪽 상자에 나타나 있다. 이제 (축소된) 보정 데이터 집합으로부터 달라진 표본비율을 보면 3σ UCL보다 위에 있다. 그러나 이상원인이 파악되지 않았으므로 이를 제거하지 않는다. 이 그림에서도 30번째 하위 집단 이후에 발생된 조정행위에 의해 생산되는 아이템 중 결함이 있는 것의 비율이 감소했음을 알 수 있다. ■

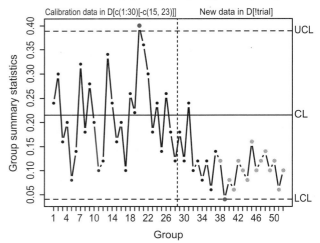

p Chart for D[trial] and D[!trial]

Number of groups = 54
Center = 0.2313333   LCL = 0.05242755   Number beyond limits = 3
StdDev = 0.421685   UCL = 0.4102391   Number violating runs = 15

p Chart for D[c(1:30)[-c(15, 23)]] and D[!trial]

Number of groups = 52
Center = 0.215   LCL = 0.04070284   Number beyond limits = 2
StdDev = 0.4108223   UCL = 0.3892972   Number violating runs = 15

그림 13-7

orangejuice 데이터에 대한 p 관리도 : 조정을 위해 54개 중 첫 30개 하위 집단이 이용된 것(왼쪽 상자)과 조정 집합으로부터 2개의 하위 집단을 제거한 후의 경우(오른쪽 상자)

np 관리도 p 관리도와 관계된 것 중 np 관리도가 있는데, 이는 D와 대응되는 3σ 한계로 $np \pm 3\sqrt{np(1-p)}$ 를 도식화한다. np 관리도는 식 (13.4.2)와 (13.4.3)에서 $type = "p"$를 $type = "np"$로 치환하여 작성할 수 있다.

13.4.2 c 관리도

C_i가 $i = 1, 2, \cdots$인 i번째 하위 집단으로부터 어떤 종류(아이템당 결함 수 또는 특정 면적이나 시간당 어떤 사건의 발생 횟수)의 관측 횟수를 나타낸다고 하자. 관측 수(counts)는 포아송분포를 따른다고 가정된다. λ를 포아송분포에서 관리상태의 모수값이라고 하자. 식 (3.4.18)에 의해 각각의 C_i에 대한 관리상태 평균 및 분산은 다음과 같다.

$$E(C_i) = \lambda, \ \mathrm{Var}(C_i) = \lambda$$

또, $\lambda \geq 15$인 경우, C_i는 근사적으로 정규분포를 따른다. 따라서 3σ 관리한계는 다음과 같다.

$$\mathrm{LCL} = \lambda - 3\sqrt{\lambda}, \ \mathrm{UCL} = \lambda + 3\sqrt{\lambda} \tag{13.4.4}$$

LCL이 음수이면 0으로 치환된다. λ가 알려져 있지 않을 때 식 (13.4.4)의 관리한계는 λ를 대체하여 다음에 의해 계산되는데,

$$\bar{\lambda} = \frac{1}{k}\sum_{i=1}^{k} C_i$$

여기서 $C_i, \cdots, C_k$는 공정이 관리상태에 있다고 믿을 때 얻어진 값이다.

다음의 예제를 통해 R에서 c 관리도를 적용하는 방법을 알아본다.

예제 13.4-2 R 패키지 qcc에서 이용 가능한 R 데이터 프레임 $circuit$[13]은 100개의 인쇄회로기판 배치 중 결함이 있는 것의 총개수를 나타내는 46개의 관측 횟수(counts)로 구성되어 있다. 처음 26개의 표본은 공정이 관리상태에 있다고 믿는 상황에서 취해진 것이다. 조정된 데이터 집합으로 간주되는 첫 26개의 표본을 이용해 3σ c 관리도를 작성하라.

해답

$library(qcc)$를 이용해 qcc 패키지를 현재 R 세션으로 불러오고 $data(circuit);$ $attach(circuit)$을 이용해 $circuit$ 데이터 프레임에 있는 열을 이름으로 호출할 수 있게 만들어라. 이 데이터 프레임에 있는 3개의 열은 각 배치에서 부적합한 것의 개수를 나타내는 x와 각 배치의 표본 크기에 해당하는 $size$, 첫 26개와 나머지 20개 표본에 대해 각각 $TRUE$와 $FALSE$ 값을 가지는 논리 변수인 $trial$로 되어 있다. 이 정보를 가지고 c 관리도를 작성하기 위한 R 명령어는 다음과 같다.

---

[13] D. C. Montgomery (1991). *Introduction to Statistical Quality Control*, 2nd Edition, New York: John Wiley & Sons, 173–175.

> *c* 관리도 작성을 위한 R 명령어
>
> ```
> qcc(x[trial], sizes=size[trial], type="c",
>   newdata=x[!trial], newsizes=size[!trial])
> ```
> (13.4.5)

그림 13-8의 왼쪽 상자에 보이는 것이 이 명령어에 의해 생성되는 *c* 관리도인데, 이를 통해 (a) 관측 수(counts)인 $\bar{\lambda}$를 얻기 위해 쓰인 C_6와 C_{20}이 모두 3σ 한계를 벗어난 점, (b) 런 규칙에 위배되는 것이 있다는 점이 확인된다. 그러나 중앙선 아래에 있는 점들의 런(run)은 조정된 집합에 있는 점들을 포함하므로 무시해도 된다. *(qcc(x[!trial], sizes=size[!trial], center=19.84615, std.dev=4.454902, type="c"*를 통해 생성되는 나머지 20개 점에 의한 *c* 관리도에서는 규칙 위반이 나타나지 않는다.)

조사해 보니, 표본 6은 존재할 수 있는 몇몇 종류의 부적합성을 식별할 수 있도록 훈련되지 않은 신입 검사관에 의해 검사되었음이 밝혀졌다. 또한, 표본 20에서 비정상적으로 많은 수의 부적합품이 나온 것은 웨이브 납땜용 기계에서 온도 관리 문제에 기인한 것임이 파악되어 수리에 들어갔다. 이 두 점에 대한 이상원인이 파악되었으므로, 조정 집합에서 표본 6과 20은 제거될 필요가 있고 관리한계도 다시 계산되어야 한다(13.2.2절의 추정 목표치 재계산에 관한 고찰을 확인하라). 이를 수행하기 위한 R 명령어는 다음과 같다.

> *c* 관리도에서 관리한계를 다시 계산하기 위한 R 명령어
>
> ```
> qcc(x[c(1:26)[-c(6, 20)]], sizes=size[c(1:26)[-c(6, 20)]],
>   type="c", newdata=x[!trial], newsizes=size[!trial])
> ```
> (13.4.6)

이 명령어에 의해 만들어지는 *c* 관리도는 그림 13-8의 오른쪽 상자에서 확인된다. 이 그림에서 런 규칙의 위반이 확인되지만, 이는 위에서 논의한 것과 같은 이유로 무시될 수 있다. ■

u 관리도   포아송 카운트(Poisson count)가 예제 13.4-2의 경우처럼 여러 배치의 아이템(batches of items) 중 부적합품의 총수량과 관계된 경우에 관한 관리도를 *u* 관리도(*unit*의 *u*)라 부르며, 한 단위당 평균 결점의 수가 다음과 같고,

$$U_i = \frac{C_i}{n}$$

여기서 n은 배치의 크기, $\lambda_u = \lambda/n$이 한 단위당 평균 부적합품의 수를 나타낼 때 그에 대응되는 3σ 관리한계가 $\lambda_u \pm \sqrt{3\lambda_u/n}$이 된다. *u* 관리도는 식 (13.4.5)와 (13.4.6)에서 *type="c"*를 *type="u"*로 바꿈으로써 작성된다. *u* 관리도는 배치마다 표본 크기가 다른 경우에도 사용될 수 있다. 연습문제 3을 참조하라.

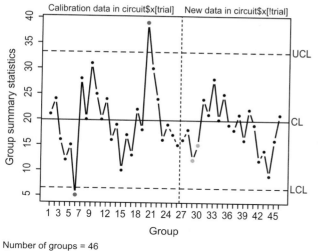

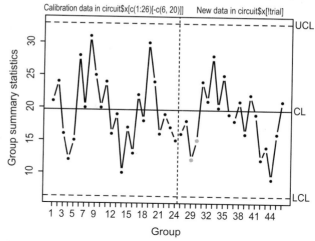

그림 13-8
circuit 데이터에 대한 *c* 관리도 : 첫 46개 중 26개가 조정에 사용되고(왼쪽 상자), 조정 데이터로부터 2개를 제거한 이후의 데이터(오른쪽 상자)

연습문제

1. 예제 13.4-1에서 R 데이터 집합 *orangejuice*의 분석 결과, 30번째 검사 시점 이후 취해진 조정에 의해 결함이 있는 아이템의 발생확률이 감소한 것으로 나타났다. 낮아진 결함 비율이 지속적으로 유지되는지 확인하기 위해 크기가 $n = 50$인 표본 40개가 추가로 수집되었다. *orangejuice*의 마지막 24개 표본과 새로 추가된 표본 40개로 구성된 데이터가 R 데이터 집합인 *orangejuice2*에서 이용 가능하다. 예제 13.4-1에서와 유사한 명령어를 사용해 *orangejuice2*에 있는 첫 24개 표본을 조정 데이터 집합으로 하여 3σ *p* 관리도를 작성하고 당신의 결론을 말하라.

2. R 패키지 *qcc*에서 이용 가능한 R 데이터 프레임 *pcmanufact*[14]에는 20개의 관측 수(counts)로 구성되어 있는데, 각각은 5개 컴퓨터가 들어있는 배치당 총부적합품

의 수에 해당된다. 전체 데이터 집합으로부터 추정되는 λ를 가지고 3σ *c* 관리도를 작성하라. *c* 관리도와 *u* 관리도의 차이점을 설명한 다음, 이 데이터에 대응되는 3σ *u* 관리도를 만들어라.

3. 동일하지 않은 표본 크기. 단순성을 위해서 이 장에 제시된 모든 관리한계는 동일한 표본 크기를 가정한다. 하지만, R 명령어는 표본 크기가 동일하지 않아도 적용 가능하다. R 패키지 *qcc*에서 이용 가능한 데이터 프레임 *dyedcloth*[15]는 10개의 관측 수(counts)로 구성되어 있는데, 각각은 검사 단위($50\,\mathrm{m}^2$의 염색된 옷감)의 배치(batches)에 포함된 총결점 수를 나타낸다. 이 데이터 집합에서 배치의 표본 크기는 서로 같지 않다. 13.4.2절의 끝부분에 주어진 R 명령어를 사용해 *u* 관리도를 작성하라.

---

14 D. C. Montgomery (1991). *Introduction to Statistical Quality Control*, 2nd Edition, New York: John Wiley & Sons, 181–184.

15 Ibid., 183–184.

13.5 CUSUM 관리도와 EWMA 관리도

보충적인 런과 스캔 규칙은 공정 평균의 작은 이동을 감지하기 위해 $3\sigma\ \overline{X}$ 관리도에서 꽤 긴 ARL이 필요한 것을 단축시키기 위해 고안되었다. 하지만, $\overline{X}$ 관리도에서처럼 이 규칙에 의한 중지(예 : 관리상태 벗어남) 결정은 현재의 하위 집단 평균만을 근거로 한다.

$\overline{X}$ 관리도의 성능을 개선할 수 있는 대안적 방법은 현재와 과거의 하위 집단 평균을 근거로 중지 결정을 내리는 것이다. CUSUM(CUmulative SUM, 누적합) 관리도와 EWMA (Exponentially Weighted Moving Average, 지수 가중이동평균) 관리도는 과거 하위 집단으로부터의 정보를 중지 결정에 반영시키는 두 가지 다른 방법론에 대응된다. 두 가지 방법 모두 공정 평균의 미세한 이동에 대해 더 짧은 ARL을 필요로 하며, 보충 규칙들과 달리 관리상태 ARL(in-control ARL)을 감소시키지 않는다. 게다가, 이 관리도들은 하위 집단의 크기가 $n = 1$일 때와 $n > 1$일 때 동일하게 적용될 수 있다.

13.5.1 CUSUM 관리도

이름에서 알 수 있듯이, CUSUM 관리도는 다음과 같이 정의되는 누적합(cumulative sums)에 바탕을 두는데,

$$S_1 = z_1, \quad S_2 = S_1 + z_2, \cdots, \quad S_m = S_{m-1} + z_m = \sum_{i=1}^{m} z_i, \quad \cdots$$

여기서 μ_0와 σ_0는 관리상태의 평균 및 표준편차이다.

$$z_i = \frac{\overline{x}_i - \mu_0}{\sigma_0/\sqrt{n}} \tag{13.5.1}$$

만일 하위 집단 크기가 $n = 1$이면, 식 (13.5.1)의 $\overline{x}_i$는 하위 집단 i에서의 단일 관측치가 된다. μ_0와 σ_0가 알려져 있지 않은 경우, 그것들은 각각 $\hat{\mu}$와 $\hat{\sigma}$로 대체되며, 조정 데이터로부터 측정된다. 식 (13.2.4)와 (13.2.5), $n = 1$인 경우 식 (13.2.9)를 참조하라.

CUSUM 모니터링의 원래 스키마는 $i = 1, 2, \cdots$에서 $(i,\ S_i)$의 점을 표시하고 적절한 관리한계를 적용하는 것으로 구성된다. 만일 공정이 관리상태로 유지되고 있다면, (확률변수라면) 누적합의 평균값이 0이므로 누적합 S_i가 0 근처에서 오락가락할 것으로 기대된다. 만일 평균이 관리상태일 때의 값에서 $\mu_1 = \mu_0 + \Delta\sigma_0/\sqrt{n}$으로 이동할 경우, S_i의 평균은 $i\Delta$가 된다. 따라서 표시되는 점에서 Δ가 > 0이냐 < 0이냐에 따라 위로 향하거나 아래로 향하는 경향성이 만들어진다. 반면, S_i의 표준편차 또한 i와 함께 증가($\sigma_{S_i} = \sqrt{i}$)하므로, 단순히 Shewhart 타입의 관리도를 적용하지 못한다. 적절한 관리한계는 한쪽에서 V자를 닮은 모양을 지닌다. 이것은 *V-mask* CUSUM 관리도로 알려져 있다.

결정 구간 스키마(Decision Interval Scheme) 또는 DIS라 불리는 다른 CUSUM 모니터링 스키마는 Shewhart 관리도에서의 관리한계와 유사하게 해석될 수 있는 수평적 관리한계를 지니

는 관리도를 사용한다. 모수가 적절하게 선택되면 2개의 CUSUM 모니터링 스키마는 동일하다. 하지만, DIS는 해석이 더 쉬울 뿐 아니라 단측(one-sided) 모니터링 문제에 활용될 수 있고, 표 형태(tabular form)를 지닐 수도 있으며 추가적으로 유용한 몇몇 특성들이 있다. 이러한 이유로 우리는 DIS에 더 초점을 맞추고 그것의 표 형태와 대응되는 CUSUM 관리도에 대해 설명한다.[16]

DIS CUSUM 절차 식 (13.5.1)에 정의된 z_i에서 $S_0^L = 0$과 $S_0^H = 0$로 놓고, $i = 1, 2, \cdots$에서 S_i^L과 S_i^H를 다음과 같이 연쇄적으로 정의한다.

$$S_i^L = \max \left(S_{i-1}^L - z_i - k, 0 \right)$$
$$S_i^H = \max \left(S_{i-1}^H + z_i - k, 0 \right)$$

(13.5.2)

상수 k는 참조값(reference value)이라 한다. 관리상태 이탈 결정은 **결정구간**이라 불리는 상수 h를 사용한다. $S_i^L \geq h$ 또는 $S_i^H \geq h$로 되는 순간, 관리상태 이탈 신호가 발생한다. 이탈 신호가 $S_i^L \geq h$ 때문에 발생한 것이면, 공정 평균이 작은 값으로 이동하였음을 의미한다. 이탈 신호가 $S_i^H \geq h$ 때문에 발생한 것이면, 공정 평균이 큰 값으로 이동했음을 의미한다.

참조값인 k와 결정구간 h는 관리상태 및 관리상태 이탈(목표 평균치로부터 특정 거리에 존재)에 대한 적정 수준의 ARL을 얻을 수 있는 값으로 선택된다. 자세한 사항은 footnote 16에 있는 텍스트를 읽어라. R에서 초기 설정된 값은 $k = 0.5$와 $h = 5$이다. 이 값을 선택하면 $\Delta = \pm 1$ 정도의 이동과 $\bar{x}$의 표준오차에 대해 좋은 관리상태 이탈(out-of-control) ARL 값이 얻어진다 (예 : $\mu_1 = \mu_0 + \sigma/\sqrt{n}$).

식 (13.5.2)의 계산을 표로 나타내면 DIS CUSUM의 표 형태가 만들어진다. 이에 대응되는 CUSUM 관리도는 같은 그림에 표시된 (i, S_i^H) 및 $(i, -S_i^L)$의 점과 h 및 $-h$에 그어진 수직선으로 구성된다. 어떤 점이 h에 있는 수직선을 초과하거나 $-h$에 있는 수직선 아래로 가는 경우, 다음의 식 (13.5.2)에 논의된 바와 같이 공정이 관리상태를 이탈했다고 선언된다.

예제 13.5-1

*piston*이 표본 크기가 5인 40개 행으로 정렬된 *pitonrings* 데이터 집합의 40개 하위 집단에 대한 데이터를 담고 있다고 하자(예제 13.2-2 참고).

(a) 첫 25개 하위 집단에 대한 CUSUM 관리도를 작성하고 첫 25개 하위 집단을 조정 데이터로 활용하여 전체 40개 하위 집단에 대한 CUSUM 관리도를 작성하라. 2개의 관리도 모두 초기 설정된 참조값과 결정구간을 사용하고, 하위 집단의 표준편차로부터 σ를 추정하라.

(b) 참조값 $k = 0.5$와 결정구간 $h = 5$를 사용하여 DIS CUSUM 관리도 절차에 대한 표 형태 (tabular form)를 작성하라.

---

16 D. C. Montgomery (2005). *Introduction to Statistical Quality Control*, 5th Edition, New York: John Wiley & Sons.

해답

(a) 2개의 CUSUM 관리도 작성을 위한 R 명령어는 다음과 같다.

> CUSUM 관리도 작성을 위한 R 명령어
> ```
> cusum(piston[1:25,], std.dev="UWAVE-SD")
> cusum(piston[1:25,], newdata=piston[26:40,],
>     std.dev="UWAVE-SD")
> ```
> (13.5.3)

이 명령어에 의해 만들어진 관리도를 그림 13-9에 나타내었다. 왼쪽 상자에 있는 관리도에 따르면, 첫 25개 표본 구간 동안 공정이 관리상태를 벗어났다고 의심할 만한 이유가 없다. 하지만 오른쪽 상자에 있는 관리도를 보면 마지막 4개의 점이 결정구간 위로 벗어난 것으로 보이며, 이는 공정 평균이 큰 값으로 이동하였음을 암시한다.

명령어 중 *std.dev="UWAVE-SD"* 를 생략하거나 *std.dev="UWAVE-R"* 옵션을 대신 사용하면 식 (13.2.5)의 $\hat{\sigma}$의 추정량으로 $\hat{\sigma}_2$를 사용하는 것이 된다. 참조값의 초기 설정치인 $k = 0.5$와 다른 k 값을 사용하고, 결정구간의 값도 초깃값인 $h = 5$와 다른 값을 사용하기 위해서는, 예를 들어 *se.shift=2k*(초깃값 $k = 0.5$에 대응되는 것은 *se.shift=1*임)와 *decision.interval=h*를 두 명령어에 각각 포함시키면 된다.

(b) 명령어 *mean(apply(piston[1:25,], 1, mean)); mean(apply(piston[1:25,], 1, sd))/0.94*를 통해 $\hat{\mu} = 74.00118$[식 (13.2.4) 참고]와 $\hat{\sigma} = 0.00983$(식 (13.2.5)의 $\hat{\sigma}_1$ 참고)]이 구해진다.

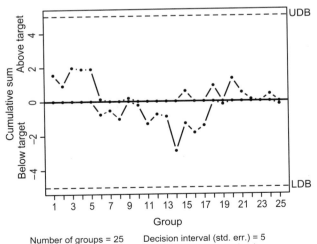
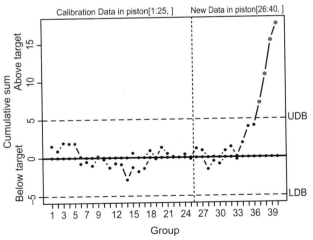

CUSUM Chart for piston[1:25,]

Number of groups = 25
Center = 74.00118
StdDev = 0.009829977
Decision interval (std. err.) = 5
Shift detection (std. err.) = 1
No. of points beyond boundaries = 0

CUSUM Chart for piston[1:25,] and piston[26:40,]

Number of groups = 40
Center = 74.00118
StdDev = 0.009829977
Decision interval (std. err.) = 5
Shift detection (std. err.) = 1
No. of points beyond boundaries = 4

그림 13-9

pistonrings 데이터에 대한 CUSUM 관리도 : 첫 25개 하위 집단만 이용한 경우(왼쪽 상자)와 첫 25개를 조정 데이터로 하여 40개 하위 집단을 전부 이용한 경우(오른쪽 상자)

(다음의 계산과정에서는 그림 13-9에 있는 CUSUM 관리도에 표시된 더 정확한 $\hat{\sigma}$의 값인 0.009829977이 사용된다.) 식 (13.5.1)의 표준화된 하위 집단 평균 z_i는 다음 명령어를 통해 구할 수 있다.

```
z=(apply(piston[1:25, ], 1, mean)-74.00118)/
   (0.009829977/sqrt(5))
```

그리고 상위 관리합(upper monitoring sums)인 S_i^H는 다음 명령어를 통해 계산된다.

```
SH=rep(0, 25); SH[1]=max(z[1]-0.5, 0)
for(i in 2:25){SH[i]=max(SH[i-1]+z[i]-0.5, 0)}
```

유사한 명령어를 이용해 하위 관리합(lower monitoring sums)인 S_i^L을 SL 객체에 저장할 수 있다. cusum 함수를 통해서 대안적으로 SH와 SL을 얻을 수 있다.

```
SH=rep(0, 25); SH[1]=max(z[1]-0.5, 0)
for(i in 2:25){SH[i]=max(SH[i-1]+z[i]-0.5, 0)}
```

표 13-3 CUSUM 절차의 표 형식

표본	$\bar{x}_i$	z_i	S_i^H	S_i^L
1	74.0102	2.05272885	1.5527289	0.0000000
2	74.0006	−0.13102525	0.9217037	0.0000000
3	74.0080	1.55228521	1.9739889	0.0000000
4	74.0030	0.41491328	1.8889022	0.0000000
5	74.0034	0.50590303	1.8948052	0.0000000
6	73.9956	−1.26839717	0.1264080	0.7683972
7	74.0000	−0.26750988	0.0000000	0.5359071
8	73.9968	−0.99542791	0.0000000	1.0313350
9	74.0042	0.68788254	0.1878826	0.0000000
10	73.9980	−0.72245865	0.0000000	0.2224587
11	73.9942	−1.58686131	0.0000000	1.3093200
12	74.0014	0.05095426	0.0000000	0.7583658
13	73.9984	−0.63146889	0.0000000	0.8898347
14	73.9902	−2.49675886	0.0000000	2.8865936
15	74.0060	1.09733644	0.5973365	1.2892571
16	73.9966	−1.04092279	0.0000000	1.8301799
17	74.0008	−0.08553037	0.0000000	1.4157103
18	74.0074	1.41580058	0.9158006	0.0000000
19	73.9982	−0.67696377	0.0000000	0.1769638
20	74.0092	1.82525447	1.3252545	0.0000000
21	73.9998	−0.31300475	0.5122498	0.0000000
22	74.0016	0.09644914	0.1086989	0.0000000
23	74.0024	0.27842865	0.0000000	0.0000000
24	74.0052	0.91535693	0.4153570	0.0000000
25	73.9982	−0.67696377	0.0000000	0.1769638

그 결과는 표 13-3에 나타나 있는데, 이것은 그림 13-9의 왼쪽 상자에 있는 CUSUM 관리도의 표 형태에 해당한다. ■

13.5.2 EWMA 관리도

가중 평균(weighted average)은 보통의 평균에서 확장된 개념으로서 개별 관측치의 평균에 대한 기여도가 관측치에 할당되는 가중치에 의해 결정된다. $m + 1$개의 숫자 $x_m, x_{m-1}, \cdots, x_1$과 μ에 대한 가중 평균은 다음과 같은 형태를 지닌다.

$$w_1 x_m + w_2 x_{m-1} + \cdots + w_m x_1 + w_{m+1}\mu \qquad (13.5.4)$$

여기서 가중치 w_i는 음수가 아니며, 합이 1이 된다. 모든 i에 대해 $w_i = 1/(m + 1)$로 놓으면 $m + 1$개 숫자의 보통 평균이 구해진다. 예를 들어, 4개의 숫자를 $x_3 = 0.90$, $x_2 = 1.25$, $x_1 = -0.13$, $\mu = 1.36$과 일련의 가중치 $w_1 = 0.800$, $w_2 = 0.160$, $w_3 = 0.032$, $w_4 = 0.008$을 고려해 보자. 이 숫자들의 평균 및 가중 평균은 각각 0.845와 0.92672이다. 가중치의 96%가 처음 두 숫자에 할당되므로 가중 평균은 처음 두 숫자인 0.9와 1.25에 큰 영향을 받아 결정된다.

λ가 0과 1 사이의 어떤 값을 지니고 $\bar{\lambda} = 1 - \lambda$이며, 가중치가 다음과 같은 형태를 지닐 때 식 (13.5.4)의 가중 평균을 지수 가중 평균(exponentially weighted averages)이라 한다.

$$w_1 = \lambda, \quad w_2 = \lambda\bar{\lambda}, \quad w_3 = \lambda(\bar{\lambda})^2, \cdots, \quad w_m = \lambda(\bar{\lambda})^{m-1}, \quad w_{m+1} = (\bar{\lambda})^m \qquad (13.5.5)$$

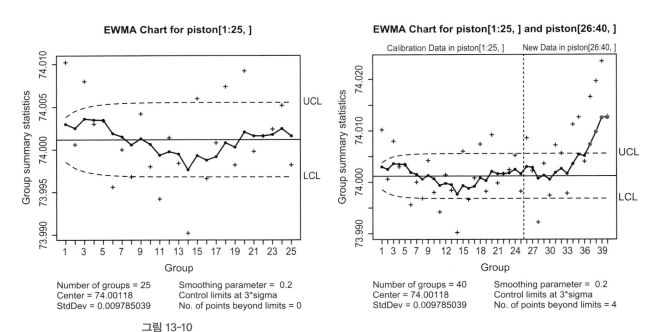

그림 13-10

pistonrings 데이터에 대한 EWMA 관리도 : 첫 25개 하위 집단만 이용한 경우(왼쪽 상자)와 첫 25개를 조정 데이터로 하여 40개 하위 집단을 전부 이용한 경우(오른쪽 상자)

x_m에 할당되는 첫 번째 가중치($w_1 = \lambda$)가 가장 값이 크고 이어지는 가중치들($w_2, \cdots, w_m$)은 지수적으로 값이 감소함에 유의하라. (하지만, $\lambda < 0.5$이면, $w_{m+1} < w_m$이다.)

통계적 공정관리에서 지수가중이동평균(exponentially weighted moving averages, EWMA)은 다음의 수열을 말하는데,

$$z_1, \; z_2, \; z_3, \; \cdots \tag{13.5.6}$$

여기서 각각의 z_m은 m개의 하위 집단 평균인 $\bar{x}_m, \cdots, \bar{x}_1$와 $\hat{\mu}$(만약 값이 알려져 있으면 μ_0)의 지수가중이동평균이다. 따라서 식 (13.5.4)에 주어진 각각의 z_m에 대한 $x_m, \cdots, x_1$과 μ은 $\bar{x}_m, \cdots, \bar{x}_1$와 $\hat{\mu}$(만약 값이 알려져 있으면 μ_0)로 각각 치환될 수 있으며, w_i는 식 (13.5.5)에 주어진다. $z_0 = \hat{\mu}$(값이 알려진 경우 μ_0)로 두면, EWMA는 다음과 같이 연쇄적으로 계산될 수 있다.

$$z_m = \lambda \bar{x}_m + (1 - \lambda)z_{m-1}, \quad m = 1, 2, \cdots \tag{13.5.7}$$

EWMA 관리도는 $m = 1, 2, \cdots$인 각 점(m, z_m)을 표시하고 각각의 z_m에 대해 $\mu_0 \pm 3\sigma_{z_m}$ 형태의 적절한 3σ 관리한계를 그린다. 관리한계는 더 정확하게 다음과 같이 계산된다.

z_m EWMA에 대한
관리한계

$$\text{LCL} = \mu_0 - 3\frac{\sigma}{\sqrt{n}}\sqrt{\frac{\lambda}{2-\lambda}[1 - (1-\lambda)^{2m}]}$$

$$\text{UCL} = \mu_0 + 3\frac{\sigma}{\sqrt{n}}\sqrt{\frac{\lambda}{2-\lambda}[1 - (1-\lambda)^{2m}]} \tag{13.5.8}$$

관리상태의 공정 평균 및 표준편차가 알려진 경우, μ_0와 σ가 추정량 $\hat{\mu}$와 $\hat{\sigma}$로 대체된다. 식 (13.2.4)와 (13.2.5), $n = 1$인 경우 식 (13.2.9)를 참조하라.

식 (13.5.8)의 모수 λ는 일반적으로 0.1과 0.5 사이의 값이 선택된다. λ의 값이 작을수록 작은 변동에 대해 더 좋은(짧은) ARL이 얻어진다. R에서의 초깃값은 $\lambda = 0.2$이다.

pistonrings 데이터에 대해 그림 13-10에 있는 EWMA 관리도를 생성하는 R명령어는 다음과 같다.

EWMA 관리도 작성을 위한 R 명령어

```
ewma(piston[1:25,])
ewma(piston[1:25,], newdata=piston[26:40,])
```
(13.5.9)

std.dev=*"UWAVE-SD"*의 옵션이 쓰이지 않았으므로 차트의 아래쪽에 표시된 표준편차는 식 (13.2.5)의 $\hat{\sigma}_2$에 의해 계산된 값이다. 초깃값인 0.2가 아닌 다른 λ 값, 예를 들어 0.4를 사용하고 싶으면 $\lambda = 0.4$의 옵션을 활용하면 된다.

그림 13-10에서 분명히 확인할 수 있듯이, EWMA 관리도의 관리한계는 동일한 폭을 갖지 않는다. 하지만, 식 (13.5.8)에서 제곱근 형태의 표현식은 $\lambda/(2-\lambda)$에 따라 지수적으로 빠르게 변하기 때문에 첫 몇 번의 검사 시점 이후부터는 관리한계선이 수평선과 비슷해 보인다. 마지막으로, 이 관리도는 또한 하위 집단의 평균(+ 부호와 함께 표시)을 보여 준다는 것을 확인하라.

연습문제

1. 다음을 완료하라.

(a) 13.3절의 연습문제 2에 있는 데이터와 식 (13.5.3)에 나타낸 것들과 유사한 명령어를 써서 반도체 웨이퍼 지름 데이터의 CUSUM 관리도를 작성하라. 공정 평균에 관해 관리도가 암시하는 바가 무엇인지 논하라.

(b) 식 (13.5.9)에 나타낸 것들과 유사한 명령어를 사용하여 반도체 웨이퍼 지름 데이터의 EWMA 관리도를 작성하라. 공정 평균에 관해 해당 관리도가 암시하는 바가 무엇인지 논하라.

2. Redox potential 또는 ORP(oxidation-reduction potential)은 정수처리설비에 쓰이는 살균제의 효능을 측정하는 새로운 방법이다. 한 사례연구에서 캘리포니아의 지자체 폐수처리설비에 쓰이는 염소와 이산화황의 31일 측정치에 대해 다루고 있다.[17] 염소 측정치 데이터는 *SqcRedoxPotent*.txt에 주어져 있다. 식 (13.5.3)과 (13.5.9)에 나타낸 것과 유사한 명령어를 활용하여 염소 데이터에 대한 CUSUM 관리도와 EWMA 관리도를 작성하라. 공정 평균에 관해 관리도가 암시하는 바에 대해 논하라.

---

17 Y. H. Kim and R. Hensley (1997). Effective control of chlorination and dechlorination at wastewater treatment plants using redox potential, *Water Environment Research*, 69: 1008 – 1014.

부록 A

표 A.1 이항분포표

n	x	0.1	0.2	0.3	0.4	0.5	0.6	0.7	0.8	0.9
						p				
5	0	0.591	0.328	0.168	0.078	0.031	0.010	0.002	0.000	0.000
	1	0.919	0.737	0.528	0.337	0.188	0.087	0.031	0.007	0.000
	2	0.991	0.942	0.837	0.683	0.500	0.317	0.163	0.058	0.009
	3	0.995	0.993	0.969	0.913	0.813	0.663	0.472	0.263	0.082
	4	1.000	1.000	0.998	0.990	0.699	0.922	0.832	0.672	0.410
10	0	0.349	0.107	0.028	0.006	0.001	0.000	0.000	0.000	0.000
	1	0.736	0.376	0.149	0.046	0.011	0.002	0.000	0.000	0.000
	2	0.930	0.678	0.383	0.167	0.055	0.012	0.002	0.000	0.000
	3	0.987	0.879	0.650	0.382	0.172	0.055	0.011	0.001	0.000
	4	0.988	0.967	0.850	0.633	0.377	0.166	0.047	0.006	0.000
	5	1.000	0.994	0.953	0.834	0.623	0.367	0.150	0.033	0.002
	6	1.000	0.999	0.989	0.945	0.828	0.618	0.350	0.121	0.013
	7	1.000	1.000	0.998	0.988	0.945	0.833	0.617	0.322	0.070
	8	1.000	1.000	1.000	0.998	0.989	0.954	0.851	0.624	0.264
	9	1.000	1.000	1.000	1.000	0.999	0.994	0.972	0.893	0.651
15	0	0.206	0.035	0.005	0.001	0.000	0.000	0.000	0.000	0.000
	1	0.549	0.167	0.035	0.005	0.001	0.000	0.000	0.000	0.000
	2	0.816	0.398	0.127	0.027	0.004	0.000	0.000	0.000	0.000
	3	0.944	0.648	0.297	0.091	0.018	0.002	0.000	0.000	0.000
	4	0.987	0.836	0.516	0.217	0.059	0.009	0.001	0.000	0.000
	5	0.998	0.939	0.722	0.403	0.151	0.034	0.004	0.000	0.000
	6	1.000	0.982	0.869	0.610	0.304	0.095	0.015	0.001	0.000
	7	1.000	0.996	0.950	0.787	0.500	0.213	0.050	0.004	0.000
	8	1.000	0.999	0.985	0.905	0.696	0.390	0.131	0.018	0.000
	9	1.000	1.000	0.996	0.966	0.849	0.597	0.278	0.061	0.002
	10	1.000	1.000	0.999	0.991	0.941	0.783	0.485	0.164	0.013
	11	1.000	1.000	1.000	0.998	0.982	0.909	0.703	0.352	0.056
	12	1.000	1.000	1.000	1.000	0.996	0.973	0.873	0.602	0.184
	13	1.000	1.000	1.000	1.000	1.000	0.995	0.965	0.833	0.451
	14	1.000	1.000	1.000	1.000	1.000	1.000	0.995	0.965	0.794
20	0	0.122	0.012	0.001	0.000	0.000	0.000	0.000	0.000	0.000
	1	0.392	0.069	0.008	0.001	0.000	0.000	0.000	0.000	0.000
	2	0.677	0.206	0.035	0.004	0.000	0.000	0.000	0.000	0.000
	3	0.867	0.411	0.107	0.016	0.001	0.000	0.000	0.000	0.000
	4	0.957	0.630	0.238	0.051	0.006	0.000	0.000	0.000	0.000
	5	0.989	0.804	0.416	0.126	0.021	0.002	0.000	0.000	0.000
	6	0.998	0.913	0.608	0.250	0.058	0.006	0.000	0.000	0.000
	7	1.000	0.968	0.772	0.416	0.132	0.021	0.001	0.000	0.000
	8	1.000	0.990	0.887	0.596	0.252	0.057	0.005	0.000	0.000
	9	1.000	0.997	0.952	0.755	0.412	0.128	0.017	0.001	0.000
	10	1.000	0.999	0.983	0.873	0.588	0.245	0.048	0.003	0.000
	11	1.000	1.000	0.995	0.944	0.748	0.404	0.113	0.010	0.000
	12	1.000	1.000	0.999	0.979	0.868	0.584	0.228	0.032	0.000
	13	1.000	1.000	1.000	0.994	0.942	0.750	0.392	0.087	0.002
	14	1.000	1.000	1.000	0.998	0.979	0.874	0.584	0.196	0.011
	15	1.000	1.000	1.000	1.000	0.994	0.949	0.762	0.370	0.043
	16	1.000	1.000	1.000	1.000	0.999	0.984	0.893	0.589	0.133
	17	1.000	1.000	1.000	1.000	1.000	0.996	0.965	0.794	0.323
	18	1.000	1.000	1.000	1.000	1.000	1.000	0.992	0.931	0.608
	19	1.000	1.000	1.000	1.000	1.000	1.000	0.999	0.988	0.878

표 A.2 포아송분포표

x	0.1	0.2	0.3	0.4	0.5	0.6	0.7	0.8	0.9	1.0
0	0.905	0.819	0.741	0.670	0.607	0.549	0.497	0.449	0.407	0.368
1	0.995	0.982	0.963	0.938	0.910	0.878	0.844	0.809	0.772	0.736
2	1.000	0.999	0.996	0.992	0.986	0.977	0.966	0.953	0.937	0.920
3		1.000	1.000	0.999	0.998	0.997	0.994	0.991	0.987	0.981
4				1.000	1.000	1.000	0.999	0.999	0.998	0.996
5							1.000	1.000	1.000	0.999

x	1.2	1.4	1.6	1.8	2.0	2.2	2.4	2.6	2.8	3.0
0	0.301	0.247	0.202	0.165	0.135	0.111	0.091	0.074	0.061	0.050
1	0.663	0.592	0.525	0.463	0.406	0.355	0.308	0.267	0.231	0.199
2	0.879	0.833	0.783	0.731	0.677	0.623	0.570	0.518	0.469	0.423
3	0.966	0.946	0.921	0.891	0.857	0.819	0.779	0.736	0.692	0.647
4	0.992	0.986	0.976	0.964	0.947	0.928	0.904	0.877	0.848	0.815
5	0.998	0.997	0.994	0.990	0.983	0.975	0.964	0.951	0.935	0.961
6	1.000	0.999	0.999	0.997	0.995	0.993	0.988	0.983	0.976	0.966
7		1.000	1.000	0.999	0.999	0.998	0.997	0.995	0.992	0.988
8				1.000	1.000	1.000	0.999	0.999	0.998	0.996
9							1.000	1.000	0.999	0.999

x	3.2	3.4	3.6	3.8	4.0	4.2	4.4	4.6	4.8	5.0
0	0.041	0.033	0.027	0.022	0.018	0.015	0.012	0.010	0.008	0.007
1	0.171	0.147	0.126	0.107	0.092	0.078	0.066	0.056	0.048	0.040
2	0.380	0.340	0.303	0.269	0.238	0.210	0.185	0.163	0.143	0.125
3	0.603	0.558	0.515	0.473	0.433	0.395	0.359	0.326	0.294	0.265
4	0.781	0.744	0.706	0.668	0.629	0.590	0.551	0.513	0.476	0.440
5	0.895	0.871	0.844	0.816	0.785	0.753	0.720	0.686	0.651	0.616
6	0.955	0.942	0.927	0.909	0.889	0.867	0.844	0.818	0.791	0.762
7	0.983	0.977	0.969	0.960	0.949	0.936	0.921	0.905	0.887	0.867
8	0.994	0.992	0.998	0.984	0.979	0.972	0.964	0.955	0.944	0.932
9	0.998	0.997	0.996	0.994	0.992	0.989	0.985	0.980	0.975	0.968
10	1.000	0.999	0.999	0.998	0.997	0.996	0.994	0.992	0.990	0.986
11		1.000	1.000	0.999	0.999	0.999	0.998	0.997	0.996	0.995
12				1.000	1.000	1.000	0.999	0.999	0.999	0.998
13							1.000	1.000	1.000	0.999

표 A.3   표준정규분포표

z	0.00	0.01	0.02	0.03	0.04	0.05	0.06	0.07	0.08	0.09
0.0	0.5000	0.5040	0.5080	0.5120	0.5160	0.5199	0.5239	0.5279	0.5319	0.5359
0.1	0.5398	0.5438	0.5478	0.5517	0.5557	0.5596	0.5636	0.5675	0.5714	0.5753
0.2	0.5793	0.5832	0.5871	0.5910	0.5948	0.5987	0.6026	0.6064	0.6103	0.6141
0.3	0.6179	0.6217	0.6255	0.6293	0.6331	0.6368	0.6406	0.6443	0.6480	0.6517
0.4	0.6554	0.6591	0.6628	0.6664	0.6700	0.6736	0.6772	0.6808	0.6844	0.6879
0.5	0.6915	0.6950	0.6985	0.7019	0.7054	0.7088	0.7123	0.7157	0.7190	0.7224
0.6	0.7257	0.7291	0.7324	0.7357	0.7389	0.7422	0.7454	0.7486	0.7517	0.7549
0.7	0.7580	0.7611	0.7642	0.7673	0.7704	0.7734	0.7764	0.7794	0.7823	0.7852
0.8	0.7881	0.7910	0.7939	0.7967	0.7995	0.8023	0.8051	0.8078	0.8106	0.8133
0.9	0.8159	0.8186	0.8212	0.8238	0.8264	0.8289	0.8315	0.8340	0.8365	0.8389
1.0	0.8413	0.8438	0.8461	0.8485	0.8508	0.8531	0.8554	0.8577	0.8599	0.8621
1.1	0.8643	0.8665	0.8686	0.8708	0.8729	0.8749	0.8770	0.8790	0.8810	0.8830
1.2	0.8849	0.8869	0.8888	0.8907	0.8925	0.8944	0.8962	0.8980	0.8997	0.9015
1.3	0.9032	0.9049	0.9066	0.9082	0.9099	0.9115	0.9131	0.9147	0.9162	0.9177
1.4	0.9192	0.9207	0.9222	0.9236	0.9251	0.9265	0.9279	0.9292	0.9306	0.9319
1.5	0.9332	0.9345	0.9357	0.9370	0.9382	0.9394	0.9406	0.9418	0.9429	0.9441
1.6	0.9452	0.9463	0.9474	0.9484	0.9495	0.9505	0.9515	0.9525	0.9535	0.9545
1.7	0.9554	0.9564	0.9573	0.9582	0.9591	0.9599	0.9608	0.9616	0.9625	0.9633
1.8	0.9641	0.9649	0.9656	0.9664	0.9671	0.9678	0.9686	0.9693	0.9699	0.9706
1.9	0.9713	0.9719	0.9726	0.9732	0.9738	0.9744	0.9750	0.9756	0.9761	0.9767
2.0	0.9772	0.9778	0.9783	0.9788	0.9793	0.9798	0.9803	0.9808	0.9812	0.9817
2.1	0.9821	0.9826	0.9830	0.9834	0.9838	0.9842	0.9846	0.9850	0.9854	0.9857
2.2	0.9861	0.9864	0.9868	0.9871	0.9875	0.9878	0.9881	0.9884	0.9887	0.9890
2.3	0.9893	0.9896	0.9898	0.9901	0.9904	0.9906	0.9909	0.9911	0.9913	0.9916
2.4	0.9918	0.9920	0.9922	0.9925	0.9927	0.9929	0.9931	0.9932	0.9934	0.9936
2.5	0.9938	0.9940	0.9941	0.9943	0.9945	0.9946	0.9948	0.9949	0.9951	0.9952
2.6	0.9953	0.9955	0.9956	0.9957	0.9959	0.9960	0.9961	0.9962	0.9963	0.9964
2.7	0.9965	0.9966	0.9967	0.9968	0.9969	0.9970	0.9971	0.9972	0.9973	0.9974
2.8	0.9974	0.9975	0.9976	0.9977	0.9977	0.9978	0.9979	0.9979	0.9980	0.9981
2.9	0.9981	0.9982	0.9982	0.9983	0.9984	0.9984	0.9985	0.9985	0.9986	0.9986
3.0	0.9987	0.9987	0.9987	0.9988	0.9988	0.9989	0.9989	0.9989	0.9990	0.9990

표 A.4 *T* 분포표

df	90%	95%	97.5%	99%	99.5%	99.9%
1	3.078	6.314	12.706	31.821	63.657	318.309
2	1.886	2.920	4.303	6.965	9.925	22.327
3	1.638	2.353	3.183	4.541	5.841	10.215
4	1.533	2.132	2.777	3.747	4.604	7.173
5	1.476	2.015	2.571	3.365	4.032	5.893
6	1.440	1.943	2.447	3.143	3.708	5.208
7	1.415	1.895	2.365	2.998	3.500	4.785
8	1.397	1.860	2.306	2.897	3.355	4.501
9	1.383	1.833	2.262	2.822	3.250	4.297
10	1.372	1.812	2.228	2.764	3.169	4.144
11	1.363	1.796	2.201	2.718	3.106	4.025
12	1.356	1.782	2.179	2.681	3.055	3.930
13	1.350	1.771	2.160	2.650	3.012	3.852
14	1.345	1.761	2.145	2.625	2.977	3.787
15	1.341	1.753	2.132	2.603	2.947	3.733
16	1.337	1.746	2.120	2.584	2.921	3.686
17	1.333	1.740	2.110	2.567	2.898	3.646
18	1.330	1.734	2.101	2.552	2.879	3.611
19	1.328	1.729	2.093	2.540	2.861	3.580
20	1.325	1.725	2.086	2.528	2.845	3.552
21	1.323	1.721	2.080	2.518	2.831	3.527
22	1.321	1.717	2.074	2.508	2.819	3.505
23	1.319	1.714	2.069	2.500	2.807	3.485
24	1.318	1.711	2.064	2.492	2.797	3.467
25	1.316	1.708	2.060	2.485	2.788	3.450
26	1.315	1.706	2.056	2.479	2.779	3.435
27	1.314	1.703	2.052	2.473	2.771	3.421
28	1.313	1.701	2.048	2.467	2.763	3.408
29	1.311	1.699	2.045	2.462	2.756	3.396
30	1.310	1.697	2.042	2.457	2.750	3.385
40	1.303	1.684	2.021	2.423	2.705	3.307
80	1.292	1.664	1.990	2.374	2.639	3.195
∞	1.282	1.645	1.960	2.326	2.576	3.090

표 A.5 χ^2 분포표

df	0.5%	1%	2.5%	5%	10%	90%	95%	97.5%	99%	99.5%
1	0.000	0.000	0.001	0.004	0.016	2.706	3.841	5.024	6.635	7.879
2	0.010	0.020	0.051	0.103	0.211	4.605	5.991	7.378	9.210	10.597
3	0.072	0.115	0.216	0.352	0.584	6.251	7.815	9.348	11.345	12.838
4	0.207	0.297	0.484	0.711	1.064	7.779	9.488	11.143	13.277	14.860
5	0.412	0.554	0.831	1.145	1.610	9.236	11.070	12.833	15.086	16.750
6	0.676	0.872	1.237	1.635	2.204	10.645	12.592	14.449	16.812	18.548
7	0.989	1.239	1.690	2.167	2.833	12.017	14.067	16.013	18.475	20.278
8	1.344	1.646	2.180	2.733	3.490	13.362	15.507	17.535	20.090	21.955
9	1.735	2.088	2.700	3.325	4.168	14.684	16.919	19.023	21.666	23.589
10	2.156	2.558	3.247	3.940	4.865	15.987	18.307	20.483	23.209	25.188
11	2.603	3.053	3.816	4.575	5.578	17.275	19.675	21.920	24.725	26.757
12	3.074	3.571	4.404	5.226	6.304	18.549	21.026	23.337	26.217	28.300
13	3.565	4.107	5.009	5.892	7.042	19.812	22.362	24.736	27.688	29.819
14	4.075	4.660	5.629	6.571	7.790	21.064	23.685	26.119	29.141	31.319
15	4.601	5.229	6.262	7.261	8.547	22.307	24.996	27.488	30.578	32.801
16	5.142	5.812	6.908	7.962	9.312	23.542	26.296	28.845	32.000	34.267
17	5.697	6.408	7.564	8.672	10.085	24.769	27.587	30.191	33.409	35.718
18	6.265	7.015	8.231	9.390	10.865	25.989	28.869	31.526	34.805	37.156
19	6.844	7.633	8.907	10.117	11.651	27.204	30.144	32.852	36.191	38.582
20	7.434	8.260	9.591	10.851	12.443	28.412	31.410	34.170	37.566	39.997
21	8.034	8.897	10.283	11.591	13.240	29.615	32.671	35.479	38.932	41.401
22	8.643	9.542	10.982	12.338	14.041	30.813	33.924	36.781	40.289	42.796
23	9.260	10.196	11.689	13.091	14.848	32.007	35.172	38.076	41.638	44.181
24	9.886	10.856	12.401	13.848	15.659	33.196	36.415	39.364	42.980	45.559
25	10.520	11.524	13.120	14.611	16.473	34.382	37.652	40.646	44.314	46.928
26	11.160	12.198	13.844	15.379	17.292	35.563	38.885	41.923	45.642	48.290
27	11.808	12.879	14.573	16.151	18.114	36.741	40.113	43.195	46.963	49.645
28	12.461	13.565	15.308	16.928	18.939	37.916	41.337	44.461	48.278	50.993
29	13.121	14.256	16.047	17.708	19.768	39.087	42.557	45.722	49.588	52.336
30	13.787	14.953	16.791	18.493	20.599	40.256	43.773	46.979	50.892	53.672
40	20.707	22.164	24.433	26.509	29.051	51.805	55.758	59.342	63.691	66.766
60	35.534	37.485	40.482	43.188	46.459	74.397	79.082	83.298	88.379	91.952
80	51.172	53.540	57.153	60.391	64.278	96.578	101.879	106.629	112.329	116.321

표 A.6　F 분포표(ν_1 = 분자의 자유도, ν_2 = 분모의 자유도)

ν_2	α	1	2	3	4	5	6	7	8	12	24	1,000
						ν_1						
1	0.10	39.86	49.50	53.59	55.83	57.24	58.20	58.91	59.44	60.71	62.00	63.30
	0.05	161.4	199.5	215.7	224.6	230.2	234.0	236.8	238.9	243.9	249.1	254.2
2	0.10	8.53	9.00	9.16	9.24	9.29	9.33	9.35	9.37	9.41	9.45	9.49
	0.05	18.51	19.00	19.16	19.25	19.30	19.33	19.35	19.37	19.41	19.45	19.49
3	0.10	5.54	5.46	5.39	5.34	5.31	5.28	5.27	5.25	5.22	5.18	5.13
	0.05	10.13	9.55	9.28	9.12	9.01	8.94	8.89	8.85	8.74	8.64	8.53
4	0.10	4.54	4.32	4.19	4.11	4.05	4.01	3.98	3.95	3.90	3.83	3.76
	0.05	7.71	6.94	6.59	6.39	6.26	6.16	6.09	6.04	5.91	5.77	5.63
5	0.10	4.06	3.78	3.62	3.52	3.45	3.40	3.37	3.34	3.27	3.19	3.11
	0.05	6.61	5.79	5.41	5.19	5.05	4.95	4.88	4.82	4.68	4.53	4.37
6	0.10	3.78	3.46	3.29	3.18	3.11	3.05	3.01	2.98	2.90	2.82	2.72
	0.05	5.99	5.14	4.76	4.53	4.39	4.28	4.21	4.15	4.00	3.84	3.67
7	0.10	3.59	3.26	3.07	2.96	2.88	2.83	2.78	2.75	2.67	2.58	2.47
	0.05	5.59	4.74	4.35	4.12	3.97	3.87	3.79	3.73	3.57	3.41	3.23
8	0.10	3.46	3.11	2.92	2.81	2.73	2.67	2.62	2.59	2.50	2.40	2.30
	0.05	5.32	4.46	4.07	3.84	3.69	3.58	3.50	3.44	3.28	3.12	2.93
10	0.10	3.29	2.92	2.73	2.61	2.52	2.46	2.41	2.38	2.28	2.18	2.06
	0.05	4.96	4.10	3.71	3.48	3.33	3.22	3.14	3.07	2.91	2.74	2.54
12	0.10	3.18	2.81	2.61	2.48	2.39	2.33	2.28	2.24	2.15	2.04	1.91
	0.05	4.75	3.89	3.49	3.26	3.11	3.00	2.91	2.85	2.69	2.51	2.30
14	0.10	3.10	2.73	2.52	2.39	2.31	2.24	2.19	2.15	2.05	1.94	1.80
	0.05	4.60	3.74	3.34	3.11	2.96	2.85	2.76	2.70	2.53	2.35	2.14
16	0.10	3.05	2.67	2.46	2.33	2.24	2.18	2.13	2.09	1.99	1.87	1.72
	0.05	4.49	3.63	3.24	3.01	2.85	2.74	2.66	2.59	2.42	2.24	2.02
20	0.10	2.97	2.59	2.38	2.25	2.16	2.09	2.04	2.00	1.89	1.77	1.61
	0.05	4.35	3.49	3.10	2.87	2.71	2.60	2.51	2.45	2.28	2.08	1.85
30	0.10	2.88	2.49	2.28	2.14	2.05	1.98	1.93	1.88	1.77	1.64	1.46
	0.05	4.17	3.32	2.92	2.69	2.53	2.42	2.33	2.27	2.09	1.89	1.63
50	0.10	2.81	2.41	2.20	2.06	1.97	1.90	1.84	1.80	1.68	1.54	1.33
	0.05	4.03	3.18	2.79	2.56	2.40	2.29	2.20	2.13	1.95	1.74	1.45
100	0.10	2.76	2.36	2.14	2.00	1.91	1.83	1.78	1.73	1.61	1.46	1.22
	0.05	3.94	3.09	2.70	2.46	2.31	2.19	2.10	2.03	1.85	1.63	1.30
1,000	0.10	2.71	2.31	2.09	1.95	1.85	1.78	1.72	1.68	1.55	1.39	1.08
	0.05	3.85	3.00	2.61	2.38	2.22	2.11	2.02	1.95	1.76	1.53	1.11

표 A.7 스튜던트화 범위 분포표

υ	α	2	3	4	5	6	7	8	9	10	11
5	0.10	2.85	3.72	4.26	4.66	4.98	5.24	5.46	5.65	5.82	5.96
	0.05	3.63	4.60	5.22	5.67	6.03	6.33	6.58	6.80	6.99	7.17
6	0.10	2.75	3.56	4.06	4.43	4.73	4.97	5.17	5.34	5.50	5.64
	0.05	3.46	4.34	4.90	5.30	5.63	5.89	6.12	6.32	6.49	6.65
7	0.10	2.68	3.45	3.93	4.28	4.55	4.78	4.97	5.14	5.28	5.41
	0.05	3.34	4.16	4.68	5.06	5.36	5.61	5.81	6.00	6.16	6.30
8	0.10	2.63	3.37	3.83	4.17	4.43	4.65	4.83	4.99	5.13	5.25
	0.05	3.26	4.04	4.53	4.89	5.17	5.40	5.60	5.77	5.92	6.05
10	0.10	2.56	3.27	3.70	4.02	4.26	4.46	4.64	4.78	4.91	5.03
	0.05	3.15	3.88	4.33	4.65	4.91	5.12	5.30	5.46	5.60	5.72
12	0.10	2.52	3.20	3.62	3.92	4.16	4.35	4.51	4.65	4.78	4.89
	0.05	3.08	3.77	4.20	4.51	4.75	4.95	5.12	5.26	5.39	5.51
13	0.10	2.50	3.18	3.59	3.88	4.12	4.30	4.46	4.60	4.72	4.83
	0.05	3.05	3.73	4.15	4.45	4.69	4.88	5.05	5.19	5.32	5.43
14	0.10	2.49	3.16	3.56	3.85	4.08	4.27	4.42	4.56	4.68	4.79
	0.05	3.03	3.70	4.11	4.41	4.64	4.83	4.99	5.13	5.25	5.36
16	0.10	2.47	3.12	3.52	3.80	4.03	4.21	4.36	4.49	4.61	4.71
	0.05	3.00	3.65	4.05	4.33	4.56	4.74	4.90	5.03	5.15	5.26
18	0.10	2.45	3.10	3.49	3.77	3.98	4.16	4.31	4.44	4.55	4.65
	0.05	2.97	3.61	4.00	4.28	4.49	4.67	4.82	4.95	5.07	5.17
20	0.10	2.44	3.08	3.46	3.74	3.95	4.12	4.27	4.40	4.51	4.61
	0.05	2.95	3.58	3.96	4.23	4.44	4.62	4.77	4.89	5.01	5.11
25	0.10	2.42	3.04	3.42	3.68	3.89	4.06	4.20	4.32	4.43	4.53
	0.05	2.91	3.52	3.89	4.15	4.36	4.53	4.67	4.79	4.90	4.99
30	0.10	2.40	3.02	3.39	3.65	3.85	4.02	4.15	4.27	4.38	4.47
	0.05	2.89	3.49	3.84	4.10	4.30	4.46	4.60	4.72	4.82	4.92
40	0.10	2.38	2.99	3.35	3.60	3.80	3.96	4.10	4.21	4.32	4.41
	0.05	2.86	3.44	3.79	4.04	4.23	4.39	4.52	4.63	4.73	4.82
60	0.10	2.36	2.96	3.31	3.56	3.75	3.91	4.04	4.15	4.25	4.34
	0.05	2.83	3.40	3.74	3.98	4.16	4.31	4.44	4.55	4.65	4.73
80	0.10	2.35	2.94	3.29	3.54	3.73	3.88	4.01	4.12	4.22	4.31
	0.05	2.81	3.38	3.71	3.95	4.13	4.28	4.40	4.51	4.60	4.69
∞	0.10	2.33	2.90	3.24	3.48	3.66	3.81	3.93	4.04	4.13	4.21
	0.05	2.77	3.31	3.63	3.86	4.03	4.17	4.29	4.39	4.47	4.55

연습문제 해답

제1장

1.2절

1. **(a)** The customers (of all dealerships of the car manufacturer) who bought a car the previous year.
   (b) Not a hypothetical population.
3. **(a)** There are two populations, one for each shift. The cars that have and will be produced by each shift constitute the populations.
   (b) Both populations are hypothetical.
   (c) The number of nonconformances per car.
5. **(a)** There are two populations, one for each teaching method.
   (b) The students that have and will take the course with each of the teaching methods.
   (c) Both populations are hypothetical.
   (d) The particular students whose test score will be recorded at the end of the semester.

1.3절

1. Choice (ii).
3. **(a)** All current drivers in his university town.
   (b) No. **(c)** Convenience sample.
   (d) Assuming the proportion of younger drivers who use their seat belt is smaller, it would underestimate.
5. Identify each pipe with a number from 1 to 90. Then write each of these numbers on 90 slips of paper, put them all in a box and, after mixing them thoroughly, select 5 slips, one at a time and without replacement. The R command *sample(seq(1, 90), size=5)* implements this process. A set of five numbers thus generated is 30, 62, 15, 54, 31.
7. One method is to take a simple random sample, of some size n, from the population of N customers (of all dealerships of that car manufacturer) who bought a car the previous year. Another method is to divide the population of the previous year's customers into three strata, according to the type of car each customer bought, and perform stratified sampling with proportionate allocation of sample sizes. That is, if N_1, N_2, N_3 denote the sizes of the three strata, take simple random samples of approximate (due to rounding) sizes $n_1 = n(N_1/N)$, $n_2 = n(N_2/N)$, $n_3 = n(N_3/N)$, respectively, from each of the three strata. Stratified sampling assures that the sample representation of the three strata equals their population representation.
9. No, because the method excludes samples consisting of n_1 cars from the first shift and $n_2 = 9 - n_1$ from the second shift for any (n_1, n_2) different from $(6, 3)$.

1.4절

1. **(a)** The variable of interest is the number of scratches in each plate. The statistical population consists of 500 numbers, 190 zeros, 160 ones, and 150 twos.
   (b) Quantitative. **(c)** Univariate.
3. **(a)** Univariate. **(b)** Quantitative.
   (c) If N is the number cars of available for inspection, the statistical population consists of N numbers, $\{v_1, \ldots, v_N\}$, where v_i is the total number of engine and transmission non-conformances of the ith car.
   (d) Bivariate.

1.6절

1. **(a)** $\bar{x}$. **(b)** S. **(c)** $\widehat{p}$.
3. $\widehat{p} = 4/14 = 0.286$. It estimates the proportion of time the ozone level was below 250.
5. **(a)** $\sigma^2 = 0.7691$, $\sigma = 0.877$.
   (b) $S^2 = 0.9$, $S = 0.949$.
7. **(a)** $\mu = 0.92$, $\sigma^2 = 0.6736$, $\sigma = 0.8207$.
   (b) $\bar{x} = 0.91$, $S^2 = 0.6686$, $S = 0.8177$.
10. **(a)** $\sigma_X^2 = 0.25$.
    (b) $S_1^2 = 0$, $S_2^2 = 0.5$, $S_3^2 = 0.5$, $S_4^2 = 0$.

(c) $E(Y) = (0 + 0.5 + 0.5 + 0)/4 = 0.25$.

(d) $\sigma_{\bar{X}}^2 = E(Y)$. If the sample variances in part (b) were computed according to a formula that divides by n instead of $n - 1$, $E(Y)$ would have been 0.125.

11. (a) $\bar{x}_1 = 30$, $\bar{x}_2 = 30$. **(b)** $S_1^2 = 0.465$, $S_2^2 = 46.5$.

(c) There is more uniformity among cars of type A (smaller variability in achieved gas mileage) so type A cars are of better quality.

13. (a) $\bar{y} = \frac{1}{n}\sum_{i=1}^n y_i = \frac{1}{n}\sum_{i=1}^n (c_1 + x_i) = c_1 + \frac{1}{n}\sum_{i=1}^n x_i = c_1 + \bar{x}$. Because $y_i - \bar{y} = x_i - \bar{x}$, $S_y^2 = \frac{1}{n-1}\sum_{i=1}^n (y_i - \bar{y})^2 = \frac{1}{n-1}\sum_{i=1}^n (x_i - \bar{x})^2 = S_x^2$. $S_y = \sqrt{S_y^2} = \sqrt{S_x^2} = S_x$.

(b) $\bar{y} = \frac{1}{n}\sum_{i=1}^n y_i = \frac{1}{n}\sum_{i=1}^n (c_2 x_i) = \frac{c_2}{n}\sum_{i=1}^n x_i = c_2\bar{x}$. Because $y_i - \bar{y} = c_2(x_i - \bar{x})$, $S_y^2 = \frac{1}{n-1}\sum_{i=1}^n (y_i - \bar{y})^2 = \frac{c_2^2}{n-1}\sum_{i=1}^n (x_i - \bar{x})^2 = c_2^2 S_x^2$. $S_y = \sqrt{S_y^2} = \sqrt{c_2^2 S_x^2} = |c_2| S_x$.

(c) Set $t_i = c_2 x_i$, so $y_i = c_1 + t_i$. From (a) and (b) we have $\bar{y} = c_1 + \bar{t} = c_1 + c_2\bar{x}$, $S_y^2 = S_t^2 = c_2^2 S_x^2$, and $S_y = S_t = |c_2| S_x$.

15. Because $x_i = 81.2997 + 10{,}000^{-1} y_i$, the results to Exercise 1.6.4-13 (with the roles of x_i and y_i reversed) give $S_X^2 = 10{,}000^{-2} S_Y^2 = 10{,}000^{-2} 68.33 = 10^{-7} 6.833$.

1.7절

1. (a) $\tilde{x} = 717$, $q_1 = (691 + 699)/2 = 695$, $q_3 = (734 + 734)/2 = 734$. **(b)** $734 - 695 = 39$.

(c) $(100[19-0.5]/40)$-th $= 46.25$th percentile.

3. (a) $x_{(1)} = 27.67$, $q_1 = 27.99$, $\tilde{x} = 28.64$, $q_3 = 29.52$, $x_{(n)} = 30.93$. **(b)** 29.768. **(c)** No.

1.8절

1. (a) The batches of cake.

(b) Baking time and temperature.

(c) 25 and 30 for baking time, and 275, 300, and 325 for temperature.

(d) (25, 275), (25, 300), (25, 325), (30, 275), (30, 300), (30, 325).

(e) Qualitative.

3. (a) $\alpha_1 = \mu_1 - \mu$, $\alpha_2 = \mu_2 - \mu$, $\alpha_3 = \mu_3 - \mu$, $\alpha_4 = \mu_4 - \mu$, $\alpha_5 = \mu_5 - \mu$, where $\mu = (\mu_1 + \mu_2 + \mu_3 + \mu_4 + \mu_5)/5$.

(b) $\frac{\mu_1 + \mu_2}{2} - \frac{\mu_3 + \mu_4 + \mu_5}{3}$.

5. $\mu_1 - \mu_2$, $\mu_1 - \mu_3$, $\mu_1 - \mu_4$.

7. (a) Yes. **(b)** Paint type with levels T1,...,T4, and location with levels L1,...,L4. The treatments are (T1,L1),...,(T1,L4),...,(T4,L1),..., (T4,L4).

12. The watering and location effects will be confounded. The three watering regimens should be employed in each

location. The root systems in each location should be assigned randomly to a watering regimen.

15. (a) Of 2590 male applicants, about 1192 (1191.96, according to the major specific admission rates) were admitted. Similarly, of the 1835 female applicants, about 557 were admitted. Thus, the admission rates for men and women are 0.46 and 0.30, respectively.

(b) Yes. **(c)** No, because the major specific admission rates are higher for women for most majors.

16. (a) No, because the Pygmalion effect is stronger for female recruits.

(b) Here, $\bar{\mu} = (8 + 13 + 10 + 12)/4 = 10.75$. Thus, the main gender effects are $\alpha_F = (8 + 13)/2 - 10.75 = -0.25$, $\alpha_M = (10 + 12)/2 - 10.75 = 0.25$, and the main Pygmalion effects are $\beta_C = (8 + 10)/2 - 10.75 = -1.75$, $\beta_P = (13 + 12)/2 - 10.75 = 1.75$.

(c) $\gamma_{FC} = 8 - 10.75 + 0.25 + 1.75 = -0.75$, $\gamma_{FP} = 13 - 10.75 + 0.25 - 1.75 = 0.75$, $\gamma_{MC} = 10 - 10.75 - 0.25 + 1.75 = 0.75$, $\gamma_{MP} = 12 - 10.75 - 0.25 - 1.75 = -0.75$.

제2장

2.2절

1. (a) $\{(1, 1), \ldots, (1, 6), \ldots, (6, 1), \ldots, (6, 6)\}$.

(b) $\{2, 3, \ldots, 12\}$. **(c)** $\{0, 1, \ldots, 6\}$. **(d)** $\{1, 2, 3, \ldots\}$.

3. (a) i. $T \cap M$. ii. $(T \cup M)^c$. iii. $(T \cap M^c) \cup (T^c \cap M)$.

5. (a) $A^c = \{x | x \geq 75\}$, the component lasts at least 75 time units.

(b) $A \cap B = \{x | 53 < x < 75\}$, the component lasts more than 53 but less than 75 time units.

(c) $A \cup B = S$, the sample space.

(d) $(A - B) \cup (B - A) = \{x | 0 < x \leq 53 \text{ or } x \geq 75\}$, the component lasts either at most 53 or at least 75 time units.

8. (a) $e \in (A - B) \cup (B - A) \iff e \in A - B$ or $e \in B - A \iff e \in A \cup B$ and $e \notin A \cap B \iff e \in (A \cup B) - (A \cap B)$.

(b) $e \in (A \cap B)^c \iff e \in A - B$ or $e \in B - A$ or $e \in (A \cup B)^c \iff [e \in A - B$ or $e \in (A \cup B)^c]$ or $[e \in B - A$ or $e \in (A \cup B)^c] \iff e \in B^c$ or $e \in A^c \iff e \in A^c \cup B^c$.

(c) $e \in (A \cap B) \cup C \iff [e \in A \text{ and } e \in B]$ or $e \in C \iff [e \in A \text{ or } e \in C]$ and $[e \in B \text{ or } e \in C] \iff e \in (A \cup C) \cap (B \cup C)$.

9. (a) $S_1 = \{(x_1, \ldots, x_5) : x_i = 5.3, 5.4, 5.5, 5.6, 5.7, i = 1, \ldots, 5\}$. $5^5 = 3125$.

(b) The collection of distinct averages, $(x_1 + \cdots + x_5)/5$, formed from the elements of S_1. The commands *S1=expand.grid(x1=1:5, x2=1:5, x3=1:5, x4=1:5, x5=1:5); length(table(rowSums(S1)))* return 21 for the size of the sample space of the averages.

2.3절

1. $P(E_1) = P(E_2) = 0.5$, $P(E_1 \cap E_2) = 0.3$, $P(E_1 \cup E_2) = 0.7$, $P(E_1 - E_2) = 0.2$, $P((E_1 - E_2) \cup (E_2 - E_1)) = 0.4$.

3. $P(E_1) = P(E_2) = 4/5$, $P(E_1 \cap E_2) = 3/5$, $P(E_1 \cup E_2) = 1$, $P(E_1 - E_2) = 1/5$, $P((E_1 - E_2) \cup (E_2 - E_1)) = 2/5$.

6. (a) $2^5 = 32$. **(b)** $\mathcal{S} = \{0, 1, \ldots, 5\}$.

(c)

x	0	1	2	3	4	5
p(x)	0.031	0.156	0.313	0.313	0.156	0.031

8. $(26^2 \times 10^3)/(26^3 \times 10^4) = 0.0038$.

10. (a) $\binom{10}{5} = 252$. **(b)** $252/2 = 126$. **(c)** $\binom{12}{2} = 66$.

12. (a) $\binom{9}{5} = 126$. **(b)** $\binom{9}{5}/\binom{13}{5} = 0.098$.

14. (a) $\binom{30}{5} = 142{,}506$. **(b)** $\binom{6}{2}\binom{24}{3} = 30{,}360$.
  (c) (i) $[\binom{6}{2}\binom{24}{3}]/\binom{30}{5} = 0.213$ (ii) $\binom{24}{5}/\binom{30}{5} = 0.298$.

16. (a) $\binom{10}{2,2,2,2,2} = 113{,}400$.

18. (a) $2^n = (1+1)^n = \sum_{k=0}^{n}\binom{n}{k}1^k 1^{n-k} = \sum_{k=0}^{n}\binom{n}{k}$.
  (b) $(a^2 + b)^4 = b^4 + 4a^2 b^3 + 6a^4 b^2 + 4a^6 b + a^8$.

2.4절

1. $0.37 + 0.23 - 0.47 = 0.13$.

3. (a) The commands *attach(expand.grid(X1=50:53, X2= 50:53, X3=50:53)); table((X1+X2+X3)/3)/ length(X1)* generate a table of possible values for the average and corresponding probabilities.
  (b) 0.3125. (This is found by summing the probabilities of 52, 52.33, 52.67 and 53, which are the values in the sample space of the average that are at least 52.)

5. (a) i. $E_1 = \{(> 3, V), (< 3, V)\}$, $P(E_1) = 0.25 + 0.30 = 0.55$. ii. $E_2 = \{(< 3, V), (< 3, D), (< 3, F)\}$, $P(E_2) = 0.30 + 0.15 + 0.13 = 0.58$. iii. $E_3 = \{(> 3, D), (< 3, D)\}$, $P(E_3) = 0.10 + 0.15 = 0.25$. iv. $E_4 = E_1 \cup E_2 = \{(> 3, V), (< 3, V), (< 3, D), (< 3, F)\}$, $P(E_4) = 0.25 + 0.30 + 0.15 + 0.13 = 0.83$, and $E_5 = E_1 \cup E_2 \cup E_3 = \{(> 3, V), (< 3, V), (< 3, D), (< 3, F), (> 3, D)\}$, $P(E_5) = 0.25 + 0.30 + 0.15 + 0.13 + 0.10 = 0.93$.
  (b) $P(E_4) = 0.55 + 0.58 - 0.30 = 0.83$.
  (c) $P(E_5) = 0.55 + 0.58 + 0.25 - 0.30 - 0 - 0.15 + 0 = 0.93$.

7. $P(E_1 \cup E_2 \cup E_3) = 0.95 + 0.92 + 0.9 - 0.88 - 0.87 - 0.85 + 0.82 = 0.99$.

9. Let $E_4 = \{$at least two of the original four components work$\}$, $E_5 = \{$at least three of the original four components work$\} \cup \{$two of the original four components work and the additional component works$\}$. Then $E_4 \not\subset E_5$ because $B = \{$exactly two of the original four components work and the additional component does not work$\}$, which is part of E_4, is not in E_5. Thus, $E_4 \not\subset E_5$ and, hence, it is not necessarily true that $P(E_4) \leq P(E_5)$.

11. (a) $A > B = \{$die A results in 4$\}$, $B > C = \{$die C results in 2$\}$, $C > D = \{$die C results in 6, or die C results in 2 and die D results in 1$\}$, $D > A = \{$die D results in 5, or die D results in 1 and die A results in 0$\}$.
  (b) $P(A > B) = 4/6$, $P(B > C) = 4/6$, $P(C > D) = 4/6$, $P(D > A) = 4/6$.

2.5절

1. $P(> 3| > 2) = P(> 3)/P(> 2) = (1 + 2)^2/(1 + 3)^2 = 9/16$.

3. (a) $P(A) = 0.2$. **(b)** $P(B|A) = 0.132/0.2 = 0.66$.
  (c) $P(X = 1) = 0.2$, $P(X = 2) = 0.3$, $P(X = 3) = 0.5$.

5. (a) $P(\text{car} \cap (\text{import})) = P((\text{import})|\text{car})P(\text{car}) = 0.58 \times 0.36 = 0.209$.
  (c) $P(\text{lease}) = 0.2 \times 0.42 \times 0.36 + 0.35 \times 0.58 \times 0.36 + 0.2 \times 0.7 \times 0.64 + 0.35 \times 0.3 \times 0.64 = 0.260$.

7. (b) $(0.98 - 0.96 \times 0.15)/0.85 = 0.984$.

9. (a) $0.9 \times 0.85 + 0.2 \times 0.15 = 0.795$.
  (b) $0.9 \times 0.85/0.795 = 0.962$.

11. (a) $0.4 \times 0.2 + 0.3 \times 0.1 + 0.2 \times 0.5 + 0.3 \times 0.2 = 0.27$. (b) $0.3 \times 0.1/0.27 = 0.111$.

2.6절

1. No, because $P(E_2) = 2/10 \neq 2/9 = P(E_2|E_1)$.

3. (a) $0.9^{10} = 0.349$. **(b)** $0.1 \times 0.9^9 = 0.039$.
  (c) $10 \times 0.1 \times 0.9^9 = 0.387$.

5. (a) $0.8^4 = 0.410$. **(b)** $0.9^3 = 0.729$.
  (c) $0.8^4 \times 0.9^3 = 0.299$. It is assumed that cars have zero nonconformances independently of each other.

6. Yes. Because, by Proposition 2.6-1, the independence of T and M implies independence of T and $M^c = F$.

8. $P(E_1) = P(\{(1, 6), (2, 5), (3, 4), (4, 3), (5, 2), (6, 1)\}) = 1/6$, $P(E_2) = P(\{(3, 1), \ldots, (3, 6)\}) = 1/6$, $P(E_3) = P(\{(1, 4), \ldots, (6, 4)\}) = 1/6$. $P(E_1 \cap E_2) = P(\{(3, 4)\}) = 1/36 = P(E_1)P(E_2)$, $P(E_1 \cap E_3) = P(\{(3, 4)\}) = 1/36 = P(E_1)P(E_3)$, $P(E_2 \cap E_3) = P(\{(3, 4)\}) = 1/36 = P(E_2)P(E_3)$. Finally, $P(E_1 \cap E_2 \cap E_3) = P(\{(3, 4)\}) = 1/36 \neq P(E_1)P(E_2)P(E_3)$.

10. Let A, B, C, D be the events that components 1, 2, 3, 4, respectively, function. $P(\text{system functions}) = P(A \cap B) + P(C \cap D) - P(A \cap B \cap C \cap D) = 2 \times 0.9^2 - 0.9^4 = 0.9639$.

제3장

3.2절

1. (a) No, yes. **(b)** $k = 1/1.1$.

3. (a) $1 - 0.7 = 0.3$.
  (b) $p(x) = 0.2, 0.5, 0.2, 0.1$ for $x = 0, 1, 2, 3$, respectively.

5. (a) No, yes.
  (b) (i) $k = 1/18$, $F(x) = 0$ for $x < 8$, $F(x) = (x^2 - 64)/36$ for $8 \leq x \leq 10$, $F(x) = 1$ for $x > 10$, $P(8.6 \leq X \leq 9.8) = 0.6133$. (ii) $P(X \leq 9.8|X \geq 8.6) = 0.6133/0.7233 = 0.8479$.

7. $\mathcal{S}_Y = (0, \infty)$. $F_Y(y) = P(Y \le y) = P(X \ge \exp(-y)) = 1 - \exp(-y)$. Thus, $f_Y(y) = \exp(-y)$.

9. (a) $P(X > 10) = P(D < 3) = 1/9$.

(b) Using Example 3.2-9, $F(x) = P(X \le x) = 1 - P(D \le 30/x) = 1 - 100(x^{-2}/9)$. Differentiating this we get $f_x(x) = 200(x^{-3}/9)$, for $x > 0$.

3.3절

2. (a) $E(X) = 2.1$ and $E(1/X) = 0.63333$.

(b) $1000/E(X) = 476.19 < E(1000/X) = 633.33$. Choose $1000/X$.

4. (a) $E(X) = 3.05$, $\text{Var}(X) = 1.7475$.

(b) $E(15,000X) = 45,750$, $\text{Var}(15,000X) = 393,187,500$.

7. (a) $\tilde{\mu} = \sqrt{2}$, $\text{IQR} = \sqrt{3} - 1 = 0.732$.

(b) $E(X) = 1.333$, $\text{Var}(X) = 0.222$.

9. (a) $E(X) = \theta/(\theta + 1)$, $\text{Var}(X) = \theta/[(\theta + 2)(\theta + 1)^2]$.

(b) $F_P(p) = 0$ for $p \le 0$, $F_P(p) = p^\theta$ for $0 < p < 1$, and $F_P(p) = 1$ for $p \ge 1$. **(c)** $\text{IQR} = 0.75^{1/\theta} - 0.25^{1/\theta}$.

3.4절

1. (a) Binomial. **(b)** $\mathcal{S}_X = \{0, 1, \ldots, 5\}$, $p_X(x) = \binom{5}{x}0.3^x 0.7^{5-x}$ for $x \in \mathcal{S}_X$.

(c) $E(X) = 5 \times 0.3 = 1.5$, $\text{Var}(X) = 5 \times 0.3 \times 0.7 = 1.05$.

(d) (i) 0.163 (ii) $E(9X) = 13.5$, $\text{Var}(9X) = 85.05$.

3. (a) Binomial. **(b)** $n = 20$, $p = 0.01$. The command $1 - pbinom(1, 20, 0.01)$ returns 0.0169 for the probability.

5. (a) Binomial. **(b)** $E(X) = 9$, $\text{Var}(X) = 0.9$.

(c) 0.987. **(d)** 190, 90.

7. (a) Negative binomial. **(b)** $S = \{1, 2, \ldots\}$. $P(X = x) = (1 - p)^{x-1}p$. **(c)** 3.333, 7.778.

9. (a) If X denotes the number of games until team A wins three games, we want $P(X \le 5)$. The command *pnbinom(2, 3, 0.6)* returns 0.6826. **(b)** It is larger. The more games they play, the more likely it is the better team will prevail.

11. (a) Negative binomial.

(b) $E(Y) = 5/0.01 = 500$, $\text{Var}(Y) = 49500$.

13. (a) Hypergeometric.

(b) $S = \{0, 1, 2, 3\}$, $p(x) = \binom{3}{x}\binom{17}{5-x}/\binom{20}{5}$ for $x \in \mathcal{S}$.

(c) 0.461. **(d)** 0.75, 0.5033.

15. (a) Hypergeometric.

(b) *phyper(3, 300, 9700, 50)* returns 0.9377.

(c) Binomial. **(d)** *pbinom(3, 50, .03)* returns 0.9372, quite close to that found in part (b).

17. $0.0144 = 1 - ppois(2, 0.5)$.

19. (a) 2.6 and 3.8. **(b)** 0.0535.

(c) $0.167 = (ppois(0, 3.8)*0.4)/(ppois(0, 2.6)*0.6 + ppois(0, 3.8)*0.4)$.

21. (a) hypergeometric(300, 9,700, 200); binomial(200, 0.03); Poisson(6).

(b) 0.9615, 0.9599, 0.9574. (Note that the Poisson approximation is quite good even though $p = 0.03$ is greater than 0.01.)

23. (a) Both say that an event occurred in [0, t] and no event occurred in (t, 1].

(b) 0.1624.

(c) (i) Both say that the event occurred before time t. (ii) $P(T \le t | X(1) = 1) = P([X(t) = 1] \cap [X(1) = 1])/P(X(1) = 1) = P([X(t) = 1] \cap [X(1) - X(t) = 0])/P(X(1) = 1) = e^{-\alpha t}(\alpha t)e^{-\alpha(1-t)}/(e^{-\alpha}\alpha) = t$.

3.5절

1. (a) $\lambda = 1/6$, $P(T > 4) = \exp(-\lambda 4) = 0.513$.

(b) $\sigma^2 = 36$, $x_{0.05} = 17.97$. **(c)** (i) 0.4346 (ii) six years.

3. $P(X \le s+t | X \ge s) = 1 - P(X > s+t | X \ge s) = 1 - P(X > t)$, by (3.5.3), and $P(X > t) = \exp\{-\lambda t\}$.

5. (a) 39.96. **(b)** 48.77. **(c)** 11.59.

(d) $0.0176 = pbinom(3, 15, 0.5)$.

7. (a) *pnorm(9.8, 9, 0.4) - pnorm(8.6, 9, 0.4) = 0.8186*.

(b) 0.1323.

9. (a) *qnorm(0.1492, 10, 0.03) = 9.97*. **(b)** 0.9772.

10. (a) 0.147. **(b)** 8.95 mm.

제4장

4.2절

1. (a) 0.20, 0.79, 0.09.

(b) $P_X(1) = 0.34$, $P_X(2) = 0.34$, $P_X(3) = 0.32$; $P_Y(1) = 0.34$, $P_Y(2) = 0.33$, $P_Y(3) = 0.33$.

3. (a) 0.705, 0.255.

(b) $p_X(8) = 0.42$, $p_X(10) = 0.31$, $p_X(12) = 0.27$, $p_Y(1.5) = 0.48$, $p_Y(2) = 0.405$, $p_Y(2.5) = 0.115$.

(c) 0.6296.

5. $p_{X_1}(0) = 0.3$, $p_{X_1}(1) = 0.3$, $p_{X_1}(2) = 0.4$, $p_{X_2}(0) = 0.27$, $p_{X_2}(1) = 0.38$, $p_{X_2}(2) = 0.35$, $p_{X_3}(0) = 0.29$, $p_{X_3}(1) = 0.34$, $p_{X_3}(2) = 0.37$.

7. (a) $k = 15.8667^{-1}$.

(b) $f_x(x) = k(27x - x^4)/3$, $0 \le x \le 2$, $f_y(y) = ky^4/2$, if $0 \le y \le 2$, and $f_y(y) = 2ky^2$, if $2 < y \le 3$.

4.3절

1. (a) $p_X(0) = 0.30$, $p_X(1) = 0.44$, $p_X(2) = 0.26$, $p_Y(0) = 0.24$, $p_Y(1) = 0.48$, $p_Y(2) = 0.28$. Since $0.30 \times 0.24 = 0.072 \ne 0.06$ they are not independent.

(b) $p_{Y|X=0}(0) = 0.06/0.30$, $p_{Y|X=0}(1) = 0.04/0.30$, $p_{Y|X=0}(2) = 0.20/0.30$, $p_{Y|X=1}(0) = 0.08/0.44$, $p_{Y|X=1}(1) = 0.30/0.44$, $p_{Y|X=1}(2) = 0.06/0.44$, $p_{Y|X=2}(0) = 0.10/0.26$, $p_{Y|X=2}(1) = 0.14/0.26$, $p_{Y|X=2}(2) = 0.02/0.26$. Since $p_{Y|X=0}(0) = 0.06/0.30 \ne p_{Y|X=1}(0) = 0.08/0.44$ they are not independent.

(c) 0.3161.

3. (a) $\mu_{Y|X}(8) = 1.64$, $\mu_{Y|X}(10) = 1.80$, $\mu_{Y|X}(12) = 2.11$.

(b) $1.64 \times 0.42 + 1.8 \times 0.31 + 2.11 \times 0.27 = 1.82$.

(c) Not independent because the regression function is not constant.

5. (a) Not independent because the conditional PMFs change with x.

(b)

y	0	1	$p_X(x)$
$p_{X,Y}(0, y)$	0.3726	0.1674	0.54
$p_{X,Y}(1, y)$	0.1445	0.0255	0.17
$p_{X,Y}(2, y)$	0.2436	0.0464	0.29
$p_Y(y)$	0.7607	0.2393	

Not independent because $0.7607 \times 0.54 = 0.4108 \neq 0.3726$.

8. (a) $\mu_{Y|X}(1) = 1.34$, $\mu_{Y|X}(2) = 1.2$, $\mu_{Y|X}(3) = 1.34$.

(b) 1.298.

10. (b) $\mu_{Y|X}(x) = 0.6x$.

(c) $E(Y) = 1.29$.

12. (a) Yes. **(b)** No. **(c)** No.

14. (a) 0.211. **(b)** $\mu_{Y|X}(x) = 6.25 + x$.

16. (a) $\mu_{Y|X}(x) = 1/x$; 0.196.

(b) $(\log(6) - \log(5))^{-1}(1/5 - 1/6) = 0.183$.

18. (a) $f_{Y|X=x}(y) = (1 - 2x)^{-1}$ for $0 \leq y \leq 1 - 2x$, $E(Y|X = 0.3) = 0.5 - 0.3 = 0.2$.

(b) 0.25.

4.4절

1. $\mu = 132$, $\sigma^2 = 148.5$.

3. 0.81.

5. (a) 36, 1/12.

(b) 1080, 2.5.

(c) 0, 5.

7. $20 \times 4 + 10 \times 6 = 140$.

9. $\text{Cov}(X, Y) = 13.5$, $\text{Cov}(\varepsilon, Y) = 16$.

11. 18.08, 52.6336.

13. (a) $\text{Var}(X_1 + Y_1) = 11/12$, $\text{Var}(X_1 - Y_1) = 3/12$.

4.5절

1. -0.4059.

3. (a) $S_{X,Y} = 5.46$, $S_X^2 = 8.27$, $S_Y^2 = 3.91$, and $r_{X,Y} = 0.96$.

(b) $S_{X,Y}$, S_X^2, and S_Y^2 change by a factor of 12^2, but $r_{X,Y}$ remains unchanged.

6. (a) $X \sim$ Bernoulli(0.3).

(b) $Y|X = 1 \sim$ Bernoulli(2/9), $Y|X = 0 \sim$ Bernoulli(3/9).

(c) $p_{X,Y}(1,1) = 0.3 \times 2/9$, $p_{X,Y}(1,0) = 0.3 \times 7/9$, $p_{X,Y}(0,1) = 0.7 \times 3/9$, $p_{X,Y}(0,0) = 0.7 \times 6/9$.

(d) $p_Y(1) = 0.3 \times 2/9 + 0.7 \times 3/9 = 0.3$, so $Y \sim$ Bernoulli(0.3), which is the same as the distribution of X.

(e) $-1/9$.

9. (a) $\text{Cov}(X, Y) = E(X^3) - E(X)E(X^2) = 0$.

(b) $E(Y|X = x) = x^2$.

(c) Not a linear relationship, so not appropriate.

4.6절

1. (a) For $y = 0, \ldots, n$, $p_{P,Y}(0.6, y) = 0.2\binom{n}{y}0.6^y 0.4^{n-y}$, $p_{P,Y}(0.8, y) = 0.5\binom{n}{y}0.8^y 0.2^{n-y}$, $p_{P,Y}(0.9, y) = 0.3\binom{n}{y}0.9^y 0.1^{n-y}$.

(b) $p_Y(0) = 0.0171$, $p_Y(1) = 0.1137$, $p_Y(2) = 0.3513$, $p_Y(3) = 0.5179$.

3. (a) 45.879.

(b) 0.9076.

5. (a) It is the PDF of a bivariate normal with $\mu_X = 24$, $\mu_Y = 45.3$, $\sigma_X^2 = 9$, $\sigma_Y^2 = 36.25$, $\text{Cov}(X, Y) = 13.5$.

(b) 0.42612.

7. (a) 2.454×10^{-6}.

(b) $f_{X,Y}(x, y) = 0.25\lambda(x) \exp(-\lambda(x)y)$.

9. (a) 0.1304.

(b) 0.0130.

(c) 2.1165, -2.1165.

제5장

5.2절

1. (a) $P(|X - \mu| > a\sigma) \leq \frac{\sigma^2}{(a\sigma)^2} = \frac{1}{a^2}$.

(b) 0.3173, 0.0455, 0.0027 compared to 1, 0.25, 0.1111; upper bounds are much larger.

3. (a) 0.6. **(b)** 0.922; lower bound is much smaller.

5.3절

3. (a) $N(180, 36)$; 0.202. **(b)** $N(5, 9)$; 0.159.

5. 139.

5.4절

2. (a) 0.8423, 0.8193.

(b) 0.8426. The approximation with continuity correction is more accurate.

4. (a) $N(4, 0.2222)$; $N(3, 0.2143)$, by the CLT; $N(1, 0.4365)$, by the independence of the two sample means.

(b) 0.9349.

6. 0.9945.

8. 33.

10. (a) 0.744.

(b) (i) Binomial(40, 0.744); 0.596. (ii) 0.607, 0.536; the approximation with continuity correction is closer to the true value.

12. 0.1185 (with continuity correction).

제6장

6.2절

1. 286.36, 17.07.

3. $E(\widehat{\sigma}^2) = \frac{(n_1-1)E(S_1^2)+(n_2-1)E(S_2^2)}{n_1+n_2-2}$

$= \sigma^2 \frac{(n_1-1)+(n_2-1)}{n_1+n_2-2} = \sigma^2.$

5. $2\sigma/\sqrt{n}$. Yes.

7. (a) 0.5. **(b)** 0.298.

10. (b) 0.39, 45.20, 46.52.

 (c) 0.375, 44.885, 46.42.

6.3절

1. $\widehat{\lambda} = 1/\overline{X}$. It is not unbiased.

3. $\widehat{\alpha} = 10.686$, $\widehat{\beta} = 10.6224$.

5. (a) $\widehat{p} = X/n$. It is unbiased.

 (b) $\widehat{p} = 24/37$.

 (c) $\widehat{p}^2 = (24/37)^2$.

 (d) No, because $E(\widehat{p}^2) = p(1-p)/n + p^2$.

7. (a) $\log\binom{X+4}{4} + 5\log p + (X)\log(1-p)$, $\widehat{p} = 5/(X+5)$.

 (b) $\widehat{p} = 5/X$.

 (c) 0.096, 0.106.

9. (a) $\widehat{\theta} = \overline{P}/(1-\overline{P})$.

 (b) 0.202.

11. (a) $-78.7381 + 0.1952x$, 28.65.

 (b) 24.82, 12.41.

 (c) Fitted: 18.494, 23.961, 30.404, 41.142. Residuals: -2.494, 1.039, 3.596, -2.142.

6.4절

1. (a) Bias$(\widehat{\theta}_1) = 0$; $\widehat{\theta}_1$ is unbiased. Bias$(\widehat{\theta}_2) = -\theta/(n+1)$; $\widehat{\theta}_2$ is biased.

 (b) MSE$(\widehat{\theta}_1) = \theta^2/(3n)$, MSE$(\widehat{\theta}_2) = 2\theta^2/[(n+1)(n+2)]$.

 (c) MSE$(\widehat{\theta}_1) = 6.67$, MSE$(\widehat{\theta}_2) = 4.76$. Thus, $\widehat{\theta}_2$ is preferable.

제7장

7.3절

1. (a) (37.47, 52.89). Normality.

3. (a) (206.69, 213.31). **(b)** Yes. **(c)** No.

5. (b) (256.12, 316.59). **(c)** (248.05, 291.16).

7. (a) (1.89, 2.59). **(b)** $(\sqrt{1.89}, \sqrt{2.59})$.

9. (a) (0.056, 0.104).

 (b) The number who qualify and the number who do not qualify must be at least 8.

11. (a) (0.495, 0.802). **(b)** $(0.495^2, 0.802^2)$.

13. (a) $\widehat{\alpha}_1 = 193.9643$, $\widehat{\beta}_1 = 0.9338$, $S_\varepsilon^2 = 4118.563$.

 (b) (0.7072, 1.1605); normality.

(c) For $X = 500$, (614.02, 707.75); for $X = 900$, (987.33, 1081.51); the CI at $X = 900$ is not appropriate because 900 is not in the range of X-values in the data set.

15. (b) For β_1: $(-0.2237, -0.1172)$; for $\mu_{Y|X}(80)$: (9.089, 10.105).

17. $n=16$; $a=5$; $1-2*(1-pbinom(n-a,n,0.5))$ returns 0.9232; changing to $a=4$ returns 0.9787.

19. (0.095, 0.153); yes.

7.4절

1. 195.

3. (a) 189. **(b)** 271.

7.5절

1. (2.56, 3.64). Normality.

3. (a) (41.17, 49.24).

4. (a) (7.66, 7.79).

 (b) A distance of 12 feet is not in the range of X-values in the data set, so the desired PI would not be reliable.

제8장

8.2절

1. (a) $H_0 : \mu \le 31$, $H_a : \mu > 31$.

 (b) Adopt the method of coal dust cover.

3. (a) $H_a : \mu < \mu_0$.

 (b) $H_a : \mu > \mu_0$.

 (c) For (a), the new grille guard is not adopted; for (b), the new grille guard is adopted.

5. (a) $H_0 : p \ge 0.05$, $H_a : p < 0.05$.

 (b) Not proceed.

7. (a) $\widehat{\mu}_{Y|X}(x) \ge C$.

 (b) $\mu_{Y|X}(x)_0 + t_{n-2, 0.05}S_{\widehat{\mu}_{Y|X}(x)}$.

9. (a) $|T_{H_0}| > t_{n-2,\alpha/2}$, where $T_{H_0} = (\widehat{\beta}_1 - \beta_{1,0})/S_{\widehat{\beta}_1}$.

 (b) $T_{H_0} = (\widehat{\mu}_{Y|X}(x) - \mu_{Y|X}(x)_0)/S_{\widehat{\mu}_{Y|X}(x)}$.

8.3절

1. (a) $T_{H_0} = 1.94$, H_0 is rejected.

 (b) No additional assumptions are needed.

3. (a) $H_0 : \mu \le 50$, $H_a : \mu > 50$.

 (b) Reject H_0; normality.

 (c) (i) Between 0.01 and 0.025 (ii) 0.02.

5. (a) H_0 is not rejected, so club should be established.

 (b) 0.999.

7. (a) $H_0 : p \le 0.2$, $H_a : p > 0.2$.

 (b) H_0 is not rejected; p-value= 0.41. Not enough evidence that the marketing would be profitable.

9. (b) R-squared = 0.975.

 (c) $\widehat{\mu}_{Y|X}(x) = -0.402 + 1.020x$. 10.2.

(d) (i) $H_0 : \beta_1 \leq 1$, $H_a : \beta_1 > 1$ (ii) H_0 is not rejected; p-value = 0.28.

11. (a) $H_0 : \widetilde{\mu} = 300$, $H_a : \widetilde{\mu} \neq 300$; H_0 is not rejected, so not enough evidence to conclude that the claim is false.

(b) $H_0 : \widetilde{\mu} \geq 300$, $H_a : \widetilde{\mu} < 300$; H_0 is rejected, so there is enough evidence to conclude that the median increase is less than 300.

15. H_0 is rejected; p-value = 0.036; normality.

8.4절

1. (a) Type I.

(b) Type II.

3. (a) 0.102.

(b) 0.228.

(c) 0.098, 0.316; smaller probability of type I error and more power.

5. 79.

7. (a) 0.926. **(b)** 2319.

제9장

9.2절

1. (a) $H_0 : \mu_1 = \mu_2$, $H_a : \mu_1 \neq \mu_2$. No, because $15{,}533^2/3{,}954^2 = 15.43$ is much larger than 2.

(b) $T_{H_0}^{SS} = 0.3275$; H_0 is not rejected; p-value = 0.74.

(c) $(-4{,}186.66, 5{,}814.66)$; since zero is included in the CI, H_0 is not rejected.

3. (a) $H_0 : \mu_1 \leq \mu_2$, $H_a : \mu_1 > \mu_2$. Yes, because $20.38^6/15.62^2 = 1.70 < 2$.

(b) $T_{H_0}^{EV} = 7.02$; H_0 is rejected; p-value = 3.29×10^{-10}.

(c) (18.22, 40.18).

(d) *t.test(duration~route, data=dd, var.equal=T, alternative="greater")* gives the p-value in (b), and *t.test(duration~route, data=dd, var.equal=T, conf.level=0.99)* gives the CI in (c).

5. (a) $H_0 : \mu_1 - \mu_2 \leq 126$, $H_a : \mu_1 - \mu_2 > 126$. Yes, because $52.12/25.83 = 2.02 < 3$.

(b) $T_{H_0}^{EV} = 4.42$; H_0 is rejected; p-value = 6.8×10^{-5}.

(c) (131.4, 140.74).

(d) Using $T_{H_0}^{EV}$, p-value = 6.83×10^{-5}; using $T_{H_0}^{SS}$, p-value = 8.38×10^{-5}.

7. (a) $H_0 : p_1 = p_2$, $H_a : p_1 \neq p_2$; H_0 is rejected; p-value = 0.0027.

(b) $(-0.0201, -0.0017)$.

(c) *prop.test(c(692, 1182), c(9396, 13985), correct=F, conf.level=0.99)* returns 0.0027 and $(-0.0201, -0.0017)$ for the p-value and 99% CI.

9. (a) $H_0 : p_1 - p_2 = 0$, $H_a : p_1 - p_2 \neq 0$; H_0 is not rejected; p-value = 0.6836.

(b) $(-0.148, 0.108)$.

9.3절

1. $H_0 : \widetilde{\mu}_S - \widetilde{\mu}_C \leq 0$, $H_a : \widetilde{\mu}_S - \widetilde{\mu}_C > 0$; p-value = 0.007, so H_0 is rejected at $\alpha = 0.05$; (14.10, 237.60).

3. (a) $H_0 : \widetilde{\mu}_S - \widetilde{\mu}_C = 0$, $H_a : \widetilde{\mu}_S - \widetilde{\mu}_C \neq 0$; $Z_{H_0} = 0.088$, H_0 is not rejected, p-value = 0.93.

(b) $(-33.00, 38.00)$.

5. *t.test(duration~route, alternative ="greater", data=dd); wilcox.test(duration~route, alternative="greater", data=dd)* produce p-values of 8.13×10^{-11} and 1.19×10^{-8}, respectively. *t.test(duration~route, conf.level=0.9, data=dd); wilcox.test(duration~route, conf.int=T, conf.level=0.9, data=dd)* produce 90% CIs of (22.58, 35.82) and (22.80, 37.70), respectively.

9.4절

1. p-value = 0.79, H_0 is not rejected.

3. p-value = 0.11, H_0 is not rejected. Normality.

9.5절

1. (a) p-value = 0.78, H_0 is not rejected. The differences should be normally distributed; this assumption is suspect due to an outlier.

(b) p-value = 0.27, H_0 is not rejected.

3. (a) p-value = 0.037, H_0 is rejected; $(-5.490, -0.185)$.

(b) p-value = 0.037, H_0 is rejected; $(-5.450, -0.100)$; quite similar to part (a).

(c) T test: p-value = 0.215, CI of $(-7.364, 1.690)$, H_0 is not rejected; Rank-sum test: p-value = 0.340, CI of $(-6.900, 2.300)$, H_0 is not rejected. Very different from (a) and (b).

5. $T_{H_0} = -2.505$, $MN = -2.5$, p-value = 0.012, H_0 is rejected at $\alpha = 0.05$.

제10장

10.2절

1. (a) $H_0 : \mu_1 = \cdots = \mu_4$, $H_a : H_0$ is not true, p-value = 0.1334, H_0 is not rejected. Independent samples, normality, and homoscedasticity.

(b) (i) $\theta = (\mu_1 + \mu_2)/2 - (\mu_3 + \mu_4)/2$; $H_0 : \theta = 0$, $H_a : \theta \neq 0$. (ii) $T_{H_0} = -2.01$, p-value = 0.056, H_0 is rejected. The 90% CI is $(-1.17, -0.24)$. (After reading the data and attaching the data frame use: *sm=by(values, ind, mean); svar= by(values, ind, var); t = (sm[1] + sm[2])/2 - (sm[3] + sm[4])/2; st=sqrt(mean(svar)*2*(1/4)*(2/7)); t-qt(0.9, 24)*st; t+qt(0.9, 24)*st.)* (iii) No, because $\theta \neq 0$ means that $H_0 : \mu_1 = \cdots = \mu_4$ is not true. The T test for a specialized contrast is more powerful than the F test for the equality of all means.

3. (a) $H_0 : \mu_1 = \cdots = \mu_4$, $H_a : H_0$ is not true, H_0 is rejected; independent samples, normality, homoscedasticity.

(b) p-value = 8.32×10^{-6}, H_0 is rejected.

(c) After reading the data into the data frame df, the command *anova(aov(resid(aov(df$values~df$ind)) **2~df$ind))* returns a *p*-value of 0.62, suggesting the homoscedasticity assumption is not contradicted by the data. The Shapiro-Wilk test returns a *p*-value of 0.13 suggest the normality assumption is not contradicted by the data.

5. (a) $H_0 : \mu_1 = \mu_2 = \mu_3$, $H_a :$ H_0 is not true, $DF_{SSTr} = 2$, $DF_{SSE} = 24$, SSE = 24.839, MSTr = 0.0095, MSE = 1.035, F value = 0.009.

(b) H_0 is not rejected.

(c) *p*-value = 0.99, H_0 is not rejected.

7. (a) 14.72, $\chi^2_{3,0.05} = 7.81$, H_0 is rejected.

(b) 14.72, 0.002, H_0 is rejected.

9. (a) *fit=aov(values~ind, data=ff); anova(aov(resid(fit)^2~ff$ind))* return a *p*-value of 0.04; the assumption of homoscedasticity is suspect. *shapiro.test(resid(fit))* returns a *p*-value of 0.008; there is significant evidence that the assumption of normality is not valid.

(b) Kruskal-Wallis is recommended as its validity does not depend on these assumptions.

(c) 11.62, 0.02, H_0 is not rejected at level $\alpha = 0.01$.

11. $H_0 : p_1 = \cdots = p_5$, $H_a :$ H_0 is not true. Chi-square test, 9.34, H_0 is not rejected at level $\alpha = 0.05$ (*p*-value= 0.053), independent samples.

10.3절

1. (a) $H_0 : \mu_S = \mu_C = \mu_G$, $H_a :$ H_0 is not true.

(b) 0.32, H_0 is not rejected.

(c) No, because H_0 is not rejected.

3. (a) $H_0 : \mu_1 = \mu_2 = \mu_3$, $H_a :$ H_0 is not true, $F_{H_0} = 7.744$, *p*-value= 0.0005, H_0 is rejected at level $\alpha = 0.05$.

(b) μ_1 and μ_2 are not significantly different, but μ_1 and μ_3 as well as μ_2 and μ_3 are.

5. (a) $H_0 : \mu_1 = \mu_2 = \mu_3$, $H_a :$ H_0 is not true, H_0 is rejected at level $\alpha = 0.05$. Independent samples, normality, homoscedasticity.

(b) Tukey's 95% SCIs for $\mu_2 - \mu_1$, $\mu_3 - \mu_1$, and $\mu_3 - \mu_2$ are $(-3.72, 14.97)$, $(2.28, 20.97)$, and $(-3.35, 15.35)$, respectively. Only teaching methods 1 and 3 are significantly different.

(c) The *p*-values for the *F* test on the squared residuals and the Shapiro test are 0.897 and 0.847, respectively. The procedures in (a) and (b) are valid.

7. Bonferroni's 95% SCIs for $p_1 - p_2$, $p_1 - p_3$, and $p_2 - p_3$, are $(-0.158, 0.166)$, $(-0.022, 0.268)$, and $(-0.037, 0.276)$. respectively. None of the contrasts are significantly different from zero.

10.4절

1. (a) The assumption of independent samples, required for the ANOVA *F* procedure of Section 10.2.1, does not hold for this data. The appropriate model is $X_{ij} = \mu + \alpha_i + b_j + \varepsilon_{ij}$, with $\sum_i \alpha_i = 0$ and $Var(b_j) = \sigma_b^2$.

(b) $H_0 : \alpha_1 = \alpha_2 = \alpha_3$, $H_a :$ H_0 is not true.

(c) With the data read in *cr*, the commands *st=stack(cr); MF=st$ind; temp=as.factor(rep(1:length(cr$MF1), 3)); summary(aov(st$values~MF+temp))* generate the ANOVA table, which gives a *p*-value of 1.44×10^{-10} for testing H_0. H_0 is rejected.

(d) Ignoring the block effect, the command *summary(aov(st$values~MF))* returns a *p*-value of 0.991, suggesting no mole fraction effect. This analysis is inappropriate because the samples are not independent.

3. (a) $X_{ij} = \mu + \alpha_i + b_j + \varepsilon_{ij}$, with $\sum_i \alpha_i = 0$ and $Var(b_j) = \sigma_b^2$; the parameters α_i specify the treatment effects and b_j represent the random block (pilot) effects.

(b) $H_0 : \alpha_1 = \cdots = \alpha_4$, $H_a :$ H_0 is not true.

(c) *fit=aov(times~design+pilot, data=pr); anova(aov(resid(fit)**2~pr$design+pr$pilot))* return *p*-values of 0.231 and 0.098 for the design and pilot effects on the residual variance, suggesting there is no strong evidence against the homoscedasticity assumption. *shapiro.test(resid(fit))* returns a *p*-value of 0.80, suggesting the normality assumption is reasonable for this data.

(d) The further command *anova(fit)* returns *p*-values of 0.00044 and 1.495×10^{-6} for the design and pilot effects on the response time. The null hypothesis in part (b) is rejected.

5. (a) "fabric".

(b) $DF_{SSTr} = 3$, $DF_{SSB} = 4$, $DF_{SSE} = 12$, SSTr = 2.4815, MSTr = 0.8272, MSB = 1.3632, MSE = 0.0426, $F_{H_0}^{Tr} = 19.425$. Because $19.425 > F_{3,12,0.05} = 3.49$, the hypothesis that the four chemicals do not differ is rejected at level 0.05. The *p*-value, found by *1-pf(19.425, 3, 12)*, is 6.72×10^{-5}.

7. (a) Bonferroni's 95% SCIs for $\mu_A - \mu_B$, $\mu_A - \mu_C$, and $\mu_B - \mu_C$ are $(-10.136, 8.479)$, $(-9.702, 2.188)$, and $(-8.301, 2.444)$, respectively. None of the differences is significantly different at experiment-wise significance level 0.05.

(b) Bonferroni's 95% SCIs for $\tilde{\mu}_A - \tilde{\mu}_B$, $\tilde{\mu}_A - \tilde{\mu}_C$, and $\tilde{\mu}_B - \tilde{\mu}_C$ are $(-8.30, 3.75)$, $(-13.9, -0.1)$, and $(-11.0, 3.3)$, respectively. The difference $\tilde{\mu}_A - \tilde{\mu}_C$ is significantly different from zero at experiment-wise error rate of 0.05, but the other differences are not.

제11장

11.2절

1. (a) $F_{H_0}^{GS} = 0.6339$ with *p*-value of 0.4286; the hypothesis of no interaction effects is not rejected. $F_{H_0}^{G} = 141.78$ with *p*-value of less than 2.2×10^{-16}; the hypothesis of no main growth hormone effects is rejected. $F_{H_0}^S = 18.96$ with p-value of 4.46×10^{-5}; the hypothesis of no main sex steroid effects is rejected.

(d) The p-values for testing the hypotheses of no main growth effects, no main sex steroid effects, and no interaction effects on the residual variance are, respectively, 0.346, 0.427, and 0.299; none of these hypotheses is rejected. The p-value for the normality test is 0.199, so the normality assumption appears to be reasonable.

3. (a) The hypothesis of no interaction between gender and dose.

(b) $F_{H_0}^{GD} = 0.0024$ with p-value of 0.9617; the hypothesis of no interaction effects is retained.

5. (b) The p-values for testing the hypotheses of no main day effects, no main section effects, and no interaction effects on the residual variance are, respectively, 0.3634, 0.8096, and 0.6280; none of these hypotheses is rejected. The p-value for the normality test is 0.3147, so the normality assumption appears to be reasonable.

(c) The pairs of days, except for (M, T), (M, W) and (T, W), are significantly different at experiment-wise error rate $\alpha = 0.01$. The pairs of newspaper sections (Sports, Business) and (Sports, News) are also significantly different.

7. The new SSE is 157,565 with 14 degrees of freedom. The values of the F statistics for "tree species" and "flake size" are 7.876 and 0.294, with corresponding p-values of 0.005 and 0.596. H_0^A is rejected at level 0.05, but H_0^B is not rejected.

9. (a) With "period" being the row factor and "trap" being the column factor, the p-values are 0.0661 and 0.0005. Both null hypotheses are rejected at level 0.05.

(b) The p-value for Tukey's one degree of freedom test for additivity is 0.0012, suggesting that the factors interact.

(c) Yes.

11. (a) With "Auxin" being the row factor and "Kinetin" being the column factor, the p-values are 2.347×10^{-11} and 4.612×10^{-11}. Both null hypotheses are rejected at level 0.05.

(b) All pairs of levels of the "Auxin" factor, except for (0.1, 0.5), (0.1, 2.5), and (0.5, 2.5), are significantly different at experiment-wise error rate of 0.01.

(c) The p-value for Tukey's one degree of freedom test for additivity is 1.752×10^{-6}, suggesting that the factors interact.

11.3절

1. (a) $X_{ijk\ell} = \alpha_i + \beta_j + \gamma_k + (\alpha\beta)_{ij} + (\alpha\gamma)_{ik} + (\beta\gamma)_{jk} + (\alpha\beta\gamma)_{ijk} + \varepsilon_{ijk\ell}$. All main effects and interactions,

except for the main factor B effect (p-value 0.081) and the three-way interaction effects (p-value 0.996), are significant at level 0.05.

(b) $X_{ijk\ell} = \alpha_i + \beta_j + \gamma_k + (\alpha\beta)_{ij} + (\alpha\gamma)_{ik} + (\beta\gamma)_{jk} + \varepsilon_{ijk\ell}$. All main effects and interactions, except for the main factor B effect (p-value 0.073), are significant at level 0.05.

(c) With the data read in *h2o*, and *fit1* defined by *fit1=aov(y~MS*SH*MH, data=h2o)*, the command *h2o\$res=resid(fit1); anova(aov(res**2~MS*SH*MH, data=h2o))* yields the p-value of 0.0042 for the main factor C effect on the residual variance. The two other p-values are less than 0.05, suggesting the homoscedasticity assumption does not hold. The p-value of the Shapiro-Wilk test for normality is 0.07, though in the presence of heteroscedasticity this is not easily interpretable.

(d) After the square root arcsine transformation on the response variable, only the main factor C effect on the residual variance has a p-value less than 0.05 (0.012). The p-value of the Shapiro-Wilk test is 0.64, suggesting the normality assumption is tenable.

3. (a) $x_{221} = ab = 16$, $x_{112} = c = 12$, and $x_{122} = bc = 18$.

(c) $\alpha_1 = -1.375$, $\beta_1 = -1.625$, $\gamma_1 = -2.375$, $(\alpha\beta)_{11} = 0.875$, $(\alpha\gamma)_{11} = -0.375$, $(\beta\gamma)_{11} = 0.875$, $(\alpha\beta\gamma)_{111} = 1.375$.

(d) $SSA = 16 \times 1.375^2 = 30.25$, $SSB = 16 \times 1.625^2 = 42.25$, $SSC = 16 \times 2.375^2 = 90.25$, $SSAB = 16 \times 0.875^2 = 12.25$, $SSAC = 16 \times 0.375^2 = 2.25$, $SSBC = 16 \times 0.875^2 = 12.25$, $SSABC = 16 \times 1.375^2 = 30.25$.

(e) $F_{H_0}^A = 30.25/((12.25 + 2.25 + 12.25 + 30.25)/4) = 2.12$, $F_{H_0}^B = 42.25/((12.25 + 2.25 + 12.25 + 30.25)/4) = 2.96$, $F_{H_0}^C = 90.25/((12.25 + 2.25 + 12.25 + 30.25)/4) = 6.33$; these test statistics are all less than $F_{1,4,0.05}$, so none of the main effects is significantly different from zero.

5. (a) True. **(b)** True.

(c) $F_{H_0}^A = 11.27$, $F_{H_0}^B = 1.01$, $F_{H_0}^C = 2.92$; $F_{H_0}^A > F_{1,4,0.05} = 7.709$ so the hypothesis of no main factor A effects is rejected. The other test statistics are all less than $F_{1,4,0.05}$, so the main effects of factors B and C are not significantly different from zero.

11.4절

1. If θ_1 is the effect of block 1, and $\theta_2 = -\theta_1$ is the effect of block 2, then the mean μ_{ijk} of X_{ijk} is $\mu_{ijk} = \mu + \alpha_i + \beta_j + \gamma_k + (\alpha\beta)_{ij} + (\alpha\gamma)_{ik} + (\beta\gamma)_{jk} + (\alpha\beta\gamma)_{ijk} + \theta_1$ if (i, j, k) is one of $(1, 1, 1), (2, 2, 1), (2, 1, 2), (1, 2, 2)$, and the same expression but with θ_1 replaced by θ_2 if (i, j, k) is one of the other four sets of indices. Now use the expressions for the contrasts estimating the different effects, which are given in Example 11.3.1, to verify that θ_1 and θ_2 cancel each other in all contrasts except the one for the three-factor interaction.

3. **(a)** *ABDE*.

  (b) *BE*.

  (c) *G=rbind(c(1, 1, 1, 0, 0), c(0, 0, 1, 1, 1)); conf.design(G, p=2)* for part (a), and *G=rbind(c(0, 1, 1, 1, 0), c(0, 0, 1, 1, 1)); conf.design(G, p=2)* for part (b).

5. **(a)** *block=c(rep(2,16)); for(i in c(1, 4, 6, 7, 9, 12, 14, 15))block[i]=1; sr$block=block* generate the "block" variable in the data frame *sr*, and *anova(aov(y~block+A*B*C, data=sr))* returns the ANOVA table.

  (b) The three main effects and the *AB* interaction effect are significantly different from zero.

7. **(a)** *G=rbind(c(1, 1, 0, 0), c(0, 0, 1, 1)); conf.design(G, p=2)* give the allocation of runs into the four blocks.

  (b) *x1=rep(4, 16); for(i in c(1, 4, 13, 16))x1[i]=1; for(i in c(5, 8, 9, 12))x1[i]=2; for(i in c(2, 3, 14, 15))x1[i]=3; block=c(x1, x1); aw$block=as.factor(block)* generate the "block" as part of the data frame *aw*.

  (c) *anova(aov(y~block+A*B*C*D, data=aw))* returns the ANOVA table. Only the main effects for factors *A* and *B* are significant (p-values of 3.66×10^{-5} and 4.046×10^{-11}).

9. The contrasts $(-\bar{x}_{211} + \bar{x}_{121} + \bar{x}_{112} - \bar{x}_{222})/4$, $(\bar{x}_{211} - \bar{x}_{121} + \bar{x}_{112} - \bar{x}_{222})/4$, and $(\bar{x}_{211} + \bar{x}_{121} - \bar{x}_{112} - \bar{x}_{222})/4$ estimate $\alpha_1 - (\beta\gamma)_{11}, \beta_1 - (\alpha\gamma)_{11}$, and $\gamma_1 - (\alpha\beta)_{11}$, respectively. Thus, the alias pairs are $[A, BC], [B, AC], [C, AB]$.

11. **(a)** $[A, BCDE]$, $[B, ACDE]$, $[C, ABDE]$, $[D, ABCE]$, $[E, ABCD]$, $[AB, CDE]$, $[AC, BDE]$, $[AD, BCE]$, $[AE, BCD]$, $[BC, ADE]$, $[BD, ACE]$, $[BE, ACD]$, $[CD, ABE]$, $[CE, ABD]$, $[DE, ABC]$.

  (b) With the data read into the data frame *df*, the sums of squares of the classes of aliased effects can be obtained by the command *anova(aov(y~A*B*C*D*E, data=df))*. It is not possible to test for the significance of the effects.

제12장

12.2절

1. **(a)** 58.5.

  (b) 46.8.

  (c) Increases by 2.7.

  (d) $\beta_0 = 46.8$, $\beta_1 = 2.7$, $\beta_2 = 0.9$.

3. **(a)** $-3.2, -0.4, 1.0$.

  (b) $\beta_2 = 0.7$, $\beta_1 = -0.4$, $\beta_0 = -12.1$.

12.3절

1. **(a)** $10.4577 - 0.00023\text{GS} - 4.7198\text{WS} + 0.0033\text{T}$; $R^2 = 0.8931$; p-value= 0.021; yes.

  (b) 5.9367; -1.0367.

  (c) *r1=lm(abs(rstandard(fit))~poly(fitted(fit),2)); summary(r1)* returns p-values of 0.60 and 0.61 for the two regression slope parameters, suggesting the homoscedasticity assumption is not contradicted; *shapiro.test(rstandard(fit))* returns a p-value of 0.93, suggesting the normality assumption is not contradicted.

  (d) Only the coefficient of "Wind Speed" is significantly different from zero at level 0.05 (p-value of 0.026).

  (e) $(1.30, 19.62)$, $(-0.0022, 0.0017)$, $(-8.51, -0.92)$, $(-0.171, 0.177)$.

3. **(a)** $70.94 + 10^{-5}5.18x_1 - 10^{-5}2.18x_2 + 10^{-2}3.382x_3 - 10^{-1}3.011x_4 + 10^{-2}4.893x_5 - 10^{-3}5.735x_6 - 10^{-8}7.383x_7$; R^2adj: 0.6922; p-value: $10^{-10}2.534$. The model is useful for predicting life expectancy.

  (b) The variables "Income," "Illiteracy," and "Area" are not significant at level 0.05 (p-value of 0.9993).

  (c) R^2 is almost the same for both models; this is consistent with the p-value in part (b) as they both suggest that "Income," "Illiteracy," and "Area" are not significant predictors; R^2adj is bigger for the reduced model, since the (almost identical) R^2 is adjusted for fewer predictors.

  (d) *r1=lm(abs(rstandard(h2))~poly(fitted(h2), 2)); summary(r1)* returns p-values of 0.67 and 0.48 for the two regression slope parameters, suggesting the homoscedasticity assumption is not contradicted; *shapiro.test(rstandard(h2))* returns a p-value of 0.56, suggesting the normality assumption is not contradicted.

  (e) 71.796; $71.796 + (-0.3001)(5 - 10.3) = 73.386$; *predict(h2, data.frame(Population=21,198, Murder=5, HS.Grad=62.6, Frost=20), interval="prediction")* returns the fitted value (73.386) and a 95% prediction interval of (71.630, 75.143).

5. **(a)** R^2: 0.962; adjusted R^2: 0.946; significant (p-value $= 2.4 \times 10^{-5}$).

  (b) The quadratic and cubic terms are jointly significant at level 0.01 (p-value= 9.433×10^{-5}).

  (c) Polynomial terms of order 4-8 are not jointly significant at level 0.01 (p-value 0.79); R^2: 0.9824, adjusted R^2: 0.912; compared to those in (a), R^2 is somewhat bigger, but R^2adj is somewhat smaller, consistent with the non-significance of the higher order polynomial terms.

12.4절

2. **(a)** *r1=lm(abs(rstandard(fit))~poly(fitted(fit),2)); summary(r1)* returns a p-value of 0.038 for the model utility test, suggesting violation of the homoscedasticity assumption.

  (b) p-value= $10^{-10}1.373$.

  (c) WLS.

5. **(a)** $X = 1$ or -1 depending on whether the observation comes from population 1 or 2.

(b) $\mu_1 = \beta_0 + \beta_1$, $\mu_2 = \beta_0 - \beta_1$.

(c) Both p-values are $10^{-10}6.609$.

(d) 0.0898, 0.0775.

(e) $< 10^{-16}2.2$, $10^{-10}1.626$.

7. mmax: $10^{-15}1.18$; cach: $10^{-6}5.11$; mmin: $10^{-15}4.34$; chmax: $10^{-11}3.05$; syct: 0.00539; model utility test: $< 10^{-16}2.2$.

11. **(a)** No variable is significant at level 0.05. The R^2 value of 0.9824 and the p-value of $10^{-7}4.756$ for the model utility test suggest that at least some of the variables should be significant. This is probably due to multicollinearity.

(b) 38.50, 254.42, 46.87, 282.51. Yes.

(c) Variables $x1$ and $x2$ are highly significant. No.

(d) $x1$ and $x2$. No.

13. **(a)** R^2: 0.3045, R^2adj: 0.2105. Yes (p-value= 0.016). No.

(b) 13.95, 14.19, 1.92, 1.33, 1.20. Yes. Non-significance of predictors, significant model utility test.

(c) According to the C_p criterion, the best model retains only "lowid" and "tarsus."

(d) R^2: 0.2703, R^2adj: 0.2338, model utility test: 0.0018, lowid: 0.0059, tarsus: 0.0320. Somewhat smaller R^2, somewhat larger R^2adj, smaller p-value for the model utility test. The new variance inflation factors are both equal to 1.0098. Multicollinearity is not an issue now.

제13장

13.2절

2. **(a)** It brought the subgroup means within the control limits.

(b) No.

(c) No.

(d) 0.987.

4. **(a)** No, no.

(b) Yes, no.

13.3절

3. Both charts show most points after the calibration period to be below the center line. It appears that the adjustment had no effect on the process variability.

13.4절

1. The chart produced by the commands *data(orangejuice2); attach(orangejuice2); qcc(D[trial], sizes=size[trial], type="p", newdata=D[!trial], newsizes=size[!trial])* suggests that the process remains in control.

13.5절

1. **(a)** The process is out of control (5 points outside the control limits).

(b) One point shown out of control.

찾아보기

※ 역자 소개

박상성

고려대학교 기술경영전문대학원 교수

전성해

청주대학교 통계학과 교수

장동식

고려대학교 산업경영공학부 교수